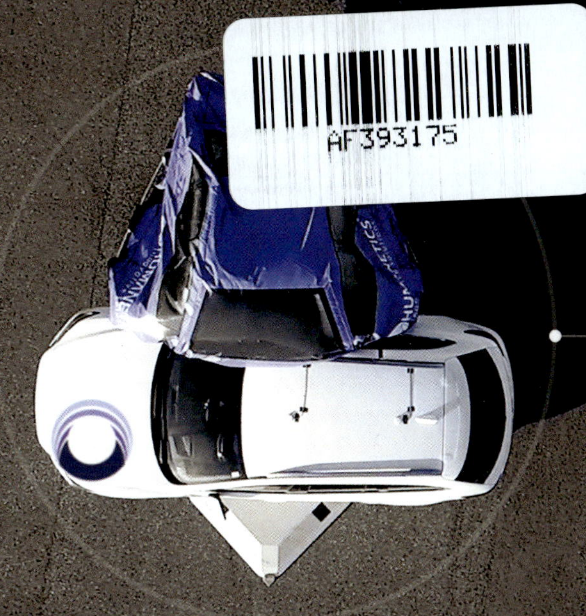

HUMANETICS

PREVENT.
PREPARE.
PROTECT.

Komplette Testlösungen von Humanetics

Active+Passive

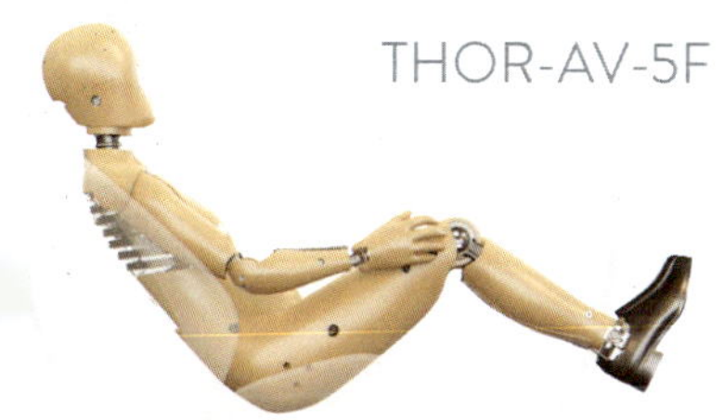

THOR-AV-5F

THOR-AV-50M

Integrale Sicherheit: die Kombination aus aktiver und passiver Sicherheitstechnologie zur allgemeinen Verbesserung der Insassensicherheit.

Humanetics ist der einzige Anbieter von Testgeräten für aktive und passive Sicherheit und bietet eine integrale Sicherheitstestlösung, die sich ideal für autonome Fahrszenarien eignet.

Unsere Ultra-Flat Overrunable (UFO)-Roboterplattform ist eine beliebte Wahl für ADAS/AV-Tests, welche es Fahrzeugherstellern ermöglichen, die neuesten fortschrittlichen Unfallvermeidungssysteme in realen Szenarien zu testen.

Auswertungen von Crashtests können mit unseren fortschrittlichen ATDs THOR-AV-50M und THOR-AV-5F durchgeführt werden, die speziell für autonome Fahrzeugtests in alternativen Sitzpositionen entwickelt wurden.

Um mehr über unser Produktportfolio für integrale Sicherheit zu erfahren, besuchen Sie uns unter humanetics-group.com.

https://hubs.li/Q020F78t0

ATZ/MTZ-Fachbuch

In der Reihe ATZ/MTZ-Fachbuch vermitteln Fachleute, Forscher und Entwickler aus Hochschule und Industrie Grundlagen, Theorien und Anwendungen der Fahrzeug- und Verkehrstechnik. Die komplexe Technik, die moderner Mobilität zugrunde liegt, bedarf eines immer größer werdenden Fundus an Informationen, um die Funktion und Arbeitsweise von Komponenten sowie Systemen zu verstehen. Fahrzeuge aller Verkehrsträger sind ebenso Teil der Reihe, wie Fragen zu Energieversorgung und Infrastruktur.

Das ATZ/MTZ-Fachbuch wendet sich an Ingenieure aller Mobilitätsfelder, an Studierende, Dozenten und Professoren. Die Reihe wendet sich auch an Praktiker aus der Fahrzeug- und Zulieferindustrie, an Gutachter und Sachverständige, aber auch an interessierte Laien, die anhand fundierter Informationen einen tiefen Einblick in die Fachgebiete der Mobilität bekommen wollen.

Rodolfo Schöneburg
(Hrsg.)

Integrale Sicherheit von Kraftfahrzeugen

Biomechanik – Unfallvermeidung –
Insassenschutz – Sensorik – Sicherheit im
Entwicklungsprozess

5. Auflage

Hrsg.
Rodolfo Schöneburg
RSC Safety Engineering
Hechingen, Deutschland

ISSN 2628-104X   ISSN 2628-1058   (electronic)
ATZ/MTZ-Fachbuch
ISBN 978-3-658-42805-1   ISBN 978-3-658-42806-8   (eBook)
https://doi.org/10.1007/978-3-658-42806-8

Die Deutsche Nationalbibliothek verzeichnet diese Publikation in der Deutschen Nationalbibliografie; detaillierte bibliografische Daten sind im Internet über http://dnb.d-nb.de abrufbar.

Planung/Lektorat: Axel Garbers
Springer Vieweg ist ein Imprint der eingetragenen Gesellschaft Springer Fachmedien Wiesbaden GmbH und ist ein Teil von Springer Nature.
Die Anschrift der Gesellschaft ist: Abraham-Lincoln-Str. 46, 65189 Wiesbaden, Germany

Das Papier dieses Produkts ist recyclebar.

Vorwort zur fünften Auflage

Vor genau 25 Jahren erschien die erste Auflage dieses inzwischen zum Standardwerk avancierten Buches zur Fahrzeugsicherheit von Prof. Dr.-Ing. Florian Kramer, mit dem ich über viele Jahre, seit meiner Zeit an der Technischen Universität Berlin in den 1980er Jahren, fachlich und freundschaftlich verbunden war. Ab der zweiten Auflage durfte ich das Kapitel „Sicherheit im Fahrzeugentwicklungsprozess" beisteuern, ein Thema, das mich bei Audi und später als Centerleiter bei Mercedes-Benz, zuständig für die Fahrzeugsicherheit und weiterer Fahrzeugfunktionen, über viele Jahre begleitete.

Auch meine Lehrtätigkeit an der Hochschule für Technik und Wirtschaft in Dresden verdanke ich meinem Freund Florian, der mich 2007 ‚überredete', die Themen der integralen Sicherheit von PKW aus Sicht der Industrie an seine Studenten der HTW zu vermitteln, immer verbunden mit einer Exkursion ins Crashzentrum am Ende des Semesters. Zeitgleich nahm ich einen Lehrauftrag an der Technischen Universität Dresden an, aus dem sich im Laufe der folgenden Jahre eine Verbundvorlesung „Integrale Fahrzeugsicherheit I und II" mit der HTW entwickelte, die über 10 Jahre regelmäßig stattfand. Weit über 1000 Studenten kamen so mit der Fahrzeugsicherheit in Berührung und nicht wenige fanden den Weg in dieses Aufgabenfeld.

Mit großer Trauer mussten wir im Juni 2019 von Florian Kramer Abschied nehmen. Er konnte die fünfte Auflage seines Buches nicht mehr umsetzen, über die wir schon seit 2017 intensiv diskutierten. Die Welt der Fahrzeugsicherheit entwickelt sich rasant weiter und neue Rating-Programme, automatisiertes Fahren und Digitalisierung im Entwicklungsprozess beschäftigen die Automobilindustrie in bisher nicht gekanntem Maße. Nach 10 Jahren war es daher unumgänglich, dieses Buch auf einen aktuellen Stand zu bringen. Ich bin den Kindern von Florian sehr dankbar, die es mir ermöglichten und dem Verlag gestatteten, das Werk meines langjährigen Weggefährten weiterführen zu dürfen.

Seit der Jahrtausendwende erhöhen sich die Anstrengungen von Fahrzeugherstellern und Zuliefer-Industrie, den Unfall ganz zu vermeiden oder in der Schwere zu mindern. Ja, die ‚Vision Zero', also keine Getöteten oder Schwerverletzten mehr im Unfallgeschehen, wurde inzwischen in vielen Verkehrssicherheitsprogrammen Europas verankert. Hinzu kommt, dass sich die Entwicklungs-Randbedingungen durch neue Gesetze, weltweite Rating-Programme und CAE-Methoden in immer kürzeren Abständen verändern und komplexer werden.

Ein wichtiger Fokus und Innovationsschwerpunkt bei der PKW-Sicherheitsentwicklung ist die zunehmende Automatisierung von Fahraufgaben und ein neuer Aspekt im integralen Sicherheitsansatz, die Berücksichtigung der Vorunfall-Phase. Diese auch als präventive Sicherheit bezeichnete Phase verbindet die aktive mit der passiven Sicherheit und bietet noch viele Potenziale, darauf aufbauende Systeme finden sich heute in vielen neuen Automobilen sicherheitsbewusster Fahrzeughersteller.

Die vierte Auflage des Buches markierte 2013 mit der Erweiterung von einer rein auf den Insassen- und Partnerschutz bezogenen „passiven Sicherheit" hin zur „integralen Sicherheit von Kraftfahrzeugen" einen wichtigen Meilenstein, der mit dieser nun vorliegenden fünften Auflage um viele Facetten angereichert wird. Ein ganz neues Kapitel zur aktiven Sicherheit, mit Vertiefungen zur Fahrerassistenz und zum automatisierten Fahren, tragen dem Rechnung, ebenso neue Abschnitte zur Telematik und Radartechnologie bei der Sensorik.

Bis auf wenige Aktualisierungen und Korrekturen habe ich das umfassende, wissenschaftlich hergeleitete Kapitel zur Unfallforschung so belassen, wie es Florian Kramer verfasste. Auch die Biomechanik ist hervorragend und für Ingenieure verständlich erklärt. Allerdings gab es Weiterentwicklungen bei den Schutzkriterien, z. B. mit Einführung des THOR-Dummys im Versuchsbetrieb und bei der Bewertung von Halsbelastungen, die in dieser Auflage ergänzt wurden.

Die Kapitel zur „Bewertung der Fahrzeugsicherheit" und zum „Insassen- und Partnerschutz" wurden entsprechend neuer Erkenntnisse umfangreich überarbeitet und aktualisiert. Zudem sind die Inhalte der rechnerischen und experimentellen Simulation in das Kapitel „Integrale Sicherheit im Fahrzeugentwicklungsprozess" integriert und um neue Methoden ergänzt worden. So findet sich nun eine kurze Einführung zur expliziten Zeitintegration im CAE-Abschnitt, ebenso wie Anwendungen des inzwischen etablierten Human Body Models HBM, das es erlaubt, die Belastungen und Kinematiken des Menschen immer besser in der Berechnung abzubilden und zu bewerten.

Die Gliederung des Buches habe ich mit dieser neuen Auflage angepasst: Nach Beschreibung der grundlegenden **Sicherheitsanforderungen** an das Kraftfahrzeug auf Basis von Unfallforschung, Biomechanik sowie Gesetzen und Ratingprogrammen (Sicherheitsbewertung) in den Kap. 2 bis 4, werden **Maßnahmen der integralen Sicherheit** hinsichtlich Unfallvermeidung, Insassen- und Partnerschutz sowie Sensorik in den Kap. 5 bis 7 hergeleitet und erklärt. Ausführlich setzt sich das letzte Kapitel mit dem **Fahrzeugentwicklungsprozess** auseinander, auch wie und wann die ‚Entwicklungswerkzeuge' rechnerische und experimentelle Simulation zweckmäßigerweise einzusetzen sind und welchen Stellenwert herstellerspezifische Sicherheitsanforderungen im Rahmen der Produkthaftung haben.

Ein neu aufgenommenes Verzeichnis im Buchvorspann soll zudem helfen, die schier endlose Zahl an Abkürzungen auf dem Gebiet der integralen Sicherheit transparent zusammenzufassen. Und die nun größtenteils farbigen Abbildungen werten schließlich das Buch nicht nur auf, sondern helfen auch, die komplexen Inhalte besser und schneller zu erfassen.

Ich bin überzeugt, dass sich Florian über diese umfassend überarbeitete und ergänzte Neuauflage des Buches „Integrale Sicherheit von Kraftfahrzeugen" freuen würde. Ihnen wünsche ich viel Erfolg bei Ihrer Arbeit, Ihrer Lehrtätigkeit oder Ihrem Studium mit Bezug zur Fahrzeugsicherheit. Lassen Sie uns alles tun, die Straßen und den Verkehr noch sicherer zu gestalten und der ‚Vision Zero' jeden Tag näher zu kommen.

Hechingen
November 2023

Prof. Dr.-Ing. Rodolfo Schöneburg

Die Originalversion des Buchs wurde revidiert. Ein Erratum ist verfügbar unter https://doi.org/10.1007/978-3-658-42806-8_9

Danksagung

Mein Dank gilt in besonderem Maße den Kindern von Florian Kramer, die es mir ermöglichten, das Werk meines Freundes und langjährigen Weggefährten weiterführen zu dürfen. Aber auch meinen Kollegen aus Industrie und Wissenschaft möchte ich danken, die ich für das vorliegende Werk gewinnen konnte und die bei dieser umfassend überarbeiteten Auflage als Mitautoren tätig waren. Neben ihrer täglichen Arbeitsbelastung haben sie ihre kompetente Unterstützung eingebracht und in vielen Diskussionen das Buch weiter entwickelt.

Es sind dies die Herren (in der Reihenfolge der Kapitel):

Dr. med. Wolfram Hell, Präsident der Gesellschaft für Medizinische und Technische Traumabiomechanik gmttb, Gutachter und Wissenschaftlicher Mitarbeiter an der Ludwig-Maximilians-Universität in München, Institut für Rechtsmedizin – Abteilung Biomechanik und Unfallforschung. Er aktualisierte und erweiterte das (zugegebenermaßen für Fahrzeugingenieure recht fachfremde) Kapitel „Biomechanik" um neue Schutzkriterien und fügte an geeigneten Stellen historische Anmerkungen und Querverweise ein.

Dipl.-Wirtsch.-Ing. Ralf Reuter, Autor des bekannten SafetyCompanions und Mitarbeiter bei der carhs.training GmbH in Alzenau. Er überarbeitete das Kapitel „Bewertung der Fahrzeugsicherheit" (ehemals „Überprüfung und Bewertung der Sicherheit") umfassend hinsichtlich der geänderten Anforderungen bei Gesetz und Rating. Seit der letzten Ausgabe wurden viele Anforderungen und Bewertungsprogramme zur Fahrzeugsicherheit weltweit verschärft oder kamen neu dazu.

Univ.-Prof. Dr.-Ing. Lutz Eckstein, Leiter des Instituts für Kraftfahrzeuge (ika), RWTH Aachen University, und Präsident des Vereins Deutscher Ingenieure e. V., Düsseldorf, sowie **Prof. Dr.-Ing. Adrian Zlocki,** Leiter des Bereichs für Automatisiertes Fahren bei der fka GmbH, Aachen. Mit ihrem neuen Kapitel „Unfallvermeidung und -schwereminderung" wird das Buch um viele Aspekte der aktiven Sicherheit und der Fahrerassistenz bereichert. Zudem erweiterten Sie mit dem neuen Abschnitt „Szenarienbasiertes

Testen der aktiven Sicherheit und des automatisierten Fahrens" die Methoden der experimentellen Simulation, ohne die der Fahrzeugentwicklungsprozess heute nicht mehr vollständig wäre.

Dr.-Ing. Frank Laakmann, Mitarbeiter bei der ZF Group in der Division Passive Sicherheitstechnik in Alfdorf. Er bearbeitete und aktualisierte das Kap. „Insassen- und Partnerschutz" (ehemals „Sicherheitsmaßnahmen") vollständig und brachte es auf einen zeitgemäßen Stand. Unterstützt wurde er seinerseits durch Dr. Christian Fischer, Bernd Issler, Dr. Detlef Last, Dr. Kai-Ulrich Machens, Marc Schledorn, Dr. Martin Seyffert, Marco Wahl, Lothar Zink und weitere seiner Kollegen und Kolleginnen. Die vielen Beispiele und neuen Abbildungen werden allen Lesern helfen, die an den Themen der passiven Sicherheit, der Entwicklung von Rückhaltesystemen und an Technologien der integralen Sicherheit interessiert sind.

Dipl.-Wirtsch.-Ing. Johannes Clemm, Geschäftsführer Continental Safety Engineering International GmbH in Alzenau und **Dr.-Ing. Stephan Zecha,** Leiter Integrated Safety System Development sowie seine Kollegen **Dipl.-Ing. Andreas Forster** und **Dr. rer. nat. Marc Menzel,** ebenfalls von Continental. Sie aktualisierten und erweiterten das Kapitel. „Sensorik zur Unfalldetektierung", das bereits mit der zweiten Auflage durch Thomas Görnig von Continental in Ingolstadt eingesteuert und in der vierten Auflage von James Remfrey, ehemals Leiter für Technology Intelligence bei Continental in Frankfurt, maßgeblich erweitert wurde. Besonders möchte ich die neuen Abschnitte zur Telematik und zur Radartechnologie für die Umfelderfassung erwähnen, ohne die ein Buch zur integralen Sicherheit von Kraftfahrzeugen heute nicht mehr auskommt.

Dipl.-Math. Dipl.-Ing. (BA) Ulrich Franz, Geschäftsführer der DYNAmore GmbH, ein Tochterunternehmen der ANSYS Inc., und **Prof. Dr.-Ing. André Haufe,** CTO und Leiter des Material Competence Center, ebenfalls bei DYNAmore. Sie überarbeiteten den umfangreichen Abschnitt „Rechnerische Simulation", Teil des Kapitels „Integrale Sicherheit im Fahrzeugentwicklungsprozess", und brachten ihn auf einen, seit der vierten Auflage vor mehr als zehn Jahren erforderlich gewordenen, hochaktuellen Stand. Ergänzt wurde dieser Abschnitt um eine Einführung zur expliziten Zeitintegration. Bedanken möchte ich mich auch bei **Dr.-Ing. Thomas Kinsky,** Director Business Development bei Humanetics Europe, für die wichtige Überarbeitung des Unterabschnitts zu den Dummys bei der „Experimentellen Simulation" und die aussagekräftigen Bilder dazu.

Im Verlauf der Entstehung des Buches durfte ich mit großer Dankbarkeit die Unterstützung durch freundschaftlich verbundene und interessierte Kollegen erfahren, die aufzuzählen den Rahmen dieser Danksagung sprengen würde.

Schließlich bedanke ich mich bei Frau **Ulrike Butz** – Projektmanagerin, Frau **Mangayarkarassi Karthikeyan** und Herrn **Prasenjit Das** - Herstellung, insbesondere Manuskriptbearbeitung und formale Abstimmungen, Frau **Angela Schulze-Thomin** –

Projektkoordinatorin Deutschland sowie Herrn **Markus Braun** und Herrn **Axel Garbers** – Lektorat des Kfz-Bereiches beim Verlag Springer Vieweg in Heidelberg, für die vielen Abstimmungsgespräche und die Unterstützung bei der Umsetzung des Werkes. Die Möglichkeit, viele Abbildungen im gedruckten Exemplar nun in Farbe zeigen zu können, ist ausgesprochen wertvoll für die behandelten Themen. Ihnen und vielen ihrer Kolleginnen und Kollegen in Deutschland und Indien gilt zudem mein Dank für das Korrekturlesen, die Aufbereitung des Skripts, die Druckerstellung und schließlich die Vermarktung des Buches zur integralen Sicherheit von Kraftfahrzeugen.

Hechingen, November 2023

Rodolfo Schöneburg
Prof. Dr.-Ing.

Safety first.
And second.
And third.

Im Auto unsichtbar, für uns täglich im Mittelpunkt: Der Inflator, der in Milisekunden den Airbag in Stellung bringt, ist ein Hidden Champion auf Hochtechnologieniveau.

Im Fokus steht dabei immer ein wettbewerbsfähiges Produkt mit höchsten Qualitätsstandards.
Daran lassen wir uns jederzeit gerne messen.

Inhaltsverzeichnis

Abkürzungsverzeichnis

3PGA	Dreipunktgurt-Automat
ABS	Antiblockier-System
ABS	Acrylnitril-Butadien-Styrol-Copolymerisat (Kunststoff)
ABL	Active Buckle Lifter (siehe auch Active Control Buckle)
ACB	Active Control Buckle (Aktives Gurtschloss)
ACC	Adaptive Cruise Control
ACEA	European Automobile Manufacturer Association
ACR	Active Control Retractor (Aktiver Gurtstraffer)
ACRS	Air Cushion Restraint System
AD	Automated Driving
ADAS	Advanced Driver Assistance Systems
AEB	Automated Emergency Braking
AEBS	Advanced Emergency Braking System
AIS	Abbreviated Injury Scale (vereinfachte Verletzungsskala)
ALE	Arbitrary Lagrangian Eulerian
ALR	Automatic Locking Retractor (Kindersitz-Sicherungsfunktion)
AkSIx	Index für die aktive Sicherheit
ALS	Advanced Level Support (im Rettungswesen)
AP	Anchor Pretensioner (Endbeschlag-Straffer)
APEAL	Auto Performance, Execution and Layout Study (USA, J.D. Power-Studie)
API	Application Programming Interface
aPLI	Advanced Pedestrian Legform Impactor (für Fußgängerschutz)
ASIC	Application Specific Integrated Circuit
ATD	Anthropometric Test Device (anthropomorphe Testpuppe, Dummy)
AWS	Anti-Whiplash-System
BAB	Bundesautobahn
BAS	Brake Assist System (Notbremsassistant)
BASt	Bundesanstalt für Straßenwesen
BEV	Batterieelektrisches Fahrzeug

BF	Bestätigungsfahrzeug
BG	Berufsgenossenschaft
BIR	Bag-In-Roof
BIW	Body in white (Fahrzeug-Rohkarosse)
BLS	Basic Level Support (im Rettungswesen)
BMS	Batteriemanagement-System
BP	Buckle Pretensioner (Schloss-Straffer)
BSM	Blind Spot Monitoring
BSM	Basic Safety Message (in der Telematik)
BWS	Brustwirbelsäule
CAB	Curtain Airbag Module (Windowbag, Vorhang-Airbag-Modul)
CAD	Computer Aided Design
CAE	Computer Aided Engineering
CAM	Cooperative Awareness Message
CAN	Controller Area Network
Canfix	Bezeichnung ISOFIX
Car-to-X	Fahrzeug-Echzeitkommunikation
CATARC	China Automotive Technology and Research Center
CDD	Cyclic Delay Diversity
CDS	Crashworthiness Data System (USA)
C-IASI	China Insurance Automobile Safety Index
CE	Conformité Européenne (Europäische Konformität)
CeAB	Center Airbag Module (Mitten-Airbag-Modul)
CFC	Channel Frequency Class
CFD	Computational Fluid Dynamics
CFK	Carbonfaser-verstärkter Kunststoff
CFL	Characteristic Shoulder Belt Force Level
CIREN	Crash Injury Research and Engineering Network (USA)
CLL	Constant Load Limiter (Kraftbegrenzer, konstant)
CMVSS	Canada Motor Vehicle Safety Standards
CoP	Conformity of Production (Serienüberprüfung)
COP	Child Occupant Protection
CPM	Cooperative Perception Message
CPU	Central Processing Unit
CRABI	Child Restraint and Airbag Interaction (Kind-Dummy)
CRS	Child Restraint System
DAB	Driver Airbag Module
DAMAGE	Diffuse Axonal Multi-Axis General Evaluation
DARPA	Defense Advanced Research Projects Agency
DENM	Decentralized Environmental Notification Message
DGU	Deutsche Gesellschaft für Unfallchirurgie

DIVI	Deutsche Interdisziplinäre Vereinigung für Intensiv- und Notfallmedizin
DLL	Degressive Load Limiter (Kraftbegrenzung degressiv)
DLT	Dynamic Locking Tongue
DMS	Driver Monitoring Systeme
DPT	Digitaler Prototyp (auch VP)
DOT	Department of Transportation (USA)
EAC	Equivalent Accident Characteristics
EC	Enrollment Certificate
eCall	Emergency Call (automatischer Notruf)
ECDSA	Elliptic Curve Digital Signature Algorithm
ECE	Economic Commission for Europe
EDR	Event Data Recorder (Ereignisdatenspeicher)
EEBL	Emergency Brake Light
EEVC	European Enhanced Vehicle Safety Committee
EG	Europäische Gemeinschaft
EKG	Elektrokardiogramm
eKF	Elektro-Kleinstfahrzeug
ELK	Emergency Lane Keeping
ELR	Emergency Locking Retractor
EMV	Elektromagnetische Verträglichkeit
ES-2	EuroSID Europäischer Side Impact Dummy, 2. Generation
ESA	Evasive Steering Assist
ESD	Electrostatic Discharge
ESG	Einscheiben-Sicherheitsglas
ESP	Elektronisches Stabilitätsprogramm
ETSC	European Transport Safety Council
ETSI	European Telecommunications Standards Institute
EU	Europäische Union
EUC	Equipment under Control
FAS	Fahrerassistenzsysteme (auch ADAS)
FAR	Fahrzeug-/Funktionsabsicherung Rohbau
FAT	Forschungsvereinigung Automobiltechnik e.V.
FCEV	Fahrzeug mit Brennstoffzellenantrieb
FCW	Forward Collision Warning
FEM	Finite Elemente Methode
Flex-PLI	Flexible Pedestrian Legform Impactor (Flex. Fußgänger-Beinimpaktor)
FMVSS	Federal Motor Vehicle Safety Standards (USA)
FPM	Finite Point-set Methode
Fps	Frames per Second (Bilder pro Sekunde)
FUPD	Front Underride Protection Device (LKW-Unterfahrschutz)
GB-Standard	Guobiao, chinesisch für „Nationaler Standard"
GFK	Glasfaser-verstärkter Kunststoff

GG	Gasgenerator
GIDAS	German in-Depth Accident Study (Unfalldatenbank)
GNSS	Global Navigation Satellite System (GPS/Galileo/etc.)
GPS	Global Positioning System
GPU	Graphical Processing Unit
GSR	General Safety Regulation (EU)
GTR	Global Technical Regulations
GuNi	Guanidinnitrat
HANS	DYNAmore Human Body Model
HBM	Human Body Model
HIII	Hybrid III (Dummy)
HIII-50M	HIII - 50. Perzentil (männlich)
HIII-5F	HIII – 5. Perzentil (weiblich)
HIC	Head Injury Criterion
HMI	Human Machine Interface
HPC	Head Performance Criterion
HPM	H-Punkt Maschine
HPR	High Penetration Resistant
HUMOS	Human Model for Safety
HUS	Heckunterfahrschutz
HWS	Halswirbelsäule
I-Shaft	Intermediate Shaft (Lenksystem)
i-Size	Kindersitz-Standard, Zulassungsnorm für Kindersitze
IBRL	Internal Bumper Reference Line (für Fußgängerschutz)
ICS	Injury Cost Scale
ICW	Intersection Collision Warning
IFM	Institut für Fahrzeugsicherheit München
IIHS	Insurance Institute for Highway Safety (USA)
IMA	Intersection Movement Assist
IMU	Inertial Measurement Unit
IoT	Internet of Things
IQS	Initial Quality Study (USA, J.D. Power Studie)
IRS	Inflatable Restraint Systems
ISOFIX:	ISO-International Standardisation Organization, FIX-Fixierung
	(Befestigungssystem für Kinder-Rückhaltesysteme)
ISS	Injury Severity Score
IVIM	In Vehicle Information Message
LDW	Lane Departure Warning
ITS	Intelligent Transportation System
KBA	Kraftfahrt-Bundesamt
Kbps	Kilobit per second
KFZ	Kraftfahrzeug

KISI	siehe ALR
KMVSS	Korea Motor Vehicle Safety Standards
KnAB	Knee Airbag (Knie Airbag)
KOM	Kraftomnibus
LATCH	Bezeichnung ISOFIX
LEM	Leicht-Elektromobile
LiDAR	Light Detection and Ranging
LDW	Lane Departure Warning
LKA	Lane Keeping Assistance
LKW	Lastkraftwagen
LL	Load Limiter (Kraftbegrenzer)
LMM	Low Mount Module (Airbag)
LPD	Lateral Protection Device (LKW-Unterfahrschutz)
LUAS	Bezeichnung ISOFIX
LWS	Lendenwirbelsäule
MaaS	Mobility as a Service
MAIS	Maximaler AIS-Wert
MAP	Intersection MAP Message (Road Topology)
MCM	Maneuver Coordination Message
MDB	Mobile Deformable Barrier
MGG	Mikro-Gasgenerator
MIND	Minimaler Notfalldatensatz
MIPS	Multi-directional Impact Protection
MMM	Mid Mount Module (Airbag)
MPDB	Mobile Progressive Deformable Barrier
MKS	Mehr-Körper-Systeme
MSD	Minimum Set of Data
MZR	motorisiertes Zweirad
NASS	National Automotive Sampling System (USA)
NBW	Normierter Belastungswert
NC	Nitrozellulose
NCAP	New Car Assessment Programme
NFZ	Nutzfahrzeuge
NHTSA	National Highway Traffic Safety Administration (USA)
NIDA	Notfall-, Informations- und Dokumentationsassistent
NiGu	Nitroguanidin
NVH	Noise Vibration Harshness
OBD	Onboard Diagnostic Connector
OCS	Occcupant Classification System (Insassen-Klassifizierungssystem)
ODB	Offset Deformable Barrier
ODS	Occupant Detection System (Insassen-Präsenz-Sensierungssystem)
OFDM	Orthogonal Frequency Division Multiplexing

OoP	Out-of-Position
ODD	Operational Design Domain
OLC	Occupant Load Criterion
OPW	One Piece Woven
PA	Polyamid (Kunststoff)
PAB	Passenger Airbag Module (Beifahrer-Airbag-Modul)
PAS	Peripheral Acceleration Sensor
PaSIx	Index für die passive Sicherheit
PC	Polycarbonat (Kunststoff)
PdB	Partnership for Dummy Technology and Biomechanics
PES	Polyester (Textil)
PET	Polyethylenterephthalat (Kunststoff)
PHEV	Plug-In-Hybrid-Fahrzeug
PKI	Public Key Infrastructure
PKW	Personenkraftwagen
PLL	Progressive Load Limiter (Kraftbegrenzer, progressiv)
PODS	Probability of Death Score
PRE-SAFE®	Preventive Safety System (Präventives Sicherheitssystem von Mercedes)
PSI	Peripheral Sensor Interface
PT	Prototyp
PTW	Powered Two-Wheeler
PVB	Polyvinylbutyral (Kunststoff)
PWM	Pulsweiten-Modulation
QPSK	Quadrature Phase-Shift Keying oder Quaternary Phase-Shift Keying
Radar	Radio Detection and Ranging
RAM	Random Access Memory
RCA	Root Certification Authority
RCAR	Research Council for Automobile Repairs
RDB	Ride-Down Benefit
RDE	Ride-Down-Effekt
RNS	Rast-Nocken-Schloss (Gurtschloss)
ROM	Read Only Memory
R/P	Retractor Pretensioner (Aufroller-Straffer)
RSAB	Rear Seat Airbag Module (Rücksitz-Airbag-Modul)
RSM	Roadside Safety Message
RUPD	Rear Underride Protection Device (LKW-Unterfahrschutz)
RWW	Road Works Warning
SAB	Side Airbag Module (Seiten-Airbag-Modul)
SAE	Society of Automotive Engineers
SbW	Steer-by-Wire
SDM	Simulationsdatenmanagement
SDM	Sensing and Diagnostic Module (bei Airbag-Elektronik)

SDSM	Sensor Data Sharing Message
SE	Simultaneous Engineering
SG	Sicherheitsgrad
SID	Side Impact Dummy
SiKriS	Sicherheitskriterien-System
SIX	Sicherheitsindex
SLL	Switchable Load Limiter (schaltbarer Kraftbegrenzer)
SPAT	Signal Phase and Timing
SPR	Snake-Pretensioner
SPUL	Spezifische Unfall-Leistung
SRAB	Seat Ramp Airbag Module (Sitzrampen-Airbag-Modul)
SRP	Seat Reference Point
SRS	Supplemental Restraint System (ergänzendes Rückhaltesystem)
StVZO	Straßenverkehrs-Zulassungsordnung
TA	Teilaufbau
TAI	Temps Atomique International (internationale Atomzeit)
TAU	Tether Activation Unit (Steuerung unterschiedlicher Luftsackgrößen)
THOR	Test device for Human Occupant Restraint
THUMS	Total Human Model for Safety
TI	Tibia Index
TOR	Takeover Request
TPE	Thermoplastische Elastomere (Kunststoff)
TTI	Thoracic Trauma Index
TTA	Time to Arrival
TTC	Time to Collision
TTL	Time to Lane Crossing
UCSSS	Bezeichnung ISOFIX
UDS	Unified Diagnostic Services
UNECE	United Nations Economic Commission for Europe
UN-R	UN-Regulation
V2X	Vehicle to Everything
VC	Viscous Criterion
VDA	Verband der Automobilindustrie e.V.
VDS	Vehicle Dependability Study (USA, J.D. Power-Studie)
VP	Virtueller Prototyp (auch DPT)
VRU	Vulnerable Road User (verletzliche Verkehrsteilnehmer)
VS	Vehicle Sense (Fahrzeug-Sensierung)
VSG	Verbund-Sicherheitsglas
WAD	Wrap Around Distance (Abwickellänge zur Bestimmung der Aufprallbereiche bei Fußgängerschutztests)
WCU	Wheelchair User
WHO	World Health Organization

WS	WorldSID (Seitenaufprall-Dummy)
WS	Web Sense (Gurtband-Sensierung)
WSU	Wayne State University
ZFZR	Zentrales Fahrzeugregister

Die integrale Sicherheit 1

Rodolfo Schöneburg und Florian Kramer

Kraftfahrzeuge weisen bereits heute ein hohes Maß an Sicherheit für Insassen und für äußere Verkehrsteilnehmer (z. B. Fußgänger und Radfahrer) auf; eine weitere Verbesserung stellt die Automobilindustrie vor große Herausforderungen, die nur durch eine Ausweitung der Zielsetzung und eine enge Zusammenarbeit zwischen Herstellern, Zulieferern und Entwicklungsdienstleister einer gemeinsamen Lösung zugeführt werden können.

Während sich die passive Sicherheit mit unfallfolgenmindernden Maßnahmen zur Begrenzung der Unfallfolgen befasst, bezieht sich die aktive Sicherheit auf die Vermeidung der Unfälle und die Herabsetzung deren Häufigkeit. Die integrale Sicherheit verknüpft nun beide Bereiche mit dem Ziel, das Schutzpotenzial aller Verkehrsteilnehmer weiterhin zu steigern. Dabei werden der gesamte Unfallablauf von der Unfallentstehung über die Kollision bis zum Rettungswesen ganzheitlich betrachtet und Schutzmaßnahmen entwickelt, erprobt und in den Fahrzeugen serienmäßig eingesetzt. Dabei zielen die Bestrebungen der Sicherheitsingenieure darauf ab, Gefahrensituationen während des normalen Fahrzustandes frühzeitig zu erkennen, zu interpretieren und folgerichtig Maßnahmen zur Unfallvermeidung und zur Minimierung der Unfallfolgen einzuleiten.

R. Schöneburg (✉)
RSC Safety Engineering, Hechingen, Deutschland
E-Mail: rsc@rschoeneburg.de

F. Kramer

© Der/die Autor(en), exklusiv lizenziert an Springer Fachmedien Wiesbaden GmbH, ein Teil von Springer Nature 2023, korrigierte Publikation 2024
R. Schöneburg (Hrsg.), *Integrale Sicherheit von Kraftfahrzeugen,* ATZ/MTZ-Fachbuch,
https://doi.org/10.1007/978-3-658-42806-8_1 1

Assistenzsysteme, konditionierbare und reversible Insassenschutz-Systeme oder automatische Notruf-Systeme, auf die im Folgenden näher einzugehen sein wird, sind bei vielen Automobilherstellern bereits Stand der Technik und stehen dem Benutzer neuerer Fahrzeuge zur Verfügung. Einzeln betrachtet verbessern diese Systeme zweifellos das Unfallvermeidungspotenzial. Durch die Nutzung der mithilfe der Assistenzsysteme gewonnenen Informationen und Daten aber lassen sich, sofern eine Kollision unvermeidbar erscheint, Insassenschutz-Systeme frühzeitig, schon vor dem Aufprall, ansteuern, sodass sich die Unfallfolgen reduzieren lassen, zumindest aber die Unfallschwere herabgesetzt werden kann und damit zu einer Verbesserung der Fahrzeugsicherheit führen. Diese Verknüpfung von aktiver und passiver Sicherheit über die Vorunfall- oder PRE-CRASH-Phase charakterisiert die „integrale Sicherheit".

1.1   Sicherheitswissenschaftliche Grundbegriffe

Bei der Verwendung des Begriffes „Sicherheit" sieht man sich unmittelbar der Frage ausgesetzt, ob es für den Straßenverkehr überhaupt eine absolute Sicherheit, also das „Freisein von Gefahr" [8] geben kann. Angesichts der alljährlich zu beklagenden Unfallfolgen muss diese Frage wohl eher verneint werden. Was bedeutet also „Sicherheit"?

Zunächst resultiert die Unsicherheit des Straßenverkehrs zweifellos aus dem – aus probabilistischer (wahrscheinlichkeitstheoretischer) Sicht vorhandenen – Risiko, einen Schaden in bestimmtem Umfange von Personen und/oder Sachen zu erleiden. Der Un-Fall (als Synonym für den Nicht-Normalfall, den Störfall also) lässt sich demnach wie folgt definieren:

Unfall ist ein Ereignis, bei dem die Abweichung zwischen vorgegebener Fahraufgabe und deren Erfüllung ein zulässiges Maß überschreitet (nicht bewältigte Regelaufgabe) und in dessen unmittelbarer Folge ein Schaden bestimmter Art und Schwere eintritt.

Dabei ist nach [2] ein

Schaden (bzw. eine Schädigung) ein Nachteil durch Verletzung von Rechtsgütern aufgrund eines bestimmten technischen Vorganges oder Zustandes.

Das Schadensausmaß kann am beteiligten Kraftfahrzeug durch Sachschäden (z. B. Reparaturkosten, Wiederbeschaffungswert, Wertverlust aufgrund der Beschädigung) und am beteiligten Menschen durch Personenschäden (z. B. Verletzungsschweregrade, Verletzungsfolgekosten) angegeben werden.

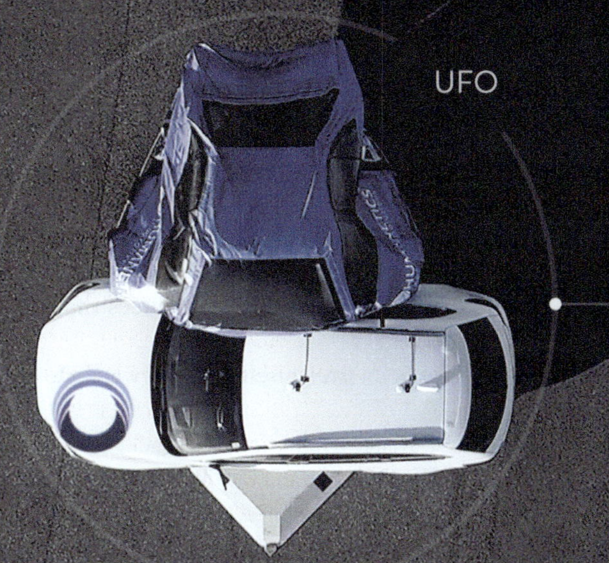

HUMANETICS

PREVENT.
PREPARE.
PROTECT.

Komplette Testlösungen von Humanetics

Active+Passive

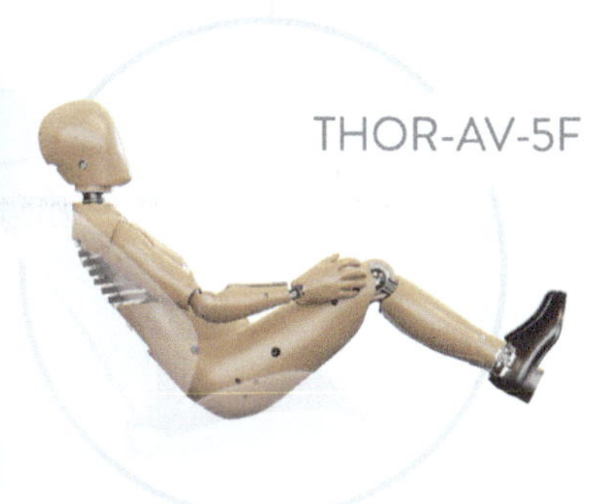

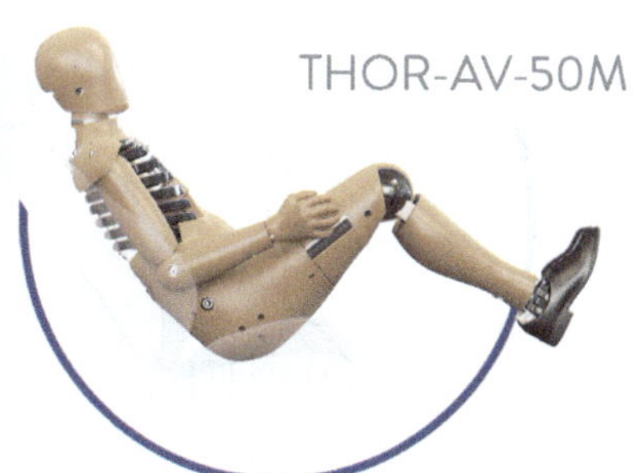

Integrale Sicherheit: die Kombination aus aktiver und passiver Sicherheitstechnologie zur allgemeinen Verbesserung der Insassensicherheit.

Humanetics ist der einzige Anbieter von Testgeräten für aktive und passive Sicherheit und bietet eine integrale Sicherheitstestlösung, die sich ideal für autonome Fahrszenarien eignet.

Unsere Ultra-Flat Overrunable (UFO)-Roboterplattform ist eine beliebte Wahl für ADAS/AV-Tests, welche es Fahrzeugherstellern ermöglichen, die neuesten fortschrittlichen Unfallvermeidungssysteme in realen Szenarien zu testen.

Auswertungen von Crashtests können mit unseren fortschrittlichen ATDs THOR-AV-50M und THOR-AV-5F durchgeführt werden, die speziell für autonome Fahrzeugtests in alternativen Sitzpositionen entwickelt wurden.

Um mehr über unser Produktportfolio für integrale Sicherheit zu erfahren, besuchen Sie uns unter humanetics-group.com.

https://hubs.li/Q020F78t0

Folgt man der ebenfalls in [2] festgelegten Begriffsbestimmung, so ist

Risiko, das mit einem bestimmten technischen Vorgang oder Zustand verbunden ist und zusammenfassend durch eine Wahrscheinlichkeitsaussage beschrieben wird,

- die zu erwartende Häufigkeit des Eintrittes eines zum Schaden führenden Ereignisses und
- das beim Ereigniseintritt zu erwartende Schadensausmaß.

Diese Risiko-Definition verwendet beispielsweise Schmid, indem das Produkt $R = W \cdot S$ aus Wahrscheinlichkeit W und Schadenshöhe S zur vergleichenden Gegenüberstellung verschiedener Unfallkonstellationen verwendet wird. Das Produkt wird dabei als „Kompatibilitätskenngröße" bezeichnet, da es sich „zur Beschreibung des Nutzens von Sicherheitsmaßnahmen" [10] eignet. Von der Übernahme dieses Risiko-Begriffes wird im Folgenden jedoch Abstand genommen, weil hierfür treffender der Begriff der „Unfallfolgen" oder, als monetarisierter Kennwert beispielsweise für das Produkt aus Häufigkeit und Verletzungsschwere, der Begriff der „Verletzungsfolgekosten" eingeführt ist [5]. Darüber hinaus widerspricht die Produktbildung der im Späteren zu zeigenden Risiko-Funktion, mit der die Wahrscheinlichkeit eines bestimmten Verletzungsschweregrades in Abhängigkeit vom Schutzkriterium dargestellt werden soll. Nachfolgend wird daher Risiko in seiner weitergefassten Definition als Wahrscheinlichkeitsaussage verstanden, die den Erwartungswert einer Häufigkeit für ein bestimmtes Schadensausmaß bei Ereigniseintritt beschreibt.

Mit der Einführung und Erläuterung der Risiko-Definition lässt sich die Gefahr nach [2] in folgender Weise formulieren:

Gefahr ist eine Sachlage, bei der das Risiko größer ist als das größte noch vertretbare Risiko (Grenzrisiko) eines bestimmten technischen Vorganges oder Zustandes,

und nach [3] ist

Gefährdung eine räumlich und zeitlich sowie nach Art, Größe und Richtung bestimmte Gefahr für eine Person, Sache oder Funktion.

Damit setzt der Unfall, aus dem unmittelbar ein Schaden resultiert, eine Gefährdung voraus. Zur Abgrenzung zwischen unfallrelevanten Fahrmanövern mit und ohne Schaden werden diejenigen Abläufe ohne Schadenseintritt als Beinah-Unfälle bezeichnet. Sie weisen zwar ein gleich hohes Gefährdungspotenzial wie Unfälle auf, führen aber nur deshalb nicht zu Schädigungen, weil kein schadenauslösender Umstand (beispielsweise ein Kollisionskontrahent) vorhanden ist. Die Gefahr kann daher mit Unsicherheit gleichgesetzt werden. Infolge dessen ist unter Sicherheit die Wahrscheinlichkeit zu verstehen, mit der von einer Betrachtungseinheit während einer bestimmten Zeit keine Gefahr ausgeht. Dieser von Meyna in [8] vorgeschlagene Sicherheitsbegriff, der aus sicherheitswissenschaftlicher Sicht einen interdisziplinären Charakter aufweist, kann unabhängig vom jeweiligen Fachgebiet angewandt werden. Er bedarf aber zur Anwendung im Bereich der Kraftfahrzeug-Sicherheit einer gewissen Präzisierung: Unsicherheit und Sicherheit sind komplementäre Begriffe, sodass sich mit der oben vorgenommenen Gleichsetzung von Gefahr und Unsicherheit die normierten Größen „Sicherheit" und „Gefahr" zu Eins ergänzen lassen. Die Sicherheit kann damit als

$$\text{Sicherheit} = 1 - \text{Gefahr}$$

formuliert werden. In Umkehrung der Definition für Gefahr lässt sich unter Einbeziehung des Risiko-Begriffes die Sicherheit (in Anlehnung an [2]) ausdrücken durch

Sicherheit ist eine Sachlage, bei der das Risiko kleiner ist als das größte noch vertretbare Risiko (Grenzrisiko) eines bestimmten technischen Vorganges oder Zustandes.

Da sich das „vertretbare Risiko" nur in den seltensten Fällen quantifizieren lässt, kann beispielsweise zur Zeitreihen-Darstellung die Sicherheit mithilfe von nicht-normierten Kenngrößen als ausreichend angesehen werden. Die Erhöhung der Sicherheit erfolgt im Wesentlichen durch die Herabsetzung des Risikos, indem entweder die Eintrittswahrscheinlichkeit eines zum Schaden führenden Ereignisses herabgesetzt (Unfallvermeidung) oder das Schadensausmaß reduziert wird (Unfallfolgenminderung).

1.2 Grundlagen integraler Sicherheit

Der Verkehr umfasst gleichermaßen die am Verkehr teilnehmenden Menschen – unabhängig davon, in welcher Eigenschaft (Fahrer, Passagier, Fußgänger) sie dabei in Erscheinung treten – sowie die Fahrzeuge und den Verkehrsraum. Die Verkehrssicherheit ist dementsprechend ausgerichtet auf die Verkehrsteilnehmer, die Verkehrsmittel und die Verkehrswege. Die Sicherheit des Straßenverkehrs zielt dabei auf den Menschen, das Fahrzeug und die Umwelt ab (Abb. 1.1).

Maßnahmen zur Verbesserung der Straßenverkehrssicherheit werden unterschieden in

- unfallvermeidende Maßnahmen zur Herabsetzung der Unfallhäufigkeit und
- unfallfolgenmindernde Maßnahmen zur Begrenzung des zu erwartenden Schadens.

Die unfallvermeidenden Maßnahmen werden dem Bereich der aktiven Sicherheit und die Unfallfolgen mindernden Maßnahmen dem Bereich der passiven Sicherheit zugeordnet. Sie lassen sich, wie in Abb. 1.1 anhand einiger Beispiele dargestellt ist, in Maßnahmen unterteilen, die den Menschen, das Fahrzeug und die Umwelt hinsichtlich der Unfallprophylaxe bzw. der Unfallfolgenminderung beeinflussen. Obwohl die im englischen Sprachgebrauch übliche Bezeichnung primäre (primary) bzw. sekundäre (secondary) Sicherheit dem Sinn nach eine treffendere Bedeutung aufweist – da es gilt, zunächst Unfälle zu vermeiden und, sollten sie dennoch eintreten, erst in zweiter Linie die Folgen zu mindern –, werden diese, aufgrund der Eingeführtheit der Begriffe „aktive" und „passive" Sicherheit, auch im Folgenden weiterverwendet.

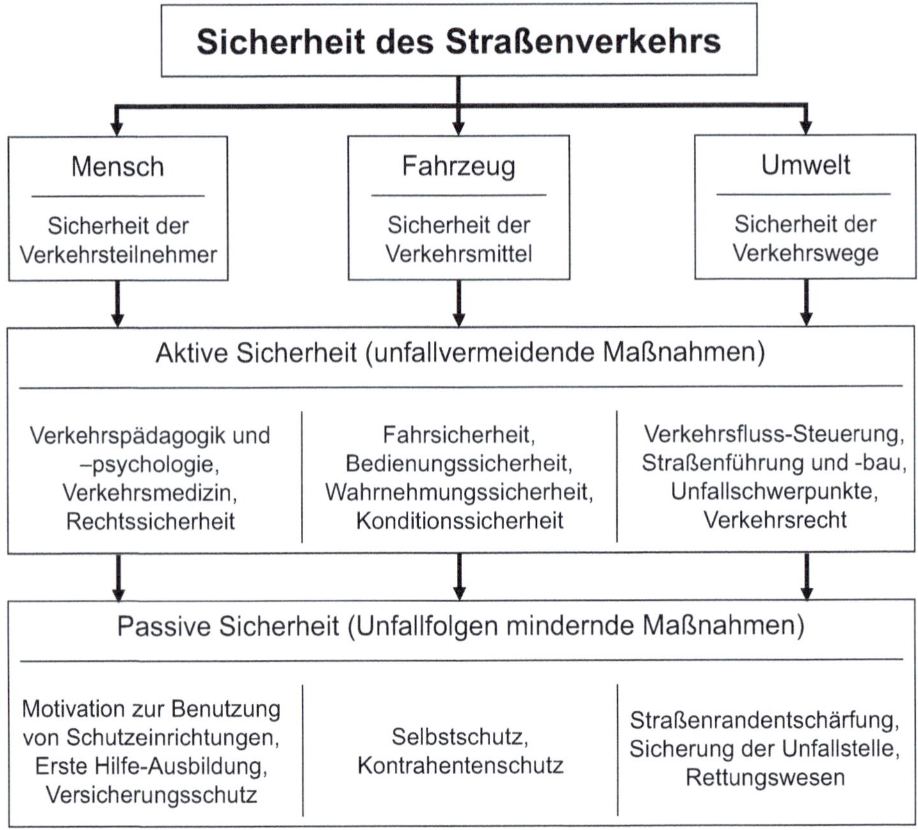

Abb. 1.1 Teilbereiche der Straßenverkehrssicherheit und Beispiele für Sicherheitsmaßnahmen

Zur Klärung der Frage, wie sich die zeitliche Entwicklung der beiden Sicherheitsbereiche (aktive und passive Sicherheit) in der Vergangenheit gestaltet hat, sind die üblichen Sicherheitskennzahlen, wie Getötete oder Verletzte pro zugelassenem oder verunfalltem Fahrzeug oder pro Kilometer-Anzahl, wenig aussagefähig. So ist zum Einen der Zusammenhang zwischen Unfallzahlen und Fahrzeugbestand (Abb. 1.2) hochgradig nicht-linear und zeigt von der wirtschaftlichen Entwicklung in Deutschland abhängige Phasen: Die Restaurationsphase (etwa bis 1961) ist gekennzeichnet durch einen rasanten Anstieg der Unfallentwicklung in Abhängigkeit von der Anzahl zugelassener Kraftfahrzeuge, während der Anstieg in der Restitutionsphase (bis 1988) deutlich flacher verläuft. Ab Ende der 1980er Jahre stellt sich eine Stagnation ein, d. h. die Anzahl der Unfälle bleibt trotz zunehmendem Fahrzeugbestand weitgehend konstant. Diese Invarianzphase setzt sich nach der Vereinigung der beiden Teile Deutschlands auf einem deutlich höheren Niveau fort und wird zur Jahrtausend-Wende abgelöst durch die Degressionsphase. Sie ist charakterisiert durch abnehmende Unfallzahlen bei weiterhin steigendem

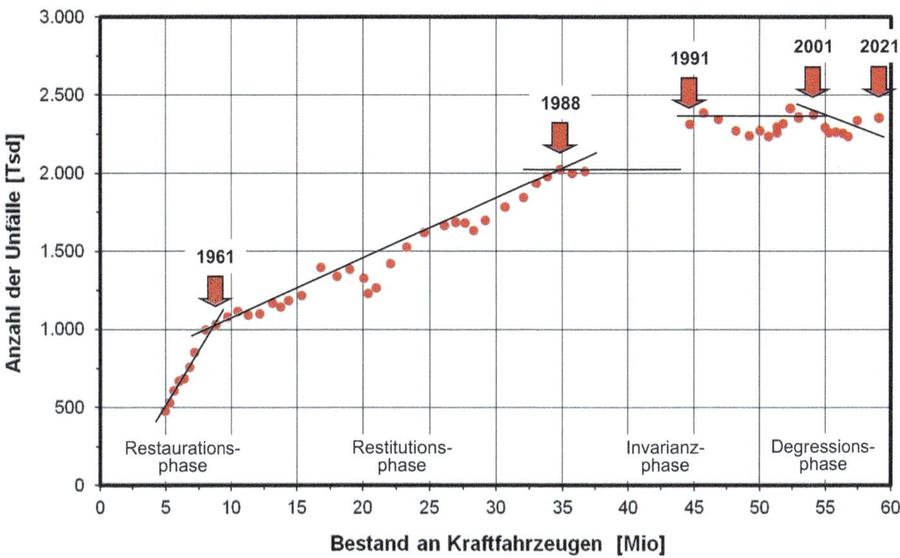

Abb. 1.2 Entwicklung der Unfälle in Abhängigkeit von den Zulassungszahlen im Zeitraum 1953 bis 2021

Fahrzeugbestand; wobei zu berücksichtigen ist, dass seit 2008 im Fahrzeugbestand die vorübergehend stillgelegten Kraftfahrzeuge nicht mehr enthalten sind.

In derartigen Darstellungen lassen sich allerdings die durchaus unterschiedlichen Sicherheitsfortschritte in den einzelnen Bereichen nicht voneinander trennen. Zum Anderen fehlen bei der Quotientenbildung von Verletzten und Verkehrs- oder Unfallzahlen Hinweise auf absolute Zahlen. Und schließlich sind die Aussagen allein auf getötete Verkehrsteilnehmer ausgerichtet zu unscharf, da sie nicht die Verletzungsfolgen in ihrer Gesamtheit berücksichtigen. Letzteres gilt insbesondere unter Berücksichtigung des Umstandes, dass sich in einem Beobachtungszeitraum von etwa 60 Jahren der Anteil an den volkswirtschaftlichen Verletzungsfolgekosten für tödlich Verletzte bei ungefähr 18 %, hingegen für Schwerverletzte bei ca. 52 % und für Leichtverletzte bei 30 % eingependelt hat [6].

Zur getrennten Darstellung werden zunächst, als Indikator für die aktive Sicherheit, die zugelassenen auf die in Unfälle verwickelten Kraftfahrzeuge bezogen. Damit steigt das Maß der aktiven Sicherheit, ausgedrückt durch den Quotient aus Kraftfahrzeug-Bestand und Anzahl der Unfall-Fahrzeuge, mit sinkender Anzahl der Unfall-Fahrzeuge bei gleichem Bestand. Die aktive Sicherheit erhöht sich aber auch mit dem Bestand zugelassener Fahrzeuge bei gleicher Anzahl verunfallter Fahrzeuge. Das Kriterium für die passive Sicherheit ist durch den Quotient aus der Anzahl aller polizeilich gemeldeten Unfälle und den Verletzungsfolgekosten (aus Maßstabsgründen in Mio. €) definiert.

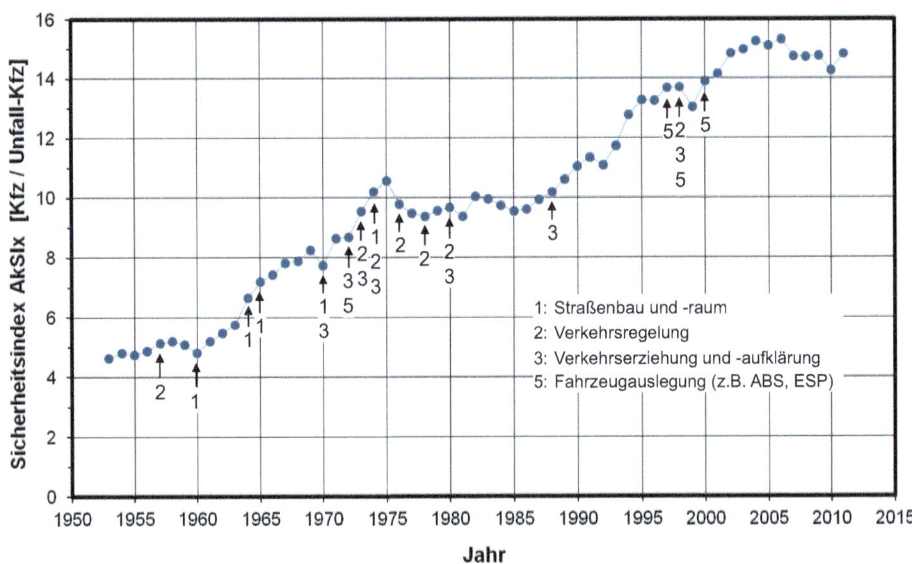

Abb. 1.3 Zeitliche Entwicklung der aktiven Sicherheit im Zeitraum 1953 bis 2011 und Einführung von Maßnahmen zu deren Verbesserung

Danach erhöht sich die passive Sicherheit mit abnehmenden Folgekosten für Getötete und Verletzte bzw. mit der Zunahme der Unfälle ohne gleichzeitigen Kostenzuwachs.

Die Herleitung der Maßzahlen für die aktive und die passive Sicherheit ist ausführlich in [7] dargelegt, sodass hier lediglich das Ergebnis in Form der zeitlichen Entwicklung über einen Zeitraum von etwa 60 Jahren gezeigt werden soll (Abb. 1.3 und 1.4). Für die aktive Sicherheit kann für den Zeitraum von 1953 bis 2011 eine Verdreifachung und für die passive Sicherheit sogar eine Verachtfachung konstatiert werden. Den beiden Verläufen sind jeweils gesetzlich festgelegte Vorschriften im Bereich der aktiven und der passiven Sicherheit zeitlich zugeordnet. Wenn auch die einzelnen gesetzlichen Vorschriften und Regelungen – mit Ausnahme der Bußgeldbewehrung für das Nicht-Anlegen von Sicherheitsgurten im August 1984 (vergl. Anstieg von 1983 bis 1985 in Abb. 1.4) – keine unmittelbaren, zeitlich eindeutig zuordenbaren Wirkungen zeigen, ist der Anstieg der beiden Kurven zweifellos auf die Gesamtwirkung ineinander greifender Einzelmaßnahmen zurückzuführen [1]. Dabei handelte es sich um Maßnahmen.

- im Straßenbau und durch der Gestaltung des Straßenraums (1),
- in der Verkehrsregelung (2),
- in der Verkehrserziehung und -aufklärung (3),
- in Form von Schutzeinrichtungen (4),
- in der Auslegung der Fahrzeuge (5) und
- im Rettungswesen (6).

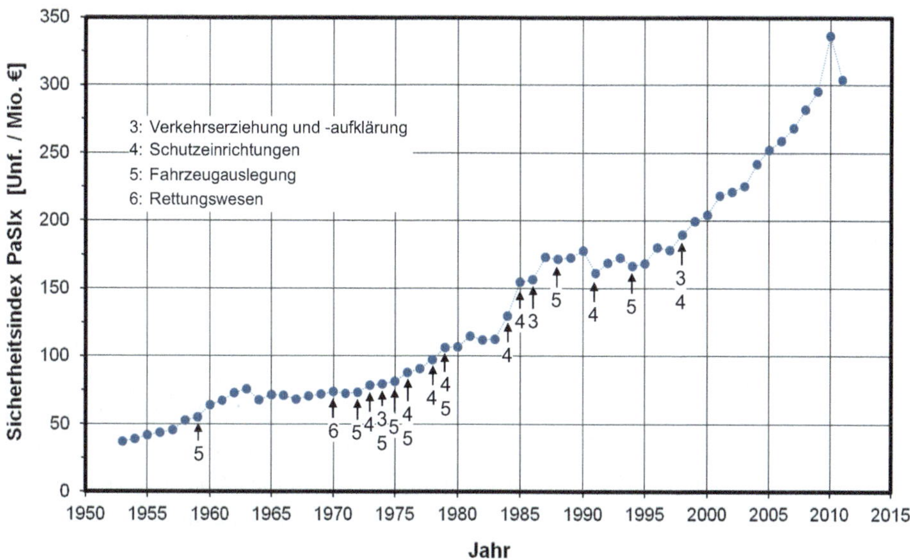

Abb. 1.4 Zeitliche Entwicklung der passiven Sicherheit im Zeitraum 1953 bis 2011 und Einführung von Maßnahmen zu deren Verbesserung

Im Bereich der Fahrzeugsicherheit werden die Handlungsprioritäten in erster Linie aus der Unfallforschung abgeleitet; sie setzt sich aus der Unfalldatenerhebung und -statistik, der Unfallrekonstruktion und der Unfallanalyse zusammen.

Die passive Fahrzeugsicherheit und die damit zusammenhängenden Wirkungsbereiche sind in Abb. 1.5 dargestellt. Mithilfe der Kenntnisse über die Verletzungsentstehung aus dem Bereich der Biomechanik sowie der Sicherheitsbewertung auf Basis von Gesetzen und Ratings werden Sicherheitsmaßnahmen zur Unfallfolgenminderung für Fahrzeuge entwickelt, ausgelegt und im Versuch erprobt. Aussagen über die Wirkungsweise dieser Maßnahmen (z. B. Gurtsysteme, Airbags u. a.) lassen sich in frühen Entwicklungsphasen vor allem mithilfe der rechnerischen Simulation treffen.

Gemäß dieses beispielhaften Ablaufes ist das vorliegende Buch gegliedert. Nach Beschreibung der grundlegenden **Sicherheitsanforderungen** an das Kraftfahrzeug auf Basis von Unfallforschung, Biomechanik sowie Gesetzen und Ratings (Sicherheitsbewertung) in den Kapiteln 2 bis 4, werden **Maßnahmen der integralen Sicherheit** in den Kapiteln 5 bis 7 hergeleitet und vermittelt. Ausführlich setzt sich das letzte Kapitel mit dem **Fahrzeugentwicklungsprozess** auseinander, auch wie und wann die ‚Entwicklungswerkzeuge' rechnerische und experimentelle Simulation zweckmäßigerweise eingesetzt werden.

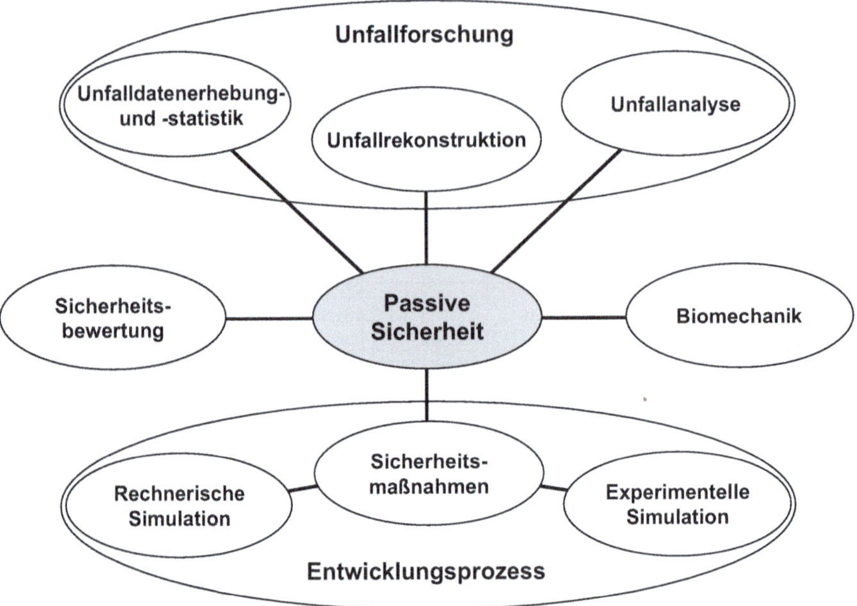

Abb. 1.5 Die passive Sicherheit von Kraftfahrzeugen und ihre Wirkungsbereiche

1.3 Neues Handlungsfeld Vorunfallphase und der integrale Sicherheitsansatz

Die klassische Unterteilung der Fahrzeugsicherheit in aktive und passive Sicherheit ist nicht mehr ausreichend [13]. Es fehlt eine wichtige Sicherheitsphase, die heute Entwicklungsschwerpunkt von vielen neuen Sicherheitssystemen ist: die präventive Sicherheit. Welche Fahrzeugmaßnahmen können schon bei Erkennen einer Unfallgefahr vorsorglich eingeleitet werden, um den Insassen- und Partnerschutz zu verbessern?

Die Abb. 1.6 zeigt die Eskalationsstufen eines Unfalls und beschreibt die Phasen der integralen Sicherheit mit ‚sicher fahren‘, ‚präventiv agieren‘, ‚bedarfsgerecht schützen‘ und ‚retten, sichern‘. Jeder Unfall beginnt mit einer kritischen Situation und endet mit der Sicherung des Fahrzeuges und Rettung der Unfallbeteiligten.

Diese Darstellung eines Unfallhergangs führt zum integralen Sicherheitsansatz [11], wie er heute bei vielen Fahrzeugherstellern und Zulieferanten im Bereich der Fahrzeugsicherheit Anwendung findet und in Abb. 1.7 dargestellt ist. Es wird nicht nur in eine aktive Sicherheit – Unfallvermeidung und Unfallschwereminderung – und eine passive Sicherheit – Unfallfolgenminderung – unterteilt, sondern insbesondere dem Übergangsbereich kurz vor der Kollision großer Stellenwert eingeräumt.

Gemäß dieser Sicherheitsstrategie werden bei einer akuten Unfallgefahr schon präventiv Schutzmaßnahmen vom Fahrzeug eingeleitet. Diese können der Unfallver-

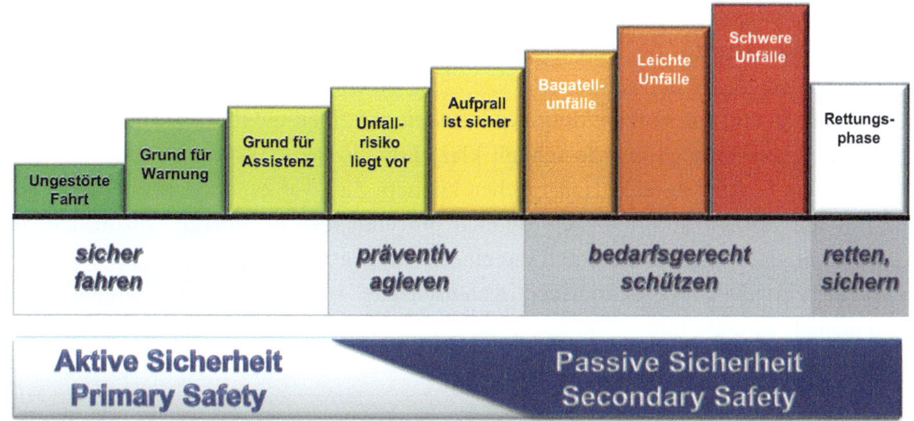

Abb. 1.6 Eskalation des Unfallhergangs und die vier Sicherheitsphasen

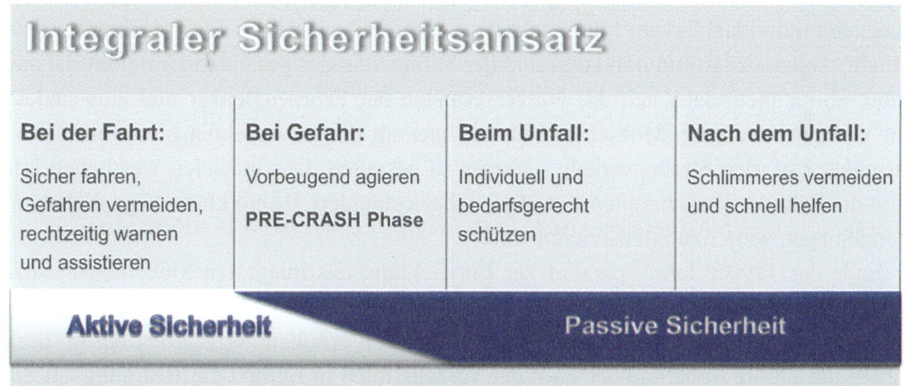

Abb. 1.7 Die vier Phasen des integralen Sicherheitsansatzes

meidung dienen oder die Fahrzeuginsassen auf die drohende Kollision vorbereiten. Der Übergang von aktiver und passiver Sicherheit ist in dieser Phase also fließend. Sinnvollerweise geht dieser Phase, die häufig auch als Vorunfall- oder PRE-CRASH-Phase bezeichnet wird, eine Warnung voraus, um den Fahrer zum Handeln aufzufordern.

Der integrale Sicherheitsansatz ist eng mit der Automobil-Marke Mercedes-Benz verbunden. Im Jahr 2000 wurde auf der Int. Automobilausstellung IAA in Frankfurt zunächst der Ansatz der integralen Sicherheit vorgestellt und 2001 schließlich PRE-SAFE®, das weltweit erste präventive PKW-Sicherheitssystem, auf der ESV-Konferenz in Amsterdam gezeigt [12]. Die erste Serieneinführung fand bereits 2002, mit reversiblen Sicherheitsgurten für die vorderen Insassen, Sitzkonditionierung sowie Seitenscheiben- und Schiebedachschließung in der Modellpflege der damaligen S-Klasse W220 statt.

Das gesamtheitliche Verständnis integraler Sicherheit und die Nutzung präventiver Maßnahmen setzte innovative Kräfte frei und führte zu einer dynamischen Entwicklung neuer Sicherheitssysteme. Während in einem ersten Schritt primär reversible Schutzmaßnahmen zur Vorbereitung der Insassen auf einen möglichen Unfall im Fokus der Entwicklung standen, wurde schnell klar, dass die neuen Lösungen auch vor fahrdynamischen Eingriffen nicht Halt machen können. Ziel war es, über autonome Bremseingriffe im zeitlich aufprallnahen Bereich präventiv bereits Energie abzubauen, um damit die eigene Unfallschwere und die eines etwaigen Aufprallgegners zu reduzieren – quasi eine virtuelle oder elektronische ‚Knautschzone' vor dem Fahrzeug. Diesen Ansatz kann man als zentrale Innovation der Unfallvermeidung und als Geburtsstunde künftiger, unfallvermeidender Sicherheitssysteme bezeichnen.

1.4   Die ‚Vision Zero'

Die Automobilindustrie steht vor großen Herausforderungen. Neben der zentralen Aufgabe, den Individualverkehr klimaneutral zu gestalten, und neben neuen technologischen Möglichkeiten der Kommunikation und der Vernetzung des gesamten Umfeldes, ist auch damit zu rechnen, dass sich das Nutzerverhalten der Fahrzeuglenker und aller anderen am Verkehr beteiligten Menschen ändert. Unter all diesen Aspekten bleibt ein herausragendes Ziel, den Straßenverkehr sicherer zu gestalten. Das in vielen westlichen Ländern die Zahl der Verkehrstoten seit 2010 nahezu stagniert, ist ein klares Signal, dass alle Bemühungen weiter zu intensivieren sind.

Ende der 1990er Jahre, parallel zur Entwicklung des integralen Sicherheitsansatzes in der Automobilindustrie, wurde die Idee ‚Vision Zero' [15] von der schwedischen Regierung erstmals zur Strategie der Verkehrssicherheit erhoben. Vermutlich hat in diesen Jahren die stabile Abnahme der Zahl der Verkehrstoten in Europa die Hoffnung auf eine absehbare Erreichung dieser Vision geschürt. In vielen Teilen der Welt wurde der Gedanke dieses Ansatzes übernommen, teilweise aber unterschiedlich interpretiert: ‚Null Verkehrstote', ‚Keine Schwerverletzten' oder gar ‚Keine Verkehrsunfälle'.

‚Vision Zero' geht von vier Grundsätzen aus [4]:

- Leben ist nicht verhandelbar
- Der Mensch ist fehlbar
- Tolerierbare Grenzen liegen in der physischen Belastbarkeit des Menschen
- Menschen haben ein Recht auf ein sicheres Verkehrssystem.

Jede Art von Mobilität birgt seine spezifischen Risiken, das ist nicht erst seit der Erfindung und Verbreitung des Automobils so. Schon im Jahre 1903 gab es beispielsweise in London 215 getötete Verkehrsteilnehmer [9]. Die Ursachen waren natürlich andere als heute, damals waren mehr als 90 % der Unfälle verursacht durch Pferde, Pferdefuhr-werke und Kutschen. Immer, wenn sich Menschen mit endlicher Geschwindigkeit in einer Ebene bewegen, egal auf welche Weise, ist das mit Risiken verbunden. Und so ver-wundert es nicht, dass im Jahr 1886 das erste Automobil gerade auch unter dem Aspekt Sicherheit im Fokus stand. So hat bereits Karl Benz im Jahre 1888 für seinen ‚Patent-Motorwagen' damit geworben, dass das neue Automobil ‚bequem und absolut gefahr-los!' betrieben werden kann, sowie ‚Lenken, Halten und Bremsen leichter und sicherer, als bei gewöhnlichen Fuhrwerke' möglich sei [14].

Doch auch bei optimistischer Betrachtung der fahrzeugseitigen Möglichkeiten war von Anfang an klar, dass der Straßenverkehr zu komplex ist, um nur mit dem Fahrzeug das Sicherheitsproblem zu lösen. Ganz erheblich wird das Risiko eines Unfalles eben auch durch die Art und Weise, wie Straßenverkehr aktuell und in Zukunft stattfindet, be-einflusst. Straßenverkehr ist im Vergleich zu den sehr sicheren Verkehrsmitteln, wie Bahn oder Flugzeug, weitaus komplexer und mit viel größeren individuellen Freiheiten ver-bunden:

- Es ist keine räumliche und zeitliche Trennung der Verkehrsteilnehmer und Verkehrs-ströme im gemeinsamen Verkehrsraum vorhanden.
- Die Geschwindigkeitsunterschiede der Verkehrsteilnehmer auf engstem Raum sind sehr hoch und die Bewegungen finden in einer Ebene statt.
- Unterschiedlichste Verkehrsteilnehmer sind im Verkehrsraum individuell unterwegs (vom LKW, über den PKW bis zu Fußgängern und Zweirad-Fahrern).
- Die technologischen Stände der Fahrzeuge, die im Verkehr aufeinandertreffen, sind höchst unterschiedlich.
- Die individuellen Erfahrungen und die Verfassung der Verkehrsteilnehmer sind sehr verschieden.
- Jeder Verkehrsteilnehmer handelt individuell.

Neben den Eigenschaften des Automobils selbst bestimmen die Gestaltung der Ver-kehrsinfrastruktur, das Verkehrsumfeld, aber auch menschliche Einflüsse und Verkehrs-regeln, maßgeblich das Unfallrisiko. Ähnlich wie bei dem integralen Sicherheitsansatz (Abb. 1.7), der zur Grundlage hat, dass Unfallvermeidung, Schutzmaßnahmen schon vor einem drohenden Unfall mit präventiven Sicherheitssystemen, Insassen- und Partner-schutz beim Unfall selbst sowie Unfallnachsorge gleich hohen Stellenwert bei der Fahrzeugentwicklung besitzen müssen, so kommen wir auch der ‚Vision Zero' nur ent-scheidend näher, wenn im Sinne einer integralen Betrachtung der ‚Sicherheit im Straßen-verkehr' (Abb. 1.1) alle beeinflussenden Parametern auf dem Prüfstand stehen. Es sind alle Teilbereiche der Verkehrssicherheit anzugehen, also Fahrzeug, infrastrukturelle Sicherheitsmaßnahmen und der Faktor Mensch im Straßenverkehr, die alle einen Beitrag leisten müssen, um der ‚Vision Zero' näherzukommen.

Literatur

1. Brühning, E. et al.: Zum Rückgang der Getötetenzahlen im Straßenverkehr der Bundesrepublik Deutschland von 1970 bis 1984. Zeitschrift für Verkehrssicherheit, Nr. 3 (1986)
2. DIN-VDE 31000: Allgemeine Leitsätze für das sicherheitsgerechte Gestalten technischer Erzeugnisse – Begriffe der Sicherheitstechnik, Grundbegriffe (1987)
3. DIN 31004 (Vornorm): Sicherheit und Schutz im Arbeitssystem – Begriffe, Wertzusammensetzungen (1982)
4. DVR Deutscher Verkehrssicherheitsrat: Vision Zero - Grundlagen und Strategien. Schriftenreihe Verkehrssicherheit Nr. 16, Bonn (2012)
5. Kramer, F.: Schutzkriterien für den Fahrzeug-Insassen im Falle sagittaler Belastung. Fortschritt-Berichte, VDI-Reihe 12. Bd 137, VDI Verlag, Düsseldorf (1989)
6. Kramer, F.: Passive Sicherheit/Biomechanik I und II. Vorlesungsskript zur gleichnamigen Lehrveranstaltung an der Hochschule für Technik und Wirtschaft (HTW), Dresden (2011)
7. Kramer, F.: Zur Quantifizierung der Straßenverkehrssicherheit. Forschungsbericht Nr. 323/88. Technische Universität Berlin, Berlin (1988)
8. Meyna, A.: Beitrag zur Entwicklung einer allgemeinen probabilistischen Sicherheitstheorie. Habilitationsschrift, Fachbereich 14 (Sicherheitstechnik). Gesamthochschule Wuppertal, Wuppertal (1980)
9. Niemann, H.: Béla Barényi – Sicherheitstechnik made by Mercedes-Benz. ISBN 978–3–613–04237–7. Motorbuch Verlag, Stuttgart (2002)
10. Schmid, W.: Vermindertes Verletzungsrisiko bei Verkehrsunfällen durch Fahrzeug-Kompatibilität. XVIII. FISITA Congress, Hamburg (1980)
11. Schöneburg, R.: Auf dem Weg zum unfallfreien Fahren – Sicherheitsstrategie Mercedes-Benz. 9. GMTTB Jahrestagung, Konstanz (2019)
12. Schöneburg, R., Baumann, K.-H., Justen, R..: A Vision for an Integrated Safety Concept. 17th ESV-Conference, Paper Number 01–493-O. Amsterdam, Netherlands (2001)
13. Schöneburg, R.: Integrale Fahrzeugsicherheit I und II. Vorlesungsskript zur gleichnamigen Verbund-Lehrveranstaltung an der TU und HTW Dresden (2019/2020)
14. Stolle, S.: Das Thema Sicherheit in der deutschen Anzeigenwerbung für Automobile. Betriebswirtschaftliche Schriften, Heft 159. ISBN 3–428–11283–0. Duncker&Humblot, Berlin (2004)
15. Tingvall, C. et al.: Vision Zero: An ethical approach to safety and mobility. 6th ITE Int. Conf. on Road Safety and Traffic Enforcement: Beyond 2000. Melbourne (1999)

Unfallforschung

2

Rodolfo Schöneburg und Florian Kramer

Im vorliegenden Kapitel wird der Frage nachgegangen, in welchem Umfang und auf welche Art und Weise Straßenverkehrsunfälle stattfinden und unter welchen Umständen Verkehrsteilnehmer dabei zu Schaden kommen. Vorher jedoch soll die Bedeutung der Verkehrsunfallopfer in der Todesursachen-Statistik aufgezeigt werden.

Nach der Bundesstatistik [20] lassen sich die Todesursachen der im Jahre 2010 in Deutschland verstorbenen 858.768 Personen unterteilen in Karzinomerkrankungen (25,5 %), Erkrankungen des Kreislaufsystems (41,1 %), Herzmuskelerkrankungen, z. B. Myokardinfarkte (6,5 %), der Atmungsorgane (7,0 %), der Verdauungsorgane (5,0 %) und sonstige natürliche Todesursachen, z. B. Infektionen, Tuberkulose, Diabetes u. a., (11,1 %) sowie Todesfälle aufgrund von Unfällen und Gewalt (3,9 %). Diese Hauptgruppen sind in Abb. 2.1 dargestellt.

Bei der letztgenannten Hauptgruppe handelt es sich um insgesamt 33.312 Fälle mit unnatürlicher Todesursache, also Verletzungen und Vergiftungen. Diese lassen sich in zwei Gruppen, in Unfälle und Gewalt, unterscheiden, und zwar einerseits in Verkehrsunfälle (11,0 %), Heim- und Freizeit-Unfälle (32,5 %), Arbeitsunfälle (1,0 %) und sonstige Unfälle, wie Todesfälle durch Stürze, Feuer, Waffen, chemischen und biologischen Substanzen sowie Unfallspätfolgen (17,0 %). Die andere Gruppe umfasst Selbstmord und Selbstbeschädigung (30,1 %) sowie sonstige Gewalt (8,4 %), darunter Mord und Totschlag. Die jeweiligen Anteile sind in Abb. 2.2 gezeigt.

R. Schöneburg (✉)
RSC Safety Engineering, Hechingen, Deutschland
E-Mail: rsc@rschoeneburg.de

F. Kramer

R. Schöneburg (Hrsg.), *Integrale Sicherheit von Kraftfahrzeugen*, ATZ/MTZ-Fachbuch, https://doi.org/10.1007/978-3-658-42806-8_2

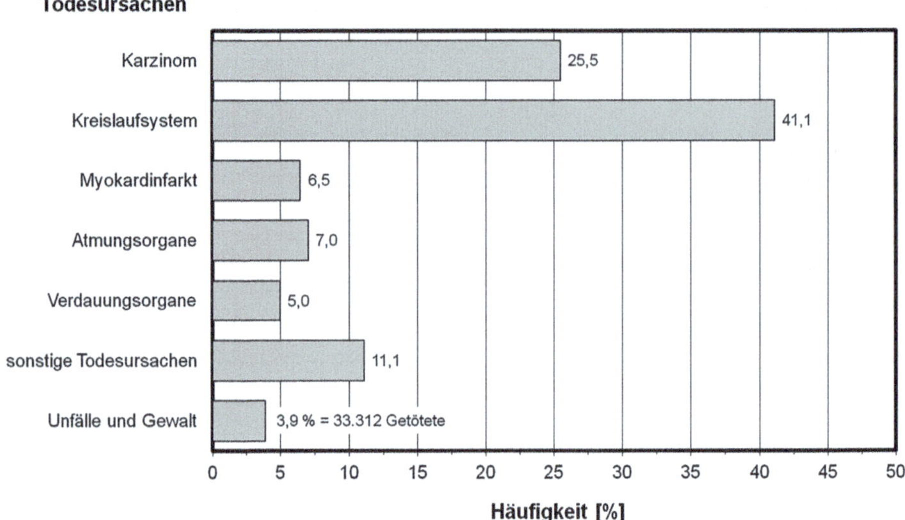

Abb. 2.1 Hauptgruppen der Todesursachen (n = 858.768) im Jahr 2010

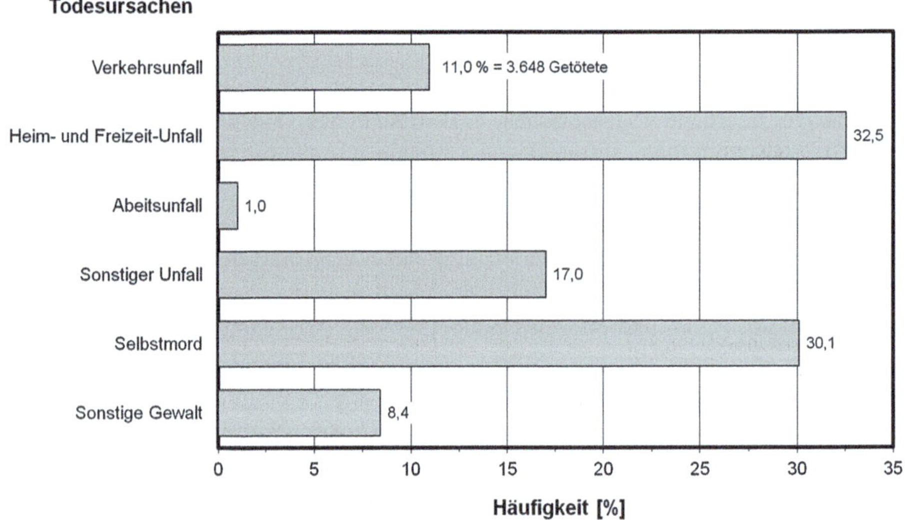

Abb. 2.2 Unfälle und Gewalt als Todesursachen (n = 33.312) im Jahr 2010

Von den im Jahre 2010 Verstorbenen (858.768 Todesfälle) verunglückten bei Straßenverkehrsunfällen insgesamt 3.648 Personen tödlich, das sind 0,42 %. Es waren dies erheblich weniger als Selbstmord-Opfer, aber deutlich mehr als gewaltsam getötete Personen.

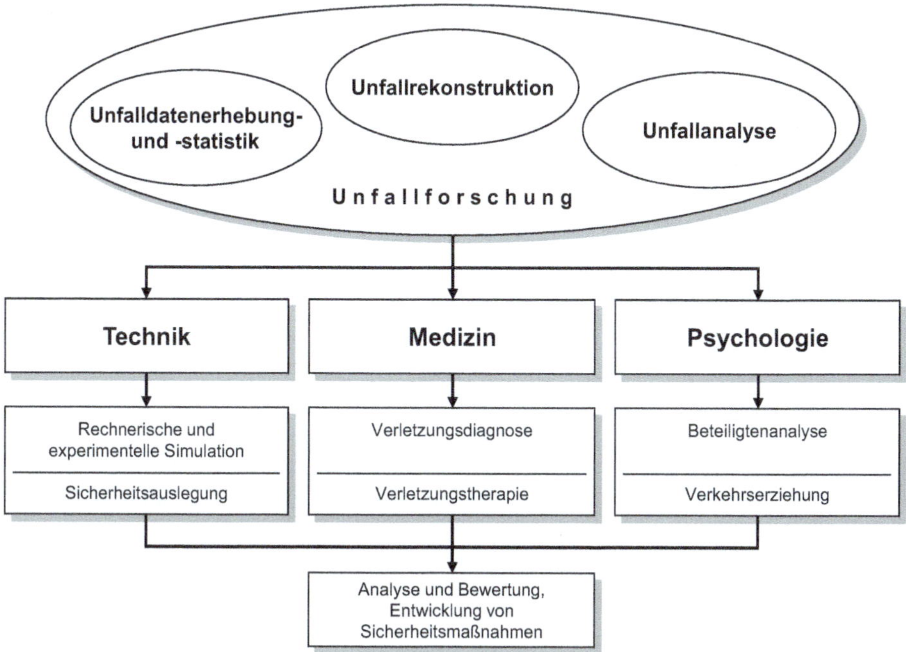

Abb. 2.3 Unfallforschung und Umsetzung der Erkenntnisse in verschiedenen Disziplinen

Die Unfallforschung umfasst die drei Teilbereiche Unfallerhebung und -statistik, Unfallrekonstruktion und Unfallanalyse (Abb. 2.3). Die Aufgabe der Unfallforschung besteht nun darin, die Ursachen, die zu einem Unfall führen, aufzuklären. Aus dieser Erklärung können Erkenntnisse abgeleitet werden, deren Umsetzung in der Technik, in der Medizin und in der Psychologie zu einer Verbesserung der Sicherheit des Straßenverkehrs beiträgt [19].

Im technischen Bereich der Unfallforschung wird versucht, mithilfe von Simulationen, experimentell mit Freiwilligen, Leichen und Dummys oder rechnerisch mit mathematisch beschriebenen Modellen der jeweiligen Verkehrsteilnehmer (Insassen, Fußgänger u. a.), charakteristische Größen zu erhalten, die das Verhalten von Mensch, Fahrzeug und Umwelt während des Unfalles beschreiben. Diese Größen kennzeichnen ein Äquivalent zu den Verletzungen am Menschen und den Beschädigungen am bzw. im Fahrzeug sowie den Einfluss der Umwelt. Aus ihnen lässt sich eine Sicherheitsauslegung zur Verbesserung der Straßenverkehrssicherheit formulieren.

Im medizinischen Bereich der Unfallforschung werden Krankenhausberichte, ärztliche Diagnosen und pathologische Befunde von Unfallopfern im Hinblick auf Verletzungsmuster, -häufigkeit und -schwere ausgewertet, um Aufklärung über Ursachen und Umstände der Verletzungen zu erhalten [16].

Im psychologischen Bereich der Unfallforschung schließlich werden durch die Befragung der Unfallbeteiligten und der Unfallzeugen die Ursachen, die zu einem Unfall führten, in den drei Richtungen Fahrer, Fahrzeug und Umwelt ermittelt und analysiert. Die Unfallgefährdung im Straßenverkehr wird heute in der Regel operationalisiert durch die Bestimmung der Unfallraten [18] oder mittels relativierter Unfallhäufigkeiten, wie in Abb. 1.3 anhand der Maßzahl zur Quantifizierung der aktiven Sicherheit [13] gezeigt werden konnte. Sicherheitsmaßnahmen zielen hierbei ab auf den verkehrspädagogischen Aspekt, nämlich auf die Verkehrserziehung und die -aufklärung. Mit der Entwicklung und Einführung von Assistenzsystemen wird zudem das Ziel verfolgt, den Fahrer in kritischen Fahrsituationen zu informieren und zu warnen, damit er sein Verhalten auf derartige Situationen anpassen kann.

2.1 Unfalldatenerhebung und -statistik

Einen nicht unerheblichen Beitrag an unnatürlichen Todesursachen liefern die Verkehrsunfälle (vgl. Abb. 2.2). Informationen über diese Art der Unfälle zu sammeln und auszuwerten bietet den Unfallforschern eine Möglichkeit zum Verständnis der Unfall- und Verletzungsmechanik und vermag Lösungswege zur Unfallvermeidung und Verletzungsreduzierung aufzuzeigen. Im Gegensatz zur Simulation im Labor oder im Rechner, bei der alle Variablen gemessen, errechnet, konstant gehalten oder überprüft werden können, lassen sich die meisten physikalischen Größen bei Fahrzeugunfällen nicht messen und ändern sich zudem innerhalb kürzester Zeit.

Das Problem der Unfallforscher ist darin zu sehen, ausreichende Informationen zu erhalten, um die Mechanismen der Verletzungsverursachung zu verstehen. Fahrzeugunfälle bilden zum einen den größten Anteil an Verletzungen und sind zum anderen am schwierigsten zu dokumentieren. Derzeit existieren zwei Arten öffentlich zugänglicher Unfallmaterialien, die sich im Wesentlichen durch ihren Detaillierungsgrad einerseits und ihre Fallzahl andererseits unterscheiden: Polizeilich erhobene Unfalldaten (zusammengefasst in der Bundesstatistik) und durch professionelle Unfall-Teams durchgeführte sogenannte „In depth"-Untersuchungen.

2.1.1 Zielsetzung der Unfallstatistik

Die Unfallstatistik hat die Verarbeitung der bei der Unfalldatenerhebung anfallenden Informationen zum Ziel. Dies erfolgt mithilfe der Methoden der Statistik, indem deskriptive oder analytische Verfahren zur Anwendung kommen. Bei der deskriptiven, der beschreibenden Statistik werden in der Regel Häufigkeitsverteilungen und deren Summenbildungen, die Verteilungsfunktionen, aufgetragen, um bestimmte Ausprägungen kenntlich zu machen oder Wahrscheinlichkeiten darzustellen. Mithilfe der analytischen Statistik werden vorab formulierte Vorhersagemodelle oder Zusammenhangshypothesen überprüft und ggf. bestätigt. Beispiele zu beiden statistischen Verfahren sind Inhalt der nachfolgenden Kapitel.

2.1.2 Polizeilich erhobene Unfalldaten

Die Unfalldaten des **Statistischen Bundesamtes** (Bundesstatistik) beziehen sich auf polizeiliche Unfall-Meldebogen, die hauptsächlich zur Klärung der Schuldfrage herangezogen werden (Abb. 2.4). Es sind alle gemeldeten Unfälle erfasst, die jedoch nur wenig spezifische Informationen über Verletzungen aufweisen. Die Bewertung unterliegt der Beurteilung der jeweiligen Polizeibeamten, die zwar oftmals über ausreichende Erfahrung bezüglich Ursachen und Entstehung der Verletzungen verfügen, doch erlauben die Unfalldaten-Formulare keine Eintragung derartiger Informationen (vgl. z. B. [21]). Da alle polizeilich aufgenommenen Unfälle erfasst sind, bietet dieses Unfall-Datenmaterial einen repräsentativen Überblick über das Unfallgeschehen in Deutschland. Es erlaubt allerdings weder Aussagen zu den Unfallkonstellationen (Aufprallstellen, Beschädigungsflächen u. a.) noch zu den äußeren Unfallschwere-Parametern (Geschwindigkeit, Masse, Steifigkeit, Bauform u. a.). Zum anderen enthält das Datenmaterial keinerlei Angaben zur Sitzposition der Insassen; zu Verletzungen der einzelnen Körperregionen sind nur grobe Einschätzungen der gesamtheitlichen Verletzungen im Sinne von leicht, schwer und tödlich Verletzten möglich [14].

Aufgrund des Umstandes, dass in der Bundesstatistik nur polizeilich gemeldete Unfälle enthalten sind, existiert gegenüber dem realen Unfallgeschehen eine gewisse Dunkelziffer. Darunter sind beispielsweise auch die vielzitierten „Disco-Unfälle" zu verstehen, die oftmals unter Alkoholeinwirkung nachts nach einem Lokalaufenthalt der Insassen stattfinden und bei denen keine schwer Verletzten zu beklagen sind. Zu derartigen Unfällen wird aus naheliegenden Gründen keine Polizei herbeigerufen, um den Unfall aufzunehmen.

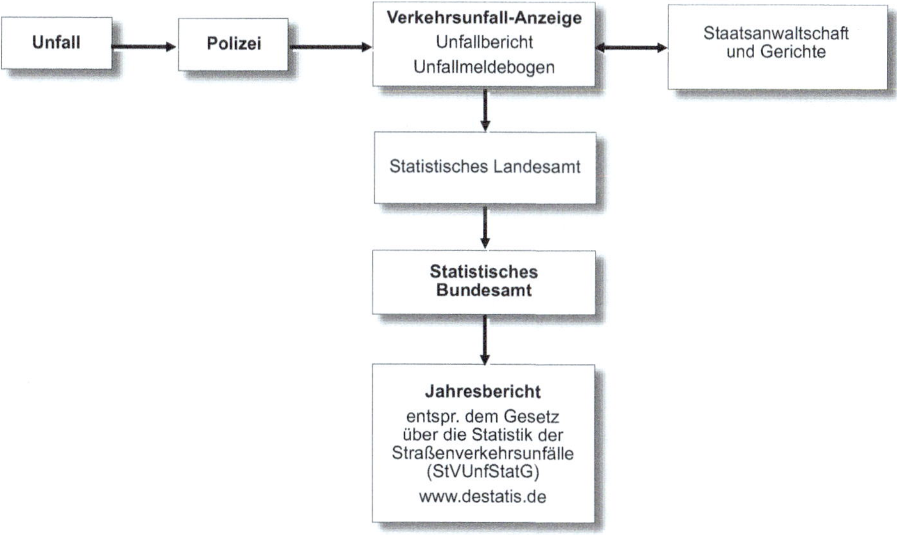

Abb. 2.4 Datenerhebung zur Bereitstellung des Unfalldatenmaterials der Bundesstatistik

Das seit dem Jahr 1975 in den USA bestehende **Fatal Accident Reporting System (FARS)** wurde von der US-amerikanischen Verkehrssicherheitsbehörde, der National Highway Traffic Safety Administration (NHTSA), gegründet. Die am gründlichsten un tersuchten Unfälle sind solche mit tödlichem Ausgang für einen oder mehrere Beteiligte, daher sind die bei derartigen Unfällen gesammelten Informationen vollständiger als bei leichteren Unfällen. Die US-Verkehrssicherheitsbehörde finanziert die zentrale Bereitstellung von tödlichen Unfalldaten in der FARS-Datenbank. Von der NHTSA ausgebildete Unfallspezialisten in allen Bundesstaaten erstellen von allen Unfällen mit tödlichem Ausgang, die in ihren Staaten auftreten, einen gemeinsamen, vollständigen Bericht, der in Washington datentechnisch abgespeichert wird und öffentlich über die NHTSA zugänglich ist [5]. Die FARS-Datenbank enthält Daten aus den Polizei-Unfallberichten, von der Zulassungsbehörde und aus den Arztberichten (einschließlich pathologischen Befunden); sie stellt somit das umfassendste und detaillierteste Unfall-Datenmaterial über schwere Verkehrsunfälle in den USA dar.

2.1.3 In-depth-Untersuchungen

Für In-depth-Untersuchungen erheben Unfallforschungsteams einen großen Umfang an Informationen über die Umweltbedingungen, den Fahrzeugzustand und Verletzungen der Beteiligten sowie deren Entstehung üblicherweise unmittelbar nach einem Unfall. Dies geschieht durch Einsicht in Polizei- und Arztberichte, Überprüfung der Fahrzeuge und Befragung von Unfallbeteiligten. Aufgrund der hohen Kosten dieser zeitaufwendigen Unfalldaten-Erhebung ist die Fallzahl derartiger Untersuchungen sehr begrenzt (vgl. Abb. 2.5).

Das Unfall-Datenmaterial des **Gesamtverbandes der Deutschen Versicherungswirtschaft e. V. (GDV)** umfasst in seiner neueren Studie 140.000 Versicherungsfälle mit Personenschäden. Derartige Unfalldatenerhebungen wurden in periodischen Abständen seit 1969 durchgeführt. Die Unfalldaten eignen sich zur Analyse des Unfallgeschehens. Für die retrospektive Auswertung durch Ingenieure und Mediziner standen die gesamten Versicherungsschadensakten mit allen Unterlagen über Unfallursache, Unfallablauf, Fahrzeugbeschädigungen und Verletzungsfolgen zur Verfügung [7].

Das Datenmaterial aus der **German In depth Accident Study (GIDAS)**, das von der Technischen Universität Dresden (TUD) und bis 2019 von der Medizinischen Hochschule Hannover (MHH) stammt, enthält Daten aus den Erhebungen direkt am Unfallort mit einer Vielzahl an Informationen zu jedem Unfall, die eine tiefergehende Analyse bezüglich der aktiven und der passiven Sicherheit ermöglichen. Es handelt sich um Unfälle mit Personenschäden, weil der Schwerpunkt des von der Bundesanstalt für Straßenwesen (BASt) und der Forschungsvereinigung Automobiltechnik e. V. (FAT) finanzierten Forschungsprojekts auf dem medizinischen Sektor liegt. Im Rahmen der Datenerhebung zur aktiven Sicherheit werden Befragungen der Beteiligten und Zeugen am Unfallort, teilweise auch später im Krankenhaus, durchgeführt. Diese sollen Aufschluss geben über die Persönlichkeit des Befragten, die Unfallentstehung und -ursache, den Ablauf

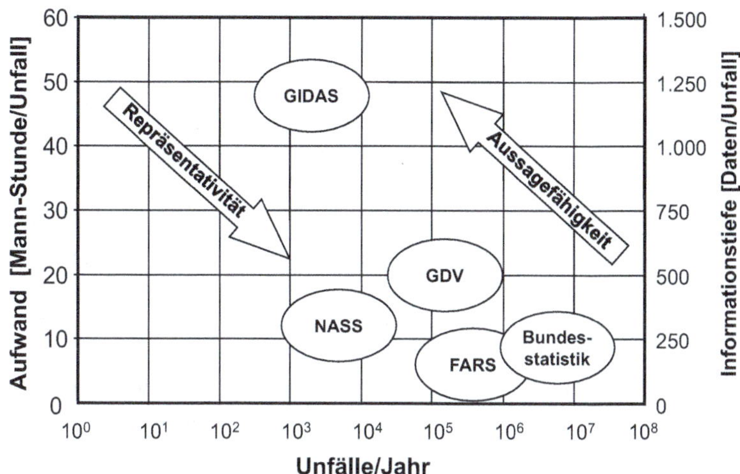

Abb. 2.5 Aufwand, Detaillierung und Anzahl der Fälle bei der Unfalldatenerhebung

der Fahrt, den Fahrtzweck sowie über Reaktionen auf das Unfallgeschehen und dessen Vorgeschichte [8]. Um die statistische Zuverlässigkeit der örtlichen Unfallerhebung nachhaltig zu verbessern, erfolgt die Unfalldatenaufnahme seit Beginn des Jahres 1985 nach einem Stichprobenverfahren mit dem Ziel, eine bessere Übereinstimmung mit der Bundesstatistik zu erreichen und damit zu einer Allgemeingültigkeit der Aussagen für das Unfallgeschehen innerhalb Deutschlands zu gelangen [14].

In den Unfalldatenerhebungen verschiedener **Automobilhersteller** (z. B. Audi, BMW, Mercedes-Benz oder VW) werden gezielt die Unfälle untersucht, in denen eigene Fahrzeuge als Kollisionsobjekte verwickelt waren. Die Zielsetzung dabei besteht in der Verbesserung der Sicherheit der eigenen Produkte. Allerdings stellt hierbei die Verfügbarkeit der Daten und Informationen ein Problem für den nicht betriebsinternen Unfallforscher dar.

Das in den USA von der NHTSA seit 1979 durchgeführte In-depth-Untersuchungsprogramm, das **National Automotive Sampling System (NASS)** Crashworthiness Data System (CDS), das ähnlich wie GIDAS Studien über Verkehrsunfälle erstellt, enthält im 1989er Datenmaterial gerade 4.648 Unfälle (vgl. Abb. 2.5). Bei früheren Datenerhebungen wurde Wert auf spezielle Unfallkonstellationen gelegt, so z. B. Überschläge, Brände und tödliche Unfälle, um Ursachen und Gegebenheiten zu ergründen, charakteristische Größen zu identifizieren und Maßnahmen zur Unfallvermeidung, also zur Verbesserung der aktiven Sicherheit, zu veranlassen. Das NASS-System wählt nach dem Zufallsprinzip Unfälle in zufällig ausgewählten Gebieten einzelner Staaten aus in der Hoffnung, dass die relativ kleine Fallzahl statistisch repräsentativ für das Unfallgeschehen in den USA ist. Die im NASS-Datenmaterial enthaltenen Informationen sind daher abhängig vom Erhebungsort. Das 1988 aufgelegte CDS-Programm konzentrierte sich auf die passive Fahrzeugsicherheit; das parallele Datenerhebungsprogramm, das General Estimates System (GES), arbeitet zur Vervollständigung der CDS-Daten Informationen aus Polizeiberichten ein, sodass Erkenntnisse zur Fahrzeugidentifikation, Beschädigung, Zerstörung der Scheiben, zu Intrusionen und zur Unfallschwere in Form der Geschwindigkeitsänderung zur Verfügung stehen. Daneben enthält das Datenmaterial Informationen über Größe und Gewicht der Insassen, die Sitzposition, die Benutzung von Insassenschutz-Systemen u. a.m. [5].

Schließlich gibt es noch das **Highway Loss Data Institute (HLDI)**, eine Institution der Versicherer, deren Unfallforschungsergebnisse in Zusammenarbeit mit der NHTSA über die entsprechenden Behörden in die US-amerikanische Sicherheitsgesetzgebung eingehen.

In Abb. 2.5 ist der Zusammenhang zwischen Erhebungs- und Analyse-Aufwand und Anzahl der Daten für jeden Unfall einerseits und die erreichte Fallzahl pro Jahr schematisch dargestellt.

2.2 Unfallmechanik und -rekonstruktion

Die Rekonstruktion von Unfällen hat prinzipiell zum Ziel, den Ablauf eines Unfalles in seinen Einzelheiten zu erfassen, d. h. Unfallhergänge zu klären sowie Unfall- und Schadensursachen festzustellen und zu bewerten. Damit lassen sich die einzelnen Phasen des Unfallablaufes in ihrer räumlichen und zeitlichen Zuordnung ermitteln und beurteilen. Für die Ausrichtung der Straßenverkehrssicherheit auf den Menschen, das Fahrzeug und die Umwelt (vgl. Abb. 1.1) ist aus der Sicht der beteiligten Disziplinen Technik, Medizin und Psychologie (vgl. Abb. 2.3) in den einzelnen Unfallphasen Einleitung (PreCrash), Kollision (InCrash) und Folgen (PostCrash) die gesamte Kausal- und Wirkkette eines Unfalles nachzuvollziehen; gegenseitige Abhängigkeiten und Beeinflussungen sind aufzuzeigen [1]. Unabhängig von der spezifischen Fragestellung muss zunächst der kinematische Ablauf des Unfalls ganz oder teilweise ermittelt werden. Dazu gehören Angaben über

- Zeiten (z. B. Reaktionszeit),
- Geschwindigkeiten (z. B. Annäherungs-, Kollisions- und Auslaufgeschwindigkeit) und
- örtliche Gegebenheiten (z. B. Annäherungsrichtungen, Reaktionspunkt, Kollisionsstelle und Auslaufrichtung).

Diese Angaben interessieren entweder für sich allein oder in Verknüpfung, z. B. mithilfe des Weg/Zeit-Diagramms [3]. Im forensischen Bereich sind darüber hinaus Fragestellungen von Bedeutung, wie

- die Höhe der Fahrgeschwindigkeit vor dem Unfall,
- die räumliche und zeitliche Vermeidbarkeit des Unfalls,
- die Auswirkung einer reduzierten (z. B. vorgeschriebenen) Geschwindigkeit hinsichtlich der Vermeidbarkeit des Unfalls und damit von Verletzungen und Beschädigungen,
- die mögliche Verletzungsreduzierung durch die Nutzung von Sicherheitseinrichtungen wie Anlegen des Gurtes oder durch Tragen von Schutzhelmen bei Motorradfahrern sowie
- die Sitzposition von Insassen zur Klärung der Frage, wer das Fahrzeug gefahren hat [9].

Und im sicherheitsspezifischen Bereich stellen sich Fragen nach

- der Unfallvermeidbarkeit,
- den Unfallursachen unter psychologischen und physiologischen Aspekten,
- den Bewegungen der Fahrzeuge und den Bewegungen der Insassen relativ zum Fahrzeug (Unfallmechanik),
- den Verletzungsursachen bzw. den verletzungsinduzierenden Fahrzeugteilen,
- dem Verhalten von Insassenschutz-System und deren Komponenten und schließlich
- der Verletzungsmechanik und dem Verletzungsmuster [9].

Die Fragestellungen im forensischen und im sicherheitstechnischen Bereich mögen durchaus unterschiedlich sein, für beide Bereiche laufen allerdings die Methoden und Verfahren zunächst parallel [1]. Sie sollen nachfolgend in der gebotenen Kürze dargestellt werden.

2.2.1 Rekonstruktion von Unfällen

Die Qualität der Unfallrekonstruktion und damit die Rechtssicherheit sowie die Aussagekraft von abgeleiteten Größen zum Unfallgeschehen hängen ganz entscheidend von der Qualität und vom Umfang der aufgenommenen Unfalldaten ab. Unmittelbar nach dem Unfall lassen sich Daten ermitteln, die retrospektiv entweder gar nicht oder nur unzulänglich beschafft werden können.

Im Rahmen der Unfallrekonstruktion kann man unterscheiden zwischen [9]

- **messbaren Daten:**
  Endlage der Beteiligten (Fahrzeug und Personen), Wurfweite von Fußgängern und Zweiradfahrern, Kollisionsstellen-Fixierung durch Spurenzeichnung (Bremsspuren) und Ablagerungen auf der Fahrbahn, Reifenabriebspuren nach Art, Länge und Richtung, Bereifung (Zustand, Profiltiefe), Radstand und Spurweiten, statische Lastverhältnisse und außergewöhnliche Beladungen (z. B. Dachgepäckträger), Schwerpunkthöhe, Sichtbehinderungen durch parkende Fahrzeuge oder Straßenrandbewachsung,

Verkehrsregelungen (Ampelschaltung, -zeiten), Helligkeit (Tageszeit, Straßenbeleuchtung), Fahrbahnbeschaffenheit und -belag;

- **beschreibbaren Daten:**
  Witterung, Zustand der Fahrbahn (trocken oder nass), Sichtverhältnisse (beschlagene oder verschmutzte Scheiben), Beleuchtungszustand (Stand-, Abblend- oder Fernlicht eingeschaltet), Fahrzeugaufkommen, fahrdynamisch beeinflussende Zustände (eingelegter Gang, blockierende Räder), Beeinträchtigung des Fahrers/Lenkers durch mangelnde Sehfähigkeit, Alkohol/Drogen, Krankheit oder andere Insassen, Anzahl der Insassen und deren Sitzposition, Insassenschutz-Systeme;
- **experimentell oder rechnerisch ermittelbaren Daten:** Reaktionszeit der Beteiligten, Fahrgeschwindigkeit von Zweiradfahrern, Gehgeschwindigkeit von Fußgängern, Schwellzeit der Bremse, Bremskraftverteilung, Reifenkennfeld, Reibwerte, Beschleunigungs- und Verzögerungswerte, Massen und Massenträgheitsmomente, dynamische Lastverhältnisse bei Kollision und Auslauf, Kippverhalten, Sichtweite für den Fahrer/Lenker.

Die Anwendung der Unfallrekonstruktion bis hin zu quantitativen Ergebnissen erfordert neben der Verfügbarkeit der spezifischen Unfalldaten die Verfügbarkeit von Grundlagendaten, auf die zurückgegriffen werden kann und muss. Diese Grundlagendaten waren und sind auch heute noch Gegenstand der Forschung.

Bei der Unfallrekonstruktion lassen sich prinzipiell zwei Methoden unterscheiden: die experimentelle und die rechnerische Simulation. Bei der rechnerischen Rekonstruktion sind drei unterschiedliche Verfahren anwendbar, nämlich die kinematische Analyse, die Stoßrechnung und die Kraftrechnung.

Die **kinematischen Betrachtungen** (Anfahr- und Bremsvorgänge, Weg/Zeit-Diagramm) können in einfachen Fällen, bei denen es auf die eigentliche Stoßphase nicht ankommt, ausreichen [1].

Die **Stoßrechnung** basiert auf drei Erhaltungssätzen: dem Impuls-, dem Drehimpuls- und dem Energieerhaltungssatz. Dabei wird angenommen, dass der Impuls ebenso wie die Energie vor und nach der InCrash-Phase gleich ist und dass die Stoßdauer unendlich kurz sei. Anhand des Kollisionspunktes, der Auslaufbewegung (über Spurenzeichnung), der Endlagen sowie der Deformationen der Fahrzeuge werden Auslaufimpuls und Deformationsenergie bestimmt. Hieraus können dann unter bestimmten Annahmen die Einlaufimpulse und damit die Kollisionsgeschwindigkeiten der Beteiligten errechnet werden. Da von der Auslaufbewegung auf die Einlaufgeschwindigkeit geschlossen wird, nennt man diese Vorgehensweise die **Rückwärtsrechnung**.

Bei der **Kraftrechnung** wird die Einlaufgeschwindigkeit der Fahrzeuge im Bereich der wahrscheinlichen Lösung angenommen. Über Bewegungsgleichungen werden in kleinen zeitlichen Schritten alle auftretenden Kräfte und hieraus die Bewegung der Fahrzeuge errechnet. Notwendig hierzu ist vor allem die möglichst genaue Kenntnis des Deformationsverhaltens der beteiligten Fahrzeuge. Da hierbei von der Einlaufgeschwindigkeit ausgehend der Bewegungsablauf der Fahrzeuge errechnet wird, bezeichnet man diese Vorgehensweise als **Vorwärtsrechnung**. Dieses Verfahren gewann mit der Rechneranwendung erheblich an Bedeutung [15]. Die Rechnung lässt sich mit veränderten Anfangsbedingungen so lange wiederholen, bis die errechneten Ergebnisse mit den bei der Unfalldatenerhebung festgestellten Endlagen, Spurenverläufen sowie den Beschädigungsbildern an den Fahrzeugen ausreichend genau übereinstimmen.

2.2.2 Unfallschwere

Bei der Betrachtung der Unfallschwere, nicht zu verwechseln mit der Unfallfolgen-schwere, wird von der Überlegung ausgegangen, dass der sich bewegende Unfall-beteiligte, das Kollisionsobjekt, einer äußeren Beanspruchung ausgesetzt ist und da-durch eine Veränderung seines Bewegungsverhaltens erfährt. Gleichzeitig bewirkt die äußere Beanspruchung durch eingeprägte Kräfte eine Deformation des Kollisions-objekts. Die Deformation beispielsweise im Bereich der Frontstruktur während der Kollisionsphase ist durchaus erwünscht (außer bei Bagatell-Fällen), da durch die De-formationscharakteristik das eigene Bewegungsverhalten, aber auch das des Kollisions-kontrahenten gezielt beeinflusst werden kann. Die äußere Deformation hat jedoch auch die Verlagerung von Strukturteilen in den Fahrzeug-Innenraum (Intrusion) zur Folge, sodass der Vorverlagerungsweg der Insassen eingeschränkt werden kann. Die äußere Beanspruchung des Kollisionsobjekts während der InCrash-Phase hat also drei ent-scheidende Effekte im Hinblick auf die Insassenbelastung zur Folge, und zwar

- die Veränderung des Bewegungsverhaltens,
- die Deformation von Fahrzeugstrukturen und als Folge davon
- die Intrusion.

Da sich aber die Intrusion bei der Unfalldatenerhebung im Wesentlichen nur qualitativ und nur in den wenigsten Fällen quantitativ ermitteln lässt, beschreibt die Unfallkenn-größe zur Charakterisierung der Unfallschwere das Bewegungsverhalten des Kollisions-objekts. Zu diesem Zweck sind die nachfolgend kurz beschriebenen Bewertungsgrößen zu unterscheiden:

EBS (Equivalent Barrier Speed)
Aufprallgeschwindigkeit auf eine flache starre Barriere, bei der die gleiche De-formationsenergie umgesetzt und das gleiche Beschädigungsbild wie im realen Unfall beim betrachteten Fahrzeug hervorgerufen wird.

ETS (Equivalent Test Speed)
Aufprallgeschwindigkeit auf ein geeignetes, festes oder bewegliches Hindernis, bei der die gleiche Deformationsenergie umgesetzt und das gleiche Beschädigungsbild wie im realen Unfall hervorgerufen wird.

EES (Energy Equivalent Speed)
Aufprallgeschwindigkeit auf ein beliebiges, festes Hindernis, bei der die gleiche Verformungsarbeit wie im realen Unfall umgesetzt wird. Die Verformungsenergie errechnet sich dabei zu

$$W_{\text{def}} = \frac{m}{2} \cdot (EES)^2 \tag{2.1}$$

Änderung der Bewegungsenergie ΔE
Die Änderung der Bewegungsenergie ist der auf das Kollisionsobjekt bezogene Energieverlust während der InCrash-Phase; sie entspricht wertmäßig der Deformationsarbeit.

Stoßantrieb $S = \Delta I$
Der Stoßantrieb kennzeichnet die Impulsdifferenz zu zwei ausgezeichneten Zeitpunkten, nämlich zu Beginn und am Ende der InCrash-Phase.

Geschwindigkeitsänderung Δv
Die Geschwindigkeitsänderung ist die Differenz zwischen der Kollisions- und der Auslaufgeschwindigkeit; sie lässt sich auch als spezifischer Stoßantrieb formulieren, indem der am Kollisionsobjekt wirksame Stoßantrieb auf die Masse des Kollisionsobjekts bezogen wird [14]:

$$\Delta v_1 = v_1' - v_1 = \frac{m_2}{m_1 + m_2} \cdot (v_1 - v_2) \cdot (1 + \varepsilon) \tag{2.2}$$

Sie hängt damit von der Relativgeschwindigkeit v_{rel}, vom Massenverhältnis $\mu = m_1/m_2$ und vom Energieabsorptionsvermögen ab. Der Restitutionskoeffizient ε kennzeichnet die Energieabsorption, d. h. $\varepsilon = 0$: plastischer Stoß; $\varepsilon = 1$: elastischer Stoß.

Spezifische Unfall-Leistung SPUL
Die spezifische Unfall-Leistung ist das Produkt aus der Geschwindigkeitsänderung Δv und der mittleren Fahrzeugverzögerung $\bar{a}$ und ist proportional der am Kollisionsobjekt wirksamen Änderung der Bewegungsenergie während des Stoßvorgänge [14]. Wird diese Energiedifferenz durch die Kollisionsdauer geteilt, so liegt eine Leistung, nämlich die Unfall-Leistung, vor. Wird diese wiederum auf die Masse des Kollisionsobjekts bezogen, so erhält man, bis auf einen Proportionalitätsfaktor, die spezifische Unfall-Leistung. Sie errechnet sich zu

$$\text{SPUL} = 2 \cdot \frac{v_1 - v_1'}{v_1 + v_1'} \cdot \frac{\Delta E_1}{\tau \cdot m_1} = c \cdot \frac{\Delta E_1}{\tau \cdot m_1} = \Delta v_1 \cdot \bar{a}_1 \tag{2.3}$$

Die energie-äquivalente Geschwindigkeit EES, die Geschwindigkeitsänderung Δv und die spezifische Unfall-Leistung wurden in [14] und [22] im Hinblick auf eine Korrelation mit den Belastungen von PKW-Insassen untersucht. Dabei konnte eine eindeutige

Vorzugswürdigkeit einer der Unfallkenngrößen nicht gezeigt werden. Es bleibt jedoch festzustellen, dass die Geschwindigkeitsänderung Δv und die energie-äquivalente Geschwindigkeit EES die derzeit am häufigsten verwendeten Kenngrößen zur Charakterisierung der Frontal-, aber auch der Seiten- und der Heckkollision darstellen.

2.3 Unfallanalyse

Das Ziel der Unfallanalyse besteht darin, die Sachverhalte, die zum Unfall führten, unter Berücksichtigung verschiedener Teilaspekte zu untersuchen und von den Wirkungen, d. h. den Unfallfolgen (Verletzungen, Sachschäden), auf die Unfallursachen im technischen, medizinischen und/oder psychologischen Bereich zu schließen. Dabei beschränkt sich die Unfallanalyse im vorliegenden Fall auf die passive Sicherheit mit der Maßgabe, unfallfolgenmindernde Effekte zu ermitteln, um Maßnahmen zur Reduzierung des zu erwartenden Schadens einleiten zu können.

Die Unfallanalyse kann sich auf den Einzelfall, der durch eine umfassende Rekonstruktion hinreichend untersucht wurde, beziehen, es sind aber auch Aussagen auf der Basis von statistischen Untersuchungen einer ausreichend großen Fallzahl möglich.

2.3.1 Aufklärung der Unfallursachen

Die Aufklärung der Unfallursache ist die Grundlage der Unfallanalyse, aus der ein Bedarf an Entwicklung und Verbesserung von Sicherheitsmaßnahmen abgeleitet werden kann.

Als Hauptunfallursache für Straßenverkehrsunfälle kann menschliches Fehlverhalten angesehen werden. Demgegenüber stellen umweltbezogene Ursachen wie Straßen- und Witterungsverhältnisse durch Regen, Schnee und Eis nur einen untergeordneten Teil dar, und technische Mängel treten nur in verschwindend geringem Umfang auf (Abb. 2.6). Es liegt nahe, dass dieser erfreulich niedrige Anteil technischer Mängel zurückgeführt werden kann auf angepasste Technik und kontinuierliche Kontrolle durch regelmäßige Hauptuntersuchungen. Die Rückführung der menschlichen Unzulänglichkeiten erfordert auch künftig eine verbesserte, langfristig stabile Aus- und Weiterbildung von Fahrzeugführern sowie fahrerunterstützende Maßnahmen durch Assistenz-Systeme.

Bei weiterer Detaillierung können bei Unfällen mit Personenschaden, bei denen menschliches Versagen zu beobachten war, als häufigste Unfallursache Fehler beim Abbiegen festgestellt werden (Abb. 2.7). Gefolgt wird diese Ursachengruppe durch Unfälle aufgrund von Vorfahrtfehlern, nicht angepasster Geschwindigkeit und Abstandsfehlern. Bei Unfällen, die durch falsche Straßenbenutzung verursacht werden, ist ein deutlicher Abstand in der Häufgkeitsausprägung zwischen allen Fahrzeugführern und PKW-Fahrern festzustellen. Dieser ist zurückzuführen auf das stärker vorhandene Fehlverhalten anderer Verkehrsbeteiligter wie Nutzfahrzeugen und motorisierte Zweiräder.

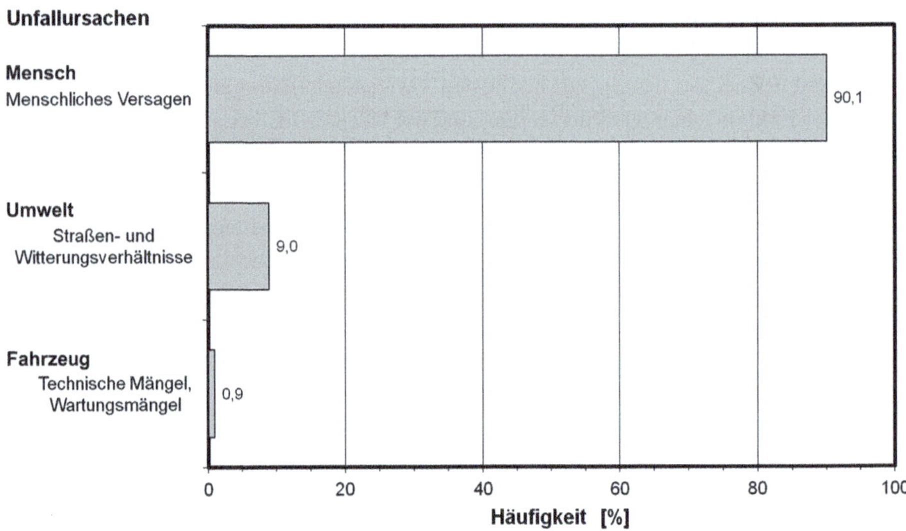

Abb. 2.6 Übersicht zu Ursachen von Straßenverkehrsunfällen mit Personenschäden im Jahr 2011 (n = 424.461 Unfälle [21])

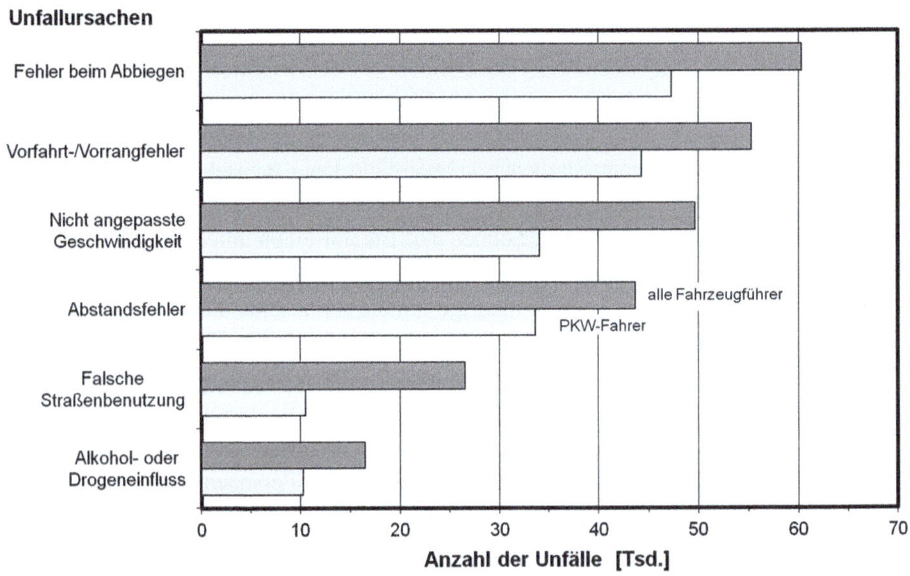

Abb. 2.7 Einteilung ausgewählter Beispiele menschlichen Versagens bei Unfällen mit Personenschaden im Jahr 2011 (alle Fahrzeugführer: 251.958, davon PKW-Fahrer: 180.202 Unfälle [21])

2.3.2 Ableitung von Verbesserungsmaßnahmen

Von den Unfallursachen ausgehend, ergeben sich verschiedene Betrachtungsweisen für die Bereitstellung von verbesserten Sicherheitsmaßnahmen. Im Hinblick auf menschliches Versagen als Hauptunfallursache wird derzeit dieser Aspekt verstärkt vorangetrieben. Dabei wird abgezielt auf Assistenz-Systeme, die den Fahrer mit technischen Einrichtungen auf die Weise unterstützen, sodass er Gefahrensituationen hinsichtlich der Geschwindigkeit, des Abstandes zum Vorausfahrenden und des Überfahrens von Fahrbahnmarkierungen erkennen und frühzeitig reagieren kann; ein selbständiger Eingriff in das Motor- oder Bremsmanagement wird verstärkt vorangetrieben.

Zudem besteht das Ziel, neben der Unfallvermeidung vor allem die Schwere des Unfalls und deren Folgen zu minimieren. Als Beispiele für Maßnahmen, deren Erfordernisse aus dem Unfallgeschehen resultieren, sollen nachfolgend einige begründete Analyseergebnisse dargestellt werden:

Der Insassenschutz in Abhängigkeit von der Fahrzeugmasse
Die Fahrzeugmasse spielt nachweislich beim Verletzungsrisiko von PKW-Insassen eine wesentliche Rolle. Anhand der Sicherheitszahl, bei der die Anzahl der untersuchten PKW-Insassen durch die monetarisierten Verletzungsfolgen geteilt wurden, zeigt sich, dass die Insassen bei PKW/PKW-Kollisionen in größeren PKW sicherer gegenüber Verletzungen sind als in kleineren. Dennoch ist das Verletzungsrisiko bei PKW/Hindernis-Kollisionen unabhängig von der Masse des Kollisionsobjekts, und zwar so hoch, bzw. die Sicherheit so niedrig, wie in leichteren PKW (Abb. 2.8). Daher müssen Klein- und Kleinstwagen mit einem Höchstmaß an technischen Sicherheitsmaßnahmen zur Verbesserung des Selbstschutzes ausgestattet sein. Die Kompatibilitätsfrage, d. h. die Frage nach dem Kontrahentenschutz, kann in der Weise gelöst werden, dass größere PKW zur Kompensation des Δv-Nachteils der kleineren PKW mit einer nachgiebigen Frontstruktur ausgestattet werden und dementsprechend kleinere PKW mit einer steiferen Deformationsstruktur, insbesondere im Bereich der Fahrgastzelle [17].

Seitenschutz-Maßnahmen
Die Untersuchung der Aufprallarten (vgl. Abschn. 2.4.5) wird zeigen, dass Seitenkollisionen eine hohe Bedeutung haben, insbesondere wenn nicht nur die Häufigkeit, sondern auch die Verletzungsfolgekosten als Beurteilungskriterium herangezogen werden. Auch hierfür wurden in [7] zwei Test-Konfigurationen gefordert (und mittlerweile im Reglement UN-R 95 und R 135 gesetzlich vorgeschrieben):

- großflächiger Anstoß fahrerseitig gegen Fahrgastzelle mit nachgiebiger Barriere und einer Geschwindigkeit von mindestens 50 km/h und
- Anprall gegen ein starres Hindernis (Pfahl) unter einem Winkel von 75° und einer Geschwindigkeit von 32 km/h, um den häufig auftretenden Hinderniskollisionen gerecht zu werden.

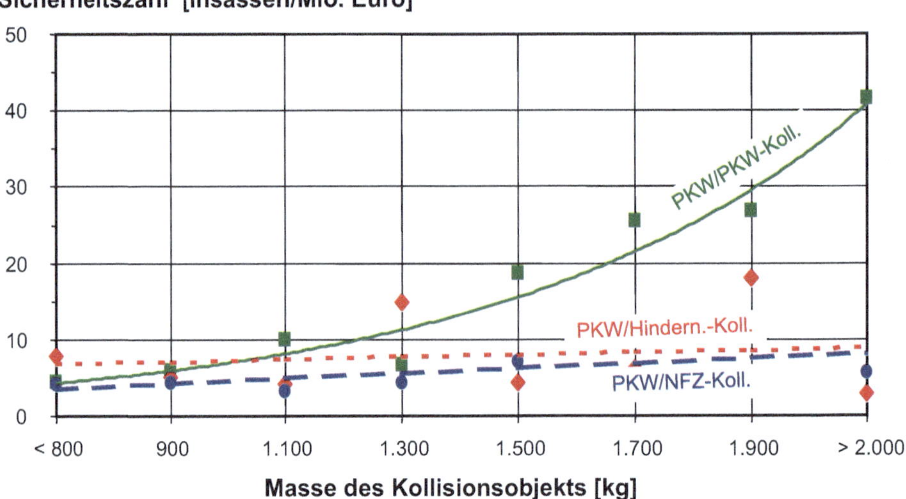

Abb. 2.8 Sicherheit von PKW-Insassen in Abhängigkeit von der Fahrzeugmasse bei verschiedenen Kollisionsarten

Fußgängerschutz-Maßnahmen

Ein weiterer wichtiger Punkt ist der Fußgängerschutz. Bei Unfällen mit Fußgängern sind diese am wenigsten geschützt und daher einem erheblich höheren Verletzungsrisiko ausgesetzt. Aus diesem Grund ist es wichtig, auch hier Vorkehrungen zu treffen, um die Verletzungsfolgen bei einem Unfall zu minimieren oder Verletzungen gar zu vermeiden. Dieses Thema wird im Weiteren vertieft und näher erläutert.

Europäische Sicherheits-Standards

Anhand der Untersuchung der Aufpralltypen wird zu zeigen sein (vgl. Abschn. 2.4.6), dass die Sicherheitsanforderungen durch nur einen einzigen Crash-Test bei Frontalkollisionen nicht hinreichend beschrieben werden können. So wurden einerseits durch die EU Kommission Vorschriften für Crash-Versuche erlassen (UN-R 94 und R137 sowie R95 und R135). Andererseits werden von Automobilherstellern, Systementwicklern und Verbraucherschutzverbänden zusätzliche Tests nach Euro NCAP mit aus dem Unfallgeschehen abgeleiteten Geschwindigkeiten (frontal bis zu 64 km/h) und Hindernisformen (Offset, Pfahl) durchgeführt (vgl. Abschn. 4).

Angepasste Insassenschutz-Systeme

Bei den meisten Unfällen befindet sich im Fahrzeug nur der Fahrer. Aus Gründen der Reparaturkosten ist die Zündung des Airbag und des Gurtstraffers auf den unbesetzten Sitzplätzen mithilfe von Sensoren zur Sitzplatzerkennung zu vermeiden. Zudem ist aus dem Unfallgeschehen ermittelt worden, dass ein gewisses Risiko von den Airbags ausgeht, insbesondere für kleinere Personen und Kinder [10]. Zur Minimierung des Risikopotenzials wurde daher der Sicherheitsstandard FMVSS 208 (seit Mai 2000) modifiziert und zur Sicherstellung der Einhaltung der restriktiveren Kriterien intelligente Insassenschutz-Systeme und Komponenten entwickelt (so genannte Smart Restraint Systems).

Seit der Massenmotorisierung und den damit verbundenen Verletzungsrisiken wurden Schutzmaßnahmen entwickelt und verbessert. Diese Entwicklungen wurden meist getrieben durch die Herausforderung, menschliches Versagen oder auch technische Unzulänglichkeiten zu kompensieren. Bei neueren Forschungs- und Entwicklungsprojekten besteht das Ziel darin, ein **„fehlertolerierendes Verkehrssystem"** zu schaffen und zu gestalten – Stichwort ‚Vision Zero' -, wie in Kap. 1.4 näher erläutert. Neben den Verkehrsteilnehmern muss zudem auch der Planung von Infrastrukturmaßnahmen ein stärkeres Maß an Verantwortung abverlangt werden.

Die Liste mit Ergebnissen und Erkenntnissen ließe sich beliebig fortsetzen, hier sollte jedoch lediglich der Versuch unternommen werden, die Zielsetzung und Aufgabe der Unfallanalyse zu verdeutlichen.

2.4 Strukturierung des Unfallgeschehens

Die Einteilung des Unfallgeschehens ist keine natürliche Gegebenheit, nach der sich etwa die epidemiologische Erscheinungsform der Unfälle ausrichten würde. Vielmehr folgt die von Appel in [1] und [2] begonnene und in [11] konsequent weitergeführte Strukturierung einer mehr oder weniger sinnfälligen Unterscheidungsmöglichkeit aus Gründen einer einheitlichen Terminologie, aber auch aus Gründen der Vergleichbarkeit ähnlich auftretender Ereignisse. Wie wollte man beispielsweise die Unfall- und Verletzungsmechanik von PKW-Insassen und die von Radfahrern vergleichen? Im Folgenden soll die Einteilung des Unfallgeschehens aufgezeigt und mit Unfallzahlen aus der Bundesstatistik bzw. aus dem Datenmaterial der Unfallforschungsgruppe der MHH in Relation zueinander dargestellt werden; dabei handelt es sich um einen aktualisierten Auszug aus [11]. Eine Übersicht zu den nachfolgend erläuterten Strukturierungselementen zeigt Abb. 2.9.

2.4.1 Unfallart

In der Bundesstatistik [21] sind Unfälle nach ihrer Beteiligung am Straßenverkehr unterteilt. Diese Unterteilung wird dort als erforderlich angesehen, um der Verschiedenartigkeit der einzelnen Verkehrsteilnehmer in Bezug auf ihre Kollisionseigenschaften gerecht zu werden. Da sich aber bei der Betrachtung einzelner Unfälle Ähnlichkeiten zeigen, soll diese historisch gewachsene, hier aber unzweckmäßige Unterteilung aus Gründen einer Vereinfachung in der Behandlung und mit dem Ziel einer besseren Übersichtlichkeit

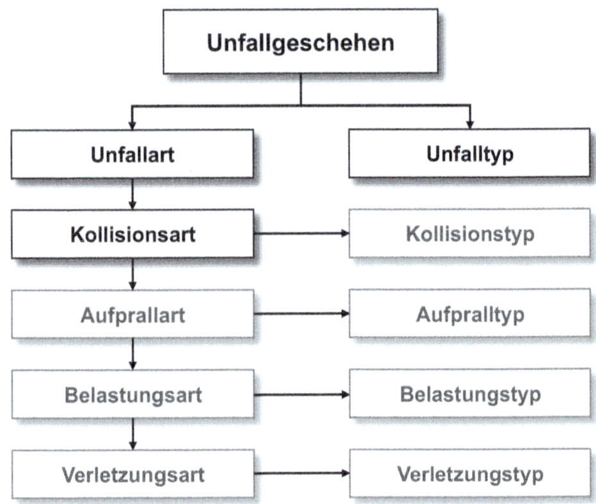

Abb. 2.9 Struktur des Unfallgeschehens; von besonderer Bedeutung sind die dunkler angelegten Strukturierungselemente

zugunsten einer ausreichend genauen Unfallarten-Unterteilung zusammengefasst und nachfolgend angewandt werden: Die Unfallarten, die der Unterscheidung der Unfallbeteiligten nach ihrer Teilnahme am Straßenverkehr dienen, umfassen somit:

- Nutzfahrzeug-Unfälle (NFZ):
  Liefer- und Lastkraftwagen, Sattelschlepper, landwirtschaftliche und andere Zugmaschinen, LKW mit Spezialaufbauten, Kraftomnibusse und O-Busse sowie Straßenbahnen,
- Personenkraftwagen-Unfälle (PKW):
  Personenkraftwagen, Kombis und Kabrioletts,
- Unfälle mit motorisierten Zweirädern (MZ):
  Motorräder, Mofas und Mopeds,
- Unfälle mit Fahrrädern (FR),
- Unfälle mit Fußgängern (FG) sowie
- Allein-Unfälle (Hindernis).

Damit lassen sich unter einer Unfallart all jene Unfälle zusammenfassen, bei denen zumindest ein Betroffener einer bestimmten Straßenverkehrsbeteiligung zugeordnet werden kann. So setzt sich die Unfallart PKW aus Unfällen zusammen, die sich zwischen Personenkraftwagen ereignen, und zwischen Personenkraftwagen und Nutzfahrzeugen, motorisierten Zweirädern, Fahrrädern, Fußgängern und Hindernissen stattfinden. Hierbei ist zu berücksichtigen, dass bei der Unfallart NFZ die Kollisionen zwischen Personenkraftwagen und Nutzfahrzeugen mit der gleichen Ausprägung an Häufigkeiten und der Unfallfolgen auftreten wie bei der Unfallart PKW; das gleiche gilt für die PKW/MZ-Unfälle, die sowohl bei der Unfallart PKW als auch bei MZ vertreten sind, sodass bei der Betrachtung der Unfallarten Mehrfachzählungen auftreten.

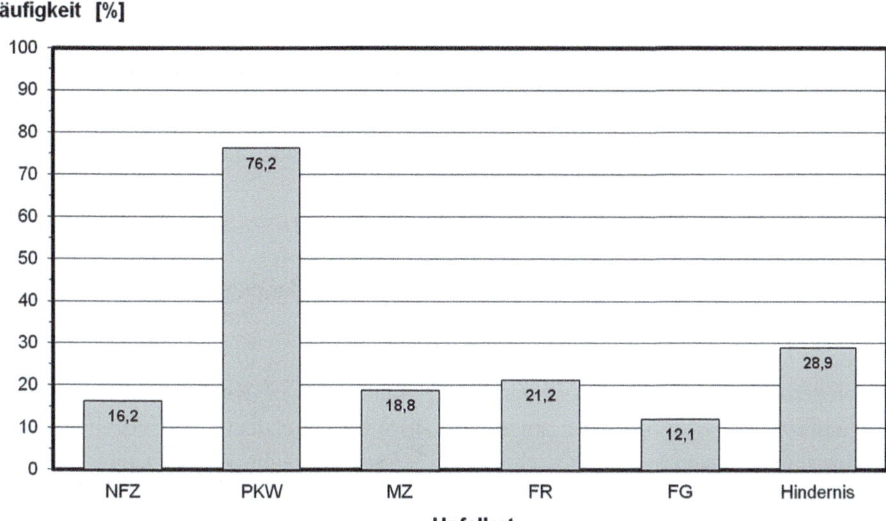

Abb. 2.10 Unfallarten und prozentuale Anteile an Verletzungsfolgekosten, 2011 (nach [21])

Durch die Summation der verletzten Personen und der Zuordnung der jeweiligen Verletzungsfolgekosten (vgl. Abschn. 3.2.4) lassen sich jeder Unfallart Kosten zuweisen. Trotz der dabei auftretenden Mehrfachzählungen gestatten die prozentualen Anteile Aussagen zur Signifikanz der einzelnen Unfallarten (Abb. 2.10): Den mit Abstand größten Anteil nimmt, aufgrund der hohen Verkehrsbeteiligung und der damit verbundenen hohen Kollisionswahrscheinlichkeit, die Unfallart PKW mit etwa 76 % ein, gefolgt von den Unfällen, die an Hindernissen stattfinden; diese sind mit knapp 29 % an den entstehenden Verletzungsfolgekosten beteiligt. Etwa gleiche Anteile mit etwa 20 % weisen die Unfallarten auf, die auf motorisierte Zweiräder und Fahrräder ausgerichtet sind. Die Unfallart NFZ ist immerhin noch mit ungefähr 16 % der Verletzungsfolgekosten vertreten. Den letzten Platz in der Rangreihe nehmen mit etwa 12 % die Unfälle mit Fußgänger ein. Die Gesamtsumme der Prozentangaben ergibt wegen der Mehrfachzählung mehr als 100 %.

2.4.2 Unfalltyp

In der ersten Strukturierungsebene (Abb. 2.9) beschreibt der Unfalltyp die Konfliktsituation, die dem Unfall vorausgeht, d. h. die Unfallentstehung. Insgesamt werden, entsprechend der Festlegung in [21], sieben Unfalltypen unterschieden:

Fahrunfall: Ein Fahrunfall liegt in all jenen Fällen vor, bei denen der Fahrer die Kontrolle über das Fahrzeug verliert, beispielsweise aufgrund einer Fehleinschätzung der Geschwindigkeit hinsichtlich des Straßenverlaufs oder des Straßenzustandes, nicht aber

„infolge eines Konflikts mit einem anderen Verkehrsteilnehmer, einem Tier oder einem Hindernis auf der Fahrbahn oder infolge plötzlichen Unvermögens oder plötzlichen Schadens am Fahrzeug" [21]. Das konfliktauslösende Moment resultiert somit aus dem Missverhältnis zwischen dem Bedarf und dem Angebot an Verkehrsraum. Im Verlauf des Fahrunfalls kann es zu einem Aufprall auf ein Hindernis, aber auch zur Kollision mit anderen Verkehrsteilnehmern kommen.

Abbiegeunfall: Ein Abbiegeunfall liegt dann vor, wenn der „Unfall durch einen Konflikt zwischen einem Abbieger und einem aus gleicher oder entgegengesetzter Richtung kommenden Verkehrsteilnehmer ausgelöst wurde" [21].

Einbiegen-/Kreuzen-Unfall: Ein derartiger Unfall liegt vor, wenn der auslösende Konflikt auf eine kritische Situation „zwischen einem einbiegenden oder kreuzenden Wartepflichtigen und einem Vorfahrtberechtigten" [21] zurückgeführt werden kann.

Überschreitenunfall: Im Gegensatz zu den sonst genannten Unfalltypen sind beim Überschreitenunfall die Kollisionskontrahenten konkreter gefasst: Ein derartiger Unfalltyp liegt nämlich dann vor, wenn ein „Konflikt zwischen einem die Fahrbahn überquerenden Fußgänger und einem Fahrzeug" [21] auftritt; der Unfall wird allerdings auch diesem Unfalltyp zugeordnet, wenn es zu keiner Kollision zwischen unfallauslösendem Fußgänger und Fahrzeug kommt.

Unfall durch ruhenden Verkehr: Diesem Unfalltyp werden all jene Unfälle zugerechnet, bei denen der Konflikt zwischen einem „Fahrzeug des fließenden Verkehrs und einem auf der Fahrbahn haltenden oder parkenden Fahrzeug" [21], allerdings ohne verkehrsbedingtes Warten, aufgetreten ist.

Unfall im Längsverkehr: Ein Unfall im Längsverkehr liegt dann vor, „wenn der Unfall durch einen Konflikt zwischen Verkehrsteilnehmern ausgelöst wurde, die sich in gleicher oder entgegengesetzter Richtung bewegten" [21]. Hierzu zählen also auch Unfälle, bei denen sich ein Fußgänger in Längsrichtung der Fahrbahn bewegt; sie werden nicht den Überschreitenunfällen zugerechnet.

Sonstiger Unfall: „Hierzu zählen alle Unfälle, die keinem anderen Unfalltyp zuzuordnen sind" [21].

Die Relevanz dieser insgesamt sieben Unfalltypen ist aufgrund ihrer unterschiedlichen Ausprägung in Abb. 2.11 für aufgetretene Unfälle innerhalb und in Abb. 2.12 für Unfälle außerhalb geschlossener Ortschaften für das Jahr 2011 dargestellt.

Bei den innerorts stattfindenden Unfällen zeigen hinsichtlich der Verletzungsfolgekosten erwartungsgemäß die Einbiegen-/Kreuzen-Unfälle eine ausgeprägte Dominanz (Abb. 2.11), während bei Unfällen außerorts die Fahrunfälle und die Unfälle im Längsverkehr vorherrschen (Abb. 2.12).

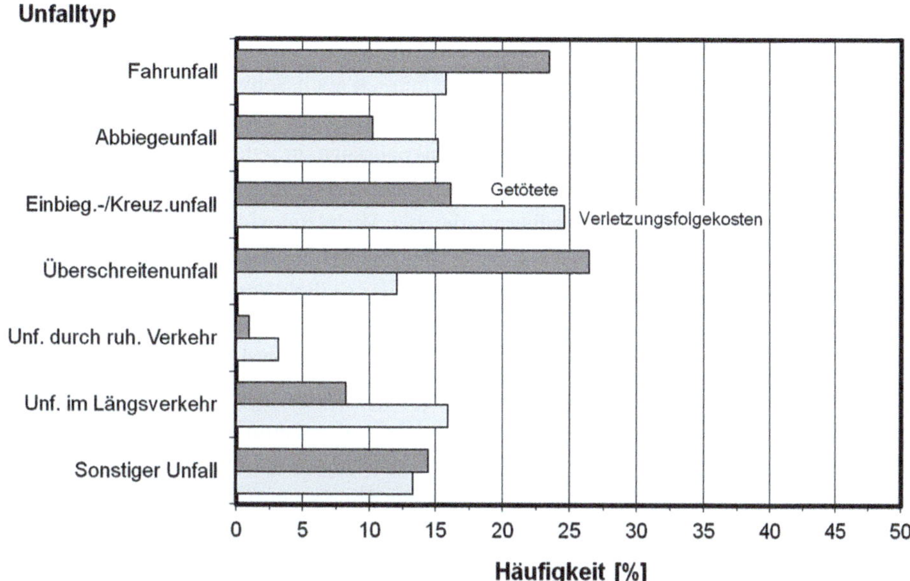

Abb. 2.11   Prozentuale Verteilung der Unfalltypen im Jahr 2011, innerorts

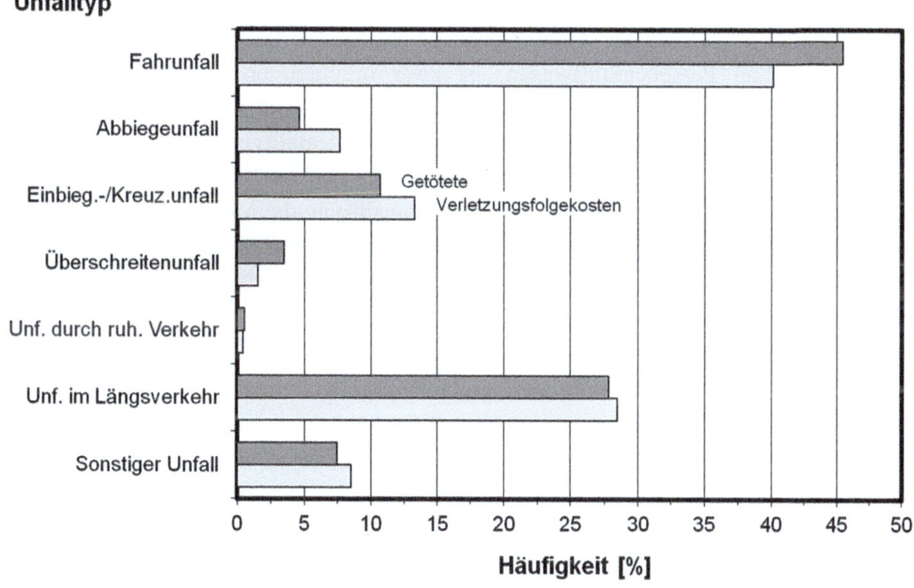

Abb. 2.12   Prozentuale Verteilung der Unfalltypen im Jahr 2011, außerorts

Anhand der Unfalltypen-Verteilungen kann außerdem verdeutlicht werden, dass es für eine Relevanzaussage nicht ausreicht, als Unterscheidungsmerkmal die Anzahl der Getöteten vergleichend darzustellen. Vielmehr müssen auch Schwer- und Leichtverletzte einbezogen und aus Nivellierungsgründen mit den jeweiligen Verletzungsfolgekosten beaufschlagt werden, um zu einer objektiven Risikoaussage zu gelangen. Allein schon der Vergleich der Teilsummen zeigt mit 1115 getöteten Verkehrsteilnehmern innerorts und 2.894 Getöteten außerorts, aber annähernd gleichen Verletzungsfolgekosten (13,05 innerorts gegenüber 11,53 Mrd. € außerorts), eine Überbewertung der Unfälle, die im Außerortsbereich stattfinden, wenn lediglich die Anzahl der tödlich Verletzten zugrunde gelegt wird. Aber auch bei der Verteilung der Unfalltypen – in Abb. 2.11 ist dies für innerorts stattfindende Unfälle gezeigt – ergeben sich je nach Unterscheidungskriterium zum Teil erheblich unterschiedliche Anteile:

So sind innerorts 26,5 % aller Getöteten bei Überschreitenunfällen zu beklagen, während lediglich 12,1 % der Verletzungsfolgekosten diesem Unfalltyp zuzurechnen sind. Im Gegensatz dazu weisen die beiden Unfalltypen Einbiegen-/Kreuzen-Unfall und Abbiegeunfall auf der Basis der Verletzungsfolgekosten mit zusammen 39,8 % einen deutlich höheren Anteil auf als bei der Verteilung der Getöteten, der bei 26,4 % liegt. Diese Verschiebungen konnten in diesem Ausmaß bei den Außerorts-Unfällen nicht beobachtet werden (Abb. 2.12), weil hier die höhere Unfallschwere zu schwereren Verletzungen führte und damit eine geringere Schwankungsbreite beim Verhältnis zwischen der Anzahl der schwer und tödlich Verletzten aufwies; dieses Verhältnis liegt außerorts im Vergleich zu Unfällen im Innerortsbereich (durchschnittlich 11-fach außerorts gegenüber dem 33-fachen Wert innerorts) deutlich niedriger.

Ein denkbarer statistischer Zusammenhang zwischen Unfalltyp und Aufprallstelle, beispielsweise an Personenkraftwagen, ist zwar möglich, erscheint aber nicht angebracht, da die Konfliktsituation nicht zwangsläufig zur Kollision zwischen den Verkehrsteilnehmern führt. Die Relevanzbetrachtung der Unfalltypen kann allerdings als Entscheidungshilfe für Maßnahmen im Bereich der aktiven Sicherheit herangezogen werden, da sie mit der Beschreibung der Konfliktauslösung die Möglichkeit bietet, Maßnahmen im Bereich der Verkehrsumwelt zu initiieren und damit zu einer Entschärfung der Konfliktsituation beizutragen. Daneben lassen sich Möglichkeiten für Maßnahmen am Fahrzeug erarbeiten mit dem Ziel, die Fahrzeugeigenschaften beim Zusammenwirken zwischen Fahrer und Fahrzeug positiv zu beeinflussen.

2.4.3 Kollisionsart

Mit den Kollisionsarten werden die Unfälle zwischen den einzelnen Kollisionskontrahenten, unabhängig von Verursachungszuweisung und Beteiligungsreihenfolge, wie dies in der Bundesstatistik ausgewiesen ist, gekennzeichnet. Durch die Betrachtung einer einzelnen Kollisionsart, z. B. durch Zusammenfassung aller NFZ/PKW- oder aller PKW/PKW-Unfälle, kann die Signifikanz der Kollisionsarten widerspruchsfrei angegeben werden, da hierbei, im Gegensatz zu den Untersuchungen der Unfallarten, eine Mehrfachzählung vermieden wird. Die Art der Darstellung in Form der sogenannten Kollisionsarten-Matrix wurde bereits in [2] mit den Häufigkeiten der Kollisionen und der Anzahl der Getöteten belegt. Sie dient der Einteilung des Unfallgeschehens; genau genommen beinhaltet die Kollisionsarten-Matrix jedoch nur die Hindernis-Kollisionen und die Kollisionen mit zwei beteiligten Kollisionskontrahenten (dies sind annähernd 90 % aller Unfälle), nicht aber Mehrfachkollisionen. Die Besetzung der Matrix, die schematisch in Abb. 2.13 dargestellt ist, erfolgt in der Weise, dass jedem Matrix-Element die jeweils interessierenden Zahlenwerte einer Kombination zwischen zwei (gleichen oder verschiedenen) Kollisionskontrahenten zugewiesen wird. Links an der Matrix sind als Zeilenelemente die Verkehrsteilnehmer aufgetragen, die mit anderen Verkehrsteilnehmern und Hindernissen (Spaltenelemente) kollidieren können. Die Unterteilung erfolgt, gemäß den bereits bei den Unfallarten angewandten Beteiligtengruppen, in Nutzfahrzeuge (NFZ), Personenkraftwagen (PKW), motorisierte Zweiräder (MZ), Fahrräder (FR) und Fußgänger (FG). Auf diese Weise werden alle Allein-Unfälle, d. h. Unfälle mit Hindernissen, und die Unfälle mit zwei Beteiligten erfasst.

Unter Verwendung der Unfall- und Verletztenzahlen aus der Bundesstatistik 2011 [21] ist in Abb. 2.14 die Anzahl der Hindernis-Unfälle und der Unfälle mit zwei Kollisionskontrahenten mit Personen- und schweren Sachschäden für jede Kollisionsart in die entsprechenden Matrizenelemente eingetragen. Mit dieser Kollisionsarten-Zuordnung können insgesamt allerdings nur 91 % aller Unfälle erfasst werden; der unberücksichtigte Anteil umfasst Mehrfachkollisionen.

Die am häufigsten auftretende Kollisionsart wird erwartungsgemäß durch PKW/PKW-Kollisionen gebildet, die zweithäufigste Unfallkombination sind PKW/Hindernis-Kollisi- onen, daran schließen sich in der Reihenfolge ihres Auftretens die Kollisionsarten PKW/FR, NFZ/PKW, PKW/MZ und PKW/FG an.

	NFZ	PKW	MZ	FR	FG	Hindernis
NFZ	n_{11}	n_{12}	n_{13}	n_{14}	n_{15}	n_{16}
PKW	---	n_{22}	n_{23}	n_{24}	n_{25}	n_{26}
MZ	---	---	n_{33}	n_{34}	n_{35}	n_{36}
FR	---	---	---	n_{44}	n_{45}	n_{46}
FG	---	---	---	---	n_{55}	n_{56}

☐ **Unfallart PKW**

Abb. 2.13 Schema der Kollisionsarten-Matrix

	NFZ	PKW	MZ	FR	FG	Hindernis
NFZ	3.599	32.276	3.839	5.828	3.685	4.974
PKW	---	114.314	27.763	45.744	22.259	50.792
MZ	---	---	789	1.216	850	12.270
FR	---	---	---	5.069	3.857	12.839
FG	---	---	---	---	0	0

Dargestellt sind 351.963 Unfälle mit Sach- und Personenschaden (= 90,8 %) ggb. insgesamt 387.753 entsprechenden Unfällen

Abb. 2.14 Kollisionsarten-Matrix: Anzahl der Hindernis-Unfälle und der Unfälle zwischen zwei Kollisionskontrahenten mit Personen- und schweren Sachschäden, 2011

Für diese Kollisionsarten lässt sich aus dem Datenmaterial der Bundesstatistik 2011 [21] die Anzahl der tödlich, schwer und leicht verletzten Verkehrsteilnehmer bestimmen. Werden diese Zahlen mit den unter volkswirtschaftlichen Gesichtspunkten ermittelten Verletzungskosten (vgl. Abschn. 3.2.4) verknüpft, so ergeben sich – ähnlich wie bereits im Zusammenhang mit den Unfallarten durchgeführt – für jede Kollisionsart die Verletzungsfolgekosten, die in Abb. 2.15 gezeigt werden [12].

Stellt man in Abhängigkeit dieser Kosten eine Rangreihe auf, die wiederum von der Kollisionsart PKW/PKW angeführt und von PKW/Hindernis-, PKW/FR-, PKW/MZ-, PKW/FG- und NFZ/PKW-Unfällen gefolgt wird, so ergibt sich gegenüber der Unfallhäufigkeit eine Umverteilung innerhalb der Rangreihe: Gemessen an den Verletzungsfolgekosten weisen beispielsweise die PKW/FG-Unfälle eine erheblich größere Bedeutung auf als die alleinige Anzahl der Unfälle vorgibt. Aber nicht nur die Rangreihe, sondern auch die absoluten Beträge der Unfallzahl und der Verletzungsfolgekosten (vgl. z. B. PKW/PKWund PKW/Hindernis-Unfälle) weisen erhebliche Unterschiede zueinander auf, die durch die Darstellung in Abb. 2.16 verdeutlicht werden sollen.

	NFZ	PKW	MZ	FR	FG	Hindernis
NFZ	258,115	1.670,545	348,947	426,237	424,999	379,852
PKW	---	5.036,999	2.111,215	2.349,708	1.872,180	3.432,146
MZ	---	---	99,501	95,264	71,454	1.327,740
FR	---	---	---	353,304	236,881	1.112,550
FG	---	---	---	---	0,000	0,000

Dargestellt sind 21.608 Mio. € Verletzungsfolgekosten (= 87,9 %) ggb. insgesamt 24.585 Mio. € aufgrund aller bei Straßenverkehrsunfällen verletzten Personen

Abb. 2.15 Kollisionsarten-Matrix: Verletzungsfolgekosten in Mio. € für Hindernis-Kollisionen und Unfälle zwischen zwei Kollisionskontrahenten, 2011

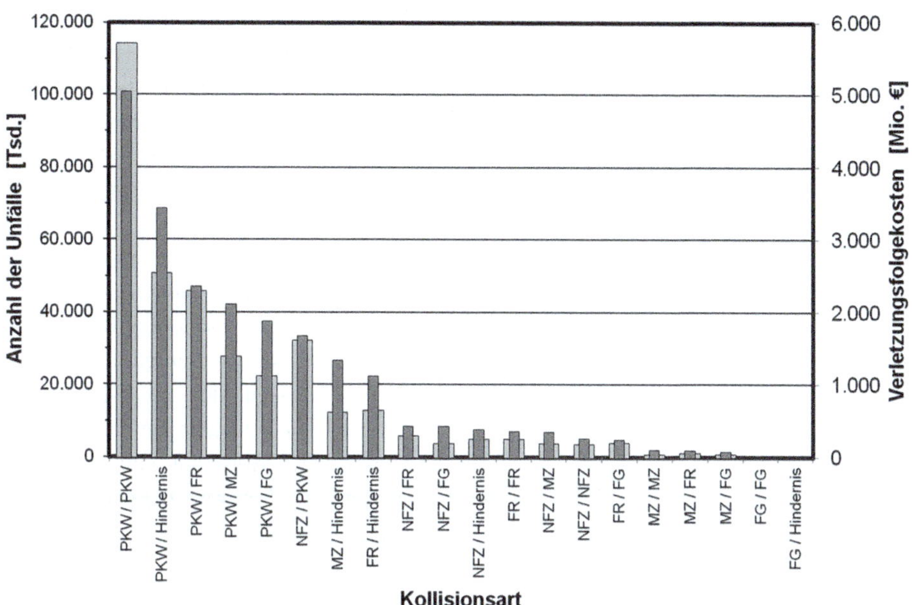

Abb. 2.16 Rangreihe der Kollisionsarten nach Verletzungsfolgekosten und Vergleich mit der Häufigkeit der Unfälle, 2011

Es wurde bereits gezeigt, dass durch PKW-Unfälle ungefähr 73 % der Verletzungs-folgekosten entstehen (vgl. „Unfallart PKW" in Abb. 2.10); dies sind etwa 16,473 Mrd. €. Eine andere Möglichkeit zur Darstellung der Sicherheit für die einzelnen Kollisions-arten stellt der **Sicherheitsindex** dar. Mithilfe dieser Kenngröße wird die Anzahl der Unfälle mit Personen- und Sachschaden aus Maßstabsgründen auf 1 Mio. € Verletzungs-folgekosten bezogen. Vergleicht man nun die in Abb. 2.17 dargestellte Rangreihe, so ist zu erkennen, dass die PKW/PKW-Kollision die höchste Sicherheit aufweist. Demgegen-über weisen PKW/Hindernis-Kollisionen – bei Unfallhäufigkeit und absoluten Ver-letzungsfolgekosten jeweils auf Rang zwei – eine nur etwa 35 % niedrigere Sicherheit auf. Dieses überraschende Ergebnis ist in sofern bemerkenswert, da die Sicherheit von PKW bei Crash-Versuchen mithilfe des Barriere-Aufpralls ausgelegt und überprüft wird. Generell lässt sich feststellen, dass die PKW-Kollisionen mit anderen PKW, NFZ und Hindernissen eine relativ hohe Sicherheit aufweisen (Sicherheitsindizes zwischen etwa 15 und 23 Unfälle/Mio. € Verletzungsfolgekosten). Bei den NFZ/Hindernis- und den NFZ/NFZ-Kollisionen, bei denen auf den Insassenschutz für NFZ-Fahrer geschlossen werden kann, beträgt der Sicherheitsindex lediglich etwa 13 bis 14 Unfälle/Mio. € Ver-letzungsfolgekosten. Bei näherer Betrachtung fällt zudem auf, dass sich für PKW/FR-Kollisionen eine höhere Sicherheit ergibt als für Kollisionen zwischen Radfahrern. Der Grund hierfür dürfte in der geringen Verletzungsschwere der PKW-Insassen und der günstigeren Abwurfkinematik von Radfahrern zu finden sein. Die Kollisionsarten mit

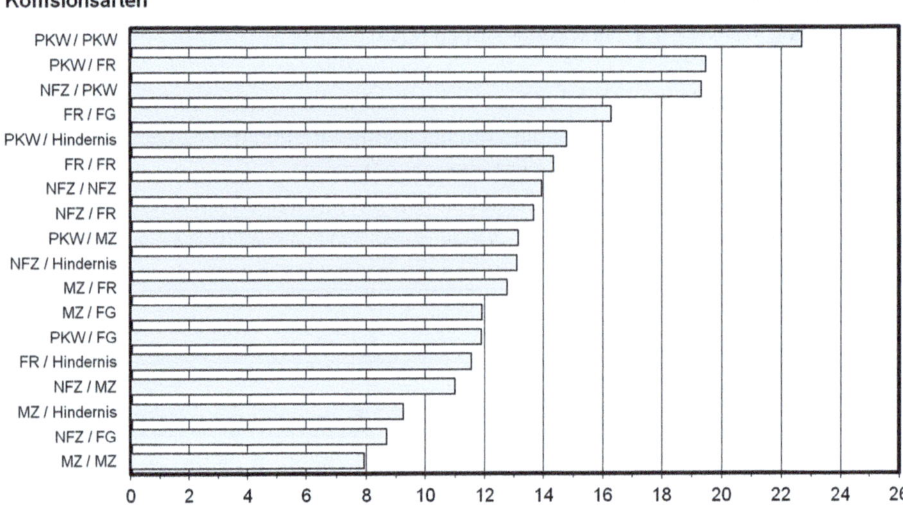

Abb. 2.17 Rangreihe der Kollisionsarten gemessen an der Anzahl der Unfälle pro Mio. € Verletzungs-folgekosten, 2011

dem geringsten Sicherheitsindex bilden erwartungsgemäß die Unfälle mit Beteiligung von Fußgängern (FG) und die mit motorisierten Zweirädern (MZ) aufgrund der fehlenden Deformationsstrukturen und zumindest bei Motorrädern den hohen Kollisionsgeschwindigkeiten.

2.4.4 Kollisionstyp

Mit Hilfe der Kollisionstypen wird die Unfallsituation hinsichtlich der geometrischen Gegebenheiten (so z. B. die Lage der Kollisionskontrahenten, die Beschädigungsflächen u. a.) und des Deformationsverhaltens der beteiligten Strukturen qualitativ beschrieben. Die Kollisionstypen-Einteilung ermöglicht somit eine erste erforderliche Unterteilung der Unfälle innerhalb einer Kollisionsart mit dem Ziel, vergleichbare Unfall- und Verletzungsmechanismen der Insassen für die Unfallanalyse bereitzustellen. Es wird später zu zeigen sein, dass weitere Unterscheidungen, z. B. bezüglich des verwendeten Rückhaltesystems, notwendig sind, die mehr auf das Kontaktsystem, also auf die Relation zwischen Insassen und Innenraum, abzielen. Im Unterschied dazu ist die Kollisionstypen-Einteilung als „äußere" Unterscheidungsmöglichkeit der Unfallsituation aufzufassen.

Die Definition der Kollisionstypen für NFZ/PKW-, PKW/PKW- und PKW/Hindernis-Unfälle wurden in [17] bzw. [6] erarbeitet und zur Ermittlung und Überprüfung von Sicherheitsmaßnahmen angewandt. Die somit eingeführten Kollisionstypen sind in den

Abb. 2.18, 2.19, 2.20 dargestellt. Die sich für kollidierte Personenkraftwagen ergebenden Kollisionstypen sind in Tab. 2.1 zusammengefasst.

Das Material der Bundesstatistik reicht in seiner Tiefe nicht aus, die Kollisionstypen abzuleiten. Diese Ableitung, wie auch die weitere zahlenmäßige Strukturierung, erfolgt anhand des Datenmaterials der Unfallforschung an der Medizinischen Hochschule Hannover (MHH) aus dem Jahr 2010. Bei dem bereitgestellten Datenmaterial handelt es sich um 1080 PKW-Unfälle mit insgesamt 2330 verletzten PKW-Insassen. Werden die Unfälle mit äußeren Verkehrsteilnehmern vernachlässigt, so verbleiben vom Ausgangsmaterial noch 1028 Unfälle mit.

- 189 NFZ/PKW-Unfällen,
- 639 PKW/PKW-Unfällen (mit 742 PKW) und
- 200 PKW/Hindernis-Unfällen,

an denen insgesamt 1.131 Personenkraftwagen beteiligt waren. Die Verteilung der sich für NFZ/PKW-Kollisionen ergebenden Kollisionstypen ist auf der Basis von 104 Fällen unter Berücksichtigung eindeutiger Unfallbeschreibungen in Abb. 2.21 dargestellt.

Die Verteilung der bei PKW/PKW-Unfällen auftretenden Kollisionstypen wurde auf der Basis von 524 Personenkraftwagen ermittelt, sie ist in Abb. 2.22 gezeigt.

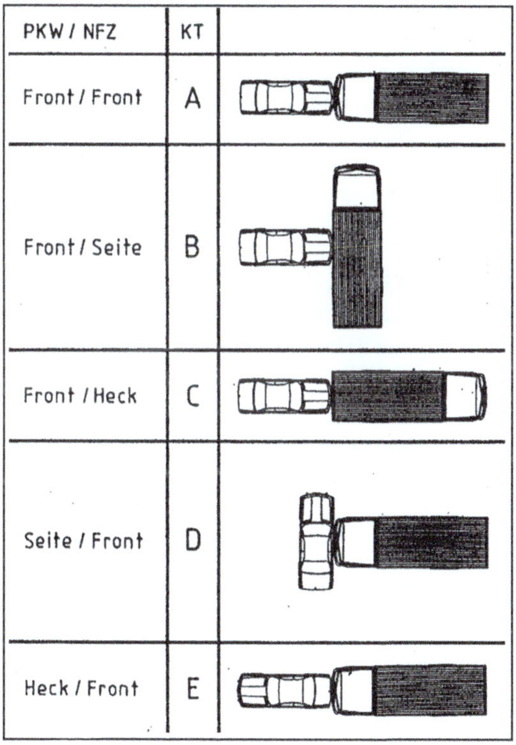

Abb. 2.18 Kollisionstypen (KT) bei PKW/NFZ-Unfällen

PKW / NFZ	KT	
Front / Front	A	
Front / Seite	B	
Front / Heck	C	
Seite / Front	D	
Heck / Front	E	

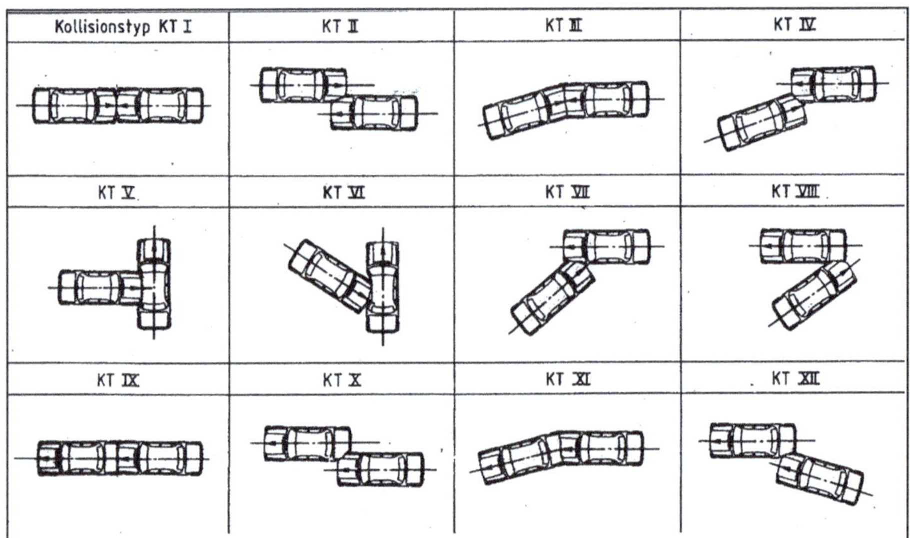

Abb. 2.19 Kollisionstypen bei PKW/PKW-Unfällen

Die Unterscheidung in schmale (Kollisionstyp 1 bis 3) bzw. breite Hindernisse (Kollisionstyp 4 bis 6) erfolgte anhand der Hindernisbeschreibung, wobei unsicher erscheinende Zuordnungen (z. B. Objekte mit einer Masse von weniger als 200 kg, Zaun, Gebüsch u. a. m.) und offensichtlich nicht simulierbare Unfälle (z. B. Graben, Erdwall) unberücksichtigt blieben. Die Kollisionstypen-Verteilung der somit verbleibenden 167 frontalen PKW/Hindernis-Unfälle ist in Abb. 2.23 gezeigt.

Aufgrund der inkonsistenten Definitionen der Kollisionstypen, mit denen im einen Fall lediglich die Anstoßbereiche beschrieben werden (bei NFZ-Kollisionen), im anderen Falle aber die Deformationseigenschaften sowohl des Kollisionsobjekts als auch des kontrahenten (bei PKW/Hindernis-Kollisionen) zumindest ansatzweise einbezogen werden, ist eine durchgängige Anwendung der Kollisionstypen wenig hilfreich und weist hier lediglich dokumentierenden Charakter auf.

2.4.5 Aufprallart

Die Aufprallart beschreibt die Unfallsituation des einzelnen Kollisionsobjekts, d. h. des interessierenden Unfallbeteiligten. Im vorliegenden Fall ist dies der kollidierte Personenkraftwagen, der frontal, lateral und heckseitig durch einen Aufprall beansprucht werden kann; zusätzlich ist der Überschlag als Unterscheidungsmerkmal eingeführt. Die so definierte Aufprallart impliziert die gänzlich unterschiedliche Kinematik und die daraus resultierende Belastung der PKW-Insassen. Zur Ermittlung der Aufprallarten aus

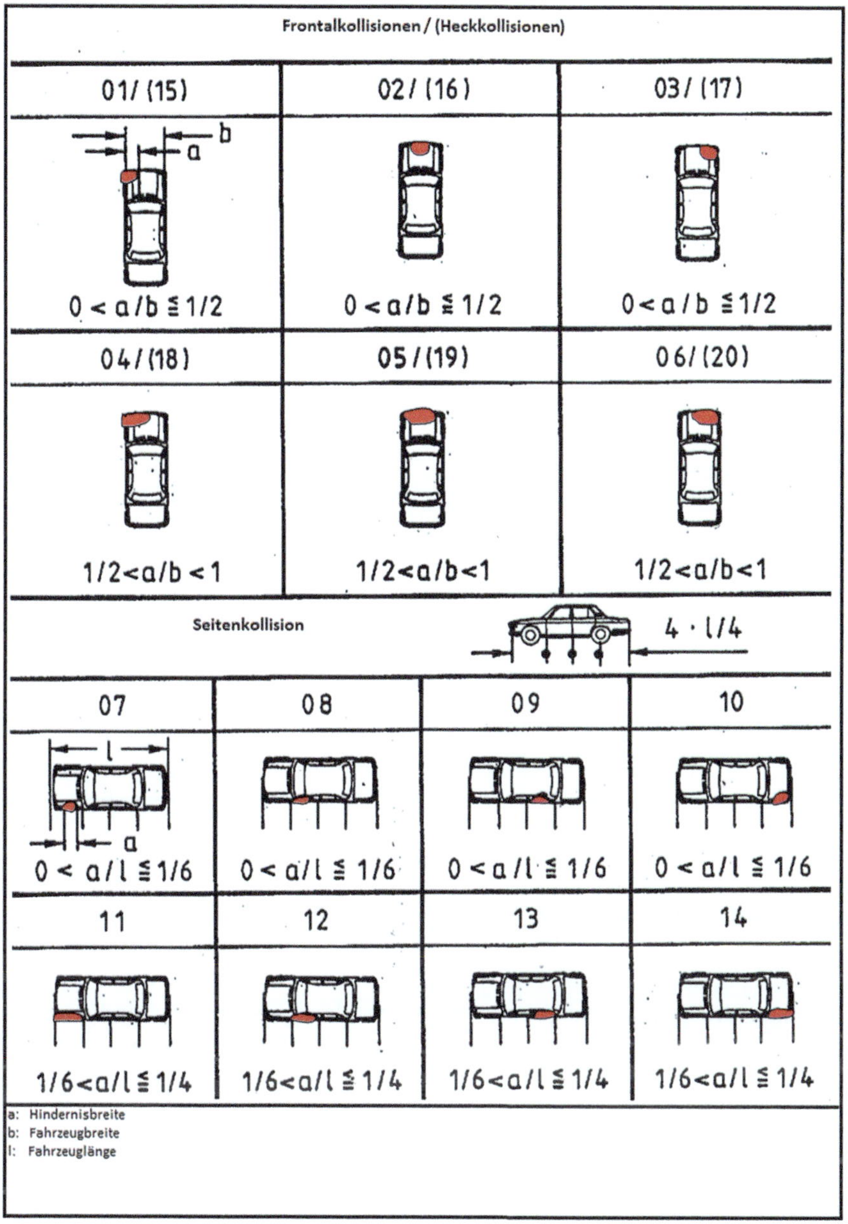

Abb. 2.20 Kollisionstypen bei PKW/Hindernis-Unfällen

dem bereitgestellten Datenmaterial der Unfallforschung MHH kann von 1231 PKW ausgegangen werden, die mit anderen Personenkraftwagen oder mit Nutzfahrzeugen kollidiert oder auf ein Hindernis aufgeprallt sind. Da zur Relevanzuntersuchung die Verletzungsfolgekosten einbezogen werden sollen, wurden die Unfälle, bei denen die

Tab. 2.1 Kollisionstypen zu PKW/NFZ-, PKW/PKW- und PKW/Hindernis-Kollisionen

Kollisionsart	Anzahl der Kollisions-typen	Unfallkonstellation für Kollisionsobjekt		
		Front	Seite	Heck
PKW / NFZ	5	A	D	E
PKW / PKW	12	I bis IV	V bis VII	IX bis XII
PKW / Hindernis	20	1 bis 6	7 bis 14	15 bis 20

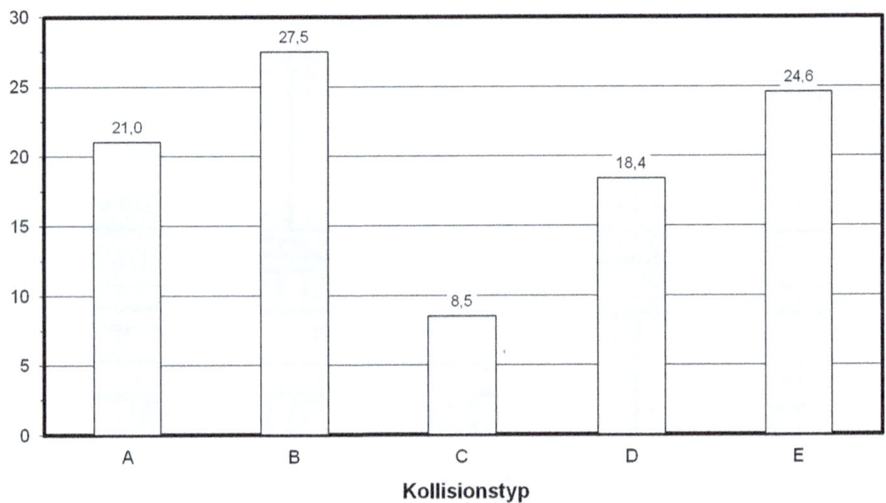

Abb. 2.21 Häufigkeitsverteilung der Kollisionstypen bei NFZ/PKW-Unfällen

Verletzungen der Insassen unbekannt sind, vernachlässigt, sodass für die Verteilung der Aufprallarten nur noch 1211 Personenkraftwagen zur Verfügung standen.

Das Schadensausmaß in Form der Verletzungsfolgekosten hängt in starkem Maße von der Aufprallart ab; dies kommt in den Zahlenwerten der Tab. 2.2 zum Ausdruck. Hier sind zunächst Anzahl und prozentuale Verteilung der PKW-Aufprallarten bei Kollisionen mit den Kollisionskontrahenten NFZ, PKW und Hindernis aufgetragen; der Überschlag ist gewissermaßen ein Sonderfall der Hinderniskollision und tritt wegen des Ausschlusses von Mehrfachkollisionen bei NFZ- und PKW-Kollisionen nicht auf. Bemerkenswert ist der relativ hohe Anteil des Frontalaufpralls bei PKW-Kollisionen (70,8 %) im Vergleich zu anderen Kollisionskontrahenten (NFZ: 56,5 % bzw. Hindernis: 58,2 %). Andererseits sind PKW-Insassen durch den Seitenaufprall mit Nutzfahrzeugen (37,5 %) aufgrund der ausgeprägten architektonischen Inkompatibilität zwischen Personenkraftwagen und Nutzfahrzeugen erheblich stärker gefährdet.

Häufigkeit [%]

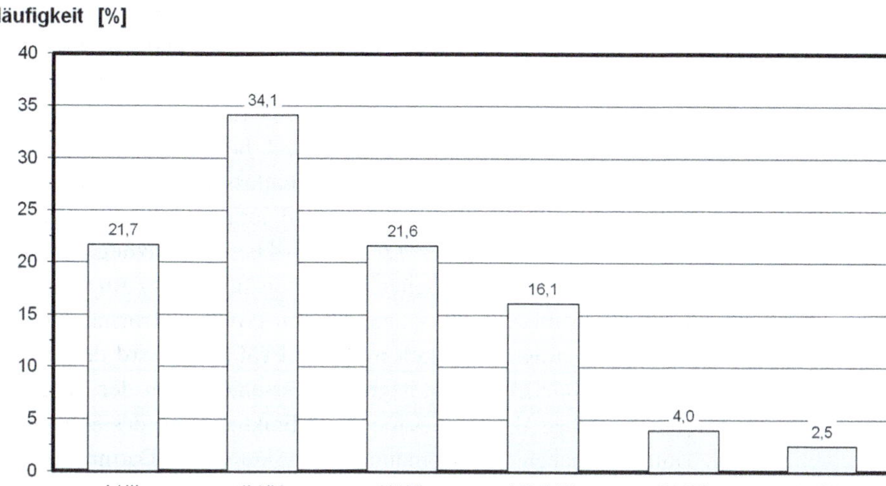

Abb. 2.22 Häufigkeitsverteilung der Kollisionstypen bei PKW/PKW-Unfällen

Häufigkeit [%]

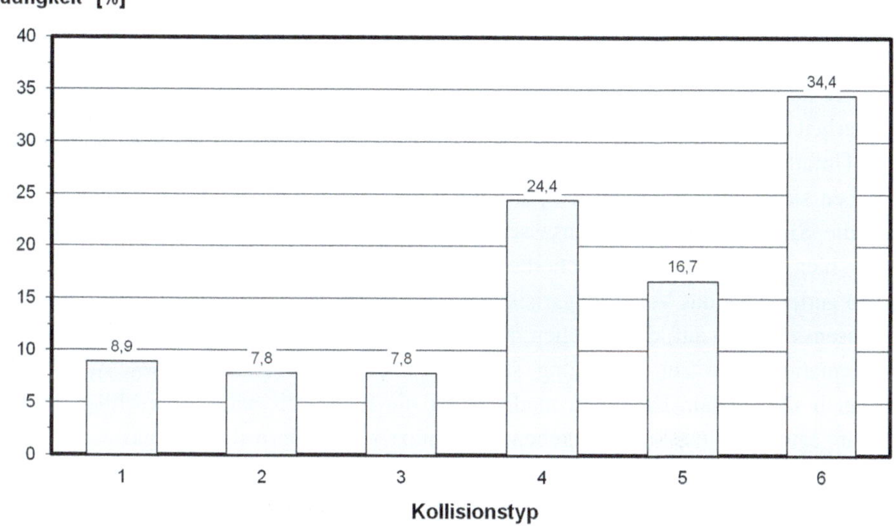

Abb. 2.23 Häufigkeitsverteilung der Kollisionstypen bei frontalen PKW/Hindernis-Unfällen

Bei der Gesamtanzahl der Aufprallarten dominiert erwartungsgemäß der Frontalaufprall mit 65,7 %, gefolgt vom Seitenaufprall (27,3 %) und vom Heckaufprall (4,2 %); der Überschlag zeigt lediglich einen Anteil von 2,8 % auf. Dies zeigt in anschaulicher Weise auch der in Abb. 2.24 dargestellte Vergleich der Aufprallarten.

Tab. 2.2 PKW-Aufprallarten (Datenmaterial der Unfallforschung MHH)

Aufprallart PKW	Kollisionskontrahenten			Gesamt-Anzahl	Verletzungs-folgekosten	Sicherheits-zahl
	NFZ	PKW	Hindernis	[-]	[Mio. €]	[Unf./Mio. €]
Front	104 56,5%	524 70,8%	167 58,2%	795 65,7%	79,67 58,3%	5,10
Seite	69 37,5%	179 24,2%	83 29,0%	331 27,3%	54,25 39,7%	3,12
Heck	11 6,0%	37 5,0%	3 1,0%	51 4,2%	0,76 0,6%	34,46
Überschlag	0 0,0%	0 0,0%	34 11,8%	34 2,8%	1,97 1,4%	8,81
Summe	184 100,0%	740 100,0%	287 100,0%	1.211 100,0%	136,65 100,0%	---

Bei der vorliegenden Untersuchung der Aufprallarten soll jedoch weniger ein Repräsentativitätsnachweis anhand der Unfallzahlen erbracht werden. Vielmehr wird hier nachdrücklich auf die Notwendigkeit der Verwendung der Verletzungsfolgekosten bei Relevanzuntersuchungen abgehoben: Die in Tab. 2.2 aufgelistete Verteilung der Verletzungsfolgekosten zeigt eine beachtenswerte Verschiebung hin zum Seitenaufprall, der in der Häufigkeitsverteilung einen Anteil von 27,3 %, bei der Verteilung der Verletzungsfolgekosten hingegen 39,7 %, ein erheblich höheres Verletzungsrisiko also, aufweist (Abb. 2.24).

Dies kommt, wenn auch in einem anderen Wertebereich, durch die in [13] definierte Sicherheitszahl – hier angewandt auf die Aufprallarten – zum Ausdruck: Wird die jeweilige Unfallanzahl auf die ermittelten Folgekosten der Insassenverletzungen bezogen, so ergeben sich die in der rechten Spalte der Tab. 2.2 aufgelisteten Sicherheitsmaßzahlen, die die Sicherheit der PKW-Insassen bei verschiedenen Aufprallarten kennzeichnen. Auch hier gilt: Je größer die Sicherheitszahl und damit das Maß der passiven Sicherheit, desto geringer ist das Verletzungsrisiko. Infolgedessen weist der Heckaufprall die größte Insassensicherheit auf, da zwischen den Insassen und dem Kollisionskontrahenten große Deformationswege zur Verfügung stehen, um einen allmählichen Geschwindigkeitsangleich zu erzielen. Erheblich niedriger ist die Sicherheit beim Überschlag, bei dem die angegurteten Insassen weitgehend geschützt sind, sofern die Fahrgastzelle in ihrer Form erhalten bleibt. Eine geringere Sicherheit bzw. ein höheres Risiko besteht für die Insassen frontal kollidierter Personenkraftwagen. Bei seitlich beaufschlagten PKW liegt im Vergleich dazu das Verletzungsrisiko noch um ein beträchtliches Maß höher, da hier der Insasse ab einer bestimmten Unfallschwere innerhalb kürzester Zeit annähernd auf die Geschwindigkeit des stoßenden Kollisionskontrahenten gebracht wird. Bei der Interpretation der gezeigten Sicherheitszahlen darf allerdings der Hinweis nicht fehlen, dass die bei den verschiedenen Aufprallarten z. T. erheblich differierenden Werte der Unfallschwere (z. B. Aufprallgeschwindigkeit) implizit enthalten sind. Einen Vergleich der Verteilungen der Aufprallarten, auf der Grundlage einmal der Unfallzahl und zum anderen

Aufprallart

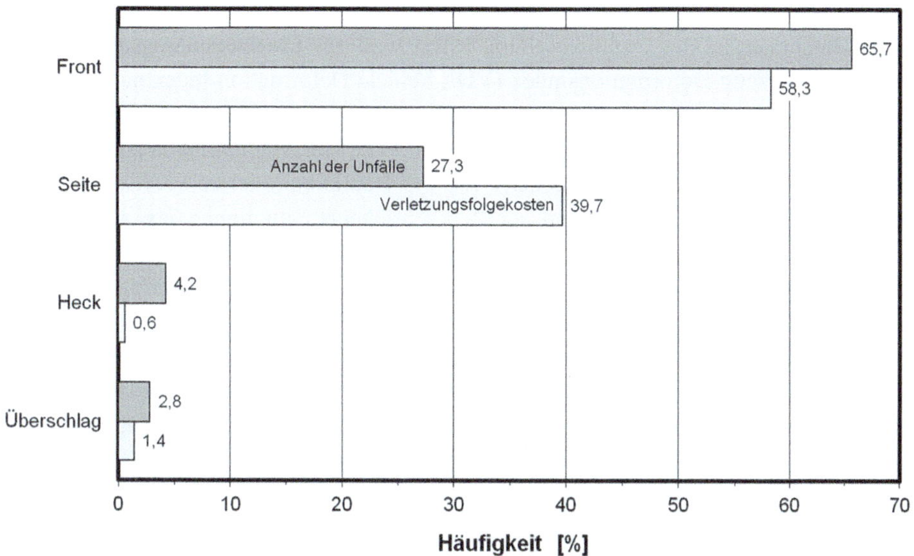

Abb. 2.24 Verteilung der Häufigkeit und der Verletzungsfolgekosten der Aufprallarten bei PKW-Kollisionen

der Verletzungsfolgekosten, zeigt Abb. 2.24. Der Frontalaufprall ist dabei mit deutlich mehr als der Hälfte sowohl in Bezug auf die Häufigkeit als auch in Bezug auf die Verletzungsfolgekosten vertreten.

2.4.6 Aufpralltyp

Für den Bewegungsablauf der am Unfall beteiligten Fahrzeuge, aber auch für die Kinematik und die Belastung der Insassen, ist es von ausschlaggebender Bedeutung, in welchem Bereich und in welchem Ausmaß die Front-Deformationsstruktur des Personenkraftwagens beim Aufprall beansprucht wird. Die Unterscheidung der Deformationsbereiche kann mithilfe des Aufpralltyps erreicht werden; mit ihm wird der Grad der Überdeckung und die Lage der Beschädigung gekennzeichnet. Durch diese Typisierung erfolgt also eine Klassifizierung der translatorischen und der rotatorischen Bewegungsanteile des Fahrzeuges während eines Aufpralls und der entsprechenden Insassenbewegung relativ zum Fahrzeug-Innenraum. Es ist leicht einzusehen, dass bei voller zentrischer Überdeckung der frontal aufprallende PKW die höchste translatorische Verzögerung bei vernachlässigbarer rotatorischen Bewegung erfährt. Die Verzögerung bei einem mittigen Pfahlaufprall liegt in der Regel niedriger als bei einem Aufprall mit voller Überdeckung. Bei einer außermittigen Teilüberdeckung weist die translatorische

Verzögerung ebenfalls niedrigere Werte auf, zusätzlich steigt allerdings die rotatorische Komponente, und zwar mit zunehmender Exzentrizität.

Im Datenmaterial der Unfallforschung MHH wird zur Unterscheidung der Aufpralltypen der Fahrzeug-Deformationsindex (VDI: Vehicle Deformation Index nach Collision Deformation Classification [4]) verwendet, der sowohl für das Kollisionsobjekt als auch für den Kollisionskontrahenten angegeben ist; im Falle von Alleinunfällen ist die Hindernisbeschreibung ausreichend. Ausgehend von 795 frontal kollidierten PKW ergeben sich durch Ausschluss nicht ausreichend genau beschriebener Situationen 716 zur Aufpralltypisierung verwendbare Fahrzeuge. Die Beschädigungen dieser PKW lassen sich anhand der Deformationsindizes in horizontale (x/y-Ebene) und vertikale (x/z-Ebene) Aufpralltypen unterteilen; diese sind in Abb. 2.25 dargestellt.

Die weitaus meisten Fälle hinsichtlich ihrer Häufigkeit können dem Aufpralltyp A (43 %), bei dem sich die Deformation über den gesamten vertikalen Frontbereich erstreckt, zugeordnet werden. Die Aufpralltypen E, B und M, die den Fahrzeugvorbau umfassen (vgl. Abb. 2.25), sind in ihrer Häufigkeit mit ungefähr 50 % vertreten.

Die Verteilung der Aufpralltypen in der horizontalen Fahrzeugebene geht aus Tab. 2.3 hervor, wobei nur geringfügige Verschiebungen zwischen den prozentualen Anteilen der Häufigkeit und den Verletzungsfolgekosten auftreten.

Für die asymmetrisch auftretenden Kollisionen lässt sich ein starkes Übergewicht des linksseitigen Aufpralls (Y: 2/3- bzw. L: 1/3-Überdeckung) gegenüber dem rechtsseitigen (Z: 2/3- bzw. R: 1/3-Überdeckung) feststellen, wobei die linksseitigen Aufpralltypen ungefähr doppelt so hohe Anteile aufweisen wie die rechtsseitigen (Abb. 2.26). Mithilfe der bisher gezeigten Strukturierungselemente wurden die Unfälle nach äußeren Kriterien klassifiziert und gegeneinander abgegrenzt. Zur Beurteilung der

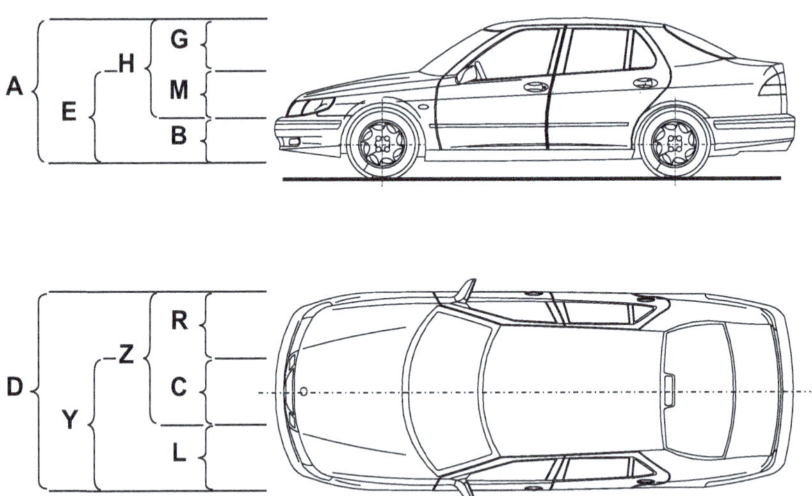

Abb. 2.25 Aufpralltypen bei frontal kollidierten PKW (nach SAE J224)

Tab. 2.3 Häufigkeitsverteilung und Verletzungsfolgekosten der Aufpralltypen (PKW-Front) in horizontaler Ebene (Quelle: Datenmaterial der Unfallforschung MHH)

Aufpralltyp (horizontale Ebene)	Häufigkeit		Verletzungsfolgekosten	
	[-]	[%]	[Mio. €]	[%]
D	420	58,66	51,703	69,13
Y	115	16,06	10,512	14,06
Z	62	8,66	3,518	4,70
L	58	8,10	4,872	6,51
G	23	3,21	1,822	2,44
R	38	5,31	2,359	3,15
Summe	716	100,00	74,786	100,00

Verletzungssituation der Insassen erscheint es jedoch vorteilhaft, Strukturierungskriterien auch im Fahrzeuginneren anzulegen. Damit wird eine Zusammenfassung gleichartiger Verletzungsmechanismen (Kinematik, Kontakt und Verletzungsentstehung) ermöglicht, die eine größtmögliche Einschränkung der Streuung auf insassenspezifische Unterscheidungsmerkmale (Alter, Geschlecht, Konstitution) zulässt. Die Strukturierung hat allerdings mit zunehmender Tiefe zur Folge, dass mit der Teilung des Unfallmaterials die Anzahl der Beobachtungen kleiner wird. Die Balance zwischen beiden Zielsetzungen, einerseits der Beschränkung auf gleichartige Verletzungsmechanismen zur Herabsetzung der Streuung und andererseits der Bereitstellung einer statistisch ausreichenden Anzahl von Verletzungen, erfordert eine ausgewogene Vorgehensweise bei der Anwendung der Auswahlkriterien.

2.4.7 Belastungsart und Belastungstyp

Die Belastungsart bezieht sich auf die während des Unfalls beanspruchten Körperregionen. Bei den hier untersuchten 1288 PKW-Insassen wurden insgesamt 6091 unterschiedlich schwere Einzelverletzungen festgestellt, die mit einem Anteil von 33 % dem Kopf, mit 29 % den Beinen und mit jeweils ungefähr 14 % dem Thorax und den Armen zugeordnet werden können (Abb. 2.27). Da jedoch höchst unterschiedliche Verletzungen bei Fahrern und Beifahrern sowie bei Insassen mit und ohne Insassenschutz-Systemen (Gurt, Airbag) festgestellt wurden, wird zur Charakterisierung der Insassenkinematik und der daraus resultierenden Verletzungsentstehung zusätzlich zur Belastungsart noch der Belastungstyp eingeführt.

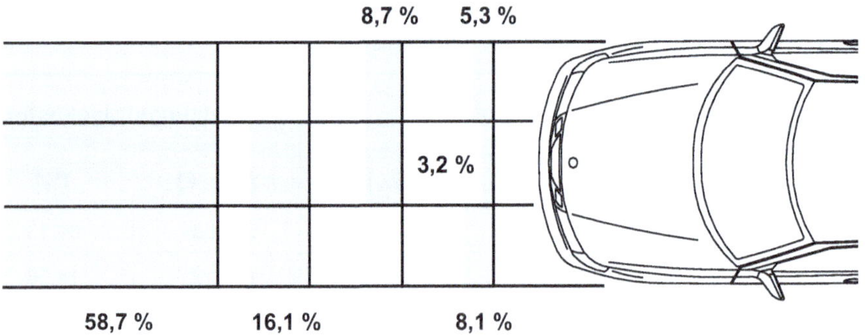

Abb. 2.26 Häufigkeitsverteilung der Aufpralltypen (PKW-Front)

Abb. 2.27 Belastungsart: Verteilung der Verletzungen von Insassen in frontal kollidierten PKW

Körperteil	Verletzungen Häufigkeit [-]	[%]
Kopf	2.033	33,4
Hals	132	2,2
Thorax	875	14,4
Arme	825	13,5
Abdomen	199	3,3
Becken	243	4,0
Beine	1.777	29,1
Unbekannt	7	0,1
	6.091	100,0

Mithilfe des Belastungstyps wird im eigentlichen Sinn die Frage nach der Art des Insassenschutzes beantwortet. Damit hängen die Belastungsrichtung, die Sitzposition und die Benutzung von Insassenschutz-Systemen zusammen; im Grunde genommen erfolgt durch die Bereitstellung von Belastungstypen eine Klassifizierung der Insassen-Rückhaltung. Ein weiteres Unterscheidungsmerkmal innerhalb der Belastungstypen ist die Sitzposition, da hiervon der zur Verfügung stehende Vorverlagerungsweg und im Falle eines Anpralls die beaufschlagte Kontaktstruktur (Lenkrad, Armaturenbrett, Airbag u. a.) sowie deren Deformationseigenschaft abhängt.

Ausgehend von 716 PKW-Frontalkollisionen verteilen sich insgesamt 1288 Insassen auf Fahrer (56 %), Beifahrer (26 %) und Fondinsassen (18 %). Die Häufigkeitsverteilung für Sitzpositionen der Insassen ist in Abb. 2.28 dargestellt.

Schließlich kann mithilfe des Belastungstyps die Gurtbenutzung der Front-Insassen unterschieden werden, wobei die mit „unbekannt" gekennzeichneten Fälle vernachlässigt wurden. Für die so verbleibenden 1022 Front-Insassen wurde unterstellt, dass das Gurtsystem von Fahrern in 89 % und von Beifahrern in 88 % benutzt wurde. Dabei wurde die Gurtanlegequote des vorgelegenen älteren Unfall-Datenmaterials auf neuere Zahlen aus dem Jahr 2003 hochgerechnet [10]. Anhand der ermittelten Verletzungsfolgekosten kann, unter der Annahme einer gleichen Unfallschwere-Verteilung, eine deutliche Herabsetzung der Kosten aufgrund der Gurtbenutzung konstatiert werden (vgl. Abb. 2.29): Während die nicht angegurteten Front-Insassen im Mittel mit ca. 6 % beteiligt sind und einen Verletzungsfolgekosten-Anteil von 11 % aufweisen, reduziert sich der Anteil der Verletzungskosten bei den angegurteten Insassen mit einer Häufigkeit von 45 % auf 39 %; die Reduzierung des Kostenanteils kann als Gurtnutzen gedeutet werden.

Nachdem nun Belastungsart (Körperregionen) und Belastungstyp (Sitzposition und Insassenschutz-System) eingeführt sind, lässt sich die auf Front-Insassen bezogene Belastungsart in sinnvoller Weise um den Belastungstyp erweitern. In Ergänzung zur Häufigkeitsverteilung der Verletzungen einzelner Körperregionen für alle Insassen (vgl. Abb. 2.27) ist in Abb. 2.30 die Verteilung der Einzelverletzungen in Abhängigkeit vom Belastungstyp dargestellt; dabei erfolgte aus Gründen der Übersichtlichkeit eine Begrenzung auf Fahrer und Beifahrer ohne und mit Gurtbenutzung.

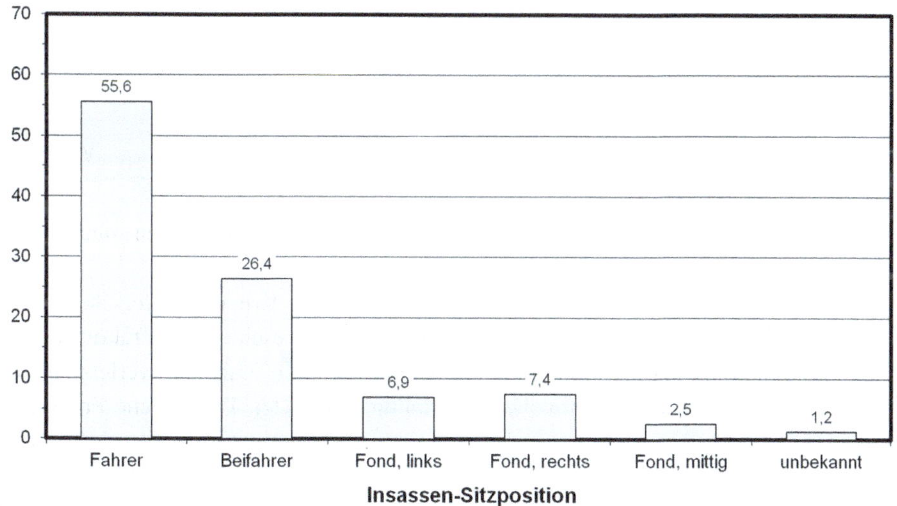

Abb. 2.28 Belastungstyp: Verteilung der Sitzpositionen in frontal kollidierten PKW

Belastungstyp

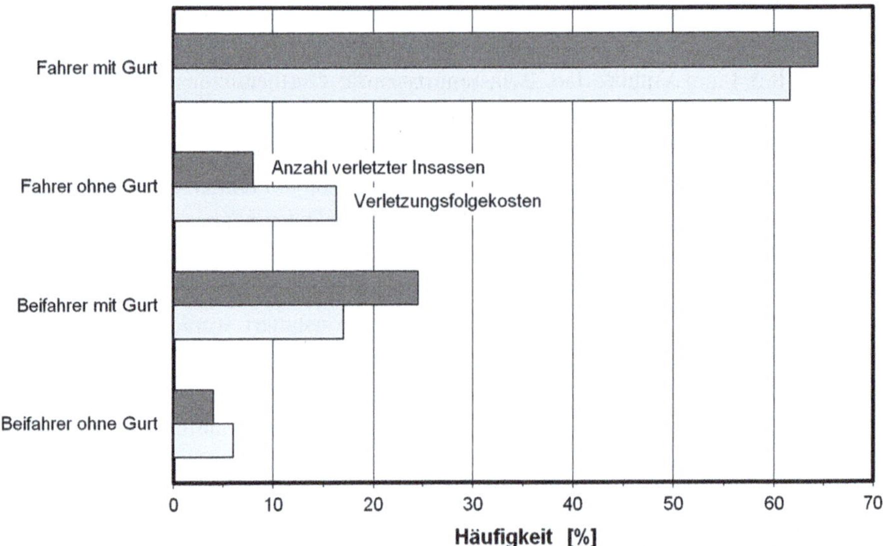

Abb. 2.29 Belastungstyp: Prozentuale Verteilung der Gurtbenutzung von verletzten Insassen frontal kollidierter PKW im Vergleich mit Verletzungsfolgekosten

Belastungsart

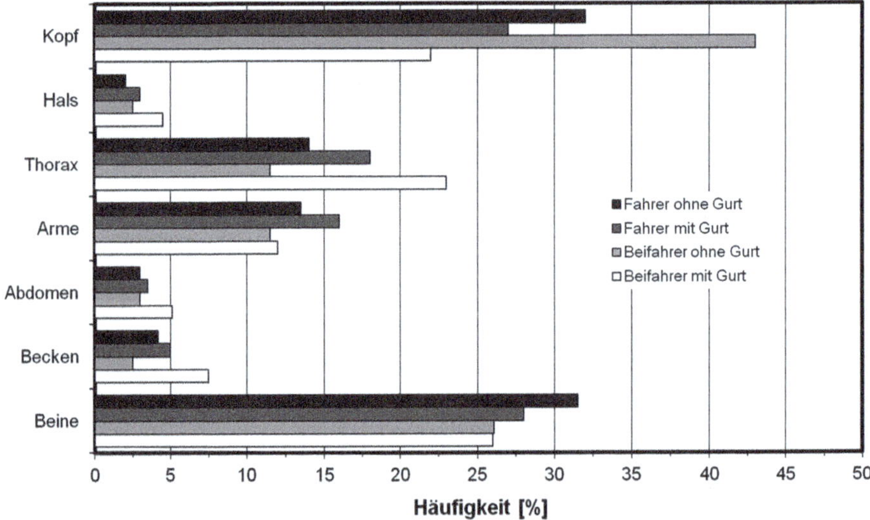

Abb. 2.30 Belastungsart und -typ: Prozentuale Verteilung der körperteilspezifischen Verletzungen von Insassen in frontal kollidierten PKW unter Berücksichtigung der Gurtnutzung

Der Vergleich der Verletzungshäufigkeit ohne/mit Gurtbenutzung zeigt eine Reduzierung der Kopf- und Beinverletzungen sowohl für Fahrer als auch für Beifahrer, wobei die Kopfverletzungen der Beifahrer aufgrund der Gurtbenutzung erheblich stärker zurückgehen als die der Fahrer. Dieser Umstand ist zurückzuführen auf den größeren Vorverlagerungsweg beifahrerseitig. Der Anteil der Thorax- und der Abdomen/Becken-Verletzungen nimmt aufgrund der Gurtkräfte z. T. erheblich zu, allerdings sind die Verletzungen weniger schwerwiegend. Die Erhöhung der Halsverletzungen dürfte aus der Rückhaltewirkung der Brust herrühren, während der Kopf lediglich über den Hals zurückgehalten wird. Darüber hinaus zeigt sich auffallend der relativ hohe Anteil der Verletzungen der unteren Extremitäten bei angegurteten Insassen gegenüber beispielsweise den reduzierten Kopfverletzungen. Durch den Airbag-Einsatz nimmt die Bedeutung der Fuß- und Beinverletzungen bezüglich der Häufigkeit, nicht aber der Verletzungsschwere noch weiter zu.

2.4.8 Verletzungsart und Verletzungstyp

Mit der Verletzungsart werden Weichteil-, Organ-, Gefäß-, Bänder- und Sehnen-Verletzungen sowie Frakturen unterschieden. Der Verletzungstyp hingegen kennzeichnet die Beanspruchung unter mechanischen Gesichtspunkten. Im Datenmaterial der Unfallforschung MHH ist der Verletzungstyp allerdings nur in wenigen Fällen angegeben und verschließt sich somit einer exakten statistischen Auswertung, sodass er anhand der Verletzungsbeschreibung am Körperteil und der zugehörenden Verletzungsschwere lediglich abgeschätzt werden konnte.

Zur zahlenmäßigen Darstellung ist die Häufigkeitsverteilung der Verletzungsart auf der Basis von 1.022 Front-Insassen in Abb. 2.31 gezeigt. Die häufigste Verletzungsart wird erwartungsgemäß durch Weichteilverletzungen mit einem Anteil von 68 % gebildet, wobei die Verletzungsschwere und deren Folgekosten niedriger sind im Vergleich zu Frakturen, Organ- und Gefäßverletzungen, die mit einer Häufigkeit von 20 bzw. 9 % auftreten.

Mit dem Verletzungstyp werden vier grundsätzlich verschiedene verletzungsverursachende Mechanismen eingeführt, und zwar Verletzungen aufgrund

- direkter Krafteinwirkung,
- indirekter Krafteinwirkung,
- von Trägheitskräften und
- von Hyperextension und -flexionen (Überstreckung, Überbeugung).

Eine direkte Krafteinwirkung liegt in all jenen Fällen vor, in denen Verletzungen durch einen direkten Kontakt zwischen Körperteil und Insassenschutzsystem (Fahrzeug-Innenraum, Sitz, Gurtsystem, Airbag) hervorgerufen werden; dies können oberflächliche Weichteilverletzungen ebenso sein wie Frakturen am Kopf, am Thorax, am Becken

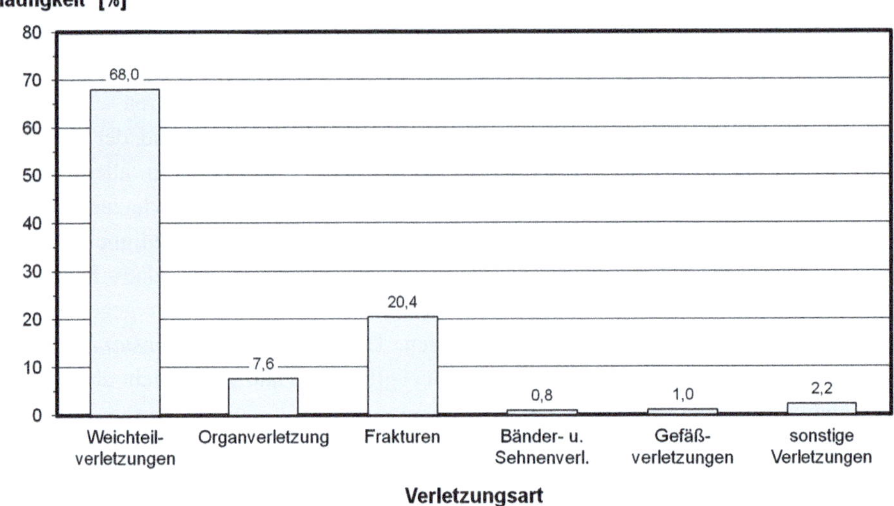

Abb. 2.31 Verletzungsart: Prozentuale Verteilung der Verletzungen von Insassen in frontal kollidierten PKW

und an den Extremitäten oder auch Organverletzungen im Abdominalbereich. Um Verletzungen durch indirekte Krafteinwirkung handelt es sich im Gegensatz dazu, wenn sie nicht am beanspruchten (äußeren) Körperteil, aber aufgrund der dort eingeleiteten Kräfte entstanden sind. Zu einer derartigen Verletzung kann beispielsweise eine Lungenlazeration (Riss) als Folge einer Thorax-Instabilität gezählt werden. Bleibt hingegen der knöcherne Körperteil stabil, so können Verlagerungen von Organen aufgrund ihrer Massenträgheit auftreten und, bei ausreichend hoher Intensität, zu Verletzungen führen. Solche Verletzungen können beispielsweise Aortenrupturen, Herzbeutelkontusionen (ohne Thorax-Instabilität) oder auch Hirnkontusionen durch Kontakt am Schädelknochen oder Contre-coup-Verletzungen an der gegenüberliegenden (stoßabgewandten) Gehirnseite sein. Schließlich lassen sich Verletzungen auf Hyperextensionen und Hyperflexionen der Gelenke oder der Wirbelsäule zurückführen. Dieser Verletzungstyp wird im Allgemeinen durch Bänder- oder Sehnenverletzungen bzw. in schweren Fällen durch Luxationen und Frakturen der Gelenke und Wirbel gekennzeichnet. Die vier hier beschriebenen Verletzungstypen lassen sich retrospektiv aufgrund des Verletzungsbildes nur schwer voneinander abgrenzen.

Literatur

1. Appel, H.: Unfallaufklärung aus technischer Sicht. Beitrag in „Verkehrsmedizin". In: Wagner, H.-J. (Hrsg.). Springer-Verlag, Berlin Heidelberg, New York, Tokyo (1984)

2. Appel, H., Kramer, F.: Biomechanik und Kraftfahrzeugsicherheit. Umdruck zur Vorlesung am Institut für Fahrzeugtechnik an der Technischen Universität Berlin, Berlin (1987)

3. Burg, H., Moser, A.: Handbuch Verkehrsunfallrekonstruktion – Unfallaufnahme, Fahrdynamik, Simulation, 2. Aufl. Vieweg + Teubner|GWV Fachverlage GmbH, Wiesbaden (2009)

4. Collision Deformation Index – SAE J 224 MAR80. Report of the Automotive Safety Committee, approved Jan. 1971, completely revised by the Motor Vehicle Safety System Testing Committee March 1980. SAE Handbook, Vol. 4, Warrendale, PA (USA) (1986)

5. Compton, C. P.: The Use of Public Crash Data in Biomechanical Research. In: Nahum, A. M., Melvin, J. W. (Hrsg.) Accidental Injury – Biomechanics and Prevention. Springer-Verlag, Berlin, Heidelberg, New York, Tokyo (1993)

6. Danner, M., Appel, H., Schimkat, H.: Entwicklung kompatibler Fahrzeuge. Abschlußbericht des Forschungsprojekts TV 7661 des Bundesministers für Forschung und Technologie (1980)

7. HUK-Verband, Büro für KFZ-Technik: Fahrzeugsicherheit 90 – Analyse von PKW-Unfällen, Grundlage für künftige Forschungsarbeiten. München (1994)

8. Georgi, A.: GIDAS – Unfallforschung vor Ort an der TU Dresden. Vortrag im Rahmen des Dresdener Sicherheitskolloquiums an der Hochschule für Technik und Wirtschaft (HTW), Dresden (2004)

9. Kramer, F.: Unfallrekonstruktion. Vorlesungsskript zur gleichnamigen Lehrveranstaltung an der Hochschule für Technik und Wirtschaft (HTW), Dresden (2010/11)

10. Kramer, F., Kramer, M., Lüders, M., Herpich, T., Class, U.: Die Bedeutung von OoP-Situationen im Straßenverkehr hinsichtlich künftiger Auslegung von Insassenschutz-Systemen. VDI-Tagung „Innovativer Kfz-Insassen- und Partnerschutz" in Berlin (2003)

11. Kramer, F.: Analyse des Unfallgeschehens zur Ermittlung der Unfallkenngröße für Frontalkollisionen und der Verletzungsschwere sagittal belasteter PKW-Insassen. Forschungsbericht Nr. 325/88. Institut für Fahrzeugtechnik, Technische Universität Berlin, Berlin (1988)

12. Kramer, F.: Volkswirtschaftlicher Schaden aufgrund der Verletzungsfolgekosten. Nicht veröffentlichtes Arbeitspapier und Auswertungsprogramm AUSWERT (Version 3.8 – angewandt am 11.7.2012). Hochschule für Technik und Wirtschaft (HTW), Dresden (Januar 2008)

13. Kramer, F., Deter, T.: Zur Quantifizierung der Straßenverkehrssicherheit. Verkehrsunfall und Fahrzeugtechnik, Heft 1 (Januar 1992)

14. Kramer, F.: Schutzkriterien für den Fahrzeug-Insassen im Falle sagittaler Belastung. Dissertation an der Technischen Universität Berlin. Fortschritt-Berichte, VDI-Reihe 12. Bd 137 (1989)

15. Nagel, U.: Rechnergestützte Unfallrekonstruktion – Programmsystem auf der Basis der Stoß- und der Kraftrechnung. Diplomarbeit am Institut für Fahrzeugtechnik, Technische Universität Berlin (1991)

16. Praxenthaler, H., Wagner, H.: Verkehrsmedizin in Gegenwart und Zukunft. In: Wagner, H. (Hrsg.) Verkehrsmedizin. Springer, Berlin, Heidelberg, New York, Tokyo (1984)

17. Richter, B., Appel, H., Hoefs, R., Langwieder, K.: Entwicklung von PKW im Hinblick auf einen volkswirtschaftlich optimalen Insassenschutz. Abschlußbericht des Forschungsprojekts TV 8036 des Bundesministers für Forschung und Technologie (1984)

18. Schneider, W.: Verhalten des Menschen im Straßenverkehr als Risikofaktor und seine Beeinflussung. In: Wagner, H. (Hrsg.) Verkehrsmedizin. Springer-Verlag, Berlin, Heidelberg, New York, Tokyo (1984)

19. Schöneburg, R..: Integrale Sicherheit von Kraftfahrzeugen/Modul 2: Unfallforschung, Biomechanik und Sicherheitsanforderungen. Vorlesungsskript zur gleichnamigen Verbund-Lehrveranstaltung an der TU- und der Hochschule für Technik und Wirtschaft (HTW), Dresden (2019)

20. Statistisches Bundesamt Wiesbaden (Hrsg.): Todesursachen in Deutschland 2010. Fachserie 12, Reihe 4. https://www.statistischebibliothek.de/mir/servlets/MCRFileNodeServlet/DE-Heft_derivate_00010400/2120400107004.pdf, abgerufen am 17. Nov. 2023 (2010)
21. Statistisches Bundesamt Wiesbaden (Hrsg.): Verkehrsunfälle 2011. Fachserie 8, Reihe 7. https://www.statistischebibliothek.de/mir/servlets/MCRFileNodeServlet/DEHeft_derivate_00011362/2080700117004.pdf, abgerufen am 17. Nov. 2023 (2011)
22. Zeidler, F.: Die Analyse von Straßenverkehrsunfällen mit verletzten PKW-Insassen unter besonderer Berücksichtigung von versetzten Frontalkollisionen mit Abgleiten der Fahrzeuge. Dissertation am Institut für Fahrzeugtechnik, Technische Universität Berlin. Verlag Information Ambs GmbH, Kippenheim (1982)

Biomechanik 3

Wolfram Hell, Florian Kramer und Rodolfo Schöneburg

Während sich die **Biomechanik** in der aktiven Fahrzeugsicherheit wie auch in der Arbeitswissenschaft auf ergometrische (zu verrichtende Arbeit) und dynamometrische (aufzubringende Betätigungskraft) Aspekte und ihre Einflussfaktoren konzentriert, behandelt die Biomechanik im Zusammenhang mit der passiven Sicherheit die mechanische Belastbarkeit des lebenden Körpers oder von Körperteilen mit dem Ziel, die Verletzungsmechanik bei Unfallopfern zu analysieren und objektive Kriterien zur Unterscheidung von reversiblen und irreversiblen Verletzungen bereitzustellen. Unter Biomechanik versteht man also die Beschäftigung mit dem mechanischen Verhalten des lebenden Körpers bzw. seiner Bestandteile, d. h. es werden hier statische und dynamische Zustände und Prozesse analytisch beschrieben [98]. Die Forschung in Verletzungsbiomechanik hat sich von einfachen Ad-hoc-Experimenten zu gut organisierten Studien entwickelt. Die Hauptziele dieser Forschung sind:

1. Identifikation und Erklärung von Verletzungsmechanismen
2. Quantifizierung der mechanischen Reaktion von Körperkomponenten auf Stöße
3. Bestimmung der Toleranzgrenzen gegenüber Stößen
4. Bewertung von Sicherheitsvorrichtungen und -techniken zur Evaluierung von Präventionssystemen [127]

W. Hell (✉)
Ludwig-Maximilians-Universität, München, Deutschland
E-Mail: wolfram.hell@t-online.de

R. Schöneburg
RSC Safety Engineering, Hechingen, Deutschland

F. Kramer

R. Schöneburg (Hrsg.), *Integrale Sicherheit von Kraftfahrzeugen*, ATZ/MTZ-Fachbuch,
https://doi.org/10.1007/978-3-658-42806-8_3

57

Im Folgenden soll die **Verletzungsmechanik** von Organ- und Gewebeverletzungen sowie Frakturen aufgezeigt werden. Dazu wird auf die **Anatomie des menschlichen Körpers** und das Verhalten bei Belastungen eingegangen. Die Verletzungsmechanik ist relevant für das Verständnis der **Verletzungsentstehung** beim Unfall und die Vermeidung unfallspezifischer Verletzungen durch den Einsatz von Sicherheitsmaßnahmen. Das Verständnis um die Widerstandsfähigkeit des Gewebes ist auch relevant hinsichtlich der Behandlung und der Heilung von Verletzungen sowie der Wiederherstellung von Unfallopfern. Da sich die Entstehung und das Ausmaß der Verletzungen auf physikalische Belastungen zurückführen lassen, ist die Mechanik von Bedeutung, und die Antwort des Körpers auf die physikalische Belastung ist in der Biologie begründet. So ist die Ermittlung von Schutzkriterien, die eine Aussage über die Beanspruchung des Körpers oder von Körpereinzelteilen zulassen, im eigentlichen Sinn Mechanik. Biomechanik baut zudem auf den Kenntnissen von Physik, Mathematik, Chemie, Biologie, **Sportphysiologie, Neurophysiologie** und Anatomie auf. Die Auslegung von Fahrzeugen und Schutzsystemen (z. B. Rückhaltesysteme, Helme, Leitplanken) und deren Einrichtungen zur Sicherstellung nur einer zulässigen Beanspruchung bzw. zur Vermeidung einer unzulässig hohen Belastung ist die Aufgabe von Sicherheitsingenieuren und erfordern eine interdisziplinäre Zusammenarbeit verschiedener Fachdisziplinen, sodass sich die Biomechanik als ingenieurwissenschaftliche Verbindung zwischen Biologie, Medizin und angewandter Mechanik versteht.

Der Mensch ist jedoch keine Maschine und schon **Otto Messerer** stellte 1880 fest, dass Alter, Konstitution und Geschlecht erhebliche Unterschiede in der Elastizität und Festigkeit der Knochen darstellen [74], Frakturmechanismen (Torsionsfrakturen, Messerer Keil) wurden von ihm ausgiebig erforscht und dargestellt.

Auch **John Paul Stapp** (Colonel USAF) war Pionier in der Erforschung der Auswirkungen von **Beschleunigungskräften** auf den menschlichen Körper. Besonders bemerkenswert sind seine **Selbstversuche** auf **Raketenschlitten,** bei denen er sich selbst großen Belastungen aussetzte und mit seinen Ergebnissen zur Sicherheit von Passagieren in Flugzeugen sowie zur Weiterentwicklung von **Sicherheitsgurten** beitrug. Noch heute findet eine nach ihm benannte *Stapp Car Crash Conference* (Verkehrssicherheitskonferenz) statt. Stapp glaubte daran, dass die Widerstandsfähigkeit des Menschen während seiner Versuchsreihen noch nicht erreicht war und deutlich höher als angenommen lag. Im Jahr 1954 beschleunigte er in einem Lauf (mit Blick in Fahrtrichtung) auf 632 mph (ca. 1017 km/h) und ließ sich in 1,4 s vollständig abbremsen. Dabei wirkte im Augenblick der maximalen Abbremsung die 46,2-fache Erdanziehungskraft (also 46,2 g), sowie für ganze 1,1 s am Stück 25 g. Dies ist die höchste Beschleunigung, der ein Mensch bisher freiwillig standgehalten hat. Über seine Forschungszeit hinweg verkündete Stapp häufig, dass private **Fahrzeuge** sicherer gemacht werden müssten. Er setzte sich dabei entschlossen für die automobile Unfallforschung und die Einführung von Sicherheitsgurten ein. Seine Forschung über biomechanische Belastungsgrenzen des Menschen wurden auch in der Luft- und Raumfahrt (rückwärtsgerichtete Sitzposition bei Landung von Raumkapsel, Schleudersitze für Jet-Piloten) angewandt.

Nils Bohlin entwickelte 1958 den 3-Punkt Sicherheitsgurt für Pkw, der vom Europäischen Patentamt als eine der 10 wichtigsten, aktuellen Erfindungen bezeichnet wurde, der Millionen Menschen das Leben rettete.

Der menschliche Köper und die Grundlagen der Mechanik haben sich nicht mehr wesentlich verändert, dennoch bestehen immer noch Unklarheiten über bestimmte Verletzungsmechanismen und Toleranzgrenzen, so dass hier laufender Forschungsbedarf besteht.

3.1 Anatomie des menschlichen Körpers und Verletzungsmechanismen

In der Anatomie bedient man sich nicht des kartesischen Koordinatensystems in x-, y- und z-Richtung, sondern es wurden anatomische Ebenen definiert [45], die in Abb. 3.1 dargestellt sind. Die Ebenen werden bezeichnet als Median- oder Sagittalebene, Koronalebene und Transversal- oder Horizontalebene. Bei den Richtungen wird nach [86] unterschieden in ventral (bauchwärts) oder anterior (vorn) bzw. dorsal (rückseitig) oder posterior (hinten), in lateral (seitlich, auswärts) bzw. medial (die Mitte bildend) und in superior (höher liegend) oder distal (weiter vom Rumpf entfernt gelegen) bzw. inferior (unten liegend) oder proximal (körpernah gelegen).

3.1.1 Der Kopf

Der Kopf ist bei Verkehrsunfällen das exponierteste und das am meisten gefährdete Körperteil. In Abb. 3.2 ist beispielhaft die Verteilung der Verletzungen von PKW-Insassen bei Frontalkollisionen gezeigt; auffallend ist der hohe Anteil von Kopf- und Gesichtsverletzungen gegenüber den Verletzungen anderer Körperregionen. Die hohe Gefährdung des Kopfes und die damit einhergehende Notwendigkeit für einen wirksamen Schutz vor Verletzungen resultiert aus dem Umstand, dass die Verletzung der Gehirnstruktur derzeit irreversibel, d. h. nicht ausheilbar ist.

Bei der Anatomie des Kopfes unterscheidet man die äußeren Organe, die Weich- und Gewebeteile, den knöchernen Schädel und das Gehirn, das im Schädel eingebettet liegt und mit dem Mittelhirn den Übergang zum Rückenmark bildet.

Die **Kopfhaut** ist 5 bis 7 mm dick und enthält drei Gewebelagen: Die haaraufnehmende Haut bestehend aus der Oberhaut (gefäßlose äußere Haut) und der Lederhaut, die die Haartaschen aufnimmt und mit einem glatten Muskelgewebe (Gänsehaut, richtet feinere Haare auf) ausgestattet ist. Darunter liegt das Unterhautzellgewebe, in dem Fettzellhaufen, Blutgefäße und Nerven eingelagert sind. Und schließlich gibt es als dritte Lage das Muskelgewebe. Unterhalb dieser dreilagigen Kopfhaut liegt ein loses Zellgewebe auf einer faserigen Haut, die die Knochenstruktur umschließt (Knochenhaut). Die Dicke, die Festigkeit und die Beweglichkeit dieser äußeren drei Kopfhaut-Lagen

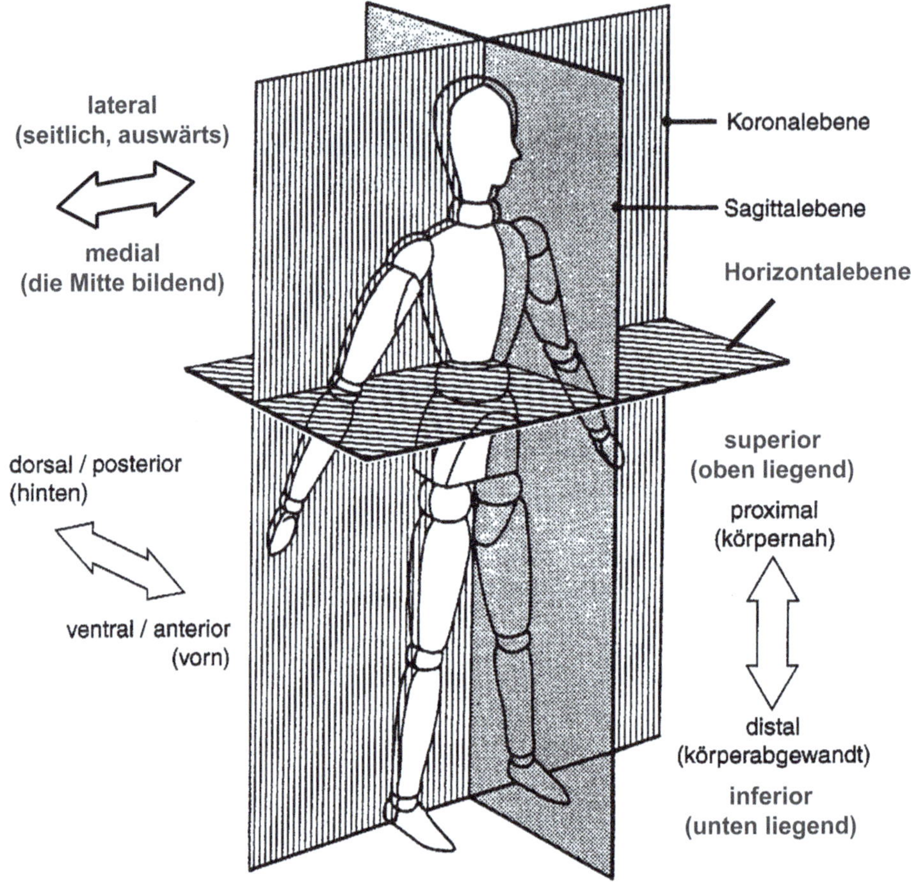

Abb. 3.1 Anatomische Richtungen und Ebenen (aus [87])

können ebenso wie die abgerundete Schädelkontur in ihrem Zusammenwirken als Schutz-mechanismen aufgefasst werden. Greift an der Kopfhaut eine Zugkraft an, so bewegen sich die drei Hautlagen gemeinsam wie ein Gewebe.

Der **Schädel** ist das komplexeste Gebilde des menschlichen Skeletts. Seine knöcherne Struktur ist übersichtlich geformt und enthält das Gehirn, die Augen, die Ohren, die Nase und die Zähne. Die Dicke des Schädels variiert zwischen 4 und 7 mm und bietet so eine geeignete Aufnahme und ausreichend Schutz für die Organe. Der Schädel setzt sich aus 8 Knochenschalen zur Aufnahme des Gehirns zusammen, 14 Knochen bilden den Gesichtsschädel, und die Zähne variieren bekanntermaßen bis zu einer Anzahl von 32. Neben dem Gesichtsschädel (Augen-, Nasen- und Mundhöhle) wird das Schädeldach geformt durch Siebbein, Stirnbein, Scheitelbein, Hinterhauptbein sowie das paarweise auftretende Schläfenbein und das Keilbein (Abb. 3.3). Das Innere des Schädeldaches ist konkav (gewölbt) und weist eine relativ glatte Oberfläche auf. Die Schädelbasis ist eine

Körperregion

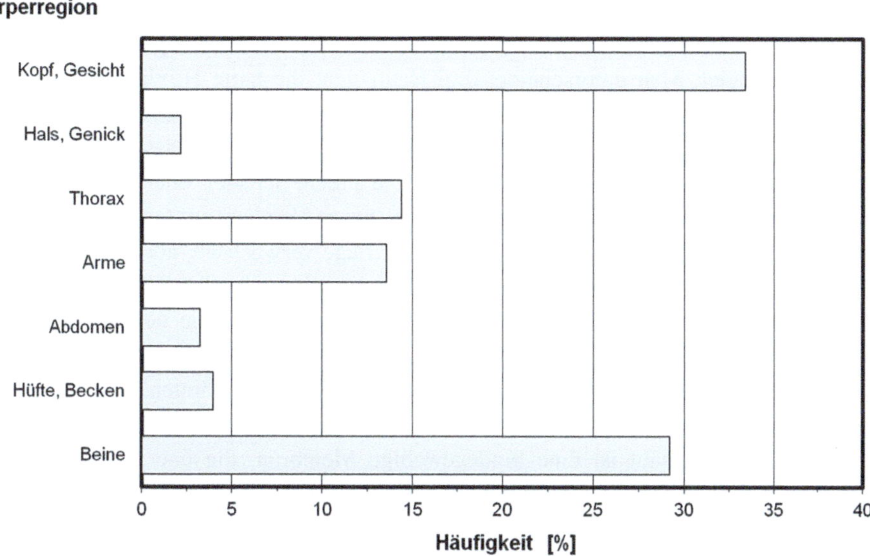

Abb. 3.2 Körperteil-spezifische Verletzungen von PKW-Insassen bei Frontkollision

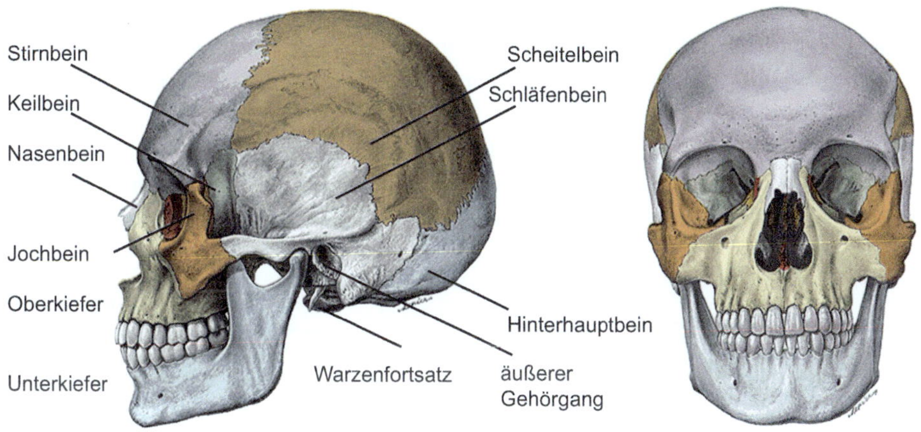

Abb. 3.3 Anatomisches Orientierungsbild des Schädel (nach [87])

unregelmäßige Knochenplatte mit Vertiefungen und Erhöhungen sowie kleinen Löchern (Foramen) für Blutgefäße und Nerven und dem großen Hinterhauptloch (Foramen magnum) als Durchtritt des verlängerten Rückenmarks.

Drei Schutzhüllen, bekannt als **Hirn- und Rückenmarkhaut**, umgeben und schützen somit das **Gehirn** und das Rückenmark. Die Funktion dieser Häute besteht darin, Hirn und Rückenmark gegenüber den sie umgebenden Knochen zu isolieren. Die Häute bestehen zunächst aus Bindegewebe und sind gleichzeitig ausgeformt als Teil der Blutgefäß-Wände und als Nervenhüllen sofern diese eine Verbindung eingehen zwischen Gehirn und Schädel. Man unterscheidet drei Hautlagen: die harte Hirnhaut (Dura mater), die Spinnwebenhaut (Arachnoidea) und die weiche Hirnhaut (Pia mater).

Die harte Hirnhaut ist ein widerstandsfähiges Bindegewebe, die das Rückenmark umgibt und im Schädel aus zwei Lagen besteht. Die äußere Schädel- oder Knochenhaut füttert die innenliegende Knochenfläche aus; die innere Hirnhaut umfasst das Gehirn. Im Hirnbereich sind die beiden Hautlagen zu einer Lage verwachsen, außer an den Stellen, wo sie sich trennen, um venösen Gefäßen Platz zu geben, die das Gehirn mit Blut versorgen. Falten der Hirnhaut-Lagen bilden die Großhirnsichel, die tief in die längsverlaufende Furche zwischen der rechten und der linken Gehirn-Hemisphäre hineinragt. Schließlich unterstützt das Kleinhirnzelt wie ein Absatz die hinten liegende Gehirn-Hemisphäre.

Die Spinnwebenhaut ist eine bindegewebige Membran, die über die Furchen und Windungen des Gehirns und Rückenmarks gelegt ist. Die Außenfläche der Spinnwebenhaut liegt an der harten Hirnhaut, der Dura mater, an und begrenzt von innen her den kapillaren Subdural-Raum; die Innenfläche ist mit der weichen Hirnhaut, der Pia mater, durch ein bindegewebiges Bälkchenwerk verbunden.

Die weiche Hirnhaut selbst ist eine dünne Membran aus feinem Bindegewebe, das mit zahlreichen kleinen Blutgefäßen ausgestattet ist. Sie liegt dicht an der Hirn- bzw. der Rückenmarkoberfläche an. Der Raum zwischen der Spinnwebenhaut und der weichen Hirnhaut sowie die Hirnkammern (Ventrikel) sind mit einer farblosen Flüssigkeit (Liquor) angefüllt, die das Gehirn mit Nährstoffen versorgt und äußere Erschütterungen dämpft [68].

Das **Gehirn** wird strukturell und funktionell unterteilt in fünf Teile (vgl. Abb. 3.4): Großhirn (Cerebrum), Kleinhirn (Cerebellum), Mittelhirn (Mesencephalon), Zwischenhirn (Diecephalon) und verlängertes Mark (Medulla oblangata). Zusätzlich weist es vier

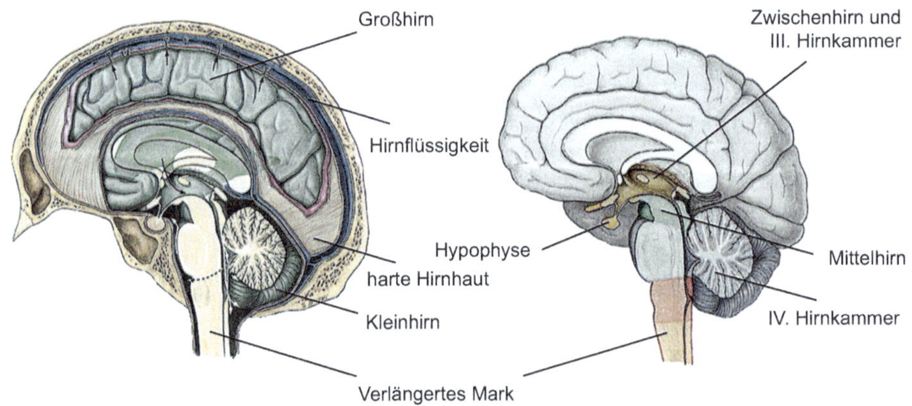

Abb. 3.4 Längsschnitt durch die Mitte des Schädels und des **Gehirns** (nach [87])

Hirnkammern, drei Membranen (Hirnhäute), zwei Drüsen (Hypophyse und Zirbeldrüse), zwölf paarweise auftretende Schädelnerven und die Schädelarterien und -venen auf. Seine durchschnittliche Länge beträgt ca. 165 mm und seine größte Breite ca. 140 mm; abhängig von der Körpergröße beträgt sein Gewicht bei Männern ca. 1,36 kg und bei Frauen nur geringfügig weniger. Das Großhirn umfasst ungefähr 7/8 des Gewichts und ist in eine rechte und eine linke Hemisphäre unterteilt [68].

Eine detaillierte Analyse von **Kopfverletzungen** ist schwierig, da zwar die Verletzungsarten (Verletzungen und Frakturen) weitgehend bekannt, ihre Entstehung jedoch, insbesondere der Bezug zum Verletzungstyp (mechanische Beanspruchung), weiterhin umstritten und diskussionswürdig ist. Die Gründe hierfür liegen zum einen an der bisher fehlenden eindeutigen Zuordnung zwischen Verletzungstyp und -art (ausreichend komplexe mathematische Simulationsmodelle sind nur schwer zu verifizieren) und zum anderen an der Problematik von Leichen- oder Tierversuchen, den Alterseinfluss und die Übertragbarkeit auf den Menschen ausreichend zuverlässig einbeziehen zu können. Bei den Kopfverletzungen unterscheidet man [60]

- Quetschungen, Prellungen sowie Riss- und Schnittwunden,
- Brüche des Gesichtsschädels und Schädelfrakturen, die in starkem Maße durch das Insassenalter beeinflusst werden, und
- Gehirnverletzungen, bei denen im Wesentlichen die mechanische Beanspruchung die Verletzungsschwere dominiert.

Unter **Schädelfrakturen** sind Brüche des knöchernen Schädels zu verstehen, die bei nicht stattfindendem Anprall auf „harte" Strukturen (des Fahrzeug-Innenraums, aber auch der Fahrzeug-Außenhaut) ausgeschlossen werden können. Die Frakturen lassen sich unterscheiden in Berstungs- und Biegebrüche. Berstungsbrüche treten bei eingeleiteten Schwingungen mit ca. 360 Hz und großen Amplituden auf und versetzen den Schädel in gegenläufige Schwingungen (Antiresonanz). Biegungsbrüche sind die Folge von Belastungen mit einem höheren Frequenzanteil von etwa 950 Hz; hier liegt die Resonanzfrequenz des knöchernen Schädels [42, 69, 101]. Ein eindeutiger Zusammenhang zwischen Schädelfrakturen und Gehirnverletzungen existiert nicht, dennoch zeigen verschiedene Untersuchungen, dass das Auftreten gefährlicher Komplikationen nach anfänglich leichten Gehirnverletzungen häufig in Verbindung mit Schädelfrakturen zu sehen ist [48]. Doch wurden andererseits in [17] Verletzte mit schweren Gehirnblutungen untersucht, bei denen zur Hälfte Schädelfrakturen diagnostiziert wurden, während bei den anderen Patienten keine Frakturen festgestellt werden konnten. Der Grund für diese Unsicherheiten ist darin zu sehen, dass Schädelbasisfrakturen klinisch, auch mithilfe von Röntgenaufnahmen, nur sehr schwer zu erkennen sind.

Gehirnverletzungen werden klinisch in zwei große Kategorien unterteilt, und zwar in diffuse und örtliche Verletzungen. Die diffusen Verletzungen, die bei Fahrzeug- und Fußgängerunfällen in rund drei von vier Fällen anzutreffen sind [31], umfassen

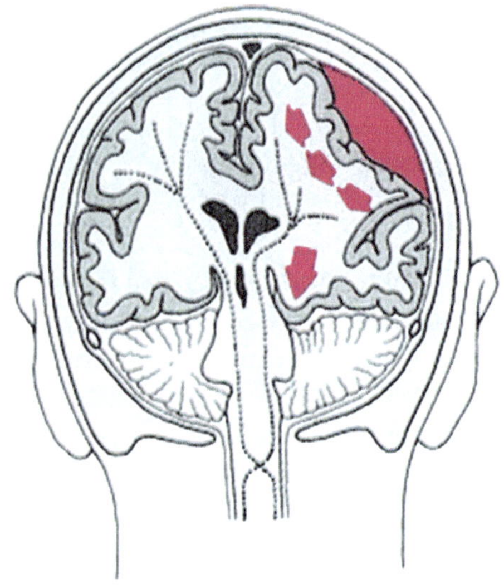

Abb. 3.5 Epidurales Hämatom: Bluterguss zwischen Schädeldach und harter Hirnhaut (aus [99, 100])

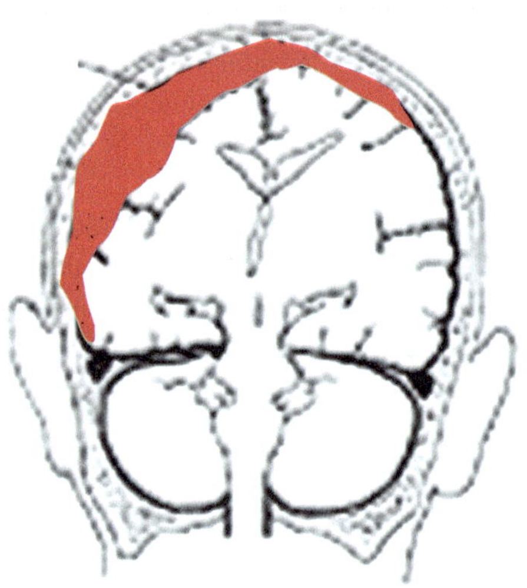

Abb. 3.6 Subdurales Hämatom: Bluterguss unterhalb der Hirnhaut (aus [99, 100])

Hirn-Schwellungen, Gehirnerschütterungen (Commotio, Contusio, Diffuse axonale Verletzung DAI) und großflächige Verletzungen. Örtliche Verletzungen sind solche wie traumatisch bedingte Blutungen zwischen Dura und Schädelknochen (epidurale Hämatome, Abb. 3.5), Blutungen zwischen Dura und Arachnoidea (subdurale Hämatome, Abb. 3.6) meist durch Abriss der Brückenvenen, bei Schädelfrakturen auftretende große Blutergüsse innerhalb des Gehirns (intrazerebrale Hämatome, Abb. 3.7) und Kontusionen, das sind Prellungen und Quetschungen des Gehirns, die im Augenblick der

Abb. 3.7 Intracerebrales
Hämatom: Bluterguss innerhalb
der Gehirnsubstanz (aus
[99, 100])

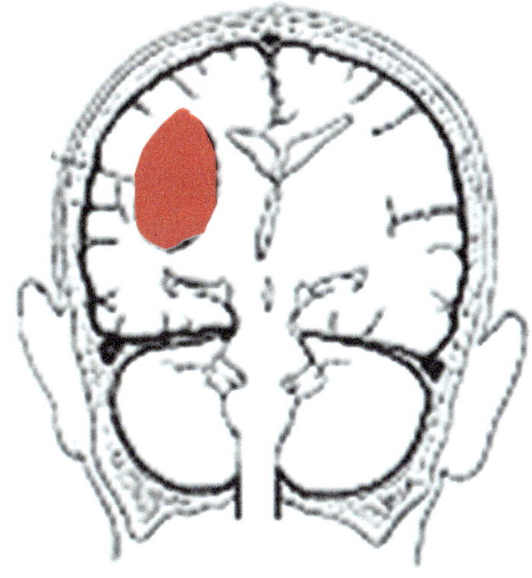

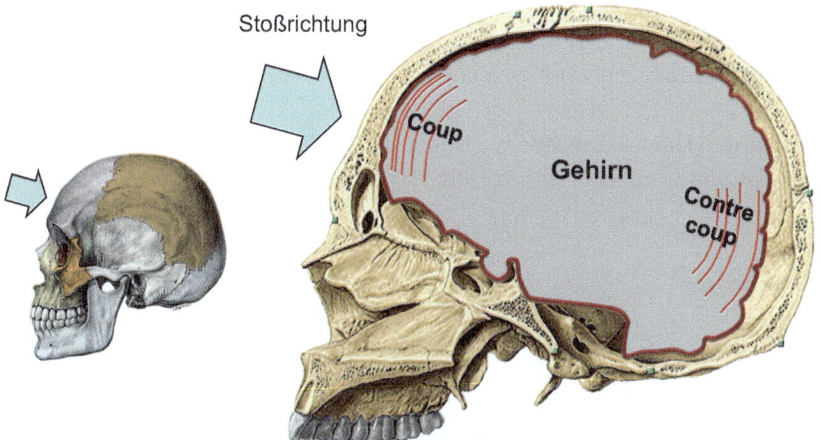

Abb. 3.8 Erscheinungsform von Gehirn-Kontusionen (Coup- und Contre-coup-Verletzungen), nach
[87]

Einwirkung eines stumpfen Traumas durch Anprall von anliegenden Rindenbezirken an
den Schädelknochen entstehen. Die Kontusionen (Abb. 3.8) finden sich sowohl an der
stoßzugewandten (Coup-Wirkung) als auch an der stoßabgewandten Gehirnseite (Contre-coup-Wirkung) und sind oftmals begleitet von Kommotionssyndromen (Commotio
cerebri: Gehirnerschütterung), also traumatisch bedingten reversiblen Schädigungen des
Gehirns ohne anatomisch fassbares Substrat [86]. Subdurale Hämatome und großflächige
Verletzungen sind die bedeutsamsten Verletzungen bei unfallbedingten Todesfällen [31].

3.1.2   Die Wirbelsäule

Im vorliegenden Abschnitt soll lediglich die Region der **Halswirbelsäule (HWS)** betrachtet werden, da sie vom mechanischen und strukturellen Aspekt einen höchst komplexen Mechanismus aufweist [120, 121] und zudem nach [66] im Verkehrsunfallgeschehen im Vergleich zu anderen Unfallursachen dominant ist (Abb. 3.9). Die Halswirbelsäule selbst ist der obere Teil der menschlichen Wirbelsäule (Columna vertebralis), die man nach [86] unterscheidet in folgende Regionen (Abb. 3.10):

- 7 Halswirbel (Vertebrae cervicales) mit der Bezeichnung C1 bis C7 bilden die Halswirbelsäule, davon wird der erste Halswirbel C1 als Atlas, der zweite C2 als Axis und der siebte C7 wegen seines tast- und sichtbar vorragenden Dornfortsatzes als Vertebrae prominens bezeichnet,
- 12 Brustwirbel (Vertebrae thoracicae) mit der Bezeichnung T1 bis T12 bilden die Brustwirbelsäule,
- 5 Lendenwirbel (Vertebrae lumbales) mit der Bezeichnung L1 bis L5 bilden die Lendenwirbelsäule,
- 5 zum Kreuzbein verschmolzene Kreuzbeinwirbel (vertebrae sacrales) und
- 4 bis 5 rudimentäre und oft verschmolzene Steißwirbel (Vertebrae coccygeae).

Die **Region der Halswirbelsäule** reicht von der (gedachten) Verbindungslinie zwischen Schädelbasis und Unterkiefer bis in Höhe der ersten Rippe bzw. dem Schlüsselbein und

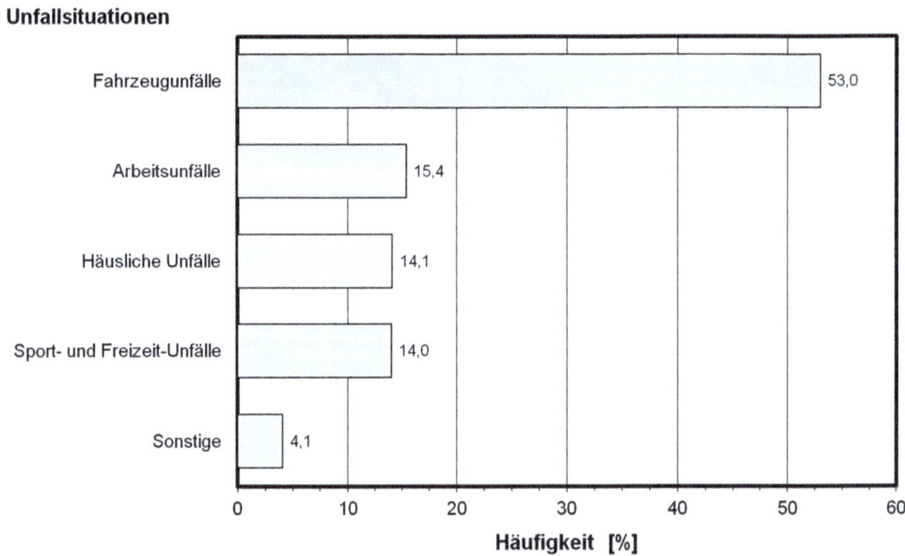

Abb. 3.9 Halswirbelsäulen-Verletzungen bei unterschiedlichen Unfallsituationen (aus [66])

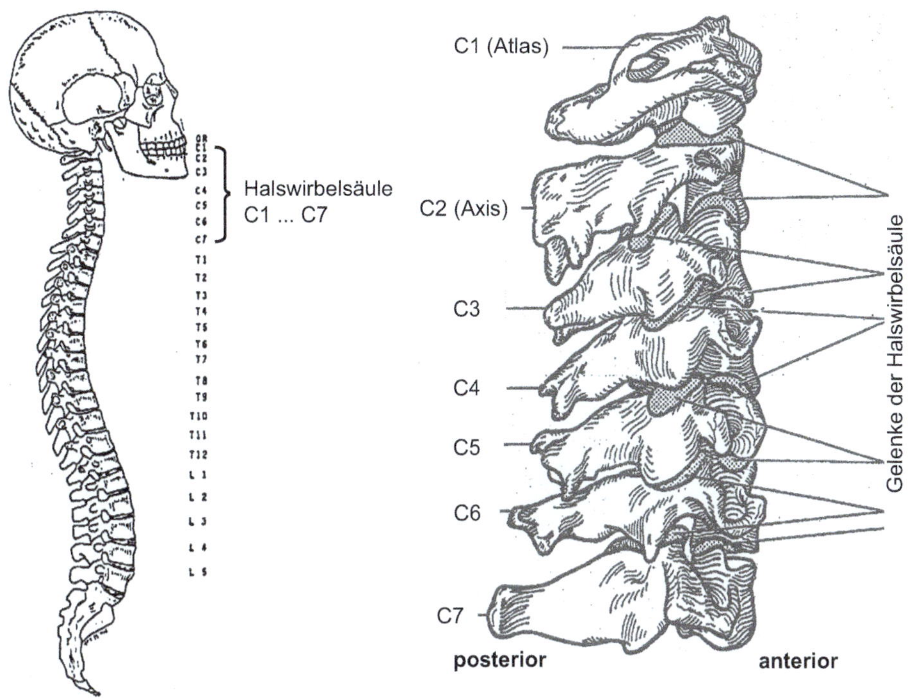

Abb. 3.10 Seitenansicht der gesamten Wirbelsäule und der Halswirbelsäule

weist zwei Basisfunktionen auf: Sie trägt und unterstützt den Kopf und ermöglicht seine Bewegungsfähigkeit, und sie dient zum anderen als Leitungskanal, um Strukturen des Kopfes und des Gesichts mit denen des Brustkorbs und des Beckens zu verbinden. Im vorderen Bereich des Halses sind die Versorgungsorgane angeordnet. Dies sind einerseits die kleineren Muskeln des Vorderhalses, die Speiseröhre als Verbindung zum Magen, der Kehlkopf und die obere Luftröhre, die zu den Lungen führt, die Schilddrüse sowie Arterien und Venen zur Blutversorgung des Kopfes, des Gehirns und des Gesichts. Daneben verlaufen wichtige Nervenstränge vom Gehirn und vom Rückenmark der Halswirbelsäule vertikal durch diese Region. Im rückwärtigen Teil des Halses befindet sich der Zentralbereich der Halswirbel, deren seitliche und hintere Flächen von den Hals-Hauptmuskeln umgeben sind (Abb. 3.11). Zusätzlich verlaufen die Nervenstränge, die vom Rückenmark der Halswirbelsäule ausgehen, in und zwischen den Lateral-Muskeln in den rückwärtigen Bereich des Halses.

Die **Beweglichkeit der Halswirbelsäule** wird begrenzt durch die gelenkige Verbindung, die normale Streckung der Bänder, die die Wirbel umgeben, und durch die Muskeln, die am **Schädel** und an den Halswirbeln angebunden sind. Das Kopfnicken ist eine Bewegung zwischen Schädel und dem ersten Wirbel C1 (Atlas), alle anderen Bewegungen des Kopfes und des Halses, wie die Vorwärtsbeugung (Flexion), das

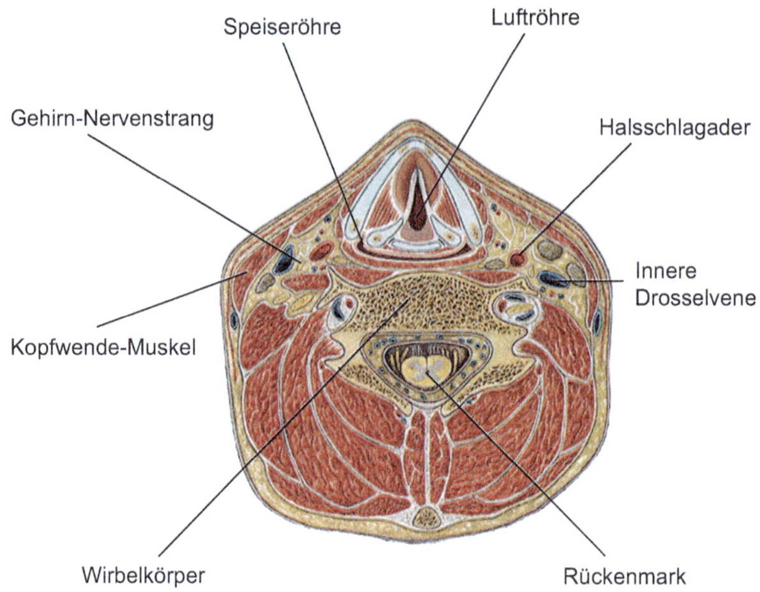

Abb. 3.11 Horizontalschnitt durch den Hals (nach [87])

rückwärtige Strecken (Extension), das Neigen (Inklination) und das Drehen (Rotation) des Kopfes zu einer Seite, erfolgt im Allgemeinen zwischen jedem der Halswirbel (Abb. 3.12). Die einzig mögliche Bewegung allerdings, die zwischen den Wirbel C1 (Atlas) und C2 (Axis) stattfinden kann, ist das Schütteln des Kopfes (z. B. bei einer Verneinung). Die große Beweglichkeit der Wirbelsäule ist durch die seitlichen Gelenkverbindungen gegeben. Halsbewegungen hingegen sind begrenzt aufgrund der Gelenkkapseln, die alle Gelenke der Halswirbelsäule umgeben, des geringen Ausmaßes an Kompression der Bandscheiben und der eingeschränkten Dehnungsfähigkeit der Bänder zwischen den benachbarten Wirbeln (Band zwischen den Dornfortsätzen und den Wirbelbögen, Nackenband, sowie vorderes und hinteres Längsband). Übermäßige Beanspruchungen in jeder Richtung führen somit notwendigerweise entweder zu einer Überbeanspruchung der Bänder, zur Kompression der Bandscheiben oder der Knochen der Halswirbelsäule, gelegentlich verbunden mit Bänderrissen und Wirbelfrakturen [71].

Die **Halsnerven,** die dem Rückenmark der Halswirbelsäule entspringen, treten nach außen zwischen den Wirbelstielen hindurch und vereinigen sich unmittelbar nach Durchtritt wieder miteinander. Auf diese Weise wird die Zusammensetzung aus Nerven zu einem regelrechten Geflecht, das durch Umgestaltung und Neuverteilung von einzelnen Nervenfasern verschiedene Körperregionen erreicht.

Das Halsgeflecht (Plexus cervicalis, CI bis CIV) versorgt die Haut des Halses, die Gesichtsseiten mit starken Abzweigungen zu den Muskeln, die neben und hinter den Halswirbeln angeordnet sind (Abb. 3.13). Die Nervenstränge aus den unteren Halswirbeln

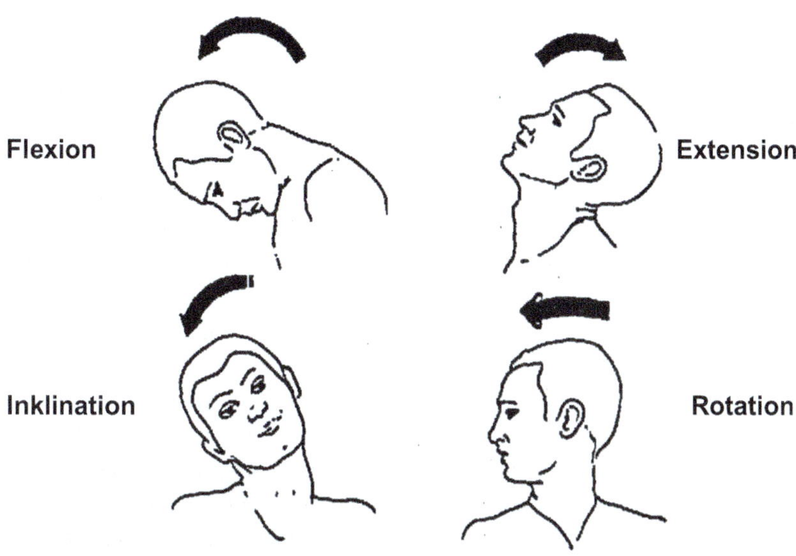

Abb. 3.12 Die vier allgemeinen Bewegungen des Kopfes und der Halswirbelsäule (aus [71])

(zwischen C4 bis C7 sowie zwischen den Brustwirbeln T1 und T2) bilden das ausgedehnte Armgeflecht (Plexus brachialis, CV bis CVIII sowie TI) und verzweigen sich zu den Armnerven [71].

Die **Klassifizierung der Verletzungen** der Halswirbelsäule basiert auf retrospektiven Datenauswertungen von Verletzten, Bewegungsstudien mithilfe mathematischer Modelle, aus Film- oder Videoaufzeichnungen, Experimenten mit Leichen oder Leichenteilen und nachträglichen Auswertungen verschiedener, bereits veröffentlichter Verletzungsumstände [66]. Demzufolge variiert die Einordnung der Verletzungen je nach Zielsetzung aus radiologischer, pathologischer, neurologischer oder mechanischer Sicht, wobei sie oftmals aus Gründen der Darstellung einer gewissen Vereinfachung unterworfen ist (oder auch sein muss).

Im Folgenden wird daher die in [71] dargelegte **Verletzungsmechanik** der Halswirbelsäule (auszugsweise) wiedergegeben, bei der der dynamische Aspekt gemeinsam mit dem klinischen im Vordergrund steht. Eine übermäßige **Vorwärtsbewegung des Kopfes** relativ zur Halswirbelsäule bewirkt Scherkräfte, die eine Verlagerung zwischen Atlas C1 und Hinterhaupt bewirkt; die Folge für die Betroffenen ist meist tödlich. Dieser Verletzungstyp ist häufig bei Fußgängern anzutreffen, die von einem Fahrzeug angefahren werden. Die Unversehrtheit des Hinterhaupt/Atlas-Gelenks wird primär aufrechterhalten durch Bänderstrukturen, die bei derartigen Verletzungen reißen. Der hintere Bogen des Wirbels C1 bricht im Wesentlichen durch Kompression zwischen dem Bogen und dem ausgeprägten Dornfortsatz des Wirbels C2. Diese Fraktur erfolgt üblicherweise an der Vertiefung, ausgebildet durch die Wirbelschlagader (Arteria vertebralis), durch die

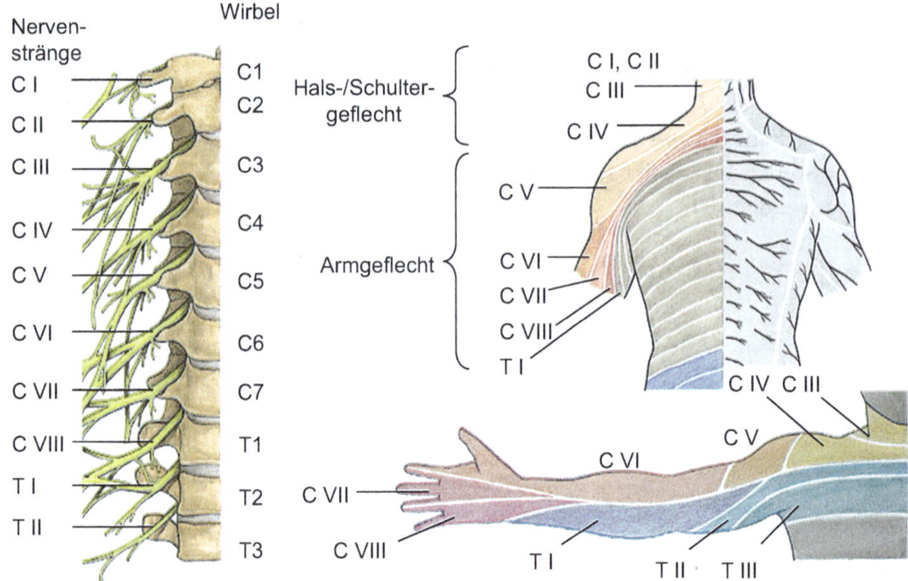

Abb. 3.13 Die Nervenstränge des Hals- und des Armgeflechts und die Verteilung der Nervensegmente im Hals, in der Brust und in den oberen Extremitäten (nach [87])

der ringförmige Knochen seine dünnste Stelle aufweist (Abb. 3.14a). Daneben treten bei Flexionen der Halswirbelsäule Splitterfrakturen dadurch auf, dass das kräftige, an den Dornfortsätzen verwachsene Band die schmale Stelle des Atlasbogens (C1) wegreißt. Als sogenannte Jefferson-Fraktur wird das Bersten des ringförmigen Wirbels C1 bezeichnet, die durch **axiale Belastung** vom Hinterhaupt-Gelenkkopf auf die obenliegende

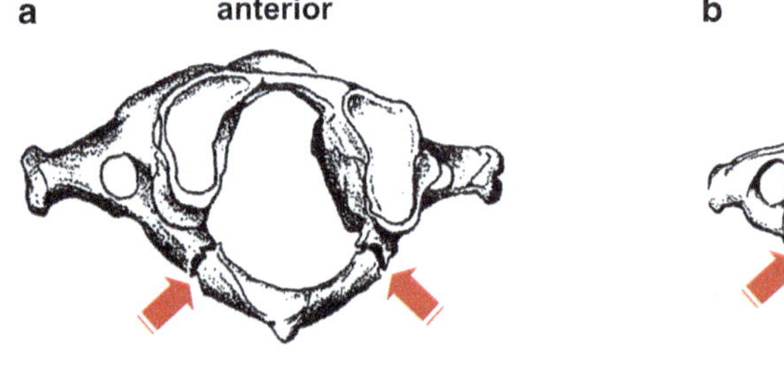

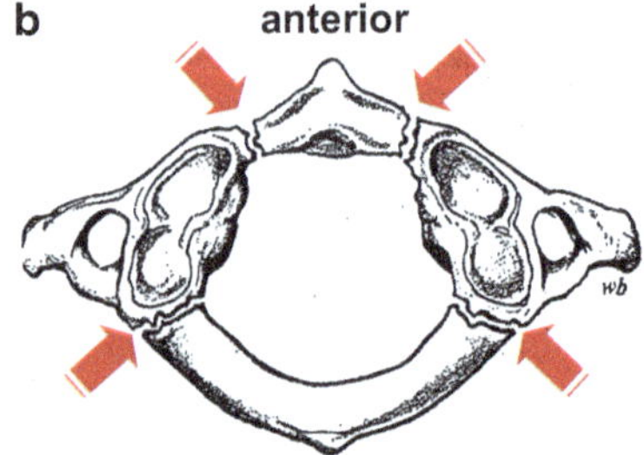

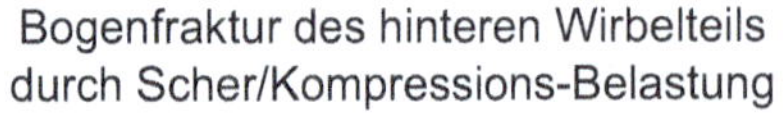

Bogenfraktur des hinteren Wirbelteils durch Scher/Kompressions-Belastung

JEFFERSON-Fraktur mit vier Bruch-Segmenten durch Kompressions-Belastung

Abb. 3.14 **a, b** Typische Frakturen des Halswirbels C1 (Atlas), nach [71]

Gelenkseite des Wirbels C2 zustande kommt. Die Folge ist die klassische Fraktur des Atlas in vier Segmente (Abb. 3.14b).

Die Drehung zwischen Wirbel C1 (Atlas) und C2 (Axis) erfolgt um den Zahnfortsatz (Dens) des Axis, der in den vorderen Teil des Atlas hineinragt. **Dens-Frakturen** werden durch drei Typen klassifiziert: Typ 1 ist eine schrägverlaufende Fraktur durch das Ende des Zahnfortsatzes und repräsentiert in aller Regel eine Abrissfraktur. Der Typ 2 kennzeichnet eine Fraktur an der Basis des Zahnfortsatzes, d. h. am Wirbelkörper des Axis, und Typ 3 schließlich beschreibt eine Fraktur, die sich auf den gesamten Wirbelkörper des Axis erstreckt. Bei einem Anprall des Gesichts, z. B. bei einer Vorwärtsbewegung des Oberkörpers (Torso), wird der Dens beim Auftreten einer Fraktur leicht nach hinten verlagert (Abb. 3.15).

Ferner induziert ein Schlag gegen das untere Hinterhaupt oder eine Fixierung des unteren Hinterhauptes bei einer rückwärtigen Torso-Bewegung eine Abscherung und eine nach vorn verlagerte Fraktur des Zahnfortsatzes (Abb. 3.16). Der dritte Mechanismus findet statt, wenn das untere Gesicht gegen eine Struktur prallt, sodass dies eine Beugung des Kopfes zur Folge hat. Bewegt sich der Torso weiter nach vorne, so erfährt der Hals unterhalb des Atlas eine Extension. Das dabei auftretende Biegemoment verursacht das Brechen des Dens an seiner Basis mit oder ohne nach vorn gerichteter Verlagerung. Durch Scherkräfte, die am Hinterhaupt oder am Gesicht wirksam sind, kann wiederum der Atlas am Axis nach vorn oder auch nach hinten verlagert werden

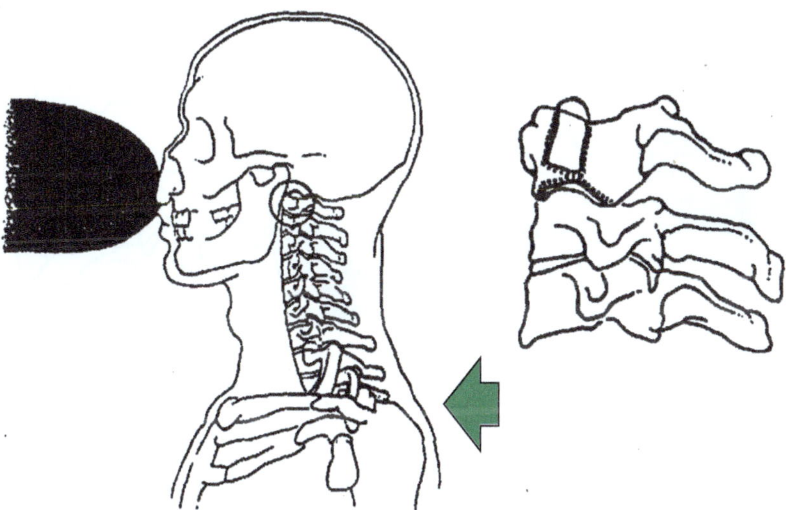

Abb. 3.15 Dens-Fraktur mit rückwärtiger Verlagerung aufgrund eines Gesichtsanpralls und gleichzeitiger Torso-Vorwärtsbewegung (nach [71])

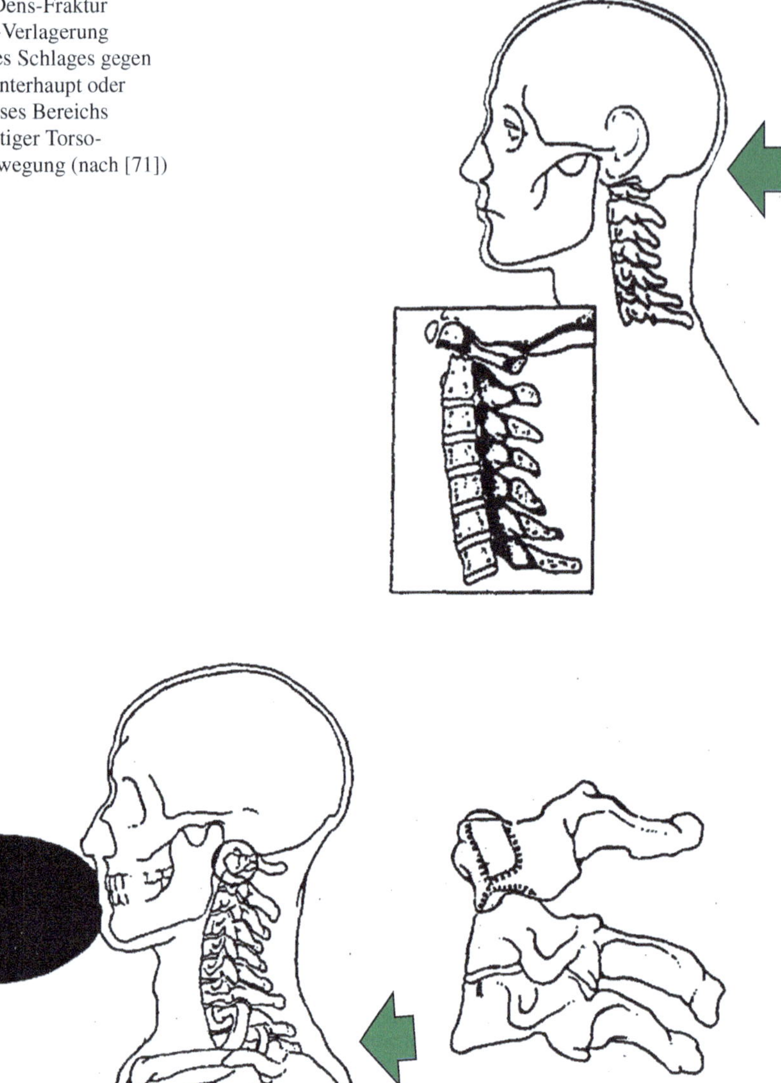

Abb. 3.16 Dens-Fraktur mit Vorwärts-Verlagerung aufgrund eines Schlages gegen das untere Hinterhaupt oder Fixierung dieses Bereichs und gleichzeitiger Torso-Rückwärtsbewegung (nach [71])

Abb. 3.17 Dens-Fraktur an seiner Basis aufgrund eines Biegemoments beim Stoß gegen das untere Gesicht und gleichzeitiger Torso-Vorwärtsbewegung (nach [71])

(Abb. 3.17). Greift der Kraftvektor exzentrisch an und ruft dabei ein Moment um die vertikale Achse hervor, so ist eine rotatorische Subluxation (unvollständige Verrenkung, bei der die Gelenkflächen in Berührung bleiben) denkbar.

Die Streckung der vorderen Wirbelelemente aufgrund einer **Extension des Halses**, bei der die hinteren Elemente einer Kompression ausgesetzt sind, hat zur Folge, dass es zu einer Interaktion zweier Dornfortsätze und gelegentlich auch mit dem hinteren Teil des Wirbelbogens kommt. Dabei tritt üblicherweise eine Fraktur des Wirbels C2 auf, bei der der hintere Teil des Wirbelkörpers vom vorderen getrennt wird (Abb. 3.18). Die Analogie dieser Verletzungen zu denen gerichtlich Erhängter führte zur Namensgebung dieses Verletzungskomplexes: „Hangman's-Fraktur".

Mitunter treten auch Frakturen des Wirbels C2 im Gelenkbereich auf, die dann analog zu den häufiger auftretenden Konditionen in der unteren Wirbelsäule sind. Diese Verletzungen sind nur manchmal tödlich und werden oft ohne neurologisches Defizit überlebt. Sie stellen sich meist durch die Fixierung des Kinns ein, während der Körper unterhalb des Kopfes nach unten wegtaucht (Abb. 3.19). Diese Situation ruft eine Extension bei gleichzeitiger Zugbelastung (Tension) hervor.

Verletzungen aufgrund **axialer Kompression** treten auf, wenn bei Bewegungseinschränkung des Kopfes und gleichzeitiger Aufwärtsbewegung des Torsos, eine Gerade mit Hals und Kopf bildend, eine Kraft in Längsrichtung der Kopf/Hals/Torso-Achse wirkt. Ist die vertikale Kraft ausreichend groß, so resultiert aus dieser Belastung eine typische Berstfraktur an einem Wirbelkörper (Abb. 3.20). Die Entstehung dieser Fraktur lässt sich mit der Übertragung der Kompressionskraft innerhalb der Halswirbelsäule erklären: Die zwischen den Wirbelkörpern befindlichen Bandscheiben wirken als Absorptionselemente bei Stößen, wegen ihres zähflüssigen Verhaltens jedoch sind sie im Wesentlichen nicht komprimierbar. Mit zunehmender Kraft beulen die durchsichtigen Knorpelplatten, die die benachbarten Oberflächen der Wirbelkörper umfassen, ein. Der

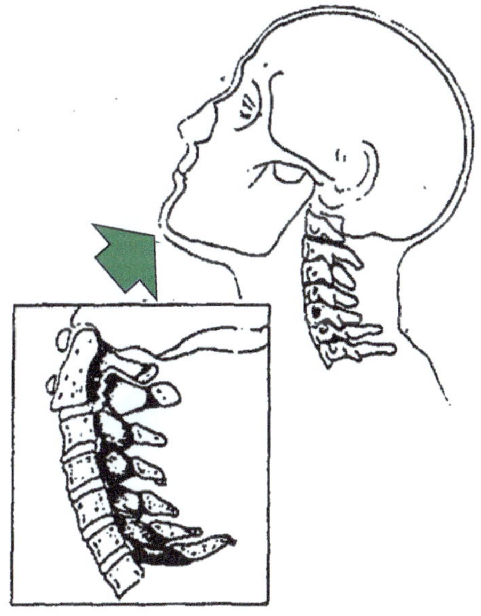

Abb. 3.18 Fraktur des Wirbels C2 mit Trennung des hinteren Teils des Wirbelkörpers vom vorderen (so genannte „Hangman's Fraktur") aufgrund einer Extension des Halses (nach [71])

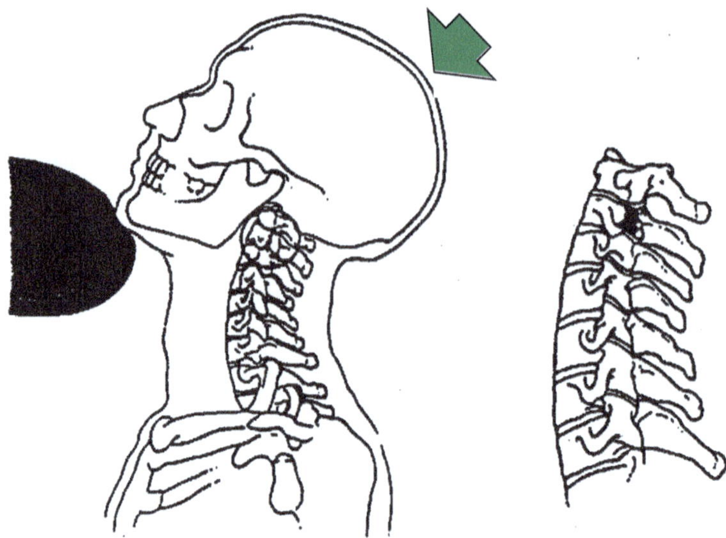

Abb. 3.19 Fraktur des Wirbels C2 durch die Fixierung des Kinns und gleichzeitigem Wegtauchen des Körpers aufgrund einer Kombination aus Extension und Zugbelastung (Tension), nach [71]

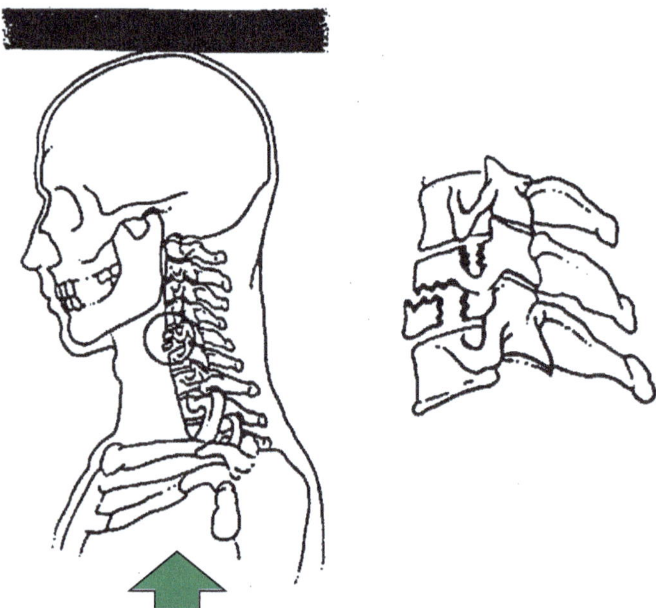

Abb. 3.20 Berstbruch des Wirbels C5 aufgrund axialer Kompression (nach [71])

Grund dafür liegt an der zerklüfteten Knochenstruktur der Wirbelkörper mit seinen ausgedehnten Aderkanälen; bei zunehmender Belastung des Wirbelkörpers leeren sich diese Blutgefäße und die Knorpelplatte wird eingedrückt. Folglich kommt es zunächst zu einer Fraktur dieser Knorpelplatte. Bei einer weiteren Belastungszunahme wird die Bandscheibe in den Wirbelkörper hineingedrückt und führt zum typischen Berstbruch, der den Wirbelkörper regelrecht zersplittert. Der rückwärtige Teil des Wirbelkörpers verlagert sich dabei üblicherweise nach hinten in Richtung Rückenmark, während das vordere Fragment nach vorn gestoßen wird.

Flexion/Kompressions-Verletzungen treten auf, wenn eine Kraft am hinteren Scheitelpunkt des Kopfes, nicht jedoch im extrem hinteren oder im Bereich des Hinterhauptes, angreift. Eine ähnliche Situation stellt sich aber auch bei einer Bewegungseinschränkung des Kopfes ein, während sich der Torso weiterbewegt und Kopf und Oberkörper einen Winkel bilden, der eine **Flexion der Halswirbelsäule** induziert. Übersteigt die Kraft ein bestimmtes Maß, so kommt es zu einer Kompressionsfraktur eines Wirbelkörpers im unteren Bereich der Halswirbelsäule (C3 bis C7) in seiner typisch keilförmigen Erscheinungsform (Abb. 3.21). Durch die Kompression der Wirbelkörper werden die Bänder zwischen den Dornfortsätzen benachbarter Wirbel (Ligamentum interspinalia) gedehnt, und mitunter tritt ein Bruch von einem oder mehreren Dornfortsätzen auf (Abb. 3.22).

Verletzungen durch Flexion/Scher-Belastungen treten durch Kräfte auf, die am Hinterhaupt rechtwinklig zur Längsachse des Kopfes angreifen; sie bewirken ebenfalls

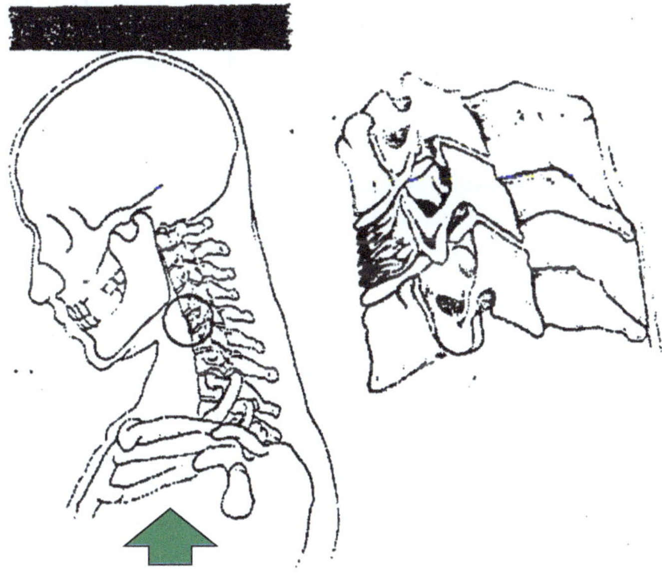

Abb. 3.21 Keilförmige Fraktur des Wirbels C5 durch eine Flexion/Kompressions-Belastung (nach [71])

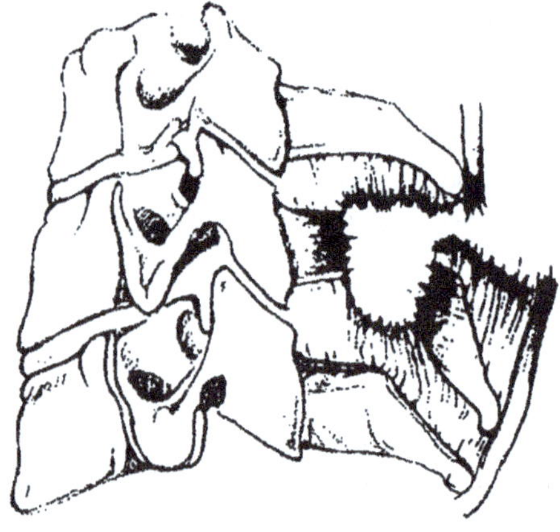

Abb. 3.22 Riss des Bandes zwischen den Dornfortsätzen benachbarter Wirbel und Fraktur des Dornfortsatzes durch Überdehnung (aus [71])

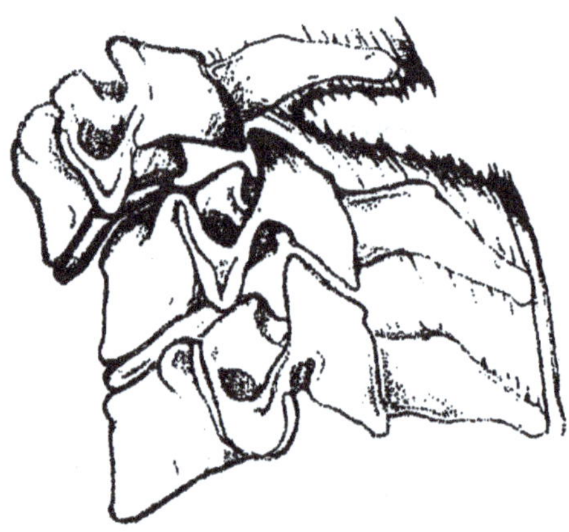

Abb. 3.23 Vorwärtsverlagerung und Bänderriss zwischen benachbarten Dornfortsätzen ohne Frakturen durch Flexion/Scher-Belastung (aus [71])

eine Flexion der Halswirbelsäule. Aus der dabei wirksamen Scherbelastung resultiert üblicherweise im unteren Teil der Halswirbelsäule ein Bänderriss bei gleichzeitiger Vorwärtsverlagerung der Wirbelkörper, wobei die untere Gelenkfläche des Wirbels über die obere des darunterliegenden Wirbels gleitet. Ein Aufklaffen des Raumes zwischen den benachbarten Dornfortsätzen aufgrund des Bänderrisses in Höhe der Dislokation ist die Folge (Abb. 3.23). Die Relativverschiebung der beteiligten Wirbel kann das vordere Längsband der Wirbelsäule, das an den Vorderflächen der Wirbelkörper verwachsen ist und vom Hinterhaupt- bis zum Kreuzbein verläuft, von der oberen Vorderseite des Wirbelkörpers ablösen; knöcherne Verletzungen treten dabei gewöhnlich nicht auf. Ebenfalls ohne signifikante Knochenfrakturen wird die Belastung in Fällen aufgenommen, bei denen eine Kraft am Hinterhaupt in einer Richtung wirkt, die noch eine Flexion bei gleichzeitiger Scherwirkung induziert, ohne eine bedeutsame Kompression der Wirbelkörper hervorzurufen (Abb. 3.24).

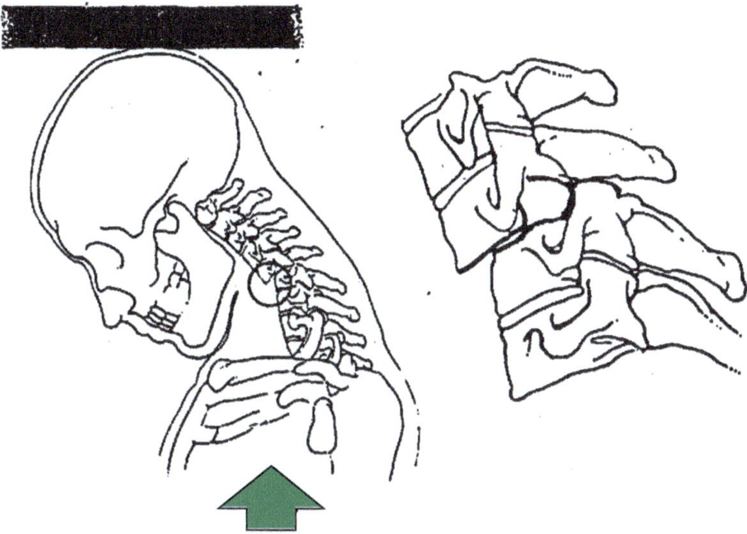

Abb. 3.24   Ventrale Dislokation ohne Fraktur des Wirbels C5 durch eine Flexion/Scher-Belastung (nach [71])

Treten die bisher beschriebenen Belastungen kombiniert mit einer **Rotation des Kopf/Hals-Bereichs** auf, so führen diese zu erheblichen Bänderrissen und -ablösungen sowie zu ein- oder wechselseitigen Wirbel-Dislokationen ohne signifikante knöcherne Verletzungen. Allerdings finden die Verschiebungen bereits bei niedrigerem Belastungsniveau statt als bei Kräften, die Flexionen und Kompressionen zur Folge haben. Bei Untersuchungen von Unfällen, bei denen die Kinematik ebenso wenig wie das Verletzungsbild auf einen Flexion/Scher-Mechanismus hinwiesen, aber auch in einigen Fällen typischer Flexion/Scher-Verletzungen, zeigte sich aufgrund der Rotationsbewegung eine zusätzliche Zugbelastung des Halses mit bemerkenswerten Zerrungen in der Größenordnung der beschriebenen Dislokationen mit dem Ergebnis von Rissen des vorderen und hinteren Längsbandes, Zertrümmerungen der Bandscheibe sowie Reißen der Gelenkkapseln. Die Entstehung dieser Verletzungen ist extrem unsicher, sodass nicht von einem eindeutigen Verletzungsbild ausgegangen werden kann.

Verletzungen aufgrund von Extensions/Kompressions-Belastungen treten bei ausreichend hohen Kräften auf, die im Stirnbereich des Kopfes einwirken oder in Fällen, bei denen der Kopf in seiner Bewegungsmöglichkeit behindert ist und sich gleichzeitig der Torso im Wesentlichen in Richtung der Längsachse weiterbewegt. Diese Belastung induziert eine **Extension des Halses** und eine entsprechende Belastung der Wirbel. Die hinteren Wirbelelemente wirken dabei als Drehpunkt, sodass die auftretenden Zugkräfte zum Zerreißen des vorderen Längsbandes und zum Bruch der Bandscheiben führen können. Die Rückwärtsverlagerung der oberen Wirbel bewirkt eine Verengung des Wirbelkanals und damit ein Zusammendrücken des Rückenmarks entweder durch die Faltung der Bänder zwischen benachbarten Wirbelbögen oder durch eine Einschnürung zwischen der rückwärtigen unteren Kante des einen Wirbelkörpers und der hervortretenden Kante des darunterliegenden Wirbels (Abb. 3.25).

Eine zusätzliche vertikale Kompression induziert Frakturen der unteren Fläche des oberen Wirbels und lässt eine Vorwärtsbewegung des darunterliegenden Wirbels zu. Dabei kann ein kleines Knochenstückchen der unteren Vorderkante des verschobenen Wirbelkörpers durch das gerissene vordere Längsband herausgebrochen werden (Abb. 3.26). Es können aber auch Frakturen des Dornfortsatzes und des Wirbelbogens auftreten, die dazu neigen, sich nach oben zu verlagern (Abb. 3.27).

Von einer lateralen Flexions/Kompressions-Belastung spricht man, wenn der Kopf einer seitlichen Bewegung ausgesetzt wird. Dem Hals wird dabei eine **laterale Beugung** aufgezwungen, die eine Beanspruchung des Wirbelseitenbereichs zur Folge hat und zu Frakturen der auf der komprimierten Seite liegenden Struktur führen kann (Abb. 3.28). Tritt gleichzeitig eine Rotation des Kopfes auf, so können sich Splitter vom betroffenen Wirbelkörper ablösen.

Direkte Verletzungen erfolgen meist durch einen mit ausreichend hoher Kraft geführten **Schlag gegen den hinteren Hals**, insbesondere im unteren Bereich. Die Folge kann eine Fraktur des Dornfortsatzes eines oder mehrerer Wirbel sein. Bei entsprechenden **lateralen Belastungen** gegen den Hals können Frakturen des Querfortsatzes der Wirbel die Folge sein. Eine unmittelbare Traumatisierung des Halses ist selten verbunden mit anderen knöchernen Verletzungen, ohne dass eine beträchtliche Kraft wirksam ist.

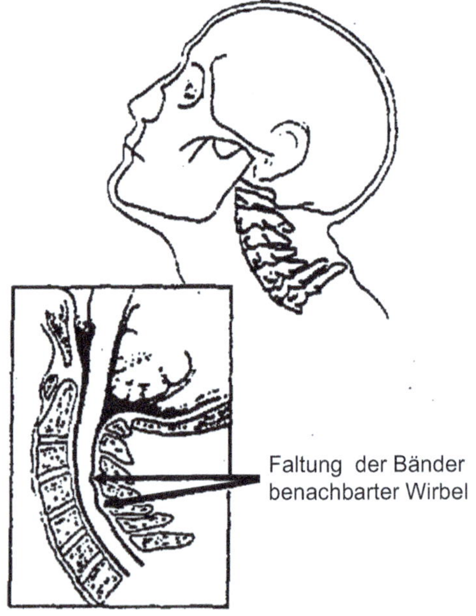

Abb. 3.25 Beeinträchtigung des Wirbelkanals aufgrund eingefalteter Bänder benachbarter Wirbelbögen bei erzwungener Extension (nach [71])

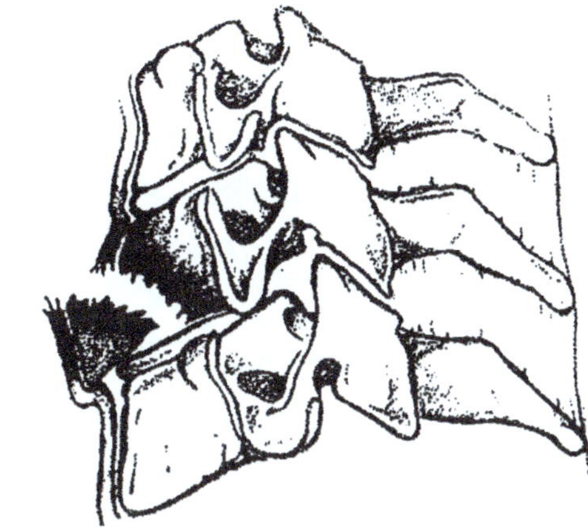

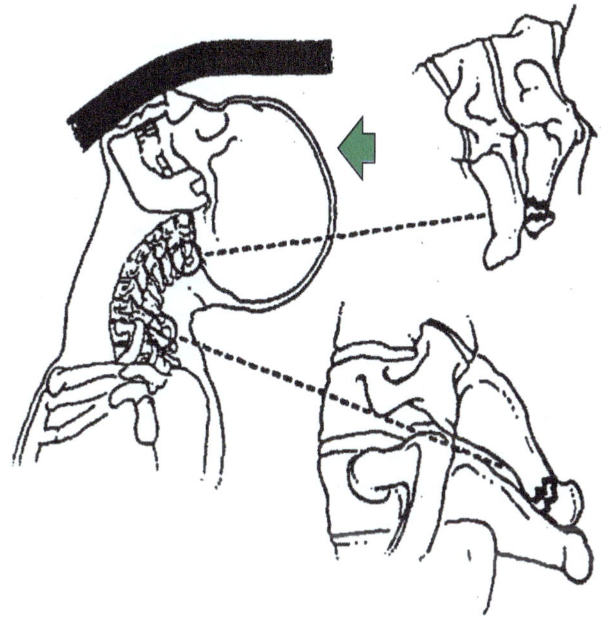

Bei Heckkollisionen treten häufig Halswirbel-Distorsionen auf. Dabei handelt es sich meist um eine Schwebebewegung mit S-Form der Halswirbelsäule und anschließender **Extension**. Die sekundäre **Flexions-Bewegung** (beispielsweise beim Fallen in den Gurt) ist meistens energiearm. Nicht selten treten schmerzhafte Zerrungen oder Verstauchungen des Halses auf [107], deren Beurteilung besondere Kenntnisse im Bereich der Biomechanik erfordert [120, 122].

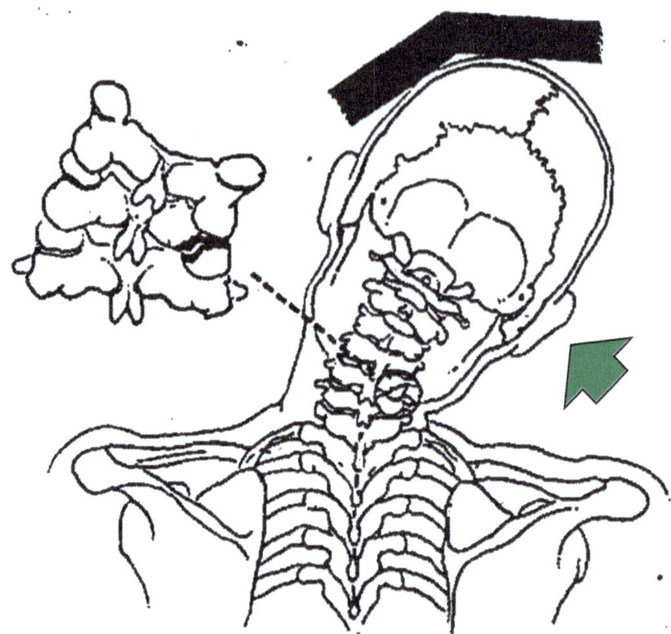

Abb. 3.28 Fraktur der seitlichen Struktur des Wirbels C5 aufgrund einer lateralen Flexions/Kompressions-Belastung (nach [71])

Die meisten **Weichteil-Verletzungen** betreffen die Nackenmuskulatur. Die früher bei fehlenden Kopfstützen festgestellten Verletzungen im vorderen Teil des Halses treten kaum mehr auf. Dabei waren bei genügend hoher Belastung Risse der Muskelfasern, Blutungen in der Speiseröhre und der Muskeln, Trennen der vorderen Längsbänder und Beschädigungen der Bandscheiben entstanden.

Nightingale et al. untersuchten die Flexibilität und Kraft von 52 weiblichen Bewegungssegmenten sowohl in Flexion als auch in Extension [80]. 2007 folgte eine ähnliche Studie an 41 männlichen Halswirbelsäulen [81]. Die Studie war die erste, die statistisch aussagekräftige Toleranzdaten beim reinen Biegen lieferte (Tab. 3.1). Sie fanden heraus, dass die obere Halswirbelsäule stärker war als die untere Halswirbelsäule. Sowohl bei Männern als auch bei Frauen handelte es sich bei den Ausfällen der unteren Halswirbelsäule um komplette Gelenkzerrisse (Riss aller Bänder und der Bandscheibe) mit einigen assoziierten Ausrissfrakturen der Wirbelkörper. Die häufigsten Verletzungen der oberen Halswirbelsäule waren Densfrakturen, die vor allem in Extension auftraten, aber auch in Flexion beobachtet wurden.

Tab. 3.1 Mittlere Beugetoleranz der Halswirbelsäule (nach [81, 80])

	Obere HWS		Untere HWS	
	Moment N-m	Winkel Grad	Moment N-m	Winkel Grad
Flexion				
Mann	39.0	58.7	20.5	14.0
Frau	23.7	56.2	17.4	19.3
Extension				
Mann	49.5	42.4	17.1	15.1
Frau	43.3	50.2	21.2	20.5

3.1.3 Der Thorax

Der Thorax, wie die Brust genannt wird, besteht aus dem knöchernen Brustkorb und den darunter liegenden Organen. Er ist nach unten abgegrenzt durch das Zwerchfell, eine dünne muskulöse Scheidewand zwischen Brust- und Bauchhöhle. Die Brustwand ist als nachgiebiger Hohlraum ausgebildet und schützt das Atmungs- und das Herz/Gefäß-System.

Der **Brustkorb** (Abb. 3.29) umfasst zwölf Brust-Wirbel (T1 bis T12), zwölf Rippenpaare und das Brustbein (Sternum). Hinten an der Wirbelsäule ist jede der zwölf Rippen mit dem korrespondierenden Brustwirbel gelenkig verbunden. An der Brustvorderseite ist jede der oberen sieben Rippen (Costae verae) mit dem Sternum knorpelig verwachsen, während die unteren fünf Rippen (Costae spuriae) keine direkte Verbindung zum Brustbein haben. Die Rippen 8 bis 10 bilden den Rippenbogen und sind durch eine knorpelartige Anbindung mit der siebten Rippe verbunden; die beiden letzten Rippen enden frei [86]. Die Brustwand umfasst die knöchernen Rippen, Knorpel und Muskeln, die der Brust das Ausdehnen und Zusammenziehen beim Atmungsvorgang ermöglichen. Dabei verbinden die Muskeln die Rippen miteinander und vervollständigen den nachgiebigen Brustkorb, der den inneren Organen Schutz bietet. Zudem füllen Blutgefäße und Nervenstränge den Raum zwischen den benachbarten Rippen aus [114].

Die **Lunge** (Pulmo) besteht aus zwei Lungenflügeln, wobei der linke Lungenflügel zwei Lappen (oben und unten) und der rechte Flügel drei Lappen (oben, mittig und unten) aufweist (Abb. 3.30). Die Lungen sind von einer serösen Membran (Pleura visceralis) umhüllt; weitere Membranen (Pleura parietalis) bilden die innere Oberfläche der

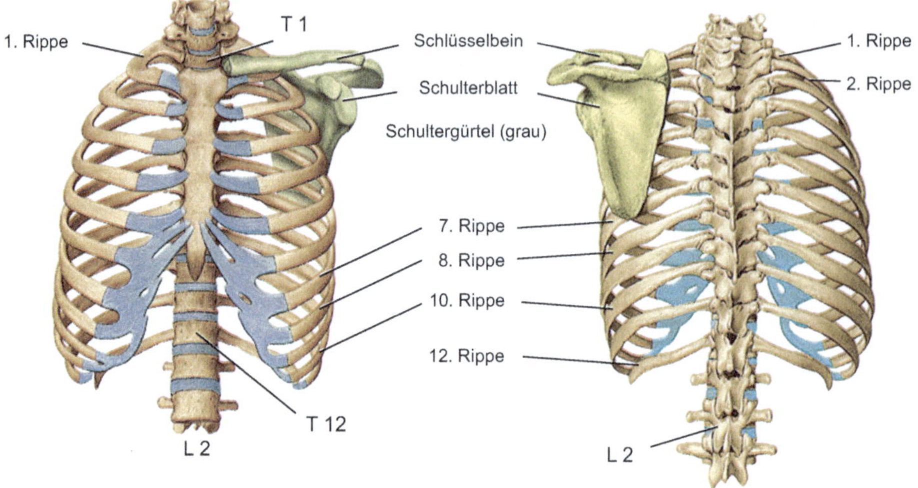

Abb. 3.29 Anatomisches Skelett des Brustkorbs (nach [87])

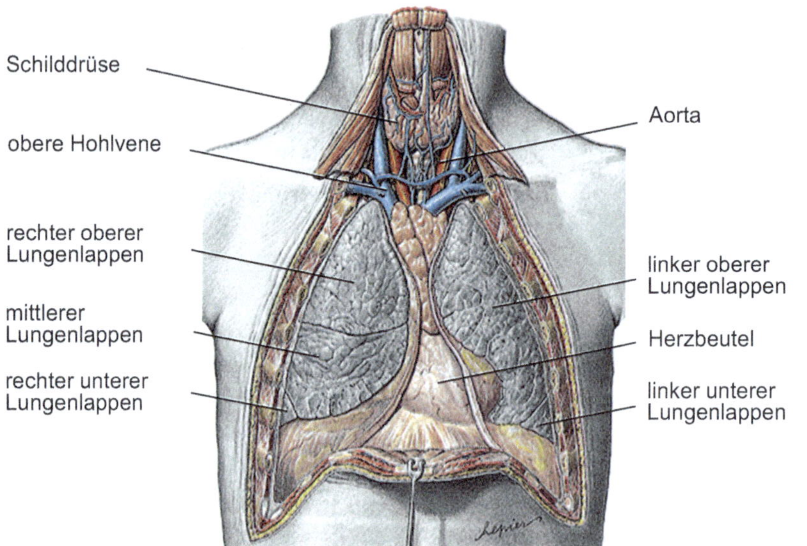

Abb. 3.30 Lageverhältnisse im Brustkorb (von ventral), nach [86, 87]

Brustwand, umschließen im **Mittelfellraum** (Mediastinum) die Organe der Thorax-Mitte und decken das Zwerchfell ab [86]. Das Herz, die hinführenden und von ihm kommenden großen Blutgefäße, die Brustdrüse, die Speiseröhre, der untere Abschnitt der Luftröhre und der Lymphknoten der Brust befinden sich im Mittelfellraum, der nach vorn durch das Sternum und rückwärtig durch die Brustwirbelsäule begrenzt ist [14]. Die Luftröhre, ein 10 bis 12 cm langer Abschnitt der Atemwege, beginnt unterhalb des Ringknorpels und endet mit den Abzweigungen in den rechten und linken Stammbronchien in Höhe des vierten Brustwirbels. Die Stammbronchien verzweigen sich entsprechend den Lungenlappen rechts in drei und links in zwei Lappenbronchien, die sich wiederum aufteilen in die Segmentbronchien und schließlich fein verästelt an den Lungenbläschen münden (Abb. 3.31), an denen der Sauerstoff/Kohlendioxyd-Austausch mit dem Blut stattfindet [86, 87].

Das **Herz** (Cor, Cardia) ist ein muskulöses Hohlraum-Organ, das sich im unteren Teil des Brustraums im mittleren Mediastinum zwischen den Lungen und auf dem Zwerchfell befindet. Es weist ungefähr die Größe einer Faust auf und wiegt 300 g beim erwachsenen Mann und 250 g bei einer Frau [14]. Unterteilt ist das Herz in vier Kammern, den linken und rechten Vorhof (Atrium) und die linke und rechte Herzkammer (Ventriculus). Das aus dem Körper (außer den Lungen) zurückströmende, sauerstoffarme Blut fließt durch die vertikal verlaufende obere und untere Hohlvene (Vena cava superior und inferior) und gelangt in den rechten Vorhof. Aus der rechten Kammer wird das venöse Blut durch den Stamm der Lungenarterie (Truncus pulmonalis) gepumpt und gelangt durch die rechte bzw. linke Lungenarterie (Arteria pulmonalis dextra und sinistra) zur Lunge. Dort gibt das Blut Kohlendioxid an die Atemluft in den Lungenbläschen ab,

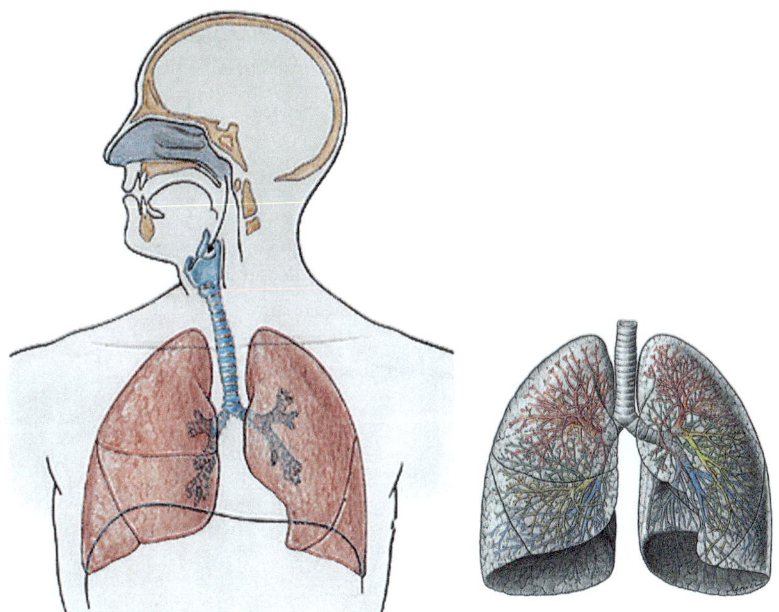

Abb. 3.31 Verzweigung der Luftröhre in die Stammbronchien (linke Darstellung) und deren Verästelung (aus [87])

wird mit Sauerstoff angereichert und fließt durch die vier Lungenvenen zum linken Vorhof. Von hier gelangt das arterielle, also sauerstoffangereicherte Blut zur dickwandigen linken Herzkammer, von der es durch die Aorta zu allen Körperregionen (außer zu den Lungen) gepumpt wird [86, 87].

Abb. 3.32 zeigt die Vorder- und die Rückansicht des Herzmuskels mit seinen Gefäßen. Das Herz sowie die arteriellen und venösen Herzkranzgefäße sind von einem zwei lagigen, fibrösen Binde- und Fettgewebe, dem Herzbeutel (Perikard), umschlossen, dieser schützt den Herzmuskel gegen Überdehnung. Zwischen beiden Herzbeutelblättern oder -lagen befindet sich nur ein Film seröser Flüssigkeit.

Verletzungen des Thorax, aber ebenso des abdominalen Bereichs, sind bei Kontakt mit Fahrzeug-Innenraumteilen im Vergleich zu Verletzungen des Kopfes und der Extremitäten weniger häufig (vgl. Abb. 3.2). Werden allerdings nur schwere Verletzungen (AIS > 2) berücksichtigt, so weisen Thorax- und Abdomen-Verletzungen nach den Kopfverletzungen die größte Häufigkeit auf. Der häufigste Kontakt des Fahrers findet mit der Lenkeinrichtung und Airbag statt, während der Beifahrer am häufigsten vom Beifahrerairbag verletzt wird. Wie Abb. 3.33 zeigt, treten für beide Insassen Brüche des Brustkorbes am stärksten in Erscheinung, gefolgt von Lungenverletzungen des Fahrers sowie Verletzungen der Leber und des Herzens. Leber und Milz befinden sich zwar unterhalb des Zwerchfells, also außerhalb des Thorax, liegen aber im Bereich des unteren lateralen Rippenbogens, in dem sie durch den Lenkradkranz verletzt werden können [14].

Nirula und Pintar [83] analysierten die Datenbanken des US National Automotive Sampling System (NASS) von 1993 bis 2001 und die Datenbanken des Crash Injury Research and Engineering Network (CIREN) von 1996 bis 2004. Die Inzidenz schwerer Thoraxverletzungen (AIS 3 und höher) bei NASS und CIREN betrug 5,5 % bzw. 33 %.

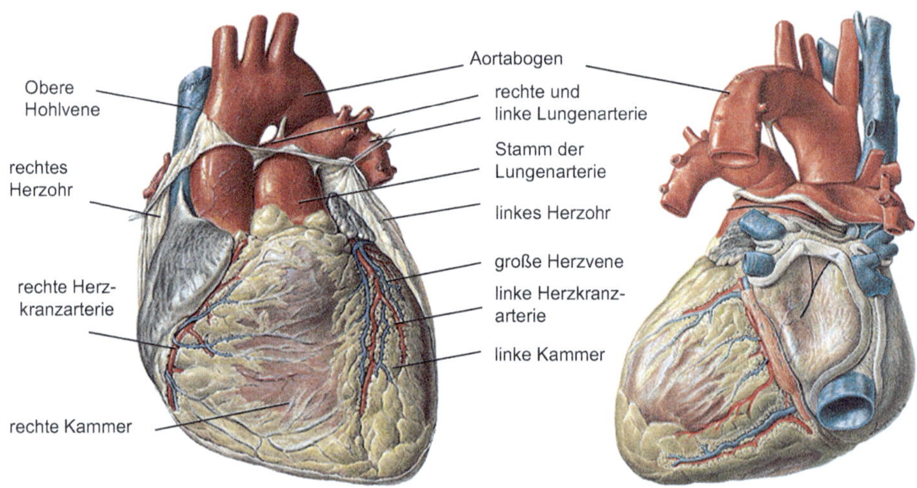

Abb. 3.32 Herz bei geöffnetem Herzbeutel (linke Darstellung von ventral, rechts von dorsal), nach [87]

Belastungsart

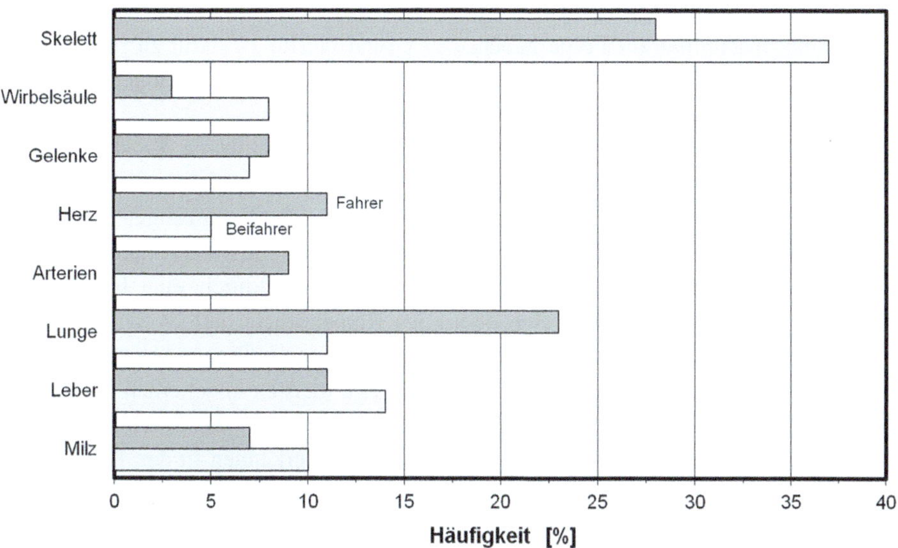

Abb. 3.33 Häufigkeit von Thorax-Verletzungen (AIS > 2) für Fahrer und Beifahrer (aus [14])

Das Lenkrad, die Türverkleidung, die Armlehne und der Sitz wurden als Kontaktpunkte identifiziert, die mit einem erhöhten Risiko für schwere Brustverletzungen verbunden sind. Die Türverkleidung und die Armlehne waren immer wieder eine häufige Ursache für schwere Verletzungen.

In einer Studie über verunfallte Kraftfahrzeuge im Vereinigten Königreich haben Morris et. al. [75] Daten zu Fahrzeugunfallverletzungen untersucht, um das relative Verletzungsrisiko von Insassen verschiedener Altersgruppen zu bestimmen. Für alle Insassen war die Körperregion, die bei einem Frontalaufprall am häufigsten verletzt wurde, der Brustkorb. Ältere Insassen waren erwartungsgemäß einem höheren Risiko ausgesetzt, Brustverletzungen von maximal AIS 3 + (MAIS 3 +) zu erleiden. Bei Frontalaufprallen wurde die überwiegende Mehrheit der Brustkorbverletzungen durch das Rückhaltesystem verursacht, während andere Fahrzeuginnenraumkomponenten nur 4 % der Verletzungen ausmachten. Ein erheblicher Teil der Passagiere mittleren und höheren Alters war weiblich. Es wurde festgestellt, dass ein Gurtstraffer eine allgemeine Wirkung zur Verringerung des Risikos von MAIS 3 +-Brustverletzungen für alle Altersgruppen hat. Die Anatomie des Thorax und des Brustkorbs ist von bedeutendem Einfluss auf das Verletzungsmuster und die **Verletzungsmechanik** des Thorax, zu deren Beschreibung nachfolgend auszugsweise aus [114] zitiert wird. Seine seitliche Ausdehnung ist größer als die in Anterior/posterior-Richtung, sodass eine direkte sagittale Belastung im Allgemeinen zu Einzelfrakturen von mehreren Rippen, nicht jedoch zum Einfallen der Brustwand führt. Eine laterale Beanspruchung, wie sie bei Seitenkollisionen auftritt, hingegen führt bei ausreichend hoher Belastung, je nach Intensität und Stoßkörperform, zu Rippenfrakturen mit zwei und mehr Bruchstellen an jeder Rippe (Abb. 3.34) und kann eine Thorax-Instabilität zur Folge haben. Der Grund hierfür ist darin zu sehen, dass in der lateralen Region die Rippen dicht unter der Oberfläche liegen, weniger schützendes Muskelgewebe haben und eine stärkere Krümmung aufweisen.

Obgleich **Rippenfrakturen** häufig in Verbindung mit schweren Brustverletzungen auftreten, korrespondiert das Ausmaß knöcherner Verletzungen nicht notwendigerweise mit der Gesamtschwere der Verletzungen. Lebensbedrohliche Verletzungen von Organen der Brust können auftreten, ohne dass es zu Rippen- oder Brustbein-Frakturen kommt, insbesondere bei jüngeren Erwachsenen, deren Brustkorb durch eine höhere Nachgiebigkeit gekennzeichnet ist. Treten allerdings Rippenbrüche auf, wird von der auftretenden Energie nur ein verminderter Anteil auf die inneren Organe übertragen, sodass die Verletzungswahrscheinlichkeit reduziert wird. Die meisten knöchernen Verletzungen resultieren aus einem Thorax-Anprall, der eine Kompression der Brust und die Deformation der inneren Organe zur Folge hat; dies ist zu erkennen in den Darstellungen der Abb. 3.35 aus einer rechnerischen Simulation mit 30 %-iger Thorax-Kompression. Die Folge kann eine Kontusion innerer Organe, d. h. eine Quetschung aufgrund stumpfer Gewalteinwirkung, sein. Beim lateralen Anprall kann es zum Bruch an mehreren Stellen nur einer Rippe kommen, aber auch multiple Frakturen, so genannte Rippenserienfrakturen, sind möglich (Abb. 3.36), mit der Gefahr einer Instabilität der Brustwand und von Organverletzungen aufgrund der Verlagerung der Bruchenden in den Brustraum.

Mehrfachbrüche an verschiedenen Rippen bewirken eine **Thorax-Instabilität**, die aufgrund der Unterversorgung der Luftzufuhr der betreffenden Lunge zu einer starken Beeinträchtigung der Atmungstätigkeit führt. Das instabile Brustwandsegment wird üblicherweise von seinem umgebenden Gewebe abgelöst und erlaubt so, dass es beim Einatmen angesaugt wird. Die verbleibende Brustwand sinkt ein, anstatt sich auszudehnen; beim Ausatmen wird das Segment nach außen bewegt: Man spricht von einer paradoxen Atmung [86]. Zwar bleibt dabei der Atemstoß erhalten, aber das beim Einatmen stattfindende Abflachen der Brustwand reduziert den Unterdruck zwischen den beiden Blättern des Rippenfells (Pleura), sodass die betroffene Lunge nicht mehr

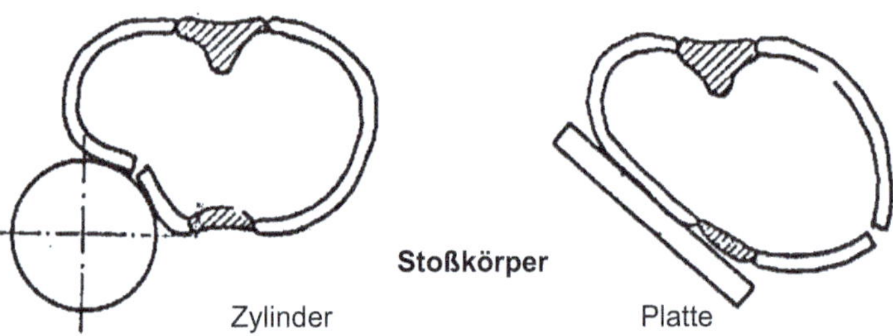

Abb. 3.34 Bruchart der Rippen bei lateralem Anprall mit unterschiedlichen Stoßkörpern (aus [54])

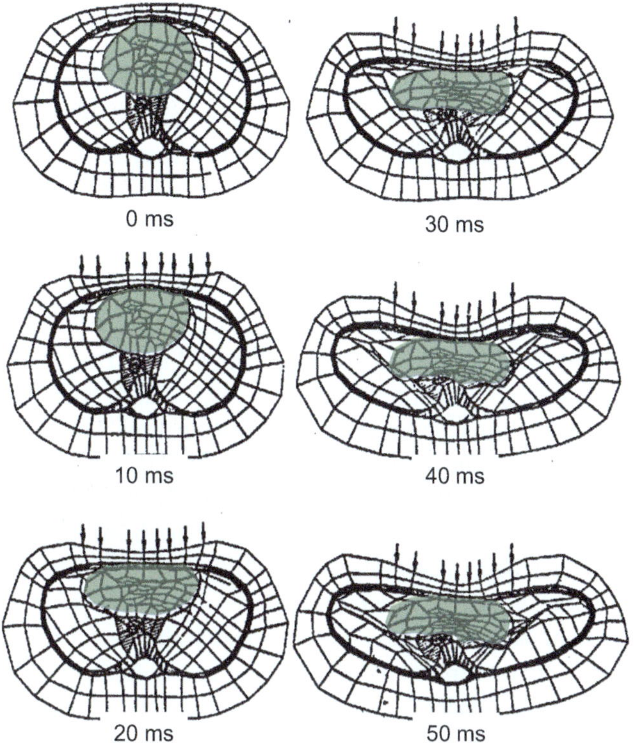

Abb. 3.35 Thorax-Kompression und Deformation der inneren Organe mithilfe der rechnerischen Simulation bei 30 %-iger Kompression (nach [114])

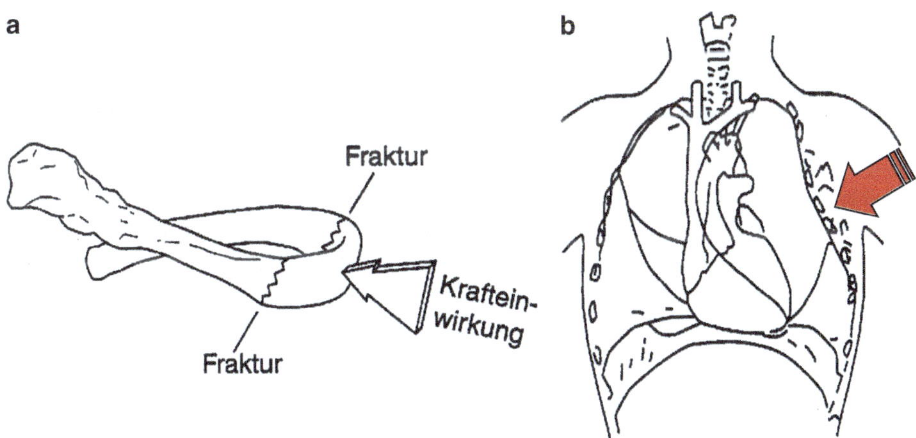

Abb. 3.36 Fraktur einer Rippe an mehreren Stellen (links) und Rippenserienfraktur beim lateralen Aufprall (nach [114])

ausreichend mit Atemluft versorgt wird; infolge dessen weist das Blut zu wenig Sauerstoff auf (blaurote Färbung der Lippen).

Das Eindringen scharfer Bruchenden der frakturierten Rippen kann zum Durchstoßen (Perforation) und zu Rissen (Lazeration) in der Lunge führen. Durch eine offene Wunde ist das Rippenfell dem atmosphärischen Druck ausgesetzt, Außenluft dringt in den Pleuraraum (Brustfell) ein und die Lunge kann in sich zusammenfallen und kollabieren; man spricht vom **Pneumothorax.** Oberflächliche Risse des Lungengewebes führen zu einem spontanen Verkleben durch geronnenes Blut, während tiefe Risse, insbesondere von Hauptluftwegen und Blutgefäßen, meistens einen erheblichen Blutverlust zu Folge haben. Das Blut gelangt in den Brustraum und man spricht von einem **Hämothorax,** der ebenfalls zu einem Lungenkollaps führen kann. Der Blutverlust, der von einer Brustwandverletzung herrührt, reduziert das zirkulierende Blut, da ein Teil in den Brustraum fließt, und ist meist ausgeprägter in Verbindung mit Thorax-Instabilitäten als bei Rippenserienfrakturen. Ein Bluterguss, der zu einem Hämothorax führt, kann auch durch Risse der zwischen den Rippen befindlichen (interkostalen) Muskeln und Gefäße hervorgerufen werden, besonders dann, wenn sich die Verletzung nahe an der Rückseite der Brustwand befindet, da in diesem Bereich kräftige Blutgefäße verlaufen, die mit den Hauptvenen des Mittelfellraumes verbunden sind.

Die Beanspruchung stumpfer Gewalt auf den Brustkorb führt üblicherweise zu Frakturen des Sternums und der Rippen, sodass das Herz zwischen Sternum und Wirbelsäule zusammengedrückt wird. Abhängig vom Ausmaß der Kompression können dabei **Verletzungen des Herzens** (Quetschverletzungen, Aorta-Rupturen oder Risse des Herzmuskels) auftreten (Abb. 3.37). Risse, die auch den Herzbeutel in Mitleidenschaft ziehen, führen zu einem Hämothorax und sind in den meisten Situationen tödlich. Ist der Herzbeutel-Riss jedoch weniger ausgedehnt, so kann das geronnene Blut den Riss schließen. In diesem Fall oder wenn der Herzbeutel intakt bleibt, sammelt sich jedoch das Blut zwischen Herz und Herzbeutel und führt zu einem Bluterguss, dem Hämoperikard (Perikard: Herzbeutel). Das Hämoperikard kann eine Herztamponade zur Folge haben,

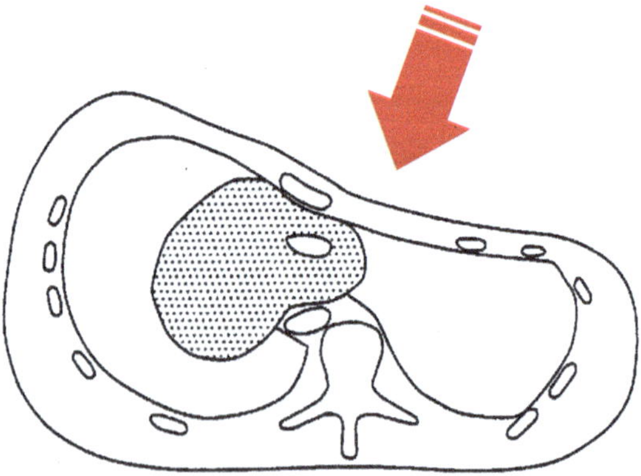

Abb. 3.37 Kompression des Herzens mit der Folge von Quetschverletzungen, Aorta-Rupturen oder Rissen des Herzmuskels (nach [114])

die bei zunehmendem Druck die Hohlvenen zusammendrückt und zum Herzstillstand führt.

Im Falle stumpfer Gewalt sind Herzverletzungen mit Rupturen zwar möglich, sie treten jedoch relativ selten auf. Sie wurden aber interessanterweise meist als solche diagnostiziert, und zwar bei „unerkannten" Verletzungen, die zum Tod führten. **Herzkontusion** (Quetschung, Prellung) ist die häufigste Verletzung, doch ist sie schwierig zu diagnostizieren und kann gelegentlich durch das Vorhandensein weiterer Verletzungen verdeckt werden. Schwerere Verletzungen des Herzens resultieren aus **Lazerationen des Herzmuskelgewebes**, d. h. aus Rissen im Gewebe, die an der äußeren oder der inneren Oberfläche auftreten. Ein Herztrauma kann aber auch funktionale Effekte, wie Rhythmus- und Herzaktionsstörungen, hervorrufen, die bei starker Beeinträchtigung zum Tod führen können. Dabei ist eine Herzrhythmus-Störung eines der häufigsten Anzeichen für eine Herzmuskel-Kontusion.

Verletzungen der Aorta und der Hauptblutgefäße aufgrund stumpfer Gewalt haben üblicherweise das Aufreißen der Gefäßwandung zur Folge. In vielen Fällen ist die Ruptur vollständig und damit tödlich. Bei Überlebenden derartiger Verletzungen kommt es vor, dass die Gefäßwand-Lazeration nicht die äußerste, aus elastischen Fasern aufgebaute Schicht der Wandung umfasst, sodass das Blut im Wesentlichen innerhalb des Gefäßsystems verbleibt, doch kann die dabei entstehende Erweiterung der Gefäßwand zum späteren Tod führen. Wirkt die stumpfe Gewalt auf der rechten Brustseite und ist von unten nach oben gerichtet, so sind die auftretenden Verletzungen häufig begleitet von Aorta-Lazerationen (Abb. 3.38). Der Aorta-Riss betrifft üblicherweise den abwärts

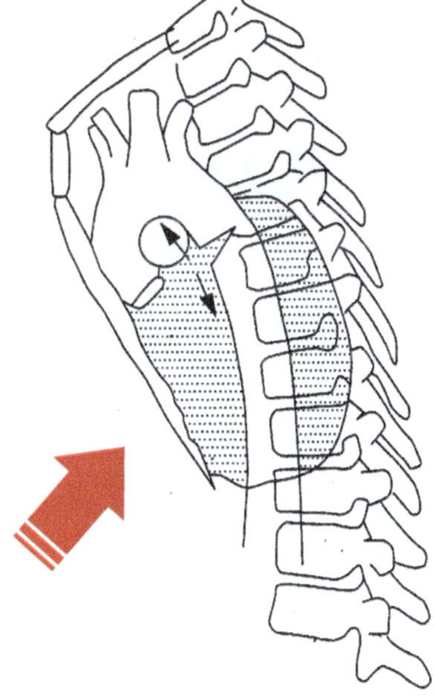

Abb. 3.38 Stumpfe Gewalt gegen die rechte Brustseite von unten nach oben gerichtet führt zu Aorta-Lazerationen (nach [114])

verlaufenden Teil des Gefäßes unmittelbar hinter dem Abzweig der Unterschlüsselbein-Schlagader. An dieser Stelle befindet sich die Übergangsstelle zwischen dem relativ beweglichen Aorta-Bogen und dem abfallenden Abschnitt, der durch die interkostalen Gefäße zwischen der abfallenden Aorta und dem Thorax fixiert ist. Das „Aufschaufeln" des Herzens bei einer Thorax-Kompression überdehnt die Aorta an der Vorderfläche und kann dabei den Abriss der Gefäße hervorrufen (Abb. 3.39).

Rupturen der Aorta und der Blutgefäße treten meistens in Verbindung mit weiteren Thorax-Verletzungen auf. Ein Abriss der bedeutsamen aufsteigenden Gefäße (Kopf- und Unterschlüsselbeinschlagader) kann aus einer gleichzeitigen Brustkompression mit Hyperextension des Halses und einer Überdehnung dieser Gefäße resultieren. Diese Verletzungssituation ist gekennzeichnet durch Eindrückung des oberen Brustkorbs und weiterer Verletzungen (Abb. 3.40).

Das Zwerchfell (Diaphragma) ist eine muskulöse Scheidewand zwischen dem Thorax und dem Abdomen und kann durch eine im Abdominalbereich wirkende stumpfe Gewalt verletzt werden (Abb. 3.41); die dabei auftretende **Lazeration des Zwerchfells** ist im Wesentlichen begrenzt auf den linken Bereich. Aufgrund des Unterdrucks im Brustraum tendiert der Riss dazu, offen zu bleiben, sodass Teile der Baucheingeweide durch die Öffnung in den Brustraum eintreten können (Hernia). Die Folge des daraus resultierenden Drucks auf die Lunge ist eine teilweise Entleerung des betroffenen Lungenabschnitts und eine Verlagerung des Herzens auf die gegenüberliegende Seite.

Die **Speiseröhre** ist durch ihre Lage im hinteren Bereich des Mittelfells geschützt, doch können auch hier Verletzungen aufgrund stumpfer Gewalt gegen den Thorax auftreten.

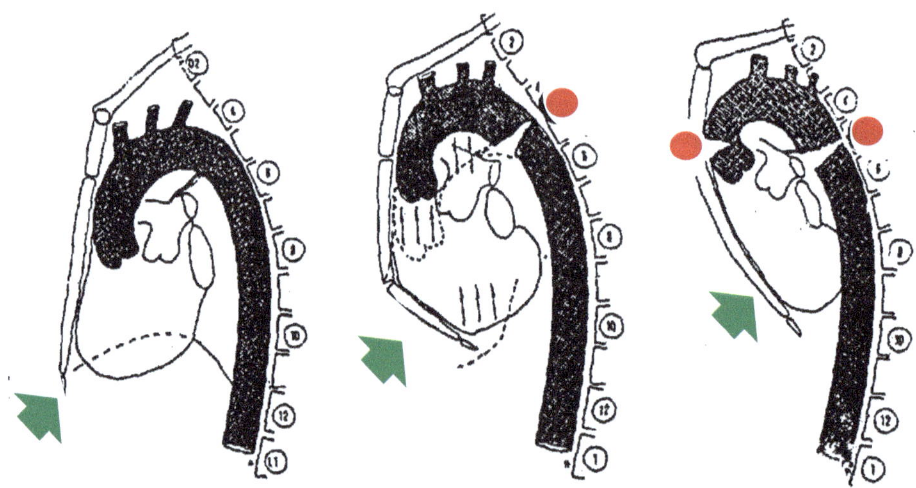

Abb. 3.39 „Aufschaufeln" des Herzens bei Thorax-Kompression führt zu Aorta- und Gefäß-Rupturen (nach [114])

Abb. 3.40 Brustkompression mit Hyperextension des Halses führt zu Gefäß-Lazerationen (nach [114])

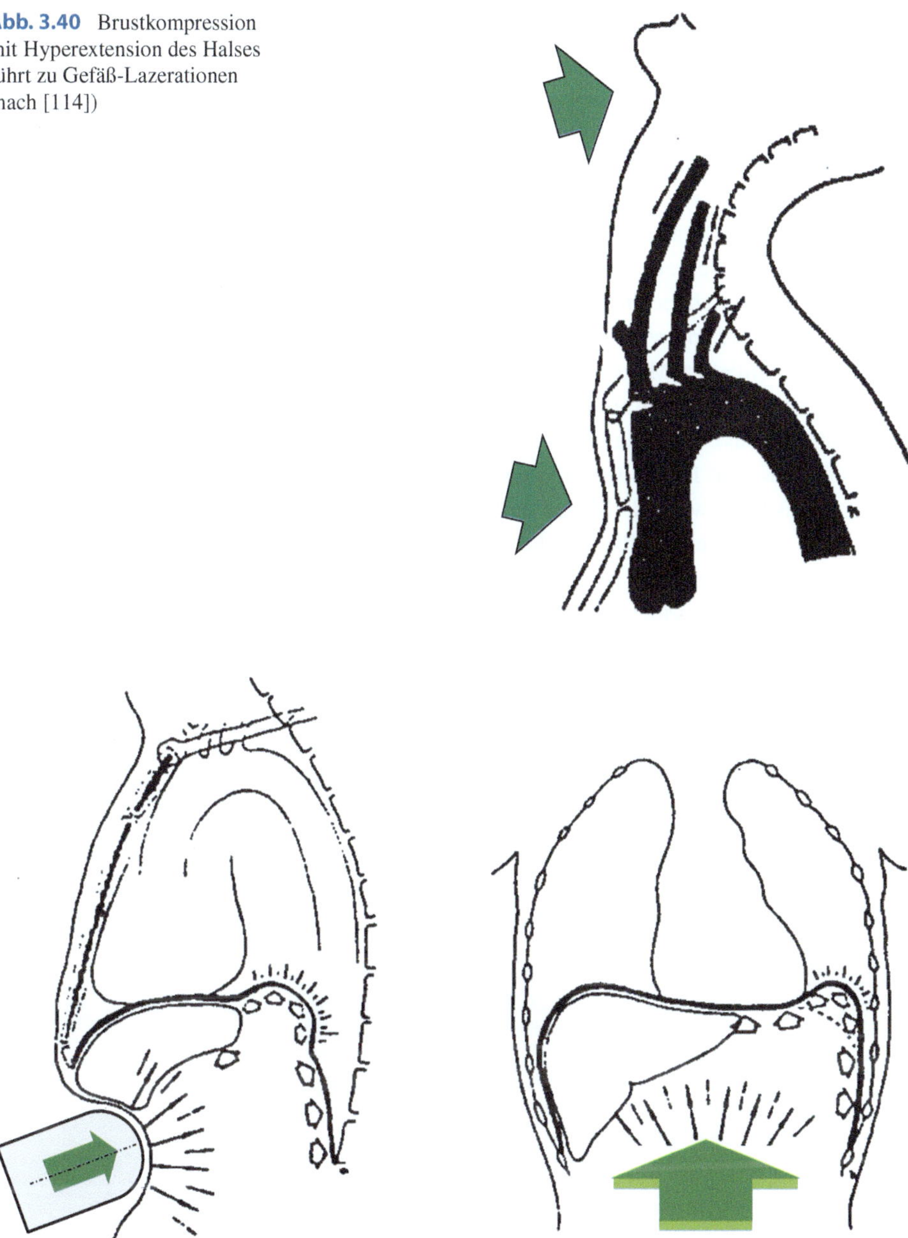

Abb. 3.41 Lazerationen des Zwerchfells aufgrund stumpfer Gewalt gegen das Abdomen (nach [114])

3.1.4   Das Abdomen und das Becken

Das **Abdomen**, wie der Bauch oder Unterleib auch bezeichnet wird, ist die größte Körperhöhle, doch kann es streng genommen nicht als „Höhle" angesehen werden, da die in der Bauchregion liegenden Organe den gesamten Raum vollständig ausfüllen. Die Bauchorgane umfassen zwei **Haupttypen von Organen**, nämlich die kompakten und die hohlförmigen Organe, die unter verschiedenen mechanischen Belastungen ein völlig unterschiedliches Verhalten aufweisen. Die kompakten Organe sind Leber (Hepar), Milz (Lien, Splen), **Bauchspeicheldrüse** (Pankreas), die Nieren (Ren) mit den Nebennierendrüsen (Glandula suprarenalis) und bei Frauen die Eierstöcke (Ovarium); die hohlförmigen Organe umfassen Magen (Stomachus), Dick- und Dünndarm (Intestinum crassum und intestinum tenue), Harnblase (Vesica urinaria) und wiederum nur bei Frauen die Gebärmutter (Uterus). Die relative Position der Organe ist in Abb. 3.42 dargestellt. Dabei zeigt sich, dass die Leber den größten Raum einnimmt, umgeben vom unteren, rechtsseitigen Brustkorb, während Magen und Milz auf der linken Seite des unteren Brustkorbs angeordnet sind. Die Bauchspeicheldrüse liegt diagonal an der Rückseite des Abdomens. Der **Abdominalbereich** ist nach oben begrenzt durch das Zwerchfell (Diaphragma), das sich über den Eingeweiden (Viscera) als Dom ausbildet und hoch in den Thorax bis in Höhe der Anbindung der vierten Rippe am Sternum hineinragt. Nach unten reicht der Abdominalbereich bis zum knöchernen Becken mit seinen Muskeln. Der obere Teil des Abdomens ist allseitig umschlossen vom Brustkorb und hinten von der Wirbelsäule, die üblicherweise nicht zum Abdominalbereich gezählt wird, demgegenüber wird der mittlere Teil von einer Muskulatur, hinten allerdings wieder von der Lendenwirbelsäule,

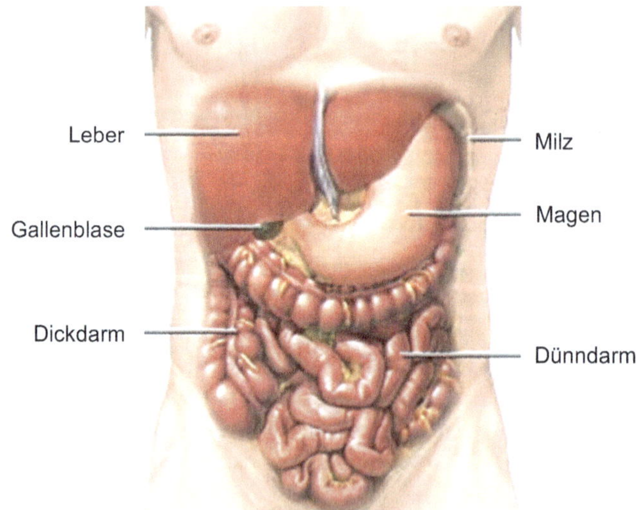

Abb. 3.42   Das Abdomen und seine Organe (nach [87])

umgeben. Die Muskulatur reicht bis zum unteren Teil des Abdomens, das nach hinten durch das Kreuzbein und das Steißbein und seitlich durch das Darmbein des Beckens begrenzt wird [93].

Die **Haupt-Blutgefäße** des Abdominalbereichs sind die Bauch-Aorta (Aorta abdominalis) und die untere Hohlvene (Vena cava inferior), die im rückwärtigen Bereich des Abdominalraums rechts vor der Wirbelsäule liegen und von denen Abzweigungen zu allen Stellen des Abdomens führen. Sie erreichen den Abdominalbereich durch eine gesonderte Öffnung im Zwerchfell und teilen sich in Höhe des fünften Lendenwirbels (unmittelbar unter dem Nabel) gabelförmig in die linke und rechte Hüftschlagader und -vene (Arteria und Vena iliaca communis) auf.

Ein Charakteristikum in der Unterscheidung zwischen den kompakten und den Hohlorganen liegt in ihrer Dichte. Die kompakten Organe sind mit Gefäßen ausgestattet, die Flüssigkeiten enthalten, und weisen daher eine höhere Dichte auf als die hohlförmigen Organe. Hinzu kommt, dass die einzelnen Organe von einer mit einem dünnen Flüssigkeitsfilm versehenen Membran umgebenden sind; zudem sind einige Organe (z. B. Leber, Milz und Eingeweide) nur lose durch gefaltete Bänder mit ihrer Umgebung verbunden, sodass sie sich relativ leicht gegeneinander verschieben lassen. Diese hohe Mobilität, aber desgleichen die Lokalisation der Abdominalorgane zeigt erhebliche Auswirkungen hinsichtlich der **Verletzungsmechanik**: So ergeben Experimente an Körperteilen in liegender, sitzender oder aufrechter Position völlig unterschiedliche Resultate, weil das zu untersuchende Abdominalorgan in unterschiedlichen Richtungen ausweichen kann. Darüber hinaus sind die Ergebnisse davon abhängig, ob ein Organ unmittelbar vor der Wirbelsäule angeordnet ist, bei dem z. B. das Risiko, bei einem Frontalanprall zerdrückt zu werden, größer ist als bei einem Organ, das sich seitlich neben der Wirbelsäule befindet. Ähnliche Unterschiede lassen sich beim Vergleich der beiden Nieren zeigen: Die rechte Niere liegt aufgrund des Vorhandenseins der Leber üblicherweise etwas tiefer als die linke Niere und ist wegen der fehlenden Schutzwirkung durch die unteren Rippen stärker gefährdet als die linke Niere. Dies gilt im Grunde genommen für alle Abdominalorgane, die im Bereich des unteren Brustkorbs angeordnet sind und durch die Rippen einen gewissen Schutz genießen. Obgleich sie wegen der nur indirekten Anbindung am Sternum nicht so steif sind wie die oberen Rippen, bieten die unteren Rippen immerhin noch eine lastverteilende Fläche und damit einen gewissen Widerstand gegen Verformung, insbesondere bei stumpfer Gewalt von der Seite oder von hinten [93].

Die **Leber** (Hepar) ist das größte der kompakten Organe im Abdomen und weist bei Einwirkung stumpfer Gewalt die höchste Mortalitätsrate auf [93]. Derartige Verletzungen können bei einer Beanspruchung mit niedriger Geschwindigkeit aus einfachen Kompressionen gegen die Wirbelsäule oder die rückwärtige Abdominalwand resultieren, es können aber auch viskose Verletzungen auftreten, bei denen sich bei hoher Beanspruchung innerhalb der Leber ein Flüssigkeitsdruck aufbaut und zu ausgedehnten Zug- und Scherbelastungen führt. Zudem kann die Leber durch Relativbewegung gegenüber ihrer Umgebung bei hohen Beschleunigungen verletzt werden; die Verletzungen treten dann üblicherweise an den Anbindungsstellen auf und lassen sich auf

Überdehnungen der Bänder und Blutgefäße zurückführen. Schließlich können Leberrisse durch Penetration gebrochener Rippen beim Auftreten stumpfer Gewalt hervorgerufen werden.

Aufgrund der stark mit Gefäßen durchsetzten Struktur der **Milz** (Lien) zeigt sich bei traumatischen Organ-Zerstörungen ein bedeutsam hohes Sterblichkeitsrisiko. Bei den zwei klassischen Verletzungsmechanismen der Milz, wie sie in [93] unterschieden werden, handelt es sich einmal um einen Stoß gegen den linken unteren Bereich des Abdomens, bei dem die Milz direkt getroffen wird, und zum anderen um ein indirektes Trauma, hervorgerufen durch eine hohe Beschleunigung des Körpers und der daraus resultierenden großen Verlagerung der Milz relativ zu ihrer Anbindungsstelle. Im ersten Fall kann es häufig zu tiefen Einrissen bis hin zu vollständigen Zertrümmerungen des Organs aufgrund des Zusammendrückens bei Beanspruchungen mit niedrigen oder zu viskosen Verletzungen mit höheren Geschwindigkeiten kommen. Verletzungen bei indirekter Beanspruchung treten in Form von Abrissen des Gefäßstiels oder von Rissen der Gefäß- und Nervenstränge an der Milz auf; der Grund dafür ist in der Überdehnung der Anbindung während der Beschleunigungsphase zu sehen.

Die **Nieren** (Ren) sind, beidseitig der Wirbelsäule liegend, von Muskeln an den Seiten und im rückwärtigen Bereich des Abdomens und vorn von anderen Abdominalorganen umgeben. Ausgehend von dieser anatomischen Anordnung kann für die Nieren ein umfassender Schutz gegen stumpfe Gewalt unterstellt werden, lediglich beim Seitenanprall des Abdomens scheinen Nierenverletzungen überrepräsentiert zu sein. Meist sind jedoch bis zu 90 % aller Nierenverletzungen ohne Penetration von geringer Schwere, sofern die Gewebehaut intakt bleibt [93]. Dabei treten Nieren-Kontusionen (Quetschungen) und leichte Risse unterhalb der umhüllenden Membran auf, die nicht selten von Hämatomen begleitet sind. Verletzungen des Gefäßstiels der Niere resultieren auch hier aus der Relativbewegung während der Beschleunigung des Körpers, dagegen sind Verletzungen der Gewebehaut meist das Ergebnis eines direkten Stoßes gegen die Niere.

Verletzungen der **Bauchspeicheldrüse** (Pankreas) und des **Zwölffingerdarms** (Duodenum) sind etwa zu 25 % auf stumpfe Gewalt zurückzuführen [93], wobei es sich dabei häufig um die Zusammenpressung zwischen Fahrzeug-Innenraumteilen und der Wirbelsäule handelt. Die Verletzungen der Bauchspeicheldrüse reichen von oberflächlichen Quetschungen bis zur vollständigen Abtrennung und Zerstörung des Organs. Bei Zwölffingerdarm-Verletzungen treten Blutergüsse und Perforationen mit und ohne Bauchspeicheldrüsen-Verletzungen auf. Es können aber auch Kontusionen und Lazerationen aufgrund des Kontakts mit der Wirbelsäule, Risse durch Abscherung bei Relativbewegungen oder Abrisse durch zunehmenden Innendruck bei zweiseitigem Verschluss stattfinden. Verletzungen der **Eingeweide** (Intestinum) lassen sich im Wesentlichen auf die gleiche Verletzungsmechanik wie Zwölffingerdarm-Verletzungen mit den entsprechenden Verletzungsmustern zurückführen, wobei die Mortalität beim Auftreten stumpfer Gewalt in hohem Maße mit der Anzahl und der Schwere begleitender Verletzungen anderer Organe in der Abdominalregion korreliert [93].

Die **Harnblase** (Vesica urinaria) ist durch ihre Lage innerhalb des knöchernen Beckens gegen stumpfe Gewalteinwirkung relativ gut geschützt; daher treten Verletzungen der Harnblase ohne Beckenbrüche selten in Erscheinung. Kommt es allerdings zu Beckenbrüchen, so können diese zu Rupturen und Lazerationen durch knöcherne Fragmente führen.

Bei Opfern von Kraftfahrzeugunfällen kommen Verletzungen des **Zwerchfells** (Diaphragma) häufig vor, wobei die Anzahl von Rupturen bei Seitenkollisionen höher ist als bei Frontalkollisionen. Die Verletzungsmechanik des Zwerchfells umfasst Scherbelastungen der gedehnten Membran, Abriss des Zwerchfells von seinen Anbindungen und Übertragung des Flüssigkeitsdrucks innerhalb der Eingeweide.

Verletzungen der großen **Blutgefäße** im Abdominalbereich aufgrund stumpfer Gewalt sind aufgrund ihrer geschützten Lage im rückwärtigen Bereich vor der Wirbelsäule relativ selten. Kommt es allerdings zu Verletzungen, so können sie in Form von Quetschungen, Lazerationen und Abtrennung auftreten und führen dann zu Blutungen, Thrombosen (Blutpfropfbildung durch Gerinnung), Blutsackbildungen oder arteriovenösen Verbindungen. Eine Traumatisierung der Abdominal-Aorta ist mit hoher Wahrscheinlichkeit tödlich und kann ebenso durch direkte wie indirekte Beanspruchungen hervorgerufen werden.

Der Zusammenhang zwischen den anatomischen Gegebenheiten und der Verletzungsmechanik in der Abdominalregion wird beim Vergleich der Häufigkeit schwerer Verletzungen (AIS > 3) deutlich, die bei **Seitenkollisionen** für den Fahrer bei linksseitigem und für den Beifahrer bei rechtsseitigem Aufprall stattfinden. Die wesentlichen Kontaktstellen dabei waren, einer US-amerikanischen Analyse [94] zufolge, die Fahrzeug-Innenseite (34 %), die Armstütze (29 %) und fahrerseitig das Lenksystem (9 %) bzw. beifahrerseitig das Armaturenbrett mit Handschuhfach (20 %). Die daraus resultierenden Organverletzungen in der Abdominalregion sind in ihrer Häufigkeit in Abb. 3.43 gegenübergestellt. Vergleicht man beispielsweise die Leberverletzungen beim rechtsseitigen mit denen beim linksseitigen Anprall, so lässt sich die nahezu doppelte Häufigkeit auf die anatomische Anordnung der Leber zurückführen.

Dieser Abschnitt wäre ohne eine kurze Darstellung der Abdominalverletzungen aufgrund der Benutzung des **Sicherheitsgurtes** unvollständig. Generell können Abdominalverletzungen durch die Interaktion von Gurtband und Abdomen als stumpfe Gewalteinwirkung aufgefasst werden. Sie lassen sich in Verletzungen durch Submarining, d. h. das Untertauchen des Beckens unter den Beckengurt und dessen Verlagerung in den Abdomi nalbereich, und in Verletzungen durch Fehlfunktionen bei Gurtbenutzung, wie beispielsweise die Lage des Gurtbandes am Insassen, unterteilen [79]. Die nachlässige Lage des Gurtbandes am Körper, die als **Lage-Anomalie** bezeichnet wird, stellt sich dabei als Hauptursache für Verletzungen angegurteter Insassen bei Kraftfahrzeugunfällen dar [94], während die meisten schweren **Submarining-Verletzungen** erst bei höheren Geschwindigkeitsänderungen (> 50 km/h) auftreten [63]. Dabei soll nicht unerwähnt bleiben, dass angegurtete Insassen zwar ein höheres Risiko für Abdominalverletzungen

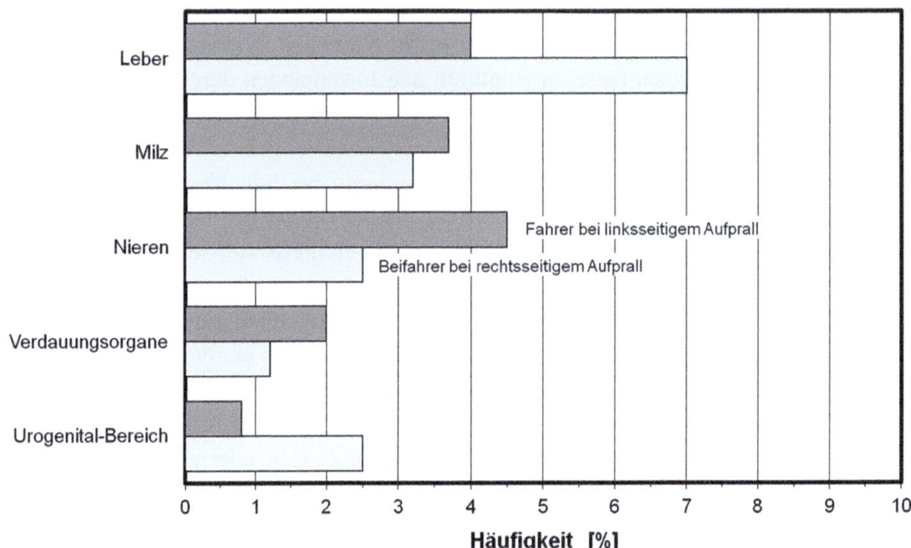

Abb. 3.43 Häufigkeit von schweren Abdominal-Verletzungen (AIS > 3) bei Seitenkollisionen mit links- und rechtsseitigem Aufprall (nach [94])

jedweder Schwere aufweisen, das Risiko für schwere Verletzungen allerdings ist etwa halb so hoch wie bei nicht angegurteten Insassen (vgl. Abschn. 2.4.7).

Neuere Analysen von Yoganandan et al. [126] untersuchten die Häufigkeit und Schwere von **Bauchverletzungen bei Frontalunfällen** sowie stoßzugewandte und stoßabgewandte Sitzposition bei Seitenkollisionen unter Verwendung der NASS-CDS-Datenbank für die Jahre 1993–1998. Für einen kombinierten Datensatz von angeschnallten und nicht angeschnallten Fahrern und Beifahrern variierte die Verteilung der Organverletzungshäufigkeit für jeden Crashmodus beim Vergleich von AIS 2+ und AIS 3+ Verletzungen. Die am häufigsten bei Frontalcrashs verletzten Organe waren Leber (39 %), Milz (29 %) und Verdauungsorgane (11 %) bei AIS 2+ und Leber (35 %), Milz (28 %) und Arterien bei AIS 3+.

Bei stoßzugewandten Seitencrashs waren die Milz (49 %), die Nieren (20 %) und die Leber (16 %) beim AIS 2+ am häufigsten verletzt, und die Milz (47 %), das Zwerchfell (17 %) und die Leber (13 %) waren die am häufigsten verletzten Organe bei AIS 3+. Die Verletzungshäufigkeit bei Unfällen auf der staßabgewandten Seite war Niere (38 %), Leber (32 %) und Verdauungstrakt (15 %) für AIS 2+ und Leber (50 %), Milz (13 %) und Niere (12 %) für AIS 3+.

Die Milz war das am häufigsten verletzte Organ beim linken Seitenaufprall, während die Nieren und die Leber beim rechten Seitenaufprall häufiger verletzt wurden. Die Nieren werden durch Fettumhüllungen und ihre retroperitoneale Lage geschützt; daher waren Nierenverletzungen tendenziell weniger schwerwiegend und machten einen größeren Prozentsatz von AIS 2 + -Verletzungen bei dem Seitenaufprall aus. In ähnlicher Weise sind Verletzungen des Verdauungstrakts auf der Skala der Bedrohung für das Leben typischerweise weniger schwerwiegend, und daher machten diese Verletzungen einen größeren Prozentsatz aus, wenn man AIS 2 + -Bauchverletzungen bei Frontal- und Seiten-Aufprall berücksichtigt.

Das **Becken** (Pelvis) ist ein Ringknochen, der als eine die Hauptlast aufnehmende Struktur angesehen werden kann und zwischen dem Oberkörper und den unteren Extremitäten liegt. Daneben trägt das Becken mit seiner nach oben offenen, schüsselartigen Form die Abdominalorgane und bietet ihnen Halt und, zumindest im unteren Bereich, Schutz gegenüber direkter Beanspruchung. Mechanisch gesehen bildet es den einzigen Übertragungsweg des Gewichts von Kopf, Armen und Oberkörper zum Boden. Daher ist die Beckenstruktur auch massiver als die des Kopfes oder des Thorax. Das ringförmige Becken setzt sich aus vier Knochen zusammen: Zwei Hüftknochen (Os coxae) bilden die seitliche und die vordere Begrenzung, das Kreuzbein (Os sacrum) und das Steißbein (Os coccygis) den rückwärtigen Abschluss. Zwischen männlichem und weiblichem Becken bestehen viele Unterschiede, der wesentlichste aber ist in der Form der Beckenöffnung zu sehen, die vollständig von einer knöchernen Struktur umschlossen ist. Abb. 3.44 zeigt ein männliches und ein weibliches Becken, dabei ist deutlich zu erkennen, dass die Öffnung beim weiblichen Becken, der Geburtskanal nämlich, annähernd kreisförmig ist, dagegen ist die Öffnung beim männlichen Becken in seinen seitlichen Abmessungen weiter [50].

Der **Hüftknochen** (Os coxae) ist ein großes, relativ flaches und unregelmäßig geformtes, knöchernes Gebilde, der den größten Teil des Beckenrings umfasst. Er besteht aus drei ineinander übergehenden Knochen, dem Darm- oder Weichenbein (Os ilium), dem Sitzbein (Os ischii) und dem Schambein (Os pubis). Die Trennungslinie

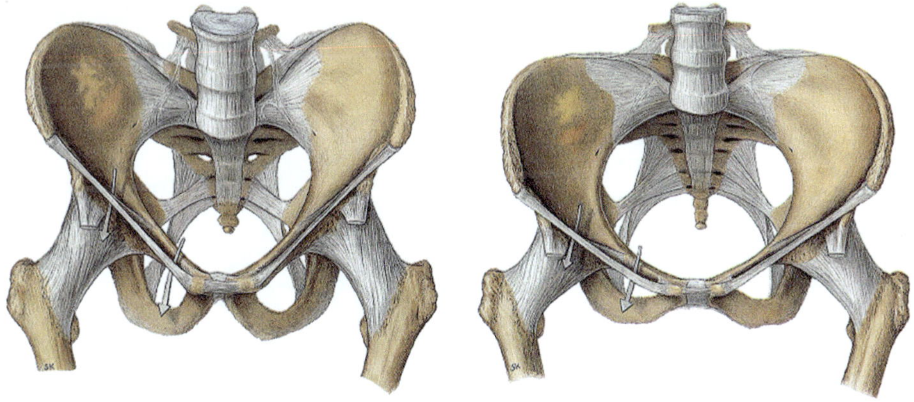

Abb. 3.44 Vorderansicht auf ein männliches (linke Darstellung) und ein weibliches Becken (aus [87])

zwischen diesen verläuft im Bereich der Hüftgelenkpfanne (Acetabulum), sie ist in Abb. 3.45 verdeutlicht. Das **Darmbein** (Os ilium) wird in zwei Bereiche unterteilt, die schräg aufstrebende Schwinge und der Körper, der die Gelenkpfanne des Hüftgelenks bildet. Die meisten der Merkmale und Oberflächeneigenschaften sind von geringer biomechanischer Bedeutung und sollen daher nicht weiter vertieft werden. Allerdings erscheint es hier notwendig, auf eine spezielle Stelle des Darmbeinkamms (Crista iliaca) einzugehen, und zwar den vorderen oberen Darmbeinstachel (Spina iliace anterior superior). Dieser ist als anatomischer Haltepunkt anzusehen, der verhindern soll, dass der Beckengurt über die Oberkante des Beckens, den Darmbeinkamm also, hinwegrutscht und einen Submarining-Effekt auslöst. Das Darmbein ist an seiner medialen Innenseite durch das Kreuzbein (Os sacrum) verbunden. Diese Innenseite ist mit einer Knorpelschicht überzogen, doch lässt die Verbindungsstelle nur eine begrenzte Relativbewegung zu. Das **Sitzbein** (Os ischii) bildet den unteren rückwärtigen Teil des Hüftknochens und lässt sich in Körper und Ast unterteilen. Zum Sitzbeinkörper zählt das hintere Drittel der Gelenkpfanne. An seiner untersten Stelle geht er in den Sitzhöcker über, der dem unteren Torso beim Sitzen Unterstützung bietet (vgl. Abb. 3.45 und 3.46). Der Sitzbeinast ist ein dünnes, abgeflachtes Teil, das mit dem rückwärtigen Teil des Schambeinastes verbunden ist. Das **Schambein** (Os pubis) selbst ist ein unregelmäßig geformter Knochen, der sich aus einem Körper und zwei Ästen, dem oberen und dem unteren Schambeinast, zusammensetzt. Der Schambeinkörper bildet das vordere Drittel der Gelenkpfanne. Der obere Ast erstreckt sich vom Körper zur mittleren Sagittalebene, wo er sich mit dem Ast der gegenüberliegenden Seite vereinigt. Diese Verbindungsstelle ist die Schambeinfuge (Symphysis pubica), die aufgrund der knorpelartigen Scheibe, die den Spalt zwischen

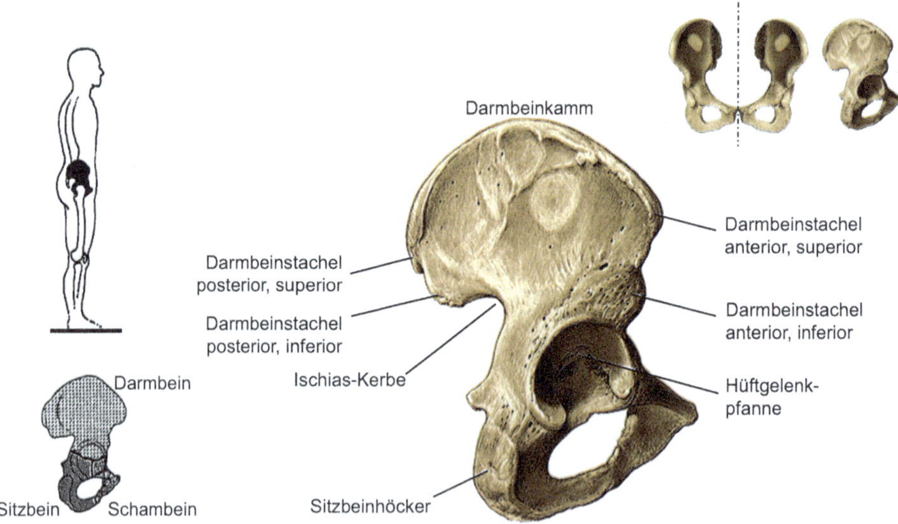

Abb. 3.45 Der Hüftknochen mit Darmbein, Sitzbein und Schambein (nach [45, 87])

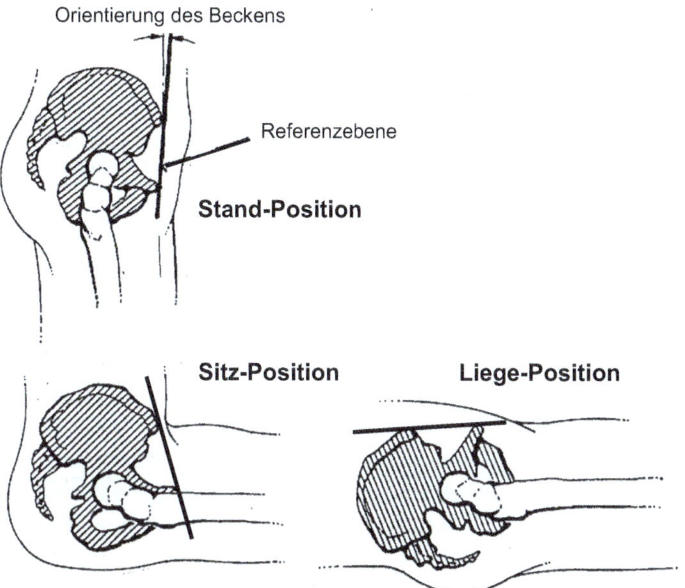

Abb. 3.46 Orientierung des menschlichen Beckens in stehender, aufrecht sitzender und liegender Position (nach [45])

den Knochenenden ausfüllt, ein nur eingeschränkt bewegliches Gelenk bildet. Der untere Schambeinast formt mit dem Sitzbeinast den Bogen zum Sitzbeinhöcker aus, der eine ausgeprägte Öffnung (Foramen obturatum) umschließt, und vereinigt sich an der Schambeinfuge mit dem Ast der gegenüberliegenden Seite [50].

Das Kreuzbein und das Steißbein formen die Rückwand des Beckenrings, wobei das **Kreuzbein** (Os sacrum) ein Zusammenschluss von fünf Wirbeln ist und eine dreieckige Form aufweist. Die seitlichen Flächen bilden ein stabiles Gelenk mit dem Becken und übertragen das Gewicht des unteren Torsos über das Becken je nach Position auf die Beine oder die Sitzhöcker. Das **Steißbein** (Os coccygis) ist ein rudimentärer Schwanz aus drei bis fünf verwachsenen Wirbeln, die allerdings nicht wie normale Wirbelkörper ausgebildet sind, so fehlt ihnen z. B. die rückwärtige Struktur der Dornfortsätze; der letzte Wirbel ist lediglich ein knöchernes Knötchen. Das Gelenk zwischen Kreuz- und Steißbein weist aufgrund der zwischen ihnen liegenden dünnen, knorpeligen Scheibe, die steifer ist als eine normale Bandscheibe, nur eine eingeschränkte Beweglichkeit auf [50].

Die **Orientierung des Beckens** ist aufgrund seiner unregelmäßigen Form schwierig zu quantifizieren. Sie variiert von Person zu Person und zeigt beim Stehen die geringsten Unterschiede gegenüber der Vertikalachse im Vergleich etwa zur Sitz- oder zur liegenden Position auf (Abb. 3.46). Als Referenzebene wird in [50] eine Ebene eingeführt, die sich bei Seitenansicht als eine Gerade darstellen lässt und durch die vorderen Punkte des oberen Darmbeinstachels und der Schambeinfuge verläuft. Diese insgesamt drei Orientierungspunkte lassen sich leicht abtasten, sodass zu ihrer Ermittlung keine Röntgenaufnahmen erforderlich sind. Bei stehenden Personen beträgt die Orientierung dieser Referenzebene ungefähr 10° (vgl. Abb. 3.46).

Da der **Oberschenkel** (Regio femoris) mit dem Becken durch das Hüftgelenk verbunden ist und Becken-Verletzungen häufig in diesem Bereich auftreten, soll an dieser Stelle auf die Anatomie des proximalen (oberen) Oberschenkels vorgegriffen werden. Im Einzelnen besteht dieser aus dem Gelenkkopf, dem Hals und der Oberschenkel-Region (vgl. Abb. 3.49). Der Kopf weist eine Kugelform auf und bildet gemeinsam mit der Gelenkpfanne das Hüftgelenk. Die Oberfläche des Gelenkkopfes ist mit einer durchsichtigen Knorpelschicht versehen. Die hohe Beweglichkeit erhalten derartige Gelenke durch die Absonderung von Gelenkschmiere. Die Blutversorgung erfolgt über den Oberschenkelhals, die Struktur unterhalb des Gelenkkopfes. Dieser Hals hat die Form eines Kegelstumpfes und verbindet den Kopf mit dem restlichen Oberschenkel; seine Achse bildet mit dem Oberschenkelschaft einen Winkel von ungefähr 125 Grad, bei Frauen kann der Winkel weniger als 90 Grad sein [50]. Die obere Region des proximalen Oberschenkelschaftes wird durch die Rollhügel (Trochanter) charakterisiert, den nach außen gerichteten Trochanter (größerer Trochanter oder T. major) und den einwärts liegenden (kleinerer Trochanter oder T. minor).

Der nachfolgende Überblick zur **Verletzungsmechanik des Beckens** und zu den dabei auftretenden Verletzungsmustern ist auszugsweise aus [50] entnommen; er umfasst sowohl Beckenverletzungen als auch Verletzungen des Hüftgelenks und des proximalen Oberschenkels. Die Erweiterung auf das Hüftgelenk und den Oberschenkel ist erforderlich, da deren Verletzungen häufig gleichzeitig mit Verletzungen des Beckens einhergehen.

Isolierte Beckenverletzungen, die bei Kraftfahrzeugunfällen vorkommen, lassen sich in drei Bereiche klassifizieren: Singuläre Frakturen des Beckenrings, zwei- oder mehrfache Frakturen des Beckenrings sowie Frakturen des Kreuz- und des Steißbeins. Findet nur eine **einfache Beckenring-Fraktur** statt, so entsteht keine bedeutsame Verlagerung des gebrochenen Segments. Beispiele isolierter Frakturen sind einseitige Brüche des oberen oder des unteren Schambeinastes, aber auch beider Äste; sie erfordern keinen chirurgischen Eingriff. Andere isolierte Frakturen umfassen einfache Brüche des Darmbeins verbunden mit leichter Trennung oder vollständiger Aufspaltung der Schambeinfuge und Verschiebung (Subluxation) des Kreuzbeins. Diese Verletzungen resultieren aus leichteren Anprallsituationen. Bei Seitenkollisionen mit einem Anprall gegen den oberen Außenrand des proximalen Oberschenkels, den größeren Trochanter, treten Frakturen der Schambeinäste häufig auf. Durch **multiple Frakturen** wird der Beckenring instabil, sie sind daher üblicherweise mit großen Verschiebungen der Fragmente verbunden. Die zwei wesentlichen Verletzungsarten sind Frakturen nur des Schambeins oder Brüche des Schambeinknochens in Verbindung mit Frakturen des Darmbeins. Multiple Verletzungen des Schambeins umfassen zwei oder mehr Frakturen des Astes und haben eine Verlagerung der Schambeinfuge zur Folge. Sie treten bei Fußgängern auf, die von Kraftfahrzeugen seitlich am Becken getroffen werden, im Allgemeinen auf der stoßabgewandten Seite. Obwohl chirurgische Eingriffe nicht erforderlich sind, können dabei Verletzungen der Harnwege, z. B. Rupturen der Harnröhre, auftreten, sodass ein künstlicher Ausgang an der Blase notwendig wird. Der am häufigsten auftretende Typ kombinierter Verletzungen des Darmbeinund des Schambein-Segments ist in der Verschiebung der Schambeinfuge mit gleichzeitiger Verlagerung des Kreuz-/Darmbein-Gelenks zu sehen. Daneben kommt es auch zu Frakturen des Darmbeins begleitet durch Verschiebung der Schambeinfuge oder durch Frakturen der beiden Äste bei gleichseitiger Dislokation des Kreuz-/Darmbein-Gelenks. Auch hier sind Verletzungen der Harnwege und der Blase üblich. Derartige Verletzungen werden, im Gegensatz zur Verletzungsmechanik bei der seitlichen Beanspruchung im vorgenannten Fall, durch eine bei Frontalkollisionen typische, von vorn nach hinten gerichtete Belastung hervorgerufen. Ausgedehnte Beckenverletzungen können aus **Frakturen des Kreuzbeins** resultieren, die üblicherweise in der Umgebung der Belastungskonzentration, z. B. quer durch die Foramina, liegen. Da durch diese von knöchernen Bogen umgebene Löcher die Kreuzbein-Nervenstränge verlaufen, können Kreuzbein-Frakturen mit Verletzungen der Nerven verbunden sein. Eine ausreichend hohe vertikale Beschleunigung kann Kompressionen und eine Einbuße der Höhe des Kreuzbeins zur Folge haben. **Verletzungen des Steißbeins** treten bei vertikalen Beanspruchungen in Sitzposition auf und können Kontusionen, Frakturen oder Dislokationen des Steißbeins zur Folge haben. Obgleich derartige Verletzungen nicht schwerwiegend sind, können sie äußerst schmerzhaft sein. Die meisten **Gewebe- und Gefäßverletzungen** in Verbindung mit Beckenfrakturen führen zu Blutungen, die durch große Blutgefäße an der Beckenwand und durch die gebrochene Oberfläche selbst hervorgerufen werden. Das Ausmaß des Blutverlustes kann sehr groß sein und ist nur durch Abbinden der inneren Hüftschlagader möglich. Bei Beckenfrakturen treten üblicherweise weitere Abdominalverletzungen auf, sie wurden aber bereits oben behandelt.

Verletzungen am Hüftgelenk treten entweder direkt im Gelenk oder in seiner unmittelbaren Umgebung auf und beeinträchtigen eine oder mehrere der folgenden Strukturen: Gelenkpfanne (Acetabulum), Oberschenkelkopf (Caput femoris) und proximaler Oberschenkel (Regio femoris proximalis). Bei jüngeren Menschen können Beschädigungen am proximalen Endstück des Oberschenkels auftreten, bei älteren dagegen treten Verletzungen häufiger an der Hüfte aufgrund der Knochenversprödung (Spontanverformung) und der abnehmenden Elastizität auf. Bei äußerer Beanspruchung lassen sich Hüftverletzungen in zwei Hauptgruppen unterteilen: Traumatisch bedingte Hüftverrenkungen und Frakturen des Oberschenkelhalses (vgl. Abb. 3.47).

Eine **Hüftverrenkung** (Dislokation) erfolgt relativ häufig in sitzender Position durch eine rückwärtige Beanspruchung entlang des Oberschenkels, da in dieser Position das Hüftgelenk durch keine knöcherne Struktur gehalten wird. Fahrzeuginsassen, die einer Frontalkollision ausgesetzt sind und ihre Beine übereinander geschlagen haben, setzen sich dieser Gefahr aus. Ist hingegen der Beugungswinkel zwischen Hüfte und Oberschenkel etwas größer, können bei vergleichbarer Beanspruchung **Frakturen des rückwärtigen Gelenkpfannenrandes** zusammen mit Dislokationen des Hüftgelenks

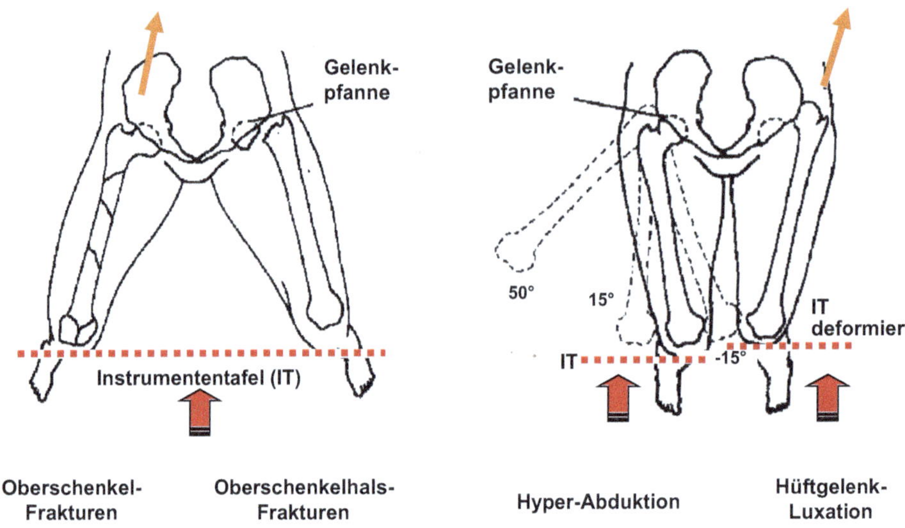

Abb. 3.47 Verletzungsmechanismen des Beckens, des Hüftgelenks und des proximalen Oberschenkels bei sagittal belasteten PKW-Insassen (nach [124])

auftreten. Daneben sind auch Dislokationen in entgegengesetzter Richtung, also nach vorn, denkbar: wird beispielsweise der untere Torso bei einer Frontalkollision im Sitz durch den Beckengurt festgehalten, während sich die Oberschenkel aufgrund der Trägheit weiterbewegen, sind nach vorn (anterior) gerichtete Ausrenkungen des Hüftgelenks möglich. Bei einer lateralen Belastung der Hüfte, z. B. bei Seitenkollisionen, kann es zu einer zentralen Dislokation mit **Frakturen der Gelenkpfanne** kommen. Wird dabei der stoßseitig sitzende Insasse durch die harte Struktur der Tür in Höhe des großen Trochanter am Ende des proximalen Oberschenkels getroffen, so kann daraus folgen, dass der Gelenkkopf die nur dünne Wand der Gelenkpfanne durchstößt. Derartige Verletzungen können allerdings auch in stehender Position, z. B. bei Fußgängerunfällen, auftreten. Bei rückwärts gerichteten Dislokationen des Hüftgelenks, bei denen Frakturen des Gelenkpfannenrandes auftreten, kann auch eine **Fraktur des Gelenkkopfes** erfolgen; dabei besteht die Gefahr einer langfristigen Beeinträchtigung durch eine traumatisch bedingte Gelenkentzündung. Hüftgelenk-Dislokationen, die begleitet werden durch **Verletzungen des Oberschenkelhalses** sind relativ selten und treten in der Regel nur bei älteren Menschen auf. Die Verletzungsmechanik resultiert aus einer hohen Biegedehnungsbeanspruchung des Oberschenkelhalses, die bei Dislokation des Hüftgelenks eine Fraktur des Halses hervorrufen kann. Die Folge derartiger Verletzungen ist häufig Knochenfraß am Gelenkkopf aufgrund unzureichender Blutzufuhr. Dislokationen mit einer **Fraktur des Oberschenkelschaftes** sind ebenfalls selten und ihre Verletzungsmechanik zudem weitgehend unbekannt. Doch lässt der quer verlaufende Bruch häufig auf eine Biegung des Schaftes schließen.

Die isolierten **Frakturen des Oberschenkelhalses** lassen sich in zwei Gruppen unterteilen, innerhalb und außerhalb des fibrösen Gewebes, das das Hüftgelenk umschließt. Diese Hüftgelenk-Kapsel erstreckt sich vom Becken bis zum intertrochantrischen Kamm zwischen den Rollhügeln (Trochanter) am proximalen Oberschenkel. Findet eine Fraktur innerhalb der Kapsel statt, so handelt es sich üblicherweise um eine Fraktur am unteren Rand des Gelenkkopfes oder um eine Fraktur des Oberschenkelhalses. Frakturen außerhalb der Kapsel können entweder zwischen den Trochantern oder an ihnen selbst auftreten.

Eine Übersicht zu **Verletzungsmechanismen** des Beckens, des Hüftgelenks und des proximalen Oberschenkels bei sagittal belasteten PKW-Insassen zeigen die Darstellungen in Abb. 3.47. Dabei erfolgt die Beanspruchung durch die Einleitung der Knie/Instrumententafel-Kontaktkräfte in Oberschenkel und Hüftbereich; sie bewirkt bei ausreichend hoher Unfallschwere Frakturen des Oberschenkelschaftes, des Oberschenkelhalses oder der Hüftgelenkregion. Je nach Größe der Oberschenkelspreizung können aber auch Hyper-Abduktionen und Luxationen des Hüftgelenks auftreten.

Auch wenn Beckenfrakturen i. d. R. nur mit AIS 2 oder 3 bewertet werden, ist nach Kriterien für **Langzeitverletzungen** (BG Injury Cost-Scale) die Beckenfraktur eine Verletzung mit häufiger Komplikationsrate und langer Krankenhausliegedauer, sodass bei der Studie RESIKOMED [90] Beckenverletzungen bei Pkw-Seitenkollisionen auf der getroffenen Seite mit Abstand die häufigsten Langzeitverletzungen darstellen und demzufolge hier ein großer **Präventionsbedarf** besteht.

3.1.5 Die Extremitäten

Mit Extremitäten werden die äußersten Enden (des Körpers) bezeichnet, beim Menschen sind dies die Gliedmaßen Arme und Beine.

Der **Arm** (Brachium) besteht aus Oberarm, Unterarm und Hand (Abb. 3.48); der Oberarm ist am Schultergelenk (Articulatio humeri) über das Schulterblatt (Scapula) mit dem Rabenschnabelfortsatz (Processus coracoideus) und das Schlüsselbein (Clavicula) äußerst flexibel mit dem Torso verbunden. Die knöcherne Grundlage des Oberarms bildet der Oberarmknochen (Humerus), beim Unterarm sind es die Elle (Ulna) und Speiche (Radius) und bei der Hand die aus acht Knochen bestehende Handwurzel (Corpus), die aus fünf Knochen bestehende Mittelhand (Metacarpus) und die beim Daumen aus zwei, bei den übrigen Fingern aus drei Knochen bestehenden Finger (Phalangen). Die Kombination unterschiedlich gebauter Gelenke (Schultergelenk: Kugel-, Ellbogengelenk: Drehscharnier-, Handgelenk: Ei- und Fingergelenk: Scharniergelenk) und die Opponierbarkeit des Daumens geben dem Arm und der Hand ihre einzigartige Bewegungs- und Funktionsfähigkeit. Vom Rumpf kommende Muskeln bewegen den Arm im Schultergelenk (Vor- und Rückwärtsbewegung, Ad- und Abduktion, Rotationsbewegung). Der vorn am Oberarm liegende Beuger (Musculus biceps brachii) und der hinten liegende Strecker (Musculus triceps brachii) wirken auf Schulter- und Ellbogengelenk. Die am

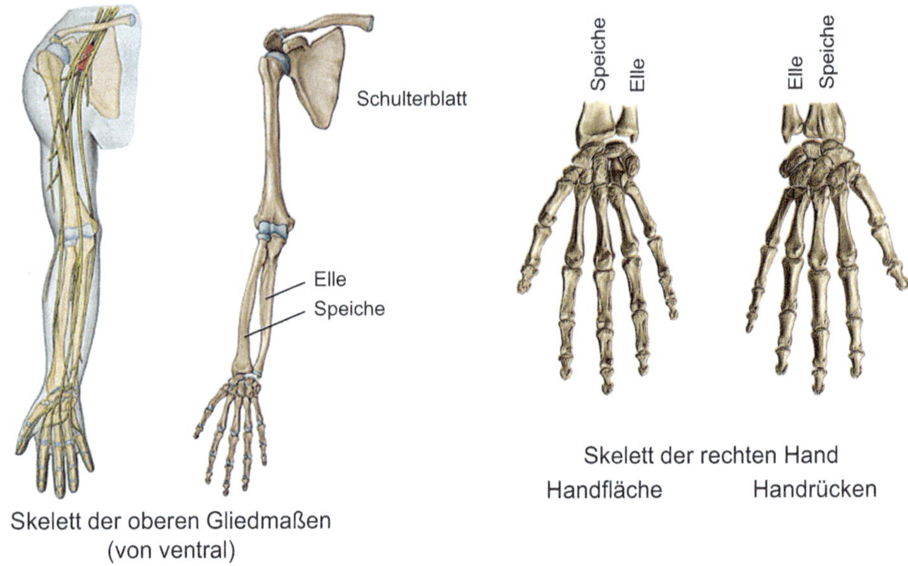

Abb. 3.48 Arm- und Hand-Skelett (nach [87])

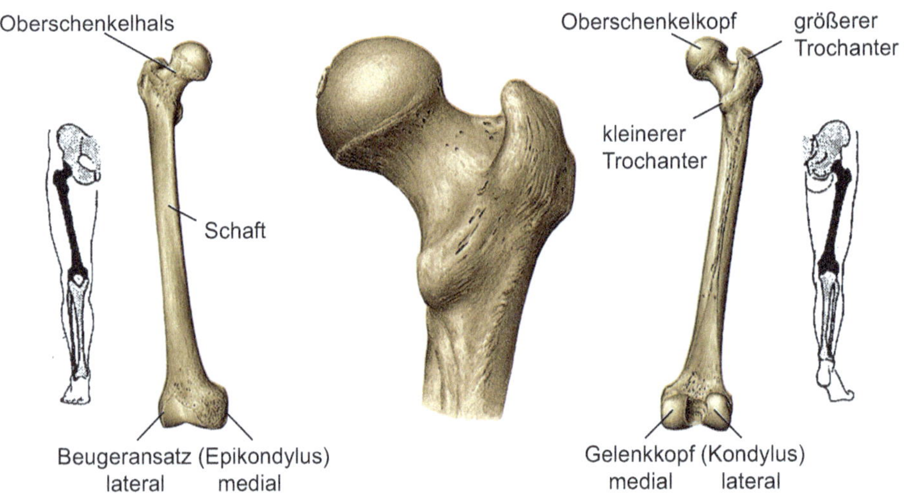

Abb. 3.49 Oberschenkelknochen, Ansicht von vorn (links) und von hinten (nach [45, 87])

Unterarm liegende Muskulatur bewirkt Bewegungen des Unterarms (Drehbewegung: Pronation und Supination) und wirkt auf das Handgelenk und die Daumen- und Fingergelenke (Beugung und Streckung). Die Feineinstellung der Finger und des Daumens erfolgt durch die kurzen, kleinen Handmuskeln. Die großen Nervenstämme und

Blutgefäße gelangen durch die Achselhöhle zum Arm. Die Oberarm-Schlagader (Arteria brachialis) liegt an der Innenseite in der Bizepsfurche und verzweigt sich im Bereich der Ellenbeuge. Zwei große Äste werden entsprechend den Unterarmknochen als Arteria radialis und Arteria ulnaris bezeichnet. Die Pulsationen der Arteria radialis sind am Übergang auf die Hand fühlbar. Die tiefen Armvenen begleiten die Arterien, die oberflächlichen bilden variable Muster und werden häufig bei intravenösen Injektionen oder zur Blutentnahme punktiert. Die Nerven des Arms gehen mit drei großen Stämmen aus dem Armgeflecht (Plexus brachialis) hervor; ihre wesentlichen Äste sind der Mittelnerv (Nervus medianus), der Speichennerv (Nervus radialis) und der Ellennerv (nervus ulnaris). Der Nervus radialis umschlingt den Oberarmknochen nach hinten und ist hier sehr verletzungsgefährdet. Ähnlich gefährdet ist der Nervus ulnaris an der Rückfläche des Ellenbogengelenks („Musikantenknochen"), wo er bei Stoß gereizt werden kann [11].

Das Knochengerüst des menschlichen **Beins** besteht aus einem Oberschenkel-, zwei Unterschenkelknochen und den Knochen des Fußes. Der Oberschenkelknochen (Femur) ist der stärkste Röhrenknochen des Körpers (Abb. 3.49). Sein Schaft geht oben in ein winklig abgesetztes Stück, den Schenkelhals, über, der die kugelige Gelenkfläche des Oberschenkelkopfes trägt; dieser bildet zusammen mit der ihn umgreifenden Hüftgelenkpfanne (Acetabulum) das Hüftgelenk. Das untere Ende verbreitert sich zu zwei mächtigen Gelenkrollen, deren überknorpelte Flächen die obere Gelenkfläche für das Kniegelenk bilden.

Die Knochen des Unterschenkels (Abb. 3.50) sind das nach innen liegende, stärkere und mit scharfer Kante unter der Haut der Vorderseite des Unterschenkels vorspringende Schienbein (Tibia) und das schlankere, außen gelegene Wadenbein (Fibula). Beide Knochen werden durch eine als Ursprungsfläche für Muskeln dienende Zwischenhaut verbunden. Der Raum zwischen den Gelenkhöckern des Oberschenkels und den bei den Gelenkflächen des Schienbeins wird von halbrunden, im Querschnitt keilförmigen Knorpelscheiben (Menisken) ausgefüllt (Abb. 3.51). Von der Rinne zwischen den Gelenkhöckern ziehen zwei sich überkreuzende, starke, bei jeder Stellung des Knies sich anspannende und damit diese sichernden Bänder (Kreuzbänder), nach vorn und hinten zum Mittelrand des Schienbeins.

In die durch Bänder verstärkte Gelenkkapsel ist vorn die Kniescheibe (Patella) eingelassen. In Abhängigkeit von der Krafteinleitung kann sich ein sehr unterschiedliches Verletzungsrisiko für Bänderrupturen einstellen: So wird in [115] von einem geringen Risiko ausgegangen, wenn die Ableitung der Knie-Kontaktkraft in Oberschenkel und Becken nur über die Kniescheibe erfolgt (Abb. 3.52a). Eine erhebliche Verschiebung zwischen Unterschenkel und Kniegelenk resultiert aus einer Krafteinleitung in den Schienbeinhöcker (Abb. 3.52b), da bereits bei geringen Belastungen eine große Gefahr für Bandrupturen besteht. Reduziert wird diese Gefahr wegen der geringeren Relativverschiebung im Kniegelenk, wenn die Kontaktkraft sowohl in die Kniescheibe als auch in das Schienbein eingeleitet wird (Abb. 3.52c). Wird die Betrachtung auf die **unteren Extremitäten** erweitert, so wird sich mit zunehmender Becken-Verlagerung nach vorn ein Knie-Kontakt mit der unteren Instrumententafel einstellen (Abb. 3.53). Zusätzlich

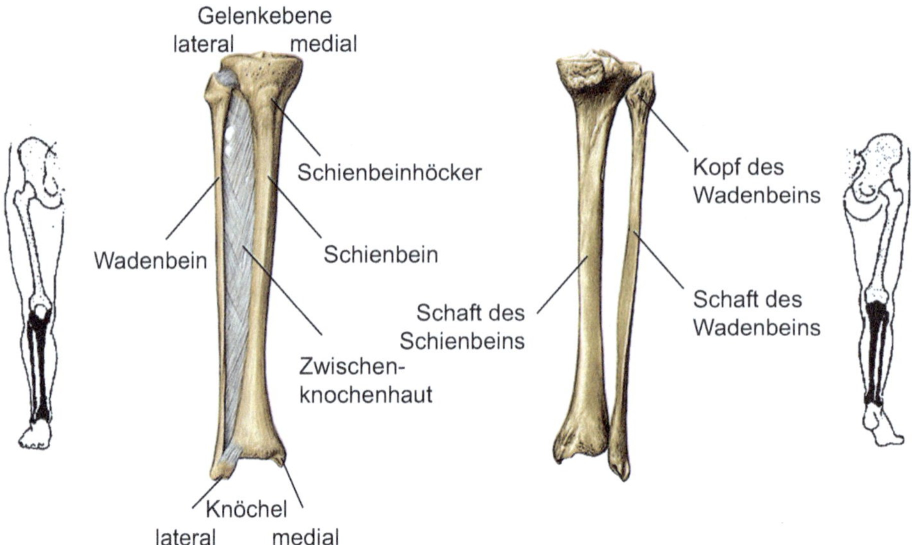

Abb. 3.50 Unterschenkelknochen mit Schien- und Wadenbein, Ansicht von vorn (links) und von hinten (nach [45, 87])

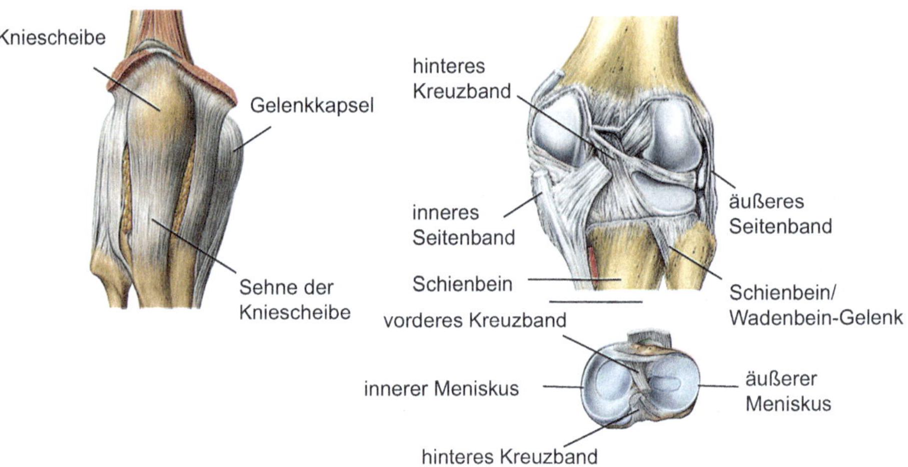

Abb. 3.51 Kniegelenk mit Kniescheibe und Bändern, Ansicht von vorn (oben links), von hinten (oben rechts) und von oben (nach [87])

erfolgt durch die Intrusion im Fußraum eine Einschränkung des Bewegungsraumes und es kommt zu einer Hyper-Flexion des Fußgelenks und aufgrund der Fesselung des Kniegelenks an der deformierten Instrumententafel zu einer Druck-/Biege-Beanspruchung des Unterschenkels mit einem hohen Risiko für Frakturen der unteren Extremitäten.

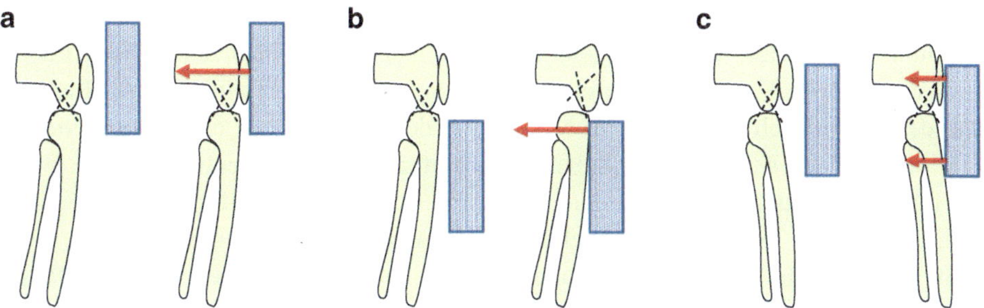

Abb. 3.52 Verschiebungstendenzen im Kniegelenk in Abhängigkeit von der Art der Krafteinleitung (aus [115, 33])

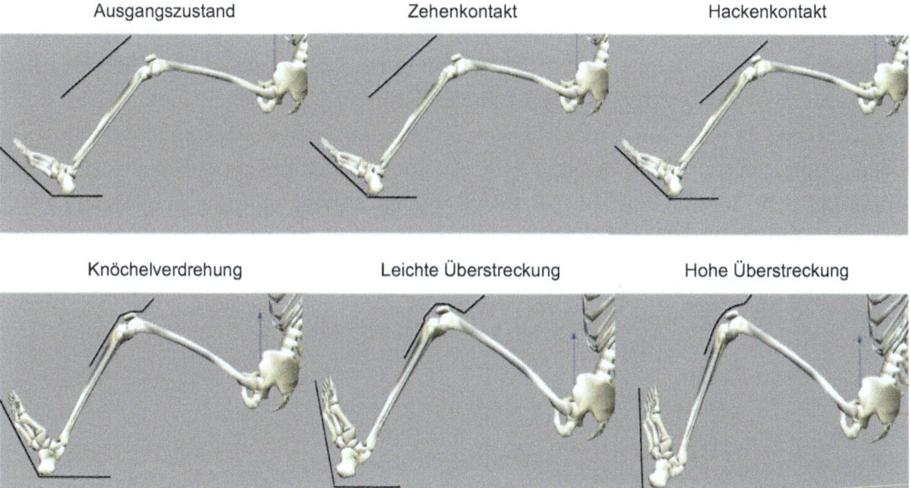

Abb. 3.53 Verletzungskinematik der unteren Extremitäten bei Frontalkollisionen (nach [88])

Die unteren Enden von Schienbein und Wadenbein bilden außen die beiden Knöchel und innen eine Gelenkfläche für das obere Sprunggelenk. Die Fußgelenke (Artikulationes pedis) umfassen ein zwischen den beiden Knöcheln gelegenes oberes Sprunggelenk (Knöchelgelenk, ein Scharniergelenk für das Heben und Senken des Fußes) und ein unteres Sprunggelenk (für drehende Fußbewegungen). Der durch diese Gelenke mit dem Unterschenkel verbundene Fuß (Pes) setzt sich zusammen aus der Fußwurzel (Tarsus) mit den Fußwurzelknochen (Tarsalia), dem Mittelfuß (Metatarsus) mit den lang gestreckten, durch straffe Bänder miteinander verbundenen Mittelfußknochen (Metatarsalia) und den Zehen. Die ursprünglich zwölf Skelettelemente der Fußwurzel sind häufig reduziert und verschmolzen; beim Menschen besteht das Fußskelett aus den Knochen der fünf (zwei- bzw. dreigliedrigen) Zehen, den sieben Fußwurzelknochen (Fersenbein, Sprungbein, Kahnbein, Würfelbein sowie äußeres, mittleres und inneres Keilbein) und den fünf Mittelfußknochen (Abb. 3.54). An der Unterseite ist ein Fußgewölbe ausgebildet, das sich an drei durch Ballen gepolsterten Stellen (Fersenbein und die Enden des inneren und äußeren Mittelfußknochens) vom Boden abstützt.

Die einzelnen **Bewegungsmöglichkeiten** des Ober- und des Unterschenkels, die in Abb. 3.55 dargestellt sind, werden durch die Muskeln hervorgerufen; nach [45] unterscheidet man Flexion, Extension und Rotation sowie Abduktion (Abstrecken) und Adduktion (Anziehen). Die Muskeln, die das Bein im Hüftgelenk bewegen, entspringen aus dem Becken und der Wirbelsäule.

Die Hüftbeuger (für Flexion) liegen vorn, die Hüftstrecker (für Extension), besonders der große Gesäßmuskel, liegen hinten, die Abstrecker (Abduktoren) außen und die Anzieher (Adduktoren) innen (Abb. 3.56). Die Strecker des Unterschenkels liegen auf der Vorderseite; die Kniebeuger, deren Sehnen bei gebeugtem Knie in der Kniekehle links und rechts als zwei kräftige Sehnenstränge zu fühlen sind, liegen hinten (Abb. 3.57). Der kräftigste Muskel am Unterschenkel ist der dreiköpfige Wadenmuskel (Musculus trizeps surae), der aus dem zweiköpfigen Zwillingswadenmuskel (Musculus gastrocnemius) und dem Schollenmuskel (Musculus solens) besteht; mit der Achillessehne setzt er am Fersenbein an. Die Beinarterie (Arteria femoralis), gelangt unter dem Leistenband in die Schenkelgegend und verläuft an der Vorderseite des Oberschenkels, tritt

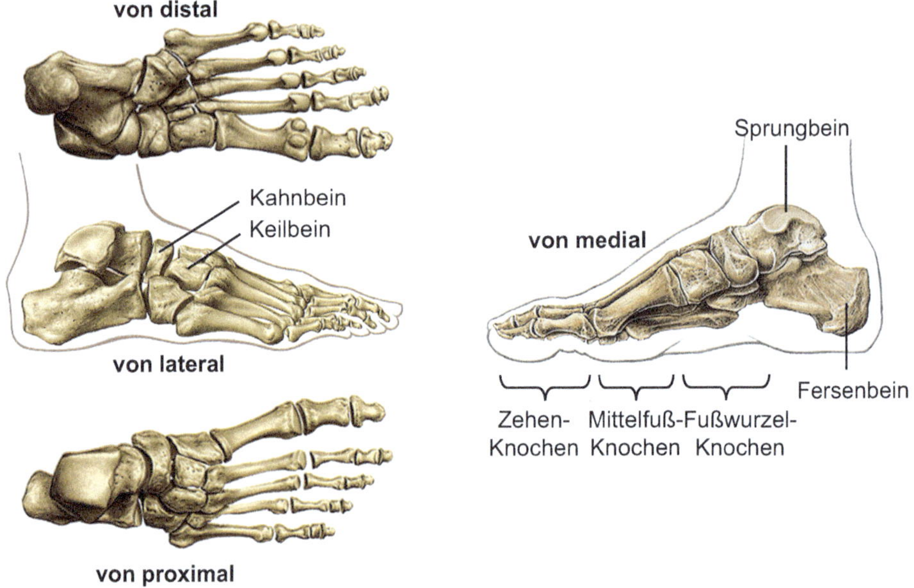

Abb. 3.54 Fuß-Skelett, von verschiedenen Ansichten aus gesehen (nach [87])

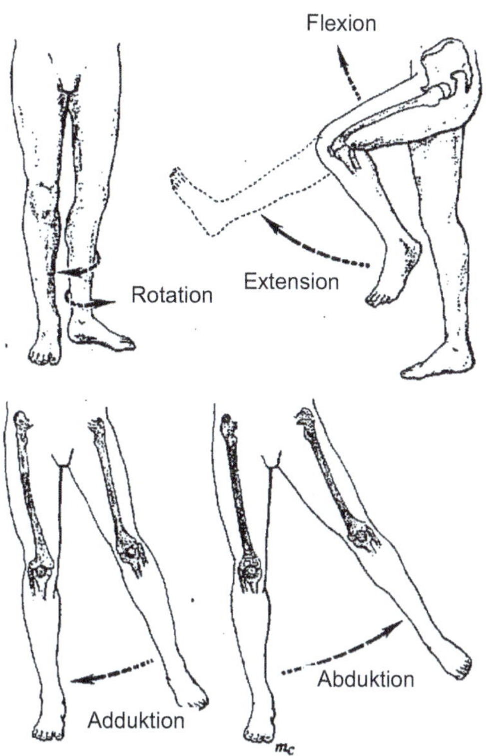

Abb. 3.55 Bewegungsmöglichkeiten des Ober- und des Unterschenkels (nach [45])

dann durch einen Muskelkanal im letzten Viertel des Oberschenkels nach hinten in die Kniekehle und teilt sich in zwei Hauptäste. Die Nerven für Haut und Muskeln des Beins stammen von einem aus Lenden- und Sakralmark hervorgehenden Nervengeflecht. Der größte ist der Ischiasnerv (Nervus ischiadicus); er tritt in der Gesäßmuskelgegend aus dem Beckeninneren heraus, zieht sich auf der Hinterseite des Oberschenkels entlang zur Kniekehle und teilt sich dort in zwei Äste [11].

Die Verletzungen der oberen Extremitäten von Verkehrsteilnehmern sind zwar in ihrer Häufigkeit mit ca. 29 % relativ stark vertreten (für PKW-Insassen vgl. Abb. 3.2), wegen ihrer geringen Verletzungsschwere und damit ihrer niedrigen Verletzungsfolgekosten jedoch von geringerer Bedeutung [55]. Daneben sind anatomischer Aufbau der Arme, wie die Übersicht zum Skelett der Extremitäten in Tab. 3.2 zeigt, aber auch Verletzungsentstehung und -muster in weitem Umfang vergleichbar mit den Gegebenheiten der Beine, sodass nachfolgend im Wesentlichen auf die **Verletzungsmechanik der unteren Extremitäten** eingegangen werden soll.

Die meisten knöchernen Komponenten der Extremitäten sind durch lange, rohrförmige Knochen gekennzeichnet, bei denen man das Mittelstück (Diaphyse), das

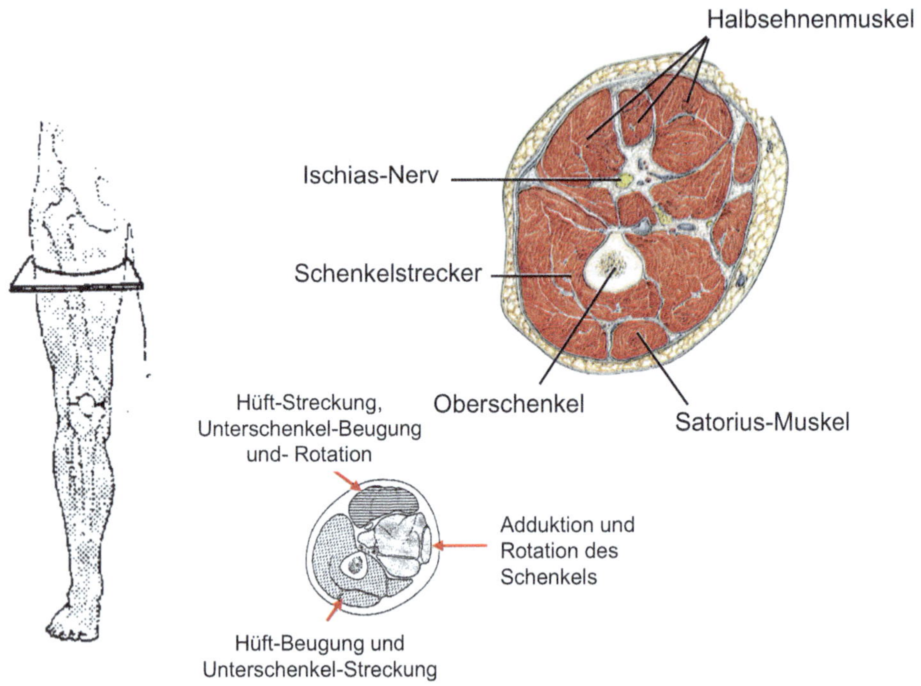

Abb. 3.56 Schnittansicht des Oberschenkels mit Knochen, Muskulatur, Blutgefäßen und Nerven (nach [45, 87])

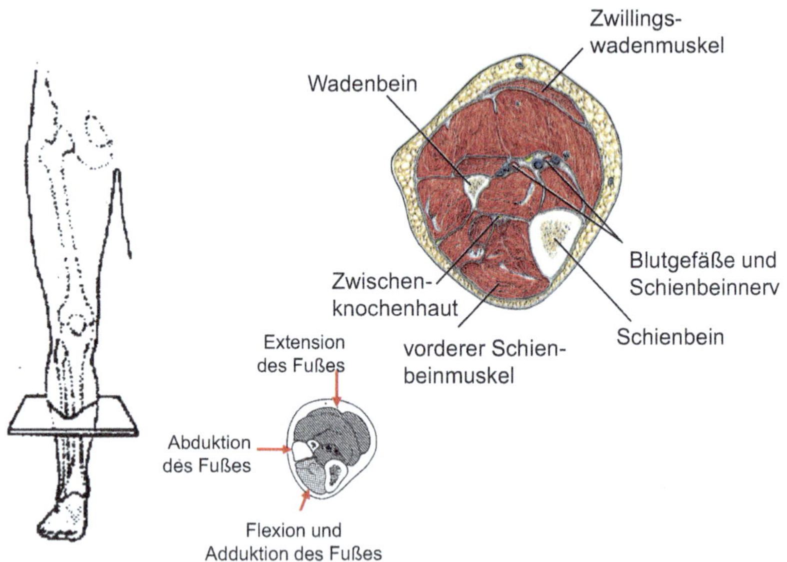

Abb. 3.57 Schnittansicht des Unterschenkels mit Knochen, Muskulatur, Blutgefäßen und Nerven (nach [45, 87])

Tab. 3.2 Übersicht zum skelettalen Aufbau der Extremitäten

Arm	Bein
Oberarm-Knochen	Oberschenkel-Knochen
entfällt	Kniescheibe
Elle	Wadenbein
Speiche	Schienbein
8 Handwurzel-Knochen	7 Fußwurzel-Knochen
5 Mittelhand-Knochen	5 Mittelfuß-Knochen
5 Finger mit 2 bzw. 3 Finger-Knochen	5 Zehen mit 2 bzw. 3 Zehen-Knochen

proximal oder distal gelegene End- bzw. Gelenkstück (Epiphyse) und die zwischen Mittel- und Endstücke gelegene Längenwachstumszone (Metaphyse) unterscheidet. Diese Knochenabschnitte weisen aufgrund ihres verschiedenartigen Knochengewebes erhebliche Unterschiede in ihren biomechanischen Eigenschaften auf. Die Verletzungsmuster der Mittelstücke gleichen dem Schadensbild eines entsprechend beanspruchten zylindrischen Rohres, während die Verletzungsmuster der Endstücke und der Längenwachstumszonen aufgrund ihres variablen Knochenaufbaus schwerer zu systematisieren sind. Eine **Fraktur** ist ein Bruch des Knochengefüges; dabei unterscheidet man Frakturen mit und ohne Verlagerung der Knochenfragmente. Bei einer Fraktur ohne Verlagerung befinden sich die Fragmente noch in ihrer normalen anatomischen Position, so z. B., wenn Risse im Knochen entstehen, der Knochen also angebrochen ist. Diese Frakturen resultieren üblicherweise aus einer **direkten Beanspruchung** mit relativ geringer Energie, während Frakturen mit Fragmentverlagerungen einen höheren Energiebedarf aufweisen. Treten Frakturen in gewisser Entfernung von der Beanspruchungsstelle auf, so spricht man von **indirekter Beanspruchung**; dieser Verletzungstyp ist im Unfallgeschehen relativ häufig vertreten. Eine Zugbelastung des Knochens hat beispielsweise eine quer zur Kraft verlaufende Fraktur (Quer-Bruch) zur Folge. Abriss-Frakturen, bei denen ein Knochenstück durch eine Belastung der Bänder oder Sehnen herausgerissen wird, treten üblicherweise ebenfalls senkrecht zur Wirkrichtung der Kraft auf. Eine Biegungsbeanspruchung an einem langen Röhrenknochen wird eine Doppelfraktur mit dreiecksförmigem Fragment und eine Torsion einen Spiralbruch hervorrufen. Wirkt eine Kompressionsbeanspruchung auf einen Knochen entlang seiner Längsachse, so werden ein Längsriss im Knochen und eine Kompressionsfraktur innerhalb des Gelenks entstehen. Schließlich unterscheidet man noch den schrägwinkligen Bruch, der durch eine kombinierte Beanspruchung aus Biegung und Längsbelastung oder Biegung mit Torsion und Längsbelastung hervorgerufen wird [64]. In Abb. 3.58 sind die verschiedenen Frakturen unter Berücksichtigung der jeweiligen Beanspruchung zusammengefasst.

Knochenbrüche lassen sich aber auch nach klinischen Kriterien unterscheiden, und zwar in **offene oder geschlossene Frakturen** [86]. Eine geschlossene Fraktur liegt vor, wenn Haut und Gewebe in unmittelbarer Umgebung der Fraktur unverletzt bleiben; der Knochen wird keiner äußeren Verunreinigung ausgesetzt. Eine offene Fraktur hingegen liegt vor, wenn ein Objekt die Haut und das Gewebe durchdringt, verletzt und der darunterliegende Knochen bei Kontakt bricht oder wenn der gebrochene Knochen selbst Haut- und Gewebeverletzungen hervorruft; hier besteht also eine Infektionsgefahr. Dabei muss das Fehlen einer Wunde jedoch nicht notwendigerweise bedeuten, dass keine Beschädigung der Haut und des Gewebes erfolgt, vielmehr sind sogar erhebliche Verletzungen zwischen der Haut und dem Knochen möglich, ohne dass eine offene Wunde vorliegt.

Bei der Verletzung von Extremitäten können Verschiebungen, so genannte **Luxationen**, auftreten, bei denen die Gelenkenden der Knochen sich vollständig voneinander lösen; es besteht dann kein Kontakt mehr zwischen den Gelenkflächen. Bleiben die Gelenkflächen allerdings zusammen, so spricht man von einer Subluxation. Ähnlich der

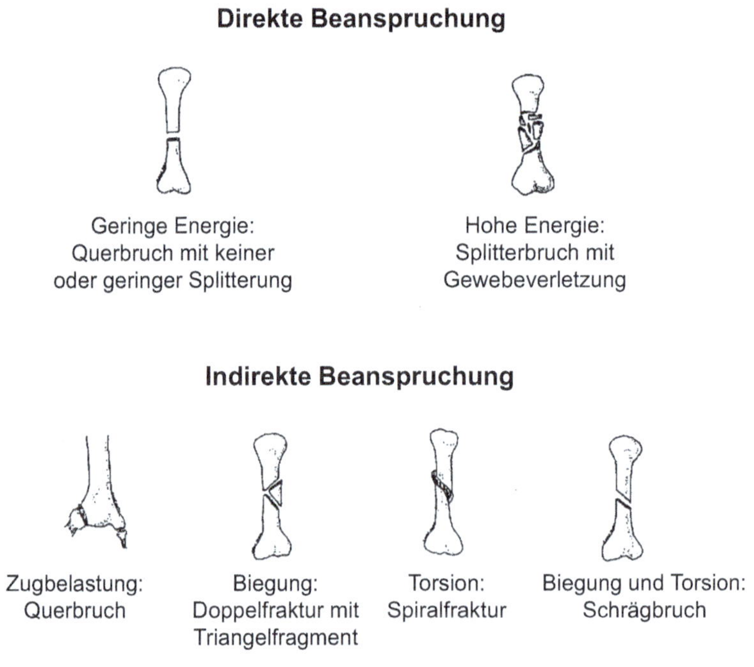

Direkte Beanspruchung

Geringe Energie:
Querbruch mit keiner
oder geringer Splitterung

Hohe Energie:
Splitterbruch mit
Gewebeverletzung

Indirekte Beanspruchung

Zugbelastung:
Querbruch

Biegung:
Doppelfraktur mit
Triangelfragment

Torsion:
Spiralfraktur

Biegung und Torsion:
Schrägbruch

Abb. 3.58 Zusammenfassung der Knochenfrakturen nach Verletzungstyp und Beanspruchungsart (nach [64])

oben beschriebenen Unterscheidung zwischen offener und geschlossener Fraktur, kann man auch bei der Dislokation offene und geschlossene Luxationen unterscheiden.

Bänder bestehen aus Sehnen und fibrösem Gewebe und dienen dazu, Gelenke zusammenzuhalten und abnorme Gelenkbewegungen zu vermeiden; sie sind üblicherweise eng mit den Gelenkkapseln umgeben. **Verletzungen der Bänder** lassen sich in drei Typen unterteilen: Bänderrisse mit vollständigem Abriss der Sehnen und des Gewebes, Zerrungen, bei denen die Bänder über den elastischen Bereich hinaus gedehnt werden, ansonsten aber intakt bleiben, und leichten Zerrungen, d. h. einer Dehnung innerhalb der elastischen Grenzen. Bänderrisse und Zerrungen führen zu Instabilitäten des Gelenks und gelegentlich zu einer degenerativen Arthritis (Gelenkentzündung) aufgrund abnormer Gelenkbewegungen während einer atypischen Belastung.

Bei den **Verletzungen der Nerven** unterscheidet man zwei Typen: Quetschung der Nerven, wobei die Hülle erhalten bleibt, die Nervenfasern aber unterbrochen sind. Die Nerven regenerieren selbständig wieder, und zwar ausgehend vom Zellkörper nahe bei oder in der Wirbelsäule in Verletzungsrichtung (etwa 1 mm pro Tag). Die schwerste Form von Nervenverletzungen ist hingegen im vollständigen Abriss der Nerven zu sehen und erfordert eine neurochirurgische Behandlung. Generell zeigen Nervenverletzungen häufig Defektheilungen, sodass hier die Prävention eine große Rolle spielt.

Eine Bemerkung zur Bedeutung der **Verletzungen der unteren Extremitäten** soll den Abschluss dieses Unterkapitels bilden: Verletzungen in dieser Region sind äußerst selten tödlich, und dann entweder in Verbindung mit Verletzung anderer Körperregionen oder beim Eintreten von Komplikationen. Allerdings ist ihre Behandlung und die Dauer des Ausheilungsprozesses, insbesondere bei schweren Verletzungen, länger als dies bei entsprechend schweren Verletzungen an anderen Körperteilen der Fall ist; dauernde Beeinträchtigungen lassen sich dabei nicht ausschließen. In Abb. 3.59 sind die Werte für die Dauer des Krankenhausaufenthalts bei unterschiedlicher Verletzungsschwere der unteren Extremitäten der Dauer bei der entsprechenden Verletzung in anderen Körperregionen aus [46] gegenübergestellt. Dabei zeigt sich, dass die stationäre Behandlungsdauer bei schweren Beinverletzungen (AIS > 2) etwa doppelt so groß ist wie bei vergleichbar schweren Verletzungen an anderen Körperteilen.

3.2 Verletzungsschwere und deren Monetarisierung

Die Verletzungsschwere kennzeichnet die Größe von Veränderungen physiologischer bzw. struktureller Art am lebenden Menschen (vgl. Abb. 3.60) aufgrund mechanischer Gewalteinwirkung. So ist z. B. ein Splitterbruch des Oberschenkels oder eine Verbrennung 2. Grades eine Charakterisierung der Verletzungsschwere. Sie kann in vollem Umfang jedoch lediglich durch eine klinische Diagnose oder durch eine Obduktion des verstorbenen Unfallopfers abgeschätzt werden. Dem gegenüber erfolgt in den meisten Fällen eine weniger exakte Abschätzung bereits kurz nach dem Unfall, die weder auf

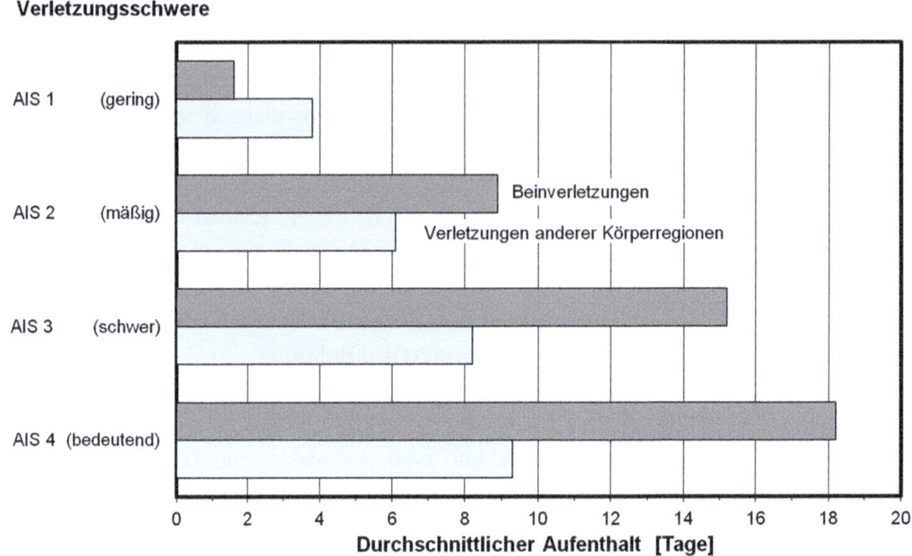

Abb. 3.59 Durchschnittlicher Krankenhaus-Aufenthalt bei Verletzungen AIS > 2 der unteren Extremitäten im Vergleich zu Verletzungen anderer Körperregionen (nach [46])

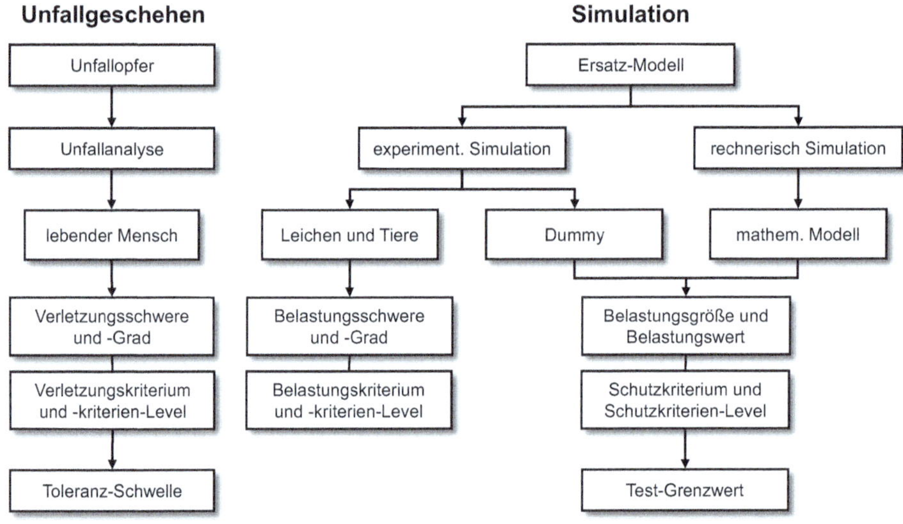

Abb. 3.60 Struktur der Bereiche Unfallgeschehen und Simulation (nach [55])

einer klinischen Diagnose noch auf einer Autopsie des Opfers basiert. Eine annehmbare, derzeit aber noch ungenaue Einschätzung der Verletzungsschwere wird gelegentlich bereits in der Notaufnahme einer Unfallklinik vorgenommen. Diese Einschätzung ist jedoch häufig unzureichend, da aus den verschiedensten Gründen die Symptome mancher

Verletzungen erst mehrere Tage nach dem Unfall erkannt werden können, so z. B. Instabilitäten des Kniegelenkes aufgrund eines Bänderrisses oder Schleudertraumata aufgrund einer Überdehnung (Hyperextension) des Halses.

3.2.1 Verletzungsschweregrad

Der Grad der Verletzungsschwere kann in der Regel nur durch eine umfassende medizinische Diagnose bestimmt und unter Hinweis auf das Maß der Lebensgefährdung, die Krankenhausaufenthaltsdauer, die Krankheitsdauer, das Risiko bleibender körperlicher Behinderung u. a. Charakteristika abgeschätzt werden. Einige Klassifizierungen sind lediglich von historischer Bedeutung, und es ist daher nicht verwunderlich, dass die Zuordnung des Verletzungsschweregrades von einem Anwendungsort zum anderen variierte, da die eine Institution ein Charakteristikum bei der Verletzungseinschätzung für wichtiger und relevanter hielt als die andere. Die Folge davon war, dass die gleichen Verletzungen in verschiedenen Ländern unterschiedlich klassifiziert wurden. Konsequenterweise wurde daher die sogenannte „Vereinfachte Verletzungsskala" AIS (Abbreviated Injury Scale) entwickelt, die ursprünglich auf das Jahr 1959 zurückgeht. Diese mittlerweile international anerkannte Verletzungsschwere-Skala, die die oben genannten Charakteristika in weitem Umfang berücksichtigt, erfuhr in den letzten Jahrzehnten verschiedene Modifikationen; so wurde eine Verletzung 1960 noch mit AIS 3 eingeschätzt, der heute nur ein Verletzungsschweregrad von AIS 2 zugeordnet wird. Die AIS-Klassifizierung kann bei sorgfältiger Anwendung hilfreich sein, doch kann sie auch zu Konfusionen führen, wenn sie unkorrekt angewandt wird. Neben der **AIS-Skala** gibt es noch weitere Skalierungen, die zur Bestimmung des Verletzungsschweregrades, insbesondere bei polytraumatisierten Verletzten, vorgeschlagen worden sind, sich jedoch nicht durchgesetzt haben (z. B. [65, 15]).

Zur Beschreibung der Häufigkeit der Verletzungsschweregrade eines bestimmten Kollektivs von Unfallopfern wird die Auftretenswahrscheinlichkeit als Verteilungsfunktion der Schweregrade in Abhängigkeit von der Unfallschwere oder von der **Belastungsgröße** dargestellt. Dies ist deshalb erforderlich, da sich unterschiedliche physiologische Merkmale der betroffenen Unfallopfer, aber auch Eigenschaften des Kontaktsystems und der Fahrzeugstruktur bei sonst gleichen äußeren Bedingungen im Unfallgeschehen streuungsverursachend auf die Verletzungsschweregrade auswirken.

3.2.2 Verletzungsskalierung nach AIS

Aufgrund der erheblichen Probleme bei der quantitativen Bewertung von Verletzungen wurden mit der Zunahme des Unfallgeschehens im Straßenverkehr, etwa seit den 1940er Jahren, zahlreiche Vorschläge zur Bewertung der Verletzungsschwere veröffentlicht, von denen sich die erstmals 1971 veröffentlichte AIS-Skalierung international durchgesetzt hat [16]. Die ursprüngliche Form umfasste insgesamt zehn Punkte und reichte von 0 bis 9; sie war hauptsächlich ausgelegt für die Anwendung bei Verkehrsunfällen (Anprall oder stumpfe Gewalt). In den vergangenen mehr als 50 Jahren wurde die Skalierung erweitert auf alle denkbaren Verletzungen. In ihrer jetzigen Form [6] umfasst die Skalierung nunmehr sechs Punkte und reicht von AIS 1 (gering) bis AIS 6 (derzeit nicht überlebbar). Die Verletzungsschweregrade AIS 7, 8 und 9 werden nicht mehr benutzt, da beispielsweise AIS 9 mehr als drei tödliche Verletzungen beinhaltet hat. In den zwischenzeitlich durchgeführten AIS-Revisionen wurde jede dieser Verletzungen getrennt dem Schweregrad AIS 6 zugeordnet. AIS 9 bedeutet nunmehr, dass die Verletzungsschwere unbekannt ist, während sie in der ursprünglichen AIS-Codierung mit AIS 99 eingestuft wurde. Anhand eines nach sieben Körperregionen (nämlich Kopf, Hals, Thorax, Abdomen und Beckeninhalt, Wirbelsäule, Extremitäten und knöchernes Becken) und der Körperoberfläche gegliederten Kataloges von Verletzungsbeschreibungen wird den beobachteten Verletzungen nach den fünf Kriterien

- Grad der Lebensbedrohung,
- Behandlungsdauer,
- Dauerschäden,
- Energieaufnahme und
- Häufigkeit einer Verletzung

ein Verletzungsschweregrad zugeordnet. Dies erfolgt überwiegend nach dem Grad der Lebensbedrohung, die übrigen Kriterien sind von untergeordneter Bedeutung. Die AIS-Skalierung würdigt die traumatologische Einschätzung der Verletzungen und berücksichtigt nicht die Folgen der Verletzung wie beispielsweise den Eintritt des Todes. Dieser wird allenfalls gesondert codiert und statistisch durch die **Letalitätsrate** je AIS-Schweregrad ausgewiesen. In Tab. 3.3 sind beispielhaft AIS-Verletzungsschweregrade mit einigen Verletzungsbeschreibungen zusammengefasst.

Im AIS-Manual sind die wichtigsten in der Praxis zu beobachtenden Verletzungen in einer alphabetischen Liste verzeichnet und hinsichtlich ihrer Verletzungsschwere bewertet. Diese Liste sollte bei der Verletzungseinstufung unbedingt benutzt werden; sie ist ein wichtiges Hilfsmittel zur Erzielung einer einheitlichen, international vergleichbaren Verletzungsskalierung. Durch die Anwendung der identischen Skalierungsmaßstäbe lassen sich Entwicklungen der Verletzungsschwere – etwa als Folge konstruktiver oder legislativer Maßnahmen – besser erkennen, auch die Effizienzbeurteilung von Behandlungsmethoden findet durch Einführung einer allgemein anerkannten Skalierung eine quantifizierbare Grundlage.

Jeder einzelnen Verletzung kann ein Schweregrad der AIS-Skala zugeordnet werden, er berücksichtigt jedoch jede Verletzung nur so, als ob keine weiteren Verletzungen aufgetreten wären. Da viele Unfallopfer aber mehr als nur eine Verletzung erleiden, wird

Tab. 3.3 Verletzungsschweregrad nach AIS 2005, Verletzungsbeispiele und Letalitätsrate (nach [6])

AIS	Schweregrad	Beispiele für Verletzungen	Letalitäts-rate [%]
0	unverletzt		0,00
1	gering	Schürfung, Schnittwunden, Stauchung, Prellung; Verbrennungen 1. und 2. Grades bis 10 % der Oberfläche	0,00
2	mäßig	Großflächige Schürfung und Prellung, ausgedehnte Weichteilverletzungen, leichte Gehirnerschütterung mit Amnesie; Verbrennungen 2. Grades bis 15 % der Oberfläche	0,07
3	schwer nicht lebensgefährlich	Schädelfraktur ohne Liquoraustritt, Gehirnerschütterung mit Bewusstlosigkeit, Pneumothorax; Verbrennungen 2. Grades bis 25 % der Oberfläche	2,91
4	bedeutend lebensgefährlich, Überleben wahrscheinlich	Schädelfraktur mit Liquoraustritt, Gehirnerschütterung mit Bewusstlosigkeit bis 24 Stunden, Perforation des Brustkorbes; Verbrennungen 2. oder 3. Grades bis 35 % der Oberfläche	6,88
5	kritisch Überleben unsicher	Schädelfraktur mit Hirnstammblutung, Organriss oder -abriss; Verbrennungen 3. Grades bis 90 % der Oberfläche	32,32
6	maximal als praktisch nicht überlebbar gewertet	Massive Kopfquetschung, Hirnstammlazeration, Schädelbasisfraktur, Thoraxquetschung, Aorta-Ruptur u.-Durchtrennung; Trennung zwischen Thorax und Becken	100,00
9	unbekannt		unbekannt

seit der 80er AIS-Revision zur Einschätzung der Gesamtverletzungsschwere eines polytraumatisierten Patienten der Schweregrad der schwersten Einzelverletzung als MAIS (Maximal AIS) verwendet.

In der EU sollen bis 2030 Verletzungen des Schweregrades AIS 3 + in den Länderstatistiken separat ausgewiesen werden, um die Verkehrssicherheitsprogramme detaillierter bewerten zu können. Dies gelingt nach dem ETSC-Report PIN von 2022 [25] bislang leider nur in wenigen Länder, wie in Schweden, der Schweiz oder in Österreich. In Deutschland werden diese Schwerstverletzten – häufig auch als lebensgefährlich Verletzte bezeichnet – von der BASt auf Basis der Unfalldatenbank GIDAS nur abgeschätzt. Danach sind von den ungefähr 60.000 Schwerverletzten pro Jahr in Deutschland (Stand 2019) ca. 15.000, also 25 %, schwerstverletzt mit einem Schweregrad von AIS 3 +.

Für Deutschland ergibt sich somit der Handlungsbedarf, AIS 3 + Verletzte, wie z. B. in der Schweiz oder Österreich, explizit in der Verkehrsunfallstatistik auszuweisen und damit relevante Präventionsschwerpunkte zuverlässig feststellen zu können.

3.2.3   Andere Verletzungsskalierungen

Das Resultat und die Behandlung einer Traumatisierung eines Patienten mit **multiplen Verletzungen** ist oft unterschiedlich im Vergleich zum Verletzungszustand von Patienten mit nur einem verletzten Körperteil. Zur besseren Bewertung der Sterblichkeit, der Mortalität also, von mehrfach verletzten Unfallopfern wurden auf der Basis der AIS-Skala verschiedene Verfahren entwickelt, von denen im Folgenden zwei vorgestellt werden sollen: Das von Baker et al. In [7] vorgeschlagene **ISS-Verfahren** (ISS: Injury Severity Score) und der PODS-Wert (PODS: Probability of Death Score) von Sommers nach [54].

Das ISS-Verfahren wird zur Codierung von Mehrfachverletzungen angewandt. Dabei ist der ISS-Wert (3.1) die Summe aus den Quadraten der jeweils höchsten AIS-Werte der drei (I bis III) am schwersten verletzten Körperregionen:

$$\mathrm{ISS} = \mathrm{AIS}_I^2 + \mathrm{AIS}_{II}^2 + \mathrm{AIS}_{III}^2 \tag{3.1}$$

Die Körperregionen sind Kopf, Hals, Thorax, Abdomen und Beckeninhalt, Wirbelsäule, Extremitäten und knöchernes Becken sowie Körperoberfläche. Bei der Berechnung des ISS-Wertes wird keine dieser Körperregionen überrepräsentiert. Der Maximalwert kann höchstens 108 betragen, und zwar wenn alle drei berücksichtigten Körperteile einen Verletzungsschweregrad von AIS 6 aufweisen; tritt er hingegen nur bei einem Körperteil auf, so wird der ISS-Wert auf 75 gesetzt. Ist eine Verletzung mit AIS 9 (unbekannt) codiert, so darf der ISS-Wert nicht berechnet werden. Der ISS-Wert korreliert in hohem Maß mit der Mortalität der Unfallopfer.

Die AIS-Codierung ist eine anatomische Verletzungsskala, sie berücksichtigt weder Vorerkrankungen, noch das Alter des Patienten oder dessen physiologische Kondition. Mit der **Sterbewahrscheinlichkeitsklassifizierung PODS** (Probability of Death Score) wurde 1981 eine Alternative zum ISS-Verfahren eingeführt. Der PODS-Wert kann ohne (3.2) und mit Berücksichtigung des Alters des Verletzten (3.3) errechnet werden:

$$\mathrm{PODS} = 2,2 \cdot (\text{höchster AIS}) + 0,9 \cdot (\text{zweithöchster AIS}) - 11,3 \tag{3.2}$$

und unter Berücksichtigung des Alters

$$\mathrm{PODS_a} = 2,7 \, (\text{höochster AIS}) + 1,0 \, (\text{zweithöchster AIS}) + 0,6 \cdot (\text{Alter}) - 15,4s \tag{3.3}$$

Die PODS-Werte sollen im Vergleich mit den ISS-Werten besser mit tatsächlich eingetretenen Todesfällen übereinstimmen und eine klarere Interpretation der einzelnen Werte erlauben. Weiterführende Berechnungen (Verletzungsstatistik, Nutzen/Kosten-Analyse) sollten durchgeführt werden, wenn das Verfahren auf einer noch breiteren statistischen Grundlage abgesichert ist [54].

Die Beschreibung eines engen, funktionalen Zusammenhangs zwischen mechanischer Einwirkung und Verletzungsschweregrad ist bisher noch mit keinem vorgeschlagenen

Skalierungssystem gelungen. Der wichtigste Grund im Falle der AIS-Skala liegt in der prinzipiellen Eigenschaft dieses Skalierungssystems, nämlich in der Zahl der Bewertungskriterien, die zur Klassifizierung einer Verletzung führen. Der AIS-Wert ist eine Zusammenfassung der oben genannten fünf Kriterien, daher ist mit einer engen statistischen Korrelation zwischen der Verletzungsschwere und einer, wie auch immer gearteten Unfallschwere kaum zu rechnen. In [55] wurden verschiedene Unfallkenngrößen im Hinblick auf körperteilspezifische Verletzungsschweregrade untersucht. Hierbei wurden Korrelationskoeffizienten für Becken-Verletzungsschweregrade unter Anwendung der Geschwindigkeitsänderung Δv (2.2) und der spezifischen Unfall-Leistung SPUL (2.3) zwischen 0,74 und 0,92 ermittelt. Neben den AIS-Skalierungseigenschaften sind der Alterseinfluss und andere anthropometrische Faktoren für die relativ niedrige Korrelation zwischen Unfallkenngröße und Verletzungsschweregrad an anderen Körperteilen verantwortlich.

3.2.4 Monetäre Bewertung der Verletzungsschwere

Das AIS-Skalierungssystem hat sich in der Vergangenheit zu einer hervorragenden Maßeinheit für die Einschätzung der Verletzungsschwere entwickelt, allerdings ist es nicht hilfreich zur Vorhersage von Folgen der Verletzungen. Bei der Bewertung der Verletzungen stellte sich die Frage nach der Zusammensetzung und Messbarkeit der Unfallfolgen (Abb. 3.61). Zu den direkten Unfallfolgen gehören im weitesten Sinne die Personenschäden (physisch und psychisch) und die Sachschäden (am und im Fahrzeug und in der Umwelt). Die einzelnen Komponenten der Unfallfolgen werden also in unterschiedlichen Dimensionen gemessen: monetär, verbal oder ordinal skaliert. Im Sinne einer aussagekräftigen und verständlichen Bewertung der Unfallfolgen ist es daher unbedingt erforderlich, eine einheitliche Dimensionierung dieser Folgen zu finden. Auf die Darstellung der Sachschäden kann hier zunächst verzichtet werden, da sie in Kap. 4 (Bewertung der Fahrzeugsicherheit) behandelt werden sollen; es wird somit als ausreichend angesehen, im Folgenden lediglich auf die Verletzungsfolgekosten einzugehen.

Seit Ende der 1960er Jahre wurden verschiedene Ansätze zu Nutzen/Kosten-Untersuchungen von Verkehrssicherheitsmaßnahmen veröffentlicht (z. B. in [40, 82]), wobei mit der Arbeit von Jäger und Lindenlaub [49] dem Anwender ein Instrument an die Hand gegeben wurde, die Effizienz derartiger Maßnahmen bewerten zu können. Durch Modifikationen in der Berechnung [27, 56, 70] wurden neuere Erkenntnisse aus volkswirtschaftlicher und medizinischer Sicht berücksichtigt, die durch folgende Verbesserungen zu einer widerspruchsfreien monetären Bewertung der Verletzungsschwere geführt haben [56]:

- Überarbeitung des Ertragswertes für Kinder und Jugendliche,
- Einführung der Letalitätsrate,

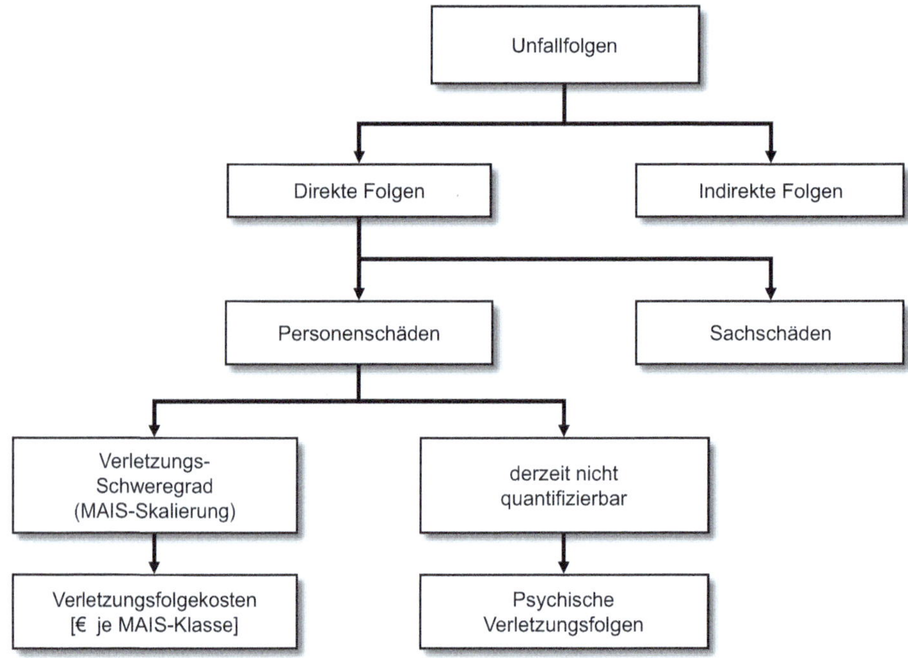

Abb. 3.61 Unterteilung der Unfallfolgen (nach [54])

- Ersetzen des Kostenwertes durch den Ertragswert und
- Betrachtung der jüngsten Wirtschaftslage durch Berücksichtigung der gestiegenen Arbeitslosigkeit und des Anwachsens der sogenannten Schattenwirtschaft.

Die sich hieraus ergebenden **Verletzungsfolgekosten** je MAIS-Verletzungsklasse sind (in Euro auf- bzw. abgerundet) für verschiedene Jahre in Tab. 3.4 zusammengefasst und für 2011 in Abb. 3.62 dargestellt. Sie wurden, jeweils auf dem aktuellen Stand, in verschiedenen Forschungsprojekten zur Quantifizierung der Verletzungsfolgen und der Straßenverkehrssicherheit erfolgreich angewandt und veröffentlicht (z. B. [91, 5, 57, 58]).

Die Verletzungsfolgekosten sind für die Gesamt-Verletzungsschweregrade (MAIS) definiert und über Geschlecht, Konstitution und Altersverteilung aller Verkehrsteilnehmer gemittelt. Die Anwendung auf einzelne Schweregrade von körperteilspezifischen Verletzungen ist nicht unproblematisch, da die differierende Ausprägung der genannten Kriterien bei der Einstufung der Verletzungsschwere, insbesondere Lebensbedrohung, Behandlungsdauer und Dauerschäden, bei unterschiedlichen Verkehrsteilnehmern (z. B. PKW-Insassen im Vergleich zu motorisierten Zweiradfahrern) zu Kostenverschiebungen führen können.

Tab. 3.4 Verletzungsfolgekosten für verschiedene Jahre (aus [56, 59])

MAIS	Schweregrad	Verletzungsfolgekosten [€] für die Jahre				
		1980 nach [45]	1990 nach [51]	2000 nach [51]	2010 nach [51]	2011 nach [51]
0	unverletzt	0	0	0	0	0
1	gering	3.600	5.900	8.500	10.000	11.000
2	mäßig	18.000	30.000	44.000	53.000	54.000
3	schwer	65.000	110.000	150.000	190.000	190.000
4	bedeutend	150.000	240.000	350.000	420.000	430.000
5	kritisch	360.000	600.000	860.000	1.100.000	1.100.000
6	maximal	470.000	780.000	1.100.000	1.400.000	1.400.000

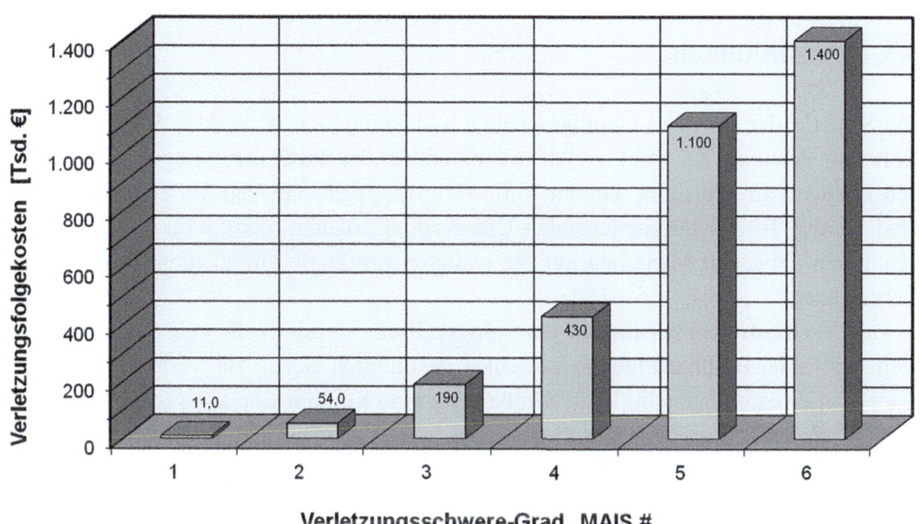

Abb. 3.62 Verletzungsfolgekosten für das Jahr 2011

3.3 Verletzungs- und Schutzkriterien

Biomechanische Untersuchungen verfolgen u. a. das Ziel, diejenigen Faktoren zu identifizieren und quantitativ zu bestimmen, die für Art und Ausmaß der Verletzungen verantwortlich sind. Ideal wäre also, den funktionalen Zusammenhang zwischen der mechanischen Einwirkung und dem Verletzungsergebnis bestimmen zu können. Die quantitative Beschreibung der mechanischen Einwirkung ist jedoch nicht so unproblematisch, wie häufig angenommen wird. So reicht es für die Beurteilung der Verletzungsfolgen beispielsweise bei einer Fahrzeug/Fahrzeug-Kollision nicht aus, allein die Kollisionsgeschwindigkeit zu betrachten, vielmehr muss neben der Geschwindigkeit mindestens auch die Schwerpunktverzögerung in einer unfallspezifischen Kenngröße erfasst werden. Doch auch die Formulierung der Unfallkenngröße ist für die Beschreibung der mechanischen Beanspruchung nicht ausreichend, da die Eigenschaften der Kontaktstruktur variieren und unterschiedliche verletzungsinduzierende Kräfte hervorrufen können. Im Folgenden soll daher aufgezeigt werden, welche Wege in der **Biomechanik-Forschung** beschritten wurden (und weiterhin werden), verletzungsrelevante, mechanische Belastungsgrößen aufzufinden und deren Grenzwerte zu bestimmen. Einige dieser Größen finden in gesetzlichen Sicherheitsstandards ihren Niederschlag, andere wiederum sind bisher nur in wissenschaftlichen Arbeiten und Veröffentlichungen vorgestellt worden und zur Anwendung empfohlen; sie befinden sich in einem Diskussionsstadium. Zunächst jedoch sollen einige der verwendeten Begriffe erläutert werden.

3.3.1 Definitionen

Die Struktur der Bereiche Unfallgeschehen und Simulation ist in Abb. 3.60 dargestellt, wobei die Analogie der Strukturelemente untereinander durch deren Lage in den einzelnen Ebenen zum Ausdruck kommt [55]. Verletzungsschwere und Verletzungsschweregrad wurden bereits im vorstehenden Unterkapitel erläutert, sodass für den am Unfall beteiligten, lebenden Menschen auf die weiteren Strukturierungselemente eingegangen werden kann.

Das **Verletzungskriterium** ist eine physikalische Größe (z. B. eine Kraft, ein Moment oder eine Beschleunigung), die einen bestimmten Bezug zur Verletzungsschwere einer Körperregion herstellt. Diese Größe kann eine Kombination aus verschiedenen Variablen sein (z. B. die Zusammenfassung der translatorischen und der rotatorischen Beschleunigung zu einer Größe für die Charakterisierung von Kopfverletzungen). Erhöht sich beispielsweise der Verletzungsschweregrad für Schädel/Hirn-Traumata, ausgedrückt durch AIS, mit den Beschleunigungen, so ist die physikalische Größe „Beschleunigung" das Verletzungskriterium für den Kopf. Der Zusammenhang zwischen der physikalischen Größe und der entsprechenden Verletzungsschwere einer bestimmten Körperregion sollte möglichst eindeutig und für alle Belastungen und alle Belastungsfälle gültig sein. Der **Verletzungskriterien-Level** (z. B. 80 g) kennzeichnet einen bestimmten Wert des Verletzungskriteriums am lebenden Menschen und wird durch Zahlenwerte physikalischer Parameter wie Kraft, Moment, Beschleunigung, Druck u. a. ausgedrückt. Ist der Wert der Belastung nur groß und seine Dauer lang genug, sodass ein bestimmter Schwellwert überschritten wird, treten definierte Veränderungen bezüglich des physiologischen oder mechanischen Zustandes bestimmter Körperteile auf. In manchen Fällen kann es erforderlich sein, mehrere verschiedene Schwellwerte für eine Belastungsart zu definieren,

z. B. beim Viskosekriterium der Brust: einen für die Kompression und einen weiteren für die Kompressionsgeschwindigkeit.

Da unterschiedliche Verletzungsmechanismen für ein und dieselbe Körperregion denkbar sind, existieren auch verschiedene **Toleranzschwellen**. Bei der Verwendung des Begriffes Toleranzschwelle ist daher zunächst der Hinweis auf

- physikalische Parameter oder Funktionen einer Variablen,
- Typ des lebenden Menschen (Alter, Geschlecht),
- Körperteil,
- Art der Verletzung und
- Verletzungsschweregrad

erforderlich. Die Toleranzschwelle für ein bestimmtes Unfallkollektiv kann wegen des bereits angedeuteten Streubandes nur statistisch festgelegt werden. Sie kennzeichnet allerdings nicht die Trennungslinie zwischen lebensbedrohlichen und nicht lebensbedrohlichen Verletzungen, sondern sie gibt einen bestimmten Kriterienlevel an, bei dem ein bestimmter Anteil der Verletzungsverteilung vorliegt, der nicht mehr tolerierbar bzw. noch tolerierbar erscheint (Abb. 3.63).

Die bisher verwendeten Begriffe beziehen sich ausschließlich auf den **lebenden menschlichen Körper** im Unfallgeschehen. Es ist daher nur folgerichtig, auch für die im Bereich der Simulation angewandten Ersatzmodelle korrespondierende Ausdrücke bereitzustellen (vgl. Abb. 3.60).

Versuche an lebenden Menschen werden lediglich auf freiwilliger Basis durchgeführt; dabei werden Freiwillige jedoch nur in dem Bereich belastet, in dem mit Sicherheit keine Verletzungen zu erwarten sind. Als Ersatz für den lebenden Menschen dienen daher

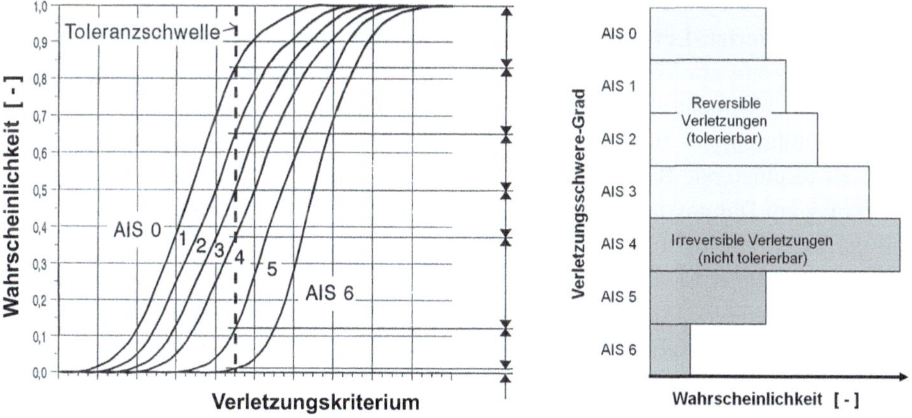

Abb. 3.63 Schematische Verteilung der Verletzungswahrscheinlichkeit zur Bestimmung der Toleranzschwelle (nach [55])

physikalische und theoretische Modelle. Bei der Simulation mit **physikalischen Modellen** werden menschliche Leichen, anästhesierte oder getötete Tiere im Experiment untersucht. Für Sicherheitstests, aber auch zu reinen Forschungszwecken, werden sogenannte Dummys verwendet. Unter **theoretischen Modellen** versteht man elektrische bzw. elektronische Analogien zur experimentellen Simulation und, in weitaus größerem Umfang, mathematische Modelle. Je nach Fragestellung und Untersuchungsziel repräsentieren physikalische und theoretische Modelle entweder den menschlichen Gesamtkörper oder Teile davon. Die als Ersatz des lebenden Menschen in der Simulation verwendeten Modelle werden durch Federsteifigkeiten, Dämpfungskennwerte, Massenverteilung und Trägheitsmomente spezifiziert und sollen, soweit dies möglich ist, die Verteilung von Alter, Geschlecht und Konstitution des damit repräsentierten Unfallkollektivs beinhalten.

Die **Belastungsschwere** kennzeichnet, ähnlich wie die Verletzungsschwere am lebenden Menschen, die Größe der mechanischen Veränderung in Form eines strukturellen Versagens am toten menschlichen Körper oder am Tierkörper aufgrund mechanischer Einwirkungen. Bei der Verwendung von Dummys oder theoretischen Modellen muss auf die Verwendung des Begriffes „Belastungsschwere" verzichtet werden, da das Übertragungsverhalten des menschlichen (lebenden oder toten) Körpers und das des Dummys bzw. des mathematischen Modells unterschiedlich ist; der Bruch beispielsweise von „Rippen" am Dummy weist keine Aussagekraft über die Verletzungsschwere am Brustkorb des Unfallopfers auf. Der **Belastungsschweregrad** findet seine Entsprechung im Verletzungsschweregrad am lebenden Menschen und kann ähnlich skaliert sein. Die Verwendung der AIS-Grade sollte allerdings, um Missverständnissen vorzubeugen, vermieden oder zumindest besonders gekennzeichnet werden.

Das **Belastungskriterium** ist eine physikalische Größe (z. B. eine Kraft, ein Moment, oder eine Beschleunigung), die sich auf die Belastungsschwere einer bestimmten Körperregion des toten menschlichen Körpers bzw. des Tierkörpers bezieht. Diese Größe, vergleichbar dem Verletzungskriterium am lebenden menschlichen Körper, kann eine einzelne Kenngröße, aber auch eine Funktion unterschiedlicher Variabler sein. Der **Belastungskriterien-Level** (z. B. 80 g) kennzeichnet einen bestimmten Wert des Belastungskriteriums am Körperteil eines physikalischen Ersatzmodells (Leiche bzw. Tier), der ausreicht, einen entsprechenden Belastungsschweregrad hervorzurufen.

Die Einführung des Begriffes **Belastungsgröße** am Dummy und am Insassenmodell (z. B. als resultierende Beschleunigung des Kopfes) ist erforderlich, da eine strukturelle Zerstörung am Dummy bei wesentlich höheren mechanischen Belastungen und am Modell gar nicht auftritt, sodass die Zerstörung als Maß für eine bestimmte Verletzungsschwere ungeeignet ist. Die Belastungsgröße ist die experimentell gemessene bzw. die rechnerisch ermittelte Ausgangsgröße des jeweils verwendeten Dummys bzw. mathematischen Modells aufgrund mechanischer Einwirkung. Sie findet ihre Entsprechung in der Verletzungsschwere am lebenden Menschen. Die häufig verwendete Bezeichnung „Dummy-Belastung" ist irreführend, da sie bisher nicht nur die gemessene Belastung der im Experiment verwendeten Dummys kennzeichnete, sondern ebenfalls für die

Belastung Anwendung fand, die am mathematisch beschriebenen Insassen berechnet wurde. Der.

Belastungswert (z. B. 10.000 N für die Oberschenkel-Längskraft) ist der zahlenmäßige Ausdruck der Belastungsgröße.

Schutzkriterien sind diejenigen Belastungsgrößen, die am Dummy gemessen bzw. am mathematischen Modell berechnet werden und in Wechselbeziehung zu den Verletzungskriterien des lebenden menschlichen Körpers stehen. Sie können sich auch aus mehreren Belastungsgrößen zusammensetzen, falls eine einzelne Größe zur umfassenden Beschreibung der Verletzungsmechanik nicht ausreicht. So wird in einem der späteren Abschnitte ein Kopf-Schutzkriterium gezeigt, das sich aus der translatorischen und der rotatorischen Kopfbeschleunigung zusammensetzt. Ist der Gesamt-Zusammenhang zwischen dem einzelnen Verletzungskriterium und dem Schutzkriterium bei seiner Anwendung bekannt und eindeutig, so können aus beiden Funktionen bestimmte korrespondierende Werte aufgefunden werden (Abb. 3.64). Dabei kann der Zusammenhang mithilfe einer geschlossenen mathematischen Funktion oder statistisch beschrieben werden. Da der Verletzungskriterien-Level mit dem **Schutzkriterien-Level** korrespondiert, haben mehrere mögliche Verletzungskriterien eine gleiche Anzahl von Schutzkriterien zur Folge.

Die **Test-Grenzwerte** sind festzulegende Werte der Schutzkriterien-Levels für definierte Testsituationen. Sie resultieren aus dem Kompromiss des Zielkonflikts zwischen dem Schutzbedürfnis, ausgedrückt durch die Toleranzschwelle, und den technischen und konstruktiven Möglichkeiten. So wurde beispielsweise für den Kopf das HIC (Head Injury Criterion) als Schutzkriterium mit einem Level von HIC = 1000 entwickelt. Dieser Level ging in die europäische Sicherheitsgesetzgebung ein. Demgegenüber liegt der Test-Grenzwert deutlich niedriger, bei etwa HIC = 700–750, um den Schutzkriterien-Level bei Abnahmeversuchen unter Berücksichtigung der Versuchsstreuung keinesfalls zu überschreiten.

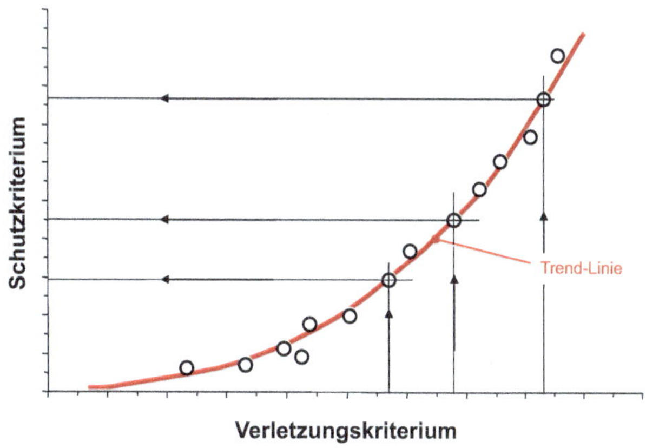

Abb. 3.64 Hypothetischer Zusammenhang zwischen Verletzungs- und Schutzkriterium (nach [55])

3.3.2 Untersuchungsmethoden zur Ermittlung von Schutzkriterien

Die Belastungsgrenzen des Menschen können durch verschiedene Untersuchungsmethoden unter vereinfachten oder dem realen Unfall entsprechenden Bedingungen ermittelt werden. Die Untersuchung bei simplifizierten Belastungssituationen bietet gut reproduzierbare Versuchsbedingungen und damit eine gute Absicherung der Ergebnisse für den untersuchten Belastungsfall; die Übertragung der Ergebnisse auf das Geschehen beim wirklichen Verkehrsunfall ist jedoch oft schwierig. Der Übergang zu realistischeren Versuchsbedingungen erhöht die Anzahl von Parametern beträchtlich und erschwert damit die Absicherung von Ergebnissen. Die meisten der bis heute definierten Belastungsgrenzen beruhen auf statistisch nur unzureichend gesicherten Ergebnissen, da die Anzahl der Variablen groß, die Menge der durchgeführten Versuche hingegen meist relativ gering ist. Die Untersuchungsmethoden lassen sich nach den verwendeten Versuchsobjekten unterscheiden, und zwar Versuche mit

- lebenden Menschen (Unfallbeteiligten),
- Freiwilligen,
- Sportlern, Artisten und Tänzern,
- menschlichen Leichen und Leichenteilen,
- Tieren und
- anthropomorphe Messpuppen (Dummys).

Beim realen Unfall ist der **lebende Mensch** Belastungen ausgesetzt, die zu mehr oder weniger schweren Verletzungen führen können. Bei Verletzungen, die ohne oder trotz Benutzung von Rückhalteeinrichtungen durch den Kontakt mit Innenraumteilen verursacht werden, können die zur Verformung der Kontaktzonen notwendigen Kräfte zur Ermittlung von Verletzungskriterien herangezogen werden. Die Verletzungen des Insassen werden genau registriert und die zur Verformung der Aufschlagzonen notwendigen Kräfte unter den ermittelten Unfallbedingungen experimentell erfasst. Unter der Voraussetzung, dass die messtechnisch ermittelten und beim Unfall aufgetretenen Kräfte gleich sind (abhängig von der Güte der experimentellen Simulation des Unfalls), kann der Verletzung die verursachende Kraft zugeordnet werden. Aus einer ausreichend großen Anzahl von Untersuchungen können Verletzungskriterien und ihre Grenzwerte für verschiedene Körperregionen abgeleitet werden. Der sich dabei ergebende Streubereich der so ermittelten Verletzungskriterien-Levels wird durch die Verschiedenartigkeit der lebenden Unfallverletzten, des „biologischen Materials" also, und durch nicht vollständig oder nicht genau bekannte Unfallbedingungen verursacht.

Versuche mit **Freiwilligen** sind problematisch, da bei Annäherung an die mutmaßliche Verletzungsschwelle die Gesundheit eines Menschen gefährdet wird. Bei den meisten Freiwilligen-Versuchen bilden deswegen die ermittelten Werte untere Grenzwerte mit einem sicheren Abstand zur Verletzungsschwelle. Dennoch ist das hohe Risiko bei der Durchführung derartiger Versuche nicht zu unterschätzen. Man gewinnt durch den lebenden Menschen wertvolle Aussagen über den Einfluss von Muskelkräften auf den Bewegungsablauf, wenn man vergleichende Versuche unter ähnlichen Bedingungen mit Leichen durchführt. Die Muskelanspannung als Reaktion auf das Erkennen einer Gefahrensituation kann oftmals die Verletzungsgefährdung beim realen Unfall mildern. Durch den Einfluss von Abstütz- und Reaktionskräften liegt bei Freiwilligen-Versuchen ein ähnlicher Bewegungsablauf vor wie beim tatsächlichen Unfall. Die Messwerte aus Freiwilligen-Versuchen können allerdings nicht als Verletzungskriterien verwendet werden, da die Beanspruchung unterhalb der Gefährdungsschwelle liegen muss, andererseits sind die Versuchsprobanden meist junge Männer, die körperlich höher beanspruchbar sind als der durchschnittliche Mensch.

Bei Versuchen mit **Sportlern, Artisten und Tänzern** wird der Umstand genutzt, dass bei vielen Sportarten oder bei der Ausübung mancher Berufe Teile des Körpers bis an die Grenze der Erträglichkeit beansprucht werden. Als eine noch relativ neue Methode zur Datengewinnung werden diese Belastungen gemessen (direkt oder aus Filmaufnahmen), so z. B. bei Boxern, Football-Spielern, Skiläufern, Tänzern und Artisten. Ähnlich wie bei Freiwilligen-Versuchen liegen die Belastungen auch hier meist unterhalb der Verletzungsgrenze, zudem sind die Versuchsprobanden gut durchtrainiert und damit körperlich hoch belastbar.

Die Verwendung von **Leichen** für Experimente zur Ermittlung von Belastungskriterien stieß in der vergangenen Zeit in Deutschland auf erhebliche ethische und rechtliche Bedenken; heute werden derartige Versuche nur in sehr geringem Umfang durchgeführt, da sie auf Widerstand und Unverständnis in der Öffentlichkeit stoßen und heute nur mit Zustimmung sogenannter Ethikkommissionen durchgeführt werden dürfen. Die zur Verfügung stehenden Leichen sind jedoch altersmäßig oft ungünstig verteilt, da meist nur natürlichen Todes Verstorbene verwendet werden können. Jüngere Tote lassen sich nur mit Einschränkung auswählen, weil sie oftmals bei Unfällen ums Leben gekommen und die Körper dadurch meist vorgeschädigt sind. Im Rahmen der im „Kooperationsverbund Biomechanik" (KOB) angewandten Einzelfall-Methode wurden spezielle, reale Unfälle sowohl mit Leichen als auch mit Dummys möglichst genau in Fahrzeugversuchen nachgefahren. Die Verletzungen des jeweiligen Unfallopfers wurden mit den Belastungsschweregraden, d. h. mit den „Verletzungen" der menschlichen Leiche und den Belastungswerten des Dummys korreliert [62, 39]. Hierbei zielten zwar die Versuche auf realistische Unfallverhältnisse ab, das tatsächliche Unfallgeschehen blieb aber in seiner Gesamtheit auch bei diesen Untersuchungen unberücksichtigt.

Die mit Hilfe von Leichenversuchen gewonnenen Ergebnisse weisen allerdings Unzulänglichkeiten auf, die nachfolgend dargestellt werden sollen: Die Knochenfestigkeit nimmt mit steigendem Alter jenseits des vierten Lebensjahrzehnts stark ab. Gurtversuche mit kompletten Leichen zeigen, dass mit zunehmendem Alter die Anzahl von Rippenfrakturen zunimmt und wegen der damit zunehmenden Thorax-Instabilität auch innere Organe, wie Leber, Milz, Lunge und Zwerchfell, beschädigt werden. Gelenkerkrankungen und Knochenschwund, fehlende Abstütz- und Reaktionskräfte, fehlender

Muskeltonus, Lungen- und Gefäßdruck, veränderte Gewebeelastizität und meist geringere Körpertemperatur bei der Versuchsdurchführung führen zu Abweichungen der Belastbarkeit gegenüber dem Lebenden. Quetschungen, Abschürfungen, Schnittwunden, Frakturen und Gefäß-Rupturen hingegen sind bei frischen Leichen ähnlich wie beim lebenden Unfallopfer.

Während Versuche mit vollständigen Leichen meist zur Untersuchung bestimmter Unfallkonstellationen oder zur Rekonstruktion einzelner Unfallsituationen dienen, werden Experimente mit **Leichenteilen** zur Ermittlung von Belastungskriterien für Körperteile durchgeführt. Diese Leichenteile werden meist unter Verwendung spezieller Vorrichtungen quasi-statisch untersucht, wodurch sich gegenüber dem dynamischen Belastungsfall niedrigere ertragbare Kriterienlevels ergeben. Einflüsse benachbarter Körperteile können bei dieser Untersuchungsmethode nur unvollkommen berücksichtigt werden.

Die im Versuch mit kompletten Leichen oder Leichenteilen gewonnenen Belastungskriterien-Levels werden meist auf den Lebenden als Verletzungskriterien-Level übertragen. Dieser vereinfachenden Vorgehensweise liegt folgende Überlegung zugrunde: Wenn bei der Leiche der Belastungskriterien-Level als Grenzwert da angesetzt wird, wo die nicht mehr tolerierbare Verletzung gerade eintritt, so liegt man mit dem Verletzungskriterien-Level beim lebenden menschlichen Körper wegen der günstigeren körperlichen Voraussetzung bei gleicher Belastung „auf der sicheren Seite".

Versuche mit **Tieren** bieten die Möglichkeit, den lebenden Organismus bis zur Destruktion zu belasten. Selbstverständlich erfordern Tierversuche aber ebenfalls das positive Votum einer Ethikkommission. Auf diese Weise lassen sich besonders die unterschiedlichen Ergebnisse bei lebenden, toten unkonservierten und konservierten Versuchskörpern ermitteln und zur Übertragung von Resultaten aus Leichenversuchen auf den lebenden Menschen benutzen.

In Abb. 3.65 ist ein Versuchsaufbau gezeigt, bei dem unter Verwendung von anästhesierten Schweinen die Verletzungsmechanik der Halswirbelsäule untersucht wurde [107]. Sehr schwierig allerdings ist der Schluss von Belastungsgrenzen des Tieres auf die des Menschen. Verschiedene Tiere (Affen, Schweine) sind zwar in bestimmten Körperregionen dem Menschen ähnlich, aufgrund des verschiedenen allgemeinen Körperbaus und der abweichenden Gewichtsverteilung sind die Belastungskriterien-Levels aus Tierversuchen jedoch nicht direkt als Verletzungskriterien-Level auf den Menschen übertragbar.

Zur experimentellen Simulation von Unfällen werden heute fast ausnahmslos **anthropomorphe Messpuppen,** so genannte Dummys, benutzt, die im Kopf, in der Brust, der Hüfte und den Ober- und Unterschenkeln mit Beschleunigungs-, Weg-, Kraft- und Momentaufnehmern ausgerüstet sind. Die Entwicklung und Verbesserung dieser Messpuppen hat inzwischen, ausgehend von einem einfachen Dummy (Sierra SAM 1949, vgl. Tab. 8.4) zu immer aktuelleren Generationen von Dummys (HYBRID I-III, THOR Dummy, WorldSID) geführt. Das Problem besteht in der Herstellung einer Puppe, die einerseits dem Menschen möglichst gut nachgebildet und daher kompliziert ist, die

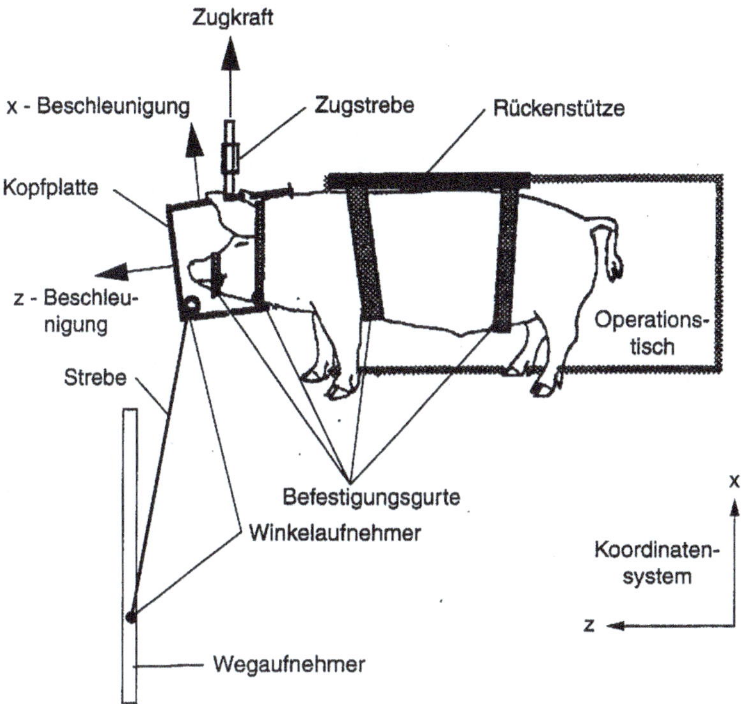

Abb. 3.65 Versuchsaufbau zur Untersuchung von Traumata der Halswirbelsäule unter Verwendung von anästhesierten Schweinen (aus [107])

andererseits aber reproduzierbare Ergebnisse liefert, also einfach aufgebaut sein muss. Bei der Konstruktion derartiger Messpuppen sind Größe, Form, Massenverteilung, Kinematik und Gelenkcharakteristik des Menschen nachgebildet. Die beim Crash-Versuch am Dummy gemessenen Belastungen werden mit vorgegebenen Schutzkriterien-Levels verglichen, und je nach Über- oder Unterschreiten der Messwerte lässt sich auf „Tod" oder „Überleben" schließen. Zur Ermittlung der Schutzkriterien wurde eine Methode angewandt, bei der die Verletzungen von Unfallopfern mit den Belastungswerten von Dummys verglichen wurden, die unter mehr oder weniger vereinfachten Versuchsbedingungen messtechnisch ermittelt worden sind. Dabei wurden jeweils Einzelwerte miteinander verglichen; das reale Unfallgeschehen blieb ansonsten unberücksichtigt [55].

Bereits im Jahre 1978 wurden erstmals die wesentlichen Ansätze zum Verfahren der direkten Kopplung von Ergebnissen aus der Unfallanalyse und aus der rechnerischen Simulation dargestellt [43]. Dieses Verfahren ist in der Folgezeit, nicht zuletzt aufgrund zweier Forschungsprojekte [91, 20], zur sogenannten **statistischen Biomechanik** [129] weiterentwickelt worden und in die Ergebnisse der genannten Forschungsprojekte eingeflossen. Mithilfe der „Methode der Äquivalenten Unfallkenngröße" (EAC-Methode; EAC: Equivalent Accident Characteristics) wurden in [55] Risikofunktionen für alle relevanten Körperregionen bei sagittaler Belastung erarbeitet. Diese Methode dient der Zusammenführung von Verletzungen und Belastungen und basiert auf folgenden Elementen (Abb. 3.66):

- Mithilfe der Analyse des Datenmaterials aus dem Unfallgeschehen werden Verletzungsschweregrade für alle relevanten Körperregionen bereitgestellt,
- die rechnerische Insassensimulation gestattet die Ermittlung von Belastungswerten an verschiedenen, mathematisch beschriebenen Körperteilen und
- die Unfallkenngröße SPUL (spezifische Unfall-Leistung) charakterisiert die Schwere des Frontal-Unfalls und bildet die Bezugsbasis zur Korrelation zwischen den Ergebnissen der Unfallanalyse und der rechnerischen Insassensimulation.

Der in Abb. 3.66 dargestellte Zusammenhang zeigt die Wahrscheinlichkeit von Kopfverletzungen, ausgedrückt durch den Verletzungsschweregrad AIS [6], in Abhängigkeit von der äquivalenten Unfallkenngröße. Diese Unfallkenngröße charakterisiert die Unfallschwere (vgl. Abschn. 2.2.2); für Frontalkollisionen wurde in [55] hierfür die spezifische Unfall-Leistung (SPUL, Gl. 2.3) entwickelt und verwendet. Die Ergebnisse aus der rechnerischen Insassensimulation sind ebenfalls in Abhängigkeit von der spezifischen Unfall-Leistung dargestellt. Der für die Kopfbelastung hier angewandte **GAMBIT-Wert**

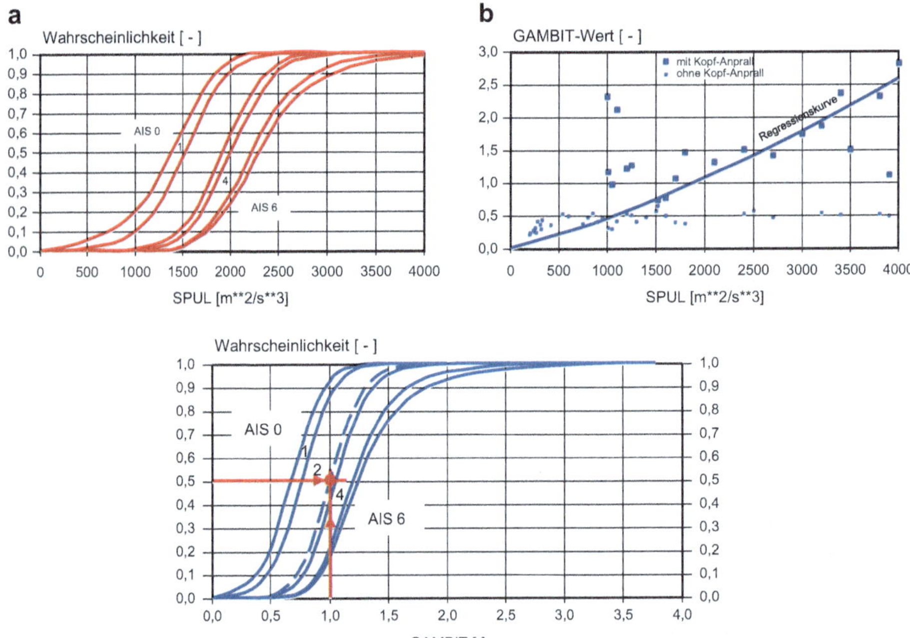

Abb. 3.66 Bereitstellung der Risikofunktion für Kopfverletzungen aus Ergebnissen der Unfallanalyse (oben links) und der rechnerischen Insassensimulation (oben rechts)

berücksichtigt neben der translatorischen auch die rotatorische Kopfbeschleunigung des Insassenmodells, er wird in Abschn. 3.3.4 näher erläutert. Andere Belastungsgrößen für den Kopf könnten beispielsweise auch der HIC- oder der $a_{3\,\text{ms}}$-Wert sein. Bei gleicher Unfallschwere ergibt sich aus den Unfalldaten eine bestimmte Verteilung der Verletzungsschweregrade und aus der Insassensimulation eine bestimmte Kopfbelastung, sodass durch die Elimination der Unfallschwere schließlich ein Zusammenhang zwischen Verletzungswahrscheinlichkeit und Insassenbelastung hergestellt werden kann. Durch die Aufteilung der Verletzungsschweregrade – für den Kopf und die Extremitäten liegt die Grenze zwischen AIS 2 und 3, für die anderen Körperregionen zwischen AIS 3 und 4 – wird eine Grenzkurve bereitgestellt, mit deren Hilfe sich die Wahrscheinlichkeit für reversible und irreversible Verletzungen aufzeigen lässt. Bei dieser Grenzkurve, die in Abb. 3.66 gestrichelt dargestellt ist, handelt es sich um die Risikofunktion; sie gibt das Risiko für irreversible Verletzungen in Abhängigkeit von der jeweiligen Belastungsgröße an. In Abb. 3.67 sind die Risikofunktionen beispielhaft für Kopf- und Brustbelastung bei Frontalkollisionen gezeigt. Daraus lassen sich bei einer Wahrscheinlichkeit von $P = 0,5$ die Schutzkriterien-Levels für HIC am Kopf und für $a_{3\,\text{ms}}$-Beschleunigung der Brust ablesen.

In allen genannten Verfahren wurde versucht, den lebenden Menschen als Unfallopfer einzubeziehen. Aber nur beim Verfahren der Statistischen Biomechanik wurde das reale Unfallgeschehen, zumindest soweit es für die PKW-Insassen relevant erschien, sowie das gesamte Kollektiv der PKW-Insassen berücksichtigt. Das vorrangige Ziel besteht aber weiterhin darin, die Konformität der bereitzustellenden Schutzkriterien und deren Levels zum lebenden Menschen zu gewährleisten. Dazu müssen im Bereich der Biomechanik, der Versuchs- und der Simulationstechnik noch weitere Anstrengungen unternommen werden, um die Übereinstimmung (**Biofidelity**) zwischen den verwendeten Dummys bzw. Modellen einerseits und dem lebenden Menschen andererseits zu

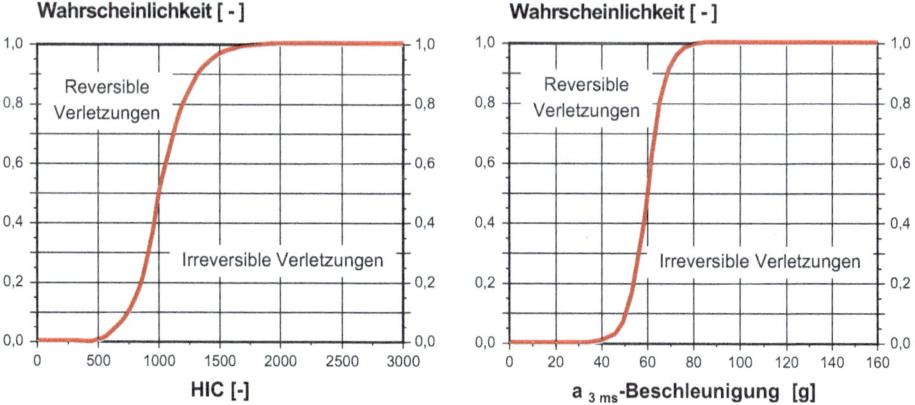

Abb. 3.67 Risikofunktion für Kopf- und Brustbelastung bei Frontalkollisionen

verbessern. Wesentliche Schritte in diese Richtung sind in der Bereitstellung einer neuen Dummy-Generation (THOR für sagittale Beanspruchung und WorldSID für laterale Beanspruchung, vergl. Abschn. 8.5.3) und verbesserter Insassenmodelle zu sehen.

3.3.3 Gesetzlich festgelegte Schutzkriterien

Die in der internationalen Sicherheitsgesetzgebung festgelegten Schutzkriterien-Levels gewährleisten nur ein Mindestmaß an passiver Sicherheit, da sie wie alle derartigen gesetzlichen Regelwerke nicht den Stand der Wissenschaft widerspiegelt, sondern vielmehr Ergebnis des zur Zeit der Verabschiedung erzielbaren Konsenses zwischen Forschung, Entwicklung (Stand der Technik) und gesellschaftlichem (oftmals nur nationalem) Anspruch sind.

Die in den geltenden Vorschriften und Regelungen zur passiven Sicherheit enthaltenen Schutzkriterien lassen sich fast ausnahmslos auf die von der US-amerikanischen Verkehrsbehörde (Department of Transportation, National Highway Traffic Safety Administration) seit Ende der 1960er Jahre erlassenen Vorschriften (FMVSS = Federal Motor Vehicle Safety Standard) bzw. die ihnen vorausgegangenen Grundlagen-Untersuchungen zurückführen. Diese bezogen sich vornehmlich auf die Insassen bei Frontalkollisionen, sie wurden dann später auf Seiten- und Heckkollisionen erweitert.

In Tab. 3.5 sind die wesentlichen in- und ausländischen **Sicherheitsvorschriften** den entsprechenden Teilbereichen der passiven Sicherheit zugeordnet, siehe Kap. 4. Die in der Straßenverkehrszulassungsordnung (StVZO) geforderten Zulassungsbedingungen beschreiben lediglich allgemeine Anforderungen. Bei den Richtlinien der United Nations (UN) und den Regelungen der Economic Commission for Europe (ECE), die inhaltlich weitgehend gleichlautend sind und teilweise auf US-Vorschriften basieren, liegt der Schwerpunkt auf Untersuchungen von Fahrzeugkomponenten. Mittlerweile werden Integraltests (Versuche mit kompletten Fahrzeugen) unter Verwendung von Dummys durchgeführt. Die frühesten Vorschriften sind in den USA in Form eines Verbraucher-Informationsprogramms durch die Verkehrsbehörde erlassen worden. Sie werden laufend ergänzt und den vermeintlichen Anforderungen angepasst. Im Gegensatz zur Betriebserlaubnis in Deutschland und im europäischen Ausland (teilweise aber auch in außereuropäischen Ländern, die sich den UN-Regelungen unterwerfen) erfolgt die Zulassung in den USA und in Kanada nach dem Selbstbestätigungsverfahren, der sogenannten **Selbstzertifizierung**. Die in Tab. 3.5 durch Unterstreichung gekennzeichneten Vorschriften enthalten Schutzkriterien-Levels, die unter Berücksichtigung bestimmter Testbedingungen nicht überschritten werden dürfen. Diese Grenzwerte sind in Tab. 3.6-1 und 3.6-2 bespielhaft für die wichtigsten Gesetze zum Frontalaufprall und Seitenaufprall zusammengefasst und den einzelnen Körperteilen zugeordnet. Die aktuell festgelegten und in Gesetzen sowie Verbraucherschutztests geforderten Schutzkriterien und

Tab. 3.5 Sicherheitsgesetzgebungen (2023) und Hinweise (durch Unterstreichung) auf Schutzkriterien

Kontrahentenschutz	StVZO	UN/ECE	USA
Fahrzeugaußenform	32	26	-
Radabdeckung	36a	30	-
Radmuttern, -kappen	32	26	211
Kraftstoffversorgungsanlage	45, 46	34	301
Haubenverschlusssystem	30	-	113
Stoßfänger	32	42	215
Selbstschutz	**StVZO**	UN/ECE	USA
Dacheindrückschutz	30	29	216
Seitentürfestigkeit	-	95, 135	214
Türschlösser und Scharniere	35a	11, 32, 33	206
Lenksäulenverschiebung	-	12, 94, 137	204
Windschutzscheibenbefestigung	-	43	212
Windschutzscheibeneindringung	-	43	219
Armaturenbrettanprall	30	21, 32, 33	201, 208
Lenkradanprall	30	12, 94, 137	203
Sonnenblendenanprall	30	21	201
Sitz, Sitzlehnen	30, 35a	16, 17, 21, 44, 80	201, 207
Kopfstützen	30	25, 80	202
Sicherheitsgurte, Insassenschutzsysteme	35a	14, 16, 94, 95, 135, 137	208, 209, 210
Kinderrückhaltesysteme	35a	44	213
Brennbarkeit von Innenraumteilen	30	34	302
Schutzhelme	-	22	-

deren Grenzwerte unterliegen häufigen Anpassungen. Sie können aber dem jährlich erscheinenden Safety Companion [96] sehr gut entnommen werden.

Als Basis für die **Schutzkriterien-Levels für den Kopf** (vgl. Tab. 3.6-1) werden die aus den resultierenden, translatorischen Beschleunigungen, die im Kopfschwerpunkt des Dummys gemessen werden, abgeleiteten Schutzkriterien verwendet. Es sind dies das Kopfverletzungskriterium HIC (Head Injury Criterion, Gl. 3.4) und der Beschleunigungswert a_{3ms}, der über einen gemessenen Zeitverlauf von 3 (bzw. bei Schutzhelm-Prüfung sind dies 5) Millisekunden andauert.

Die als Grenzwert anzusehende Schwelle des **HIC** liegt nach den europäischen Sicherheitsgesetzen bei 1000 [23, 24] und nach FMVSS 208 bei 390–700 [22], wobei die Formulierung des Ausdrucks

$$\text{HIC} = \max\left\{ \left[\frac{1}{t_2 - t_1} \int_{t_1}^{t_2} a(t)\mathrm{d}t \right]^{2,5} \cdot (t_2 - t_1) \right\} \tag{3.4}$$

mit den Einheiten a [g] und $t_{1/2}$ [s] der mathematischen Beschreibung der WSU-Kurve entspricht. Die „WSU-Kurve" steht dabei für Wayne State University Cerebral

Tab. 3.6-1 Frontalkollisionen PKW: Schutzkriterien und –Levels nach geltender Sicherheitsgesetzgebung [96]

Configuration		Rigid Barrier In-Position					Deformable Barrier In-Position		Out of Position			
Regulation		CMVSS 208 (old), ADR 69/00, FMVSS 208 (old)	FMVSS 208 / CMVSS 208		UN R137		UN R94, ADR 73/00	FMVSS 208 / CMVSS 208	FMVSS 208 / CMVSS 208			
Dummy		Hybrid III	Hybrid III	Hybrid III	Hybrid III	Hybrid III	Hybrid III	Hybrid III	Hybrid III	Hybrid III	Hybrid III	CRABI
Size		50 % male	50 % male	5 % female	50 % male	5 % female	50 % male	5 % female	5 % female	6 year	3 year	1 year
Region	**Criterion**											
Head	HIC/HPC_{36} [-]	1000 (FMVSS, ADR)			1000	1000	1000					
	HIC_{15} [-]	700 (CMVSS)	700	700				700	700	700	570	390
	a_{3ms} [g]				80	80	80					
Neck	N_{ij} [-] (4 Values)		1.0	1.0				1.0	1.0	1.0	1.0	1.0
	$F_{x,shear}$ [kN]				3.1	2.7	3.1 @ 0 ms 1.5 @ 25-35 ms 1.1 @ ≥ 45 ms					
	$F_{z,tension}$ [kN]		4.17	2.62	3.3	2.9	3.3 @ 0 ms 2.9 @ 35 ms 1.1 @ ≥ 60 ms	2.62	2.07	1.49	1.13	0.78
	$F_{z,compr.}$ [kN]		4.0	2.52				2.52	2.52	1.82	1.38	0.96
	M_y [Nm]				57	57	57					
Chest	a_{3ms} [g]	60	60	60				60	60	60	55	50
	Deflection [mm]	76.2 (FMVSS, ADR) 50 (CMVSS)	63	52	42	34	42	52	52	40	34	30[1]
	VC [m/s]				1.0	1.0	1.0					
Femur	Axial Force [kN]	10	10	6.805	9.07	7	9.07 @ 0 ms 7.58 @ > 10 ms	6.805	6.8			
Knee	Displacement [mm]						15					
Tibia	TI [-] (4 Values)						1.3					
	Axial Force$_{compr.}$ [kN]						8.0					

SafetyWissen by carhs

1 currently no measurement possible

Concussion Tolerance Curve [36, 37], die als Grenzkurve zwischen lebensgefährlichen und nicht lebensgefährlichen Hirnverletzungen ermittelt wurde (Abb. 3.68). Die bei Verwendung des HIC einzuhaltenden Randbedingungen, wie Anprall des Kopfes im Stirnbereich auf Strukturen, Filtercharakteristik und numerische Behandlung bei der

Tab. 3.6-2 Seitenkollisionen PKW: Schutzkriterien und –Levels nach geltender Sicherheitsgesetzgebung [130]

Configuration		Barrier Side Impact			Pole Side Impact		
Regulation		FMVSS 214 CMVSS 214	UN R95 ADR 72/00		FMVSS 214 CMVSS 214	UN R135 GTR 14 ADR 85/00	
Dummy		ES-2 re	SID IIs	ES-2	ES-2 re	SID IIs	WorldSID
Size		50 % male	5 % female	50 % male	50 % male	5 % female	50 % male
Region	Criterion						
Head	HIC/HPC$_{36}$ [-]	1000	1000	1000	1000	1000	1000
Shoulder	F$_{lateral}$ [kN]						3.0
Chest	Deflection [mm]	44		42	44		55
	VC [m/s]			1.0			
Abdomen	Peak Force [kN]	2.5		2.5	2.5		
	Deflection [mm]						65
Lower Spine	Acceleration [g]		82				75
Pelvis	PSPF [kN]	6.0	5.525	6.0	6.0	5.525	3.36

rechnergestützten Datenverarbeitung des gemessenen Beschleunigung/Zeit-Signals u. a., sind vorgegeben (zusammengefasst in [60]). Insbesondere der Umstand des Kopfanpralls wurde jedoch bei der experimentellen Anwendung und der Interpretation für das Kopf-Verletzungsrisiko häufig unberücksichtigt gelassen. Um diese Unzulänglichkeit zu vermeiden, wurden in den gesetzlichen Anforderungen die Kriterien HIC_{15} und HIC_{36} eingeführt; hierbei wird der HIC-Wert nach der obigen Formulierung beim HIC_{15} nur im Intervall von $t_2 - t_1 = 0{,}015$ s, also innerhalb von 15 ms, bzw. beim HIC_{36} im Intervall $t_2 - t_1 = 0{,}036$ s betrachtet.

Das 15 ms-Zeitintervall repräsentiert nach neuerer **Biomechanik-Forschung** den steifen, harten Aufprall, während das 36 ms-Intervall den „weicheren" Kopfaufprall beschreibt. Die Kriterien-Levels $HIC_{15} = 700$ und $HIC_{36} = 1000$ korrelieren direkt miteinander nach Gl. 3.4 [76]. Es ist also zu erkennen, dass der Schutzbedarf, aber auch die aktuelle Entwicklung bei der Festlegung der biomechanischen Schutzkriterien-Levels eine konsequente, begründete Reduzierung zur Folge hatte. Die Mitte der 1980er Jahre für das ECE-Reglement für Frontalkollisionen [23] zunächst vorgesehene und in verschiedenen Veröffentlichungen [119, 28, 102] diskutierte Anhebung des HIC-Wertes auf 1250 oder gar auf 1500 hat sich somit überholt und muss mehr sicherheitspolitisch motiviert als durch neue wissenschaftliche Erkenntnisse getragen angesehen werden.

Das in dem europäischen Reglement UN-R 95 für Seitenkollisionen [24] vorgeschriebene **Kopf-Schutzkriterium HPC** (= Head Protection Criterion) wird nach der

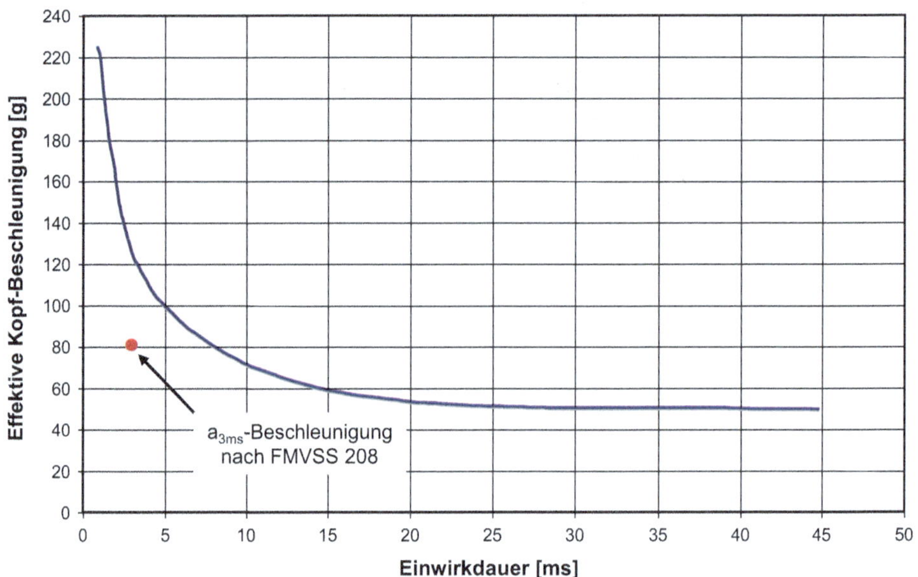

Abb. 3.68 WSU-Grenzkurve (= Wayne State University Cerebral Concussion Tolerance Curve) und der 3 ms-Wert von $a = 80$ g

gleichen Vorschrift (3.4) berechnet wie das Kriterium HIC und weist den gleichen Level, nämlich HPC = 1000, auf.

Der HIC-Wert ist bei sonst gleichen Bedingungen stark von der Charakteristik des Beschleunigung/Zeit-Verlaufs abhängig. Abb. 3.69 zeigt verschiedene Verläufe und Näherungsformeln [123] zur Berechnung des HIC-Wertes, dabei reichen die HIC-Werte bei identischer Maximalbeschleunigung und gleicher Pulsdauer von 423 (Dreieck-Puls) über 712 (Halbsinus-Puls) bis 1717 (Rechteck-Puls).

Der $a_{3\,ms}$-Wert von 80 g lässt sich ebenfalls auf die WSU-Kurve zurückführen, bei der allerdings die Dauer der Beschleunigung ebenso wie die „effektive Beschleunigung" nur unzureichend definiert sind [60]. Unter Verwendung der Ergebnisse von Got [34] ergibt der Grenzwert $a_{3\,ms} = 80$ g einen Spitzenwert von etwa 125 g. Dieser Wert entspricht dem 3 ms-Wert der WSU-Kurve (in Abb. 3.68 gekennzeichnet). Beim Schutzkriterien-Level aus der Schutzhelm-Vorschrift nach UN R 22 wird als Zeitfenster ein Bereich von 5 Millisekunden vorgeschrieben, zudem wird ein höheres Beschleunigungsniveau, nämlich $a_{5ms} = 150$ g, zugelassen; die Unterschreitung des maximalen Spitzenwertes von $a_{max} = 300$ g wird als erträglich angesehen. Beier und Schuller [8] halten das vorgegebene Zeitfenster jedoch für überflüssig, zumindest für fragwürdig, indem er die Spitzenbeschleunigung, gestützt auf verschiedene Arbeiten [34, 103, 104], als geeignetes „Toleranzmerkmal" für Verletzungen des menschlichen Gehirns ansieht.

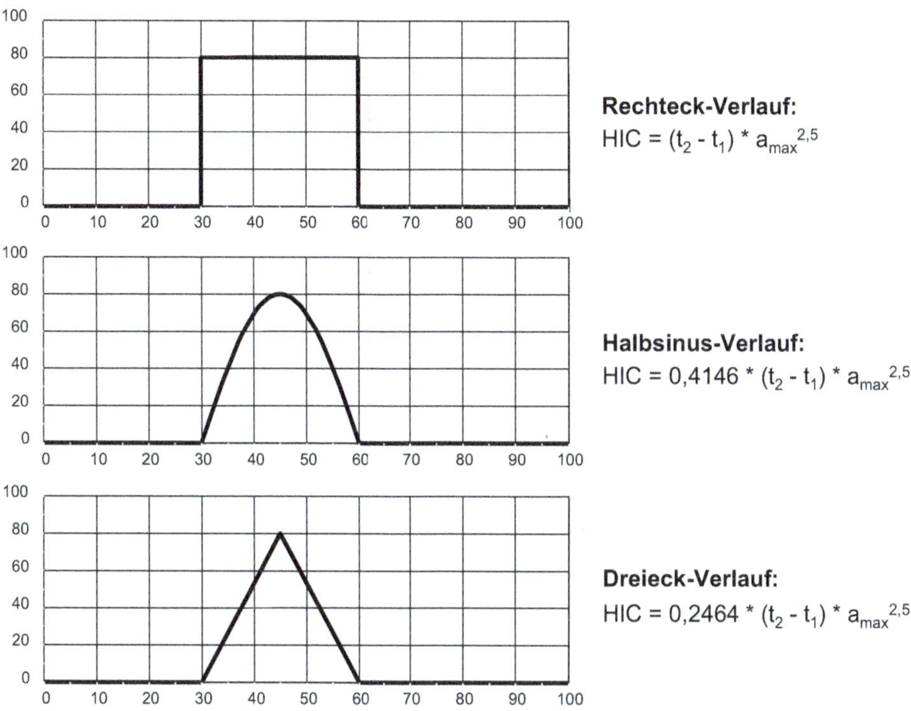

$$\text{HIC} = (t_2 - t_1) * a_{max}^{2,5}$$

$$\text{HIC} = 0,4146 * (t_2 - t_1) * a_{max}^{2,5}$$

$$\text{HIC} = 0,2464 * (t_2 - t_1) * a_{max}^{2,5}$$

Abb. 3.69 Beschleunigung/Zeit-Verläufe und Näherungsformel zur HIC-Berechnung (nach [123])

Die Ursache für Verletzungen der Halswirbelsäule sind Kräfte und Momente, die als Basis für den **Schutzkriterien-Level für den Hals** (Neck Injury Predictor) dienen; es lässt sich in vier Quadranten darstellten: Extension/Tension, Extension/Kompression, Flexion/Kompression und Flexion/Tension (vgl. Abb. 3.70). Die Kriterien für Halsverletzungen ergeben sich somit aus den axialen Druck- und Zugkräften am Übergang Kopf/Hals und deren Wirkdauer. Analog wird das Halsmoment aus dem Biegemoment um die Querachse am Übergang Kopf/Hals bei Extension-/Flexion-Bewegungen verwendet.

Als Schutzkriterien für den Hals existieren aber zwei weitere Kriterien: das Hals-Verletzungskriterium NIC (Neck Injury Criterion, nach [10]) und das normierte Hals-Verletzungskriterium N_{ij} (Normalized Neck Injury Criterion, nach [22]). Als Schutzkriterium wird das Kriterium NIC zur Beurteilung des Verletzungsrisikos der **Halswirbelsäule** angewandt – i. d. R. bei Heckkollisions-Unfällen mit einem Δv von 16–24 km/h -, und zwar in der Zeitspanne bis 150 ms nach Kollisionsbeginn. Das NIC basiert auf der Hypothese einer Druckwelle im Spinalkanal. Das Kriterium dient zur Abschätzung der Wahrscheinlichkeit, dass eine durch die rasche Biegung verursachte

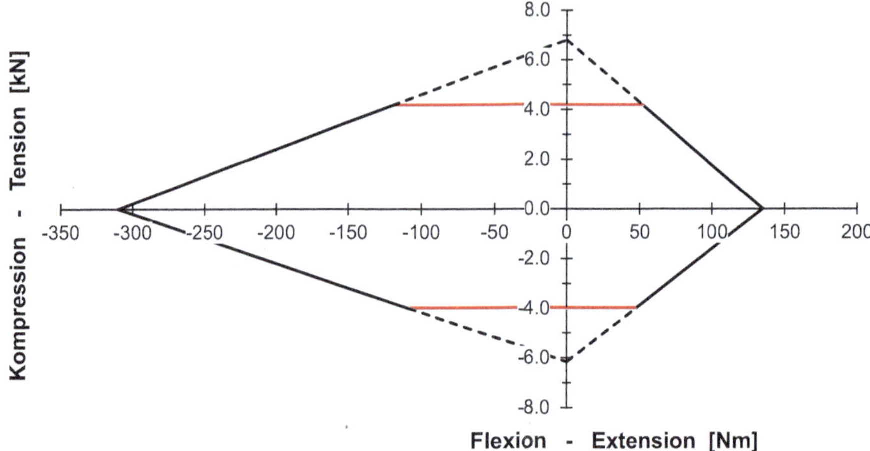

Abb. 3.70 Gültigkeitsbereich für Schutzkriterien für die Halswirbelsäule nach FMVSS 208 (Beispiel für den Schutzkriterien-Level, HYBRID III 50 %-Dummy)

Druckwelle zu Verletzungen führt. Der Schutzkriterien-Level liegt bei $\mathrm{NIC}_{max} = 15 \ \mathrm{m^2/s^2}$ und es wird aus der Relativbeschleunigung zwischen Kopf und dem ersten Thoraxwirbel und der daraus integrierten Geschwindigkeit berechnet:

$$\mathrm{NIC}(t) = 0,2 \cdot a_{\mathrm{rel}}(t) + [(v_{\mathrm{rel}}(t)]^2 \tag{3.5}$$

$$\mathrm{mit} \ a_{\mathrm{rel}}(t) = a_x^{T1}(t) - a_x^{\mathrm{Kopf}}(t) \ \mathrm{und} \tag{3.6}$$

$$v_{\mathrm{rel}}(t) = \int a_{\mathrm{rel}}(t)\mathrm{d}t \tag{3.7}$$

Das N_{ij}-Kriterium beruht auf der Hypothese, dass das Zusammenwirken von axialen Nackenkräften (Zug/Kompression) und Nackenmomenten (Extension/Flexion) zu Verletzungen der HWS führt. Der **N_{ij}**-Wert soll zur Abschätzung des Risikos dienen, sich bei **Frontalkollisionen** schwere HWS-Verletzungen zuzuziehen. Der Wert entspricht der jeweiligen Kombination aus Kräften (Zug/Kompression) und Momenten (Extension/Flexion) NCF, NCE, NTF, NTE [9, 128]. Beim normierten Hals-Kriterium N_{ij} und den kritischen Werten für $F_{z\mathrm{krit}}$ und $M_{y\mathrm{krit}}$ wird die Insassengröße (bzw. die Größe des verwendeten Dummy) berücksichtigt, sie sind in Tab. 3.7 neben anderen Kriterien zusammengefasst und beispielhaft für den 50 %-Dummy in Abb. 3.70 dargestellt. Bei Verwendung des 5 %-Dummys sind zudem unterschiedliche Kriterien-Levels beim dynamischen und beim statischen Versuch zu berücksichtigen. Die Kräfte und die Momente werden zum selben Zeitpunkt am Übergang Kopf/Hals ermittelt. Die Berechnung basiert auf gemessenen Kräften und Momenten, die auf festgelegte kritische Werte bezogen werden:

Tab. 3.7 Schutzkriterien und –kriterien-Levels nach FMVSS 208 in Abhängigkeit von der Dummy-Größe und der Test-Konstellation

Sicherheits-standard	FMVSS 208 alt	FMVSS 208 – Final rule					
Dummy-Größe	HIII 50 %	HIII 50 %	HIII 5 %		6-jährig	3-jährig	12-monatig
Test-Konstellation		in Position dynamisch	in Position dynamisch	OoP statisch	OoP statisch	OoP statisch	OoP statisch
Schutzkriterien	Schutzkriterien-Level						
Kopf HIC	$1.000_{(36)}$	$700_{(15)}$	$700_{(15)}$	$700_{(15)}$	$700_{(15)}$	$570_{(15)}$	$390_{(15)}$
Genick-Kriterium N_{ij}	—	1,0	1,0	1,0	1,0	1,0	1,0
Genick $F_{z\,krit}$ [N] Zugbelastung	—	6.806	4.287	3.880	2.800	2.120	1.460
Genick $F_{z\,krit}$ [N] Druckbelastung	—	6.160	3.880	3.880	2.800	2.120	1.460
Genick $M_{y\,krit}$ [Nm] Beugung	—	310	155	155	93	68	43
Genick $M_{y\,krit}$ [Nm] Streckung	—	135	67	61	37	27	17
Genick $F_{z\,max}$ [N] Zugbelastung	—	4.170	2.620	2.070	1.490	1.130	780
Genick $F_{z\,maxt}$ [N] Druckbelastung	—	4.000	2.520	2.520	1.820	1.380	960
Brust $a_{3\,ms}$-Beschleu-nigung [g]	60	60	60	60	60	55	50
Brust-Eindrückung [mm]	76	63	52	52	40	34	keine Angabe
Oberschenkel-Längskraft [kN]	10,0	10,0	6,8	6,8	keine Angabe	keine Angabe	keine Angabe

$$N_{ij}(t) = F_{Nz}(t) + M_{Ny}(t) \leq 1{,}0 \tag{3.8}$$

$$\text{mit} \quad F_{Nz} = F_z / F_{zkrit} \quad \text{und} \tag{3.9}$$

$$M_{Ny}(t) = M_y / M_{ykrit} \tag{3.10}$$

Die **Schutzkriterien-Levels für die Brust** (vgl. Tab. 3.6-1) beziehen sich zunächst auf die im Brustschwerpunkt des Dummys gemessene resultierende Beschleunigung. Dabei ist der Schwere-Index SI (Severity Index)

$$\text{SI} = \int_0^t [a(t)]^{2,5} \mathrm{d}t \ \text{mit} \ a\,[g] \tag{3.11}$$

die ursprüngliche, von Gadd [30] für den Kopf formulierte Beschreibung der WSU-Kurve, die als Schutzkriterium auch für die Brust mit dem Kriterien-Level 1000 übernommen wurde [95].

In Abänderung des zulässigen a_{3ms} -Wertes für den Kopf wird der Grenzwert für die Brust auf 60 g reduziert. Die Verwendung der Aufprallkraft sowohl in den europäischen Richtlinien und Reglements als auch in der US-amerikanischen Gesetzgebung bezieht sich eher auf den nicht angegurteten Insassen und ist nur aus der historischen Entwicklung der Sicherheitsgesetzgebung verständlich, da der angegurtete Insasse nur bei hoher Unfallschwere oder unsachgemäßer Gurtbenutzung mit der Brust auf das Lenkrad prallt. Bei der vorgegebenen maximalen Belastungskraft von 11.100 N, die gleichermaßen in den US-amerikanischen Sicherheitsstandards und in den UN-Richtlinien bzw. ECE-Reglements vorgegeben ist, entspricht der errechenbare Grenzwert bei einer Prüfblock-Masse von ungefähr 35 kg einer Beschleunigung von ca. 32 g und ist somit erheblich niedriger als der 3 ms-Wert.

Der als zulässig angesehene Schutzkriterien-Level für **Kinder-Rückhaltesysteme** ist im Reglement UN-R 44 auf 50 g festgesetzt und somit niedriger als für den erwachsenen Insassen. Es gilt für Kinder-Dummys in den Altersstufen 9 Monate, 3, 6 und 10 Jahre, während die US-amerikanischen Standards beim 12-monatigen Kinder-Dummy 50 g, beim Dreijährigen 55 g und beim sechsjährigen Kinder-Dummy sowie beim Erwachsenen-Dummy 60 g als Kriterien-Level für die Zeitschranke von 3 Millisekunden zulassen. Die genannte UN-Regelung zur Überprüfung von Kinder-Rückhaltesystemen beinhaltet darüber hinaus eine Besonderheit in Form des Schutzkriteriums für die Longitudinalbelastung der Wirbelsäule: Als Grenzwert dafür ist die vertikal gemessene Beschleunigungsdifferenz zwischen „Unterleib und Kopf" mit einem Grenzwert von $\Delta a_{3ms} = 30$ g festgelegt. Der Ansatz erscheint allerdings aufgrund der verschiedenen Mess-Zeitpunkte fragwürdig.

Neben den Beschleunigungen bzw. dem daraus abgeleiteten SI-Wert und der Aufprallkraft wird seit 1986 in den US-amerikanischen Standards (FMVSS 208) ein Schutzkriterium in Form des **relativen Kompressionsweges** zwischen Sternum und Wirbelsäule vorgeschrieben [22]. Der Test-Grenzwert von 50,8 Millimetern (= 2 in) darf für solche Belastungen nicht überschritten werden, die durch den Anprall auf Flächen jedweder Art hervorgerufen werden. Ausgenommen hiervon ist der Kontakt zwischen Insassen und Airbag-Systemen, da hierbei eine großflächige Krafteinleitung in den Rumpf unterstellt wird; in diesen Fällen beträgt der Grenzwert 63 mm (= 2,5 in) für den HIII-50M und 52 mm für den HIII-5 F Dummy.

Die **Kompression der Brust** wird auch bei lateraler Belastung in der UN-R 95 vorgeschrieben [24], dabei darf die maximale Rippeneindrückung einer der drei Dummy-Rippen (EuroSID) relativ zur Wirbelsäule einen Wert von RDC = 42 mm (RDC: Rib Deflection Criterion) nicht überschreiten. Als zusätzliches Schutzkriterium wird bei Seitenkollisionen das von Viano et al. in [116] formulierte **Viskositätskriterium VC** (Viscous Criterion) verwendet. Es setzt sich aus den zwei physikalischen Größen, dem relativen Kompressionsweg $c(t)$ und der Kompressionsgeschwindigkeit $v(t)$, zusammen:

$$ VC = \max\{c(t) \cdot v(t)\} = \max\left\{ \frac{s(t)}{\text{halbe Thorax} - \text{Breite}} \cdot \frac{d[s(t)]}{dt} \right\}. \qquad (3.12) $$

In [117] werden Ergebnisse aus Leichenversuchen gezeigt, bei denen bei Werten VC > 1,0 m/s nur noch irreversible Verletzungen mit Verletzungsschweregraden von AIS 4 und 5 aufgetreten sind. Dieses Schutzkriterium wurde im Reglement für Frontalkollisionen UN-R 94 [23] ebenfalls festgeschrieben und wird als Schutzkriterium für sagittale Thorax-Belastungen angewandt. Die Berechnung des Viskositätskriteriums VC erfolgt jedoch in der Form

$$ \begin{aligned} VC &= \max\{c(t) \cdot v(t)\} \\ &= \max\left\{ \frac{D(t)}{0{,}229} \cdot \frac{8 \cdot [D(t+1) - D(t-1)] - [D(t+2) - D(t-2)]}{12 \cdot \Delta t} \right\} \end{aligned} \qquad (3.13) $$

mit $D(t)$: Eindrückung [m] zum Zeitpunkt t,

Δt: Zeitintervall [s] zwischen den einzelnen Messungen, es soll maximal

$\Delta t_{\text{max}} = 1{,}25 \cdot 10^{-4}$ s betragen.

Der von Eppinger et al. in [26] für laterale Brustbelastungen definierte Verletzungsindex **TTI** (Thoracic Trauma Index)

$$ TTI = 1{,}4 \cdot \text{Alter} + 1/2 \cdot \left(RIB_y + T12_y \right) \cdot \frac{m}{m_{\text{Strd}}} \qquad (3.14) $$

basiert auf einer Analyse von Ergebnissen aus mehreren Schlittenversuchsreihen unter Einsatz von Leichen, durchgeführt an der Universität Heidelberg, bei der ein deutlicher Einfluss des Alters der post-mortalen Testobjekte (**PMTO**) festgestellt werden konnte. Der Beschleunigungsterm beschreibt den Mittelwert der maximalen lateralen Beschleunigungswerte an der vierten, stoßseitigen Rippe RIB_y und am zwölften Brustwirbel $T12_y$. Durch die Masse m des Testobjekts bezogen auf eine Standard-Masse von $m_{\text{Strd}} = 75$ kg wird der Beschleunigungsterm skaliert [14]. Zur Anwendung beim experimentellen Einsatz am Seiten-Dummy SID (Side Impact Dummy) wurde die obige Beziehung in [21] unter Vernachlässigung des Alterseinflusses in der Form

$$ TTI = 1/2 \cdot \left(a_{y\,\text{max}}^{\text{Rippe}} + a_{y\,\text{max}}^{\text{Wirbel}} \right) \qquad (3.15) $$

abgewandelt und zum Vergleich verschiedener, seitlich belasteter Dummys (US-SID – mittlerweile nicht mehr im Einsatz – und Euro-SID) verwendet. Die dabei gemessenen Maximalwerte der lateralen Beschleunigungskomponente an einer der Rippen und der an der unteren Wirbelsäule (in Höhe des Wirbels T12) werden als Maß für die wirksame Belastung des Brustkorbes in seitlicher Richtung angesehen. Unabhängig von der Belastungsrichtung ist die Beschleunigungsdifferenzmessung nicht unproblematisch, da sich im Allgemeinen die Phasenlage voneinander unabhängiger Messungen auf die Höhe der absoluten Beschleunigungsdifferenz auswirkt.

Obwohl bei allen sicherheitstechnischen Untersuchungen am Dummy in der Regel die Beckenbeschleunigung gemessen wird, existiert derzeit für die sagittale Belastungsrichtung kein gesetzlich vorgeschriebenes **Schutzkriterium für den Becken-/Bauchbereich** (vgl. Tab. 3.6-1). Es werden lediglich Sichtprüfungen vorgeschrieben und Hinweise gegeben, dass während der jeweiligen Untersuchung der Beckengurt „am Becken bleiben" muss und der „Gurtsitz nicht in die Bauchgegend verlagert" werden darf (nach FMVSS 209). Bei der Überprüfung von Kinder-Rückhaltesystemen nach UN R 44 wird zur Überprüfung der Gurtverlagerung Modellierton in der Bauchgegend aufgebracht, der nach dem Test nicht beschädigt sein darf. In den Prüfvorschriften UN-R 94 [23] sind keine Kriterien zur Kontrolle des Submarining-Effekts enthalten.

Für die laterale Belastung wurde mit Einführung der Seitenaufprall-Versuche nach FMVSS 214 im Jahre 1990 die Querbeschleunigung als Schutzkriterium berücksichtigt; sie weist einen Test-Grenzwert von 130 g auf. Dem gegenüber werden im europäischen Reglement UN-R 95 für Seitenkollisionen [24] Maximal-Kräfte als Schutzkriterien vorgesehen: die Grenzwerte liegen für die Abdominalkraft (APF: Abdominal Peak Force) bei 2,5 kN und für die Beckenkraft (gemessen an der Schambeinfuge (PSPF: Pubic Symphysis Peak Force) bei 6,0 kN (vgl. Tab. 3.6-2).

Als **Schutzkriterium für die Extremitäten** (vgl. Tab. 3.6-1) existiert die Oberschenkellängskraft aus den gesetzlich fixierten Anforderungen. Dabei kann dieses Kriterium aufgrund des engen kinematischen Zusammenhangs mit dem Becken auch als **Submarining**-Kriterium aufgefasst werden. Adomeit stellt in [2] dazu fest, dass Knieverletzungen nur bei allzu großen Beckenvorverlagerungswerten auftreten. Derartig große Beckenvorverlagerungen können aber in der Regel als Folge des Hochrutschens des Beckengurtes in den Abdominalbereich, also ein Untertauchen (Submarining) des Beckens unter der Gurtschlinge hindurch, angesehen werden [55]. Dieser Zusammenhang gilt allerdings nur in den Fällen, bei denen das Insassenschutz-System ohne den Einsatz eines Kniepolsters wirksam ist.

Aufgrund unterschiedlich wirkender Kräfte zwischen Oberschenkel und Schienbein kann eine Verschiebung im Knie (vgl. Abb. 3.52) auftreten, die ein Risiko für Verletzungen im Knie in Form von Bänderrupturen darstellen. Als Schutzkriterium für das Kniegelenk wurde daher die Verschiebung zwischen Ober- und Unterschenkel eingeführt und mit einem maximalen Wert von 15 mm im Reglement UN-R 94 festgeschrieben [23].

Zur Bewertung des Verletzungsrisikos am Schienbeinknochen (Tibia) wurden zwei Kriterien entwickelt, die im Reglement UN-R 94 für Frontalkollisionen festgeschrieben sind und in Euro NCAP auch bei Seitenkollisionen gefordert werden. Sie beurteilen die Wahrscheinlichkeit einer Fraktur des Schienbeins, die sich in langen Heilungsprozessen und entsprechend hohen Verletzungsfolgekosten widerspiegelt. Das Kompressionskraft-Kriterium **TCFC (Tibia Compression Force Criterion)** am Schienbein bewertet die axiale Druckkraft, die zwischen dem unteren und oberen Ende des Unterschenkels eingeleitet wird; sie darf den Schutzkriterien-Level von 8,0 kN nicht überschreiten. Dieser Wert wurde von Yamada et al. in [125] als maximal tolerierbare Schwelle aufgrund von Versuchsergebnissen festgelegt. Da bei Kontakt mit der Instrumententafel nicht nur Kompressionskräfte sondern vor allem Biegemomente auftreten, wurde von Mertz et al. in [72] der Schienbein-Index **TI (Tibia Index)** entwickelt, bei dem Schwellenwerte aus kombinierten Biege- und Kompressionsbelastungen auf der Basis einer Regressionsanalyse ermittelt wurden und als Schutzkriterium Eingang in die Bewertung des Verletzungsrisikos fanden. Der Tibia-Index errechnet sich nach Gl. 3.16 und darf den Level von 1,3 – ursprünglich lag der Wert bei TI = 1,0 – nicht überschreiten:

$$\mathrm{TI} = \left| \frac{F_z}{F_{z\,\mathrm{krit}}} \right| + \left| \frac{M_{\mathrm{res}}}{M_{\mathrm{reskrit}}} \right| \tag{3.16}$$

$$\mathrm{mit} \quad M_{\mathrm{res}} = \sqrt{M_x^2 + M_y^2} \ \ \mathrm{wobei\ gilt:} \tag{3.17}$$

F_z: axiale Druckkraft [kN] in z-Richtung,

$F_{z\,\mathrm{krit}}$:   kritische Druckkraft [kN] in z-Richtung, vgl. Tab. 3.8,

M_x: Biegemoment [Nm] um die x-Achse,

M_y: Biegemoment [Nm] um die y-Achse und

$M_{\mathrm{res\,krit}}$:   kritisches Biegemoment [Nm], vgl. Tab. 3.8.

Es fällt auf, dass die in Tab. 3.8 für den Tibia-Index angegebenen Schutzkriterien-Levels deutlich höhere Werte als der maximal erträglichen axialen Druckkraft von 8,0 kN nach dem Kompressionskraft-Kriterium TCFC am Schienbein aufweisen. Folgt man der in Abb. 3.71 (für den 50 %-Dummy) dargestellten Linie für TI = 1,3, so beträgt bei zunehmender Druckkraft (auch über 8,0 kN hinaus) das maximal mögliche resultierende Biegemoment $M_{\mathrm{res}} = 225$ Nm, es wird erst ab einer Kraft von $F_z > 10,8$ kN auf niedrigere Werte reduziert. Bei einer maximal zulässigen Kraft von $F_z = 35,9$ kN, die für TI $\leq 1,3$ nicht überschritten werden darf, weist das Biegemoment immerhin noch einen Wert von $M_{\mathrm{res}} = 67,5$ Nm auf. Es lässt sich anhand der Darstellung in Abb. 3.71 aber leicht nachvollziehen, dass die parallel im europäischen Reglement UN-R 94 einzuhaltenden Schutzkriterien-Levels TCFC und TI widersinnig erscheinen, da das Schutzkriterium TI = 1,3 für eine axiale Druckkraft $F_{\mathrm{max}} > 8,0$ kN gar nicht ausgeschöpft werden darf.

Tab. 3.8 Kritische Kräfte und Momente zur Berechnung des Tibia-Indexes in Abhängigkeit von der Dummy-Größe

Dummy	Krit. Druckkraft $F_{z\,\mathrm{krit}}$ [kN]	Krit. Biegemoment $M_{\mathrm{res\,krit}}$ [Nm]
HYBRID III, male 95 %	44,2	307
HYBRID III, male 50 %	35,9	225
HYBRID III, female 5 %	22,9	115

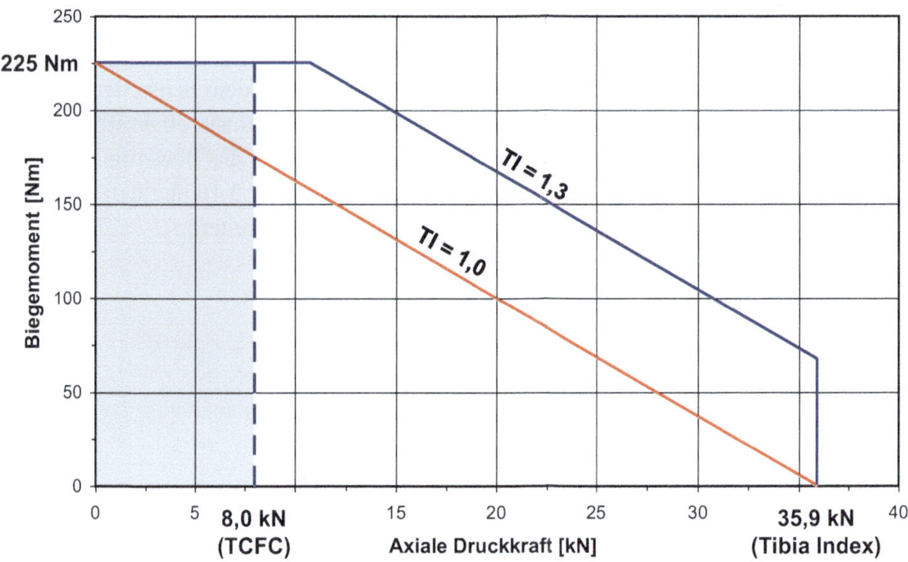

Abb. 3.71 Grenzlinien des Schienbein-Indexes TI (Tibia Index), beispielhaft für den 50 %-Dummy

Es wäre daher nur folgerichtig, als Schutzkriterium lediglich den Bereich zuzulassen, der durch das Biegemoment $M_{\text{res krit}} = 225$ Nm und die axiale Druckkraft TCFC $= 8{,}0$ kN begrenzt wird (vgl. den grau hervorgehobenen Bereich in Abb. 3.71).

3.3.4 Neue Schutzkriterien und aktuelle Diskussionen

Die in der Sicherheitsgesetzgebung festgelegten Schutzkriterien unterliegen seit ihrer Etablierung einem fortwährenden Disput, in dessen Verlauf die Höhe der verschiedenen Levels angezweifelt, zumindest aber hinterfragt wird. Darüber hinaus werden aber auch die Kriterien selbst im Hinblick auf ihre Aussagefähigkeit diskutiert und alternative verletzungsrelevante Belastungs- und Schutzkriterien vorgeschlagen. Mit den nachfolgenden Ausführungen soll ohne Anspruch auf Vollständigkeit der derzeitige Diskussionsstand aufgezeigt werden.

Die qualitative Entwicklung der biomechanischen Forschung kann mit den 1970er Jahren im Wesentlichen als abgeschlossen angesehen werden. Aufgrund erheblich verbesserter experimenteller und rechnerischer Möglichkeiten hinsichtlich Versuchs-, Mess-, Auswerte- und Simulationstechnik ist allerdings ein quantitativer Fortschritt zu beobachten. Der Grunddissens jedoch, der in der Problematik der Übertragbarkeit von verletzungsinduzierenden Belastungen an physikalischen und theoretischen Modellen auf den lebenden Menschen gesehen werden muss, besteht nach wie vor.

Bei der **Belastung des menschlichen Kopfes** während eines Unfalls ist von zwei unterschiedlichen Erscheinungsformen auszugehen: Von der translatorischen und der rotatorischen Beanspruchung. Im Falle eines Kopfanpralls dominiert im Allgemeinen die translatorische, beim Schräg- oder Nichtanprall die rotatorische Belastung. Zudem kann tendenziell festgestellt werden, dass ohne Kopfanprall keine Schädelverletzungen auftreten. Findet ein Kontakt zwischen Kopf und Fahrzeugteilen statt, so treten – je nach Intensität – Gehirnverletzungen alleine oder in Verbindung mit Schädelverletzungen auf [60, 61].

Unter Berücksichtigung der Beanspruchungs- und Verletzungsarten lassen sich die Belastungs- und Schutzkriterien unterscheiden. Die in Tab. 3.9 zusammengefassten Kriterien werden nach den Verletzungsarten unterteilt: Beim knöchernen Schädel führt die Kontaktkraft (gemessen wird in der Regel die **translatorische Beschleunigung**, neuerdings auch ein Kraftäquivalent [35]) zu Verletzungen, d. h. zu Frakturen. Die scheinbare Unabhängigkeit zwischen Kraft und Beschleunigung ist auf die Auswertung voneinander unabhängiger Untersuchungen zurückzuführen, bei denen unterschiedliche Versuchsbedingungen zugrunde gelegen haben [3]. Dabei sind die Parameter Anstoßfläche (Größe, Steifigkeit) und Krafteinleitungsstelle am Kopf (Stirn, Nase, Ober-, Unterkiefer) von grundlegendem Einfluss; die Belastungsgrenzen am Gesichtsschädel liegen deutlich unterhalb der Grenzen des Hirnschädels.

Tab. 3.9 Schutz- und Belastungskriterien-Levels für den Kopf (nach [55, 3])

Körperregion	Kriterium	Level	Bemerkungen
Schädelkalotte und —basis	a_{max}	80 g	Abhängig von der Größe der Stoßfläche
	F_{max}	930 … 9.000 N	Frakturen der Schädelknochen
Gesichtsschädel	F_{max}	800 … 4.500 N	Frakturen des Gesichtsschädels
Gehirn	a_{max}	100 … 300 g	Grenzbeschleunigung nach der WSU-Toleranzkurve; für $\Delta t > 45$ ms
	$a(\Delta t)_{max}$	60 g	
	HIC	1.000	
	SI	1.000 … 1.500	
	x_{rel}	0,9 … 3,8 cm	Relativverschiebung zwischen Gehirn und Hirnschädel
	BrIC	0,7 … 1,3	Brain Injury Criterion zur Abschätzung von Verletzungen durch rotatorische Belastungen
	$\ddot{\varphi}_{max}$	1,8 … 3,0	Drehwinkelbeschleunigung, abh. vom Wert der gleichzeitig wirksamen translatorischen Beschleunigung
	GAMBIT	0,2 … 3,0	Ergebnis aus rechnerischer Insassensimulation ohne und mit Kopfanprall

Bei Gehirnverletzungen ist wegen der biomechanischen Gesetzmäßigkeiten gleichermaßen die translatorische wie die rotatorische Beanspruchung von Bedeutung. Für die translatorische Belastung, die Verletzungen sowohl an der stoßzugewandten (Contusio cerebri am Stirnpol) als auch an der stoßgegenüberliegenden Stelle (Contre-coup-Wirkung) zur Folge haben kann, stehen die Beschleunigungen und die daraus abgeleiteten, zeitlich gewichteten Kriterien HIC (Head Injury Criterion) und SI (Severity Index) als Verletzungsindikatoren zur Diskussion; sie gehen auf die im vorstehenden Kapitel erwähnte WSU-Toleranzkurve zurück. Aus einfachen theoretischen Modellen, deren Eigenschaften mit Hilfe von Impedanzmessungen bei Tierversuchen abgeglichen wurden, sind in [67] verschiedene, als tolerierbar erachtete **Relativverschiebungen zwischen Gehirn und Hirnschädel** (= Neurocranium: Schädelkalotte und -basis) zusammengestellt und mit den „klassischen" Kriterien verglichen worden. Eine Erweiterung in alle Belastungsrichtungen erfuhr das Kriterium der „zulässigen Verschiebung" (MSC = Maximum Strain Criterion bzw. NMSC = New Mean Strain Criterion) durch die Ermittlung weiterer mechanischer Kenngrößen mit Hilfe von Tierversuchen, bei denen die Belastungen aus verschiedenen Richtungen aufgebracht wurden. Damit kann das Verschiebungskriterium nicht mehr nur für den sagittalen, sondern auch für den lateralen Aufprall angewandt werden [105].

Die **rotatorische Beanspruchung** des Kopfes bewirkt meist großflächige Gehirnblutungen aufgrund der trägheitsbedingten Relativbewegung zwischen Schädel und Gehirn. Dabei kommt es bei Überschreitung einer bestimmten Relativverschiebung zum Reißen der Brückenvenen [60]. In den Grundlagenarbeiten zu Belastungskriterien in Form von Winkelbeschleunigungen (z. B. in [1, 32, 41, 44, 92, 111]) wurden Laborversuche an Köpfen von Affen durchgeführt, bei denen Versuchseinrichtungen mit und ohne Aufnahmemanschetten zur Fixation der Halswirbelsäule verwendet [41, 92] bzw. in Impaktor-Einrichtungen eingespannten Affen einer gezielten Belastung ausgesetzt [32, 111] wurden. Die Übertragung der dabei ermittelten Grenzwerte auf den menschlichen Kopf erfolgte durch den Ansatz ähnlichkeitsmechanischer Zusammenhänge (Abb. 3.72). Die in Tab. 3.9 angegebene, relativ große Bandbreite des Belastungskriterien-Levels ist auf den zusätzlichen Einfluss verschiedener anderer Parameter wie der translatorischen Beschleunigung, der Winkelgeschwindigkeit und der Einwirkdauer (vgl. Abb. 3.73) zurückzuführen. Zum anderen wurden in den Untersuchungen unterschiedliche Verletzungsarten (Kontusions- bzw. Kommotionssyndrom) und Toleranzschwellen zugrunde gelegt.

Um das Risiko einer Hirnverletzung durch Rotation des Kopfes zu beurteilen, wurde ein kinematisch-basiertes Hirnverletzungskriterium (BrIC – Brain Injury Criterion) entwickelt, Gl. 3.18). Das Kriterium wurde unter Verwendung von zwei verschiedenen FE-Modellen eines menschlichen Kopfes bzw. Gehirns erarbeitet. Es zeigte sich, dass die Winkelgeschwindigkeit am besten mit dem Cumulative Strain Damage Measure (CSDM) und der ersten Hauptdehnung (Maximum Principal Strain, MPS) korrelierte [128]. Folglich wird das **BrIC** durch Kombinieren der Winkelgeschwindigkeiten berechnet, bezogen auf den Kopf um seine drei lokalen Achsen im Vergleich zu richtungsabhängigen kritischen Werten. [108, 109].

Abb. 3.72 Übertragung der an Affen ermittelten Verletzungsschwellen für Gehirnerschütterungen auf den Menschen (nach [84])

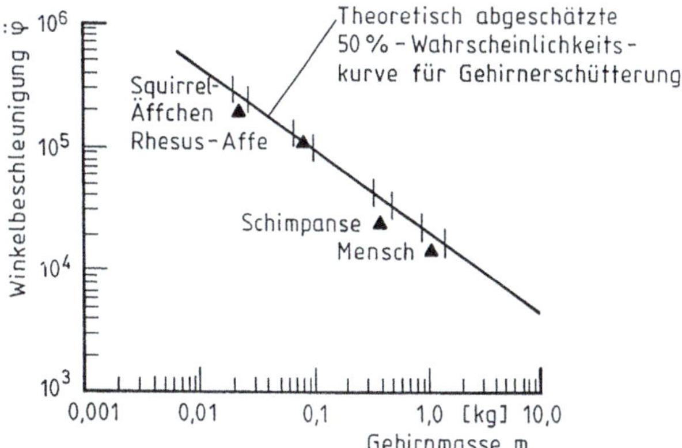

Abb. 3.73 Toleranz-Kurve für Rhesusaffen – Winkelbeschleunigung in Abhängigkeit von der Einwirkdauer (nach [84])

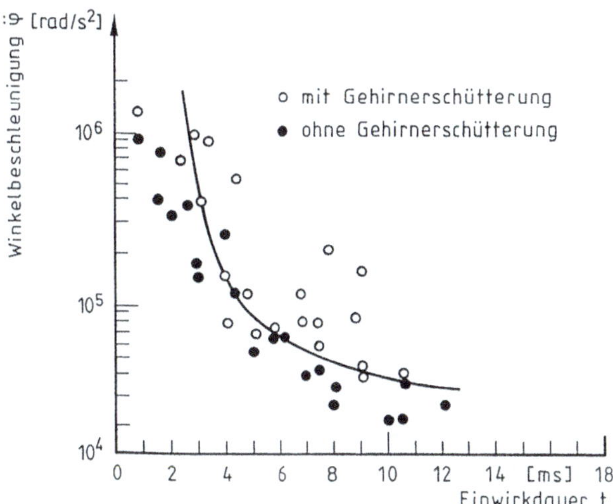

$$\mathrm{BrIC} = \sqrt{\left(\frac{\omega_x}{\omega_{xC}}\right)^2 + \left(\frac{\omega_y}{\omega_{yC}}\right)^2 + \left(\frac{\omega_z}{\omega_{zC}}\right)^2} \tag{3.18}$$

$$P(AIS\,3+) = 1 - e^{-\left(\frac{BrIC-0,523}{0,531}\right)^{1,8}}$$

$$P(AIS\,4+) = 1 - e^{-\left(\frac{BrIC-0,523}{0,647}\right)^{1,8}}$$

$$\omega_{xC} = 66,25\ \mathrm{rad/s};\ \omega_{yC} = 56,45\ \mathrm{rad/s};\ \omega_{zC} = 42,87\ \mathrm{rad/s}$$

Leichte traumatische Hirnverletzungen treten bei Fahrzeugunfällen häufig auf, also Verletzungen des Schweregrades AIS 1 oder 2. Mit der Einführung des leistungsfähigen Testwerkzeuges THOR-Dummy stehen ggü. dem Hybrid III-Dummy mehr Messmöglichkeiten zur Verfügung, auf denen ein Kriterium für Hirnverletzungen basieren kann. Die Berechnung des Kriteriums „Diffuse Axonal Multi-Axis General Evaluation" (**DAMAGE**) ist im technischen Bericht für den THOR-Dummy nach ISO TR 19222 definiert [47]. DAMAGE basiert auf den Bewegungsgleichungen eines gekoppelten Systems zweiter Ordnung mit drei Freiheitsgraden und prognostiziert die maximale Hirnbelastung anhand der richtungsabhängigen Winkelbeschleunigungs-Zeitverläufe eines Kopfaufpralls. Die Parameter für die effektive Masse, Steifigkeit und Dämpfung wurden mit vereinfachten Rotationsimpulsen bestimmt. Ziel ist es, mit dem Schutzkriterium DAMAGE reversible Hirnverletzungen zu erfassen [18, 29]. Zum Auffinden eines physikalischen Äquivalents für Kopfverletzungen ist die getrennte Betrachtung der translatorischen und der rotatorischen Beanspruchung unzureichend, da Schädelfrakturen in Verbindung mit einer Hirntraumatisierung zwar in der Regel auf die Einwirkung stumpfer Gewalt (etwa beim Kopfanprall) zurückgeführt werden können und damit die translatorische Kopfbeschleunigung ausreichend erscheint, Schädel/Hirn-Verletzungen aber sowohl aus translatorischen als auch aus rotatorischen Relativbewegungen resultieren. Eine Möglichkeit der gemeinsamen Bewertung beider Beanspruchungsarten wurde von Newman in [77] mit dem Beschleunigungsmodell für die Gehirnverletzungsschwelle (**GAMBIT**: Generalized Acceleration Model for Brain Injury Threshold) vorgeschlagen:

$$\text{GAMBIT} = \sqrt[k]{\left(\frac{a}{a_c}\right)^n + \left(\frac{\ddot{\phi}}{\ddot{\phi}_c}\right)^m}. \tag{3.19}$$

Dabei kennzeichnet a die translatorische und $\ddot{\phi}$ die rotatorische Beschleunigung, die jeweils auf ihre Schwellwerte, mit c indiziert, bezogen werden. Unter Anwendung der Statistischen Biomechanik, bei der Kopfverletzungen aus der Unfallanalyse und Beschleunigungen aus der rechnerischen Insassensimulation korreliert wurden, konnten in [55] mit Hilfe der Variationsrechnung die unbekannten Variablen der Gleichung so bestimmt werden, dass sie in der Form

$$\text{GAMBIT} = \sqrt[2,5]{\left(\frac{a}{250}\right)^{2,5} + \left(\frac{\ddot{\phi}}{25}\right)^{2,5}} \tag{3.20}$$

mit den Einheiten der translatorischen a [g] und der rotatorischen Beschleunigung $\ddot{\phi}$ [krad/s^2], angewandt werden konnte (vgl. Abb. 3.66). Die **GAMBIT-Grenzkurve**, die mit einer 50 %-igen Wahrscheinlichkeit ($P=0,5$) reversible und irreversible Verletzungen voneinander trennt, weist den Wert GAMBIT $=1,0$ auf; ohne Kopfanprall wurden Werte von GAMBIT $\leq 0,62$ ermittelt. In Abb. 3.74 sind die Grenzkurve

GAMBIT $=1{,}0$ sowie Kurven mit konstanten GAMBIT-Werten in Abhängigkeit der translatorischen und der rotatorischen Kopfbeschleunigung dargestellt. Die in Gl. 3.20 gezeigten Schwellwerte und die Exponenten konnten durch neuere Arbeiten (z. B. in [78]) im Wesentlichen bestätigt werden.

In verschiedenen Studien zum Einfluss der Belastungsrichtungen konnte festgestellt werden, dass der HIC-Wert nicht für alle Aufprallarten unmittelbar angewandt werden kann. Daher wurde ein globales, auf der Aufprallkinetik basierendes Kopf- **Schutzkriterium HIP** (Head Impact Power) entwickelt [51], das insbesondere bei der rechnerischen Simulation, sowohl bei MKS- (Mehrkörper-System-) als auch bei FEM- (Finite Elemente Methode-) Modellen, einsetzbar ist. Damit können Kriterien-Levels für verschiedene Richtungen unter Berücksichtigung ausgewählter Versagenskriterien bestimmt werden. Die Kopf-Aufprall-Leistung HIP lässt sich berechnen in der Form

$$\begin{aligned}
HIP = m{\cdot}a_x \int a_x dt + m \cdot a_y \int a_y dt + m \cdot a_z \int a_z dt \\
+ I_{xx} \cdot a_x \int a_x dt + I_{yy} \cdot a_y \int a_y dt + I_{zz} \cdot a_z \int a_x dt
\end{aligned} \tag{3.21}$$

Dabei ist die x-Achse in posterior/anterior-Richtung, die y-Achse in lateraler Richtung und die z-Achse in interior/superior-Richtung definiert; die Einheit entspricht der einer Leistung [Nm/s $=$ W]. Als Schutzkriterien-Level wird derzeit ein Wert von HIP-$_{max} \leq 4{,}3$ kW diskutiert.

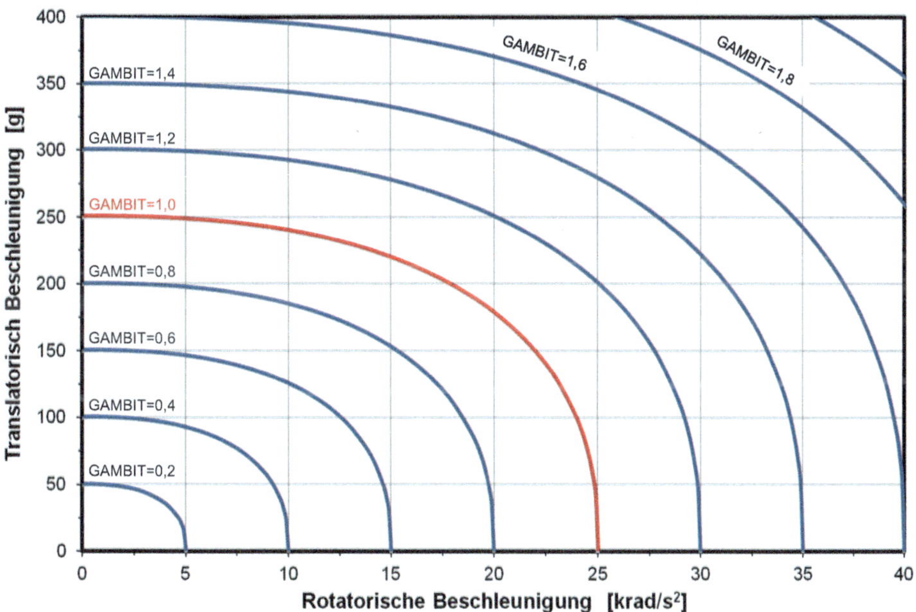

Abb. 3.74 GAMBIT-Kurven zur Bewertung der translatorischen und der rotatorischen Kopfbeschleunigung

Aufgrund der hohen Beweglichkeit und der komplizierten mechanischen Struktur von **Halswirbelsäule (HWS) und Hals** treten vielfältige Verletzungsmuster und dementsprechend verschiedenartige Belastungskriterien in Erscheinung. Tab. 3.10 umfasst Kriterien sowohl für HWS-Verletzungen als auch für Verletzungen aufgrund direkt in den Hals eingeleiteter Belastungen. Kriterien für Oberflächen- und Muskel-Verletzungen sind nicht enthalten, da diese entweder nur eine geringe Schwere aufweisen oder in Verbindung mit Kopf-, HWS-Verletzungen oder Schleudertraumata auftreten [106].

Bei den dargestellten Belastungskriterien kann die erste Gruppe in Tab. 3.10 auf die Relativbewegung (anterior/posterior) zwischen Kopf und Brust zurückgeführt werden. Die unterschiedlichen **Belastungsgrößen** resultieren aus den jeweiligen Testbedingungen und messtechnischen Gegebenheiten; sie sind, wie Ergebnisse aus der rechnerischen Insassensimulation zeigen [55], jedoch nicht unabhängig voneinander. Zur Messung der Kopfbeschleunigungen wurden am Thorax anterior und posterior Stöße aufgebracht, ohne dass es zum Kopfanprall kam. Diese Stöße bewirkten flexionale bzw. extensionale **Distorsion** Bei den Untersuchungen von Burow [13] wurden die Beuge- (bzw. der Dehnungs-) Winkel der Halswirbelsäule photogrammetrisch ermittelt. Mertz et al. [73] haben in ihren Labortests das am Kopfgelenk auftretende Moment ermittelt, das als hervorragender Indikator für Distorsionen angesehen werden kann. Gegenüber

Tab. 3.10 Schutz- und Belastungskriterien-Levels für den Hals (nach [55])

Körperregion	Kriterium	Level	Bemerkungen
Halswirbelsäule	$a_{\text{a-p max}}$	30 … 40 g	Flexion; anterior in Thorax eingeleiteter Stoß
	$a_{\text{p-a max}}$	15 … 18 g	Extension; posterior in Thorax eingeleiteter Stoß
	$\alpha_{\text{F max}}$	80 … 100°	Flexion-Biegewinkel der HWS
	$\alpha_{\text{E max}}$	80 … 90°	Extension-Biegewinkel der HWS
	$M_{\text{F max}}$	190 Nm	Flexion, gemessen am Kopfgelenk
	$M_{\text{E max}}$	57 Nm	Extension, gemessen am Kopfgelenk
	M_{max}	370 Nm	Biegemoment (Flexion oder Extension), berechnet am Übergang C7/T1
	F_{Scher}	1.800 … 2.600 N	Scherbelastung
	$F_{\text{Z max}}$	1.100 … 2.600 N	Zugbelastung
	$F_{\text{D max}}$	3.600 … 5.700 N	Druckbelastung
Kehlkopf	F_{B}	178 … 244 N	Bruch des Kehlkopf-Ringknorpels bei anterior eingeleiteter Belastung
	F_{B}	490 N	Zusammenbruch der Kehlkopf-Struktur bei anterior eingeleiteter Belastung

den dabei ermittelten Biegemomenten wurden mit Hilfe eines vereinfachten HWS-Modells am Hals/Torso-Übergang (C7/T1) erheblich höhere Biegemomente, nämlich 370 Nm bei 50 %-iger Wahrscheinlichkeit für irreversible HWS-Verletzungen, ermittelt [55]. Die Scherkräfte wurden in [13] indirekt unter einer vereinfachten Modellannahme aus den gemessenen Kopfbeschleunigungen bestimmt. Sie lassen sich auch aus den an der Halswirbelsäule auftretenden Biegemomenten ableiten.

Zur Ermittlung eines Belastungskriteriums in Form von Zug- und Druckkräften in Richtung der HWS-Achse wurden zahlreiche Untersuchungen angestellt, bei denen die Krafteinleitung entweder direkt in den Hals oder indirekt über den Kopf (superior/inferior) erfolgte. Die einzige Arbeit zur Bestimmung eines Kriterien-Levels für Longitudinalkräfte bei dynamischem Anprall, bei der die Belastung an elf Leichen gemessen wurde, wird von Culver et al. in [19] beschrieben.

In der letzten Gruppe von Tab. 3.10 wird ein Kriterium für Halsverletzungen diskutiert; dabei wird der Kehlkopf als die am wenigsten geschützte Region des Halses angesehen. Während der präparierte Kehlkopf-Ringknorpel bereits bei niedrigen Kräften bricht (ungefähr 150–250 N), ist mit der Zerstörung des Kehlkopfes erst ab etwa 500 N zu rechnen.

Während einer Frontalkollision wirken beim angegurteten Insassen die Kräfte des (im allgemeinen diagonal verlaufenden) Schultergurtes und des Airbags auf den **Brustkorb;** ist der Insasse nicht angegurtet, wird die Brust durch Kontaktkräfte, die vom Lenkrad, vom Airbag, vom Armaturenbrett oder – beim Fond-Insassen – von der vorderen Sitzlehne herrühren, beaufschlagt. Hinsichtlich der Häufigkeit von Einzelverletzungen beim gurtgesicherten Insassen lassen sich Verletzungsmuster aufzeigen, die durch eine direkte oder indirekte Gurteinwirkung charakterisiert werden können: Hautabschürfungen und -quetschungen sowie Brüche des Thorax-Skeletts, insbesondere des Sternums und der Rippen, sind Folgen einer direkten Einwirkung des Gurtbandes (Abb. 3.75). Zu den indirekten Folgen werden Wirbelsäulen-Verletzungen, sowohl an der knöchernen Struktur als auch an der Muskulatur, und Organ-Verletzungen aufgrund der Relativbewegung zwischen knöchernem Thorax und inneren Organen der Brust bzw. des Oberbauches gezählt. Derartige Verletzungen, wie beispielsweise Aorta- oder Herzmuskel-Rupturen, sind mit Zunahme der Gurtbenutzung in ihrer Häufigkeit zurückgegangen [97].

Brustverletzungen sind in hohem Maße vom Alter (Abb. 3.76) und von der Konstitution des Verunfallten abhängig; dies erklärt die relativ große Bandbreite der in Tab. 3.11 angegebenen Belastungskriterien-Levels [52]. Andererseits ist das Bewegungsverhalten der Brust beim angegurteten und durch den Airbag geschützten Insassen während der Kollisionsphase gleichförmiger und die Verletzungsmechanik weniger komplex als beim Kopf, sodass hier weniger Kriterien ausreichend erscheinen. Bei den Brustkriterien handelt es sich um eng miteinander verknüpfte, mechanische Größen wie resultierende Beschleunigung, Belastungskraft, Kompressionsweg und -geschwindigkeit sowie Deformationsenergie des Brustkorbes als Integral der wegabhängigen Kraft. Das Viskositätskriterium VC (Viscous Tolerance Criterion) allerdings geht ab von der Fiktion

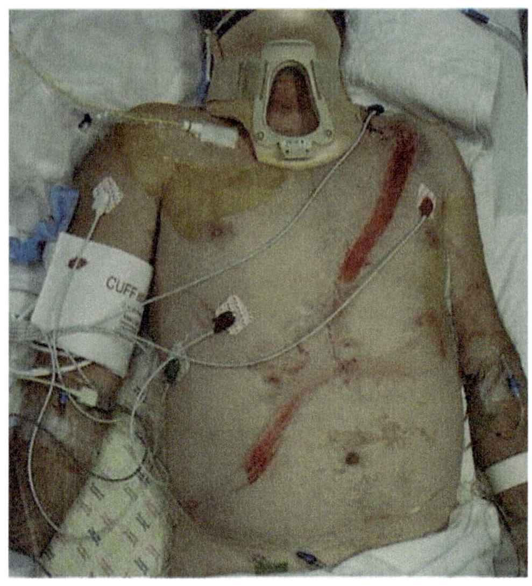

Abb. 3.75 Deutlich erkennbare Gurt-Prellmarke auf dem Oberkörper eines Unfallopfers (aus [38])

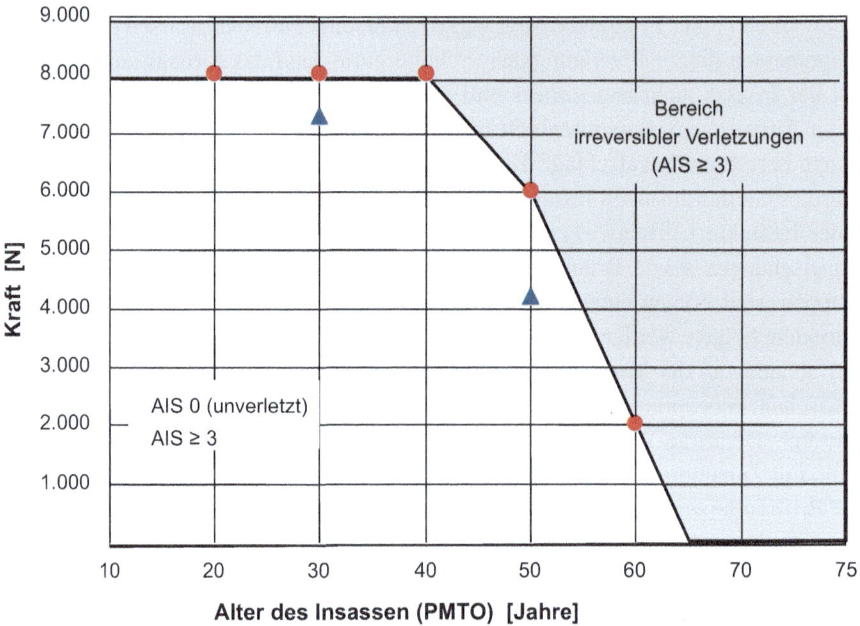

Abb. 3.76 Thorax-Verletzungen bei Schultergurt-Kräften in Abhängigkeit vom Alter (nach [52])

des starren Thorax und berücksichtigt neben der Elastizität des Brustkorbs auch die Interaktion und Verschiebemöglichkeit der Brustorgane [116]. Dieser Effekt wird durch den Thorax-Traumatisierungsindex TTI (Thoracic Trauma Index) in Form des arithmetischen Beschleunigungsmittelwertes (vgl. Gl. 3.15) ebenfalls einbezogen. Problematisch

Tab. 3.11 Schutz- und Belastungskriterien-Levels für Thorax und Wirbelsäule (nach [55])

Körperregion	Kriterium	Level	Bemerkungen
Thorax	a_{max}	60 g	t > 3 Millisekunden
	a_{max}	80 g	t < 3 Millisekunden
	F_{max}	5.000 … 9.080 N	bei sagittaler Stoßkörperbelastung
	F_{max}	4.750 N	Schultergurtkräfte
	s_{max}	40 mm	Eindrückung bei 50 % Wahrscheinlichkeit für irreversible Verletzungen aus der statistischen Biomechanik
	s_{max}	50 mm	Eindrückung; 1986 in FMVSS 208 mit 76,2 mm für Airbag, ansonsten 50,8 mm
	E_{pot}	350 Nm	Brust-Kompressionsenergie
	VC	1,00 m/s	Viscous Tolerance Criterion [v · c]$_{max}$; 39 Leichenversuche, Thorax-Verletzungen AIS > 4
	TTI	120 … 150 g	Brust-Traumatisierungsindex gemessen an Dummies bei Fahrzeug-Seitenkollisionen
Wirbelsäule	$a_{z\,max}$	± 45 g, Δt < 40 ms	Senkrecht zur Rückenlehne
	$a_{x\,max}$	± 16 g, Δt < 40 ms	In Rückenlehnenrichtung

hierbei ist allerdings der Umstand, dass das Weg- (und Geschwindigkeits-) Kriterium VC für Seitenkollisionen nach dem europäischen Sicherheitsreglement und das auf Beschleunigungen basierende TTI-Kriterium nach dem amerikanischen Standard unterschiedliche Verletzungsrisiken enthält bzw. bei der Zielsetzung gleicher Belastungen verschiedene Sicherheitsmaßnahmen nahelegt.

Für die **Traumatisierung des Abdominalbereichs und des Beckens** sind im Wesentlichen zwei Ursachen verantwortlich: Beckengurt-Syndrome aufgrund des so genannten **Submarining**-Effekts und Verletzungen der Becken/Hüft-Region aufgrund hoher, direkt am Becken oder über die Oberschenkel eingeleiteter Belastungen [85]. Der knöcherne Beckengürtel vermag sehr hohe Belastungen aufzunehmen, ohne seine Stabilität zu verlieren. Voraussetzung dafür ist jedoch eine großflächige Krafteinleitung (wie dies in der Regel durch den Beckengurt erfolgt) sowie eine gleich bleibende Kraftangriffsstelle während der Kollisionsphase unterhalb des Beckenkamms (Crista iliaca). Selten kommt es bei Frontalkollisionen in Verbindung mit einer weichen Sitzpolsterung, bei ungünstiger Gurtgeometrie oder bei handhabungsbedingten Fehlern bei der Gurtbenutzung zum Untertauchen des Beckens unter die Beckengurtschlinge (daher Submarining) bzw. zum Hochrutschen des Beckengurtes über die Beckenkämme. Die dabei auftretenden Kräfte wirken auf die Bauchdecke und führen zu Rupturen und Lazerationen von Beckenorganen, also **intra-abdominellen Verletzungen,** sowie – allerdings nur bei relativ hoher Unfallschwere – zu Brüchen an der Lendenwirbelsäule [85]. Die Abdominalverletzungen induzierenden Kräfte liegen auf wesentlich niedrigerem Niveau als die Kräfte, die zu Verletzungen des knöchernen Beckens führen können. In Tab. 3.12 sind Kriterien zu Abdominalverletzungen zusammengestellt, die den derzeitigen Diskussionsstand widerspiegeln. Dabei sei darauf hingewiesen, dass die Beckengurtkraft, deren zeitliche Änderung und der Beckendrehwinkel weniger eine erträgliche Belastung des Unterbauches charakterisieren als vielmehr das Auftreten oder Vermeiden des **Submarining-Effekts**s und daraus resultierende Verletzungen. Die direkte Messung der Kräfte am Becken als Indikator für das Hochrutschen der Gurtschlinge erfolgt mit Hilfe zweier konkurrierender Methoden; sie sind in Abb. 3.77 schematisch dargestellt. Die paarweise an den Beckenkämmen montierten APR-Kraftaufnehmer können mittlerweile

Tab. 3.12 Schutz- und Belastungskriterien-Levels für den Abdominalbereich und das Becken (nach [55])

Körperregion	Kriterium	Level	Bemerkungen
Abdominalbereich	F_{max}	500 … 1.700 N	Belastungskraft von Niere und Leber
	p_{max}	35 N/cm^2	Flächenpressung
	$F_{BG\,max}$	800 N	Beckengurtkraft, gemessen mit APR-Messaufnehmer am Dummy-Becken
	ΔF_{SIP}	80 %	Änderung des am SIP-Becken gemessenen Kraftverlaufs innerhalb einer Zeit von 5 ms
	α_{max}	40°	Beckendrehwinkel bei vertikaler Thorax-verlagerung von max. 40 mm
	α_{krit}	> 20°	Beckendrehwinkel als Unterscheidungskriterium für Abdominalverletzungen
	a_{max}	13 g	Result. Beckenbeschleunigung bei $\alpha > \alpha_{krit}$ (statistische Biomechanik)
Lendenwirbelsäule rel. zum Becken	F_{max}	6,67 kN	Belastungsgrenzwert zwischen Becken und Lendenwirbelsäule
Becken	a_{max}	60 g	Korrelation zwischen Unfallverletzungen und Simulationsergebnissen
	a_{max}	80 g	Result. Beckenbeschleunigung bei $\alpha \leq \alpha_{krit}$ (statististische Biomechanik)
Hüftbereich	F_{max}	6.400 … 12.500 N	Krafteinleitung am Knie

ergänzt werden durch die ebenfalls beidseitig verwendeten Messaufnehmer SWING (= Sensor Iliac Wing), die in die Aluminium-Struktur der geschlitzten Beckenschaufeln eingelassen sind (Abb. 3.78). Mit Hilfe dieser Dehnmessstreifen-Aufnehmer wird das auf den Beckenknochen wirkende Moment gemessen, das in charakteristischer Weise auftritt, wenn der Beckengurt vom Darmbeinkamm (Crista iliaca) in den Abdominalbereich rutscht. Diese Messmöglichkeit erlaubt die präzise Untersuchung von Submarinig-Effekten [112].

Adomeit dagegen schlägt in [2] kinematische Größen zur Beurteilung des Submarining-Effekts im Sinne eines ja/nein-Kriteriums vor. Dies wurde mit Hilfe der statistischen Biomechanik in [55] konsequent weiterverfolgt: Durch die Zusammenführung unfallanalytischer Daten und Ergebnissen aus der rechnerischen Insassensimulation konnte ein **Vorhersage-Modell für Becken- und Abdominalverletzungen** (Abb. 3.79) entwickelt werden, bei dem der **kritische Beckendrehwinkel** von $\alpha_{krit} = 20°$ als

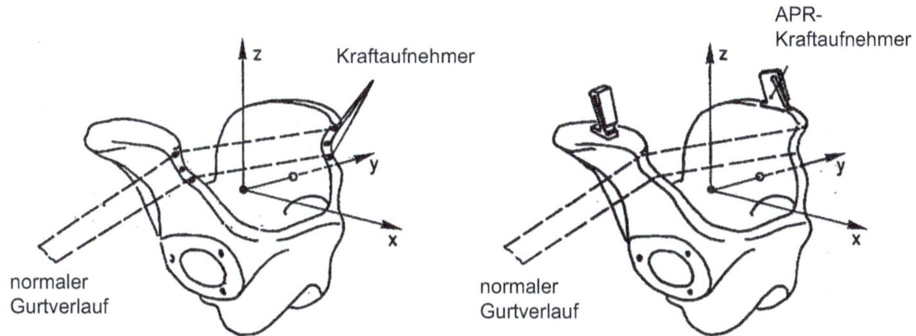

Abb. 3.77 Messverfahren zur Ermittlung des Submarining-Effekts (aus [55])

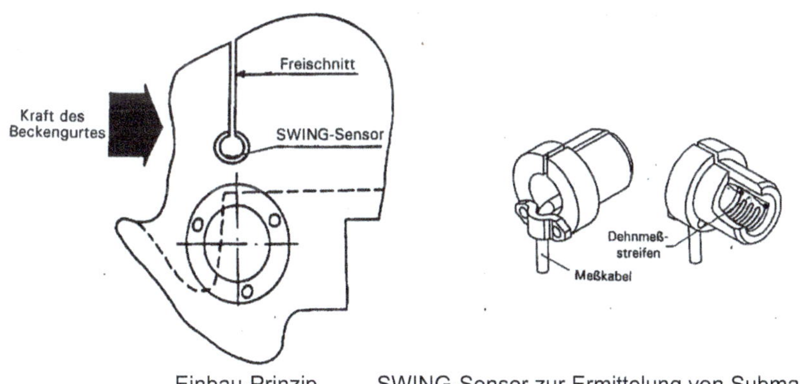

Abb. 3.78 SWING-Sensor und prinzipieller Einbau am Dummy-Becken des 50 %-Dummy, HYBRID III (aus [112])

Unterscheidungsmerkmal zwischen stabiler Beckenkinematik und dem Submarining-Effekt ermittelt wurde. Ist der Beckendrehwinkel gegenüber der Ausgangslage kleiner als der kritische Winkel ($\alpha_{max} \leq \alpha_{krit}$), kann von einer Beanspruchung des Beckenring-knochens ausgegangen werden, die mit einer 50 %-igen Wahrscheinlichkeit für irrever-sible (in der Regel knöcherne) Verletzungen eine resultierende Beckenbeschleunigung von $a_{max} = 80$ g erträglich erscheinen lässt. Ist der Beckendrehwinkel dagegen größer als der kritische Winkel ($\alpha_{max} > \alpha_{krit}$), muss tendenziell von **Submarining** ausgegangen wer-den. Die zulässige Toleranzschwelle liegt dann erheblich niedriger, nämlich bei einer re-sultierenden Beckenbeschleunigung von $a_{max} = 13$ g (vgl. Tab. 3.12). Die Ermittlung des **Beckendrehwinkels** erfolgt durch die zweimalige Integration des Messsignals eines im Becken montierten Drehwinkelbeschleunigung-Aufnehmers. In zahlreichen Versuchen konnte mittlerweile der Einsatz und die Zuverlässigkeit dieser relativ einfachen Mess-methode nachgewiesen werden [53].

Wie bereits oben festgestellt, ist der Beckenringknochen hoch belastbar, sodass die in Tab. 3.12 angegebene Beschleunigungsgrenze nicht nur als Belastungskriterien-Level für das knöcherne Becken selbst zu verstehen ist, sondern auch einen Level für innere Verletzungen aufgrund von Relativverschiebungen und daraus folgenden Organ-Ruptu-ren darstellt. Bei der Belastung des Beckens infolge eines Knieanpralls und der damit einhergehenden Verletzung im Hüftbereich können Beckenverletzungen nur schwer von

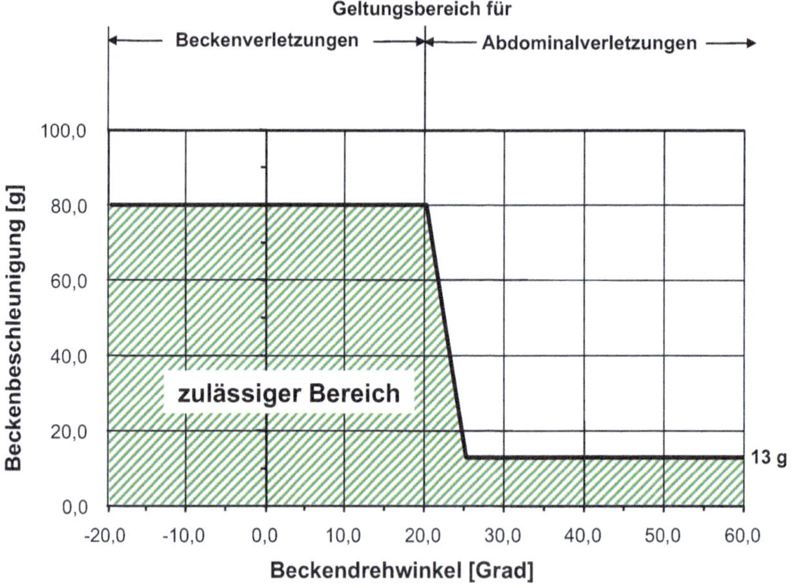

Abb. 3.79 Modell für Becken- und Abdominalverletzungen bei einer 50 %-igen Wahrscheinlichkeit für irreversible Verletzungen

Verletzungen der unteren Extremitäten getrennt werden. So ist bei einer Krafteinleitung im Knie nicht vorhersehbar, an welcher Stelle der Beanspruchungskette Kniescheibe – Kniegelenk – Oberschenkel – Schenkelhals – Hüftbereich eine Verletzung auftritt. Für Brüche des Beckens im Bereich der Hüftgelenk-Pfanne wird eher – in starkem Maße auch hier altersabhängig – der höhere Belastungswert des in Tab. 3.12 angegebenen Kriterien-Levels angenommen.

Die **oberen Extremitäten** erfahren bei Frontalkollisionen am häufigsten eine Belastung, die durch Abstützen oder Anprallen am Lenkrad bzw. am Armaturenbrett über die Hände auf Unter- und Oberarm in die Schulter eingeleitet wird. Der in Tab. 3.13 angegebene breite Bereich für derartige, erträgliche Belastungen erklärt sich durch den großen Einfluss der Parameter Muskelanspannung, aktueller Armbeugewinkel und Knochensprödigkeit (aufgrund des Insassen-Alters). Bei Untersuchungen mit Freiwilligen wurden Abstützkräfte von 3,2 kN ohne jegliche Verletzungen gemessen [118], sodass das Belastungskriterium im Bereich über 3 kN liegen dürfte. Eine Scherbelastung des Armes wird beim Frontalaufprall nur selten beobachtet. Die dafür in Tab. 3.13 dargestellten Kriterien sollen daher mehr einen Einblick in die Belastbarkeit des Ellbogen- und Handgelenks vermitteln. Als Äquivalent für die Belastung der oberen Extremitäten beim Aufprall auf Innenraumteile können diese Kriterien direkt nicht herangezogen werden. Hierzu wurde mithilfe der statistischen Biomechanik in [55] durch die Korrelation

Tab. 3.13 Schutz- und Belastungskriterien-Levels für die Extremitäten (zit. nach [55])

Körperregion	Kriterium	Level	Bemerkungen
Arm, gesamt	F_{max}	150 … 6.400 N	Abstützkraft
Ellbogen	F_{Scher}	180 … 220 N	Scherbelastung des Ellbogens
Handgelenk	F_{Scher}	100 … 180 N	Scherbelastung des Handgelenks
Hand	F_{max}	3.800 N	Hand-Kontaktkraft aus der statistischen Biomechanik
Bein bzw. Oberschenkel	F_{max}	8.000 … 13.000 N	in starkem Maße abhängig von der Belastungsdauer
Knie	F_{max}	5.000 … 11.300 N	
Unterschenkel	$F_{x\,max}$	3.700 … 4.300 N	Biegebeanspruchung durch Querkraft
	$F_{y\,max}$	≤ 16.000 N	Longitudinal-Belastung
Fuß	F_{max}	≤ 20.000 N	Freiwilligen-Versuche
	F_{max}	10.000 N	Fuß-Kontaktkraft aus der statistischen Biomechanik

von Arm- und Handverletzungen und errechneten Kontaktkräften eine erträgliche **Hand-Kontaktkraft** von $F_{max} = 3{,}8$ kN ermittelt.

Gegenüber den Untersuchungen zur Belastbarkeit der Arme existieren erheblich mehr Ergebnisse zu den **unteren Extremitäten**. So ist der Streubereich der Belastbarkeit für Oberschenkel nicht nur enger, auch zur Belastungsdauer als Einflussgröße lassen sich Werte angeben [4, 12]. Das höhere Kraftniveau wird durch Untersuchungen an herauspräparierten Oberschenkelknochen gestützt und ist durch die stärkere Ausbildung der Knochenstruktur im Vergleich zur Ausbildung der oberen Extremitäten erklärbar. Kniescheibe und -gelenk verlieren ihre Stabilität bei einer gegenüber der Oberschenkellängskraft um ca. 15 % niedrigeren Beanspruchung [12, 113] und bei einer eher kurzzeitigen Belastungsdauer von weniger als 6 Millisekunden [4]. Die Belastungskriterien-Levels für die Querbelastung der Unterschenkel resultieren vornehmlich aus Untersuchungen zum Fußgänger-Unfall; sie können aber, z. B. für das Eindringen der Spritzwand oder des Fußhebelwerks in den PKW-Fußraum, auf den Fahrzeug-Insassen übertragen werden. Von größerer Bedeutung dürfte allerdings das Kriterium für die Longitudinalbelastung sein, da bei Frontalkollisionen eine hohe Längskraftkomponente zu beobachten ist. Angesichts des hohen Kraftniveaus ist allerdings zu berücksichtigen, dass es sich bei den in Tab. 3.13 angegebenen Werten um sehr kurzzeitige Messwerte handelt. Während der Unterschenkel dieses Kraftniveau aufzubringen vermag, führen die eingeprägten Kräfte häufig zu Zerstörungen des Kniegelenks [110].

Für die häufig auftretenden und langwierigen Verletzungen am Fuß und am Fußgelenk existieren nur wenige Untersuchungsergebnisse. Ohne Verletzungen zu erleiden, wurden an Freiwilligen Kräfte von 20 kN gemessen [89]. Über die Versuchsbedingungen sind keine näheren Angaben gemacht. In [55] konnte eine hohe Korrelation zwischen Bein- und Fußverletzungen einerseits und der **Fuß-Kontaktkraft** andererseits nachgewiesen werden. Bei einer 50 %-igen Wahrscheinlichkeit für irreversible Verletzungen der unteren Extremitäten kann für die Fuß-Kontaktkraft als Schutzkriterium ein Level von Fmax = 10 kN angenommen werden (vgl. Tab. 3.13).

Die biomechanischen Grenzwerte werden ständig weiter erforscht und teilweise durch neuere, bessere Kriterien ersetzt.

Literatur

1. Abel, J.M., Gennarelli, T.A., Segawa, H.: Incidence and severity of cerebral concussion in the rhesus monkey following sagittal plane angular Acceleration. 22. Stapp Car Crash Conference. Warrendale (1978)
2. Adomeit, D.: Neue Bewertungsgrößen für die Frontalaufprallsicherheit des gurtgesicherten Insassen. Dissertation. Technische Universität Berlin, Berlin (1980)
3. Allsop, D.L.: Skull and Facial Bone Trauma: Experimental Aspects. In: Nahum, A.M., Melvin, J.W. (Hrsg.) Accidental Injury – Biomechanics and Prevention. Springer-Verlag, New York (1993)

4. Appel, H., Färber, E., Heger, A.: Biomechanische Belastungsgrenzen. Forschungsbericht Nr. 194 im Auftrag der VOlkswagenwerk AG. Technische Universität Berlin, Berlin (1975)
5. Appel, H., Kramer, F., Glatz, W., Lutter, G., Baumann, J., Weller, M.: Quantifizierung der passiven Sicherheit für PKW-Insassen. Bericht zum Forschungsprojekt FP 8517/2 der Bundesanstalt für Straßenwesen. BASt (Hrsg.), Bergisch Gladbach (1991)
6. Association for the Advancement of Automotive Medicine: The Abbreviated Injury Scale – AIS, Rev. 2005. Association for the Advancement of Automotive Medicine, Des Plaine, IL (USA) (2005)
7. Baker, S.P., O'Neill, B., Haddon, W., Jr., Long, W.B.: The Injury Severity Score: A Method for Describing Patients with Multiple Injuries and Evaluation Emergency Care. J. Trauma **14**, 187–196 (1974)
8. Beier, G., Schuller, E.: Verletzungsmechanische Anmerkungen zum Schutzhelm. Jahrestagung 1986 der Deutschen Gesellschaft für Verkehrsmedizin e. V., Hannover (1986)
9. Boström, O., Svensson, M.Y., Aldman, B., Hansson, H.A., Häland, Y., Lövsund, P., Seeman, T., Suneson, A., Säljö, A., Örtengren, T.: A New Neck Injury Criterion Candidate – Based on Injury Findings in the Cervical Spinal Ganglia after Experimental Neck Extension Trauma. Proceedings of the International Conference on the Biomechanics of Impact IRCOBI, Dublin, Ireland (1996)
10. Boström, O., Bohmann, K., Håland, Y., Kullgren, A., Krafft, M.: New AIS1 Long-term Neck Injury Criteria Candidates based on real Frontal Crash Analysis. IRCOBI Conference. Montpellier (F) (2000)
11. Brockhaus Enzyklopädie in 24 Bänden, 19., völlig neu bearbeitete Aufl. F.A. Brockhaus GmbH, Mannheim (1987)
12. Brun-Cassan, F., Leung, Y. C., Tarriere, C., Fayon, A., Patel, A., Got, C., Hureau, J.: Determination of Knee-Femur-Pelvis Tolerance from the Simulation of Car Frontal Impacts. VII. IRCOBI Conference, Köln (1982)
13. Burow, K.: Zur Verletzungsmechanik der Halswirbelsäule. Dissertation. Technische Universität Berlin, Berlin (1974)
14. Cavanaugh, J.M.: The Biomechanics of Thoracic Trauma. In: Nahum, A.M., Melvin, J.W. (Hrsg.) Accidental injury -biomechanics and prevention. Springer-Verlag, New York (1993)
15. Committee on Medical Aspects of Automotive Safety: Rating the severity of tissue samage: II. The comprehensive scale. The Journal of the American Medical Association **220**, 717–720 (1972)
16. Committee on Medical Aspects of Automotive Safety: Rating the Severity of Tissue Damage: I. The Abbreviated Injury Scale. The Journal of the American Medical Association **215**, 277–280 (1971)
17. Cooper, P.R.: Skull Fracture and Traumatic Cerebrospinal Fluid Fistulas. In: Cooper, P.R. (Hrsg.) Head injury, S. 65–82. Williams and Wilkins, Baltimore/London (1982)
18. Craig et.al.: Injury ciiteria for the THOR 50th Male ATD. NHTSA (2020)
19. Culver, R., Bender, M., Melvin, J.W.: Mechanisms, tolerances and responses obtained under dynamic superior/inferior head impact – a pilot study. UM-HSRI-78–21. (Mai 1978)
20. Danner, M., Appel, H., Schimkat, H.: Entwicklung kompatibler Fahrzeuge. Abschlußbericht des Forschungsprojekts TV 7661 des Bundesministers für Forschung und Technologie (1980)
21. Decoo, A.C.M., Versmissen, E.G., Wismans, J.: Evaluation of European and USA Draft Regulations for Side-Impact Collisions. 11. International ESV Conference. Washington D.C. (USA) (1987)
22. Department of Transportation, National Highway Traffic Safety Admin. Docket No. 571.208, Occupant Crash Protection – Frontal Barrier Crash (2004)

23. ECE-R 94, 2003–02–13 Aufprallschutz: Frontalaufprall, Einheitliche Bedingungen für die Genehmigung der Kraftfahrzeuge hinsichtlich des Schutzes bei einem Frontalaufprall (Uniform Provisions Concerning the Approval of Vehicles with Regard to the Protection of the Occupants in the Event of a Frontal Collision) (2003)

24. ECE-R 95, 2005–02–21; Aufprallschutz: Seitenaufprall; Einheitliche Bedingungen für die Genehmigung der Kraftfahrzeuge hinsichtlich des Schutzes der Insassen bei einem Seitenaufprall (Uniform Provisions Concerning the Approval of Vehicles with Regard to the Protection of the Occupants in the Event of a Lateral Collision) (2005)

25. ETSC: Annual Road Safety Perfomance Index Report PIN. https://etsc.eu/wp-content/uploads/16-PIN-annual-report_FINAL_WEB_1506_2.pdf (2022)

26. Eppinger, R.H., Marcus, J.H., Morgan, R.M.: Development of Dummy and Injury Index for NHTSA's Thoracic Side Impact Protection Research Program, SAE technical paper series 840885, Government/Industry Meeting and Exposition. Washington D.C. (USA) (1984)

27. Fechner, H.: Ermittlung volkwirtschaftlicher Kosten von Verletzungsfolgen aus Straßenverkehrsunfällen. Diplomarbeit an der Technischen Universität Berlin (1983)

28. Färber, E., Kramer, F.: On the Application of the HIC as Head Protection Criterion. International IRCOBI/AAAM Conference. Göteborg (S) (1985)

29. Gabler, L., Crandall, J., Panzer, M.: Development of a second-order system for rapid estimation of maximum brain strain. Annals of Biomedical Engineering, Vol. **47**, Issue **9**, Pages 1971-1981 (2019)

30. Gadd, C.W.: Use of the Weighted-Impuls Criteria for Estimating Injury Hasard. 10. Stapp Car Crash Conference (1966)

31. Gennarelli, T.A.: Mechanistic approach to head injuries: Clinical and experimental studies of the important types of injury. In: Ommaya, A.K. (Hrsg.) Head and Neck Injury Criteria: A Consensus Workshop. U.S. Department of Transportation, NHTSA, Washington, DC (1981)

32. Gennarelli, T.A., Thibault, L.E., Ommaya, A.K.: Pathophysiologic responses to rotational and tranlational accelerations of the head. 16. Stapp Car Crash Conference. Detroit (1972)

33. Glatter, J.: Nutzwert- und Risikobetrachtung eines Knieairbags aus Sicht der Unfallforschung. Diplomarbeit an der Hochschule für Technik und Wirtschaft (HTW), Dresden (2005)

34. Got, C., Patel, A., Fayon, A., Tarriere, C., Walfisch, G.: Results of experimental head impacts on cadavers: The various data obtained and their relation to some measured physical parameters. 22. Stapp Car Crash Conference (1978)

35. Grösch, L., Kassing, L., Katz, E., Stecher, J., Zeidler, F.: Die Beurteilung der Wirksamkeit von Airbag-Systemen mit Hilfe neuer Schutzkriterien. Automobil-Industrie **87**(2) (1987)

36. Gurdjian, E.S., Lissner, H.R., Latimer, F.R., Haddad, B.F., Webster, J.E.: Quantitative Determination of Acceleration and Intercranial Pressure in Experimental Head Injury. Neurology **3**, 417–423 (1953)

37. Gurdjian, E.S., Roberts, V.L., Thomas, L.M.: Tolerance Curves of Acceleration and Intercranial Pressure and Protective Index in Experimental Head Injury. Journal of Trauma, Vol. 6, Issue 5, Pages 600-604 (1966)

38. Gurt- bzw.: Prellmarken aus. http://notarztkurs.tripod.com/techrett.htm. Stand: Juli 2005

39. Heger, A., Appel, H.: Korrelationsmöglichkeiten von Unfallgeschehen und Versuch am Beispiel des Fußgängerunfalls. Jahrestagung 1982 der Deutschen Gesellschaft für Verkehrsmedizin e. V., Berlin (1982)

40. Helms, E.: Ökonomische Grundlagen zur Erfassung der Unfallkosten im Straßenverkehr. Dissertation, Bonn (1971)

41. Hirsch, A.E., Ommaya, A.K., Mahone, R.M.: Tolerance of Subhuman Primate Brain to Cerebral Concussion. Report 2876, Dep. of the Navy, Naval Ship Research and Development Center. Washington, D.C. (1968)

42. Hodgson, V.R., Brinn, J., Thomas, L.M., Greenberg, S.W.: Fracture Behavoir of the Skull Frontal Bone Against Cylindrical Surfaces. SAE Paper No. 700909, Proceeding of the 14th Stapp Car Crash Conference (1970)

43. Hofmann, J., Kramer, F., Dausend, K.: Side collisions, comparison of dummy loadings with injuries of real accidents. III. IRCOBI Conference. Lyon (F) (1978)

44. Holbourn, A.H.S.: Mechanics of Head Injuries. The Lancet. (Oct. 1943)

45. Huelke, D.F.: Anatomy of lower extremity – An overview. Biomechanics of impact trauma. Seminar in Orlando, FL (USA) (1990)

46. Huelke, D.F., O'Day, J., States, J.D.: Lower extremity injuries in automobile crashes. AAAM Conference: Crash performance standards and the biomechanics of impact: What are the relationships? Seminar in Orlando, FL (USA) (1990)

47. ISO TR 19222: Road vehicles — Injury risk curves for the THOR dummy;. Section 4.1. (2021)

48. Jennett, B.: Some medicolgal aspects of the management of acute head injury. BMJ **1**, 1383–1385 (1976)

49. Jäger, W., Lindenlaub, K.-H.: Nutzen/Kosten-Untersuchungen von Verkehrssicherheitsmaßnahmen. FAT-Schriftenreihe. Bd 5., Frankfurt/Main (1977)

50. King, A.I.: Injury to the Thoraco-Lumbar Spine and Pelvis. In: Nahum, A.M., Melvin, J.W. (Hrsg.) Accidental Injury -Biomechanics and Prevention. Springer-Verlag, New York (1993)

51. Kleiven S.: Influence of direction and duration of impacts to the human head evaluated using the Finite Element Method. International IRCOBI Conference (2005)

52. Kramer, F.: Ermittlung der maximal zulässigen Gurtkräfte an unterschiedlichen Gurtstraffern. Bericht Nr. SD2/9403–02 über Ergebnisse der Systemanalyse. TRW Repa, Alfdorf (1994)

53. Kramer, F.: Experimental determination of the pelvis rotational angle and its relation to a protection criterion for pelvic and abdominal injuries. International IRCOBI Conference. Lyon (France) (1994)

54. Kramer, F.: Passive Sicherheit/Biomechanik I/II. Vorlesungsskript zur gleichnamigen Lehrveranstaltung an der Hochschule für Technik und Wirtschaft (HTW), Dresden (2012)

55. Kramer, F.: Schutzkriterien für den Fahrzeug-Insassen im Falle sagittaler Belastung. Dissertation an der Technischen Universität Berlin. Fortschritt-Berichte, VDI-Reihe 12. Bd 137 (1989)

56. Kramer, F., Melz, T.: Nutzwertbetrachtung bei der Entwicklung von Kraftfahrzeugen. Vortrag im Rahmen des VDI-Seminars „Kraftfahrzeuge" an der Technischen Universität Berlin, Berlin (1983)

57. Kramer, F., Deter, T.: Zur Quantifizierung der Straßenverkehrssicherheit. Verlag Information Ambs GmbH, Kippenheim. Verkehrsunfall und Fahrzeugtechnik **30**, (1992)

58. Kramer, F., Fruck, K., Bigi, D.: Sicherheitsindex – Eine Möglichkeit zur objektiven Bewertung von Insassenschutzsystemen. Tagung „Rückhaltesysteme" im Haus der Technik e. V. in Essen (1995)

59. Kramer, F.: Volkswirtschaftlicher Schaden aufgrund der Verletzungsfolgekosten. Nicht veröffentlichtes Arbeitspapier und Auswertungsprogramm AUSWERT (Version 3.8 – angewandt am 11.7.2012). Hochschule für Technik und Wirtschaft (HTW), Dresden (Januar 2008)

60. Kramer, F.: Über die Anwendung mechanisch-mathematischer Belastungskriterien als Äquivalent zu Kopfverletzungen. Bericht über die Tätigkeit als Gastwissenschaftler bei der Bundesanstalt für Straßenwesen (BASt). Forschungsbericht Nr. 201/86. Technische Universität Berlin, Berlin (1985)

61. Kramer, F.: Analyse des Unfallgeschehens zur Ermittlung der Unfallkenngröße für Frontalkollisionen und der Verletzungsschwere sagittal belasteter PKW-Insassen. Forschungsbericht Nr. 325/88. Technische Universität Berlin, Berlin (1988)

62. Lenz, K.-H., Appel, H., Cesari, D., Tarriere, C.: Joint Biomechanical Research Project (KOB). Final Report (1981)
63. Leung, Y.C., Tarriere, C., Lestrelin, D.: Submarining Injuries of 3pt. Belted Occupant in Frontal Collisions – Description, Mechanism and protection. SAE Paper No. 821158, Proceeding of the 26th Stapp Car Crash Conference (1982)
64. Levine, R.: Injury to the Extremities. In: Nahum, A.M., Melvin, J.W. (Hrsg.) Accidental injury – Biomechanics and prevention. Springer-Verlag, New York (1993)
65. Marsh, J.H.: Existing traffic accident injury causation – Data recording methods and proposal of an occupant injury classification scheme. Proceeding of the American Association for Automotive Medicine (1972)
66. McElhaney, J.H., Myers, B.S.: Biomechanical aspects of cervical trauma. In: Nahum, A.M., Melvin, J.W. (Hrsg.) Accidental injury – Biomechanics and prevention. Springer-Verlag, New York (1993)
67. McElhaney, J.H., Stalnaker, R.L., Roberts, V.L.: Biomechanical aspects of head injury. Proceeding of the Symposium on Human Impact Response. Held at the GM Research Laboratory, Warren, Michigan (USA) (1972)
68. Melvin, J.W., Lighthall, J.W., Ueno, K., Nahum, A.M., Melvin, J.W. (Hrsg.): Brain injury biomechanics in accidental injury – Biomechanics and prevention. Springer-Verlag, New York (1993)
69. Melvin, J.W., Evans, F.G.: A Strain Energy Approach to the Mechanics of Skull Fracture. SAE Paper No. 710871, Proceedings of the 15th Stapp Car Crash Conference (1971)
70. Melz, T.: Nutzen/Kosten-Untersuchung alternativer Konzeptionen zum Insassenschutz. Diplomarbeit an der Technischen Universität Berlin, Berlin (1984)
71. Mendelsohn, R.A., Huelke, D.F.: Anatomy, Injury and Biomechanics of the Cervical Spine. AAAM Conference: Crash Performance Standards and the Biomechanics of Impact: What are the Relationships? Seminar in Orlando, FL (USA) (1990)
72. Mertz, H.J.: Anthropomorphic test devices. Accident injury in Biomechanics and Pervention, S. 66–84. Springer Verlag, New York (1993)
73. Mertz, H.J., Patrick, L.M.: Strength and Response of the Human Neck. 15. Stapp Car Crash Conference (1971)
74. Messerer, O.: Über Elasticität und Festigkeit der menschlichen Knochen. Cotta Verlag, Stuttgart (1880)
75. Morris, A., Welsh R.: Requirements fo the crash protection of older vehicle passengers. Ann Proc. Associc. Adv. Automotive Medicine Med **47**,165–180 (2003)
76. National Highway Traffic Safety Administration (NHTSA): Advanced airbag SNPRM preliminary economic assessment – injury criteria. http://www.nhtsa.dot.gov/cars/rules/rulings/AAirbagSNPRM/pea-III.n.html (2002)
77. Newman, J.A.: A generalized acceleration model for brain injury threshold (GAMBIT). International IRCOBI Conference. Zürich (1986)
78. Newman, J.A.: The biomechanics of head trauma and the development of the modern Helmet. How far have we really come? Bertil Aldman Memorial Lecture, IRCOBI Conference. Prague (CR) (2005)
79. Niederer, P., Walz, F., Zollinger, U.: Adverse effects of seat belts and causes of belt failures in severe car accidents in Switzerland during 1976. Proceedings 21st Stapp Car Crash Conference, New Orleans, LA (USA) (1977)
80. Nightingale, R.W., Chancey, V.C., Ottaviano, D., Luck, J.F., Tran, L.N., Prange, M.T., Myers, B.S.: Flexion and extension structural properties and strengths for male cervical spine segments. J. Biomech. **40**(3), 535–542 (2007)

81. Nightingale, R.W., Winkelstein, B.A., Knaub, K.E.: Myers, BS: Comperative bending strengths and structural properties of the upper and lower cervical spine. J. Biomech. **35**(6), 725–732 (2002)
82. Niklas, J.: Nutzen-Kosten-Analysen von Sicherheitsprogrammen im Bereich des Straßenverkehrs. Schriftenreihe des Verbandes der Automobilindustrie e.V. (VDA). Bd 7. VDA, Frankfurt/Main (1970)
83. Nirula, R., Pintar, F.: Identification of vehicle components associated with severe thoracic injury in motor vehicle crashes: a CIREN and NASS analysis. Accid. Anal. And Prev. **40**(1), 137–141 (2008). https://doi.org/10.1016/j.aap2007.04.013
84. Ommaya, A.K., Yarnell, P., Hirsch, A.E., Harris, Z.H.: Scaling of experimental data on cerebral concussion in sub-human Primates to concussion threshold for Men. 11. Stapp Car Crash Conference. (1967)
85. Otte, D., Suren, E.G.: Gutachterliche und verkehrsmedizinische Aspekte zur Sitzposition und Gurtbenutzung in Unfallfahrzeugen. Jahrestagung 1984 der Deutschen Gesellschaft für Verkehrsmedizin e. V. Köln (1984)
86. Pschyrembel, W.: Klinisches Wörterbuch, 255. Aufl. De Gruyter, Berlin, New York (1986)
87. Putz, R., Pabst, R.: Sobotta – Atlas der Anatomie des Menschen, 21. Aufl. Urban & Fischer, München (2002). CD-ROM-Service, Version 2
88. Ramsis Aircraft – Ergonomie Tool, Version: 3.8.16. Human Solutions. Kaiserslautern (2005)
89. Reidelbach, W., Zeidler, F.: Comparison of Injury Severity Assigned to Lower Extremity Skeletal Damages Versus Upper Body Lesions. 27. Annual Proceedings, American Association for Automotive Medicine (AAAM). San Antonio (USA) (1983)
90. Resikomed-Studie: Retrospektive Sicherheitsanalyse von Pkw Kollisionen mit Schwerverletzten. Institut für Fahrzeugsicherheit, München (1998)
91. Richter, B., Appel, H., Hoefs, R., Langwieder, K.: Entwicklung von PKW im Hinblick auf einen volkswirtschaftlich optimalen Insassenschutz. Abschlußbericht des vom Bundesminister für Forschung und Technologie (BMFT) geförderten Forschungsprojekts (TV 8036) (1984)
92. Rockoff, S.D., Ommaya, A.K.: Experimental head trauma cerebral angiographic observations in the early post-traumatic period. American Journal of Roentgenology, Vol. 91 (1964)
93. Rouhana, S.W.: Biomechanics of Abdominal Trauma. In: Nahum, A.M., Melvin, J.W. (Hrsg.) Accidental Injury-Biomechanics and Prevention. Springer-Verlag, New York (1993)
94. Rouhana, S.W., Foster, M.E.: Lateral Impact – an Analysis of the Statistics in the NCSS. SAE Paper No. 872203, Proceeding of the 29th Stapp Car Crash Conference (1985)
95. SAE J 885: Human tolerance to impact conditions as related to motor vehicle design. SAE Handbook, Vol IV (1994)
96. Safety Companion – Knowledge for Tomorrow's Automotive Engineering. Carhs Empowering Engineers. https://www.carhs.de/(2023). Zugegriffen: 18.Juni 2023
97. Schmidt, G., Kallieris, D., Barz, J., Mattern, R., Schulz, F., Schüler, F.: Belastbarkeitsgrenzen des angegurteten Fahrzeuginsassen bei der Frontalkollision. Schriftenreihe der Forschungsvereinigung Automobiltechnik e.V.. Bd 15. FAT, Frankfurt/Main (1980)
98. Schmidtke, H.: Lehrbuch der Ergonomie. Bearbeitete und ergänzte Auflage. Carl Hanser Verlag, München Wien (1981)
99. Schmitt, K.-U., Niederer, P., Cronin, D., Muser, M., Walz, F.: Trauma-Biomechanik: Einführung in die Biomechanik von Verletzungen, 3. Aufl. Springer-Verlag, Berlin (2010)
100. Schmitt, K.-U., Niederer, P., Walz, F.: Trauma biomechanics – introduction to accident injury. Springer-Verlag, Berlin, Heidelberg, New York (2004)
101. Sellier, K.: Das Schädel-Hirn-Trauma. Rechtsmedizin **68**, 239–252 (1971). Springer-Verlag, Berlin, New York

102. Sievert, W.: Kenntnisstand der biomechanischen Grenzwerte. Innere Sicherheit im Kraftfahrzeug. Verlag TÜV Rheinland GmbH, Köln (1979)
103. Slobodnik, B.A.: SPH-4 Helmet Damage and Head Injury Correlation, S. 80–87. Fort Rucker, AL, United States Army Aeromedical Research Laboratory, USAARL Report No (1980)
104. Stalnaker, R.L., Melvin, J.W., Nusholtz, G.S., Alem, N.M., Benson, J.B.: Head Impact Response. 21. Stapp Car Crash Conference (1977)
105. Stalnaker, R.L., Lin, C.A., Guenther, D.A.: The Application of the New Mean Strain Criterion (NMSC). International IRCOBI/AAAM Conference. Göteborg (Schweden) (1985)
106. States, J.D.: Soft tissue injuries of the neck. The human neck – anatomy, injury mechanisms and biomechanics. Congress and Exposition SAE SP-438. Detroit (1979)
107. Svensson, M.Y.: Neck injuries in rear-end car collisions – sites and biomechanical causes of the injuries, test methods and preventive Measures. Dissertation an der Chalmers University of Technology, Göteborg (S) (1993)
108. Takhounts, E.G.: Computational modeling and injury criteria for motor-vehicle crashes. Proceedings of the 59th Stapp Car Crash Conference. (2015)
109. Takhounts, E.G., Hasija, V., Craig, M.J.: BrIC and field brain injury risk. Proceedings of the 26th International Technical Conference for the Enhanced Safety of Vehicles (No 19–0154). https://www-esv.nhtsa.dot.gov/Proceedings/26/26ESV-000154.pdf (2019). Zugegriffen: 19. Juni 2023
110. Tarriere, C., Stcherbacheff, G., Duclos, P., Fayon, A.: The influence of the shape of the vehicle on the severeness of pedestrian injuries. International Congress of Automotive Safety (1974)
111. Unterharnscheidt, F., Higgins, L.S.: Traumatic lesions of brain and spinal cord due to non-deforming angular acceleration of the head. Texas Report on Biology and Medicine 27(1) (1969)
112. Uriot, J., Page, M., Tarriere, C., Bendjellal, F., Loiseleux, F., Saloum, M., Fournier, P.: Measurement of submarining on HYBRID III 50 & 5 Percentile Dummies. 14. International ESV Conference. München (D) (1994)
113. Viano, D.C.: Femoral Impact Response and Fractures. V. IRCOBI Conference. Birmingham (1980)
114. Viano, D.C.: Chest: Anatomy, types and mechanisms of injury, Tolerance criteria and limits, and injury factors. AAAM Conference: Crash performance standards and the biomechanics of impact: What are the relationships? Seminar in Orlando, FL (USA) (1990)
115. Viano, D. C.: Bolster Impacts to the Knee and Tibia of Human Cadavers and an Anthropomorphic Dummy. SAE Paper No. 780896, Proceeding of the 22nd Stapp Car Crash Conference, Ann Arbor, MI (USA) (1970)
116. Viano, D.C., Lau, I.V.: Thoracic impact: A visous tolerance criterion. Proceedings at the X. Experimental Safety Vehicle Conference. Oxford (UK) (1985)
117. Viano, D.C.: Cause and control of automotive trauma. Bulletin of the New York Academy of Medicine 64(5), (1988). New York
118. Wagner, R.: A 30 mph Front/Rear crash with human test persons. 23. Stapp Car Crash Conference. (1979)
119. Walfisch, G., Fayon, A., Tarriere, C., Chamouard, F., Guillon, F., Got, G., Patel, A., Hureau, J.: Human head tolerance to impact: Influence of the jerk (Rate of Onset of Linear Acceleration) on the occurrance of brain injuries. VI IRCOBI Conference. Salon de Provence (F) (1981)
120. Walz, F.: Biomechanische Aspekte der HWS-Verletzungen. Orthopäde 23(4), 262–267 (1994)

121. Walz, F, Muser, M.: Biomechanical Aspects of Cervical Spine Injuries. SAE 950658 in SP-1077. SAE International Congress and Exhibition, Detroit, Michigan (USA) (1995)
122. Walz, F, Muser, M.: Biomechanical Assessment of Soft Tissue Cervical Spine Disorders and Expert Opinion in low Speed Collisions. Accident Analysis & Prevention, Vol. **32,** Issue 2, Pages 161-165 (2000)
123. Weissner, R.: Bewertung und Erprobung von Gurtsystemen beim Frontalstoß. Dissertation. Technische Universität Berlin, Berlin (1976)
124. Wykowski, E.: Use of Human lower Leg Model for Frontal Impact. EuroPam-User Meeting, Heidelberg (2001)
125. Yamada, H.: Mechanical Properties of Tendinous Tissue. In: Yamada, H. (Hrsg.) Strength of biological materials. Williams & Wilkins, Baltimore, MD (1970)
126. Yoganandan, N.: Pintar, FA, Genarelli, TA, Maltese MR: Patterns of abdominal injuries in frontal and side impacts. Annual Proceedings Association Advanced Automotive Medicine **44**, 17–36 (2000)
127. Yoganandan, N; Nahum, A.; Melvin, J.: Accidental injury biomechanics and prevention. ISBN 978–1–4939–1731–0. Springer Verlag, New York (2015)
128. Zeilinger, T.: Kinematik der Halswirbelsäule bei Frontal- und Heckkollisionen als Basis zur Validierung eines numerischen Menschmodells. Masterarbeit an der TU Graz, 14–18 (2015)
129. Zobel, R.: Volkswirtschaftlich optimaler Insassenschutz – Ergebnisse der Simulationsrechnung. 11. BMFT-Statusseminar „Kraftfahrzeuge und Straßenverkehr". Münster (1984)
130. carhs.training: Protection Criteria for Side Impact (Legal Requirements). Internet-Abruf am 22.06.2023 unter https://www.safetywissen.com/object/B04/B04.S.9r7386936ry4lrnz-6b47505gmbbuh63823036305/safetywissen

Bewertung der Fahrzeugsicherheit

4

Ralf Reuter und Florian Kramer

Mit der Zunahme des Straßenverkehrs aufgrund der wachsenden Anzahl zugelassener Kraftfahrzeuge wuchs auch die Anzahl der Unfälle. Entsprechend frühzeitig setzten die Bemühungen der Legislative ein, zur Verbesserung der Verkehrssicherheit Vorschriften für Fahrzeuge zu erlassen, ohne die Mobilität und das Verkehrsgeschehen zu beeinträchtigen. Zur Überprüfung der Sicherheitsmaßnahmen werden einerseits Funktionsuntersuchungen durchgeführt, andererseits stellt die Sicherheitsgesetzgebung für einzelne Sicherheitskomponenten oder für die Gesamtheit aller Sicherheitseinrichtungen eine Wirkvorschrift dar, bei der nach Erfüllung oder Nicht-Erfüllung der gesetzlichen Anforderung unterschieden wird. Die Bewertung hingegen hat zum Ziel, die Fahrzeugsicherheit nicht nur nach ja/nein-Kriterien zu unterscheiden, sondern auch den unter- und überkritischen Bereich wertemäßig zu erfassen, sodass z. B. im Rahmen der Untersuchungen zur passiven Sicherheit die Insassenbelastungswerte selbst das Gütekriterium darstellen und die Höhe des Wertes mit der Wahrscheinlichkeit der körperteilspezifischen Verletzung korreliert. Damit werden dem Verbraucher Informationen bereitgestellt, nach denen er das *Unfallverhalten*, im Rahmen der Untersuchungen zur aktiven Sicherheit aber auch das *Unfallvermeidungspotenzial*, eines bestimmten Fahrzeuges vergleichend mit einem anderen, innerhalb einer Fahrzeugklasse oder auch innerhalb der Fahrzeugpopulation, beurteilen kann.

R. Reuter (✉)
carhs.training GmbH, Alzenau, Deutschland
E-Mail: ralf.reuter@carhs.de

F. Kramer

© Der/die Autor(en), exklusiv lizenziert an Springer Fachmedien Wiesbaden GmbH, ein Teil von Springer Nature 2023, korrigierte Publikation 2024
R. Schöneburg (Hrsg.), *Integrale Sicherheit von Kraftfahrzeugen*, ATZ/MTZ-Fachbuch, https://doi.org/10.1007/978-3-658-42806-8_4

4.1 Quantifizierung der Straßenverkehrssicherheit

Es wurde bereits an anderer Stelle gezeigt (vgl. Abb. 1.1), dass die Straßenverkehrssicherheit auf den Menschen als Verkehrsteilnehmer, auf das Straßenverkehrsfahrzeug und auf die (Verkehrs-) Umwelt abzielt. Die unfallvermeidenden Maßnahmen werden dem Bereich der aktiven Sicherheit und die Unfallfolgen-mindernden Maßnahmen der passiven Sicherheit zugeordnet. Im Folgenden soll nun dargestellt werden, in welchem Umfang sich die Sicherheit in den letzten sechs Jahrzehnten bei einer fast elffachen Zunahme der zugelassenen Kraftfahrzeuge verbessert hat. Dabei erscheint die in den Medien übliche Angabe etwa der prozentualen Reduzierung der im Unfallgeschehen tödlich Verletzten gegenüber dem Vorjahr oder die Anzahl der Unfallopfer pro zugelassenem Fahrzeug bzw. je Kilometer-„Leistung" unzureichend, und zwar aus zwei Gründen [12]:

- Die pauschalisierenden Angaben lassen keine Aussage zu, auf welche der beiden Teilbereiche die Verbesserung der Sicherheit zurückzuführen ist, und
- der Schaden, der der Volkswirtschaft aufgrund der Verletzungsfolgekosten alljährlich entsteht, lässt sich nur zum geringeren Teil aus den tödlich Verletzten (2011: ca. 17,9 % der Folgekosten) ableiten.

Die Anzahl der zugelassenen Kraftfahrzeuge nahm im Zeitraum von 1960 bis 2021 etwa um das Siebenfache zu, während sich die Zahl der Unfälle nur um ungefähr das Zweifache erhöhte (Abb. 4.1). Dabei sei darauf hingewiesen, dass durch die Vereinigung Deutschlands im Jahr 1990 der Zuwachs der Zulassungszahlen allein zwischen 1990 und 2007 – ab 2008 ohne vorübergehend stillgelegte Fahrzeuge – ca. 20,7 Mio. Kraftfahrzeuge betrug, was eine Zunahme um 56,5 % bedeutet. Die Unfallzahlen hingegen nahmen zunächst von 1990 mit 2,011 Mio. bis 1992 mit 2,385 Mio. Unfällen um 18,6 % zu und sanken dann erfreulicherweise wieder bis 2011 auf 2,361 Mio. Unfälle; gegenüber 1990 eine Zunahme von lediglich 17,5 %.

Zur getrennten Darstellung der aktiven und der passiven Sicherheit werden zunächst die zugelassenen auf die unfallbeteiligten Kraftfahrzeuge bezogen. Die Sicherheitskennzahl bezieht somit die Anzahl der nicht in einen Unfall involvierten Kraftfahrzeuge auf ein Unfall-Kraftfahrzeug. Sie ist als Gütekriterium für die aktive, oder besser primäre Sicherheit [12], für die Jahre 1953 bis 2011 in Abb. 4.2 dargestellt. Der so definierte **Index für die aktive Sicherheit AkSIx** steigt mit einer geringer werdenden Anzahl von Unfallfahrzeugen. Umgekehrt erhöht sich die aktive Sicherheit mit dem Bestand (und gewissermaßen der Fahrleistung) zugelassener Fahrzeuge bei gleicher Anzahl verunfallter Fahrzeuge. Durch die Berücksichtigung sowohl des Kraftfahrzeug-Bestandes als auch der Fahrleistung ist die Maßzahl der aktiven Sicherheit durch die Kollisionswahrscheinlichkeit und die Expositionsdauer geprägt.

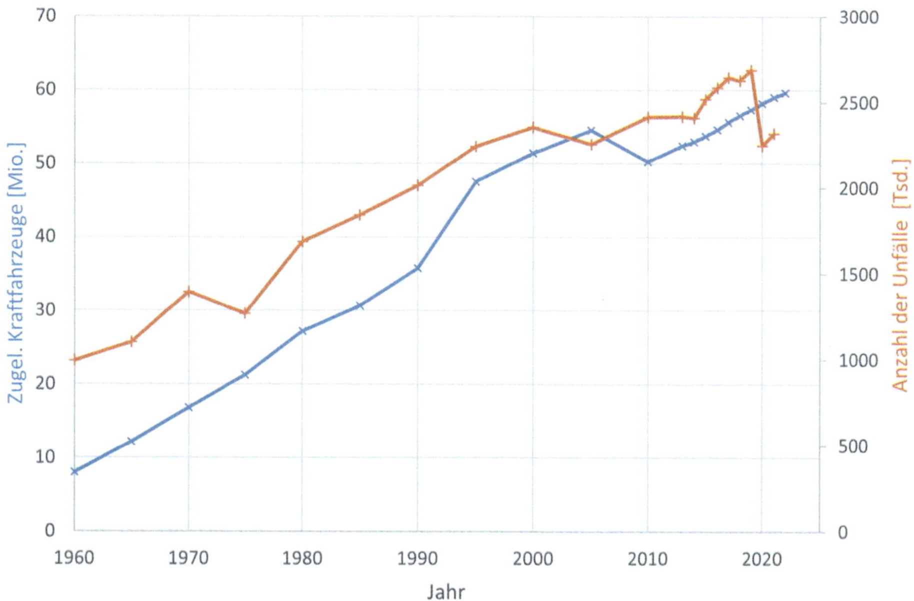

Abb. 4.1   Kraftfahrzeug-Bestand [11] und Anzahl der Unfälle [23] im Zeitraum 1960 bis 2021 (ab 1991 einschließlich der neuen Bundesländer und ab 2008 ohne vorübergehend stillgelegte Fahrzeuge)

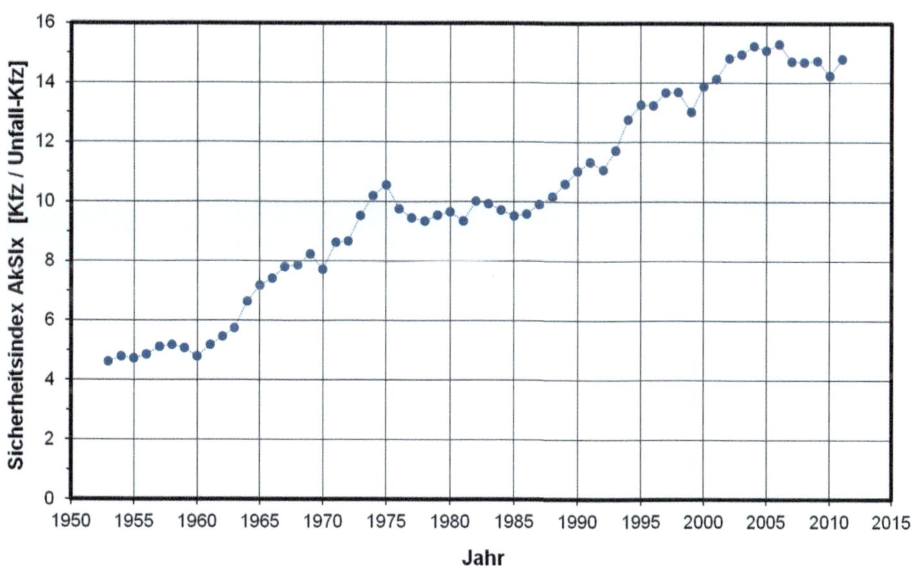

Abb. 4.2   Zeitliche Entwicklung der aktiven Sicherheit im Zeitraum 1953 bis 2011 (ab 1991 einschließlich der neuen Bundesländer)

Der **Index für die passive Sicherheit PaSIx** ist durch den Quotienten aus der Anzahl aller Unfälle und den Verletzungsfolgekosten für leicht, schwer und tödlich Verletzte (aus Maßstabsgründen in Mio. €) gekennzeichnet [12]. In Abb. 4.3 ist die Verteilung der Verletzungsfolgekosten für den Zeitraum 1953 bis 2011 dargestellt und zeigt seit 1999 leicht ansteigende Anteile für Leichtverletzte von etwa 22 auf 30 % und mit abnehmender Tendenz für Schwerverletzte von 54 auf 52 % und für tödlich Verletzte auf schließlich 17,9 %. Durch die Quotientenbildung erhöht sich die Maßzahl für die passive Sicherheit mit Zunahme der Unfälle bei gleichbleibenden oder abnehmenden Folgekosten; die passive Sicherheit steigt aber auch bei gleichbleibender Unfallzahl und sinkenden Verletzungsfolgekosten.

Bei der zeitlichen Darstellung der Maßzahl für die passive Sicherheit, die in Abb. 4.4 gezeigt ist, kann seit Mitte der 1960er Jahre ein progressiver Zuwachs der passiven Sicherheit festgestellt werden. Die deutliche Erhöhung des Sicherheitsindexes in den Jahren 1984 und 1985 ist der im August 1984 eingeführten Bußgeldbewehrung bei Nicht-Anlegen des Sicherheitsgurtes zuzuschreiben.

Eine gewisse Stagnation der passiven Sicherheit ist seit 1987 festzustellen mit einem deutlichen Einbruch in den Jahren 1991 bis 1995, der sicherlich im Zusammenhang mit der Vereinigung Deutschlands gesehen werden muss. Es gibt zahlreiche Hinweise, die nahelegen, dass der Einbruch bei der passiven Sicherheit auf die Verbringung einer großen Anzahl gebrauchter, mängelbehafteter PKW in die neuen Bundesländer in Verbindung mit einer vorübergehenden exzessiven Nutzung zurückzuführen ist. In der Folgezeit kann allerdings eine Erholung der Sicherheit beobachtet werden, die

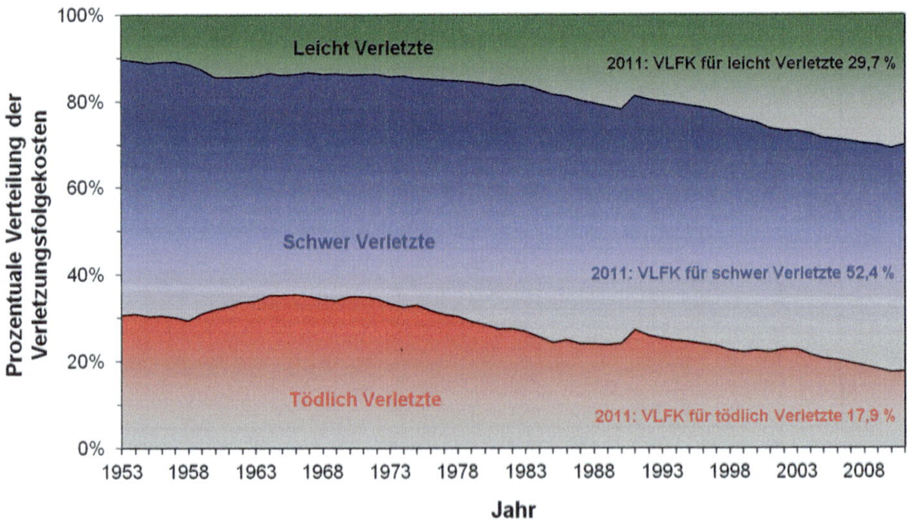

Abb. 4.3 Verteilung der Verletzungsfolgekosten für leicht, schwer und tödlich Verletzte im Zeitraum 1953 bis 2011 (ab 1991 einschließlich der neuen Bundesländer)

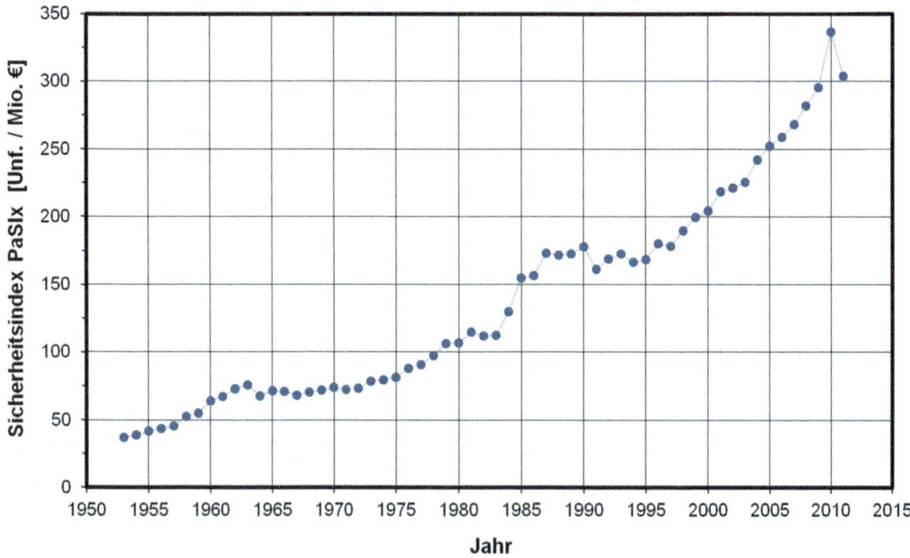

Abb. 4.4 Zeitliche Entwicklung der passiven Sicherheit im Zeitraum 1953 bis 2011 (ab 1991 einschließlich der neuen Bundesländer)

offensichtlich aus dem positiven Einfluss des zunehmenden Anteils der mit Front- und Seiten-Airbags ausgestatteten PKW an der gesamten Fahrzeugpopulation resultiert.

Der hier gezeigte Index PaSIx für die passive Sicherheit fand bereits in abgewandelter Form eine Anwendung: Die in Abb. 2.8 gezeigte Sicherheitszahl wurde gebildet durch die Relation der Gesamtzahl aus verletzten und unverletzten Unfallbeteiligten und den ermittelten Verletzungsfolgekosten. Aufgrund der unterschiedlichen Basis sind die absoluten Werte zwar nicht vergleichbar, doch lassen sich durch den Bezug der Anzahl von Unfallfahrzeugen oder die Anzahl der Unfallbeteiligten auf die spezifischen Verletzungsfolgekosten Sicherheitszahlen ermitteln, die trefflich das Sicherheitsausmaß zum Ausdruck bringen.

Mithilfe der gezeigten Indizes für die aktive und die passive Sicherheit kann die Straßenverkehrssicherheit quantifiziert werden; die Maßzahlen lassen sich aus den Unfallzahlen der amtlichen Bundesstatistik [22] errechnen. Aufgrund der unterschiedlichen Dimensionalität dürfen sie allerdings nicht ineinander überführt werden, sie gestatten jedoch eine direkte Aussage über die erreichte Verbesserung in den beiden Sicherheitsbereichen und das darin enthaltene Verbesserungspotenzial. Die Zunahme der Sicherheitsmaßzahlen zeigt innerhalb des Zeitraumes von beinahe 60 Jahren durchaus unterschiedliche Zuwächse: bei der aktiven Sicherheit den mehr als dreifachen (4,6 auf 14,8), bei der passiven den mehr als achtfachen Wert (36,6 auf 304). Diese Zuwächse lassen sich nur in wenigen Fällen (z. B. Bußgeldbewehrung für das Nicht-Anlegen des Gurtes im Jahr 1984) unmittelbar auf einzelne gesetzgeberische Maßnahmen zurückführen, vielmehr sind sie Ausdruck der Gesamtwirkung ineinandergreifender Einzelmaßnahmen, initiiert durch die Legislative, aber auch durch die Automobil-Hersteller, die dem Sicherheitsbedürfnis ihrer Kunden Rechnung trugen. Sie sind nicht zuletzt aber auch durch die Veröffentlichung von Ergebnissen aus Verbraucherschutzversuchen (z. B. Euro NCAP) positiv beeinflusst worden.

4.2 Gesetzgebung

Auf die mit wachsendem Verkehrsaufkommen einhergehende Zunahme der Unfälle mit den dabei auftretenden Verletzten und Getöteten reagierten die gesetzgebenden Organe weltweit recht unterschiedlich und formulierten dementsprechende Gesetze und Standards mit dem Ziel, die Straßenverkehrssicherheit nachhaltig zu verbessern. Auf Fahrzeuge bezogen lassen sich dabei im Wesentlichen vier Ansätze unterscheiden:

- Entwicklung und Bau möglichst sicherer Fahrzeuge durch Bau- und Wirkvorschriften,
- Erhalt des verkehrssicheren Zustandes von Fahrzeugen durch das Vorschreiben von Überwachungsintervallen,
- Abbau von Handelshemmnissen durch gleiche Anforderungen bezüglich Beschaffung, Prüfung und Genehmigung im Geltungsbereich von Mitgliedsstaaten und
- Harmonisierung durch die Aufgabe nationaler Bestimmungen zugunsten internationaler Verordnungen und Richtlinien.

Die gesetzlich festgelegten Vorschriften und Kriterien der Sicherheitsgesetzgebung beziehen sich dabei auf Anforderungen an das Fahrzeug im Alltagsbetrieb und bei Unfällen. Daneben wurden genau spezifizierte Regelungen an das Gesamtfahrzeug und an bestimmte Fahrzeugbauteile definiert, die für einzelne Staaten oder Staatengruppen in den letzten Jahrzehnten zum Teil auf die vier- bis fünffache Anzahl angewachsen ist [15].

4.2.1 Vorschriften in Deutschland und in Europa

Die in Deutschland geltende **Straßenverkehrs-Zulassungsordnung** (StVZO), die vom Bundesminister für Verkehr, Bau und Stadtentwicklung erlassen wurde, geht von ihrer Entstehungsgeschichte bis ins Jahr 1937 zurück. Die StVZO wurde häufig überarbeitet und hat im Hinblick auf spezielle nationale Vorschriften für die Typzulassung von Fahrzeugen zunehmend an Bedeutung verloren; sie wurde sukzessive in andere Verordnungen überführt. So regelt seit 2009 die EG-Fahrzeuggenehmigungsverordnung (EG-FGV) auch die Zulassung von Fahrzeugen in Deutschland im Hinblick auf die Fahrzeugsicherheit basierend auf UN-Regelungen oder EWG-Richtlinien.

In den einzelnen Staaten der Europäischen Union (EU), die 1957 als Europäische Wirtschaftsgemeinschaft (EWG) gegründet wurde, haben sich die Bau- und Ausrüstungsvorschriften unterschiedlich entwickelt, ebenso die Anforderungen an den Betrieb von Kraftfahrzeugen hinsichtlich der Maße, der Gewichte und der regelmäßigen technischen Überwachungen. Das Ziel des 1991 in Kraft getretenen EWG-Vertrages ist daher im Abbau von Handelshemmnissen und in der Durchführung einer gemeinsamen Verkehrspolitik zu sehen, denn das Fahrzeug ist einerseits eine Ware, die verkauft werden soll, andererseits aber sollen mit ihm Personen und Waren sicher transportiert werden [10]. Zur Erfüllung dieser Aufgaben kommen für Kraftfahrzeuge und Anhänger in der Regel Verordnungen oder Richtlinien zur Anwendung. Dabei haben Verordnungen in den einzelnen Mitgliedsstaaten unmittelbare Wirkung und ersetzen bestehende nationale Bestimmungen durch das Gemeinschaftsrecht, das in der Verordnung enthalten ist. Richtlinien hingegen entfalten keine unmittelbare Wirkung und müssen daher durch die Mitgliedsstaaten mittels eines Gesetzes oder einer nationalen Verordnung ratifiziert und umgesetzt werden.

Die **EU- (oder EWG-) Richtlinien** stellen auf eine optionale Anwendung ab, d. h. dass anstelle nationaler Bestimmungen diejenigen der EU-Richtlinien angewendet werden können (optionale Harmonisierung). Derzeit geht man in der EU allerdings dazu über, den Mitgliedsstaaten aufzugeben, die nationale Betriebserlaubnis zu verweigern, sofern das Fahrzeug nicht den EU-Richtlinien entspricht (totale Harmonisierung). Neben den Richtlinien kommen Entscheidungen sowie Empfehlungen und Stellungnahmen in Betracht, die allerdings nicht verbindlich sind. Aufgrund der unterschiedlichen Vorschriften in allen EU-Mitgliedsstaaten liegt die Notwendigkeit für eine Harmonisierung auf der Hand. Maßgebend hierfür ist die Schaffung einer **EU- (bzw. EWG-) Typgenehmigung,** nach der in jedem Mitgliedsstaat ein Fahrzeug genehmigt wird und diese Genehmigung in allen anderen Mitgliedsstaaten anerkannt werden muss und wird, ohne dass in diesen erneut eine Prüfung durchgeführt werden muss. Ein Automobil-Hersteller muss also nicht mehr wie früher die nationale Genehmigung in jedem einzelnen der derzeit 27 EU-Mitgliedsstaaten einholen; in Deutschland wird diese durch die Allgemeine Betriebserlaubnis, die das Kraftfahrt-Bundesamt ausstellt, erteilt. Vielmehr genügt eine einzige EU-Typgenehmigung, die dann in den anderen Staaten Anerkennung findet. Für die Erteilung einer kompletten EU-Typgenehmigung eines Fahrzeugs der Klasse M_1 nach Verordnung (EU) 2018/858 als Voraussetzung für die Zulassung eines Kraftfahrzeugs müssen 68 Einzel-Richtlinien erfüllt werden, welche die Bereiche der aktiven und der passiven Sicherheit sowie den Umweltschutz umfassen.

Neben den nationalen Vorschriften und den Richtlinien der EU sind die Regelungen der ECE (Economic Commission for Europe), einer Unterorganisation der UN, das dritte Standbein bei den Sicherheitsvorschriften für Kraftfahrzeuge. Diese **UN-Regelungen** sind Anhänge des 1958 geschlossenen Übereinkommens über die Annahme einheitlicher Bedingungen für die Genehmigung der Ausrüstungsgegenstände und Teile von Kraftfahrzeugen sowie über die gegenseitige Anerkennung der Genehmigung. Dem

Übereinkommen gehören neben den nunmehr 27 EU-Mitgliedsstaaten auch weitere außereuropäische Staaten, wie z. B. Japan und Australien, an (Tab. 4.1).

Die Vertragsstaaten, die eine UN-Regelung anwenden, müssen genehmigte Fahrzeuge und Fahrzeugteile im Rahmen des nationalen Betriebserlaubnis- bzw. Bauartengenehmigungsverfahrens zulassen. Die Übernahme der Regelungen in das nationale Recht ist nach dem Ermessen der Regierungen entweder fakultativ (Anwendung parallel zu bestehenden nationalen Vorschriften nach Wahl des Automobil-Herstellers) oder obligatorisch (UN-Regelungen ersetzen nationale Vorschriften). Bislang existieren 167 UN-Regelungen (Stand 30. Juni 2023), von denen in Deutschland ein Großteil (ca. zwei Drittel) angewandt wird [10].

Tab. 4.1 Unterzeichnerstaaten des 1958er-Abkommens, UN-Regelungen (Stand März 2023)

ECE Symbol	Land	ECE Symbol	Land	ECE Symbol	Land
E 1	Germany	E 21	Portugal	E 43	Japan
E 2	France	E 22	Russian Federation	E 45	Australia
E 3	Italy	E 23	Greece	E 46	Ukraine
E 4	Netherlands	E 24	Ireland	E 47	South Africa
E 5	Sweden	E 25	Croatia	E 48	New Zealand
E 6	Belgium	E 26	Slovenia	E 49	Cyprus
E 7	Hungary	E 27	Slovakia	E 50	Malta
E 8	Czech Republic	E 28	Belarus	E 51	Republic of Korea
E 9	Spain	E 29	Estonia	E 52	Malaysia
E 10	Serbia	E 30	Republic of Moldova	E 53	Thailand
E 11	United Kingdom	E 31	Bosnia and Herzegovina	E 54	Albania
E 12	Austria	E 32	Latvia	E 55	Armenia
E 13	Luxembourg	E 34	Bulgaria	E 56	Montenegro
E 14	Switzerland	E 35	Kazakhstan	E 57	San Marino
E 16	Norway	E 36	Lithuania	E 58	Tunisia
E 17	Finland	E 37	Turkey	E 60	Georgia
E 18	Denmark	E 39	Azerbaijan	E 62	Egypt
E 19	Romania	E 40	North Macedonia	E 63	Nigeria
E 20	Poland	E 42	European Union	E 64	Pakistan
				E 65	Uganda

Basierend auf dem sogenannten CARS-21-Prozess, in dem hochrangige Delegationen von Regierungen, Fahrzeugindustrie und der EU-Kommission Ziele und Wege vereinbart haben, um die Wettbewerbsfähigkeit der europäischen Fahrzeugindustrie zu stärken, wurde auch das für die Typprüfung anzuwendende Regelungswerk vereinfacht [5]. Durch Ergänzung der Rahmenrichtlinie 2007/46/EG zum Typgenehmigungsverfahren von Fahrzeugen [18] durch die Verordnung (EG) No 661/2009, der sogenannten „General Safety Regulation", wurden so zahlreiche Richtlinien durch UN-Regelungen ersetzt [26].

Mit der EU-Verordnung 2018/858 [24] wurde das Europäische Typgenehmigungsverfahren überarbeitet und insbesondere die Marktüberwachung verstärkt. Zusätzlich trat 2020 die Verordnung (EU) 2019/2144 [25], die sogenannte „General Safety Regulation II" in Kraft. Mit dieser Verordnung werden in Stufen, beginnend ab 2022 bis 2029, zahlreiche neue Sicherheitsanforderungen und -systeme eingeführt. Dazu zählen im Bereich der passiven Sicherheit die Einführung eines zusätzlichen Frontalaufpralls (UN Regelung 137, 50 km/h Anprall an die starre Wand mit 100 % Überdeckung), eines Pfahl-Seitenaufpralls (UN Regelung 135) sowie die Erweiterung des Kopfanprallbereichs bei den Impaktorentests für den Fußgängerschutz. Darüber hinaus setzt die General Safety Regulation II einen Schwerpunkt bei unfallvermeidenden Systemen, wie beispielsweise Notbremsassistenten, Spurhalteassistenten oder Geschwindigkeitsassistenten.

4.2.2 Vorschriften in den USA und anderen Staaten

Während in Europa dem Fahrzeugführer ein hohes Maß an Verantwortung auferlegt wurde, sodass der Schwerpunkt gesetzgeberischer Maßnahmen zunächst auf die Vermeidung von Unfällen abzielte, vertraten die Verantwortlichen in den USA die Meinung, dass die Verkehrsteilnehmer, speziell die Fahrzeugführer, nur in geringem Ausmaß erzogen werden können und deshalb die Insassen durch eine geeignete Bauweise des Fahrzeugs vor den Unfallfolgen zu bewahren sind. Erst an zweiter Stelle wurde in den USA auf Maßnahmen zur Unfallvermeidung gesetzt [19].

Die Zunahme der Unfälle mit schwer und tödlich Verletzten erreichten Anfang der 1960er Jahre eine solche Größenordnung, dass die amerikanische Regierung, aufgefordert durch Initiativen mächtiger Verbraucherorganisationen, einschneidende Rahmengesetze erlassen musste, die mit dem im Jahre 1966 beschlossenen Automobil-Sicherheitsgesetz (Motor Vehicle Safety Act) detaillierte Prüfprozeduren für Fahrzeugvorschriften hinsichtlich des Verhaltens von Kraftfahrzeugen im Alltagsbetrieb und bei Unfällen festschrieben. Diese Prüfvorschriften, die unter Punkt 571 des Automobil-Sicherheitsgesetzes im Einzelnen beschrieben sind und Anforderungen sowie Bewertungskriterien enthalten, sind in den **Federal Motor Vehicle Safety Standards** (FMVSS) formuliert und beziehen sich beispielsweise auf den Fahrzeug-Innenraum (FMVSS 201 bis 204 und 207), auf die Insassenschutzsysteme und deren Komponenten (FMVSS 208 bis 210, 213 und 226), auf die Seitenstruktur (FMVSS 214) und auf die Unversehrtheit der Kraftstoffanlage (FMVSS 301). Die Erfüllung dieser Vorschriften werden nicht als Voraussetzung für die Zulassung des Kraftfahrzeugs am öffentlichen Straßenverkehr angesehen, vielmehr wird in den USA das **Prinzip der Selbstzertifizierung** durch die Automobil-Hersteller angewandt, d. h. die Hersteller überprüfen die Einhaltung der Standards eigenverantwortlich und die Fahrzeuge gelangen, anders als in Europa, ohne Zulassungsverfahren in den Verkehr. Um jedoch sicherzustellen, dass die Vorschriften eingehalten werden, werden in bestimmten Intervallen gezielt Fahrzeuge durch nachgeordnete Regierungsbehörde vom Markt genommen und auf der Basis der Sicherheitsstandards überprüft.

In anderen Staaten wie Australien (ADR), Japan, Korea (KMVSS), Kanada (CMVSS) und Saudi Arabien (SAS), deren Sicherheitsgesetze mehr oder weniger stark von den US-Sicherheitsstandards abweichen, wird für die Straßenverkehrszulassung häufig die Erfüllung der US- oder der europäischen Vorschriften als gleichwertig akzeptiert [15].

Große Bedeutung haben zwischenzeitlich die Vorschriften in den sogenannten BRIC-Staaten erlangt. Die Märkte in Brasilien, Russland, Indien und China gehören mittlerweile durch ihr großes Wachstum im Hinblick auf neu zugelassene Fahrzeuge für die deutschen Fahrzeughersteller zu den wichtigsten Märkten der Welt. Durch die stark steigenden Fahrzeugbestände und die hierdurch verbundene Zunahme von Verkehrsunfällen werden auch hier fortlaufend Vorschriften zur Fahrzeugsicherheit erlassen.

4.2.3 Zusammenfassung der Vorschriften in verschiedenen Ländern

Derzeit werden weltweit zahlreiche Vorschriften überarbeitet und neue vorbereitet. Das in Europa für die Typprüfung geltende Regelungs- und Richtlinienwerk wurde durch die Rahmenrichtlinie vereinfacht und reduziert.

Im Rahmen des sogenannten 1998-Abkommens sollen Vorschriften und Testverfahren soweit möglich weltweit durch Globale Technische Regelungen (GTR) harmonisiert werden; die Unterzeichnerstaaten sind in Tab. 4.2 aufgelistet. Derzeit sind 23 GTRs in das Globale Register bei den Vereinten Nationen eingetragen, von denen vier dem Bereich passive Sicherheit zuzuordnen sind: GTR Nr. 1 zu Türen und Schlössern, GTR Nr. 7 zu Kopfstützen, GTR Nr. 9 zum Fußgängerschutz und GTR Nr. 14 zum Pfahl-Seitenaufprall.

Im sogenannten „Blue Book" der UNECE wird beschrieben, wie das Weltforum zur Harmonisierung von Fahrzeugregelungen (WP 29) aufgebaut ist und wie internationale Regelungen nach dem 1958er- (UN-Regelungen) und 1998er-Abkommen (GTRs) zustande kommen [3].

Die nachfolgenden Tab. 4.3 und 4.4 geben, ohne Anspruch auf Vollständigkeit, einen Überblick über die derzeit geltenden gesetzlichen Vorschriften zur inneren und äußeren Sicherheit von Kraftfahrzeugen in verschiedenen Ländern und Staatengruppen und beschreiben die wesentlichen Anforderungen und Merkmale dieser Prüfvorschriften.

Tab. 4.2 Unterzeichnerstaaten des 1998er-Abkommens, Globale Technische Regelungen GTR (Stand Juni 2022)

Unterzeichnerstaat	Beitritt ab	Unterzeichnerstaat	Beitritt ab
Australia	07.06.08	Republic of Moldova	17.03.07
Azerbaijan	14.06.02	Netherlands [1]	05.03.02
Belarus	03.03.15	New Zealand [2]	26.01.02
Canada	25.08.00	Nigeria	17.12.18
P.R. China	09.12.00	Norway	29.11.04
Cyprus	11.06.05	Romania	24.06.02
European Union	25.08.00	Russian Federation	25.08.00
Finland	07.08.01	San Marino	26.01.16
France	25.08.00	Slovakia	06.01.02
Germany	25.08.00	Slovenia	08.05.14
Hungary	21.08.01	South Africa	17.06.01
India	22.04.06	Spain	22.06.02
Italy	30.01.01	Sweden	01.02.03
Japan	25.08.00	Tajikistan	26.02.12
Kazakhstan	27.08.11	Turkey	01.09.01
Republic of Korea	01.01.01	Tunisia	01.01.08
Lithuania	25.07.06	United Kingdom of Great Britain and Northern Ireland	25.08.00
Luxembourg	15.11.05	United States of America	25.08.00
Malaysia	04.04.06	Uzbekistan	03.07.18

Vergleichbare gesetzliche Vorgaben existieren auch in China (GB Standards) und Korea (KMVSS). Diese sind aufgrund der eingeschränkten Zugänglichkeit der jeweiligen Gesetzestexte an dieser Stelle nicht aufgeführt.

Aufgrund der nicht unerheblichen Unterschiede zwischen den UN-Regelungen und der FMVSS hinsichtlich der Aufprallversuche zu Frontal- und Seitenkollisionen, soll auf diese näher eingegangen werden. Die Verschiedenheit bezieht sich sowohl auf die Versuchsanordnung als auch auf die einzuhaltenden Prüfkriterien.

Bei den **Crash-Versuchen zur Frontalkollision** nach der Regelung UN-R 94 erfolgt der Aufprallversuch mit einer Geschwindigkeit von $v = 56$ km/h gegen eine deformierbare Barriere mit einer fahrerseitigen Überdeckung (Offset Deformable Barrier – ODB) von 40 %. Seit 2022 ist in Europa zusätzlich die UN-R 137 zu erfüllen, die einen Aufprallversuch mit einer Geschwindigkeit von $v = 50$ km/h gegen eine starre Barriere mit voller Überdeckung (Full-width Test) beinhaltet. Während beim ODB Test beide vorderen Sitze mit HIII-50M Dummies besetzt sind, ist beim Full-width Test der Fahrer

Tab. 4.3 Gesetzliche Vorschriften und Standards zur inneren Sicherheit in verschiedenen Ländern

Land	Vorschrift	Anforderungen und Merkmale zur inneren Sicherheit
Sicherheitsmaßnahmen am und im Gesamtfahrzeug		
Europa	UN-R 94	Frontalaufprall auf deformierbare 0°-Barriere mit 40%-iger Überdeckung auf der Fahrerseite bei 56 km/h; Messung an zwei Dummies HYBRID III-50M fahrer- und beifahrerseitig, Kriterien für Kopf, Hals, Thorax, Oberschenkel und Knie; Lenkrad-Verschiebung und Drehung der Lenksäule. Bei Hochvolt Fahrzeugen Überprüfung des Schutzes gegen elektrischen Schlag nach dem Aufpralltest
	UN-R 95	Seitenaufprall mit beweglicher, deformierbarer Barriere (Höhe 300 mm), bei 50 km/h; Messung an einem Dummy ES-2 fahrerseitig, Kriterien für Kopf, Brust (VC-Kriterium und Eindrückung) und Abdomen (innere, äußere und Symphyse-Kraft). Bei Hochvolt Fahrzeugen Überprüfung des Schutzes gegen elektrischen Schlag nach dem Aufpralltest
	UN-R 135	Pfahlanprall gegen starren Pfahl mit 32 km/h unter einem Winkel von 75°. Messungen mit einem Dummy (WorldSID-50M) auf Fahrersitz stoßseitig. Kriterien für Kopf, Schulter, Brust, Abdomen, Lendenwirbelsäule und Becken
	UN-R 137	Frontalaufprall gegen starre Barriere 0° bei 50 km/h. Messungen an zwei Dummies HYBRID III-50M fahrer- und HIII-5F beifahrerseitig, Kriterien für Kopf, Hals, Brust und Oberschenkel
USA/CDN	FMVSS 208	5 Frontalaufprall-Konfigurationen: 32–40 km/h gegen starre Barriere 0°, HYBRID III-5F fahrer- und beifahrerseitig, ungegurtet 56 km/h gegen starre Barriere 0°, HYBRID III-5F fahrer- und beifahrerseitig, gegurtet 40 km/h gegen deormierbare Barriere 0°, 40 % Überdeckung, HYBRID III-5F fahrer- und beifahrerseitig, gegurtet 32–40 km/h gegen starre Barriere -30° -+30°, HYBRID III-50M fahrer- und beifahrerseitig, ungegurtet 56 km/h gegen starre Barriere 0°, HYBRID III-50M fahrer- und beifahrerseitig, gegurtet Kriterien für Kopf, Hals, Brust und Oberschenkel Tests in sogenannten "Out of Position"-Situationen Fahrerseitig mit HYBRIS III-5F, beifahrerseitig mit CRABI, HYBRID III 3 y/o und HYBRID III 6 y/o

(Fortsetzung)

Tab. 4.3 (Fortsetzung)

Land	Vorschrift	Anforderungen und Merkmale zur inneren Sicherheit
USA/CDN	FMVSS 214	Seitenaufprall mit beweglicher, deformierbarer Barriere, bewegt im Krebsgang unter 27°, bei 54 km/h gegen Fahrertür des stehenden Fahrzeugs; Messungen mit zwei Dummies (ES-2RE vorne, SID IIs hinten) auf Fahrersitz und im Fond stoßseitig, Kriterien für Kopf (HIC), Brust (Eindrückung bzw. Beschleunigung), Abdomen und Becken (Kraft). Pfahlanprall gegen starren Pfahl mit bis zu 32 km/h unter einem Winkel von 75°. Messungen mit einem Dummy (ES-2RE bzw. SID IIs) auf Fahrersitz stoßseitig
Dacheindrückschutz		
USA/CDN Saudi Arabien	FMVSS 216a SAS 266/267	Verformungswiderstand der vorderen Dachecken gegen statischen Druck eines Prüfstempels. Kabriolett braucht diese Forderung für USA/CDN nicht zu erfüllen
Seitenstruktur- und Seitentürfestigkeit		
Europa	UN-R 95	Siehe unter „Sicherheitsmaßnahmen am und im Gesamtfahrzeug"
USA/CDN	FMVSS 214	Siehe unter „Sicherheitsmaßnahmen am und im Gesamtfahrzeug"
USA/CDN Australien	FMVSS 214 ADR 29	Mindestanforderungen bezüglich Mindest-, Anfangs-, Zwischen- und Spitzen-Verformungswiderstand bei statischer Prüfung mit zylindrischem Prüfstempel; Alternativ-Anforderung bei Prüfung mit eingebauten Sitzen
Saudi Arabien	SAS 265/267	Wie FMVSS 214a, jedoch nur Spitzenverformungswiderstand (31.150 N) gefordert
Türschlösser und -scharniere		
Europa	UN-R 11	Definierte Schlossfestigkeit in Längs- und Querrichtung bei Halb- und Vollschließstellung; Trägheitsanalyse

(Fortsetzung)

Tab. 4.3 (Fortsetzung)

Land	Vorschrift	Anforderungen und Merkmale zur inneren Sicherheit
USA/CDN	FMVSS 206	Scharnierfestigkeit in Längs- und Querrichtung
Australien	ADR 2	
Japan	38	
Europa	UN-R 32 u.33	Erhalt der Schließung während Frontal- (48… 53 km/h) und Heckaufprall (35… 38 km/h) gegen Barriere bzw. mit Rollbock; nach Aufprall muss definierte Anzahl von Türen zu öffnen sein
Japan	25	Allgemeine Anforderungen an Türen
International	GTR Nr. 1	Türverriegelung und deren Beibehaltung
Lenksäulen-Rückverlagerung		
Europa	UN-R 12	Max. zulässige Verschiebung (127 mm) bei Frontalaufprall (48… 53 km/h)
USA/CDN	FMVSS 204	
Australien	ADR 10 b	
Saudi Arabien	SAS 263/81 und 267/81	
Windschutzscheiben-Befestigung		
USA/CDN	FMVSS 212	Mindest-Prozentsatz (abhängig vom Rückhaltesystem) des im Rahmen verbleibenden Scheiben-anteils nach Frontalaufprall (48… 53 km/h)
		Windschutzscheiben-Eindringung
USA/CDN	FMVSS 219	Unversehrtheit einer definierten Zone vor der Frontscheibe nach Frontalaufprall (48… 53 km/h)

(Fortsetzung)

Tab. 4.3 (Fortsetzung)

Land	Vorschrift	Anforderungen und Merkmale zur inneren Sicherheit
Armaturentafelgestaltung und -anprall		
Europa	UN-R 21	Insassenschutz vor scharfen Kanten und vorspringenden Ecken durch Mindestradien und energieabsorbierende Materialien
Europa	UN-R 33	Definierte Mindest-Innenraummaße nach Frontalaufprall (48… 53 km/h)
USA/CDN Japan	FMVSS 201 34	Energieaufnahmefähigkeit der Armaturentafel (Kopfform-Anprall 24 km/h) und der Armlehnen in der Türverkleidung; Behälterdeckel im Innenraum müssen bei Fahrzeuglängs- und -querbeschleunigung geschlossen bleiben
Australien	ADR 21	Wie FMVSS 201, jedoch keine Anforderungen an Armlehnen
USA/CDN	FMVSS 208	Bei Verwendung passiver Rückhaltesysteme: Schutzkriterien mit max. zul. Belastungswerten an Kopf, Brust und Oberschenkeln nach Frontalaufprall (48… 53 km/h) mit 0 bis 30° Barriere-Winkel, Seitenaufprall (32 km/h) und Überschlag (48… 53 km/h)
Japan	20	Allgemeine Anforderungen an Elemente im Fahrzeuginnenraum
Lenkradgestaltung und -anprall		
Europa	UN -R 12	Max. zul. Kraft auf Torsoblock nach definiertem Anprall (24 km/h)
Australien	ADR 10 b	
Japan	27	
USA/CDN	FMVSS 203	Wie UN-R 12; Ausnahme: Fahrzeuge mit passiven Rückhaltesystemen (andere als Gurtsystem); sie müssen FMVSS 208 erfüllen
Sonnenblendengestaltung und -anprall		
Europa	UN -R 21	Insassenschutz vor scharfen Kanten und vorspringenden Ecken durch Mindestradien und energieabsorbierende Materialien

(Fortsetzung)

Tab. 4.3 (Fortsetzung)

Land	Vorschrift	Anforderungen und Merkmale zur inneren Sicherheit
USA/CDN	FMVSS 201	Energieabsorbierende Strukturen; Mindestradien bei Befestigungen, die im Bereich der Kopfform liegen
Australien	ADR 11	Wie UN-R 21
Japan	40	Energieabsorbierende Strukturen, keine scharfkantigen innere Teile (Handballentest); Mindestradien bei Blendenbefestigungen, die im Bereich der Kopfform liegen
Sitze und Sitzlehnen		
Europa	UN-R 16	Ausführung, Festigkeit, Korrosionsbeständigkeit, Auslöse- und Verstellkräfte
	UN-R 17	Definierte Anforderungen an Sitzverankerung und Kopfstützen
Europa	UN-R 44	Dynamische und statische Prüfung von Kinderrückhaltesystemen
	UN-R 21	Insassenschutz vor scharfen Kanten und vorspringenden Ecken durch Mindestradien und energieabsorbierende Materialien
USA/CDN Japan	FMVSS 201 36	Energieaufnahmefähigkeit der vorderen Sitzlehnen durch statische und dynamische Prüfungen
USA/CDN	FMVSS 207	Wie EWG 74/408, jedoch geringere Kräfte
Australien	ADR 3 a	
Japan	35	
	21	Mindestabmessungen des Fahrersitzes und dessen Positionierung
	22	Mindestabmessungen sonstiger Sitze (außer Fahrersitz)
Italien		Bei Taxi-Fahrzeugen muss hintere Sitzbreite 450 mm je Sitz betragen

(Fortsetzung)

Tab. 4.3 (Fortsetzung)

Land	Vorschrift	Anforderungen und Merkmale zur inneren Sicherheit
Kopfstützen		
Europa	UN-R 25	Festigkeit durch statische und dynamische Prüfungen; Form, äußere Gestaltung und geo-metrische Abmessungen: Mindestbreite 170 mm, Mindesthöhe über Sitzbezugspunkt 700 mm
USA/CDN Japan	FMVSS 202 a 32	Begrenzung des Einschubweges, definierte Mindestanprallfläche, geometrische Anforderungen an Abstand Kopf zur Kopfstütze. Dynamischer Test mit Hybrid III möglich
Australien	ADR 22 a	
Japan	32	Härteprüfung durch Handballentest
International	GTR Nr. 7	Harmonisierte Anforderungen an Kopfstützen. Dynamischer Test nach Wahl der Vertragsstaaten mit Hybrid III (wie FMVSS 202a)
Sicherheitsgurte, Rückhaltesysteme		
Europa	UN-R 14	Lage und Festigkeit der Gurtverankerungspunkte
	UN-R 44	Kinderrückhaltesysteme, statische und dynamische Prüfungen
	UN-R 16	Ausführung, Festigkeit mittels statischer Prüfung, Beständigkeit gegen Umwelteinflüsse, Ab-messungen, Auslöse- und Verstellkräfte, Gurtkennzeichnung, Abriebfestigkeit, Einbau und Handhabung
	UN-R 129	Kinderrückhaltesysteme, statische und dynamische Prüfungen, Frontal- Heck und Seitenaufprall
	UN-145	ISOFIX Verankerungen und i-Size Kindersitz-Positionen
USA/CDN	FMVSS 208	Festigkeit mittels dynamischer Prüfung; passive Rückhaltesysteme; Kontrollleuchte „Fasten seat belt", Warnsummer; Zweipunktgurt für Kabriolett zulässig

(Fortsetzung)

Tab. 4.3 (Fortsetzung)

Land	Vorschrift	Anforderungen und Merkmale zur inneren Sicherheit
USA/CDN Japan	FMVSS 209 31	Ausführung, Festigkeit mittels statischer Prüfung, Beständigkeit gegen Umwelteinflüsse, Abmessungen, Auslöse- und Verstellkräfte, Gurtkennzeichnung, Abriebfestigkeit
USA/CDN Japan	FMVSS 210 37	Lage und Festigkeit der Gurtverankerungspunkte, in Kanada (CDN) auch Lage und Festigkeit der Gurtverankerungspunkte für Kinderrückhaltesysteme (210.1). Statische und dynamische Prüfungen an Kinderrückhaltesystemen (in Kanada 213)
USA/CDN	FMVSS 226	Schutz der Insassen vor dem Hinausschleudern durch die seitlichen Fensteröffnungen. Überpüfung mittels Anpralltest (geführter Stoß aus dem Fahrzeuginnenraum) mit Kopfprüfkörper (Ejection Mitigation Headform) mit 16 und 20 km/h. Kriterium: Kopf darf nicht mehr als 100 mm aus dem Innenraum herausragen
Australien	ADR 4 d	Gurtfestigkeit mittels statischer und dynamischer Prüfung, Gurtgeometrie, Dreipunktgurt für alle äußeren Sitzplätze
	ADR 5 b	Lage und statische Festigkeit der Gurtverankerungspunkte
	ADR 34 a	Lage, statische Festigkeit und Zugänglichkeit der Verankerungspunkte für Kinderrückhaltesysteme
Japan	22.3	Dreipunktgurte für Frontsitze; Festigkeitsanforderungen
Saudi Arabien	SAS 297/82	Warneinrichtung bei nicht eingerastetem Fahrersitzgurtschloss
Brennbarkeit von Innenraum-Materialien		
Deutschland USA/CDN	StVZO 30 FMVSS 302	Allgemeine Anforderungen an Insassenschutz. Definierte Schwerbrennbarkeitsanforderungen für bestimmte Materialien des Fahrgastraumes

Tab. 4.4 Gesetzliche Vorschriften und Standards zur äußeren Sicherheit in verschiedenen Ländern

Land	Vorschrift	Anforderungen und Merkmale zur äußeren Sicherheit
Fahrzeug-Außenform		
Europa	UN-R 26	Mindestradien für berührbare Kanten zwischen Bodenlinie und einer Höhe von 2 m; max. Widerstandskräfte bei aufgesetzten Bauteilen
Europa	UN-R 127	Anforderungen an das Schutzpotenzial vor und im Falle einer Kollision von Fußgängern und anderen ungeschützten Verkehrsteilnehmern mit einem PKW. Komponententests mit Kopf-, Bein- und Hüftprüfkörpern auf die Fahrzeugfront im Bereich der Motorhaube und des Stoßfängers. Ab 2024 auch im Bereich der Windschutzscheibe
International	GTR Nr. 9	Harmonisierte Anforderungen an den Fußgängerschutz auf Basis von Komponententests
Radabdeckungen		
Deutschland	StVZO 36 a	Definierte Abdeckungsbereiche (Lauffläche) nach vorne und hinten
Radmuttern, -zierringe und –kappen		
Deutschland	StVZO 32	Allgemeine Anforderungen an Radbefestigung
Europa	UN-R 26	Wie EWG 74/483 bei „Fahrzeug-Außenform"
USA/CDN	FMVSS 211	Keine hervorstehenden Teile
Kraftstoff-Versorgungsanlage		
Europa	UN-R 32, 33 und 34	Allgemeine Bauvorschrift; hydraulische Druckprüfung des Kraftstoffbehälters; Anforderungen an Kunststofftanks; dynamische Dichtigkeitsprüfung; definierte max. Leckmenge nach Frontalaufprall (48 …53 km/h) und Heckaufprall (35… 38 km/h) mit Pendel oder Barriere

(Fortsetzung)

Tab. 4.4 (Fortsetzung)

Land	Vorschrift	Anforderungen und Merkmale zur äußeren Sicherheit
USA/CDN	FMVSS 301	Bei 0 ± 30°-Front- (48 km/h), Heck- (80 km/h, 70% Offset) und Seitenaufprall (53 km/h) Prüfung der max. Leckmenge/min mithilfe einer statischen Fahrzeug-Drehvorrichtung
Kanada	CMVSS 301.1	Anforderungen an Fahrzeuge, die LPG (liquified petroleum gas) als Energiequelle für Antrieb verwenden: definierte Installationsvorschriften, kein Austreten von Gas, kein Druckabfall zulässig
	CMVSS 301.2	Anforderungen an Fahrzeuge, die CNG (compressed natural gas) als Energiequelle für Antrieb verwenden: wie CMVSS 301.1, zusätzlich muss der Kraftstoffbehälter einem Druck von ca. 20 bar standhalten
Japan	15	Einfüllstutzen mind. 300 mm vom Auspuff und 200 mm von elektrischen Schaltern entfernt
	33	Bei 0°-Frontaufprall (50 ± 2 km/h) Prüfung der max. Leckmenge/min mithilfe einer statischen Fahrzeug-Drehvorrichtung
	131	(ohne statische Fahrzeug-Drehvorrichtung); Behälter aus Kunststoff nur unter bestimmten Voraussetzungen zulässig
Saudi Arabien	SAS 264/267	Ähnlich FMVSS 301, jedoch ohne statische Fahrzeug-Drehvorrichtung
Haubenverschluss		
USA/CDN	FMVSS 113	Hinten angeschlagene Fronthauben müssen eine zweite Raste im Verschluss oder einen zweiten Verschluss aufweisen
Stoßfänger		

(Fortsetzung)

Tab. 4.4 (Fortsetzung)

Land	Vorschrift	Anforderungen und Merkmale zur äußeren Sicherheit
Europa	UN-R 42	Erhalt der Verkehrs- und Betriebssicherheit nach mittigem Längs- (4 km/h) und Eckaufschlag (2,5 km/h) mittels Prüfpendel
USA	Part 581	Erhalt der Verkehrs- und Betriebssicherheit nach mittigem Längs- (4 km/h) und Eckaufschlag (2,5 km/h) mittels Prüfpendel sowie Barrierenaufprall (4 km/h) in Längsrichtung; Beschädigung am Stoßfänger sowie der Befestigungselemente zulässig
CDN	CMVSS 215	Erhalt der Verkehrs- und Betriebssicherheit nach mittigem Längs- (8 km/h) und Eckaufschlag (4,8 km/h) mittels Prüfpendel sowie Barrierenaufprall (8 km/h) in Längsrichtung; Beschädigung am Stoßfänger, an den Befestigungselementen und an der Karosserie zulässig
Saudi Arabien	SAS 273/82	Wie UN-R 42, jedoch kein Reparieren oder Austauschen der Stoßfänger während des Tests zulässig

ein HIII-50M Dummy und der Beifahrer ein HIII-5F Dummy. Alle Dummys sind angegurtet.

Im Gegensatz dazu beinhaltet die US Vorschrift FMVSS 208 auch 2 Crashtests mit nicht angegurteten Insassen. Insgesamt umfasst diese Vorschrift 5 verschiedene Crashtest-Konfigurationen mit unterschiedlichen Insassen und unterschiedlichen Aufprall-Konfigurationen. Abb. 4.5 zeigt eine vergleichende Übersicht über die US-amerikanischen und europäischen Vorschriften zum Frontal-Crash. Die jeweiligen Schutzkriterien und Grenzwerte sind in Tab. 3.6-1 dargestellt.

Mit der Einführung des Full-width Tests nach UN-R 137 hat nun auch Europa einen Test, der höhere Anforderungen an die Rückhaltesysteme stellt. Dieser ergänzt den ODB Test, der vor allem die Struktursicherheit prüft. In den USA werden diese beiden Anforderungen noch durch die ungegurteten Lastfälle, die besonders hohe Anforderungen an den Airbag stellen, und den Anprall gegen die schräge Barriere ergänzt.

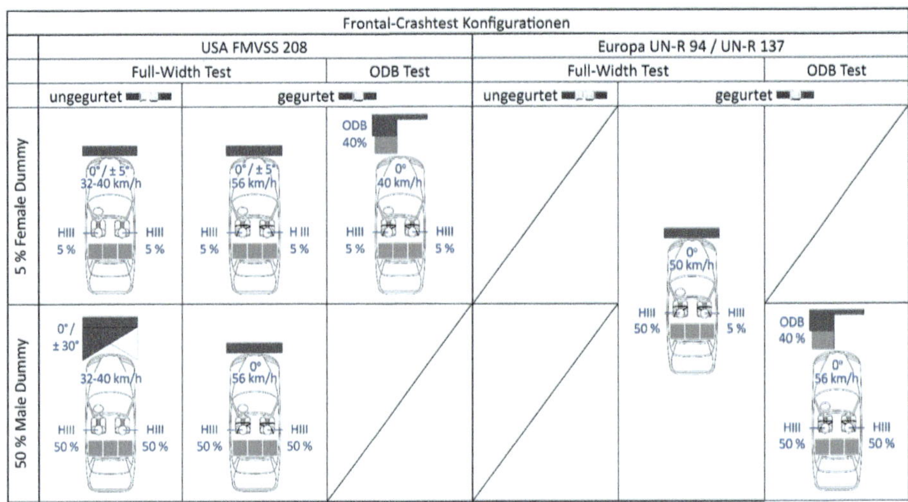

Abb. 4.5 Frontal-Crashtest Konfigurationen in USA und Europa im Vergleich

Abb. 4.6 Vergleich der Versuchskonstellationen zu Seitenkollisionen für Europa (links) und für USA (rechts)

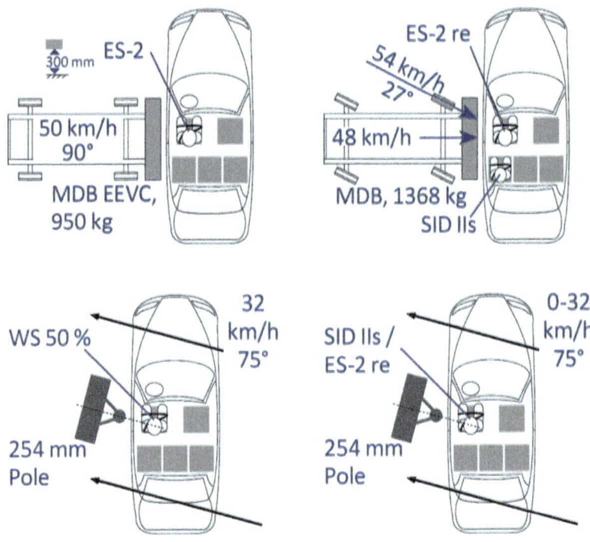

Die **Crash-Versuche zur Seitenkollision**, vergleichend dargestellt in Abb. 4.6, sind nach der Regelung UN-R 95 einerseits gekennzeichnet durch den rechtwinkligen Aufprall eines Schlittens mit deformierbarer Barriere auf den stehenden, zu überprüfenden PKW mit einer Geschwindigkeit von 50 km/h. Nach dem FMVSS 214 bewegt sich hingegen ein schräglaufender Schlitten (Krebsgang-Barriere), ebenfalls ausgestattet mit einer deformierbaren Barriere, gegen den unter 27° schräg gestellten, stehenden PKW mit einer Geschwindigkeit von 33,5 mph (~54 km/h). Der Schräglauf soll die im Unfall zu beobachtende Eigenbewegung des gestoßenen PKW, der im Versuch stillsteht, nachbilden.

Sowohl in den USA als auch in Europa wird zusätzlich zum Barrieren-Seitaufprall ein Pfahl-Seitenaufprall (FMVSS 214 / UN-R 135) durchgeführt. Dabei prallt das Fahrzeug seitlich unter einem Winkel von 75° mit einer Geschwindigkeit von 32 km/h auf einen feststehenden Pfahl auf. Die europäischen und amerikanischen Vorschriften unterscheiden sich hinsichtlich der verwendeten Dummies. In Europa kommt der World-SID-50M zum Einsatz, während in den USA der Test sowohl mit dem SID IIs als auch mit dem ES-2 Dummy zu erfüllen ist. Zu beachten ist darüber hinaus, dass in USA der Pfahl-Seitenaufprall im gesamten Geschwindigkeitsbereich von 0 bis 32 km/h zu erfüllen ist, während die UN Regelung nur einen Test bei 32 km/h vorschreibt. In den USA kann es deshalb erforderlich sein, zusätzliche Tests im mittleren Geschwindigkeitsbereich, knapp unter der Zündschwelle der Seitenairbags durchzuführen, um auch hier eine Erfüllung der Kriterien sicherzustellen und nachzuweisen. Die bei den Seitenkollisionen verwendeten Schutzkriterien werden in Tab. 3.6-2, detailliert beschrieben.

Prüfverfahren zum Fußgängerschutz wurden in Europa bereits Anfang der 1980er Jahre entwickelt. Basierte einer der ersten Vorschläge noch auf der Durchführung von Tests mit Dummys, wurde schnell erkannt, dass mit einem derartigen Testverfahren z. B. nur eine Unfallkonfiguration eines Fußgängers einer bestimmten Körpergröße (Anthropometrie) nachgebildet werden kann. Der Ablauf eines Fußgängerunfalls mit einem PKW ist jedoch überaus komplex und die potenziellen Aufprallbereiche sind auch unter Berücksichtigung verschiedener Körpergrößen und Anstoßkonfigurationen vielfältig. Aufbauend auf diesen Erkenntnissen wurden durch die Arbeitsgruppen WG (Working Group) 7, 10 und 17 des EEVC (European Enhanced Vehicle Safety Committee) Komponententests entwickelt, mit deren Hilfe die Fahrzeugfront im Hinblick auf ihr Schutzpotenzial untersucht werden sollte. Aus diesen Arbeitsgruppen heraus wurden verschiedene Testvorschläge entwickelt. Der letzte Testvorschlag wurde von der EEVC WG 17 im Jahr 1998 vorgelegt und 2002 nochmals aktualisiert [2]. Er findet sich in weitgehender Übereinstimmung wieder in der später noch näher zu beschreibenden, der sogenannten Phase 2 der Richtlinie 2003/102/EC. Die verwendeten, neu entwickelten Impaktoren werden eingesetzt, um die Stoßbelastung bei Unfällen auf den Kopf, das Becken und die unteren Extremitäten nachzubilden (Abb. 4.7). Das Prüfverfahren für die Haubenfläche beschreibt einen schrägwinkligen Kopfanprall mit einem Kinder- oder Erwachsenen-Kopf-Impaktor im Freiflug, die Geschwindigkeit beträgt dabei 40 km/h. Als Bewertungskriterium wird das Kopfschutzkriterium HPC = 1.000 angewandt [9], das nach der Berechnungsvorschrift für das Schutzkriterium des Kopfes HIC (Head Injury Criterion, vgl. Gl. 3.4) ermittelt wird. Die Überprüfung der Haubenvorderkante erfolgt an drei Punkten, an denen der Impaktor in Abhängigkeit von der Geometrie des Vorderwagens mit einer Geschwindigkeit von 20 bis 40 km/h anprallt. Die Anprallrichtung und die Masse des Impaktors sind ebenfalls von der Vorbaugeometrie abhängig und lassen sich aus einem Diagramm ablesen. Bewertungskriterien sind die am Impaktor gemessene

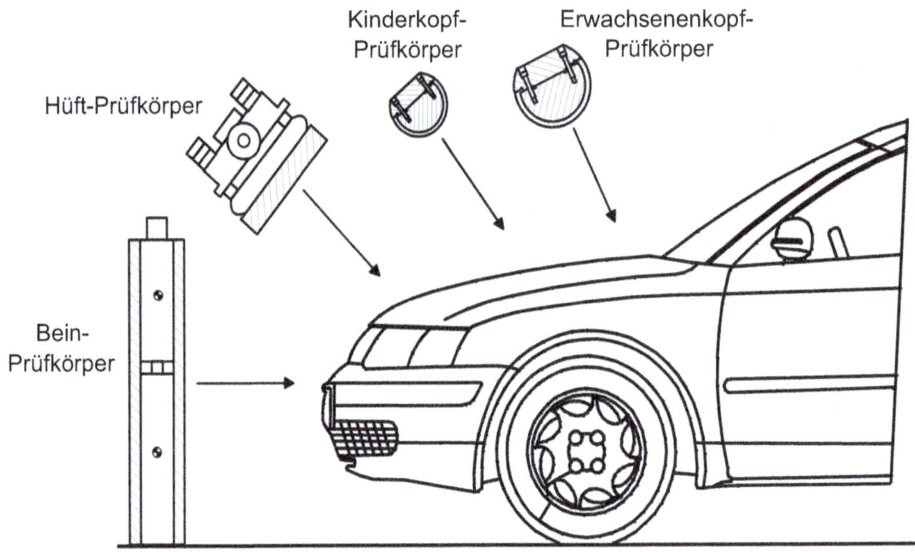

Abb. 4.7 Impaktoren für Fußgängerschutz nach EEVC WG 17

Scherkraft ($F = 4$ kN) und das Biegemoment ($M = 220$ Nm). Beim Prüfverfahren für Stoßfänger wird die Messung ebenfalls an drei Stellen (mittig und außen) durchgeführt. Der dabei verwendete Impaktor entspricht dem Bein eines Erwachsenen (50. Perzentil-Dummy), an dem sich die Belastungen in Knie und Unterschenkel ermitteln lassen. Er wird frei fliegend mit einer Geschwindigkeit von 40 km/h gegen die Prüfstellen des vorderen Stoßfängers katapultiert [15].

Zur Verbesserung der **Sicherheit von äußeren, ungeschützten Verkehrsteilnehmern,** z. B. von Radfahrern im Falle einer Kollision mit einem Kraftfahrzeug, sollten die Versuchsanforderungen nach Richtlinie 2003/102/EC weiter verschärft werden. Diese Richtlinie trat mit Veröffentlichung im Amtsblatt der EU Ende Dezember 2003 nach langwieriger und kontroverser Diskussion in Kraft und sah zwei Phasen vor. Nach Phase 1 mussten alle nach dem 01.10.2005 typgeprüften neuen Fahrzeugmodelle die in der linken Darstellung in Abb. 4.8 gezeigten Schutzkriterien bei Komponentenversuchen erfüllen. Getestet wird hierbei mit einem frei fliegenden Kopf-Prüfkörper (Masse $m = 3,5$ kg, Durchmesser $d = 165$ mm, so genannte Child/Adult-Headform) unter einer Anprallgeschwindigkeit von 35 km/h ein definierter Bereich der Motorhaube. Ebenfalls dürfen bei Tests mit einem Bein-Prüfkörper (beim so genannten TRL-Impaktor) bei 40 km/h im Bereich des vorderen Stoßfängers die Schutzkriterien für die Beinbeschleunigung sowie für die Biegewinkel und die Scherung im Bereich des Kniegelenkes nicht überschritten werden. Bei Fahrzeugen mit höher angebrachten Stoßfängern (z. B. SUV) können die Stoßfänger mit einem geführten Hüft-Prüfkörper ebenfalls bei 40 km/h getestet werden. Ein Hüft-Anpralltest im Bereich der

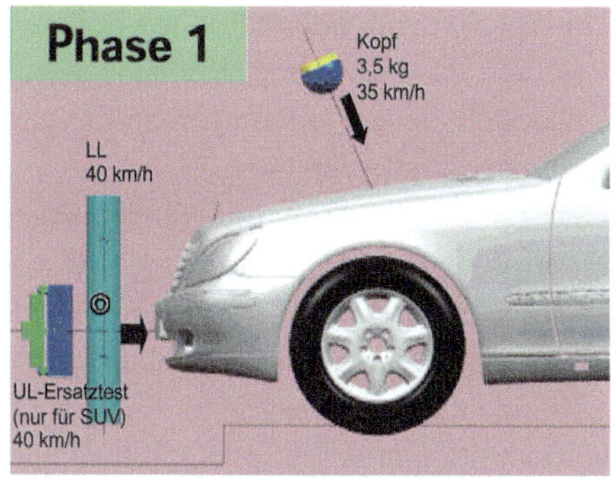

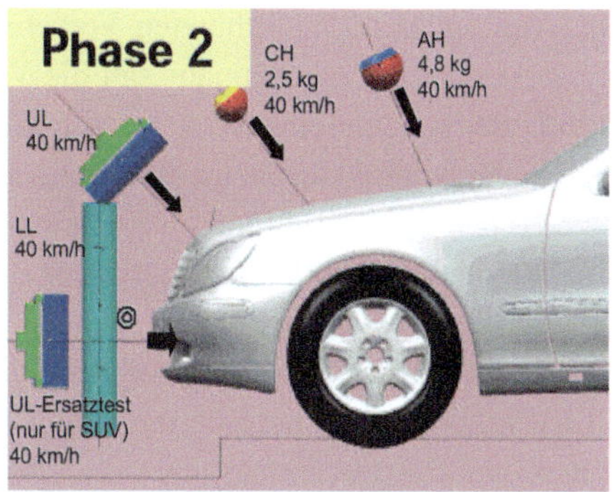

Kopf:	3,5 kg, 35 km/h. HIC 1.000 (2/3 d. Fläche) HIC 2.000 (1/3 d. Fläche) 1.000 bis 2.100 mm auf Haube, 50° (WSS: nur messen, 35 km/h, 4,8 kg, 35°).
Bein (LL):	40 km/h; 200 g, 21°, 6 mm.
Hüfte (UL):	auf BLE nur messen.
Hüfte (UL):	SUV, Stoßfänger 7,5 kN.

Kopf – Kind (CH), Erwachsener (AH):	2,5/4,8 kg, 40 km/h. HIC 1.000 (ganze Fläche) 1.000 bis 1.500 mm bzw. 1.500 bis 2100 auf Haube, 50° bzw. 65°.
Bein (LL):	40 km/h; 150 g, 21°, 6 mm.
Hüfte (UL):	auf BLE 5 kN, 300 Nm.
Hüfte (UL):	SUV, Stoßfänger 5 kN, 300 Nm oder entspr. Maßnahmen !

Abb. 4.8 Phasen 1 und 2 der Richtlinie 2003/102/EC

Motorhaubenvorderkante und Versuche im Windschutzscheibenbereich wurden in Phase 1 nur zu Monitoring-Zwecken durchgeführt.

In Phase 2 nach der Richtlinie 2003/102/EC wurde ab 2010 bzw. 2015 eine deutliche Erhöhung der Anforderungen, d. h. eine Herabsetzung der Schutzkriterien-Level vorgesehen (rechte Darstellung in Abb. 4.8): Diese Testanforderungen basieren auf den oben beschriebenen Empfehlungen der EEVC-Arbeitsgruppe WG 17. In Artikel 5 der EC-Richtlinie wurde eine Machbarkeitsstudie festgeschrieben, in der die technische Durchführbarkeit der für Phase 2 vorgeschlagenen Anforderungen bis Mitte 2004 untersucht wurden. Diese und andere Studien kamen zu dem wesentlichen Ergebnis, dass die Anforderungen technisch nur unvollständig oder nur mit sehr hohem, volkswirtschaftlich nicht vertretbarem Aufwand umsetzbar wären. Daher erarbeitete die EU-Kommission einen neuen Vorschlag für eine Verordnung, die die Phase 2 ersetzte. Diese neue Verordnung (EG) No 78/2009 wurde im Januar 2009 vom europäischen Parlament verabschiedet und trat mit Veröffentlichung im Amtsblatt der EU am 04.02.2009 in Kraft. Die zugehörigen technischen Anforderungen sind in der Verordnung (EG) No 631/2009 festgelegt und wurden am 25.07.09 im Amtsblatt der EU veröffentlicht. Neben Anforderungen an die passive Sicherheit, die auf denen von Phase 1 der Richtlinie 2003/102/EC aufbauen, wurden zudem Komponenten aus dem Bereich der aktiven Sicherheit, wie z. B. Bremsassistenten, vorgeschrieben, um den Schutz von Fußgängern und von anderen ungeschützten Verkehrsteilnehmern vor und während einer Kollision zu verbessern. Darüber hinaus sah die Verordnung vor, dass wirksame, Kollisionen vermeidende Systeme eingesetzt werden könnten, und sich die Anforderungen an die passive Sicherheit im Gegenzug reduzieren lassen oder gar entfallen können.

Mit der General Safety Regulation II (GSR II) [25] wurden die Verordnungen 78/2009 und 631/2009 aufgehoben. Statt dieser Verordnungen wird nun die UN-R 127 im Rahmen der europäischen Typgenehmigung angewendet. Diese schreibt für die Durchführung der Beinanpallversuche die Verwendung des neuen Beinimpaktors Flex-PLI vor. Dieser zeichnet sich durch eine höhere Biofidelität insbesondere im Bereich des Knies aus. Darüber hinaus sieht die GSR II eine Erweiterung des Kopfanprallbereiches bis zu einer Abwickellänge von 2.500 mm vor, um auch den Schutz von Radfahrern zu verbessern, die, bedingt durch ihre erhöhte Sitzposition auf dem Fahrrad, weiter hinten am Fahrzeug aufprallen können. Abb. 4.9 zeigt die Anpralltests gemäß UN-R127.

Bisher wurden lediglich die gesetzlichen Anforderungen im und am Kraftfahrzeug dargestellt. Es darf jedoch nicht unerwähnt bleiben, dass für **Fahrer motorisierter Zweiräder** ebenfalls eine Gesetzesvorschrift existiert, die den Schutz des Kopfes sicherstellen soll. Die Regelung UN-R 22 beschreibt ein Verfahren zur Überprüfung der Festigkeit und Stoßdämpfung von Schutzhelmen, bei dem u. a. Fallversuche mit behelmten Dummy-Köpfen mithilfe eines Helmprüfstandes durchgeführt werden.

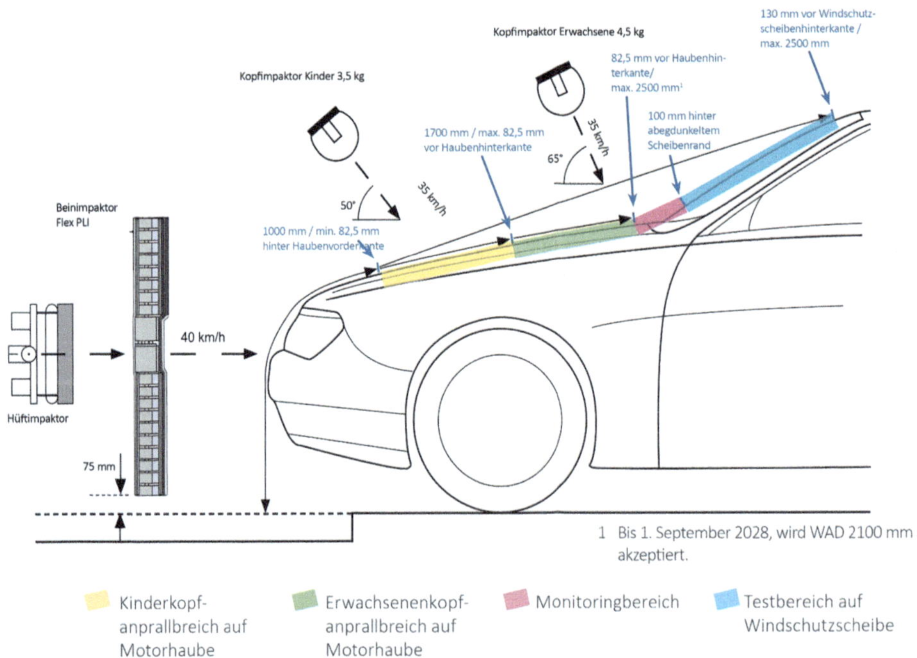

Abb. 4.9 Fußgängerschutzanpralltests gemäß UN-R127

Als Kriterium wird die resultierende Kopfbeschleunigung gemessen, die weder im Maximalwert von $a_{max} = 275$ g noch im $HIC_{max} = 2.880$ überschritten werden darf. Verglichen mit dem Kopf-Schutzkriterium, beispielsweise nach FMVSS 208 ($a_{3\,ms} = 80$ g), liegen hierbei die Kriterien erheblich höher, da durch den Helm eine großflächige Krafteinleitung gewährleistet ist und damit ein geringeres Verletzungsrisiko angenommen werden kann [6]. Darüber hinaus wird beim Anprall auf schräge Flächen das Brain Injury Criterion (BRIC) auf 0,78 und die maximale resultierende Rotationsbeschleunigung auf 10.400 rad/s^2 limitiert.

4.2.4 Künftige Vorschriften zur passiven Sicherheit

Die Verbesserung der passiven Sicherheit von Kraftfahrzeugen nahm in den letzten Jahrzehnten einen bevorzugten Platz in der Fahrzeugentwicklung ein, sie stand und steht aber auch weiterhin im Mittelpunkt des Interesses des Fachpublikums und breiter Käuferschichten. Zur Weiterentwicklung des Frontalaufpralls kamen in den letzten Jahren entscheidende Impulse zur Erhöhung der Sicherheit bei Seitenkollisionen, insbesondere durch die serienmäßige Einführung des Seiten-Airbags für Kopf- und Thorax-Bereich, hinzu. Dies kann auch bei der Weiterentwicklung der gesetzlichen Vorschriften und Standards abgelesen werden. Beobachtet man aufmerksam die Diskussion in den entsprechenden Sicherheitsarbeitskreisen und Working Groups, so darf davon ausgegangen werden, dass weitere Prüfvorschriften und Bewertungskriterien etabliert werden, um dem Stand der technischen Entwicklung nachzukommen. Im Folgenden soll in der gebotenen Kürze auf die zu erwartende Entwicklung eingegangen werden.

Mit der Einführung der gesetzlichen Vorschriften für Frontal- und für Seitenkollisionen wurden Mindeststandards geschaffen. Infolge des technischen Fortschrittes und der sich ändernden Fahrzeugpopulationen, z. B. Zunahme der Fahrzeugmasse und stärkere Verbreitung neuerer Fahrzeugkonzepte, wie geländegängige PKW (SUV: Sports Utility Vehicle) und Großraumlimousinen, aber auch der zunehmenden Steifigkeit der Fahrzeuge ändert sich das Unfallgeschehen. So wie durch die weite Verbreitung des Front-Airbags die Zahl der schweren und häufig tödlichen Kopf- und Thoraxverletzungen reduziert wurde, haben bei Frontalkollisionen heute z. B. Verletzungen der unteren Extremitäten an relativer Bedeutung zugenommen. Diese Verletzungen sind in der Regel zwar nicht lebensbedrohlich, jedoch mit hohen volkswirtschaftlichen Folgekosten und oftmals einer Mobilitätseinschränkung der Betroffenen verbunden.

Eine große Herausforderung stellt der demografische Wandel in vielen westlichen Nationen dar. Durch die zunehmend alternde Bevölkerung nimmt auch der Anteil der älteren Fahrzeuginsassen zu. Ältere Menschen sind u. a. aus biomechanischer Sicht weniger belastbar. Analysen von Unfalldatenbanken wie GIDAS haben ergeben, dass ältere und kleinere, vorwiegend weibliche Personen einem deutlich erhöhten Verletzungsrisiko ausgesetzt sind.

Somit können die gesetzlichen Vorschriften für den Frontal- und Seitenaufprall bis heute nicht als abgeschlossen betrachtet werden. Ein großes bedeutsames Feld sind Fragen der Kompatibilität, d. h. im Wesentlichen, wie unterschiedliche Fahrzeuge im Falle einer Kollision z. B. die Energie aufnehmenden Strukturen gegenseitig optimal nutzen und so die Unfallfolgen bei den Kollisionskontrahenten reduzieren können. Dies gilt sowohl für Fahrzeuge der gleichen Kategorien, vor allem aber für Fahrzeuge mit erheblichen Massen- und Größenunterschieden bis hin zu Fragen des Unterfahrschutzes bei NFZen im Falle eines Frontal- oder Heckanpralls durch PKW. So wird sowohl in Europa als auch in den USA intensiv an Testverfahren gearbeitet, mit denen die Kompatibilität von Fahrzeugen beurteilt werden soll. Im Verbraucherschutz hat Euro NCAP im Jahr 2020 mit dem sogenannten MPDB (Mobile Progressive Deformable Barrier) Test einen Frontalcrash eingeführt, der neben dem Selbstschutz auch den Partnerschutz eines Fahrzeuges bewertet. Auf Basis dieses Testverfahrens ist künftig auch eine Überarbeitung der gesetzlichen Vorschriften denkbar.

Weiterer Überarbeitungsbedarf besteht bei den derzeit eingesetzten deformierbaren Barrieren beim Frontal- und Seitenaufprall, die noch die Geometrie und das Steifigkeitsverhalten der Fahrzeugfront früherer Fahrzeuggenerationen nachbilden. Auch die Massen der derzeit verwendeten Seitenanprallbarrieren müssen den Gegebenheiten der aktuellen durchschnittlichen Fahrzeugpopulation angenähert werden. Auch hier haben die Verbraucherschutztests bereits Vorarbeit geleistet und neue Barrieren entwickelt.

Die EEVC WG 20 hat an einem statischen bzw. geometrischen Testverfahren gearbeitet, das Mindestanforderungen an die Gestaltung von Sitzen und Kopfstützen zum Schutz der Fahrzeuginsassen vor Verletzungen im Bereich der Halswirbelsäule zum Ziel hat. Ebenfalls wurde durch EEVC WG 20 ein Vorschlag für ein dynamisches Testverfahren unter Verwendung des BioRID-Dummys erarbeitet und in die Diskussionen im Rahmen der Phase 1 der GTR Nr. 7 zu Kopfstützen eingebracht. Während der Erarbeitung dieser Phase hatte die NHTSA (National Highway Traffic Safety Administration) in ihrer Final Rule FMVSS 202a ebenfalls Anforderungen an Kopfstützen definiert, die zum einen durch statische Versuche (z. B. Anforderungen an die Kopfstützenmindesthöhe und den Abstand von Kopf zu Kopfstütze, der so genannte Back-set) und zum anderen durch einen simulierten Heckanprall (Schlittenversuch mit einem Hybrid-III-Dummy) erfüllt werden können. Allerdings weist insbesondere das dynamische Verfahren nach FMVSS 202a noch Mängel auf, die u. a. auf die Verwendung des eingesetzten Hybrid-III-Dummys zurückzuführen sind, der für einen Heckaufprall über eine völlig unzureichende **Biofidelität** (d. h. Übereinstimmung mit dem lebenden Menschen) verfügt und für einen derartigen Lastfall auch nie entwickelt wurde. Dennoch wurde dieser Test nach langen, kontroversen Diskussionen optional in der GTR Nr. 7 für die erste Phase festgeschrieben.

Die EU-Kommission hat sich das ehrgeizige Ziel gesetzt, die Zahl der verschiedenen Richtlinien und Regelungen deutlich zu reduzieren und – soweit möglich – das gesamte Regelwerk zu vereinfachen. Dies wurde durch Einführung der General Safety Regulation schon weitestgehend realisiert. Parallel bestehende Vorschriften sollen durch einheitliche Vorschriften ersetzt und zudem weltweit harmonisiert werden. Eine wichtige Rolle besteht hierbei in der Erarbeitung und Einführung Globaler Technischer Regelungen (GTR), die anhand des „1998-Abkommens" von den Unterzeichnerstaaten übernommen werden können. Als erste Regelung (GTR Nr. 1) wurden Anforderungen an Türschlösser und Türangeln von Kraftfahrzeugen festgelegt. Derzeit sind 23 GTRs in das Register bei den Vereinten Nationen eingetragen (Stand Dezember 2022). Die GTR Nr. 7 (Kopfstützen) und GTR Nr. 9 (Fußgängerschutz) werden derzeit jeweils in einer Phase 2 überarbeitet. In dieser Phase der GTR Nr. 7 wird die Einführung des BioRID-Dummys als biofideles Werkzeug zum dynamischen Testen von Sitzen im Detail diskutiert. In der Phase 2 der GTR Nr. 9 wird hauptsächlich an der Implementierung eines neuen Beinprüfkörpers, dem Flex-PLI (Flexible Pedestrian Legform Impactor), gearbeitet.

Die große zukünftige Herausforderung stellt jedoch die zunehmende Vernetzung von Systemen der aktiven und passiven Sicherheit, insbesondere im Zusammenhang mit Fahrerassistenzsystemen dar (vgl. hierzu Abschn. 5.3 und 5.4). Bereits im Feld vorhandene Systeme, wie z. B. das PRE-SAFE®-System von Mercedes-Benz, könnten dann mit kollisionsvermeidenden Systemen kombiniert werden. Dazu sind jedoch neben technischen auch zahlreiche rechtliche Fragen zu lösen.

4.3 Sicherheitsratings

Neben den gesetzlichen Anforderungen existieren in der Automobilindustrie in mehr oder weniger stark ausgeprägten Umfängen firmenspezifische Prüfvorschriften, die oftmals von der Versuchsanordnung zahlreicher und von den Prüfkriterien umfangreicher sind als die sicherheitsgesetzlich vorgeschriebenen Prüfverfahren. Aber auch die durch staatliche Institutionen (z. B. NHTSA mit dem US-NCAP) und Verbraucherschutzorganisationen (z. B. Euro NCAP) und Versicherungsgesellschaften (z. B. IIHS) durchgeführten Versuchs- bzw. Ratingprogramme haben Eingang in die Lastenhefte der Fahrzeughersteller gefunden. Hierfür sollen die in Abb. 4.10, 4.11, 4.12, 4.13 gezeigten Versuchskonstellationen zu Frontal-, Seiten- und Heckkollisionen sowie zum Überschlag als Beispiele dienen. Die verschiedenen Versuchsanordnungen und die darauf basierenden Untersuchungen dienen der Sicherstellung firmeneigener Anforderungen. Die Erkenntnisse daraus sind jedoch nur indirekt, etwa über die Mitarbeit in Sicherheitsgremien, dem Fachpublikum zugänglich und lassen sich damit nur in eingeschränktem Maße für eine breit angelegte, allseits akzeptierte Sicherheitsbewertung heranziehen.

Bei der experimentell-basierten Bewertung werden die Ergebnisse aus Sicherheitsversuchen als Beurteilungskriterium herangezogen und in Relation zum Schutzkriterien-Level betrachtet [1]. Dies ermöglicht eine Bewertung bereits im Entwicklungsstadium mithilfe von Prototypen oder aber mittels der rechnerischen Simulation.

Frontalkollisionen	Beschreibung	Anwendung
	Starre Wand, volle Überdeckung	Gesetz (z.B. U.S., UN) NCAP (z.B. Euro, U.S.)
	Deformierbare Barriere, Offset (40 %)	Gesetz (z.B. U.S., UN) NCAP (z.B. IIHS, Japan)
	Starre Wand, 30° Winkel	Gesetz (U.S.)
	Mobile deformierbare Barriere, Offset (50 %)	NCAP (z.B. Euro, China)
	Starre Barrier, Offset (25 %)	NCAP (IIHS, C-IASI)
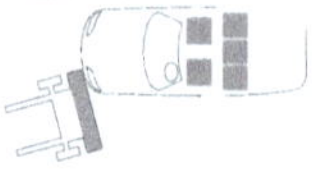	Mobile deformierbare Barriere, 15° Winkel, Offset (35 %)	Interne Anforderungen Geplant: NCAP (U.S.)
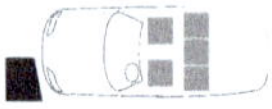	Starre Barriere, 10° Winkel, Offset (40 %)	Versicherungscrash (RCAR)
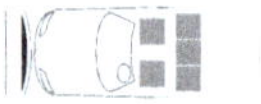	Generischer Stoßfänger, volle Überdeckung und Offset (15 %)	Versicherungscrash (RCAR)
	PKW	Interne Anforderungen nach [29]
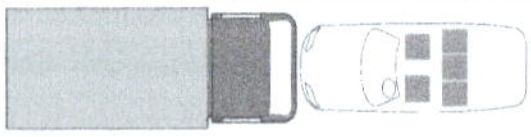	LKW	Interne Anforderungen nach [29]

Abb. 4.10 Versuchskonstellationen für Frontalkollisionen

4.3.1 ADAC-Testverfahren zur passiven Sicherheit von PKW

Der Allgemeine Deutsche Automobil-Club (ADAC) hat bereits in den 1980er Jahren damit begonnen, systematisch PKW im Hinblick auf die passive Sicherheit zu überprüfen und übernahm damit eine Vorreiterrolle, derartige Testergebnisse zur Information des Verbrauchers zu veröffentlichen und diesem somit eine Hilfestellung zur

Seitenkollisionen	Beschreibung	Anwendung
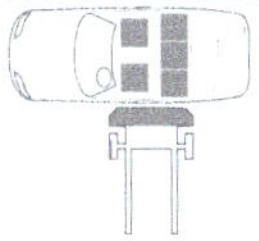	Mobile deformierbare Barriere	Gesetz (z.B. UN) NCAP (z.B. Euro, China)
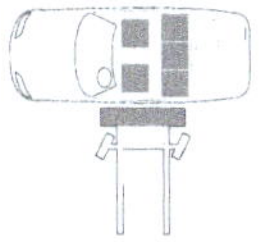	Mobile deformierbare Krebsgang-Barriere	Gesetz (U.S.) NCAP (U.S.)
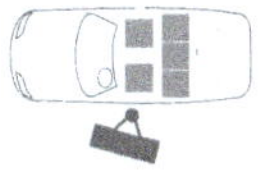	Starrer Pfahl, 75° Winkel	Gesetz (z.B. U.S, UN.) NCAP (z.B. Euro, U.S.)
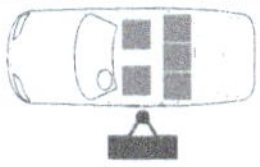	Starrer Pfahl, 90° Winkel	NCAP (z.B. Latin)
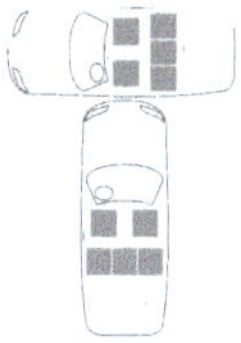	PKW	Interne Anforderungen nach [29]

Abb. 4.11 Versuchskonstellationen für Seitenkollisionen

Kaufentscheidung zu geben. Die ADAC-Testverfahren änderten sich im Laufe der Zeit, wurden weiterentwickelt und dem technischen Fortschritt angepasst. Neben PKW und Kinderrückhaltesystemen wurden und werden auch andere Fahrzeugkategorien, wie z. B. Wohnmobile getestet. Ebenfalls wurden Untersuchungen zur Kompatibilität von Fahrzeugen anhand von Aufprallversuchen durchgeführt (z. B. Geländefahrzeuge gegen Fahrzeuge der Kompaktklasse). Neben Frontal- und Seitenanprallversuchen werden auch Heckkollisionen simuliert und hierbei das Schutzpotenzial zur Reduzierung der Verletzungswahrscheinlichkeit im Bereich der Halswirbelsäule untersucht.

Zwischenzeitlich greift der ADAC regelmäßig auf die Ergebnisse des European New Car Assessment Programme (Euro NCAP) zu, dessen Mitglied und Prüflabor er ist. Zusätzlich testet der ADAC jährlich Kindersitze mithilfe von Schlittentests, die einen Frontalaufprall mit 64 km/h und einen Seitenaufprall mit 50 km/h simulieren. Dabei gehen die Anforderungen deutlich über die gesetzlichen Anforderungen der UN-R 44 und UN-R 129 hinaus.

Heckkollisionen	Beschreibung	Anwendung
	Mobile deformierbare Barriere, Offset (70 %)	Gesetz (z.B. U.S.)
	Mobile starre-Barriere, volle Überdeckung	Gesetz (z.B. UN)
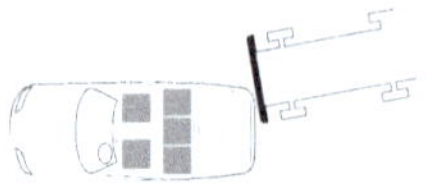	Mobile Starre Barriere, 10° Winkel, Offset (40 %)	Versicherungscrash (RCAR)
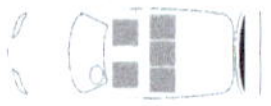	Generischer Stoßfänger, volle Überdeckung und Offset (15 %)	Versicherungscrash (RCAR)
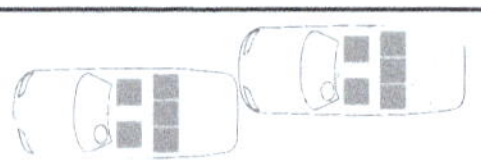	PKW	Interne Anforderungen nach [29]

Abb. 4.12 Versuchskonstellationen fürHeckkollisionen

Überschlagunfälle	Beschreibung	Anwendung
	Dacheindrücktest	Gesetz (z.B. U.S.) NCAP (z.B. IIHS, C-IASI)
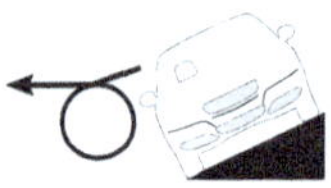	Überschlag	Interne Anforderungen nach [29]
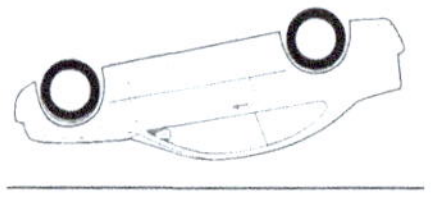	Dachfalltest	Interne Anforderungen nach [29]

Abb. 4.13 Versuchskonstellationen für Überschlagunfälle

Darüber hinaus führt der ADAC punktuell Fahrzeug-Crashtests in Konstellationen durch, die nicht vom Euro NCAP Rating abgedeckt werden, beispielsweise mit abweichenden Dummy-Größen, mit Beladung oder Fahrzeug-Fahrzeug-Kollisionen. Mit letzteren wurde die Grundlage für den inzwischen bei Euro NCAP eingeführten Kompatibilitätscrash gelegt.

4.3.2 New Car Assessment Program (NCAP) – Bewertungsprogramme der Fahrzeugsicherheit

In den letzten Jahrzehnten und insbesondere in der letzten Dekade haben sich weltweit verschiedene Versuchsprogramme etabliert, mit denen die Sicherheit von neuen Fahrzeugen untersucht und veröffentlicht wird, um so dem Verbraucher eine Entscheidungshilfe beim Kauf eines Fahrzeugs zu geben. Diese als New Car Assessment Program (NCAP) bezeichneten Testverfahren haben im Wesentlichen gemeinsam, dass die in den jeweiligen Ländern oder Regionen vorgeschriebenen gesetzlichen Anforderungen als Mindestanforderungen dienen und Fahrzeuge, die eine gute Bewertung erreichen wollen, deutlich höhere und teilweise weit darüber hinaus gehende und zusätzliche Anforderungen erfüllen müssen. Die ersten Bewertungsprogramme konzentrierten sich auf den Unfallschutz, also die passive Sicherheit der Fahrzeuge. Inzwischen betrachten Verbraucherschutzorganisationen die integrale Fahrzeugsicherheit und bewerten zusätzlich auch Systeme der aktiven Sicherheit, wie z. B. die Performance von automatischen Notbremssystemen oder von Systemen der Spurhaltung. Solche Programme werden in den USA vom Forschungsinstitut der NHTSA (National Highway Traffic Safety Administration), als US-NCAP bezeichnet, in Japan von NASVA als sogenanntes J-NCAP, in Australien als A-NCAP und in Europa von einem Konsortium aus 16 Mitgliedern als Euro NCAP, durchgeführt. In den letzten Jahren entstanden zusätzlich in Latein-Amerika das Latin-NCAP, in China C-NCAP, in Korea K-NCAP in Malaysia das Asean NCAP und seit 2022 in Taiwan TNCAP. Das älteste derartige Versuchsprogramm ist das nachfolgend beschriebene Bewertungsverfahren US-NCAP.

Im Rahmen der von der World Health Organisation (WHO), der World Bank und der FIA Foundation initiierten und von den Vereinten Nationen im Mai 2011 ausgerufenen „Decade of Action for Road Safety 2011–2020" [28] wurde auch ein Global NCAP ins Leben gerufen, das zum Ziel hat, weitere NCAPs aufzubauen und zu koordinieren. Euro NCAP unterstützt dieses weltweite Programm in technischen und organisatorischen Fragen. Global NCAP hat mit SaferCarsForIndia und SaferCarsForAfrica Verbraucherschutztestverfahren in Märkten durchgeführt, in denen es bisher noch keine etablierten NCAP Tests gibt. Indien hat inzwischen die Einführung des sogenannten Bharat NCAP angekündigt.

4.3.2.1 US-NCAP

Die Grundlage für das Bewertungsverfahren New Car Assessment Program (NCAP) wurde vom US-amerikanischen Senat nach der starken Zunahme der Unfall- und Verletztenzahlen durch den Erlass einer verbraucherorientierten Gesetzesrichtlinie geschaffen. Dieser Kraftfahrzeug-Informations- und Kosteneinsparungserlass (Motor Vehicle Information and Cost Saving Act) aus dem Jahre 1972 enthält die Aufforderung an das Transportministerium (DOT: Department of Transportation), neu auf dem US-Markt angebotene Fahrzeuge vergleichend unter ökonomischen und sicherheitstechnischen Gesichtspunkten zu untersuchen und die gewonnenen Ergebnisse der

Öffentlichkeit zugänglich zu machen. Erklärtes Ziel war und ist dabei, das Sicherheitsniveau über das Käuferinteresse und die Nachfragesituation zu stellen. Im Vordergrund standen allerdings, zumindest in den Jahren der Einführung, zunächst volkswirtschaftliche und energiepolitische Fragen. Der zu Beginn der 1970er Jahre durch die sich abzeichnenden Versorgungsengpässe und die restriktiven ordnungspolitischen Maßnahmen (Geschwindigkeitsbeschränkung auf 55 mph, Ermittlung der Flottenverbrauchswerte) wachsende Anteil an kleineren Fahrzeugen (1980: 40 %-iger Anteil der Compact und Sub-compact Cars an der Fahrzeugpopulation) spiegelte sich im Unfallgeschehen überproportional deutlich wider. Daher wurde zunächst diese Fahrzeugklasse einer sicherheitstechnischen Untersuchung unterzogen:

- Insassenschutz für Fahrer und Beifahrer bei Frontal- und Heckkollisionen,
- Integrität und Stabilität der Windschutzscheibe am Fahrzeug,
- Brandgefahr nach einer Kollision und
- Komfortbetrachtung am Insassenschutzsystem.

Die Aufbereitung und zusätzliche Nutzung von Erkenntnissen aus Polizeiakten und Versicherungsakten wurden als nützlich beurteilt, ihre eingeschränkte Aussagefähigkeit über aktuell eingeführte oder gar neue Fahrzeuge jedoch erkannt. Zum Ausgleich dieses Nachteils wurde ein experimentelles Test- und Bewertungsverfahren etabliert, das seit dem Modelljahr 1983 auf die gebräuchlichsten Fahrzeuge inländischer Hersteller und Importeure angewandt wird und im Jahresdurchschnitt ca. 60 Fahrzeugmodelle betrifft. Bei der Definition der Versuchsbedingungen wird ein Frontalaufprallversuch senkrecht auf eine starre, nicht deformierbare Barriere mit einer Aufprallgeschwindigkeit von 35 mph ($\approx$56 km/h) zugrunde gelegt. Im Gegensatz zum Aufpralltest nach FMVSS 208, bei dem auch Tests mit nichtangegurteten Insassen durchgeführt werden, sind beim NCAP-Versuch die Insassen (ein HYBRID III-50M Mann auf der Fahrerseite und eine HYBRID III-5F Frau auf der Beifahrerseite) stets angeschnallt.

Neben dem Frontalcrash umfasst das US-NCAP Programm einen Barrieren-Seitenaufprall mit einer 1.368 kg schweren Barriere mit einer Aufprallgeschwindigkeit von 62 km/h. Bei diesem Test werden ein ES-2RE Dummy auf dem Fahrersitz und ein SID IIs Dummy stoßseitig im Fond platziert. Hinzu kommt ein Pfahl-Seitenaufprall mit 32 km/h unter 75°, bei dem ein SID IIs Dummy auf dem Fahrersitz eingesetzt wird. Ergänzt wird das Rating durch eine Rollover-Bewertung, die primär auf dem Static Stability Factor (SSF) beruht, dem Verhältnis aus Spurbreite zu Schwerpunktshöhe des Fahrzeugs. Die Ergebnisse der einzelnen Tests werden zusammengeführt und als Gesamtbewertung veröffentlicht, wobei maximal 5 Sterne erreichbar sind.

Bereits seit 2015 ist eine Überarbeitung des US-NCAP Ratings in der Diskussion. Dabei sollen neben einer Überarbeitung der aktuellen Crashtests eine Reihe neuer Bewertungen ins Rating eingeführt werden. Dazu gehören unter anderem Fußgängerschutztests, die Bewertung einer ganzen Reihe von Assistenzsystemen, wie z. B. Notbremsassistenten oder Spurhalteassistenten, sowie die Bewertung der Scheinwerfer.

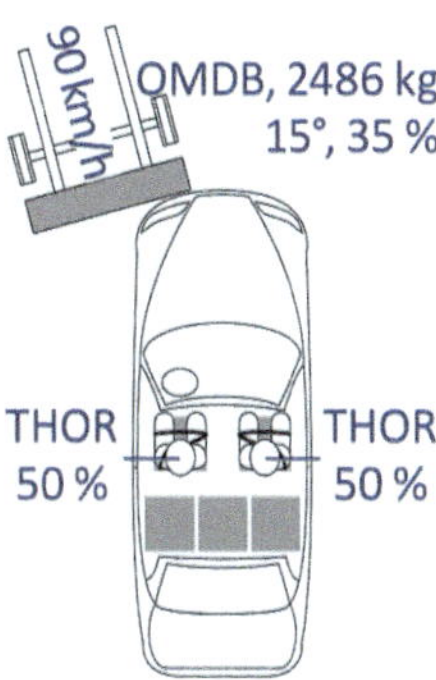

Abb. 4.14 Geplanter neuer Frontalcrash im US-NCAP – Oblique Moving Deformable Barrier

Aus politischen Gründen hat sich die Überarbeitung des Ratings immer wieder verzögert. Zuletzt wurde 2022 ein Fahrplan für die Einführung der neuen Bewertungen veröffentlicht [16].

Im Bereich der passiven Sicherheit stellt der geplante neue schräge Frontalanprall (vgl. Abb. 4.14) mit einer mobilen deformierbaren Barriere (OMDB = Oblique Moving Deformable Barrier) aufgrund der Masse (2.486 kg) und der Geschwindigkeit (90 km/h) der Barriere hohe Anforderungen an die Karosserie. Gleichzeitig ist der Test durch den schrägen Anprall und die Verwendung des, im Vergleich zum Hybrid III Dummy, deutlich flexibleren THOR Dummy auch für die Rückhaltesysteme anspruchsvoll, da diese eine starke Kopf- und Oberkörperotation in Stoßrichtung unterbinden müssen.

4.3.2.2 Euro NCAP

Das European New Car Assessment Programme wurde durch ein Konsortium ins Leben gerufen, in dem neben einigen europäischen Regierungsinstitutionen (Deutschland, Frankreich, Großbritannien, Katalonien, Luxemburg, Niederlande, Norwegen, Österreich, Schweden) auch Automobilclubs (FIA Foundation, ADAC, ACI), der Dachverband der europäischen Verbraucherschutzorganisationen (ICRT), eine Expertenorgansisation (DEKRA) und Vertreter der Versicherungswirtschaft (Thatcham, Unfallforschung der Versicherer) Mitglieder sind. Die EU-Kommission ist zwar kein Mitglied, unterstützt Euro NCAP jedoch politisch, da dieses Testprogramm helfen kann, die verkehrspolitischen Ziele im Hinblick auf mehr Sicherheit im Straßenverkehr zu erreichen. Im Jahr 1997 wurden erste Ergebnisse des European New Car Assessment Programme veröffentlicht.

Das Testprogramm wird laufend weiterentwickelt. Aktuell (Stand 2023) gliedert sich das Rating in 4 Kategorien, deren Inhalte in Tab. 4.5, 4.6, 4.7, 4.8 beschrieben werden:

- Erwachsenen-Insassenschutz
- Kinder Insassenschutz
- Schutz ungeschützter Verkehrsteilnehmer (Fußgänger und Zweiradfahrer)
- Sicherheits Assistenzsysteme

Tab. 4.5 Testverfahren im Rahmen der Erwachsenen Insassenschutzbewertung im Euro NCAP (2023)

Erwachsenen Insassenschutz		
Testverfahren		Punktzahl
Frontalaufprall mit 50 km/h gegen 1400 kg schwere mobile deformierbare Barriere (MPDB) mit 50 km und 50 %iger Überdeckung fahrerseitig. Neben der Insassenschutzbewertung wird mit diesem Test auch die Kompatibilität bewertet	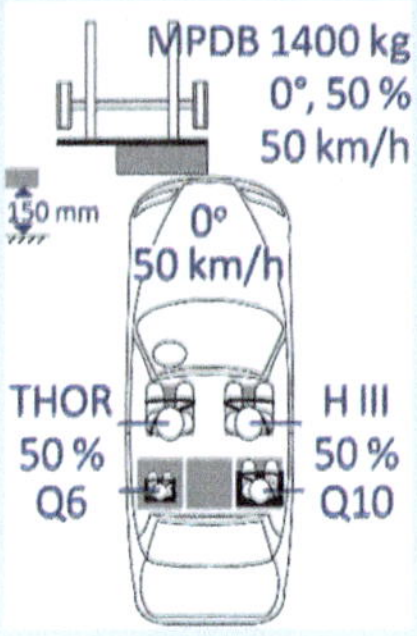	8
Frontalaufprall mit 50 km/h gegen die starre Wand	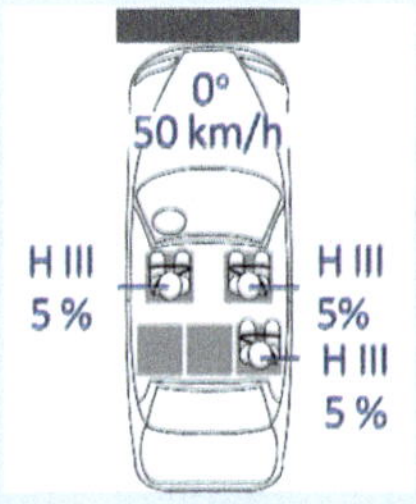	8
Barrieren-Seitenanprall mit 1400 kg schwerer mobiler deformierbarer Barriere mit 60 km/h	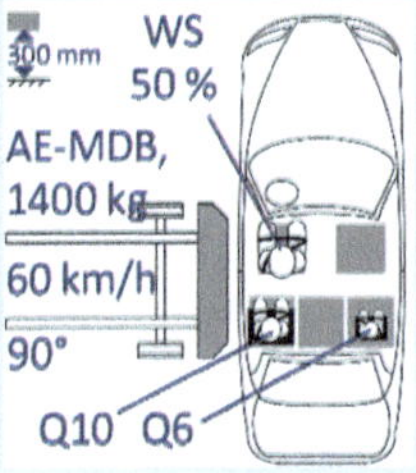	6
Pfahl-Seitenaufprall unter 75° gegen starren Pfahl mit 32 km/h	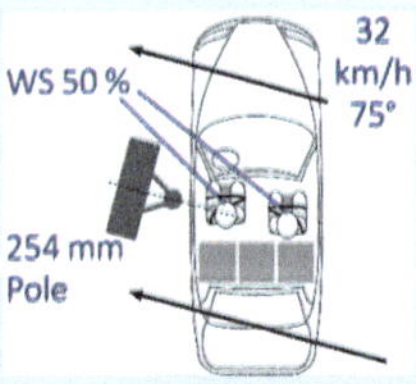	6
Bewertung des Schutzes der Insassen auf der stoßabgewandten Seite beim Seitenaufprall mittels zweier Schlittentests mit den Pulsen aus Barrieren- und Pfahl-Seitenaufprall	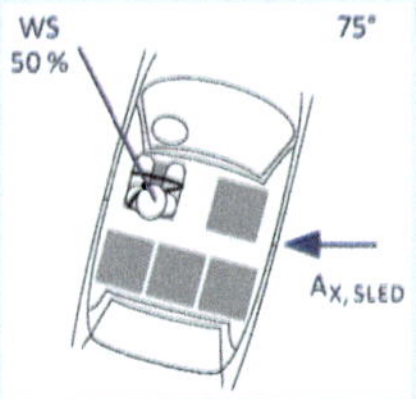	4

(Fortsetzung)

Tab. 4.5 (Fortsetzung)

Erwachsenen Insassenschutz		
Testverfahren		Punktzahl
Bewertung des Schutzes der vorderen Insassen vor HWS-Distorsionen mittels Schlittentests mit 2 generischen Pulsen		3
Bewertung des Schutzes der hinteren Insassen vor HWS-Distorsionen mittels einer Geometriebewertung der hinteren Sitze und Kopfstützen		2
Bewertung der Maßnahmen zur sicheren Rettung und Befreiung der Insassen aus dem verunfallten Fahrzeug	• Rettungskarte • Öffnen von Türen & Gurtschlössern nach Unfall • E-Call, Multi-Kollisionsbremse, Schutz beim Untertauchen in Gewässern	4
Maximale Gesamtpunktzahl		40

Für die einzelnen Kategorien ermittelt Euro NCAP für ein zu bewertendes Fahrzeug jeweils den Erfüllungsgrad, also den Prozentwert der Maximalpunktzahl der jeweiligen Kategorie. Die Erfüllungsgrade in den vier Kategorien stellen die Basis für die Gesamtbewertung mit bis zu fünf Sternen dar. Für das Erreichen einer bestimmten Sternezahl sind jeweils Mindesterfüllungsgrade in den vier Kategorien erforderlich, beispielsweise ab dem Jahr 2023 für 5 Sterne 80 % beim Erwachsenen-Insassenschutz, 80 % beim Kinderschutz, 70 % beim Schutz ungeschützter Verkehrsteilnehmer und 70 % bei den Assistenzsystemen. Durch dieses „Balancing" genannte Verfahren soll sichergestellt werden, dass gut bewertete Fahrzeuge in allen Kategorien ein hohes Sicherheitsniveau erreichen. Euro NCAP nutzt die Festlegung der Mindesterfüllungsgrade auch zur kontinuierlichen Anpassung der Anforderungen an den technischen Fortschritt.

Die **Bewertung** bei den Testverfahren zur passiven Sicherheit nach Euro NCAP erfolgt zum einen anhand der körperteilspezifisch am Dummy gemessenen Belastungswerte. Die gesetzlich vorgeschriebenen Grenzwerte bilden hierbei einen Schalter zu Null Punkten bzw. zu einer roten Einfärbung der betreffenden Körperregion im Piktogramm des Insassen. Zwischen diesem roten bzw. Null-Punkte-Bereich und den unteren Grenzwerten für die zu beurteilenden Dummy-Belastungswerte (grüner Bereich, volle Punktzahl) wird mithilfe einer sogenannten „Sliding Scale" linear interpoliert und die jeweilige Punktebewertung ermittelt. Sofern für einen Körperteil mehrere Schutzkriterien verwendet werden, geht der jeweils schlechteste Wert (worst scoring component) in die Gesamtbewertung ein. Ein Beispiel hierfür ist der Bereich der unteren Extremitäten, bei dem beispielsweise der Tibia-Index (vgl. GL. 3.16) und die Unterschenkelkraft in z-Richtung ermittelt werden. Zusätzlich fließen in die Fahrzeug-Gesamtbewertung, z. B. für den Frontaltest, nur die jeweils schlechtesten Ergebnisse der Fahrer- oder der Beifahrerseite ein.

Tab. 4.6 Testverfahren im Rahmen der Kinder Insassenschutzbewertung im Euro NCAP (2023)

Kinder Insassenschutz		
Testverfahren		Punktzahl
Frontalaufprall mit 50 km/h gegen 1400 kg schwere mobile deformierbare Barriere (MPDB) mit 50 km und 50 %iger Überdeckung fahrerseitig	MPDB 1400 kg / 0°, 50 % / 50 km/h / 150 mm / 0° / 50 km/h / THOR 50 % Q6 / H III 50 % Q10	16
Barrieren-Seitenanprall mit 1400 kg schwerer mobiler deformierbarer Barriere mit 60 km/h	300 mm / WS 50 % / AE-MDB, 1400 kg / 60 km/h / 90° / Q10 Q6	8
Kindersitz Installationstest	• Problemfreier und sicherer Einbau von Kindersitzen mit und ohne ISOFIX	12
Fahrzeugbezogene Bewertung	• Verfügbarkeit von i-Size Sitzpositionen • Abschaltung des Beifahrer Airbags • Erkennung von im Fahrzeug zurückgelassenen Kindern (Child Presence Detection – CPD)	13
Maximale Gesamtpunktzahl		49

Zusätzlich zu den aus den Dummy-Belastungswerten ermittelten Bewertungen finden sogenannte Modifier – in der Regel ein Punktabzug – Anwendung, die aus Ergebnissen der Fahrzeugvermessung, der Auswertung von Hochgeschwindigkeitsfilmen und der Untersuchung der Fahrzeuge durch ein Team von Euro NCAP-Inspektoren abgeleitet werden. Diese Modifier werden in der Regel von der jeweiligen körperteil-spezifischen Bewertung abgezogen bzw. dieser zugeordnet (z. B. Lenkradverschiebung auf den Kopf, Verkürzung der Fahrgastzelle auf die Brust, Fußraum- und Pedalintrusionen auf die unteren Extremitäten).

Bei den übrigen Testverfahren kommen verschiedene Bewertungsmethoden zum Einsatz. Teilweise werden Punkte leistungsabhängig vergeben, z. B. basierend auf der erzielten Geschwindigkeitsreduzierung bei den Notbremssystemen. Teilweise erfolgt die Bewertung nach dem Pass/Fail Verfahren, d. h. Euro NCAP vergibt entweder die volle

Tab. 4.7 Testverfahren im Rahmen der Bewertung des Schutzes ungeschützter Verkehrsteilnehmer im Euro NCAP (2023)

Schutz ungeschützter Verkehrsteilnehmer		
Testverfahren		Punktzahl
Kopfanprall mit Kinder- und Erwachsenenkopf	• 40 km/h • WAD 1.000 – WAD 2.500 • Grid-Verfahren mit Ergebnisprognose des Herstellers und Überprüfungstests durch Euro NCAP	18
Beinanprall mit aPLI und Upper Legform	• aPLI Anprall mit 40 km/h an Fahrzeugfront • Upper Legform Anprall an WAD 775 mit geometrieabhängiger Geschwindigkeit	18
Notbremsassistenz zum Schutz von Fußgängern	• 7 Szenarien • Bewertung von AEB und FCW Systemen • Fußgänger querend, längs der Fahrbahn, hinter dem Fahrzeug, in Kreuzungssituationen • Tests bei Tag und Nacht	9
Notbremsassistenz zum Schutz von Radfahrern	• 7 Szenarien • Bewertung von AEB und FCW Systemen • Radfahrer querend, längs der Fahrbahn, in Kreuzungssituationen, am parkenden Auto vorbeifahrend (Dooring) • Tests bei Tag	9
Notbremsassistenz zum Schutz von motorisierten Zweirädern	• 3 Szenarien • Bewertung von AEB und FCW Systemen • Zweiradfahrer vorausfahrend, beim Abbiegen entgegenkommend • Tests bei Tag	6
Querführungsassistenz zum Schutz von motorisierten Zweirädern	• 2 Szenarien • Zweiradfahrer überholend, entgegenkommend • Tests bei Tag	3
Maximale Gesamtpunktzahl		63

Punktzahl beim Erfüllen der Anforderungen oder null Punkte bei Nichterfüllung, z. B. bei der Bewertung der Spurassistenz.

Euro NCAP entwickelt seine Test- und Bewertungsverfahren kontinuierlich weiter und reagiert dabei sowohl auf den technischen Fortschritt als auch auf das reale Unfallgeschehen. Seit 2009 hat Euro NCAP das Rating jeweils in einem Rhythmus von

Tab. 4.8 Testverfahren im Rahmen der Bewertung von Sicherheits-Assistenzsystemen im Euro NCAP (2023)

Sicherheits-Assistenzsysteme		
Testverfahren		Punktzahl
Insassenzustandsüberwachung	• Gurtwarnung • Überwachung der Wachheit und Aufmerksamkeit des Fahrers	3
Geschwindigkeitsassistenz	• Information über aktuelle Geschwindigkeitsbegrenzungen, • Warnen bei Überschreiten der eingestellten Höchstgeschwindigkeit • Aktives Verhindern einer Übertretung der Höchstgeschwindigkeit	3
Spurassistenz	• 12 Szenarien • Spurhalteassistenten (LKA) • Spurverlassenswarner (LDW) • Totwinkel Assistent (BSM) • Notfall-Spurhalteassistenten (ELK) • Tests bei Tag	3
Notbremsassistenz PKW/PKW	• 7 Szenarien • Bewertung von AEB und FCW Systemen • PKW vorausfahrend, querend, entgegenkommend, beim Abbiegen entgegenkommend • Tests bei Tag	9
Maximale Gesamtpunktzahl		18

2 Jahren angepasst. Ab 2026 plant Euro NCAP auf ein Anpassungsintervall von 3 Jahren umzusteigen. Zum gleichen Zeitpunkt wird die Verbraucherschutzorganisation auch die Bewertungskategorien grundlegend ändern. Die bisherigen Testverfahren werden nun phasenorientiert kategorisiert. Man unterscheidet die Phasen sicheres Fahren (Safe Driving), Unfallvermeidung (Crash Avoidance), Unfallschutz (Crash Protection) und die Nachunfallphase (Post Crash), was einer integralen Sicherheitsbetrachtung, wie in Abschn. 1.3 erläutert, zunehmend näherkommt. Hintergrund dieser Umstellung ist insbesondere die Absicht, künftig auch assistierte und automatisierte Fahrfunktionen ins Rating zu integrieren, die dann in der Phase „sicheres Fahren" bewertet werden sollen [4].

4.3.2.3 C-NCAP

Das vom China Automotive Technology and Research Center (CATARC) seit 2006 durchgeführte C-NCAP hat kontinuierlich an Bedeutung gewonnen. Während anfangs die Anforderungen noch recht moderat waren, liegt das Programm nun auf einem mit Euro NCAP vergleichbaren Niveau. Die Anforderungen werden hier ebenfalls kontinuierlich weiterentwickelt und umfassen sowohl Aspekte der passiven wie auch der aktiven Sicherheit. Die folgenden Tab. 4.9, 4.10, 4.11 geben einen Überblick über die 2023 durchgeführten Testverfahren.

Tab. 4.9 Insassenschutzbewertung im C-NCAP

Insassenschutz		
Testverfahren		Punktzahl
Frontalaufprall mit 50 km/h gegen 1400 kg schwere mobile deformierbare Barriere (MPDB) mit 50 km und 50 %iger Überdeckung fahrerseitig. Neben der Insassenschutzbewertung wird mit diesem Test auch die Kompatibilität bewertet	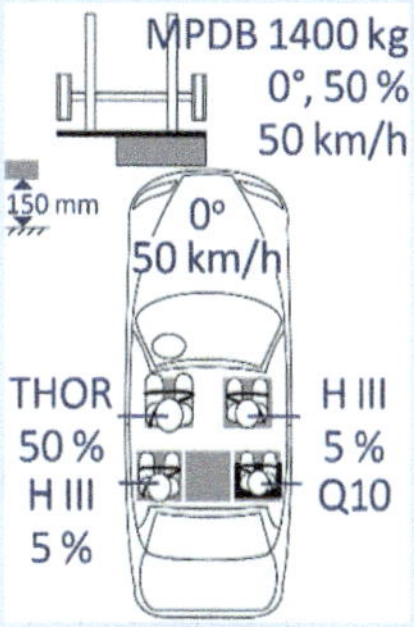	24
Frontalaufprall mit 50 km/h gegen die starre Wand	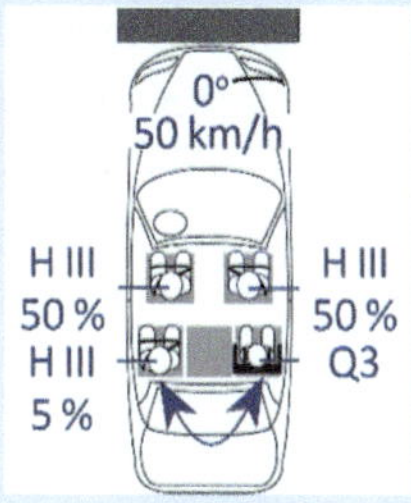	24
Barrieren-Seitenanprall mit 1400 kg schwerer mobiler deformierbarer Barriere mit 60 km/h Dieser Test wird nur für Fahrzeuge mit Verbrennungsmotoren durchgeführt	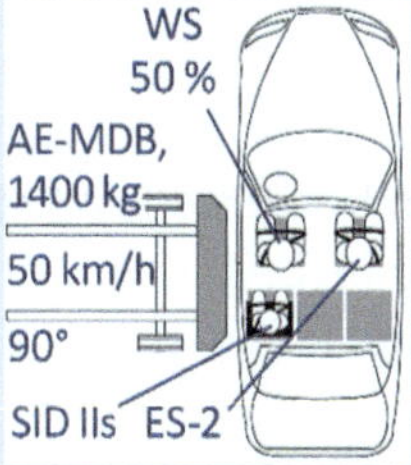	24
Pfahl-Seitenaufprall unter 75° gegen starren Pfahl mit 32 km/h Dieser Test wird nur für Fahrzeuge mit Elektro- oder Hybridantrieb durchgeführt	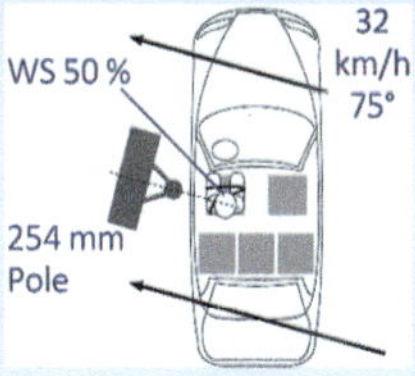	24
Bewertung des Schutzes der vorderen und hinteren Insassen vor HWS Distorsionen mittels Schlittentests mit einem generischen Puls		7
Statische Kindersitz-Bewertung	• Möglichkeit zur Montage verschiedener Kindersitzbauarten und -größen • Einbautest	3

(Fortsetzung)

Tab. 4.9 (Fortsetzung)

Insassenschutz		
Testverfahren		Punktzahl
Schutz der Insassen vor dem Hinaus-schleudern (Ejection Mitigation)	• Test gemäß U.S. Vorschrift FMVSS 221, oder • Drucktest für Curtain Airbag	2
Automatischer Notruf	• E-Call	2
Maximale Gesamtpunktzahl		86

Tab. 4.10 Fußgängerschutzbewertung im C-NCAP

Fußgängerschutz		
Testverfahren		Punktzahl
Kopfanprall mit Kinder- und Er-wachsenenkopf	• 40 km/h • WAD 1000 – WAD 2300	10
Beinanprall mit aPLI	• aPLI Anprall mit 40 km/h an Fahrzeug-front	5
Maximale Gesamtpunktzahl		15

4.3.2.4 IIHS Rating

Am U.S.-amerikanischen Markt hat neben dem weiter oben beschriebenen US-NCAP das Bewertungsverfahren des Insurance Institute for Highway Safety (IIHS) eine große Bedeutung. Anders als bei den NCAP Programmen erfolgt hier die Kommunikation der Ergebnisse nicht über eine Sterne Bewertung, sondern über eine vierstufige Notenskala Poor – Marginal – Acceptable – Good. Neben diesen Noten vergibt das IIHS für Fahrzeuge, die in allen Tests gut abschneiden, die Auszeichnung „Top Safety Pick" bzw. „Top Safety Pick+".

Die Crashtestverfahren des IIHS stellen in einigen Bereichen sehr hohe Anforderungen. So führt das Institut den sogenannten Small-Overlap Test [21], einen Frontalcrash mit 25 % Überdeckung durch, der häufig zu tiefen Intrusionen in die Fahrgastzelle und zu einer ausgeprägten Rotation des Fahrzeugs um die Hochachse führt. Aus letzterer resultiert eine diagonale Vorwärtsbewegung der Insassen, die oft dazu führt, dass diese von den Airbags nur unzureichend zurückgehalten werden.

Auch beim Seitenaufprall stellt der IIHS Test besonders hohe Anforderungen [20]. Dies ist bedingt durch die hohe Masse des Barrierewagens, die seit 2023 bei 1,9 t liegt (im Vergleich zu 1,4 t beim Euro NCAP). Die daraus resultierende hohe Aufprallenergie führt zu starken Intrusionen in die Fahrgastzelle und erfordert massive Verstärkungen der Karosserie, insbesondere im Bereich der B-Säule.

Tab. 4.11 Bewertung der Aktiven Sicherheit im C-NCAP

Aktive Sicherheit		
Testverfahren ADAS		Punktzahl
Insassenzustandsüberwachung	• Gurtwarnung • Überwachung der Wachheit und Aufmerksamkeit des Fahrers	3
Geschwindigkeitsassistenz	• Information über aktuelle Geschwindigkeitsbegrenzungen, • Warnen bei Überschreiten der eingestellten Höchstgeschwindigkeit • Aktives Verhindern einer Übertretung der Höchstgeschwindigkeit	3
Spurassistenz	• 2 Szenarien • Spurhalteassistenten (LKA) • Tests bei Tag	3
Notbremsassistenz PKW/PKW	• 2 Szenarien • Bewertung von AEB und FCW Systemen • PKW vorausfahrend • Tests bei Tag	11
Notbremsassistenz Fußgänger, Radfahrer, Motorroller	• 5 Szenarien • Bewertung von AEB und FCW Systemen • Fußgänger querend, längs der Fahrbahn, Radfahrer querend, längs der Fahrbahn, Motorroller querend • Tests bei Tag	21
Mensch-Maschine-Schnittstelle der Notbremssysteme	• Deaktivierung • Ergänzende Warnung • Reversible Gurtstraffung	6
Elektronisches Stabilitätsprogramm (ESC)	• Gemäß der chinesischen Vorschrift GB/T 30.677–2014 oder GTR 8 / UN-R 13H (R140) / FMVSS 126	3
Optionale ADAS Systeme	• Spurverlassenswarnung • Geschwindigkeitsassistenz • Tote-Winkel-Warnung	7
Maximale Gesamtpunktzahl ADAS		56

(Fortsetzung)

Tab. 4.11 (Fortsetzung)

Aktive Sicherheit		
Testverfahren ADAS		**Punktzahl**
Testverfahren Licht		**Punktzahl**
Abblendlicht	• Ausleuchtung • Erkennbarkeit von Fußgängern	10
Fernlicht	• Reichweite • Erkennbarkeit von Fußgängern	
Bonus/Malus	• Adaptivlicht • Automatisches Einschalten • Automatische Leuchtweitenregulierung • Blendung (Malus)	
Maximale Gesamtpunktzahl Licht		10

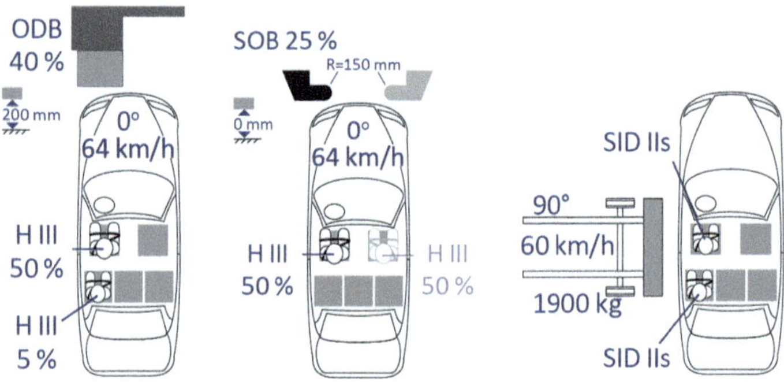

Abb. 4.15 IIHS Crashtests: Offest-Crash, Small Overlap Test (Fahrer- und Beifahrerseitig), Barrieren-Seitenaufprall

Die Abb. 4.15 zeigt die Crashtests des IIHS im Überblick.

Ein stark an IIHS angelehntes Testverfahren wurde unter dem Namen C-IASI (China Insurance Automotive Safety Index) seit 2018 auch in China etabliert. Dieses umfasst, anders als das IIHS Rating, auch Anpralltests zum Fußgängerschutz, angelehnt an die Testverfahren von Euro NCAP, sowie Tests zur Bewertung der Reparaturfreundlichkeit eines Fahrzeuges.

4.4 Bewertung auf der Basis der Unfallstatistik

Bei der Bewertung der Sicherheit auf der Basis der Unfallstatistik erfolgt die Beurteilung retrospektiv mithilfe statistischer Analyseverfahren. Dabei werden die Unfallinformationen ausgewertet, die staatlicherseits (z. B. Bundesstatistik) oder von Versicherungsgesellschaften in einem zur statistischen Absicherung hinreichend großen

Zeitraum erhoben worden und in Datenbanken gespeichert sind. Der Umfang statistisch signifikanter, verwertbarer Unfalldaten ergibt sich aus der Unfallhäufigkeit im Erhebungszeitraum [1]. Der Vorteil dieser Bewertung ist darin zu sehen, dass die unfallchirurgisch ermittelten Verletzungsschwere-Grade der Unfallbeteiligten mit der rekonstruierten Unfallschwere korreliert werden können und sich der Zusammenhang zwischen der Einführung von Sicherheitsmaßnahmen und den vermeidbaren Verletzungen ohne den Umweg über physikalische oder theoretische Insassenmodelle statistisch nachweisen lässt. Nachteilig hingegen ist die erforderliche Zeitspanne zwischen der Einführung von Sicherheitsmaßnahmen und der retrospektiven Ermittlung etwaiger Sicherheitsverbesserungen, da vom Zeitpunkt der Zulassung verbesserter Kraftfahrzeuge in den Verkehr, über das Erreichen eines merklichen Anteils dieser Fahrzeuge innerhalb der Fahrzeugpopulation bis zur Zeit des Vorhandenseins einer statistisch signifikanten Anzahl verunfallter Fahrzeuge, eine gewisse Zeit erforderlich ist. Dadurch entziehen sich neuere Fahrzeugmodelle prinzipiell einer derartigen Bewertung.

4.4.1 Highway Loss Data Institute Report

Das US-amerikanische Highway Loss Data Institute veröffentlicht seit Mitte der 1970er Jahre Vergleichswerte für verschiedene Fahrzeugtypen, die sich an der Häufigkeit und den entstandenen Kosten für Personen- und Sachschäden orientieren. Als Grundlage für diese Bewertung dienen die Analyseergebnisse von zwei Versicherungsdatenbanken sowie polizeiliche Erhebungsakten. Die qualitative Beurteilung einzelner Fahrzeugtypen erfolgt durch den Bezug der spezifischen Unfalldaten auf Durchschnittswerte für die Häufigkeit von Sachschäden und auf das durchschnittliche Verhältnis zwischen Personen- und Sachschäden [1].

4.4.2 FOLKSAM-Report

Der FOLKSAM-Report ist angelegt, um den Verbraucher auf sicherheitsrelevante Unterschiede zwischen einzelnen Fahrzeugtypen hinzuweisen und damit den Stellenwert der Fahrzeugsicherheit im Rahmen der Kaufentscheidung zu erhöhen. Die von der schwedischen Versicherungsgruppe FOLKSAM INSURANCE turnusmäßig veröffentlichte sicherheitstechnische Bewertung spezieller Fahrzeugtypen und -modelle basiert auf den Daten aus Unfällen von Versicherungsnehmern. Dabei werden Unfalltyp, insassenbezogene Größen wie Alter und AIS-kodierte Verletzungen, fahrzeugbezogene Größen wie Massenverhältnis der Kollisionskontrahenten und technischer Fahrzeugzustand sowie Informationen über die Nutzung und Beschaffenheit der Insassenschutzsysteme in die Datenerhebung aufgenommen [1]. Aus diesem umfangreichen Unfalldatenmaterial lassen sich zur Bewertung fahrzeugtypspezifische Ausprägungen den Durchschnittswerten aller untersuchten Fahrzeuge bzw. dem Mittelwert einer bestimmten

Fahrzeugkategorie gegenüberstellen. Die Risikoaussage für einen Fahrzeugtyp wird jedoch nicht mit den Zulassungszahlen relativiert und beinhaltet alle Verletzungsarten unabhängig von deren Schwere. Über die Definition einer Sicherheitszahl wird darüber hinaus das Risiko tödlicher und schwerer Verletzungen mit Folgeschäden gegenüber den Durchschnittswerten validiert. Zudem werden Verletzungsverteilungen und -muster der relevanten Körperregionen bewertet.

4.4.3   Secondary Safety Rating System for Cars

Bei diesem in Großbritannien entwickelten Verfahren handelt es sich um eine analytische Methode, bei der die Einteilung sicherheitsrelevanter Fahrzeugkomponenten in verschiedene Klassen mit guten oder schlechten technologischen Problemlösungen erfolgt und auf eine dem aktuellen Wissensstand entsprechende Konzeption des zu bewertenden Bauteils bezogen wird. Die Relevanz der Kontaktbereiche und der Fahrzeugteilsysteme hinsichtlich des Verletzungsrisikos für die Insassen wird aus dem Unfallgeschehen abgeleitet und unter Berücksichtigung verletzungsbezogener Kostensätze gewichtet. Die Beurteilungskriterien beinhalten sowohl Elemente des Selbstschutzes (z. B. Ausführung des Türpolsters) als auch des Kontrahentenschutzes (z. B. Fußgänger-„freundliche" Gestaltung der Fronthaube). Für jede Variable werden bis zu 17 Abstufungen verbal kategorisiert bzw. durch eine Matrix von Einzelkriterien definiert. Die Einstufung erfolgt lediglich durch Sichtprüfungen unter Einbeziehung konstruktiver Gestaltungsmerkmale und werkstofftechnischer Einschätzung durch ein Expertenteam. Die Gesamtbewertung eines Fahrzeugs ergibt sich aus der Multiplikation allen Variablen mit den entsprechenden Wichtungsfaktoren und deren Aufsummierung [1].

4.5   Quantifizierung der passiven Sicherheit für PKW-Insassen und das Sicherheitskriterien-System SiKriS

Das Ziel des Bewertungsverfahrens, das im Rahmen des langjährigen, von der Bundesanstalt für Straßenwesen (BASt) finanzierten Forschungsprojekts „Quantifizierung der passiven Sicherheit für PKW-Insassen" an der Technischen Universität Berlin erarbeitet wurde, besteht darin, am Dummy gemessene Belastungswerte zu einem einzigen Sicherheitsindex zu verdichten. Das Verfahren kann unter methodischen Gesichtspunkten zwischen den beiden bereits beschriebenen Extrempositionen angesiedelt werden: Einerseits der rein experimentellen Bewertung mittels eines Frontal- und eines Seiten-Aufprallversuchs, wie sie bei NCAP-Verfahren vorgenommen wird, und andererseits die Bewertung mittels der retrospektiven Unfallanalyse, die in der Fahrzeug-Sicherheitsbewertung (Car Model Safety Rating) von FOLKSAM Anwendung findet. Gegenüber dem am weitesten fortgeschrittenen Verfahren, dem Euro NCAP, bietet das hier diskutierte Verfahren die Vorteile, ohne Komponentenversuche auszukommen und eng an gesetzlich vorgeschriebene Sicherheitsversuche angelehnt zu sein. Allerdings ist ein zusätzlicher Test, der sogenannte **Kompatibilitätsversuch**, erforderlich. Im Einzelnen umfasst das Verfahren drei Versuchskonstellationen [1]:

- Frontalaufprall gegen eine deformierbare 0°-Barriere mit 50 km/h,
- Seitenaufprall unter 90° mit einer beweglichen, deformierbaren Barriere mit 50 km/h und
- Kompatibilitätstest, einer 90°-Seitenkollision zwischen zwei baugleichen Fahrzeugmodellen, ebenfalls mit 50 km/h.

Für den angewandten Bewertungsalgorithmus wurden die Zusammenhänge zwischen der Verletzungsschwere und der Dummy-Belastungsgröße einerseits und zwischen den körperteilspezifischen Schutzkriterien und dem entsprechenden Erfüllungsgrad andererseits erschlossen. Darüber hinaus sind Relevanzfaktoren aus dem Unfallgeschehen zur Wichtung der Teilergebnisse entwickelt worden. Mithilfe dieses Bewertungsverfahrens werden die versuchstechnisch ermittelten Belastungswerte normiert und bewertet. Die daraus ermittelten Erfüllungsgrade erhalten durch die Relevanzfaktoren eine unfallspezifische Wichtung und lassen sich über Teilsicherheitsindizes zu einem Gesamt-Sicherheitsindex (SIX) zusammenfassen. Dieser Index gibt Aufschluss über die innere Sicherheit von PKW im Hinblick auf den Selbst- und den Kontrahentenschutz [1].

Die Besonderheit des hier nur kurz dargestellten Bewertungsverfahrens liegt in der konsequenten Anwendung der statistischen Biomechanik (vgl. Abschn. 3.3.2) und in der mit Hilfe körperteilspezifischer Risikofunktionen verbundenen kontinuierlichen Bewertungsmöglichkeit von Belastungswerten. Zwischenzeitlich fand der geringfügig modifizierte Bewertungsalgorithmus unter dem Begriff **Sicherheitskriterien-System SiKriS** Eingang in die ausschließliche Bewertung von Insassenschutz-Systemen mittels gemessener, aber auch durch Insassensimulation rechnerisch ermittelter Belastungswerte [13]. Unter Berücksichtigung von geeigneten Versuchsanordnungen und entsprechenden Testergebnissen zur äußeren Sicherheit konnte das Verfahren erweitert werden und gestattet nunmehr die Bewertung der passiven Sicherheit von PKW nicht nur hinsichtlich der inneren, sondern auch der äußeren Sicherheit [17].

Wegen seiner universellen Anwendbarkeit soll im Folgenden das Sicherheitskriterien-System (SiKriS) näher erläutert werden. Mithilfe dieses Bewertungssystems wird der Sicherheitsindex SIX (mit $0 \leq SIX \leq 1$) zur Bewertung der gemessenen oder der rechnerisch ermittelten Belastungswerte aller relevanten Körperteile unter Berücksichtigung der Unfallanalyse, der Biomechanik-Forschung und der Sicherheitsgesetzgebung berechnet (Abb. 4.16). Je größer der SIX ist, desto geringer ist das Verletzungsrisiko bzw. desto höher ist die Schutzwirkung des Insassen- bzw. des Fußgängerschutz-Systems. Das Sicherheitskriterien-System konnte mittlerweile auf Frontal- und Seitenkollisionen sowie auf Fußgängerkollisionen ausgedehnt werden [17]. Derzeit lassen sich die in Tab. 4.12 dargestellten Schutzkriterien anwenden, doch gestattet das Verfahren auf einfache Art und Weise eine Erweiterung, sofern die Risikofunktion aus der Biomechanik-Forschung

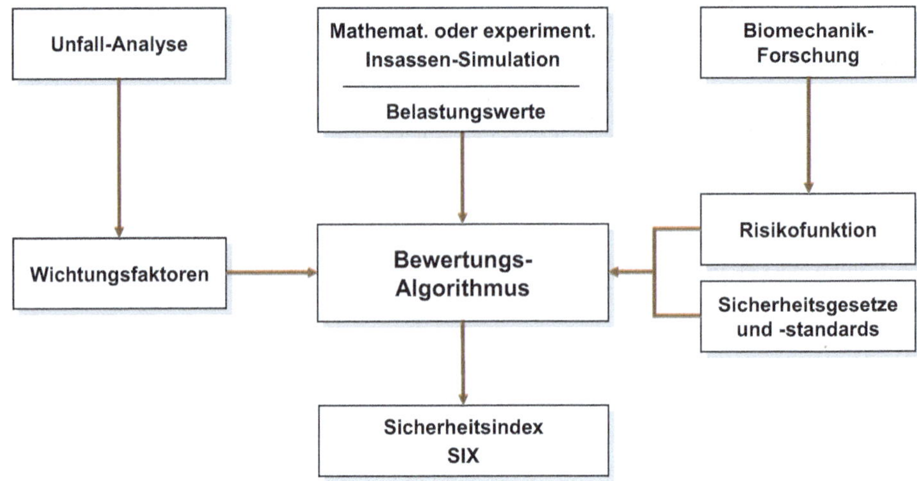

Abb. 4.16 Schema des Sicherheitskriterien-Systems SiKriS (aus [13])

bekannt ist, und kann damit auf beinahe beliebige Unfallkonstellationen ausgedehnt werden.

Aus der körperteilspezifischen Risikofunktion (vgl. Abb. 3.67), bei der die Wahrscheinlichkeit für irreversible Verletzungen in Abhängigkeit von der jeweiligen Belastungsgröße dargestellt ist, ergibt sich durch die Inversion des Funktionsverlaufs und die Relation der Belastungsgröße hinsichtlich des Testgrenzwertes der Sicherheitsgrad SG als Funktion des normierten Belastungswertes NBW; die Beziehung ist schematisch in Abb. 4.17 dargestellt. So ist beispielsweise bei einem HIC = 700 der normierte Belastungswert NBW = 0,7 und der Sicherheitsgrad SG ≈ 0,55.

Dieser Sicherheitsgrad lässt sich für jede Körperregion, für die eine Risikofunktion vorliegt und für die Belastungswerte (rechnerisch oder experimentell) ermittelt werden, mithilfe des Bewertungsalgorithmus rechnerisch nach der Beziehung bestimmen:

$$\mathrm{SG}_j = f(\mathrm{NBW}_j), \quad \text{wobei} \quad -1 \leq \mathrm{SG}_j \leq +1 \text{ ist,} \tag{4.1}$$

mit *j:* aktuelle Belastungsgröße (z. B. HIC, Halsbiegemoment, Oberschenkel-Längskraft u. a.),

 f:: Bewertungsfunktion für die Belastungsgröße *j* und

 NBW: Normierter Belastungswert; Quotient aus Belastungswert und Schutzkriterien-Level

Tab. 4.12 Schutzkriterien und Schutzkriterien-Level an verschiedenen Körperregionen für Frontal- und Seitenkollisionen sowie für Unfälle mit Fußgängern

Körperregion	Schutzkriterium	Schutzkriterien-Level
Kopf	HIC36 bzw. HPC	1000
	HIC15	390… 700
	a3 ms	80 g
	a5 ms	150 g
	amax	300 g
	F	378 N
	GAMBIT	1
Hals	Nij	1
	NIC	15 m2/s2
	Fz max Zug	4170 N
	Fz max Druck	4000 N
	My max	57 Nm
Thorax	SI	1.000
	a3 ms	60 g
	sKompr	50,8 mm
	sKompr	50 mm
	RDC	42 mm
	FBrust	11.100 N
	VC	1,0 m/s
	TTI	85/90 g
Arme	Fmax Kontakt	3800 N
Becken (α Becken $\leq 20°$)	a3 ms	80 g
Becken, allgemein	a3 ms	130 g
	Fmax Symph	6.000 N
	Fmax quer	2.500 N
Abdomen (α Becken $> 20°$)	amax res (am Becken)	13 g
Beine	Fmax Femor	7.580… 9.070 N
	Fmax Femor	10.000 N
	Fmax Tibia	8000 N
	sKnie	15 mm
	TI	1,0 (ehedem 1,3)
	Fmax Kontakt	10.000 N

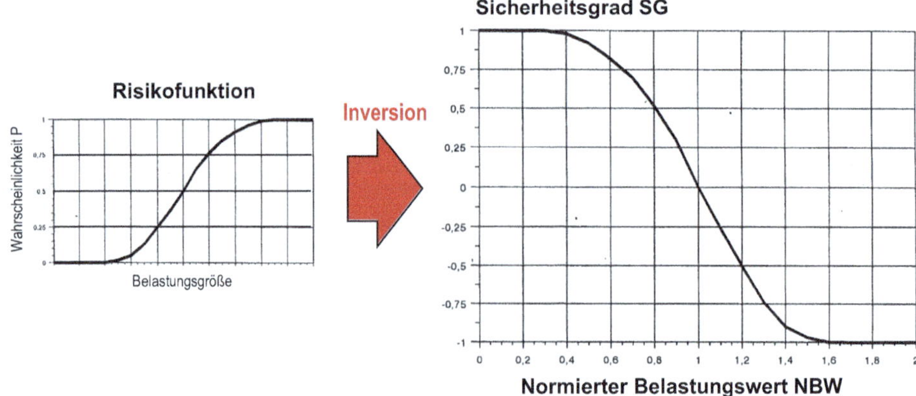

Abb. 4.17 Schematische Darstellung des Überganges von der Risiko- zur Bewertungsfunktion (aus [13])

Mittels der Wichtungsfaktoren α aus der Relevanzstruktur, die sich aus der Verletzungshäufigkeit und den Verletzungsfolgekosten des Unfalldatenmaterials unter Berücksichtigung der Unfallsituation, der Insassen-Sitzposition und dem verletzten Körperteil ableiten lassen, wird die Bedeutung der Körperteil-Sicherheitsgrade relativiert. Sie lassen sich somit für alle Körperregionen zum Sicherheitsindex SIX in der Form

$$\text{SIX} = \sum_{i=1}^{m} \alpha_i \cdot \text{SG}_i, \text{wobei} \quad \sum \alpha_i = 1,0 \text{ ist,} \tag{4.2}$$

mit i: Körperregion (z. B. Kopf, Hals, Thorax usw.) und

m: Anzahl der aktuell berücksichtigten Körperregionen ($1 < m < n$; $n_{max} = 7$).

zusammenfassen. Durch den Sicherheitsindex SIX werden die experimentell oder rechnerisch ermittelten Belastungswerte auf einen Wert fokussiert, wobei biomechanische Gegebenheiten und verletzungsstatistische Aspekte berücksichtigt werden. Bei der Reduzierung auf einen einzigen Wert findet allerdings kein Informationsverlust statt, da die Einzelergebnisse erhalten bleiben. Das Sicherheitskriterien-System SiKriS erlaubt somit eine objektive Bewertung der Wirksamkeit von Schutzmaßnahmen und ermöglicht eine zuverlässige Beurteilung der inneren und der äußeren Sicherheit von Kraftfahrzeugen. Das rechnergestützte Bewertungsverfahren ist beinahe beliebig modifizierbar, erweiterbar und ausbaufähig.

In Abb. 4.18 ist beispielhaft der errechnete Sicherheitsindex SIX als Parameter lediglich für das Kopf-Schutzkriterium HIC und das Schutzkriterium für die Thorax $a_{3\,ms}$ dargestellt. Die Darstellung erlaubt eine eindeutige Zuordnung: für einen Sicherheitsindex SIX > 0,6 wird keiner der Schutzkriterien-Level für Kopf und Brust überschritten, als Auslegungsziel sollte allerdings ein Index von SIX = 0,8 realisiert werden.

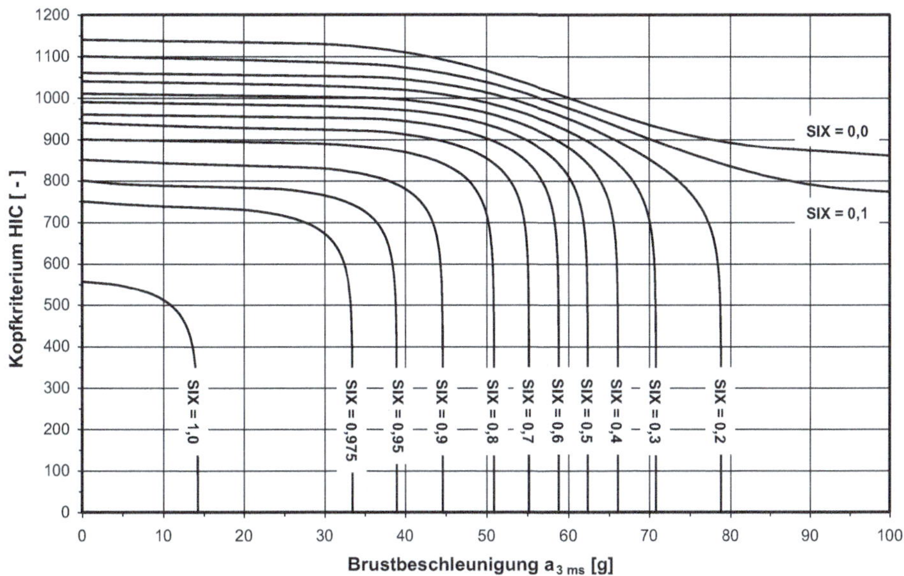

Abb. 4.18 Abhängigkeit zwischen Kopf- und Brustbelastung mit dem Sicherheitsindex SIX als Parameter (aus [17])

4.6   Verletzungsfolgekosten und Sachschäden

Bisher erfolgte die Bewertung der Sicherheit lediglich auf der Basis der Insassen- bzw. der Fußgängerbelastung und der sich dabei ergebenden Verletzungsfolgekosten. Auf die aus den Verkehrsunfällen resultierenden Sachschäden, die neben den Personenschäden eine weitere Art der direkten Unfallfolgen sind (vgl. Abb. 3.61), soll im Folgenden der Vollständigkeit halber eingegangen werden. Nach den detailliert aufbereiteten Unfallzahlen der Bundesstatistik [22] zeigt sich in den Jahren von 1992 bis 1999, dass bei der Anzahl der Unfälle, aber auch bei den Verletzungsfolgekosten nur ein geringer Anstieg (1,2 bzw. 4,3 %) stattfand. Während in der Folgezeit zwischen 1999 und 2011 jedoch bei den Unfällen ein Rückgang um ca. 2,2 % zu verzeichnen war, nahmen die Verletzungsfolgekosten im gleichen Zeitraum etwa 17,7 % ab. Nach dem Anstieg sowohl der Anzahl der Unfälle als auch der Verletzungsfolgekosten in der Zeit bis 1999 stagniert die Anzahl der Unfälle, während die Verletzungsfolgekosten eine nahezu stetige Abnahme aufweisen (Abb. 4.19).

Während sich das Verhältnis der **Unfälle mit Sachschaden** gegenüber der Gesamtzahl aller polizeilich gemeldeten Unfälle, also Unfälle mit und ohne Personenschaden, in den Jahren 2000–2010 auf einen konstanten Wert von etwa 87 % einpegelte (Abb. 4.20), legten die absoluten Zahlen der Unfälle nur mit Sachschaden seit 1992 eine Zunahme von ungefähr 3,3 % (1992: 1,989 Mio., 2011: 2,055 Mio. Unfälle mit Sachschaden)

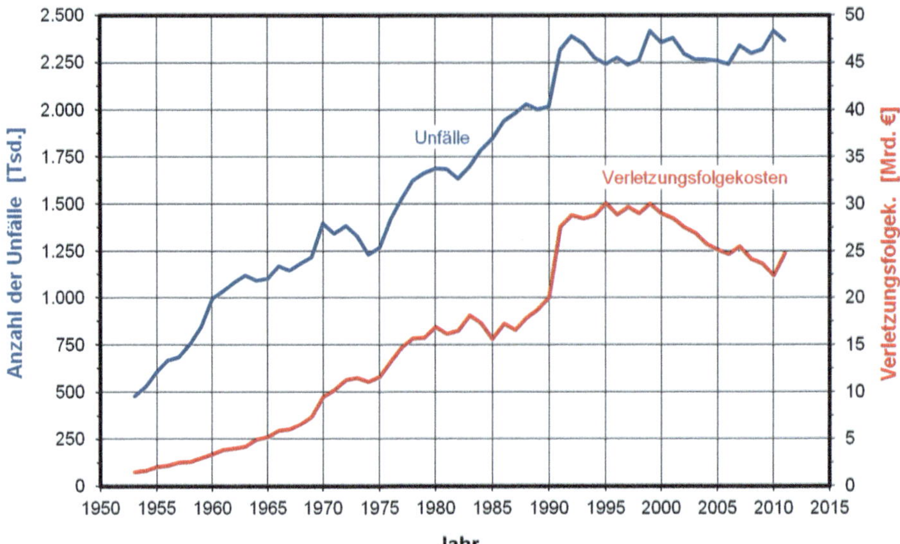

Abb. 4.19 Anzahl der Unfälle und Verletzungsfolgekosten im Zeitraum 1953 bis 2011 (ab 1991 einschließlich der neuen Bundesländer)

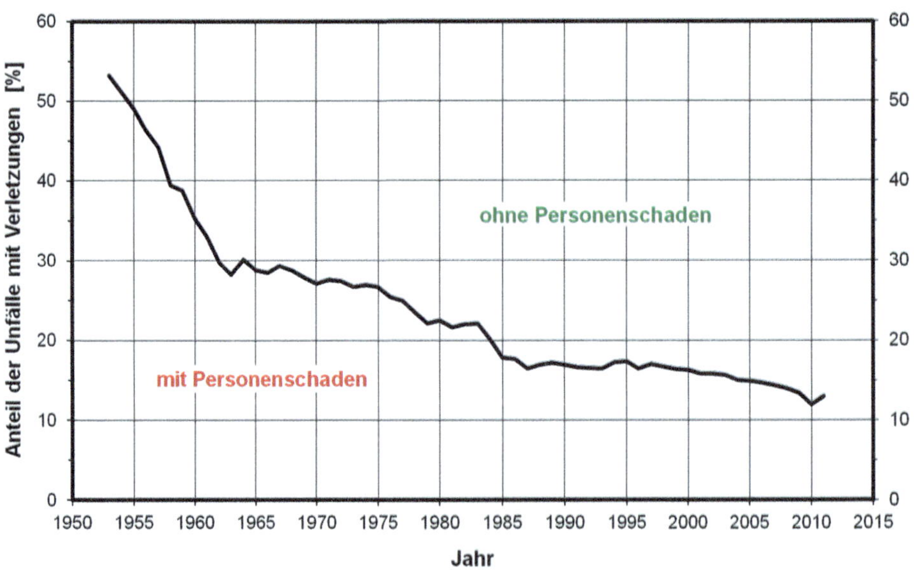

Abb. 4.20 Verhältnis der Unfälle mit Personen- und Sachschäden im Zeitraum 1953 bis 2011 (ab 1991 einschließlich der neuen Bundesländer)

nahe. Danach haben sich die Unfälle mit Sachschaden bezogen auf die Gesamtzahl der Unfälle erhöht; dem gegenüber verminderte sich aber die Zahl der Unfälle mit Personenschaden im gleichen Zeitraum um etwa 22,6 %. Hierbei ist allerdings zu berücksichtigen, dass die Unfallzahlen auf dem Berichtswesen der Polizei am Unfallort beruhen. Ein geringerer Aufwand bei der Aufnahme von **Bagatellschäden** verzerrt jedoch das Gesamtbild, da Schäden bis zu 2000,– € überproportional häufig eingestuft werden. Dazu kommen die Unfälle, die polizeilich gar nicht zur Anzeige gebracht werden. Zur Abschätzung der tatsächlichen Anzahl der jährlich auftretenden Unfälle eignet sich ein Vergleich der Unfallquote, nämlich der Bezug der Unfallzahl je 1000 zugelassener Kraftfahrzeuge, die für 2011 etwa 44,6 betrug, mit der Schadensquote. Nach den Angaben des Gesamtverbands der deutschen Versicherungswirtschaft (GDV) lag die Anzahl der Schäden, die den Kraftfahrzeug-Versicherern im Jahr 2011 gemeldet wurden, bei 9722 Mio. [8]. Daraus ergibt sich eine Schadensquote von 78,9 Schäden je 1000 Versicherungsverträgen, also etwa 77 % mehr als die Unfallquote. Damit dürfte eine Gesamtzahl von etwa 4,2 Mio. Unfällen im Jahre 2011 (ggü. 2,361 Mio. Unfällen nach der Bundesstatistik) als realistisch angenommen werden.

Der seit Anfang der 1960er Jahre in den Jahrbüchern der deutschen Versicherungswirtschaft ausgewiesene **Schadensaufwand** [8] ist in Abb. 4.21 gezeigt. Er betrug im Jahre 2011 insgesamt etwa 12,452 Mrd. €, das ist gegenüber dem Jahr 1999, ab dem erstmals ein Abfall zu verzeichnen ist, mit 14,139 Mrd. € eine Reduzierung um annähernd 11,9 %. Demgegenüber stieg der **spezifische Schaden,** d. h. der Schaden pro

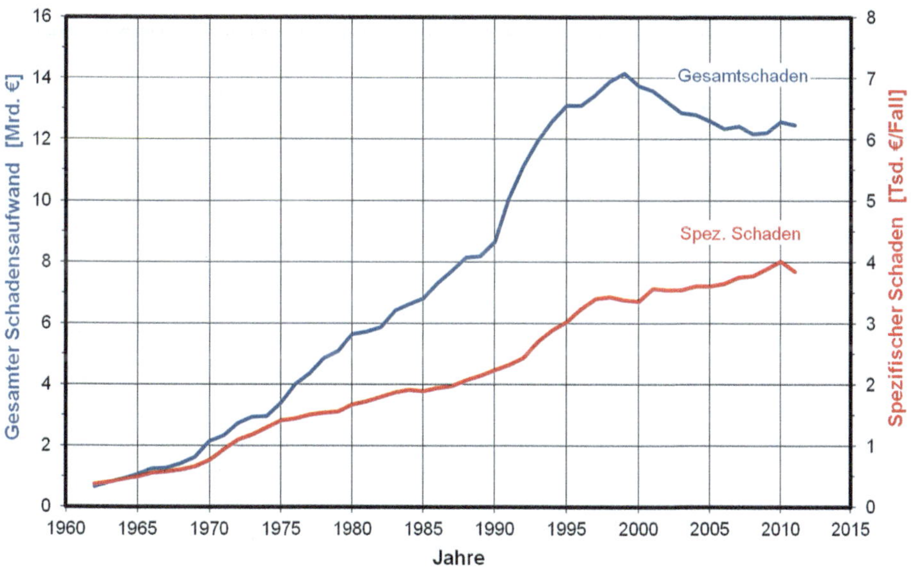

Abb. 4.21 Gesamt-Schadensaufwand und spezifischer Schaden aus Kfz-Unfallversicherungen (nach [8]) für Straßenverkehrsunfälle im Zeitraum 1962–2011

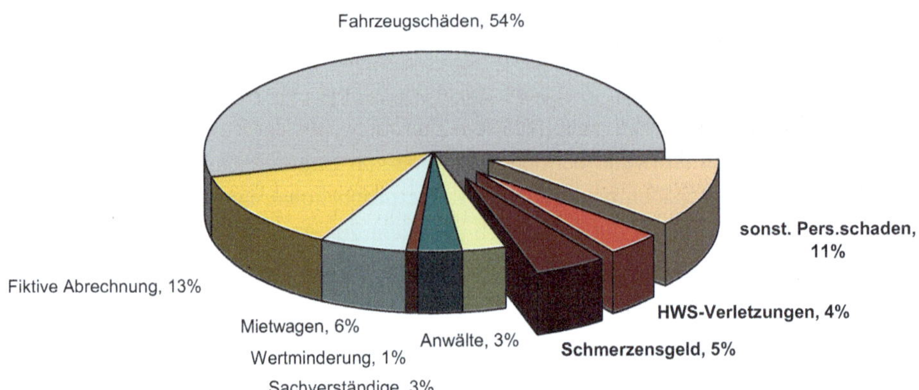

Abb. 4.22 Schadensaufwand der Versicherungen (im Jahr 1994: 12.58 Mrd. €) für Personen- und Sachschäden (nach [14])

reguliertem Fall, seit 1999 um ca. 13,8 % auf ungefähr 3830 €/Fall im Jahr 2011. Der spezifische Schaden überschritt im Jahr 1988 die Marke von 2000 €/Fall und 1995 die von 3000 €/Fall.

Nach einer in [14] angestellten, versicherungsspezifischen Untersuchung des Schadensaufwandes (Abb. 4.22) verteilten sich die 1994 von den Versicherungen erstatteten Kosten in Höhe von insgesamt 12,58 Mrd. € einerseits zu etwa 20 % auf die Begleichung von Personenschäden und andererseits zu 80 % auf die Entschädigung von **Sachschäden** [7]. Dabei lässt sich zeigen, dass sich die von der Haftpflichtversicherung aufgebrachten Kosten für Personenschäden (Heilbehandlung und Schmerzensgeld) auf ca. 2,52 Mrd. € belaufen, dies sind etwa ein Zehntel der tatsächlich aus Verletzungen resultierenden Folgekosten, die im Jahre 2011 etwa 24,6 Mrd. € betrugen. Der wesentliche Anteil dieser volkswirtschaftlichen Kosten wird offensichtlich nicht durch die Fahrzeugversicherungen bestritten, sondern über andere Versicherungsträger und private Aufwendungen finanziert, insbesondere aber durch gesamtgesellschaftliche Aufwendungen (Ausbildungskosten, Produktionsausfall u. a.) abgedeckt. Die Sachschäden, die sich danach auf etwa 10,1 Mrd. € belaufen, setzen sich zusammen aus der Beseitigung von Fahrzeugschäden (67 %), den Nebenkosten (17 %) und den fiktiven Abrechnungen (16 %), unabhängig von der tatsächlichen Schadensbeseitigung. Unter Berücksichtigung der Dunkelziffer aufgrund der nicht gemeldeten und nicht durch Versicherungen regulierten Unfälle kann davon ausgegangen werden, dass sich die direkten Unfallfolgen im Verhältnis von ungefähr 2 : 1 in Verletzungsfolgekosten und Sachschäden aufteilen. Da die Schadenshöhe bei der Beseitigung von Fahrzeugschäden nach sogenannten Reparatur-Crashs bei der Einstufung neuer Fahrzeugmodelle in die Schadensklassen der Kaskoversicherungen eine nicht unerhebliche Rolle spielt, gewinnt die Frage nach der Reparaturfähigkeit von Kraftfahrzeugen als Entwicklungskriterium weiterhin an Bedeutung.

Literatur

1. Appel, H., Kramer, F., Glatz, W., Lutter, G. et al.: Quantifizierung der passiven Sicherheit für PKW-Insassen. Technische Universität Berlin. Bericht zum Forschungsprojekt 8517/2 der Bundesanstalt für Straßenwesen (Hrsg.). Bergisch Gladbach (1991)
2. EEVC Working Group 17 Report: Improved test methods to evaluate pedestrian protection afforded by passenger cars (December 1998 with September 2002 updates). http://www.eevc.org/wgpages/wg17/wg17index.htm
3. Economic Commission for Europe (Hrsg.).: World Forum for Harmonization of Vehicle Regulations (WP 29): How it Works - How to Join it, 4. Aufl. United Nations Publications, https://unece.org/sites/default/files/2022-07/ECE_TRANS_289_Rev.1_E_corrected.pdf, New York and Geneva (2022)
4. Euro NCAP: Euro NCAP Vision 2030 – A safer future for mobilty. https://cdn.euroncap.com/media/74468/euro-ncap-roadmap-vision-2030.pdf (2022). Zugegriffen: 02.Jan. 2023
5. European Commission, Enterprise and Industry Directorate-General: CARS 21 – A Competitive Automotive Regulatory System for the 21st Century (2006)
7. Florian, M.: Darstellung von Schutzmaßnahmen zur Verbesserung der Kraftfahrzeugsicherheit und deren Wirkprinzipien. Großer Beleg an der Technischen Universität Dresden, Dresden (1996)
7. Geier, S.: Neugewichtung bei den Schadensersatzleistungen für Personen- und Sachschäden? Deutscher Verkehrsgerichtstag in Goslar (1996)
8. Gesamtverband der deutschen Versicherungswirtschaft e. V. (GDV): Statistisches Taschenbuch der Versicherungswirtschaft. Berlin (2007)
9. Glaeser, K.-P.: Der Anprall des Kopfes auf die Fronthaube von PKW beim Fußgängerunfall – Entwicklung eines Prüfverfahrens. Berichte der Bundesanstalt für Straßenwesen, Fahrzeugtechnik, Heft F 14. Bergisch-Gladbach (1996)
10. Grupe, D.: Die Gesetz- und Verordnungsgebung auf dem Gebiet der Fahrzeugsicherheit in Deutschland und der Europäischen Union. 2. International Symposium on Sophisticated Car Occupant Safety Systems. Karlsruhe (1994)
11. Kraftfahrt-Bundesamt: Bestand an Kraftfahrzeugen und Kraftfahrzeuganhängern in den Jahren 1960 bis 2022 nach Fahrzeugklassen. https://www.kba.de/DE/Statistik/Fahrzeuge/Bestand/FahrzeugklassenAufbauarten/2022/b_fzkl_zeitreihen.html?nn=3524712&fromStatistic=3524712&yearFilter=2022&fromStatistic=3524712&yearFilter=2022. Zugegriffen: 11. Jan. 2023 (2023)
12. Kramer, F., Deter, T.: Zur Quantifizierung der Straßenverkehrssicherheit. Verkehrsunfall und Fahrzeugtechnik. Bd. 1. Verlag Information Ambs GmbH, Kippenheim (1992)
13. Kramer, F., Fruck, K., Bigi, D.: Sicherheitsindex – eine Möglichkeit zur objektiven Bewertung von Insassenschutzsystemen. Beitrag bei der Tagung „Bedeutung der Rückhaltesysteme in der passiven Sicherheit" im Haus der Technik. Essen (1995)
14. Kramer, F.: The Development of the KTI (Kraftfahrzeugtechnisches Institut) – Objectives, Tasks and Organisation as well as planned Projects. Conference The RCAR Meeting 1995. Rotherwick, UK (Sept. 1995)
15. Lehmann, D.: Aktuelle und zukünftige Vorschriften zur Bewertung der passiven Sicherheit. 2. Internationales Symposium on Sophistcated Car Occupant Safety Systems. Karlsruhe (1994)
16. New Car Assessment Program, Request for comments (RFC), [Docket No. NHTSA–2021–0002], Federal Register/Vol. 87, No. 46/Wednesday, March 9 (2022)
17. Reimer, J., Werner, R.: Die Bewertung der passiven Sicherheit bei relevanten Kollisionen mit Hilfe des Sicherheitskriterien-Systems (SiKriS). Diplomarbeit an der Hochschule für Technik und Wirtschaft (HTW), Dresden (2005)

18. Richtlinie 2007/46/EG des Europäischen Parlaments und des Rates vom 5.9.2007 zur Schaffung eines Rahmens für die Genehmigung von Kraftfahrzeugen und Kraftfahrzeuganhängern sowie von Systemen, Bauteilen und selbstständigen technischen Einheiten für diese Fahrzeuge (Rahmenrichtlinie), Amtsblatt der europ7, L263/1–160, (2007)
19. Seiffert, U.: Fahrzeugsicherheit: Personenwagen. VDI-Verlag GmbH, Düsseldorf (1992)
20. Insurance Institute for Highway Safety: Side Impact Crashworthiness Evaluation 2.0 Crash Test Protocol – Version II. Ruckersville, USA (2022)
21. Insurance Institute for Highway Safety: Small Overlap Frontal Crashworthiness Evaluation Crash Test Protocol – Version VII. Ruckersville, USA (2021)
22. Statistisches Bundesamt Wiesbaden (Hrsg.): Verkehrsunfälle 2011. Fachserie 8, Reihe 7, Wiesbaden (2012)
23. Statistisches Bundesamt Wiesbaden (Hrsg.): Verkehrsunfälle und Verunglückte im Zeitvergleich (ab 1950). https://www.destatis.de/DE/Themen/Gesellschaft-Umwelt/Verkehrsunfaelle/ Tabellen/liste-strassenverkehrsunfaelle.html#251628. Zugegriffen: 11. Jan. 2023 (2023)
24. Verordnung (EU) 2018/858 des Europäischen Parlaments und des Rates vom 30. Mai 2018 über die Genehmigung und die Marktüberwachung von Kraftfahrzeugen und Kraftfahrzeuganhängern sowie von Systemen, Bauteilen und selbstständigen technischen Einheiten für diese Fahrzeuge, zur Änderung der Verordnungen (EG) Nr. 715/2007 und (EG) Nr. 595/2009 und zur Aufhebung der Richtlinie 2007/46/EG (Text von Bedeutung für den EWR.) (2018)
25. Verordnung (EU) 2019/2144 des Europäischen Parlaments und des Rates vom 27. November 2019 über die Typgenehmigung von Kraftfahrzeugen und Kraftfahrzeuganhängern sowie von Systemen, Bauteilen und selbstständigen technischen Einheiten für diese Fahrzeuge im Hinblick auf ihre allgemeine Sicherheit und den Schutz der Fahrzeuginsassen und von ungeschützten Verkehrsteilnehmern, zur Änderung der Verordnung (EU) 2018/858 des Europäischen Parlaments und des Rates und zur Aufhebung der Verordnungen (EG) Nr. 78/2009, (EG) Nr. 79/2009 und (EG) Nr. 661/2009 des Europäischen Parlaments und des Rates sowie der Verordnungen (EG) Nr. 631/2009, (EU) Nr. 406/2010, (EU) Nr. 672/2010, (EU) Nr. 1003/2010, (EU) Nr. 1005/2010, (EU) Nr. 1008/2010, (EU) Nr. 1009/2010, (EU) Nr. 19/2011, (EU) Nr. 109/2011, (EU) Nr. 458/2011, (EU) Nr. 65/2012, (EU) Nr. 130/2012, (EU) Nr. 347/2012, (EU) Nr. 351/2012, (EU) Nr. 1230/2012 und (EU) 2015/166 der Kommission (Text von Bedeutung für den EWR) (2019)
26. Verordnung (EG) No 661/2009 des Europäischen Parlaments und des Rates vom 13.7.2009 über die Typgenehmigung von Kraftfahrzeugen, Kraftfahrzeuganhängern und von Systemen, Bauteilen und selbstständigen technischen-Einheiten für diese Fahrzeuge hinsichtlich ihrer allgemeinen Sicherheit, Amtsblatt der europäischen Union, L200/1–24, (2009)
27. World Health Organization: Decade of action for road safety 2011–2020, Saving millions of lives. http://www.who.int/roadsafety/decade_of_action (2011)
28. Zeidler, F.: Die Bedeutung der Energy Equivalent Speed (EES) für die Unfallrekonstruktion und die Verletzungsmechanik. Broschüre zu einem im Rahmen der Sachverständigenschulung durchgeführten Seminar. Mercedes-Benz, Sindelfingen (1992)

Unfallvermeidung und -schwereminderung

5

Adrian Zlocki und Lutz Eckstein

Ein wesentliches Ziel der Fahrzeugentwicklung ist es, die Unfallzahlen auf ein Minimum zu reduzieren und die Unfallfolgen abzumildern bzw. langfristig den unfallfreien Verkehr zu realisieren („Vision Zero", Abschn. 1.4). Die europäische Kommission hat das Ziel ausgegeben, diese Vision bis 2050 zu erreichen. Dazu soll zunächst die Anzahl der Verkehrstoten im Zeitraum von 2020 bis 2030 halbiert werden und 2030 einen Zielwert von ca. 11.400 getöteten Personen im Straßenverkehr europaweit erreichen. 2021 lag die Zahl der getöteten Personen im Straßenverkehr in Europa bei ca. 19.900 [9].

Abb. 5.1 zeigt die Entwicklung des Individualverkehrs, der polizeilich erfassen Unfälle und der Getöteten der letzten Jahrzehnte bezogen auf 1975 in Deutschland. Durch die steigende Komplexität der Fahraufgabe ist die Anzahl der Unfälle stetig angestiegen. Passive Sicherheitssysteme wie Airbags oder verbesserte Fahrzeugstrukturen, gesetzliche Verordnungen, aber auch infrastrukturelle Maßnahmen, wie die Straßenbeschaffenheit und Kreuzungskonzepte, haben die Anzahl der dabei getöteten Menschen kontinuierlich verringert. Einen positiven Einfluss auf die Entwicklung der Unfallstatistiken hatte ebenfalls die Einführung von aktiven Sicherheitssystemen und Fahrerassistenzsystemen (FAS) in den letzten zwei Jahrzehnten.

A. Zlocki (✉)
fka GmbH, Aachen, Deutschland
E-Mail: adrian.zlocki@fka.de

L. Eckstein
Aachen, Deutschland

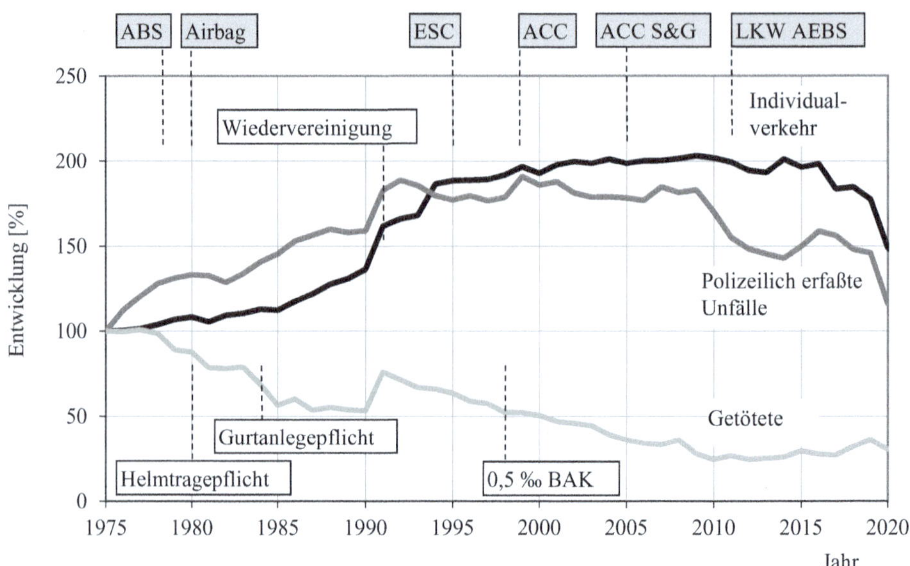

Abb. 5.1 Entwicklung von Individualverkehr, Unfällen und Getöteten in Deutschland (Basis 1975: 441,1 Mrd. Pkw, 1,26 Mio. Unfällen und 14.870 Getötete) auf Basis von [16, 22]

Gesetzliche Verordnungen, wie die Helmpflicht bei Zweirädern und die Gurtpflicht in Fahrzeugen, wurden auch zunehmend durch die Verpflichtung von aktiven Sicherheitssystemen in Fahrzeugen ergänzt. So hat der Gesetzgeber z. B. vor über einer Dekade die Ausstattung mit Notbremssystemen in Nutzfahrzeugen und Bussen durch europäische Typgenehmigungsvorschriften verpflichtend festgelegt. Die technischen Anforderungen and sogenannte AEBS (Advanced Emergency Braking System) wurden gleichlautend in der europäischen Verordnung Nr. 347/2012 sowie in der Regelung UN-R 131 spezifiziert. In einer Studie zur Untersuchung des Einflusses von Notbremssystemen auf die Entwicklung von Lkw-Auffahrunfällen auf Bundesautobahnen hat die Bundesanstalt für Straßenwesen mittels der Odds Ratios Methodik einen Gesamteffekt von bis zu 37 % ermittelt [23].

AEBS gehört zu der Klasse der aktiven Sicherheitssysteme. Mit der aktiven Sicherheit werden alle Maßnahmen beschrieben, die Unfälle vermeiden bzw. zur Unfallvermeidung beitragen. Dies sind neben der Wahrnehmungssicherheit, der Bedien- und Interaktionssicherheit, der Konditionssicherheit insbesondere die Fahrsicherheit. Die aktive Sicherheit lässt sich zeitlich vor einer Kollision in die Phasen Normalfahrt, Unfallvermeidung und Pre-Crash gliedern (siehe Abb. 5.2). Mit Pre-Crash wird diejenige Phase bezeichnet, in welcher vorbeugend mittels Maßnahmen, die die Unfall- und Verletzungsschwere reduzieren, agiert werden kann. Die integrative Betrachtung von aktiver und passiver Sicherheit im Sinne eines integralen Sicherheitsansatzes beruht auf der Möglichkeit, Sensoren und Aktuatoren von bislang isolierten Systemen miteinander zu vernetzen und dadurch neue Funktionen zu generieren.

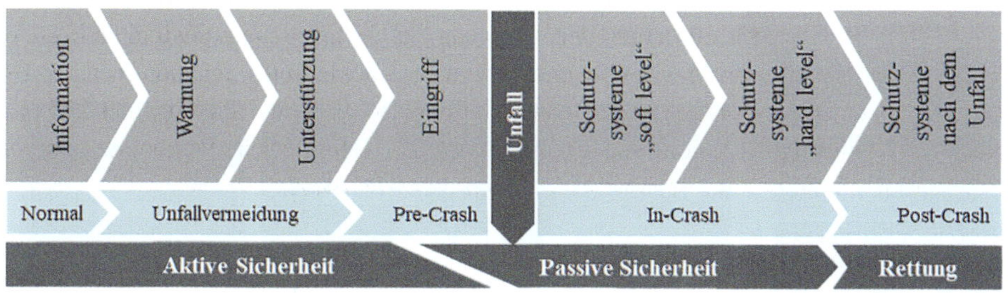

Abb. 5.2 Zeitlicher Ablauf einer Kollision

Systeme zur Unfallvermeidung und –schwereminderung lassen sich auf Basis des Drei-Ebenen-Modells der Fahraufgaben aufgrund ihrer Wirkweise klassifizieren (siehe Abb. 5.3). Im Drei-Ebenen-Modell ist die Fahraufgabe den drei Ebenen Navigation, Bahnführung und Stabilisierung zugeordnet [4]. Auf der Navigationsebene entscheidet der Fahrer über die Fahrtroute innerhalb eines bestehenden Straßennetzes. Während der Fahrt selbst erstreckt sich die Navigation auf die Wahrnehmung der notwendigen Informationen zur Einhaltung der Route und ggf. eine Anpassung der Fahrtroute aufgrund geänderter Randbedingungen. Auf der Bahnführungsebene passt der Fahrer seine Fahrweise dem von ihm wahrgenommenen Straßenverlauf und dem umgebenen Verkehr an. Die Stabilisierungsebene ist dadurch gekennzeichnet, dass der Fahrer die gewählte Fahrstrategie in fahrzeugseitigen Stellgrößen, z. B. Lenkbewegung, Gaspedal, Bremse und Gangstellung, wandelt.

Auf Bahnführungsebene ist die Fahrzeugaufgabe wiederrum anhand unterschiedlicher Wirkweisen von Systemen in drei Kategorien beschrieben und unterschieden. Diese sind informierende und warnende Funktionen, kontinuierlich automatisierte Funktionen und eingreifende Notfallfunktionen in unfallgeneigten Situationen. Funktionen zur Unfallvermeidung und –schwereminderung sind neben der Fahrdynamikregelung auf der Stabilisierungsebene insbesondere auf der Bahnführungsebene einzuordnen. Die Bahnführungsebene wird dabei in drei weitere Unterkategorien eingeteilt. Warnende System finden sich in Kategorie A wieder, unterstützende Systeme in Kategorie B und eingreifende Systeme in der Pre-Crash Phase, insbesondere in der Kategorie C „eingreifende Notfallfunktionen" (vgl. Abb. 5.3).

Die Kategorie B der kontinuierlich wirkenden automatisierten Fahrfunktionen ist in Automatisierungsstufen gegliedert. Die Klassifikation der Automatisierungsstufen beschreibt sowohl die technische Ausgestaltung des Systems als auch die beim Fahrer verbleibenden Aufgaben. Die Klassifizierung reicht dabei von manueller Fahrt, bei der der Fahrer dauerhaft die Längs- und Querführung ausführt, über „assistiert", „teilautomatisiert", „hochautomatisiert" und „vollautomatisiert" bis hin zu „fahrerlos". Letztere Automatisierungsstufe entspricht dem „Roboter-Taxi", das zu jeder Zeit und unter allen von menschlichen Fahrern zu bewältigenden Umweltbedingungen alle Fahraufgaben ausführt. Die Einordnung der Automatisierungsgrade nach VDA-Definition ist

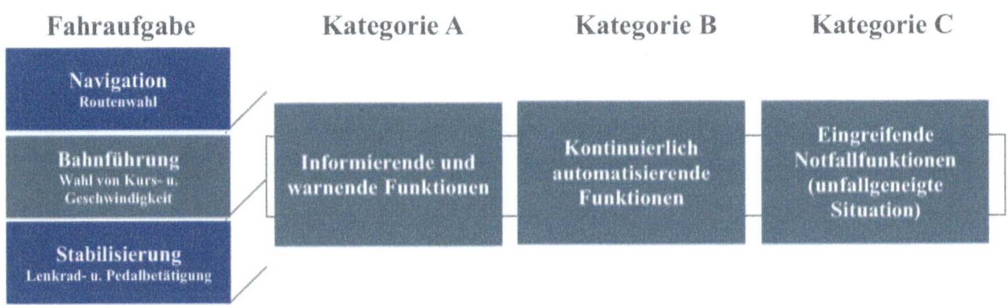

Abb. 5.3 Klassifizierung von Systemen auf Bahnführungsebene nach Wirkweise basierend auf [10]

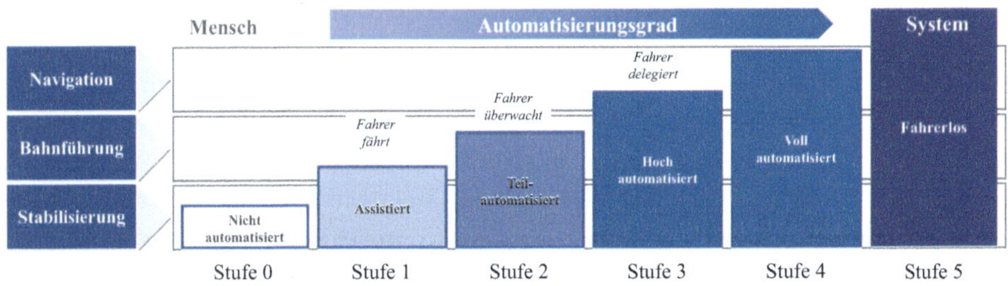

Abb. 5.4 Einordnung der Automatisierungsstufen nach VDA-Definition nach [7]

in Abb. 5.4 dargestellt. International werden die Automatisierungsstufen im Englischen nach SAE definiert [14].

Der Mensch als Fahrer kann in unfallgeneigten Situationen aufgrund der menschlichen Reaktionszeit nur zeitverzögert handeln, sodass die Unterstützung bei der Unfallvermeidung und –schwereminderung durch technische Systeme einen positiven Beitrag zur Unfallreduktion leisten kann. Systeme zur Unfallvermeidung und -schwereminderung werden im Gegensatz zu passiven Sicherheitssystemen zeitlich vor einer drohenden Kollision aktiv, vgl. Abschn. 1.3. Das Ziel dieser Systeme ist es, die Kollision zu vermeiden bzw. die Folgen der Kollision zu verringern. Insbesondere in der Pre-Crash Phase kurz vor einer Kollision können durch entsprechende Sensorinformationen über das Umfeld wertvolle Maßnahmen vor der Kollision eingeleitet werden, siehe Abb. 5.5. Diese Maßnahmen bestehen insbesondere aus reversiblen und eine frühere Auslösung irreversibler Rückhaltesysteme und technischen Systemen zur Unterstützung der Umsetzung der Fahrerreaktion.

Der Fahrer und das Fahrzeug sind die Hauptfaktoren bei der Vermeidung einer drohenden Kollision. Die physikalische Infrastruktur beeinflusst den Kollisionsverlauf (Fahrbahnreibwert), wird allerdings bisher nicht durch entsprechende Maßnahmen adressiert. Maßnahmen für die digitale Infrastruktur und insbesondere die Fahrzeug-Infrastruktur-Vernetzung V2I befinden sich in der Einführung. Hersteller rüsten die ersten Fahrzeugmodelle mit entsprechenden Kommunikationstechnologien aus.

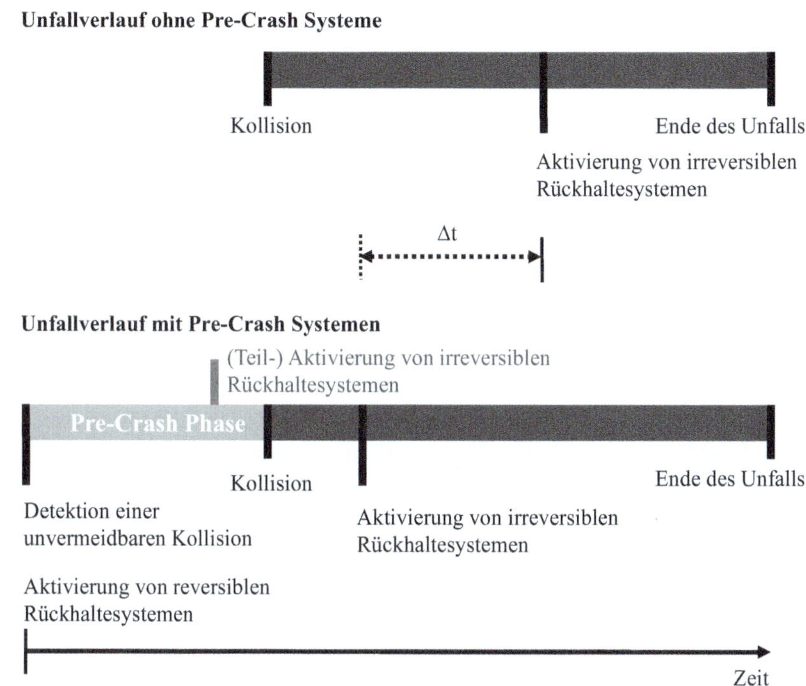

Abb. 5.5 Unfallverlauf in der Pre-Crash Phase und nach der Kollision nach [3]

Der Fahrer hat die Aufgabe der Situationserkennung und deren Einschätzung bzw. Situationsbewertung. Wurde die Situation richtig erkannt, leitet der Fahrer Maßnahmen zur Vermeidung der Kollision ein. Ob diese erfolgreich sind, ist zunächst auch von seinen Fähigkeiten abhängig (Reaktionszeit, Fuß- und Handkräfte etc.). Die Reaktion des Fahrers muss vom Fahrzeug umgesetzt werden können, d. h. es muss genügend Bremskraft zum Erreichen des benötigten Bremsweges bzw. genügend Seitenkraft zum Ausweichen aufgebaut werden. In diesem gesamten Prozess der Kollisionsvermeidung von der Situationserkennung, über die Bewertung bis hin zur Umsetzung der Reaktion, kann der Fahrer von technischen Systemen unterstützt werden bzw. können diese einen Teil seiner Aufgaben übernehmen.

Konventionelle Insassenschutzsysteme haben die Aufgabe, einen Unfall während des Aufpralls zu erkennen, Entscheidungen über die Schwere des Unfalls zu treffen und die entsprechenden Maßnahmen zum Personenschutz, wie z. B. das Auslösen des Airbags, einzuleiten. Für diese Aufgaben stehen meist nur die Bruchteile einer Sekunde zur Verfügung. Untersuchungen der Mercedes-Benz Unfallforschung von 371 Unfällen zur Länge der Pre-Crash Phase ergaben, dass in 59 % der Kollisionen eine längere Pre-Crash Phase vorangeht, die bereits Rückschlüsse auf den nachfolgenden Aufprall erlaubt. Diese stehen noch vor dem Eintreten der Kollision zur Verfügung [12].

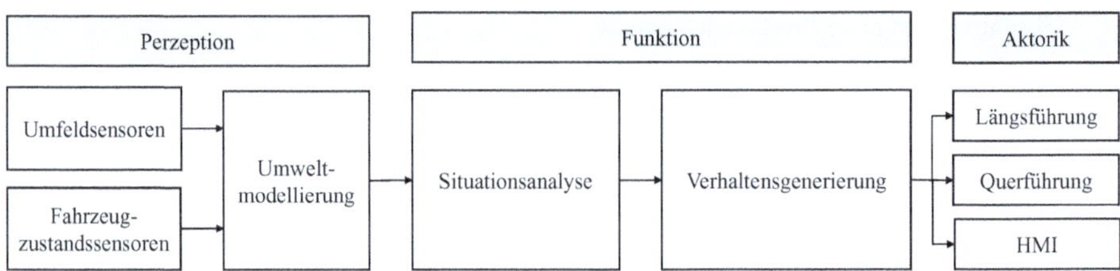

Abb. 5.6 Funktionale Architektur von Pre-Crash Systemen basierend auf [1]

Ein Pre-Crash System besteht im Wesentlichen aus den Komponenten Perzeption, Funktion und Aktorik. Die Perzeption unterteilt sich in Umfeldsensoren und Fahrzeugzustandssensoren. Die wichtigsten Sensoren sind dabei Radar, LiDAR (Laserscanner), Infrarot und bildverarbeitende Verfahren zur Umgebungserkennung sowie die Fahrzeugzustandssensoren. Die durch die Sensoren erfassten Rohdaten werden anschließend durch die Umfeldmodellierung aufbereitet und in einem geeigneten Umfeldmodell repräsentiert. Anschließend werden die für das Pre-Crash System relevanten Daten aus dem Umfeldmodell extrahiert und durch die Situationsanalyse evaluiert. Wird eine kritische Situation erkannt, wird durch die Verhaltensgenerierung ein geeignetes Manöver, wie z. B. eine Bremsung oder ein Ausweichmanöver, generiert und an die Aktorik übermittelt. Der prinzipielle Aufbau solcher Systeme ist in Abb. 5.6 dargestellt.

Im Folgenden wird diese Architektur für Systeme zur Unfallvermeidung bzw. Unfallfolgenverminderung beschrieben.

5.1 Perzeption kritischer Situationen

Bevor ein System zur Unfallvermeidung oder Unfallfolgenverminderung aktiv werden kann, muss zunächst die Situation von den im Fahrzeug verbauten Sensoren erkannt werden. Hierzu erkennen und beobachten unterschiedliche Sensoren den Fahrzeugzustand und das Fahrzeugumfeld. Die Rohdaten der Sensoren werden durch Algorithmen aufbereitet und geeignet als Umweltmodell repräsentiert. Anschließend wird in der Situationsanalyse anhand unterschiedlicher Objekt- und Umgebungsinformationen, wie z. B. der Geschwindigkeit, der Entfernung, der Richtung und der Objektklassifizierung, das Kollisionsrisiko, die Kollisionsschwere und gegebenenfalls der genaue Kollisionszeitpunkt berechnet. Dazu werden entsprechende Metriken eingesetzt.

Zur Umfelderfassung können im Allgemeinen unterschiedliche Abstandssensoren eingesetzt werden:

- Radar Sensoren (sowohl Nah- als auch Fernradar)
- LiDAR Sensoren

- Kameras
- Ultraschallsensoren

Für die Sensorauswahl eines Pre-Crash Systems muss u. a. der geplante Geschwindigkeitsbereich berücksichtigt werden, da von dem Geschwindigkeitsbereich direkt die Anforderungen bezüglich des Sensorerfassungsbereiches abgeleitet werden können. Grundsätzlich muss die Pre-Crash Anwendung eine drohende Gefahrenquelle rechtzeitig erkennen. Rechtzeitig bedeutet an dieser Stelle, dass das System den Fahrer zu einem Zeitpunkt warnen muss, zu dem der Fahrer die Kollision noch vermeiden kann. Dies setzt voraus, dass genügend Abstand zur Gefahrenquelle verbleibt, sodass der Fahrer auf die Warnung reagieren und ein Ausweichmanöver (Bremsen oder Lenken) durchführen kann. Damit ergibt sich die Anforderung bezüglich der Sensorreichweite zu:

$$s_{sensor} > s_{Reaktion\ Fahrer} + s_{Ausweichen}(v_{maxSystem}) \qquad (5.1)$$

Die korrekte Einordnung einer potenziellepotenziellen Gefahr verlangt zunächst eine zuverlässige Erkennung. Dies bedeutet, dass sichergestellt werden muss, dass ein Objekt nicht fälschlicherweise als gefährlich klassifiziert („false positive") wird oder im umgekehrten Fall ein gefährliches Objekt nicht erkannt wird („false negative"). Vor allem ein Eingriff aufgrund einer „false positive"-Erkennung kann im Straßenverkehr unnötigerweise zu einer gefährlichen Situation führen und sollte daher vermieden werden. Eine Möglichkeit, eine zuverlässige Erkennung sicherzustellen, ist die Datenfusion von zwei oder mehr Sensoren.

Die Daten leistungsfähiger Sensoren, wie z. B. LiDAR- und Radarsensoren sowie Kamerasysteme, werden fusioniert, um so Redundanzen zu nutzen und eine zuverlässige Umgebungserfassung zu gewährleisten. Die Datenfusion spielt in der Entwicklung von Pre-Crash Systemen eine wichtige Rolle. In Abb. 5.7 sind die Ergebnisse der Datenfusion für Pre-Crash-relevante Systeme dargestellt.

Des Weiteren kann die Datenfusion auch zur exakteren Bestimmung der Objektposition genutzt werden, da sich die Schwächen einzelner Sensoren kompensieren lassen. So kann durch die Kombination eines Kamerasensors (positiv: laterale Positionsbestimmung; negativ: Abstandsbestimmung) und eines Radarsensors (positiv: Abstandsmessung; negativ: laterale Positionsbestimmung) eine genauere Position des detektierten Objektes bestimmt werden, siehe Abb. 5.8. Dies ist insbesondere in Bezug auf die Planung von Ausweichtrajektorien für Pre-Crash Systeme wichtig.

Die Situationsanalyse wertet die fusionierten Sensordaten aus und berechnet auf Basis der relevanten Objekteigenschaften und der Objektklassifikation die Kollisionsvorhersage z. B. mit der Kollisionswahrscheinlichkeit und der Richtung des Auftreffens relativ zum eigenen Fahrzeug anhand von Metriken. Auf Basis dieser Daten können die entsprechenden Schutzmechanismen mittels der Verhaltensgenerierung durch die Aktuatorik aktiviert werden.

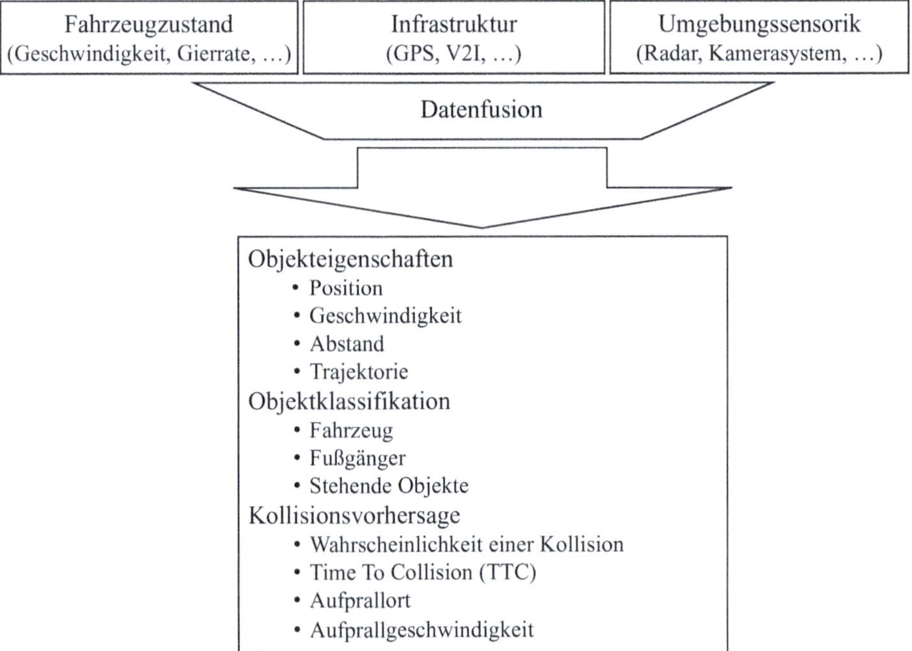

Abb. 5.7 Datenfusion der unterschiedlichen Sensorsysteme

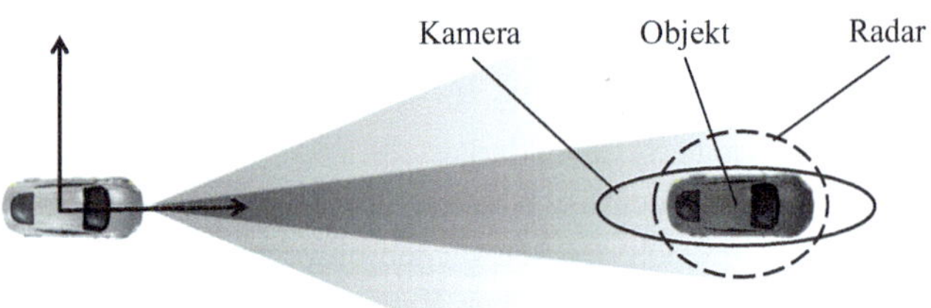

Abb. 5.8 Datenfusion am Beispiel Radar- und Kamerasensoren

5.2 Metriken

Für die Bestimmung der potenziellepotenziellen Gefahr in der Situationsanalyse muss ein Maß zur Beschreibung des Gefahrenpotenzials eines Objekts gefunden werden. Die Abstandssensoren liefern im Allgemeinen die relative Position und Geschwindigkeit des potenziellepotenziellen Kollisionsobjektes bezogen auf das Ego-Fahrzeug. Diese

Informationen alleine beschreiben allerdings noch nicht, wie kritisch eine Situation ist, und beantwortet auch nicht die Frage, ob ein Pre-Crash System eingreifen muss. Um das Gefahrenpotenzial einer Situation zu beschreiben, werden daher sogenannte Metriken als Maß für das Gefahrenpotenzial genutzt.

Metriken sind zusammen mit einer Auswahlbedingung (Grenzwert) für die automatische Identifikation von relevanten, kritischen Situationen oder Szenarien nötig. Diese werden unter dem Begriff der Kritikalitätsmetriken zusammengefasst [11].

Es wird zwischen deterministischen und probabilistischen Metriken für die a priori Bewertung der Kritikalität unterschieden. Typische deterministische Metriken sind Time-to-X-Metriken (TTX). Der bekannteste Vertreter ist die Time-to-Collision (TTC). Weitere zeitliche Metriken sind die Time-to-Line-Crossing (TLC), Time-to-Brake (TTB), Time-to-Steer (TTS) und Time-to-Kickdown (TTK), zusammengefasst als Time-to-React (TTR). Andere deterministische Metriken nutzen fahrdynamische Größen zur Kritikalitätsabschätzung, wie beispielsweise die Required Deceleration (a_{req}), welche die notwendige Bremsverzögerung zur Unfallvermeidung ermittelt. Diese Metriken sind jedoch nur anwendbar, wenn mit der verwendeten Prädiktion eine Kollision erwartet wird. Bei prädizierten knappen Vorbeifahrten wird keine Kritikalität festgestellt. Probabilistische Verfahren hingegen werden maßgeblich in der Robotik eingesetzt. [11]

In der Verkehrsforschung hat sich insbesondere die „Time-To-Collision" (TTC) etabliert. Diese beschreibt die Zeit, die bei konstantem Fahrzustand (konstanter Geschwindigkeit) bis zum Unfall verbleibt. Berechnet wird sie über den Quotienten aus Abstand und Relativgeschwindigkeit zwischen zwei Fahrzeugen. Positive TTC-Werte resultieren bei einer Annäherung, negative Werte bei Entfernung. Für die Bewertung der Verkehrssicherheit ist die Häufigkeit von niedrigen und positiven TTC-Werten in einem bestimmten Zeitraum und auf einem definierten Streckenabschnitt relevant. Als gefährlich gelten alle TTC-Werte, die niedriger sind als etwa fünf Sekunden. Bei TTC-Werten kleiner als eine Sekunde ist ein Unfall in der Regel nicht mehr vermeidbar, da die Fahrerreaktionszeit selbst etwa eine Sekunde beträgt. Solche Werte können jedoch in der Realität auftreten ohne zu einem Unfall zu führen, wenn der Fahrer bereits vorher angefangen hat zu reagieren. Es sei weiterhin darauf hingewiesen, dass die TTC nur berechnet werden kann, wenn beide Fahrzeuge auf Kollisionskurs sind (Abb. 5.9).

$$TTC = -\frac{dx}{dv} = -\frac{dx}{v_1 - v_2} \qquad (5.2)$$

Befindet sich das Fahrzeug im Bereich geringer TTCs kurz vor einem Aufprall, werden sogenannte Pre-Crash Systeme aktiv. Pre-Crash Systeme stellen eine Kombination aus

Abb. 5.9 Definition der TTC

aktiven und passiven Bordsystemen dar. Bisher wurde in der Fahrzeugsicherheit in erster Linie ein Ansatz zur Minderung von Unfallfolgen verfolgt, bei dem Sensoren erst zum Zeitpunkt des Unfalls Informationen an vorhandene Sicherheitssysteme zum Personenschutz lieferten. Für eine verbesserte Auslösestrategie sind jedoch Informationen aus der sogenannten Pre-Crash Phase kurz vor dem Aufprall hilfreich.

Die Time-to-Lane-Crossing beschreibt die Zeitdauer, die bis zum Überqueren der Fahrbahnmarkierung verbleibt, falls der aktuelle Fahrzustand beibehalten wird. Die TLC berechnet sich aus dem Abstand zur Fahrbahnmarkierung und der lateralen Geschwindigkeit des Fahrzeuges, vgl. Gl. 5.3.

$$TLC = \frac{dy}{v_y} \tag{5.3}$$

Metriken werden in der Situationsanalyse zur Beurteilung der Gefahren in kritischen Situationen eingesetzt und lösen bei unter- oder überschreiten von Schwellwerten Pre-Crash Systeme zur Unfallvermeidung aus.

5.3 Systeme zur Unfallvermeidung

Prinzipiell existieren es zwei Möglichkeiten, einen drohenden Unfall zu vermeiden.

1. Durch das rechtzeitige Warnen des Fahrers wird seine Aufmerksamkeit auf die Situation gelenkt und ihm somit die Möglichkeit gegeben, durch ein entsprechendes Fahrmanöver die kritische Situation selbst zu entschärfen. Während des Fahrmanövers kann der Fahrer durch im Fahrzeug verbaute Systeme unterstützt werden (z. B. Bremsassistent).
2. Ein Pre-Crash System vermeidet den drohenden Unfall durch das Intervenieren in das Fahrzeugverhalten. Hierbei sind sowohl laterale als auch longitudinale Eingriffe möglich.

Zur Situationsanalyse sind unterschiedliche Ansätze bekannt, die auf empirischen Untersuchungen oder kinematischen Zusammenhängen beruhen und die zeit-, abstands- und verzögerungsbasierte Metriken verwenden können. Häufig werden warnende Systeme (auch Collision Warning genannt) als Vorwarnstufen eines Notbremssystems verwendet, d. h. vor der Einleitung einer automatischen Notbremsung erfolgt eine ein- oder mehrstufige Warnung des Fahrers, wobei das Warnsystem dieselben Algorithmen mit unterschiedlichen Grenzen für die letzte Eskalationsstufe verwenden kann. Im Folgenden werden warnende Systeme zur Unfallvermeidung und zum Eingriff in der Pre-Crash Phase beschrieben.

5.3.1 Warnende Systeme

Damit der Fahrer selbst eine gefährliche Situation entschärfen kann, muss seine Aufmerksamkeit auf die Situation gerichtet werden. Dies kann durch die rechtzeitige Warnung des Fahrers erreicht werden.

Warnende Systeme lassen sich gliedern in Warnungen vor kritischen Zuständen des Fahrers, Warnung vor kritischen Zuständen des Fahrzeugs und Warnung vor kritischen Fahrsituationen.

Kritische Zustände des Fahrers können durch sogenannte DMS (Driver Monitoring Systeme) erkannt werden. Diese warnen beispielsweise bei Müdigkeit.

Kritische Zustände des Fahrzeugs umfassen beispielsweise den Druckverlust im Reifen, was durch Reifendruck-Kontrollsysteme adressiert werden kann, die den Luftdruck der Reifen überwachen.

Kritische Fahrsituationen können sowohl die Längs- als auch die Querführung betreffen. Das Lane Departure Warning ist eine Fahrerwarnung, die die Querführung des Fahrzeuges in der Fahrspur überwacht und warnt, wenn das Fahrzeug droht, den Fahrstreifen zu verlassen. Der Spurwechselassistent wiederum überwacht in der Regel mittels Radarsensoren den seitlichen Raum hinter dem Fahrzeug über eine Breite von mehreren Fahrstreifen. Treten andere Verkehrsteilnehmer in den überwachten Bereich ein (insbesondere in den Bereich des toten Winkels), wird der Fahrer gewarnt, sobald er den Fahrtrichtungsanzeiger aktiviert und damit seinen Wunsch offenbart, den Fahrstreifen zu wechseln. Blind Spot Detection Systeme warnen den Fahrer vor gefährlichen Fahrstreifenwechseln, wenn sich andere Verkehrsteilnehmer seitlich hinter dem Fahrzeug annähern. Die Systeme verwenden Radarsensorik oder Bildverarbeitung, um den seitlichen und hinteren Bereich des Fahrzeugs zu überwachen. Falls sich ein Fahrzeug in der Nachbarspur im toten Winkel des Fahrers aufhält, wird zunächst eine Information ausgegeben. Analog zum Spurwechselassistent, der einen größeren Bereich auf den benachbarten Fahrstreifen überwacht, wird eine Warnung ausgegeben, sobald der Fahrer den Fahrtrichtungsanzeiger betätigt.

Bei der Längsführung kann zunächst die Abstandswarnung durch ein Abstandswarnsystem erfolgen, das den Fahrer vor einem zu dichten Auffahren auf das vorausfahrende Fahrzeug warnt. In bereits kritischen Situationen warnt die sogenannten Kollisionswarnung (im engl. Forward Collision Warning) den Fahrer vor einer Kollision mit einem vorausfahrenden Fahrzeug.

Die Abstands- oder Kollisionswarnung nutzt die Daten der Abstandssensorik und wird als Zusatzfunktion zum ACC-System angeboten. Die in Warnsystemen eingesetzten Algorithmen können in ein- und mehrdimensionale Ansätze unterteilt werden. Diese Einteilung geht dabei davon aus, dass die beteiligten Fahrzeuge bei den eindimensionalen Ansätzen als punktförmige, rein längsdynamisch bewegte Objekte modelliert werden können. Die Risikoanalyse einer Verkehrssituation kann in Form einer abstands-, verzögerungs- oder zeitbasierten Metrik bewertet werden. Demnach wird gewarnt, wenn der aktuelle Abstand kleiner als der vom Algorithmus berechnete Warngrenzabstand ist, der Betrag der erforderlichen Verzögerung größer als ein vorgegebener Referenzwert ist oder eine Warnzeit kleiner als eine Referenzzeit ist.

Zeitbasierte Metriken werden oftmals für die Abstands- als auch für die Kollisionswarnung eingesetzt. Diese setzen sich zusammen aus der Zeit, die bis zum letztmöglichen Zeitpunkt verbleibt, an dem der Fahrer eine unfallvermeidende Reaktion einleiten kann ($t_{Reaktion}$) und die Zeitdauer für die unfallvermeidende Reaktion, z. B. Notbremsung. Diese soll an dieser Stelle als $t_{Ausweichmanöver}$ bezeichnet werden. Zur Bestimmung dieser Zeit sind sowohl die Fahrzeuggeschwindigkeit als auch die maximalen möglichen Beschleunigungen während des Ausweichmanövers zu berücksichtigen.

$$t_{Ausweichmanöver} = \frac{v}{a_{max}} \tag{5.4}$$

Für ein Notbremsmanöver ergibt sich die maximale mögliche Verzögerung a_{max} zu:

$$a_{max} = g\,\mu \tag{5.5}$$

Es gilt weiterhin, dass die TTC – also die verbleibende Zeit bis zum Unfall – sich aus beiden zeitlichen Größen zusammensetzt.

$$TTC = t_{Reaktion} + t_{Ausweichmanöver} \tag{5.6}$$

Für die Festlegung der Kriterien kann die Reaktionszeit des Fahrers berücksichtig werden. Die Reaktionszeit liegt zwischen 3 s (unaufmerksamer Fahrer mit langsamer Reaktion) und 0,7 s (extrem reaktionsstarker Fahrer). Die Reaktion für einen unaufmerksamen Fahrer mit einer schnellen Reaktion beträgt 1,3 s nach [15], siehe Abb. 5.10.

Für die Warnung des Fahrers gibt es eine ganze Reihe von möglichen Optionen. Die Warnungen lassen sich in visuelle (Warnleuchten, Warnsymbole im Kombiinstrument, Warnsymbole im Head-up Display etc.), akustische (Warntöne) und haptische

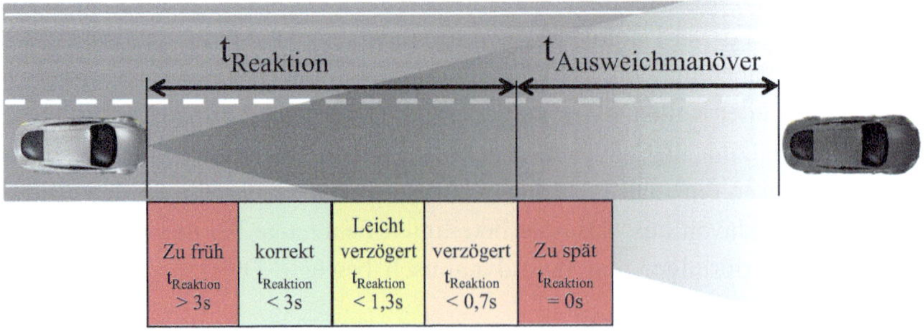

Abb. 5.10 Kriterien des ADAC für eine rechtzeitige Warnung des Fahrers nach [15]

Warnungen (z. B. vibrierendes Lenkrad, Gaspedal, Bremspedal oder Sicherheitsgurt, Aufbringen von Lenkmoment oder Anbremsung) unterscheiden. Die verschiedenen Arten der Warnung können natürlich auch kombiniert werden.

Allerdings sollte die Warnung immer für den Fahrer verständlich und intuitiv nachvollziehbar sein. Hierbei muss berücksichtigt werden, dass der Fahrer sich in einer kritischen Situation befindet und nur wenig Zeit für eine Reaktion verbleibt. Daher sollten bei der Gestaltung bestimmte Kriterien Beachtung finden.

Für visuelle Warnung sollten die folgenden Punkte berücksichtigt werden [20]:

- Helligkeit/Intensität der Warnung,
- Sehschärfe/räumliche Kontrastempfindlichkeit,
- Farbspezifikation,
- optische Darstellung (Anordnung, Gleichartigkeit, Kontinuität, Auflösung)
- sowie Position der Warnung, die im Sehfeld des Fahrers liegen sollte.

Für auditive Warnungen sind die Intensität der Warnung, die Position der Lautsprecher sowie die Tonfrequenz (zwischen 200 Hz und 6000 Hz) maßgebend. Des Weiteren sollten auch mögliche Umgebungsgeräusche bei der Gestaltung der Warnung berücksichtigt werden [20].

Mit der Warnung des Fahrers können im Fahrzeug gleichzeitig Maßnahmen getroffen werden, um den Fahrer bei einem eventuellen Ausweichmanöver bestmöglich zu unterstützen. Die technischen Maßnahmen können beispielsweise eine Sensibilisierung der Fahrwerkregelsysteme für ein laterales Ausweichen oder des Bremskraftverstärker bzw. Bremsassistenten im Falle einer Bremsung des Fahrers umfassen. Die Sensibilisierung dieser Systeme kann u. a. durch das Herabsetzen von Auslöseschwellen, den Voraufbau des Bremsdrucks im System oder auch durch ein leichtes Anlegen der Bremsbeläge an die Bremsscheiben erfolgen. Allen diesen Maßnahmen ist gemeinsam, dass sie auf die Reduktion der Totzeit zwischen Fahrerreaktion und Reaktion des Fahrzeuges abzielen.

5.3.2 Unterstützende Systeme

Grundsätzlich wird zwischen Systemen der Längs- und der Querführungsunterstützung unterschieden. Unterstützende Systeme lassen sich weiter unterteilen in kontinuierlich unterstützende Systeme und solche, die den Fahrer in seiner Handlung unterstützen, wie z. B. der Bremsassistent. Dieser erhöht den Bremsdruck in Abhängigkeit der Bremspedalbetätigung und ggf. Umfeldinformationen. Kontinuierlich unterstützende Funktionen lassen sich gemäß der Automatisierungsstufen nach SAE klassifizieren [14]. Diese reichen von der Fahrerassistenz in Längs- oder Querführung bis hin zur Vollautomatisierung des Fahrzeuges. Bis einschließlich Stufe 2 ist der Fahrer in die Fahraufgabe voll eingebunden und wird durch das System lediglich unterstützt. Ab Automatisierungsstufe 3 übernimmt das System auch die gesamte Fahraufgabe (siehe Abschnitt

„Automatisiertes Fahren"). An dieser Stelle soll nicht weiter auf kontinuierlich unterstützende Systeme eingegangen werden, da sie zwar einen positiven Beitrag zur Unfallvermeidung liefern [13], allerdings nicht explizit zur Kollisionsvermeidung, sondern zur Entlastung des Fahrers entwickelt wurden.

5.3.3 Eingreifende Systeme

Tritt in der Pre-Crash Phase eine kritische Situation ein, so können Maßnahmen zur Unfallvermeidung eingeleitet werden, die in die Fahrdynamik des Fahrzeugs eingreifen. Im Idealfall kann eine Kollision vermieden werden, was als Collision Avoidance bezeichnet wird. Ab mittleren Fahrgeschwindigkeiten ist es immer seltener möglich, eine Kollision zu vermeiden, doch sie wird durch die Eingriffe der Fahrwerksysteme zumindest abgemildert, was als Collision Mitigation bezeichnet wird. Generell können eingreifende Systeme die Längsdynamik und oder die Querdynamik des Fahrzeugs beeinflussen.

In longitudinaler Richtung wird die Unfallvermeidung durch ein automatisches Notbremssystem angestrebt, das selbstständig ein Bremsmanöver einleitet, um einen Zusammenstoß zu verhindern. Die Bremsung erfolgt dabei zu einem Zeitpunkt vor dem Crash, in dem Fahrer im Allgemeinen nicht mehr in der Lage sind, den Unfall zu vermeiden.

Für ein stehendes Zielfahrzeug kann die minimale Entfernung für die Kollisionsvermeidung durch ein Bremsmanöver abgeschätzt werden. Der minimale Längsabstand, bei dem ein Bremsmanöver noch möglich ist, errechnet sich aus der folgenden Kinematik:

$$dx_{\min,bremsen} = \frac{v^2}{2\,a_{longitudinal,\max}} \tag{5.7}$$

mit:

$dx_{\min,bremsen}$:   Minimaler Abstand, bei dem ein kollisionsvermeidendes Bremsmanöver möglich ist [m]

v: Eigengeschwindigkeit [m/s]

$a_{longitudinal,\max}$:   Maximal mögliche Verzögerung [m/s^2]

Die Unfallvermeidung in lateraler Richtung funktioniert mittels einem durch das System automatisch durchgeführten Ausweichmanövers. Hierfür ist es notwendig, dass das System ein Giermoment aufbringt. Dies kann durch das Aufbringen eines Lenkmomentes oder durch das Abbremsen einzelner Räder erfolgen. Das Durchführen eines lateralen Ausweichmanövers stellt höchste Anforderungen an die Situationserkennung, da es nicht genügt, nur die drohende Kollision zu detektieren. Vielmehr muss auch während des Ausweichmanövers sichergestellt werden, dass es nicht zu einer Kollision mit einem dritten Verkehrsteilnehmer kommt. Dies bedeutet, dass das System in der Lage sein muss, Fahrzeuge in benachbarten Fahrspuren zu erkennen, sofern bei dem Eingriff der aktuell befahrene Fahrstreifen verlassen werden soll. Des Weiteren müssen auch

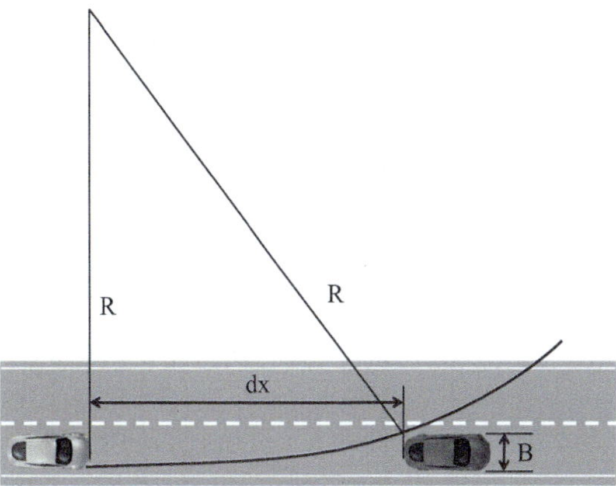

Abb. 5.11 Prinzipskizze eines Ausweichmanövers

infrastrukturelle Information (z. B. ist die Fahrtrichtung in der benachbarten Spur gleich) berücksichtigt werden. Auch ein laterales Ausweichmanöver wird in der Regel zum spätmöglichsten Zeitpunkt eingeleitet.

Für ein stehendes Zielfahrzeug kann die Entfernung, in der ein Ausweichmanöver noch möglich ist (vgl. Abb. 5.11), unter der Annahme einer kreisförmigen Ausweichtrajektorie nach Gl. 5.8 vereinfacht ermittelt werden.

Die minimale Entfernung für ein Ausweichmanöver ergibt sich aus der Abschätzung des Radius der Ausweichtrajektorie nach der Querdynamikgleichung:

$$R = \frac{v^2}{a_{lateral,max}} \tag{5.8}$$

mit:

R: Radius der Ausweichtrajektorie [m]

v: Eigengeschwindigkeit [m/s]

$a_{lateral,max}$: maximale mögliche Querbeschleunigung [m/s^2]

Der Pythagoras aus dem Dreieck zwischen den Fahrzeugen und dem Mittelpunkt wird ausgedrückt als:

$$(R - B)^2 + dx^2 = R^2$$
$$\Rightarrow dx = \sqrt{R^2 - (R - B)^2} = \sqrt{2R \cdot B - B^2} \tag{5.9}$$

Das Zusammenfügen der Gleichungen Gl. 5.8 und 5.9 ergibt die minimale Distanz, bei der ein Ausweichmanöver noch möglich ist. Bei einem geringeren Längsabstand zum Zielfahrzeug ist ein Ausweichmanöver ohne Kollision nicht mehr realisierbar.

$$dx_{min,ausweichen} = \sqrt{2\frac{v^2}{a_{lateral,max}} \cdot B - B^2} \tag{5.10}$$

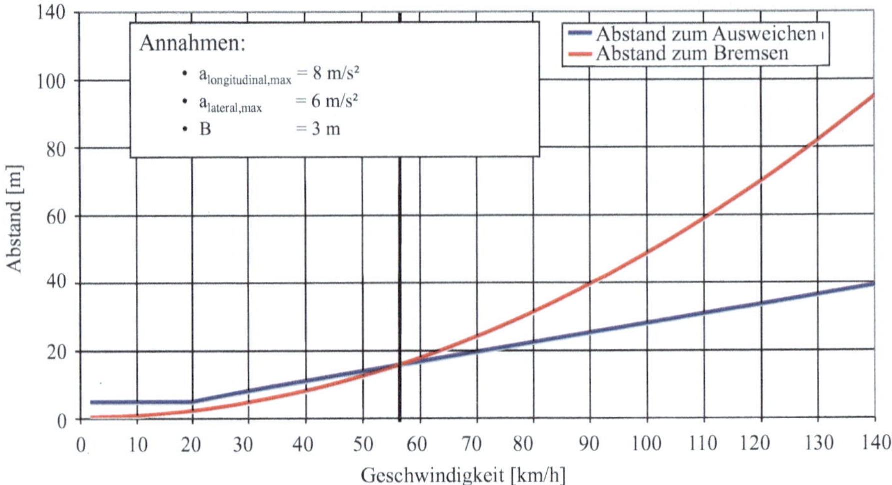

Abb. 5.12 Abstände für eine Unfallvermeidung durch Ausweichen und Bremsen in Abhängigkeit der Fahrzeuggeschwindigkeit

Grundsätzlich kann ein Unfallvermeidungssystem auch beide Strategien zur Unfallvermeidung in sich vereinen. In diesem Fall muss in Abhängigkeit der Geschwindigkeit entschieden werden, ob mittels eines Ausweichmanövers oder mittels eines Bremsmanövers auf die Gefahr reagiert werden soll. Die beiden Gleichungen Gl. 5.10 und 5.7 stellen eine Möglichkeit dar, die Unfallwahrscheinlichkeit im Falle eines stehenden Zielfahrzeuges abzuschätzen.

Abb. 5.12 zeigt die Minimalabstände zur Kollisionsvermeidung durch Ausweichen und Bremsen in Abhängigkeit der Fahrzeugeigengeschwindigkeit. Für dieses Diagramm wurden folgende Annahmen getroffen, die auf realen Fahrzeugdaten basieren:

- $a_{longitudinal,max}= 8$ m/s^2
- $a_{lateral,max} = 6$ m/s^2
- $B = 3$ m

Obwohl in der Realität höhere Werte für die maximale Querbeschleunigung und die maximale Verzögerung erreicht werden, so können diese nicht unmittelbar wirksam werden. Die angenommenen Werte werden als Durchschnittswerte angesehen.

Das Diagramm zeigt, dass bei Geschwindigkeiten kleiner als 56 km/h eine potenzielle Kollision leichter durch ein Bremsmanöver als durch ein Ausweichmanöver vermieden werden kann. Bremsmanöver sind in diesem Falle für die Kollisionsvermeidung effizienter. Bei höheren Geschwindigkeiten ist Ausweichen hingegen erfolgversprechender. Demzufolge sollte ein autonomes Kollisionsvermeidungssystem bei hohen Geschwindigkeiten erst dann intervenieren, wenn ein Ausweichen nicht mehr möglich ist. Das heißt,

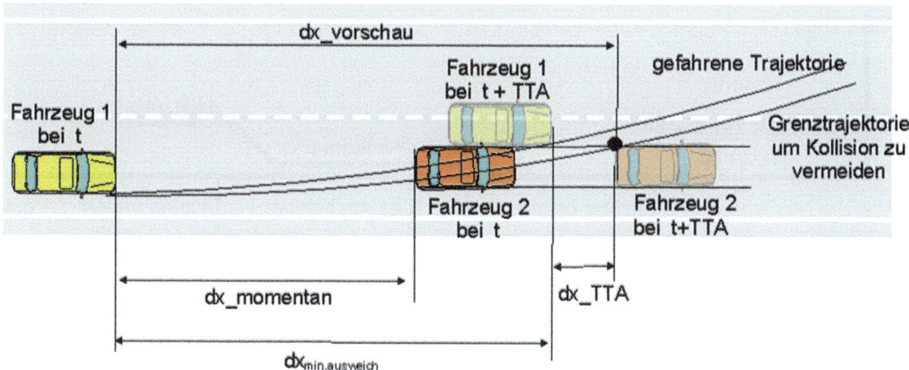

Abb. 5.13 Prinzipskizze eines Ausweichmanövers für ein instationäres Zielobjekt

dass ein solches System die Kollision durch Bremsen nicht mehr vermeiden könnte und deshalb auch autonom lenken können sollte. Ist das Kollisionsvermeidungssystem nicht in der Lage, ein Ausweichmanöver durchzuführen, so ist eine Kollision zwar nicht vermeidbar, aber das System kann durch das Notbremsmanöver die Aufprallgeschwindigkeit verringern und die Folgen des Unfalls vermindern.

Neben stationären Zielen (z. B. Stauenden) werden Notbremssysteme auch für instationäre Ziele ausgelegt. In diesem Fall wird eine Bewegung des Vorderfahrzeuges angenommen. Nun hängt es sowohl vom Fahrzustand des Folgefahrzeuges und des Vorderfahrzeuges ab, ob eine Kollision vermeidbar ist. Dabei kann der Fahrzustand des Vorderfahrzeuges bis zum Zeitpunkt der Kollision nur abgeschätzt werden. Für diese Abschätzung wird ein „worst-case" angenommen, d. h. das Vorderfahrzeug beschleunigt (vgl. Abb. 5.13). Die prädizierten Positionen des Folge- und Vorderfahrzeuges werden miteinander verglichen. Im Falle einer Überdeckung wird eine Notbremsung ausgelöst.

Der Verlauf der Fahrzeugverzögerung für ein Notbremssystem für höhere Geschwindigkeiten ist in Abb. 5.14 dargestellt. Die Warnkaskade (zunächst visuelle und akustische Warnung, dann haptische Warnung) hat den Sinn, die Aufmerksamkeit des Fahrers zu lenken und im nächsten Schritt die Handlung des Fahrers zu motivieren. Bereits in der haptischen Warnphase erfolgt eine Geschwindigkeitsreduktion, die allerdings erst in der Pre-Crash Phase kurz vor dem Aufprall den vollen Verzögerungswert des Fahrzeuges erreicht.

Im Bereich von niedrigen Geschwindigkeiten (vgl. Abb. 5.12, Geschwindigkeit kleiner als 56 km/h) kann ein rein longitudinal wirkendes System als Kollisionsvermeidungssystem eingesetzt werden. In diesem Fall wird das System in dem Moment aktiviert, in dem der Fahrer die Kollision weder durch Bremsen noch durch Lenken verhindern kann, sodass er nicht überstimmt wird.

Für Geschwindigkeiten unter 20 km/h ist der Abstand, bei dem ein Unfall durch ein Ausweichmanöver verhindert werden könnte, gleichbleibend, da das Fahrzeug die

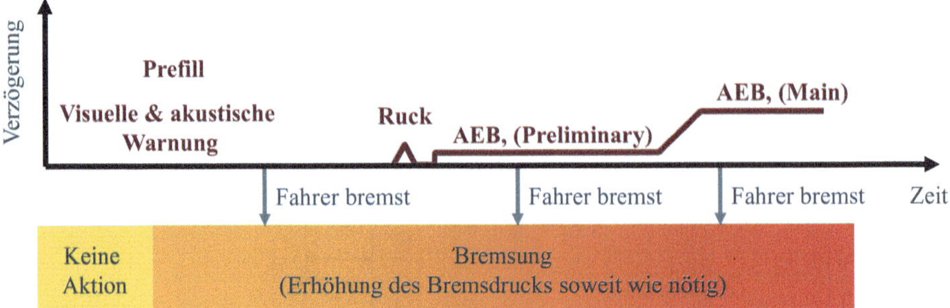

Abb. 5.14 Warn- und Bremskaskade für Kollisionsvermeidungssysteme im höheren Geschwindigkeitsbereich

Ausweichtrajektorie durch den Wendekreis begrenzt. Der Wendekreisradius ist im oberen Beispiel bei 5 m angesetzt.

Ein System für den unteren Geschwindigkeitsbereich bis 30 km/h wurde im Jahr 2008 als sogenanntes „City Safety" System durch Volvo Cars in Serie eingeführt. Das Einsatzgebiet des Systems ist der Stadt- und Kolonnenverkehr. Der in der Frontscheibe verbaute dreistrahlige LiDAR Sensor erkennt andere Fahrzeuge bis zu 10 m vor dem Fahrzeug. Das Fahrzeug wird bei einem drohenden Auffahrunfall mit bis zu 0,7 g abgebremst. Bei einer Relativgeschwindigkeit bis zu 15 km/h ist somit eine Kollision vermeidbar. Bei Relativgeschwindigkeiten oberhalb von 15 km/h wird die Kollision erheblich abgeschwächt. Für dieses System entfällt die Warnphase für die visuelle/akustische Warnung und den Bremsruck aus Abb. 5.14 aufgrund des verkürzten zeitlichen Ablaufes.

Auf die Vermeidung von Unfällen, bei denen sich Unfallgegner im toten Winkel oder in einem Überholvorgang befinden, soll an dieser Stelle nicht weiter eingegangen werden. Grundsätzlich lassen sich solche Unfälle einer Warnung folgend durch das Aufbringen eines entgegengesetzten Lenkmomentes oder durch das gezielte Abbremsen einzelner Räder, ähnlich wie beim Spurhalteassistenten, verhindern.

5.4 Systeme zur Unfallfolgenverminderung

Unter Unfallfolgenverminderung (engl. Collision Mitigation) versteht man Maßnahmen, die in der Pre-Crash Phase eingeleitet werden mit dem Ziel, die Unfallfolgen zu reduzieren. Im Gegensatz zu dem Unfallvermeidungssystem kommt es in der Regel trotz eines Eingreifens des Systems zum Unfall, da die Systeme erst aktiv bremsen, wenn der Fahrer keine Möglichkeit mehr hat, eine bevorstehende Kollision zu verhindern. Der Übergang zwischen Collision Avoidance und Collision Mitigation ist fließend, da viele Einflussparameter (Reibwert, Verhalten anderer etc.) den tatsächlichen Effekt eines solchen Eingriffs beeinflussen.

Grundsätzlich sind zwei Ansätze zur Unfallfolgenverminderung möglich:

1. Reduktion der Geschwindigkeit. Die Reduktion der Geschwindigkeit hat eine Verminderung der kinetischen Energie und somit auch eine Reduktion der im Crash auf die Insassen wirkenden Kräfte zum Ziel. Die Geschwindigkeit wird durch einen Bremseingriff verringert.
2. Optimierung der Unfallkonstellation. Hierbei wird versucht, durch einen Eingriff die Aufprallposition bzw. -orientierung so zu verbessern, dass die passiven Sicherheitsstrukturen des Fahrzeuges optimal genutzt werden. Eine Optimierung der Unfallkonstellation verlangt in vielen Situationen nach einem lateralen Eingriff. Dieser Eingriff kann über einen Lenkaktuator oder durch gezieltes Abbremsen einzelner Räder erfolgen.

Allerdings sei angemerkt, dass die Optimierung der Unfallkonstellation hohe Anforderung an die Erkennungs- und Entscheidungslogik sowie an die Aktuatorik stellt, da nur sehr wenig Zeit bis zum Kollisionszeitpunkt verbleibt.

Eine weitere Form der Unfallfolgenverminderung ist das Vermeiden vor Folgekollisionen, auch als „Secondary Collision Mitigation" bezeichnet. Sekundärkollisionen sind definiert als die nachfolgenden Kollisionen nach dem ersten Aufprall eines Fahrzeugs, das an einem Unfallereignis mit einer Kette von Aufprällen beteiligt ist.

Bei 25–30 % aller Pkw-Unfälle mit Personenschäden in Deutschland erfolgen nach der ersten Kollision weitere Folgekollisionen des Unfallfahrzeuges, die durch den Verlust der Fahrzeugkontrolle durch den Fahrer ausgelöst werden [24].

Das Secondary Collision Mitigation System, auch Post-Crash Braking oder Multi-Collision Braking genannt, erkennt mittels der Sensorik für den Airbag die Schwere der Kollision und löst ab einer bestimmten Schwelle die Secondary Collision Mitigation Funktion aus. Damit bremst das System über das ESP-Steuergerät das Fahrzeug automatisch ab. Durch die Reduktion der Geschwindigkeit und der einhergehenden Verringerung der kinetischen Energie des Fahrzeuges sollen weitere Folgeunfälle vermieden bzw. die Schwere von Folgeunfällen verringert werden (siehe Abb. 5.15). Die Systeme adressieren neben Folgekollisionen mit anderen Fahrzeugen oder der Infrastruktur ebenfalls den Anprall von Fußgängern und Zweiradfahrern sowie den Überschlag des Fahrzeuges.

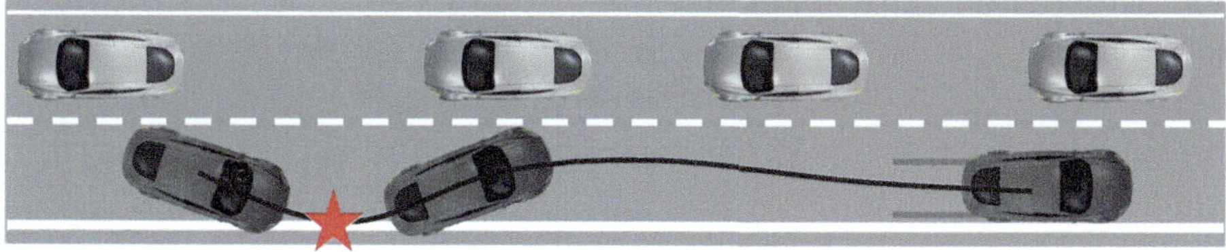

Abb. 5.15 Folgekollisionsvermeindung mittels Secondary Collision Mitigation System

5.4.1 Maßnahmen zum Insassenschutz in der Pre-Crash Phase

Das hohe Bedürfnis der Kunden nach sichereren Fahrzeugen fördert die Entwicklung von Maßnahmen zum Insassenschutz in der Pre-Crash Phase. Das System PRE-SAFE® wurde von Daimler erstmalig 2002 in die S-Klasse integriert, vgl. Abschn. 1.3. Auch andere Hersteller, vor allem aus Japan, setzen verstärkt auf die frühzeitige Unfallerkennung und auf die daraus resultierenden Sicherheitssysteme, die in neuen Fahrzeuggenerationen integriert sind. Anhand der folgenden Beispiele soll der Funktionsumfang heutiger Pre-Crash Systeme gezeigt werden.

Das Insassenschutzsystem PRE-SAFE® erkennt einen möglichen Unfall bereits im Voraus und ergreift präventive Schutzmaßnahmen. Zu diesen gehört beispielsweise die sekundenschnelle elektrische Gurtstraffung zur Verminderung der Gurtlose, sodass Fahrer und Beifahrer schon vor einer drohenden Kollision in der bestmöglichen Sitzposition gehalten werden und die Airbags beim Aufprall optimal arbeiten können. Diese Maßnahme wird nur dann aktiviert, wenn das Gurtschloss gesteckt ist und die Sitzbelegungserkennung einen Insassen erkannt hat. [17]

In Abb. 5.16 ist ein Vergleich der Gurtkräfte zwischen Sicherheitsgurten mit und ohne Vorstraffung über einen Zeitraum von 100 ms vor und nach der Kollision

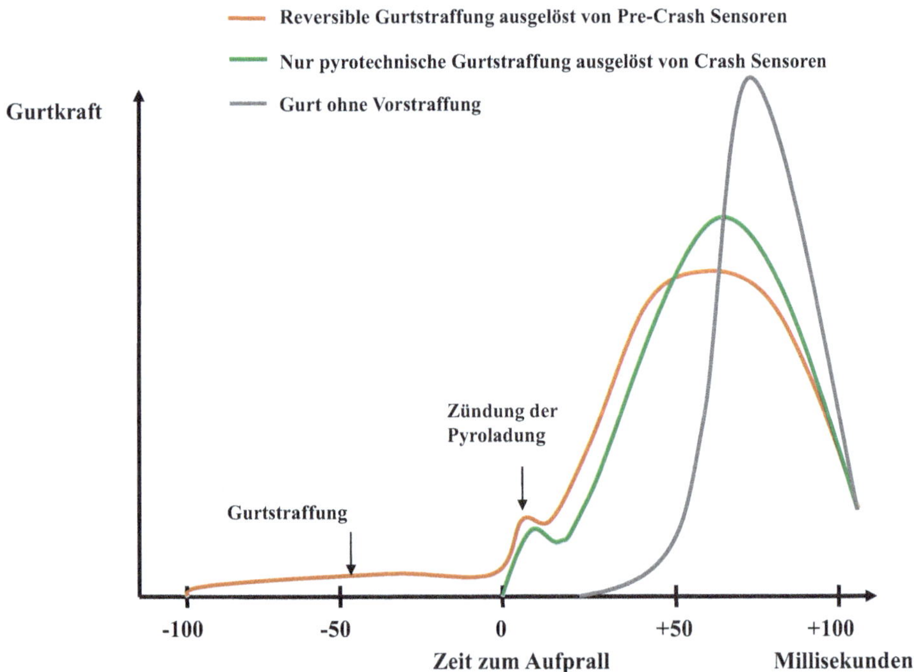

Abb. 5.16 Gurtkräfte aufgrund von verschiedenen Gurtsystemen nach [25]

dargestellt. Zusätzlich wird zwischen reversibler und irreversibler Gurtstraffung durch Crash- und Pre-Crash Sensoren unterschieden. Es ist zu erkennen, dass die Niveaus der maximalen Gurtkräfte bei vorgestrafften im Vergleich zu nicht vorgestrafften Systemen wesentlich niedriger ausfallen. Neben einer für Airbagsysteme optimierten Sitzposition kann eine reversible Gurtstraffung vor dem eigentlichen Aufprall auch die auf den menschlichen Körper einwirkenden Gurtkräfte gegenüber einem System ohne Vorstraffung reduzieren. Außerdem kann der zeitliche Verlauf der Gurtkräfte von reversiblen Straffungssystemen durch die Vorstraffung verbessert werden und die Gurtkraft liegt früher am Körper an. [25]

Reversible Gurtstraffer, die mithilfe von Elektromotoren gestrafft werden können, finden heutzutage bereits Einsatz in Pre-Crash Systemen unterschiedlicher Fahrzeughersteller.

Gleichzeitig mit der Straffung des Gurtes können die Pre-Crash Systeme den Beifahrersitz und die elektrisch einstellbaren Einzelsitze der Fondpassagiere in günstige Positionen bringen und beim Schleudern des Fahrzeugs automatisch das Schiebedach und die Seitenscheiben schließen. Der Fahrersitz wird nicht verstellt, um den Fahrer nicht von der stressigen Fahrsituation abzulenken. Die Komponenten der Pre-Crash Systeme sind dabei reversibel. Wird der Unfall im letzten Moment verhindert, lässt die präventive Gurtstraffung automatisch nach und die Insassen können Sitze und Schiebedach in ihre Ausgangspositionen zurückstellen. Die Systeme sind danach sofort wieder funktionsbereit [17].

Aktuelle Serienfahrzeugen sehen Maßnahmen am Gesamtfahrzeug vor, wie z. B. die präventive Höhenadaption, etwa zur Erhöhung der Stoßverträglichkeit mit einem frontal kollidierenden Unfallgegner.

5.4.2 Systeme der Post-Crash Phase

Neben den Möglichkeiten in der Pre-Crash Phase und während des Unfalls die Unfallfolgen zu reduzieren, ermöglichen auch Post-Crash Systeme durch ein optimiertes Rettungsmanagement, die Unfallfolgen zu vermindern. Die Post-Crash Phase beginnt mit dem Ende der In-Crash Phase und ist zeitlich somit hinter den Pre-Crash Systemen einzuordnen, Abb. 1.7 und Abb. 5.2. Die Post-Crash Phase beinhaltet den Auslaufvorgang der Fahrzeuge sowie das darauffolgende Rettungsmanagement.

Ist ein Unfall erfolgt, muss im Allgemeinen ein Notruf durchgeführt werden. Als Möglichkeit dazu bieten sich:

- Notrufsäulen,
- Mobiltelefone,
- Fahrzeughersteller bezogene Notrufsysteme
- Zeugen bzw. andere Beteiligte.

Ereignet sich ein Unfall unter Ausschluss von Zeugen, sind die Insassen auf sich selbst angewiesen. Sind Personen aufgrund von schwerwiegenden Verletzungen nicht mehr in der Lage, einen Notruf abzusenden, kann bis zum Eintreten der Rettungsmaßnahmen wertvolle Zeit verstreichen.

Fahrzeughersteller haben viele Jahre lang individuelle Notrufsystemen für das Rettungsmanagement nach einer Kollision für diesen Fall angeboten. Kommt es zu einem Unfall, senden die Systeme ein Signal an die herstellereigene Kontrollzentrale. Der Fahrer wird per Fahrzeugtelefon mit der Zentrale verbunden. Sollte der Fahrer nicht antworten können, alarmiert die Zentrale sofort Polizei und Rettungsdienst. Anhand der Satellitenortung mittels GPS sind die genauen Positionsdaten dem Notrufsystem bekannt. Bei einigen Herstellern wird der Notruf automatisch abgesetzt, sobald der Airbag oder andere Crashsensoren aktiviert werden.

Der Nachteil dieser Systeme sind die unterschiedlichen Konzepte der einzelnen Hersteller. Jeder Hersteller vertritt sein eigenes proprietäres System. Aus diesem Grund wurden Anstrengungen auf europäischer Ebene unternommen, Notrufsysteme unter dem Namen „eCall" einheitliche gesetzlich zu regulieren. Die EU-Verordnung 2015/758 regelt ab 2015 die Anforderungen für die Typgenehmigung zur Einführung des auf dem 112-Notruf basierenden bordeigenen eCall-Systems in Fahrzeugen. Somit ist eCall in Europa bei Neufahrzeugen verpflichtend in den Markt zu bringen. [5]

Neben dem eCall-System entriegeln viele Fahrzeuge die Türen und trennen die Stromleitung zur Batterie im Falle einer Kollision, bei Elektrofahrzeugen zudem die HV-Leitungen von der Hochvolt-Batterie.

Zusätzlich ist es denkbar, dass neben der Aktivierung des Rettungsmanagements auch eine Sicherung einer Unfallstelle durch die Fahrzeug-Fahrzeug Kommunikation erfolgt. Im Falle einer Kollision erkennt das System die Airbagauslösung und überträgt diese Information an die folgenden Fahrzeuge. Es ist jedoch nicht nur die Information über die Kollision, sondern auch über die Lage dieser bezüglich des eigenen Fahrzeuges von Bedeutung. Das System muss bestimmen können, ob sich der Unfall auf dem eigenen Fahrstreifen oder z. B. an einer nahegelegenen Kreuzung befindet. GPS-Systeme sind damit in beiden Fahrzeugen notwendig.

Die sogenannte „Vehicle General Safety Regulation" GSR von 2019 erfordert Unfalldatenschreiber, sogenannte Event-Data-Recorder, verpflichtend in Personenkraftfahrzeuge zu integrieren. Diese zeichnen bestimmte Fahrzeugsignale auf, sobald Trigger-Schwellen erreicht werden. Damit sollen Kollisionen im Nachgang eindeutig rekonstruiert werden können, um aus dem Wissen zukünftige Maßnahmen für die Fahrzeugsicherheit in Form von Gesetzesanpassungen oder Funktionsvorgaben abzuleiten. [6]

5.5 Automatisiertes Fahren

Getrieben durch den technischen Fortschritt, insbesondere betreffend der Umgebungserfassung und verfügbarer Rechenleistung im Fahrzeug, wurden unterschiedliche Prototypen zur automatisierten Fahrzeugführung der breiten Bevölkerung demonstriert.

Bereits Mitte der 1990er Jahre hat das Förderprojekt PROMETHEUS automatisiert fahrende Forschungsfahrzeuge hervorgebracht [21]. Als weiterer Meilenstein für das automatische Fahren gilt die Grand Challenge der US-Militärforschungsagentur DARPA. Ziel dieses Wettbewerbs war es zu zeigen, dass autonome Fahrzeuge in der Lage sind, weite Strecken in unstrukturiertem und unbefestigtem Gelände zurückzulegen. Beim ersten Versuch im Jahr 2004 gelang dies keinem der 15 teilnehmenden Fahrzeuge, die an Universitäten und durch Forschungskooperationen entwickelt wurden. Im darauffolgenden Jahr schafften es vier Fahrzeuge bei einem erneuten Versuch, eine Strecke von 132 Meilen durch die Wüste autonom zurückzulegen.

Anders als bei der Grand Challenge, stand bei der Urban Challenge 2007 der urbane Verkehr im Fokus. Die teilnehmenden Fahrzeuge mussten auf dem Gelände einer stillgelegten Kaserne einen 60 Meilen langen Kurs zurücklegen. In diesem kontrollierten Feld waren neben den selbstfahrenden auch von eingewiesenen Fahrern gefahrene Fahrzeuge unterwegs. Die Fahrzeuge hatten generell die Aufgabe, anderen Fahrzeugen auszuweichen und dabei die in Kalifornien gültigen Verkehrsregeln zu beachten. Neben der Fahrt im Parcours auf gekennzeichneten Straßen, mussten diese Fahrzeuge auch in Zonen ohne Markierungen autonom agieren, etwa um auf einem Parkplatz vollautomatisch einzuparken. Es gelang dabei elf Teams mit ihren automatischen Fahrzeugen, den Kurs in einem vorgegebenen Zeitrahmen zu beenden. Im Vergleich zu damaligen Serienfahrzeugen waren die Prototypen der DARPA-Wettbewerbe mit einem Vielfachen an Rechenleistung und einer aufwendigen und teuren Umfeldwahrnehmung ausgerüstet. Die während dieser Wettbewerbe entwickelten Algorithmen, z. B. zur Trajektorienplanung, bilden bis heute die Grundlage für die weitere Entwicklung von automatisiert fahrenden Fahrzeugen.

In Deutschland ist im Jahr 2013 das automatisierte Fahren auf der Strecke zwischen Mannheim und Pforzheim von Daimler in einer modifizierten S-Klasse demonstriert worden. Die Strecke umfasste insbesondere städtischen und ländlichen Verkehr, damit war die sogenannte Berta Benz-Fahrt zu der damaligen Zeit wesentlich komplexer als andere Demonstrationen [2].

5.5.1 Strukturierung des automatisierten Fahrens

Das Themenfeld der automatisierten Fahrzeugführung lässt sich in unterschiedliche Ebenen gliedern, in denen sowohl der Fahrer, das Fahrzeug als auch die Infrastruktur Berücksichtigung finden. Neben den rein technischen Aspekten, wie der Realisierung der Fahrzeugführung, sind die Interaktion zwischen dem System und dem Menschen (ergonomische und psychologische Ebene), rechtliche wie auch gesellschaftliche Aspekte bei der Einführung automatisierter Fahrzeuge zu diskutieren und zu erforschen, um tragfähige technische Lösungen entwickeln zu können. Das Zusammenspiel zwischen Fahrer, Fahrzeug und Umfeld bildet die Grundlage über alle Ebenen hinweg. Mittels des 5-Ebenen Modells [8], Abb. 5.17, lassen sich Themen bzw. Handlungsbedarfe

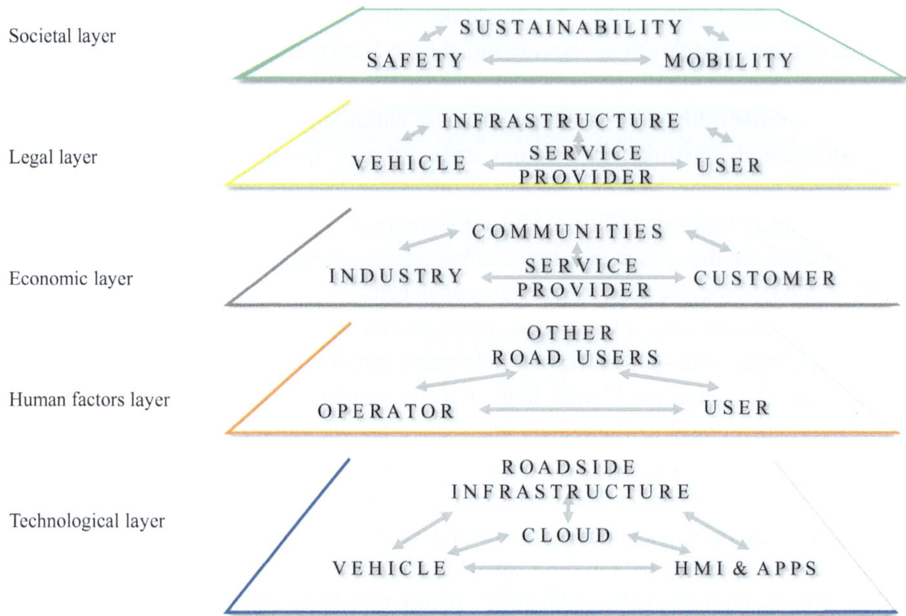

Abb. 5.17 5-Ebenen Modell zur Gliederung des automatisierten Fahrens nach [8]

identifizieren, die bis zur Markteinführung entsprechender Funktionen zwingend beforscht werden müssen.

Auf **gesellschaftlicher Ebene** müssen die Akzeptanz des automatisierten Fahrens seitens der unterschiedlichen gesellschaftlichen Gruppen und die Frage nach der Bereitschaft, mögliche Risiken des automatisierten Fahrens zu tragen, diskutiert werden. Neben den vermuteten Vorteilen der sichereren und komfortableren Mobilität können bisher noch unbekannte Unfalltypen durch eine Einführung der Funktionen auftreten, die den Vorteilen gegenüberstehen. Auch unter Berücksichtigung von volkswirtschaftlichen Aspekten, wie z. B. der Perspektive, neue Wirtschaftszweige und Arbeitsplätze zu schaffen, entsteht in einer demokratischen Gesellschaft eine mehr oder weniger groß ausgeprägte Bereitschaft, den gesetzlichen Rahmen anzupassen, um die Entwicklung und Markteinführung innovativer Technologien überhaupt erst zu ermöglichen.

Von zentraler Bedeutung ist insbesondere die **regulatorische Ebene**. Hier werden die fahrzeugbezogene, technische Gesetzgebung, aber auch Gesetze bezüglich des Fahrerverhaltens sowie infrastrukturbezogene Gesetze diskutiert. In Deutschland sind in den vergangenen Jahren viele Anpassungen des gesetzlichen Rahmens erfolgt, sodass automatisiertes Fahren bis zur Stufe 4 juristisch möglich ist.

Auf der **ökonomischen Ebene** gilt es, geeignete Geschäftsmodelle zu etablieren, um die signifikanten Kosten der Entwicklung, Absicherung, Markteinführung und des Betriebs automatisierter Fahrzeuge nicht nur aus Perspektive der Fahrzeughersteller und

Zulieferer, sondern beispielsweise auch von Kommunen, Behörden und Dienstleistern zu rechtfertigen. Unter anderem sind Abo-Modelle, Flottenbetriebe, Car und Ride Sharing Konzepte aktuell in der Erprobung. Es wird davon ausgegangen, dass in höheren Automatisierungsstufen verstärkt Mobility as a Service (MaaS) angeboten werden wird, sodass sich einzelne Fahrzeughersteller zu Mobilitätsanbietern weiterentwickeln werden.

Die **Ebene der Mensch-Maschine Interaktion** (Human Factors Layer) adressiert menschbezogene Forschungsfragen, bei deren Beantwortung die Kognition und Psychologie des Menschen eine Rolle spielen. Dabei steht nicht ausschließlich der Fahrer bzw. Nutzer im Mittelpunkt, sondern z. B. auch die Wirkung automatisierter Fahrzeuge auf andere Verkehrsteilnehmer. Ferner sind auch die Arbeitsplätze der Menschen, die in einer Leitwarte (jur. technische Aufsicht) beschäftigt sind, geeignet zu gestalten, sodass ein „Lotse" mehrere Fahrzeuge aus der Ferne begleiten kann.

Die **technische Ebene** widmet sich der technischen Gestaltung des Zusammenspiels von Fahrer, Fahrzeug und Umfeld, von der sensorischen Erfassung des Verkehrsumfeldes über die Bewertung der Verkehrssituation, der Planung und Auswahl einer geeigneten Trajektorie des Fahrzeugs bis hin zu deren Umsetzung über die koordinierte Aktuierung der Fahrzeugsysteme wie Lenkung, Antrieb und Bremsen. Neben dem technischen System als solchem sind auch die stark datengetriebenen Prozesse zur Entwicklung, Absicherung und Aktualisierung von automatisierten Fahrfunktionen zu gestalten, sodass das Unternehmen, das eine solche Funktion in den Verkehr bringen möchte, die notwendigen Nachweise gegenüber den zulassenden Stellen erbringen kann Nachdem die Sensoren im Fahrzeug nur über eine begrenzte Reichweite verfügen, welche eine komfortable Regelung des Fahrzeugverhaltens nicht in allen Fahrsituationen ermöglicht, stellt die Vernetzung des Fahrzeuges mit dem Umfeld bzw. anderen Fahrzeugen sowie der „Cloud" ein wichtiges Forschungs- bzw. Handlungsfeld dar.

Das 5-Ebenen Modell eignet sich ideal, um zentrale Fragestellungen des automatisierten Fahrens systematisch zu strukturieren, die in vielen Fällen einen unmittelbaren Bezug zur Sicherheit haben. Eine Vielzahl von Fragestellungen wird aktuell in Forschungs- und Entwicklungsprojekten auf nationaler Ebene, aber auch im internationalen Kontext bearbeitet und diskutiert. Beispiele für Fragestellungen im Einzelnen sind:

- Gesellschaftliche Ebene
  - Sicherheitsziele: Was ist ein gesellschaftlich akzeptables Sicherheitsniveau, auch im Vergleich zu anderen Technologien?
  - Sicherheitsbewertung und Metriken: Wie kann das Sicherheitsniveau definiert werden?
  - Datenerhebung und -bewertung: Wie können die Effekte durch die Fahrzeugautomatisierung prospektiv und retrospektiv bewertet werden?
  - Kommunikation & Akzeptanz: Welche Informationen müssen in welcher Form bereitgestellt werden, um in der Gesellschaft gut verstanden zu werden?

- Regulatorische Ebene
  - Zulassung und Zertifizierung: Welche Anforderungen müssen automatisierte Fahrfunktionen, aber auch Unternehmen erfüllen, die solche Funktionen in den Verkehr bringen möchten?
  - Geistiges Eigentum: Wie kann das geistige Eigentum der Entwickler geschützt und gleichzeitig der Industrie und der Gesellschaft ermöglicht werden, wichtige Lehren aus Sicherheitsproblemen zu ziehen?
  - Wie können Regierungen Sicherheitsvorschriften definieren, die ein Gleichgewicht zwischen Innovation und dem Schutz der Öffentlichkeit vor unsicheren, unausgereiften Technologien herstellen, und wie entwickeln sie sich im Laufe der Zeit weiter?
- Ökonomische Ebene
  - Kosten der Entwicklung und Absicherung: Wie können Daten und Szenarien zwischen Organisationen und Ländern ausgetauscht werden?
  - Erlösquellen: Welche weiteren Einnahmen können neben dem Erlös aus der eigentlichen Transportleistung generiert werden, um die Kosten zu decken?
- Interaktionsebene
  - Nutzerbezogene Interaktion: welche Vorkehrungen müssen getroffen werden, damit ein Nutzer sicher mit einem automatisierten Fahrzeug interagieren und fahren kann, sodass sich Vertrauen und eine hinreichende Zahlungsbereitschaft einstellen?
  - Technische Aufsicht: wie muss die Interaktion in einer Leitwarte gestaltet werden, damit ein „Lotse" mehrere Fahrzeuge begleiten kann?
  - Verhaltenskodex für automatisiertes Fahren: Wie sollten automatisierte Fahrzeuge mit anderen Verkehrsteilnehmern interagieren?
  - Bildung: Wie können Nutzer und andere Verkehrsteilnehmer über die tatsächlichen Fähigkeiten und Grenzen der Fahrzeugautomatisierung aufgeklärt werden?
- Technische Ebene
  - Wie sollte die Umgebungserfassung ausgeführt werden, um den jeweiligen Systemanforderungen hinsichtlich Genauigkeit, Latenz und Fehlertoleranz gerecht zu werden?
  - Wie kann die erforderliche Rechenleistung im Fahrzeug, aber auch im Backend und in Leitwarten, beeinflusst und zu beherrschbaren Kosten dargestellt werden?
  - Wie können die Aktuatoren im Fahrzeug redundant ausgeführt werden, sodass die Fahrzeugbewegung auch im Fehlerfall hinreichend sicher beeinflusst werden kann?
  - Wie kann die Intelligenz zum automatisierten Fahren strukturiert werden, damit diese durch Aktualisierungen (Updates) „lernfähig" gestaltet werden kann?
  - Wie kann ein Safety Case dargestellt werden? Wie können bestehende Methoden kombiniert werden und welche neuen Methoden sind erforderlich?
  - Absicherung von automatisierten Fahrfunktionen: Wie ergänzen sich die bestehenden Ansätze und wo gibt es Lücken?

- Referenz für die Sicherheitsbetrachtung: Wie können etablierte Verkehrssicherheitsstatistiken in Form von Metriken genutzt werden? Welches Potenzial haben Fahrerleistungsmodelle?
- Validität von Modellen und Simulationen: Wie können Modelle und Simulationen verbessert werden, um eine ausreichende Validität zu erreichen? Welche Verfahren und Kriterien sind für die Validierung (und Zertifizierung) dieser Instrumente erforderlich?
- Standardisierungsbedarf: Was wird bereits berücksichtigt und wo gibt es zusätzlichen Bedarf?

5.5.2 Funktionale Architektur des automatisierten Fahrens

Die Herausforderungen der technischen Ebene der automatisierten Fahrzeugführung erfordern die interdisziplinäre Zusammenarbeit der Fahrzeugtechnik mit der Informatik, Regelungstechnik sowie der Ergonomie und Psychologie. Die Entwicklung einer leistungsfähigen und modularen E/E-Architektur zur Entkoppelung von Funktionen, Softwarekomponenten und Hardware sowie die frühzeitige Definition eindeutiger Schnittstellen sind Grundlage für eine erfolgreiche Funktionsumsetzung und das agile Erzeugen und Absichern von Updates von Funktionen.

Bekannte Ansätze gliedern die funktionale Architektur der Informationsverarbeitung in die Bereiche Wahrnehmung, Planung und Handlung. Diese Architektur hat den Nachteil, dass die Beeinflussung der Fahrzeuglängs- und querdynamik grundsätzlich mit der Latenz der gesamten Informationsverarbeitung behaftet ist.

Deshalb wird mit dem sog. A-Modell (vgl. Abb. 5.18) eine funktionale Architektur in Analogie zur menschlichen Informationsverarbeitung vorgeschlagen, die sich nach Rasmussen [18] in drei Ebenen gliedert: die unterste Ebene bildet das fertigkeitsbasierte Verhalten, das nahezu latenzfrei im Unterbewusstsein abläuft (z. B. Reflexe), die mittlere Ebene umfasst das regelbasierte Verhalten (z. B. Anhalten an roter Ampel), während die höchste Ebene das sog. wissensbasierte Verhalten repräsentiert (z. B. Anpassung der Route).

Die Informationsverarbeitung im linken, aufsteigenden Schenkel des A extrahiert zunächst relevante Merkmale und Objekte aus den Sensordaten und setzt diese zu einem Umgebungsmodell zusammen. Um Verhaltensentscheidungen, wie z. B. hinsichtlich eines Fahrstreifenwechsels, treffen zu können, muss die automatisierte Fahrfunktion wie der Mensch das zukünftige Verhalten der relevanten Verkehrsteilnehmer im Umfeld prädizieren, was naturgemäß mit Unsicherheiten behaftet ist. Die eigentliche Verhaltensentscheidung kann bei einem fahrerlosen Fahrzeug durch die Leitwarte beeinflusst werden, bis hin zur Anforderung eines sicheren Anhaltens, das im Detail durch das jeweilige Fahrzeug geplant und umgesetzt wird.

Das entschiedene Verhalten wird im nächsten Schritt im absteigenden rechten Schenkel des A in Form von konkreten Manövern und Trajektorien ausgeplant. Die Trajektorie setzt sich aus dem geometrischen Pfad und der Geschwindigkeit zusammen, mit der

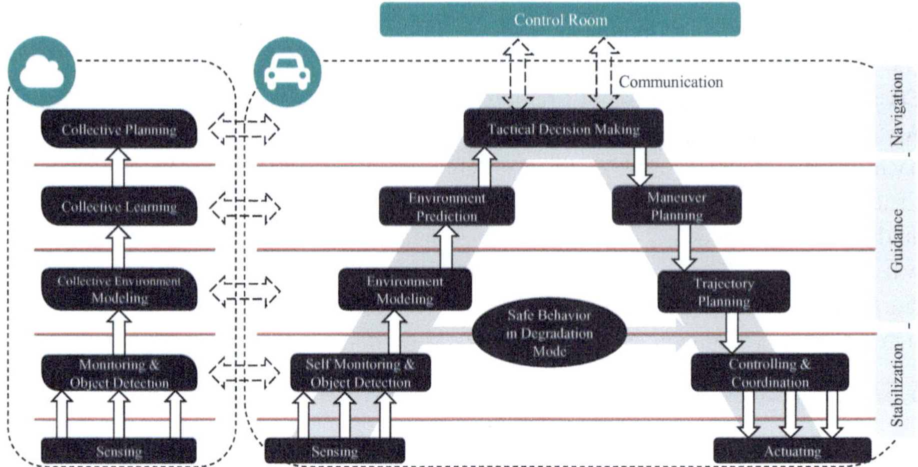

Abb. 5.18 A-Modell zur Entwicklung des automatisierten Fahrens nach [26]

dieser Pfad befahren wird. Zur Umsetzung der Trajektorie ist es besonders sinnvoll, alle Fahrwerk- und Antriebssysteme integrativ zu betrachten, da viele Systeme sowohl die Längs- als auch die Querdynamik eines Fahrzeugs beeinflussen können.

Nachdem die beschriebene Informationsverarbeitungskette durchaus eine Zeitspanne von mehr als 100 bis 200 ms in Anspruch nehmen kann, stellt das reflexartige Verhalten eine sinnvolle Ergänzung dar, die auch bei Fehlern in höheren Schichten der Informationsverarbeitung zum Tragen kommen kann.

Darüber hinaus kann es insbesondere bei fahrerlosen Fahrzeugen sinnvoll sein, die Informationsverarbeitung im Fahrzeug durch Intelligenz außerhalb des Fahrzeugs zu ergänzen. Der Betrieb einer Flotte von fahrerlosen Shuttle-Bussen kann beispielsweise durch Umfeldsensoren an schwer einsehbaren Kreuzungen unterstützt werden, welche ein vorausschauendes und komfortables Fahren ermöglichen, indem das fahrzeugbasiert erstelle Umfeldmodell um infrastrukturbasiert gewonnene Informationen vervollständigt wird. Im Projekt UNICARagil wurde ferner untersucht, inwiefern fahrerlose Fahrzeuge ähnlich wie Menschen räumlich und zeitlich codiertes Erfahrungswissen aus den gewählten Trajektorien gewinnen können, die dann in einem kollektiven Verkehrsgedächtnis gespeichert und für alle Verkehrsteilnehmer nutzbar abgespeichert werden [26].

5.5.3 Sicherheitspotenziale des Automatisierten Fahrens

Sicherheitspotenziale und der der potenzielle gesellschaftliche Nutzen bezogen auf die Verkehrssicherheit durch die zunehmende Fahrzeugautomatisierung sind eine zentrale Fragestellung für die Einführung des automatisierten Fahrens. Diese sind abhängig von der Marktdurchdringung der Systeme. Ein methodischer Ansatz, sich der Fragestellung zu nähern, wurde in [19] erarbeitet.

Zunächst werden anhand der Funktionsspezifikation und der Einsatzdomäne Wirkfelder der jeweiligen Fahrfunktionen bestimmt. Mit diesen wird die Änderung der Unfallschwere durch Unfallresimulationen und auch die Änderung der Auftretenshäufigkeit der Szenarien bewertet. Da automatisierte Fahrzeuge im Gegensatz zu Systemen der aktiven Sicherheit kontinuierlich arbeiten, ist es wahrscheinlich, dass bestimmte Unfallszenarien (z. B. Auffahrszenarien) durch automatisierte Fahrfunktionen nicht mehr so häufig hervorgerufen werden. Die durch automatisierte Fahrzeuge induzierte Änderung der Auftretenshäufigkeiten verschiedener Szenarien wird mit einer Verkehrssimulation ermittelt. Mittels einer Hochrechnungsmethodik werden die Simulationsergebnisse auf das gesamte Bundesgebiet skaliert.

Es wurden fünf verschiedene automatisierte Fahrfunktionen der Automatisierungsstufen 3 und 4, siehe Abb. 5.4, definiert und untersucht. Die einzelnen zu betrachtenden automatisierten Fahrfunktionen sind:

- Stau-Chauffeur
- Autobahn-Chauffeur
- Pendler-Chauffeur
- Universal-Chauffeur
- Urbanes Roboter-Taxi

Die Anwendung der Methodik auf unterschiedliche Automatisierungsfunktionen ergibt die in Abb. 5.19 dargestellten Ergebnisse.

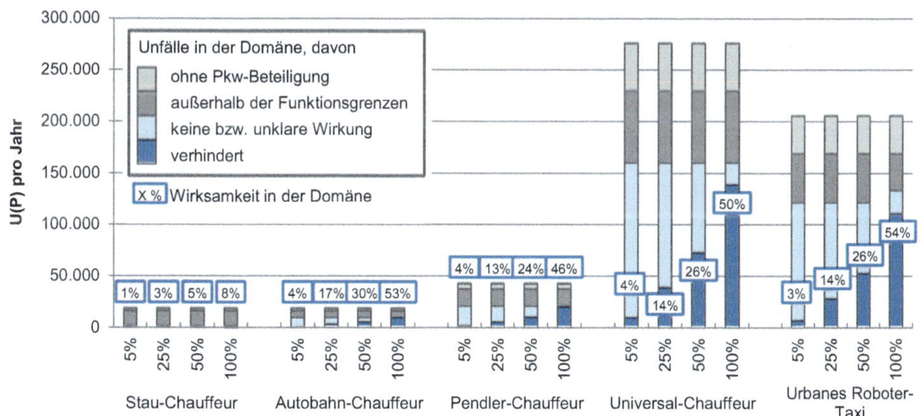

Abb. 5.19 Wirkfelder und Wirksamkeiten U(P) der automatisierten Fahrfunktionen in Abhängigkeit der Marktdurchdringung [19]

Die automatisierten Fahrfunktionen können nie 100 % der Unfälle in der Domäne vermeiden, da Unfälle ohne Pkw-Beteiligung durch die definierten Funktionen nicht adressiert werden. Ein Vergleich der Anzahl der potenziell adressierbaren Unfälle verdeutlicht, dass die innerorts operierenden Fahrfunktionen potenziell mehr Unfälle adressieren können, da sich auf den innerörtlichen Straßen mehr Unfälle ereignen als außerorts, insbesondere mehr als auf Autobahnen. Bei einem Vergleich der Wirksamkeiten zeigt sich dennoch, dass diese bei allen Fahrfunktionen in der jeweiligen Domäne eine vergleichbare Größenordnung annehmen. Die Ausnahme stellt der Stau-Chauffeur aufgrund des geringen Geschwindigkeitsbereichs dar. Bei einer Marktdurchdringung von 100 % haben die Fahrfunktionen eine Wirksamkeit von ca. 46 % bis 54 %, sofern sie auf alle registrierten Unfälle mit Personenschaden der jeweiligen Domäne bezogen werden. Abgeschätzt können perspektivisch maximal 83 % aller Unfälle durch die Fahrzeugautomatisierung von Pkw vermieden werden. Hierfür wird eine vollautomatisierte Fahrfunktion (Level 5) angenommen, die in allen Ortslagen und auf allen Straßenklassen ohne Geschwindigkeitseinschränkung operiert. Diese Funktion müsste alle Fahrszenarien beherrschen und keine Funktionseinschränkungen haben und dürfte auch alkoholisierte bzw. unter Drogen stehende Personen chauffieren. Mit der Serienreife einer solchen umfassenden vollautomatisierten Fahrfunktion ist aus Expertensicht allerdings nicht in den kommenden 20 Jahren zu rechnen.

Literatur

1. Bouzouraa, S., Reichel, M., Hofman, U., Siedesberger, K.-H., Siegel, A.: Grundlegende Architekturentscheidungen für hochautomatisierte Fahrerassistenzsysteme am Beispiel einer aktiven Gefahrenbremsung. 4. Tagung Fahrerassistenz, FTM, München (2010)
2. Dang, T. et. al.: Autonomes Fahren auf der historischen Bertha-Benz-Route. Technisches Messen. ISSN: 0170–575X, 0171–8096, 0340–4021, 0340–837X, 0365–7418, De Gruyter, Berlin (2015)
3. Domsch, C.: Vorausschauende passive Sicherheit am Beispiel des EU-Projektes CHAMELEON. 11. Aachen Kolloquium, Aachen (2002)
4. Donges, E.: Aspekte der aktiven Sicherheit bei der Führung von Personenkraftwagen. Automobil-Industrie **27**, 183–190 (1982)
5. EU-Verordnung 2015/758: des europäischen Parlaments und des Rates vom 29. April 2015 über Anforderungen für die Typgenehmigung zur Einführung des auf dem 112-Notruf basierenden bordeigenen eCall-Systems in Fahrzeugen und zur Änderung der Richtlinie 2007/46/EG, Brüssel (2015)
6. EU-Verordnung 2019/2144: des europäischen Parlaments und des Rates vom 27. November 2019 über die Typgenehmigung von Kraftfahrzeugen und Kraftfahrzeuganhängern sowie von Systemen, Bauteilen und selbstständigen technischen Einheiten für diese Fahrzeuge im Hinblick auf ihre allgemeine Sicherheit und den Schutz der Fahrzeuginsassen und von ungeschützten Verkehrsteilnehmern, Brüssel (2015)
7. Ebner, H.T.: Motivation und Handlungsbedarf für Automatisiertes Fahren. DVR-Kolloquium Automatisiertes Fahren. Bonn, 12,1013

8. Eckstein, L., Zlocki A.: Automated Driving – Concept and Evaluation. 23. Aachener Kolloquium, Aachen (2014)

9. Europäische Kommission: EU Road Safety Policy Framework 2021–2030 – Next steps towards "Vision Zero". Brüssel (2019)

10. Gasser, T., Seeck, A., Smith, B. W., Rahmenbedingungen für die Fahrerassistenzentwicklung. Handbuch Fahrerassistenzsysteme, 3. Aufl. Springer, Wiesbaden (2015)

11. Junietz, P., Schneider, J., Winner, H.: Metrik zur Bewertung der Kritikalität von Verkehrssituationen und –szenarien. Uni-DAS Workshop Fahrerassistenz und automatisiertes Fahren, Walting (2017)

12. Justen, R., Baumann, K.-H., Schöneburg, R.: Pre-crash Erkennung, ein neuer Weg in der PKW-Sicherheit. VDI Bericht 1471. VDI Verlag GmbH, Düsseldorf (1999)

13. Kessler, C. et. al.: euroFOT – Final Report. Deliverable D11.3, euroFOT EU-Projekt, Grant agreement no.: 223945 (2012)

14. N.N., Taxonomy and Definitions for Terms Related to On-Road Motor Vehicle Automated Driving Systems. SAE Standard J3016, USA (2018)

15. N.N.: Vergleichstest von Notbremsassistenten. Testbericht, ADAC Fahrzeugtest (2011)

16. N.N.: Verkehr in Zahlen 2022–2023, Kraftfahrt-Bundesamt, Flensburg (2022)

17. Paschek, L.: „Die Innovationen in der neuen Mercedes-Benz S-Klasse", ATZonline, Wiesbaden, Springer Automotive Media (2004)

18. Rassmussen, J.: Skills, rules and knowledge; signals, signs and symbols, and other distinctions in human performance models. IEEE Transactions on Systems, Man and Cybernetics, Volume SMC **13**(3), 257–266 (1983)

19. Rösener, C., Sauerbier, J., Zlocki, A., Eckstein, L., Hennecke, F., Kemper, D., Oeser, M., „Potenzieller gesellschaftlicher Nutzen durch zunehmende Fahrzeugautomatisierung", BASt-Bericht F 128 (2019)

20. Salvendy, G.: Handbook of human factors and ergonomics. John Wiley & Sons, Inc., Hoboken, New Jersey, USA (1997)

21. Siedersberger, K.H.: Komponenten zur automatischen Fahrzeugführung in sehenden (semi-) autonomen Fahrzeugen. Dissertation, Universität der Bundeswehr München, Institut für Systemdynamik und Flugmechanik, Neubiberg (2003)

22. Statistisches Bundesamt: Verkehrsunfälle 2023, Destatis, www.destatis.de (2023)

23. Straßgütl, F., Sander, D.: Einfluss von Notbremsystemen auf die Entwicklung von Lkw-Auffahrunfällen auf Bundesautobahnen. Berichte der Bundesanstalt für Straßenwesen Heft F 139 (2021)

24. Vitet, S., Schebdat, H.: Safety Benefit Evaluation of Secondary Collision Mitigation Braking. Paper Number 17–0269; 25th International Technical Conference on the Enhanced Safety of Vehicles (ESV) (2017)

25. Westerberg, L.: Future Safety Systems As a Challenge in an Changing Industry. Autoliv, Automotive News Congress (2002)

26. Woopen, T., et al.: UNICARagil – Disruptive Modular Architectures for Agile, Automated Vehicle Concepts. 27th Aachen Colloquium. Aachen, Germany (2018)

Insassen- und Partnerschutz 6

Frank Laakmann und Rodolfo Schöneburg

Der Insassen- und Partnerschutz dient der Verringerung und der Vermeidung von Unfallfolgen. Neben den Insassen von Fahrzeugen (engl.: *Occupants*) zählen auch Verkehrsteilnehmer, die sich außerhalb eines Fahrzeuginnenraums befinden, zu den zu schützenden Personen. Sie werden als *Vulnerable Road User* (VRU) (auch: *gefährdete Verkehrsteilnehmer*) zusammengefasst.

Die Entwicklung von Schutzkonzepten für Fahrzeuginsassen und VRU ist ein herausforderndes Technologiefeld, da es die Vernetzung unterschiedlicher Disziplinen erfordert: Die ganzheitliche Betrachtung des Verkehrsgeschehens, die Analyse der Unfallentstehung, des Unfallverlaufs, die Möglichkeiten zur Detektion eines Unfallgeschehens und die Entwicklung von Strategien zur Intervention sind Beispiele für Entwicklungsaufgaben beim Insassen- und Partnerschutz (Abb. 6.1).

Dieses Kapitel beschreibt, wie sich durch die Verknüpfung der Systeme und Komponenten der Passiven Sicherheit mit anderen Disziplinen Schutzkonzepte der Integralen Sicherheit für Kraftfahrzeuge realisieren lassen. Beispiele dafür sind Interventionen durch Rückhaltesysteme bereits in der Pre-Crash-Phase oder die Fusion von Sensoren verschiedener Fahrzeugdomänen zur Differenzierung von Interventionsstrategien und erweiterte Adaptivitätsfunktionen von Rückhaltesystemen.

Enge Bezüge bestehen dabei zu *Unfallforschung* (Kap. 2), *Biomechanik* (Kap. 3) sowie *Unfalldetektierung* (Kap. 7). Daneben sind Anforderungen an die Schutzwirkung

F. Laakmann (✉)
ZF Group, Alfdorf, Deutschland
E-Mail: frank.laakmann@zf.com

R. Schöneburg
RSC Safety Engineering, Hechingen, Deutschland
E-Mail: rsc@rschoeneburg.de

R. Schöneburg (Hrsg.), *Integrale Sicherheit von Kraftfahrzeugen,* ATZ/MTZ-Fachbuch,
https://doi.org/10.1007/978-3-658-42806-8_6

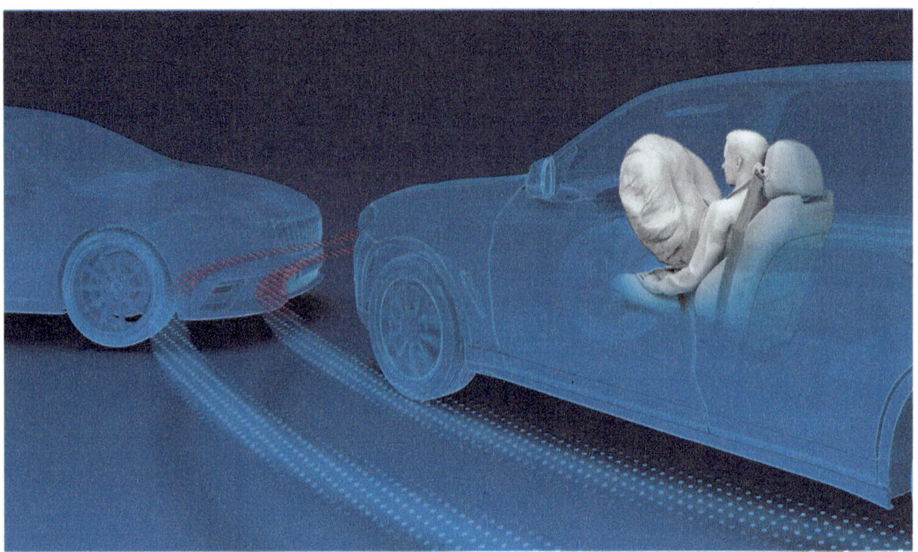

Abb. 6.1 Insassen- und Partnerschutz. (Quelle: ZF)

von Systemen in Fahrzeugen und Komponenten und deren Nachweise durch *Gesetzgebungen* und *Sicherheitsratings* bei der Entwicklung und Produktion zu berücksichtigen (Kap. 4). Schnittstellen zu Technologien der Aktiven Sicherheit zur *Unfallvermeidung und -schwereminderung*, die in Kap. 5 beschrieben sind, werden in mehreren Abschnitten dieses Kapitels aufgegriffen.

Der Aufbau dieses Kapitels ist in Abb. 6.2 dargestellt. In den ersten Abschnitten werden die grundlegenden Konzepte der Passiven Sicherheit erläutert (Abschn. 6.1, 6.2). Die Hierarchie der Teilsysteme der Fahrzeugsicherheit auf Gesamtfahrzeugebene und die Einordnung der Systeme der Passiven Sicherheit sind in Abschn. 6.3 beschrieben.

Die sich anschließenden Abschnitte gliedern sich nach der Schutzart (*Selbstschutz* und *Partnerschutz*) sowie nach den betrachteten Fahrzeugsegmenten: *Personenkraftwagen* (PKW), *Nutzfahrzeuge* (NFZ) sowie VRU und ggf. deren Fahrzeuge.

Die Schutzmechanismen einer Fahrzeugstruktur und der Fahrgastzelle von PKW werden in Abschn. 6.4 betrachtet. Sie stellen auch die Systemumgebung der Rückhaltesysteme der Passiven Sicherheit dar und beeinflussen damit die Gestaltung von Insassenschutzkonzepten.

Der Kern dieses Kapitels ist die Vorstellung der Technologien von *Rückhaltesystemen* (engl.: *Restraints*), insbesondere von *Sicherheitsgurt-Systemen* (Abschn. 6.5) und *Airbag-Systemen* (Abschn. 6.6). Sie leisten einen wesentlichen Beitrag zur Reduzierung von Verletzungsrisiken – insbesondere für Fahrzeuginsassen. Sie werden ergänzt um Kinder-Rückhaltesysteme und Technologien für den Insassenschutz aus weiteren Fahrzeugdomänen (Abschn. 6.7).

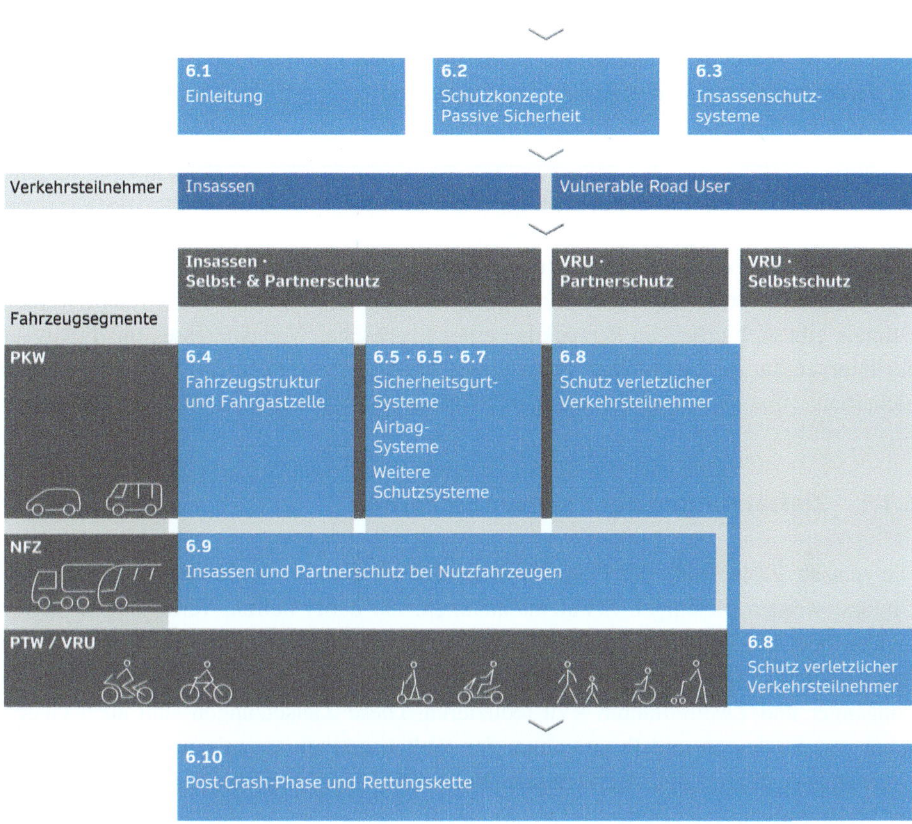

Abb. 6.2 Themenübersicht und Technologiefelder des Schutzes von Fahrzeuginsassen und gefährdeten Verkehrsteilnehmern

Vulnerable Road User und die auf sie ausgerichteten Technologien der Passiven Sicherheit gewinnen weiter an Bedeutung. Einerseits steigt ihr relativer Anteil an den Geschädigten bei Verkehrsunfällen durch die Fortschritte beim Insassenschutz weiter an. Andererseits entstehen neue Herausforderungen für die Verkehrssicherheit durch neue Mobilitätskonzepte und vielfältigere Nutzung von Verkehrsräumen.

Abschn. 6.8 umfasst Maßnahmen bei PKW und NFZ zum Partnerschutz von VRU sowie Lösungen für Fahrzeuge von VRU. Für VRU sind darüber hinaus Lösungen zum Selbstschutz durch Schutzausrüstung und Schutzkleidung dargestellt.

Selbstschutz und Partnerschutz bei NFZ beruhen zwar auf den gleichen Prinzipien und Technologien wie beim PKW, aber es sind andere Anforderungen zu berücksichtigen und die Systemumgebung stellt andere Herausforderungen. Schutzmaßnahmen, die bereits in Gebrauch sind, werden in Abschn. 6.9 dargestellt. Zum Fahrzeugsegment NFZ gehören sowohl Lastkraftwagen als auch Omnibusse.

Die Passive Sicherheit umfasst auch Maßnahmen nach dem unmittelbaren Unfallereignis – der *Post-Crash-Phase* (Phase: *Nach dem Unfall*, Abb. 1.7). Die *Rettungskette* mit ihren wesentlichen Maßnahmen zur Bergung und Erstversorgung von Geschädigten bei Verkehrsunfällen wird in Abschn. 6.10 erläutert.

6.1 Grundlagen und Zielsetzungen

In diesem ersten Abschnitt sollen grundlegende Begriffe der Passiven Sicherheit erläutert und ein gutes Verständnis ihrer Einbettung in die Fahrzeugsicherheit erreicht werden. Oftmals gibt es hierbei die Perspektive eines klassischen Verständnisses mit Fokus auf der Intervention in der In-Crash-Phase sowie die erweiterte Perspektive einer Integralen Sicherheit.

6.1.1 Zielsetzungen der Passiven Sicherheit

Die zentrale Zielsetzung der Passiven Sicherheit ist die *Verringerung von Unfallfolgen*. Umfasst werden diejenigen Schutzmaßnahmen, die dabei helfen, Verletzungen zu vermeiden oder die Unfallfolgen für alle in Unfälle verwickelten Personen – also sowohl *Insassen* (engl.: *Occupants*) von Fahrzeugen als auch *Vulnerable Road User* wie z. B. Fußgänger und Zweiradfahrer – zu reduzieren. Diese Zielsetzungen sind auch Gegenstand von Strategien und Programmen der Weltgesundheitsorganisation (World Health Organization, WHO) und der Vereinten Nationen (United Nations, UN) zur Steigerung der Verkehrssicherheit [149].

Das Teilgebiet des *Insassenschutzes* (engl.: *Occupant Safety*) ist ein bedeutendes Technologiefeld der Passiven Sicherheit, dem auch *Rückhaltesysteme* wie *Sicherheitsgurt-Systeme* und *Airbag-Systeme* zugeordnet sind.

Der Fokus dieser Publikation gilt dem Schutz von Verkehrsteilnehmern und dem Ziel, dass sie bei Unfällen nicht verletzt werden bzw. ihre Verletzungen weniger schwer ausfallen und ihr Leben nicht gefährden. Maßnahmen mit dem Ziel, Sachschäden zu reduzieren, wie z. B. Reparaturtechniken zur Herabsetzung von Instandsetzungskosten oder der Verbesserung der Versicherungseinstufung, werden hier nicht behandelt. Dennoch sind auch dies wichtige Zielsetzungen bei der Gesamtfahrzeugentwicklung und sie werden durch die hier dargestellten Technologien ebenfalls beeinflusst.

6.1.2 Selbstschutz und Partnerschutz

Die Betrachtung der *Wirkrichtung* von Schutzmaßnahmen der Passiven Sicherheit führt zu einer Unterscheidung in zwei *Schutzarten* [61]. In Abb. 6.3 sind sie mit der Zuordnung von Schutzsystemen aufgeführt.

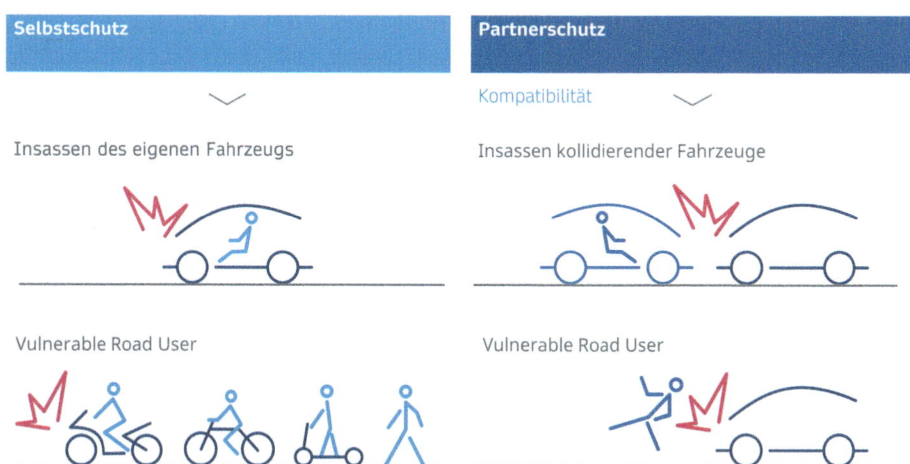

Abb. 6.3 Wirkrichtungen von Schutzsystemen der Passiven Sicherheit: Selbstschutz und Partnerschutz

Der *Selbstschutz* dient dem Schutz von Insassen des eigenen Fahrzeugs bzw. bei Zweirädern oder ähnlichen Fahrzeugen dem Schutz der sogenannten Aufsassen. Systeme und Schutzeinrichtungen für den Selbstschutz sind Fahrzeugkarosserie und Deformationsstrukturen, Rückhaltesysteme, weitere Systeme im Interieur wie Sitzanlage, Cockpit und Schutzeinrichtungen wie Kindersitze. Bei Vulnerable Road Usern wie beispielsweise Zweiradfahrern ist die persönliche Schutzausrüstung eine weitere Maßnahme zum Selbstschutz.

Der *Partnerschutz* dient dem Schutz von anderen Verkehrsteilnehmern außerhalb des eigenen Fahrzeugs durch am eigenen Fahrzeug verbaute Schutzeinrichtungen. Damit gemeint sein können sowohl Insassen anderer Fahrzeuge als auch Vulnerable Road User, die mit dem eigenen Fahrzeug kollidieren. Fahrzeugkarosserie und Deformationsstrukturen haben aber auch eine Funktion als Systeme und Schutzeinrichtungen für den Partnerschutz. Eine Maßnahme in diesem Bereich kann beispielsweise die Optimierung des Deformationsverhaltens der Frontstruktur an PKW oder NFZ sein, soweit es sich auf die Insassen unfallbeteiligter Fahrzeuge auswirkt. Da sie sowohl auf den Selbstschutz wie auf den Partnerschutz ausgerichtet sind, nehmen solche Maßnahmen eine Sonderstellung ein.

Dem Partnerschutz dienen daneben auch Schutzsysteme im Exterieur des Fahrzeugs. Beispiele hierfür sind bei PKW verbaute sogenannte Fußgängerschutz-Systeme für den Schutz von VRU bei Frontalaufprall auf das eigene Fahrzeug. Auch das Ziel einer optimalen Wirkung von Schutzeinrichtungen der anderen Fahrzeuge zählt zum Partnerschutz. Beispiele hierfür sind Unterfahrschutz-Einrichtungen bei NFZ.

6.1.3 Wirkrichtung von Schutzmaßnahmen

Die *Wirkrichtung* von Schutzmaßnahmen bezeichnet, ob sie eher auf den *Selbstschutz* bzw. den Schutz von Fahrzeuginsassen *(innere Sicherheit)* oder eher auf den *Partnerschutz* bzw. den Schutz von Insassen anderer Fahrzeuge oder Vulnerable Road Usern ausgerichtet sind *(äußere Sicherheit)*.

Schutzmaßnahmen der *inneren Sicherheit* sind beispielsweise Sicherheitsgurtsysteme, Airbags oder Polsterungen bei der Innenraumgestaltung, denn diese Maßnahmen wirken nach innen. Demgegenüber sind nach außen wirkende Schutzmaßnahmen die Gestaltung der Außenfläche sowie die Bauform und das Deformationsverhalten der Kontaktstruktur von Fahrzeugen. Sie werden unter dem Begriff der *äußeren Sicherheit* zusammengefasst.

In den 1990er-Jahren bekam das Segment der Kompaktfahrzeuge wieder eine steigende Bedeutung. Während Mittelklasse- und größere PKW über einen mehr oder weniger ausreichend großen Deformationsweg verfügen, muss bei der Auslegung kleinerer PKW (Kompaktfahrzeuge) aufgrund ihrer geringen Außenabmessungen auf eine adäquate Vorbaustruktur verzichtet werden. Zudem wird die Fahrgastzelle zur Sicherstellung des Überlebensraumes steifer ausgelegt. Dies führte zwangsläufig zu einem Abbau der äußeren Sicherheit, die sich durch eine erheblich höhere Verzögerung des Fahrzeugs während des Unfalls bzw. des Versuchs bemerkbar machte. Dieser Abbau an äußerer Sicherheit musste bei der inneren Sicherheit kompensiert werden. Durch den Verzicht auf eine nachgiebige, energieabsorbierende Deformationsstruktur und die Verwendung eines verbesserten Insassenschutz-Systems kam es zu einer Verlagerung von Sicherheitsmaßnahmen von außen nach innen [64].

6.1.4 In-Crash-Phase – kürzer als ein Wimpernschlag

Ein Verkehrsunfall bedeutet in den meisten Fällen eine Kollision mit einem Hindernis oder einem anderen Verkehrsteilnehmer. Die Umwandlung kinetischer Energie der zusammenstoßenden Objekte erfolgt über einen sehr kurzen Zeitraum. In der In-Crash-Phase vom Zeitpunkt des Erstkontaktes t_0 bis zum Stillstand kann deshalb nur eine sehr kurze Zeitspanne von meist weniger als 100 ms genutzt werden.

Eine schematische Gegenüberstellung des Wimpernschlags des Auges mit einer ungefähren Dauer von 150 bis 200 ms und eines Unfallgeschehens in der In-Crash-Phase zeigt Abb. 6.4. Die Intervention von Rückhaltesystemen beginnt bereits wenige Millisekunden nach dem Aufprall. Die In-Crash-Phase ist oftmals deutlich kürzer als ein Wimpernschlag.

6.1.5 Integrale Schutzkonzepte

Zu den Maßnahmen der Integralen Sicherheit zählen diejenigen Maßnahmen, die geeignet sind, Unfallrisiken zu reduzieren, Unfälle zu vermeiden und Unfallfolgen zu minimieren.

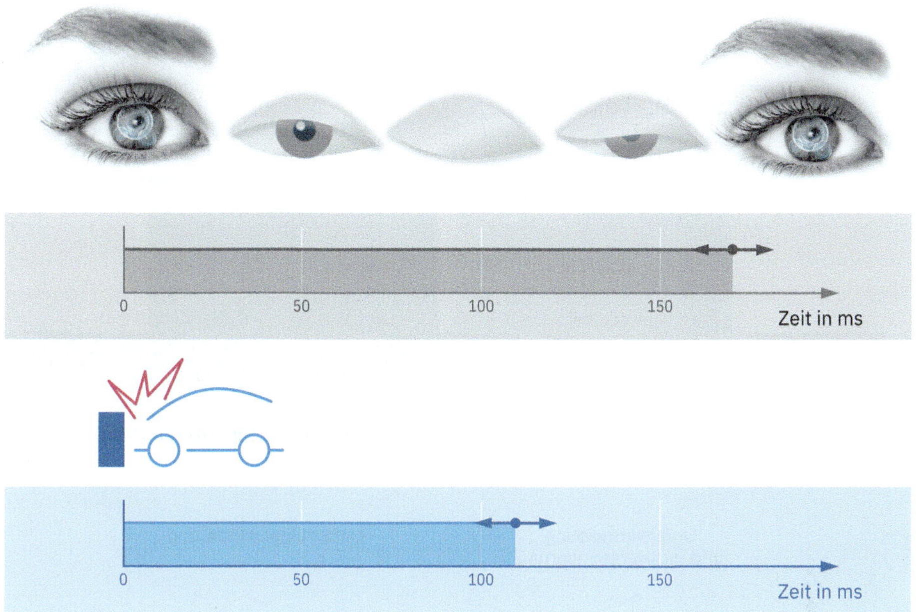

Abb. 6.4 Schematische Gegenüberstellung der Dauer eines Wimpernschlags und eines typischen Unfallgeschehens sowie der Intervention in der In-Crash-Phase. (Quelle: ZF)

Die Maßnahmen der Aktiven Sicherheit zur Unfallvermeidung und -schwereminderung in der Fahrphase und in der Pre-Crash-Phase wurden bereits im Kap. 5 dargestellt.

Eine *alleinige* Zuordnung der Aktiven Sicherheit in die Phasen *vor* und der Passiven Sicherheit in die Phasen *nach* der Kollision *(In-Crash-* und *Post-Crash-Phase)* ist nicht mehr zielführend. Vielmehr bietet die enge Vernetzung von *Sensoren, Perception, Cognition* und *Aktoren* beider Technologiedomänen in der Vorunfallphase (Abschn. 1.3) Lösungsansätze für die Realisierung von Schutzfunktionen der Integralen Sicherheit. Abb. 6.5 zeigt die Entwicklung von Technologien der Passiven Sicherheit.

Der *klassische* Fokus von Technologien der Passiven Sicherheit bei Fahrzeugen liegt auf der Unfallfolgenminderung und den hierauf ausgerichteten Maßnahmen nach der Kollision in der In-Crash-Phase und der (unmittelbaren) Post-Crash-Phase. Dieses ursprüngliche Wirkungsfeld hat sich in mehreren Bereichen auf alle Phasen vor einem Unfallereignis erweitert. Gleiches gilt für Technologien der Aktiven Sicherheit, die eine Integration in Funktionen von Systemen der Passiven Sicherheit erfahren.

Die sich anschließenden Maßnahmen in der Post-Crash-Phase entlang den Stufen der *Rettungskette,* wie u. a. Sicherung der Unfallstelle und Rettungswesen (Abschn. 6.10), werden eher in separaten Domänen bearbeitet, wie z. B. der Notfallmedizin. Allerdings wird in der Zukunft die weitere Vernetzung dieser Gebiete der Passiven Sicherheit mit denen der Aktiven Sicherheit zu einer weiteren Verbesserung der Unfallfolgenminderung bei Insassen und Vulnerable Road Usern führen.

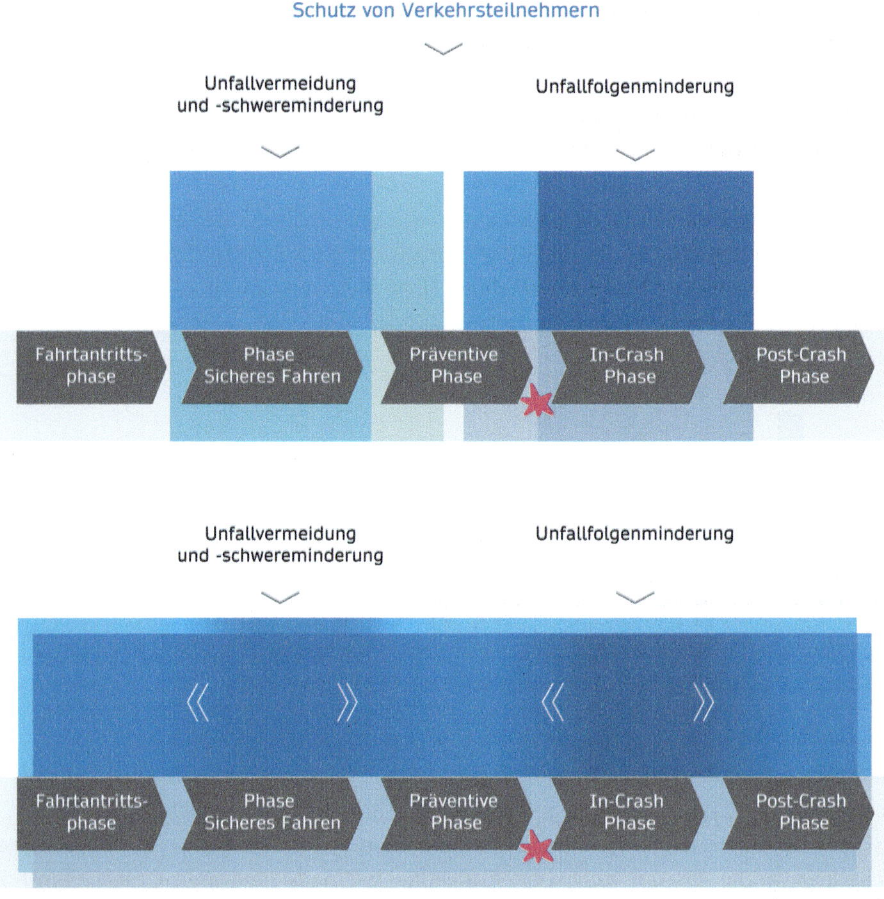

Abb. 6.5 Erweiterter Fokus der Aktiven und Passiven Sicherheit

6.2 Schutzprinzipien

Die Passive Sicherheit dient der *Verringerung von Unfallfolgen* und Verletzungsrisiken für beteiligte Verkehrsteilnehmer wie Insassen von Fahrzeugen und Vulnerable Road Usern. Diese Ziele und die Einbindung in Integrale Sicherheitskonzepte wurden im vorherigen Abschnitt dargestellt (Abschn. 6.1).

Die Kollision eines Fahrzeugs mit einem Hindernis, einem anderen Fahrzeug oder einem anderen Verkehrsteilnehmer ist ein Ereignis, bei dem hohe Energien umgesetzt werden. Grundlagen zur Berechnung von Energien und deren Umsetzung bei Kollisionen werden in Abschn. 6.2.1 mit Beispielen hergeleitet.

Anschließend folgt die Erläuterung, wie Insassen aus der Bewegung mit einer bestimmten Geschwindigkeit nach einer Kollision zum Stillstand gelangen oder wie

Vulnerable Road User – beispielsweise bei der Kollision mit einem Fahrzeug – auf die Kollisionsgeschwindigkeit des Fahrzeugs gebracht werden (Abschn. 6.2.2). Die hierzu erforderlichen Maßnahmen basieren auf *physikalischen* und *biomechanischen* Prinzipien und Mechanismen, deren Grundlagen bereits in Kap. 2 und Kap. 3 erläutert wurden. Dazu kommen gesetzliche und weitere Anforderungen an Schutzsysteme, wie Sicherheitsratings oder spezifische Schutzanforderungen für besondere Anwendungsfälle (Kap. 4).

Neben der Betrachtung von Energien sind zur Berechnung und Auslegung von Insassenschutzsystemen weitere Berechnungsgrößen in Gebrauch. Die wesentlichen unter ihnen werden in Abschn. 6.2.3 und 6.2.4 vorgestellt. Weitere Anforderungen und Zielsetzungen bei der Auslegung werden in Abschn. 6.2.5 und 6.2.6 gezeigt. Die weitere Gestaltung der Insassenschutzsysteme von Fahrzeugen und die Abstimmung der einzelnen Teilsysteme sind im Anschluss beschrieben (Abschn. 6.3).

6.2.1 Energieumsetzung bei der Kollision

Die wesentliche Berechnungsgröße zur Auslegung von Insassenschutzkonzepten ist die *Energie* der beteiligten Kollisionsobjekte sowie deren Umsetzung während des Unfallgeschehens. Ihre zielgerichtete und kontrollierte Lenkung ist die Grundlage von Insassenschutzkonzepten und der Verringerung von Verletzungsrisiken für Verkehrsteilnehmer bei einem Unfall.

Die Berührung zweier Körper wird in der Physik als *Stoß* (auch: *Kraftstoß*) bezeichnet, wenn zwischen ihnen in sehr kurzer Zeit Kräfte wirken und dadurch der Bewegungszustand mindestens eines der am Stoß beteiligten Körper stark geändert wird [44]. Den *Stoßgesetzen* folgend werden drei wesentliche Konstellationen bei der Kollision von Körpern unterschieden:

- Erfolgt durch den Kontakt der Körper keine dauerhafte Verformung, so handelt es sich um einen *elastischen Stoß*.
- Wird dagegen mindestens einer der Körper dauerhaft verformt, so spricht man von einem *plastischen Stoß* (auch *inelastischer Stoß*).
- Die realen Verhältnisse beim Stoß von Körpern enthalten oftmals beide Konstellationen. Beim *realen Stoß* (auch *teil-elastischer Stoß*, *wirklicher Stoß*) wird die kinetische Energie des Gesamtsystems nach dem Stoß um Formänderungsarbeit reduziert.

In der klassischen Mechanik berechnet sich die kinetische Energie ($[E_{\mathrm{kin}}] = \mathrm{J}$) eines Körpers proportional zu seiner Masse und proportional zum Quadrat seiner Geschwindigkeit:

$$E_{\mathrm{kin}} = \frac{1}{2} m\, v^2 \tag{6.1}$$

Für weitere Berechnungen wird das zweite *Newton'sche Gesetz* (*Aktionsprinzip*) herangezogen. Es besagt, dass wenn auf einen Körper eine resultierende Kraft ($[F] = \text{N}$) wirkt, dieser in Richtung der Kraft beschleunigt wird:

$$\vec{F} = m\,\vec{a} \tag{6.2}$$

Hierüber lassen sich später auf Fahrzeuge und Insassen einwirkende Beschleunigungen und Kräfte während der Kollision berechnen.

Für zwei typische Unfallkonstellationen, den Wandaufprall und die Kollision zweier Fahrzeuge, werden im Folgenden die kinetischen Energien und die erreichten Kraftniveaus für unterschiedlich schwere Fahrzeuge ermittelt.

6.2.1.1 Wandaufprall

Eine erste Unfallkonstellation stellt der *Wandaufprall* gegen ein starres Hindernis dar. Dabei erfolgt *idealisiert* die *vollständige Umsetzung* der *kinetischen Energie* E_{kin} in *mechanische Arbeit* ($[W_{\text{def}}] = \text{J}$) (*Deformationsarbeit*). Das bedeutet, dass das Fahrzeug eine Verformung erfährt und zum Stillstand kommt.

Die folgende Herleitung ist eine *vereinfachte* Betrachtung der realen Gegebenheiten beim Aufprall und einer linearen Kraft-Weg-Kennung des Vorbaus. Unter Verwendung der Deformationskraft ($[F_{\text{def}}] = \text{N}$) bei maximalem Deformationsweg ($[s_{\text{def}}] = \text{m}$) bzw. der *Steifigkeit* ($[c] = \text{kNm}^{-1}$) errechnet sich die Deformationsarbeit (*Verformungsarbeit*) wie folgt:

$$W_{\text{def}} = \frac{1}{2} F_{\text{def}}\, s_{\text{def}} = \frac{1}{2} c\, s_{\text{def}}^2 \tag{6.3}$$

Die Deformationsarbeit kann auch im *Kraft-Weg-Diagramm* (*F-s-Diagramm*) ermittelt werden. Die Steifigkeit c bezieht sich als idealisierte Größe auf den sich verformenden Vorderwagen des Fahrzeugs (Deformationszone). Für die Steifigkeit, die Deformationskraft und die maximale Beschleunigung ergeben sich durch Gleichsetzen und Umstellen folgende Gleichungen:

$$E_{\text{kin}} = W_{\text{def}} \Rightarrow \frac{1}{2} m\, v^2 = \frac{1}{2} c\, s_{\text{def}}^2 \tag{6.4}$$

$$c = \frac{m v^2}{s_{\text{def}}^2} \tag{6.5}$$

$$F_{\text{def}} = c\, s_{\text{def}} = \frac{m v^2}{s_{\text{def}}} \tag{6.6}$$

$$a_{\text{def}} = \frac{c\, s_{\text{def}}}{m} = \frac{F}{m} \tag{6.7}$$

Aus Gleichung (6.7) folgt, dass bei einem gegebenen Deformationsweg das Verhältnis von Steifigkeit des Vorderwagens und der Fahrzeugmasse entscheidend für den Fahrzeugpuls und damit die Belastung für Fahrzeuginsassen ist.

Rechenbeispiel Wandaufprall

Abb. 6.6 zeigt einen Vergleich von Fahrzeugen unterschiedlicher Fahrzeugklassen beim Wandaufprall (feste Barriere) und die idealisierten Parameter der Fahrzeugverzögerung sowie den Kraftverlauf im Kraft-Weg-Diagramm und die umgesetzte Energie.

Die Parameter der zwei Fahrzeuge sind wie folgt:

- Kleiner PKW (Index k): Kompaktklasse, Masse einschließlich Zuladung: $m_k = 1300$ kg, Steifigkeit: $c_k = 1003$ kNm^{-1}
- Großer PKW (Index g), Oberklasse, Masse einschließlich Zuladung: $m_g = 3000$ kg, Steifigkeit: $c_g = 2315$ kNm^{-1}

Für Aufprallgeschwindigkeit und maximalen Deformationsweg des Vorderwagens werden für beide Fahrzeuge gleiche Werte angenommen:

- $v = 50$ kmh^{-1}, $s_{\text{def}} = 0{,}5$ m

Für die kinetische Energie, Steifigkeit, Deformationskraft und Beschleunigung ergeben sich folgende Werte:

- Kleiner PKW (Index k): $E_{\text{kin k}} = 125$ kJ, $c_k = 1003$ kNm^{-1}, $F_{\text{def k}} = 502$ kN
- Großer PKW (Index g): $E_{\text{kin g}} = 289$ kJ, $c_g = 2315$ kNm^{-1}, $F_{\text{def g}} = 1157$ kN

Die Verzögerung beträgt für beide Fahrzeuge $a = 39$ g.

6.2.1.2 Fahrzeug-Fahrzeug-Kollision

Der weitaus größere Anteil an Unfällen entfällt nicht auf PKW/Hindernis-Unfälle, sondern auf PKW/PKW-Kollisionen. Im Folgenden soll die Kollision eines kleinen Fahrzeugs (PKW, Index k) mit einem schweren Fahrzeug (PKW, Index g) analysiert werden. Es stellt sich die Frage nach dem jeweiligen Energieaufnahmevermögen der beiden Fahrzeuge bei dieser Unfallkonstellation. Bei einer Kollision von Fahrzeugen handelt es sich in der Realität um einen *teil-elastischen Stoß* mit kleiner *Stoßzahl*, der in der Näherung auch zunächst als *ideal-plastischer Stoß* berechnet werden kann. Zur Herleitung der Bedingungen erfolgt zunächst folgende Betrachtung:

Bei einem *ideal-plastischen Stoß* (auch: *voll-plastischer Stoß*) zweier Körper gelten immer zwei Bedingungen gleichzeitig – der *Energieerhaltungssatz* und der *Impulserhaltungssatz*. Sie besagen, dass in einem abgeschlossenen System – beispielsweise

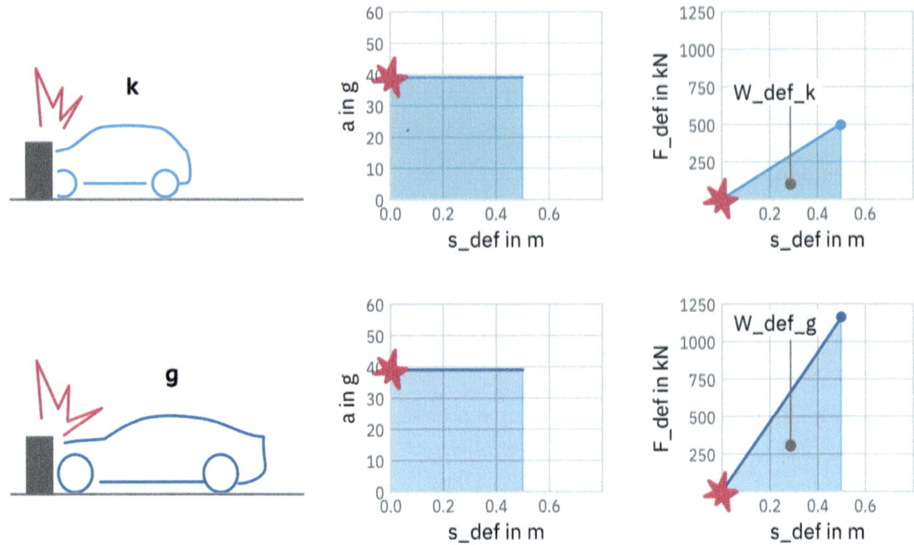

Abb. 6.6 Idealisierte Beispiele zur Energieumsetzung beim Wandaufprall von Fahrzeugen unterschiedlicher Massen: **k** kleiner PKW, **g** großer PKW

bestehend aus zwei miteinander kollidierenden Fahrzeugen – sowohl die Energie als auch der Impuls *Erhaltungsgrößen* sind. Beide Bedingungen ergeben ein Gleichungssystem, das zu lösen ist. Es gilt hier weiterhin die Annahme eines geraden zentralen Stoßes, sodass keine *Dralländerung* zu berücksichtigen ist [44].

Der *Impulserhaltungssatz* besagt, dass der *Impuls* in einem abgeschlossenen System auch eine Erhaltungsgröße ist. Der Impuls ($[p] = \mathrm{kgms}^{-1}$) eines Körpers ist proportional zur Masse und zur Geschwindigkeit eines Körpers. Er ist wie die Geschwindigkeit eine vektorielle Größe:

$$\vec{p} = m\,\vec{v} \tag{6.8}$$

In der klassischen Mechanik berechnet sich die kinetische Energie ($[E_{kin}] = \mathrm{J}$) eines Körpers proportional zu seiner Masse und proportional zum Quadrat seiner Geschwindigkeit:

$$m_\mathrm{k}\,\vec{v}_\mathrm{k} + m_\mathrm{g}\,\vec{v}_\mathrm{g} = \left(m_\mathrm{k} + m_\mathrm{g}\right)\vec{u}\,' \tag{6.9}$$

Die *resultierende Geschwindigkeit* ($[u'] = \mathrm{ms}^{-1}$) der sich nach der Kollision synchron (da ideal-plastischer Stoß) bewegenden Fahrzeuge errechnet sich aus:

$$\vec{u}\,' = \frac{m_\mathrm{k}\,\vec{v}_\mathrm{k} + m_\mathrm{g}\,\vec{v}_\mathrm{g}}{m_\mathrm{k} + m_\mathrm{g}} \tag{6.10}$$

Aus dem Energieerhaltungssatz und den Bilanzen der kinetischen Energien beider Fahrzeuge vor und nach der Kollision ergibt sich die *Formänderungsarbeit* bzw. die Deformationsenergie:

$$E_{\text{kin k}} + E_{\text{kin g}} = E'_{\text{kin}} + \Delta E \Rightarrow \Delta E = W'_{\text{def}} \tag{6.11}$$

$$W'_{\text{def}} = \Delta E = E_{\text{kin k}} + E_{\text{kin g}} - E'_{\text{kin}} \tag{6.12}$$

Die *Deformationsenergie* teilt sich auf beide Fahrzeuge auf:

$$W'_{\text{def}} = W_{\text{def k}} + W_{\text{def g}} \tag{6.13}$$

Da *Aktion gleich Reaktion* gilt, wirkt auf beide Fahrzeuge die gleiche *Deformationskraft* $F_{\text{def max}}$. Es kann daher Folgendes abgeleitet werden:

$$F_{\text{def max}} = F_{\text{def k}} = F_{\text{def g}} \tag{6.14}$$

Löst man (6.6) auf und setzt es in (6.3) ein, so ergibt sich:

$$W'_{\text{def}} = \frac{1}{2}\left(\frac{F^2_{\text{max}}}{c_{\text{k}}} + \frac{F^2_{\text{max}}}{c_{\text{g}}} \right) \tag{6.15}$$

Aufgelöst nach $F_{\text{def max}}$ erhält man:

$$F_{\text{def max}} = \sqrt{\frac{2W'_{\text{def}}}{\frac{1}{c_{\text{k}}} + \frac{1}{c_{\text{g}}}}} \tag{6.16}$$

Mit den Gleichungen (6.6) und (6.7) können die Parameter der Beschleunigungen und Verformungswege der beiden Fahrzeuge berechnet werden.

Bei bekannten Steifigkeiten c der Vorderwagen *(Deformationszonen)* beider Fahrzeuge können hieraus für sie die weiteren Parameter für *Deformationsweg* s_{def} und Verzögerung a_{def} berechnet werden. In diesem zweiten Rechenbeispiel werden die Steifigkeitswerte aus dem ersten Rechenbeispiel übernommen und eingesetzt.

Die *Stoßzahl* ε ist ein Indikator für die *Rückprallelastizität* von Körpern. Bei idealisierten Bedingungen des *ideal-plastischen Stoßvorganges,* bei dem für die Stoßzahl $\varepsilon = 0$ angenommen wird, gilt:

$$\frac{m_{\text{k}}}{m_{\text{g}}} = \frac{c_{\text{k}}}{c_{\text{g}}} = \frac{s_{\text{def g}}}{s_{\text{def k}}} = \frac{\Delta v_{\text{g}}}{\Delta v_{\text{k}}} = \frac{a_{\text{g}}}{a_{\text{k}}} \tag{6.17}$$

Da, wie oben gezeigt wurde, auf beide Fahrzeuge die gleiche Deformationskraft $F_{\text{def max}}$ wirkt, folgt daraus, dass das Energieaufnahmevermögen beim kleineren PKW aufgezehrt wird und andererseits beim größeren PKW ein geringer Anteil der zur Verfügung stehenden Deformationsenergie ausgeschöpft wird. Das Verhältnis der aufgenommenen Deformationsarbeit ist ebenso wie das der Deformationswege, der Geschwindigkeitsänderungen und der Verzögerungen umgekehrt proportional zum Verhältnis der Fahrzeugmassen.

Die Herleitung zeigt, dass die Steifigkeit c bei einer ausschließlich nach den Kriterien des Wandaufprall-Tests ausgelegten Vorbaustruktur proportional mit der Fahrzeugmasse m steigt. Weiterhin ergibt sich, dass das kleinere Fahrzeug bei PKW/PKW-Kollisionen nicht nur eine größere Geschwindigkeitsänderung Δv_k und damit eine höhere Verzögerung a_k, sondern auch die größere Deformation $s_{\text{def k}}$ erfährt.

Rechenbeispiel PKW/PKW-Kollision

Abb. 6.7 zeigt die Kollision von Fahrzeugen unterschiedlicher Fahrzeugklassen und die idealisierten Parameter der Fahrzeugverzögerung sowie den Kraftverlauf im Kraft-Weg-Diagramm und die umgesetzte Energie.

Die Parameter der zwei Fahrzeuge einschließlich der Steifigkeit des Vorderwagens (*lineare Vorbaukennung*) werden aus dem vorherigen Beispiel übernommen:

- Kleiner PKW (Index k): Masse einschließlich Zuladung: $m_k = 1300$ kg, Steifigkeit: $c_k = 1003$ kN^{-1}
- Großer PKW (Index g): Masse einschließlich Zuladung: $m_g = 3000$ kg, Steifigkeit: $c_g = 2315$ kNm^{-1}

Beide Fahrzeuge bewegen sich mit der gleichen Geschwindigkeit aufeinander zu:

- $v_k = v_g = 50$ kmh^{-1}

Daraus errechnet sich die Geschwindigkeit der synchronen Bewegung beider Fahrzeuge nach dem Stoß:

- $\vec{u}' = $ -20 kmh^{-1}

Die Differenz der kinetischen Energien vor und nach der Kollision ist gleich der Summe der Voränderungsarbeiten bei beiden Fahrzeugen: $W'_{\text{def}} = 350$ kJ. Auf beide Fahrzeuge wirkt eine Deformationskraft von $F_{\text{def}} = 700$ kN.

Für die Fahrzeuge ergeben sich folgende Größen:

- Kleiner PKW (Index k): $\Delta v_k = 70$ kmh^{-1}, $s_{\text{def k}} = 700$ mm, $a_k = 550$ ms^{-2}
- Großer PKW (Index g): $\Delta v_g = 30$ kmh^{-1}, $s_{\text{def g}} = 300$ mm, $a_g = 240$ ms^{-2}

Die Beträge der Geschwindigkeitsänderungen Δv, des Deformationswegs s_{def} und der Verzögerung a variieren deutlich.

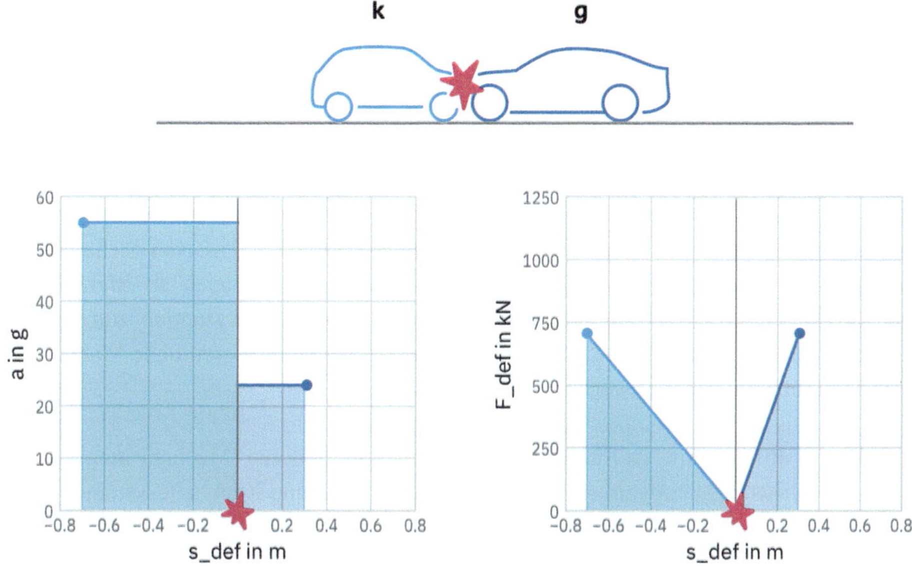

Abb. 6.7 Idealisierte Beispiele zur Energieumsetzung bei PKW/PKW-Kollision von Fahrzeugen unterschiedlicher Fahrzeugklassen: **k** kleiner PKW, **g** großer PKW

Je nach Auslegungsziel kann hier durch gezielte Maßnahmen das Verletzungsrisiko der Insassen, insbesondere in kleineren PKW, nachhaltig reduziert werden. In einem Forschungsprojekt der 1980er-Jahre wurden folgende Maßnahmen identifiziert [95]:

- Längere, weichere Deformationsstruktur des schwereren Fahrzeugs
- Auslegung der Fahrzeuge auf eine masseabhängige Wandaufprallgeschwindigkeit, d. h. schwerere PKW auf eine Geschwindigkeit kleiner 50 km/h, sodass sich für sie weichere Strukturen realisieren lassen
- Gezielte Positionierung von schweren Aggregaten, wie z. B. der Motor-Getriebe-Einheit: Vorverlegung in leichteren PKW, Rückverlegung in schwereren PKW
- Überproportionale Anstrengungen für das Rückhaltesystem in leichteren Fahrzeugen

Diese Maßnahmen gelten im Grundsatz auch heute noch. Insbesondere der Aspekt der Kompatibilität hat bei der Gesamtfahrzeugentwicklung und Entwicklung der Fahrzeugstruktur inzwischen eine hohe Bedeutung. Auch wurden neue Lastfälle eingeführt, die diese Herausforderungen beim Insassenschutz adressieren (Kap. 4). Durch die Transformation des Antriebsstrangs von Fahrzeugen und die damit verbundenen höheren Gewichte batterieelektrischer Fahrzeuge ergeben sich neue Herausforderungen für die Passive Sicherheit, denn die Massen kollidierender Fahrzeuge steigen tendenziell weiter an.

In der Realität erfolgt bei der Kollision von Fahrzeugen die Impulsübertragung nicht momentan, sondern verteilt über eine gewisse Zeitspanne. Dies bestimmt wesentlich die Bedingungen für das Insassenschutzsystem des Fahrzeugs und mögliche Schutzmaßnahmen. Die weiteren Grundlagen und die hierfür verwendeten Berechnungsgrößen werden in den folgenden Abschnitten erläutert.

6.2.2 Schutzfunktionen bei Kollisionen

Die folgende Darstellung zeigt wesentliche *Schutzkonzepte* der Passiven Sicherheit für Insassen. Sie erfolgt als Formulierung von Anforderungen wie auch als Maßnahmen, die bei der Entwicklung und Abstimmung von Insassenschutzsystemen zum Einsatz kommen. Für eine erste Übersicht und Orientierung können als wesentliche Maßnahmen folgende Elemente genannt werden:

- Fahrzeugstruktur mit Deformationsvermögen oder anderen Mechanismen für die Energieumsetzung (umgangssprachlich: *Knautschzone*) und Rückhaltesysteme
- Gestaltfeste Fahrgastzelle (umgangssprachlich: *Überlebensraum*)
- Insassenverzögerung und Energieumsetzung (u. a. durch *Rückhaltesysteme*)

Die weitere, detailliertere Darstellung orientiert sich grob am Verlauf des Lastpfades – beginnend in der Kollisionszone – hin zum Insassen sowie am zeitlichen Ablauf der Interventionsmaßnahmen beginnend mit dem Aufprall. Geeignete Interventionen bereits ab der Pre-Crash-Phase werden weiter unten in diesem Abschnitt aufgegriffen.

6.2.2.1 Einleitung von Kollisionskräften in Fahrzeugstruktur

Das Fahrzeug besitzt eine äußere Struktur mit der Fähigkeit zur Aufnahme und Weiterleitung von Kräften und Momenten bei einer Kollision mit einem Hindernis. Strukturen für den Selbstschutz weisen ein früh wirksames hohes Kraftniveau auf.

Die Fahrzeugkarosserie unterstützt die gezielte Leitung des Kraftflusses beispielsweise durch hochfeste Quer-, Längs- und Diagonalträger mit hoher Steifigkeit. Aber auch steife Aggregate und Hauptbaugruppen wie Antriebseinheit oder Hochvoltbatterie können hierzu beitragen.

Über diese Strukturen erfolgt auch die Detektion des Unfallereignisses durch die Crash-Sensorik (Kap. 7), die weiter unten wieder aufgegriffen wird.

Da aber auch Anforderungen zum Partnerschutz einschließlich derer von Vulnerable Road Usern zu berücksichtigen sind, entstehen an der äußeren Fahrzeugstruktur Zielkonflikte, die bei der Auslegung zu beachten sind (Abschn. 6.4, 6.7).

6.2.2.2 Energieumsetzung durch Deformation der Fahrzeugstruktur

Zum Abbau von kinetischer Energie während einer Kollision wird sie in *Verformungsarbeit* (auch: *Umformarbeit, Deformationsarbeit*) umgesetzt und führt zur dauerhaften Deformation der Fahrzeugstruktur. Hierzu verfügt das Fahrzeug über definierte Bereiche mit hohem Deformationsvermögen zur Energieumsetzung und damit mit relativ geringer

Steifigkeit. Dies sind die *Knautschzonen,* die bei einem idealen Verhalten eine rein plastische Verformung ohne *Restitution (Rückfederung)* erfahren.

Im Front- und Heckbereich des Fahrzeugs können Knautschzonen meist mit einem größeren Deformationsweg ausgestaltet werden als im Seitenbereich. Da auch der Vorverlagerungsweg für den Insassen nach vorne größer als zur Seite dimensioniert ist, ergeben sich spezifische Anforderungen für Schutzkonzepte bei Frontalaufprall und bei Seitenaufprall.

Die gezielte Steuerung der Deformation wird durch besondere Einrichtungen in der Fahrzeugkarosserie erreicht. Beispiele sind *Crash-Boxen* (Abschn. 6.4) oder die gezielte Verformung bestimmter Karosseriebereiche (z. B. *Längsträger*). Die Fahrzeugverzögerung soll dabei möglichst gleichmäßig und möglichst ohne Sprünge verlaufen.

6.2.2.3 Sicherstellung der gestaltfesten Fahrgastzelle

Ein *wesentlicher* Beitrag zum Schutz von Insassen ist die Erhaltung der Fahrgastzelle. Dies ist gegenüber der oben angestrebten Deformationsfähigkeit von bestimmten Bereichen der Fahrgastzelle ein entgegengesetztes Entwicklungsziel. Die damit verbundenen Anforderungen sind:

- **Erhaltung des Innenraums der Fahrgastzelle,** um Verletzungen durch kollabierende Strukturen zu verhindern.
- **Verhinderung kollabierender oder brechender Bauteile:** Ähnlich wie die Fahrzeugstruktur muss u. a. auch die Sitzstruktur ausreichend gestaltfest ausgelegt sein, sodass Insassen hierdurch keine zusätzlichen Verletzungen erleiden. Dies gilt auch für weitere Bauteile im Interieur oder für Baugruppen, die Intrusionen in den Innenraum verursachen könnten.
- **Anbindungspunkte für Rückhaltesysteme erhalten:** Durch die gestaltfeste Fahrgastzelle soll die Erhaltung der Anbindungspunkte von Rückhaltsystemen unterstützt werden. Dies betrifft beispielsweise die Verankerungspunkte der Dreipunkt-Gurtsysteme sowie die Position und Ausrichtung der Airbag-Module am Querträger, an den Sitzen oder im Dach.
- **Vorverlagerungsraum für Insassen** und **Arbeitsraum für Rückhaltesysteme erhalten:** Durch die gestaltfeste Fahrgastzelle soll der Vorverlagerungsraum für die Insassen während der *Rückhaltung* sowie der Arbeitsraum für die Rückhaltesysteme, insbesondere der Airbag-Module, erhalten bleiben.
- **Verhinderung brechender Bauteile:** Die Insassen sollen keine Verletzungen durch brechende scharfkantige Bauteile im Innenraum erleiden. Einen Beitrag dazu leistet die gestaltfeste Fahrgastzelle. Daneben verfügen Bauteile im Innenraum wie Cockpit, Lenkrad, Sitze und Verkleidungen über entsprechende Konturen und Deformationseigenschaften.
- **Verhinderung von Intrusionen** in den Innenraum durch kollabierende Systeme des Fahrzeugs. Ein Beispiel hierfür ist die konventionelle Lenksäule, die bei einem Frontalaufprall weiter in den Innenraum verlagert werden und mit dem Lenkrad den Raum vor dem Fahrer einengen kann.

Die gestaltfeste Fahrgastzelle wird durch einen definierten Bereich mit hoher Steifigkeit bzw. mit Zonen ansteigender Festigkeiten erreicht (Abschn. 6.4).

Die Erfindung der *gestaltfesten Fahrgastzelle* in den 1950er-Jahren durch Bela Barényi bei Daimler-Benz war zusammen mit der *Knautschzone* (siehe oben) ein Durchbruch in der Passiven Sicherheit.

6.2.2.4 Sicherung der Insassen an ihrer Position

Die nächste wichtige Maßnahme besteht darin, die Insassen vor dem Hinausschleudern durch die Fensteröffnungen, durch ungewolltes Öffnen der Türen oder durch Öffnungen im Dach und den damit verbundenen hohen Verletzungsrisiken durch ungeschützten Aufprall auf Oberflächen zu schützen.

Insbesondere in den USA müssen Insassenschutzsysteme besondere Anforderungen gegen das Herausschleudern bei Überschlagunfällen erfüllen (engl.: *Ejection Mitigation*). Dazu kommen spezifische Ausführungen des Vorhang-Airbags zum Einsatz (Abschn. 6.6).

Die wesentliche Maßnahme ist die Sicherung der Insassen durch das Sicherheitsgurt-System, das bei Fahrzeugbeschleunigung oder schnell ausfahrendem Gurtband den Aufroller sperrt. Gestaltfeste Sitzstrukturen tragen, wie oben bereits dargestellt, dazu bei. Dies gilt insbesondere auch beim Heckaufprall.

Die Sicherung der Insassen auf ihrer Position (auch: *Stabilisierung* von Insassen) ist auch ein Beitrag, um unerwünschtes Anprallen der Insassen untereinander oder beispielsweise das Anprallen des hinteren Insassen auf den Vordersitz mit hohen Verletzungsrisiken für beide Insassen zu verhindern. Zur Erweiterung des Schutzpotenzials von Fahrzeugen für diesen Aspekt ist in den vergangenen Jahren der *Center-Airbag* entwickelt und bei mehreren Fahrzeugmodellen bereits eingeführt worden (Abschn. 6.6).

6.2.2.5 Insassenverzögerung und Energieumsetzung

Mit Rückhaltung werden mehrere Einzelmaßnahmen zusammengefasst, die einen entscheidenden Teil des Insassenschutzes ausmachen. Als zentrale Maßnahme kommen hier *Rückhaltesysteme* mit *Sicherheitsgurt-* und *Airbag-Systemen* zum Einsatz.

Grundsätzlich muss bei der Kollision die Geschwindigkeitsänderung Δv des Insassen über eine bestimmte Wegstrecke s erreicht werden. Hierbei erfährt er vereinfacht eine Verzögerung a (negative Beschleunigung):

$$a = \frac{1}{2}\frac{\Delta v^2}{s} \tag{6.18}$$

Folglich sollte die Knautschzone möglichst groß sein und ebenso der Weg im Innenraum. Die Wegstrecke s, die sich aus dem Deformationsweg des Fahrzeugs und der Verlagerung des Insassen relativ zum Fahrzeug zusammensetzt, muss durch das Fahrzeug und das Insassenschutzsystem effektiv genutzt werden.

Eine frühestmögliche *Ankopplung* ist eine ideale Bedingung, sodass dies eine der Motivationen für die Nutzung der Pre-Crash-Phase für reversible Straffungen und Ankopplung von Insassen durch *Aktive Sicherheitsgurt-Systeme* ist (Abschn. 6.5.10).

Der *Crash-Puls* ist der Verlauf der Fahrzeugverzögerung (bei einem Frontalaufprall) bzw. der Verlauf der Fahrzeugbeschleunigung (im allgemeinen Fall). Ein gleichmäßiger Verlauf des *Crash-Pulses* und der Insassenverzögerung ist eine Zielsetzung bei der Gestaltung der Fahrzeugstruktur und der Rückhaltesysteme.

Die Rückhaltung umfasst im Detail folgende Einzelmaßnahmen, die hier für den Fall des Frontalaufpralls beschrieben sind:

- **Bereitstellung des Rückhaltesystems:** Rückhaltesysteme sind entweder wie der Sicherheitsgurt bereits am Insassen positioniert und können daher sehr schnell zum Einsatz gebracht werden. Oder Rückhaltesysteme wie Airbags sind zunächst zu entfalten, bevor sie die Rückhaltung unterstützen können. Auch dies ist ein Grund für das oben bereits angesprochene Zusammenspiel zwischen Sicherheitsgurt- und Airbag-Systemen.
- **Frühes Ankoppeln des Insassen an das Fahrzeug:** Durch ein frühes Ankoppeln wird der bei der Rückhaltung notwendige und zur Verfügung stehende Vorverlagerungsweg (bei frontalen Kollisionen) bestmöglich genutzt. Der Insasse soll nach Kollisionsbeginn (t_0) möglichst wenig oder besser keine Vorverlagerung ohne Ankopplung erfahren. Typischerweise beginnt die Zündung der Gurtstraffer etwa 8–12 ms nach t_0. Ohne Ankopplung des Insassen würde er nach einer Vorverlagerung ungebremst im Innenraum aufprallen.
- **Ausnutzung des verfügbaren Vorverlagerungsraums:** Nach der Ankopplung ist eine wesentliche (!) Zielsetzung der Gestaltung von Insassenschutzsystemen, den restlichen zur Verfügung stehenden *Vorverlagerungsraum* bzw. *-weg* zur Verzögerung der Insassen zu nutzen. Stellhebel zur Erreichung dieses Ziels sind u. a. *Adaptivitätsfunktionen* in Rückhaltesystemen und eine Auslöseelektronik, die hierfür Informationen unterschiedlicher Sensoriken zum Unfallgeschehen und zu spezifischen Anforderungen von Insassen nutzen kann.
- **Optimierung der Krafteinleitung:** Beim Festhalten des Insassen durch den Sicherheitsgurt oder beim Abstützen durch einen Airbag wirken Belastungen auf den Körper. Die Auslegung des Insassenschutzsystems erfolgt derart, dass Kräfte an denjenigen Stellen wirken, die diese Belastungen nach biomechanischen Kriterien am besten ertragen können. Dazu sind für die verschiedenen Körperteile biomechanische Belastungswerte ermittelt worden, die für die technische Auslegung des Insassenschutzsystems genutzt werden können (Kap. 3).
- **Begrenzung der Rückhaltekräfte:** Durch die Kraftbegrenzung im angekoppelten Zustand und während der stattfindenden Vorverlagerung des Insassen ist die Verzögerung des Insassen geringer als die des Fahrzeugs (Gl. 6.18). In der Gesamtheit wird eine Reduzierung der Belastungen auf den Insassen angestrebt.
- **Beeinflussung der Insassenkinematik:** Die Bewegung des Insassen während seiner Vorverlagerung und während der Rückhaltung durch Rückhaltesysteme soll definiert erfolgen, sodass unerwünschte Kinematiken mit hohen Verletzungsrisiken vermieden werden können. Für die unterschiedlichen Körperbereiche (u. a. Kopf, Nacken, Thorax, Becken, obere und untere Extremitäten) gibt es unterschiedliche Zielsetzungen zur Beeinflussung der Kinematik.

Kollisionen von Fahrzeugen sind in der Realität nicht rein plastisch, sondern verfügen auch über elastische Anteile – hervorgerufen durch sehr vielfältige Effekte. Hierdurch erfolgt eine Rückfederung, die damit zur Bewegungsumkehr führen kann.

- **Reduzierung von Rebound-Effekten:** Mittels Energiespeicherung bei der Kollision – u. a. in Fahrzeugstruktur, Interieurbauteilen oder auch im Rückhaltesystem – erfolgen durch die elastischen Eigenschaften der Bauteile Rückfederungen. In einem idealisierten System wird der *Rebound* vollständig eliminiert. In der Realität beginnt nach dem „*Null-Durchgang*" (Abb. 6.8) oft eine entgegengesetzte Bewegung der Insassen. Diese Rückwärtsbewegung zwischen Fahrzeug und Insasse erfolgt meist nicht synchron, da sich der Insasse noch in der Vorwärtsbewegung befindet, während das Fahrzeug bereits in der *Rebound*-Phase ist. Diese Phase birgt ebenfalls Verletzungsrisiken, die durch spezifische Schutzsysteme reduziert werden können (Abschn. 6.7).

6.2.2.6 Gestaltfeste Fahrzeugstruktur zur Sicherung sensibler Systeme

Eine zusätzliche Schutzmaßnahme ist die Sicherung von Systemen und Aggregaten mit hoher Masse, wie beispielsweise der Motor-Getriebe-Antriebseinheit, gegen Losreißen, sodass Verletzungen von Insassen oder anderen Verkehrsteilnehmern verhindert werden. Dies gilt ebenso für sensible Systeme, wie beispielsweise Treibstofftank oder Hochvolt-

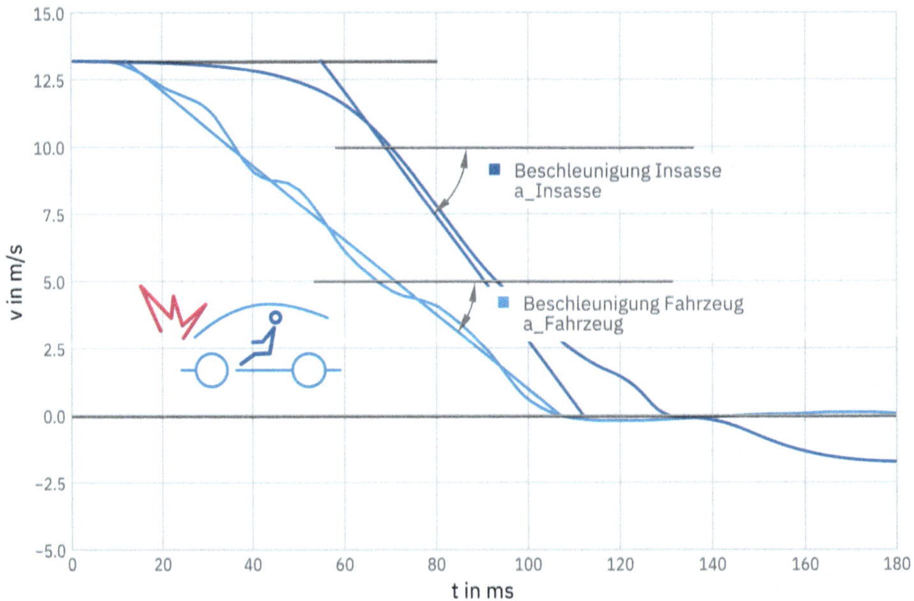

Abb. 6.8 Geschwindigkeiten von Fahrzeug und Insasse in Abhängigkeit von der Zeit und Ableitung der Beschleunigungen (v-t-Diagramm) [61]

batterie. Bei Beschädigungen würden sonst hohe Verletzungsrisiken für Insassen durch Folgeeffekte wie Brände entstehen.

6.2.3 Geschwindigkeitsangleich bei Kollision

Bei einer Kollision werden das Fahrzeug und die darin befindlichen Insassen in sehr kurzer Zeit verzögert. Nach dem zweiten *Newton'schen Gesetz (Aktionsprinzip)* (Gl. 6.2) wirkt daher auf die Insassen eine Kraft F, die biomechanische Belastungen repräsentiert.

Bei der Betrachtung und der Modellbildung können je nach Fragestellung unterschiedliche Perspektiven eingenommen werden, die jeweils bestimmte Sachverhalte des Unfallgeschehens und der Wirkmechanismen von Insassenschutzsystemen in ihrem realen Ablauf besonders hervorheben. Folgende Ansätze bieten sich an:

- Kraft-Weg-Perspektive: Darstellungen und Betrachtungen wie in den weiter oben gezeigten Fallbeispielen für den Wandaufprall und die Fahrzeug-Fahrzeug-Kollision. Diese Perspektive stellt eher die Energien der an der Kollision beteiligten Körper sowie die Energieumsetzung durch den Aufprall dar.
- Geschwindigkeit-Zeit-Perspektive: Darstellung und Betrachtung der Abläufe über die Zeit. Hierdurch wird eher der Verlauf von Kräften sowie von Beschleunigungen während der Phasen der Kollision hervorgehoben.

Beide Perspektiven besitzen ihre Berechtigung und werden zur Entwicklung und Abstimmung von Insassenschutzsystemen verwendet. In der Praxis ergeben sich allerdings Herausforderungen bei der Messung von Energien. In Laborversuchen sind sie schwieriger zu ermitteln, weshalb bei vielen Arbeiten die Geschwindigkeit-Zeit-Perspektive gewählt wird.

Die biomechanische Belastung auf Insassen resultiert aus der Angleichung der Geschwindigkeit zwischen der Kontaktstruktur und dem Körper. Dieser *Geschwindigkeitsangleich* soll nachfolgend in vereinfachender Weise anhand der Relativgeschwindigkeit zwischen Fahrzeug und Insassen bei einer Frontalkollision betrachtet werden.

Die Darstellung in Abb. 6.8 zeigt die Geschwindigkeit-Zeit-Verläufe des Fahrzeugs und eines Insassen. Es ist deutlich zu erkennen, dass die Geschwindigkeit des Fahrzeugs nach dem Kollisionsbeginn ($t = 0$) rasch abnimmt, während sich der Insasse zunächst mit annähernd unverminderter Geschwindigkeit weiterbewegt.

Erst wenn die Rückhaltekräfte aus dem Insassenschutzsystem wirksam werden, reduziert sich die Geschwindigkeit des Insassen, bis er bei einer Zeit von etwa $t = 140$ ms die gleiche Geschwindigkeit wie das Fahrzeug aufweist. Diese Phase nach dem Null-Durchgang wird als Ruhephase bezeichnet. Nach dem Null-Durchgang und dem Ruhezustand folgt ein Rebound, der durch eine Rückwärtsverlagerung des Insassen und negative Geschwindigkeit gekennzeichnet ist ($t > 140$ ms).

Der Geschwindigkeitsabfall ist ein Maß für die Verzögerung (negative Beschleunigung), der zur Erläuterung der prinzipiellen Vorgänge hier näherungsweise durch eine Gerade beschrieben wird.

Durch die Nutzung von Rückhaltesystemen wird die Verzögerung im Vergleich mit einem ungebremsten Aufprall auf die Kontaktstruktur früher und über einen längeren Zeitraum eingeleitet. Ein Kontakt mit harten Strukturen des Fahrzeug-Innenraums kann, zumindest bis zu einer bestimmten Aufprallgeschwindigkeit, durch die Nutzung von Rückhaltesystemen verhindert werden.

Die am Insassen wirkende Beschleunigung kann u. a. durch folgende Maßnahmen reduziert werden:

- Frühzeitig einsetzende Rückhaltesysteme, wie Gurtsystem mit Gurtstraffer, früh-auslösendes Airbag-System u. ä.
- Ausnutzung bzw. im Bedarfsfall Vergrößerung des Vorverlagerungsweges, beim Fahrer z. B. durch eine Lenkrad-Verschiebung weg vom Insassen.

Diese prinzipiellen Aussagen lassen sich auch auf andere Kollisions- und Aufprallarten übertragen.

Abb. 6.9 zeigt den Verlauf der Beschleunigungen von Fahrzeug und Insasse bei einer Kollision. In Abb. 6.9 b werden die Verläufe der Geschwindigkeitsänderung des Insassen in folgenden Varianten dargestellt:

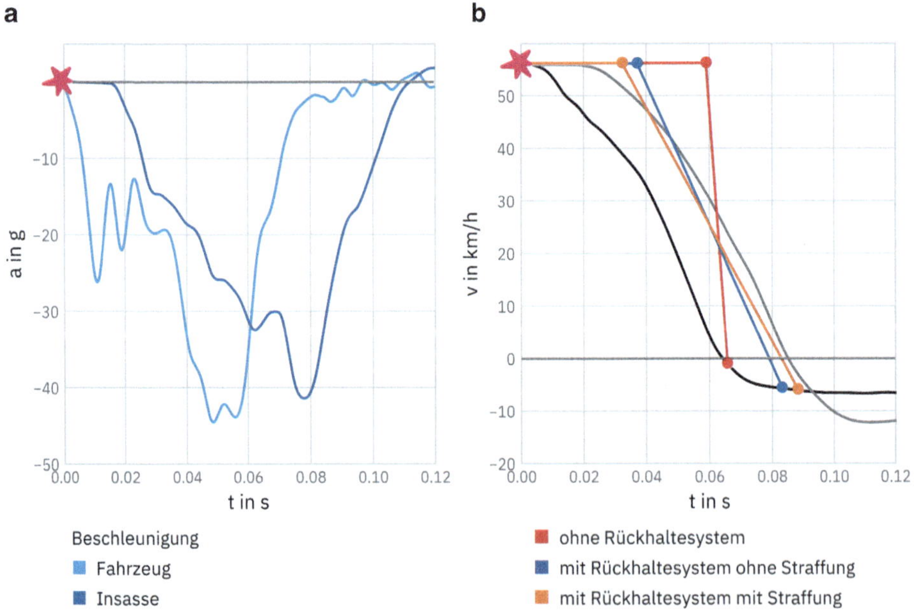

Abb. 6.9 Verlauf der **a** Beschleunigungen und der **b** Geschwindigkeiten in Abhängigkeit von der Zeit. (Quelle: ZF)

- Keine Nutzung eines Rückhaltesystems und ungebremste Vorverlagerung des Insassen um ca. 300 mm. Auf den Insassen wirkt eine Beschleunigung von $a_\mathrm{I} = -239$ g (rot).
- Nutzung eines Rückhaltesystems mit Insassenankopplung ohne Straffung. In diesem Beispiel bedeutet es eine Vorverlagerung über einen Weg von 350 mm und eine Beschleunigung des Insassen von $a_\mathrm{I} = -38$ g bedeutet (blau).
- Nutzung eines Rückhaltesystems mit Insassenankopplung mit Straffung. In diesem Beispiel hat es eine zunächst eine ungebremste Vorverlagerung von 25 mm sowie eine Vorverlagerung von 325 mm nach Ankopplung zur Folge (orange).

6.2.4 Metriken zur Auslegung von Insassenschutzsystemen

6.2.4.1 Ride-Down-Effekt (RDE)

Der *Ride-Down-Effekt* ist eine Kenngröße zur Beurteilung der Ankopplung des Insassen während des Kollisionsvorgangs. Er wird aus der Relation der Deformationswege vor und nach der Ankopplung gebildet. Diese Kenngröße beschreibt nicht ein einzelnes Teilsystem des Insassenschutzsystems – wie das Fahrzeug oder das Rückhaltesystem –, sondern setzt sie in Beziehung zueinander.

Die Berechnung der Kenngröße RDE ergibt sich aus dem maximalen Deformationsweg des Fahrzeugs $s_{\mathrm{def\,max}}$ und dem Fahrzeug-Deformationsweg $s_{\mathrm{def\,RD}}$ zu dem Zeitpunkt $t = t_\mathrm{RD}$, an dem die Ankopplung erfolgt und die Rückhaltung der Insassen einsetzt. Sie wird in Prozent angegeben [3, 61]:

$$\mathrm{RDE} = \frac{s_{\mathrm{def\,max}} - s_{\mathrm{def\,RD}}}{s_{\mathrm{def\,max}}} \cdot 100 \tag{6.19}$$

Ein RDE-Wert von 100 % bedeutet, dass der Insasse bereits ab dem Zeitpunkt verzögert wird, ab dem auch das Fahrzeug eine Verzögerung erfährt. Ein RDE-Wert von 0 % charakterisiert einen Grenzfall, bei dem der Insasse keiner Verzögerung unterworfen ist, bis der maximale dynamische Fahrzeug-Deformationsweg erreicht ist. Der errechnete RDE-Wert ist somit eine notwendige, aber keinesfalls eine hinreichende Bedingung für ein effizient ausgelegtes Rückhaltesystem.

In der Praxis erfolgt die Berechnung des RDE-Wertes durch die Nutzung des zeitlichen Verlaufs der resultierenden Brustbeschleunigung (Abb. 6.10). Der 100-%-Wert entspricht dabei dem (ersten) Maximum der Brustbeschleunigung (Abb. 6.10a). Mittels einer Geraden, die den 25- und den 75-%-Punkt schneidet, wird die ansteigende Flanke der Brustbeschleunigung angenähert. Der Schnittpunkt der Geraden mit der Zeitachse repräsentiert den Zeitpunkt t_{RD}, bei dem der Sicherheitsgurt-Aufroller blockiert, die *Gurtlose* (Abschn. 6.5) des Gurtsystems überwunden ist und dessen Wirkung eintritt [3, 61].

Bis zu diesem Zeitpunkt hat das Fahrzeug den Weg $s_{\mathrm{def\,RD}}$ zurückgelegt (Abb. 6.10b). Die Differenz zwischen dem maximalen dynamischen Deformationsweg $s_{\mathrm{def\,max}}$ des Fahrzeugs und dem für die Rückhaltewirkung wirkungslos zurückgelegten Weg $s_{\mathrm{def\,RD}}$

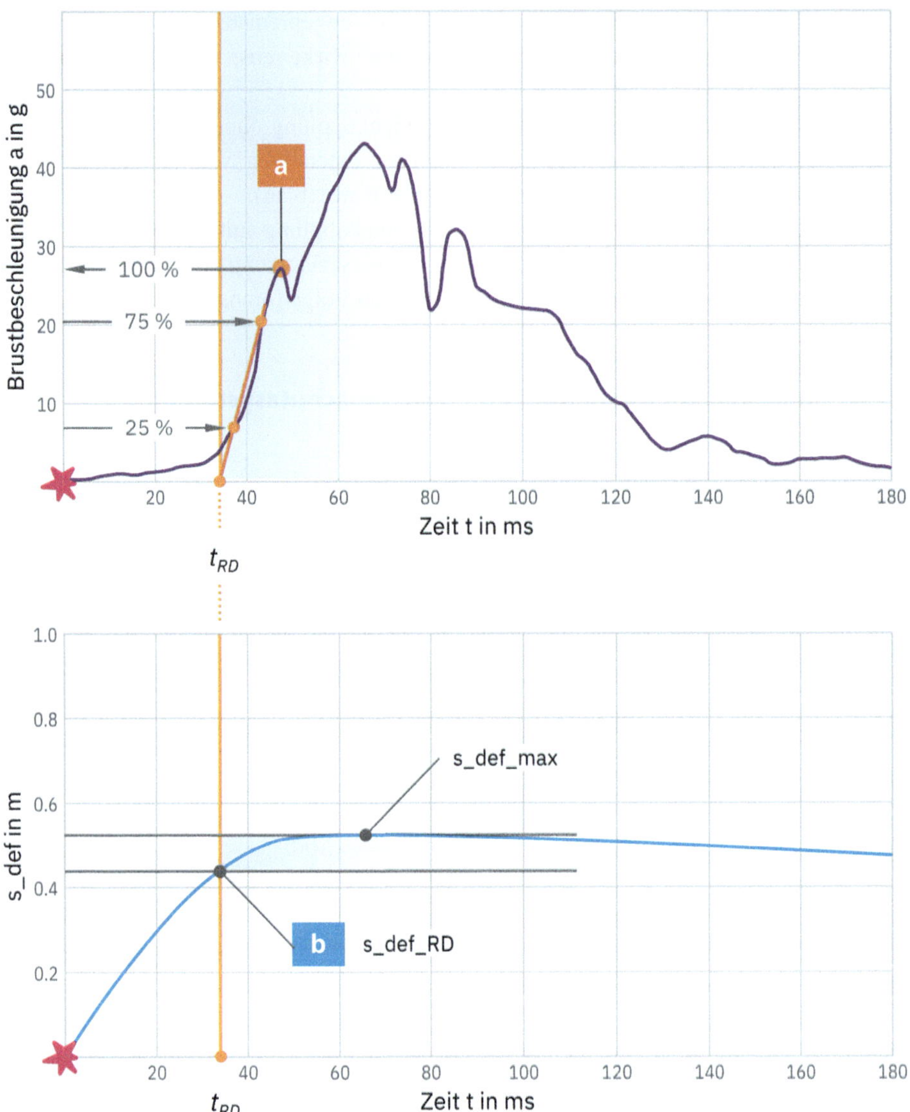

Abb. 6.10 Ermittlung des Ride-Down-Effekts durch Analyse der Brustbeschleunigung des Insassen und des Deformationswegs des Fahrzeugs (in Anlehnung an [3, 61])

beschreibt denjenigen Anteil des Fahrzeug-Verzögerungswegs, der für die Insassenverzögerung genutzt werden kann. In diesem Beispiel errechnet sich für den Ride-Down-Effekt ein Wert von RDE= 24 %.

Je später der Zeitpunkt t_{RD}, ab dem das Rückhaltesystem wirksam ist, desto größer ist die bereits erfolgte Vorverlagerung des Insassen (Relativweg zwischen der Brust des Insassen und dem Fahrzeug) und desto geringer wird der Ride-Down-Effekt. Ist der Relativweg zu groß, reicht der verbleibende Vorverlagerungsweg für eine angemessene Rückhaltung nicht mehr aus, und es kommt zum Kontakt zwischen Brust und/oder Kopf des Insassen und Teilen des Fahrzeug-Innenraums, was zu schweren Verletzungen führen kann.

Bei Testreihen mit einem Dreipunkt-Automatik-Gurtsystem nach UN-R 16 unter Verwendung des HYBRID-III-Dummys wurden Anfang der 1990er-Jahre RDE-Werte von 55 % ermittelt, was eine gute Wirksamkeit eines Insassenschutzsystems kennzeichnete [57].

Aus einer Versuchsreihe sind die RDE-Werte in Abhängigkeit des Insassen-Vorverlagerungswegs $s_{\text{Insasse } t=t_{\text{RD}}}$ zum Zeitpunkt $t=t_{\text{RD}}$ dargestellt (Abb. 6.11). Erkennbar ist dabei, dass mit zunehmender Vorverlagerung und später liegendem Zeitpunkt t_{RD} der RDE-Wert gegen Null strebt [3].

6.2.4.2 Basismetriken zum Crash-Puls

Physikalisch handelt es sich bei der Kollision eines Fahrzeugs mit einem Hindernis oder einem anderen Fahrzeug um einen *realen Stoß* (Abschn. 6.2.1). Im Gegensatz zu einem elastischen Stoß, bei dem die kinetische Energie vollständig erhalten bleibt, werden große Teile in Deformation und in Wärme als Ergebnis innerer Reibung umgesetzt. Der Unterschied zu einem vollplastischen Stoß besteht in Rückfederungen bzw. Restitutionen.

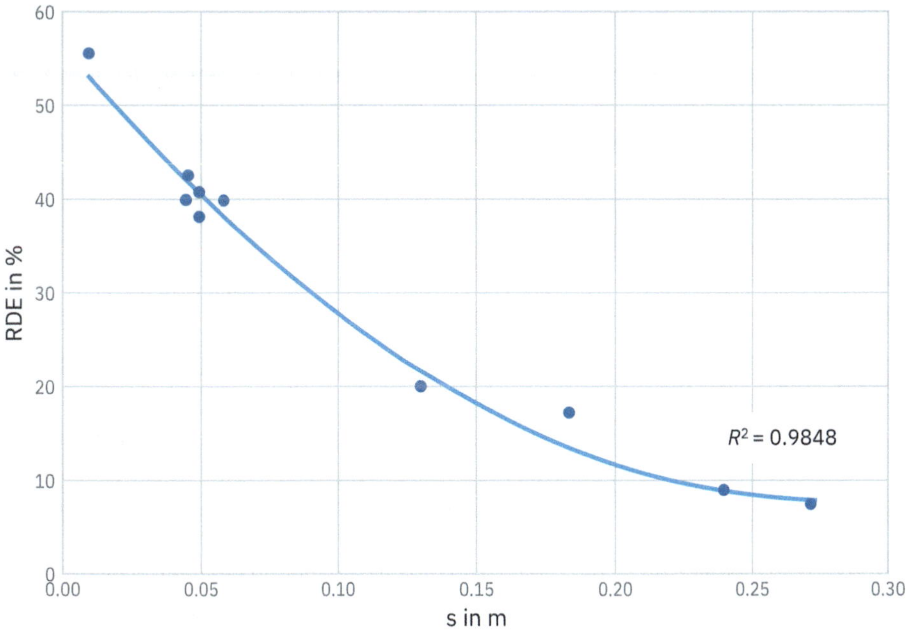

Abb. 6.11 Verlauf des Ride-Down-Effekts in Abhängigkeit vom Vorverlagerungsweg des Insassen (in Anlehnung an [61, 3])

Zur Beschreibung und Modellbildung von realen Kollisionsvorgängen bei der Entwicklung von Insassenschutzsystemen wurden unterschiedliche *Crash-Puls-Kriterien* entworfen. Sie ermitteln Kenngrößen, die beispielsweise für Auslegungen und Vergleiche alternativer Systemkonfigurationen herangezogen werden können.

Einfache Kenngrößen zum Crash-Puls können direkt ermittelt werden, beispielsweise:

- *Geschwindigkeitsdifferenz* von Fahrzeugen vor und nach der Kollision
- Maximale Verzögerung oder *gleitender Durchschnitt* (engl.: *Sliding Mean*)
- Mittlere Verzögerung – oftmals als Zeitpunkt des Geschwindigkeits-Nulldurchgangs, entspricht der mittleren Verzögerung. Die Anwendung ist nur im Fall einer starren Barriere sinnvoll.

Weitere Kenngrößen, wie das *Occupant Load Criterion,* leiten sich aus Ersatzmodellen ab, die im Folgenden näher erläutert werden.

6.2.4.3 Occupant Load Criterion (OLC)

Das *Occupant Load Criterion* (OLC) *(Pulskriterium)* basiert auf einem mechanischen Ersatzmodell, das eine Annäherung an die Belastungen des Brustkorbs der Insassen während der Rückhaltung darstellt [67]. Ein Pulskriterium soll den Crash-Puls unabhängig von einem Rückhaltesystem beschreiben.

Abb. 6.12 führt das Beispiel aus Abb. 6.9 fort und zeigt denselben Verlauf der Fahrzeugbeschleunigung. Das *OLC-Kriterium* wird nun folgendermaßen bestimmt: In der ersten Phase eines Frontalaufpralls sind die Rückhaltekräfte gering und werden im OLC-Modell idealisiert auf null gesetzt. Der Insasse bewegt sich ohne Ankopplung mit seiner Anfangsgeschwindigkeit $v_A = 56$ km/h, bis ein bestimmter Relativweg zwischen Insassen und Fahrzeug erreicht wird ($s_A = 65$ mm). Dieser Abstand wird in Abb. 6.12 durch den Bereich **A1** zwischen der Fahrzeug- und Insassengeschwindigkeitskurve gekennzeichnet. Im Anschluss wird eine optimale Rückhaltung angenommen, wobei der Insasse unter Ausnutzung eines weiteren Relativwegs zum Fahrzeug von 235 mm (Bereich **A2** in Abb. 6.12) konstant verzögert wird. Die erforderliche Verzögerung, die in diesem Bereich auf den Insassen wirkt, definiert den *OLC-Wert.*

6.2.4.4 Characteristic Shoulder Belt Force Level (CFL)

Zur Auslegung des Sicherheitssystems eines Fahrzeuges werden validierte Simulationsmodelle für die Dynamik des Fahrzeug-Crashs erstellt und verwendet. Sie ermöglichen es, das Sicherheitssystem lastfallabhängig unter Verwendung des *charakteristischen Schultergurt-Kraftniveaus* (engl.: *Characteristic Shoulder Belt Force Level*, CFL) [78] zu beurteilen.

Die Effektivität eines Rückhaltesystems hängt naturgemäß von den Einsatzbedingungen ab, also vom Gesamtsystem aus Fahrzeug (u. a. Geometrie der Gurtsystem-Ankerpunkte, Sitzposition und -neigung, Crash-Sensorik (Unfalldetektion), Crash-Tauglichkeit), dem Insassen (u. a. Gewicht, Größe, Kinematik), dem

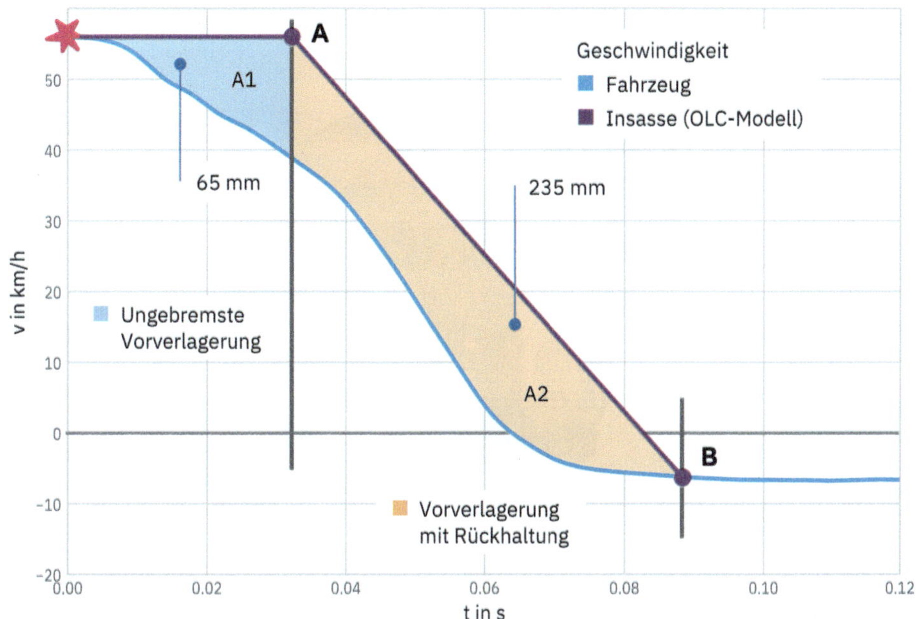

Abb. 6.12 Modellbildung des Crash-Pulses nach dem Occupant Load Criterion (OLC) (in Anlehnung an [67])

Kollisionsszenario (u. a. Delta-Geschwindigkeit, Pre-Crash-Dynamik durch AD/ADAS-Funktionen, Einschlagrichtung und Kollisionsort) wie auch von der verwendeten gegebenenfalls lastfallabhängigen Aktivierungsstrategie des Rückhaltesystems.

Das *Characteristic Shoulder Belt Force Level* CFL ist wie folgt definiert: Für ein existierendes Gesamtsystem inklusive Rückhaltesystem (ohne Airbag) wird durch Iteration ein konstantes Kraftbegrenzungsniveau am Aufroller-Straffer bestimmt, sodass die maximale Brust-Vorverlagerung genau 300 mm beträgt. Das zugehörige Schulter-gurt-Kraftniveau entspricht der Bewertungsgröße CFL (Abb. 6.13).

In Abb. 6.13 ist die Ermittlung des Characteristic Shoulder Belt Force Levels (CFL) dargestellt. Abb. 6.13a (grau) zeigt die maximale Brust-Vorverlagerung im Gesamt-system in Kombination mit einem Airbag. Abb. 6.13b (blau) zeigt die maximale Brust-Vorverlagerung eines Insassen auf Stahlsitzfläche mit generischer Fußabstützung von 300 mm mit einer Rückhaltung über Sicherheitsgurt und Kraftbegrenzung auf CFL-Kraftniveau ohne Kombination mit einem Airbag.

Abb. 6.14 zeigt die Verläufe von Brust-Vorverlagerung und Schultergurtkraft der Rückhaltung im Gesamtsystem (grau) und des Sicherheitsgurt-Systems bei CFL-Kraftniveau (blau). Die Kurven für beide System stimmen bis zur Ankopplung (engl.: *Force Closure*), dem Erreichen des ersten Kraftbegrenzungsniveaus (hier bei ca. 40 ms nach t_0), nahezu überein.

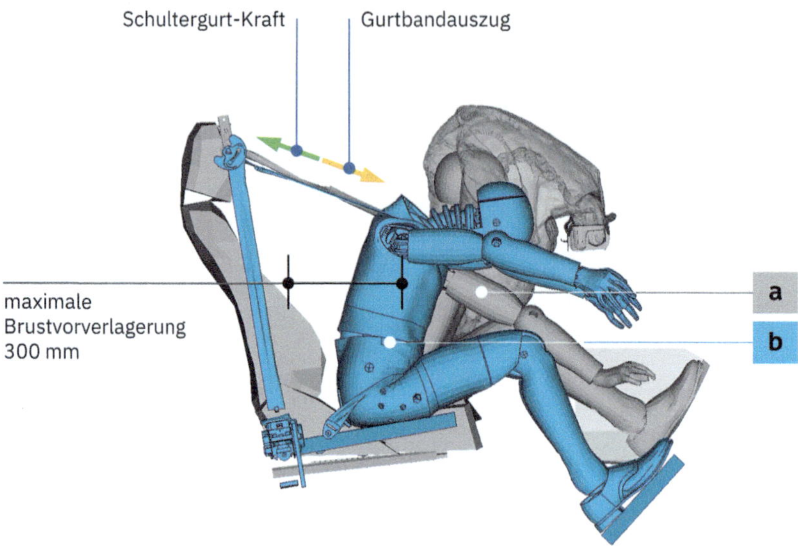

Abb. 6.13 Modellbildung zur Ermittlung des Characteristic Shoulder Belt Force Level (CFL) zur Bewertung der Effektivität von Gurtsystemen (in Anlehnung an [78])

Im System ohne Airbag (Abb. 6.14b) wird die zu diesem Zeitpunkt noch vorhandene Energie über den verbliebenen Vorverlagerungsweg ausschließlich im Schultergurt abgebaut. Deswegen ist die Höhe des benötigten Schultergurt-Kraftniveaus (je weniger, desto günstiger) ein geeignetes Maß für die Rückhalteleistung (engl.: Restraint Performance) des Gurtsystems.

Es ist einleuchtend, dass eine effektive Ankopplung das auf diese Weise bestimmte virtuelle Kraftniveau positiv beeinflusst. Denn wenn in der Ankopplungsphase bereits viel Energie bzw. Geschwindigkeit abgebaut wurde, genügt in der darauffolgenden Kraftbegrenzungsphase eine geringere Kraft, um bei wiederum 300 mm Brust-Vorverlagerung zu enden.

Dieses Verfahren kann insbesondere zum Vergleich von Sicherheitsgurtsystemen sowie zur Beurteilung von Aktivierungsstrategien für reversible Aufroller-Straffer in der Pre-Crash-Phase verwendet werden. Allerdings lassen sich somit auch Crash-Pulse, Crash-Sensorik, ADAS-Dynamik und Fahrzeugumgebungen im Hinblick auf Insassenschutz vergleichend bewerten.

6.2.5 Kompatibilitätsaspekte bei Kollision

Im Straßenverkehr kollidieren unterschiedlich schwere Fahrzeuge unter allen denkbaren Unfallbedingungen. Die Strategien, Auslegungskonzepte und Maßnahmen, die geeignet sind, diese Einflussfaktoren bei Kollisionen unterschiedlicher Fahrzeuge verträglich zu

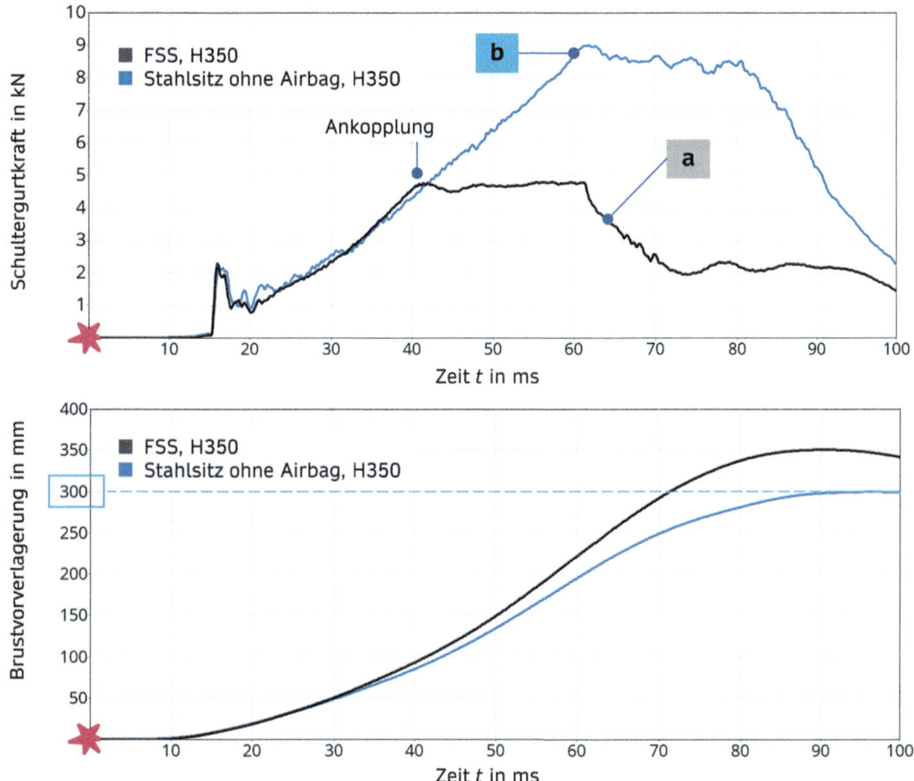

Abb. 6.14 Beispielhafter Vergleich des Verlaufs der Brust-Vorverlagerung und der Schultergurt-Kraft: **a** Sicherheitsgurt-System in Kombination mit Airbag **b** Sicherheitsgurt-System mit Kraftbegrenzung bei CFL-Kraftniveau ohne Kombination mit Airbag (in Anlehnung an [78])

gestalten, lassen sich unter dem Begriff der *Kompatibilität* (Verträglichkeit bei Unfällen) subsumieren:

- *Fahrzeugmassen:* Es gibt eine hohe Wahrscheinlichkeit, dass Fahrzeuge mit unterschiedlichem Gewicht miteinander kollidieren (siehe Statistik – Fahrzeuggewichte).
- *Steifigkeiten:* Ähnlich variieren die Steifigkeiten der aufeinanderprallenden Deformationsstrukturen, insbesondere, wenn nicht nur Kollisionen zwischen zwei Frontpartien, sondern auch die unterschiedlichen Aufprallwinkel und Aufprallstellen in Betracht gezogen werden.
- *Geometrien:* Geometrien kollidierender Fahrzeuge variieren, sodass die jeweilige Kontaktstelle einer Kollision einen nicht unerheblichen Einfluss auf den Kollisionsverlauf hat.

Statistik – Fahrzeuggewichte
Im Jahr 2022 betrug das durchschnittliche Leergewicht der neu in Deutschland zugelassenen PKW etwa 1700 kg. 2014 betrug dieser Wert etwa 1.480 kg [115].

6.2.5.1 Fahrzeugmassen

Bei der Unfallschwere von Frontalkollisionen lässt sich als Unterschied zu PKW/Hindernis-Kollisionen ein nicht unerheblicher Einfluss aufzeigen, der maßgeblich auf die *Masse* der beteiligten Fahrzeuge zurückgeführt werden kann.

Als Maß für die *Unfallschwere* kann die *Geschwindigkeitsänderung* Δv des betrachteten Fahrzeugs bzw. des Kollisionsobjekts verwendet werden. Sie hängt nach den *Newton'schen Stoßgesetzen* von den beteiligten Fahrzeugmassen, von der Relativgeschwindigkeit und vom *Restitutionskoeffizienten* ε zur Kennzeichnung des elastischen/ plastischen Deformationsverhaltens ab (Abschn. 6.2.1). Je größer die Masse des Kollisionsobjekts bei Frontalkollisionen zwischen zwei unterschiedlich schweren PKW ist, desto geringer wird seine Geschwindigkeitsänderung Δv sein.

Eine weitere Größe zur Charakterisierung der *Unfallschwere* ist die *Fahrzeugverzögerung* [2, 62], die in starkem Maße vom *Deformationsweg* abhängt. Mit der

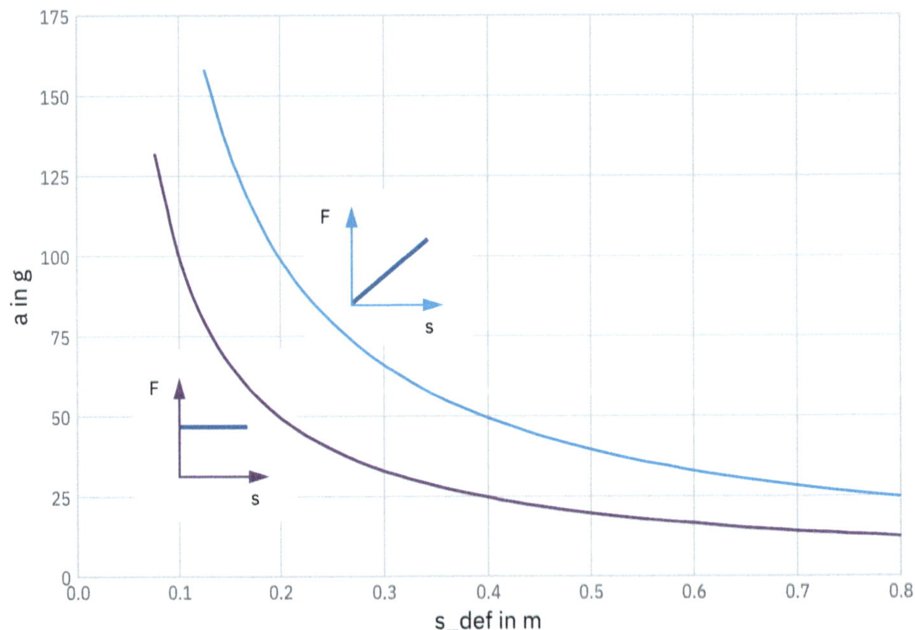

Abb. 6.15 Verzögerung über Deformationsweg beim Wandaufprall (schematische Energiebetrachtung)

vereinfachenden Gleichsetzung der kinetischen mit der Deformationsenergie kann gezeigt werden, dass sich die Verzögerung einer Fahrgastzelle bis auf 100 g erhöht, wenn die Deformationsstruktur sehr viel steifer ausgelegt wird und der Eindringweg statt bei 50–60 cm nur noch bei 10–20 cm liegt (Abb. 6.15). (1 g ist gleich der Erdanziehung, 100 g die 100-fache Erdanziehung.)

Derart harte Strukturen, die eine Deformation von nur 15 cm beim 50 km/h-Wandaufprall zulassen, wurden im Zusammenhang mit Leichtbau-Fahrzeugen unter der Bezeichnung *Stoßgürtel* in den 1990er-Jahren untersucht [90].

6.2.5.2 Steifigkeiten von Deformationsstrukturen

Ein weiterer Aspekt der Kompatibilität ist in der Anpassung der Steifigkeitsverhältnisse der Deformationsstrukturen zu sehen. Dabei ist jedoch zu berücksichtigen, dass sich die Auslegung der Struktursteifigkeit beispielsweise nach Gesichtspunkten der PKW/PKW-Kollision auch auf andere Unfall- (und Versuchs-)Konstellationen auswirkt. So zeigt die Erhöhung der Steifigkeit in der Frontstruktur kleinerer Fahrzeuge eine positive Wirkung, d. h. ein niedrigeres Verletzungsrisiko bei PKW/PKW-Kollisionen, bei Hindernis- und bei Seitenkollisionen hingegen ein höheres Verletzungspotenzial. Dieses Phänomen führte im Rahmen eines Forschungsprojekts in den 1980er-Jahren zur Berücksichtigung des gesamten relevanten Unfallgeschehens, indem ein Unfallszenario mit drei verschieden schweren PKW bei unterschiedlichen Unfallkonstellationen aufgebaut und mathematisch simuliert wurde [95]. Hinsichtlich der Struktursteifigkeit lassen sich die daraus resultierenden konstruktiven Vorgaben wie folgt formulieren:

- Höhere Frontsteifigkeit bei leichteren PKW
- Niedrigere Frontsteifigkeit bei schwereren PKW
- Höhere Seitensteifigkeit bei allen PKW

6.2.5.3 Fahrzeuggeometrien

Der dritte Kompatibilitätsaspekt bezieht sich auf die Architektur der Deformationsstrukturen, d. h. die geometrische Anpassung der Strukturen bei Frontal- und Seitenkollisionen. Als unangepasste Gegebenheiten können zunächst die geometrischen Verhältnisse bei PKW/NFZ-Kollisionen sowohl bei Frontal- als auch bei Heck- und Seitenkollisionen genannt werden. Als Abhilfe werden hierfür die mittlerweile gesetzlich vorgeschriebenen *Front-* und *Heck-Unterfahrschutz-Einrichtungen* an Nutzfahrzeugen angesehen (Abschn. 6.9).

Nachdem durch verschiedene Initiativen zur Verbesserung der Kompatibilität bei Kollisionen Erfahrungen gesammelt werden konnten, ist dieser Aspekt inzwischen in Bewertungsprotokolle für Verbraucherratings aufgenommen worden. Bei Euro NCAP wird seit 2020 ein *Compatibility Modifier* (*Kompatibilitäts-Modifikator*) im Rahmen einer Kompatibilitätsbewertung berücksichtigt [34] (Abschn. 4.3.2.2).

6.2.5.4 Aspekte der Kompatibilität durch Integrale Sicherheit

Mit Entwicklung von Konzepten der Integralen Sicherheit werden in der Zukunft neue Funktionalitäten zu Insassenschutzsystemen hinzukommen, um die Kompatibilität bei Kollisionen zu verbessern. Beispiele hierfür sind:

- Funktionen zur Unfallvermeidung und Unfallschwereminderung wie z. B. Notbrems- und Ausweichmanöver
- Fahrzeug-Fahrzeug-Kommunikation zur Beeinflussung eines drohenden Kollisionsereignisses

Die Verbesserung von Kompatibilitätsaspekten ist ein wesentlicher Ansatzpunkt zur weiteren Reduzierung von Unfallfolgen.

6.2.6 Out-of-Position-Situationen

In Kap. 4 wurde bereits auf *Out-of-Position*-Situationen (OoP) hingewiesen, zu denen in der FMVSS 208 Anforderungen an Rückhaltesysteme beim Frontalaufprall formuliert sind [141]. Deren Umsetzung wird im Entwicklungsprozess ermittelt und bewertet (Kap. 8).

Ende der 1990er-Jahre wurde durch Untersuchungen der NHTSA deutlich, dass neben dem nachgewiesenen generellen Schutzpotenzial von Airbags Verletzungsrisiken bei kleinen weiblichen Insassen und bei Kindern in Out-of-Position-Situationen bestehen können [9]. Daraufhin erfolgte die Modifikation der FMVSS 208, die für Schutzsysteme bei Frontalaufprall Anwendung findet. Für Schutzsysteme bei Seitenaufprall (z. B. Seiten-Airbag, Vorhang-Airbag) können im Rahmen von Verbraucherschutzratings vergleichbare Bewertungsgrößen herangezogen werden.

Abb. 6.16 zeigt Konfigurationen der Prüfungen von Insassenschutzsystemen bei Frontalaufprall und die hierfür verwendeten Dummy-Typen auf den entsprechenden Sitzpositionen, beispielsweise ein Dummy (CRABI) in einem Kindersitz entgegen der Fahrtrichtung auf dem Beifahrersitz, weitere Dummys (HYBRID III 3 y/o und 6 y/o) auf dem Beifahrersitz sowie eine Erwachsene (HYBRID 5 % Small Adult Female) auf dem Fahrersitz.

Bei der Auslegung des Insassenschutzsystems können zur Umsetzung der Anforderungen u. a. die Schutzkonzepte *Suppression* (Unterdrückung der Airbag-Auslösung) oder *Low Risk Deployment* (Auslösung mit niedrigem Risikopotenzial) verfolgt werden:

- Suppression (Präsenz): Bei Detektion der Präsenz eines Insassen der entsprechenden Größe bzw. des Kindersitzes erfolgt die Abschaltung des Airbags.
- Suppression (Out-of-Position-Situation): Bei Detektion der Out-of-Position-Situation eines Insassen der entsprechenden Größe erfolgt die Abschaltung des Airbags.

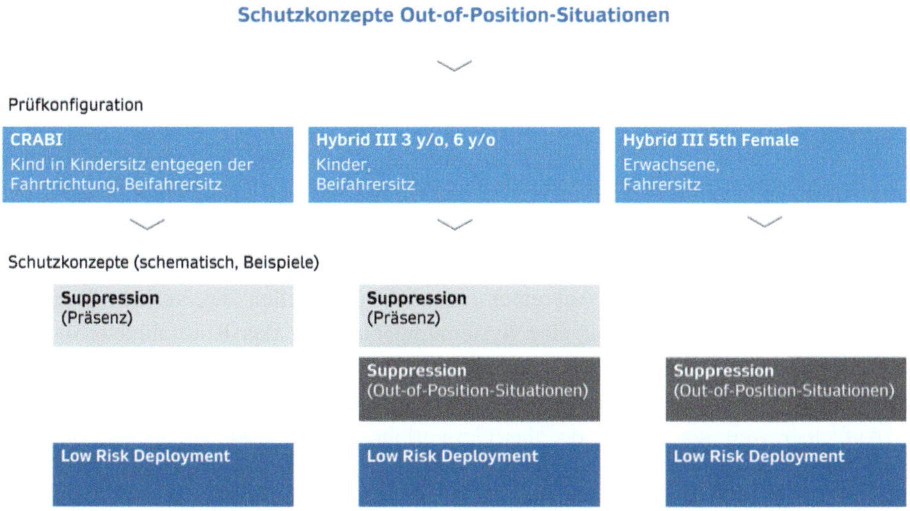

Schutzkonzepte Out-of-Position-Situationen

Prüfkonfiguration

| **CRABI** Kind in Kindersitz entgegen der Fahrtrichtung, Beifahrersitz | **Hybrid III 3 y/o, 6 y/o** Kinder, Beifahrersitz | **Hybrid III 5th Female** Erwachsene, Fahrersitz |

Schutzkonzepte (schematisch, Beispiele)

Suppression (Präsenz)	**Suppression** (Präsenz)	
	Suppression (Out-of-Position-Situationen)	**Suppression** (Out-of-Position-Situationen)
Low Risk Deployment	**Low Risk Deployment**	**Low Risk Deployment**

Abb. 6.16 Beispielhafte Schutzkonzepte für Anforderungen der FMVSS 208 zu Out-of-Position-Situationen

- Low Risk Deployment: Die Leistungscharakteristik des Airbags wird so ausgelegt, dass Schutzanforderungen auch bei Airbag-Entfaltung in Out-of-Position-Situationen erfüllt werden können.

Für die Suppression und die Detektion der unterschiedlichen Situationen ist eine geeignete Insassensensorik in Kombination mit einer Auslöseelektronik erforderlich. Für das Low Risk Deployment ist bei der Gestaltung der Airbag-Module eine geeignete Abstimmung des gesamten Insassenschutzsystems zu erzielen [63].

6.3 Systemstruktur der Systeme der Passiven Sicherheit

In diesem Abschnitt sollen in einer knappen Übersicht einige wesentliche Aspekte der Systemgestaltung von Insassenschutzsystemen beschrieben werden.

Insassenschutzsysteme sind komplexe Systeme, bei denen viele einzelne Teilsysteme miteinander interagieren und sich gegenseitig in ihrer Wirkung beeinflussen. Basierend auf den zuvor dargestellten Schutzprinzipien der Passiven Sicherheit (Abschn. 6.2) und gestützt durch Erfahrungen zu eingesetzten Lösungskonzepten haben sich über die Zeit typische Systemgrenzen und Systemfunktionalitäten herausgebildet.

Sie sind oftmals auch die Grundlage der Zusammenarbeit der verschiedenen Partner in den Wertschöpfungsketten der Automobilindustrie. Teilsysteme aus unterschiedlichen Technologiedomänen von weltweit verteilt arbeitenden Partnern fügen sich zu abgestimmten Insassenschutzsystemen für spezifische Fahrzeuge oder für Fahrzeugplattformen zusammen.

6.3.1 Systemebenen vom Gesamtsystem bis zu Komponenten

Ein Insassenschutzsystem wird kaum durch einen einzelnen Entwickler oder ein Entwicklungsteam allein entwickelt. Der jeweilige Fokus von Entwicklungstätigkeiten ist daher oftmals sehr stark auf einzelne Aufgaben an einem Fahrzeugentwicklungsprojekt oder auf deren spezifische Einbindung in den Gesamtprozess ausgerichtet (siehe hierzu auch Kap. 8).

Abb. 6.17 zeigt eine schematische Einteilung von Systemebenen bei der Entwicklung von Insassenschutzsystemen. Auf einer oberen Ebene stellen das Verkehrsgeschehen sowie die Verkehrsinfrastruktur eine Systemumgebung für das Kraftfahrzeug dar. Die dort herrschenden Bedingungen sind wesentliche Einflussgrößen für das Fahrzeug während der Fahrt, bei drohender Kollision und auch während eines Unfallgeschehens.

Auf einer weiteren Ebene, die das Gesamtfahrzeug umfasst, gilt es das Insassenschutzsystem eines Fahrzeugs zu definieren, in seine Teilsysteme innerhalb des Fahrzeugs aufzuteilen und die Schnittstellen aufeinander abzustimmen, sodass durch Abstimmung zahlreicher Zielgrößen das Fahrzeug als Ganzes so effizient wie möglich entwickelt werden kann. Die unterschiedlichen Technologiedomänen sind dabei zu koordinieren [69, 70]. In einer ersten Aufzählung umfasst dies Fachbereiche wie Design, Karosserie, Interieur, Insassenschutz, Elektrik/Elektronik (E/E), Aktive Sicherheit, Fahrwerk, Human Machine Interface (HMI), Ergonomie, Insassenschutz, Autonomes Fahren, Connected Car.

Abb. 6.17 Schematische Einteilung von Systemebenen bei der Entwicklung von Insassenschutzsystemen

Die Gestaltung des Insassenschutzsystems teilt sich auf der darunterliegenden Ebene aus diesem Grund bereits in verschiedene Domänen und Teilsysteme auf. Dies betrifft insbesondere folgende Bereiche mit dazugehörenden Schwerpunktaufgaben:

- Fahrzeugkarosserie – Gestaltung der Fahrzeugstruktur und der Fahrgastzelle, Gestaltung und Optimierung des Verhaltens der Fahrzeugstruktur beim Crash, Gestaltung von Anbindungspunkten für Systeme im Fahrzeug einschließlich der Rückhaltesysteme
- Insassenschutz und Rückhaltesysteme – Gestaltung und Abstimmung des Rückhaltesystems und weiterer Systeme im Fahrzeug mit Insassenschutzfunktionen, Abstimmung der Kernkomponenten von Rückhaltesystemen wie Sicherheitsgurt-Systeme und Airbag-Modulen untereinander und im Zusammenwirken mit den anderen Systemen mit Insassenschutzfunktion
- Elektrik/Elektronik – Entwicklung der Sensoriken für Crash-Detektion, Insassensensierung, Auslöseelektronik für Rückhaltesysteme (Airbag-Steuergerät), Schnittstellen zu Systemen der Aktiven Sicherheit (insbesondere für Funktionen der Integralen Sicherheit), Innenraum-Monitoring
- Interieur – Entwicklung und Abstimmung der Systeme im Fahrzeuginnenraum wie Sitz-System, Cockpit, Klima, Entertainment, Innenraumverkleidungen sowie die Integration von Rückhaltesystemen in die Fahrgastzelle
- Kompatibilität und Fußgängerschutz: Fahrzeuggestaltung und Exterieur-Design, Gesamtfahrzeug- und Bauraumabstimmung, Umfeldsensorik, Fußgänger-/VRU-Schutzsysteme

Auf der Sub-Systemebene von Insassenschutzsystemen geht es beispielsweise um die Gestaltung und Entwicklung der Sicherheitsgurt-Systeme für die einzelnen Sitz-positionen oder die Gestaltung der Airbag-Schutzsysteme für den Schutz bei Frontal-oder Seitenaufprall. Bei weiteren Systemen – wie z. B. dem Lenksystem –, sind die Insassenschutzfunktionen zu gestalten und mit den weiteren Komponenten abzustimmen.

Auf der Systemebene der Insassenschutzkomponenten gilt es, die technischen Anforderungen in einzelnen Komponenten und Baugruppen gestalterisch umzusetzen, die an sich eigenständige Produkte mit spezifischen Wertschöpfungsketten sind. Bei-spiele hierfür sind Airbag-Module, Gurtaufroller-Straffer oder die Auslöseelektronik als Airbag-Steuergerät.

Diese Einteilung soll als grundlegendes Schema dem Leser typische Aufgaben-teilungen bei der Entwicklung von Insassenschutzsystemen verdeutlichen. Eine weitere Darstellung von Insassenschutzsystemen und der wesentlichen Teilsysteme findet sich auch bei [97]. In der konkreten Situation werden immer Varianten dieser vereinfachten Darstellung anzutreffen sein.

6.3.2   Teilsysteme und Systemgrenzen

In einer ersten Perspektive können die Teilsysteme der Passiven Sicherheit in Sensoriken, Signalverarbeitung und Aktoren unterteilt werden.

Klassische Sensoriken für die Passive Sicherheit sind spezifische Crash-Sensoren, die eine Kollision in wenigen Millisekunden detektieren.

Darüber hinaus sind auch Sensoriken zur Detektion und Klassifizierung von Insassen entwickelt worden und heute Bestandteil eines jeden Insassenschutzsystems. Sie tragen zur Interventionsstrategie für die Anforderungen bestimmter Insassen bei bestimmten Unfallereignissen bei, etwa durch die Auslösung von Rückhaltesystemen.

Die Sensierung einer kritischen Fahrsituation oder einer drohenden Kollision wird, wie in Kap. 5 näher beleuchtet, zunehmend Bestandteil von Interventionsstrategien der Integrierten Sicherheit. Das Schutzpotenzial von Fahrzeugen wird sich deshalb weiterentwickeln, und die Integration der Signal- bzw. Datenverarbeitung von Sensoriken der Aktiven Sicherheit und klassischer Sensoriken der Passiven Sicherheit wird zunehmen.

Üblicherweise erfolgt die Signalverarbeitung für die Systeme der Passiven Sicherheit durch die Auslöseelektronik, die nach einem Unfallereignis eine Aktivierung irreversibler Funktionen von Rückhaltesystemen veranlasst. Funktionen der Integrierten Sicherheit können zunehmend sowohl durch die Auslöseelektronik der Passiven Sicherheit als auch durch Systeme der Aktiven Sicherheit oder des automatisierten Fahrens erfolgen. Sie können beiderseits Funktionen in den Aktoren der Passiven Sicherheit aktivieren.

Aus den oben dargestellten Systemebenen eines Insassenschutzsystems sollen im Folgenden die wesentlichen Aktoren (und Strukturen) der Passiven Sicherheit detaillierter abgeleitet werden. Sie umfassen entsprechend dem hier gewählten Themenfokus sowohl Schutzsysteme für Insassen als auch Schutzsysteme für Vulnerable Road User und dienen dem Selbstschutz wie auch dem Partnerschutz (Abb. 6.18).

Für den Insassenschutz stellt die Fahrzeugkarosserie bzw. die Fahrzeugstruktur ein erstes Teilsystem dar. Es dient sowohl dem Selbst- als auch dem Partnerschutz.

Verschiedene Sub-Systeme und Komponenten, die als Rückhaltesysteme zusammengefasst werden, schließen sich an: die Komponenten von Sicherheitsgurt-Systemen, Airbag-Module sowie weitere Schutzsysteme, die typischerweise in primär anderen Domänen zugeordneten Fahrzeugsystemen verbaut werden (z. B. Kopfstützen als Teil des Sitzsystems, Kinder-Rückhaltesysteme).

Weiterhin gibt es bei Kraftfahrzeugen Systeme der Passiven Sicherheit, die eigens dem Schutz von Vulnerable Road Usern dienen. Beispiele sind Fußgängerschutz-Sensoriken, aktive Fronthauben oder Airbags zum Schutz von Vulnerable Road Usern.

Zusätzlich verwenden Vulnerable Road User, da sie nicht durch eine Fahrgastzelle geschützt sind, persönliche Schutzausrüstung wie Schutzhelme und Schutzkleidung.

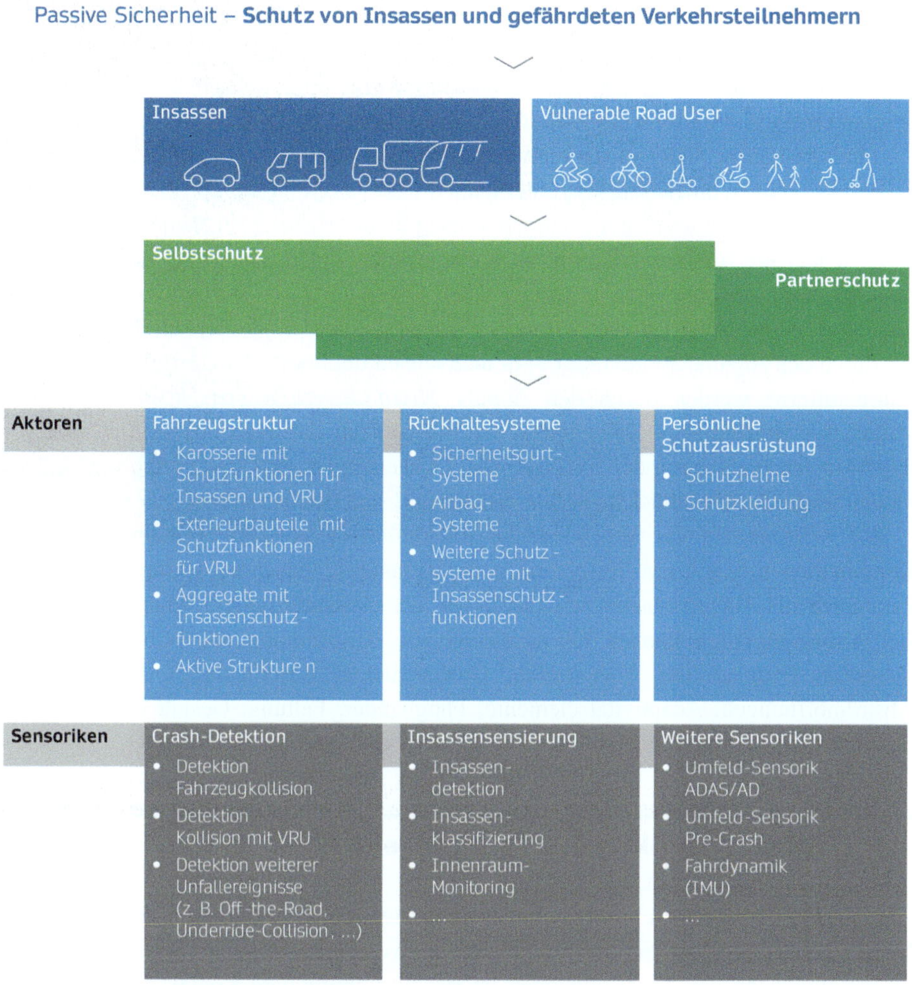

Abb. 6.18 Schematische Einteilung von Insassenschutz-Teilsystemen

6.3.3 Funktionsablauf bei Rückhaltesystemen

Die Intervention von Rückhaltesystemen bei einem Kollisionsereignis ist gekennzeichnet durch das Zusammenspiel der Teilsysteme *Sensorik* und *Auslöseelektronik* sowie von Aktoren wie *Sicherheitsgurt-Systemen* oder *Airbag-Modulen*.

Die Crash-Sensorik sensiert kontinuierlich verschiedene Beschleunigungen, wie sie im normalen Fahrbetrieb durch Stöße, Beschleunigungen und Verzögerungen sowie bei Reparaturen, Parkremplern, extremen Fahrmanövern und Unfällen erfolgen, und gibt dies als Signale an ein Steuergerät (Auslöseelektronik der Passiven Sicherheit, Airbag-Steuergerät, Airbag-ECU) zur Diagnose weiter (Kap. 7).

Hier werden die Daten mit fahrzeugspezifischen und gespeicherten Werten verglichen. Weitere Sensorik – wie z. B. die Sitzbelegungserkennung (engl.: *Occupant Detection System*, ODS), die *Insassenklassifizierung* (engl.: *Occupant Classification System*, OCS), die Sensorik der Sicherheitsgurtschlösser für die Gurtwarnfunktion (engl.: *Seat Belt Reminder*, SBR) – kann einbezogen werden (Kap. 7).

Beim Erkennen eines insassengefährdenden Unfalls erfolgt üblicherweise die gezielte Aktivierung bestimmter Rückhaltesysteme nach einem vorher festgelegten Algorithmus. Dazu sendet die Auslöseelektronik zu vorgegebenen Zeiten nach dem Aufprall Zündimpulse an die verschiedenen pyrotechnischen Anzünder in den *Sicherheitsgurt-Straffern* und *Gasgeneratoren* der *Airbag-Module*. Sie enthalten einen pyrotechnischen Treibsatz, der durch den Anzünder entflammt wird und schnell abbrennt. Bei *Gurtufroller-Straffern* (Gurtstraffern) werden durch den Impuls *Mikro-Gasgeneratoren*, (MGG) gezündet sodass die Straffung zur *Ankopplung* der Insassen an das Fahrzeug erfolgt. Bei Airbag-Modulen wird durch den Treibsatz des Gasgenerators Gas freigesetzt, mit dem die zusammengefalteten Luftsäcke gefüllt werden und sich rasch entfalten.

Zur Abstimmung der verschiedenen Rückhaltesysteme untereinander und in der Kombination mit anderen Teilsystemen des Insassenschutzsystems können vielfältige Parameter bei Bauelementen wie auch bei der Auslösestrategie angepasst werden. Bei Airbag-Modulen können beispielsweise die Abstimmung des Luftsack-Gewebes (Material, Permeabilität, Fadenstärke, Gewebedichte, Beschichtung), Naht-Leckage, Abströmöffnungen, Adaptivitätselemente, Fangbänder, Faltung, Gestalt des Luftsacks, Gasgenerator-Technologie Bestandteil von Entwicklungsprozessen sein.

6.4 Fahrzeugstruktur und Fahrgastzelle

Die Fahrzeugstruktur ist ein wesentliches Teilsystem des Insassenschutzes und sie stellt für die meisten weiteren Schutzsysteme der Passiven Sicherheit einen wichtigen Teil der Systemumgebung dar. Bei Kollisionen ist sie die unmittelbare Kontaktzone mit einem Hindernis und beeinflusst die Charakteristik des auf die Insassen wirkenden Crash-Pulses. Im Wesentlichen sollen unter dem Begriff *Fahrzeugstruktur* hier die Aspekte des Insassenschutzes der *Fahrzeugkarosserie* beschrieben werden, die in diesem Sinne auch Türen, Klappen oder andere Bauteile im Exterieur einschließen.

Wie bei den Schutzprinzipien (Abschn. 6.2) bereits ausgeführt, sind das Deformationsvermögen zur Energieumsetzung und die gestaltfeste Fahrgastzelle wesentliche Maßnahmen des Insassenschutzes. Deshalb wird in diesem Abschnitt die *Deformationsstruktur* (auch: *Deformationszone*, umgangssprachlich: *Knautschzone*) des Fahrzeugs behandelt, die bei Kollisionen durch Beanspruchung wesentlich zur *Energieumsetzung* beiträgt. Darüber hinaus wird die konstruktive Umsetzung der *Struktursicherheit* (auch: Crash-Sicherheit, engl.: *Crash Worthiness*) durch die Fahrzeugkarosserie dargestellt.

Neben der Karosserie beeinflussen auch wesentliche *Aggregate* mit großen Massen und/oder hohen Steifigkeiten (z. B. Motor, Getriebe, Hochvolt-Antriebsbatterie) das Schutzpotenzial des Fahrzeugs. Während in der Vergangenheit dabei der Antriebsstrang mit Verbrennungsmotor und Getriebe die einzige zu berücksichtigende Variante war, setzen heute elektrische Fahrzeuge mit ihren E-Motoren, der Hochvoltbatterie, Brennstoffzelle oder den Wasserstofftanks neue Rahmenbedingungen für die Umsetzung von Insassenschutzkonzepten.

Neben der Karosserie und den oben genannten Aggregaten leisten auch weitere Systeme des Fahrzeugs, insbesondere das Sitz-System, das Cockpit und die Lenkung bzw. Lenksäule, Beiträge zur *Struktursicherheit* und tragen zur Verringerung von Verletzungsrisiken bei. Auf weitere Aspekte der Fahrzeugstruktur und des Insassenschutzes bei besonderen Karosserievarianten (z. B. Cabrio) wird in Abschn. 6.7 hingewiesen.

Dieser Abschnitt geht auch auf weitere Aspekte des Partnerschutzes ein. Einerseits gilt es, Anforderungen an die *Kompatibilität* bei Kollision von Fahrzeugen und zum Schutz von Insassen kollidierender Fahrzeuge umzusetzen. Andererseits haben die Anforderungen an den Schutz von *Vulnerable Road Usern* (VRU) wesentlich zugenommen. In einem weiteren Abschnitt wird darauf genauer eingegangen (Abschn. 6.8).

Der Fahrzeugstruktur kommen – wie in Abschn. 6.2 bereits beschrieben – folgende zwei Kernaufgaben zu, die hier wiederholt werden sollen:

Energieumsetzung: Durch definierte und nachgiebig ausgestaltete *Deformationszonen* (engl.: *Crumple Zones*) soll die Fahrzeugstruktur bei Frontal-, Seiten- und Heckkollisionen kinetische Energie des eigenen und ggf. auch des kollidierenden Fahrzeugs umsetzen. Hierbei wird kinetische Energie in Verformungsarbeit und Wärme durch innere Reibung umgesetzt.

Gestaltfeste Fahrgastzelle: Dagegen soll die *Fahrgastzelle* bei einer Kollision möglichst widerstandsfähig gegen Deformationen sein. Kollabierende Fahrzeugstrukturen oder Intrusionen von Bauteilen bergen erhebliche Verletzungsrisiken für Insassen und können sie einklemmen oder erdrücken.

Die gestaltfeste Fahrzeugstruktur bietet Rückhaltesystemen wie Sicherheitsgurt-Systemen und Airbag-Modulen ausreichende Festigkeit und geometrische Stabilität von Verankerungspunkten. Sie erhält definierte Wirkräume für die Entfaltung von Airbags oder die definierte Insassenverlagerung und -kinematik während der Rückhaltung.

Für weitere Aufgaben, die der Fahrzeugstruktur für den Insassenschutz zukommen, wird auf Abschn. 6.2 sowie auf die Ausführungen bei [39] verwiesen.

Partnerschutz (Abschn. 6.1.2, 6.2.5): Die Fahrzeugstruktur ist bei einer Kollision mit anderen Verkehrsteilnehmern auch die Kontaktzone mit einem anderen Fahrzeug, sodass Anforderungen an die Kompatibilität und den Schutz der Insassen der anderen kollidierenden Fahrzeuge zu berücksichtigen sind. Für den Fall einer Kollision mit

Abb. 6.19 Moderne Fahrzeugstruktur mit Funktionen zum Selbst- und Partnerschutz *(Volvo XC60)*. (Quelle: Volvo Cars)

Vulnerable Road Usern (Abschn. 6.8) sind zusätzlich Anforderungen bei der Kollision mit Fußgängern und Zweiradfahrern bei der Gestaltung der Kontaktstruktur und des Exterieurs zu beachten.

In Abb. 6.19 ist die Gestaltung einer modernen Fahrzeugkarosserie unter Verwendung von hochfesten Stählen und Leichtmetall wie Aluminium dargestellt. Neben der Gestaltung in

- Stahlschalenbauweise und als Leichtbaukonzept

kommen bei PKW für selbsttragende Fahrzeugkarosserien weitere Leichtbaukonzepte zum Einsatz [120, 31]:

- Voll-Aluminium-Bauweise,
- Aluminium-Skelettbauweise mit Profilen und Formteilen,
- Faserverbund-Bauweise.

Abb. 6.20 zeigt beispielhaft eine Fahrzeugkarosserie in Aluminium-Skelettbauweise zur Reduktion des Fahrzeuggewichts und auch zur Senkung von Emissionen im Fahrbetrieb. Nicht-selbsttragende Fahrzeugkarosserien in Leiterrahmenbauweise sind bei PKW immer weniger verbreitet.

Bei Frontal- und Heckaufprall sind der Vorderwagen und der Hinterwagen die wesentlichen Deformationszonen der Fahrzeugkarosserie.

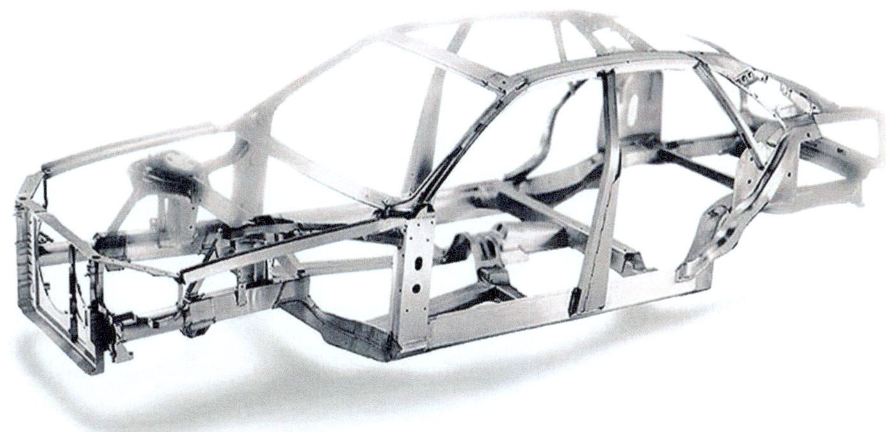

Abb. 6.20 Fahrgastzelle am Beispiel einer Fahrzeugkarosserie in Aluminium-Skelettbauweise *(Audi Space Frame)*. (Quelle: [61])

6.4.1 Vorderwagen

Die Deformationsstrukturen am Fahrzeug dienen der Umwandlung der kinetischen Energie in Deformationsarbeit (Abschn. 6.1). Daraus ergibt sich ein Kraft- bzw. Beschleunigungsverlauf, der entscheidend die Auslegung des Insassenschutzsystems beeinflusst.

Die vordere Deformationszone lässt sich schematisch in drei Zonen unterteilen (Abb. 6.21):

- Deformationszone für Bagatellunfälle und Fußgänger-/VRU-Schutz-Zone
- Kompatibilitätszone, die sowohl dem Selbst- als auch dem Partnerschutz dient
- Selbstschutz-Zone der gestaltfesten Fahrgastzelle

Die Fußgängerschutz-Zone leistet einen Beitrag zum Partnerschutz gegenüber Vulnerable Road Usern (Abschn. 6.8). Die Fußgängerschutz-Zone sollte ein möglichst niedriges Kraftniveau beim Kontakt mit äußeren Verkehrsteilnehmern aufweisen, das jedoch durch eine Mindestfestigkeit zum Schutz vor leichten Kollisionen nach unten begrenzt ist.

Durch die geeignete Gestaltung dieser Zone können Unfallfolgekosten in Form von Sachschäden bei Kollisionsgeschwindigkeiten bis zu ca. 15 km/h minimiert werden *(Bagatellunfälle)*. Die Deformationskräfte können dabei gezielt in eine Prallstoßfänger- bzw. Stülprohrkonstruktion eingeleitet werden. Die Pralldämpfer federn kleinere Anstöße bei sehr geringen Geschwindigkeiten vollständig ab und weisen dabei keinerlei

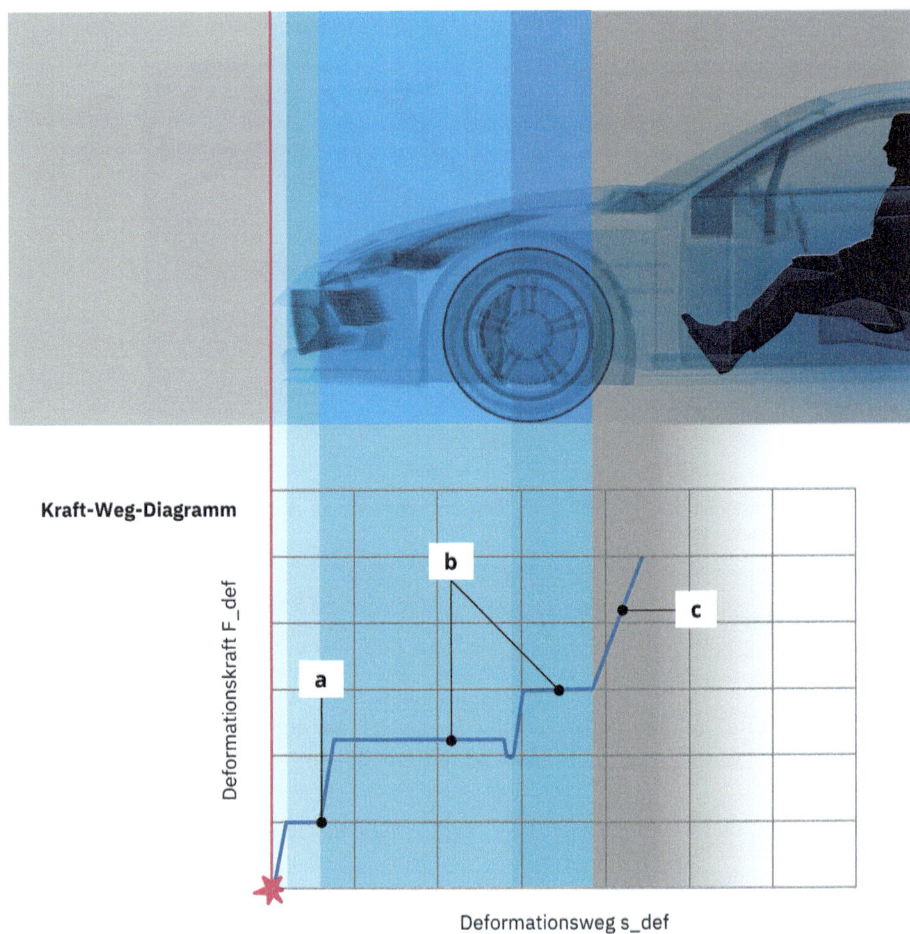

Abb. 6.21 Schematische Darstellung von Niveaus der Deformationskraft entlang der Deformationszonen einer Vorbaustruktur im Kraft-Weg-Diagramm: **a** Zone zum Schutz bei Bagatellkollisionen sowie Fußgänger-/VRU-Schutz, **b** Kompatibilitätszone für Partner- und Selbstschutz, **c** Selbstschutz-Zone der gestaltfesten Fahrgastzelle (in Anlehnung an [61])

Beschädigungen auf. Bei Kollisionsgeschwindigkeiten bis ca. 15 km/h absorbieren beispielsweise auswechselbare Stülprohre (auch: *Crash-Boxen*) die Aufprallenergie.

Diese Schutzzone reicht bis zur Vorderkante der vorderen Rahmenlängsträger. Da das Fahrzeug aber auch Strukturen zum Selbstschutz mit einem früh wirksamen hohen Kraftniveau aufweisen muss, sind hier Zielkonflikte zu lösen.

Der dahinterliegende Bereich der Kompatibilitätszone dient sowohl dem Selbst- als auch dem Partnerschutz. Wie in Abschn. 6.1 erläutert, soll sie bei einer Kollision zweier unterschiedlich schwerer Fahrzeuge den bestmöglichen Schutz der Insassen beider Fahrzeuge gewährleisten. Bei der Gestaltung der Deformationszone müssen Kollisionen mit unterschiedlich schweren Fahrzeugen in Betracht gezogen werden. Ein Unfall mit einem schwereren PKW lässt zum Beispiel eine harte Frontstruktur sinnvoll erscheinen, ein Unfall mit einem leichteren PKW hingegen erfordert eine weichere Struktur. Anders ausgedrückt heißt das, dass bei schweren Fahrzeugen diese Zone weicher ausgelegt werden muss als bei leichteren. Da ein PKW aber sowohl in Unfälle mit leichten als auch mit schweren Fahrzeugen verwickelt werden kann, besteht die Herausforderung darin, einen Kompromiss für ein kompatibles Kraftniveau zu ermitteln. Die Kompatibilitätszone endet im Bereich der Radaufhängung.

Während sich bei Frontalaufprall die Struktur in den vorderen Zonen definiert verformt und zum Schutz der Insassen die Zellenverzögerung auf ein relativ niedriges Niveau begrenzt wird, soll sich die Struktur in der Selbstschutz-Zone, dem Bereich, der näher an der Fahrgastzelle liegt, nur wenig verformen. Die Steifigkeit der Bauelemente steigt also in dieser Zone stärker an, um die Fahrgastzelle stabil zu halten; dies wird durch die gezielte Einleitung der auftretenden Kräfte in die Rahmenkonstruktion der Zelle ermöglicht. Bei hoher Unfallschwere muss jedoch ein Teil der verbleibenden Restenergie absorbiert werden. Das Kraftniveau steigt daher zur Fahrgastzelle an. Mithilfe einer rechteckigen Kennung könnte zwar eine höhere Energie umgesetzt werden, die schlagartig auftretende hohe Kraft kann allerdings meist nur schwer realisiert werden.

Durch die Anordnung von Längs-, Quer- und Diagonalträgern im vorderen Bereich des Fahrzeugs sollen beim versetzten Frontalaufprall, dem sogenannten *Offset-Crash*, Kräfte in den seitlich angeordneten Längsträger, dem Schweller, eingeleitet werden. Es werden folgende Entwicklungsziele verfolgt:

- Beim Unterschreiten einer bestimmten Überdeckung, z. B. 30 %, soll am Diagonalträger möglichst ein Abgleiten erfolgen.
- Bis zu einer bestimmten Verformung wird Energie umgesetzt und das Fahrzeug wird verzögert.
- Durch den stabilen Diagonalträger wird der Fußraum geschützt, weil Intrusionen verhindert werden, und die Kräfte werden unmittelbar in den Schweller eingeleitet.

6.4.2 Seitenwand

Bei Seitenkollisionen ist der Insasse einem hohen Verletzungsrisiko ausgesetzt, da der zur Verfügung stehende Weg zwischen Türinnenseite und dem Insassen sehr gering und das Verformungsvermögen im Vergleich zum Fahrzeugvorderwagen wesentlich reduziert ist. Abb. 6.22 zeigt den Aufbau einer Karosseriestruktur und Lastpfade eingeleiteter Kräfte bei Seitenkollision.

Bei einer Seitenkollision können die Fahrertür und die B-Säule in den Innenraum des Fahrzeugs eindringen. Ein ungeschützter Insasse würde auf eine Geschwindigkeit gebracht, die annähernd der Eindringgeschwindigkeit des kollidierenden Fahrzeugs entspricht.

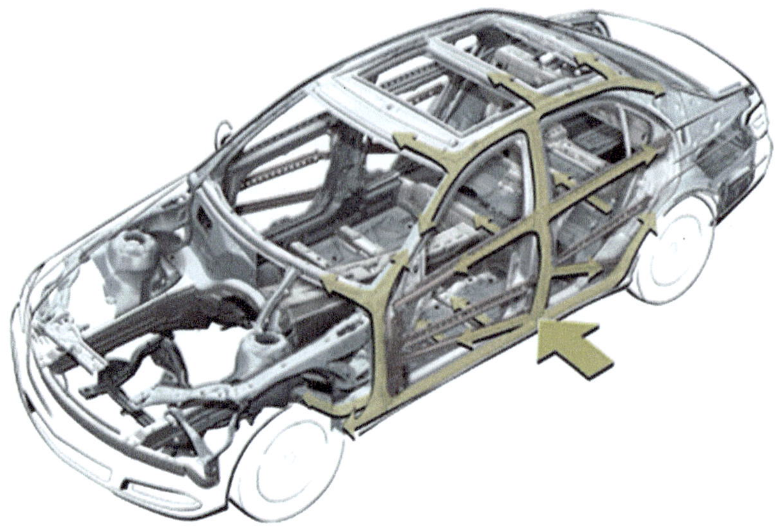

Abb. 6.22 Karosseriestruktur und Aufbau der Seitenwand zum Schutz bei Seitenaufprall. (Quelle: MBpassion, [61])

Zur Sicherstellung der Festigkeit in diesem Bereich tragen stabile Türscharniere und -schlösser, großvolumige verstärkte Schweller und Türrahmen oder zusätzliche Blech- und Rohrkonstruktionen in den Seitenbereichen bei. Des Weiteren werden die Türzargen so gestaltet, dass eine zusätzliche Abstützung am Türrahmen erfolgt und die auftretenden Kräfte in die stabilen Türsäulen, in den Schweller und in den Dachrahmen eingeleitet werden.

Die Prüfung der Struktursicherheit bei Seitenaufprall erfolgt mit unterschiedlichen Lastfällen, wie z. B. zum Seiten- und Pfahlaufprall, die in Kap. 4 bereits dargestellt wurden.

6.4.3 Hinterwagen

Die Deformationsstruktur des Hinterwagens (Abb. 6.23) besteht ebenfalls aus mehreren Zonen:

Der hinterste Bereich ist besonders bei kleineren Rangier- und Parkplatzunfällen gefährdet. Ein Ziel hier besteht darin, die Reparaturkosten zu minimieren. Der Erstkontakt mit dem Hindernis erfolgt über den hinteren Stoßfänger. Kollisionen bis etwa 6 km/h können oft ohne Struktur-Beschädigungen verlaufen. Eine weitere Maßnahme ist die Gestaltung der Karosserie, bei der einzelne verformte Bauteile leicht getauscht werden können. Daneben werden auch hydraulische oder pneumatische Pralldämpfer verwendet.

Abb. 6.23 Deformierte Heckstruktur nach einem Heckaufprallversuch. (Quelle: [61])

Die Deformationsstruktur des Hinterwagens wird zum Fahrgastraum hin steifer ausgelegt, um die Struktursicherheit bei Heckkollisionen mit höheren Geschwindigkeiten zu gewährleisten. Abb. 6.24 zeigt die Fahrzeugstruktur des Hinterwagens mit

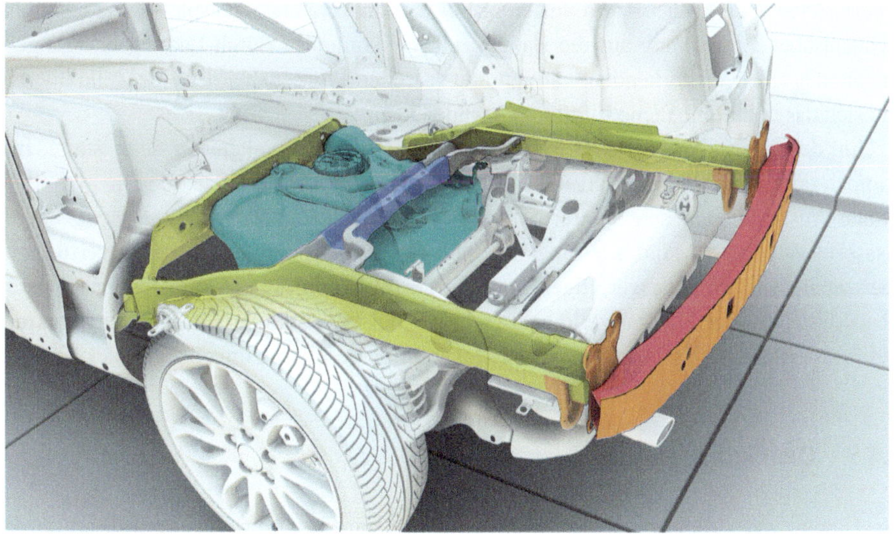

Abb. 6.24 Fahrzeugstruktur mit Optimierung der Materialgüten für definierte Steifigkeit und Deformationsfähigkeit zum Schutz bei Heckaufprall. (Quelle: Volvo Cars)

einer Optimierung unterschiedlicher Materialgüten für definierte Steifigkeit und Deformationsfähigkeit zum Schutz sensibler Systeme im Fahrzeug bei Heckaufprall. Bei Fahrzeugen mit Verbrennungsmotor gilt es den Kraftstofftank vor Beschädigungen zu schützen. Deshalb werden Einbaustellen gewählt, die sich im Unfallgeschehen möglichst wenig verformen, zum Beispiel unter der Rücksitzbank sowie vor oder über der Hinterachse. Diese Einbaulage bietet zusätzliche Vorteile hinsichtlich der Fahrdynamik.

6.4.4 Hochvoltbatterie

Die Entwicklung batterieelektrischer Fahrzeuge macht die Integration einer *Hochvoltbatterie* erforderlich, die durch hohes Gewicht, großes Volumen und durch hohen Schutzbedarf gegen mechanische Beschädigungen gekennzeichnet ist. Diese Aspekte haben unterschiedliche Auswirkungen auf den Insassenschutz.

Zunächst steigt üblicherweise die Fahrzeugmasse batterieelektrischer Fahrzeuge gegenüber Fahrzeugen mit Verbrennungsmotor deutlich, da Hochvolt-Antriebsbatterien häufig Gewichte von mehreren Hundert Kilogramm aufweisen. Lithium-Batterien für Kraftfahrzeuge verfügen heute noch über ein spezifisches Gewicht von ca. 150 bis 200 Wh pro kg. Eine 100-kWh-Batterie für einen PKW mit hoher Reichweite bedeutet damit derzeit ein Gewicht von mehr 500 bis 750 kg.

Dies beeinflusst die Charakteristik des *Crash-Pulses* und damit die Abstimmung des Insassenschutzsystems.

Die heute verwendeten Technologien für Hochvolt-Batterien haben hohe Anforderungen zum Schutz gegen mechanische Einwirkungen, um das Risiko eines *Thermal Runaway (Thermisches Durchgehen)* zu reduzieren. Bei diesem Vorgang – beispielsweise nach einer mechanischen Einwirkung auf die Batteriezellen – kommt es durch Ladungsübergänge zu einem sich selbst verstärkenden wärmeproduzierenden Prozess, bei dem die Zelle überhitzt und sich das in ihr enthaltene Lithium entzünden kann.

Um dem vorzubeugen, werden die Hochvolt-Batterie-Pakete in sehr steife Baugruppen oder in die Fahrzeugstruktur selbst integriert.

Die Auswirkungen sehr steifer Strukturen innerhalb der Fahrzeugkarosserie auf das Insassenschutzsystem sind allerdings ebenfalls zu berücksichtigen. Generell verfügen sie über wenig Deformationsvermögen zur Energieumsetzung. Andererseits können sie zur Gestaltfestigkeit der Fahrgastzelle beitragen. Bei der Entwicklung von Fahrzeugstrukturen und Insassenschutzsystemen sind diese Effekte für beide Zielsetzungen zu berücksichtigen.

6.4.5 Druckgasbehälter

Der Einbau von Druckgasbehältern für Fahrzeuge mit Gas- oder Wasserstoffantrieb wird in den nächsten Jahren weiter zunehmen, sodass häufiger eine derartige Karosserievariante Teil von Fahrzeugprogrammen sein wird. Die großvolumigen Druckgasbehälter mit Innendrücken bis 700 bar müssen vor Beschädigung bei einer Kollision geschützt werden, um damit verbundene Risiken beispielsweise durch einen Brand als Folge eines Unfalls zu vermeiden. Die ersten PKW mit Wasserstoffantrieb wurden bereits in Verbraucherschutzratings geprüft (Kap. 4).

Wasserstoffantriebe werden in der näheren Zukunft eher bei Nutzfahrzeugen oder im Transporter-Segment für Flotten benötigt werden (Abschn. 6.9). Hier erfolgt der Verbau im Unterboden, im Dach oder im Bereich hinter der Fahrerkabine. Bisher werden diese Systeme eher in bestehende Fahrzeugplattformen integriert. Mit diesen Entwicklungen und Fahrzeugen werden in der Zukunft weitere Erfahrungen gesammelt werden müssen. Siehe hierzu auch die Ausführungen zum Brandschutz (Abschn. 6.10).

6.5 Sicherheitsgurt-Systeme

Der Sicherheitsgurt ist die wesentliche Schutzeinrichtung für Fahrzeuginsassen und gilt zu Recht als *„Lebensretter Nummer eins"*. Die Hälfte aller 2021 in Nordamerika tödlich verunglückten PKW-Insassen (Anschnallquote über 90 %) war nicht angeschnallt [87, 88]. Er wird oft zu den wichtigsten Erfindungen des Jahrhunderts gezählt [121, 89]. 1985 nannte ihn das Deutsche Patentamt als eine von acht Erfindungen der zurückliegenden 100 Jahre mit dem größten Nutzen für die Menschen [29].

Dieser Abschnitt stellt Sicherheitsgurt-Systeme und ihre Komponenten in der Anwendung bei PKW als Bestandteil Integraler Insassenschutzkonzepte vor (Abb. 6.25). Sicherheitsgurt-Systeme zählen wie Airbags zu den Rückhaltesystemen und sind eine bedeutende Produktgruppe der Passiven Sicherheit.

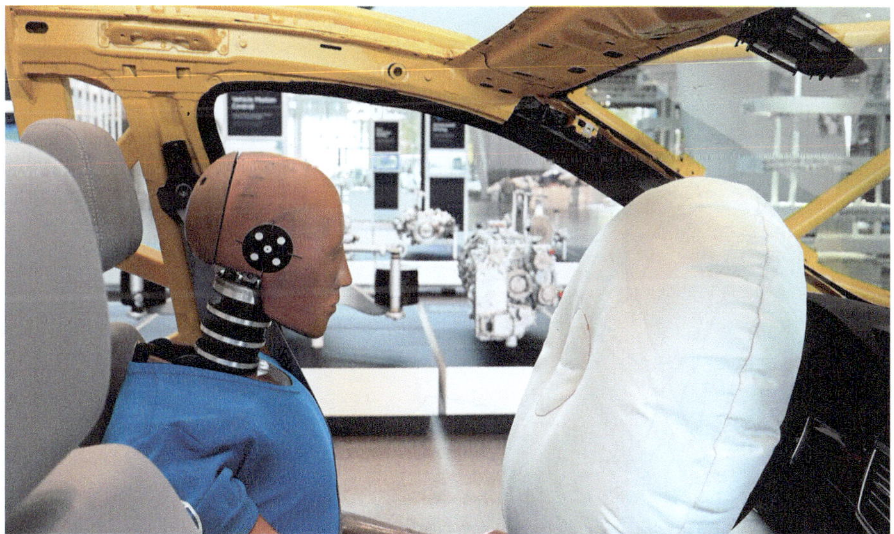

Abb. 6.25 Sicherheitsgurt-Systeme sind grundlegend für den Insassenschutz. (Quelle: ZF)

Die Anwendung von Sicherheitsgurt-Systemen bei NFZ, insbesondere bei LKW und bei Omnibussen, wird in Abschn. 6.9 separat dargestellt.

6.5.1 Die Anfänge von Sicherheitsgurten in Kraftfahrzeugen

Die Verbreitung des Sicherheitsgurts in Kraftfahrzeugen begann 1958 mit der Anmeldung eines *Dreipunkt-Sicherheitsgurt-Systems* durch die Kombination von Becken- und Schultergurt zum Patent durch Nils Bohlin als Ingenieur bei Volvo (Erstanmeldung: 1958, US-Patent US-3043625-A erteilt: 1962) [11]. Bohlin hatte zuvor an Schleudersitzen für Flugzeuge gearbeitet. Volvo führte dann 1959 in zwei Fahrzeugen den Dreipunktgurt als serienmäßige Ausstattung ein. Das Patent war offen zur Nutzung durch andere Fahrzeughersteller.

Das Gurtband wurde ausgehend von der B-Säule quer über den Oberkörper und das Becken geführt (Abb. 6.26). Im Übergang vom Schulter- zum Beckengurt wurde es mit einem „Befestigungsbügel" „abkoppelbar" am Fahrzeugmitteltunnel verankert. Beckengurte oder auch Diagonalgurte waren bereits vorher bekannt, aber sie konnten aufgrund mehrerer Nachteile nicht überzeugen: Die einen waren kein wirksames Mittel gegen den Aufprall des Kopfes auf das Lenkrad und die anderen konnten das Durchrutschen des Insassen nicht verhindern (*Submarining-Effekt,* Abschn. 3.1.4). Neben dem weiterhin bestehenden Verletzungsrisiko waren diese Gurtsysteme unpraktisch und unbequem in der Nutzung.

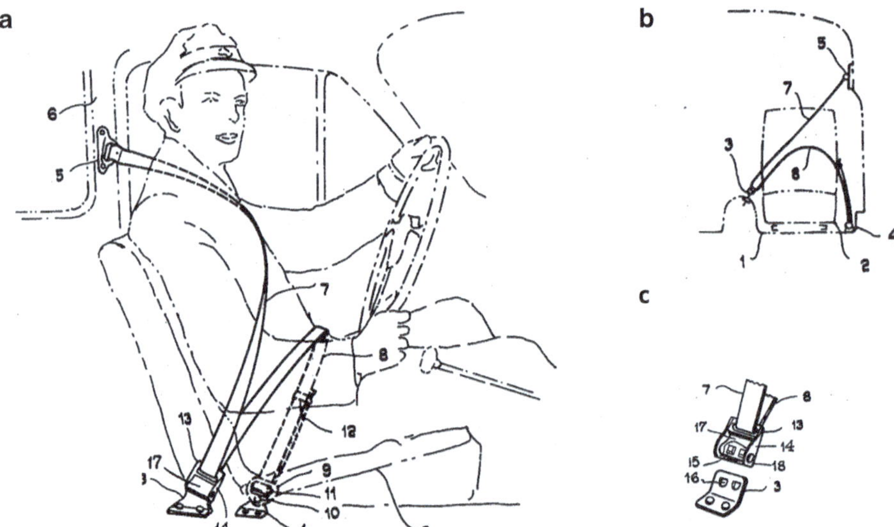

Abb. 6.26 Dreipunkt-Sicherheitsgurt – Abbildungen zur Patentschrift: **a** Gurtverankerungspunkte, **b** Gurtverlauf, **c** Gurtschloss. (Quelle: [11])

Ein erster Sicherheitsgurt wurde 1902 in einem Fahrzeug verbaut. Danach fanden Gurtsysteme eher in der Luftfahrt Anwendung. In den 1950er-Jahren kam es durch eine Initiative von Vattenfall zur Entwicklung des *Systems Vattenfall* [58]. Diese und weitere Entwicklungen führten Schritt für Schritt zur weiteren Verbreitung von Sicherheitsgurt-Systemen.

Meilensteine

Die Auflistung stellt ausgewählte Meilensteine der Entwicklungsgeschichte, der Verbreitung und der Gesetzgebung zu Sicherheitsgurt-Systemen dar:

- **1902** Erster in einem **Fahrzeug** verbauter **Sicherheitsgurt:** Geschwindigkeitsrekordwagen „Baker Torpedo", USA
- **1903** Erste **Patente** auf Gurtsysteme, beide in Frankreich: Vierpunkt-Gurtsystem (Gustave-Désiré Leveau), Fünfpunkt-Gurtsystem (Louis Renault)
- **1913 Einsatz von Sicherheitsgurten im Flugzeug durch den Kunstflieger Célestin Pégoud in Frankreich**
- **1956** Initiative der Firma Vattenfall in Schweden für ein **Zweipunkt-Gurtsystem** *(System Vattenfall),* das zunächst in Firmenfahrzeugen installiert wurde, Fertigung in Lizenz durch Lindblads Autoservice (heute Autoliv)
- **1958** Patentanmeldung des **Dreipunkt-Sicherheitsgurts** durch Volvo und Nils Bohlin in Schweden
- **1959** Markteinführung des ersten serienmäßig verbauten **Dreipunkt-Sicherheitsgurt-Systems** durch Volvo für das Modell PV544 *(System Volvo, Klippan-Gurt)*
- **1963** Gurtsystem mit automatischem Gurtaufroller und Sperrfunktion (Automatikgurt, *Automatic Belt*) (Britax bzw. Excelsior Motor Company)
- **1966** Pflicht zum Einbau in Neuwagen in den USA ab 1968, „Federal Law Title 49 of the United States Code, Chapter 301, Motor Vehicle Safety Standard"
- **1970** Pflicht für Sicherheitsgurte für Außensitze hinter der Windschutzscheibe, sofern das Fahrzeug mit Verankerungen ausgerüstet ist
- **1973** Pflicht für eine Wegfahrsperre im Fall von nicht angegurteten Insassen (Seatbelt Interlock, Ignition Interlock) bei Neufahrzeugen; sie wurde bereits 1974 zurückgenommen und führte 1977 zu der Anforderung nach Ausrüstung von automatisch anlegenden Gurtsystemen (Automatic Belt) oder Fahrer- und Beifahrer-Airbag
- **1974** Bei PKW-Neufahrzeugen werden in Deutschland Sicherheitsgurt-Systeme auf den vorderen Sitzen Pflicht´
- **1976** Einführung der **Anschnallpflicht** in Deutschland für die vorderen Sitzplätze von PKW, allerdings zunächst ohne Bußgeld
- **1979** Sicherheitsgurt-Systeme auf den hinteren Sitzen von PKW werden in Deutschland Pflicht bei Neufahrzeugen

- **1979** Pflicht für Dreipunkt-Verankerungen und **Dreipunkt-Sicherheitsgurte** für Außensitze unmittelbar hinter der Windschutzscheibe
- **1980** Markteinführung von **pyrotechnischen Gurtaufroller-Straffern** durch Mercedes-Benz für die Baureihe 126 (S-Klasse) zusammen mit der Markteinführung des Fahrer-Airbags als ergänzendes Rückhaltesystem
- **1984** Einführung von **Bußgeldern** bei Verstoß gegen die Anschnallpflicht in PKW in Deutschland
- **1992** Sicherheitsgurt-Systeme werden in Deutschland Pflicht bei LKW-Neuzulassungen
- **1997** Sicherheitsgurte für alle Plätze in Bussen mit einem zulässigen Gesamtgewicht von mehr als 3,5 t vorgeschrieben (DE)
- **2002** Markteinführung von **Aktiven Gurtaufroller-Straffern** durch Mercedes-Benz für die Baureihe 220 (S-Klasse) (TRW, heute ZF)
- **2010, 2011, 2013** Markteinführungen von **Sicherheitsgurt-Airbag-Systemen** auf Rücksitzen durch Ford im Jahr 2010 für den Explorer (Key Safety Systems), durch Toyota im Jahr 2011 für das Modell Lexus LFA (Takata) und durch Mercedes-Benz im Jahr 2013 für die Baureihe 222 (S-Klasse) (Autoliv) für Rücksitze

Die Dreipunkt-Gurtsysteme der frühen Generation waren noch *Statikgurte*, d. h. es fehlte ihnen ein automatischer Gurtbandaufroller. Er wurde 1963 als *Automatikgurt* (engl.: *Automatic Belt*) vorgestellt.

Erste Gurtsystem-Generationen konnten das Schutzpotenzial nicht voll entfalten und wiesen in einigen Situationen Nachteile auf [91]. Dies wurde noch Ende der 1970er-Jahre zum Anlass genommen, äußerst kritisch gegen die Verwendung von Gurtsystemen zu argumentieren, ohne in diese Überlegungen die zu erwartenden Verletzungen bei Nichtnutzung des Gurts in ausreichendem Maße einzubeziehen. Dennoch wurde hierdurch der Verbesserungsprozess zumindest beschleunigt und es bleibt festzustellen, dass diese Einzelmaßnahme eine sehr hohe Effizienz hinsichtlich der Verbesserung der Fahrzeugsicherheit zur Folge hatte.

6.5.2　Der lange Weg zu einer hohen Gurtanlegequote

Der Sicherheitsgurt im Kraftfahrzeug ist ein Schutzsystem, das i. d. R. durch den Fahrzeuginsassen selbst angelegt werden muss und erst dann seine Schutzfunktion ausüben kann.

Seine Nutzung durch die Fahrzeuginsassen hat sich seit den 1970er-Jahren, insbesondere durch Einführung der Gurtpflicht, sehr zum Positiven verändert. Betrug die *Gurtanlegequote* der Insassen in Deutschland auf Vordersitzen vor der Gurtpflicht im innerstädtischen Verkehr zu jener Zeit nur ca. 40 %, konnte inzwischen ein Niveau von über 98 % erreicht werden (Abb. 6.27). Noch deutlicher hat sich die Gurtanlegequote der Insassen auf hinteren Sitzreihen verbessert, die ebenfalls ein sehr hohes Niveau erreicht

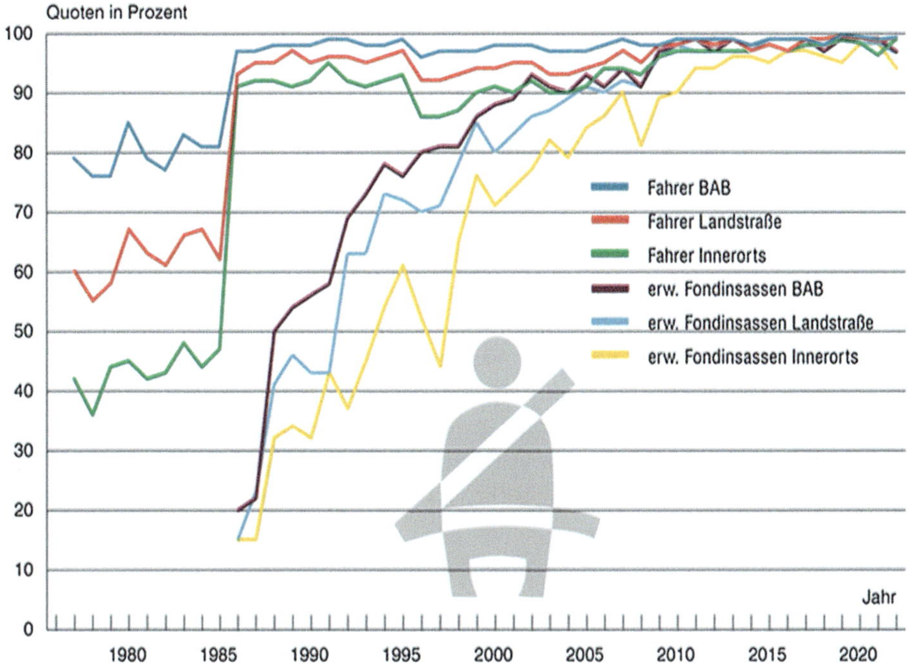

Abb. 6.27 Gurtanlegequote von PKW-Insassen (Verkehrsbeobachtung 2021, Erwachsene, Deutschland, Landstraßen und Bundesautobahnen, BAB). (Quelle: Bundesanstalt für Straßenwesen, BASt, [38])

hat. Die Bundesanstalt für Straßenwesen (BASt) führt jährliche *Verkehrsbeobachtungen* u. a. zur Ermittlung der Gurtanlegequote durch, sodass eine durchgängige Analyse des Verhaltens von Fahrzeuginsassen über die Jahre hinweg erfolgen kann [38]. Im Durchschnitt aller erwachsenen Fahrzeuginsassen wurde eine Gurtanlegequote von 98,8 % (2021) gemessen. Für Kinder wurde eine Quote von 98,7 % (2021) für die Nutzung von Kindersitz oder Sicherheitsgurt ermittelt.

In Kap. 4 wurden bereits die weltweit geltenden gesetzlichen Bestimmungen in den Regionen zur Ausrüstung von Kraftfahrzeugen mit Sicherheitsgurt-Systemen durch Fahrzeughersteller beschrieben. Eine Pflicht zur Nutzung des Schutzsystems war damit aber nicht sofort verbunden. Die Umsetzung der Anschnallpflicht in Kraftfahrzeugen per Gesetz begann in Europa in den 1970er-Jahren. Bußgelder wurden erst später erhoben, denn man versuchte zunächst, Verkehrsteilnehmer durch Verkehrserziehungskampagnen zur Nutzung zu motivieren. Als bedeutend für die Verbesserung der Gurtanlegequote kann die *Gurtwarn-Funktion* angesehen werden, die bei Nichtanlegen des Sicherheitsgurtes eine deutliche Warnung an den Fahrer bzw. die Insassen veranlasst.

Das Tragen des Sicherheitsgurts ist in vielen Ländern verpflichtend. In den USA als einzigem Land der Welt werden allerdings nach der FMVSS 208 auch Prüfungen von Insassenschutzsystemen mit nicht angegurteten Insassen durchgeführt (Kap. 4).

6.5.3 Schutzprinzip von Sicherheitsgurt-Systemen

Sicherheitsgurt-Systeme sind wesentliche Bestandteile von Insassenschutzsystemen. Als Technologie der Passiven Sicherheit dienen sie der Verringerung von Verletzungsrisiken bei einem Unfall. Im Fall eines Aufpralls des Fahrzeugs auf ein Hindernis wird das Fahrzeug abrupt verzögert. Fahrzeuginsassen würden aufgrund der Trägheit ihrer Massen mit der Fahrgeschwindigkeit des Fahrzeugs am Lenkrad, am Cockpit oder an den Sitzen anschlagen, wenn sie ungeschützt wären. Ein ungehinderter Aufprall führt bereits bei geringen Geschwindigkeiten zu hohen Verletzungsrisiken.

Die Schutzprinzipien von Insassenschutzsystemen und die Zielsetzungen von Sicherheitsgurt-Systemen wurden bereits in Abschn. 6.2 erläutert. Mit der Gegenüberstellung in Abb. 6.28 soll noch einmal das Prinzip der Schutzwirkung von Sicherheitsgurt-Systemen verdeutlicht werden. Es zeigt schematisch vereinfacht die Geschwindigkeiten des Fahrzeugs und des Insassen im vt-Diagramm sowie die auf den Insassen wirkende Verzögerung während des Unfallgeschehens. Ohne Rückhaltung durch den Sicherheitsgurt würde der Insasse im Innenraum anprallen und wäre dadurch über eine kurze Zeit (und kurzen Weg) hohen Beschleunigungen und hohen lokalen Kontaktkräften ausgesetzt.

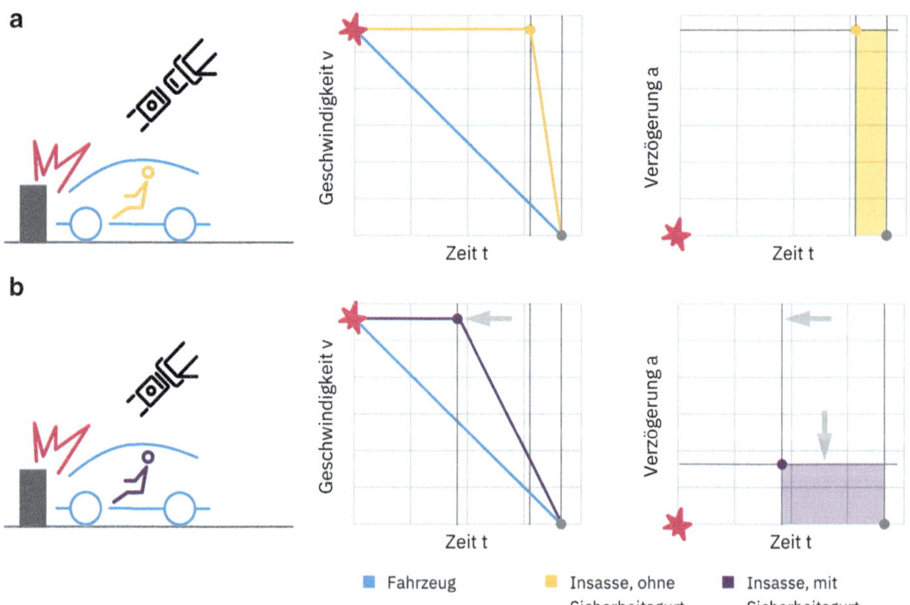

Abb. 6.28 Schutzwirkung des Sicherheitsgurts im vt-Diagramm durch Gegenüberstellung der Rückhaltung bei **a** nicht angegurtetem Insassen und **b** angegurtetem Insassen (schematisch). (In Anlehnung an [61])

Sicherheitsgurt-Systeme üben Schutzfunktionen bei vielen Unfallkonstellationen aus: z. B. Frontalaufprall, Seitenaufprall, Heckaufprall, Überschlag-Unfall und Off-the-road-Unfall. Die Schutzwirkung von Sicherheitsgurt-Systemen kann in folgende wesentlichen Teilfunktionen differenziert werden:

Stabilisierung der Insassenposition: Sind die Fahrzeuginsassen angeschnallt, so sind sie in einem gewissen Maß an ihrer Sitzposition stabilisiert und das Risiko des Heraus-schleuderns aus dem Fahrzeug ist bei vielen Unfallkonstellationen reduziert oder kann verhindert werden. Diese Teilfunktion wird bei Statikgurten unmittelbar und bei Auto-matikgurten durch verschiedene *Sperrfunktionen* des *Sicherheitsgurt-Aufrollers* sicher-gestellt.

Mit der sicheren Positionierung der Insassen trägt der Sicherheitsgurt wesentlich dazu bei, dass weitere Insassenschutzsysteme (z. B. Airbag-Systeme, Kopfstützen, Anti-Whiplash-Systeme etc.) wirksamen Schutz leisten können.

Sicherheitsgurt-Systeme leisten auch bereits während der ersten Phase des integralen Sicherheitsansatzes (Phase: *Bei der Fahrt*, Abb. 1.7) durch die Stabilisierung der Insassenposition einen Beitrag zur Aktiven Sicherheit. Der Fahrer wird durch den Sicher-heitsgurt in seiner Position gesichert, was die Wahrnehmung seiner Fahraufgabe unter-stützt. Durch Integration einer reversiblen Straffung durch Aktive Gurtaufroller-Straffer (ACR) in die Fahrmanöver von Fahrerassistenz-Systemen (ADAS), wie z. B. ADAS-AEB (engl.: *Autonomous Emergency Braking*) oder ADAS-ESA (engl.: *Evasive Steering Assist, Emerging Steering Assist*), kann diese Schutzfunktion weiter verfeinert werden.

Ankopplung: Ziel der *Ankopplung* der Insassen ist der rasche Aufbau von Kräften im Gurtsystem, die zur Verzögerung der Insassen verwendet werden. Damit wird ein mög-lichst früher Beginn der Rückhaltung erzielt und eine ungebremste *Vorverlagerung* des Insassen kann so weit wie möglich vermieden werden. Zur Ankopplung werden in der *In-Crash-Phase* (Phase: *Beim Unfall,* Abb. 1.7) nicht-reversible pyrotechnische *Gurtaufroller-Straffer* (Abschn. 6.5.9) und reversible *Aktive Gurtaufroller-Straffer* (Abschn. 6.5.10.1) bereits in der *Pre-Crash-Phase* (Phase: *Bei Gefahr,* Abb. 1.7) des integralen Sicherheitsansatzes eingesetzt. Die Schutzwirkung des Sicherheitsgurt-Systems wird dadurch verbessert, dass ein größerer Anteil des Vorverlagerungswegs für die Insassenverzögerung (Geschwindigkeitsangleich, Energietransformation) genutzt und damit die Belastungswerte reduziert werden können (Abb. 6.29).

Kraftbegrenzung bei der Energietransformation: Sie leistet einen Beitrag zu dem hohen Schutzpotenzial, das heutige Sicherheitsgurt-Systeme bieten. Bei schweren Kollisionen mit hoher Geschwindigkeit des eigenen *(Ego-Fahrzeug)* oder des kollidierenden Fahr-zeugs würden die auf die Insassen wirkenden Kräfte ein tolerierbares Maß übersteigen und schwere Verletzungen, insbesondere an inneren Organen, wären die Folge.

Sicherheitsgurt-Systeme besitzen deshalb Funktionen zur *Kraftbegrenzung,* die früher auch durch definiert aufreißende Nähte im Gurtband (Abschn. 6.5.8.1) oder heute i. d. R.

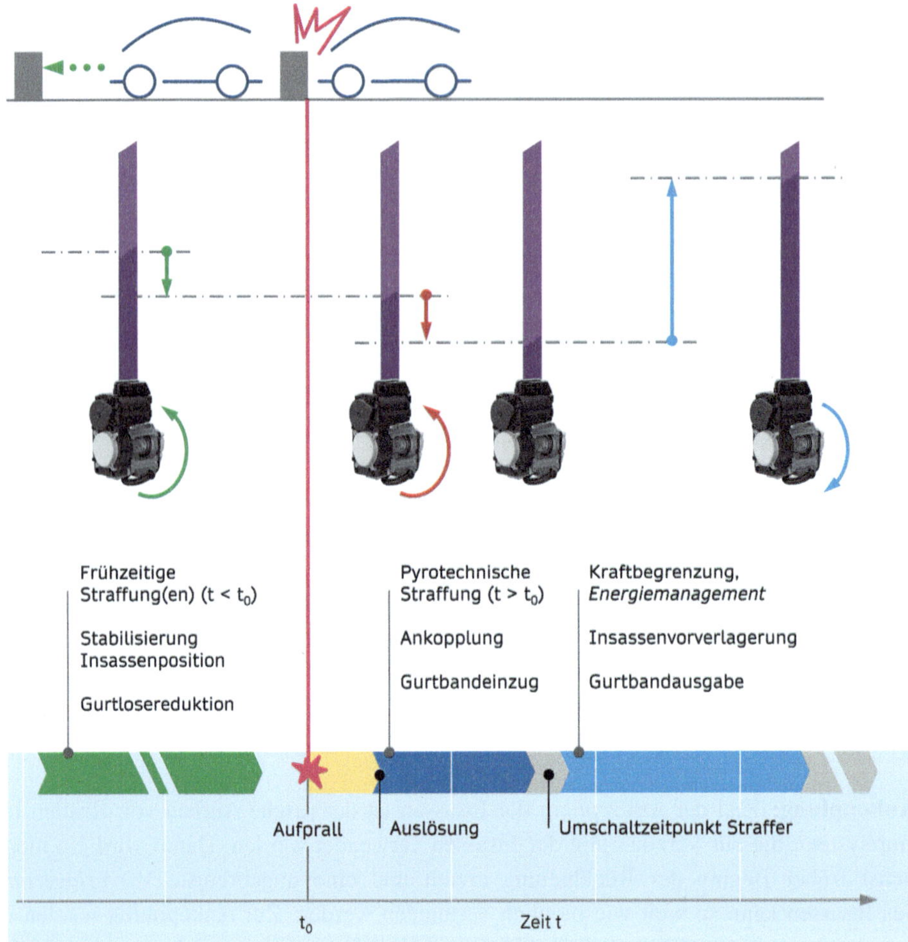

Abb. 6.29 Prinzipieller Verlauf der Gurtbandbewegung beim Dreipunkt-Sicherheitsgurt. (Quelle: ZF)

durch deformierbare *Torsionsstäbe* in Gurtaufrollern verbaut sind. Sie erlauben, dass das Gurtband während des Verzögerungsvorgangs im Schulter- und Beckenbereich mit einer definiert eingestellten Gurtbandkraft ausgegeben wird und der Insasse sich damit über den verbleibenden Vorverlagerungsweg weiter nach vorne bewegen kann. Durch den vergrößerten Verzögerungsbereich ist die auf den Insassen wirkende Rückhaltekraft reduziert und das Verletzungsrisiko sinkt.

Sicherheitsgurt-Systeme ermöglichen heute mit ihren Kraftbegrenzungsfunktionen eine definierte Steuerung der Rückhaltekraft, sodass eine differenzierte Abstimmung des Kraftbegrenzungsniveaus auf den jeweiligen Insassentyp oder die Unfallkonstellation umgesetzt werden kann *(Adaptivität)*. Die Anforderungen an den Verlauf der Rückhaltekraft unterscheiden sich je nach Sitzposition. Die dazu verfügbaren Systeme werden im folgenden Absatz näher erläutert.

t_0
t_F
t_S
Zeit t
Teilfunktionen (schematisch)
Stabilisierung Insassenposition
Reversible Straffung(en)
Pyrotechnische Straffung, Ankopplung
Kraftbegrenzung, Energiemanagement
Ende Gurtbandausgabe

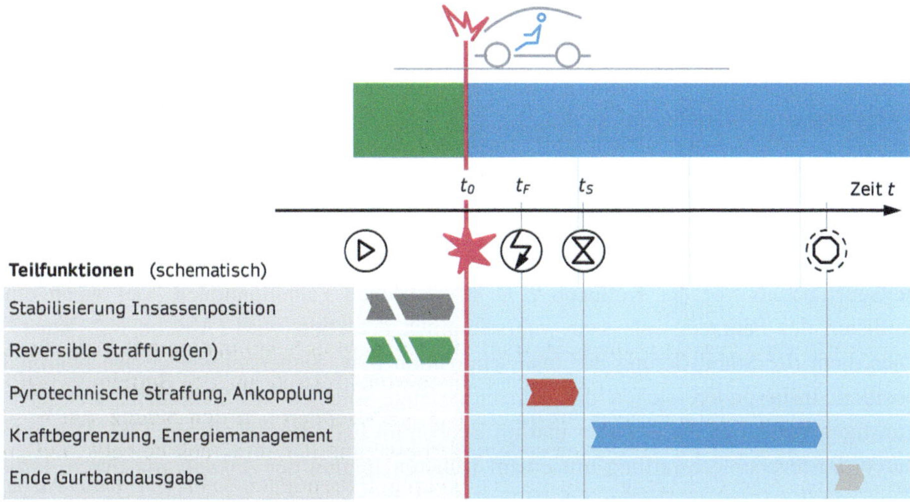

Abb. 6.30 Schematische Darstellung der Schutzfunktionen von Sicherheitsgurt-Systemen entlang den Phasen einer Kollision. (In Anlehnung an [61])

Die Schutzfunktionen des Sicherheitsgurt-Systems können gut den einzelnen Phasen vor, während und nach der Kollision zugeordnet werden (Abb. 6.30): Stabilisierung der Insassenposition vor dem Kollisionsereignis. Nach dem Aufprall erfolgt in der *In-Crash-Phase* die *nicht-reversible Straffung* und *Ankopplung* der Insassen, die *Kraftbegrenzung* und die Steuerung des Kraftverlaufs.

Abb. 6.31 zeigt Aufnahmen eines Systemversuchs zu Insassenschutzsystemen und beispielhaft die Darstellung des Ablaufs der Insassenkinematik in der Straff- und in der

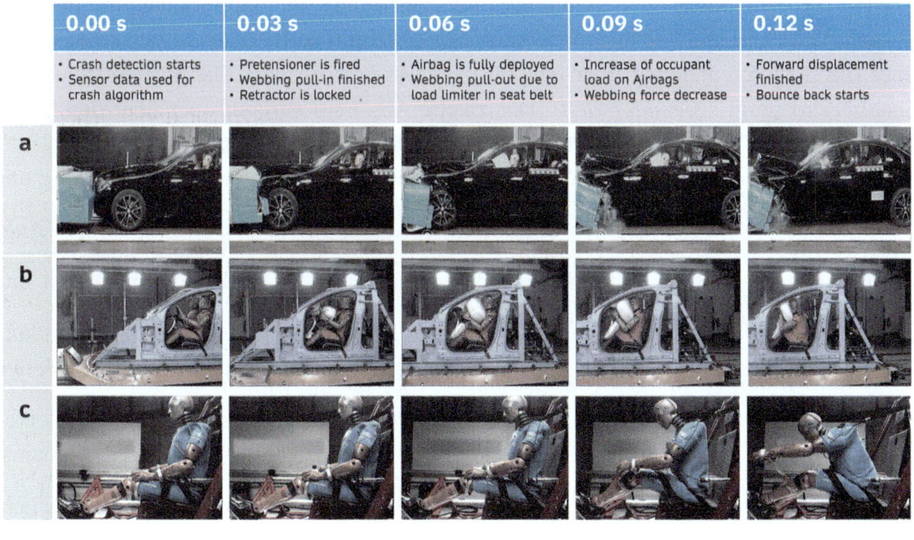

0.00 s
• Crash detection starts
• Sensor data used for crash algorithm
0.03 s
• Pretensioner is fired
• Webbing pull-in finished
• Retractor is locked
0.06 s
• Airbag is fully deployed
• Webbing pull-out due to load limiter in seat belt
0.09 s
• Increase of occupant load on Airbags
• Webbing force decrease
0.12 s
• Forward displacement finished
• Bounce back starts
a
b
c

Abb. 6.31 Systemversuch zu Insassenschutzsystemen und beispielhafte Darstellung der Insassenkinematik. (Quelle: ZF, in Anlehnung an [61])

Kraftbegrenzungsphase, in der das Gurtband vom Sicherheitsgurt-Aufroller ausgegeben und eine Vorverlagerung des Insassen erkannt werden kann.

Eine Erläuterung von Schutzfunktionen und Interventionsmaßnahmen in der *In-Crash-Phase* erfolgte bereits in Abschn. 6.2. Dies betrifft insbesondere die Funktionen von Gurtaufrollern zum *Energiemanagement* und zur Steuerung von Kraftniveaus. Die Vorteile und erweiterten Schutzfunktionen von *Aktiven Sicherheitsgurt-Systemen* werden in Abschn. 6.5.10 weiter ausgeführt.

Konzepte der Integralen Sicherheit zielen auf eine Reduzierung der Gurtlose im Sicherheitsgurt bereits vor der Kollision z. B. in kritischen Fahrsituationen oder wenn eine Kollision des Fahrzeugs als sehr wahrscheinlich detektiert wird (Abschn. 6.2, Kap. 7). Dies dient der Stabilisierung der Insassenposition bzw. Sicherstellung dessen Nominalposition. Insbesondere sichert das frühzeitige enge Anlegen des Sicherheitsgurts seinen günstigen Verlauf an der Schulter und im Becken im Falle einer Kollision [78]. Dies wird durch die reversible Straffung mit einem früheren Beginn der *Ankopplung* durch *Aktive Gurtaufroller-Straffer* (Abschn. 6.5.10.1) erreicht. Eine derartige reversible Straffung kann daneben auch proaktiv in Kombination mit Fahrmanövern der Aktiven Sicherheit wie z. B. ADAS-AEB, ADAS-ESA erfolgen (Kap. 5).

6.5.4 Bauarten von Sicherheitsgurt-Systemen

Bei Sicherheitsgurt-Systemen unterscheidet man – nach der Anordnung des Gurtbands und je nach Befestigungspunkten – unterschiedliche Arten (Abb. 6.32): Beckengurt, Dreipunktgurt, Hosenträgergurte als Vier-, Fünf- bzw. Sechspunktgurt sowie weitere Sonderformen.

Das *Dreipunkt-Gurtsystem* mit Aufroller (auch: *Dreipunktgurt-Automat,* 3PGA) (engl.: *Three-Point-Belt System*) ist heute die Standardlösung für Sicherheitsgurte in Fahrzeugen. Das Gurtband verläuft in einem ersten Abschnitt vom oberen Verankerungspunkt über die Schulter diagonal über den Oberkörper zum Becken. Dieser Bereich ist der *Schultergurt* (engl.: *Shoulder Belt*). Der zweite Abschnitt verläuft quer über den Schoß bzw. die Beine. Dieser Bereich ist der *Beckengurt* (engl.: *Lap Belt*).

Vier-, Fünf- oder *Sechspunkt-Gurtsysteme* finden im Rennsport ihre Anwendung und Sicherheitsanforderungen sind für diese Anwendungen spezifiziert, beispielsweise: FIA 8853/98 [40] oder SFI 16.6 [100]. Einfache *Beckengurte* finden heute beispielsweise noch in Omnibussen oder in Flugzeugen Verwendung. Ein Beckengurt kann mit und ohne Gurtaufroller ausgeführt sein.

Auto-Belt-Systeme: In den 1980er- und 1990er-Jahren wurden in den USA *automatische Gurtsysteme* (engl.: *Automatic Seat Belt, Auto Belt*) verwendet. Sie legten den Schultergurt selbsttätig beim Schließen der Tür an den Insassen an. Ein Mechanismus bewegte den Umlenker von der A-Säule hin zur B-Säule. Sie machten damit das

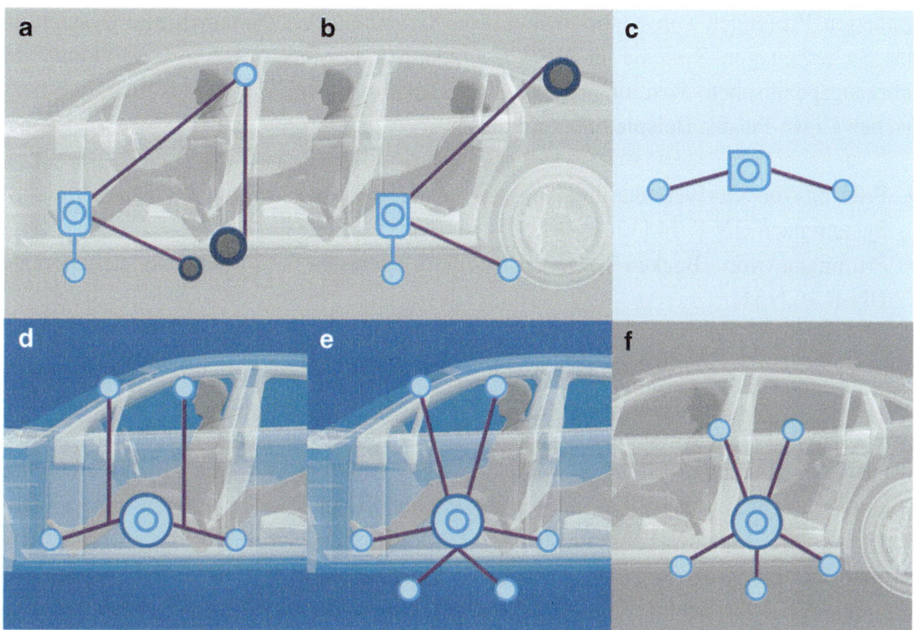

Abb. 6.32 Arten von Sicherheitsgurt-Systemen in Abhängigkeit von Gurtverankerungspunkten und Gurtverlauf: **a** Dreipunktgurt mit Umlenker, **b** Dreipunktgurt mit Direktabzug, **c** Statik-Beckengurt, **d** Vierpunkt-Gurtsystem, **e** Sechspunkt-Gurtsystem, **f** Fünfpunkt-Gurtsystem, z. B. auch Kindersitze. (Quelle: ZF)

manuelle Anschnallen durch Einstecken der Gurtzunge in das Gurtschloss durch den Insassen selbst obsolet. Großer Nachteil dieser Systeme war, dass es keinen Beckengurt-Anteil gab und die Oberschenkel frühzeitig über andere Maßnahmen abgestützt werden mussten. Gesetzliche Anforderungen verlangten entweder ein derartiges Gurtsystem oder die Ausstattung mit Fahrer- und Beifahrer-Airbag. Infolge der weiteren gesetzlichen Anforderungen zur Ausrüstung der Fahrzeuge mit Airbags ab 1998 werden sie heute nicht mehr verwendet.

6.5.5 Anforderungen an Sicherheitsgurt-Systeme im PKW

Zur Konfiguration eines Sicherheitsgurtsystems für eine Sitzposition in einem Fahrzeug sind zunächst die Systemumgebung und die Systemschnittstellen zu erfassen. Dies kann nur gelingen, wenn hierbei mehrere Perspektiven beachtet werden.

Anforderungen zu Schutzfunktionen von Sicherheitsgurt-Systemen

Eine erste Perspektive sind Anforderungen zu Schutzfunktionen und deren Prüfung, die in unterschiedlichen Regionen u. a. gesetzlich geregelt sind (siehe auch Kap. 4). Sie umfassen Prüfungen von Komponenten von Sicherheitsgurt-Systemen und Systemtests der Sicherheitsgurt-Systeme in Ersatzumgebungen beispielsweise mit Abbildung der fahrzeugspezifischen Positionen der Gurtverankerungspunkte und des fahrzeugspezifischen Crash-Pulses. Beispielhaft sind dies:

- Prüfung von Gurtverankerungspunkten in der Fahrzeugstruktur oder auch im Sitz-System nach UN-R 14 [130]
- Prüfungen von Becken- und Brustvorverlagerung in Schlittenversuchen nach UN-R 16 [131]

Eine weitere Perspektive zur Betrachtung der Systemumgebung von Sicherheitsgurt-Systemen ist das Insassenschutzsystem des Fahrzeugs mit seinen verschiedenen Teilsystemen. Auf den vorderen Sitzreihen ist die Interaktion mit den Airbag-Systemen als weiteres Rückhaltesystem zu berücksichtigen, während dies auf den hinteren Sitzreihen i. d. R. nicht der Fall ist. Weiterhin sind auch Interaktionen mit dem Sitz-System, der Lenksäule oder der Fahrzeugstruktur zu berücksichtigen – um einige wesentliche zu nennen. Ihr Zusammenwirken wird in rechnerischen und experimentellen Systemsimulationen untersucht. Dazu werden auch Schlittenversuche mit fahrzeugspezifischen Parametern durchgeführt und die Schutzwirkung wird auf den unterschiedlichen Systemebenen geprüft und bewertet (Kap. 8). Beispiele für *Systemversuche* sind:

- Systemversuche von Sicherheitsgurt-Systemen nach UN-R 94 [132] (Frontalaufprall auf eine deformierbare Barriere mit 40 % Überdeckung) und UN-R 137 [133] (Frontalaufprall auf eine starre Barriere) sind weitere Tests für Fahrzeuge der Klasse M1
- Prüfungen nach der FMVSS 208 für die USA [141]

Eine weitere Perspektive zur Betrachtung der Systemumgebung sind auch die Bauräume für Sicherheitsgurt-Komponenten und ihre physische Integration in das Fahrzeug. Hierbei sind je Sitzposition bestimmte Anforderungen und Restriktionen zu berücksichtigen. Insbesondere stellen die vordere und die hintere Sitzreihe unterschiedliche Anforderungen an Sicherheitsgurt-Systeme. Die Optimierung der Ergonomie für die Insassen im Fahrzeuginnenraum ist mit der Lösung von Zielkonflikten verbunden.

Im Folgenden soll der Einfluss der Position im Fahrzeug auf das Dreipunkt-Gurtsystem näher betrachtet werden.

Anforderungen verschiedener Sitzpositionen

Die spezifischen Anforderungen an Insassenschutzsysteme für die jeweiligen Sitzpositionen im PKW führen zu typischen Konfigurationen der Sicherheitsgurt-Systeme. Sitzpositionen im PKW sind u. a. durch die UN-R 16 spezifiziert, sodass hieraus bereits Anforderungen für die Gestaltung des Gurtsystems abgeleitet werden können [131]. Abb. 6.33 zeigt die Einteilung der Sitzpositionen in typischen Sitzreihen bei PKW:

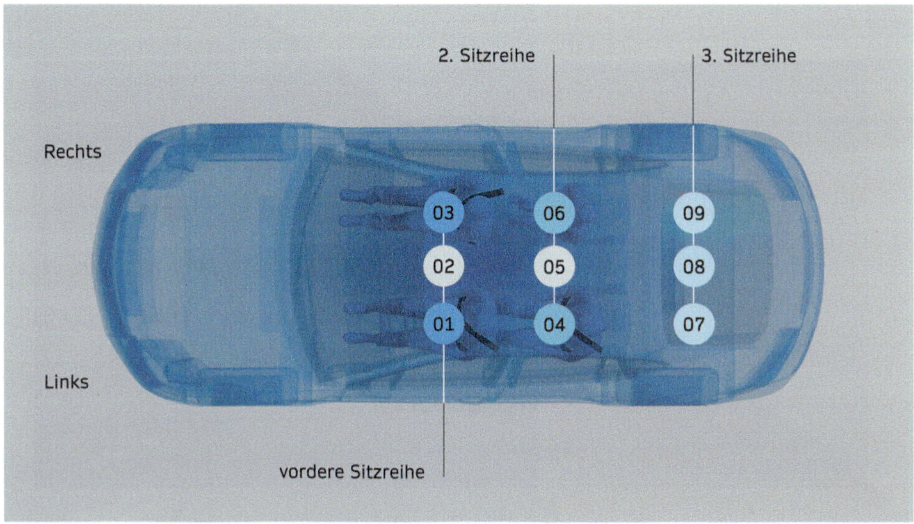

Abb. 6.33 Sitzpositionen im PKW mit Anforderungen für Sicherheitsgurt-Systeme. (Quelle: ZF)

Vordere Sitzreihe: Hier befinden sich der Fahrer- und der Beifahrersitz sowie in Einzelfällen auch ein Mittelsitz. Für PKW sind in der Position einstellbare Einzelsitze typisch. Der Gurtaufroller wird häufig in der B-Säule des Fahrzeugs untergebracht und über einen Umlenker oder auch mit zusätzlichem Höhenversteller in den Innenraum geführt. Die beiden weiteren Verankerungspunkte des Dreipunktgurts, bestehend aus Gurtschloss und Endbeschlag, sind entweder an der Karosserie oder direkt am Sitz bzw. der Sitzschiene befestigt. In der vorderen Sitzreihe ist in Verbindung mit einem Airbag-System ein Dreipunkt-Gurtsystem mit einem pyrotechnischen Gurtaufroller-Straffer und einem weiteren Endbeschlags- oder Schlossstraffer das meistverbaute Gurtsystem.

Hintere Sitzreihe: Auf der hinteren Sitzreihe ist i. d. R. eine Sitzbank mit drei oder auch nur zwei Sitzpositionen verbaut. Die Gurtführung erfolgt ebenfalls über einen Umlenker oder durch einen Direktabzug in der C-Säule, wenn der Gurtaufroller auf der Hutablage montiert ist. Häufige Konfigurationen für die zweite Sitzreihe sind entweder ein Dreipunkt-Gurtsystem mit pyrotechnischem Gurtaufroller-Straffer oder auch nur einem Gurtaufroller.

Das Fahrzeugkonzept und die Fahrzeugstruktur definieren mögliche Gurtverankerungspunkte des Dreipunkt-Gurtsystems. Der mögliche Bauraum wird auch durch weitere Anforderungen des Interieur-Designs bestimmt. Für die Konfiguration der Dreipunkt-Gurtsysteme sind gesetzliche und weitere spezifische Sicherheitsanforderungen für Sitzreihen und Sitzpositionen zu berücksichtigen. Auch in der Kombination des Dreipunkt-Gurtsystems mit einem Airbag-System ergeben sich Anforderungen an die Straffung und die Steuerung der Rückhaltekraft durch den Gurtaufroller.

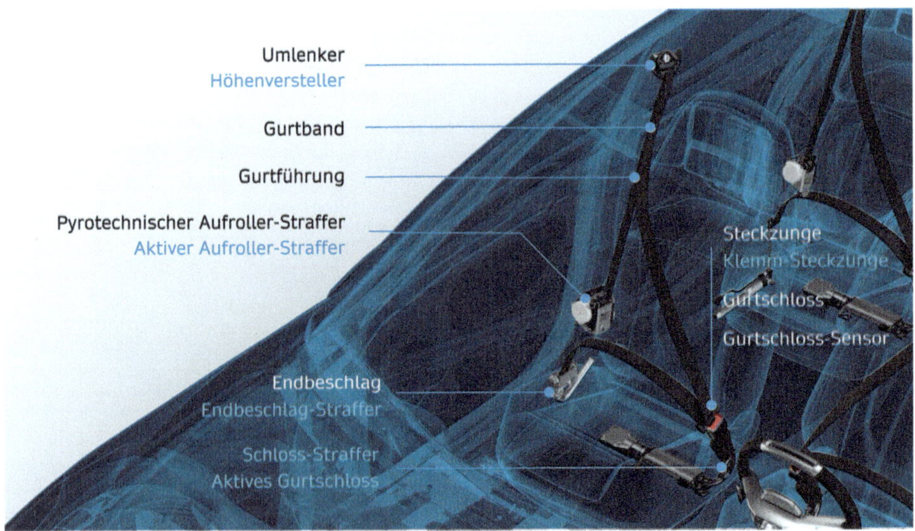

Abb. 6.34 Schematische Darstellung eines Dreipunkt-Gurtsystems für die vordere Sitzpositionen

In Abb. 6.34 sind die wesentlichen Komponenten eines *Dreipunkt-Gurtsystems* aufgeführt, die üblicherweise generell oder auch als optionale Komponenten verbaut sein können:

- Gurtband: Das Gurtband verläuft vom Aufroller kommend über den Umlenker über den Oberkörper des Insassen.
- Steckzunge: Die Steckzunge führt das Gurtband im Übergang vom Schultergurt- in den Beckengurtbereich. Alternativ kann eine Klemm-Steckzunge verbaut sein.
- An der Steckzungen-Position sind daneben Gurtschloss, Gurtschloss-Straffer oder ein Aktives Gurtschloss (ACB, Active Control Buckle) verbaut. Die Verankerung des Gurtschlosses erfolgt entweder an der Karosserie oder am Sitz.
- Endbeschlag: Entweder ist das Gurtband an einem einfachen Endbeschlag wiederum am Sitz oder der Karosserie verankert oder es ist ein Endbeschlag-Straffer verbaut.
- Aufroller, Aufroller-Straffer, Aktiver Aufroller-Straffer: Die Speicherung des Gurtbands, viele Kraftbegrenzungstechnologien sowie die Sperrfunktionen sind beispielhafte Funktionen der Aufroller-Systeme. Eine detaillierte Darstellung der Funktionen und Bauarten folgt in Abschn. 6.5.6.

Die oben übersichtsartig dargestellten Komponenten sind die Grundlage für individuelle Konfigurationen von Dreipunkt-Sicherheitsgurt-Systemen u. a. in Abhängigkeit von der Sitzposition, dem Fahrzeug sowie Festlegungen des weiteren Insassenschutzsystems. Beispiele für Konfigurationen von Dreipunkt-Sicherheitsgurt-Systemen für die vordere Sitzreihe sind in Abb. 6.35a–d sowie für Sitzpositionen der hinteren Sitzreihen in Abb. 6.35e–f dargestellt:

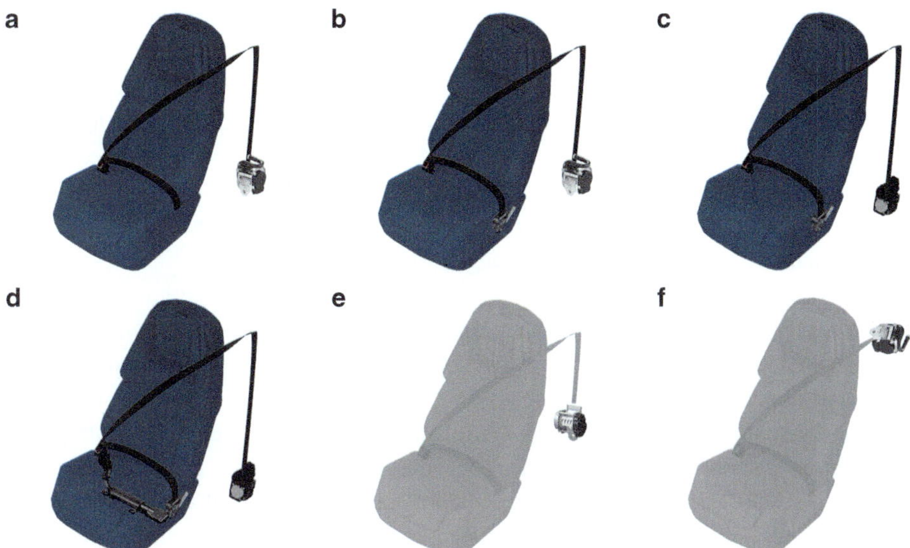

Abb. 6.35 Beispiele für Dreipunkt-Gurtsystem-Konfigurationen: **a–d**: für die vordere Sitzreihe, **e–f**: für hintere Sitzreihen (Quelle: ZF)

- Pyrotechnischer Gurtaufroller-Straffer mit Einfach-Straffung
- Pyrotechnischer Gurtaufroller-Straffer und Endbeschlag-Straffer für Zweifach-Straffung
- Aktiver Gurtaufroller-Straffer mit Gurtschloss-Straffer u. a. für reversible Vor-straffungen (Pre-Crash-Phase) und Zweifach-Straffung (In-Crash-Phase)
- Aktiver Gurtaufroller-Straffer mit Gurtschloss-Straffer u. a. für reversible Vor-straffungen (Pre-Crash-Phase) und Zweifach-Straffung (In-Crash-Phase) sowie Aktivem Gurtschloss
- Gurtaufroller-Straffer ohne Straffung
- Pyrotechnischer Gurtaufroller-Straffer mit Einfach-Straffung

Der Gurtverlauf startet beim Aufroller, der üblicherweise im unteren Bereich der B-Säule verbaut ist, und führt von dort über den Umlenker zum Körper des Insassen. Andernfalls können bei hinteren Sitzpositionen oder bei sitzintegrierten Gurtsystemen Dreipunkt-Gurtsysteme auch ohne Umlenker auskommen (*Direktabzug*, engl.: *Direct Pullout*). Das Gurtband wird dann direkt vom Gurtaufroller zum Insassen geführt, was die am Gurt-aufroller wirkenden Kräfte beeinflusst. Eine fehlende Reibung zwischen Gurtband und Umlenker und Gurtführungen wirkt sich meist positiv auf den Tragekomfort des Gurt-systems aus.

Sitzintegrierte Gurtsysteme
Die vollständige Integration des Sicherheitsgurt-Systems in den Sitz kann für Fahrzeug-applikationen mit besonderen Anforderungen eine Alternative zum konventionellen

Dreipunkt-Gurtsystem sein, wenn die Gurtverankerungen zumindest teilweise direkt an der Fahrzeugstruktur angeschlagen sind. Beispiele sind:

- PKW: Cabrios oder Coupés, bei denen die B-Säule nicht für den oberen Gurtverankerungspunkt genutzt werden kann
- Kleinbusse: Mittelsitze oder auch ausbaubare Sitze
- NFZ: Gurtsysteme, die vollständig in Schwingsitze integriert und komfortabler im Vergleich zu herkömmlichen Anordnungen sind

Gegenstand laufender und zukünftiger Forschungs-, Fahrzeugentwicklungs-, Standardisierungs- und Gesetzgebungsprozesse ist die Umsetzung neuer Innenraumkonzepte und neuer Funktionen für Fahrzeuginsassen [36, 59]. In Abb. 6.36 ist beispielhaft eine *Komfort-Sitzposition* (auch: *nicht-nominale Sitzposition*) dargestellt. Sie enthält beispielsweise erweiterte Einstellbereiche bei der Lehnenneigung und der Sitzlängsverstellung. Die Umsetzung neuartiger Gurtverankerungspunkte für ein derartiges Sitzsystem und die Integration der Sicherheitsgurt-Komponenten und notwendiger Sensoren in neue Verbaupositionen sind einige der hierbei zu lösenden Aufgaben. Hier können sitzintegrierte Gurtsysteme über Vorteile gegenüber konventionellen Anordnungen verfügen.

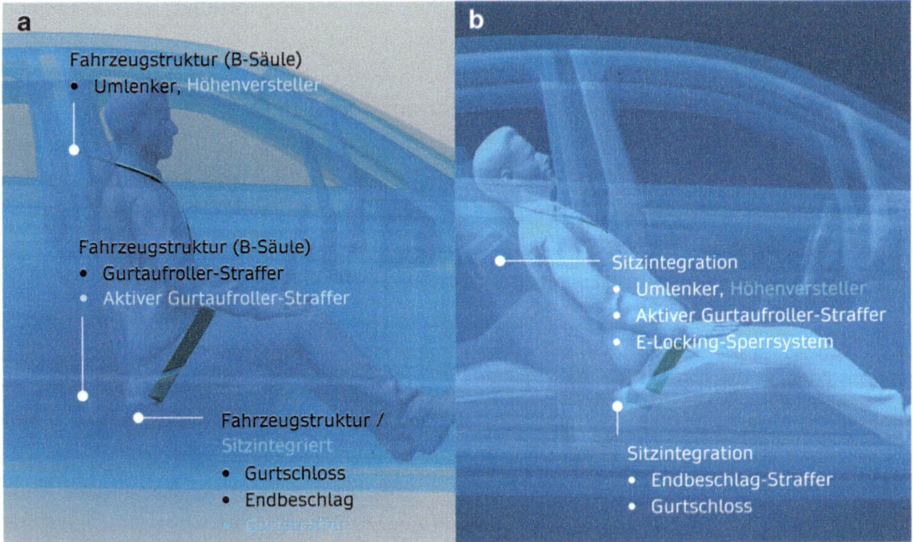

Abb. 6.36 Konzeptstudie eines Dreipunkt-Sicherheitsgurt-Systems für Komfort-Sitzpositionen. (Quelle: ZF)

6.5.6 Grundfunktionen von Sicherheitsgurt-Systemen

In diesem Abschnitt werden Grundfunktionen von Sicherheitsgurt-Systemen dargestellt, wie sie in den meisten Dreipunkt-Gurtsystemen umgesetzt werden. Über die Zeit haben sich bestimmte Zuordnungen von Funktionen zu Komponenten bewährt. Allerdings bietet das Dreipunkt-Gurtsystem viele Möglichkeiten, auch andere Zuordnungen vorzunehmen, was insbesondere im Rahmen von Komponenten-Neuentwicklungen oder bei der Bewertung von Konzeptalternativen nicht außer Acht gelassen werden sollte.

6.5.6.1 Gurtbandspeicherung und -einzug

Der *Sicherheitsgurt-Aufroller* (auch: *Gurtaufroller, Retraktor*) verschafft den Insassen im Fahrbetrieb Bewegungsfreiheit. Das auf einer *Spule* aufgewickelte *Gurtband* wird bei Vorwärtsbewegung der Insassen gegen eine geringe Federkraft freigegeben und bei Rückwärtsbewegung oder beim Lösen des Gurts *(Abschnallen)* wieder vollständig aufgespult. Der *Gurtaufroller* ist ein *Gurtbandspeicher*.

Bei Sperrung des Gurtaufrollers (Abschn. 6.5.6.2) kann trotzdem noch Gurtband herausgezogen bzw. ausgegeben werden, da sich die Gurtlagen auf der Spule zunächst enger anlegen und das dort aufgewickelte Gurtband gedehnt wird. Diese *Gurtlose* im Wickel kann, wenn sie nicht durch einen Gurtstraffer beseitigt wird, zu einer späteren Ankopplung des Insassen führen. In der Folge ist eine Vorverlagerung des Insassen zu erwarten und der *Ride-Down-Effekt* (Abschn. 6.2.4.1) wird negativ beeinflusst.

6.5.6.2 Sperrsysteme für Sicherheitsgurt-Aufroller

Bei Automatik-Gurtsystemen mit Gurtaufroller muss bei einer Kollision die Spule arretiert werden, sodass kein weiteres Gurtband ausgegeben wird *(Sperrfunktion)*. Durch die Sperrung gegen eine ungehinderte Gurtbandausgabe werden die Insassen zurückgehalten und gegen Verlassen der Sitzposition oder gegen Herausschleudern aus dem Fahrzeug geschützt (siehe auch Abschn. 6.2).

Die Sperrung der Spule erfolgt mithilfe von zwei voneinander unabhängigen Sensierungsarten und Sperrmechanismen. Diese Redundanz ist eine gesetzliche Anforderung durch UN-R 16 [131] oder auch GB 14.166 (CNCA-C11–04) [112]:

- **Sensierung des Gurtbandauszugs:** Dieses Sperrsystem mit Sensierung des Gurtbandauszugs (engl. *Web Sense*, WS) löst bei Überschreitung einer bestimmten Gurtbandbeschleunigung aus. Die Spule und damit auch das Gurtband sind blockiert und der Insasse wird an seiner Position zurückgehalten (Abb. 6.37a). Die Auslösung kann bereits vor der Kollision beispielsweise durch Gurtbandauszug bei dynamischen Fahrmanövern (z. B. Bremsen, Kurvenfahrt) und in kritischen Fahrsituationen erfolgen.
- **Sensierung der Fahrzeugbeschleunigungen:** Dieses Sperrsystem wird durch Beschleunigungen der Fahrzeugkarosserie ausgelöst (engl.: *Vehicle Sense*, VS). Üblicherweise ist der mechanische Sensor eine träge Masse wie eine Kugel (*Kugelsensor*, engl.: *Ball Sensor)* oder ein *Pendel.* Beim Erreichen einer bestimmten

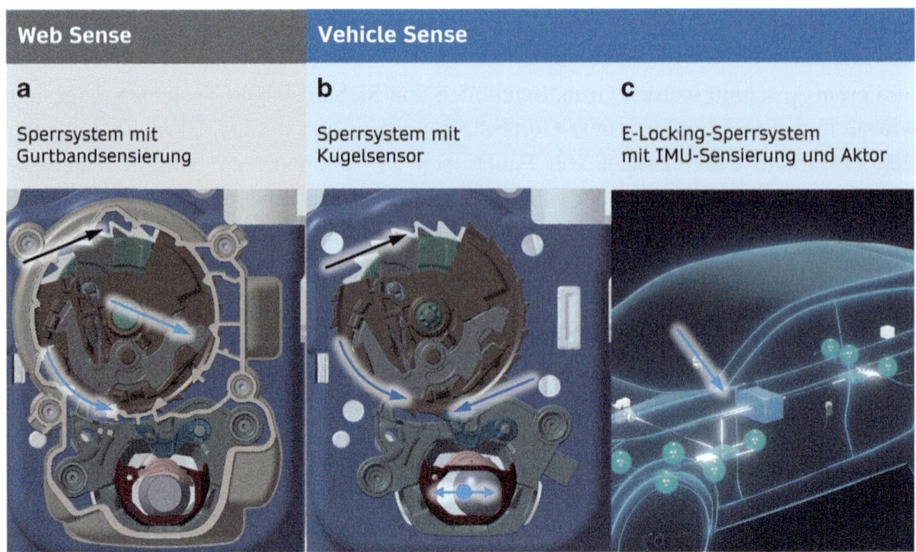

Abb. 6.37 Sperrkonzepte für Gurtaufroller: **a** *Web-Sense*-Sperrsystem, **b** *Vehicle-Sense*-Sperrsystem als Kugelsensor, **c** mechatronisches Sperrsystem *(E-Locking)*. (Quelle: ZF)

Beschleunigung (u. a. Verzögerung) blockiert ein Sperrmechanismus die Spule und damit den weiteren Auszug des Gurtbands. Der Insasse ist über dieses redundante Sperrsystem ebenfalls auf seiner Sitzposition gesichert (Abb. 6.37b). Die Sperrung kann, wie oben schon ausgeführt, bereits vor dem Kollisionsereignis erfolgen.

In zukünftigen Fahrzeugprojekten werden *mechatronische Sperrsysteme* eine größere Bedeutung erlangen (Abb. 6.37c). Hierbei wird das mechanische Sensor-Aktor-Konzept der Sensierung der Fahrzeugverzögerung – z. B. ein *Kugelsensor* – durch ein mechatronisches System substituiert. Bei der Umsetzung Integraler Insassenschutzkonzepte erfolgt die Sensierung der Fahrzeugbeschleunigung durch Sensoriken der Aktiven Sicherheit wie der *Inertial Measurement Unit* (IMU). Über Schnittstellen der *Auslöseelektronik* (Kap. 7) erfolgt die Aktivierung des mechatronischen Sperrsystems (*E-Locking*) im Gurtaufroller.

Durch dieses System ergeben sich Vorteile beim Verbau von Sicherheitsgurt-Aufroller-Systemen in die neigbare Rückenlehne eines Sitzsystems. Dieses Konzept ist ein wesentliches Element zur Realisierung von Sicherheitsgurt-Systemen für *Komfort-Sitzpositionen*. Auch können neue Kundenfunktionen zur Steigerung des Komforts oder zur Verbesserung des Fahrerlebnisses realisiert werden.

6.5.6.3 Insassenankopplung durch Gurtbandstraffung

Ein Entwicklungsziel von Insassenschutzsystemen und von Sicherheitsgurt-Systemen ist die frühe *Ankopplung* des Insassen an die Fahrzeugstruktur, um den *Ride-Down-Effekt*

(Abschn. 6.2.4.1) positiv zu beeinflussen. Dies wird i. d. R. durch eine *pyrotechnische Straffung* nach dem Aufprall realisiert. In Abschn. 6.2 wurden die Schutzprinzipien von Insassenschutzsystemen erläutert. Hierbei wurde deutlich, dass die maximale Nutzung des Vorverlagerungswegs eine wesentliche Zielsetzung bei der Entwicklung von Insassenschutzsystemen ist. Hierzu soll das Gurtband möglichst rasch nach dem Aufprall gestrafft werden. Ideal ist eine Straffung, noch bevor der Verlagerungsvorgang des Insassen (relative Bewegung in Bezug zur Fahrzeugstruktur) einsetzt, damit möglichst kein Vorverlagerungsweg ohne Kräfte im Gurtband, die den Insassen verzögern, verbraucht wird.

Durch die maximale Nutzung des Vorverlagerungsweges kann die Energieumsetzung über eine längere Strecke erfolgen, sodass in der Folge Beschleunigungen und damit die auf den Insassen wirkenden Kräfte gesenkt werden können. Im Ergebnis soll damit eine Reduzierung von Verletzungsrisiken erreicht werden.

In Abschn. 6.2 wurde bereits die Gegenüberstellung des Verlaufs der Insassenbeschleunigung ohne und mit Verwendung eines Gurtstraffers gezeigt. Durch eine frühe Ankopplung mithilfe eines Gurtstraffers soll ein größerer Teil des Vorverlagerungswegs für die Geschwindigkeitsangleichung genutzt werden. Dies kann geringere Kraftbegrenzer-Niveaus erforderlich machen.

Auf die Vorteile von *reversiblen Straffungen* bereits vor dem Aufprall durch *Aktive Gurtaufroller-Straffer* wird in den Abschnitten Abschn. 6.2 und Abschn. 6.5.10 eingegangen.

6.5.6.4 Kraftbegrenzung

Zur Begrenzung der auf die Insassen einwirkenden Kräfte bei der Rückhaltung bzw. während der Energieumsetzung in der In-Crash-Phase können Konzepte zur *Gurtkraftbegrenzung* (engl.: *Load Limiting* oder Energy Management) verbaut sein.

Sie können Bestandteil von Gurtaufroller-Straffern, aber auch von anderen Komponenten des Sicherheitsgurt- oder Insassenschutzsystems sein. Auch das Gurtband kann hierzu beitragen.

Nach der Ankopplung überträgt sich die Fahrzeugverzögerung der mit dem Fahrzeug verbundenen Gurtverankerungspunkte des Sicherheitsgurtes auf den Insassen. Übersteigen die dabei erzeugten Gurtkräfte die Kraftbegrenzung des Gurtsystems, wird Gurtband trotz der Sperrung herausgezogen und führt – zum Beispiel bei einem Frontalaufprall – zu einer gewissen Vorverlagerung des Insassen. Komponenten zur Gurtkraftbegrenzung können *Torsionsstäbe* im *Sicherheitsgurt-Aufroller, Reißnähte* am Gurtband, Deformations- oder Reibungselemente mit geeigneten Energiewandlungsprinzipien sein. Abb. 6.38 zeigt beispielhaft den Einfluss der Gurtkraftbegrenzung auf die Brustbeschleunigung eines Dummys. Bei einem Systemaufbau mit Kraftbegrenzung ist sie gegenüber dem Referenzaufbau reduziert, aber sie dauert über einen längeren Zeitraum an. Im Ergebnis wird durch die geringere Brustbelastung eine Reduzierung von Verletzungsrisiken erreicht.

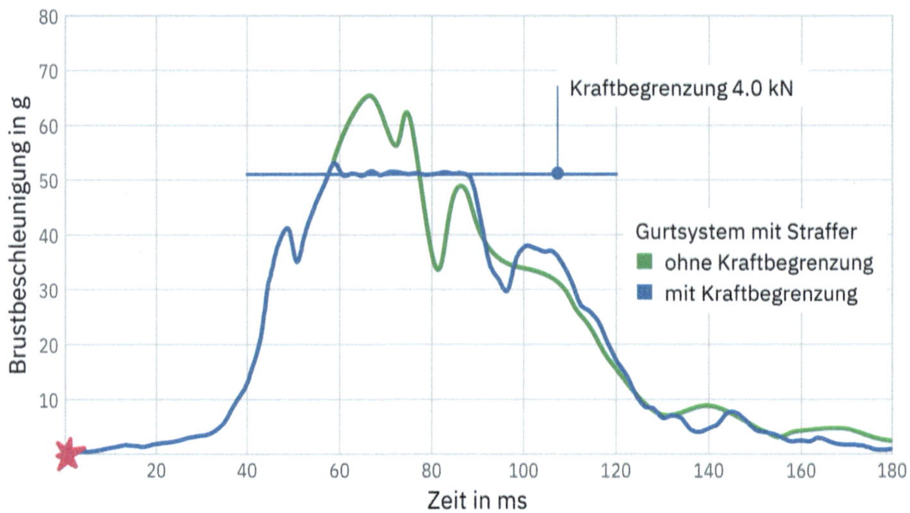

Abb. 6.38 Beispiel für den Einfluss des Gurtkraftbegrenzers auf die Dummy-Brustbeschleunigung bei einem Systemversuch. (Quelle: [61])

Die Möglichkeiten der Kraftbegrenzung am Gurtsystem sind vielfältig, denn grundsätzlich lassen sie sich sowohl an den Gurtbefestigungspunkten (am Gurtschloss und am Aufroller), am Umlenkbeschlag (bzw. am Höhenversteller) oder innerhalb des Gurtsystems (Aufroller, Gurtband) unterbringen. Die jeweilige Position bestimmt auch die vorwiegende Körperregion, die damit eine größere Vorverlagerung erfährt bzw. an der ein geringeres Kraftniveau und damit eine niedrigere Beschleunigung wirksam wird.

Im Prinzip gibt es bei einem bestimmten Insassengewicht und einer festgelegten Crash-Schwere jeweils ein Kraftniveau, das eine optimale Rückhaltung bei Nutzung des maximalen Vorverlagerungsweges ergeben würde. Umso schwerer ein Insasse und je höher der Crash-Puls ist, desto höher muss das Kraftniveau sein, damit Verletzungsrisiken durch Anprallen auf Strukturen im Interieur reduziert werden können.

Je nach Sitzposition wird die Schutzwirkung durch unterschiedlich konfigurierte Rückhaltesysteme erreicht – z. B. erfolgt der Einsatz von Sicherheitsgurten mit oder ohne Kombination mit Airbags. Daher sind für die Beeinflussung des Kraftverlaufs unterschiedliche Charakteristiken erforderlich: Sicherheitsgurt-Aufroller verfügen heute meist über Kraftbegrenzungs- und Energiemanagementfunktionen (engl.: *Load Limiting*, LL) wie *konstante Kraftbegrenzung* (CLL) oder je nach Rückhaltestrategie teilweise auch *progressive* (PLL) oder *degressive Kraftbegrenzung* (DLL). Diese Konzepte beeinflussen das Niveau der Rückhaltekraft oftmals durch definierte mechanische Verformungsprozesse. Abb. 6.39 zeigt in einer Übersicht typische *Energiemanagement-*Funktionen für Sicherheitsgurt-Aufroller und -Aufroller-Straffer.

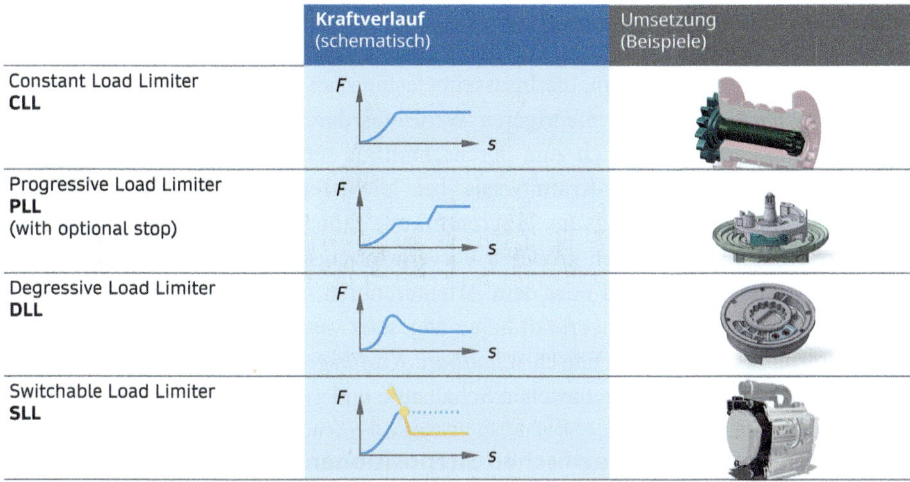

Abb. 6.39 Schematische Darstellung von Energiemanagement-Funktionen für Gurtaufroller und Gurt-aufroller-Straffer. (Quelle: ZF)

Die konstruktive Umsetzung einer konstanten Kraftbegrenzung erfolgt meist durch einen *Torsionsstab,* der sowohl die Kraftbegrenzung als auch die Gurtbandausgabe durch gewünschte und definierte plastische Verformung realisiert. Torsionsstäbe können bei unterschiedlichen Fahrzeugapplikationen für unterschiedliche Kraftniveaus dimensioniert werden.

Bei der Abstimmung von Sicherheitsgurt-Systemen für ganze Fahrzeugprogramme können verschiedene Fahrzeuge in Gruppen mit ähnlichen Anforderungen an die Kraftniveaus eingeteilt werden. Die Einteilung kann nach Fahrzeugmasse und auch nach Crash-Puls-Charakteristiken erfolgen. Hierzu kann das in Abschn. 6.2 hergeleitete OLC-*Crash-Puls-Kriterium* (engl.: *Occupant Load Criterion*) herangezogen werden. Bei Vorliegen eines Gesamtfahrzeug-Simulationsmodells für die Crashdynamik, wie es standardmäßig bei der Entwicklung eines Fahrzeugs mitentwickelt wird, kann diese Abstimmung auch lastfallsensitiv über das *Charakteristische Schultergurt-Kraft-Niveau* CFL (engl.: *Characteristic Shoulderbelt Force Level*) optimiert werden [78].

6.5.6.5 Adaptivitätsfunktionen

Bei der Entwicklung und Abstimmung von Insassenschutzsystemen kann eine Beeinflussung der Kraftbegrenzung in Abhängigkeit vom Gewicht des Insassen oder weiterer Parametern angestrebt werden. Diese Art der Kraftbegrenzung dient der Umsetzung von *Adaptivitäts-Konzepten* (auch: *Individual Safety*), die insbesondere beim Zusammenwirken von Sicherheitsgurt-Systemen und Airbags erwünscht sein können.

Hierfür kommen *schaltbare Kraftbegrenzungen,* die ein- oder mehrstufige Schaltzustände einnehmen können, zur Anwendung. Sie werden während der In-Crash-Phase durch die *Auslöseelektronik* auf Basis unterschiedlicher Parameter angesteuert (Kap. 7).

Dabei wird das Insassen-Gewicht (bzw. die -Größe) indirekt, beispielsweise über die Sitz- und die Lehneneinstellung, mithilfe von Sensoren erfasst. Das Ziel einer derartigen Auslegung besteht darin, die Insassenbelastung bei leichteren und bei schwereren Insassen an die in der Regel niedrigeren Werte des durchschnittlichen Insassen anzupassen. So werden im Vergleich zum durchschnittlich schweren Insassen aufgrund des bisher konstanten Begrenzer-Kraftniveaus bei leichteren Insassen erheblich höhere Beschleunigungen gemessen; die Begrenzerkraft könnte also geringer sein. Der schwerere Insasse nimmt einen größeren Vorverlagerungsweg in Anspruch, sodass sich ein Kontakt mit dem Lenkrad oder dem Armaturenbrett oftmals nicht vermeiden lässt; hier muss demnach die Begrenzerkraft höher angesetzt werden.

Ein Beispiel ist der pyrotechnisch *schaltbare Kraftbegrenzer* (engl.: *Switchable Load Limiter*, SLL) mit einer pyrotechnischen Schaltstufe und zwei Kraftniveaus.

6.5.6.6 Funktionen bei spezifischen Sitzpositionen

Sicherheitsgurtsysteme für Sitzpositionen auf hinteren Sitzreihen können über weitere Zusatzfunktionen wie *Stopp-Funktion*, *Kindersicherung* (ALR) oder *Sensor-Block-Out* verfügen.

ALR: Zur Befestigung von Kindersitzen ist in den Sicherheitsgurt-Systemen der zweiten Sitzreihe eine Zusatzfunktion integriert, die als *Kindersicherung* („KISI") (engl.: *Automatic Locking Retractor*, ALR) bezeichnet wird. Die Funktion wird aktiviert, nachdem das Gurtband vollständig ausgezogen wurde. Das Gurtband lässt sich nun nur noch verkürzen oder aufrollen und nicht mehr ausziehen. Die Funktion kann gut an einem typischen Klicken beim Aufrollen des Gurtbands erkannt werden. Ein Kindersitz kann so stramm auf der Rücksitzbank befestigt werden. Durch das Öffnen des Gurtschlosses kann das Gurtband ganz eingezogen werden und die Funktion wird deaktiviert. Die ALR-Funktion ist in einigen Regionen, wie in den USA, gesetzlich vorgeschrieben, wobei zur Befestigung von Kindersitzen heute eher das alternative ISOFIX-System zur Anwendung kommt (Abschn. 6.7).

Sensor Block-Out: Beim Umklappen von Rückenlehnen auf der hinteren Sitzreihe kann die Deaktivierung des Sperrmechanismus notwendig sein, wenn sonst das Wiederhochklappen der Rückenlehne verhindert werden könnte. Dies erfolgt mit einer *Sensor-Block-Out*-Funktion.

6.5.7 Weitere Entwicklungsziele von Sicherheitsgurt-Systemen

6.5.7.1 Ergonomie von Sicherheitsgurt-Systemen

Die *Ergonomie* von Sicherheitsgurt-Systemen ist ein wesentliches Entwicklungsziel bei der Gestaltung von Fahrzeuginnenräumen [13]. Das Gurtsystem soll einfach anzulegen sein (u. a. *Erreichbarkeit*) und während der Fahrt einen guten *Tragekomfort* bieten (u. a. *Rückstellkräfte*). Indirekt tragen beide Anforderungen wiederum zur *Gurtanlegequote*

(Abschn. 6.5.2) und damit entscheidend zum Insassenschutz bei, denn ein nicht getragener Gurt kann keine Schutzwirkung entfalten.

Ein häufig stark unterschätzter Aspekt der Gestaltung von Dreipunkt-Sicherheitsgurt-Systemen ist die Gestaltung der *Gurtführung*. Die Festlegung von *Gurtverankerungspunkten* leitet sich meist aus dem Gesamtfahrzeugkonzept, der Geometrie des Fahrzeuginnenraums, dem Sitz-System und den zur Verfügung stehenden Bauräumen für Sicherheitsgurt-Aufroller, -Gurtschlösser und -Straffer ab. Bereits in einer frühen Fahrzeug-Entwicklungsphase werden wesentliche Festlegungen getroffen. Dabei sind zwei Entwicklungsziele zu berücksichtigen.

Erstens ist die **Schutzwirkung** des Insassenschutzsystems wie auch des Sicherheitsgurt-Systems der spezifischen Applikation für ein Fahrzeugmodell sicherzustellen. Zur Sicherstellung der Rückhaltefunktion ist im Schultergurtbereich ein eng anliegendes Gurtband erforderlich.

Zweitens sollen im Rahmen der Interieurgestaltung die **Handhabung** *(Ergonomie)* des Sicherheitsgurt-Systems optimiert und Ergonomiekriterien erfüllt werden. Hierbei sind die *Erreichbarkeit* des Gurts beim An- und Abschnallen wie auch der *Gurtverlauf* die wesentlichen Aspekte. Die Gestaltung der Gurtführung hat auch einen wesentlichen Einfluss auf die Rückstellkräfte und das *Komfortempfinden* beim Aus- und Einrollen des Gurtbands während der Fahrt sowie beim An- und Abschnallen.

Die Handhabung von Sicherheitsgurt-Systemen in einer spezifischen Fahrzeugumgebung kann mithilfe von Simulationsmodellen bewertet werden (Abb. 6.40). Hierbei wird für unterschiedliche Insassenproportionen *(Anthropometrien)* und Sitzpositionen

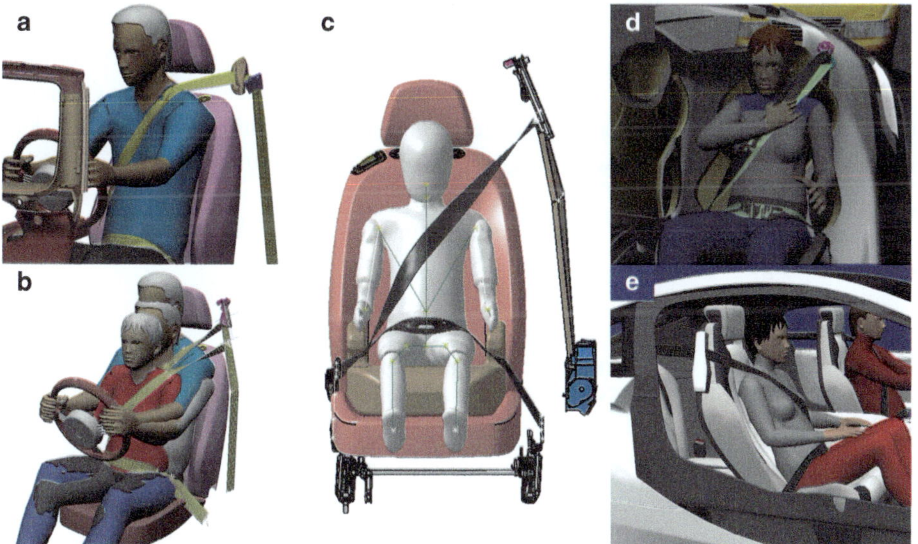

Abb. 6.40 Bewertung der Ergonomie von Sicherheitsgurt-Systemen: **a** Anordnung Sicherheitsgurt-System, **b** Bewertung mit Testkollektiv, **c** Gurtsystem bei Nutzung von Kinderrückhaltesystemen, **d–e**: Zugänglichkeit des Gurtsystems *(RAMSIS Automotive)*. (Quelle: Human Solutions GmbH)

die Konfiguration des Dreipunkt-Gurtsystems in seiner Systemumgebung optimiert [13]. Im Detail werden beispielsweise Aspekte zum Auflagepunkt und den Gurtablösepunkten an der Schulter oder die Zugänglichkeit beim An- und Abschnallen simuliert.

In Konsumentenbefragungen zur Fahrzeugqualität werden Erfahrungen und Probleme der Käufer mit ihren Fahrzeugen ermittelt. Ein Beispiel sind die Studien des Marktforschungsunternehmens J.D. Power: *Vehicle Dependability Study* (VDS), *U. S. Auto Performance, Execution and Layout Study* (APEAL) sowie *U. S. Initial Quality Study* (IQS). Durch sie werden Qualitätseindrücke zum Innenraum, den Sitzen sowie der Nutzung von Sicherheitsgurt-Systemen erfasst, sodass sie für die Entwicklung zukünftiger Fahrzeugapplikationen genutzt werden können.

6.5.7.2 Minimierung von Störgeräuschen durch Gurtaufroller

Sicherheitsgurt-Systeme benötigen sichere Anbindungen an die Fahrzeugstruktur und sind daher direkt durch Schraubverbindungen an ihr befestigt. Im normalen Fahrbetrieb werden Schwingungen der Fahrzeugstruktur und des Fahrwerks – beispielsweise hervorgerufen durch unebene Fahrbahnoberflächen – an den Sicherheitsgurt-Aufroller und dessen Bauteile übertragen. Diese Effekte können Rasseln, Klappern, Summen oder Klopfgeräusche im Innenraum verursachen.

Die Analyse und Optimierung dieses unerwünschten Verhaltens ist sehr aufwendig, da die Bedingungen an den unterschiedlichen Verbaupositionen sehr voneinander abweichen können. Zunächst sind im Fahrzeugentwicklungsprozess bereits in einem frühen Stadium Synchronisierungen zwischen beteiligten Fahrzeugdomänen (z. B. Karosserie, Insassenschutz) zu vereinbaren. Bei den Anbindungspunkten ist hinsichtlich der Karosserie auf eine ausreichend steife Ausgestaltung zu achten. Weiterhin müssen für den Gurtaufroller in der lokalen Umgebung ausreichend hohe Eigenfrequenzen erreicht werden [43, 102].

Durch NVH-Simulationen (Abb. 6.41) und Referenzprüfungen im Akustiklabor (Abb. 6.42) kann zwischen den beteiligten Entwicklungspartnern eine optimale Gestaltung der Karosserie und der Anbindungspunkte gefunden werden. Im Ergebnis werden Störgeräusche gemindert und besondere Dämmungen im Innenraum sind nicht mehr notwendig.

Zur Eliminierung weiterer Störgeräusche können zusätzlich alternative Konzepte für *Sperrsysteme* gewählt werden (Abschn. 6.5.9).

6.5.8 Gurtband und Gurtschlösser als Kernkomponenten von Sicherheitsgurt-Systemen

In diesem ersten von vier Abschnitten sind elementare Technologien von Sicherheitsgurt-Systemen beschrieben, ausgehend vom Gurtband über die Steckzunge und das Gurtschloss bis hin zu Gurtführungskomponenten. Dabei werden sowohl Bezüge zu den zuvor dargestellten Funktionen von Sicherheitsgurt-Systemen hergestellt als auch die konstruktive Gestaltung der Komponenten und die Umsetzung von spezifischen Entwicklungszielen beschrieben.

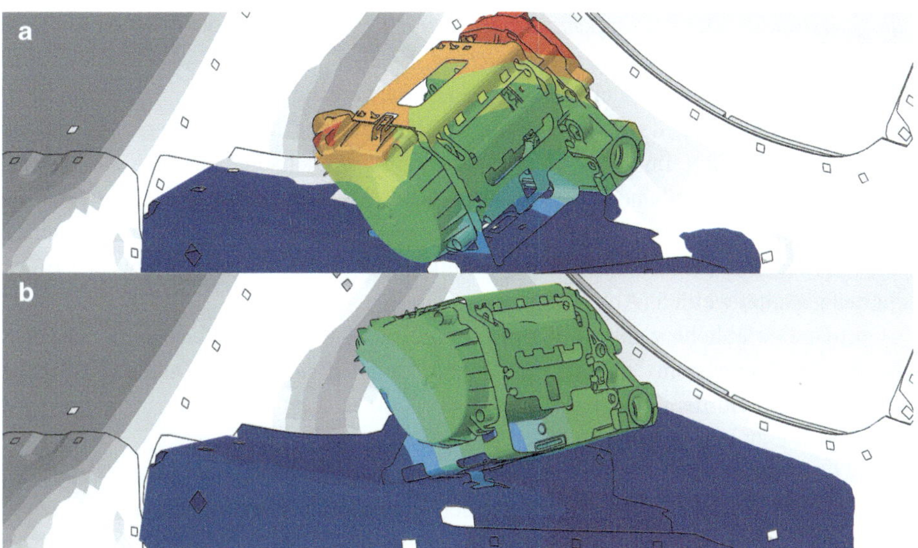

Abb. 6.41 NVH-Simulationen zur Optimierung der Schnittstelle zwischen Fahrzeugkarosserie und Gurtaufroller. (Quelle: Virtual Vehicle, BMW Group, Autoliv, ZF, in Anlehnung an: [43])

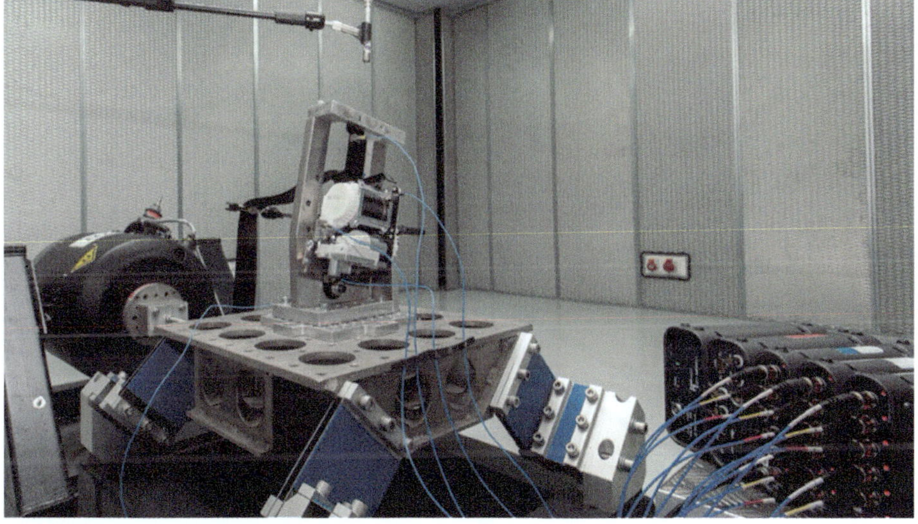

Abb. 6.42 NVH-Prüfungen von Gurtaufroller-Systemen im Akustiklabor. (Quelle: ZF)

6.5.8.1 Gurtband

Das *Gurtband* (engl.: *Webbing*) besteht aus einem *Gewebe*, das aus synthetischen *Garnen* (engl.: *Yarn*) wie hochfestem Polyester (PES bzw. PET) in unterschiedlichen *Gurtbandkonstruktionen* als Endlosband gefertigt wird. Beim Dreipunkt-Gurtsystem reicht es vom Befestigungspunkt des *Endbeschlags* am Sitzrahmen oder auch an der

Fahrzeugstruktur über den *Beckengurtbereich* und den *Gurtschlitz* der *Schlosszunge* zum *Schultergurtbereich* und zum *Umlenkbeschlag*. Es endet im Gurtaufroller, wo es an der Spule, beispielsweise mittels eines Sicherungsstifts, befestigt ist.

Das Gurtband dient der Kraftübertragung während des Kollisionsvorgangs und der Rückhaltung. Wichtig im Sinne der Rückhaltung ist auch eine flächige Ankopplung mit dem Insassen. Gurtband soll eine lange Lebensdauer und eine hohe haptische und optische Qualität auch nach langer Nutzungsdauer und hoher Beanspruchung aufweisen. Durch Gurtbandkonstruktion, Bindungstechnik und Webtechnik können optische Eigenschaften gestaltet werden (Abb. 6.43).

Gurtband ist üblicherweise 46 bis 48 mm breit und seine Länge beträgt je nach Ausführung des Gurtsystems bis zu 3.200 mm oder auch mehr. Die Dehnung (Bezugsdehnung) des Gurtbandmaterials beträgt bei einer bestimmten Last (Bezugslast) üblicherweise zwischen 7 und 15 %.

Als *Filamenttypen* kommen meist *ungedrehtes* und *gedrehtes Multifilament* zum Einsatz. Zur Erhöhung der Quersteifigkeit können auch *Monofilamente* eingesetzt werden.

Durch Einlagerung von Farbstoffen oder Rußpartikeln kann das Gurtbandgarn z. B. schwarz eingefärbt *(spinnschwarz)* werden. Um aber beim Interieur-Design eine optimale Abstimmung mit dem Farbkonzept des Interieurs zu erreichen oder Akzente setzen zu können, kann *rohweißes* Gewebe *stückgefärbt* und fixiert *(Farbfixierung)* werden und ist damit in mehreren Hundert Farben erhältlich. Weitere Fertigungsschritte sind die Thermofixierung (Justieren mechanischer Gurtbandeigenschaften) und der Zuschnitt des Gurtbands.

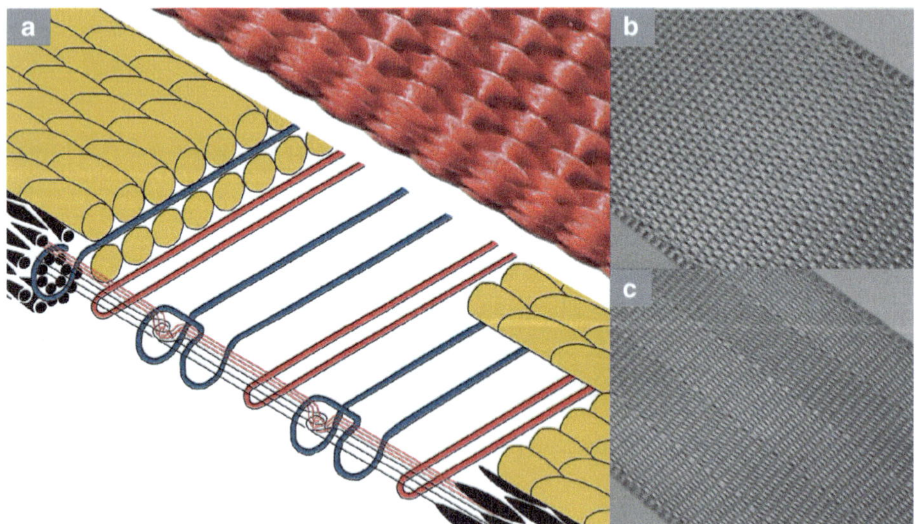

Abb. 6.43 Aspekte von Gurtbandkonstruktionen zur Erzielung spezifischer Eigenschaften: **a** Beispiel und schematische Darstellung für eine Gurtbandkonstruktion. (Quelle: Berger GmbH & Co. Holding KG), Gurtbanddesignvarianten: **b** Optik ohne Streifen, **c** Optik in fünfstreifiger Ausführung (Quellen: ZF)

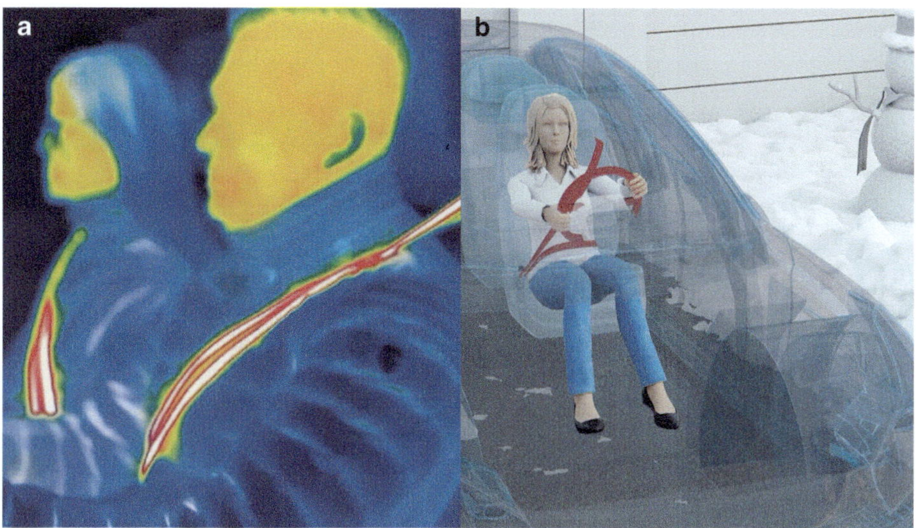

Abb. 6.44 **a** Beheizbares Sicherheitsgurtband, **b** in Kombination mit einer Lenkradheizung zur Steigerung der Energieeffizienz des Fahrzeugs und des Wohlbefindens der Insassen. (Quelle: ZF)

Das Gurtband ist eines der wenigen Bauteile im Fahrzeug, die in direktem Kontakt mit den Insassen stehen, sodass Komfort, Ergonomie, Wohlbefinden und User Experience eine große Rolle spielen. Daher sind Zusatzfunktionen im Gurtband ein wichtiges Feld für Innovationen im Fahrzeuginnenraum.

Ein Beispiel hierfür ist das beheizbare Sicherheitsgurtband (Abb. 6.44). Unmittelbar nach Fahrtantritt kann es sich bis auf 40 °C erwärmen. Hierdurch soll eine Steigerung der Energieeffizienz des Fahrzeugs erreicht und das Komfortempfinden der Insassen gesteigert werden.

Je unmittelbarer sie diese Wärme an den Körper lassen, desto besser. Denn wenn Insassen beispielsweise keine dicken Winterjacken tragen, liegt der Gurt enger und direkt am Körper an und kann so seine Rückhaltefunktion im Falle eines Unfalls besser erfüllen.

6.5.8.2 Steckzunge und Klemm-Steckzunge

Beim Anschnallen erfolgt die Schließung des Gurtsystems durch die Kopplung zwischen der *Steckzunge* (engl.: *Tongue,Latch*) und dem *Gurtschloss* (engl.: *Buckle*). Steckzungen werden für die meisten Bauarten von Sicherheitsgurt-Systemen verwendet (Abschn. 6.5.4). Im Folgenden werden Steckzungen für Dreipunkt-Gurtsysteme näher beschrieben.

Bei der Nutzung läuft das Gurtband durch den Gurtschlitz der *Steckzunge* (Abb. 6.45a) und an dieser Position teilt sich der Dreipunktgurt in die Bereiche Schultergurt und Beckengurt auf. Nur bei *Zwei-Retraktor-Gurtsystemen*, die eine Nischenanwendung darstellen, ist die Steckzunge fest mit dem Gurtband vernäht. Hierdurch

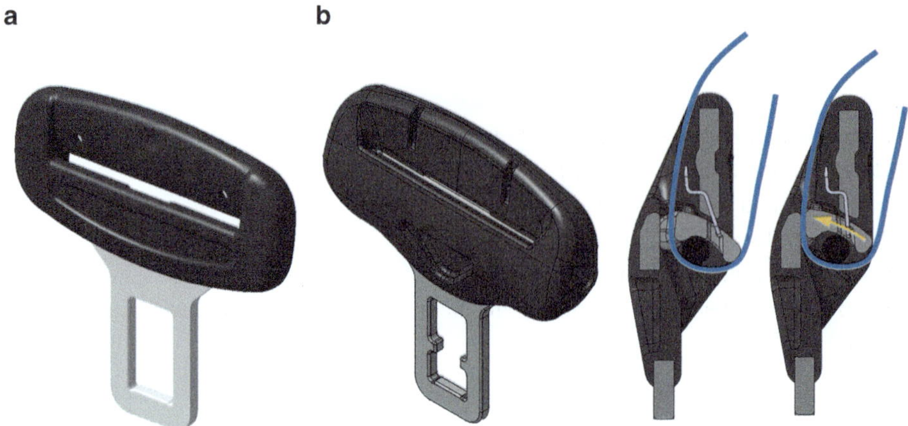

Abb. 6.45 Bauarten von Steckzungen: **a** Standard-Steckzunge und **b** Klemm-Steckzunge. (Quelle: ZF)

kann sich eine ungewohnte, aber auch ergonomisch günstige Handhabung des Gurtsystems beim Anschnallen ergeben.

In den letzten Jahren haben *Klemm-Steckzungen* (engl.: *Dynamic Locking Tongue*, DLT) (Abb. 6.45b) eine höhere Bedeutung erlangt. Durch sie kann die Krafteinwirkung auf die Brust der Insassen gezielt gesteuert werden, da durch Reduzierung der Gurtbandbewegung während der Crash-Phase die Parameter für den Schultergurt- und den Beckengurtbereich separat beeinflusst werden können. Durch eine kompakte und leichte Bauweise wird ein ähnlicher Tragekomfort wie bei Standard-Steckzungen erreicht.

Abb. 6.46 zeigt Aufnahmen der Komponentenfertigung und Montage von Gurtschlössern und Steckzungen.

Abb. 6.46 Komponentenfertigung und Montage von Gurtschloss und Steckzunge. (Quelle: ZF)

Insbesondere beim Verbau von Gurtsystemen auf den Rücksitzen kann eine mechanische Kodierung der Steckzunge, beispielsweise durch spezifische Einkerbungen und die Zuordnung eines entsprechenden Gurtschlosses, eine Verwechslung beim Anschnallen vermeiden.

6.5.8.3 Gurtschloss

Sicherheitsgurt-Systeme werden durch die Kopplung von *Steckzunge* und *Gurtschloss* geschlossen und durch Betätigen der roten Drucktaste am Gurtschloss wieder geöffnet (Abb. 6.47).

Unter vielen erhältlichen Gurtschloss-Varianten sind heutzutage *Rasthebel-* und *Rastnocken-Gurtschlösser* (RNS) die am meisten verbreiteten. Während die Ver- und Entriegelungsmechanik sowie das Gehäuse aus einem schlagfesten Kunststoff bestehen, sind die tragenden Bauteile (Zunge, Rastnocken und Schlossplatte) aus Stahl gefertigt.

Die Verankerung des Gurtschlosses erfolgt direkt an der Fahrzeugstruktur oder bei längsverstellbaren Sitzen auch direkt an der Sitzschiene. Hierzu sind viele unterschiedliche Anbindungskonzepte verfügbar (Abb. 6.47c): Gurtband, Stahlseilschlaufe, Stahlseil mit Ösen, Beschlag oder auch Verschraubung.

Im Zusammenspiel zwischen der *Auslöseelektronik* für die Passive Sicherheit (Kap. 7) sowie der Sensorik im Gurtschloss können unterschiedliche Fahrzeugfunktionen realisiert und beeinflusst werden. Beispiele sind die *Insassensensierung* (engl.: *Occupant Detection System*, ODS) oder die *Gurtanlegekontrolle*.

Die *Gurtanlegekontrolle* (auch: *Gurtwarnung,* engl.: *Seat Belt Reminder*, SBR) ist die Signalisierung an den Fahrer, ob die Insassen angeschnallt sind. Diese Funktion ist

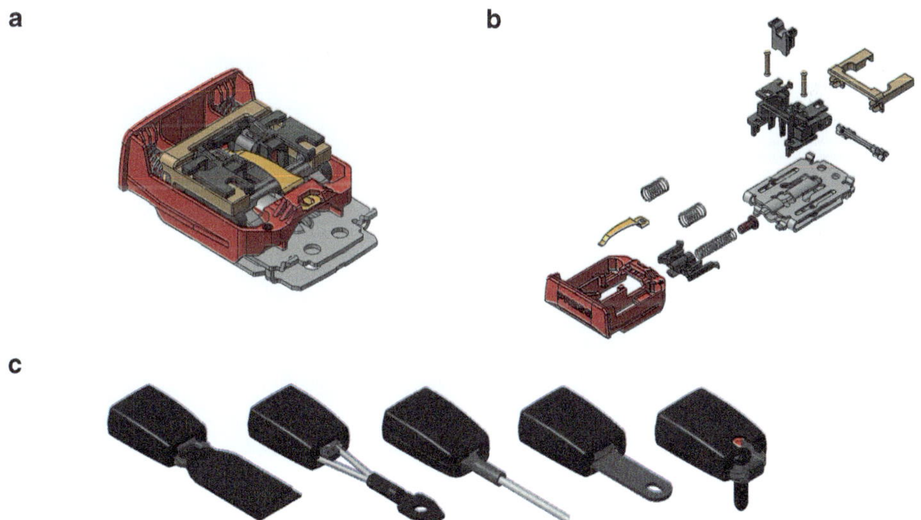

Abb. 6.47 Gurtschloss *(RNS5):* **a** Gurtschlosskopf, **b** Komponenten Rast-Nocken-Schloss (RNS), **c** Anbindungskonzepte für Gurtschlösser – Gurtband, Seil, Beschlag, Verschraubung (Quelle: ZF)

in Europa gesetzlich gefordert (UN-R 16) und sie ist ein wichtiges Kriterium bei *Verbraucherschutzratings* (Kap. 4). Deshalb sind Gurtschlösser heute üblicherweise mit Sensoriken für die Erkennung einer gesteckten Steckzunge ausgestattet. Sie werden auch als *Gurtschlossschalter* bezeichnet und arbeiten mit unterschiedlichen Sensortechnologien und Schnittstellen hin zur *Auslöseelektronik* (Airbag-ECU, Kap. 7), von der die Anzeige im Cockpit und Warnfunktionen des HMI (engl.: Human Machine Interface) gesteuert wird. In verschiedenen Ausführungen erfolgt die Warnung bei Fahrtantritt oder bei Abschnallen während der Fahrt.

Die Sensierung des Gurtanlegestatus wird bei einzelnen Sitzpositionen für die Entscheidung zur Auslösung von Airbags oder Gurtstraffern ausgewertet.

Ein gutes Beispiel für die enge Verknüpfung von Komponenten der Passiven Sicherheit und des Insassenschutzes mit Aspekten der Interieurgestaltung wie *Ergonomie, Design* und HMI ist die Gurtschloss-Beleuchtung (Abb. 6.48). Im Sinne der Integralen Sicherheit kann das Schutzpotenzial für die Insassen weiter gesteigert werden. Beim Einsteigen wird die Aufmerksamkeit der Insassen durch die Beleuchtung auf das Anschnallen gelenkt und beim Abschnallen können die Gurtschlösser insbesondere auf den Rücksitzen schneller gefunden werden. Im Falle eines Unfalls können Rettungskräfte durch blinkende Gurtschlösser noch angeschnallte Insassen identifizieren. Die Gurtschlossbeleuchtung trägt daneben zum Interieur-Design und zur Positionierung von Sicherheitsfunktionen im Fahrzeug bei.

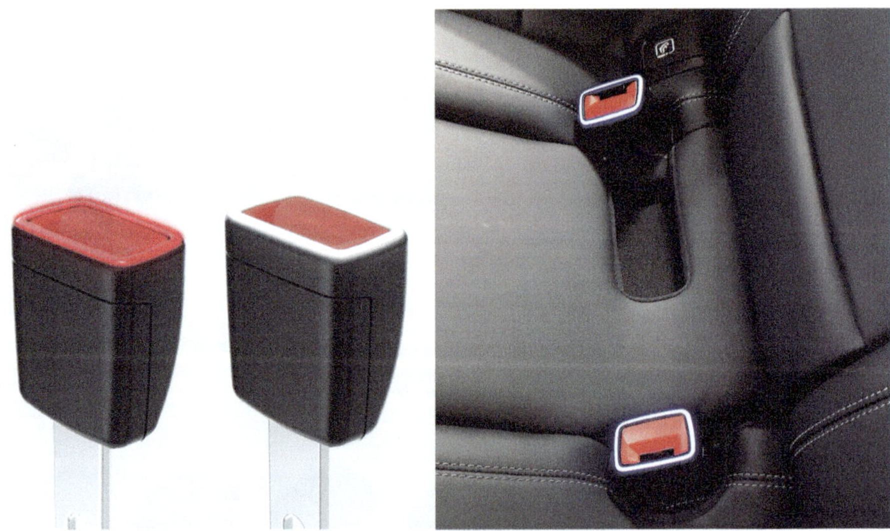

Abb. 6.48 Gurtschloss-Beleuchtung als Beispiel für die Verbindung von Insassenschutz, Ergonomie und Design im Interieur. (Quelle: ZF)

6.5.8.4 Gurtführung

Ein häufig sehr unterschätzter Aspekt der Gestaltung von Dreipunkt-Sicherheitsgurt-Systemen ist die Gestaltung der *Gurtführung*, die sowohl der Sicherstellung der Insassenschutzfunktion als auch der Ergonomie dient (Abschn. 6.5.7).

Ein erstes Optimierungsfeld der Gurtführung ist die Festlegung von *Gurtverankerungspunkten*. Sie leiten sich bereits aus dem Gesamtfahrzeugkonzept, der Geometrie des Fahrzeuginnenraums, dem Sitz-System und den zur Verfügung stehenden Bauräumen für Sicherheitsgurt-Aufroller, Gurtschlösser und Gurtstraffer ab. Für einzelne Aspekte der Positionierung von Verankerungspunkten sind gesetzliche Vorgaben wie beispielsweise der UN-R 14 zu erfüllen [130].

Im Beckengurtbereich müssen die Anforderungen zur Positionierung des Schlosses und des *effektiven Gurtverankerungspunktes* (*H-Punkt*) erfüllt sein. Die Lage der Gurtverankerungspunkte beeinflusst auch die Erreichbarkeit beim An- und Abschnallen.

Weitere Entwicklungsthemen betreffen die Optimierung der *Rückstellkräfte* und der Einflüsse von *Reibung* auf das Gurtband, wodurch wiederum Schutzfunktion und Ergonomie beeinflusst werden.

Zur Führung des Gurtbands sind mehrere Sicherheitsgurt-Komponenten verfügbar. Die Anpassung an unterschiedlich große Insassen kann mit dem *Gurt-Höhenversteller* (engl.: *Height Adjuster*) erfolgen. Der Höhenversteller wird in den meisten Fällen an der *B-Säule* befestigt. An ihm ist der *Umlenk-Beschlag* (auch *D-Ring*, engl.: *Pillar Loop*) angebracht, durch den das Gurtband von der Schulter kommend zum Retraktor umgelenkt wird. Bei sitzintegrierten Gurtsystemen im PKW wie auch bei Nutzfahrzeugen (Abschn. 6.9.1.3) befindet sich der *Höhenversteller* am Sitzlehnen-Rahmen.

Innerhalb der B-Säule, bei sitzintegrierten Systemen innerhalb der Sitzrückenlehne oder auch unter dem Sitz können weitere *Umlenk-Beschläge* notwendig werden. Hierbei ist zu bedenken, dass jede Umlenkung das Aus- und Einrollverhalten des Gurtbands durch Reibungskräfte beeinflusst.

Bei Coupés und Cabrios die *Erreichbarkeit* des Gurtbands sowie die Gurtführung zu gewährleisten, ist nicht einfach. Spezielle Schutzeinrichtungen bei Cabrios werden später in Abschn. 6.7 ausführlicher beschrieben. Für Sicherheitsgurt-Systeme sind mechatronische *Gurtbringer* verfügbar, um die Erreichbarkeit des Gurtbands beim Anschnallen zu verbessern.

6.5.9 Gurtaufroller und pyrotechnische Straffer

In diesem Abschnitt werden die Sicherheitsgurt-Komponenten mit pyrotechnischen Straff-Funktionen vorgestellt: der *Gurtaufroller* (engl.: *Retractor*), die pyrotechnischen *Gurtaufroller-Straffer* (engl.: *Retractor Pretensioner*, R/P) sowie die *Gurtstraffer* (engl.: *Pretensioner*) mit den Varianten *Gurtschlossstraffer* (engl.: *Buckle Pretensioner*, BP) und *Endbeschlag-Straffer* (engl.: *Anchor Pretensioner*, AP).

Eine Übersicht über wesentliche Funktionen wurde bereits in Abschn. 6.5.6 gegeben.

6.5.9.1 Gurtaufroller

Das erste *Automatik-Gurtsystem* mit Sicherheitsgurt-Aufroller wurde 1963 durch Britax vorgestellt, vier Jahre nach der Einführung des ersten *Dreipunkt-Gurtsystems* im Jahr 1959. Im Gegensatz zum *Statik-Gurtsystem* entfällt ein manuelles Einstellen der Gurtlänge auf die Proportionen des Insassen. Dies wirkt sich positiv auf den Tragekomfort und die Bereitschaft zum Anschnallen aus. Dazu wird die Rückhaltung positiv beeinflusst, da i. d. R. die *Gurtlose* reduziert ist.

Die Hauptbestandteile des *Sicherheitsgurt-Aufrollers* (auch: *Retraktor*, engl.: *Retractor*) sind die *Spule* zum Aufrollen und Speichern des Gurtbands, die *Wickelfeder* zur Sicherstellung einer definierten *Rückstellkraft* beim Gebrauch und beim Abschnallen sowie das *Aufroller-Gehäuse*. Hinzu kommen *Sperrsysteme* und weitere Komponenten für Zusatzfunktionen.

Die Komponenten eines Sicherheitsgurt-Aufrollers sind in Abb. 6.49 beispielhaft dargestellt. Es handelt sich um eine Bauart mit schwimmend gelagerter Spule (engl.: *Floating Spool*). Sie wird im Aufroller-Gehäuse geführt. Durch die Wickelfelder wird das Gurtband kontinuierlich unter Spannung gehalten, sodass es möglichst eng am Insassen anliegt. Während pyrotechnische Gurtaufroller den Sicherheitsgurt mit einer Sperrklinke sichern, gleitet hier die Spule selbst in den Aufrollerrahmen und verriegelt sich. Sicherheitsgurt-Aufroller werden in Varianten für den Einbau mit einem *Umlenker* oder für den *Direktabzug* des Gurtbands gebaut.

Heute werden in PKW *Sicherheitsgurt-Aufroller* i. d. R. noch für Sitzpositionen der hinteren oder weiteren Sitzreihen verwendet. *Sicherheitsgurt-Aufroller* werden zunehmend durch *Sicherheitsgurt-Aufroller-Straffer* mit ihrem erweiterten Funktionsspektrum substituiert.

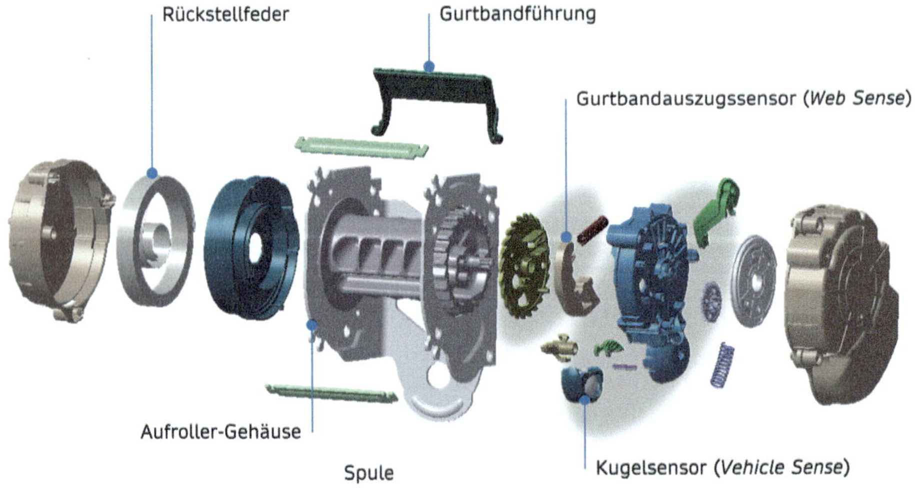

Abb. 6.49 Sicherheitsgurt-Aufroller *(Floating Spool Retractor, FS1)*. (Quelle: ZF)

6.5.9.2 Pyrotechnische Gurtaufroller-Straffer

Der *Gurtaufroller-Straffer* (auch: *Gurtstrammer,*engl.: *Retractor Pretensioner,*R/P) besteht in der Erweiterung des Sicherheitsgurt-Aufrollers um eine sogenannte Straffeinheit (Abb. 6.50). Sie kann mithilfe eines pyrotechnischen Antriebs das Gurtband rasch einziehen, um den Insassen nach einer Kollision möglichst frühzeitig an dem Sitz und damit auch an das Fahrzeug ankoppeln zu können. Die Straffung setzt ein, bevor der Insasse beginnt, sich nach vorne zu verlagern. Die Grundlagen dieses Schutzkonzeptes wurden in Abschn. 6.2 erläutert.

Bei der üblichen Nutzung des Dreipunkt-Sicherheitsgurts entsteht eine sogenannte *Gurtlose,* zu der u. a. folgende Effekte beitragen können:

- Lose anliegendes Gurtband, hervorgerufen durch auftragende Kleidung der Insassen
- Systembedingtes Spiel im Dreipunkt-Gurtsystem, z. B. abstehende Gurtschlösser
- Lose und Dehnung des auf der Aufroller-Spule aufgewickelten Gurtbands (siehe oben)
- Dehnbarkeit des Gurtbands

Durch die Funktion der Straffeinheit wird diese *Gurtlose* reduziert. Für pyrotechnische *Gurtaufroller-Straffer* ist je nach Einsatzbedingungen ein Gurtbandeinzug von etwa 60–120 mm typisch.

Beim pyrotechnischen Gurtstraffer wird nach der Detektion der Kollision ein Mikro-Gasgenerator (MGG) durch die Auslöseelektronik aktiviert. Er enthält meistens eine Treibladung aus *Nitrozellulose* (NC). Das bei der Verbrennung entstehende Gas übt

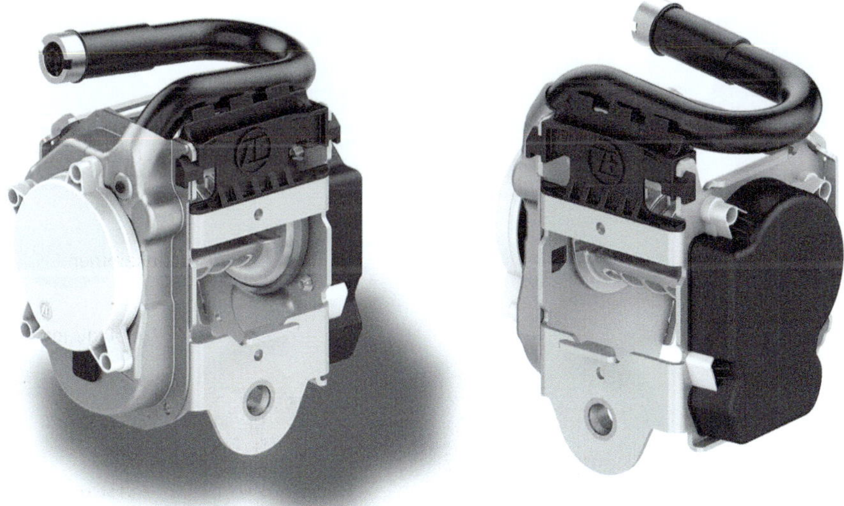

Abb. 6.50 Sicherheitsgurt-Aufroller-Straffer (Snake-Pretensioner, SPR6). (Quelle: ZF)

Druck auf Mechanismen zum Antrieb der *Spule* aus. Für diese Mechanismen sind verschiedene Konzepte entwickelt worden. Heute sind dies beim *Kugelstraffer* die in einem gebogenen Rohr befindlichen Kugeln, von denen die Antriebsenergie formschlüssig an eine Turbine und dann auf die Spule des Gurtaufrollers übertragen wird. Eine neuere Bauart ist der *Snake-Pretensioner* (SPR), bei dem ein Kunststoff-Antriebselement in das Strafferrohr eingepresst ist. Dieser Kolben treibt ebenfalls eine Turbine sowie die damit verbundene Spule des Aufrollers an. Das Prinzip ist in Abb. 6.51 dargestellt [76].

Bei Gurtaufroller-Straffern sind zwei Konzepte am Markt vertreten, die sich durch den Kraftflussverlauf von der pyrotechnischen Antriebseinheit hin zur Spule unterscheiden. Beim sogenannten *Spulenstraffer* (engl.: *Pretensioning Through Spool*) erfolgt der Kraftfluss von der pyrotechnischen Antriebseinheit direkt in die Spule. Beim Übergang von der Phase des Gurtbandeinzugs in die Phase der Gurtbandausgabe und des Energiemanagements kann sich oftmals ein geringer Abfall der Rückhaltekraft bemerkbar machen. Dieser Effekt ist unerwünscht. Beim Konzept des *Torsionsstab-Straffers* (engl.: *Pretensioning Through Torsion Bar*) erfolgt der Kraftschluss über die Komponenten des Energiemanagements (z. B. Torsionsstab) beim Übergang von der Phase des Gurtbandeinzugs in die Phase der Gurtbandausgabe *(Umschaltvorgang)* ohne Unterbrechung, sodass ein gleichmäßigerer Kraftverlauf erreicht werden kann.

6.5.9.3 Gurtstraffer

Neben der Straffung durch *Gurtaufroller-Straffer* können auch *Gurtstraffer* verschiedener Bauarten zur Straffung des Gurtbands eingesetzt werden, denn die Wirkung der Straffung als Funktion des Insassenschutzsystems wird wesentlich durch die

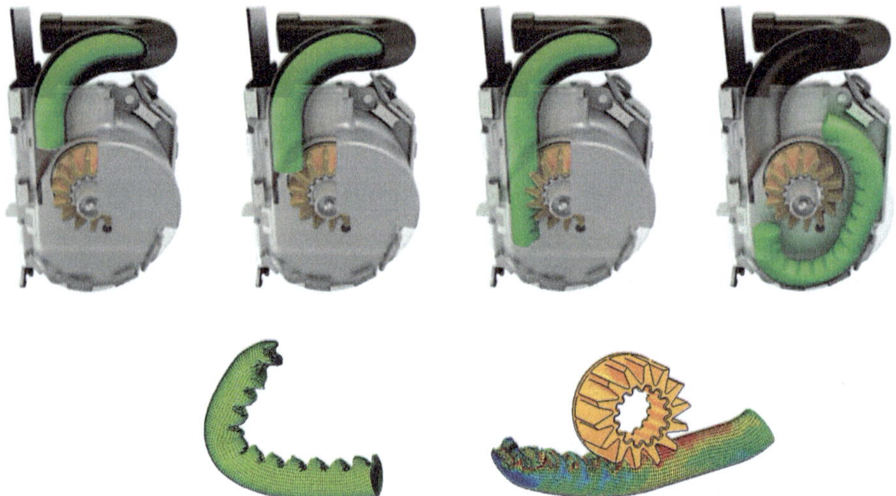

Abb. 6.51 Pyrotechnische Straffeineinheit mit Polyamid-Kunststoff-Schlange *(Snake-Pretensioner, SPR)*. (Quelle: ZF)

Örtlichkeit der Straffung bestimmt. Auf die Alternativen zur Positionierung von Funktionen im Dreipunkt-Sicherheitsgurt-System wurde bereits in Abschn. 6.5.5 hingewiesen. Abb. 6.52 zeigt Möglichkeiten und Einsatz von Gurtstraffern bei Einfach- und Mehrfachstraffung.

Die Straffung des Gurtbands dient vor allem der Reduzierung vorhandener Gurtlose im System sowie auch der Optimierung der Rückhaltung und der Reduzierung von Insassenbelastungen, insbesondere durch:

- Reduzierung der Gurtlose bereits vor der Vorverlagerung des Insassen nach der Kollision im Schultergurt- und Beckengurtbereich
- Rückhaltung des Oberkörpers durch Straffung des Schultergurt-Bereichs
- Reduzierung von Verletzungsrisiken durch Submarining durch Straffung des Beckengurts

Ein *Gurtaufroller-Straffer* setzt am Schultergurt-Bereich an und bewirkt ein Einziehen des Gurtbands, das durch den *Umlenk-Beschlag* und durch den Gurtschlitz an der *Gurtzunge* (Reibungskräfte) gezogen werden muss. Er hat den größten Effekt bei der Rückhaltung des Oberkörpers. Die Reduzierung der *Gurtlose* im Beckengurtbereich erfolgt dann zeitlich verzögert.

Gegenüber einer *Einfach-Straffung* kann für einen Dreipunkt-Sicherheitsgurt auch eine *Doppel-Straffung* gewählt werden. In der Umsetzung werden dazu entweder der

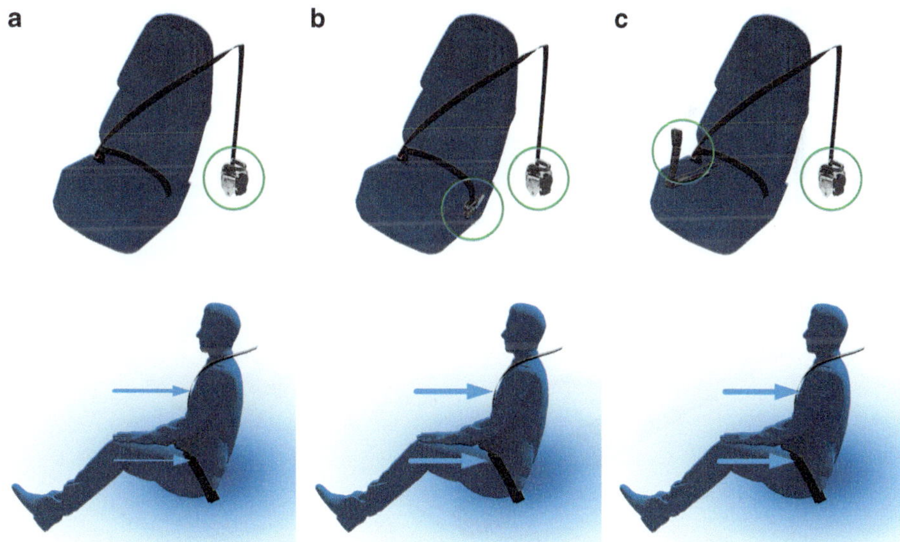

Abb. 6.52 Gurtstraffer für Einfach- und Mehrfachstraffung beim Dreipunkt-Sicherheitsgurt: **a** Einfach-Straffung mit Schloss-Straffer sowie **b** Zweifach-Straffung mit Gurtaufroller-Straffer und Endbeschlag-Straffer oder alternativ **c** Schloss-Straffer. (Quelle: ZF)

Schloss-Straffer (engl.: *Buckle Pretensioner,* BP) oder der *Endbeschlag-Straffer* (engl.: *Anchor Pretensioner*, AP) verwendet. Durch seine mittige Position strafft ein *Schloss-Straffer* gleichzeitig das Gurtband im Schulter- und im Beckengurtbereich, sodass diese Lösung effektiv die Gurtlose-Reduktion und Straffung bewirkt. Eine Herausforderung dieser Konfiguration ist, dass der Schlossstraffer den Schultergurt in die entgegengesetzte Richtung wie der Aufroller-Straffer zieht. Deshalb wird diese Kombination selten eingesetzt.

Endbeschlag-Straffer wiederum setzen am Ende des Beckengurts an und bewirken ebenfalls einen Einzug des Gurtbands und Gurtlose-Reduktion (Abb. 6.53). Sie sind heute die häufigste Konfiguration und werden zusammen mit einem *Gurtaufroller-Straffer* eingesetzt.

Sicherheitsgurt-Straffer verfügen oft über einen pyrotechnischen Antrieb, bei dem ein Kolben in dem Straffer-Rohr durch einen *Mikro-Gasgenerator* (MGG) um ca. 80 bis zu 160 mm bewegt wird. Der Kolben ist mittels eines Drahtseils mit dem *Gurtband* oder dem *Gurtschloss* verbunden, sodass das Gurtband eingezogen werden kann.

Endbeschlag-Straffer werden entweder in den Sitz integriert oder sie werden an der Fahrzeugstruktur befestigt. Die Anbindung des Gurtbands wird mit unterschiedlichen Lösungen wie Verbindungsschlössern oder Nähten ausgeführt. Zur Erhöhung des Innenraumkomforts und der Ergonomie im Fußraum werden platzsparende Konzepte wie z. B. die Integration in Sitzstrukturen gewählt. Gleichzeitig erhöhen sich insbesondere durch neue Lastfälle und Schutzfunktionen die Anforderungen an die Straffleistung.

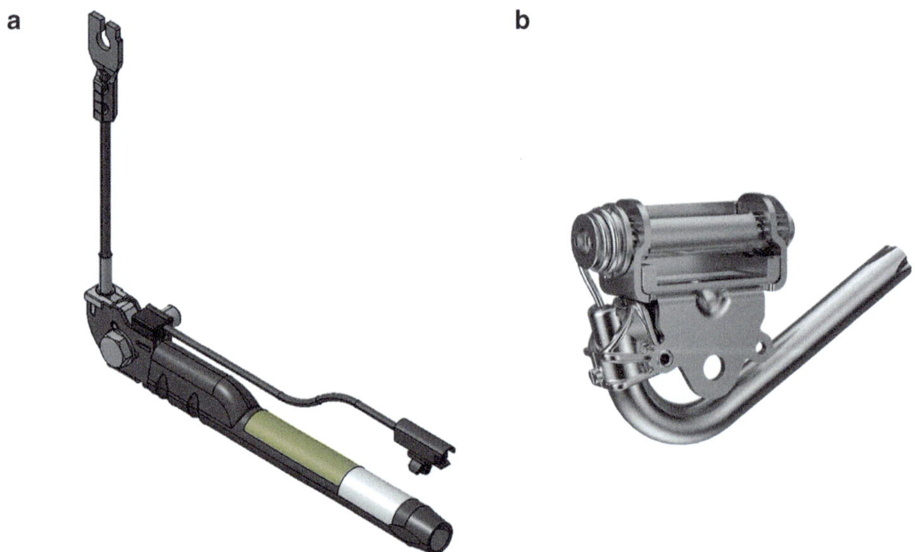

Abb. 6.53 Sicherheitsgurt-Straffer und Bauarten: **a** linearer Endbeschlag-Straffer (*AP2*), **b** rotatorischer Endbeschlag-Straffer zur alternativen Integration in die Sitzstruktur (*APR*). (Quelle: ZF)

Es sind auch Konzepte mit einer *Dreifach-Straffung* eingesetzt worden, die über einen kombinierten *Schloss-* und *Endbeschlag-Straffer* zusammen mit einem *Aufroller-Straffer* verfügen.

6.5.10 Aktive Sicherheitsgurt-Systeme und mechatronische Systeme

6.5.10.1 Aktiver Gurtaufroller-Straffer

Der *Aktive Gurtaufroller-Straffer* (engl.: *Active Control Retractor,* ACR) (auch: *Reversibler Gurtstraffer*, *E-Pretensioner*) ist ein Schutzsystem mit einem breiten Funktionsspektrum und mit Integrationen in mehrere Fahrzeugdomänen. Zusätzlich verfügt er über eine mechatronische Antriebseinheit, mit der reversible Straffungen und andere Funktionen in der Pre-Crash-Phase oder auch in der Fahr-Phase vorgenommen werden können (Abb. 6.54).

Die Markteinführung des *Aktiven Gurtaufroller-Straffers* erfolgte 2002 durch Mercedes-Benz in der Baureihe 220 (S-Klasse) mit einem System von ZF (vormals: TRW). Seitdem haben Aktive Sicherheitsgurt-Systeme eine weite Verbreitung über Fahrzeugmarken und -segmente erfahren und sie dienen mit ihren wahrnehmbaren Schutzfunktionen der Produktpositionierung und Herausstellung von Sicherheitsmerkmalen des Fahrzeugs.

Typischerweise sind *Aktive Gurtaufroller-Straffer* Teil der Fahrzeugdomäne Passive Sicherheit. Im Aufbau verfügt er über die Funktionen eines *pyrotechnischen Gurtaufroller-Straffers* (Abschn. 6.5.9) insbesondere für die pyrotechnische Straffung und *Ankopplung* der Insassen in der *In-Crash-Phase.* Zu einem hohen Anteil kommt es in der Pre-Crash-Phase, d. h. in der Phase zwischen dem normalem Fahrbetrieb und dem

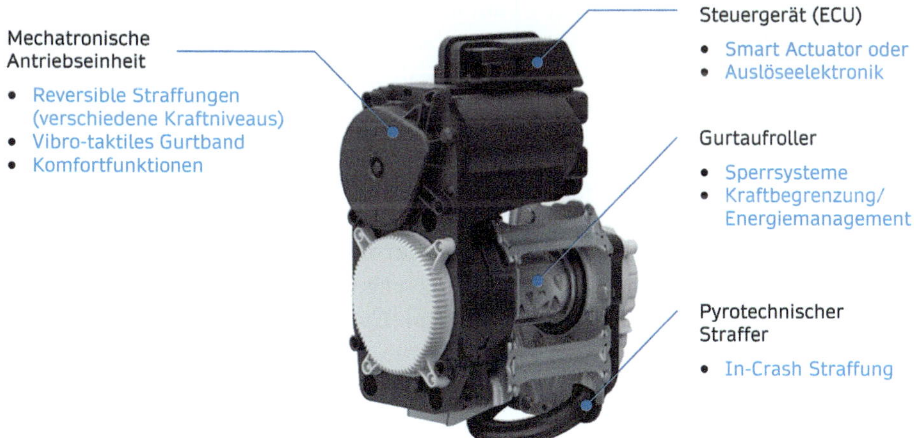

Abb. 6.54 Aufbau eines Aktiven Gurtaufroller-Straffers *(ACR8).* (Quelle: ZF)

Unfallereignis, zu kritischen Situationen wie Schleuderbewegungen, Ausweichmanövern oder Notbremsungen. Diese Phase kann mehrere Sekunden andauern und kann mit einem *Aktiven Sicherheitsgurt-System* zur Einleitung von Schutzmaßnahmen genutzt werden. Kriterien zur Einleitung sind dabei Signale der aktiven Sicherheitskomponenten wie Bremsassistent, Fahrstabilitätsregelung, Umfeldsensierung. Die frühe Ankopplung der Insassen an den Sicherheitsgurt ist eine wesentliche Schutzfunktion vor dem erwarteten Aufprall:

- Insassenschutz-Funktion durch frühe Ankopplung: Im normalen Fahrbetrieb werden zunächst die Funktionen eines Gurtaufrollers erfüllt. Bei der Detektion einer kritischen Fahrsituation durch Sensierung der Fahrzeugdynamik (Beschleunigungen durch Fahrbetrieb) und Fahrwerksensoriken oder durch die *Umfeldsensorik* (u. a.: Umfeldkameras, Umfeldradare) detektiert eine Auslöseelektronik eine mögliche Kollision und aktiviert die Antriebseinheit des mechatronischen Gurtaufrollers für eine reversible Straffung. Hierdurch wird eine Reduktion der *Gurtlose* sowie eine frühe Ankopplung der Insassen bereits vor dem Aufprall angestrebt [21].
  Je nach Konfiguration der *Gurtrückzugskraft* kann auch die Kinematik des Oberkörpers der Insassen derart beeinflusst werden, sodass dieser möglichst die *Nominalposition* einnimmt.

Inzwischen werden mit *Aktiven Gurtaufroller-Straffern* weitere Funktionen und Nutzungsszenarien (engl.: *Use Cases*) für Systeme des automatisierten Fahrens (Advanced Driver Assist Systems, ADAS, bis SAE Level 2) bzw. Automatisiertes Fahren (AD, ab SAE Level 3) sowie für das *Human Machine Interface* (HMI) umgesetzt. Dies sind weitere Beispiele für die Umsetzung von Konzepten der Integralen Sicherheit. Der *Aktive Gurtaufroller-Straffer* dient damit u. a. der Realisierung der folgenden weiteren Fahrzeugfunktionen (Abb. 6.55):

- **Frühe Ankopplung in kritischen Fahrsituationen:** Wird durch das Fahrzeug in der *Pre-Crash-Phase* des integralen Sicherheitsansatzes (Phase: *Bei Gefahr*, Abb. 1.7) eine hohe Wahrscheinlichkeit für ein Unfallereignis detektiert, kann durch eine reversible Straffung des Sicherheitsgurts die *Gurtlose* reduziert werden, um eine möglichst frühe Ankopplung der Insassen zu erzielen. Je nach Kraftniveau kann es auch eine Zielsetzung sein, die Insassen möglichst in ihrer Nominalposition zu positionieren.
- **Fahrer-Information, -Warnung und -Alarmierung (HMI)** für ADAS-/AD-Systemfunktionen (Abb. 6.56): Eine Alarmierung und Warnung des Fahrerassistenz-Systems (ADAS) oder die *Aufforderung zur Übernahme der Fahraufgabe* (engl.: *Take-over-Request*, TOR) durch ein AD-System (z. B.: SAE-Level 3 oder 4) kann durch ein taktiles Signal und ein pulsierendes Gurtband an den Fahrer signalisiert werden. Dieses *vibro-taktile* (engl.: *vibrotactile*) Signal kann auch Teil eines *multimodalen* (z. B.: visuell-taktil, visuell-akustisch-taktil) *Warnszenarios* des HMI-Systems sein [71].

Abb. 6.55 Funktionsspektrum von Aktiven Gurtaufroller-Straffern: Schutzfunktionen Pre-Crash-Phase (Rückhaltung), HMI-Warn-Funktionen als Teil von AD-/ADAS-Warnstrategien sowie Komfort- und Ergonomiefunktionen. (Quelle: ZF)

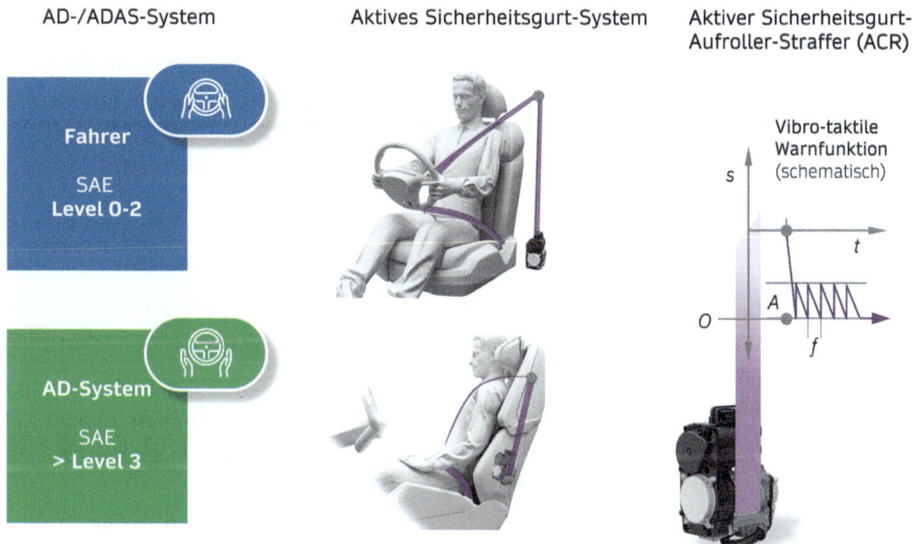

Abb. 6.56 ACR als Bestandteil von multi-modalen Warn- und Alarmierungsfunktionen u. a. für Funktionen des automatisierten Fahrens (AD, ADAS). (Quelle: ZF)

- **In-Position AD/ADAS:** Bei AD-/ADAS-Fahrmanövern, die durch das Fahrzeug veranlasst werden, kann eine nicht erwünschte Beeinflussung der Insassenposition in longitudinaler (z. B. durch *Autonomous Emergency Braking,* AEB) oder lateraler Richtung (z. B. durch *Evasive Steering Assist,* ESA) erfolgen. In der Umsetzung integraler Schutzkonzepte können durch reversible Straffung des Gurtbandes bei der Initiierung von Fahrmanövern die Insassen in ihrer Position stabilisiert werden, bevor ihre Positionierung durch die Dynamik der Fahrzeugbeschleunigung negativ beeinflusst wird. Die Wahrnehmung der Fahraufgabe durch den Fahrer kann hierdurch ebenfalls verbessert werden. Darüber hinaus kann diese Funktion auch mit einer *Nothalt-Assistenzfunktion* (engl.: *Emergency Stop*) kombiniert werden, um einen besseren Insassenschutz zu erreichen.

- **Ergonomie und Bedienkomfort**: Für das Anschnallen und die Nutzung des Sicherheitsgurtsystems beim Fahren kann in bestimmten Situationen die Gurtband-Rückzugskraft reduziert und dadurch das Empfinden beim Tragen des Gurtes positiv beeinflusst werden.

- **Fahrerlebnis:** Der *Aktive Gurtaufroller-Straffer* kann auch für besondere Funktionen zur Steigerung des Fahrerlebnisses eingesetzt werden. Hierzu können mit Auswahl des Fahrmodus reversible Straffungen des Gurtbandes z. B. vor Kurvenbereichen initiiert werden, sodass eine der Fahrzeugdynamik vorauseilende Stabilisierung der Insassenposition erreicht wird. Durch ein bereits im Fahrzeug verbautes Schutzsystem kann auf diese Weise das Fahrgefühl Kundenvorstellungen angepasst werden.

- **Reduzierung der Gurtlose bei Fahrtantritt:** Bei Beginn der Fahrt kann die *Gurtlose* durch *Aktive Gurtaufroller-Straffer* mittels eines gewissen Gurtbandeinzugs reduziert werden, sodass im Falle eines Unfalls die Ankopplung möglichst früh erfolgen kann. Diese Funktion kann auch zu einer positiven Erfahrung mit den Sicherheitssystemen des Fahrzeugs beitragen.

Der *Aktive Gurtaufroller-Straffer* (ACR) besteht aus einem mechanischen Gurtaufroller mit Sperrsystem, einer pyrotechnischen Straffeinheit und einer mechatronischen Antriebseinheit mit Elektromotor und einem integrierten Steuergerät sowie einer Kupplung, die beim normalen Fahrbetrieb die mechatronische Antriebseinheit vom mechanischen Gurtaufroller trennt und bei Auslösung die Kraftübertragung herstellt (Abb. 6.54). Die Auslösung erfolgt entweder über die *Auslöseelektronik* der Passiven Sicherheit (*Airbag-ECU*), über das Fahrerassistenz-System oder über einen zentralen Safety Domain Controller bereits vor dem Aufprall. Für die reversible Straffung benötigt das System in der Regel etwa 80 bis 120 ms. Kommt es zu einer Kollision, wird der pyrotechnische Gurtstraffer aktiviert. Kommt es nicht zu einer Kollision, löst der *Aktive Gurtaufroller-Straffer* das reversibel gestraffte Gurtband und ist wieder für eine ähnliche Situation einsatzbereit. Pyrotechnische Gurtstraffer dagegen werden erst *nach* der Detektion eines Aufpralls ausgelöst.

6.5.10.2 Aktives Gurtschloss

Die *Ergonomie* von Fahrzeuginnenräumen und die Wahrnehmung der Nutzung des Fahrzeugs durch die Insassen (engl.: *Customer Experience*) gewinnt in der Fahrzeugentwicklung einen immer höheren Stellenwert. Die Fokussierung auf das Interieur bei der Fahrzeugdifferenzierung konnte in der jüngeren Vergangenheit an zahlreichen Beispielen beobachtet werden.

Auf Aspekte der Ergonomie bei der Gestaltung von Sicherheitsgurt-Systemen und ihrer Integration in Fahrzeuginnenräume wurde bereits in Abschn. 6.5.7 eingegangen. Die *Zugänglichkeit* und *Erreichbarkeit* des Dreipunktgurt-Systems an der Umlenker-Position oben wie auch an der Gurtschloss-Position unten beeinflussen den Ablauf des An- und Abschnallens. Weiterhin kann die Position des Gurtschlosses den Tragekomfort im Fahrbetrieb beeinflussen.

Ein weiterer Auslegungsaspekt bei Sicherheitsgurt-Systemen ist die Lage des *effektiven Gurtverankerungspunktes*, bei dem spezifische Anforderungen zu berücksichtigen sind (Abschn. 6.5.5). Hierdurch ist oftmals eine bestimmte Lage des Gurtschlosses zu wählen, die anderen Zielen wie z. B. Bauraum, Ergonomie, Interieur-Design entgegenstehen kann.

Der *Active Control Buckle* (ACB) (auch: *Active Buckle Lifter*, ABL) ermöglicht durch eine mechatronische Antriebseinheit die temporäre Erhöhung der Gurtschlossposition für die Situationen des An- und des Abschnallens, sodass die Zugänglichkeit des Gurtschlosses dadurch wesentlich verbessert werden kann [20]. Durch die Kombination mit Sensoriken im Innenraum können unterschiedliche Komfortfunktionen mit einem wahrnehmbaren Kundenerlebnis umgesetzt werden. Diese aktive Hervorhebung des Sicherheitsgurtes zielt auch auf eine weitere Steigerung der Attraktivität dieses Schutzsystems und die Verbesserung der *Gurtanlegequote* (Abb. 6.57, 6.58).

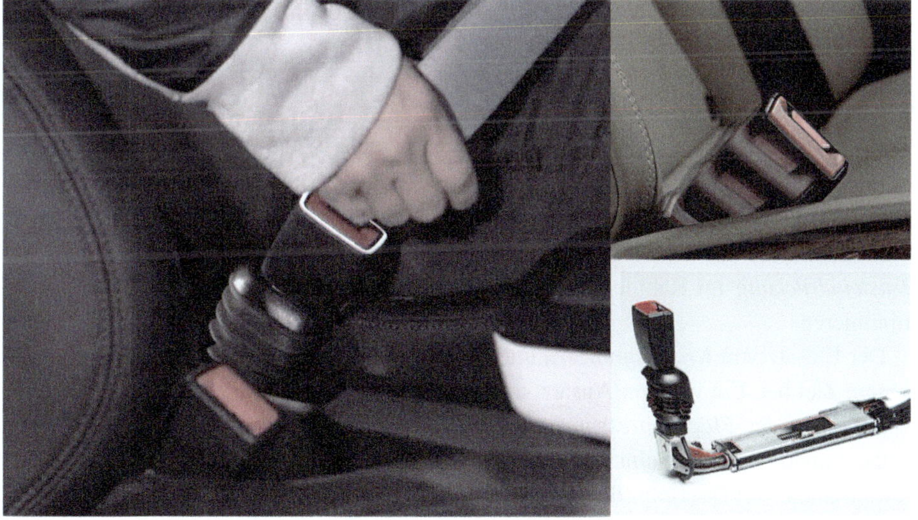

Abb. 6.57 Ergonomische Handhabung von Sicherheitsgurt-Systemen durch Aktive Gurtschlösser *(Active Control Buckle).* (Quelle: ZF)

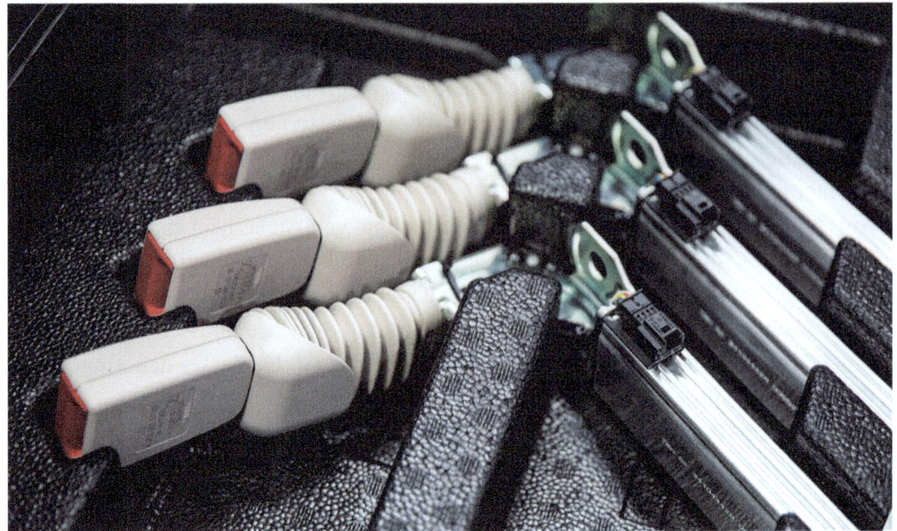

Abb. 6.58 Endmontage mechatronischer Sicherheitsgurt-Systeme. (Quelle: ZF)

Active-Control-Buckle-Systeme können sowohl bei Vordersitzen und Standard-Rücksitzen als auch bei Rücksitzen mit erweiterten *Komfort-Sitzpositionen* integriert werden.

In einer erweiterten Ausführung können mit *Active-Control-Buckle*-Systemen und ihrer mechatronischen Antriebseinheit auch *reversible Strafffunktionen* für die *Pre-Crash*-Phase oder bereits in dynamischen Fahrsituationen realisiert werden. Durch eine frühere Einleitung der Ankopplung und Reduzierung von *Gurtlose* kann das Schutzpotenzial des Sicherheitsgurt-Systems erweitert werden. Siehe hierzu auch die Darstellung der Fahrzeugfunktionen zum *Aktiven Gurtaufroller-Straffer* (ACR) im vorherigen Abschnitt.

6.5.11 Sicherheitsgurt-Airbag-Systeme

Sicherheitsgurte bedingen die Interaktion des Gurtbands mit den Körpern der Insassen, was zu lokalen Belastungsspitzen in Wirkzonen insbesondere im Brustbereich der Insassen führen kann. Es ist ein generelles Entwicklungsziel, Belastungswerte der *Brusteindrückung* im Rahmen einer Gesamtabstimmung des Insassenschutzsystems zu minimieren.

Der Einsatz von *Kraftbegrenzern* und *adaptiven* Funktionen für Gurtaufroller trägt zu diesem Ziel bei. Ein weiterer Ansatz, um diese Belastungen weiter zu minimieren, ist die Reduzierung der *Flächenpressung* durch Vergrößerung und Optimierung der Wirkzone. Frühe Experimente mit einer simplen Verbreiterung des Gurtbands führten nicht zur gewünschten Verbesserung, da es sich an den Rändern aufrollt. So bleibt die Wirkzone des Gurtbands weitgehend unverändert.

Inzwischen sind mehrere Konzepte zur Kombinierung von Sicherheitsgurt-Systemen mit Airbag-Konzepten entstanden. Es entsteht ein *Sicherheitsgurt-Airbag-System* (Abb. 6.59). Im Falle der Auslösung des Gurtsystems bei einem Unfall wird der im *Gurtband* integrierte oder der auf dem Gurtband befestigte *Luftsack* entfaltet, sodass sich die Wirkzone vergrößert und die Flächenpressung im Brustbereich reduziert wird. Gleichzeitig verbessert sich die Kopplung zwischen dem Sicherheitsgurt und dem Insassen durch die Entfaltung des Luftsacks, sodass der Effekt eines Sicherheitsgurt-Straffers nachgebildet werden kann. Darüber hinaus kann durch geeignete Gestaltung des Luftsacks eine Abstützung des Kopfs und des Nackens erfolgen, die ein konventionelles Sicherheitsgurt-System nicht auf gleiche Weise leisten kann.

Bestandteil des *Sicherheitsgurt-Airbag-Systems* ist ein *Gasgenerator,* der entweder am Endbeschlag montiert oder durch ein spezielles Gurtschloss gekoppelt wird. Das *Dreipunkt-Sicherheitsgurt-System* muss hierbei beim Aufroller, am Endbeschlag oder auch am Gurtschloss modifiziert werden.

Bisher wurden nur einzelne Fahrzeugmodelle mit *Sicherheitsgurt-Airbag-Systemen* ausgerüstet. Beispiele für Markteinführungen sind der *Inflatable Rear Safety Belt* von Key Safety Systems durch Ford im Jahr 2010 für den *Explorer,* der *Belt Bag* von Autoliv durch Mercedes-Benz im Jahr 2013 für die Baureihe 222 *(S-Klasse)* und der *Airbelt* von Takata durch Toyota im Jahr 2011 für das Modell *Lexus LFA* [107, 16].

Die Implementierungen zielen auf Insassen der hinteren Sitzreihe und den Schutz bei Frontalaufprall, denn im Gegensatz zur vorderen Sitzreihe sind auf dem Rücksitz i. d. R. keine Airbag-Systeme verbaut. Teilweise werden auch die Reduzierung der lateralen Kopfbewegung bei einem Seitenaufprall oder eine verbesserte Schutzwirkung bei Frontalaufprall bei höheren Geschwindigkeiten angestrebt.

Beim Gurt-Airbag-System ergibt sich ein Gurtband mit einem veränderten Trageempfinden. Dies kann zu einem gesteigerten Sicherheitsempfinden und einer Wertschätzung von Schutzeinrichtungen beitragen, sodass die Motivation zum Tragen des Sicherheitsgurts gesteigert werden kann.

Abb. 6.59 Sicherheitsgurt-Airbag-System *(Mercedes-Benz, ESF2009).* (Quelle: [61, 81])

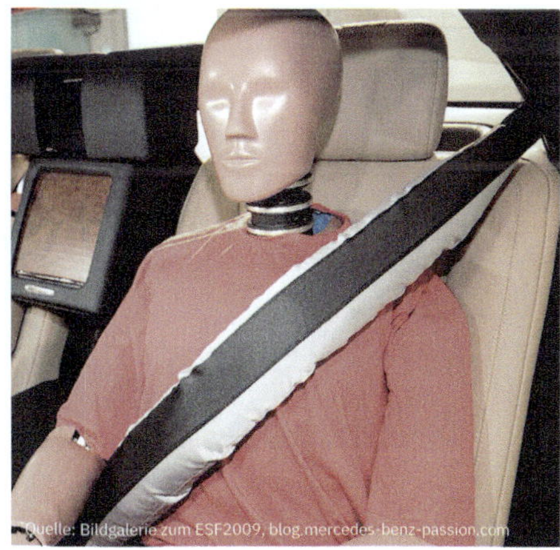

Allerdings sind die technische Umsetzung einer Systemlösung und die Sicherstellung der unkomplizierten Anwendung für alle Altersgruppen, insbesondere für Kinder, eine Herausforderung.

6.6 Airbag-Systeme und Gasgeneratoren

Airbag-Systeme erweitern die Schutzwirkung von *Rückhaltesystemen* und werden heute praktisch in jedem Fahrzeug als Teil des Insassenschutzsystems für spezifische Schutzfunktionen eingesetzt. Airbag-Systeme sind innerhalb der Passiven Sicherheit ein bedeutendes Produktsegment.

Für Airbag-Systeme werden auch Begriffe wie *Luftsack, Luftpolster, Balg, Prallkissen, Aufprallkissen, Air Cushion* oder *Safety Cushion* benutzt. Im technischen Bereich werden eher die englischen Begriffe wie *Inflatable Restraint Systems* (IRS) oder *Supplemental Restraint Systems* (SRS) verwendet.

Abb. 6.60 zeigt ein modernes Beifahrer-Airbag-Modul mit großem Gestaltungsspielraum für das Design eines attraktiven Fahrzeuginterieurs. Airbag-Systeme bilden heute zusammen mit den Deformationsstrukturen des Fahrzeugs, den Sicherheitsgurt-Systemen und weiteren Schutzsystemen im Fahrzeug ein sorgfältig aufeinander abgestimmtes Insassenschutz-System.

Dieser Abschnitt stellt Airbag-Systeme und ihre Komponenten für die Anwendung in PKW als Bestandteil Integraler Insassenschutzkonzepte vor. Zunächst werden der Aufbau von Schutzsystemen mit Airbags, der Aufbau von Airbag-Modulen und generelle Komponenten gezeigt. In weiteren Abschnitten werden die heute verfügbaren

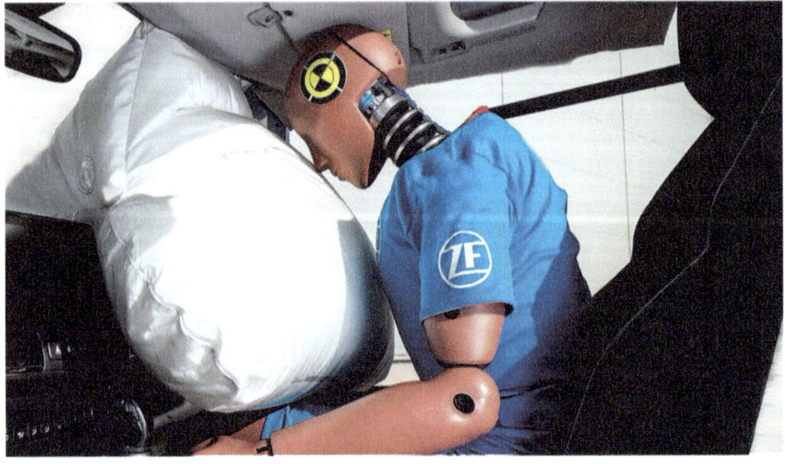

Abb. 6.60 Airbag-Modul für Fahrzeuginnenräume mit modernen Designkonzepten und hohen Differenzierungsansprüchen. (Quelle: ZF)

Airbag-Module für den Insassenschutz bei Frontalaufprall (Abschn. 6.6.7) und bei Seitenaufprall (Abschn. 6.6.8) beschrieben. Im separaten Abschnitt Abschn. 6.6.9 werden die Technologien von *Gasgeneratoren* als eine wesentliche Komponente von Airbags vorgestellt.

6.6.1 Entwicklungsschritte zu Airbag-Systemen für Kraftfahrzeuge

Die Idee, ein sich automatisch aufblasendes Luftkissen als Anprallschutz für PKW-Insassen einzusetzen, wurde bereits in den 1960er-Jahren diskutiert. Erste Vorarbeiten und Patente datieren aus den 1950er-Jahren: Walter Linderer (Patentschrift Nr. 896312, Anmeldung: 1951, Deutschland) [73] und John Hetrick (US-Patent Nr. 2,649,311 Anmeldung: 1952, USA) [49]. Abb. 6.61 zeigt bereits viele auch heute noch genutzte Konzepte für *Airbag-Module*. Für die serientaugliche Anwendung in Kraftfahrzeugen fehlten allerdings noch wesentliche Entwicklungen zu weiteren Teilsystemen (z. B. Crash-Sensierung sowie *Auslöseelektronik*).

Ein frühes System zur Detektion einer Kollision wurde 1967 durch Allen K. Breed entwickelt (engl.: *Ball-in-Tube Sensor*) [122]. Es ermöglichte die Entfaltung von Airbags in weniger als 30 ms – schnell genug für den Einsatz bei Frontalaufprall.

Die ersten kommerziell erhältlichen Airbags wurden ab 1973 als *substituierendes Rückhaltesystem* durch General Motors angeboten. Unter dem Namen *Air Cushion Restraint System* (ACRS) wurden sowohl Fahrer- als auch Beifahrer-Airbag sowie Beckengurte verbaut [84]. Allerdings fehlten ein Schultergurt und das sonst gesetzlich geforderte *Interlock-System* (engl.: *Ignition Interlock*), mit dem das Starten des Fahrzeugs bei nicht angelegten Sicherheitsgurten unterbunden werden sollte.

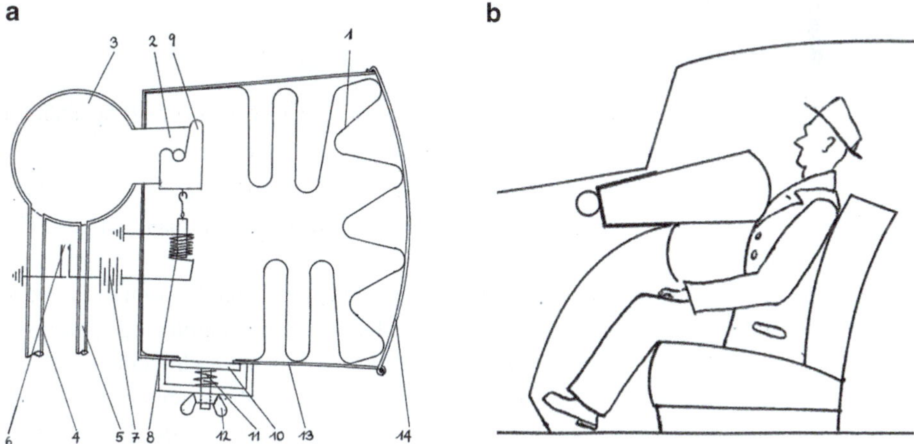

Abb. 6.61 Abbildungen zur Patentschrift „Einrichtung zum Schutze von in Fahrzeugen befindlichen Personen gegen Verletzungen bei Zusammenstößen": **a** Ausführungsbeispiel der Einrichtung, **b** Schutzwirkung (Quelle: [73])

Weitere Entwicklungsarbeiten zur Nutzung von Airbags in Kraftfahrzeugen wurden 1966 bei Mercedes-Benz aufgenommen. Als besondere Herausforderungen galten die Umsetzung einer kurzen Aufblaszeit des Luftsacks, das hohe Gewicht und das große Bauvolumen der damals verwendeten Hochdruck-Gasflaschen, vor allem aber die Zuverlässigkeit im Betrieb. Im Jahr 1971 erfolgte eine erste Patentanmeldung (Patentschrift Nr. DE 21 52 902 C2) und ein Durchbruch gelang durch die Übertragung des Prinzips eines Feststoff-Gasgenerators aus dem Militärbereich [103].

Die Markteinführung von Airbags als *ergänzendes Rückhaltesystem* (engl.: *Supplemental Restraint System*, SRS) erfolgte 1980 durch Mercedes-Benz mit der Baureihe 126 (S-Klasse). Das Fahrzeug war mit einem Fahrer-Airbag und Gurtstraffern als aufeinander abgestimmtes Rückhaltesystem ausgestattet [82]. Teil des Systems waren auch eine Crash-Sensorik und eine *Auslöseelektronik*, die im Jahr 1976 als *Auslösevorrichtung für einen Aufblasvorgang eines Balgs* durch Bosch zum Patent angemeldet worden war [96].

Abb. 6.62 stellt die wesentlichen heute für PKW verfügbaren Airbag-Module dar. Airbag-Module für Kraftfahrzeuge werden häufig entsprechend ihrer Ausrichtung auf die wesentlichen Lastfälle bei Frontal- und Seitenaufprall zugeordnet.

Für den Schutz beim Frontalaufprall sind dies für Insassen der vorderen Sitzreihe der *Fahrer-Airbag* und der *Beifahrer-Airbag*, der *Knie-Airbag* sowie der *Sitzrampen-Airbag*. Zum Schutz bei Frontalaufprall sind aber auch Airbags für Insassen auf der hinteren Sitzreihe verfügbar, der *Rücksitz-Airbag* und das *Sicherheitsgurt-Airbag-System*, das in Abschn. 6.5 ausführlicher beschrieben ist.

Für den Insassenschutz beim **Seitenaufprall** sind die verschiedenen Bauarten des *Seiten-Airbags* für Insassen auf der vorderen und der hinteren Sitzreihe wie auch ein

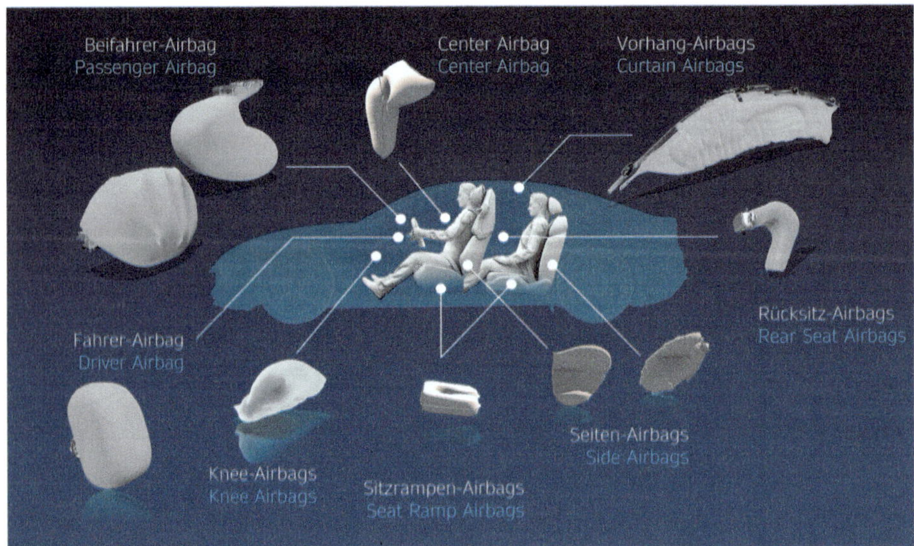

Abb. 6.62 Übersicht zu Airbag-Modulen für den Insassenschutz bei PKW. (Quelle: ZF)

Vorhang-Airbag verfügbar, der sich meist entlang der gesamten Seitenfläche im Dachrahmen erstreckt. Beide Schutzsysteme werden sowohl auf der linken als auch auf der rechten Fahrzeugseite verbaut. Der neueste Airbag für den Schutz bei Seitenaufprall ist der *Center-Airbag* zwischen den beiden Frontinsassen.

Airbag-Systeme für den Schutz von *Vulnerable Road Usern* (VRU, u. a. Fußgänger und Radfahrer), die im Fahrzeug-Exterieur untergebracht sind, werden in Abschn. 6.8 beschrieben.

Meilensteine

Die folgende Auflistung stellt ausgewählte Meilensteine der Entwicklungsgeschichte, der Verbreitung und der Gesetzgebung zu Airbag-Systemen heraus:

- **1951** Patentanmeldung „Einrichtung zum Schutze von in Fahrzeugen befindlichen Personen gegen Verletzungen bei Zusammenstößen" durch Walter Linderer, Deutschland, Patentschrift Nr. 896.312
- **1952** Patentanmeldung „Safety cushion assembly for automotive vehicles" durch John Hetrick, USA, US-Patent Nr. 2,649,311
- **1967** Erfindung einer Crash-Sensierung und Auslöseeinrichtung *(Ball-in-Tube Sensor)* für Airbags durch Allen K. Breed, USA
- **1971** Patentanmeldung „Aufprallschutzvorrichtung für den Insassen eines Kraftfahrzeugs" durch Daimler-Benz, Patentschrift Nr. DE 2152902 C2
- **1973** Markteinführung von **Airbags in PKW** in den USA als alternatives Rückhaltesystem u. a. mit **Fahrer-** und **Beifahrer-Airbag** sowie Beckengurt durch General Motors (Air Cushion Restraint System, ACRS), bereits 1976 wurde diese Ausstattungsoption wieder abgekündigt
- **1976** Patentanmeldung zur Airbag-Sensorik: „Auslösevorrichtung für einen Aufblasvorgang eines Balgs" durch Bosch
- **1980** Markteinführung eines Rückhaltesystems mit **Fahrer-Airbag** als ergänzendes Rückhaltesystem durch Mercedes-Benz mit der Baureihe 126, S-Klasse
- **1987** Markteinführung eines Rückhaltesystems mit **Beifahrer-Airbag** als ergänzendes Rückhaltesystem durch Mercedes-Benz
- **1993** Markteinführung eines ersten **Rücksitz-Airbags** für Rücksitzpassagiere auf der Beifahrerseite durch Nissan in der Oberklassebaureihe JHG50, President
- **1994** Markteinführung von **Seiten-Airbags** durch Volvo für das Modell 850
- **1996** Markteinführung des **Knie-Airbags** durch Hyundai mit dem KIA Sportage für die USA und 2003 durch Toyota mit dem Avensis für Europa
- **1997, 1998** Markteinführungen von Seitenschutzsystemen (durch BMW für die 5er- und 7er-Baureihen sowie des **Vorhang-Airbags** durch Volvo für das Modell S. 80

- **1998** Gesetzliche Anforderung in den USA zur Ausstattung von PKW mit Airbag-Systemen für die Passagiere der vorderen Sitzreihe
- **2002** Markteinführung von **Sitzrampen-Airbags** (Anti-Submarining-Airbag) mit Metall-Luftkissen durch Renault für das dreitürige Modell Mégane
- **2009, 2013** Markteinführung von **Sicherheitsgurt-integrierten Airbags** für den erweiterten Schutz von Insassen auf hinteren Sitzpositionen durch Ford mit der Explorer-Baureihe und durch Mercedes-Benz mit der Baureihe 220, S-Klasse
- **2016** Markteinführung eines **Airbag-Systems** mit reversibler **Pre-Crash-Aktivierung** für den Schutz von Insassen auf den vorderen Sitzen bei Seitenaufprall durch Mercedes-Benz mit der Baureihe 213, E-Klasse
- **2020** Markteinführung eines **Rücksitz-Airbag-Systems** zum Schutz von Insassen der hinteren Sitzreihe bei Frontalaufprall durch Mercedes-Benz mit der Baureihe 223, S-Klasse

6.6.2 Ausstattung von Fahrzeugen mit Airbags

Die Verwendung von Airbag-Systemen in Kraftfahrzeugen folgte der Verbreitung von Sicherheitsgurt-Systemen und verlief in verschiedenen Weltregionen nicht gleichmäßig. In den meisten Ländern der Welt sind Airbag-Systeme mittlerweile ergänzende Schutzeinrichtungen von Insassenschutzsystemen und werden in Kombination mit Sicherheitsgurt-Systemen eingesetzt. Abb. 6.63 zeigt in einer generalisierten Übersicht die Ausstattung von Fahrzeugen mit den wesentlichen heute für PKW verfügbaren Airbag-Modulen für die Märkte China, Europa, Indien, Japan, Korea, Nordamerika, Südamerika.

Trotz zunehmender Konvergenz bestehen bis heute Unterschiede bei den gesetzlichen Anforderungen, sodass sich die Systemabstimmung, die technischen Funktionen und die Prüfumfänge in verschiedenen Teilen der Welt im Detail stark unterscheiden (Kap. 4).

Diese unterschiedlichen Ansätze zeigten Auswirkungen auf die Größen von Airbags, auf die Leistungsfähigkeit der Gasgeneratoren und auf die dazu korrespondierenden Luftsack-Technologien.

6.6.3 Schutzprinzip und Wirkungsweise von Airbags

Das Ziel von Airbag-Systemen ist die Reduzierung von Verletzungsrisiken der Fahrzeuginsassen bei Kollision mit einem Fahrzeug oder Hindernis. Airbag-Systeme leisten einen Teil der Energieabsorption und tragen damit dazu bei, die auf die Insassen wirkenden Belastungen bei einer Kollision zu verringern.

Die beste Schutzwirkung können Airbags in Kombination mit Sicherheitsgurt-Systemen erbringen. Auf die in den USA teils abweichenden Regelungen für Insassenschutzsysteme wurde bereits hingewiesen (Kap. 4). Bei Frontalaufprall haben

Safety first.
And second.
And third.

Im Auto unsichtbar, für uns täglich im Mittelpunkt: Der Inflator, der in Milisekunden den Airbag in Stellung bringt, ist ein Hidden Champion auf Hochtechnologieniveau.

Im Fokus steht dabei immer ein wettbewerbsfähiges Produkt mit höchsten Qualitätsstandards. Daran lassen wir uns jederzeit gerne messen.

ZF

Märkte **Airbag-Module**	Nord-amerika	Europa	China	Japan, Südkorea	Süd-amerika	Indien
Frontalaufprall						
Fahrer-Airbag	■	■	■	■	■	■
Beifahrer-Airbag	■	■	■	■	■	▣
Knie-Airbag	▣	◉	○	○	○	·
Sitzrampen-Airbag · vorn	◇	◇	◇	·	·	·
Sitzrampen-Airbag · hinten	◇	◇	◇	·	·	·
Rücksitz-Airbag	◇	◇	·	·	·	·
Seitenaufprall						
Seiten-Airbag · vorn	■	■	▣	▣	▣	○
Seiten-Airbag · hinten	◉	◉	·	·	·	·
Vorhang-Airbag	■	■	▣	▣	◉	◉
Center Airbag · vorn	○	◉	○	○	·	·

Ausstattungsraten (indikativ): ■ 90-100 %, ▣ 70-90 %,
◉ 20-50 %, ○ 5-20 %, ◇ Einzelprojekte, · keine Angabe

Abb. 6.63 Ausstattung heutiger PKW mit Airbag-Modulen nach Weltregionen, Datenbasis: 2023. (Quelle: ZF)

Sicherheitsgurt-Systeme oftmals den größeren Anteil an der Energieumsetzung als Airbag-Systeme. Sicherheitsgurt-Systeme stabilisieren Insassen in ihrer Sitzposition und tragen zur gezielten Beeinflussung der Insassenkinematik bei, sodass bei Airbag-Systemen eine gezielte Auslegung der Wirkbereiche erfolgen kann.

In Abschn. 6.2 wurden bereits die Grundlagen der Schutzkonzepte von Insassenschutzsystemen erläutert. Nunmehr werden die Schutzfunktionen von Airbag-Systemen bei einem Unfall im Detail weiter ausgeführt. Sie umfassen die folgenden wesentlichen Teilfunktionen:

Energieabsorption: Airbag-Systeme sind Teil eines aufeinander abgestimmten Insassenschutzsystems und leisten einen Beitrag zur Absorption von kinetischer Energie. Dies soll die auf die Insassen wirkenden Kräfte während des Unfallgeschehens senken, um dadurch Verletzungsrisiken zu minimieren.

Krafteinleitung: Zu den Vorteilen von Airbag-Systemen gehört, dass sie über eine hohe Selbstadaptivität verfügen können. Das zugrunde liegende physikalische Wirkprinzip

$$F = p\, A_{\text{eff}} \tag{6.20}$$

zeigt, dass bei erhöhter Krafteinwirkung F durch den Insassen der Innendruck p des Airbags bei gegebener effektiver Kontaktfläche A_{eff} gesteigert wird. Die Möglichkeit, Kräfte über größere Kontaktflächen auf Insassen einleiten zu können, reduziert im Allgemeinen Verletzungsrisiken durch geringere lokale Belastungen.

Insassenankopplung: Die gezielte Abstützung bestimmter Körperbereiche in bestimmten Phasen des Unfallgeschehens hilft, Belastungen, die auf Insassen einwirken, zu reduzieren. In der Kombination mit Sicherheitsgurt-Systemen können die Kontaktzeitpunkte, die Kontaktbereiche und die Wirkbereiche von Airbag-Systemen gezielt abgestimmt werden. Beim Frontalaufprall erfolgt die Ankopplung an ein Airbag-System im Vergleich zu einem Sicherheitsgurtsystem zu einem späteren Zeitpunkt.

Gezielte Beeinflussung der Insassenkinematik: Airbag-Systeme können ebenfalls eingesetzt werden, um die Kinematik der Insassen bei der Rückhaltung positiv zu beeinflussen. Bei Frontalaufprall haben Airbag-Systeme vorrangig Einfluss auf die Kinematik des Kopfes sowie beim Knie-Airbag auf Beine und Becken. Bestimmte Seiten-Airbag-Konzepte zielen auf ein gezieltes Anstoßen und die Beeinflussung der Insassenposition nach innen, bevor Intrusionen an der Seitenwand einsetzen.

Kraftbegrenzung und Adaptivität: Die Wirkung von Airbag-Systemen kann aufgrund von Sensoriken im Fahrzeug an bestimmte Parameter des Unfallgeschehens oder der Insassen angepasst werden. So lassen sich der Zeitpunkt der Entfaltung, die Größe des Luftsacks, der Airbag-Innendruck bzw. die Rückhaltekräfte anpassen, um Belastungen auf Insassen weiter zu reduzieren. Hierdurch soll auch eine übermäßige Rückhaltewirkung auf Insassen beispielsweise bei kleineren Insassen oder bei Unfällen mit geringer Aufprallenergie vermieden werden.

Schutz vor Anprallen: Die Schutzwirkung eines Airbags zielt oftmals auch darauf ab, ein direktes Anprallen auf härtere Kontaktflächen im Innenraum, wie z. B. Cockpit, Scheiben, Innenraumverkleidungen oder Fahrzeugstrukturen, zu verhindern.

Die Schutzfunktionen von Airbag-Systemen können im zeitlichen Ablauf beobachtet werden. Siehe hierzu auch die Darstellung der Grundlagen der Schutzkonzepte von Insassenschutzsystemen in Abschn. 6.2. Der zeitliche Ablauf einer Airbag-Auslösung für die Fahrer- und Beifahrerseite bei Frontalaufprall kann schematisch wie folgt beschrieben werden: Die Entfaltung der Luftsäcke erfolgt ab ca. 15 ms nach der Kollision. Bei ca. 50 bis 60 ms sind die Luftsäcke entfaltet und aufgeblasen. Durch die gezielte Steuerung der Insassenkinematik mithilfe der Sicherheitsgurt-Systeme wird der Beckenbereich der Insassen zurückgehalten und die Oberkörper und Köpfe tauchen in das Luftpolster ein. Mit entsprechend dimensionierten Abströmöffnungen oder mit dem spezifisch abgestimmten, luftdurchlässigen Stoffgewebe des Luftsacks wird eine weitere Reduzierung der Bewegungsenergie der Insassen erreicht.

Bei ca. 120 bis 150 ms nach dem Aufprall ist die Relativgeschwindigkeit des Insassen zur Karosserie abgebaut und die Luftsäcke fallen in sich zusammen. Es soll möglichst vermieden werden, dass der Insasse nach der Vorverlagerung zurück in die Sitzlehne geschleudert wird (engl.: *Rebound*). Dies ist ein wesentliches Entwicklungs- und Abstimmungsziel bei der Entwicklung von Insassenschutzsystemen.

6.6.4 Airbags als Teil des Insassenschutzsystems

Als *Airbag-System* werden die Teilsysteme *Sensorik*, *Auslöseelektronik* (auch: *Airbag-ECU*) sowie die *Airbag-Module* als Aktoren des Passiven Insassenschutzsystems zusammengefasst. Dieses System leistet die Gesamtfunktion bestehend aus Sensierung, Detektion einer Kollision bzw. einer Unfallsituation, Auslösung und Steuerung der Rückhaltesysteme sowie Intervention und Rückhaltung im weiteren Unfallgeschehen. Die Schutzwirkung von Airbags erfolgt als unterstützendes Rückhaltesystem zusammen mit Sicherheitsgurten und weiteren Schutzeinrichtungen. Der Fahrzeuginnenraum und dessen Teilsysteme wie Cockpit, Sitze, Innenraumverkleidung, Verglasung und Fahrzeugstruktur stellen die unmittelbare Systemumgebung von Airbag-Modulen als Fahrzeugkomponenten dar. Für die Abstimmung der Schutzwirkung innerhalb des Passiven Insassenschutzsystems sind weitere Teilsysteme wie Fahrzeugstruktur, Deformationsstruktur, Lenkung etc. zu berücksichtigen.

Trotz regional abweichender Anforderungen in den USA (FMVSS 208 [141] für Lastfälle mit unangegurteten Insassen, Kap. 4) kommen Airbag-Systeme vorrangig als ergänzende Rückhaltesysteme in Kombination mit Sicherheitsgurt-Systemen zum Einsatz.

6.6.5 Aufbau von Airbag-Modulen

Airbag-Module bestehen aus den Kernkomponenten *Gasgenerator* und *Luftsack* und umfassen meist auch ein *Gehäuse* oder eine *Abdeckung* als Schnittstelle zum Innenraum sowie die *Befestigungselemente*.

Die wesentlichen Bauelemente eines Airbag-Moduls werden im Rahmen einer Vorentwicklung gestaltet und zweckmäßigerweise als *Baukasten* aufeinander abgestimmt. Im Entwicklungsprozess für ein bestimmtes Fahrzeugmodell ermöglicht dies die rasche Anpassung an die spezifischen Anforderungen und Einsatzbedingungen. Die Entwicklungsumfänge für einen neuen Airbag-Typ oder eine neue Generation erfordern ein Mehrfaches der für eine individuelle Fahrzeugapplikation zur Verfügung stehenden Zeit. Die folgende Aufstellung gibt einen generellen Überblick über die wesentlichen Komponenten für Airbag-Module.

Gewebefasern für Luftsack-Gewebe

Für die *Luftsäcke* von *Airbag-Modulen* werden *Kunststoff-Fasern* (engl.: *Yarn*) zu speziellem *Airbag-Gewebe (Textil)* verarbeitet. Die Fasern für das Airbag-Gewebe werden aus Polyamid 6 (PA 6), Polyamid 6.6 (PA 6.6) oder *Polyethylenterephthalat* (PET) produziert. Die Festigkeit des Gewebes wird bei gleichem Material von der Feinheit des Garns beeinflusst.

Luftsack-Gewebe

In einem Webprozess wird aus den Kunststofffasern das Airbag-Gewebe als Bahnmaterial hergestellt. Dieses Zwischenprodukt wird als *Flat Fabric* bezeichnet. Die Weiterverarbeitung des Luftsack-Gewebes erfolgt mit dem Zuschnitt und dem Vernähen des Luftsacks, bevor es dann zu einem Airbag-Modul komplettiert wird.

In einem alternativen Fertigungsverfahren wird das Luftsack-Gewebe in einem Fertigungsschritt als Luftsack hergestellt. Diese Verfahren und auch die hiermit hergestellten Luftsäcke werden als *One-Piece Woven* (OPW) bezeichnet. Das Verfahren wird weiter unten näher beschrieben.

Die Anforderungen an Airbag-Gewebe sind vielfältig und anspruchsvoll.

Luftsack-Gewebe soll eine hohe *mechanische Belastbarkeit* aufweisen, sodass die *Reißfestigkeit* des Gewebes ein wesentlicher Auslegungsparameter ist. Die Festigkeit des Gewebes wird bei gleichem Material von der Feinheit des Garns beeinflusst.

Das Gewebe muss eine hohe *Hitzebeständigkeit* aufweisen, da das einströmende Gas je nach Typ des Gasgenerators Temperaturen von mehreren Hundert Grad Celsius erreichen kann.

Die Funktion des Luftsacks ist sowohl bei hohen als auch bei niedrigen Umgebungstemperaturen zu gewährleisten. Dazu kommen hohe Anforderungen an die Lebensdauer.

Mit der *Permeabilität* des Luftsack-Gewebes kann die Wirkungsweise des Airbag-Moduls beeinflusst werden. Es muss sehr gleichmäßig produziert werden.

Das *Gewicht* des Gewebes soll möglichst niedrig sein, um einerseits möglichst wenig Material einsetzen zu müssen und andererseits einen Beitrag zu Fahrzeuggewichtsreduzierungen zu leisten.

Die *Verarbeitbarkeit* des Gewebes ist ebenfalls ein wesentliches Kriterium. Dies betrifft den Zuschnitt, das Nähen und die Faltung, die manuelle und automatisierte Faltprozesse ermöglichen.

Luftsack-Beschichtung

Diese Luftsackgewebe sind je nach Anforderungen an das Airbag-Modul und Kombination mit Gasgeneratoren *unbeschichtet* oder *beschichtet* (engl.: *Coated*). Beschichtungsmaterialien sind beispielsweise *Polychloropren (Synthesekautschuk)* oder *Silikon*.

Die Beschichtungen dienen entweder einer längeren Standzeit des entfalteten Airbags, was insbesondere bei Vorhang-Airbags für Überschlag-Unfälle relevant ist, oder sie schützen das Gewebe um die Einblasöffnung in der Nähe des Gasgenerators.

Luftsack-Faltung

Die Funktionsweise des Airbag-Moduls wird wesentlich durch die eingesetzten Konzepte und Technologien für die *Faltung* beeinflusst. Mit der Art und Weise, wie der Luftsack zusammengelegt ist, kann der Entfaltungsvorgang gezielt gesteuert werden.

Zur Faltung von Luftsäcken sind unterschiedliche Grundkonzepte und Fertigungsverfahren im Einsatz. Die meistgenutzte Faltung ist eine Kombination aus *Zickzack-* und *Roll-Faltung*. Für jeden Airbag-Modul-Typ gibt es eine Auswahl bevorzugter Optionen.

Beim Vorhang-Airbag werden im Wesentlichen die traditionelle *Leporello-Faltung*, bei der der Luftsack über den Generator gefaltet wird, und die sogenannte *Raff-Faltung*, bei der sich der Luftsack seitlich am Generator befindet, unterschieden.

Seit einiger Zeit ist für Luftsäcke die *Thermo-Fixierung* (engl.: Thermo-Fixation) als nachfolgender Prozessschritt verfügbar. Hier werden die Faltung des Luftsacks und seine äußere Kontur durch Temperaturbehandlung dauerhaft fixiert, sodass häufig auf ein geschlossenes Airbag-Gehäuse verzichtet werden kann (beispielsweise bei bestimmten Knie-Airbags und Vorhang-Airbags). Durch eine gleichzeitige Kompression kann das Volumen des gefalteten Luftsacks signifikant reduziert werden (beispielsweise bei kompakten Fahrer-Airbag-Modulen). Die Fixierung hat keinen Einfluss auf die Airbag-Entfaltung.

Luftsack-Funktionselemente

Fangbänder sind innerhalb oder außerhalb des Luftsacks angebracht und lassen sich für sehr unterschiedliche Zwecke einsetzen. Sie können die Entfaltungslänge reduzieren und verhindern damit den Kontakt zwischen Luftsack und Insassen während des Entfaltungsvorgangs. Sie können auch zur Beeinflussung des Gasflusses eingesetzt werden. Fangbänder können durch pyrotechnische Aktoren wie *Tether Activation Units* (TAU) im Verlauf des Unfallgeschehens gezielt gekappt werden, sodass die Luftsackentfaltung beeinflusst werden kann.

Die Fähigkeit des Airbags zur Energieumsetzung kann wesentlich durch die Dimensionierung von *Abströmöffnungen* (bei beschichteten Geweben) oder die *Luftdurchlässigkeit* des Gewebes bestimmt werden. Durch die Festlegung von Austrittsöffnungen entweicht Gas aus dem Luftsack, sodass ein Eintauchen des Insassen in den Airbag ermöglicht wird.

Abströmöffnungen können durch pyrotechnische Aktoren wie *Tether Activation Units* (TAU) im Verlauf des Unfallgeschehens durch die Auslöseelektronik je nach Konstruktionsweise gezielt geöffnet oder auch geschlossen werden.

Reißnähte sind eine weitere Alternative zur Steuerung des Rückhalteverhaltens des Luftsacks.

Airbag-Gehäuse

Das *Gehäuse* eines Airbag-Moduls ist oftmals sowohl die verbindende Einheit zwischen Gasgenerator und Luftsack als auch zwischen dem Airbag-Modul und dem Fahrzeug. Mit einem Befestigungsflansch wird der Gasgenerator befestigt und gegenüber der Einströmöffnung des Luftsacks positioniert. Als Gehäusematerialien kommen tiefgezogene Stahlbleche, gefaltete Blechstrukturen oder Kunststoffe zur Anwendung.

In der Vergangenheit verfügten alle Airbag-Module über ein Gehäuse. Aus Gewichtsgründen wird aber immer häufiger auf ein eigenes Gehäuse verzichtet und es wird eine höhere Integration mit umgebenden Komponenten angestrebt. Der Gasgenerator und der Luftsack sind dann beispielsweise direkt an der Instrumententafel oder dem Dachrahmen befestigt. Airbag-Gehäuse können auch aus Gewebe mit Befestigungselementen oder als Kombination von Gewebe mit festem Rahmen ausgeführt sein (engl.: *Fabric Housing*).

Die sichere Verbindung des Airbag-Moduls mit dem Fahrzeug an der Fahrzeugstruktur oder einer anderen Hauptbaugruppe wie Instrumententafel oder Sitzstruktur wird durch Schraubverbindungen hergestellt.

Airbag-Abdeckung

Die *Airbag-Abdeckung* kann Bestandteil des Airbag-Moduls sein, wenn diese Funktion nicht durch ein angrenzendes Bauteil wie der Instrumententafel, dem Sitz oder dem Dachhimmel übernommen wird. Die Abdeckung kann ein für die Insassen sichtbares Bauteil im Innenraum sein, wie beispielsweise beim Fahrer-Airbag. Als solche muss sie sich optisch in das Gesamtbild des Lenkrads oder der Armaturentafel einfügen. Andernfalls sind Airbag-Module verdeckt angebracht, wie beispielsweise beim Knie-Airbag.

Als Material haben sich gewebe- oder metallverstärkte *Polyurethane* durchgesetzt. Daneben werden auch Verbundwerkstoffe verwendet, wobei dann die Innenabdeckung aus einem *thermoplastischen* Kunststoff besteht, der mit einer dekorativen Außenhülle aus *Vinyl* überzogen ist.

In allen Fällen muss sie definierte Anforderungen im Aufreiß- und Öffnungsverhalten erfüllen. Dies erfordert im Verlauf von Fahrzeugprojekten eine hohe Aufmerksamkeit zwischen den Herstellern der Airbag-Module und denen der benachbarten Innenraumkomponenten. Die hohe Varianz der verwendeten Materialien und Konstruktionen sowie kontinuierliche Bauteil-Reifegrad-Fortschritte im Verlauf von Entwicklungsprozessen und Fahrzeuganläufen können Anpassungen erforderlich machen.

Gasführung

Zum Schutz des Luftsack-Gewebes vor Beschädigungen durch einströmende heiße Gase kann eine besondere Verstärkung an der Einblasöffnung des Luftsacks angebracht sein. Sie besteht aus festem Material oder zusätzlichen Gewebelagen mit erweiterter Temperaturbeständigkeit.

Befestigungselemente

Zum Einbau von Airbag-Modulen in Fahrzeuge werden aufgrund der hohen Kräfte bei der Auslösung Schraubverbindungen gewählt.

Als Befestigungselemente werden insbesondere bei Vorhang-Modulen alternative Konzepte wie spezielle Clips für eine schnelle und sichere Montage genutzt.

6.6.6 Systemumgebung von Airbag-Modulen – Bauräume

Als **physische Bauteile** sind Airbag-Module *Komponenten* im Innenraum des Fahrzeugs mit Schnittstellen zu anderen Interieur-Hauptbaugruppen oder der Fahrzeugstruktur. Aus **funktionaler Perspektive** sind Airbag-Module *Aktoren* innerhalb des Insassenschutzsystems. Daher ergeben sich für Airbag-Module vielfältige Systemschnittstellen, die entweder aus dem Bauraum oder auch der Funktion abgeleitet werden können.

Die wichtigsten etablierten *Bauräume* (auch: *Verbauorte, Package Zone*) für die Integration von Airbag-Modulen in den Fahrzeuginnenraum sind in Abb. 6.64 dargestellt. Ein Bauraum ist insbesondere dann geeignet, wenn der Luftsack sich entgegen der zu erwartenden Bewegungsrichtung des Insassen entfalten kann und dadurch nicht erwünschte Wechselwirkungen bei der Entfaltung vermieden werden.

Allerdings kann es aufgrund von beengten oder konkurrierenden Bauraumsituationen notwendig sein, Konzepte für alternative Bauräume zu entwickeln. In der Zukunft werden bei der Suche nach attraktiven Interieurkonzepten alternative Bauräume für Airbag-Module eine wesentliche Rolle spielen. Ein Beispiel hierfür ist die Integration des Beifahrer-Airbag-Moduls in das Dach, um dem Beifahrer zusätzlichen Bewegungsspielraum, ein großzügigeres Raumgefühl oder zusätzliche Kundenfunktionen durch Displays bereitzustellen (Abschn. 6.6.7.2). Auf die spezifischen Aspekte beim Package der Airbag-Module wird in den folgenden Abschnitten separat eingegangen.

Verbauort / Airbag-Module	Lenkrad/ Lenkung	Cockpit	Sitzanlage	Dach	Sonstige
Frontalaufprall					
Fahrer-Airbag	■	✶	·	✶	·
Beifahrer-Airbag	·	■	·	○	·
Knie-Airbag	·	■	·	·	·
Sitzrampen-Airbag · vorn	·	·	■	·	·
Sitzrampen-Airbag · hinten	·	·	◇	·	·
Rücksitz-Airbag	·	·	■	✶	·
Seitenaufprall					
Seiten-Airbag · vorn	·	·	■	·	◇
Seiten-Airbag · hinten	·	·	○	·	■
Vorhang-Airbag	·	·	·	■	○
Center Airbag · vorn	·	·	■	·	

■ vorrangiger Verbauort, ○ alternativer Verbauort, ◇ Einzelprojekte, ✶ zukünftige Option, · ohne Angabe

Abb. 6.64 Optionen für den Verbauort (Package) von Airbag-Modulen im Fahrzeuginnenraum (schematisch). (Quelle: ZF)

6.6.7 Airbag-Module für den Insassenschutz bei Frontalaufprall

Der Insassenschutz bei Frontalaufprall stellte das erste Anwendungsfeld für Airbag-Systeme dar. Der Schwerpunkt des Schutzes mit Airbags bei Frontalaufprall liegt bis heute bei den Insassen auf der vorderen Sitzreihe.

Die Entwicklung von Schutzkonzepten für den Frontalaufprall erfolgt in enger Abstimmung zwischen den beteiligten Teilsystemen wie Fahrzeugstruktur, Lenksystem, Cockpit, Innenraum, Sitze, Verglasung, Insassenschutzsystemen sowie der Sensorik zur Unfalldetektierung (Kap. 7). Die Integrität der Fahrgastzelle bei der Kollision ist ein wesentliches Element für die Wirksamkeit von Airbags (Abschn. 6.4).

Aktuell stellt die hohe Varianz von Antriebsstrang-Varianten über viele Fahrzeugmodelle hinweg eine große Herausforderung für die Abstimmung von Insassenschutzkonzepten dar. Einerseits variiert das Fahrzeuggewicht stärker als bisher und beispielsweise Batteriespeicher üben einen deutlichen Einfluss auf den *Crash-Puls* aus. Darüber hinaus verändern sowohl neuartige Fahrzeugstrukturen als auch wesentliche Kernkomponenten wie Motor, Getriebe und Batteriespeicher das Energieabsorptionsverhalten des Fahrzeugs und beeinflussen das Insassenschutzsystem.

In vielen Regionen werden Airbag-Systeme zum Insassenschutz bei Frontalaufprall (Abb. 6.65) in Kombination mit Sicherheitsgurt-Systemen konzipiert, wobei hier für die USA andere gesetzliche Anforderungen gelten (Kap. 4).

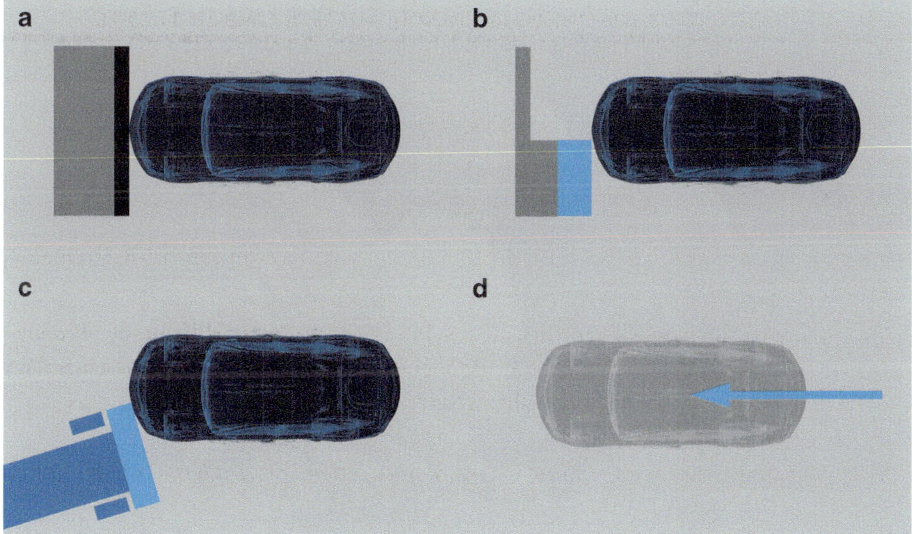

Abb. 6.65 Wesentliche Schwerpunkte mit Testanforderungen an den Insassenschutz bei Frontalaufprall: **a** Barrieretests, vollständige Überdeckung, **b** Barrieretests, teilweise Überdeckung, **c** Barrieretests, dynamische Barriere mit schrägem Aufprall sowie **d** Heckaufprall (Quelle: ZF)

Über die klassischen Konzepte der Passiven Sicherheit hinaus werden für den Insassenschutz beim Frontalaufprall auch Konzepte der Integralen Sicherheit durch Vernetzung von Systemen der Aktiven und Passiven Sicherheit eingesetzt. Nicht-reversible Aktoren, wie sie Airbag-Systeme üblicherweise darstellen, kommen für den Schutz bei Frontalaufprall bisher nicht zum Einsatz. Die Pre-Crash-Straffung durch *Aktive Gurtaufroller-Straffer* (Abschn. 6.5) in Kombination mit Airbags zielt jedoch auf eine Optimierung der Insassenposition bereits vor der Kollision und damit eine Verringerung von Verletzungsrisiken ab.

Der Zweck von Airbag-Systemen zum Schutz bei Frontalaufprall ist, Verletzungsrisiken durch Energieabsorption zu reduzieren und einen direkten Aufprall auf Kontaktflächen im Innenraum zu verhindern (Abb. 6.66).

In den folgenden Abschnitten werden die wesentlichen auf den Insassenschutz bei Frontalaufprall ausgerichteten Airbag-Systeme näher beschrieben: Fahrer-Airbag, Beifahrer-Airbag, Knie-Airbag sowie der Sitzrampen-Airbag. Erst in der jüngeren Zeit gab es vermehrte Aktivitäten, um Airbag-Systeme auch für Insassen auf der hinteren Sitzreihe zur Anwendung zu bringen. Dazu wird weiter unten der Rücksitz-Airbag vorgestellt.

Die wichtigsten gesetzlichen Anforderungen zur Prüfung von Insassenschutzsystemen mit Airbag-Systemen zum Schutz bei Frontalaufprall sind u. a. in den folgenden Normen festgelegt (Kap. 4):

Abb. 6.66 Anordnung der Airbag-Module für den Schutz von Insassen auf der vorderen und hinteren Sitzreihe bei Frontalaufprall. (Quelle: ZF)

- UN-R 94 (Occupant Protection Frontal Impact) [134] und UN-R 137 (Frontal impact with focus on restraint systems) [135]
- FMVSS 201 (Occupant Protection in Interior Impact) (ab 1967) [142] und FMVSS 208 (Occupant Crash Protection) (ab 1971) [141] für die USA sowie
- GB/T 20913–2007 [113] (Offset Frontal Collision) für China

In den letzten Jahren waren die Entwicklungen des Schutzes bei Frontalunfällen geprägt von der Einführung und Erweiterung von Testkonfigurationen mit teilweiser Überdeckung und mit schrägem Aufprall. In einigen Regionen wurde das Geschwindigkeitsniveau angehoben. Hinzu kamen Bestrebungen zur Erhöhung der Kompatibilität zwischen unterschiedlichen Fahrzeugtypen.

In Abb. 6.67 ist *beispielhaft* der zeitliche Ablauf der Airbag-Auslösung für die Fahrer- und die Beifahrer-Seite dargestellt. Durch die Wirkung des Gurtsystems wird der untere Bereich des Insassen zurückgehalten und der Oberkörper taucht in das Luftpolster ein.

a Fahrer

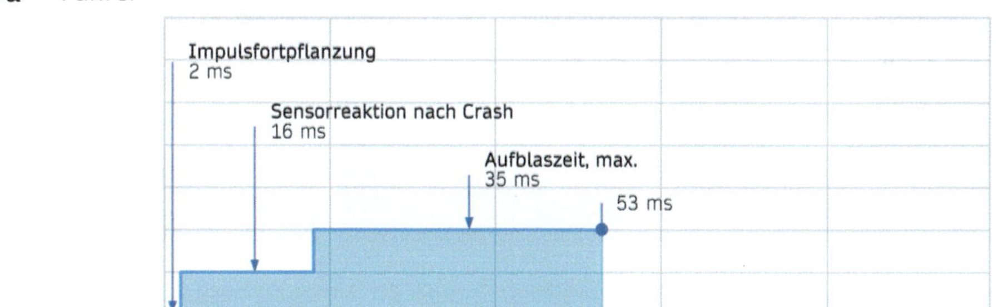

b Beifahrer

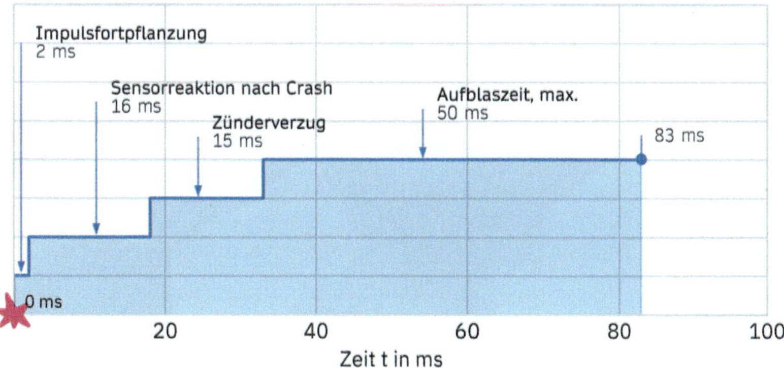

Abb. 6.67 Schematische Darstellung des zeitlichen Ablaufs der Airbag-Zündung und -Entfaltung bei Frontalaufprall: **a** Fahrer und **b** Beifahrer. (Quelle: [61])

Die genau berechneten Abströmöffnungen oder das speziell entwickelte luftdurchlässige Stoffgewebe des Luftsacks bewirken einen Energieabbau der Insassenbewegung und vermeiden, dass der auf das Gaspolster treffende Körper in die Sitzlehne zurückgeschleudert wird. Ungefähr 120 ms nach dem Aufprall ist die Relativgeschwindigkeit der Fahrzeuginsassen zur Karosserie abgebaut, und die Luftsäcke fallen in sich zusammen. Der Insassen-Bewegungsablauf bei einem 55-km/h-Barrieretest ist beispielhaft in Abb. 6.68 für den Fahrer und in Abb. 6.69 für den Beifahrer gezeigt.

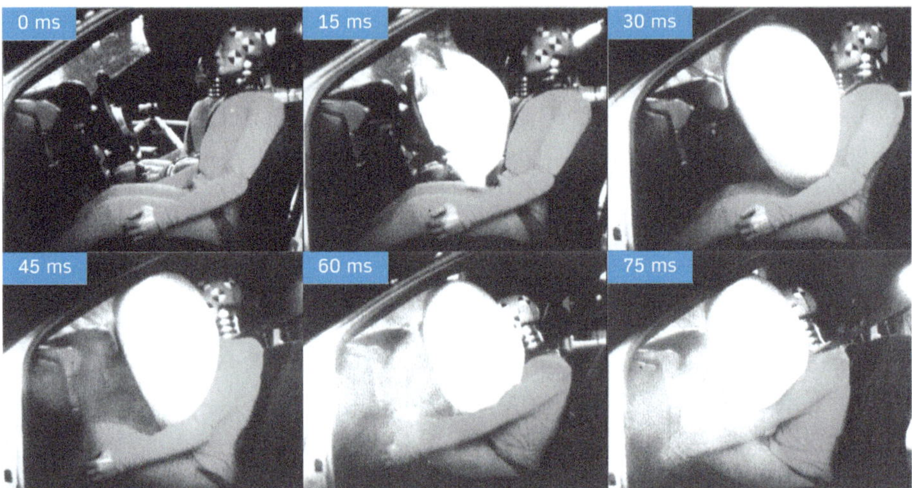

Abb. 6.68 Schematische Darstellung des zeitlichen Ablaufs der Airbag-Zündung und -Entfaltung bei Frontalaufprall (Fahrer). (Quelle: [61])

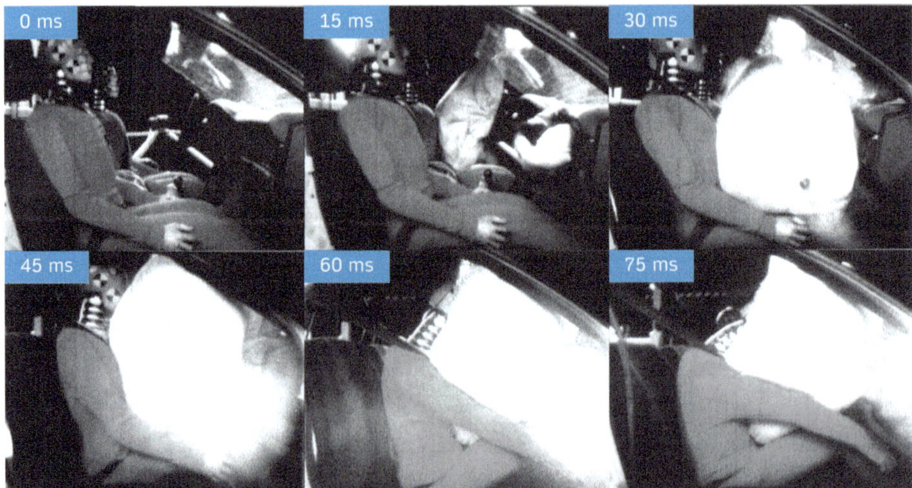

Abb. 6.69 Schematische Darstellung des zeitlichen Ablaufs der Airbag-Zündung und -Entfaltung bei Frontalaufprall (Beifahrer). (Quelle: [61])

6.6.7.1 Fahrer-Airbag-Modul

Der *Fahrer-Airbag* (engl.: *Driver Airbag*, DAB) war das erste Airbag-System (Abschn. 6.6.1). Fahrer-Airbags waren die ersten gesetzlich geforderten Airbag-Module für PKW. Im „Intermodal Surface Transportation Efficiency Act" von 1991 wurde die Ausrüstung von PKW mit Airbags für die Passagiere der vorderen Sitzreihe für Fahrzeuge in den USA ab 1998 gesetzlich geregelt. Heute sind praktisch weltweit alle PKW mit Fahrer-Airbags ausgestattet (Abb. 6.70).

Vor der Nutzung von Dreipunkt-Sicherheitsgurten und der Verwendung von Fahrer-Airbags bestanden große Verletzungsrisiken durch den Aufprall des Fahrers auf das Lenkrad, die Lenksäule, das Cockpit und auch an die Windschutzscheibe (Kap. 2).

Der Fahrer-Airbag trägt dazu bei, Verletzungsrisiken von Insassen auf der Fahrerposition insbesondere bei frontalen Unfällen zu reduzieren. Der Fahrer-Airbag dient insbesondere dem Schutz von Kopf, Gesicht, Hals und Brust. Heute ist der Fahrer-Airbag Teil eines aufeinander abgestimmten Rückhaltekonzepts, bestehend aus Sicherheitsgurt-System, Lenkrad-System, Lenk-System, Sitz-System sowie für bestimmte Lastfälle auch dem Schutzsystem bei Seitenaufprall. Allerdings sind für die USA die Ausnahmen zu berücksichtigen, die bereits weiter oben erläutert wurden (Kap. 4).

Bei einem Frontalaufprall erfolgt zunächst die Straffung und Ankopplung des Insassen durch das Sicherheitsgurt-System. Danach folgt die Phase der Insassen-Vorverlagerung und Kraftbegrenzung durch den Sicherheitsgurt. Währenddessen erfolgt der Zündimpuls an den Gasgenerator des Fahrer-Airbags, der Luftsack entfaltet sich vor dem Insassen und füllt den Raum zwischen ihm und dem Lenkrad aus.

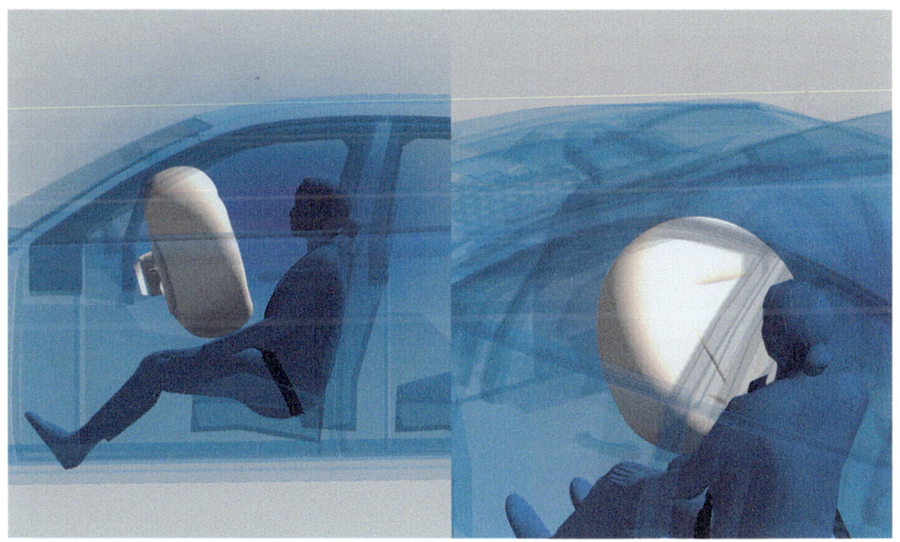

Abb. 6.70 Anordnung eines Fahrer-Airbag-Moduls *(DAB Dual-Contour)*. (Quelle: ZF)

Bei der *Rückhaltung* durch den Luftsack werden Kräfte auf großer Fläche in den Körper eingeleitet. Die Beeinflussung der Kopf- und Nackenkinematik und die Vermeidung des Anprallens ist dabei eine wesentliche Zielsetzung. Verletzungsrisiken durch hohe Kopfbeschleunigungen und Nackenbelastungen sollen reduziert werden. Hierbei wirkt die oben bereits angeführte Selbstadaptivität von Airbags unterstützend.

Lenkrad und Fahrer-Airbag-Modul stellen ein Teilsystem dar, das als eigenständiges Produkt in unterschiedliche Fahrzeugdomänen integriert ist: Chassis, Lenkung, Bedienkonzept (HMI), Cockpit, Interieur, Automatisiertes Fahren (ADAS/AD) und die Fahrzeugsicherheit. Die Insassenschutzfunktion ist eine wesentliche Teilfunktion von *Lenkrad-Systemen* (engl.: *Steering Wheel Systems*). Der Fahrer-Airbag wird im Systemumfeld wesentlich durch das Lenkrad-System bestimmt, da typischerweise Lenkrad und Fahrer-Airbag-Modul ein Gesamtsystem bilden (Abb. 6.71). Das Fahrer-Airbag-Modul ist mittig im Lenkrad integriert und damit direkt vor dem Fahrer platziert. Neben seiner Primärfunktion, Insassen zu schützen, wird über das Fahrer-Airbag-Modul in der Regel auch die Hupfunktion durch Schließen eines elektrischen Kontakts aktiviert. Abhängig von herstellerspezifischen Designs sowie der teilweisen bzw. teilweise möglichen Integration von Bedien- bzw. Anzeigeelementen kann die Komplexität des Fahrer-Airbag-Moduls erhöht werden.

Heutige Fahrer-Airbag-Module, siehe Explosionsdarstellung, werden mechanisch in einem Lenkrad verrastet oder alternativ verschraubt. Durch Auslösen eines elektrischen Signals am pyrotechnischen Gas-Generator strömt kontinuierlich heißes Gas durch eine Einlassöffnung am Fahrer-Airbag ein, bis dieser seine finale Form bzw. Größe nach ca. 30 ms erreicht hat. Dabei werden zu Beginn Sollbruchstellen, sogenannte

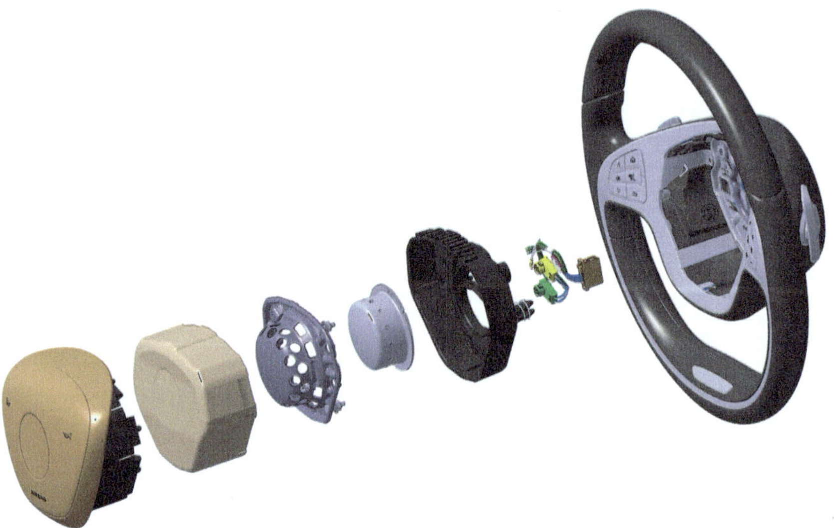

Abb. 6.71 Systemaufbau Steering-Wheel-System und Integration mit dem Fahrer-Airbag-Modul. (Quelle: ZF)

Aufreißlinien, der vom Fahrer sichtbaren und mit einem Herstellerlogo ausgestatteten Fahrer-Airbag-Kappe aus thermoplastischen Kunststoffen (TPE) gebrochen bzw. aufgerissen. Der Lenkradkranz stützt den Fahrer-Airbag beim „Eintauchen" des Insassen in den Airbag ab. Üblicherweise kommen rotationssymmetrische und kreisrunde Luftsackformen zum Einsatz, die auch in Abhängigkeit vom Zielmarkt über ein Volumen von ca. 50 bis 65 l verfügen. Die Tiefe des aufgeblasenen Airbags wird über Fangbänder gesteuert, welche die Vorder- und Rückseite des Luftsacks miteinander verbinden. Um ein kontrolliertes Abströmen des heißen Gases zu gewährleisten, ist auf der vom Fahrer abgewandten Seite des Airbags mindestens eine Abströmöffnung vorgesehen.

Der Funktionsbereich eines Fahrer-Airbag-Moduls liegt zwischen $-35°$ und $+85°C$. Neben der Erfüllung gesetzlicher, kundenspezifischer und Verbraucherschutz-Crash-Anforderungen sind z. B. für den US-Markt u. a. *Out-of-Position* (OoP)-*Lastfälle* gemäß FMVSS 208 zu erfüllen (Abschn. 6.2).

Im Falle eines Crashs werden Kräfte auf großer Fläche in den Körper – insbesondere Kopf und Brust – eingeleitet. Hierbei wird kinetische Energie des Insassen absorbiert und die Bewegung des Insassen verlangsamt. Ein Aufprallen des Insassen auf das Lenkrad bzw. Innenraumbauteile sowie ein Überstrecken des Nackens sollen vermieden werden.

Beim Fahrer-Airbag kommen sowohl 1- als auch 2-stufige Gasgeneratoren zum Einsatz. Während beim 1-stufigen Gasgenerator der Abbrand des Treibstoffs in einer einzigen Stufe erfolgt, wird beim 2-stufigen Gasgenerator der Treibstoff zeitverzögert gesteuert, typischerweise nach 5 ms, dies kann allerdings auch variieren. 2-stufige Gasgeneratoren werden insbesondere für die US-relevanten Lastfälle bzw. Anforderungen sowie für spezielle OEM-Anforderungen benötigt.

Abhängig von der Fahrzeugumgebung kann für den U.S.-NCAP-Lastfall der *5. Perzentil-Frau* auch die Integration von Adaptivitätsfunktionen am Fahrer-Airbag-Modul erforderlich sein, da sich der Energieeintrag eines Insassen in den aufgeblasenen Luftsack bei einer kleinen und leichten Person deutlich von dem bei einer großen und schweren Person unterscheidet. Luftsackadaptivitäten können durch Zündung eines pyrotechnischen Aktuators (TAU) (engl.: *Tether Activation Unit*) aktiviert werden, um das sich im Luftsack befindende Gas über eine weitere Öffnung abströmen zu lassen. Die Klassifizierung des Fahrers wird durch die Insassensensorik der Auslöseelektronik ausgewertet (Kap. 7).

Die Integration von zusätzlichen Funktionen und der Trend, Fahrer-Airbag-Module immer kompakter zu gestalten, erfordert, den zusammengenähten Luftsack nach dem Faltvorgang thermisch zu fixieren, um somit den notwendigen Bauraum zu minimieren (Abb. 6.72).

Die Auslegung zukünftiger Fahrer-Airbag-Konzepte wird unter anderem durch innovative Konzepte für den Fahrzeuginnenraum und die Gestaltung des automatisierten Fahrens bestimmt. Beispielsweise ist es denkbar, dass der Fahrer in Zukunft eine Komfort-Sitzposition einnimmt. Um den Insassen in einer derartigen Sitzposition adäquat zu schützen, kann zusätzliches Airbag-Volumen über eine weitere Zündeinheit

Abb. 6.72 Kompakte Airbag-Module durch *Thermo-Folding*-Technologie. (Quelle: ZF)

freigegeben werden. Den Fahrer-Airbag für neue Innenraum- und Cockpit-Konzepte in anderen Packagezonen wie z. B. dem Dachhimmel zu verbauen, ist ebenfalls ein gangbarer Weg.

Insassenschutzsysteme für den Schutz bei Frontalaufprall beziehen auch das Lenksystem ein. Es verfügt ebenfalls über die Fähigkeit der Energieumsetzung bei Belastung und kann deshalb den Vorverlagerungsweg des Fahrers erweitern. Eine weitere Beschreibung der Schnittstellen zwischen Fahrer-Airbag und Lenksystem bei der Abstimmung von Insassenschutzfunktionen ist in Abschn. 6.7 zu finden.

6.6.7.2 Beifahrer-Airbag-Modul

Die Markteinführung von *Beifahrer-Airbags* (engl.: *Passenger Airbag,* PAB) erfolgte 1973 in den USA durch General Motors als alternatives Rückhaltesystem unter dem Namen *Air Cushion Restraint System* (ACRS). Es umfasste Fahrer- und Beifahrer-Airbag sowie Beckengurte (Abschn. 6.6.1). Allerdings wurde diese Ausstattungsoption 1976 bereits wieder vom Markt genommen. Mit der Markteinführung des Beifahrer-Airbags als ergänzendes Rückhaltesystem durch Mercedes-Benz im Jahr 1987 setzte er sich dann als Schutzsystem weltweit durch. Die Ausstattungsrate für Beifahrer-Airbags beträgt heute über alle Weltregionen hinweg ca. 98 %. In den USA sind Beifahrer-Airbags seit 1998 gesetzlich gefordert.

Der Beifahrer-Airbag (Abb. 6.73) trägt insbesondere in Kombination mit Sicherheitsgurt-Systemen dazu bei, die Verletzungsrisiken von Insassen auf der Beifahrerposition bei einem Frontalaufprall zu reduzieren. Er ist insbesondere auf den Schutz von Kopf, Gesicht, Hals und Brust ausgerichtet. Zur Verbesserung der Insassenkinematik und zur Reduzierung der Verletzungsschwere der unteren Extremitäten kann der Knie-Airbag zusätzlich eingesetzt werden.

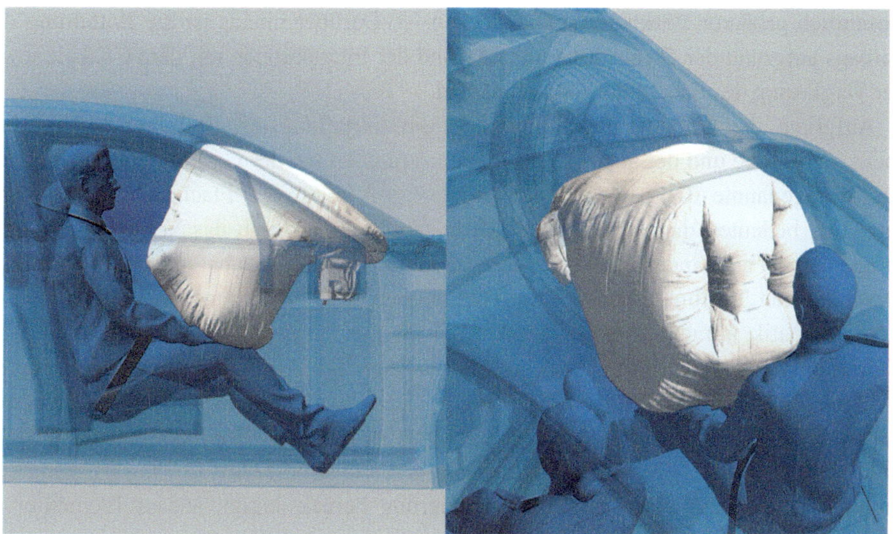

Abb. 6.73 Beifahrer-Airbag-Modul mit Dual-Contour-Technologie. (Quelle: ZF)

Die Entwicklungsaktivitäten haben sich in der jüngeren Vergangenheit auf die Weiterentwicklung der Anforderungen bei Frontalunfällen fokussiert. Durch die Einführung von Lastfällen wie der festen Barriere mit teilweiser Überdeckung (engl.: *Small Overlap*) sowie dem Schrägaufprall (engl.: *Oblique Frontal Impact*) stellten sich für den Beifahrer-Airbag neue Herausforderungen. Die Schutzwirkung musste auf eine Weise erweitert werden, durch die Insassen auch bei schrägem Auftreffen auf den Luftsack abgestützt werden können. Insbesondere erhöhten sich auch Anforderungen an den Kopfschutz und die dafür relevanten Belastungswerte (Kap. 3). Entwicklungsziele sind die Vermeidung von Kopfrotationen bzw. Winkelgeschwindigkeiten und Winkelbeschleunigungen.

Nach dem Zündimpuls an den Gasgenerator und seine Zündung entfaltet das aus dem Gasgenerator ausströmende Gas den Beifahrer-Airbag vor dem Insassen. Der Raum zwischen dem Insassen und der Instrumententafel wird mit Luftsack-Volumen gefüllt.

Beim Sicherheitsgurt-System folgt auf die Phase der Straffung und Kopplung die Phase der Kraftbegrenzung mit dem Eintauchen des Oberkörpers in einer Vorwärtsbewegung in das Luftkissen des Beifahrer-Airbags.

Zur Rückhaltung werden Kräfte auf großer Fläche in den Körper eingeleitet. Hierbei wird kinetische Energie des Insassen absorbiert und die Bewegung des Insassen wird verlangsamt.

Ein Kontakt des Insassen mit den Konturen des Innenraums soll möglichst vermieden werden.

Beim Beifahrer-Airbag ist das Systemumfeld deutlich anders als beim Fahrer-Airbag. Der Einbauort innerhalb des Cockpits liegt weiter vom Insassen entfernt, sodass ein

Die frühe Ankopplung an den Knie-Airbag lässt den Insassen schon früh an der Fahrzeugverzögerung teilhaben. Dadurch stabilisieren sich die unteren Extremitäten, die Oberkörperrotation wird eingeleitet und die Energieumsetzung kann durch eine gezielte Beeinflussung der Vorverlagerung verbessert werden.

Ein Knie-Airbag kann die Insassenkinematik und dadurch auch die Belastungswerte stark beeinflussen, Abb. 6.76. Nicht selten können hierdurch Belastungen im Brustbereich verbessert und ein Kopfkontakt zur Windschutzscheibe verhindert werden. Im angegurteten Fall nimmt er positiven Einfluss auf Verletzungsrisiken durch *Submarining* und entlastet den Beckengurt.

Für den Knie-Airbag ergeben sich durch den spezifischen Verbauort im Cockpit zwei unterschiedliche Grundtypen. Entweder wird das Knie-Airbag-Modul als *Mid Mounted Module* (MMM) mit Class-A-Oberfläche oder als *Low Mounted Modul* (LMM) verdeckt unterhalb des Cockpits angebracht (Abb. 6.75). Das Luftkissen entfaltet sich hierbei zunächst nach unten und dann nach oben zwischen Cockpit und den unteren Extremitäten. Die Verwendung von Knie-Airbags erfolgt vorrangig auf der Fahrerseite, wird aber auch auf der Beifahrerseite zur Ergänzung des Rückhaltesystems eingesetzt.

Eine Herausforderung beim Knie-Airbag ist die rasche Entfaltung des Luftkissens in dem knapp bemessenen Raum zwischen Cockpit und den unteren Extremitäten, bevor sich der Insasse in Vorwärtsrichtung zu bewegen beginnt.

Gehäuse für Knie-Airbags werden aus Metall und Kunststoff gefertigt oder das Modul wird allein durch Gewebe eingefasst, nachdem der gefaltete Luftsack komprimiert und thermisch fixiert wurde (*Fabric-Housing*-Technologie). Das Gewicht eines Moduls kann damit von etwa 1100 g auf unter 700 g reduziert werden (Abb. 6.77).

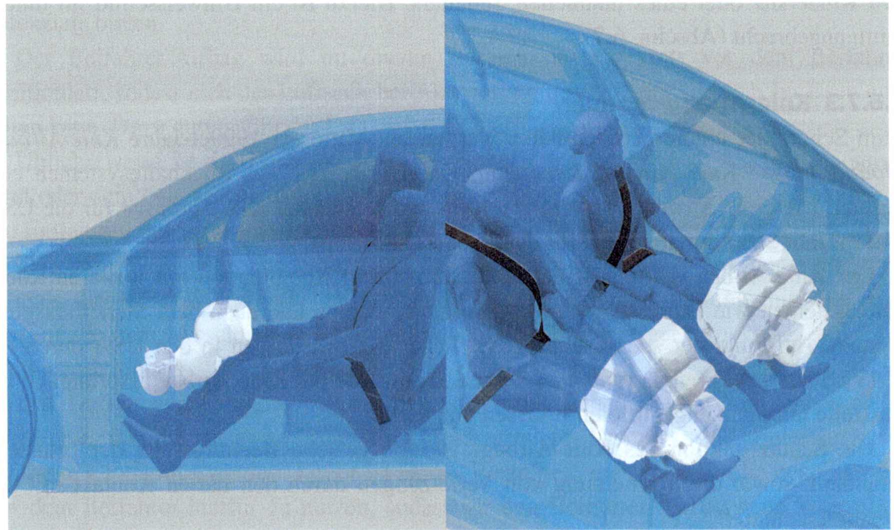

Abb. 6.75 Knie-Airbag-Module für Fahrer und Beifahrer als Low-Mounted-Module. (Quelle: ZF)

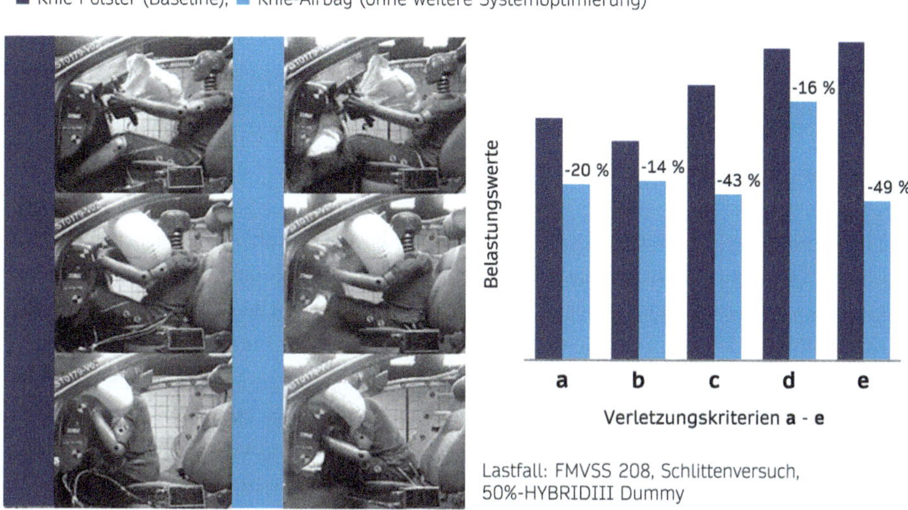

Abb. 6.76 Schutzfunktion des Knie-Airbags im Systemvergleich mit Knie-Polster, Darstellung der reduzierten Insassen-Belastungswerte: **a** Femur Kraft, links, **b** Femur Kraft, rechts, **c** Pelvis Displacement, **d** Res. Brustbeschleunigung, **e** Kopfbeschleunigung HIC – reduzierte Werte durch verhinderten Kopfaufprall. (Quelle: ZF)

Abb. 6.77 Fortschritte bei Reduzierung von Gewicht und Platzbedarf durch *Fabric-Housing*-Technologie beim Knie-Airbag-Modul. (Quelle: ZF)

Für Knie-Airbag-Module werden oftmals Hybrid-Gasgeneratoren eingesetzt, da dies hinsichtlich Gasaustrittstemperatur und Leistung den besten Kompromiss darstellt. Das Luftsackvolumen eines Knie-Airbags beträgt üblicherweise 14 bis 16 l, kann aber auch noch weiter variieren.

6.6.7.4 Sitzrampen-Airbag-Modul

Für spezifische Anwendungen ist die Technologie von *Sitzrampen-Airbags* (auch: *Anti-Submarining-Airbag, Anti-Sliding-Airbag, Sitzkissen-Airbag*) (engl.: *Seat Ramp Airbag*, SRAB, *Seat Cushion Airbag*) entwickelt worden, bei denen Airbag-Module in das Sitzkissen der Vorder- oder Rücksitze integriert werden (Abb. 6.78). Die erste Anwendung dieses Airbag-Typs erfolgte im Jahr 2002 durch Renault für das dreitürige Modell Mégane.

Die Anwendung dieses Airbags-Typs ist derzeit auf einzelne Applikationen begrenzt. Allerdings wird eine steigende Bedeutung für zukünftige Innenraumkonzepte angenommen, bei denen größere Freiheitsgrade der Insassenpositionen ermöglicht werden sollen.

Durch den Einsatz dieses Airbags soll eine gezielte Beeinflussung der Insassenkinematik bei Frontalaufprall erfolgen. Je nach Ausrichtung des Sitzrampen-Airbags werden folgende Entwicklungsziele verfolgt: Reduzierung von Verletzungsrisiken durch *Submarining,* da in diesen Fällen große Verletzungsrisiken u. a. für innere Organe im Abdominal- und Beckenbereich bestehen, Unterstützung bei der gezielten Rückhaltung des Beckens mit positiven Effekten für die Insassenkinematik, Reduzierung von Wirbelsäulenbelastungen für zukünftig angestrebte flexible Sitzpositionen (auch: *Komfort-Sitzpositionen*).

Als integraler Teil des Insassenschutzsystems soll verhindert werden, dass der Insasse unter dem Beckengurt hindurchrutscht (*Submarining*). Dieses Risiko ist insbesondere bei einer stärker zurückgelehnten Sitzposition erhöht. Zweitens soll die Wirkung des Sicherheitsgurts bei der Rückhaltung erhalten bleiben. Und drittens soll die Rückhaltung des Beckenbereichs eine rotatorische Bewegung des Oberkörpers unterstützen.

Abb. 6.78 Sitzrampen-Airbag-Module für Vordersitz- und Rücksitzapplikationen *(3D-SRAB)*. (Quelle: ZF)

Die Konstruktion eines Sitzrampen-Airbag-Moduls wird durch den engen Bauraum in der unteren Sitzstruktur und die hohen Anforderungen an die Ergonomie des Sitzes beeinflusst. Der Sitzrampen-Airbag wird zwischen Sitzstruktur (Sitzwanne) und Sitzkissen ungefaltet montiert. In der Regel wird für dieses Airbag-System weder eine Abdeckung noch ein zusätzliches Gehäuse benötigt.

Weiterhin sind mögliche Interaktionen mit den unterschiedlichen im Sitz verbauten Komfortfunktionen zu berücksichtigen. Durch den Einsatz von 3D-Luftsack-Technologien kann ein flexibles Luftsackdesign erreicht werden, mit dem sich spezielle Bereiche für Funktionselemente im Sitz aussparen und anpassen lassen, ohne dass die Grundform und die Funktion des Sitzrampen-Airbag-Moduls beeinträchtigt werden.

Beim Sitzrampen-Airbag kommen Hybrid-Gasgeneratoren zum Einsatz, die sich durch eine flach ansteigende Leistungskurve sowie lange Förderdauer auszeichnen.

Daneben existieren Ausführungsvarianten, bei denen das Kissen aus miteinander verschweißten Blechzuschnitten gefertigt wird. Bei Auslösung wird diese Struktur mit einem Gasgenerator aufgeblasen und beeinflusst so die Kontur des Sitzkissens.

6.6.7.5 Rücksitz-Airbag-Modul

Für Insassen auf den hinteren Sitzreihen werden bis heute – mit wenigen Ausnahmen – ausschließlich Sicherheitsgurt-Systeme für die Rückhaltung bei Frontalaufprall eingesetzt. Die ersten Entwicklungsschritte zu darüber hinausgehenden Konzepten mit *Rücksitz-Airbags* (engl.: *Rear Seat Airbag, Rear Airbag,* RSAB) mündeten in die erste Markteinführung eines Airbags für Rücksitzpassagiere auf der Beifahrerseite durch Nissan mit der Oberklassebaureihe JHG50, *President* [92].

Abb. 6.79 zeigt ein Rücksitz-Airbag-Modul mit selbst-adaptiver Charakteristik *(Self Conforming Rear Seat Airbag, SCaRAB)*. Im Rahmen eines von der NHTSA geförderten

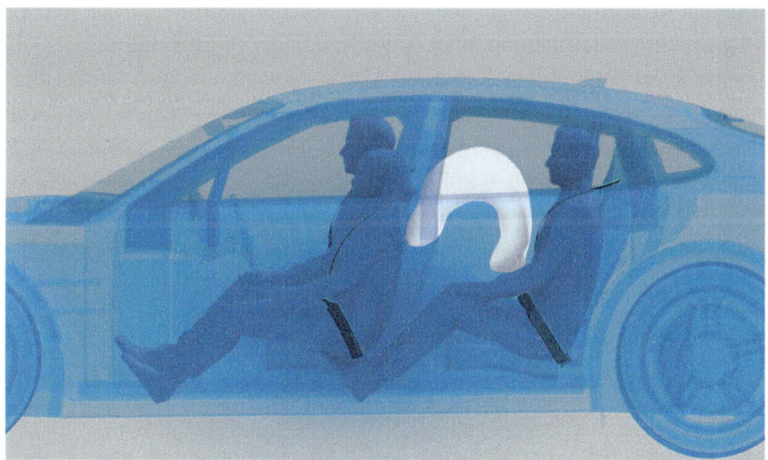

Abb. 6.79 Konzept eines Rücksitz-Airbag-Moduls mit Funktionen zur Selbst-Adaptivität *(Self Conforming Rear Seat Airbag, SCaRAB)*. (Quelle: ZF)

Programms zur Untersuchung von Schutzpotenzialen für Rücksitzpassagiere wurden Insassenschutzkonzepte und Konzepte für Airbag-Module, die an die spezifischen Anforderungen für diese Applikation angepasst sind, geprüft und bewertet [51, 52].

Die Serienapplikation eines Rücksitz-Airbags erfolgte im Jahr 2020 durch Mercedes-Benz für die Baureihe 223 (S-Klasse) [83]. Dieser Airbag weist eine Konstruktion auf, die einem Fachwerk entspricht und hochgradig für OoP-Situationen (Abschn. 6.2.6) geeignet ist, die gerade auf dem Rücksitz auftreten können [105].

Der Zweck eines Rücksitz-Airbag-Moduls ist der Schutz von Insassen auf der hinteren Sitzreihe bei Frontalaufprall. Die Energieabsorption erfolgt im Zusammenwirken mit dem Sicherheitsgurt-System, indem Kopf, Nacken und Torso abgestützt werden. Zusätzlich soll das Risiko eines Auftreffens auf der Rückenlehne oder Kopfstütze des vorderen Sitzes reduziert werden.

Durch die größere Kontaktfläche eines Luftsacks gegenüber einem Sicherheitsgurt sollen lokale Belastungen insbesondere des Kopfes reduziert werden.

Grundsätzlich bestehen mehrere Optionen für das Package eines Airbags für Rücksitzpassagiere. An dieser Stelle soll auf die Integration eines solchen Moduls in die Rückenlehne des Vordersitzes eingegangen werden, die insbesondere Vorteile bei der Entfaltung des Luftsacks bietet.

Dennoch ist die Systemumgebung durch eine hohe Variabilität von Schnittstellenparametern herausfordernd. Die Position des Airbag-Moduls ist durch die Längs-, Höhen- und Lehnen-Neigungseinstellung unterschiedlich. Weiterhin unterscheiden sich Insassen in ihrer Größe, ihrer Masse und ihren spezifischen Schutzanforderungen oftmals mehr als auf den vorderen Sitzpositionen. Ebenso ist der Einbau von Kinder-Rückhaltesystemen bei der Gestaltung des Airbag-Systems zu berücksichtigen.

Aufgrund der beengten Bauraumsituation in der Rückenlehne des Vordersitzes bieten bei diesem Airbag pyrotechnische Gasgeneratoren Vorteile. Um die oben angeführten Anforderungen zu erfüllen, stehen alternative Auslegungsvarianten zur Verfügung, die je nach Entwicklungszielrichtung und Anforderungsprofil gewählt werden. Die Luftsackauslegung kann analog dem Beifahrer-Airbag-Module erfolgen, wobei der kleinere Bauraum und die Abstützflächen beim Rücksitz zu berücksichtigen sind (Abb. 6.80a). Der Luftsack kann alternativ analog zu einem Knie-Airbag mit reduziertem Luftsackvolumen ausgestaltet sein (Abb. 6.80b). Oder der Luftsack soll über eine ausgeprägte Selbstadaptivität verfügen, sodass die Ausgestaltung nach dem *SCaRAB*-Konzept erfolgen kann. Das Konzept ist angepasst an den Bauraum und soll sich selbst an unterschiedliche Sitz- und Lehnenpositionen adaptieren.

6.6.8 Airbag-Module für den Insassenschutz bei Seitenaufprall

Der Insassenschutz bei Seitenaufprall stellt im Fahrzeugbau eine große Herausforderung dar, denn die Sitzpositionen der Insassen befinden sich sehr nah an der Kontur des Fahrzeuginnenraums und den möglichen Kollisionsbereichen. Anders als beim

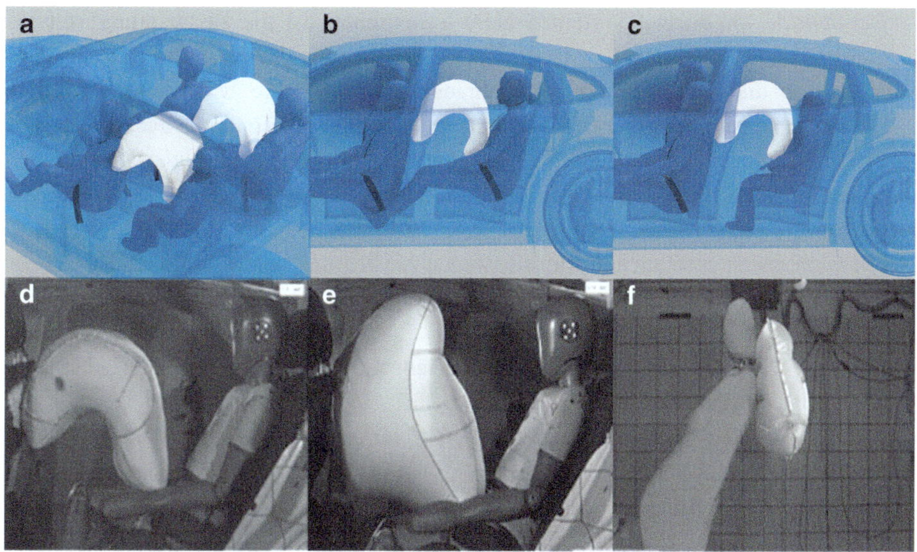

Abb. 6.80 **a–d** Rücksitz-Airbag-Technologie mit hoher Selbstadaptivität *(SCaRAB)*, **e–f** Auslegungsvarianten Rücksitz-Airbag. (Quelle: ZF)

Frontalaufprall, wo der Vorderwagen meist eine große Deformationszone bietet, steht
wenig Raum zur Verfügung.

Daher erfolgt die Entwicklung von Seitenschutzkonzepten in enger Abstimmung
zwischen den beteiligten Teilsystemen wie Fahrzeugstruktur, Türmodulen, Innenraum, Sitzen und Insassenschutzsystemen wie auch der Sensorik zur Unfalldetektierung
(Kap. 7). Der Seitenschutz ist ein Schwerpunkt der Airbag-Technologie. Im folgenden
Abschnitt werden die wesentlichen Airbag-Module für dieses Anwendungsfeld vorgestellt.

Über die klassischen Konzepte der Passiven Sicherheit hinaus werden für den
Insassenschutz beim Seitenaufprall auch bereits Konzepte der Integralen Sicherheit
durch Vernetzung von Systemen der Aktiven und Passiven Sicherheit eingesetzt. Ansatzpunkt ist die frühzeitige Detektierung einer möglichen Kollision bereits vor dem tatsächlichen Kontakt sowie eine darauf abgestimmte Interventionsstrategie mit reversiblen oder
nicht-reversiblen Aktoren. Beispiele hierfür sind Insassenschutz- und Assistenz-Systeme
wie Pre-Crash-Seiten-Airbags oder Fahrzeuge mit Chassis-Systemen zur Pre-Crash-
Niveauanpassung.

In der Gegenwart und näheren Zukunft sind die Entwicklungsarbeiten beim Seitenschutz stark auf die Änderungen durch batterieelektrische Fahrzeuge und die Integration
von Batteriespeichern fokussiert. Hierdurch können sich Deformationsverhalten und
Belastungsprofile ändern, sodass Weiterentwicklungen auch bei den Airbag-Systemen
erforderlich werden.

Der Zweck von Airbag-Systemen beim Seitenschutz ist die Reduzierung von Verletzungsrisiken bei Seitenaufprall auf ein Hindernis oder bei Kollision eines anderen Fahrzeugs in die Seite des eigenen Fahrzeugs. Eine weitere Unfallkonstellation für den Seitenschutz ist der Überschlag-Unfall als alleiniges Ereignis oder als Folge einer Kollision. Hier zielt der Seitenschutz auf die Verhinderung des teilweisen oder vollständigen Herausschleuderns von Insassen aus den Seitenfensters (engl.: *Ejection Mitigation*).

Die wichtigsten gesetzlichen Anforderungen zur Prüfung von Insassenschutzsystemen zum Schutz bei Seitenaufprall sind u. a. in den folgenden Normen festgelegt (Kap. 4):

- UN-R 95 (Schutz der Insassen bei einem Seitenaufprall) [132] und UN-R 135 (Pole Side Impact Protection) [136]
- FMVSS 214 (Side Impact Protection, Verabschiedung: 1990, Einphasung: 1994–97) [143] und FMVSS 226 (Ejection Mitigation) [144] für die USA
- GB 20.071–2006 (Lateral Collision) [114] für China

Prüfungen zum Seitenschutz erfolgen mit beweglichen deformierbaren Barrieren (engl.: *Movable Deforming Barrier*, MDB) und mit dynamischen *Pfahltests* (engl.: *Dynamic Pole*), Abb. 6.81. Die Anforderungen der Ejection Mitigation werden mit *Impaktortests* (engl.: *Impactor*) geprüft.

In den letzten Jahren waren die Entwicklungen des Seitenschutzes geprägt von der Einführung und Erweiterung von Testkonfigurationen in verschiedenen Regionen sowie

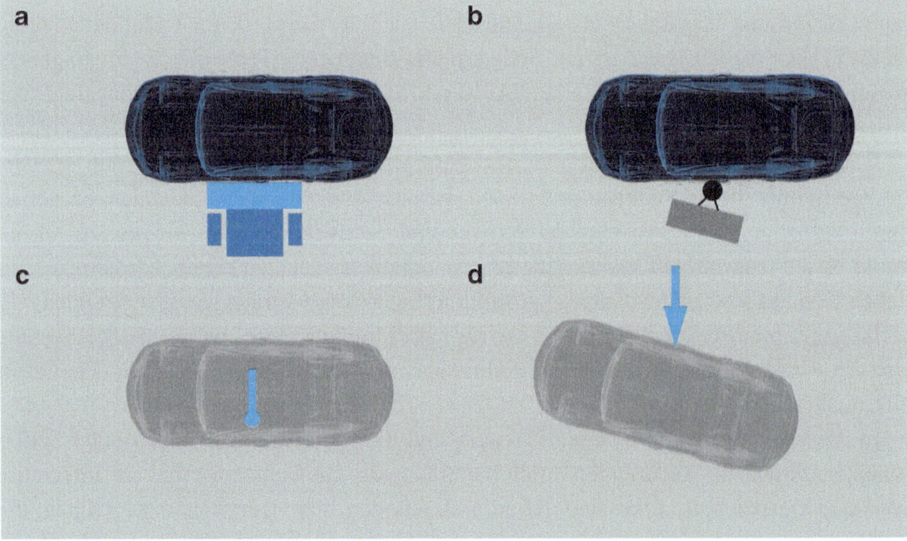

Abb. 6.81 Wesentliche Schwerpunkte des Insassenschutzes bei Seitenaufprall: **a** Barrieretests, **b** Pfahltests, **c** Impaktortests, **d** Far-side-Impact-Tests. (Quelle: ZF)

der weiteren Verfeinerung von eingesetzten ATD (Anthropomorphic Test Devices, Crashtest-Dummys), siehe Abschn. 8.5. Mit der Einführung des WorldSID-Dummys (engl.: *Worldwide Harmonized Side Impact Dummy*) werden eine höhere *Biofidelität*, aber auch eine weitere globale Standardisierung bei der Entwicklung von Insassenschutzsystemen angestrebt.

Das zeitliche Verhalten bei einem Seitenaufprall unterscheidet sich deutlich von dem eines Frontalaufpralls. Die Kollision muss sehr schnell und sicher nach dem Kontakt mit einem Hindernis zum Zeitpunkt t_0 (hierauf beziehen sich die weiteren Zeitangaben) erkannt werden, sodass bereits bei ca. $t = 5$ bis 8 ms der Zündimpuls gesendet wird. Schon nach ca. $t = 12$ bis 18 ms ist der Luftsack entfaltet und aufgeblasen. In den weiteren 30 bis 40 ms entfaltet der Seiten-Airbag seine Schutzwirkung und wird dabei über Abströmöffnungen im Luftsack gezielt entlüftet (Abschn. 6.6.8.1).

In den folgenden Abschnitten werden die spezifischen auf den Seitenschutz ausgerichteten Airbag-Systeme näher beschrieben: der Seiten-Airbag und der Vorhang-Airbag für beide Fahrzeugseiten sowie Vorder- und Rücksitzpassagiere und der Center-Airbag auf der vorderen Sitzreihe (Abb. 6.82).

6.6.8.1 Seiten-Airbag

Bestrebungen zur Verbesserung des Insassenschutzes bei Seitenaufprall konzentrierten sich seit Anfang der 1990er-Jahre auf die Bereitstellung von *Seiten-Airbags* (engl.: *Side-Impact Airbag,* SAB). Nachdem in den 1980er-Jahren erfolgreich Erfahrungen mit Fahrer- und Beifahrer-Airbag-Systemen gesammelt werden konnten, war dies die nächste bedeutende Entwicklungsstufe von Airbag-Systemen in Kraftfahrzeugen.

Abb. 6.82 Anordnung der Airbag-Module für den Schutz bei Seitenaufprall für die Insassen auf der vorderen und der hinteren Sitzreihe: **a** Seiten-Airbag, **b** Vorhang-Airbag, **c** Center-Airbag. (Quelle: ZF)

Die erste Markteinführung eines in der Rückenlehne des Vordersitzes integrierten Seiten-Airbag-Moduls erfolgte im Jahr 1994 durch Volvo für das Modell 850 [147].

Dieser Airbag soll Verletzungsrisiken bei Seitenaufprall reduzieren und kann den Schutz von Brustbereich, Hüftbereich, Schulterbereich und des Kopfes umfassen (Kopfschutz nur bei Sonderformen wie z. B. Kopf-Thorax-Seiten-Airbag). Oft wird der Seiten-Airbag in Kombination mit einem *Vorhang-Airbag* eingesetzt. Dies ist heute die am häufigsten gewählte Konfiguration. Die Ausführungsarten von Seiten-Airbags sind unten weiter ausgeführt.

Der Seiten-Airbag soll in einem sehr herausfordernden Umfeld Schutz vor Verletzungen bieten. Im Falle einer Seitenkollision entfaltet er sich schlagartig in den Freiraum zwischen dem Insassen und der Seitenstruktur und vermeidet somit den direkten Kontakt der Körperregionen mit Innenraumteilen, wie Türinnenseite und der Verkleidung der B-Säule. Im Falle eines Kopf-Thorax-Seiten-Airbags wird auch der Kontakt zu Verkleidungen des Dachrahmens vermieden.

Die Zeit für die Entfaltung des Luftkissens ist sehr knapp bemessen. Die Zündung des Gasgenerators erfolgt bereits ca. $t = 5$ bis $8\,\text{ms}$ nach der Kollision und seine Wirkung entfaltet er nach etwa $t = 12$ bis $18\,\text{ms}$. Aufgrund der geometrischen Verhältnisse beginnen sehr zeitnah nach der Kollision sowohl die Intrusionen in den Innenraum wie auch die Verlagerung des Insassen relativ zur Innenseite der Fahrgastzelle. Weiterhin ist bei der Entfaltung die mögliche Interaktion zwischen Luftkissen und dem Insassen und insbesondere seinen Extremitäten (Oberarm) zu berücksichtigen. Der zeitliche Ablauf für die Airbag-Entfaltung, die Anlage am Insassen und die Fahrzeugkonstellation beim Seitenaufprall ist in Abb. 6.83 schematisch gezeigt.

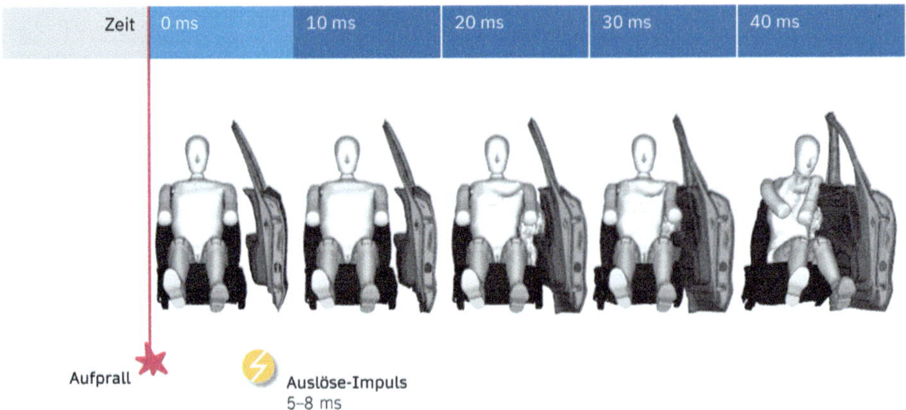

Abb. 6.83 Beispielhafter zeitlicher Ablauf der Entfaltung eines Seiten-Airbags (Quelle: ZF)

Heute sind verschiedene Ausführungen von Seiten-Airbags mit unterschiedlichen Schutzfunktionen verfügbar:

- Thorax-Seiten-Airbag
- Thorax-Pelvis-Seiten-Airbag
- Schulter-Thorax-Pelvis-Seiten-Airbag
- Kopf-Thorax-Pelvis-Seiten-Airbag
- Kopf-Thorax-Seiten-Airbag

Der Luftsack wurde bisher eher aus flachen Gewebezuschnitten zu einem flachen Luftsack genäht. Durch die steigenden Anforderungen weiterer Lastfälle für den Seitenschutz sowie durch die Einführung neuerer ATD-Generationen (Crashtest-Dummys) wie dem WorldSID-Dummy kommen heute auch aufwendigere Luftsäcke mit 3D-Technologien zum Einsatz. Diese Konstruktionen besitzen teilweise zwei oder mehr Kammern, sodass die Rückhaltung für die oben genannten Körperregionen separat beeinflusst werden kann.

Beim Seiten-Airbag-Modul kommen aufgrund der hohen Anforderungen an die Entfaltungsgeschwindigkeit häufig *Pyro-* bzw. *Heißgas-Gasgeneratoren* zum Einsatz. Bei einem Einkammer-Luftsack werden typischerweise Drücke von ca. 100 bis 120 kPa bei Gesamtvolumen von ca. 17 l erreicht. Das Gewicht eines Seiten-Airbags beträgt ca. 400 g.

Vordere Seiten-Airbags werden am Rahmen der Rückenlehne der Vordersitze verbaut. Entweder wird darüber der Sitzbezug gespannt, sodass das Modul nach außen nicht sichtbar ist, oder der Seiten-Airbag verfügt über eine eigene und zum Innenraum sichtbare Abdeckung. Für viele Fahrzeugtypen sind Seiten-Airbags auch für die Insassen in der hinteren Sitzreihe verfügbar. Sie sind dann im äußeren Bereich der hinteren Rückenlehne angebracht. Hier ist die Interaktion zwischen dem Seiten-Airbag und möglicherweise installierten Kinder-Rückhaltesystemen zu berücksichtigen (Abb. 6.84).

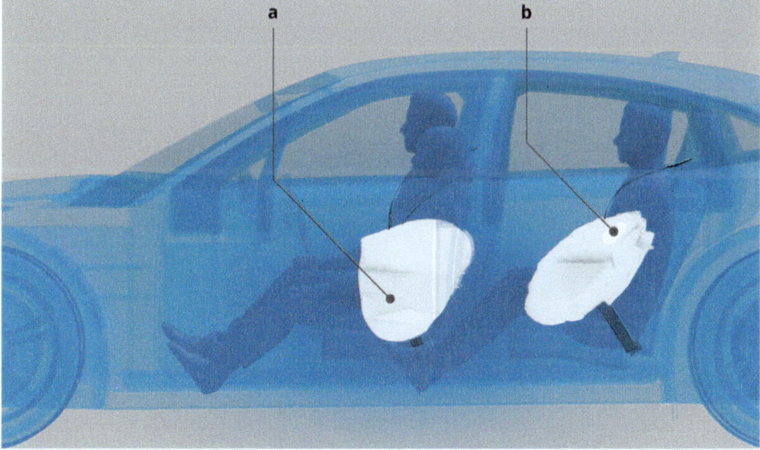

Abb. 6.84 Integration von Seiten-Airbags für die vordere und die hintere Sitzreihe in: **a** Rückenlehne des Vordersitzes, **b** Seitenverkleidung der Rücksitzanlage. (Quelle: ZF)

6.6.8.2 Vorhang-Airbag-Modul

Der *Vorhang-Airbag* (engl.: *Curtain Airbag*, CAB) ist das weitere wesentliche Airbag-System für den Insassenschutz bei Seitenaufprall. Für diesen Airbag werden auch Begriffe wie *Kopf-Airbag* oder *Side-Curtain Airbag, Window Bag, Curtain Shield Airbag, Inflatable Curtain, Side Tubular Bag* verwendet. Er deckt einen großen Bereich über den Fenstern entlang des Innenraums ab und verfügt über markante Profilierungen, die auf die einzelnen Wirkbereiche hindeuten (Abb. 6.85).

Entwicklungen zu diesem Airbag-Typ nahmen in den 1990er-Jahren ihren Anfang. Die erste Markteinführung erfolgte 1997 durch BMW für die 5er- und 7er-Baureihen als *Head Protection System* bzw. der *Inflatable Tubular Structure* von Zodiac [153]. Rasch folgten weitere Konzepte, die den heute verbauten Produkten bereits sehr ähnlich waren, darunter der Inflatable-Curtain-Airbag von Volvo für den Volvo S80 im Jahr 1998 [147].

Der *Vorhang-Airbag* wird beim Seitenschutz praktisch immer in Kombination mit einem *Seiten-Airbag* – und dem Sicherheitsgurt – eingesetzt.

Die Schutzfunktion dieses Airbags zielt auf den Seitenaufprall durch ein anderes Fahrzeug oder den seitlichen Aufprall auf ein Hindernis ab. Die Schutzwirkung des Vorhang-Airbags besteht für die vorderen und meist auch für die hinteren Insassen in geringeren Kopfbelastungen beim Seitenaufprall. Er leistet Energieabsorption beim Aufprall des Insassen, vergrößert die Kontaktfläche zur Krafteinleitung und mindert Beschleunigungen durch die Verlängerung der Zeit der Krafteinleitung. Diese Bauart wird auch als *Curtain Airbag 1st Impact* bezeichnet.

Zusätzlich können Vorhang-Airbag-Module gezielt für einen Schutz gegen Herausschleudern bei Überschlag-Unfall ausgelegt sein (engl.: *Rollover Curtain Airbag*). Diese Varianten verfügen über eine verlängerte Standzeit des aufgeblasenen Airbags, da dieses Unfallgeschehen wesentlich länger andauern kann als ein einziger erster Aufprall. Diese Schutzfunktion ist in den USA gesetzlich vorgeschrieben [144].

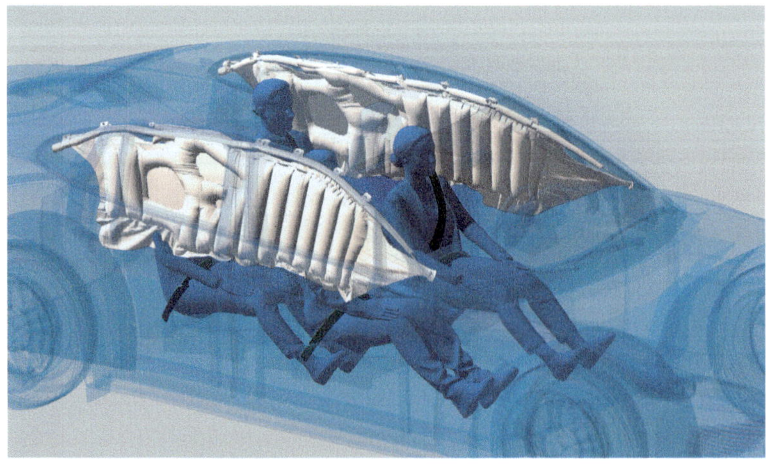

Abb. 6.85 Vorhang-Airbag-Module für die Fahrer- und Beifahrerseite. (Quelle: ZF)

Vorhang-Airbags können zusammen mit dem Fahrer-Airbag bzw. dem Beifahrer-Airbag bei einem *schrägen Frontalaufprall* (engl.: *Frontal Obligue, Obligue Crash*) eine weitere Schutzfunktion wahrnehmen. Bei dieser Unfallkonstellation kann so die Gefahr eines Durchtauchens zwischen dem Front-Airbag und dem seitlichen Vorhang-Airbag reduziert werden.

Üblicherweise entfaltet sich der Vorhang-Airbag vom Dachrahmen herunter bis unterhalb der Türbrüstung, an der er sich unten abstützen kann. Auf diese Weise deckt er den Bereich der Seitenfenster ab, um Schutz für den Kopf und den Schulterbereich zu bieten (Abb. 6.85).

Bei der Konstruktion des Luftsacks eines Vorhang-Airbags ist die erforderliche Wirkzone abzudecken. Bei der Entfaltung und dem Aufblasen des Luftsacks wird eine eher schmale Struktur mit einer effizienten Gestaltung von Wirkbereichen für den Insassenkontakt angestrebt. So können auch das Luftsackvolumen und das Entfaltungsverhalten optimiert werden.

Um diese Konstruktionsziele zu erreichen, sind zwei wesentliche Gewebetechnologien für Vorhang-Airbags im Einsatz. Der Luftsack kann aus *Gewebezuschnitten* (engl.: *Flat Fabric*) genäht werden, aus denen die Innen- und Außenseite des Luftsacks sich bilden. Über die Fläche werden weitere Nähte oder auch Fangbänder eingearbeitet, um die Wirkbereiche zu gestalten.

Ein völlig anderer Ansatz besteht darin, den Luftsack in einem Stück in der angestrebten Kontur und auch mit allen innerhalb des Luftsacks erforderlichen Stützfäden in einem Stück zu weben. Dieses Verfahren und auch die so hergestellten Luftsäcke werden als *One-Piece Woven* (OPW) bezeichnet. Die Auswahl des jeweiligen Konzepts entscheidet sich häufig an den spezifischen Erfordernissen der jeweiligen Fahrzeugapplikationen.

Zur Abdichtung für lange Druckhaltung bei Rollover-Schutz erfolgt eine Nahtabdichtung mit Silikon-Dichtspur in der Naht (Abb. 6.86a). Für die Faltung von Vorhang-Airbags wird vorrangig die *Roll-Faltung* und weniger die *Z-Faltung* verwendet.

Durch das *One-Piece-Woven*-Herstellungsverfahren wird eine weitere Technologie für die Luftkissengestaltung möglich. Mit dem direkten Einweben von stabilisierenden Fangbändern in gekreuzter Anordnung (*X-Tether-Technologie*) kann eine gezielte Profilierung des Luftkissens erfolgen. Hierdurch können bestimmte Wirkbereiche in das Luftkissen eingearbeitet werden (Abb. 6.86b).

Zur Reduzierung erforderlichen Bauraums im Dachhimmel kann auch eine thermische Fixierung des gefalteten Luftkissens erfolgen, sodass ein flacher Querschnitt realisiert werden kann (engl.: *Thermo-fixed Roll Folding*).

Beim Vorhang-Airbag-Modul kommen aufgrund des großen Luftsackvolumens Hybrid-Gasgeneratoren in einer schlanken Bauform mit zum Einsatz. Das Luftsackvolumen eines Vorhang-Airbags beträgt üblicherweise 25 bis 70 l, kann aber auch bis zu 120 l erreichen. Das Gewicht eines Moduls beträgt etwa 1.000 bis 2.500 g. Der Vorhang-Airbag wird entweder mit einem Gewebe eingefasst und kann durch Thermo-Fixierung zusätzliche Stabilität und Konturierung für eine optimale Integration im

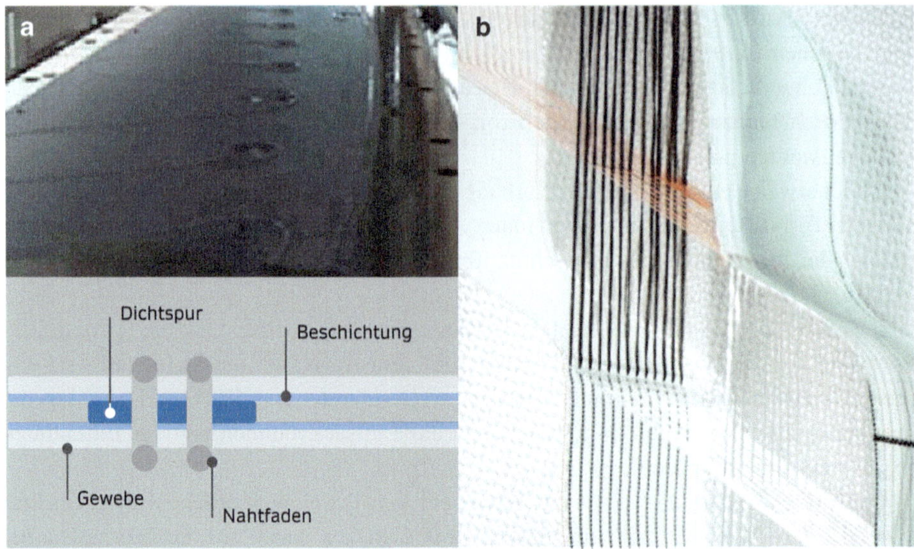

Abb. 6.86 Luftsack- und Gewebetechnologien für den Vorhang-Airbag: **a** Technologie zur Naht-abdichtung für Rollover-Vorhang-Airbag-Module mit hohen Standzeitanforderungen **b** *X-Tether*-Technologie für One-Piece-Woven-Luftsäcke. (Quelle: ZF)

Dachbereich erhalten. Außerdem kann der Luftsack durch Klebebänder mit angepassten Aufreißeigenschaften im Abstand von ca. 80–120 mm in Form gehalten werden.

Die Vorhang-Airbags werden im Innenraum im Bereich des Dachrahmens verbaut und sind durch die Dachhimmelverkleidung (engl.: *Headliner*) abgedeckt (Abb. 6.87). Der Gasgenerator wird direkt verschraubt und das Luftkissen wird oft mit Klipsen mit

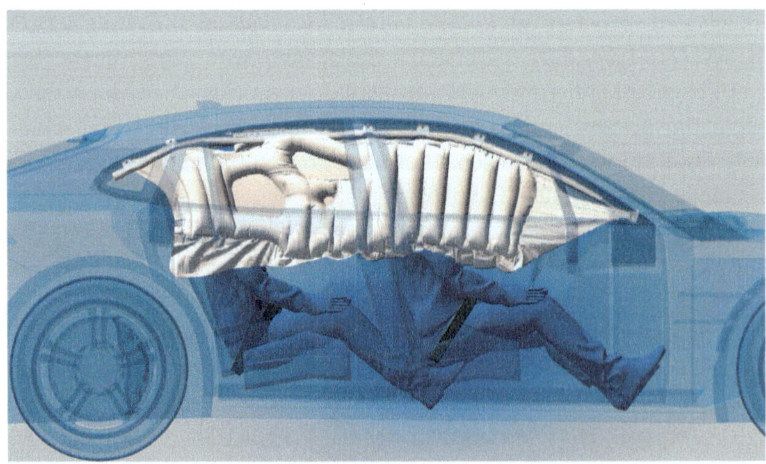

Abb. 6.87 Integration der Vorhang-Airbag-Module in den Dachrahmen. (Quelle: ZF)

dem Dachrahmen verbunden. Sie erstrecken sich meist von der A- bis zur C-Säule – oder bei Minibussen auch bis zur D-Säule.

Einer der größten verfügbaren Vorhang-Airbags ist bei einem Transporter mit 15 Sitzplätzen und fünf Sitzreihen verbaut (Abb. 6.88). Dieser Airbag verfügt über mehrere Gasgeneratoren und hat eine Länge von ca. 4,50 m [8].

Bei Cabrios ohne feste Dachstruktur sind Vorhang-Airbag-Varianten im Einsatz, die im oberen Türbereich verbaut sind und sich von unten nach oben entfalten.

Als Alternative zum Vorhang-Airbag in Kombination mit Seiten-Airbag kann bei bestimmten Anforderungen auch ein Kopf-Thorax-*Seiten-Airbag* eingesetzt werden (Abschn. 6.6.8.1).

6.6.8.3 Center-Airbag-Modul

In der jüngeren Vergangenheit führten neue Anforderungen beim Seitenaufprallschutz zur Entwicklung von *Front-Center-Airbag-Modulen* (CeAB) (auch: *Mitten-Airbag-Modul*). Je nach Ausrichtung des Konzeptes oder den spezifischen Anforderungen sind sie auch als *Interaction Bag* und als *Far-Side-Airbag* bekannt.

Die Schutzfunktion dieses Airbags ist zunächst auf Unfallkonstellationen ausgerichtet, bei denen ein Seitenaufprall auf der dem Insassen gegenüberliegenden Seite des Fahrzeugs (engl.: *Far Side*) stattfindet. Es wurden Fälle beobachtet, bei denen beispielsweise Insassen auf der Fahrerseite trotz angelegtem Dreipunktgurt-System an der B-Säule der Beifahrerseite anprallten, was hohe Verletzungsrisiken zur Folge hatte.

Erkenntnisse aus der Unfallforschung vor Einführung des Airbags zeigten, dass in den USA bis zu 30 % aller Todesfälle und in Deutschland fast 30 % aller Schwerverletzten

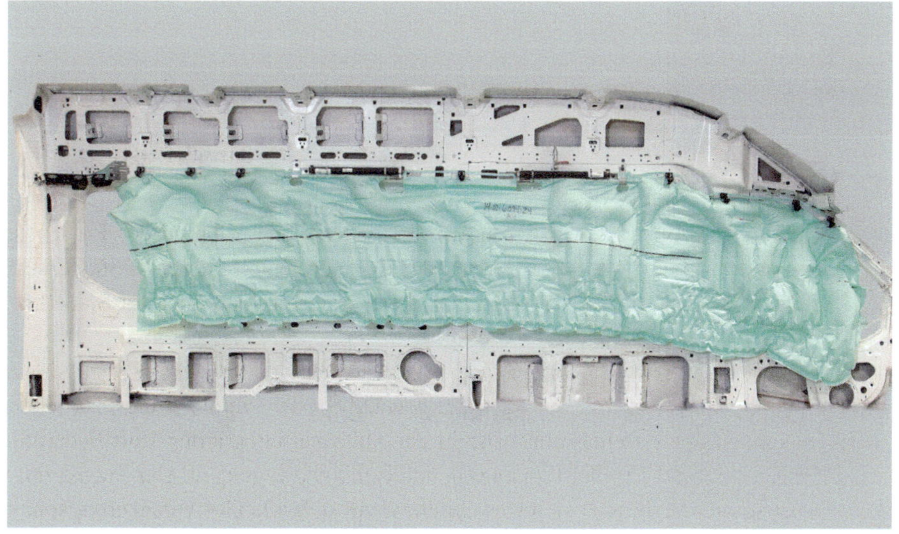

Abb. 6.88 Vorhang-Airbag für Van mit fünf Sitzreihen (Ford Transit). (Quelle: ZF)

die Folge derartiger Unfallkonstellationen sind. Dies führte im Jahr 2020 zur Einführung von Bewertungskriterien bei Euro NCAP, die zur Erfüllung häufig einen Center-Airbag erfordern. Inzwischen werden viele Fahrzeugmodelle serienmäßig mit Front-Center-Airbags ausgestattet (Abb. 6.89).

Die primäre Schutzfunktion leistet der Center-Airbag, indem er den Oberkörper und den Kopf der Insassen stabilisiert, sodass sie auf ihrer Sitzposition verbleiben. Eine weitere Schutzfunktion des Center-Airbags zielt auf die Vermeidung des Insassenkontakts von zwei Insassen auf den vorderen Sitzpositionen. Durch den gefüllten Luftsack soll ein direkter Kontakt der Insassen sowohl auf der stoßzugewandten als auch auf der stoßabgewandten Fahrzeugseite vermieden und ein Schutz von Kopf, Hals, Schulter und Brust realisiert werden. Eine Darstellung unterschiedlicher Szenarien und Modellierung findet sich bei [56].

Beim Center-Airbag-Modul kommen *Hybrid-Gasgeneratoren* zum Einsatz. Der Luftsack wird aus Zuschnitten zusammengenäht oder in einem Stück gewebt. Der Luftsack ist aus einer oder mehreren Kammern zur Optimierung der Abstützungsfunktion und des Luftsackvolumens aufgebaut. Der Luftsack kann durch Fangbänder bei der Entfaltung und im aufgeblasenen Zustand stabilisiert werden.

Der Center-Airbag wird zur Fahrzeugmitte am Rahmen der Vordersitzlehne des Fahrersitzes montiert und im Sitz integriert. In einigen Fällen ist ein Center-Airbag in Fahrer- und Beifahrersitz verbaut. Der Luftsack stützt sich auf Ablageflächen des Mitteltunnels ab oder ist, wo sie nicht vorhanden sind, selbststabilisierend ausgelegt. Dies ist insbesondere bei kompakten Kleinwagen oder auch bei batterieelektrischen Fahrzeugen eine Herausforderung. Auf dem Rücksitz findet dieses Airbag-Konzept bis auf wenige Ausnahmen derzeit so gut wie keine Anwendung.

Abb. 6.89 Center-Airbag zum Schutz von Front-Insassen bei Seitenkollision. (Quelle: ZF)

6.6.9 Gasgeneratoren

Gasgeneratoren (GG) (engl.: *Inflator*) sind neben den *Luftsäcken* die weiteren wesentlichen Komponenten von *Airbag-Modulen*. Sie dienen der Gaserzeugung, die im Bruchteil einer Sekunde eine Öffnung der Airbag-Module sowie Entfaltung und Füllung der Luftsäcke mit einer definierten Menge Gas bewirken. Die Gasgeneratoren, ihre Technologie der Gaserzeugung, ihre Leistung und ihre Charakteristik der Gaserzeugung sind eng auf die Airbag-Module und ihre Einsatzzwecke abgestimmt.

6.6.9.1 Funktion und Entwicklungsschritte von Gasgeneratoren

Gasgeneratoren lassen sich nach den Technologien der Gaserzeugung einteilen und dann spezifischen Bauformen sowie den entsprechenden Airbag-Modulen zuordnen. Airbag-Module werden oft nach ihren primären Schutzfunktionen und ihrem Einbauort unterschieden (z. B. Fahrer-, Beifahrer-, Vorhang-, Seiten-, Knie- und Center-Airbag). Die heute geläufigsten Verwendungen von Gasgenerator-Typen für bestimmte Airbag-Module sind in Abschn. 6.6.9.4 dargestellt.

Die ersten Versuche zur Funktion von Airbags wurden in den 1950er- und 1960-Jahren mit *Druckgasbehältern* als Gasspeicher unternommen. Sie waren auch die Grundlage der Arbeiten von Walter Linderer *(Pressluft-Behälter)* und John Hetrick *(Air Accumulator)* (Abschn. 6.6.1).

Für die *Druckgasbehälter*-Konstruktionen wurde mit unterschiedlichen Gasen experimentiert. Auch die ersten Fahrzeugapplikationen mit Airbag-Systemen (General Motors) setzten in den 1970er-Jahren noch auf dieses Konzept (Abschn. 6.6.1). Doch bereits nach kurzer Zeit wurde das System wieder vom Markt genommen. Aufgrund ihrer Größe, ihres hohen Gewichts und des Wartungsaufwands musste diese Technologie zu jener Zeit verworfen werden.

Die Entwicklung von Gasgeneratoren für eine Serienapplikation erfolgte ab Ende der 1960er-Jahre bei Bayern Chemie und Daimler-Benz. Bei diesen Arbeiten konzentrierte man sich auf die Entwicklung von Systemen, bei denen die Gaserzeugung durch chemische Reaktionen erfolgte. Es wurden Technologien der Raketentechnik angewandt und auf Gasgeneratoren für Airbag-Module übertragen (Abb. 6.90). Hier wie dort war es das Ziel, durch den Abbrand von pyrotechnischen Mischungen in kurzer Zeit Gas zu erzeugen [103].

Die auf dieser Technologie basierende Markteinführung erfolgte dann 1980 durch Daimler-Benz mit der Baureihe 126 (S-Klasse) mit einem *Fahrer-Airbag-Modul*. Der eingesetzte Gasgenerator verwendete einen Treibstoff auf Basis von *Natriumazid,* der in Form von Treibstofftabletten verbaut wurde und eine sichere Funktion über die Lebensdauer gewährleistete. 1987 folgte dann das erste *Beifahrer-Airbag-Modul.*

Im Folgenden werden die weiteren Entwicklungsschritte zu alternativen Gasgenerator-Grundtypen aufgezeigt. Weitere technische Erläuterungen zu den Konzepten der Gaserzeugung und der Gasgenerator-Grundtypen finden sich auch in Abschn. 6.6.9.5.

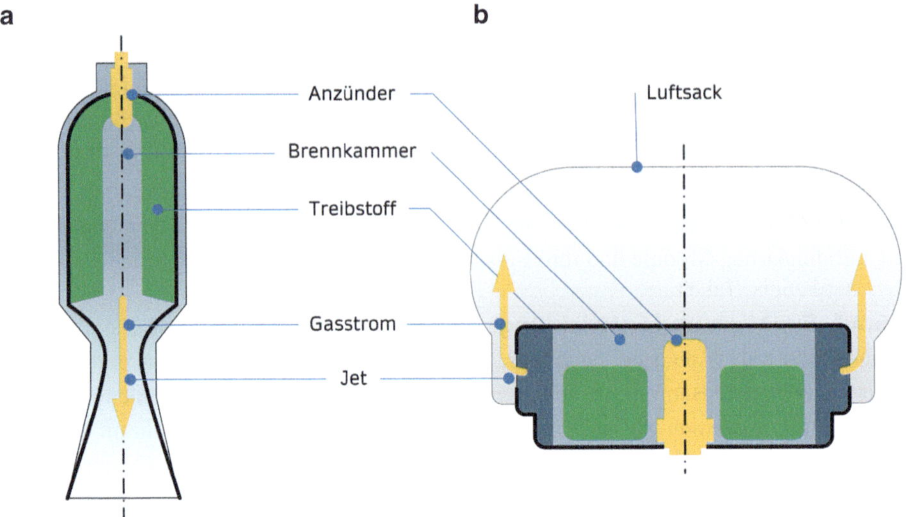

Abb. 6.90 Schematische Darstellung der Übertragung von Technologien von **a** Feststoffraketenantrieben auf **b** pyrotechnische Gasgeneratoren. (Quelle: [103])

Die Gasgeneratoren der ersten Generation zählen zu den *pyrotechnischen* (auch: pyrochemischen) *Gasgeneratoren*. Sie stellen bis heute die häufigste Technologie für Gasgeneratoren dar. Parallel zu azidfreien Treibstoffrezepturen wurde in den 1990ern auch die Idee des Druckgasspeichers neu aufgegriffen.

Mit dem gemeinsamen Einsatz von Druckbehältern und Pyrotechnik in *Hybrid-Gasgeneratoren* verband man die Vorteile beider Technologien. Abb. 6.91 zeigt eine

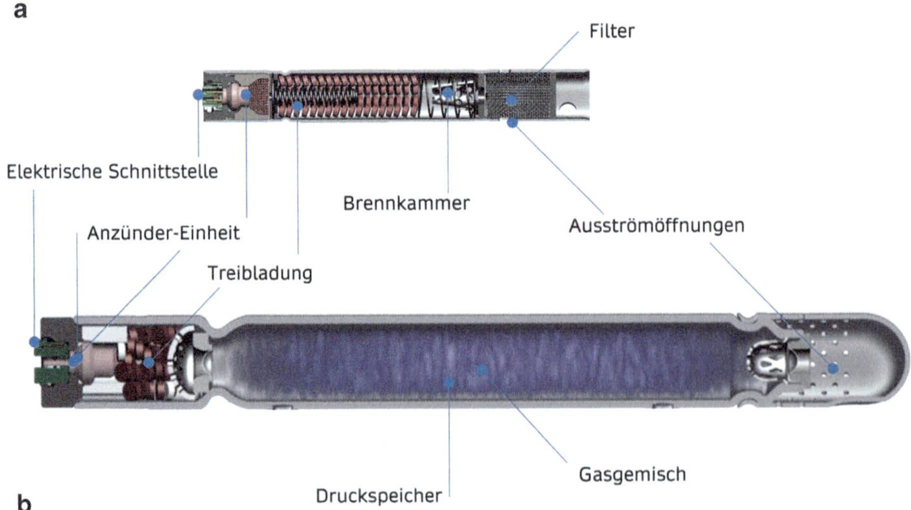

Abb. 6.91 Beispielhafte Gegenüberstellung des Aufbaus von **a** pyrotechnischen Gasgeneratoren *(SPI2 EVO)* und **b** Hybrid-Gasgeneratoren *(SHI2)*. (Quelle: ZF)

Gegenüberstellung von *pyrotechnischen* und *Hybrid-Gasgeneratoren*. Die hohe Temperatur der chemischen Reaktionen wird bei diesem Typ zum Aufheizen des sich durch die Expansion stark abkühlenden Druckgases verwendet. Solche Gasgeneratoren zeichnen sich durch Effizienz und vergleichsweise geringe Gastemperaturen aus, was sie insbesondere für den Einsatz in *Beifahrer-* und *Vorhang-/Kopf-Airbag-Modulen* (sowohl für *First-Impact-* als auch *Rollover-Airbag-Module*) qualifiziert. Technologien zu Hybrid-Gasgeneratoren wurden in der zweiten Hälfte der 1990er-Jahre u. a. durch die Firmen ZF (damals: Temic, TRW), Autoliv (damals auch: OEA), ARC, Daicel und Joyson (damals: Takata) entwickelt oder zur Serienreife gebracht.

Kaltgas-Gasgeneratoren als reine Druckgas-Systeme sind seit Anfang der 2000er als Nischenprodukt auf dem Markt. Der Vorteil dieses Generatortyps beruht auf dem Effekt, dass sich das Druckgas bei der Expansion stark abkühlt. Ein Luftsack, der auf diese Weise aufgeblasen wird, erhöht dann über mehrere Sekunden seinen Innendruck allein mittels der Erwärmung des Füllgases durch das wärmere Luftsackmaterial und die Reibungshitze bei der Entfaltung. Für den Einsatz bei *Rollover-Vorhang-Airbag-Modulen* ist das eine sehr vorteilhafte Charakteristik, denn bei diesem Modultyp muss der Luftsack *Standzeiten* von zum Teil mehr als 6 s erreichen. Die Nachteile dieser Technologie sind ein größerer Platzbedarf der Druckbehälter und ein höherer Komponentenpreis, der zu einem guten Teil auf die Verwendung des Edelgases *Helium* zurückzuführen ist. Dies hat zwar den Vorteil, dass es bei der Expansion des Gases aus dem Druckbehälter auf Umgebungsdruck deutlich weniger stark abkühlt als andere Edelgase, wie z. B. *Argon*. Dadurch erlaubt es kleinere Druckbehälter und ermöglicht den Einsatz in Fahrzeugen. Es ist aber ein seltener Rohstoff, der zudem nur mit großem Energieaufwand und damit teuer an nur wenigen Quellen weltweit gewonnen wird.

Verbesserte *Dichtungssysteme* (engl.: *Sealing*) beim Design von *Luftsäcken* und *Luftsack-Gewebe* lassen den Bedarf an Kaltgas-Gasgeneratoren sinken. Sie werden wieder häufiger durch *Hybrid-Gasgeneratoren* und angepasste Airbag-Module ersetzt.

Weitere Sonderformen von Gasgeneratoren auf dem Markt sind Typen, die ihre Energie durch die Verbrennung von Wasserstoff mit Sauerstoff erzeugen. Solche *Wasserstoff-Heißgas-Generatoren* erzeugen bei der Verbrennung reinen Wasserdampf und sind daher schadstoffarm.

Neben den Gasgeneratoren selbst sind auch einzelne Komponenten hervorzuheben. So finden *Anzünder* (engl.: *Igniter*) in Kombination mit weiteren Treibsätzen oder mechanischen Vorrichtungen ebenfalls Verwendung in Insassenschutzsystemen für Fahrzeuge, beispielsweise:

- *Mikro-Gasgeneratoren* (engl.: *Micro Gas Generator*, MGG), die in Gurtaufroller-Straffern zum Einsatz kommen (Abschn. 6.5)
- Pyrotechnische *Tether Activation Units* (TAU) zur Steuerung der Adaptivität für Airbag-Luftsäcke (Abschn. 6.6)
- *Pyro-Switches* (auch: *Pyro-Cutter*) für die Unterbrechung von Hochvolt-Stromkreisen von batterieelektrischen Fahrzeugen bei Detektion eines Unfalls
- *Pyrotechnische Haubenaufsteller* (engl.: *Hood Lifter*) zum Schutz von Vulnerable Road Usern (Abschn. 6.8)

Neben dem Anwendungsfeld Automotive erweitert sich sukzessive das Angebot an pyrotechnischen Schutzeinrichtungen für Zweiradfahrer oder Sportler.

6.6.9.2 Anforderungen an Gasgeneratoren

Gasgeneratoren müssen eine Vielzahl spezifischer Anforderungen erfüllen. Dies betrifft sowohl die Gestaltung der Gasgenerator-Komponenten als auch die Auswahl der Rohstoffe, die Komponenten und die Fertigungsprozesse der Treibmittel sowie des Gasgenerators. Die folgenden Ausführungen gehen auf einige wesentliche Anforderungen an Gasgeneratoren ein.

Bei der Entwicklung solcher pyrotechnischen Systeme muss ein Höchstmaß an Sorgfalt bei Erprobung und Validierung der Materialien und Prozesse gewährleistet werden. Schließlich muss die Funktion für jeden einzelnen Gasgenerator unter allen klimatischen Bedingungen auch nach vielen Jahren auf der Straße präzise, auf die Millisekunde genau in der richtigen Geschwindigkeit gewährleistet werden. Dabei darf das entstehende Gas keine gesundheitlichen Probleme hervorrufen.

Bei der Auslösung eines Gasgenerators wird eine – zumeist chemische – Reaktion zur Freisetzung von Gas angestoßen, mit dem Ziel, einen *Luftsack* zu füllen. Er bläst sich innerhalb von Millisekunden auf und bietet mit der großflächigen und nachgiebigen Wirkfläche Schutz vor dem Kontakt mit harten Fahrzeugstrukturen. Je nach Anwendungsfall (Airbag-Modul) und Gasgenerator-Technologie unterscheiden sich die *Gasmenge,* die *Gasliefergeschwindigkeit* (auch: *Massenstrom*) und die *Gastemperaturen* (Abb. 6.92).

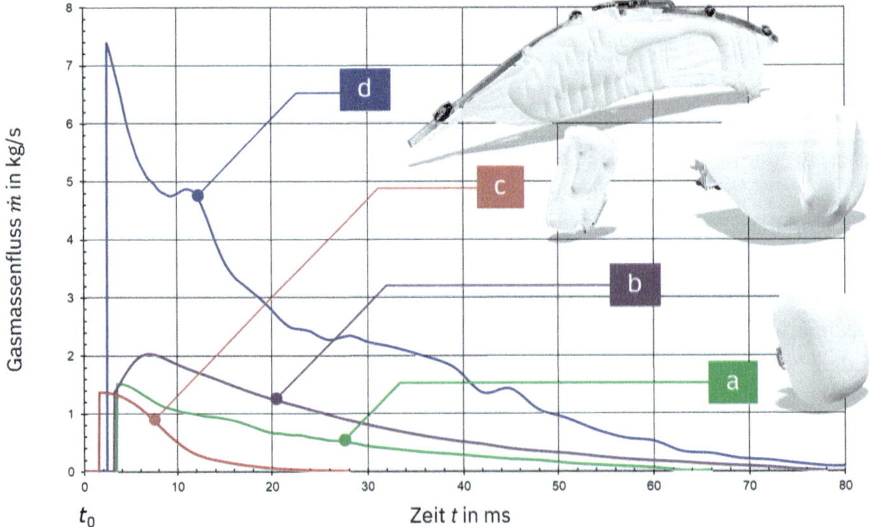

Abb. 6.92 Unterschiedliche Anforderungen an Gasgeneratoren am Beispiel der Gasliefergeschwindigkeit für verschiedene Airbag-Anwendungsfelder: **a** Fahrer-Airbag, **b** Beifahrer-Airbag, **c** Seiten-Airbag, **d** Vorhang-Airbag. (Quelle: ZF)

Hierbei ist zu berücksichtigen, dass für einen *Beifahrer-Airbag* wesentlich größere Gasvolumina benötigt werden als z. B. für einem *Seiten-Airbag*. Da aber bei diesem Modul die Funktionsdauer sehr kurz ist, reicht es aus, eine kleinere Gasmenge mit höherer Temperatur zu verwenden. Bei einem *Vorhang-Airbag* hingegen soll der Schutz der Insassen auch bei einem Überschlag des Fahrzeugs gewährleistet werden. Daher wird auf eine niedrige Gastemperatur geachtet, sodass das Luftkissen für die Dauer des Unfallgeschehens *(Standzeit)* für die Rückhaltung entfaltet bleibt.

Nach einem Unfall muss auch die Sicherheit der Hilfskräfte gewährleistet sein (Abschn. 6.10). Nicht ausgelöste Airbags (denn bei einem Frontalaufprall werden z. B. Seitenairbags in der Regel nicht aktiviert) dürfen auch bei Hilfsmaßnahmen (z. B. bei Einsatz der Rettungsschere durch Rettungskräfte) keine Gefahr darstellen oder gesundheitsschädliche Stoffe freisetzen.

Gesetzlich geregelt ist zudem die Sicherheit beim Transport von Gasgeneratoren. Sollte es beim Transport zu einem Brand kommen, darf der pyrotechnische Treibstoff keine Gefährdung für die Umgebung oder die Rettungskräfte darstellen.

Beispiele für Anforderungen und Standards für die Gasgeneratorentwicklung sind:

- DIN EN ISO 14451–5:2013–08 [53]
- USCAR 24 [99]

Neben regional gültigen Anforderungen und Standards sind i.d.R. auch weitere Anforderungen von Automobilherstellern zu berücksichtigen.

6.6.9.3 Gasgenerator-Komponenten

Dieser Abschnitt beschreibt die wesentlichen Bauelemente von Gasgeneratoren. Abb. 6.93 zeigt am Beispiel eines einstufigen pyrotechnischen Rund-Gasgenerators die grundlegenden Bauelemente von Gasgeneratoren. Je nach Gasgenerator-Typ finden sie Verwendung oder sind auch teilweise obsolet. Auf diese Besonderheiten weist der Text hin.

Elektrische Schnittstelle

Die *elektrische Schnittstelle* zwischen der Auslöseelektronik (Kap. 7) und der *Anzünder-Einheit* und damit des Gasgenerators ist meist ein *zweipoliger Stecker* (engl.: *Squib Connector*) mit einer standardisierten Kontur, die sicherstellt, dass z. B. bei der Montage eines mehrstufigen Airbags keine Anschlüsse vertauscht werden können.

Anzünder-Einheit

Zur Initiierung eines Gasgenerators wird bei allen heute verwendeten Systemen ein pyrotechnischer Anzünder aktiviert. Der gesamte Anzündvorgang geschieht zumeist innerhalb von weniger als 2 ms.

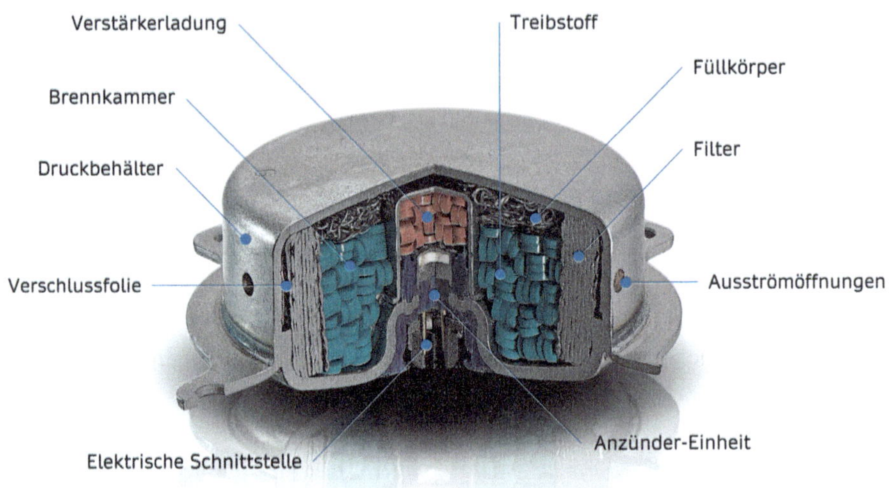

Abb. 6.93 Bauelemente eines Gasgenerators am Beispiel eines pyrotechnischen Rund-Gasgenerators. (Quelle: ZF)

Die *Anzünder-Einheit* (engl.: *Ignition Unit*) besteht aus dem eigentlichen *Anzünder* (engl.: *Igniter*) und dem ihn umgebenden Bauteil. Der Anzünder besteht aus dem *Polkörper,* den beiden *Kontaktstiften,* dem *Brückendraht,* der *Anzündermischung* und der *Anzünderkappe.* Die *Anzündermischung* besteht aus einem *Metall-* oder *Metall-hydrid*-Pulver und einem *Oxidator,* meist einem *Alkaliperchlorat.* Die Anzünder-Einheit ist dicht mit dem Gasgenerator-Gehäuse verbunden und Teil der *Brennkammer* (engl.: *Combustion Chamber*).

Verstärkerladung

Die Anzünder-Einheit allein ist in der Regel noch nicht leistungsfähig genug, um eine stabile Verbrennung des tablettenförmigen Treibstoffs zu entfachen. Daher wird in einem Zwischenschritt eine *Verstärkerladung* (engl.: *Booster*) entzündet. Sie besteht aus einem Granulat oder kleinen *Tabletten* einer pyrotechnischen Mischung, die leicht zu entzünden ist und mit hoher Geschwindigkeit verbrennt. Dabei entstehen heiße Partikel und heiße Gase, die dann in die eigentliche *Brennkammer* gelangen und den Treibstoff entzünden.

Treibstoff

Der *Treibstoff* eines Gasgenerators, häufig auch Gassatz genannt, ist eine Mischung aus einem Brennstoff, einem *Oxidator* und einigen *Additiven,* deren Aufgabe die Optimierung des Abbrandverhaltens bzw. der Verarbeitbarkeit des Treibstoffs ist.

$$H_a\,C_b\,N_c O_d + \text{Oxidator} \rightarrow \frac{1}{2}a\,H_2O + b\,CO_2 + \frac{1}{2}c\,N_2 + \text{Schlacke} \qquad (6.21)$$

Bei den ersten Fahrzeugprojekten mit Airbags in den 1980er-Jahren wurden die Serien-Gasgeneratoren mit Treibstoffen auf Basis von *Natriumazid* (NaN$_3$) gebaut. Diese Gassätze hatten den Vorteil, bereits bei vergleichsweise geringen Temperaturen und Funktionsdrücken stabil und reproduzierbar abzubrennen. Allerdings waren sie in der Handhabung und der Entsorgung der Materialien schwierig, da Natriumazid selbst als hochgiftig eingestuft wird und leicht mit verschiedenen Materialien explosive Verbindungen bilden kann. In den 1990er-Jahren wurde deshalb nach alternativen Treibsätzen geforscht und sie in Serienproduktion gebracht.

Allen Treibstoffen für Gasgeneratoren ist gemeinsam, dass sie nicht *„explodieren"*, sondern *definiert* an der Oberfläche der Treibstoffkörper *abbrennen*.

Die heute gebräuchlichen Rezepturen basieren häufig auf den Brennstoffen *Guanidinnitrat* (GuNi) und *Nitroguanidin* (NiGu). Sie zeichnen sich durch eine höhere Gasausbeute und chemische Stabilität aus, bedingen allerdings höhere Funktionsdrücke und Reaktionstemperaturen.

Daneben wurden auch Brennstoffe wie *5-Aminotetrazol* und *Nitrozellulose* erprobt. Treibstoffe auf dieser Basis reagieren schon bei relativ niedrigen Funktionsdrücken, stellen aber hohe Anforderungen an die Bauart der Gasgeneratoren.

Auch Treibsätze auf der Basis von *Ammoniumnitrat* wurden entwickelt und verwendet, doch kam es bei ihnen durch zunächst noch unbekannte Langzeiteffekte zu physikalischen Veränderungen an den Treibstoffkörpern, als deren Folge der Abbrand unkontrollierbar wurde. Im Nachgang erfolgte ein umfangreicher Rückruf, bei dem bis Ende 2022 ca. 67 Mio. Airbags zurückgerufen wurden [119, 86].

Die häufigste Form, in der der Treibstoff zum Einsatz kommt, ist die *Tablette* (Abb. 6.94). Hierzu wird ein Gemisch der Rohstoffe zu einem feinen, homogenen Pulver vermahlen und anschließend zu Tabletten verpresst.

Abb. 6.94 Formgebung für Gasgenerator-Treibstoff. (Quelle: ZF)

In anderen Fällen werden die Rohstoffe mit einer Flüssigkeit angerührt und feucht vermahlen. Diese teigige Masse kann jetzt über einen Extrusionsprozess – der Herstellung von Nudeln nicht unähnlich – zu *Treibstoffkörpern* (auch: *Formkörper*) in einer Vielzahl von Geometrien geformt werden. Über die Form und die Oberfläche kann Einfluss auf die Leistungscharakteristik des Treibstoffes genommen werden. Bei *Tabletten* nimmt die Oberfläche deutlich ab („degressiver Abbrand"), bei *Formkörpern* mit Innenlöchern kann sie konstant bleiben („neutral") oder bei *Viellochkörpern* sogar zunehmen („progressiv").

Brennkammer

Die *Brennkammer* (engl.: *Combustion Chamber*). nimmt den Treibstoff auf. Sie wird zum einen durch die Anzünder-Einheit und zum anderen durch die *Verschlussfolie* verschlossen. Die Kombination der brennenden Treibstoffoberfläche, der Größe der *Ausströmöffnungen* und des Öffnungsdrucks der *Verschlussfolie* (engl.: *Inflator Seal*) definiert die Leistungscharakteristik des Gasgenerators. Nachdem früher die Brennkammer und die Filterkammer häufig verschiedene Baugruppen eines pyrotechnischen Generators waren, stellt heute das gesamte *Gehäuse* die Brennkammer dar.

Füllkörper

Zum Volumenausgleich von normalen Fertigungstoleranzen und zur sicheren Positionierung von Treibstofftabletten werden elastische Komponenten, *Füllkörper* (engl.: *Filling Pad*), in der Brennkammer eingebaut.

Damit wird sichergestellt, dass der Treibstoff durch die normalen Vibrationen während des Fahrbetriebs keine mechanischen Schäden erleidet, was die Leistungscharakteristik des Airbags verändern könnte.

Druckbehälter

Die entscheidende Baugruppe von *Hybrid-* und *Kaltgas-Gasgeneratoren* ist der *Druckbehälter* (Abb. 6.91 b). Er wird von der *Anzünder-Einheit* und der *Ausströmmembran* (auch: *Auslassmembran*) verschlossen. Das *Füllgas* (Ar, He, H_2, O_2 oder Gemische) steht unter einem Druck von 240–600 bar. Jeder Druckbehälter wird einzeln nach der Befüllung und dem Verschluss auf Dichtigkeit geprüft, um eine sichere Funktion des Gasgenerators für die Lebensdauer sicherzustellen (Abb. 6.95).

Innerhalb des Druckbehälters kann sich, je nach Bauart, auch noch ein *Treibstoffbehälter* befinden. Der Abbrand des Treibstoffs heizt dann im Funktionsfall das Druckgas auf, bis die *Ausströmmembran* aufplatzt und das Gas zur Füllung des Airbags freigibt.

Filter

Zur Sicherstellung der Schubneutralität beim Transport bläst das erzeugte Gas über viele kleine, sich gegenüberliegende Öffnungen aus dem Gasgenerator ab. Vor diesen *Ausströmöffnungen* durchströmt das Gas poröse, meist metallische Strukturen, die als *Filter* (auch: *Filterpakete*) bezeichnet werden. Sie filtern zum einen *Schlackepartikel* heraus und zum anderen kühlt sich das Gas am Material des Filters stark ab.

Abb. 6.95 Gasgeneratorfertigung. (Quelle: ZF)

6.6.9.4 Bauformen von Gasgeneratoren für Airbag-Module

Aus den primären Schutzfunktionen und dem Einbauort ergeben sich wesentliche Anforderungen für Airbag-Module. Mit der Auswahl der Generator-Technologie, der Variation des Formfaktors und der Auswahl der wesentlichen Bauelemente ergibt sich ein Portfolio unterschiedlicher Gasgenerator-Baureihen. Abb. 6.96 fasst die wesentlichen Merkmale und deren Ausprägungen heute erhältlicher Gasgenerator-Varianten zusammen.

Merkmale	1 Typ	2 Treibstoff	3 Formfaktor/ Einbau	4 Adaptivität	5 Elektrischer Anschluss
Optionen	Pyrotechnisch	Pyrotechnisch, fester Brennstoff (*GuNi, NiGu, …*)	Rund (*torodial, disk type*)	1-stufig	Stecker *pin-type*
	Hybrid	kein Brennstoff	Rohr (*tubular*)	2-stufig	alternativ
	Kaltgas (*kein Brennstoff*)	Brennstoff, gasförmig (*Wasserstoff, …*)	Aspirator	mehrstufig	
	Brennstoff, gasförmig (*Wasserstoff*)		alternativ (*modulintegriert*)		
	alternativ		Gaslanze (*Inflator außerhalb Modul*)		

Abb. 6.96 Wesentliche und weitere Merkmale der Bauformen von Gasgeneratoren. (Quelle: ZF)

Durch das breite verfügbare Portfolio an Gasgeneratoren gilt es, die jeweils optimale Auswahl für einen Airbag-Modul-Grundtyp zu treffen. Auf die Charakteristiken des Gasgenerators werden dann die weiteren Bauelemente des Airbag-Moduls abgestimmt. Hier haben sich über die Zeit Standardkonzepte herausgebildet, die über viele Fahrzeugapplikationen eine optimale Lösung darstellen.

In der Abb. 6.97 sind die häufigsten Alternativen der Auswahl von Gasgenerator-Varianten für bestimmte Airbag-Module in einem generalisierten Konfigurationsschema aufgeführt. Diese Präferenzen zeigen den derzeitigen Stand der Anwendung. Durch spezifische Anforderungen (z. B. neue Lastfälle oder neue Bauraumanforderungen bei der Interieurgestaltung) können sich in einzelnen Fahrzeugprojekten auch alternativ spezielle technische Lösungen und Konfigurationen ergeben.

6.6.9.5 Gasgenerator-Grundtypen

Bereits in Abschn. 6.6.9.1 wurden die Entwicklungsarbeiten zu alternativen Technologien der Gaserzeugung und Gasgenerator-Grundtypen sowie in Abschn. 6.6.9.3 die wesentlichen Gasgenerator-Bauelemente beschrieben. In diesem Abschnitt wird auf

Bauform	Technologie Gaserzeugung			Formfaktor	
Airbag-Module	Pyro	Hybrid	Kaltgas	Rund *Toroidal*	Rohr *Tube*
Frontalaufprall					
Fahrer-Airbag	■	○	·	■	·
Beifahrer-Airbag	■	▣	·	■	▣
Beifahrer-Airbag · Bag-in-Roof	·	■	·	·	■
Knie-Airbag	○	■	·	·	■
Sitzrampen-Airbag	■	·	·	·	■
Rücksitz-Airbag	·	·	·	·	·
Seitenaufprall					
Seiten-Airbag · vorn	■	○	·	·	■
Seiten-Airbag · hinten	■	·	·	·	■
Vorhang-Airbag · 1st Impact	○	■	○	·	■
Vorhang-Airbag · Roll-over	·	■	▣	·	■
Center Airbag · vorn	·	■	○	·	■

Konfigurationsschema (generalisiert): ■ häufigere Option, ▣ weitere Option, ○ seltenere Option, · keine Angabe

Abb. 6.97 Airbag-Module und die Konfiguration von Gasgeneratoren. (Quelle: ZF)

die wichtigsten Aspekte der Gaserzeugung und die technischen Unterschiede der Gas-generator-Typen eingegangen, die heute bei Airbag-Modulen in Kraftfahrzeugen zur Anwendung kommen.

Pyrotechnische Gasgeneratoren

Pyrotechnische Gasgeneratoren werden als Rohr-Gasgeneratoren (Abb. 6.98) oder als Rund-Gasgeneratoren (Abb. 6.93, 6.99) hergestellt. Das Funktionsprinzip ist dabei gleich.

In einem elektrischen *Anzünder* wird über einen Glühdraht innerhalb von weniger als 1 ms ein Gemisch eines Brennstoffs (oftmals ein *Zirkon-Metallpulver*) mit einem Oxidationsmittel (meist *Kaliumperchlorat*) entzündet. Der elektrische Anzünder ent-zündet eine *Verstärkerladung* und den *Treibstoff*. Für eine gleichmäßige, reproduzier-bare und kontrollierbare Entzündung muss die Menge dieser Verstärkerladung so dimensioniert sein, dass der Haupttreibstoff unter Druck gesetzt wird und die heißen Gase und Partikel die Oberfläche der *Treibstoffkörper* (meist *Tabletten*) effektiv ent-zünden. Sie erzeugen dann beim Abbrand Gas, das in den Airbag strömt und ihn ent-faltet. Davor strömen die Verbrennungsgase durch *Filterpakete*, die die Temperatur von ca. 1800 K auf ca. 800–900 K senken.

Abb. 6.99 zeigt einen zweistufigen pyrotechnischen Rund-Gasgenerator, der sowohl bei Fahrer- als auch Beifahrer-Airbag-Modulen durch Veränderung der Zündzeitpunkte der beiden Stufen die Rückhaltecharakteristik des Airbags z. B. auf die Größe oder Position des Insassen bzw. die Unfallschwere anpassen kann. Die Systeme zur *Insassen-Erkennung* und die *Sensorik zur Unfalldetektierung* liefern relevante Parameter, die von

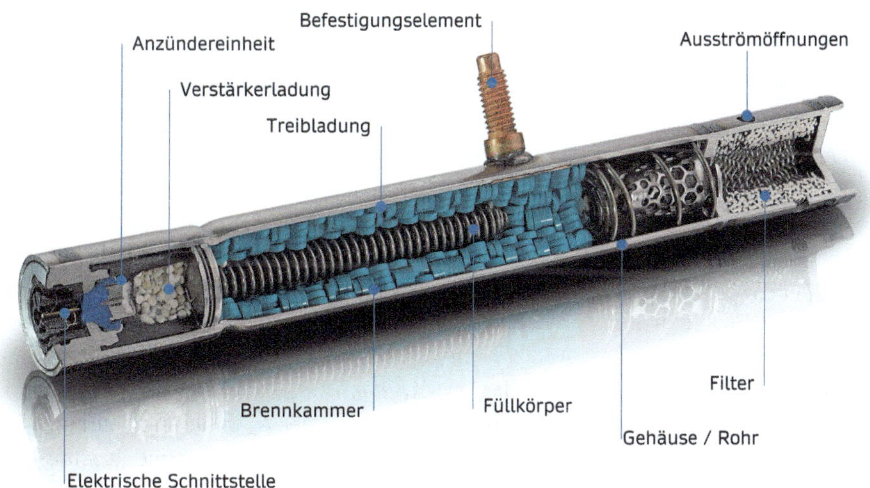

Abb. 6.98 Schematischer Aufbau eines einstufigen pyrotechnischen Rohr-Gasgenerators (Rohr-Heißgas-Generator *SPI2 EVO*). (Quelle: ZF)

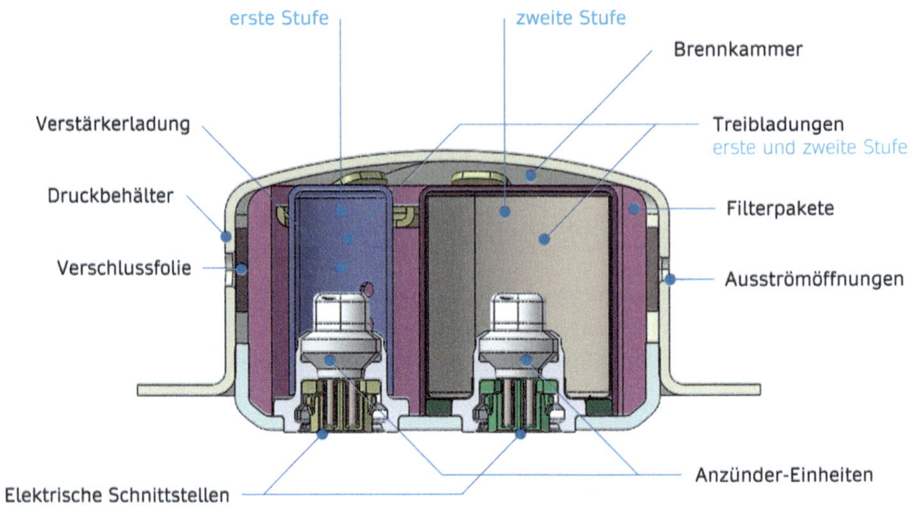

Abb. 6.99 Schematischer Aufbau eines zweistufigen pyrotechnischen Rund-Gasgenerators *(DI10)*. (Quelle: ZF)

der *Auslöseelektronik* (Kap. 7) ausgewertet werden, die danach die Zündung der Stufen ausführt.

Hybrid-Gasgeneratoren

Bei *Hybrid-Gasgeneratoren* wird der *Treibstoff* direkt durch den *Anzünder* entzündet.

Je nach Gasgenerator-Konzept wird dabei eine Druckwelle (Schockwelle) initiiert, die durch das Gas im Druckbehälter läuft und die *Auslassmembran* öffnet. Diese *Schockwellenöffnung* haben alle hybriden Seitenaufprall-Schutzsysteme gemeinsam, da hier der Gasgenerator innerhalb von weniger als 2 ms Gas in den Airbag liefern muss. Dadurch werden die enorm kurzen Aufblaszeiten der Schutzsysteme für den Seitenaufprall möglich. Abb. 6.100 zeigt den schematischen Aufbau.

Andere Hybridgasgeneratoren arbeiten nach dem *Überdruckprinzip*, bei dem der brennende Treibstoff das Gas erhitzt und die Auslassmembran bei Erreichen des Öffnungsdrucks öffnet. In Abb. 6.101 ist der Aufbau eines zweistufigen Hybrid-Gasgenerators dargestellt.

Kaltgas-Gasgeneratoren

Kaltgas-Gasgeneratoren (engl.: *Cold Gas Inflator, Compressed Gas Inflator*) sind *Druckgasbehälter*-Systeme, die mit einer *Membran* fest verschlossen sind (Abb. 6.102). Bei der Auslösung wird diese Membran durch eine pyrotechnische Ladung geöffnet, meist ein starker Airbag-Anzünder, der in direkter Nähe fixiert ist.

Der *Druckbehälter* (auch: *Druckgasbehälter, Gasspeicher, Flasche*) enthält normalerweise *Helium* (He) mit Drücken von bis zu 600 bar. Nach Öffnung der Membran strömt das Druckgas aus und füllt den *Luftsack*.

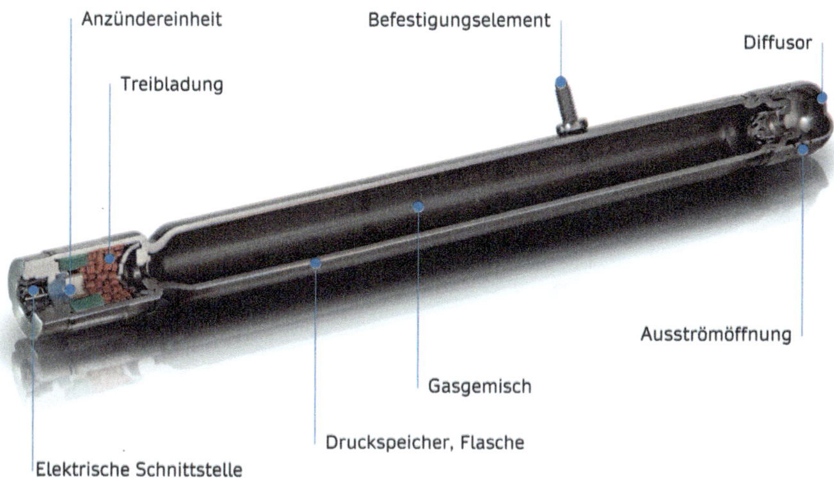

Abb. 6.100 Schematischer Aufbau eines Hybrid-Gasgenerators mit Schockwellenöffnung *(SHI2)*. (Quelle: ZF)

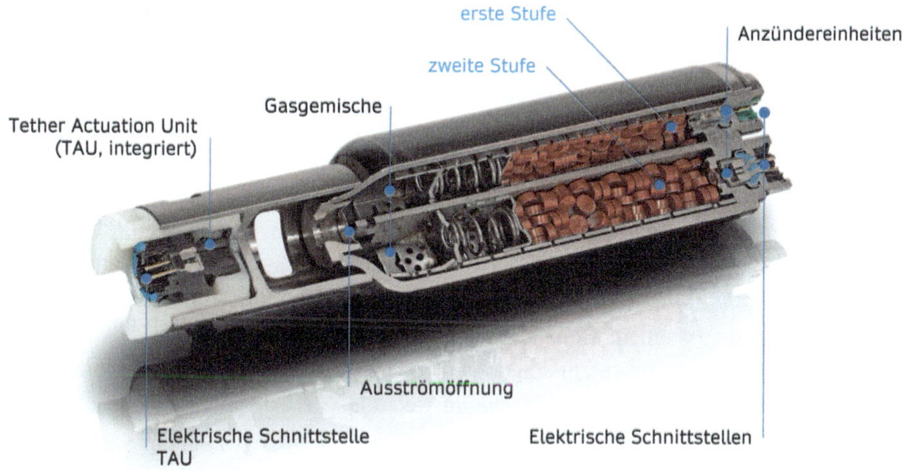

Abb. 6.101 Schematischer Aufbau eines zweistufigen Hybrid-Gasgenerators *(PHI4 EVO)*. (Quelle: ZF)

Bei diesem Ausströmen expandiert das Gas sehr schnell auf das Vielfache seines Volumens und kühlt sich deutlich ab. Deshalb benötigt ein Airbag erheblich mehr Gas zur Füllung als bei Verwendung von Hybrid- oder pyrotechnischen Systemen, die ein Gas mit einer höheren Temperatur erzeugen.

Die Verwendung von *Argon, Stickstoff* oder *Luft* als Füllgas ist nicht vorteilhaft, da sich diese Gase bei der Entspannung von 600 bar auf Umgebungsdruck bis zur teilweisen Verflüssigung abkühlen.

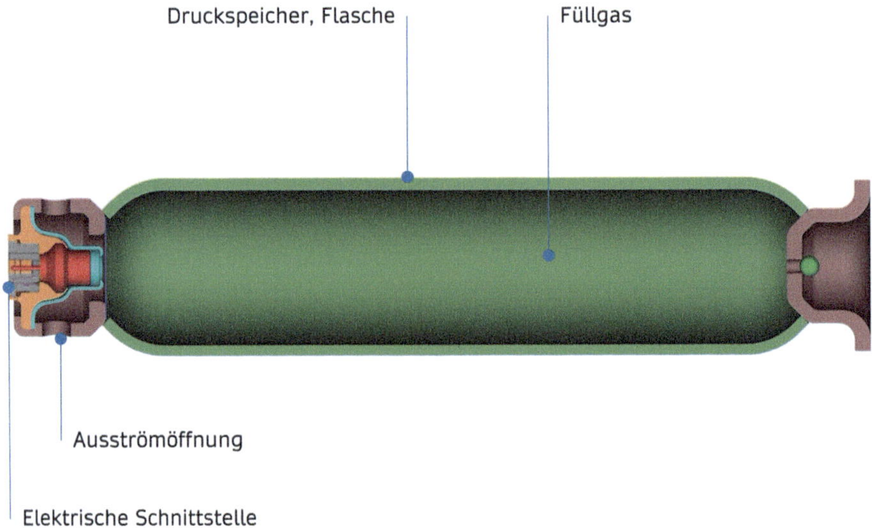

Abb. 6.102 Schematischer Aufbau eines Kaltgasgenerators *(ROI)*. (Quelle: ZF)

Wasserstoff-Gasgeneratoren

Bei der Suche nach Gasgenerator-Technologien, die möglichst wenig Partikel und ein möglichst schadstoffarmes Gas erzeugen, ist die Nutzung von Wasserstoff eine mögliche Alternative. Bei diesen Gasgeneratoren werden Wasserstoff und Sauerstoff verbrannt. Es entsteht heißer Wasserdampf, der zum Aufblasen des Luftsacks genutzt werden kann. Die Verbrennung ist frei von Schlacke und schadstoffarm. Bei den mit Wasserstoff betriebenen Gasgeneratoren sind zwei Technologien zur Serienreife entwickelt worden:

Bei dem *Einflaschen-Konzept* wird ein Gemisch von Wasserstoff, Sauerstoff und Argon gemeinsam in einem Behälter gespeichert. Bei Aktivierung wird es mit einem pyrotechnischen *Anzünder* entzündet, sodass die Gase innerhalb des Gasgenerators miteinander reagieren. Das aus der *Flasche* austretende Gas ist ein Gemisch aus Wasserdampf, Sauerstoff und Argon. Der *HGI*-Gasgenerator ist ein Beispiel eines solchen Typs und in Abb. 6.103 dargestellt.

Bei dem *Zweiflaschen-Konzept* liegt in einem *Druckgasbehälter* ein *Wasserstoff-Argon*-Gemisch und in einem zweiten *Druckgasbehälter* ein *Sauerstoff-Argon*-Gemisch vor. Ein Anzünder öffnet die beiden Behälter gleichzeitig und entzündet das austretende Mischgas in einer zentralen *Brennkammer*. Der entstehende heiße Wasserdampf füllt dann gemeinsam mit den nicht reagierenden Gasbestandteilen den Airbag [50]. In Abb. 6.104 ist ein Beispiel eines solchen Typs abgebildet.

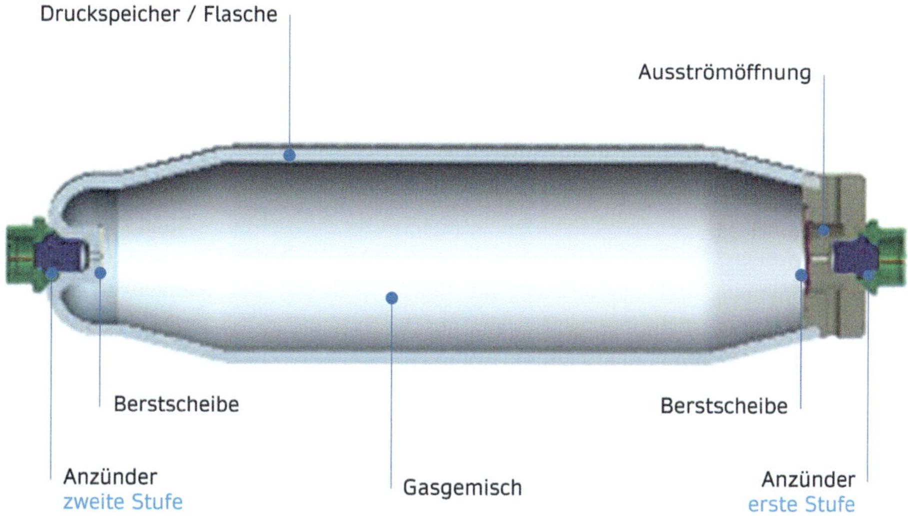

Abb. 6.103 Schematischer Aufbau Einkammer-Wasserstoff-Gasgenerator *(HGI)*. (Quelle: ZF)

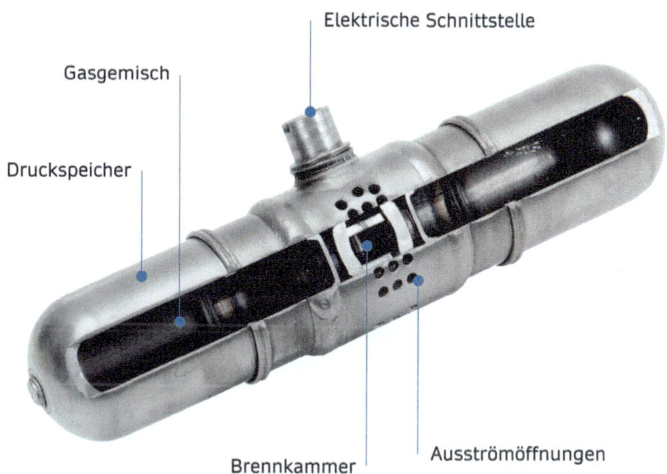

Abb. 6.104 Zweikammer-Wasserstoff-Gasgenerator *(APG, APGS)*. (Quelle: Autoliv)

6.7   Kinder-Rückhaltesysteme und weitere Schutzsysteme für Insassen

In diesem Abschnitt werden *weitere Systeme* mit *Schutzfunktionen für Insassen* vorgestellt, denn neben der Fahrzeugstruktur und den klassischen Rückhaltesystemen wie Sicherheitsgurt- und Airbag-Systemen bieten auch sie wichtige Teilfunktionen, um Verletzungsrisiken zu verringern. Hier erfolgt die Darstellung entlang einzelner Schwerpunktthemen, die für den Insassenschutz eine besondere Bedeutung haben:

- Insassenschutz für Kinder und *Kinder-Rückhaltesysteme* (engl.: *Child Restraint Systems*, CRS)
- Schutzsysteme gegen *Halswirbelsäulen-Distorsion* (auch: HWS-Syndrom) (engl.: *Whiplash*)
- Lenksysteme mit Insassenschutzfunktionen
- Schutzsysteme bei Cabrio-Fahrzeugen

Diese und weitere Systeme befinden sich in der unmittelbaren Systemumgebung von Rückhaltesystemen und interagieren mit ihnen. Während der Fahrzeugentwicklung erfolgen vielfältige Abstimmungsprozesse, um die Systeme zu synchronisieren und ihre Schutzwirkung zu optimieren (Kap. 8).

6.7.1 Insassenschutz für Kinder und Kinder-Rückhaltesysteme

Der Insassenschutz für Kinder (engl.: *Child Occupant Protection*) ist ein besonderes Arbeitsfeld. Der Körper eines Kinds befindet sich noch in der Entwicklung. Dazu ist der Kopf von Kindern in Relation zum gesamten Körpergewicht größer und schwerer als bei Erwachsenen [17, 74] (Abb. 6.105), was ein besonderes Verletzungsrisiko darstellt. Ein nur für Erwachsene ausgelegtes Insassenschutzsystem wäre für jüngere Passagiere nicht passend. Für Kinder geeignete geometrische Verhältnisse im Fahrzeug (z. B. Verankerungspunkte von Sicherheitsgurten und Gurtbandverlauf) unterscheiden sich deutlich von Erwachsenen, sodass Nutzungshinweise beachtet werden müssen. Bei der Auslegung von Insassenschutzsystemen für Erwachsene ist es das Ziel, dass sie kein zusätzliches Verletzungsrisiko für Kinder darstellen.

Abb. 6.105 Körperproportionen von Insassen und ihre Entwicklung vom Baby bis zum Erwachsenen. (in Anlehnung an Volvo Cars, [17])

Gesetzliche und weitere Anforderungen an den Insassenschutz für Kinder richten sich an Kinder-Rückhaltesysteme. Sie umfassen auch Anforderungen für Fahrzeughersteller bezüglich der Wirkung von Insassenschutzsystemen auf Kinder bei Kollision sowie auch Anforderungen zur Handhabung beim Einbau von Kinder-Rückhaltesystemen in Fahrzeugen und zu deren Herstellung. Daneben gelten Vorschriften für ihre Nutzung bei der Fahrt.

In ihren Anfängen war die Entwicklung von Insassenschutzkonzepten auf Erwachsene fokussiert. Doch inzwischen enthalten Bewertungsprogramme für neue Fahrzeuge (engl.: *New Car Assessment Program*, NCAP) spezifische Anforderungen zum Insassenschutz von Kindern (Kap. 4). Automobilclubs und weitere Organisationen prüfen und bewerten regelmäßig Kinder-Rückhaltesysteme. Bei Euro NCAP sind Kriterien in drei Bereichen relevant [35]:

- Kinder-Rückhaltesysteme zum Einbau in Fahrzeugen *(Crash Performance)*
- Schutzfunktionen des Fahrzeugs *(Safety Features)*
- Einbau von Kinder-Rückhaltesystemen in Fahrzeuge *(CRS Installation Check)*

Die besonderen Anforderungen beim Insassenschutz für Kinder werden im folgenden Abschnitt für unterschiedliche Unfallkonstellationen herausgestellt. Die zugehörigen Maßnahmen und Systeme werden dann entlang den aufgezählten drei Bereichen weiter detailliert.

Auf die gesteigerten Schutzanforderungen bei der Bewertung der Kindersicherheit durch Verbraucherratings (beispielsweise neu aufgenommene Dummys Q6 und Q10 ab 2016 durch Euro NCAP) wurde bereits im Kap. 4 hingewiesen.

6.7.1.1 Herausforderungen Kinder-Insassenschutz

Der Insassenschutz für Kinder soll wie bei Erwachsenen für unterschiedliche Unfallkonstellationen wie Front-, Seiten-, Heckaufprall-, Überschlag- und Off-the-road-Unfälle gewährleistet werden. Das Insassenschutzkonzept für Kinder ist in das Schutzkonzept für die Erwachsenen zu integrieren.

Für Sicherheitsgurt-Systeme ist die Betrachtung des Gurtverlaufs beim Kind besonders relevant. Sicherheitsgurt-Systeme müssen, wie bei Erwachsenen, die Funktion erfüllen, dass die Kinder möglichst an ihrer Position verbleiben und nicht aus dem Fahrzeug geschleudert werden. Kinder-Rückhaltesysteme erhöhen die Sitzposition von Kindern, sodass ein adäquater Gurtbandverlauf ermöglicht wird. Insbesondere Kindersitze für ältere Kinder können über zusätzliche Führungen für das Gurtband des Fahrzeug-Sicherheitsgurtes verfügen. Kinder-Rückhaltesysteme für jüngere Kinder verfügen meist über ein integriertes Gurtsystem.

Beim statistisch am häufigsten auftretenden Frontaufprall sind aufgrund der angesprochenen biomechanischen Gegebenheiten bei Kindern Belastungen des Kopfes und des Nackens möglichst zu vermeiden. Daher erscheint eine Positionierung entgegen der Fahrrichtung vorteilhaft, sofern es die Platzverhältnisse und die Größe des

Kindes erlauben. Bei größeren und dann nach vorne ausgerichteten Kindern tragen *Gurtstraffer* und angepasste *Kraftbegrenzungen* zur Reduzierung von Belastungen und zur Reduzierung des Risikos für *Submarining* bei.

Bei Seitenaufprall sind ebenfalls die andersartigen geometrischen Gegebenheiten relevant. Sowohl *Seiten-Airbags* (SAB) als auch *Vorhang-Airbags* (CAB) erfüllen primär Schutzfunktionen für Erwachsene. Daher sorgen Kindersitze oder Booster-Sitze zuerst dafür, dass Kinder höher zu Seiten- und Kopf-Airbags positioniert werden. Weiterhin können Kinder-Rückhaltesysteme über zusätzliche Schutzelemente gegen Seitenaufprall verfügen. Sollten mehrere Insassen gleichzeitig nebeneinandersitzen, werden damit außerdem Risiken für einen direkten Kontakt der Insassen beim Aufprall reduziert.

Kinder-Rückhaltesysteme bieten nur dann eine Schutzfunktion, wenn sie sicher im Fahrzeug befestigt werden können. Wurden die Systeme früher allein mit dem *Dreipunkt-Sicherheitsgurt* befestigt, sind heute zusätzliche Vorrichtungen wie das *Top Tether* und insbesondere das ISOFIX-System verfügbar. Konzepte zur Verankerung von Kinder-Rückhaltesystemen werden weiter unten beschrieben.

Ein Aspekt im Sinne der Integralen Sicherheit ist die Interaktion mit dem Kind *während* der Fahrt. Sie ist häufig eine Motivation für die Unterbringung des Kindersitzes auf dem Beifahrersitz. Ist hier die Ablenkung so groß, dass das Verkehrsgeschehen nicht mehr beobachtet werden kann, steigt das Risiko für einen Unfall wesentlich an. Ist die Sicht durch den Rückspiegel auf die Kinder auf der hinteren Sitzreihe verdeckt, können zusätzliche Spiegel z. B. an der Heckkopfstütze montiert werden. Auch können *Innenraum-Monitoring-Systeme* für diesen Zweck eingesetzt werden.

Durch die umfangreiche Sicherheitsausstattung von Kinder-Rückhaltesystemen verfügen sie über ein deutliches Volumen und Gewicht. Dies erschwert die Montage im Fahrzeug oder den täglichen Wechsel in verschiedenen Fahrzeugen. Bei Kinder-Rückhaltesystemen besteht deshalb ein permanenter Zielkonflikt, da sich in die Sitzanlage integrierte Kindersitze u. a. aus Gründen des Sitzkomforts nicht durchgesetzt haben: Bei der Mitnahme von Kindern mit Kindersitzpflicht sind Kinder-Rückhaltesysteme zu verwenden; beim Einbau von Kinder-Rückhaltesystemen in Fahrzeuge muss aber die Kompatibilität zwischen der Sensorik im Fahrzeug und den Anforderungen an den Kindersitz beachtet werden (Kap. 7) oder Airbag-Abschaltungen müssen manuell erfolgen.

6.7.1.2 Kinder-Rückhaltesysteme

Es hat sich gezeigt, dass Kinder-Rückhaltesysteme auf einen engen Alters- bzw. Gewichtsbereich beschränkt sind, da sich die Anforderungen mit dem Alter und dem Wachstum rasch ändern. Daher sind für Kinder-Rückhaltesysteme auch verschiedene Klassifizierungssysteme definiert worden. Sie richten sich bei der Norm UN-R 44 nach dem *Gewicht* des Kindes und es sind Gruppen von 0 bis 3 definiert [137]. In der seit einigen Jahren parallel geltenden Norm UN-R 129 wurde eine Einteilung nach der *Körpergröße mit Gewichtsobergrenze* in drei Phasen (Phase 1 bis 3) vorgenommen [138].

Am Markt angebotene Kinder-Rückhaltesysteme für den Einbau in Fahrzeugen umfassen im Wesentlichen die folgenden Produktkategorien (Abb. 6.106) (individuelle Abweichungen bei spezifischen Sitzen möglich, da die Hersteller über die zulässigen Körpergrößen entscheiden):

- *Babywannen* und *Babyschalen:* Geeignet für ein Alter von 0 bis 18 Monaten, eine Größe von 40 bis 85 cm und ein Gewicht bis zu 13 kg. Nach der i-Size-Norm sollten Babys bis zum 15. Lebensmonat ausschließlich mit dem Rücken in Fahrrichtung transportiert werden, um Belastungen bei einem Frontalaufprall zu reduzieren, der am häufigsten vorkommt.
- *Kindersitze* für Kleinkinder: Vorgesehen für ein Alter zwischen 9 Monaten und 4 Jahren, für eine Größe von 60–105 cm und ein Gewicht zwischen 9 und 18 kg. Diese Kindersitze verfügen über ein integriertes Gurtsystem.
- *Kindersitze:* für Kinder Tauglich für ein Alter zwischen 3 und 12 Jahren, für eine Größe von 100–150 cm und ein Gewicht zwischen 15 und 36 kg. Diese Kindersitze werden üblicherweise in Kombination mit dem Sicherheitsgurtsystem des Fahrzeugs benutzt.
- *Sitzerhöhungen* (engl.: *Booster Seat*): Diese Produkte sind nur für eine Größe über 1,25 m und ab einem Gewicht von 22 kg geeignet. Sie verfügen nur über eine Sitzfläche, aber nicht über Rückenlehne, Seitenpolster und Kopfstütze. Obwohl sie auch mit ISOFIX-System erhältlich sind, werden sie oft nur über den Beckengurt fixiert. Trotz des geringeren Schutzpotenzials werden sie für kurze Fahrten oder auch noch für Kinder empfohlen, die mit einem Gewicht von über 36 kg jünger als 12 Jahre und kleiner als 150 cm sind und damit noch unter die gesetzliche Kindersitzpflicht fallen.

Da die Anschaffung von Kinder-Rückhaltesystemen mit erheblichen Kosten verbunden ist, sind auch Kindersitze erhältlich, die für mehrere Alters-, Größen- oder Gewichtsklassen zugelassen sind.

Kindersitze müssen Kindern eine gewisse Bewegungsfreiheit ermöglichen, auch wenn sie mit einem Sicherheitsgurt versehen sind. Dies gilt insbesondere bei längeren Fahrten. Kindersitze für Kleinkinder mit einem eigenen Hosenträger-Gurtsystem bieten ein hohes Maß an Sicherheit. Allerdings kann durch die Rückhaltung des Thorax eine hohe Belastung der Halswirbelsäule aufgrund einer übermäßig großen Relativbewegung zwischen Kopf und Torso auftreten. Wird bei Kindersitzen das Sicherheitsgurt-System des Fahrzeugs verwendet, ist darauf zu achten, dass der Dreipunktgurt optimal am Körper anliegt, d. h. der Beckengurt muss tief am Becken angreifen und der Schultergurt diagonal über den Brustkorb verlaufen. Dazu verfügen Kindersitze im Gegensatz zu reinen Sitzerhöhungen über eine gesonderte Gurtführung (Abb. 6.106).

Bei einem Kinder-Rückhaltesystem werden die Kinder entweder durch ein eigenes, im Sitz verbautes Hosenträger-Gurtsystem gesichert (Abschn. 6.5), oder das Gurtsystem des Fahrzeugs kommt zum Einsatz. Das erstgenannte Konzept wird häufig für Babys und Kleinkinder und das zweite eher für Kindersitze eingesetzt. Beim Anschnallen ist

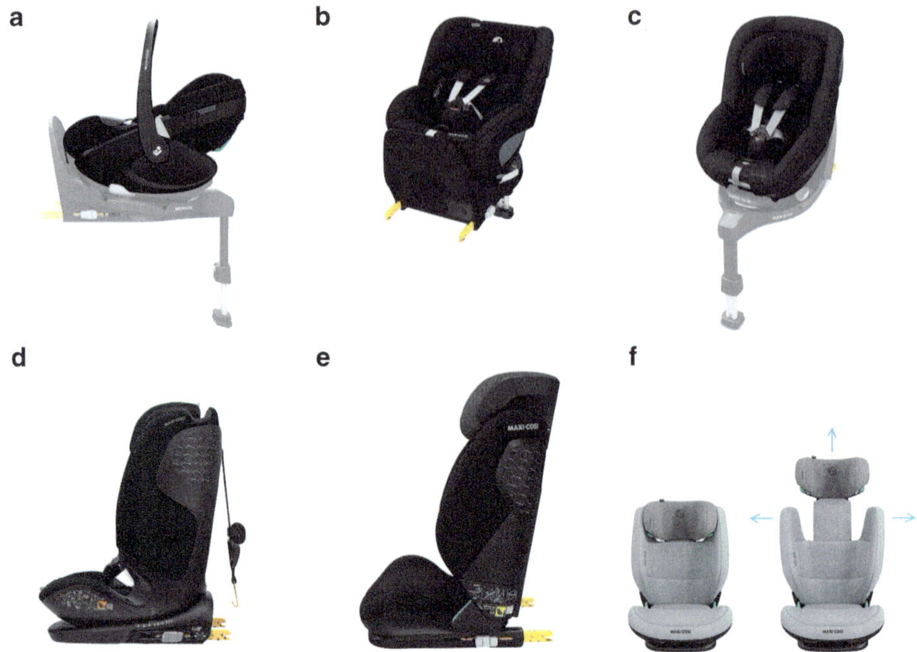

Abb. 6.106 Kinder-Rückhaltesysteme für unterschiedliche Alters-, Größen- und Gewichtsklassen. (Quelle: Dorel Juvenile – Maxi-Cosi)

auf eine straffe und korrekte Gurtführung zu achten, da sonst entweder die Rückhaltung nicht sichergestellt werden kann oder sich durch Einschneiden des Gurtes in Körperteile Verletzungsrisiken ergeben. Das sorgfältige Anschnallen hilft Verletzungsrisiken durch Submarining zu reduzieren (Abschn. 6.5).

Kinder-Rückhaltesysteme, die entgegen der Fahrtrichtung angebracht sind *(Reboard-Rückhaltesysteme)*, bieten Vorteile bei Frontalkollisionen (Abb. 6.107a). Bei ihnen werden die Körperbelastungen großflächig eingeleitet und gleichmäßig verteilt und es gibt keine Körperteile, die aufgrund von Relativbewegungen gegenüber anderen hoch beansprucht werden. *Babyschalen,* die der i-Size entsprechen, sehen bis zum 15. Lebensmonat ausschließlich diese rückwärtige Orientierung vor.

Ein anderer Ansatz ist der zusätzliche Verbau eines Airbag-Systems in einen Kindersitz, das neben den beiden Airbag-Modulen auch eine autarke Crash-Sensorik und Airbag-Auslösesensorik enthält (Abb. 6.107 b). Mit den an der Fahrzeugstruktur angebrachten Befestigungsösen des ISOFIX-Systems (Abschn. 6.7.6.3) kann die Kollision detektiert und die Airbags können entfaltet werden, bevor es zu einer Vorverlagerung des Kindes kommt. Die Belastungen auf Brust und Nacken werden reduziert, da sich der Kopf auf den Airbags abstützen kann.

a

b

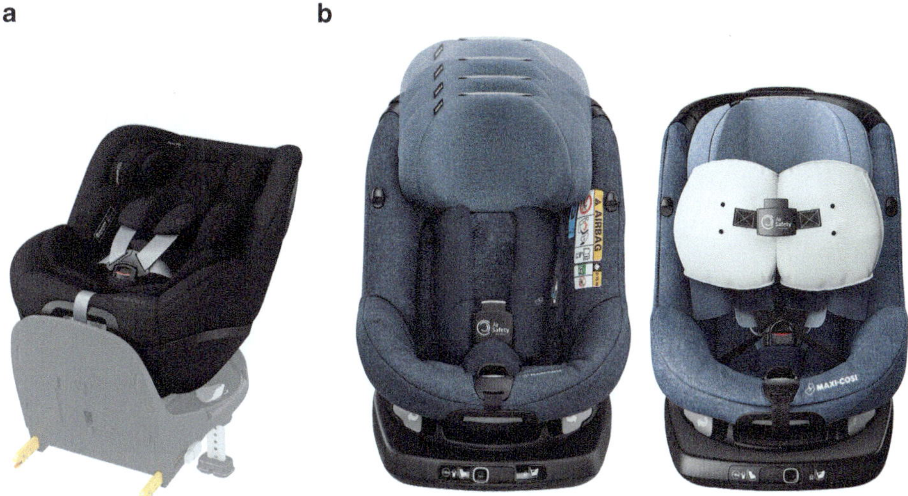

Abb. 6.107 Reduzierung der Belastungswerte bei Frontalaufprall durch **a** Reboard-Rückhaltesysteme und **b** Kindersitz-integriertes Airbag-System. (Quelle: Dorel Juvenile – Maxi-Cosi)

Zum Schutz bei Seitenaufprall sind in den Kinder-Rückhaltesystemen Seitenpolster und Kopfstützen mit Seitenführung verbaut, um die Abstützung des Torsos und des Kopfes zu ermöglichen. Hierbei kann die Interaktion mit dem fahrzeugseitigen Schutzsystem für Seitenaufprall wie Seiten-Airbag oder Kopf-Airbag von Bedeutung sein.

Integrierte Kindersitzsysteme sind fest in der Lehne oder im Sitzkissen der Rücksitzanlage untergebracht (Abb. 6.108, 6.109). Derartige Klappsitze sind praktisch, weil sie immer verfügbar, platzsparend und meist auch leicht zu bedienen sind.

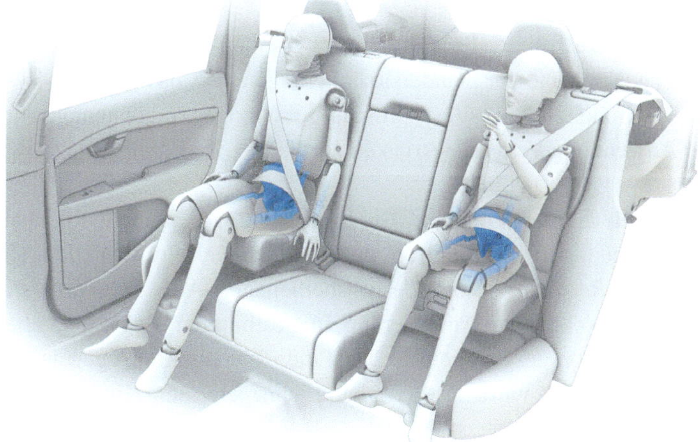

Abb. 6.108 Fahrzeugintegration von Kinder-Rückhaltesystemen. (Quelle: Volvo Cars)

Abb. 6.109 Sitz-integriertes Kinder-Rückhaltesystem. (Quelle: Volvo Cars)

Dennoch haben diese Lösungen bisher auch Einschränkungen, da integrierte Kindersitze i. d. R. erst für Kinder ab 15 kg zugelassen sind. Auf den mit integrierten Kindersitzen ausgestatteten Sitzpositionen nehmen Erwachsene eher Komforteinbußen wahr und es bedeutet für den Fahrzeughersteller zusätzliches Gewicht. Deshalb ist diese Ausrüstung nur als Sonderausstattung für einzelne Fahrzeuge erhältlich und setzt eine individuelle Kaufentscheidung voraus.

6.7.1.3 Fahrzeugausrüstung für den Insassenschutz von Kindern

Kinder-Rückhaltesysteme bieten nur dann eine Schutzfunktion, wenn sie sicher im Fahrzeug befestigt sind. Die Herausforderung für Fahrzeughersteller und Hersteller von Kinder-Rückhaltesystemen besteht in der Vielfalt von Fahrzeugen, Kindersitzen und den unterschiedlichen Kundenbedürfnissen.

Wurden Kindersitze früher allein durch den Dreipunktgurt gesichert, so haben sich heute spezifische Konzepte für Kindersitzhalterungen wie das ISOFIX-System durchgesetzt. Sie vereinfachen die sonst oftmals schwierige Handhabung, die bei nicht sachgemäßer Anwendung Verletzungsrisiken zur Folge haben kann.

Befestigung durch Sicherheitsgurt: Die Sicherung von Kinder-Rückhaltesystemen durch den Sicherheitsgurt kann durch die *Kindersicherungs-Funktion* (KISI, engl.: *Automatic Locking Retractor*, ALR) des Sicherheitsgurt-Aufrollers unterstützt werden (Abschn. 6.5). Dieses ist eine Anforderung in bestimmten Regionen. Hier wird das Gurtband einmal ganz ausgezogen, sodass die Sperrfunktion gegen Gurtbandausgabe mechanisch aktiviert wird. Das Gurtband kann jetzt den Kindersitz für die Fahrt arretieren.

Ein zusätzlicher Verankerungspunkt wird mit dem Top Tether angeboten (engl.: *Top Tether*, auch: *Top Tether Strap, Anchor Strap*). Diese Verankerung leistet sowohl bei vorwärts- als auch rückwärtsgerichteten Kindersitzen einen wesentlichen Schutz gegen ein Kippen des Kindersitzes bei einer Kollision und reduziert insbesondere das Verletzungsrisiko des Kopfes. Das Top Tether wird zwischen dem Kindersitz und einer Verankerung an der Rücksitzanlage oder dahinter an der Fahrzeugstruktur gespannt.

ISOFIX-Kindersitzhalterung: Ein wesentlicher Schritt wurde 1999 mit der Festlegung des ISOFIX-Systems erreicht [54]. Der Standard definiert die Schnittstelle sowohl für Fahrzeuge als auch für Kinder-Rückhaltesysteme und ist weltweit in vielen Regionen per Gesetz geregelt. Abweichende regionale Bezeichnungen für das System sind *Universal Child Safety Seat System* (UCSSS), Lower Universal Anchorage System (LUAS), *Lower Anchors and Tethers for Children* (LATCH, USA) oder Canfix (Kanada). Die Regelungen UN-R 14, UN-R 44 und UN-R 129 enthalten auch Regelungen zum ISOFIX-System [130, 137, 138].

Für das Fahrzeug sind in Europa seit 2014 Befestigungsösen für das ISOFIX-System an den beiden äußeren Sitzpositionen der hinteren Sitzreihe verpflichtend. Teilweise verfügen Fahrzeuge über ISOFIX-Befestigungspunkte an weiteren Sitzpositionen. An den Kindersitzen ist ein Schnellverschluss mit Signalisierung des Verriegelungsstatus verbaut. Damit ist das Kinder-Rückhaltesystem an zwei Punkten fest mit dem Fahrzeug verbunden. Ein dritter Verankerungspunkt kann entweder über eine Stütze bis herunter auf den Fahrzeugboden oder ein *Top Tether* realisiert werden.

Eine Nebenfunktion des ISOFIX-Systems ist die sichere Verankerung des Sitzes, sollte sich kein Kind in ihm befinden. Verletzungsrisiken bei einer Kollision durch einen durch den Innenraum fliegenden Kindersitz werden so verhindert.

Nachteile des ISOFIX-Systems sind das höhere Gewicht und der oft höhere Anschaffungspreis des Kinder-Rückhaltesystems.

Einbauprüfung: Die Bewertung der Sicherheitsausstattung von Fahrzeugen durch NCAP enthält eine Einbauprüfung von Kinder-Rückhaltesystemen. Wesentliche Kriterien hierbei sind die Platzverhältnisse zum Einbau von Kindersitzen, die Länge des Sicherheitsgurtes, die Gurtschlossposition, der Zugriff auf ISOFIX-Kindersitzhalterungen und die Stabilität des im Fahrzeug eingebauten Kinderrückhaltesystems [35]. Hierzu wurden vorab mehrere unterschiedliche am Markt erhältliche Kinder-Rückhaltesysteme ausgewählt, die Teil der Prüfungen sind. Geeignete Sitzpositionen für den Einbau von Kinder-Rückhaltesystemen müssen gekennzeichnet sein.

Airbag-Abschaltung: Bei auf dem Beifahrersitz untergebrachten Kindersitzen sind geeignete Vorkehrungen zu treffen, dass durch ein Auslösen des *Beifahrer-Airbags* kein zusätzliches Verletzungsrisiko für das Kind entsteht [42]. Die Abschaltung des *Beifahrer-Airbags* erfolgt nach Maßgabe der Bedienungsanleitung des Fahrzeugs. Üblicherweise muss bei der Installation von rückwärtsgerichteten Kindersitzen der Airbag manuell durch einen Schalter am Cockpit oder automatisch mithilfe einer Sensorik in der Sitzfläche deaktiviert werden.

Sollten in der Zukunft auch alternative Sensoriken wie kamerabasierte Innenraum-Monitoring-Systeme zum Einsatz kommen, könnten Verletzungsrisiken durch Fehlbedienungen reduziert werden.

Nachteile bisheriger automatischer *Airbag-Abschaltsysteme* sind die oftmals erforderlichen spezifischen Freigaben der Kinder-Rückhaltesysteme durch die Fahrzeughersteller. Die zugehörigen Listen sind in der Fahrzeugdokumentation hinterlegt.

Im Ergebnis einer früheren Untersuchung zu Kinder-Rückhaltesystemen wurde festgehalten, dass bei allen Weiterentwicklungen die Bedienbarkeit und die Verhinderung eines möglichen Fehlgebrauchs eine wichtige Bedingung ist. Die Nutzung von Kinder-Rückhaltesystemen muss für die Verbraucher verständlich bleiben [14].

Insassenschutz für Kinder und Kinder-Rückhaltesysteme
Zahlreiche Organisationen widmen sich dem Themenfeld Insassenschutz für Kinder, Kinder-Rückhaltesystemen und weiteren Themen zum Schutz von Kindern im Straßenverkehr. Die folgende Übersicht ist eine Auswahl weiterführender Informationsangebote und Themenseiten:

- ADAC – www.adac.de – Kindersicherheit
- ÖAMTC – www.oeamtc.at – Kindersicherheit
- ADAC Stiftung – stiftung.adac.de – Verkehrshelden
- Euro NCAP – www.euroncap.com – Insassenschutz für Kinder – Expert Group Child Safety
- Bundesanstalt für Straßenwesen (BASt) – www.bast.de – Kindersicherheit
- Deutsche Verkehrswacht – deutsche-verkehrswacht.de – Sicherheit für Kinder
- UN ECE Vehicle Regulations – unece.org/transport/vehicle-regulations – World Forum for Harmonization of Vehicle Regulations (WP.29) – Working Party on Passive Safety (GRSP) – Informal Working Group (IWG) Child Restraints Systems (CRS)
- Unfallforschung der Versicherer (UDV) – www.udv.de – Kindersicherheit
- ISO – www.iso.org – ISO Standard 13216 – ISOFIX child seats for cars
- SAE International – www.sae.org – Children's Restraint Systems Committee
- IIHS – www.iihs.org – Child Safety
- NHTSA – www.nhtsa.gov – Child Safety
- Transport Canada – tc.canada.ca – Child Car Seat Safety
- Children's Hospital of Philadelphia – www.chop.edu – Center for Injury Research and Prevention – Child Safety

6.7.2 Schutzmaßnahmen gegen Halswirbelsäulen-Distorsion

In diesem Abschnitt soll zur Darstellung von besonderen Anforderungen und Insassenschutzfunktionen von Sitz-Systemen exemplarisch auf die Herausforderungen bei

Halswirbelsäulen-Verletzungen (HWS) (engl.: *Whiplash*) eingegangen werden, das Schleudertrauma (auch: Peitschenschlag-Phänomen, HWS-Beschleunigungstrauma, HWS-Distorsion), das durch unerwünschte Beschleunigungen des Kopfes bei einem Unfallgeschehen entstehen kann.

Die in der Sitzlehne befestigten *Kopfstützen* (engl.: *Head Rest,Head Restraints*) sind eine Schutzmaßnahme zur Vermeidung von Halswirbelsäulen-Verletzungen sowohl beim Zurückschleudern des Oberkörpers im Fall des Frontalaufpralls (*Rebound-Effekt,* (Abschn. 6.2) als auch bei dem Heckaufprall eines anderen Fahrzeugs.

Halswirbelsäulen-Verletzungen sind für einen großen Anteil der Unfallfolgekosten verantwortlich (siehe auch Abschn. 4.6). Daneben sind sie eine häufige Ursache für ein beeinträchtigtes Wohlbefinden nach dem Unfall. Aufgrund der hohen Kosten bei der Regulierung von Schmerzensgeldansprüchen durch Versicherungen gewann in den 1990er-Jahren die Frage nach der konstruktiven Auslegung und der geometrischen Anordnung der Kopfstützen an Bedeutung.

Einstellbare Kopfstützen: Untersuchungen in den 1990er-Jahren stellten fest, dass manuell einstellbare Kopfstützen ein Risiko darstellen, da die Benutzer die Kopfstütze oftmals nicht oder nicht richtig einstellen [61]. Zudem zeigte sich, dass bei einem Großteil der variablen Kopfstützen die eingestellte Verriegelung einer Belastung durch den Kopf nicht standhielt und damit sogar ein zusätzliches Verletzungsrisiko darstellte.

Aus der Bewertung der geometrischen Gegebenheiten in der Kopf-Kopfstützen-Relation ergibt sich, dass Kopfstützen nur dann als sicher angesehen werden dürfen, wenn der vertikale Abstand zwischen Kopfstützen-Oberkante herauf bis zur Kopf-Oberkante 0 bis 60 mm und die horizontale Distanz zwischen Hinterkopf und Vorderkante der Kopfstütze 0 bis 70 mm beträgt [94]. Zur Bestimmung der Positionierungsanforderungen werden oft manuell oder elektrisch einstellbare Kopfstützen genutzt.

Kopfstützen mit Schutzfunktion gegen Halswirbelsäulen-Distorsion: Die Abb. 6.110 zeigt eine Lösung von Kopfstützen mit *Anti Whiplash*-Funktion. Eine erste *aktive Kopfstütze* (auch: *Crash-aktive Kopfstütze*) wurde ab 1997 als *Saab Active Head Restraint* (SAHR) von Lear als Lieferant für Saab auf vorderen Sitzen verbaut. Beim Unfall wird der Insasse aufgrund des eingeleiteten Auffahrimpulses gegen die Rückenlehne gepresst und betätigt dabei das mechanische Kraftsystem. Dadurch bewegt sich die Kopfstütze in Sekundenbruchteilen nach vorne. Dieses mechanische System wurde allerdings inzwischen durch andere Konzepte abgelöst.

Bei alternativen Systemen wird anstelle der Mechanik auf eine elektronische Aktivierung der Kopfstütze bei Kollision durch die Auslöseelektronik gesetzt. Wird durch die Crash-Sensorik eine Kollision mit einer bestimmten Aufprallschwere erkannt, wird die Kopfstütze aktiviert und sowohl nach vorne als auch nach oben geschoben (Abb. 6.110). Bei einem derartigen System kann die Kopfstütze in weniger als 50 ms durch vorgespannte Federn etwa 40 mm nach vorn und um 30 mm nach oben geschoben werden (Kramer 2013). So soll ein frühzeitiges Abstützen des Kopfes

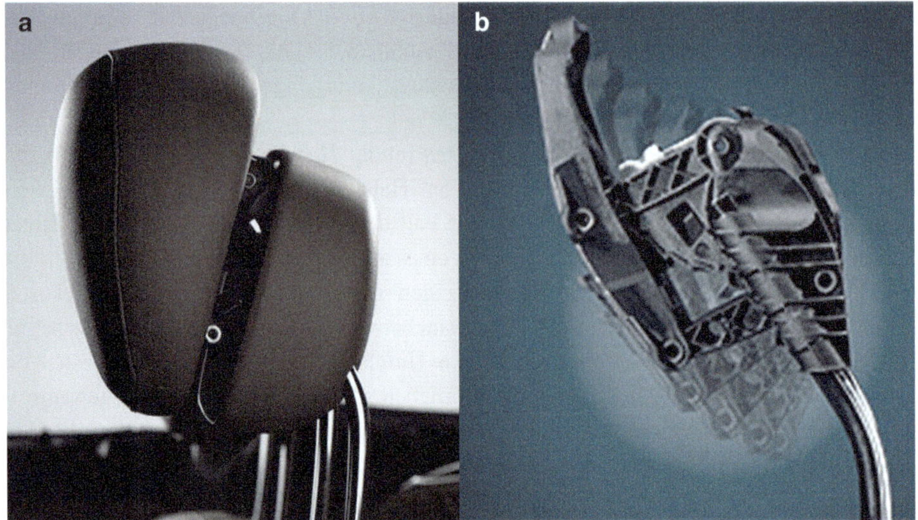

Abb. 6.110 Beispiel einer Kopfstütze mit Anti-Whiplash-Funktion. (Quelle: Mercedes-Benz, atzonline.de, [61])

gewährleistet und das Risiko einer *Hals-Wirbelsäulen-Distorsion* im Falle eines Heckaufpralls verhindert werden. Andere Konzepte verwenden ein pyrotechnisches System zur Aktivierung der Kopfstütze.

Sitz-Rückenlehne mit Schutzfunktion gegen Halswirbelsäulen-Distorsion
Zur Senkung des Risikos von Halswirbelverletzungen speziell bei Heckkollisionen wurde durch Volvo ein System zur Rückstellung der Sitzlehne als *Whiplash Protection System* (WHIPS) eingeführt (ab 1998). Die Technologie umfasst ein Schablonengetriebe in der Sitzlehnenverstellung, in das ein Deformationselement integriert ist. Bei einem heftigen Heckaufprall wird zunächst ein Stift abgeschert und dann das Deformationselement unter Energieaufwand verformt. Dadurch bewegt sich die Rückenlehne zunächst nach hinten, vollführt anschließend eine Rotationsbewegung von bis zu 25° und stellt bei einer noch stärkeren Belastung eine stabile Haltefunktion sicher. In Abb. 6.111 sind der Aufbau dieses Systems und die Kinematik des Insassen dargestellt.

6.7.3 Schutzsystem bei Frontalaufprall

Audi setzte ab 1986 auf das System *Procon-ten* (engl.: *Programmed Contraction and Tension*), das intensiv als Fahrzeugsicherheitsfunktion beworben wurde. Es wurde dadurch auch in der Allgemeinheit bekannt und wird hier zur Darstellung von Entwicklungsstufen in der Vergangenheit erwähnt.

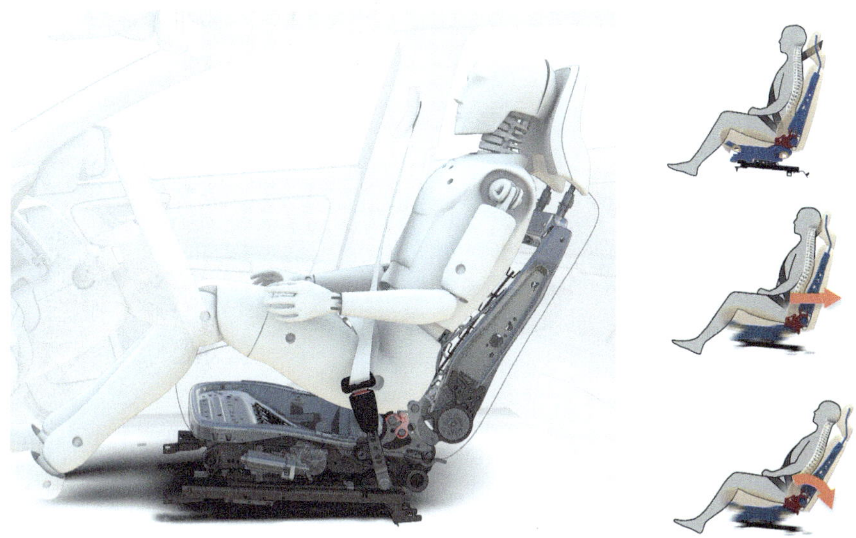

Abb. 6.111 Schematische Darstellung des *Whiplash Protection System (WHIPS)* zur Beeinflussung der Insassenkinematik bei Heckaufprall. (Quelle: Volvo Cars)

Eine naheliegende Lösung, um das Verletzungsrisiko bei *Frontalaufprall* zu reduzieren, bestand darin, das Lenkrad nach vorne aus dem Kontaktbereich wegzuziehen. Die Rückverlagerung des Motors bei einer Kollision spannt Seilzüge zum Wegziehen der Lenksäule und des Lenkrads. Damit wird der mögliche *Vorverlagerungsraum* vor dem Fahrer erweitert. Gleichzeitig wurde über weitere Seilzüge das Gurtband des Sicherheitsgurtes zur besseren *Ankopplung* und *Rückhaltung* der Insassen auf den vorderen Sitzen gestrafft [61].

Das mechanische System wurde dann von den rasanten Entwicklungen bei Airbags und Gurtstraffern überholt.

6.7.4   Lenksysteme mit Insassenschutzfunktionen

Lenksysteme bieten wichtige Schutzfunktionen zur Reduzierung von Verletzungsrisiken bei Fahrzeugkollisionen. Die Verhinderung von Intrusionen in den Innenraum, die Erhaltung des Vorverlagerungsraums für den Insassen und Beiträge zur Energieumsetzung sind Teilfunktionen von ganzheitlichen Insassenschutzkonzepten (Abschn. 6.2), die durch verschiedene Komponenten von Lenksystemen realisiert werden. Darüber hinaus sollen Verletzungsrisiken durch Bauteile oder Bedienelemente im Innenraum vermieden werden. Abb. 6.112 zeigt ihre Anordnung beispielhaft bei einem *Column-Drive*-Lenksystem.

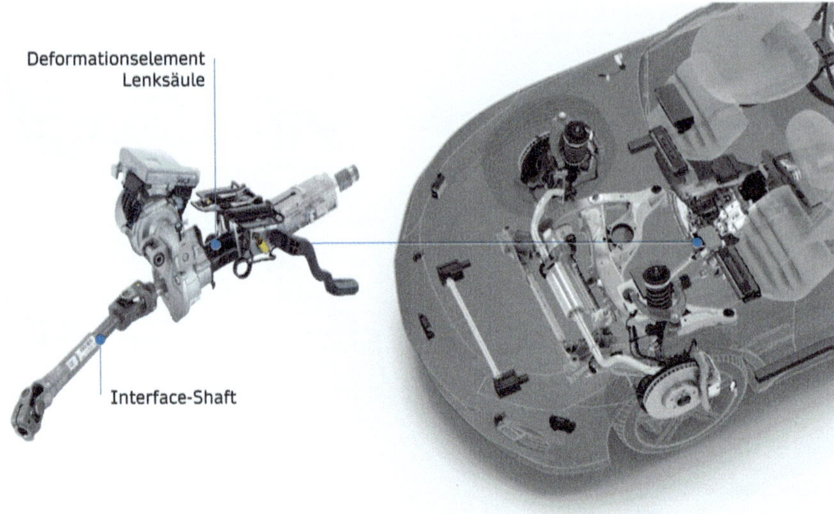

Abb. 6.112 Schutzfunktionen des Lenksystems *(ZF CD-EPS)* durch deformierbare Lenksäule. (Quelle: ZF)

Kommt es bei einem Frontalaufprall zu Deformationen des Vorderwagens, werden Verletzungsrisiken durch Eindringen der *Lenksäule* und des daran montierten *Lenkrads* in den Innenraum mit einer geeigneten Gestaltung der *Lenkzwischenwelle* (engl.: *Intermediate Shaft,* I-Shaft) verhindert, beispielsweise, indem er sich ineinander verschieben kann.

Weiterhin sind in Abb. 6.112 die *Deformationselemente* einer *Lenksäule* dargestellt. Bei Belastung des entfalteten Airbags durch den Fahrer und Krafteinleitung über das Lenkrad und die Lenksäule tragen sie durch Deformation zur Energieumsetzung bei. Dabei erfolgt eine Stauchung der Lenksäule um typischerweise 80 bis 100 mm, sodass sich der *Vorverlagerungsweg* für den Insassen erweitern kann [22]. Im Ergebnis können hierdurch Belastungswerte und Verletzungsrisiken für Insassen reduziert werden.

Im Zusammenwirken mit dem Sicherheitsgurt-System und dem Fahrer-Airbag-Modul tragen *Deformationselemente* in der *Lenksäule* zur *Energieumsetzung* bei. Hierzu ist eine Abstimmung der Rückhaltefunktion zwischen dem Lenksystem und dem Lenkrad-System mit dem Fahrer-Airbag-Modul sowie dem Sicherheitsgurt- und dem Sitz-System erforderlich. Im Fahrzeugentwicklungsprozess werden hierzu mehrere Entwicklungsbereiche integriert (Kap. 8).

Als Erweiterung der Adaptivität des Insassenschutzsystems oder auch eine Anpassung an Anforderungen bestimmter Märkte können schaltbare *Deformationselemente* verwendet werden. Hierdurch kann die Schutzfunktion beispielsweise an die Masse oder Größe des Insassen angepasst werden [66].

Auch bei *Steer-by-Wire-Lenksystemen* (SbW) sind diese Schutzfunktionen berücksichtigt. Mit Deformationselementen im *Hand Wheel Actuator* wird ebenfalls eine Energieumsetzung als Teil des Rückhaltekonzeptes ermöglicht.

6.7.5 Schutzsysteme für Cabrios

Als Fahrzeuge mit oben offenem Fahrgastraum sind *Cabrios* (Kabrioletts) eine besondere Herausforderung für den Insassenschutz, denn gegenüber geschlossenen Fahrzeugen bestehen bei mehreren Unfallkonstellationen erhöhte Verletzungsrisiken. Besondere Schutzmaßnahmen und -systeme für Cabrios sollen diesen Nachteilen entgegenwirken.

Aktuell hat sich das Marktangebot an Cabrios gegenüber den 1990er- und 2000er-Jahren weiter verringert. Eine Studie zur Verkehrsunfallstatistik der USA im Zeitraum 2014–18 hat ergeben, dass Unterschiede bei Unfallhäufigkeiten wie auch bei Todesfällen zwischen Cabrios und anderen PKW – im Gegensatz zum Anteil der herausgeschleuderten Insassen – nicht signifikant sind [46]. Es wird vermutet, dass konstruktive Nachteile von Cabrios durch vorteilhaftere Wetter- oder Verkehrsbedingungen während der typischen Nutzungszeiten von Cabrios ausgeglichen werden.

Gegenüber der geschlossenen Version des Fahrzeugs kommen Zusatzmaßnahmen für den Schutz bei Überschlag wie auch bei Frontal-, Seiten- und Heckaufprall zum Einsatz. Daneben können bei Cabrios durch andersartige Anbindungspunkte und Bauräume Anpassungen an den Rückhaltesystemen wie Sicherheitsgurten und Airbags notwendig werden. Diese Herausforderungen werden im Folgenden weiter ausgeführt.

Herausforderungen Absicherung Überlebensraum bei Kollision: Zunächst wird die Fahrzeugstruktur im Bereich der Bodengruppe fester ausgelegt als bei Limousinen, sodass eine ausreichende Steifigkeit bei Frontal- oder Heckkollision hergestellt werden kann. Auch bei Seitenkollision ist beim Cabrio die fehlende Überstützung durch die Dachstruktur in der Bodengruppe zu kompensieren. Die zwischenzeitlich häufig verbauten Stahldächer lieferten kaum einen Beitrag für eine erhöhte Fahrzeugsteifigkeit.

Herausforderungen Absicherung Überlebensraum bei Überschlag: Beim Überschlag ist der Überlebensraum sowohl vorne im Bereich der A-Säule als auch im Fond besonders zu sichern. Der vordere Bereich wird durch eine angepasste *A-Säule* und den *Windschutzscheibenrahmen* wesentlich verstärkt. Hier muss bei einem Überschlag ein Einknicken verhindert werden.

Im Fond kommen *Überrollbügel* zum Einsatz. In der Vergangenheit waren sie oftmals starr verbaut und reichten über die gesamte Fahrzeugbreite. Sie erfüllten aber nicht die Ansprüche an das Design der Fahrzeugsilhouette und das Kundenerlebnis. Daher werden heute im Fond häufig Überrollbügel eingesetzt, die bei Kollision oder bei Überschlag ausgelöst werden (Abb. 6.113). Im Ruhezustand sind sie in der Karosserie verborgen und bilden mit der Verdeckkastenabdeckung eine geschlossene Fläche.

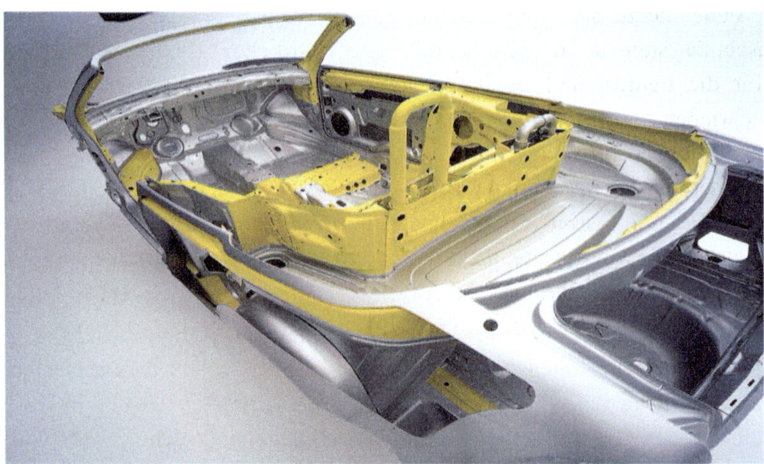

Abb. 6.113 Schutzsysteme für Cabrios: Fond-Kopfstützen mit Schutzfunktion bei Überschlag. (Quelle: Volvo Cars)

Darüber hinaus sind Lösungen im Einsatz, bei denen die Fond-Kopfstützen gleichzeitig die Funktion des Überrollbügels übernehmen und helfen, den Überlebensraum sicherzustellen.

Bei Fahrzeugtests wird allerdings häufig darauf hingewiesen, dass insbesondere bei großen Insassen die Schutzmaßnahmen sowohl auf den Vordersitzen (sehr flach gestellte und sehr weit zurückgezogene Windschutzscheibe) als auch auf den Rücksitzen (kurze Überrollbügel) nicht ausreichend erscheinen [61].

Herausforderungen Sicherheitsgurt-System: Durch die fehlende B-Säule oberhalb der Fensterlinie entfällt der übliche Verbauort für den oberen Umlenkpunkt des Dreipunkt-Sicherheitsgurt-Systems oder auch den Höhenversteller. Der Sicherheitsgurt wird oftmals weiter hinten und an niedrigerer Position geführt, was nachteilig insbesondere für größere Insassen ist.

Herausforderungen Airbag-System: Bei den Airbag-Systemen muss Ersatz für den üblichen Verbauort des *Vorhang-Airbags* (CAB) im Dachrahmen gefunden werden. Daher erfolgt der Einbau von Seitenairbags zum Schutz bei Seitenaufprall und Überschlag häufig im Bereich der Türbrüstung. Die Entfaltung erfolgt dann von unten nach oben, sodass die Stabilität des entfalteten Airbags besonders beachtet werden muss.

6.7.6 Schutzwirkungen der Verglasung

Bei den für den Insassenschutz relevanten Systemen würde man zunächst kaum an die im Fahrzeug verbaute Verglasung denken. Dennoch sind Windschutzscheibe, Heckscheibe und Seitenscheiben sicherheitsrelevante Systeme und das Glas für den Verbau im Fahrzeug hat besondere Eigenschaften. Auch auf die Funktion von Airbag-Systemen hat die Verglasung einen wesentlichen Einfluss. Der Anteil der verglasten Fahrzeugoberfläche ist in den vergangenen Jahren deutlich gestiegen.

Die Verglasung bietet primär Schutz gegen Einwirkungen von außen und dabei eine einwandfreie Durchsicht vom Innenraum auf die Umwelt (Transparenz). Sie schützt von Umwelteinflüssen wie Regen und Wind bei der Fahrt sowie vor Sonneneinstrahlung (UV-Schutz, IR-Schutz), dämmt gegen Hitze und Kälte und mindert Windgeräusche sowie Verkehrslärm (Lärmschutz). Sie dient dem Diebstahlschutz, ist durch Farbgebung ein Designelement und sie wird mit anderen Einrichtungen wie Antennen, Heizelementen, Leuchten oder Umfeldsensoren kombiniert. Frontscheiben-Verglasungs-Systeme sind heute oftmals Teil der Auslegung der Fahrzeugstruktur. Sie sind mit der Fahrzeugstruktur fest verklebt und erhöhen so deren Steifigkeit.

6.7.6.1 Schutzfunktionen von Verglasungssystemen

Die Verglasung ist Teil des Fahrzeugsicherheitskonzepts und bietet bei einem Unfall mehrere Schutzfunktionen:

Abstützungsflächen bei der Entfaltung von Airbags: Die Verglasung kann für Airbags bei ihrer Entfaltung als Abstützungsfläche genutzt werden (Abschn. 6.6). Damit werden eine sichere Positionierung des Airbags und eine erhöhte Rückhaltungswirkung der Insassen erreicht. Gleichzeitig ist dabei aber sicherzustellen, dass die Verglasung nicht bereits bei der Entfaltung des Airbags bis zum Bruch beansprucht wird. Da durch Maßnahmen der Gewichtsreduzierung auch die Belastbarkeit der Verglasung sinkt, bleibt dies ein ständiges Arbeitsfeld bei der Entwicklung von Insassenschutzsystemen.

Sicherheit gegen Herausschleudern von Insassen: Das Ziel von Sicherheitsgurt- und Airbag-Systemen ist die Rückhaltung der Insassen an ihrer Sitzposition. Hier können ihre Schutzfunktionen im Zusammenspiel wirken. In seltenen Fällen kann es bei spezifischen Konstellationen dazu kommen, dass die Insassen aus dem Fahrzeug geschleudert zu werden drohen. Die Verglasung als mechanische Barriere kann dies in einem solchen Fall verhindern. Insbesondere Glas- und Panoramadächern kommt hier eine zunehmende Bedeutung zu.

Schutzfunktion gegen Eindringen äußerer Objekte: Sollte es bei der Fahrt zu Steinschlag von vorausfahrenden Fahrzeugen oder zu einer Kollision mit Wildtieren oder anderen Gegenständen kommen (die z. B. von Brücken herabgeworfen wurden), bietet die Verglasung den Insassen einen deutlichen Schutz gegen das Eindringen in den Innenraum. Die Festigkeit gegen Steinschlag ist ein wesentliches Entwicklungsziel von Verglasungssystemen.

Schutzfunktion für Vulnerable Road User (VRU): Kommt es zu einer Kollision von VRU wie z. B. Fußgängern, Radfahrern oder Motorradfahrern mit einem Fahrzeug, kann die Verglasung einen Beitrag zur Energieabsorption leisten. Belastungswerte beim Aufprall werden bei der Entwicklung von Verglasungssystemen durch Prüfungen nachgewiesen (Abschn. 6.8).

Kriterien für Verglasungssysteme in Fahrzeugen sind beispielsweise in folgenden Normen festgelegt:

- GTR No. 6 Safety Glazing Materials for Motor Vehicles and Motor Vehicle Equipment [139]
- UN-R 43 Safety Glazing Materials [140]
- FMVSS No. 205 Glazing Materials [141]

Das herkömmliche Glas führte in der Vergangenheit zu einem hohen Verletzungspotenzial durch Schnittwunden oder Augenverletzungen wegen des Fehlens von Sicherheitsgurt- und Airbag-Systemen, sodass die Insassen beim Unfall mit der Scheibe kollidierten und sich am zerbrochenen Glas verletzten. Durch den Einbau sowohl von Rückhaltesystemen als auch von *Sicherheitsglas* konnten diese Risiken wesentlich reduziert werden.

6.7.6.2 Sicherheitsglas

Um das Risiko von Schnitt- und Augenverletzungen zu verringern, wird Glas für den Verbau in Kraftfahrzeugen gehärtet. Dadurch wird es erstens widerstandsfähiger und zweitens splittert es bei einem starken Aufprall in kleine Bruchstücke, die keine derartigen Verletzungen verursachen. Sicherheitsglas wurde bereits 1929 als Patent angemeldet und sein Einsatz in Kraftfahrzeugen begann in den 1930er-Jahren.

Nach der Art des Aufbaus unterscheidet man zwischen dem *Einscheiben-Sicherheitsglas* (ESG), das im heutigen Fahrzeugbau nur noch bei Seitenscheiben und teilweise bei kleinen Schiebedächern eingesetzt wird, und dem *Verbund-Sicherheitsglas* (VSG), das weitere Funktionen erfüllen kann (Abb. 6.114).

Verglasung aus *Einscheiben-Sicherheitsglas* (auch: *Temperglas,* engl.: *Tempered Glass, Toughened Glass*) besteht aus einem einlagigen vorgespannten Glas. Durch

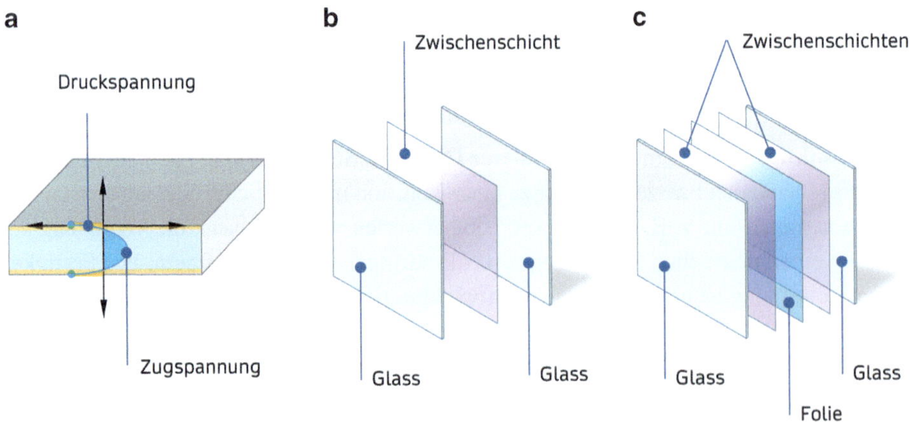

Abb. 6.114 Aufbau von Sicherheitsglas **a** Einscheiben-Sicherheitsglas (ESG) **b, c** Verbund-Sicherheitsglas (VSG). (In Anlehnung an [61])

schnelle Abkühlung wird im Kern der Scheibe eine Zugspannung und an der Oberfläche eine Druckspannung erzeugt. Wird das Sicherheitsglas lokal hoch belastet, geht die innere, durch Wärmebehandlung erzeugte Spannung verloren und die Scheibe zerfällt in kleine stumpfkantige Krümel. Je größer die Vorspannung der Scheibe ist, desto kleiner sind die Krümel nach dem Bruch. Üblich sind Materialstärken von 3–5 mm und das Material wird heute üblicherweise noch für Seiten- oder Heckscheiben sowie bei kleinen Schiebedächern eingesetzt. Einscheiben-Sicherheitsglas kann innen auch mit einer weiteren Kunststoff-Folie versehen werden.

Verglasung aus *Verbund-Sicherheitsglas* (engl.: *Laminated Glass*) besteht in der Regel aus einem Verbund von mindestens drei Lagen: Glas – Zwischenschicht – Glas. Diese Technologie wurde bereits 1909 durch Edouard Benedictus entwickelt. Im Fahrzeugbau ist die *Zwischenschicht* (engl.: *Interlayer*) eine Folie aus *Polyvinylbutyral* (PVB). Da bei *Verbund-Sicherheitsglas* im Gegensatz zu dem ESG kein gehärtetes Glas benutzt wird, ist die Bruchfestigkeit von VSG aufgrund der fehlenden Vorspannung deutlich niedriger. Zum Durchschlagen einer VSG-Scheibe ist allerdings ein höherer Energieaufwand erforderlich, was neben der Schutzfunktion bei Unfällen auch die Einbruchssicherheit erhöht.

Verbund-Sicherheitsglas ist für Windschutzscheiben gesetzlich vorgeschrieben und wird auch für Heck- und Seitenscheiben sowie Dachverglasung eingesetzt.

Bei diesen Scheiben kommt es bereits bei niedrigen Belastungen zu ersten Rissen im Glas. Das Rissbild nach einem Anprall ist sternförmig oder spinnennetzartig ausgebildet und im Wesentlichen auf die unmittelbare Umgebung des Belastungspunktes beschränkt. Nach dem Bruch des Glases wird durch die Dehnbarkeit der Folie weitere Energie aufgenommen. Erst bei einer großen Ausbeulung treten in der Folie Risse auf und die VSG-Scheibe kann durchgeschlagen werden (Abb. 6.115). Die Festigkeitseigenschaften der Folie sind feuchtigkeits- und temperaturabhängig, sie reißt im feuchten Zustand leichter als im trockenen. Ihr Energieaufnahmevermögen ist bei 20 bis 23°C am höchsten. Außerhalb dieses Bereiches weist die VSG-Scheibe eine geringere Durchschlagfestigkeit auf.

Das Sicherheitsglas kann innen mit einer weiteren Kunststoff-Folie versehen werden, sodass auch bei einem starken Anprall die Splitterwirkung durch die innere Glasscheibe reduziert wird. Dieses *Verbund-Sicherheitsglas* besitzt auch bei einer teilweisen Schädigung noch eine Tragfähigkeit und damit Schutzwirkung. Weitere Vorteile sind eine höhere Durchschlagfestigkeit, ein besseres Verhalten bei Abrasion (Abrieb) und Verkratzung und eine bessere Beständigkeit insbesondere bei kombinierter Einwirkung von Temperatur, Feuchte und Sonnenbestrahlung sowie bei Temperaturwechsel. Der vierlagige Aufbau erfüllt folgende Teilfunktionen:

- Äußere Glasscheibe: mechanische Stabilität und Schutz gegen Abrieb
- Zwischenschicht: Energieabsorption und Elastizität
- Innere Glasschicht: Schutz der Zwischenschicht
- Innere Schutzfolie: Schutz gegen Schnittverletzungen

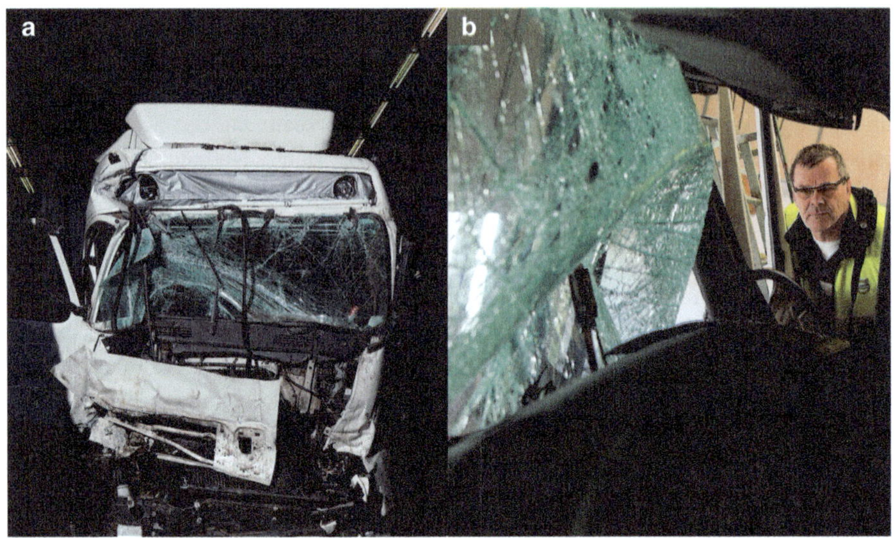

Abb. 6.115 Bruchbilder von Sicherheitsglas bei der Unfallanalyse. (Quelle: Volvo Trucks)

Abb. 6.114c zeigt einen fünflagigen Aufbau, der zusätzliche Eigenschaften zum Schutz gegen Erwärmung durch die Infrarotstrahlung der Sonne besitzt. Dies ist bei Elektrofahrzeugen zur Steigerung der Reichweite zunehmend relevant. Die Integrität des Verglasungssystems in der Interaktion mit Airbag-Systemen ist im Entwicklungsprozess des Fahrzeugs sicherzustellen (Abschn. 6.6).

Neben dem Werkstoff Glas werden insbesondere feststehende Scheiben auch ausschließlich aus Kunststoff (z. B. *Polycarbonat,* PC) gefertigt. Sie kommen bei Seitenfenstern, Heckscheiben oder Dachsystemen zum Einsatz. Die Vorteile gegenüber ESG sind Gewichtsreduzierung und erhöhter Einbruchschutz.

6.7.6.3 Systemschnittstelle zwischen Verglasung und Airbag-Systemen

Technische Anforderungen an Windschutzscheiben bzw. Frontscheiben sind höher als die Anforderungen an alle anderen Scheiben im Fahrzeug. Der Beifahrer-Airbag, der heute in fast jedem Fahrzeug zum Einsatz kommt, erfüllt seine Funktion nur durch Abstützung einer fest mit dem Fahrzeug verbundenen (i. d. R. verklebten) Windschutzscheibe. Die durch einen Unfall verursachte Fahrzeugverzögerung beschleunigt den Insassen in Richtung Windschutzscheibe und Instrumententafel. Der Insasse taucht durch diese Vorverlagerung in den entfalteten Airbag ein und schiebt ihn in Richtung Windschutzscheibe und Instrumententafel. Gleichzeitig wird der Luftsack des Airbags dadurch komprimiert.

Der Airbag soll die durch den Insassen eingeleitete Kraft aufnehmen. Dazu muss sich der Luftsack des Airbags auf mehrere Teile des Fahrzeuginnenraums, wie z. B. der Frontscheibe und der Instrumententafel, abstützen. Somit kann der Airbag die vom Insassen eingebrachte Kraft aufnehmen, sie absorbieren und den Insassen effektiv verzögern [1] (Abschn. 6.6.6).

6.8   Schutz von Vulnerable Road Usern

Der Begriff *Vulnerable Road User* (VRU) (deutsch: *gefährdete Verkehrsteilnehmer*) fasst mehrere Gruppen von Verkehrsteilnehmern zusammen. Im Gegensatz zu Insassen von Kraftfahrzeugen sind sie nicht durch einen geschlossenen Fahrzeuginnenraum (auch: Fahrgastzelle) geschützt und daher einem besonderen Verletzungsrisiko ausgesetzt (Abb. 6.116). VRU sind insbesondere Fußgänger oder Zweiradfahrer, aber auch weitere Gruppen mit spezifischen Merkmalen, die weiter unten ausgeführt sind.

Dieser Abschnitt beschreibt sowohl Maßnahmen bei PKW als Partnerschutz wie auch die verschiedenen Maßnahmen als Selbstschutz von Vulnerable Road Usern. Einzelne Aspekte des Schutzes von VRU bei Nutzfahrzeugen werden auch in Abschn. 6.9 aufgegriffen.

Unter *Vulnerable Road User* sollen hier folgende Gruppen zusammengefasst werden (wenn sie nicht Insassen von Fahrzeugen sind):

- Fußgänger
- Kinder
- Ältere Verkehrsteilnehmer
- Personen mit Behinderungen
- Verkehrsteilnehmer mit Tretrollern (auch: Trottinette, Trittroller), Kickboards, Skateboards, Rollschuhen, Inlinern
- Rollstuhlfahrer (engl. *Wheelchair Users*, WCU)

Abb. 6.116 Schutz von Vulnerable Road Usern als Partnerschutz bei PKW und NFZ und als Selbstschutz für die Mikromobilität. (Quelle: ZF)

- Fahrradfahrer, auch mit Tretunterstützung bis 25 km/h durch Hilfsmotor (*Pedelec*), und Fahrer von *S-Pedelecs* (schnelle Pedelecs oder *Speed-Pedelecs*) mit einer Tretunterstützung bis 45 km/h durch Hilfsmotor

Verkehrsteilnehmer auf *Kraftrādern* bzw. *motorisierten Zweirädern* (MZR) (engl.: *Powered Two-Wheeler*, PTW):

- Fahrer von Kraftrādern, darin eingeschlossen Mofas, Mopeds, Kleinkrafträder, Kraftroller, Leichtkrafträder, Motorräder und auch Zweiräder mit elektrischem Motor ohne notwendige Tretunterstützung *(E-Bike)*

Ein wachsender Schwerpunkt in der Verkehrssicherheit ist der Schutz einer weiteren Gruppe:

- Fahrer von *Elektro-Kleinstfahrzeugen* (eKF) (auch *Personal Mobility Devices, Personal Light Electric Vehicles*) der *Mikromobilität* (auch: Letzte-Meile-Mobilität), z. B. *E-Scooter* (auch: *Trottinette Électrique*)

Ob die weiter unten angeführten Schutzmaßnahmen auch Potenzial für die Fahrer von Leichtkraftfahrzeugen oder *Leicht-Elektromobilen* (LEM) der Fahrzeugklassen L6e bzw. L7e besitzen, hängt vom spezifischen Fahrzeugtyp und der Unfallsituation ab. Für einzelne Fahrzeugsegmente gelten Helmpflicht, Versicherungspflicht und Kennzeichenpflicht. Mindestalter, Führerschein oder Prüfbescheinigung können Voraussetzung zum Führen des jeweiligen Fahrzeugs sein.

6.8.1 Unfallstatistik Vulnerable Road User

Ein bedeutender Teil aller Geschädigten von Verkehrsunfällen entfällt auf die Gruppe der *Vulnerable Road User*. Durch Fortschritte bei der Sicherheit von Fahrzeuginsassen – insbesondere durch Systeme der Integralen Fahrzeugsicherheit in Kraftfahrzeugen – ist der relative Anteil der VRU an der Gesamtzahl der Geschädigten von Verkehrsunfällen mittlerweile deutlich gestiegen. Nach dem weltweit angelegten *Global Status Report on Road Safety 2018* der Weltgesundheitsorganisation (WHO) entfällt mehr als die Hälfte aller Geschädigten von Verkehrsunfällen auf VRU [150].

In Europa bietet sich ein ähnliches Bild. Abb. 6.117 stellt die sog. *Collision Matrix* dar, die Verkehrstote nach der Kollision mit anderen Verkehrsteilnehmern bzw. Fahrzeugtypen zählt (EU 27, Datenbasis: 2021, außer IE (2017), MT und SE (2019), CZ, EE, EL, CY, LV, SK (2020)). Die Gruppe der *Vulnerable Road User* hat einen Anteil von 46 % gegenüber 54 % für den Anteil getöteter Fahrzeuginsassen und weiteren, nicht zugeordneten Verkehrstoten [30]. Bei VRU sind Kollisionen von Fußgängern, Motorradfahrern und Fahrradfahrern mit PKW sowie Eigenunfälle von Motorradfahrern die häufigsten Unfallkonstellationen.

Kollisions-Matrix
Collision Matrix

Verkehrstote … / … in einer Kollision mit …	Fußgänger	Radfahrer	Leichtkraftrad	Motorrad	PKW	LKW < 3,5 t	LKW > 3,5 t	Bus	Sonstige	Alleinunfälle	Gesamt
VRU — Fußgänger	0	29	16	115	2.328	416	391	97	162	-	3.554
VRU — Radfahrer	7	45	6	26	838	183	199	30	77	426	1.837
VRU — Leichtkraftradfahrer	0	1	7	6	232	42	27	5	20	175	515
VRU — Motorradfahrer	10	8	8	91	1.386	231	207	13	85	1.197	3.236
Insassen — PKW	18	6	4	21	2.504	625	1.392	115	298	3.900	8.883
Insassen — LKW < 3,5 t	1	0	1	0	124	62	250	10	32	262	742
Insassen — LKW > 3,5 t	1	1	0	0	40	11	192	2	13	153	413
Insassen — Bus	3	0	0	0	6	7	12	4	14	74	120
Sonstige	2	3	2	4	169	34	52	4	27	300	597
Gesamt	42	93	44	263	7.627	1.611	2.722	280	728	6.487	19.897

Abb. 6.117 Verkehrstote nach beteiligten Kollisionspartnern (Europäische Union, EU 27, Datenbasis 2021, außer IE 2017, SE and MT 2019, CZ, CY, EE, EL, LV and SK 2020 – in Anlehnung an [30])

Ein wesentlicher Schritt zu einem verbesserten Schutz von VRU ergab sich nach Beratungen der Europäischen Kommission zur Verbesserung des Fußgängerschutzes durch die Etablierung neuer Testverfahren für Fahrzeuge ab 1998. Mit dem Ziel, schwerwiegende Verletzungen bei ungeschützten Verkehrsteilnehmern (u. a. Fußgänger) bei der Kollision mit PKW zu verhindern, trat anschließend im Jahr 2003 die Richtlinie 2003/102/EC zum Fußgängerschutz in Kraft (EU-Richtlinie 2003/102/EG, 2003), siehe auch Abschn. 4.2.3.

Trotz der Bemühungen um den Schutz von Verkehrsunfallopfern zeigen Analysen sehr unterschiedliche Entwicklungen je nach Typ der Verkehrsteilnehmer (Abb. 6.118). Während in der Europäischen Union (EU 27) die Zahl der getöteten Fahrzeuginsassen zwischen 2010 und 2021 um über 30 % reduziert werden konnte, sind die Entwicklungen bei VRU sehr unterschiedlich. Die Zahl der getöteten Fußgänger reduzierte sich um 40 %, die der Motorradfahrer um 28 %, die der Radfahrer aber um nur 7 %. Bei den Entwicklungen der Jahre 2020 und 2021 sind die Einflüsse der Pandemie auf das Verkehrsgeschehen zu berücksichtigen [30].

Im Jahr 2001 wurde durch die Europäische Kommission ein Programm zur Straßenverkehrssicherheit für die Jahre 2002–2010 aufgestellt [37]. Dessen Ziel, eine Halbierung der Zahl der Verkehrsunfallopfer, konnte aber nicht erreicht werden. Die in Abb. 6.118 gezeigte Grafik verdeutlicht, dass für die Gruppe der VRU immer noch große Anstrengungen erforderlich sind, um diesem Ziel in Zukunft näherzukommen.

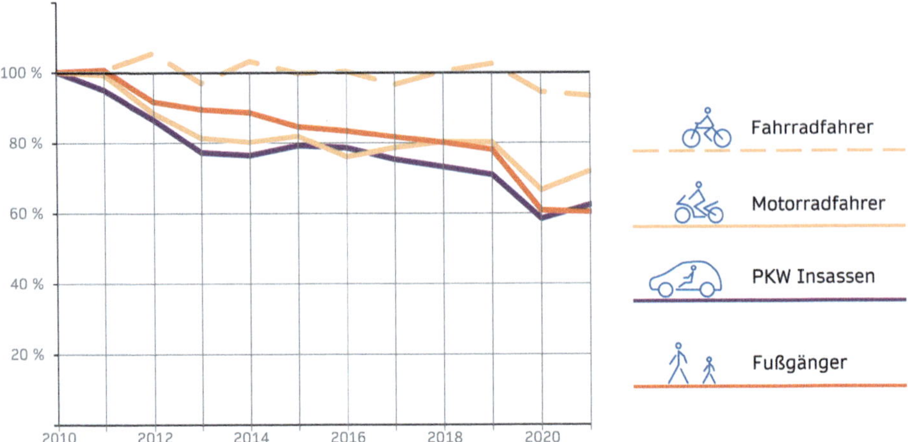

Abb. 6.118 Verkehrssicherheitsstatistik der Europäischen Union (EU 27), Verkehrstote nach Verkehrsteilnehmern, Veränderungen 2010–21 (Datenbasis 2021, außer IE 2018, SE 2019, MT 2019, CY, LV and SK 2020). Quelle: [30]

Auf Ansätze der Verkehrssicherheit zum Schutz von VRU wird hier nicht näher eingegangen. Neben fahrzeugseitigen Maßnahmen zählen dazu [149]:

- Verkehrsraumgestaltung und Verkehrsinfrastruktur
- Identifizierung und Beseitigung von Unfallschwerpunkten (z. B. Knotenbereiche, Kreisverkehre) und Bereichen mit wiederkehrenden Unfallkonstellationen [93]
- Separierung der Verkehrswege von Fußgängern, PTW, KFZ
- Verkehrserziehung
- Führerscheinpflicht
- Informationskampagnen

Vulnerable Road User

Zahlreiche Organisationen widmen sich dem Themenfeld Vulnerable Road User sowie den dafür relevanten Technologien als Selbst- und Partnerschutz. Die folgende Übersicht ist eine Auswahl weiterführender Informationsangebote und Themenseiten:

- Bundesanstalt für Straßen wesen – www.bast.de – Fußgänger- und Radfahrerschutz
- Deutsche Verkehrswacht – deutsche-verkehrswacht.de – Schutz von Radfahrern und Fußgängern
- Euro NCAP – www.euroncap.com – Vulnerable Road User (VRU) Protection
- European Commission – Mobility and Transport – transport.ec.europa.eu – Vulnerable Road User
- IIHS – www.iihs.org – Motorcycles/Pedestrians and bicyclists
- NHTSA – www.nhtsa.gov – Motorcycle Safety/Bicycle Safety/Pedestrian Safety

- NTSB – www.ntsb.gov – Most Wanted List
- UN ECE Vehicle Regulations – unece.org/transport/vehicle-regulations – World Forum for Harmonization of Vehicle Regulations (WP.29) – Working Party on Passive Safety (GRSP) – Pedestrian Safety (PS), Protective Helmets (PH)
- Unfallforschung der Versicherer – www.udv.de – Schutz von zu Fuß Gehenden/Schutz von Radfahrenden
- Vulnerable Road Users Safety Consortium (VRUSC) – vrusc.sae-itc.org

Eine Übersicht zu Fahrradhelmpflichten findet sich bei:

- Wikipedia – wikipedia.org – Fahrradhelm

6.8.2 Ansätze für den Selbstschutz und den Partnerschutz von Vulnerable Road Usern

Wie der Insassenschutz ist der Schutz von Vulnerable Road Usern eine wesentliche Zielsetzung der Integralen Sicherheit von Kraftfahrzeugen. Dies ist auch ein Arbeitsfeld mit weiter steigender Bedeutung, da VRU einen erheblichen Anteil an den Opfern von Verkehrsunfällen mit Verletzungen oder tödlichem Ausgang ausmachen.

Die Maßnahmen zum Schutz von VRU bei der Kollision mit anderen Fahrzeugen oder auch bei Unfällen ohne Fremdeinwirkung umfassen folgende Bereiche:

Schutz von VRU bei Kraftfahrzeugen als *Partnerschutz* (Abschn. 6.8.3)

- Fahrzeuggestaltung (u. a. Fahrzeugvorderwagengeometrie, Deformationsverhalten der Frontstruktur, Bauteilgestaltung und -positionierung)
- Schutzsysteme mit Aktivierung nach Kollisionsdetektion (Kap. 7)
- Systeme Aktive Sicherheit (Kap. 5)
  Für Kraftfahrzeuge bestehen in vielen Regionen weltweit Sicherheitsanforderungen (u. a. gesetzliche Anforderungen, Consumer Rating) zum Schutz von VRU (Kap. 4). Das betrifft auch Maßnahmen der Fahrzeuggestaltung, soweit es der Verringerung des Verletzungsrisikos von Fußgängern oder Zweiradfahrern dient.

Schutzausrüstung VRU (*Selbstschutz*) (Abschn. 6.8.4)

- Schutzhelm, insbesondere für Fahrrad- oder Motorradfahrer
- Schutzkleidung
- Schutzkleidung mit Aktivierung integrierter Schutzsysteme nach Kollisionsdetektion
  Auch wenn eine Pflicht für das Tragen eines Helms oder von Schutzkleidung nicht in allen Fällen besteht, ist deren Verwendung zur Verringerung des Verletzungsrisikos bei der Nutzung von Fahrzeugen durch VRU zu empfehlen.

Fahrzeuggestaltung und **fahrzeugbasierte Schutzsysteme** zum Selbstschutz bei **Zweirädern** (Abschn. 6.8.5)

- Fahrzeuggestaltung
- Schutzsysteme mit Aktivierung nach Kollisionsdetektion
- Systeme Aktive Sicherheit (Kap. 5)
  Da bei Motorrädern, Fahrrädern oder E-Scootern im Vergleich zu PKW andere Gegebenheiten beim Verbau von Sicherheitssystemen bestehen, haben viele solche Konzepte bislang nur einen Prototypenstatus und sind in der Praxis kaum anzutreffen.

6.8.3 Schutz von Vulnerable Road Usern bei PKW

In vielen Regionen weltweit bestehen inzwischen Sicherheitsanforderungen für Kraftfahrzeuge (gesetzliche Anforderungen, Consumer Ratings) zum Schutz von VRU. Den Schwerpunkt bilden hier Maßnahmen zum Schutz bei Frontalaufprall zwischen Fußgängern und Zweiradfahrern mit PKW. Dieses Technologiefeld wird häufig verkürzt auch als *Fußgängerschutz* bezeichnet.

Begriffsklärung
In der Literatur wird teilweise eine Einteilung in Maßnahmen des *Passiven Fußgängerschutzes* und in Maßnahmen des *Aktiven Fußgängerschutzes* vorgenommen.

Unter passiven Maßnahmen werden hierbei die Gestaltung der Fahrzeuggeometrie, Lage von Deformationszonen, Package (Anordnung) von Fahrzeugkomponenten, z. B. unterhalb der Frontklappe, verstanden.

Unter aktiven Maßnahmen des Fußgängerschutzes werden Systeme mit Kollisionserkennung und -auslösung in der In-Crash-Phase verstanden. Dies sind u. a. Frontscheiben-Airbag und pyrotechnische oder mechanische Haubenaufsteller.

Da diese Systemkomponenten aber i. d. R. eher den Passiven Sicherheitstechnologien zugeordnet werden können, führt dies schnell zu einer Begriffsverwechslung. Auf die Verwendung in diesem Sinn wird im Folgenden deshalb verzichtet.

Der Schwerpunkt der weiteren Ausführungen in diesem Abschnitt liegt auf den Maßnahmen der Fahrzeug- und Karosseriegestaltung sowie weiterer Schutzsysteme zur Reduzierung von Verletzungsrisiken, die im Falle einer Kollision zu erwarten sind. Sie sind der Passiven Sicherheit zugeordnet.

Systeme und Funktionen der Aktiven Sicherheit wie *Not-Brems-Assistenten* (BAS), *Autonomous Emergency Braking* (AEB) und *Forward Collision Warning* (FCW), die insbesondere auch dem Schutz von VRU dienen, sind in Kap. 5 beschrieben.

6.8.3.1 Anforderungen zum Schutz von VRU bei PKW

Ein wesentlicher Schritt zu einem verbesserten Schutz von VRU bei PKW war die Berücksichtigung von spezifischen Anforderungen und Tests im Euro-NCAP-Protokoll ab dem Jahr 1997. Mit ihnen wurden zunächst Fußgänger fokussiert. Aktuell ist der Schutz von VRU ein eigenständiger Schwerpunkt der Fahrzeugbewertung bei Euro NCAP. Tests zur Bewertung des Verletzungsrisikos umfassen derzeit:

- *Kopfaufprall*
- *Aufprall im oberen Beinbereich*
- *Aufprall im unteren Beinbereich*

Dazu kommen Tests zur Notbremsautomatik für Fußgänger und für Radfahrer [32, 33]. Die Etablierung der Bewertungsumfänge zum Schutz von VRU war wegweisend für andere NCAP-Organisationen. Kriterien zum Fußgängerschutz finden sich inzwischen auch bei anderen NCAP-Programmen (Kap. 4).

Eine wichtige Rolle dabei spielen die wesentlichen Kriterien zur Festlegung der relevanten *Prüfflächen* für den *Kopfaufprall* im Frontbereich des Fahrzeugs (Kap. 4). Sie werden u. a. an den Seiten durch die *Bonnet Side Reference Line* und vorne sowie hinten durch die *Bonnet Leading Edge Reference Line* und die *Bonnet Rear Reference Line* definiert. Auf der gesamten relevanten Prüffläche wird ein *Gitternetz* definiert, das die Positionen sowohl für die Berechnung als auch für mögliche Prüfungen festlegt.

Ein weiterer Parameter zur Auslegung und Bewertung von Fußgängerschutzmaßnahmen am Fahrzeug ist die *Wrap Around Distance* (WAD) *(Abwickellänge)*. Das Maß verläuft ausgehend von der Standflächenbezugsebene am Boden senkrecht nach oben über die Fronthaubenoberseite oder das Frontschutzsystem und kann dann über die Frontscheibe und das Dach weitergeführt werden. Abwickellängen von 900 mm (WAD900), 1000 mm (WAD1000), 1700 mm (WAD1700) und 2100 mm (WAD2100) sind relevante Maße. Darüber hinaus werden für die Bewertungen weitere Referenzpunkte und -linien festgelegt, wie *Bumper Reference Line(s), Bumper Corner(s), Internal Bumper Reference Line* (IBRL).

Das Bewertungsverfahren bei Euro NCAP ist inzwischen eine Kombination aus berechneten Belastungswerten für das *Gitternetz* durch den Fahrzeughersteller sowie stichprobenartige Tests einzelner Gitternetzpunkte mit Prüfkörpern durch ein Prüflabor zur Verifikation der Berechnung.

Für den *Kopfaufprall* und den *Aufprall im oberen Beinbereich* sind folgende Prüfkörper für Laborversuche einschließlich der Instrumentierung festgelegt (Kap. 4):

- *Headform*: Frei fliegender Impaktor mit Messung translatorischer Beschleunigungen im Gravitationszentrum in drei Achsen zur Ableitung des HIC. Es erfolgt keine Messung rotatorischer Beschleunigungen und keine Abbildung des Nackens.
- *Upper Legform*: Frei fliegender Impaktor

Für den *Aufprall im unteren Beinbereich* sind Prüfkörper zur Messung biomechanischer Belastungen festgelegt. Beispiele hierfür sind:

- *Advanced Pedestrian Legform Impactor* (aPLI) und Flexible Pedestrian Legform Impactor (FlexPLI) als Vorläufer. Diese frei fliegenden Impaktoren repräsentieren das Bein ohne Sprunggelenk.

6.8.3.2 Fahrzeuggestaltung und konstruktive Maßnahmen bei PKW zum Schutz von Vulnerable Road Usern

Die Einführung von Prüfkriterien für den Schutz von VRU hat das Exterieurdesign von PKW geprägt. Der effizienteste Weg zur Reduzierung des Verletzungsrisikos von VRU und insbesondere von Fußgängern und Zweiradfahrern bei einem Anprall ist die Optimierung der Konstruktion möglicher Kollisionsbereiche. Beim Fahrzeugvorderwagen umfasst dies die *Fahrzeugfront* und *Stoßfänger, Fronthaube, Kotflügel, Frontspoiler, Leuchten* sowie *Frontscheibe, Frontscheibenwurzel, Dachansatz* und *A-Säule.* Dazu kommen aber auch unterhalb der Karosserie-Außenhaut liegende Fahrzeugkomponenten, sofern sie einen Einfluss auf die Deformation bei der Kollision mit VRU haben könnten, etwa starre, nicht verformbare Komponenten wie Batterie oder Stoßdämpfer. Sie können nicht mehr unmittelbar unterhalb der Karosserie-Außenhaut positioniert werden.

Neben der Bereitstellung ausreichend großer Deformationswege im Kontaktbereich ist gleichzeitig dafür Sorge zu tragen, dass die Kraftübertragung großflächig eingeleitet werden kann. Kontaktstellen dürfen daher keine hervorstehenden Kanten aufweisen. Aus diesen Gründen werden *Stoßfänger* großflächig ausgelegt oder in die Fahrzeugfront integriert. Sie sind weiter nach unten gezogen, um eine möglichst ebene Fläche zu erhalten. Durch den Einsatz von energieabsorbierenden Frontstrukturen, verformbaren Prallflächen und nachgiebigen Strukturen, z. B. durch verformbare Kühlergrill- und Scheinwerferbefestigungen, oder die Verwendung energieaufnehmender Materialien lässt sich das Verletzungsrisiko von VRU reduzieren [68].

Passive Strukturmaßnahmen und Ansätze zur Erfüllung von Anforderungen zum Schutz von VRU durch die zielgerichtete Gestaltung einzelner Fahrzeugkomponenten (s. auch Abb. 6.119):

- Optimierung von Frontklappe und Kotflügel durch Materialauswahl und Dimensionierung. Zu beachten ist dabei, dass Leichtbaumaterialien wie CFK oder GFK eine große Herausforderung für VRU-Schutzmaßnahmen darstellen, da sie gegenüber Stahl andersartige Versagensmechanismen und oft ein geringeres Deformationsvermögen zur Energieabsorption besitzen.
- Fugengestaltung zwischen Fronthaube und Kotflügel
- Optimierungen durch definiert brechende Befestigungen oder Befestigungen mit definierter Kinematik, um ein Abtauchen zu ermöglichen – beispielsweise bei Hauptscheinwerfern, Fronthaubenscharnieren, -schlössern und -puffern

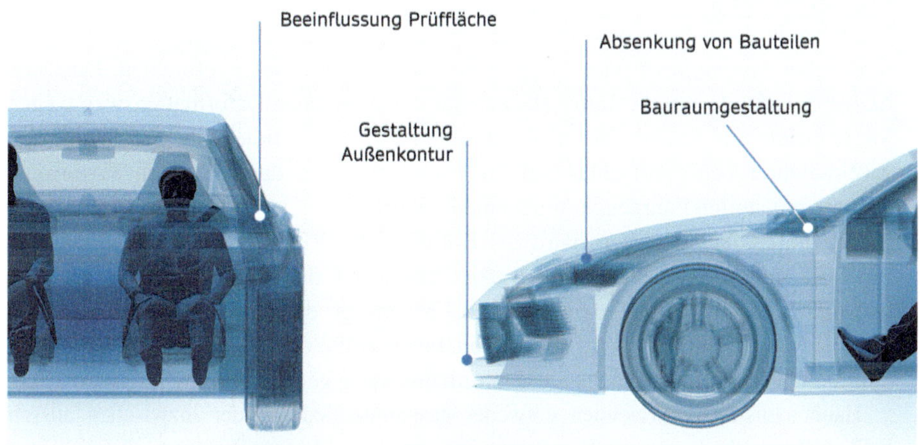

Abb. 6.119 Schutzmaßnahmen für VRU an der Fahrzeugfront. (Quelle: ZF, in Anlehnung an [68])

- Optimierung der Windschutzscheibe durch die Erweiterung des Deformationsweges im Bereich der Instrumententafel, durch versagende Rahmenstruktur oder durch Packageanpassungen bei Fronthaube und Scheibenwurzel
- Absenkung von Komponenten im Motorraum oder Anpassung der Geometrie zur Erweiterung des Deformationsweges, wie z. B. Batterie, Wasserbehälter, Wischersystem oder Kühler
- Gezielte Beeinflussung der relevanten Prüffläche durch Einziehen von Kanten und Sicken und Gestaltung der Fahrzeuggeometrie

Optimierungen der A-Säule und des Dachansatzes sind aufgrund der sehr kompakten, aber auch steifen Strukturen durch gestalterische Maßnahmen kaum möglich. In diesem Bereich sind Verbesserungen oft nur durch zusätzliche Schutzsysteme zu erreichen.

Bei batterieelektrischen Fahrzeugen kann sich die Packagesituation aufgrund kleinerer Motoren oder anderer Antriebsstranggestaltung weniger herausfordernd als bei Verbrennerfahrzeugen darstellen. Andererseits kann ein kürzerer Vorbau den Schutz von VRU vor neue Herausforderungen stellen.

6.8.3.3 Schutzsysteme mit Aktivierung nach Kollision

Wenn durch konstruktive Maßnahmen bei der Auslegung des Fahrzeug-Vorderwagens oder durch andere Gestaltungsziele, wie z. B. das Fahrzeugdesign, nicht die erforderliche Schutzwirkung erreicht wird, können zusätzliche Schutzsysteme zum Einsatz gebracht werden. Sie bestehen aus einer spezifischen Sensorik zur Erkennung von Kollisionen mit VRU und Aktoren wie Fronthaubenaufstellern oder externen Airbags und dienen der Erweiterung des Deformationsweges oder der Abdeckung bestimmter Außenhautpartien zur Reduzierung der Belastungswerte bei VRU.

Aktive Fronthaube

Wenn bei der Gestaltung des Fahrzeug-Vorderwagens Bereiche mit hohen Belastungswerten bei *Kopfaufprall* oder *Aufprall im oberen Beinbereich* verbleiben, kann eine *Aktive Fronthaube* (engl.: *Active Bonnet*) für den möglichen Deformationsweg sorgen. Sie reduziert das Risiko, dass der mit dem Fahrzeug kollidierende Fußgänger oder Zweiradfahrer beim Aufschlag auf die Fronthaube und der folgenden Verformung Kontakt mit steifen Fahrzeugkomponenten erfährt.

Bei diesem Schutzsystem wird die Kollision des VRU nach Kontakt durch eine Sensorik im Stoßfänger detektiert. Die Auslösung der *pyrotechnischen Haubenaufsteller* (engl.: *Hood Lifter*) (Abb. 6.120) erfolgt durch das Airbag-Steuergerät (Kap. 7). Die Fronthaube wird angehoben, bevor Hüfte oder Kopf mit der Fronthaube kollidiert, sodass ein ausreichender Deformationsweg gegeben ist.

Haubenaufsteller verwenden entweder gespannte Federn oder inzwischen ausschließlich Pyrotechnik, um die Fronthaube in ausreichend kurzer Zeit anzuheben. Sie verbleibt dann in der aufgestellten Position. Zwei bis vier Haubenaufsteller werden dafür gesondert verbaut oder in die Scharnier- und Schließsysteme der Fronthauben integriert.

Durch die Transformation vom Verbrennungsmotor hin zu batterieelektrischen Fahrzeugen mit einer häufig vereinfachten Bauraumsituation im Vorderwagen ist mit einer abnehmenden Bedeutung dieser Systeme zu rechnen. ◀

Windschutzscheiben-Airbag

Ein Konzept mit anderen Schwerpunkten ist der externe *Windschutzscheiben-Airbag* (auch *Fußgänger-Airbag,* engl.: *Pedestrian Protection Airbag*). Durch diesen externen Airbag sollen sowohl Kontaktflächen mit hohem Verletzungsrisiko und geringem

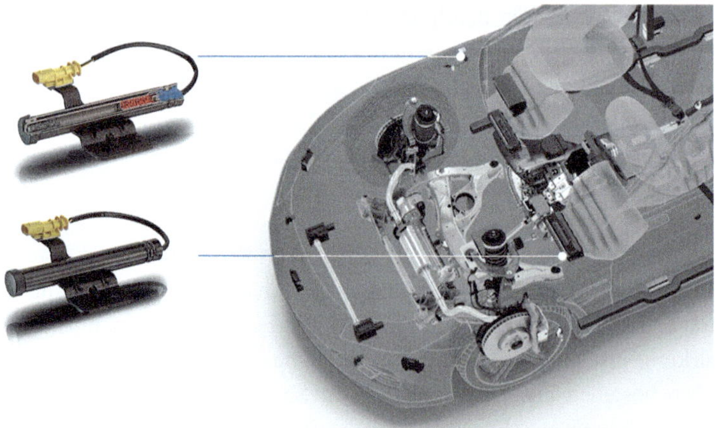

Abb. 6.120 Aktive Fronthaube durch pyrotechnische Haubenaufsteller. (Quelle: ZF)

Deformationsvermögen abgedeckt wie auch als zusätzliche Option außerdem die Fronthaube angehoben werden (Abb. 6.121). Entgegen der Bezeichnung ‚Windschutzscheiben-Airbag' dient dieses Airbag-Konzept vorrangig der Abdeckung des Scheibenrahmens, also A-Säulen, Scheibenwurzel und vorderem Dachrahmen. Das Konzept zielt neben dem Schutz von mit dem Fahrzeug kollidierenden Fußgängern auch auf den von Zweiradfahrern ab.

Der Windschutzscheiben-Airbag ist ein wirksames Konzept, um A-Säulen und ggf. auch den Dachansatz abzudecken. Herausforderungen für das Konzept sind allerdings Gewicht, Platzbedarf und Umwelteinflüsse im Exterieur. Weiterhin muss das Konzept nach der Entfaltung des Airbags die Sicht des Fahrers auf die Straße gewährleisten, was durch Luftsackgestaltung oder zusätzliche Vorrichtungen zu realisieren ist. Auch ergeben sich durch die Vielzahl möglicher Unfallszenarien und Kinematiken der VRU große Herausforderungen bei der Bewertung der Schutzwirkung des Systems. ◄

6.8.4 Schutzausrüstung zum Selbstschutz von VRU

Wie in der Einführung zu diesem Abschnitt beschrieben, verfügen Vulnerable Road User nicht über eine geschlossene Fahrgastzelle, sodass sie bei einer Kollision erheblichen Verletzungsrisiken ausgesetzt sind. Vulnerable Road Usern fehlt weitgehend eine schützende Fahrzeugstruktur mit einem Energieabsorptionsvermögen. Die Unterbringung und der Einsatz zusätzlicher Schutzsysteme wie im Fahrzeug sind herausfordernd und finden kaum Anwendung (Abschn. 6.8.5).

Abb. 6.121 Windschutzscheiben-Airbag zur Abdeckung von Scheibenrahmen und A-Säulen sowie zur Aufstellung der Fronthaube. (Quelle: Autoliv)

Daher ist das Tragen einer *persönlichen Schutzausrüstung* oft die einzige Maßnahme, um Verletzungsrisiken bei einer Kollision zu reduzieren. Dieser Abschnitt stellt insbesondere *Schutzkleidung* und *Schutzhelme* für Zweiradfahrer als wesentliche Schutzausrüstung für Vulnerable Road User vor. Für Motorradfahrer und Mitfahrer besteht nach der Straßenverkehrszulassungsordnung seit 1976 bzw. 1980 die weitgehende *Helmpflicht* in Deutschland (StVZO § 21a).

6.8.4.1 Kopfschutz

Der Kopfschutz ist für die Gruppe der Zweiradfahrer unter den Vulnerable Road Usern eine inzwischen sehr etablierte Maßnahme. Die Helmpflicht für Motorradfahrer, aber auch die steigende Akzeptanz von Fahrradhelmen sind ein deutliches Zeichen für ein zunehmendes Sicherheitsbedürfnis. Die Entwicklung von Sicherheitstechnologien für Schutzhelme hat zu einer wesentlichen Steigerung ihrer Schutzwirkung in unterschiedlichen Unfallkonstellationen beigetragen. Dieser Abschnitt beschreibt beispielhaft Herausforderungen beim Kopfschutz in typischen Unfallsituationen sowie hierfür entwickelte Schutztechnologien für Schutzhelme, die bei Motoradfahrern, Radfahrern, aber auch in anderen Anwendungsgebieten zum Einsatz kommen können.

Herkömmliche Schutzhelme leisten eine Dämpfung linearer Kopfbeschleunigungen durch einen Aufprall. Der Helm absorbiert die Energie des Aufpralls zu einem Teil und vergrößert den Bereich der Krafteinleitung. Abb. 6.122 verdeutlicht die Reduzierung von Belastungswerten des Kopfes bei simuliertem Aufprall.

Häufiger erfolgt das Aufprallen des Zweiradfahrers aber nicht im rechten Winkel auf das Hindernis, sodass starke Momente in den Schutzhelm eingeleitet werden. Es entsteht

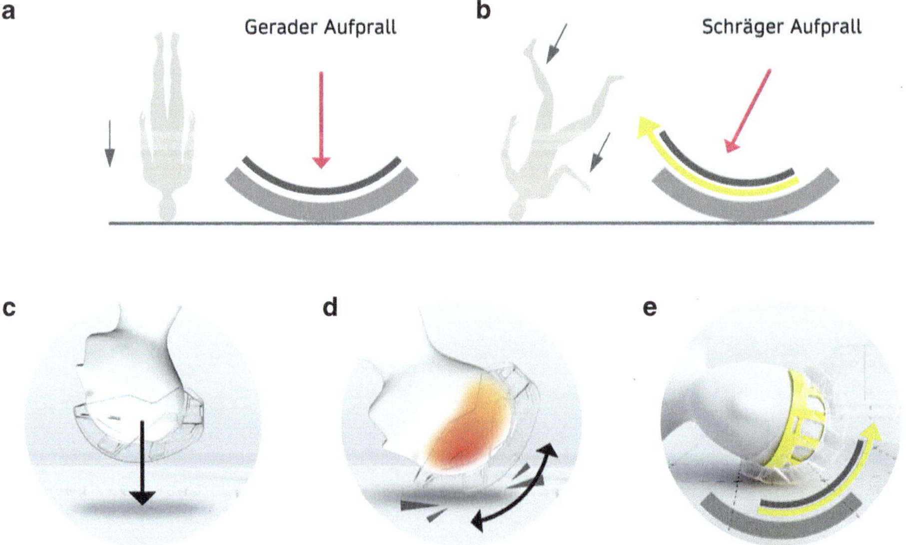

Abb. 6.122 Vergleich von geradem und schrägem Aufprall bei Stürzen. (Quelle: MIPS)

eine Rotationsbewegung, die Verletzungsrisiken bewirkt. Die auf den Kopf einwirkenden Belastungen können in der Folge u. a. zu schweren Gehirnerschütterungen führen.

Das MIPS-System (engl.: *Multi-directional Impact Protection*) ergänzt Schutzhelme um zusätzliche Elemente, die eine Rotationsbewegung des Helms relativ zum Kopf ermöglichen. Hierdurch wird eine Minderung der auf den Kopf einwirkenden Rotationskräfte angestrebt [47, 48, 12]. Dieses System wird bei Helmen für Motorradfahrer und Fahrradfahrer, aber auch in Schutzhelmen für Sportler integriert (Abb. 6.123).

6.8.4.2 Schutzhelme für Motorradfahrer

Um ihr Verletzungsrisiko zu reduzieren, sind Fahrer von motorisierten Zweirädern (MZR, engl.: *Powered Two Wheeler*, PTW) zum Tragen von *Schutzhelmen* verpflichtet. Schutzhelme stellen einen wirksamen Schutz von Stößen dar – sei es bei der Kollision mit einem Fahrzeug oder beim darauffolgenden Sturz auf die Straße.

Für das Motorrad werden *offene Schutzhelme* (auch *Jet-Helm*) und *Integralhelme* (auch *Vollschutzhelm*) angeboten. Jet-Helme sind in der Gesichtspartie offen und teilweise ohne Visier. Integralhelme bieten durch ihre geschlossene und damit stabilere Bauform mit Kinnbügel einen höheren Schutz vor Verletzungen beim Unfall. Mischformen sind *Modularhelme* oder *Klapphelme*.

Ein *Integralhelm* für Motorradfahrer (Abb. 6.124) ist äußerlich durch die stabile, widerstandsfähige *Außenschale (Helmschale)* gekennzeichnet, die den Helmträger vor Stoß- und Schnittverletzungen schützt. Auftretende Stoßkräfte werden gleichmäßig

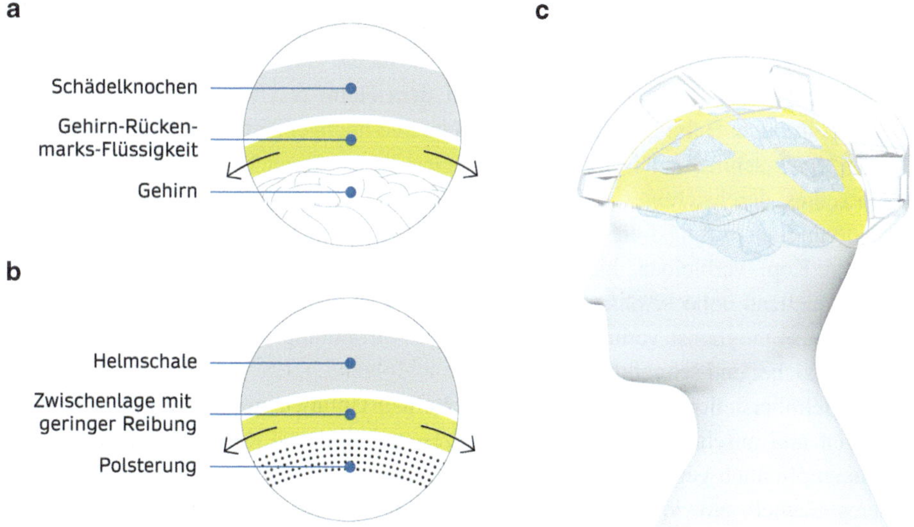

Abb. 6.123 Schutztechnologie zur Reduktion von Belastungen bei Rotationsbewegung: **a** Schutzprinzip Gehirn, **b, c** Schutzkonzept *MIPS*-System. (Quelle: MIPS)

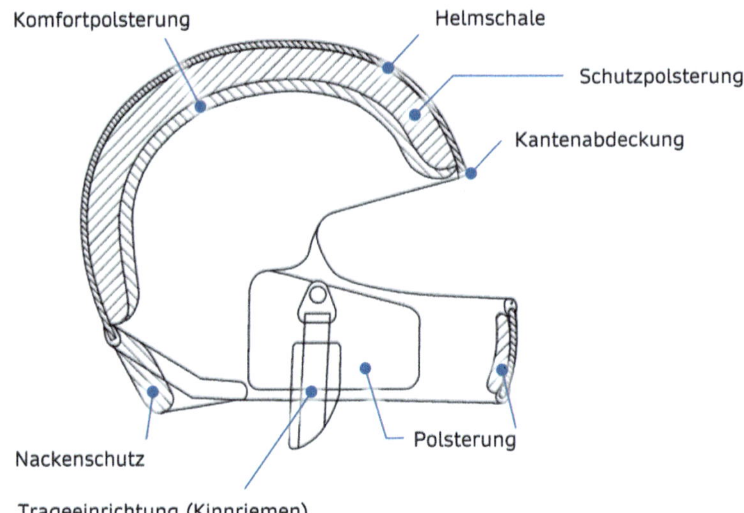

Abb. 6.124 Schematischer Aufbau eines Motorrad-Schutzhelms. (In Anlehnung an UN-R 22, [61])

über eine größere Fläche verteilt. Die Außenschale ermöglicht auch das Gleiten auf dem Asphalt, sodass das Verletzungsrisiko durch Stauchungen des Nackens reduziert wird.

Die Schutz- und die Komfortpolsterung, in der Regel aus Polystyrol-Schaum, verhindern die ungedämpfte Weiterleitung der Stoßenergie an den Kopf. Darüber hinaus sorgt die *Polsterung* des Schutzhelms für den sicheren Sitz des Helms und einen möglichst hohen Tragekomfort. Dem Nackenpolster fällt die Aufgabe zu, die empfindlichen Halswirbel vor Verletzungen zu schützen. Der untere Teil des Gesichts wird durch den Kinnbügel abgedeckt, der entweder mit dem Helm fest verbunden oder über ein Scharnier mit dem Helm gelenkig verbunden ist und hochgeklappt werden kann.

Das *Visier* schließlich ist ein vor dem Gesicht im Bereich von Augen und Nase angebrachtes durchsichtiges Schild, das Insekten und Staubpartikel abhält und eine korrekte und verzerrungsfreie Sicht ermöglicht. Im Fall eines Aufpralls soll der Schutzhelm am Kopf verbleiben, hierzu muss das *Tragesystem (Kinnriemen, Helmschloss)* eine ausreichend hohe Festigkeit aufweisen. Ein Verlust des Schutzhelms während des Unfalls muss möglichst verhindert werden. Die Vorrichtung muss sich im Rettungsfall aber auch sicher und schnell lösen lassen.

Zur Helmherstellung werden duroplastische Kunststoffe eingesetzt. Die im Auflegeverfahren und anschließendem Heißpressen hergestellten GFK- oder Glasfiber-Helme sind unempfindlich gegen Witterungseinflüsse und Lösungsmittel, weisen aber eher ein höheres Gewicht auf. Wird Glasfaser- durch Kohlefaser-Material ersetzt, ist der Helm leichter, aber in der Regel auch teurer. Die Stoßdämpfungseigenschaft der Helm-Innenausstattung kann aber bei längerem Gebrauch abnehmen und sie kann empfindlich gegen Lösungsmittel oder Betriebsstoffe sein.

Motorradhelme mit Airbag-Systemen: Für Fahrradfahrer sind seit einiger Zeit Airbag-Systeme für den Kopfschutz erhältlich, die weiter unten beschrieben werden. Es lag daher nahe, bei Motorradhelmen auch die Integration eines Airbag-Konzeptes anzugehen, um so die Schutzwirkung bestehender Kopfschutzsysteme zu erweitern. Um das Dämpfungsvermögen von Schutzhelmen insbesondere bei linearen Belastungen gegenüber herkömmlichen Helmen weiter zu steigern, sind weitere Konzepte für verschiedene Einsatzgebiete entstanden, die sich derzeit im Prototypenstatus befinden [4, 5].

6.8.4.3 Kopfschutz für Fahrradfahrer

Für Fahrradhelme gelten die gleichen Wirkprinzipien wie bei Schutzhelmen für Motorradfahrer: Sie dämpfen Stöße auf den Kopf und reduzieren dadurch das Verletzungsrisiko bei Kollision mit Fahrzeugen oder Sturz auf den Untergrund. Allerdings sind bei Radfahrern die Anforderungen hinsichtlich der Energieabsorption aufgrund der niedrigeren Geschwindigkeiten deutlich geringer, die Helme sind erheblich leichter und sie decken am Kopf oftmals lediglich Schädeldach und Hinterkopf ab.

Für Fahrradfahrer gibt es dringende Empfehlungen, aber bis auf wenige Ausnahmen keine Verpflichtungen für das Tragen eines Helms oder von Schutzkleidung. Aktuell besteht eine allgemeine Helmpflicht beispielsweise in Albanien und Malta, außerhalb geschlossener Ortschaften in der Slowakei und in Spanien sowie für Kinder unterschiedlichen Alters in weiteren europäischen Ländern [148].

In Deutschland gibt es keine allgemeine Helmpflicht für Fahrradfahrer. Die Tragequote von Helmen hat sich in den vergangenen Jahren allerdings kontinuierlich erhöht und stieg – über alle Altersgruppen gemessen – von 15 % (2015) auf 26 % (2020). Kinder bis 16 Jahre fallen durch eine überdurchschnittlich hohe Tragequote von über 75 % auf. In der Altersgruppe 17–21 ist die Quote am niedrigsten [38] (Abb. 6.125).

Fahrradhelme

Fahrradhelme als *Mikroschalen-Schutzhelme* bestehen aus zwei Schichten mit jeweils spezifischen Schutzfunktionen und sind die verbreitetste Variante. Die harte Außenhaut besteht aus Polycarbonat (PC), ABS (Acrylnitril-Butadien-Styrol-Copolymerisat), Fiberglas (GFK) oder Carbonfiber (CFK). Diese Schicht schützt die darunterliegende Innenschale beim Gebrauch, sie sorgt aber auch beim Sturz für ein Gleiten des Kopfes auf dem Untergrund, sodass Verletzungsrisiken durch Belastungen des Nackens reduziert werden. Die Innenschale ist meist aus EPS (geschäumtes Polystyrol) gefertigt. Typisch für Fahrradhelme sind die großen Belüftungsöffnungen, um den Tragekomfort zu erhöhen. Wie auch bei Motorradhelmen sorgt ein einstellbares *Tragesystem*, u. a. bestehend aus *Kinnriemen* und *Helmschloss*, für eine Anpassung an die Kopfgröße und sichert gegen den Verlust beim Sturz. Ebenso können weitere Schutztechnologien wie das MIPS-System (siehe oben) zur weiteren Reduzierung von Verletzungsrisiken verbaut sein.

Hartschalenhelme, Nutcase-Helme oder *Fullface-Helme* sind weitere Varianten.

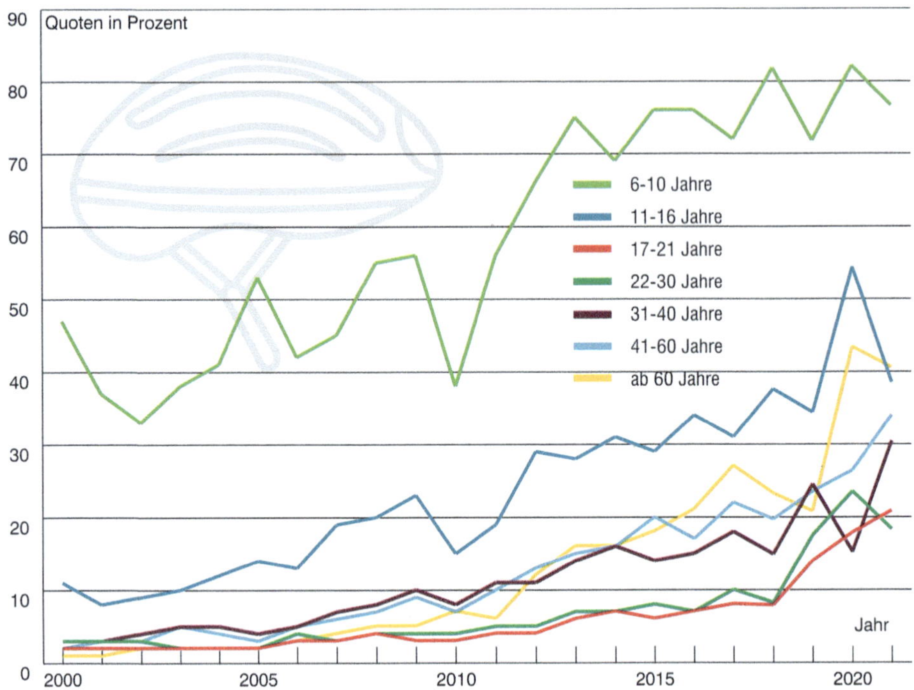

Abb. 6.125 Tragequote von Fahrradhelmen nach Altersgruppen in Deutschland. (Quelle: Bundesanstalt für Straßenwesen, BASt, [38])

In Europa zählen Fahrradhelme zu der persönlichen Schutzausrüstung und fallen unter die Europäische Richtlinie 89/686/EWG. Anforderungen an Werkstoffe, Konstruktion oder Schutzeigenschaften sind in der DIN EN 1078 sowie in der DIN EN 1080 festgelegt [24, 25]. ◄

Kopfschutz für Radfahrer mit Airbag-Systemen

Spezielle Lösungen sind *Fahrrad-Airbags* (auch: *Airbag-Helme, Airbag-basierte Kopfschutzsysteme für Radfahrer*), die bei Detektion eines Sturzes durch eine integrierte und autarke Sensorik aktiviert werden. So kann – vereinfachend beschrieben – entweder ein Fahrradhelm mit einem Airbag-System kombiniert oder der Airbag als alleiniger Kopfschutz eingesetzt werden (Abb. 6.126).

Letztere Variante wird seit einigen Jahren als Alternative zu konventionellen Fahrradhelmen angeboten. Dieses Airbag-System wird vor Fahrtantritt wie eine Halskrause um den Hals gelegt und die integrierte Auslösesensorik und -elektronik werden aktiviert. Sie lösen den Airbag aus, sobald die für den Sturz eines Fahrradfahrers charakteristischen Bewegungs- und Beschleunigungsmuster detektiert werden. Der Luftsack entfaltet sich entlang des Nackens und des Kopfes und besitzt eine

Abb. 6.126 Fahrradfahrer-Airbag-System. (Quelle: Hövding)

Standzeit, die typische Stürze abdeckt. Nach dem Sturz muss das nicht-reversible System durch den Hersteller aufgearbeitet werden.

In produktbezogenen Tests zeigt dieser Airbag für Radfahrer eine Reduzierung von Kopfbelastungen (HIC) gegenüber konventionellen Fahrradhelmen [65, 118]. Durch das Konzept bedingt bestehen die Herausforderungen eines Kopfschutzes durch einen Airbag in der Sensierung eines drohenden Kopfaufpralls, im Entfalten des Airbags vor dem Aufprall sowie in der Standzeit für mögliche Folgekollisionen. Bestimmte Unfallszenarien können daher entweder nicht detektiert oder der Airbag kann bis zum Aufprall nicht entfaltet werden. Das Schutzpotenzial des Systems wurde in weitergehenden Studien mithilfe von Simulationen, Komponenten- und Systemversuchen analysiert [151].

Ein alternatives Konzept zielt auf die Kombination der Vorteile eines Helms mit fester Struktur und dem Energieabsorptionsvermögen eines Airbags. Ein Prototyp zu diesem Konzept besteht aus einem Helm, bei dem zwischen der inneren und der äußeren Schale eine textile Struktur – eher Luftschläuche als ein Luftsack – entfaltet wird, sodass das Dämpfungsvermögen des Schutzhelms verbessert wird. Für dieses Helmkonzept wird allerdings ebenfalls ein integriertes System zur Auslösung erforderlich sein. ◀

6.8.4.4 Schutzkleidung für Zweiradfahrer

Neben dem Schutzhelm für den Kopf des Zweiradfahrers ist die *Schutzkleidung* eine weitere effektive Maßnahme zur Reduzierung des Verletzungsrisikos. Sie dient dem Zweiradfahrer mit der Schutzwirkung beim Unfall, sie kann seine Sichtbarkeit erhöhen, sie leistet Wetterschutz bei Regen oder Sonneneinstrahlung und trägt zu einer guten Aerodynamik bei. Sie soll einen hohen Tragekomfort bieten und – wie andere Kleidung auch – einem guten Design folgen. Für das Tragen von Schutzkleidung besteht allerdings in den meisten Fällen keine Verpflichtung.

Traditionell besteht sie aus Leder oder wird heute in einer Kombination aus Textilien in mehreren Schichten mit weiteren Protektoren gefertigt. Die äußere Schicht muss dabei sehr abriebfest sein. Sturzgefährdete Körperpartien, wie Knie, Ellbogen, Schultern und Rücken, sind mit *Protektoren* unterpolstert, die Energie absorbieren und das Abriebverhalten verbessern. Sie bestehen aus einer oder mehreren Lagen aus energie-absorbierendem Weichschaum und können mit einer zähen Außenschale versehen sein. Der Einsatz äußerer Hartschalen dient der großflächigen Verteilung der auftretenden Stoßenergie und damit der Reduzierung der Belastung beim Anprall an scharfkantige Hindernisse.

Stabile und am Handrücken gepolsterte *Motorradhandschuhe* sowie *Motorradstiefel* ergänzen die wirkungsvolle Schutzbekleidung.

Für besondere Einsatzgebiete und Verletzungsrisiken ist weitere Schutzkleidung entwickelt worden. Häufig entsteht aus dem Rennsport eine Motivation zur Entwicklung neuer Lösungen oder es erfolgt eine Übertragung von Konzepten aus anderen Gebieten wie z. B. Extremsportarten.

Schutzkleidung mit Airbag-Systemen: Bei PKW haben Airbags als weitere Gruppe von Schutzsystemen neben den Sicherheitsgurt-Systemen seit Langem eine größere Bedeutung. Bei Motorrädern ist keine energieabsorbierende Fahrgastzelle vorhanden und es können kaum Abstützungsflächen für Airbags genutzt werden. Die Vielfältigkeit der Unfallkonstellationen und die beschränkten Platzverhältnisse stellen weitere Herausforderungen dar.

Um dennoch die Airbag-Technologie für Motorradfahrer nutzbar zu machen, sind inzwischen zahlreiche Lösungen für in Schutzkleidung integrierte Airbag-Systeme entwickelt worden. Diese Lösungen werden entweder als *Airbag-Westen* angeboten, die unter bzw. über der weiteren Schutzkleidung getragen werden, oder das Airbag-System ist in die Schutzjacke oder den Schutzanzug integriert (Abb. 6.127).

Die Sensorik, Auslöseelektronik und die Stromversorgung sind inzwischen vollständig in die Schutzkleidung integriert, sodass das System i. d. R. unabhängig vom Motorrad arbeitet.

Nackenschutz-Protektoren: Ein zusätzlicher Schutz des Nacken- und Wirbelsäulenbereichs durch einen *Nackenschutz* (engl. *Neck Brace*) wird hauptsächlich im Renn-

Abb. 6.127 Schutzkleidung mit integrierten Airbag-Systemen für Motorradfahrer. (Quelle: Dainese)

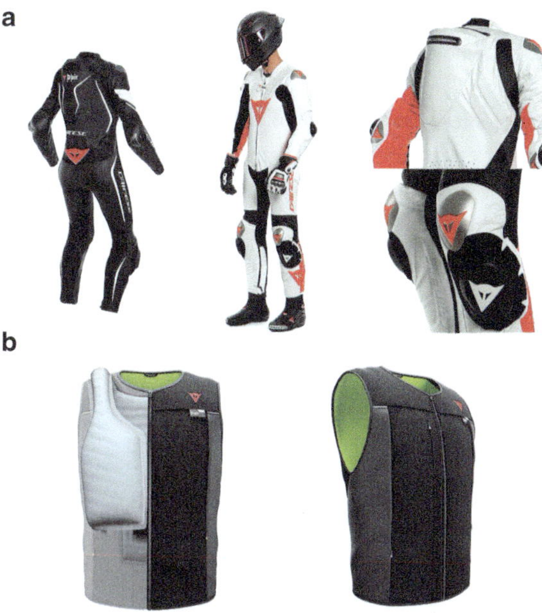

sport angewandt. Bei Kollision kann der Kopf nach vorne, nach hinten oder zur Seite überdehnt oder aber die Halswirbelsäule (HWS) durch Krafteinwirkung auf den Helm gestaucht werden. Dabei wird das Ziel verfolgt, die Gefahr von Verletzungen in den Bereichen von Hals, Rückenmark und Schlüsselbein bei schweren Kollisionen zu verhindern oder zumindest zu reduzieren. Abb. 6.128 zeigt beispielhaft ein System, bei dem

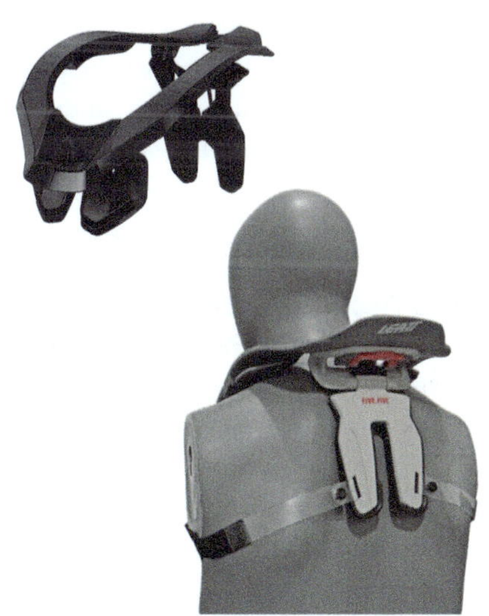

Abb. 6.128 Nackenschutzsystem für Zweiradfahrer. (Quelle: Leatt)

sich der Nackenschutz wie eine Halskrause um Nacken, Schulter und Brust des Fahrers legt, ohne die Bewegungsfreiheit des Kopfes übermäßig zu beeinträchtigen.

Rucksäcke mit Airbag-Systemen: Eine weitere Lösung besteht aus Rucksäcken mit integrierten Airbag-Systemen. Auch hier soll der Airbag eine ergänzende Schutzfunktion zum Fahrradhelm für Nacken, Schulter, Schlüsselbeine sowie den Brustbereich bieten. Weil hier das Tragen des Rucksacks erforderlich ist, zielen diese Konzepte eher auf Verletzungsrisiken bei spezifischen Anwendungsfällen (z. B. Commuting, Kurierfahrten).

6.8.5 Selbstschutz für Vulnerable Road User durch Fahrzeuggestaltung und fahrzeugbasierte Schutzsysteme

Die Möglichkeiten für gestalterische Schutzmaßnahmen bei Motorrädern zum Selbstschutz sind im Vergleich zu einem PKW wesentlich eingeschränkter. Dieser Abschnitt stellt beispielhaft einige Konzepte zum Schutz von Fahrern und Beifahrern von *motorisierten Zweirädern* (PTW) vor. Bei Motorrädern, Fahrrädern oder E-Scootern sind im Vergleich zu PKW andere Herausforderungen beim Verbau von Sicherheitssystemen zu lösen. Dies betrifft sowohl die Crash-Sensorik und Auslöseelektronik als auch potenzielle Aktuatoren wie z. B. Airbags. Schutzsysteme basieren zwar häufig auf Technologien, die bereits bei PKW etabliert werden konnten, aber sie müssen an die andersartigen Bedingungen angepasst werden. Weiterhin gelten für Motorräder andere Prüf- und Zulassungsbedingungen.

Auch sind die Unfallszenarien sehr vielfältig, sodass nicht das *eine* System den umfassenden Schutz bei einer Kollision gewährleisten kann. Die Anwendung und Verbreitung von Schutzsystemen bei PTW wird durch das zu erzielende Schutzpotenzial, aber auch durch Kriterien wie Robustheit, Gewicht, Alltagstauglichkeit und Kosten bestimmt. Dazu kommen das Sicherheitsbedürfnis und die subjektive Risikobewertung der Zweiradfahrer. Daher haben Lösungen oftmals nur Konzeptstatus und sind in der Praxis nur vereinzelt anzutreffen. Fahrzeugbasierte Schutzsysteme mit Auslösung bei Kollision, wie sie weiter unten dargestellt werden, sind bisher eine Nischenanwendung. Einige werden im Folgenden vorgestellt.

6.8.5.1 Fahrzeuggestaltung und konstruktive Gestaltung bei Motorrädern

Bereits die Entwicklung des Motorrad-Gesamtfahrzeugs berücksichtigt Schutzkonzepte für die *Aufsassen* (Fahrer und Beifahrer) sowie das Motorrad für unterschiedliche Unfallkonstellationen.

Die Kollisions-Matrix in Abb. 6.117 verdeutlicht, dass bei Motorradfahrern etwa ein Drittel der Verkehrstoten auf *Alleinunfälle* zurückzuführen ist. Aus der Analyse von Alleinunfällen sowie durch experimentelle und rechnerische Simulationen wurde deutlich, dass *Gleit-* und *Stopper-Einrichtungen* (auch: *Sturz-Pads*, *Crash-Pads*) eine einfache Maßnahme mit Schutzwirkung darstellen. Das gestürzte und am Boden rutschende Motorrad kann mit ihnen in seinem Bewegungsverhalten relativ zum Fahrer so beeinflusst werden, dass sich der Fahrer von der Maschine lösen kann [60]. Dieses Lösen wird durch drei Auflagepunkte erreicht, die am Motorrad beidseitig in die Vollverkleidung integriert wurden: zwei Stopper vorn und hinten mit dem größtmöglichen Abstand vom Radaufstandspunkt mit einer rutschfesten Oberfläche und einem Gleiter in der Nähe der Fußrasten aus entsprechendem Kunststoff-Material. Sie sorgen dafür, dass dem Motorrad, unabhängig davon, ob das Vorder- oder das Hinterrad wegrutscht, eine Kinematik aufgezwungen wird, die eine Trennung von Fahrer und Maschine ermöglicht. Überdies verhindert die entsprechend gestaltete Motorradseite das Einklemmen des Fahrers zwischen Motorrad und Fahrbahn.

6.8.5.2 Fahrzeugbasierte Airbag-Systeme bei Motorrädern

Bei Motorradfahrern entfällt derzeit etwa die Hälfte der Verkehrstoten auf Kollisionen mit PKW (Abb. 6.117). Eine häufige Unfallkonstellation zwischen Motorrädern und PKW sind *Kreuzungsunfälle*. Hier ist das Verletzungsrisiko für Motorradfahrer hoch, wenn der Kopf aufgrund der geometrischen Gegebenheiten mit dem steifen Dachrahmen des PKW kollidiert. Bereits bei geringen Geschwindigkeiten überschreiten die Kopfbeschleunigungen dann auch beim Tragen von Schutzhelmen tolerierbare Belastungswerte.

Eine Möglichkeit, das Verletzungsrisiko zu senken, kann in der Verwendung eines *Motorrad-Airbags* gesehen werden, der auf verschiedene Arten wirken kann:

- Die Belastung beim Aufprall des Motorradfahrers auf den PKW wird durch den gefüllten Airbag reduziert.
- Die Kinematik des Körpers des Motorradfahrers wird so beeinflusst, dass das Risiko einer frontalen Kollision mit dem PKW reduziert wird.
- Realisiert werden können diese Schutzmechanismen durch die Einbaulage am Motorrad und die Form des Airbags. So helfen beispielsweise Fangbänder bei der Stabilisierung der Lage des Airbags, da beim Motorrad kaum Stützflächen genutzt werden können. Allerdings sind die Bedingungen einer Kollision zwischen Motorrad und PKW sehr unterschiedlich, sodass dennoch ein hohes Verletzungsrisiko aufgrund erhöhter Halskräfte, Halsbiegemomente sowie Kopf- und Brustbeschleunigungen bestehen bleibt.
- Verletzungsrisiken durch einen weiteren Aufprall auf den Untergrund können durch ein fahrzeugseitig installiertes System kaum reduziert werden, sodass hier die persönliche Schutzkleidung weiterhin eine hohe Bedeutung besitzt.
- Der Einsatz eines Airbags beim Motorrad erfordert wie beim PKW ein Gesamtsystem, bestehend aus den Crash-Sensoren, der Steuerungselektronik (Kap. 7) und dem Airbag-Modul.

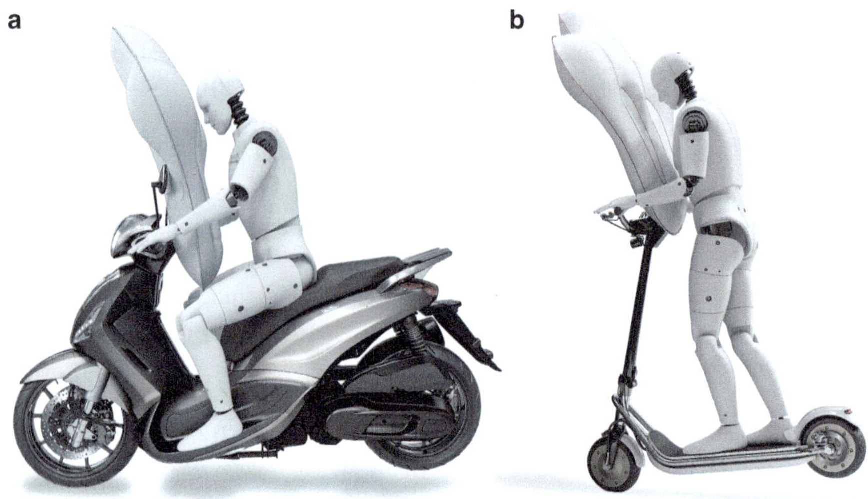

Abb. 6.129 Airbag-Konzepte für Zweiräder: **a** Motorroller, **b** E-Scooter (Elektrokleinstfahrzeuge). (Quelle: Autoliv)

6.8.5.3 Airbag-Konzepte für E-Scooter

Die steigende Nutzung alternativer Fahrzeugkonzepte führt zu neuen Herausforderungen beim Schutz von Verkehrsteilnehmern. Wie oben bereits beschrieben, tragen mehrere Faktoren zur Tauglichkeit von Schutzsystemen im Alltag bei. Weiterhin gilt es immer, ein Gesamtsystem (Sensorik, Auslöseelektronik, Aktuator) in ein Fahrzeug zu integrieren. Abb. 6.129 zeigt Konzepte von Airbag-Modulen mit der Integration in *E-Scooter* oder *Roller* insbesondere für den Schutz bei Seitenkollision mit einem Fahrzeug [6, 7].

Fokus weiterer Entwicklungen werden das Schutzpotenzial bei den relevantesten Unfallszenarien sowie die beste Abstimmung weiterer Entwicklungsziele wie Gewicht, Bauraum, Robustheit, Betriebsbereitschaft und Kosten sein – um nur einige zu nennen. Weitere Applikationen von Airbags bei PTW sind in der Zukunft zu erwarten.

6.9 Insassen- und Partnerschutz bei Nutzfahrzeugen

Die Schutzmechanismen der Passiven Sicherheit sowie Insassenschutzsysteme wurden im vorigen Abschnitt für das Anwendungsfeld PKW beschrieben. Beim Einsatz im Segment der *Nutzfahrzeuge* (NFZ) sind allerdings wesentliche Aspekte aus deren speziellem Blickwinkel zu betrachten, sodass in diesem Abschnitt eine gesonderte Darstellung der in der Anwendung befindlichen Schutzsysteme erfolgt. Aufgrund der Heterogenität innerhalb des Fahrzeugsegments und der unterschiedlichen Einsatzbedingungen sind die Unfallkonstellationen und damit auch die verfügbaren Schutzkonzepte sehr vielschichtig.

Abb. 6.130 LKW-Fahrzeug-Crashtest *(Volvo FH)*. (Quelle: Volvo Trucks)

Dieser Abschnitt zeigt im Folgenden die Maßnahmen zum *Selbstschutz* von Insassen bei *Lastkraftwagen* (LKW) und bei *Omnibussen* (KOM). Fahrzeuginsassen bei NFZ sind sowohl Fahrer als auch weitere Insassen in der Fahrerkabine. Bei Kraftomnibussen und autonomen Fahrzeugen ist es das Ziel, die Passagiere im Fahrgastraum zu schützen (Abb. 6.130).

Bei Unfällen von Nutzfahrzeugen mit anderen Verkehrsteilnehmern wie PKW, motorisierten Zweirädern, Fahrrädern oder Fußgängern unterscheiden sich die Größen- und Massenverhältnisse deutlich. Das höhere Verletzungsrisiko liegt damit eindeutig auf-seiten der mit NFZ kollidierenden Verkehrsteilnehmer. Es folgt daher eine Darstellung des bei NFZ sehr bedeutenden *Partnerschutzes*, der auf den Schutz von Insassen anderer Fahrzeuge und auch auf Maßnahmen zum Schutz von Vulnerable Road Usern zielt.

Bei NFZ sind sehr differenzierte Anforderungen für Insassen- und Partnerschutz-konzepte zu berücksichtigen. Ein Grund dafür sind unterschiedlichen Einteilungen in Fahrzeugsemente und -klassen in einzelnen Regionen und Ländern, in denen dann spezi-fische Regelungen gelten können. Ein weiterer Grund ist die Nutzung in sehr unter-schiedlichen Verkehrsräumen, wie z. B. öffentlichen Straßen, abgesperrten oder auch separierten Verkehrswegen und auch im Gelände, sodass Ausnahmen oder abweichende Regelungen anzuwenden sind.

6.9.1 Insassenschutz bei LKW

6.9.1.1 Insassenschutz durch sichere Fahrzeugstrukturen

Das *Fahrerhaus* (auch *Führerhaus, Fahrerkabine*) eines LKW ist auf den jeweiligen Ein-satz angepasst und dient dem Fahrer als Arbeitsplatz wie auch als Wohnraum oder es bietet Platz für weitere Passagiere. In Europa werden aufgrund der Längenbegrenzung von Nutzfahrzeugen nahezu ausschließlich *Frontlenkerfahrzeuge* eingesetzt. Die *Kabine* ist bei diesen Fahrzeugen über dem Motor positioniert. Die Fahrzeuge verfügen über keinen Vorbau und damit nicht über die bei PKW üblichen Geometrien mit vergleichsweise größeren Deformationswegen.

Zur Steigerung der Festigkeit und zur Bereitstellung des erforderlichen Energieaufnahmevermögens werden im Fahrerhaus Längsträger und Schweller verbaut. Ausgesteifte Frontsäulen, Profile in der Rückwand und Verstärkungen im Dachbereich fördern zudem die Stabilität des Fahrerhauses (Abb. 6.131). Die in den Strukturprofilen verklebten Scheiben erhöhen die Steifigkeit und senken das Risiko des Herausschleuderns der Insassen während eines Überschlags.

Seit den 1960er-Jahren werden zur Prüfung des Schutzes von Insassen des Fahrerhauses von Nutzfahrzeugen Schlagpendeltests durchgeführt (Abb. 6.132). Diese Prüfung

Abb. 6.131 LKW-Fahrerkabine mit versteifenden Strukturbauteilen *(Volvo FH)*. (Quelle: Volvo Trucks)

Abb. 6.132 Crashtest LKW-Fahrerkabine Volvo FH. (Quelle: Volvo Trucks)

ist Teil der Fahrzeugzulassung und in der UN-R 29 verankert [124]. In mehreren Tests werden der Frontbereich, die Frontsäulen (A-Säulen) sowie die Festigkeit des Daches untersucht und die Integrität der Fahrerkabine muss nachgewiesen werden.

6.9.1.2 Konstruktive Gestaltung des Innenraums

Die Reduzierung von Verletzungsrisiken für die Insassen und weitere Aspekte der Verkehrssicherheit haben auch bei der Gestaltung des Innenraums von Fahrerkabinen für NFZ eine immer stärkere Bedeutung erlangt. Abb. 6.133 zeigt beispielhaft die Fahrerkabine eines NFZ. Heute sind bei Interieurbauteilen gerundete Oberflächen und energieabsorbierende Konstruktionen übliche Gestaltungsprinzipen. Weiche, nachgiebige und reißfeste Oberflächen vermeiden Schnittverletzungen beim Anprall. Eine Instrumententafel, deren härtere Komponenten tiefer eingebaut werden, wirkt als Knieschutzträger und absorbiert die Energie der Insassen.

Verletzungsrisiken durch die Lenksäule und des Lenkrads werden durch konstruktive Maßnahmen reduziert: Eine flache Position des Lenkrades zielt darauf ab, dass in Unfallsituationen der Brustbereich, der höher belastbare Teil des Oberkörpers (Kap. 3), und nicht der Kopf-/Hals-Bereich des Fahrers betroffen ist. Zusätzlich kann das Lenkrad durch sein Deformationsvermögen ebenfalls Energie umsetzen.

6.9.1.3 Sicherheitsgurt-Systeme

Die Pflicht für Sicherheitsgurte gilt seit 1992 auch für LKW (StVZO 21, 21a) und für alle in der Kabine beförderten Insassen [108, 109]. Nach einer Studie in Deutschland sind bei schweren LKW Schwingsitze mit integrierten Sicherheitsgurt-Systemen inzwischen Standard für den Fahrersitz, wobei auf der Beifahrerseite der Sicherheitsgurt häufig an der Kabine angeschlagen ist [79, 80]. Kraftfahrer erreichen Wochenlenkzeiten

Abb. 6.133 Innenraumgestaltung des Führerhauses bei LKW. (Quelle: Volvo Trucks)

von bis zu 56 h – darüber hinaus verbringen sie weitere Zeit während der Pausen und Ruhephasen in der Kabine. Die Verbesserung der Ergonomie von Fahrer-/Beifahrersitzen und der Ausbau von Komfortfunktionen haben dabei auch Implikationen für Sicherheitsgurt-Systeme.

Bei in LKW verbauten Sicherheitsgurt-Systemen hat das *sitzintegrierte* (sitzfeste) Dreipunktgurt-System wesentliche Vorteile gegenüber der Verankerung des oberen Umlenkpunktes an der Kabinenwand. Die in der Sitzbasis integrierten Luft-Federungssysteme führen während der Fahrt zu merklichen Relativbewegungen. Der Tragekomfort des Sicherheitsgurtes verbessert sich wesentlich, wenn sich alle Gurtverankerungspunkte direkt am Sitz befinden (Abb. 6.134).

Aufgrund der aufrechten Sitzposition des Fahrers ergibt sich im LKW ein günstiger Verlauf des Sicherheitsgurtes. Ein Abtauchen (*Submarining*, Kap. 3) und daraus resultierende Becken- und Abdominalverletzungen sind nicht sehr wahrscheinlich.

Zur Ausstattung von Sicherheitsgurt-Systemen in LKW gehören vermehrt auch *Gurtaufroller-Straffer*, die bei Kollision die Koppelung des Insassen an den Sitz verbessern.

Auch der *Aktive Gurtaufroller-Straffer* (Abb. 6.135) bietet dem Fahrer im LKW weitere Sicherheitsfunktionen. Bei der Umsetzung Integraler Insassenschutzkonzepte kann hier das *Fahrerassistenz-System* (ADAS) des Fahrzeugs um taktile Alarm- und Warnfunktionen durch den Sicherheitsgurt ergänzt werden.

6.9.1.4 Airbag-Systeme bei LKW

Da sich seit den 1980er-Jahren Airbag-Anwendungen für Frontal- und Seitenaufprall bei PKW durchsetzten, folgten auch Konzepte für LKW. Auch aktuelle Studien zeigen, dass

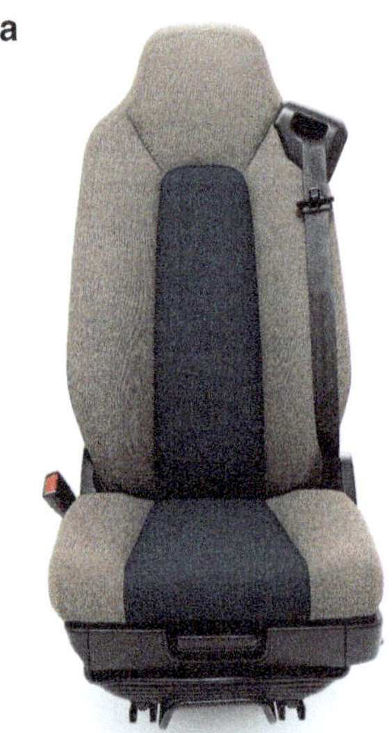
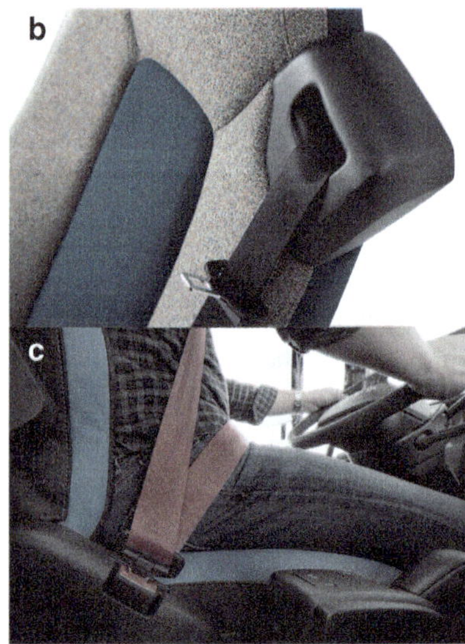

Abb. 6.134 LKW-Integralsitz mit sitzintegriertem Dreipunkt-Sicherheitsgurt. (Quelle: Volvo Trucks)

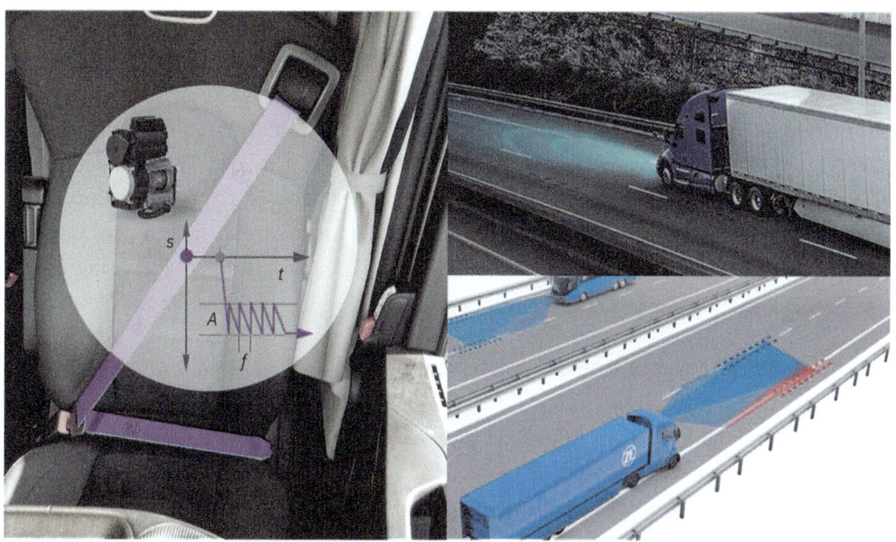

Abb. 6.135 Aktiver Gurtaufroller-Straffer für die Umsetzung multi-modaler Warnstrategien in Verbindung mit Fahrer-Assistenzsystemen. (Quelle: ZF)

Auffahrunfälle als Frontalaufprall bei schweren LKW das häufigste Unfallszenario sind [79, 80].

Der Einsatz von Airbag-Systemen bei LKW begann 1995 mit einem LKW-*Fahrer-Airbag* für den Frontalaufprall beim Volvo FH [145]. Damit verbunden war auch die erste Applikation einer Sensorik zur Unfalldetektion für LKW. Die Ausrüstung von LKW mit Fahrer-Airbag-Systemen ist bisher nicht selbstverständlich und gesetzlich nicht vorgeschrieben.

Während Sicherheitsgurt-Systeme wirksame und grundlegende Insassenschutzfunktionen für viele unterschiedliche Unfallszenarien bieten, sind Airbag-Systeme eher zielgerichtet auf bestimmte Unfallszenarien abgestimmt. Der Fahrer-Airbag stand damit am Anfang einer Entwicklung zur weiteren Reduzierung von Verletzungsrisiken bei LKW-Insassen durch Airbag-Systeme.

Eine nächste Anwendung der Airbag-Technologie im LKW war der Knie-Airbag. Dieser Airbag zielt ebenfalls auf die Reduzierung von Verletzungsrisiken bei Frontalaufprall, die durch die exponierte Sitzposition des Fahrers und mögliche Deformationen der Fahrerkabine entstehen. Ebenso wird die Kinematik des Fahrzeuginsassen beim Frontalaufprall für eine Rückhaltung in Kombination mit Sicherheitsgurt und Fahrer-Airbag verbessert.

Ein weiteres häufig auftretendes Unfallszenario bei LKW ist der Überschlag-Unfall. Die häufigsten Fälle lassen sich auf folgende Ursachen zurückführen: Abkommen des LKW von der Fahrbahn auf gerader Strecke und anschließender Überschlag an einer Böschung, Kippen des LKW bei enger Kurvenfahrt oder zu hoher Geschwindigkeit in

Abfahrten, Überschlag des LKW nach einem Ausweichmanöver zur Verhinderung der Frontalkollision mit einem Hindernis oder Fahrzeug.

Ein Seiten-Airbag-Modul für Überschlag-Unfälle soll zur Reduzierung von Verletzungsrisiken durch Herausschleudern aus dem Fahrzeug und durch Energieabsorption beim Anprall des Insassen beitragen [145, 146, 101] (Abb. 6.136). Für den Einbau in LKW sind heute in der Kabine integrierte Airbag-Module, aber auch sitzintegrierte Systeme verfügbar. Letztere zielen insbesondere auf den Verbau in Spezialfahrzeugen oder für bestimmte Flotten.

6.9.2 Insassenschutz bei Omnibussen

Die Schutzmaßnahmen für Insassen gelten neben Lastkraftfahrzeugen auch für Omnibusse bzw. *Kraftomnibusse* (KOM). Hier ist neben dem Insassenschutz für den Fahrer auch der für die Passagiere zu beachten. Im Folgenden wird daher auf einige spezifische Schutzeinrichtungen für Fahrgäste in Reise-, Überland- und Stadtbussen eingegangen.

6.9.2.1 Sichere Fahrzeugstrukturen bei Omnibussen

Wie bei PKW und LKW gilt es zuvorderst, die *Gestaltfestigkeit* der *Fahrgastzelle* sicherzustellen, sodass bei Unfällen und insbesondere bei Überschlag-Unfällen Zerstörungen der Karosserie vermieden werden. Überroll-Unfälle mit Omnibussen, bei denen es insbesondere zum Versagen der Dachstruktur kommt, haben dramatische Konsequenzen für die Passagiere.

Für Omnibusse werden daher versteifte Dachstrukturen und in die Karosserie integrierte Überrollbügel realisiert. Bei Omnibuskarosserien werden zwei grundsätzliche

Abb. 6.136 Seiten-Airbag-Modul für den Einsatz im LKW. (Quelle: Scania)

Konzepte eingesetzt. Traditionell wurden Fahrgestelle von LKW als Basis für den Aufbau verwendet. Dieses Konzept ist als *Leiterrahmen*-Bauweise weit verbreitet. Anders ist die selbsttragende Karosserie aufgebaut, deren Konzept als *Integral*-Bauweise (auch: *Schalen-*, *Gitterrahmen*-Bauweise) bezeichnet wird. Kässbohrer entwickelte Anfang der 1950er-Jahre erstmals einen Gitterrohrrahmen, der sich erfolgreich am Markt durchsetzen konnte. Geringes Gewicht bei hoher Steifigkeit der Karosserie sind bis heute Vorteile dieses Konzeptes. Daneben sind heute auch Mischformen wie *Semi-Integral*-Bauweise oder *Verbund*-Bauweise anzutreffen [77].

Die Anforderungen an die Festigkeit von Omnibus-Aufbauten bei *Überschlag-* und *Belastungsprüfungen* und im Rahmen der Fahrzeugzulassung sind in der UN-R 66 festgelegt [125].

6.9.2.2 Sitze und Sicherheitsgurte

Neben der Fahrzeugkarosserie zur Sicherstellung des Überlebensraums sind die *Sitze* mit integrierten Sicherheitsfunktionen das weitere wesentliche Element der Passiven Sicherheit von Passagieren in Omnibussen. Je nach Einsatzgebiet des Busses, ob als Stadtbus, Überlandbus oder Reisebus, gibt es für die Passagiere Steh- oder Sitzplätze, die Letzteren sind dabei die Option, die mehr Sicherheit bietet. Die Anforderungen an die Konstruktion und die Verankerung von Sitzen in Omnibussen sind in der Vorschrift UN-R 80 formuliert [126].

In modernen Omnibussen wird bei der Gestaltung der Sitze auf die Reduzierung von Verletzungsrisiken für Insassen geachtet. Daher sollten Ausstattungen für den Reisekomfort wie Klapptische, Haltegriffe und Becherhalter möglichst nicht in potenziellen Aufprallzonen von Kopf und Brust montiert werden oder sie sollten bruchfest und mit ausreichendem Deformationsvermögen ausgelegt sein [45]. Das Versagen der Sitz- und Lehnenstruktur bei Kollision muss durch eine geeignete Auslegung vermieden werden. Bei der Gestaltung von Sitzsystemen für Omnibusse können mit *energieabsorbierenden Rückenlehnen* zum Abfangen des Oberkörpers und Stützung der Kopf-Hals-Region Reduzierungen der Insassenbelastung erzielt werden.

Abb. 6.137 zeigt das *Sitz-System* eines Reisebusses mit seinen integrierten Sicherheitsfunktionen.

Eine wirksame Sicherheitsmaßnahme ist auch bei Omnibussen die Verwendung von Sicherheitsgurt-Systemen. Für Reisebusse gilt seit 1999 die *Ausrüstungspflicht* für Sicherheitsgurte an allen Sitzplätzen. Für exponierte Sitze – das sind Sitze, vor denen sich keine weitere Sitzreihe befindet – sind Dreipunktgurte, für die restlichen Sitze Zweipunktgurte, also Beckengurte, einzusetzen. Für Linienbusse im Nahverkehr, bei denen auch Stehplätze zugelassen sind, gibt es Ausnahmen von der *Gurtpflicht* [108–110].

Bei der Ausrüstung von Schulbussen mit Sitzen, die besonders auf Kinder abgestimmt sind, verfügen die über eine weiche und homogene Oberfläche an der Rückenlehne. Die Sitze sind mit Dreipunkt-Sicherheitsgurt-Systemen sowie integrierten Kindersitzen mit Fünf-Punkt-Sicherheitsgurt-System ausgerüstet.

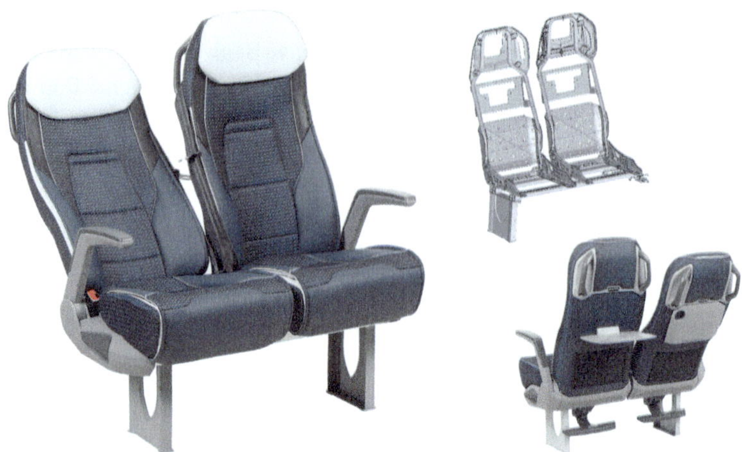

Abb. 6.137 Sitzsystem für Reisebusse mit Sicherheitseinrichtungen. (Quelle: Vogelsitze)

Potenziale zur Nutzung von Airbag-Systemen in Omnibussen wurden zwar untersucht, allerdings haben die für dieses Anwendungsgebiet entwickelten Modulkonzepte bisher keine Serienanwendung gefunden.

6.9.2.3 Weitere Einrichtungen für den Schutz von Passagieren.

Halte-Einrichtungen: In Linienbussen ist dem Umstand Rechnung zu tragen, dass die Fahrgäste nur kurzzeitig die Sitze einnehmen und häufig im Gang stehen. Daher ist den *Halte-Einrichtungen* besondere Aufmerksamkeit zu widmen: Die Erreichbarkeit muss den *anthropometrischen* Anforderungen (Kap. 3) genügen und bei Kurvenmanövern sowie bei Brems- und Beschleunigungsvorgängen müssen sie für die Fahrgäste schnell und sicher greifbar sein. Darüber hinaus sind Ecken und Kanten durch Abrundungen und Polsterungen zu entschärfen, um in Unfallsituationen günstige Anprall-Geometrien zu bieten (Abb. 6.138).

Zur Verbesserung der Standsicherheit der Passagiere sind die *Bodenbeläge* rutschfest ausgeführt und fest mit dem Boden verbunden.

Für Kinderwagen, aber auch zur Mitnahme von Rollatoren, Fahrrädern oder E-Scootern können insbesondere Stadtbusse mit *Verzurr-Einrichtungen* und besonderen Stellplätzen ausgestattet sein. Für den Transport von Rollstuhlfahrern können *Rollstuhl-Rückhaltesysteme* verbaut sein.

Weiteres Gefährdungspotenzial entsteht für Passagiere immer wieder durch *Gepäck-ablagen*, da Gepäckstücke bei Kurvenfahrten und anderen Fahrmanövern aus offenen Staufächern herabfallen und die Fahrgäste gefährden können. Verriegelbare Ablagen, wie im Flugverkehr, sind allerdings nicht verbreitet.

Abb. 6.138 Innenraumgestaltung beim Omnibus und Halteeinrichtungen. (Quelle: MAN)

Fluchtwege zur Evakuierung: Eine besondere Bedeutung bei Unfallereignissen ist bei Omnibussen in der Forderung nach einer möglichst schnellen *Evakuierung* zu sehen. Hierzu sind Vorgaben für die Anzahl und die Größe der *Fluchtwege* und *Notausstiege*, d. h. Öffnungen wie Türen, Scheiben und Dachluken, gesetzlich geregelt [111].

Eine Verbesserung der Fluchtmöglichkeiten lässt sich durch eine Auslösemöglichkeit der vorhandenen Not-Entriegelung durch Ersthelfer von außen erreichen.

Die Verglasung kann aber auch so ausgelegt werden, dass sie in verstärktem Maße Schutzfunktionen für Passagiere übernimmt und zur Erhöhung der Struktursteifigkeit des Fahrzeuges beiträgt. Dies macht jedoch für den Evakuierungsfall Vorrichtungen zur Öffnung der Scheiben erforderlich. Ein Beispiel hierfür sind *Sprengschnüre*, wie sie auch in gepanzerten Limousinen verwendet werden. Sie trennen die Scheibe vom Fahrzeug und sollen sowohl von innen als auch von außen auslösbar sein. Allerdings sind für sie auch Schutzmaßnahmen gegen Missbrauch vorzusehen.

6.9.3 Partnerschutz bei Nutzfahrzeugen

Bei Kollisionen zwischen Nutzfahrzeugen mit PKW, Zweiradfahrern und Fußgängern ist das Verletzungsrisiko eindeutig aufseiten der anderen Verkehrsteilnehmer. Nutzfahrzeuge erfüllen durch ihre Masse, ihr geringes Energieabsorptionsvermögen der Fahrzeugstruktur und die inhomogenen Fahrzeugoberflächen zunächst kaum die Anforderungen an eine Kompatibilität im Unfallgeschehen (Abschn. 6.2).

Um dennoch eine Reduzierung der Verletzungsrisiken anderer Verkehrsteilnehmer zu erreichen, sind Maßnahmen zum Partnerschutz bei NFZ verpflichtend, die der Passiven Sicherheit zuzuordnen sind und im Folgenden näher beschrieben werden.

Weitere Schutzfunktionen und Potenziale können mit Ansätzen der Integralen Sicherheit durch die systemübergreifende Integration von Technologien der Aktiven und Passiven Sicherheit umgesetzt werden. Ein Beispiel hierfür ist die Verbesserung des Auslöseverhaltens von Rückhaltesystemen von PKW bei Unterfahr-Unfällen durch die Einbindung der Fahrzeug-Umfeldsensorik (Kap. 7).

6.9.3.1 Front-Unterfahrschutz bei NFZ

Der *Front-Unterfahrschutz* (engl.: Front Underride Protection Device, FUPD) soll die Insassen anderer Fahrzeuge dadurch schützen, dass das Unterfahren der Front des NFZ verhindert wird und die in beiden Fahrzeugen beaufschlagten Deformationsstrukturen effektiv genutzt werden können. Ohne Unterfahrschutz würde es durch die geometrische Inkompatibilität zwischen NFZ und PKW zu ausgeprägten Intrusionen am PKW und hohem Verletzungsrisiko für die PKW-Insassen führen. Bei Frontalkollisionen zwischen PKW und NFZ mit Front-Unterfahrschutz-Einrichtung wird das verzögerungsarme Unterfahren weitgehend unterbunden. Die Verzögerung, die der PKW erfährt, wird nun durch die Deformationsstrukturen des NFZ kontrolliert unterstützt. In Verbindung mit dem PKW-Rückhaltesystem sollen so insgesamt niedrigere Insassenbelastungen erreicht werden.

Derartige Unterfahrschutz-Einrichtungen sind in Europa seit 2003 für Neufahrzeuge mit einer zulässigen Gesamtmasse von 3,5 bis 12 t sowie für die über 12 t (Fahrzeugkategorien N2 bzw. N3) in der Richtlinie UN-R 93 gesetzlich vorgeschrieben [127]. Ausnahmen gelten lediglich für geländegängige Fahrzeuge, für LKW, deren Verwendungszweck mit den Bestimmungen für einen vorderen Unterfahrschutz nicht vereinbar ist, und für Fahrzeuge mit einer zulässigen Gesamtmasse von 7,5 t und einer Bodenfreiheit von nicht mehr als 400 mm. Abb. 6.139 zeigt beispielhaft den Fahrzeug-Crashtest einer Unterfahrschutz-Einrichtung. Als Prüfkriterien für Front-Unterfahrschutz sind maximal zulässige Deformationen und Mindest-Widerstandszeiten festgelegt, die nach der Beaufschlagung mit einer definierten Kraft zu erfüllen sind. Front-Unterfahrschutz-Einrichtungen weisen an der Unterkante einen maximalen Abstand zur Fahrbahn von 400 mm auf. Sie verfügen über eine Profilhöhe von mindestens 100 mm für Fahrzeuge der Kategorie N2 bzw. 120 mm für LKW der Kategorie N3 und sind ausreichend widerstandsfähig gegen Kräfte ausgelegt, die im Wesentlichen parallel zur Längsachse des Fahrzeuges einwirken.

6.9.3.2 Heck-Unterfahrschutz für NFZ und Anhänger

Der *Heck-Unterfahrschutz* (HUS) (engl.: *Rear Underrun Protective Devices*, RUPD) war die erste Unterfahrschutz-Einrichtung für Lastkraftwagen sowie für Anhänger ab einer zulässigen Gesamtmasse von 3,5 t. Sie wurde bereits im Jahr 1975 mit der UN-R 58 eingeführt [128]. Der Heck-Unterfahrschutz soll PKW beim Aufprall gegen das Heck eines LKW oder Anhängers wirksamen Schutz gegen das Unterfahren bieten. Ohne Heck-Unterfahrschutz dringt durch die geometrische Inkompatibilität der PKW sehr weit unter den LKW bzw. Anhänger vor und es kommt beim PKW zu ausgeprägten Intrusionen

Abb. 6.139 Crashtest einer LKW-Unterfahrschutz-Einrichtung bei Seitenaufprall. (Quelle: Volvo Trucks)

Abb. 6.140 PKW-Heckkollision mit LKW ohne Heck-Unterfahrschutz-Einrichtung. (Quelle: [61, 72])

(Abb. 6.140). Der Vorderwagen des PKW trägt kaum zur Energieabsorption bei, und es gibt Fälle, in denen keine Detektion einer Kollision zur Auslösung der Rückhaltesysteme erfolgt. Alle Faktoren tragen zu einem hohen Verletzungsrisiko für die PKW-Insassen bei.

Analog zum Front-Unterfahrschutz ist die rückwärtige Schutzeinrichtung für Kräfte ausgelegt, die überwiegend parallel zur Fahrzeug-Längsachse wirken. Heck-Unterfahrschutzsysteme weisen in unbeladenem Zustand eine maximale Bodenfreiheit von 550 mm auf. Dabei beträgt die Höhe des Querträgerprofils mindestens 100 mm. Im Vergleich zur frontseitigen Schutzeinrichtung sind beim Heck-Unterfahrschutz deutlich mehr Ausnahmen für spezifische Fahrzeuge festgelegt.

Untersuchungen zu Heck-Unterfahrschutz-Einrichtungen ab den 1990er-Jahren zeigten bestehende Problempunkte auf. Ist der Heck-Unterfahrschutz zu hoch verbaut, kann sich die Deformationsstruktur des PKW nicht an ihm abstützen [72]. Verschärfend wirken sich das mögliche Bremsnicken des PKW und das dabei auftretende Absenken der PKW-Front aus. Dass bei derartigen Kollisionen das LKW-Heck trotz der eingesetzten Schutzeinrichtung von PKW unterfahren wurde, konnte nachgewiesen werden [106]. Die steifen Strukturen des Nutzfahrzeugs drangen beim Unterfahren tief in den Fahrgastraum ein und hatten für die Frontinsassen ein schwerwiegendes Verletzungsrisiko zur Folge.

6.9.3.3 Seiten-Unterfahrschutz für NFZ und Anhänger

Mit dem *seitlichen Unterfahrschutz* (engl.: *Lateral Protection Devices*, LPD) soll vor allem verhindert werden, dass Fußgänger, Fahrradfahrer und Motorradfahrer seitlich unter den Lastkraftwagen geraten (Abb. 6.141). Sie wirken eher nur als Abweiser und weniger als energieabsorbierende Deformationsstruktur. Die Ausrüstungspflicht entsprechend der Richtlinie UN-R 73 gilt für LKW der Kategorien N2 und N3 sowie für Anhängerfahrzeuge (Klassen O3 bzw. O4), sofern die seitliche Aufbau-Unterkante im unbeladenen Zustand eine Höhe von mehr als 550 mm aufweist [129].

Für die Auslegung der seitlichen Unterfahrschutz-Einrichtung gilt grundsätzlich, dass sich die Gesamtbreite des Fahrzeuges nicht vergrößern darf. Sie sollen möglichst bündig zur Außenkontur des Fahrzeugs angebracht sein und ihre Außenfläche soll glatt und möglichst durchgängig gestaltet sein, ohne offenen Lücken zu lassen. Als Materialien werden oft Aluminiumprofile oder Kunststoff-Konstruktionen verbaut. Die Prüfanforderungen sehen vor, dass bei der Einwirkung einer statischen Kraft an einer

Abb. 6.141 Seitlicher Unterfahrschutz für LKW, Auflieger und Anhänger mit zusätzlicher Optimierung der Aerodynamik. (Quelle: ZF)

beliebigen Stelle der Schutzeinrichtung eine bestimmte Deformation nicht überschritten wird, wobei der Nachweis auch rechnerisch erfolgen kann.

Mit der Einführung des seitlichen Unterfahrschutzes stand eindeutig der Schutz von Fußgängern und Zweiradfahrern im Vordergrund, da eine statische Prüfkraft von lediglich 1 kN als ausreichend angesehen wurde. Diese Konstruktionen sind daher nicht geeignet, um bei einem Seitenaufprall von Motorrädern oder PKW auf den LKW, Anhänger oder Auflieger das Unterfahren zuverlässig zu verhindern.

6.10 Post-Crash-Phase und Rettungskette

Die *Post-Crash-Phase* (Phase: *Nach dem Unfall*, Abb. 1.7) ist Teil der Passiven Sicherheit. Die Zielsetzungen nach einem Unfallereignis sind die Verringerung von Unfallfolgen und die Vermeidung von weiteren Schäden bei Insassen und weiteren Verkehrsteilnehmern als Folge des Unfalls.

Im Kap. 2 ist bereits auf die wesentlichen Unfallereignisse und deren Analyse eingegangen worden. In Kap. 5 und 7 sind Technologien des *Connected Car* zur Vernetzung mit Rettungsdiensten dargestellt.

Dieser Abschnitt geht auf spezifische Aspekte der *Rettungskette* ein und zeigt Verknüpfungen von Insassenschutztechnologien mit dem Vorgehen von Rettungskräften nach Unfällen auf. Es ist unbestritten, dass der Erfolg von Rettungsmaßnahmen von ihrem möglichst zeitnahen Einsetzen abhängt. Ein Beitrag hierzu ist die Erfassung, Weitergabe und Vernetzung von verfügbaren Informationen. Dies ist ein Schwerpunkt von Technologien der Integralen Sicherheit in der *Post-Crash-Phase*.

In einem weiteren Abschnitt werden beispielhaft Maßnahmen zum *Brandschutz* aufgezeigt. Durch die Transformation der Automobilindustrie hin zu neuen Antriebstechnologien hat dieses Technologiefeld wieder größere Aufmerksamkeit erlangt.

6.10.1 Die Rettungskette

Dieser Abschnitt beschreibt die *Rettungskette* nach einem Verkehrsunfall mit dem Ziel, einen Überblick über den Ablauf und die zum Einsatz kommenden Rettungskonzepte und Technologien zu geben und darin Ansatzpunkte für weitere Verbesserungen in der Zukunft zu finden. Dabei werden Bezüge zum Fahrzeugbau und zu Konzepten der Integralen Sicherheit vermittelt.

Die *Rettungskette* (auch: *Überlebenskette, lebensrettende Kette*, engl.: *Chain of Survival*) ist der Ablauf, der mit dem *Notfallereignis* beginnt und mit der *klinischen Versorgung* von Notfallpatienten endet. Die Rettungskette ist in drei Phasen und in sechs Prozessschritte unterteilt (Abb. 6.142): Die Prozessschritte 1 bis 3 werden als *lebensrettende Sofortmaßnahmen* bezeichnet: **1:** Absicherung, Eigenschutz, **2:** Notruf, **3:** Erste Hilfe durch Laienhelfer am Unfallort. Die Prozessschritte 4 und 5 werden als *erweiterte*

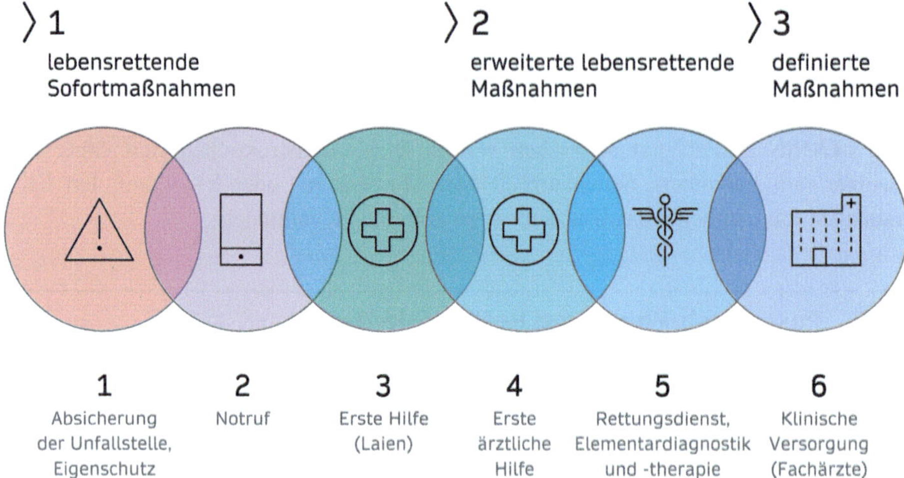

Abb. 6.142 Stufen der Rettungskette. (In Anlehnung an [152])

lebensrettende Maßnahmen bezeichnet: **4:** Erste ärztliche Hilfe sowie **5:** Elementardiagnostik und -therapie durch den Rettungsdienst. Es erfolgt auch der Transport von Verletzten in eine Klinik. Die Rettungskette endet mit *definierten Maßnahmen* und dem Prozessschritt **6:** Klinische Versorgung durch Fachärzte in einer Klinik [152].

Im *Rettungswesen* arbeiten fachübergreifend öffentliche und private Organisationen wie *Rettungsdienste* zusammen. Sie leisten medizinische Hilfe für Notfallpatienten bis zu deren Einlieferung in eine Klinik *(professionelle präklinische medizinische Hilfe)*. Die Versorgung von Notfallpatienten nach Verkehrsunfällen stellt einen Teil des Rettungswesens dar. Rettungsdienstorganisationen sind teilweise auf einzelne Einsatzarten spezialisiert, z. B. bodengestützte Rettung, Luftrettung.

Die medizinische Hilfe für Notfallpatienten ist in Deutschland eine öffentliche Aufgabe und in Rettungsdienstgesetzen auf Landesebene geregelt. Bei der Versorgung von Notfallpatienten arbeiten hier mehrere Berufsfelder mit ärztlicher (u. a. Notarzt, Leitender Notarzt, Leitung Rettungsdienst) sowie mit nichtärztlicher Ausbildung (u. a. Notfallsanitäter, Rettungssanitäter, Rettungshelfer) zusammen.

Bei der Organisation des Rettungswesens sind zwei Grundkonzeptionen denkbar, die sich in ihren Ausprägungen auch tatsächlich so etabliert haben: In vielen Ländern Europas hat sich seit Langem das Prinzip der *ärztlichen Versorgung an der Unfallstelle* durchgesetzt (*Stay-and-play*-Ansatz) [41]. Es bedeutet, dass der Notarzt zum Patienten an die Unfallstelle kommt und dort mit dem nichtärztlichen Personal zusammenarbeitet. Dagegen ist im anglo-amerikanischen Raum das Konzept des *möglichst raschen Transports* von Notfallpatienten in die Klinik verbreitet (*Load-and-go-* oder *Scoop-and-run*-Ansatz) [152]. Daher können sich Berufsbilder, Ausbildung und Tätigkeiten der Rettungskräfte je nach in der Weltregion angewandtem Konzept unterscheiden.

Allerdings entwickeln sich diese Grundkonzepte und die damit verbundenen Behandlungskonzepte wie ALS (*Advanced Level Support*) bzw. BLS *(Basic Level Support)* für den Stay-and-play-Ansatz bzw. Load-and-go-Ansatz weiter. Ein Beispiel hierfür ist der *Go-and-treat*-Ansatz für die Versorgung von Patienten mit *Polytrauma* [10].

In diesem Abschnitt soll daneben auch auf die Bedeutung von Leistungs- und Qualitätsindikatoren sowie die dafür notwendigen Informationstechnologien hingewiesen werden. Sie sind ein wesentliches Hilfsmittel für die Identifizierung von Verbesserungspotenzialen im Rettungswesen. Messungen erfolgen entlang der gesamten Rettungskette. Leistungs- und Qualitätsindikatoren werden zu Prozesszeiten in der Abwicklung von Notrufen, zur Dispositionsqualität der Einsatzleitstelle, zur Diagnostik, zur Verletztenversorgung und zum Transport in die Klinik erfasst [75].

Neben den Fortschritten der medizinischen Notfallversorgung gibt es wesentliche technische Entwicklungen, durch die sich das Rettungswesen weiterentwickeln konnte. Beispiele hierfür sind die Luftrettung, ein zentrales Notrufsystem, die Vernetzung von Einsatzleitstellen, automatische Notrufsysteme in den Fahrzeugen (eCall), die Ausstattung der Rettungskräfte mit Notfall-Medizintechnik, die Informationsbereitstellung an der Unfallstelle oder die Digitalisierung der Kommunikation der Rettungskräfte am Unfallort sowie die Verkehrsleittechnik und die Information des fließenden Verkehrs und Warnung der übrigen Verkehrsteilnehmer durch vernetzte Fahrzeuge (Kap. 5).

Statistik der Rettungseinsätze

Die Straßenverkehrsunfallstatistik zählt alle Unfälle auf öffentlichen Straßen, die von der Polizei aufgenommen wurden und bei denen ein Personen- oder Sachschaden entstanden ist. In Deutschland wurden im Jahr 2021 insgesamt 2,3 Mio. Straßenverkehrsunfälle polizeilich erfasst [116]. Dabei wurden insgesamt 259.000 Unfälle mit Personenschäden gezählt. Hierbei kam es zu 268.000 Leichtverletzten, 55.000 Schwerverletzten und 2562 Getöteten.

In der Leistungsanalyse der Rettungsdienste wurden in Deutschland 2,9 Mio. Rettungseinsätze mit und 4,3 Mio. ohne Notarzteinsatz gezählt (der aktuelle Erfassungszeitraum ist 2016/17). Die Anzahl der Rettungseinsätze in der Folge von Verkehrsunfällen betrug 177.000 und damit umfasst ihr Anteil nur noch 2 % des Gesamtaufkommens gegenüber 19 % im Jahr 1977 [104].

Die Luftrettungsdienste führen in Deutschland zusammen über 80.000 Einsätze aus [15, 117]. Bei den Luftrettungseinsätzen mit Rettungshubschraubern beträgt der Anteil der Anlässe aufgrund von Verkehrsunfällen nur noch ca. 11 % [98].

In den letzten Jahren hat die Zahl der bei Rettungsdiensten in Deutschland beschäftigten Mitarbeiter stark zugenommen: 2021 waren es 85.000 Mitarbeiter [28]. Dies umfasst die Bereiche Notfallrettung und Krankentransporte, die oftmals dort ehrenamtlich Tätigen sind dabei allerdings nicht erfasst.

In der Zukunft werden technische Lösungen zur Datenvernetzung und -bereitstellung bei lebensrettenden Maßnahmen zur weiteren Verbesserung des Rettungswesens beitragen. Die Ausrüstung der Fahrzeuge mit Umfeldsensorik und Innenraumsensorik ergänzt etablierte Sensoren für die Kollisionserkennung, die Fahrzeugdynamik sowie die Insassensensierung und -klassifikation (Kap. 7). Je genauer beispielsweise die Einsatzleitstelle die Unfallsituation bereits zum Zeitpunkt der Alarmierung beurteilen kann, desto zielgerichteter kann sie die Rettungsdienste disponieren. Eine Nachforderung durch Fehlbeurteilung kann zu deutlichen Verzögerungen bei der Notfallversorgung führen.

Nach einem Unfall ist die gezielte Information von Rettungskräften daher ein wesentliches Ziel von Konzepten der Integralen Sicherheit. Durch den enormen Ausbau der Kommunikationsfähigkeiten aller Beteiligten in der Rettungskette und Verknüpfung von Daten durch Digitalisierungstechnologien können weitere Verbesserungen erreicht werden. Beispiele dieser Entwicklung werden im Folgenden entlang der Rettungskette und ihrer Prozessschritte näher erläutert.

6.10.1.1 Absicherung der Unfallstelle und Eigensicherung

Nach einem Unfallereignis stehen Insassen und Beobachter oft unter Schock oder geraten in Aufregung und Panik. Es herrscht Unsicherheit, was jetzt zu tun ist. Genau zu diesem Zeitpunkt rettet zielgerichtetes Handeln das Leben von Verletzten und hilft Folgeschäden zu vermeiden.

Nach einem Verkehrsunfall ist zunächst die Unfallstelle abzusichern. Erste Schritte sind das Abstellen des Fahrzeugs und das Einschalten der *Warnblinkanlage*. Zum eigenen Schutz bei der weiteren Sicherung der Unfallstelle sind *Warnwesten* anzuziehen. Fahrzeuginsassen verunglückter Fahrzeuge sollten unbedingt außerhalb des Fahrzeugs an sicherer Stelle auf das Eintreffen von Rettungskräften warten. Durch fließenden Verkehr kommt es insbesondere auf Schnellstraßen nicht selten zu Folgeunfällen mit orientierungslosen und unter Schock stehenden Personen. In einem nächsten Schritt wird der fließende Verkehr mit *Warndreieck, Warnblinkleuchte* und auch durch Winken zum Langsamfahren aufgefordert. Eintreffende *Ersthelfer* müssen ebenfalls die Warnblinkanlage zur Sicherung des eigenen Fahrzeugs einschalten und beleuchten bei Dunkelheit die Unfallstelle.

Der fließende Verkehr bildet eine *Rettungsgasse*, um Platz für Rettungskräfte zu schaffen. Behinderungen von Rettungsmaßnahmen oder auch das unangebrachte Verhalten von Schaulustigen an der Unfallstelle werden sanktioniert.

Die Maßnahmen gelten im Wesentlichen auch bei der Sicherung eines *Pannenfahrzeugs* oder bei einem Notfall ohne Kollision.

6.10.1.2 Notruf

Die Meldung eines Unfalls an eine Einsatzleitstelle (auch *Notrufleitstelle, Notrufzentrale*) ist die initiale Information zur Entsendung von Rettungskräften für die Versorgung von Verletzten und die weitere Sicherung der Unfallstelle. Eine hohe Qualität der Informationen über die Notfall- bzw. Unfallsituation ist Voraussetzung für die zielgerichtete Alarmierung der Rettungsdienste.

Einsatzleitstellen empfangen Notrufe über verschiedene Kommunikationswege. Sie erhalten sowohl Anrufe als auch automatisch übermittelte Meldungen von beteiligten Fahrzeugen oder auch von den Smartphones der Insassen. Varianten von Notrufsystemen, wie Meldungen zu einem Unfallereignis an eine örtlich zuständige Leitstelle übermittelt werden können, werden im Folgenden vorgestellt.

Für Anrufer sind örtliche Notrufleitstellen über eine einheitliche Notrufnummer zu erreichen. Die *europäische Notrufnummer* **112** *(Euronotruf)* stellt kostenlos eine Verbindung über das Festnetz oder den Mobilfunk zur Leitstelle her. Dabei werden die Telefonnummer des Anrufers und die Standortdaten automatisch übermittelt. Über die „5 W" (**1**: Wo ist der Unfall? **2**: Was ist passiert? **3**: Wie viele Verletzte? **4**: Wer ruft an? und **5**: Warten auf Rückfragen!) versucht die Leitstelle, Informationen zur Einleitung der notwendigen Rettungsmaßnahmen zu gewinnen, und gibt Hinweise für die Erste Hilfe bis zum Eintreffen der Rettungskräfte.

Hör- und Sprachgeschädigte oder auch Besucher mit eingeschränkten Sprachkenntnissen können über eine barrierefreie Notruf-App (*nora Notruf-App* der Bundesländer) Rettungsdienste erreichen, ohne sprechen zu müssen. Bisher waren für Notrufe von Hörgeschädigten vorrangig Dolmetscherdienste (Relay-Dienste) erforderlich, die den Notruf mithilfe der Gebärdensprache ermöglichen.

Auch Fahrzeuge können einen Verkehrsunfall mithilfe automatischer Notrufsysteme an die Notrufzentrale melden. In Europa ist der Verbau von *eCall*-Systemen seit 2018 verpflichtend (Kap. 5, 7). Der Notruf wird automatisch beispielsweise nach dem Auslösen von Airbags gestartet. Danach kann eine Sprachverbindung zwischen der Notrufzentrale und dem Fahrzeug aufgebaut werden. Auch andere Verkehrsteilnehmer können einen Notruf manuell über die Notruftaste ihres Fahrzeugs starten und werden mit dem Callcenter (Concierge-Service) des Fahrzeugherstellers verbunden. Es stellt dann eine Verbindung zur Notrufzentrale her. Bei anderen Notfällen als einem Verkehrsunfall kann ein Notruf auch manuell über die Notruftaste im Fahrzeug aktiviert werden.

Inzwischen verfügen auch Smartphones oder Smartwatches über Funktionen der Unfallerkennung und des automatischen Notrufs. Die Sensierung verschiedener Verkehrsunfallszenarien (Frontal-, Seiten-, Heckaufprall und Überschlag) erfolgt sowohl über die Beschleunigungssensoren als auch über die Analyse charakteristischer akustischer Signale [19]. Ist ein Notfallpass mit medizinischen Hinweisen hinterlegt, werden diese Daten mit der Einsatzleitstelle geteilt und können an die Rettungskräfte übermittelt werden.

Die Einsatzleitstelle stellt auf Basis der eingetroffenen Informationen die *Einsatzindikation* fest und entscheidet über die Entsendung der zur Verfügung stehenden und aus ihrer Sicht notwendigen Rettungsdienste, u. a. Rettungswagen, Notarzt, Feuerwehr mit Rüstwagen und Bergungsgerät oder auch Löschzug, Rettungshubschrauber, Polizei, Pannendienst, Technisches Hilfswerk.

Weiterhin können bei Bedarf über den *Verkehrswarndienst* und die *Landesmeldestellen* Informationen und Warnungen des übrigen Verkehrs erfasst und weiterverteilt werden.

6.10.1.3 Ersthilfe

Jeder ist verpflichtet, Hilfe zu leisten, wenn er sich selbst dadurch nicht in unmittelbare Gefahr begeben würde. Eine unterlassene *Ersthilfe* bei Verkehrsunfällen wird sanktioniert.

Dennoch kann die Rettung von Fahrzeuginsassen aus dem Fahrzeug für Ersthelfer schwierig sein, wenn Türen nicht zu öffnen oder die Insassen eingeklemmt sind. Lebensrettende Sofortmaßnahmen sind dann zunächst von außen zu leisten, bis das Fahrzeug geöffnet werden kann. Hier müssen dann zunächst Rettungs- und Bergungsgeräte durch die Feuerwehren zum Einsatz gebracht werden.

6.10.1.4 Sicherung und Bergung durch die Feuerwehren

Ist zur Bergung von eingeklemmten Unfallgeschädigten die Feuerwehr alarmiert worden, so wird sie die Unfallstelle mit einem Löschzug und Zusatzausstattung für technische Hilfeleistung oder auch mit weiterem *Rettungs-* und *Bergungsgerät* erreichen.

Je nach Beurteilung der Gefährdungslage wird die Einsatztaktik festgelegt. Die *Sofortrettung* ohne weiteren Verzug erfolgt z. B. bei Brandgefahr oder Absturzgefahr des Fahrzeugs. Andernfalls erfolgt die *patientengerechte Rettung* mit dem Ziel, weitere Folgeschäden zu vermeiden.

Muss zur Rettung der Fahrzeuginsassen das Fahrzeug aufgeschnitten werden, kann die Feuerwehr anhand der Fahrzeugskizze des richtigen Fahrzeugtyps mit fahrzeugspezifischen Informationen wie Verbauorten von Airbags, Gurtstraffern, Auslöseelektronik (Airbag-Steuergerät), Batterien, Treibstofftank oder Druckgasbehälter schnell ein geeignetes Vorgehen für den Einsatz festlegen. Diese sensiblen Systeme können bei Rettungsmaßnahmen eine Gefahr sowohl für die Insassen und auch die Rettungskräfte darstellen. Für am Unfallort vorgehende Rettungskräfte werden seitens der Fahrzeughersteller diese Informationen in Form von *Rettungsdatenblättern* (auch: *Rettungskarte*, Rettungsleitfaden) veröffentlicht. Rettungsdatenblätter sind standardisiert [55] und bereits für mehrere Tausend Fahrzeugtypen online im Internet abrufbar. Sie können auch mit spezifischer Software für Rettungskräfte dargestellt werden [23] (Abb. 6.143).

Rettungskräfte können mit Abfrage des Kennzeichens beim *Zentralen Fahrzeugregister* (ZFZR) des *Kraftfahrt-Bundesamtes* (KBA) den spezifischen Fahrzeugtyp ermitteln. Da in den Rettungsdatenblättern keine fahrzeugspezifischen Umbauten (z. B. Gasanlage) verzeichnet sind, können diese fahrzeugspezifischen Daten nur durch die Kennzeichenabfrage ermittelt werden. Die Anbindung an das *eCall*-System kann zu einer weiteren Beschleunigung des Abfrageprozesses genutzt werden.

Rettungskarten-QR-Codes, die am Fahrzeug aufgeklebt werden, dienen ebenfalls der raschen Information, denn nach einem Unfall kann es schwierig sein, den genauen Typ eines stark demolierten Fahrzeugs zu ermitteln.

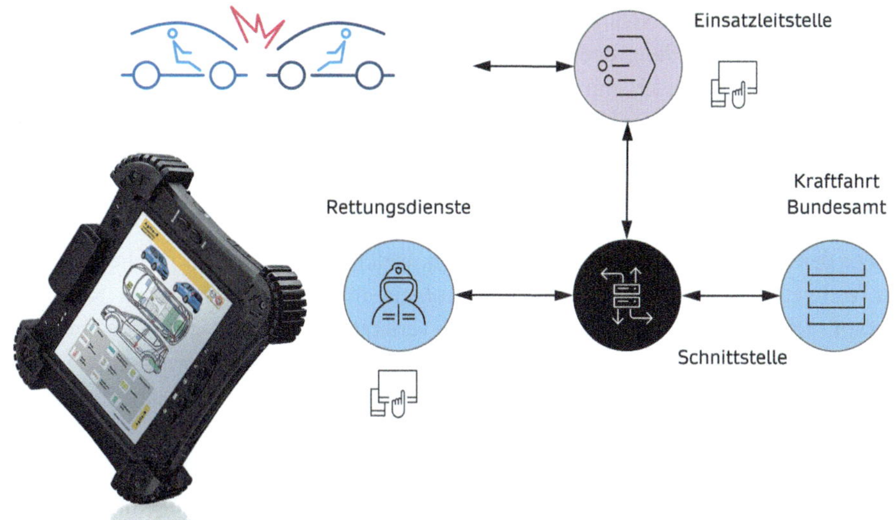

Abb. 6.143 Online-Rettungsdatenblattsystem für Feuerwehren. (Quelle: DAT)

Während in der Vergangenheit Angaben zu den pyrotechnischen Insassenschutzsystemen die Hauptmotivation für die Entwicklung von Rettungsdatenblättern darstellte, sind es inzwischen auch Informationen zur Antriebsart des Fahrzeugs sowie zu Treibstoffen, Batterien, Gasspeichern oder Gasleitungen.

6.10.1.5 Notfallversorgung durch Rettungsdienste

Die Verletzungen von Verkehrsunfallopfern reichen von leichten Schädigungen *(Läsion)* bis hin zu lebensbedrohlichen Verletzungen mehrerer Körperteile *(Polytrauma)*. Die Abläufe zur präklinischen Erstversorgung legt das Rettungsteam fest und passt es je nach Situation vor Ort und weiterem Verlauf an.

Bei Notfallpatienten gilt der Grundsatz *Treat first what kills first,* um durch Sicherung der Vitalfunktionen das Überleben in den nächsten Minuten bzw. Stunden sicherzustellen. Zur strukturierten Untersuchung und Versorgung von Notfallpatienten folgen Rettungskräfte daher Leitlinien *(Rettungsschemata)* wie dem *ABCDE-Schema* [123] bzw. cABCDE-Schema, das Prioritäten für lebensbedrohliche Zustände vorgibt: **c:** Critical Bleeding (lebensbedrohliche externe Blutungen), **A:** Airway (Atemweg), **B:** Breathing (Atemfrequenz), **C:** Circulation (Kreislauf), **D:** Disability (neurologische Defizite), **E:** Exposure (Exploration, beinhaltet Körpertemperatur, Frakturen, Umfeld).

Inzwischen kann durch eine umfassende Kommunikation der Rettungskräfte von der Unfallstelle mit der Einsatzleitzentrale und der Klinik die weitere Versorgung von Verletzten abgestimmt werden. Ein solches System wird als *Notfallassistenzsystem* bezeichnet und wurde in Deutschland, Österreich und Schweiz als *Notfall-, Informations- und Dokumentationsassistent* (NIDA) in vielen Regionen bereits implementiert.

Rettungswagen und Notarztfahrzeuge sind hierfür mit mobilen Geräten wie Tablets für die Online-Verbindung über Mobilfunk ausgerüstet (Abb. 6.144), durch sie sowohl mit ihrer Klinik als auch mit der Einsatzleitstelle verbunden und können mit ihnen Sprach-, Video- und Datenkommunikation über den gesamten Zeitraum des Einsatzes abwickeln. Bereits auf dem Weg zur Unfallstelle können weitere Informationen zur Vorbereitung des Einsatzes übermittelt werden – beispielsweise, wenn die Leitstelle neue Einzelheiten erfahren hat.

Für den weiteren Ablauf ist zu entscheiden, welche Klinik sowohl für die Versorgung der Verletzten geeignet ist als auch im Moment über die erforderlichen Kapazitäten verfügt. Dies gilt insbesondere bei Schwerverletzten, die eine spezielle Versorgung benötigen. Hier kann das Notfallassistenzsystem den Abstimmungsprozess unterstützen und beschleunigen. Ist die Notfallversorgung abgeschlossen und der Patient stabilisiert, startet der Transport in die festgelegte Klinik.

Die Daten aus dem Notfallassistenzsystem unterstützen die Übergabe an die Notaufnahme in der Klinik. Die notärztliche Erstdiagnose, Patientendaten (Anamnese, EKG, Vitalparameter) sowie auch Bilder oder Videos können der Notaufnahme schon von der Unfallstelle gesandt werden. In der Klinik können damit die Unfallsituation, die Unfallkinematik (Kap. 3) der Insassen sowie wahrscheinliche Belastungen und Schädigungen der Verletzten (z. B. *Hochrasanztraumata*) sehr viel besser eingeschätzt werden. In der Notaufnahme können bereits vor Eintreffen des Rettungswagens Vorbereitungen getroffen werden.

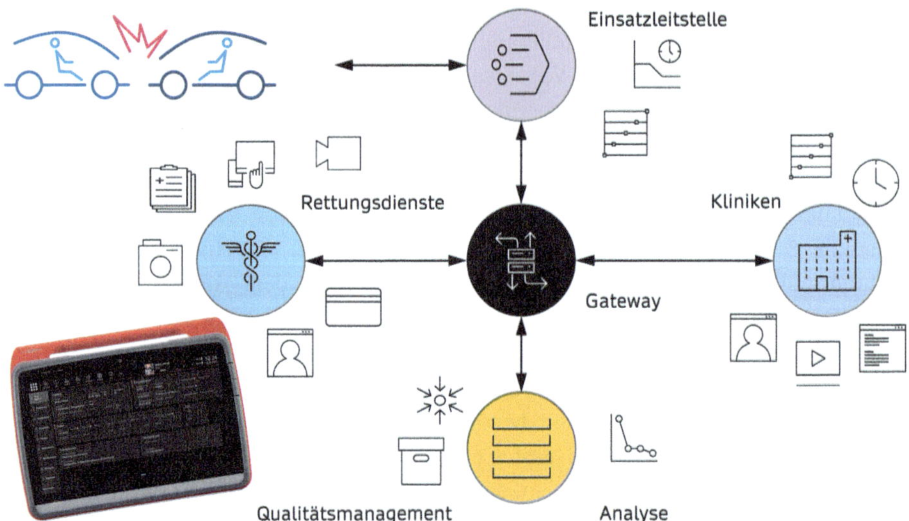

Abb. 6.144 Informationskette nach dem Unfallereignis zum Einsatz des Rettungswesens. (Quelle: ZTM, medDV)

Im Nachgang des Notfalleinsatzes erfolgt die systematische Dokumentation der präklinischen Maßnahmen nach standardisierten und rechtssicheren Verfahren. Hierfür werden zum Beispiel das *Notfalleinsatzprotokoll* [26] und der *Minimale Notfalldatensatz* (MIND) [27] der Deutschen Interdisziplinären Vereinigung für Intensiv- und Notfallmedizin (DIVI) benutzt [85] Abb. 6.145). Diese Dokumentation ist auch ein Element des Qualitätsmanagements im Rettungswesen und trägt damit zusätzlich zur Identifizierung von weiteren Verbesserungspotenzialen bei.

Rettungskette und Integrale Sicherheit in der Post-Crash-Phase
Zu Technologien der Integralen Sicherheit in der Post-Crash-Phase und zur Rettungskette von Verkehrsunfallopfern ist eine Auswahl weiterführender Informationsangebote und Themenseiten in der folgenden Liste aufgeführt:

- ADAC – www.adac.de – Rettungskarten
- Deutsche Automobil Treuhand (DAT) – www.dat.de – Rettungsdatenblatt-Datenbank
- Deutsche Interdisziplinäre Vereinigung für Intensiv- und Notfallmedizin (DIVI) – www.divi.de – DIVI-Notfalleinsatzprotokoll, Minimaler Notfalldatensatz MIND4.0
- Euro NCAP – www.euroncap.com – Rescue and Extrication
- International Association of Fire and Rescue Services – www.ctif.org
- ISO – www.iso.org – ISO 17840 – Road vehicles – Information for first and second responders
- Zentrum für Telemedizin (ZTM) – www.ztm.de – NIDA

6.10.2 Wiederherstellung der Verkehrssicherheit

Neben der Notfallversorgung verletzter Personen durch die Rettungsdienste sind noch weitere Aufgaben an der Unfallstelle zu erfüllen, um die Verkehrssicherheit an der Unfallstelle und die Freigabe der Straße für den fließenden Verkehr rasch wiederherzustellen.

Dies umfasst das Bergen von Fahrzeugen, das Abschleppen bzw. Verladen und Abtransportieren von beschädigten und nicht mehr fahrbereiten Fahrzeugen, die Straßenreinigung, Sicherungs- und Absperrmaßnahmen, die Gefahrstoffbeseitigung, die Instandsetzung der Fahrbahn. Diese Tätigkeiten werden von Pannendiensten, Feuerwehren, der Straßenmeisterei, kommunalen Diensten oder dem Technischen Hilfswerk wahrgenommen.

Nach der Verbringung der Unfallfahrzeuge zu einem Abstellbereich erfolgt deren Sicherung vor möglichen Folgeschäden, z. B. durch einen nicht entdeckten Kurzschluss oder einen Schwelbrand. Hierzu wird die Stromversorgung der Niedrigvolt-Batterien unterbrochen. Es kann auch notwendig sein, noch im Fahrzeug verbliebene

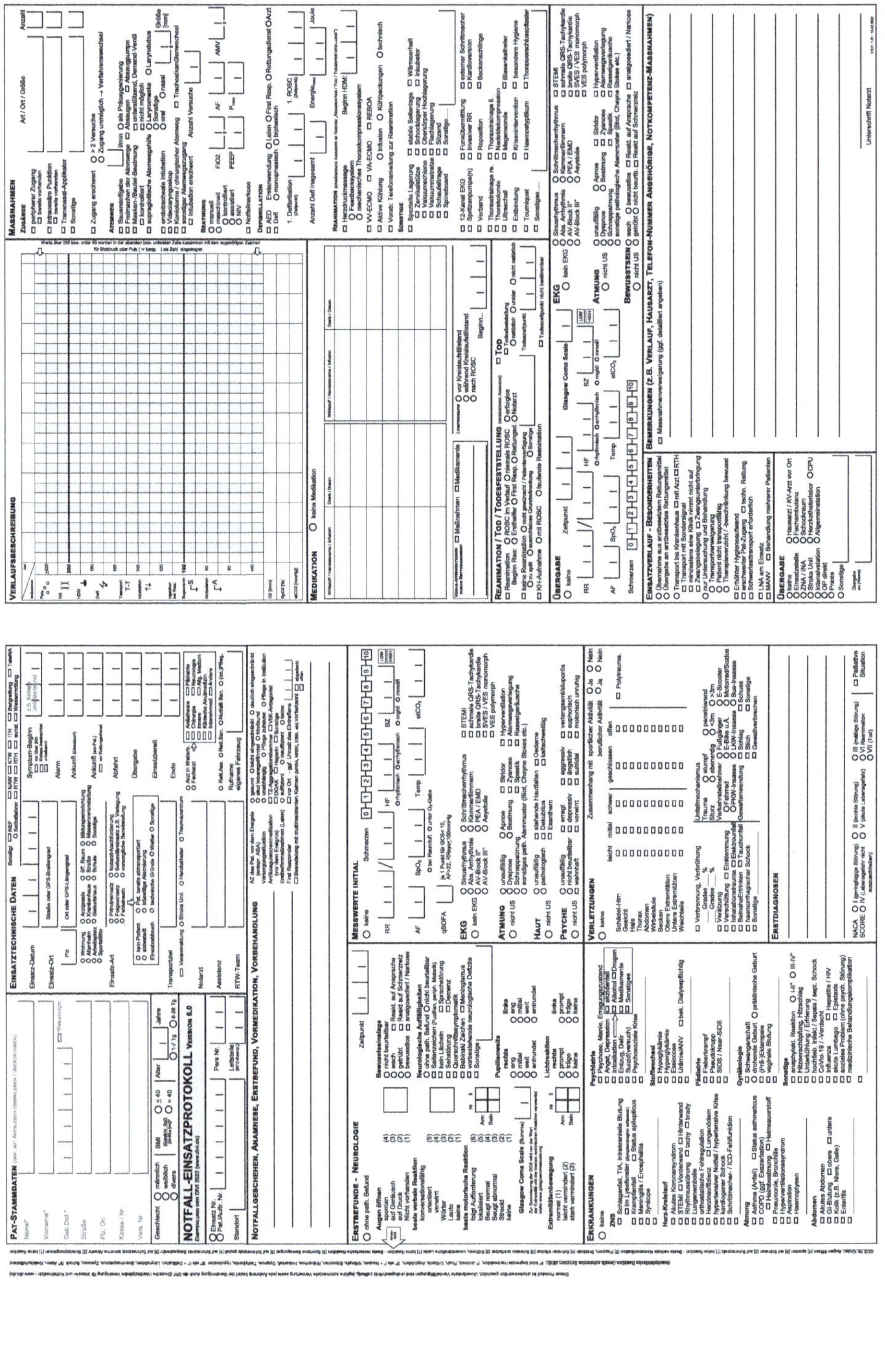

Abb. 6.145 Standardisierter Erfassungsbogen DIVI-Notfalleinsatzprotokoll [26]. (Quelle: ZTM)

Betriebsstoffe abzulassen. Für das Abstellen von Fahrzeugen mit Hochvolt-Batterien und alternativen Antrieben gelten besondere Maßnahmen und Regelungen.

6.10.3 Brandschutz

Fahrzeugbrände als alleiniges Unfallereignis oder als Folge einer Kollision stellen eine große Gefahr für Insassen, andere Personen im Verkehrsraum und Rettungskräfte dar. Durch einen Fahrzeugbrand kann auch Infrastruktur wie Straßen, Brücken, Tunnel oder Parkgaragen durch die Hitzeentwicklung, durch Löschmittelrückstände, Wassereintrag oder durch Rauchgase stark geschädigt werden. Daher umfasst der Brandschutz bei Kraftfahrzeugen ein Bündel von Maßnahmen, auf die an dieser Stelle in Schwerpunkten eingegangen wird.

Eine häufige Ursache von Fahrzeugbränden ist auslaufender Treibstoff, der sich an heißen Bauteilen des Motors und Antriebsstrangs entzündet. Fahrzeugbrände als Ursache oder als Folge eines Verkehrsunfalls treten wesentlich seltener auf.

6.10.3.1 Brandschutz durch tragbare Feuerlöscher

Durch im Fahrzeug mitgeführte tragbare *Feuerlöscher* lassen sich Entstehungsbrände effektiv bekämpfen. So kann beispielsweise ein Kabelbrand zu einem frühen Zeitpunkt gelöscht und ein Ausbrennen des Fahrzeugs verhindert werden. Autofeuerlöscher sind bisher nur in einzelnen Ländern verpflichtend.

Mit *ABC-Pulver* können Brände der drei *Brandklassen* – Brände fester Stoffe (A), Flüssigkeitsbrände (B) und Gasbrände (C) – gelöscht werden. Da ABC-Löscher auch langlebig und kostengünstig sind, ist diese Variante als Universallöschmittel am verbreitetsten. Die aufwendige Beseitigung des Pulvers nach dem Brand ist allerdings ein großer Nachteil und kann hohe Folgeschäden verursachen.

Alternative tragbare Feuerlöscher sind Schaumlöscher, die für die Brandklassen A und B geeignet sind. Das Löschmittel ist ein Wasser-Schaummittel-Gemisch.

6.10.3.2 Fahrzeugbasierte Brandmelde- und Löschanlagen

Als zusätzliche Einrichtung werden *automatische Brandmelde-* und *Löschanlagen* vorrangig im Motorsport verbaut oder sie sind als Aftermarket-Produkte erhältlich.

Insbesondere bei Nutzfahrzeugen wie Bussen, Sonderfahrzeugen oder Arbeitsmaschinen entwickelt sich der Brandschutz kontinuierlich weiter. Ein serienmäßiger Verbau ist allerdings auch hier eher selten, da insbesondere Löschanlagen zusätzliche Wartung im Betrieb erfordern. Nach Aktivierung durch die Brandmeldeanlage werden Insassen und die Umgebung durch optische und akustische Signale gewarnt und ein Notruf kann an eine Leitstelle gesendet werden. Die Löschanlage setzt das Löschmittel frei.

Der prinzipielle Aufbau einer Brandmeldeanlage für Verbrennerfahrzeuge umfasst im Motorraum verbaute Hitzesensoren, die ab einer bestimmten Auslösetemperatur die Löschanlage aktivieren, oder im Motorraum verlegte Detektions- bzw. Aktivierungskabel, die bei Kontakt mit einer offenen Flamme auslösen. Das Löschmittel gelangt dann vom Löschmittelbehälter über ein Rohrsystem und Verteilerdüsen in den Motorraum und zum Treibstoffbehälter. Als Löschmittel einer im Fahrzeug verbauten Löschanlage kommen je nach Einsatzbedingungen ABC-Pulver, Schaumlöschmittel oder Kohlendioxid (CO_2) zum Einsatz. Eine weitere Variante stellen Aerosol-Löschanlagen dar. Durch Umwandlung von Kaliumhydrogencarbonat zu Kaliumcarbonat wird dem Brand Oxidationsmittel entzogen. Zusätzlich entzieht diese endotherme Reaktion dem Brand Wärmeenergie, sodass die Löschwirkung gesteigert wird. Aerosol-Löschanlagen werden für verschiedene Fahrzeuganwendungen zum Brandschutz in Motorräumen, zum Schutz von Arbeitsmaschinen, aber auch zum Brandschutz bei verbauten Hochvolt-Batteriesystemen angeboten.

6.10.3.3 Brandschutzmaßnahmen bei Fahrzeugen mit Verbrennungsmotor

Bei Fahrzeugen mit Benzin- oder Dieselantrieb sind der Kraftstofftank und die Kraftstoffanlage sensible Komponenten. Auch bergen heiße Motor- oder Motoranbauteile, die Abgasanlage oder heiße Bauteile des Antriebsstrangs Brandrisiken.

Zur Reduzierung von Brandrisiken bei einer Kollision wird für den *Kraftstofftank* eine Einbaustelle gewählt, die sich im Unfallgeschehen möglichst wenig verformt. Sie befindet sich zum Beispiel unter der Rücksitzbank vor oder über der Hinterachse.

6.10.3.4 Brandschutz bei Fahrzeugen mit Hochvolt-Batterien

Fahrzeuge mit Hochvolt-Batterie- und -Energieversorgungssystemen umfassen Fahrzeuge mit Plug-in-Hybridantrieb (PHEV) und batterieelektrische Fahrzeuge (BEV) wie auch Fahrzeuge mit einer Wasserstoff-betriebenen Brennstoffzelle (FCEV).

Fahrzeuge mit Hochvolt-Systemen verfügen über mehrere Sicherheitssysteme, die das Risiko eines Brands nach einer Kollision durch Kurzschluss oder das Risiko durch einen Stromschlag sowohl für Insassen als auch Ersthelfer und Rettungskräfte verringern.

Erkennt die *Auslöseelektronik* einen Unfall, so löst es Rückhaltesysteme wie Airbags und Gurtstraffer aus. Zusätzlich wird jetzt auch die Stromführung des Hochvolt-Systems dauerhaft und direkt an der Hochvolt-Batterie und auch am Ladesystem unterbrochen. Dabei kommen *pyrotechnische Trennschalter* (auch: *Pyro-Fuse*) als Aktoren zum Einsatz. Mithilfe eines pyrotechnischen Treibmittels trennt ein Bolzen oder Keil die elektrische Leitung dauerhaft (nicht-reversibel). Die Stromabschaltung wird innerhalb von wenigen Millisekunden erreicht. Damit ist das Hochvolt-Leitungsnetz im Fahrzeug bereits von der Batterie getrennt, bevor es durch die Kollision zu Beschädigungen und einem Kurzschluss als mögliche Brandursache kommen kann. In anderen Notfallsituationen kann der pyrotechnische Trennschalter auch durch das *Batteriemanagement-System* (BMS) aktiviert werden.

6.10.3.5 Brandschutz bei Fahrzeugen mit Wasserstoffantrieb

Fahrzeuge mit Wasserstoffantrieb werden künftig einen größeren Marktanteil erlangen – insbesondere im Nutzfahrzeugbereich. Praxiserfahrungen können zu Weiterentwicklungen von technischen Lösungen und die Entwicklung von Strategien zur Brandbekämpfung für die verschiedenen Wasserstoff-Anwendungen führen; dieser Prozess ist bereits im Gange. Dabei sind u. a. folgende spezifischen Herausforderungen der Wasserstoff-Technologie zu berücksichtigen:

- Wasserstoffmoleküle sind die kleinsten Moleküle und besitzen eine niedrige Viskosität. Da Wasserstoff geruch- und farblos ist, können Leckagen schlecht durch den Menschen erkannt werden. Druckgasbehälter, -leitungen und -verbindungen sind daher geeignet gegen Leckagen auszulegen.
- Die Flamme von brennendem Wasserstoff gibt wenig Infrarotstrahlung ab, sodass sie durch Menschen kaum als Wärme wahrgenommen wird. Dagegen strahlt die Flamme starkes ultraviolettes Licht ab, sodass Brände durch Sensorik für UV-Strahlen detektiert werden können.
- Austretender Wasserstoff kann ein Gas-Luft-Gemisch bilden, das explosionsartig verbrennt.
- Die geringe Größe von Wasserstoffmolekülen kann eine Permeation von Wasserstoffmolekülen in Werkstoffe bewirken, sodass sie verspröden können. Dies ist ebenfalls bei der Auslegung der Versorgungskette und von Druckgasbehältern zur berücksichtigen.

Für Feuerwehren sind Standard-Einsatzregeln entworfen worden, die derzeit diskutiert und weiterentwickelt werden.

Literatur

1. AS Autoglas: Airbag und Windschutzscheibe. https://www.as-autoglas.de/wissenswertes/airbag-und-windschutzscheibe/ (2023)
2. Adomeit, H.-D.: Neue Bewertungsgrößen für die Frontalaufprallsicherheit des gurtgesicherten Insassen. Dissertation. (1980)
3. Appel, H., Kramer, F.: Biomechanik und Kraftfahrzeugsicherheit. In Umdruck zur gleichnamigen Vorlesung am Institut für Fahrzeugtechnik an der Technischen Universität Berlin (1987)
4. Autoliv AB: Cyclist Head Injuries: A Persistent Challenge. https://www.autoliv.com/sites/default/files/2022-09/POC.FullStory%20copy.pdf (2022, September)
5. Autoliv AB: Airbag technology can make the difference – A motorcycle helmet with an integrated airbag. https://www.autoliv.com/sites/default/files/2022-11/A5%20Airoh%20Flyer.pdf (2022, November)
6. Autoliv AB: Autoliv performs first crash test of an e-scooter airbag. https://www.autoliv.com/press/autoliv-performs-first-crash-test-e-scooter-airbag-1769461 (2020, Januar 31)
7. Autoliv AB: Autoliv and the Piaggio Group join forces to develop a scooter and motorcycle airbag. https://www.autoliv.com/press/autoliv-and-piaggio-group-join-forces-develop-scooter-and-motorcycle-airbag-1961244 (2021, November 4)

8. Ford Motor Company: Automotive Industry's Only Five-Row Side-Curtain Airbag Debuts In All-New Ford Transit: News. https://media.ford.com/content/fordmedia/fna/us/en/news/2014/06/25/five-row-side-curtain-airbag-debuts-in-all-new-transit.html (2014, Juli 25)

9. Bass, C. R., Crandall, Jeff. R., Pilkey, Walter D.: Out-of-Position Occupant Testing (OOPS3 Series) (S. 118). University of Virginia, Automobile Safety Laboratory. https://www.nhtsa.gov/sites/nhtsa.gov/files/ooreport_0.pdf (1998)

10. Bieler, D., Lechleuthner, A.: Entwicklung des Notarztwesens in der Präklinik: Zum 25. Geburtstag der Notfall + Rettungsmedizin. Notfall + Rettungsmedizin **25**(3), 156–158. https://doi.org/10.1007/s10049-022-01001-3 (2022)

11. Bohlin, N.I.: Safety Belt (United States Patent Office Patent Nr. US-3043625-A). (1962). https://patents.google.com/patent/US3043625A/en

12. Bonin, S.J., DeMarco, A.L., Siegmund, G.P.: The effect of MIPS, headform condition, and impact orientation on headform kinematics across a range of impact speeds during oblique bicycle helmet impacts. Ann. Biomed. Eng. **50**(7), 860–870 (2022). https://doi.org/10.1007/s10439-022-02961-w

13. Bubb, H., Bengler, K., Grünen, R.E., Vollrath, M.: Automobilergonomie. Springer Fachmedien, Wiesbaden (2015). https://doi.org/10.1007/978-3-8348-2297-0

14. Bundesanstalt für Straßenwesen (BASt): Optimierung von Kinderschutzsystemen im Pkw. Fahrzeugtechnik, Fachthemen. https://www.bast.de/DE/Publikationen/Archiv/Infos/2009-2008/09-2008.html;jsessionid=749400CAB453AC38CF4C10845163CFCD.live21322?nn=1813014 (2023)

15. Bundesministerium für Gesundheit: Leistungsfälle bei Rettungsfahrten und Krankentransporten der Versicherten der gesetzlichen Krankenversicherung (Gesundheitsberichterstattung des Bundes). Bundesministerium für Gesundheit (BMG). https://www.gbe-bund.de (2021)

16. Burczyk, C., Merz, U.: Beltbag — Erhöhung der Sicherheit und des Komforts im Fond. ATZ – Automobiltechnische Zeitschrift **115**(10), 750–757 (2013).https://doi.org/10.1007/s35148-013-0266-1

17. Burdi, A.R., Huelke, D.F., Snyder, R.G., Lowrey, G.H.: Infants and children in the adult world of automobile safety design: Pediatric and anatomical considerations for design of child restraints. J. Biomech. **2**(3), 267–280 (1969). https://doi.org/10.1016/0021-9290(69)90083-9

18. Bustos, A., Schultz, D.: Beifahrerairbag im Dach. ATZ – Automobiltechnische Zeitschrift, 114(4), 334–339. https://doi.org/10.1007/s35148-012-0336-9 (2012)

19. Butler, R. D.: Mobile emergency attack and failsafe detection (Patent and Trademark Office (USPTO) Patent Nr. US-20140066000-A1). https://image-ppubs.uspto.gov/dirsearch-public/print/downloadPdf/20140066000 (2015)

20. Class, U., Seyffert, M., Seewald, A.: Active seat belt buckle for comfort and safety. ATZ Worldwide **115**(6), 24–28 (2013). https://doi.org/10.1007/s38311-013-0070-2

21. Class, U.: Die Verbindung von passiver und aktiver Sicherheit mit dem Gurtaufroller ACR-2. ATZ – Automobiltechnische Zeitschrift **107**(10), 888–892 (2005). https://doi.org/10.1007/BF03221743

22. Costas Muñoz, D., Majzel, M.: Improving collapsibility robustness of an EPS-CD by means of simulation and six sigma. Adv. Model. Simu. Eng. Sci. **7**(1), 7 (2020). https://doi.org/10.1186/s40323-020-0144-9

23. DAT: SILVERDAT 3 PRO. Deutsche Automobil Treuhand GmbH (DAT). https://www.dat.de (2022)

24. DIN:DIN EN 1078:2023–02, Helme für Radfahrer; Deutsche und Englische Fassung prEN_1078:2023. Beuth Verlag GmbH. https://doi.org/10.31030/3409307 (2023)

25. DIN: DIN EN 1080:2023–02, Stoßschutzhelme für Kleinkinder; Deutsche und Englische Fassung prEN_1080:2023. Beuth Verlag GmbH. https://doi.org/10.31030/3408891 (2023)

26. DIVI: DIVI-Notfalleinsatzprotokoll 6.1. Deutsche Interdisziplinärer Vereinigung für Intensiv- und Notfallmedizin (DIVI). https://www.divi.de/joomlatools-files/docman-files/dokumentenordner/220308-divi-notfall-einsatzprotokoll-6.1.pdf (2022)
27. DIVI: Minimaler Notfalldatensatz MIND 4.0 (S. 8). Deutsche Interdisziplinärer Vereinigung für Intensiv- und Notfallmedizin (DIVI). https://www.divi.de/component/edocman/dokumentenordner/mind4-0-codes-08-03-22 (2021)
28. Destatis: 23621: Personal im Gesundheitswesen, Gesundheitspersonalrechnung 2000–2021 (EVAS-Nr. 23621; Gesundheitspersonalrechnung, GPR). Statistisches Bundesamt, Destatis. https://www-genesis.destatis.de/genesis/online?sequenz=statistikTabellen&selectionname=23621 (2023)
29. Deutsches Patent und Markenamt (DPMA): Dreipunktgurt. https://www.dpma.de/dpma/veroeffentlichungen/meilensteine/erfindungenmitgeschichten/dreipunktegurt/index.html (2022, November 3)
30. EU-MOVE: EU Road Safety – Results conference 2022. https://road-safety.transport.ec.europa.eu/eu-road-safety-results-conference-2022-2022-12-08_en (2022, August 12)
31. Eckstein, L: Strukturentwurf von Kraftfahrzeugen: Bauweisen und Package; Fertigungs- und Fügeverfahren; Leichtbau und Betriebsfestigkeit; Passive Sicherheit; Fußgängerschutz; Vorlesungsumdruck Strukturentwurf (4. Aufl.). fka, Forschungsgesellschaft Kraftfahrwesen (2014)
32. Euro NCAP: Euro NCAP – Test Protocol – VRU (Test Protocol Version 9.0.2; S. 56). Euro NCAP. https://www.euroncap.com/en/for-engineers/protocols/vulnerable-road-user-vru-protection/ (2023)
33. Euro NCAP: Euro NCAP – Assessment Protocol – VRU (Assessment Protocol Version 11.2.2; S. 30). Euro NCAP. https://www.euroncap.com/en/for-engineers/protocols/vulnerable-road-user-vru-protection/ (2023)
34. Euro NCAP: Compatibility Assessment (TB 027; 1.0). https://cdn.euroncap.com/media/41786/tb-027-compatiblity-assessment-v10.201811161304153907.pdf (2018)
35. Euro NCAP: Child Occupant Protection (COP) (v8.0) [Assessment Protocol]. Euro NCAP. https://www.euroncap.com/en/for-engineers/protocols/child-occupant-protection/ (2021)
36. European Commission (EC): Horizon 2020 – Future Occupant Safety for Crashes in Cars (OSCCAR). https://cordis.europa.eu/project/id/768947 (2018, Juni 1)
37. European Commission: Weißbuch – Die europäische Verkehrspolitik bis 2010: Weichenstellungen für die Zukunft (S. 152). Europäische Kommission (EU). https://www.europarl.europa.eu/meetdocs/committees/rett/20020219/com(2001)370de.pdf (2001)
38. Evers, C.: Gurte, Kindersitze, Helme und Schutzkleidung – 2021. https://www.bast.de/DE/Publikationen/DaFa/2022-2021/2022-02.html (2022, Februar)
39. Fang, X.: Anforderungen an die Karosserie durch die passive Sicherheit. In X. Fang, Karosserieentwicklung und -Leichtbau, S. 233–318. Springer, Berlin, Heidelberg (2023). https://doi.org/10.1007/978-3-662-67118-4_6
40. Fédération Internationale de l'Automobile (FIA).: Safety Harness (FIA Standard Nr. 8854/98). https://www.fia.com/fia-standard-885498-safety-harnesses-updated-28092012 (2012)
41. Gasch, B.: Struktur des Rettungswesens in Deutschland. In F. Lasogga & B. Gasch (Hrsg.), Notfallpsychologie (S. 397–402). Springer Berlin Heidelberg. https://doi.org/10.1007/978-3-540-71626-6_24 (2008)
42. Gehre, C., Kramer, S., Schindler, V.: Seitenairbag und Kinderrückhaltesysteme. Carl Ed. Schünemann KG. https://www.nw-verlag.de/seitenairbag-und-kinderrueckhaltesysteme.html (2004)
43. Girstmair, J., Machens, K.-U., Witfeld, E., Ober, F.: Noise of Seatbelt Retractors A Real Challenge. ATZ Worldwide 119(7–8), 42–45 (2017). https://doi.org/10.1007/s38311-017-0061-9

44. Gross, D., Hauger, W., Schröder, J., Wall, W.A.: Technische Mechanik 3: Kinetik. Springer, Berlin Heidelberg. (2015). https://doi.org/10.1007/978-3-642-53954-1

45. Gwehenberger, J., Bende, J., Bogenberger, T., Langieder, K:. ECBOS Work-Package 1, Task 1.3 – Database Integration [Studie]. https://www.dsd.at/ (2004)

46. HDLI: Convertibles versus coupes (Vol. 37, No. 4; HLDI Bulletin, S. 13). Highway Loss Data Institute. https://www.iihs.org/media/5c8ec650-fecd-479b-8191-788fcb30642b/qIk1Wg/HLDI%20Research/Bulletins/hldi_bulletin_37-04.pdf (2020)

47. Halldin, P., Gilchrist, A., Mills, N.J.: A new oblique impact test for motorcycle helmets. Int. J. Crashworthiness 6(1), 53–64 (2001). https://doi.org/10.1533/cras.2001.0162

48. Halldin, P., Gilchrist, A., Mills, N. J.: A new oblique impact test for motorcycle helmets. IRCOBI Conference Proceedings 2001, 3. http://www.ircobi.org/wordpress/downloads/irc0111/2001/Session6/6.4.pdf (2001)

49. Hetrick, J. W.: Safety cushion assembly for automotive vehicles (United States Patent and Trademark Office (USPTO) Patent Nr. US-2649311-A). https://image-ppubs.uspto.gov/dirsearch-public/print/downloadPdf/2649311 (1953)

50. Hornquist, N., Aderum, T.: APG-1, Autoliv's New Generation of „green" and clean Airbag Inflators. 11th International Symposium and Exhibition on Sophisticated Car Occupant Safety Systems. Airbag 2012, Karlsruhe. https://www.tib.eu/de/suchen/id/TIBKAT%3A734786883 (2012, März 12)

51. Hu, J., Reed, M. P., Rupp, J. D., Fischer, K., Lange, P., Adler, A.: Optimizing seat belt and airbag designs for rear seat occupant protection in frontal crashes. 2017–22–0004. (2017). https://doi.org/10.4271/2017-22-0004

52. Hu, J., Rupp, J., Reed, M. P., Fischer, K., Lange, P., Adler, A.: Rear Seat Restraint Optimization Considering The Needs From a Diverse Population (DOT HS 812 248; S. 76). National Highway Traffic Safety Administration (NHTSA). https://www.nhtsa.gov/sites/nhtsa.gov/files/812248-rearseatscarab_report.pdf (2016)

53. ISO.: DIN EN ISO 14451–5:2013–08, Pyrotechnische Gegenstände für Fahrzeuge – Teil 5: Anforderungen und Kategorisierung von Airbaggasgeneratoren (DIN EN ISO 14451–5:2013–08). Beuth Verlag GmbH. (2013). https://doi.org/10.31030/1935086

54. ISO.: Road vehicles – Anchorages in vehicles and attachments to anchorages for child restraint systems – Part 1: Seat bight anchorages and attachments – Amendment 1: CRF reduced height specification (ISO 13216–1:1999/Amd 1:2006). ISO. https://www.iso.org/standard/36592.html (2006)

55. ISO 17840–1: Road vehicles — Information for first and second responders (ISO 17840–1: 2022; S. 15). International Organization for Standardization (ISO). https://www.iso.org/standard/78461.html (2022)

56. Imam, S. A.: Evaluation Of far-side occupant safety based On numerical modeling [Wayne State University]. https://digitalcommons.wayne.edu/oa_dissertations/2416 (2020)

57. Janssen, E. G., Huijskens, C. G., Beusenberg, M. C.: Reduction in seat belt effectiveness due to misuse. International IRCOBI Conference on the Biomechanics of Impacts. Verona (Italy) (1992)

58. Knecht, T.: Der Sicherheitsgurt – wer hat ihn erfunden? Tom's Rückspiegel. https://saabblog.net/2020/12/10/der-sicherheitsgurt-wer-hat-ihn-erfunden/ (2020, Dezember 10)

59. Kompetenzzentrum – Das virtuelle Fahrzeug Forschungsgesellschaft mbH: Future Occupant Safety for Crashes in Cars (OSCCAR). https://www.osccarproject.eu/ (o. J.)

60. Kontrollierter Sturz mindert Verletzungen. Gute Fahrt, 10 (1986)

61. Kramer, F., Franz, U., Lorenz, B., Remfrey, J., Schöneburg, R.: Integrale Sicherheit von Kraftfahrzeugen: Biomechanik – Simulation – Sicherheit im Entwicklungsprozess. Springer Fachmedien, Wiesbaden (2013). https://doi.org/10.1007/978-3-8348-2608-4

62. Kramer, F., Appel, H., Adomeit, H.-. D.: Der Einfluß von Strukturparametern auf die Belastung und Kinematik von PKW-Insassen. Internationaler Kongreß der VDI-Gesellschaft Fahrzeugtechnik „Berechnung im Automobilbau" (1990)

63. Kramer, F., Kramer, M., Lüder, M., Herpich, T., Class, U.: Die Bedeutung von OoP-Situationen im Straßenverkehr hinsichtlich künftiger Auslegung von Insassenschutz-Systemen. VDI-Tagung „Innovativer Kfz-Insassen- und Partnerschutz" (2003)

64. Kramer, F., Scholpp, G., Otte, D.: Das Verletzungsrisiko in unterschiedlich schweren Fahrzeugen und daraus abgeleitete Erfordernisse für verbesserte Rückhaltesysteme. VDI/BMW-Gemeinschaftstagung „Sicherheit im Straßenverkehr". München (1993)

65. Kurt, M., Laksari, K., Kuo, C., Grant, G.A., Camarillo, D.B.: Modeling and Optimization of Airbag Helmets for Preventing Head Injuries in Bicycling. Ann. Biomed. Eng. **45**(4), 1148–1160 (2017). https://doi.org/10.1007/s10439-016-1732-1

66. König, P. & Hochschule Trier: Adaptives Fahrzeug-Rückhaltesystem. https://www.hochschule-trier.de/hauptcampus/forschung/forschung-am-hauptcampus/projekte-entdecken/adaptives-fahrzeug-rueckhaltesystem (2023)

67. Kübler, L., Gargallo, S., Elsäßer, K.: Bewertungskriterien zur Auslegung von Insassenschutzsystemen. ATZ – Automobiltechnische Zeitschrift **111**(6), 426–433. (2009). https://doi.org/10.1007/BF03222079

68. Kühn, M., Fröming, R., Schindler, V.: Fußgängerschutz: Unfallgeschehen, Fahrzeuggestaltung, Testverfahren. Springer Berlin Heidelberg. https://doi.org/10.1007/978-3-540-34303-5 (2007)

69. Laakmann, F.: Integrated Safety – Enabling Technologies for Future Vehicles. Airbag 2018, 14th International Symposium and Accompanying Exhibition on Sophisticated Car Occupant Safety Systems. Airbag 2018, Pfinztal. https://publica.fraunhofer.de/handle/publica/404813 (2018, November 27)

70. Laakmann, F: Integrated Safety. From ADAS to Automated Driving. ntegrated Safety, Detroit (2018, Oktober 9)

71. Laakmann, F., Seyffert, M., Herpich, T., Saupp, L., Ladwig, S., Kugelmeier, M., Vollrath, M.: Benefits of Tactile Warning and Alerting of the Driver through an Active Seat Belt System. 27th International Technical Conference on the Enhanced Safety of Vehicles (ESV), 24. https://www-esv.nhtsa.dot.gov/Proceedings/27/27ESV-000216.pdf (2023)

72. Langwieder, K: Heckunterfahrschutz bei Nutzfahrzeugen. Automobiltechnische Zeitschrift (ATZ, Nr. 103) (2001)

73. Linderer, W.: Einrichtung zum Schutze von in Fahrzeugen befindlichen Personen gegen Verletzungen bei Zusammenstößen (Deutsches Patent und Markenamt (DPMA) Patent Nr. 869312). https://www.dpma.de/docs/postergalerieneu/patentschriften/028airbag-walterlinderer.pdf (1953)

74. Lippert, H., Herbold, D., Lippert-Burmester, W:. Anatomie: Text und Atlas (10., erweiterte Auflage). Urban & Fischer Verl/Elsevier. (2017) https://shop.elsevier.de/anatomie-9783437261831.html

75. Lohs, T.: Qualitätsbericht Rettungsdienst Baden-Württemberg (Berichtsjahr 2021; S. 145). Stelle zur trägerübergreifenden Qualitätssicherung im Rettungsdienst Baden-Württemberg (SQR-BW). https://www.sqrbw.de/fileadmin/SQRBW/Downloads/Qualitaetsberichte/SQRBW_Qualitaetsbericht_2021_web.pdf (2022)

76. Lutz, H., Machens, K.-U., Hoffmann, S.-Y., Kübler, L.: SPR4 — Gurtstraffer der Nächsten Generation. ATZ – Automobiltechnische Zeitschrift **112**(12), 886–891. https://doi.org/10.1007/BF03222217 (2010)

77. MAN Truck & Bus SE: Integralbauweise Buskarosserie. Glossar. https://www.mantruckandbus.com/de/unternehmen/glossar/integralbauweise-buskarosserie.html (2023)

78. Machens, K.-U., Kuebler, L.: Dynamic Testing with Pre-Crash Activation to Design Adaptive Safety Systems. 27th International Technical Conference on the Enhanced Safety of Vehicles (ESV), 24. https://www-esv.nhtsa.dot.gov/Proceedings/27/27ESV-000067.pdf (2023)
79. Malczyk, A., Koch, M.: Injuries to heavy truck occupants – Severity, patterns and causation. IRCOBI Conference 2019, 14. http://www.ircobi.org/wordpress/downloads/irc19/pdf-files/83.pdf (2019)
80. Malczyk, A., Koch, M.: Verletzungsgeschehen von Insassen schwerer LKW (Nr. 102; Unfallforschung kompakt). Gesamtverband der Deutschen Versicherungswirtschaft e. V. (GDV). https://www.udv.de/resource/blob/79256/656f0f885e4e2c46ecafb3aa3e347851/102-verletzung-insassen-lkw-data.pdf (2020)
81. Mercedes-Benz: Das Experimental-Sicherheits-Fahrzeug ESF 2009 – Belt Bag: Clevere Kreuzung aus Gurt und Airbag. Technologie & Innovationen. http://www.daimler.com (2012, Oktober 21)
82. Mercedes-Benz Group AG: 30 Jahre Beifahrer-Airbag, 20 Jahre Windowbag. Innovationen, Meilensteine. https://www.mercedes-benz.com/de/innovation/meilensteine/airbag-jubilaeum/ (2018)
83. Mercedes-Benz Group: Experimental-Sicherheits-Fahrzeug (ESF) 2019 – Neue Sicherheits-ideen für eine neue Mobilität. Technologie. https://group.mercedes-benz.com/innovation/esf-2019.html (2023)
84. Mertz, H. J.: Restraint Performance of the 1973–76 GM Air Cushion Restraint System. 880400. (1988) https://doi.org/10.4271/880400
85. Messelken, M., Schlechtriemen, T., Arntz, H.-R., Bohn, A., Bradschetl, G., Brammen, D., Braun, J., Gries, A., Helm, M., Kill, C., Mochmann, C., Paffrath, T.: Der Minimale Notfalldatensatz MIND3. Der Notarzt **27**(05), 197–202 (2011). https://doi.org/10.1055/s-0031-1276903
86. NHTSA: Takata recall spotlight. National Highway Traffic Safety Administration (NHTSA). https://www.nhtsa.gov/equipment/takata-recall-spotlight (2023)
87. National Highway Traffic Safety Administration, NHTSA.: Seat Belts. Risky Driving. https://www.nhtsa.gov/risky-driving/seat-belts (2023)
88. National Highway Traffic Safety Administration, NHTSA: Seat Belt Use in 2022 – Overall Results (DOT HS 813 407; S. 4). National Highway Traffic Safety Administration, NHTSA. https://crashstats.nhtsa.dot.gov/Api/Public/ViewPublication/813407 (2023)
89. National Inventors Hall of Fame (NIHF): Nils I. Bohlin – Safety Belt. Inducties. https://www.invent.org/inductees/nils-i-bohlin (2023)
90. Niederer, P. F.: Der Stoßgürtel – Ein Sicherheitskonzept für Leichtfahrzeuge. Leichtmobil-Symposium. Wildhaus (CH) (1992)
91. Niederer, P., Walz, F., Zollinger, U.: Adverse effects of seat belts and causes of belt failures in severe car accidents in Switzerland during 1976. 21st Stapp Car Crash Conference, New Orleans, LA. https://doi.org/10.4271/770916 (1977, Februar 1)
92. Nissan Motor: President (1990 : JHG50). Nissan Heritage Collection. https://www.nissan-global.com/EN/HERITAGE/president.html (2023)
93. Pohle, M., Maier, R.: Identifikation von unfallauffälligen Stellen motorisierter Zweiradfahrer innerhalb geschlossener Ortschaften. Fachverlag NW in der Carl Schünemann Verlag GmbH. https://bast.opus.hbz-nrw.de/opus45-bast/frontdoor/deliver/index/docId/1658/file/V269_barrierefreies_Internet_PDF.pdf (2016)
94. Research Council for Automobile Repairs (RCAR). A Procedure for Evaluating Motor Vehicle Head Restraints (RCAR, S. 14) [Protocol]. Insurance Institute for Highway Safety (IIHS). https://www.iihs.org/media/c9d1f323-11bd-464d-be63-88cae2423de3/5of9kQ/Ratings/Protocols/archive/rcar-iihs_evaluation_procedure_v3_0308.pdf (2008)

95. Richter, B., Appel, H., Hoefs, R., Langwieder, K.: Entwicklung von PKW im Hinblick auf einen volkswirtschaftlich optimalen Insassenschutz. Abschlußbericht des Forschungsprojekts TV 8036 des Bundesministers für Forschung und Technologie (1984)

96. Robert Bosch GmbH, Simon, B.: Geschichte der Airbag-Steuergeräte. History Blog. https://www.bosch.com/de/stories/geschichte-der-airbag-steuergeraete/ (2023)

97. Rokosch, U: Airbag und Gurtstraffer (2., überarb. Aufl). Vogel-Buchverl, Würzburg (2011)

98. Röper, J.W.A.: Kosten der hubschraubergestützten Notfallversorgung: Innovationsbasierte Szenarioanalyse und Empfehlungen zur Gestaltung von Luftrettungssystemen. Springer Fachmedien, Wiesbaden (2022). https://doi.org/10.1007/978-3-658-38301-5

99. SAE USCAR: USCAR24-2 – Inflator Technical Requirements and Validation (Nr. USCAR24–2). SAE International. https://doi.org/10.4271/USCAR24-2 (2013)

100. SFI Foundation: Advanced Motorsport Restraint Assemblies (SFI SPECIFICATION 16.6). https://www.sfifoundation.com/wp-content/pdfs/specs/Spec_16.6_042018.pdf (2018)

101. Scania CV AB: Side curtain airbags keep drivers safe. Newsroom. https://www.scania.com/group/en/home/newsroom/news/2019/side-curtain-airbags-keep-drivers-safe.html (2019, Februar 27)

102. Schaffner, T., Girstmair, J., Neumann, J., Witfeld, E., Melzer, W.: Prediction of Eigenfrequencies and Eigenmodes of Seatbelt Retractors in the Vehicle Environment, Supporting an Acoustically Optimal Retractor Integration by CAE. 2018–01–1543. https://doi.org/10.4271/2018-01-1543 (2018)

103. Schlott, S.: Airbag: Die zündende Idee beim Insassenschutz. Verl. Moderne Industrie. https://www.tib.eu/de/suchen/id/TIBKAT:09005511X (1996)

104. Schmiedel, R., Behrendt, H: Leistungen des Rettungsdienstes. 2016/17. Fachverlag NW in Carl Ed. Schünemann KG. https://bast.opus.hbz-nrw.de/files/2319/M290.pdf (2016)

105. Schöneburg, R., Hart, M., Feese, J., Mücke, S., Richert, J.: ESF 2019 – Experimental Safety Vehicle Meets Automated Driving Mode. 26th International Technical Conference on the Enhanced Safety of Vehicles (ESV), 8. https://www-esv.nhtsa.dot.gov/Proceedings/26/26ESV-000042.pdf (2019)

106. Seeck, A: Einfluss der Bodenfreiheit der EEVC-Barriere im Vergleich zum Fahrzeug/Fahrzeug-Seitenaufprall. Bundesanstalt für Straßenwesen (BASt). https://www.bast.de (1994)

107. Springer Fachmedien Wiesbaden: Inflatable seatbelts: New dimension to safety. Auto Tech. Rev. 1(8), 64–64 (2012). https://doi.org/10.1365/s40112-012-0113-x

108. StVZO: § 21 – Betriebserlaubnis für Einzelfahrzeuge, StVZO § 21, Bundesrepublik Deutschland, StVZO. https://www.gesetze-im-internet.de/stvzo_2012/__21.html

109. StVZO: § 21a – Anerkennung von Genehmigungen und Prüfzeichen auf Grund internationaler Vereinbarungen und von Rechtsakten der Europäischen Gemeinschaften, StVZO § 21a, Bundesrepublik Deutschland, StVZO. https://www.gesetze-im-internet.de/stvzo_2012/__21a.html

110. StVZO: § 35a – Sitze, Sicherheitsgurte, Rückhaltesysteme, Rückhalteeinrichtungen für Kinder, Rollstuhlnutzer und Rollstühle, StVZO § 35a, Bundesrepublik Deutschland, StVZO. https://www.gesetze-im-internet.de/stvzo_2012/__35a.html

111. StVZO: § 35f – Notausstiege in Kraftomnibussen, StVZO § 35f, Bundesrepublik Deutschland, StVZO: https://www.gesetze-im-internet.de/stvzo_2012/__21.html https://www.gesetze-im-internet.de/stvzo_2012/__35f.html

112. Standardization Administration of the People's Republic of China (SAC): Compulsory Product Certification Implementation Rules – Car Seat Belts (GB 14166–2013 (CNCA-C11–04)). https://openstd.samr.gov.cn/bzgk/gb/index (2014)

113. Standardization Administration of the People's Republic of China (SAC): The protection of the occupants in the event of an off-set frontal collision for passenger car (GB/T 20913–2007). https://openstd.samr.gov.cn/bzgk/gb/index (2007)

114. Standardization Administration of the People's Republic of China (SAC): The protection of the occupants in the event of a lateral collision (GB 20071–2006). https://openstd.samr.gov.cn/bzgk/gb/index (2007)
115. Statista: Durchschnittliches Leergewicht neu zugelassener Personenkraftwagen in Deutschland von 2012 bis 2022 (Verkehr & Logistik, Fahrzeuge & Straßenverkehr). Statista. https://de.statista.com/statistik/daten/studie/12944/umfrage/entwicklung-des-leergewichts-von-neu-wagen/ (2023)
116. Statistisches Bundesamt, Destatis: 46241. Statistik der Straßenverkehrsunfälle (EVAS-Nr. 46241; Statistik der Straßenverkehrsunfälle). Statistisches Bundesamt, Destatis. https://www-genesis.destatis.de/genesis//online?operation=table&code=46421-0052 (2022)
117. Statistisches Bundesamt, Destatis: 46421–0052. Luftfahrtbewegungen, Flugart 2019–2021 (EVAS-Nr. 46421–0052; Verkehrsleistungsstatistik im Luftverkehr). Statistisches Bundesamt, Destatis. https://www-genesis.destatis.de/genesis//online?operation=table&code=46421-0052 (2022)
118. Stigson, H., Rizzi, M., Ydenius, A., Engström, E., Kullgren, A:. Consumer testing of bicycle helmets. 2017 IRCOBI Conference, 9. http://www.ircobi.org/wordpress/downloads/irc17/pdf-files/30.pdf (2017)
119. Subbaiah, V. M:. Investigation of Takata Inflator Ruptures (1600478.000–0471; S. 34). Exponent, Inc. https://www.nhtsa.gov/document/exponent-research-summary (2016)
120. Teske, L., Goßmann, H., Timm, H., Plath, A., Pecho, W., Derks, M., Veith, S., Reinstettel, M., Rauber, C., Thomer, K. W. Karosserie. In: S. Pischinger & U. Seiffert (Hrsg.), Vieweg Handbuch Kraftfahrzeugtechnik, S. 169–260. Springer Fachmedien, Wiesbaden (2021) https://doi.org/10.1007/978-3-658-25557-2_4
121. The Automotive Hall of Fame (AHF): Nils Bohlin. https://www.automotivehalloffame.org/honoree/nils-bohlin/ (2023)
122. The Automotive Hall of Fame (AHF): Allen K. Breed. https://www.automotivehalloffame.org/honoree/allen-k-breed/ (2023)
123. Thim, T., Krarup, G., Rohde, L.: Initial assessment and treatment with the Airway, Breathing, Circulation, Disability, Exposure (ABCDE) approach. Int. J. Gen. Med. **117** (2012) https://doi.org/10.2147/IJGM.S28478
124. UN Regulation No. 29: – Cabs of commercial vehicles, Nr. UN ECE R29, United Nations, Rev. 2. https://unece.org/transport/vehicle-regulations-wp29/standards/addenda-1958-agreement-regulations-21-40 (2012)
125. UN Regulation No. 66: – Strength of superstructure (buses), Nr. UN ECE R66, United Nations, Rev. 1, Corr. 3. https://unece.org/transport/vehicle-regulations-wp29/standards/addenda-1958-agreement-regulations-61-80 (2007)
126. UN Regulation No. 80: – Strength of seats and their anchorages (buses), Nr. UN ECE R80, United Nations, Rev. 1. https://unece.org/transport/vehicle-regulations-wp29/standards/addenda-1958-agreement-regulations-61-80 (2012)
127. UN Regulation No. 93: – Front underrun protective devices (FUPDs), Nr. UN ECE R93, United Nations, Rev. 1. https://unece.org/transport/vehicle-regulations-wp29/standards/addenda-1958-agreement-regulations-81-100 (1994)
128. UN Regulation No. 58: – Rear underrun protective devices (RUPDs), Nr. UN ECE R58, United Nations, Rev. 3. https://unece.org/transport/vehicle-regulations-wp29/standards/addenda-1958-agreement-regulations-41-60 (2017)
129. UN Regulation No. 73: – Lateral protection devices (LPD), Nr. UN ECE R73, United Nations, Rev. 1. https://unece.org/transport/vehicle-regulations-wp29/standards/addenda-1958-agreement-regulations-61-80 (2011)
130. UN Regulation No. 14 – Safety-belt anchorages, Nr. UN ECE R14, United Nations, Rev. 6. https://unece.org/un-regulations-addenda-1958-agreement (2020)

131. UN Regulation No. 16: – Safety-belts, Nr. UN ECE R16, United Nations, Rev. 9. https://unece.org/un-regulations-addenda-1958-agreement (2018)
132. UN Regulation No. 95: – Lateral collision protection, Pub. L. No. UN ECE R-94, Rev. 2. https://unece.org/un-regulations-addenda-1958-agreement (2014)
133. UN Regulation No. 137: – Frontal impact with focus on restraint systems, Nr. UN ECE R137, United Nations, Rev. 1. https://unece.org/un-regulations-addenda-1958-agreement (2017)
134. UN Regulation No. 94: – Frontal collision protection, Pub. L. No. UN ECE R-94, Rev. 3. https://unece.org/un-regulations-addenda-1958-agreement (2017)
135. UN Regulation No. 137: – Frontal impact with focus on restraint systems, Pub. L. No. UN ECE R-137, Rev. 1. https://unece.org/un-regulations-addenda-1958-agreement (2017)
136. UN Regulation No. 135: – Pole Side Impact (PSI), Pub. L. No. UN ECE R-135, 43, Rev. 1. https://unece.org/un-regulations-addenda-1958-agreement (2016)
137. UN Regulation No. 44: – Child Restraint Systems (CRS), Nr. UN ECE R44, United Nations, Rev. 3. https://unece.org/un-regulations-addenda-1958-agreement (2014)
138. UN Regulation No. 129: – Enhanced Child Restraint Systems (ECRS), Nr. UN ECE R129, United Nations, Rev. 3. https://unece.org/un-regulations-addenda-1958-agreement (2013)
139. UN ECE: Global Technical Regulation (GTR) No. 6 – Safety glazing. UN ECE. https://unece.org/fileadmin/DAM/trans/main/wp29/wp29wgs/wp29gen/wp29registry/ECE-TRANS-180a6a1apple.pdf (2011)
140. UN Regulation No. 43: – Safety glazing, Nr. UN ECE R43, United Nations, Rev. 4. https://unece.org/un-regulations-addenda-1958-agreement (1995)
141. United States: Federal Motor Vehicle Safety Standard (FMVSS) 208 – Occupant crash protection. https://www.ecfr.gov/current/title-49/subtitle-B/chapter-V/part-571/subpart-B/section-571.208 (2004)
142. United States: Federal Motor Vehicle Safety Standard (FMVSS) 201 – Occupant protection in interior impact. https://www.ecfr.gov/current/title-49/subtitle-B/chapter-V/part-571/subpart-B/section-571.201 (2004)
143. United States:. Federal Motor Vehicle Safety Standard (FMVSS) 214 – Side impact protection. https://www.ecfr.gov/current/title-49/subtitle-B/chapter-V/part-571/subpart-B/section-571.214 (o. J.)
144. United States: Federal Motor Vehicle Safety Standard (FMVSS) 226 – Ejection Mitigation. https://www.ecfr.gov/current/title-49/subtitle-B/chapter-V/part-571/subpart-B/section-571.226 (o. J.)
145. Volvo AB (Volvo Trucks): Volvo trucks in 2000s. Safety. https://www.volvotrucks.com/en-en/about-us/who-we-are/our-heritage/2000s.html (2023)
146. Volvo AB (Volvo Trucks): Toward zero – Safety. Safety. https://www.volvotrucks.us/our-difference/safety/ (2023)
147. Volvo Cars: Volvo Cars airbag celebrates 20 years. Mai 24, 2007. (2007, Mai 24)
148. Wikipedia: Fahrradhelme – Fahrradhelmpflicht. https://de.wikipedia.org/wiki/Fahrradhelm (2023, Mai 10)
149. World Health Organization (WHO):. Global plan – Decade of action for road safety 2021–2030 (S. 36). World Health Organization (WHO). https://cdn.who.int/media/docs/default-source/documents/health-topics/road-traffic-injuries/global-plan-for-road-safety.pdf (2021)
150. World Health Organization: Global status report on road safety 2018. World Health Organization (WHO). https://apps.who.int/iris/handle/10665/276462 (2018)
151. Zander, O., Lorenz, B., Seeck, A., Langner, T: Sicherheitsbewertung von airbagbasierten Kopfschutzsystemen für Fahrradfahrer (S. 27). Bundesanstalt für Straßenwesen (BASt). https://bast.opus.hbz-nrw.de/files/2175/Sicherheitsbewertung_von_airbagbasierten_Kopf-schutzsystemen.pdf (2016)

152. Ziegenfuß, T.: Notfallmedizin. Springer, Berlin Heidelberg. https://doi.org/10.1007/978-3-662-52775-7 (2017)
153. Zodiac Automotive: Inflatable Tubular Structure (ITS). Products. http://www.zodiacautomotive.com/products/side-impact-rollover-protection/inflatable-tubular-structure-its/ (2023)

Sensorik zur Unfalldetektierung 7

Johannes Clemm, Andreas Forster, Marc Menzel und
Stephan Zecha

Seit den 1980er Jahren gehört die passive Sicherheit zur Standardausrüstung der meisten Automobile; neben der Sicherheitsfahrgastzelle gehören dazu auch Gurt- und Airbag-Systeme. Diese Insassenschutz-Systeme sind heute ohne die notwendige Elektronik für Sensierung und Diagnose sowie für die zeitgerechte Ansteuerung undenkbar. Die Entscheidung, ob die Insassenschutz-Systeme wie Straffer und Kraftbegrenzer des Gurtsystems sowie Fahrer-, Beifahrer-, Kopf- und Thorax-Airbags beim Unfall aktiviert werden sollen, hängt von den Signalen ab, die von den eingesetzten Sensoren detektiert werden. Sowohl in den Airbag-Steuergeräten, als auch in den unterstützenden Front- und Seiten-Sensoren werden heute in der Regel mikromechanische Beschleunigungssensoren verwendet. Bei Seitenkollisionen kommen aber auch Druck-Sensoren zum Einsatz, die in den Fahrzeugtüren installiert sind.

Die Entwicklung moderner Insassenschutz-Systeme folgt dem allgemein anzutreffenden Trend hin zum verstärkten Einsatz von individuell kontrollierten Sicherheitseinrichtungen, wie beispielsweise mehrstufige Airbag-Module oder variable Abströmöffnungen im Luftsack. Die ersten Systeme zum Beispiel waren mit einstufigen Gasgeneratoren ausgerüstet, und in der weiteren Entwicklung kamen zweistufige

S. Zecha (✉)
Continental Safety Engineering International GmbH, Alzenau, Deutschland
E-Mail: stephan.zecha@continental-corporation.com

J. Clemm
Alzenau, Deutschland

A. Forster
Alzenau, Deutschland

M. Menzel
Alzenau, Deutschland

R. Schöneburg (Hrsg.), *Integrale Sicherheit von Kraftfahrzeugen*, ATZ/MTZ-Fachbuch,
https://doi.org/10.1007/978-3-658-42806-8_7

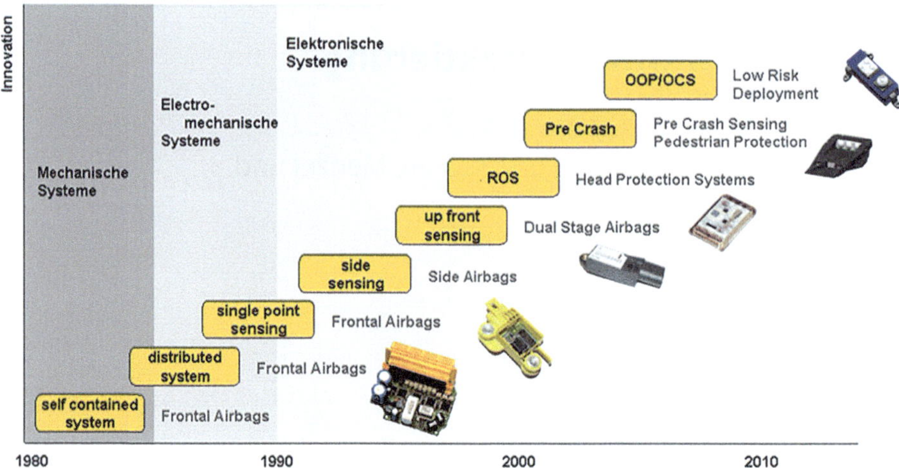

Abb. 7.1 Entwicklung der Insassenschutz-Systeme und der geeigneten Sensorik (aus [7])

Gasgeneratoren, sogenannte Dual Stage Inflators, zum Einsatz. Der neueste Entwicklungstrend geht dahin, mehrstufige Gasgeneratoren zu verwenden oder auch variable Generatoren, bei denen die Generatorleistung in gewissen Grenzen stufenlos einstellbar ist, zu entwickeln. Zur effektiven Aktivierung dieser neuartigen Systeme wird es im Vergleich zu den heutigen Systemen künftig mehr Sensoren sowie mehr Sensor-Netzwerke in Kraftfahrzeugen geben. Bei der Auswahl geeigneter Sensoren ist dabei entscheidend, in welcher Phase des Unfalls die Sensierung erfolgen soll: Beschleunigungs- und Druck-Sensorik ist ausschließlich auf die Sensierung innerhalb der Crash-Phase beschränkt. Soll jedoch die Sensierung in der PreCrash-Phase erfolgen, muss auf entsprechend vorausschauende Umfeld-Sensorik zurückgegriffen werden.

Die heutigen Insassenschutz-Systeme erfahren eine gewaltige Veränderung: So konzentriert sich die Entwicklung der Sicherheitssysteme auf eine verbesserte Rückhalte-Funktion, wobei der Schutz auch äußerer Verkehrsteilnehmer immer stärker in den Vordergrund rückt. Diese Anforderung erfordert eine neue Generation von Sensoren zur Insassenerkennung und zur Klassifizierung, in der PreCrash-Phase und zur Umfeld-Detektierung (Abb. 7.1). Dabei findet ein zunehmender Informationsfluss zwischen PreCrash- und der InCrash-Phase statt, um dem steigenden Sicherheitsbedürfnis gerecht werden zu können.

7.1 Entwicklung der Sensorik

Die Einführung der verschiedenen Arten von Airbag-Systemen bedingt weitergehende Forderungen nach verschiedenen Typen von Crash-Sensoren. Für die ersten Airbag-Systeme, die nur aus Fahrer- und Beifahrer-Airbag bestanden, war eine zentrale

Crash-Sensierung ausreichend. Dabei sind die elektronischen Module mit einem einzigen Beschleunigungsaufnehmer ausgerüstet und in Fällen, in denen ein Offset-Crash erkannt werden soll, mit zwei Aufnehmern ausgestattet. Diese Sensoren sind im Winkel von 90° zueinander ausgerichtet und häufig in einer $\pm 45°$-Ausrichtung relativ zur Fahrzeuglängsachse angebracht. Diese Anordnung wird für die meisten Airbag-Systeme angewandt.

7.1.1 Mechanische Sensoren

Nur der Vollständigkeit halber sei hier erwähnt, dass bei den ersten Airbag-Systemen mechanische Sensoren zum Einsatz gekommen sind; sie basieren auf dem Aufschlagzünder-Prinzip. Bei diesen Lösungen sind die Gasgeneratoren mit einer Zündkapsel ausgestattet, die von einem Aufschlagzünder aktiviert wird: Bei einer ausreichend großen Beschleunigung überwindet die definierte Masse eine Federkraft und schlägt auf die Zündkapsel, die wiederum das Treibmittel des Gasgenerators entzündet. Eine Abstimmung auf die Unfallsituation ist bei diesen Systemen nur in sehr eingeschränktem Maße möglich. Zudem ist bei mechanischen Sensoren nachteilig, dass die Auslösung nicht synchronisiert werden kann. In Extremfällen kann es vorkommen, dass bei einem Frontalaufprall im unteren Geschwindigkeitsbereich nur einer der Airbags ausgelöst wird. Derartige Systeme wurden aus den genannten Gründen nur sehr begrenzt zum Einsatz gebracht und von Systemen mit elektromechanischen Sensoren abgelöst.

7.1.2 Elektromechanische Sensoren

Die Einführung elektrischer Anzünder ging mit der Verwendung elektromechanischer Crash-Sensoren einher. Dabei werden zwei grundlegend unterschiedliche Arten von elektromechanischen Sensoren unterschieden: Bei den ersten Airbag-Systemen sind sie direkt in den Zündkreis integriert und an der Auslösung der Airbags unmittelbar beteiligt; sie werden als Crash-Sensoren bezeichnet. Mit dem Aufkommen von mikromechanischen Beschleunigungsaufnehmern und dem zunehmenden Einsatz der Elektronik wurden die elektromechanischen Sensoren im Frontbereich des Fahrzeuges eliminiert und innerhalb der Airbag-Elektronik als sogenannte Safing- oder Trigger-Sensoren eingesetzt.

Die bekanntesten **Crash-Sensoren** sind Kugel- und Rollmassen-Sensoren, die auf den Radhäusern im Frontbereich des Fahrzeuges montiert und daher als „Front-Crash-Sensoren" bezeichnet werden. Ein weiterer, baugleicher Sensor ist zur Sicherheit und Plausibilisierung im Steuergerät (SDM: Sensing and Diagnostic Module) installiert. Diese Sensoren basieren auf dem Feder-Masse Prinzip: Beim Aufprall werden durch die Sensoren die elektrischen Kontakte eines Stromkreises geschlossen und die Airbags aktiviert. Eine abgestufte Bewertung des Crash-Signals ist mit dieser Art von Sensoren nicht möglich.

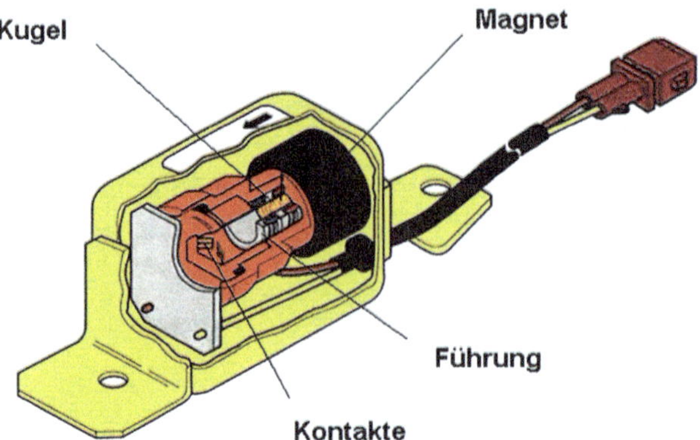

Abb. 7.2 Kugel-Sensor (Ball in Tube-Sensor), aus [18]

Beim **Kugel-Sensor** (Ball-in-Tube-Sensor) von BREED (heute: KEY SAFETY SYSTEMS) ist eine Stahlkugel in einem präzise gefertigten Zylinder untergebracht (Abb. 7.2). Dabei repräsentiert die Stahlkugel die Sensor-Masse; sie wird von einem Dauermagneten in Ruhelage gehalten. Im Falle einer definierten Verzögerung, die ausreicht, die Haltekraft des Magneten zu überwinden, löst sich die Kugel aus ihrer Ruhelage und schließt die elektrischen Kontakte. Bemerkenswert ist der Umstand, dass sich die Kugel innerhalb der exakten Führung gegen ein Luftpolster bewegt und damit eine Tiefpass-Charakteristik aufweist. Bei hochfrequenten Beschleunigungen wird die Bewegung der Kugel auf diese Weise gedämpft, und der Sensor ist weitestgehend unempfindlich gegen Vibrationen im Fahrzeug. Wird der Stromkreis geschlossen, so werden die Airbags gezündet und die Insassenschutz-Systeme ausgelöst. Zur besseren Leitfähigkeit sowie zur Vermeidung von Korrosionen sind Stahlkugel und Kontakte vergoldet. Das Sensor-Gehäuse besteht aus einem hermetisch verschweißten Stahlgehäuse und wird in Fahrtrichtung, gekennzeichnet durch einen Pfeil auf der Oberseite des Gehäuses, eingebaut.

Beim **Rollmassen-Sensor** (Rolamite von ZF) bewegt sich eine als Rolle ausgebildete Masse, die durch eine Bandfeder in der Ausgangslage gehalten und geführt wird. Bei einer definierten Verzögerung bewegt sich die Rolle über eine gewölbte Lauffläche und überfährt dabei eine Kontaktfeder, die den Stromkreis zur Aktivierung des Zünders schließt (Abb. 7.3). Über eine Justierschraube kann der Sensor auf einen bestimmten Schwell- oder Ansprechwert eingestellt werden. Auch bei diesem Sensor wird eine Tiefpass-Charakteristik durch die über die gewölbte Fläche gespannte Bandfeder realisiert: Hochfrequente Beschleunigungen, die beispielsweise von Vibrationen herrühren, werden so von der Rolle abgehalten und deren Bewegungsmöglichkeit eingeschränkt. Ebenso wie beim Kugelsensor ist das Gehäuse des Rollmassen-Sensors hermetisch verschlossen, seine Einbaurichtung ist durch einen kennzeichnenden Pfeil am Stahlgehäuse vorgegeben.

Seit dem Einsatz von mikromechanischen Beschleunigungsaufnehmern wurde die Anforderung nach einer zweiten, unabhängigen Bestätigung des Verzögerungssignals zur Auslösung verschiedener Insassenschutz-Systeme formuliert. Die dafür verwendeten

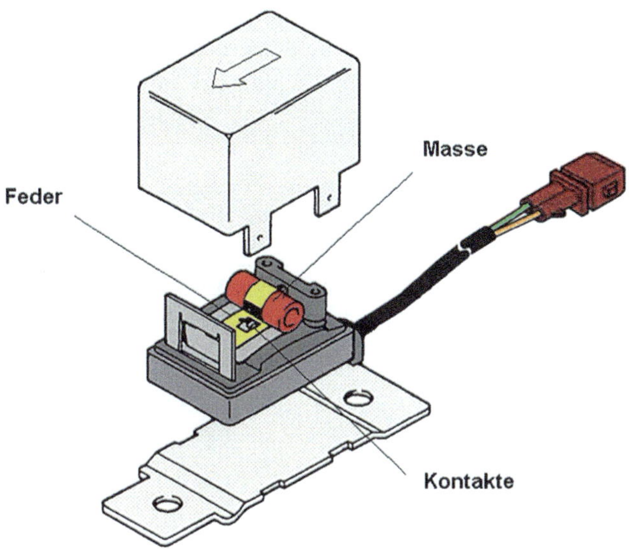

Abb. 7.3 Rollmassen-Sensor (Rolamite-Sensor), aus [26]

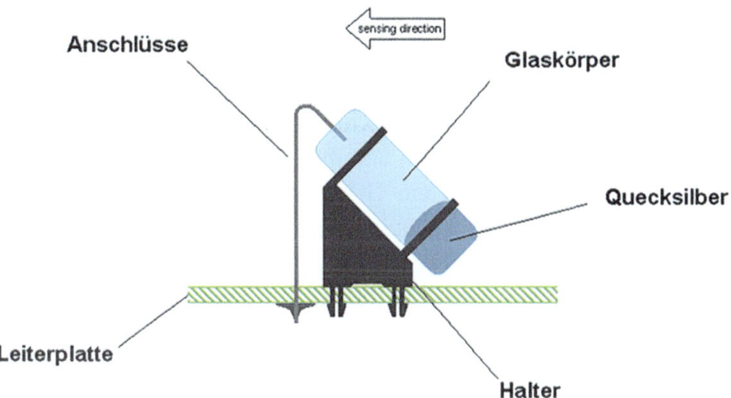

Abb. 7.4 Aufbau eines Quecksilber-Safing-Sensors

Sensoren werden als Safing-Sensoren bezeichnet, sie basieren ebenfalls auf dem Feder-Masse-Prinzip. Eine frühe Bauform dieser in der Airbag-Elektronik zum Einsatz gebrachten Safing-Sensoren besteht aus einem mit Quecksilber angefüllten Glaskörper, daher **Quecksilber-Safing-Sensor**. Der geneigte Glaskörper ist mittels einer Halterung auf der Leiterplatte in Fahrtrichtung aufgestellt, an dessen oberen Ende Kontakte angebracht sind (Abb. 7.4). Wirkt auf den Sensor eine ausreichend hohe Verzögerung, so bewegt sich aufgrund seiner Trägheit das Quecksilber innerhalb des schrägstehenden Glaskörpers und schließt am oberen Ende die Kontakte. Wegen des undefinierten Schalt-

Abb. 7.5 Überroll-Sensor mit Flüssigkeitslibelle

verhaltens während einer Kollision, aber auch aus Gründen des Umweltschutzes, wurde diese Art von Safing-Sensoren nur kurz eingesetzt.

Bei Überroll-Sensoren, wie sie in Cabrios installiert sind, kommen als Alternative dazu mehrere mit Flüssigkeit (Alkohol) gefüllte Libellen zum Einsatz. Hierbei wird die Position der in der Libelle befindlichen Luftblase mit einer Lichtschranke überwacht. Kommt es zum Überschlag, so verändert sich die Position der Luftblase und die Überroll-Schutzeinrichtungen werden aktiviert. Derartige Sensoren werden heute noch in einigen Überrollsystemen für Cabrios verwendet. In Abb. 7.5 sind die beiden Flüssigkeitslibellen zu erkennen, die Luftblase befindet sich am oberen Ende, zwischen der Lichtschranke. Rechts daneben befindet sich noch ein G-Sensor, der bei einem Überschlag zusätzlich einen elektrischen Kontakt schließt. Die Elektronik wird senkrecht im Fahrzeug montiert, dadurch wirkt der G-Sensors in z-Achse, d. h. in vertikaler Fahrzeugrichtung. Die Sensorsignale werden von einem Mikrokontroller eingelesen und mit einem auf das Fahrzeug abgestimmten Algorithmus bewertet. Die sechs großen Kondensatoren dienen der Energiereserve zur Ansteuerung des elektromagnetischen Entriegelungssystems für die Überrollbügel. Beim **G-Sensor** handelt es sich im einfachsten Fall um eine in einem Gehäuse beweglich gelagerte Masse. Am oberen Ende des Gehäuses befinden sich Kontakte, die von der Masse geschlossen werden, sobald der Sensor umgedreht wird (Abb. 7.6); durch die Gravitation wird die Masse gegen die Kontakte gedrückt.

Der **Safing-Sensor mit Reed-Kontakt** besteht aus einer Führungshülse, auf der ein Rundmagnet und eine aus Edelstahl hergestellte Spiralfeder angebracht ist; dem im Spritzgussverfahren aus Kunststoff gefertigten Rundmagnet sind magnetische Partikel beigemischt. In der Führungshülse ist ein Reed-Kontakt (Reed = Zunge) als Schalter integriert, dessen Kontakte in einem mit Schutzgas gefüllten Glaskörper hermetisch dicht eingeschweißt sind (Abb. 7.7). Ein von außen wirksames Magnetfeld schließt den Kontakt, sodass ein Strom fließt. Bei Auftreten einer definierten Verzögerung auf

Abb. 7.6 Aufbau eines
G-Sensors (aus [7])

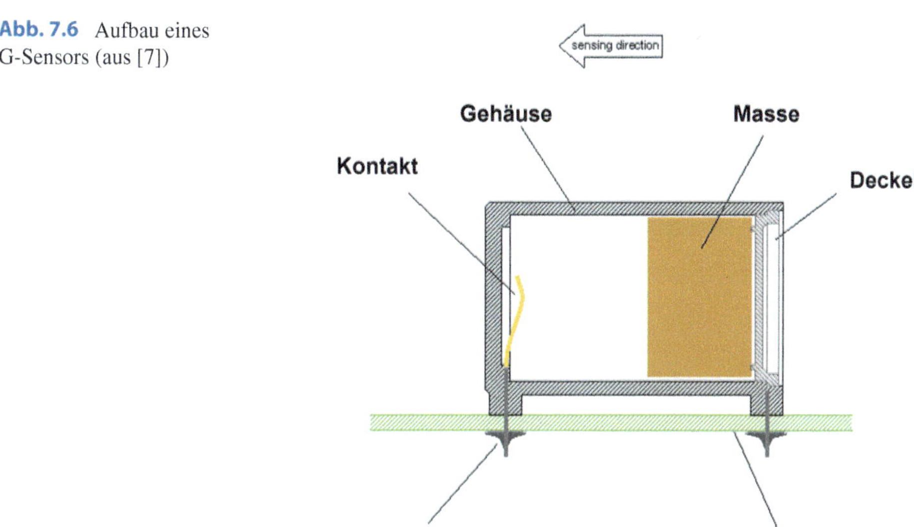

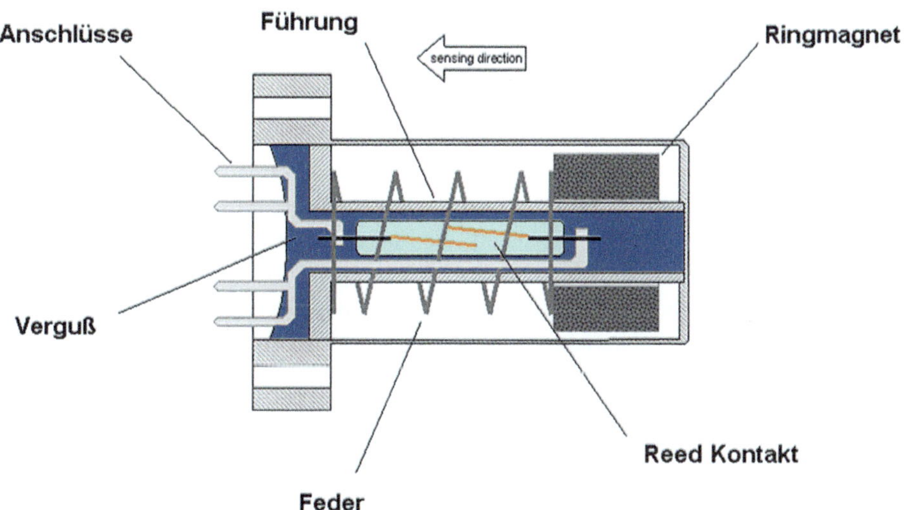

Abb. 7.7 Aufbau eines Safing-Sensors mit Reed-Kontakt

den Safing-Sensor wird die Masse des Ringmagneten gegen die Feder bewegt und der Stromkreis zur Aktivierung der Insassenschutz-Systeme geschlossen. Die erforderliche statische Verzögerung zum Schalten des Safing-Sensors beträgt ca. 2 bis 3 g.

Um eine ausreichend lange Schließzeit der Kontakte zu erreichen, wird die in Abb. 7.8 (linke Darstellung) gezeigte Sonderbauform eingesetzt: Der Magnet wird in

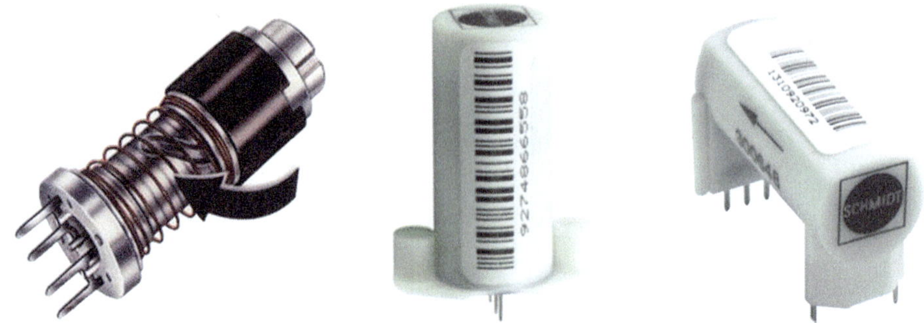

Abb. 7.8 Unterschiedliche Bauformen von Safing-Sensoren mit Reed-Kontakt

einer schraubenförmigen Nut in der Führungshülse geführt und die Masse des Magneten bei einer Verzögerung in Longitudinalrichtung in eine rotatorische Bewegung über dem Schaltpunkt des Reed-Kontakt versetzt. Dadurch wird die längere Schließzeit des Safing-Sensors erreicht.

Die Safing-Sensoren werden in stehenden und liegenden Bauformen verwendet. Bei der liegenden Bauform werden unterschiedlich lange Anschlussfahnen eingesetzt. Die langen Anschlussfahnen bieten den Vorteil eines größeren Abstands zur Leiterplatte, sodass unter dem Sensor weitere Bauelemente platziert werden können; sie erlauben so eine höhere Bestückungsdichte. Bei Safing-Sensoren wird auf den sonst üblichen integrierten Widerstand verzichtet. Die Anschlüsse der Kontakte sind aus Diagnosegründen doppelt ausgeführt, damit über einen Prüfstrom eine einwandfreie Kontaktierung der Sensoren auf der Leiterplatte überwacht werden kann. Das Gehäuse des Safing-Sensors besteht aus Kunststoff, die Führungshülse wird mit dem integrierten Reed-Kontakt, der Edelstahlfeder und dem Ringmagneten eingepresst und mit einem PU-Material vergossen. Ein Fahrtrichtungspfeil auf der Oberseite des Gehäuses kennzeichnet eindeutig die Einbaurichtung des Sensors.

Durch die komplexen Insassenschutz-Systeme wird eine möglichst lange Schließzeit angestrebt, die mit den direkt schaltenden Safing-Sensoren nicht in ausreichendem Maße realisiert werden kann. Dies führte zur Entwicklung der **Trigger-Sensoren**, mit deren Hilfe das Signal zur Auslösung der Rückhaltesysteme durch einen elektronischen Schaltkreis künstlich verlängert wird. Dieser Schaltkreis ist in der Regel ein konfigurier- und programmierbares Bauteil, ein sogenannter Monoflop, mit dem die Schaltdauer entsprechend den verschiedenen Anforderungen eingestellt werden kann.

Auch bei den Trigger-Sensoren kommt das Feder/Masse-Prinzip zum Einsatz: Die Masse ist als Stahlkugel ausgebildet, die gegen eine Spiralfeder aus Edelstahl drückt. Hinter der Spiralfeder befindet sich ein Kontaktpaar, das bei einer ausreichend großen Beschleunigung durch die Feder geschlossen wird und so das Trigger-Signal liefert (Abb. 7.9). Die erforderliche statische Verzögerung zum Schalten des Trigger-Sensors beträgt etwa 1,5 bis 2,0 g. Aus Diagnosegründen sind die Anschlüsse der Kontakte doppelt ausgeführt. Die einwandfreie Kontaktierung des Trigger-Sensors kann mit

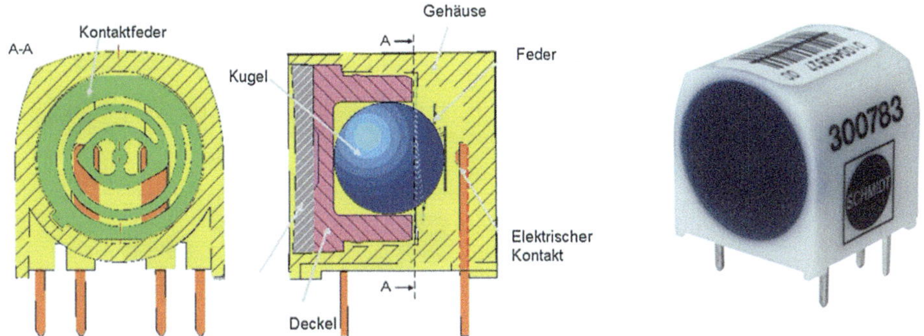

Abb. 7.9 Aufbau und Realisierung eines Trigger-Sensors

einem Prüfstrom kontrolliert werden. Das komplette Gehäuse, in das die Kontakte eingespritzt und die Feder und Kugel eingesetzt sind, besteht aus Kunststoff und ist mit einem Deckel verschlossen. Es wird zur Sicherheit mit einem PU-Material vergossen. Ein Fahrtrichtungspfeil auf der Oberseite des Gehäuses kennzeichnet die Einbaurichtung des Trigger-Sensors.

7.1.3 Elektronische Sensoren

Der nächste Entwicklungsschritt bei Airbag-Steuergeräten war in der Einführung der sogenannten Single-Point-Sensing-Systeme zu sehen (vgl. Abb. 7.1). Diese neue Generation wurde erst durch die Bereitstellung elektronischer Beschleunigungssensoren ermöglicht. Die ersten Varianten dieser elektronischen Sensoren waren piezoelektrische Sensoren, die von sogenannten „bulk-micro-machined" und „surface-micro-machined" Crash-Sensoren abgelöst wurden (Abb. 7.10). Damit wurde eine verbesserte Erkennung des Crash-Signals erreicht und die gezielte Analyse der Verzögerung ermöglicht.

Elektronische Sensoren verfügen über einen Messbereich von ungefähr 30 bis 50 g. Zur Auswertung der Airbag-Elektronik steht ein analoges oder ein digitales Ausgangssignal zur Verfügung. Bei analogen Systemen beträgt die Ausgangsspannung etwa 40 mV/g und entspricht damit bei einer Betriebsspannung von $U_b = 5$ V einem Messbereich von ± 50 g. Um zu erreichen, dass sowohl Verzögerung als auch Beschleunigung gemessen werden können, wird der Nullpunkt der Ausgangsspannung üblicherweise bei $0{,}5 \cdot U_b$ eingestellt. Bei digitalen Systemen beträgt die typische Datenbreite 8 Bit und ergibt somit eine Auflösung des Messbereichs von -128 bis $+127$ Werten.

Bei **piezoelektrischen Sensoren** wird der Piezo-Effekt genutzt: Ein Piezo-Keramik-Element wird dabei auf einen Träger montiert und liefert eine elektrische Spannung. Wirkt eine Verzögerung auf das Piezo-Element, so wird es deformiert und es erfolgt ein Anstieg der Piezo-Spannung, die als Analogwert am Ausgang zur weiteren Auswertung bereitsteht. Dabei verhält sich die Ausgangsspannung proportional zur Verzögerung.

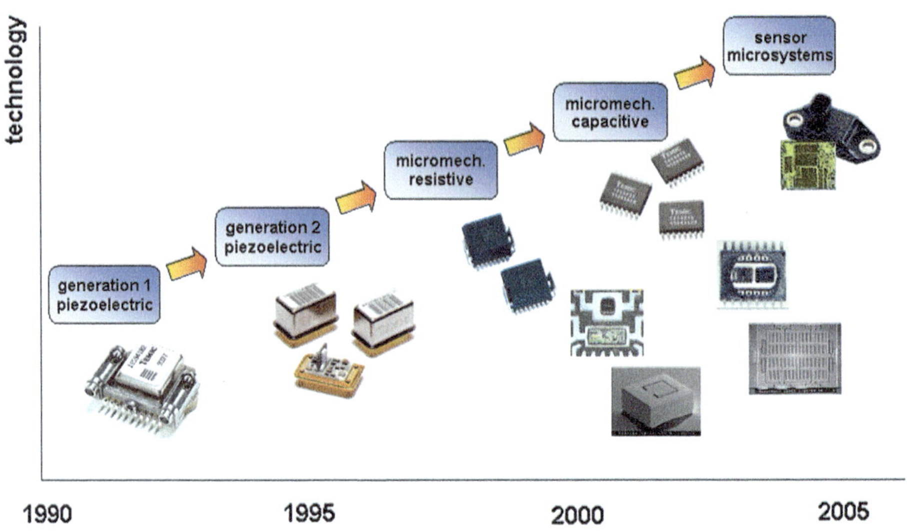

Abb. 7.10 Entwicklungsstufen bei elektronischen Sensoren (aus [25])

Bei den piezoelektrischen Sensoren der ersten Generation waren die Gehäuse mechanisch stabil ausgeführt und zur besseren Pulsübertragung in der Airbag-Elektronik verschraubt. Bei der zweiten Generation wurde Wert darauf gelegt, einen erheblich leichteren und kleineren Aufbau zu realisieren. Damit wurde ermöglicht, die Sensoren auf der Leiterplatte zu verlöten und dennoch die Pulsübertragung zu gewährleisten.

In Abb. 7.11 ist in der linken Darstellung ein piezoelektrischer Sensor gezeigt, bei dem das Piezo-Element im Halter senkrecht aufgestellt ist, um eine Sensierung in horizontaler Richtung realisieren zu können. Die rechte Darstellung zeigt einen Sensor mit einem liegenden Element; die Sensierungsrichtung ist hierbei senkrecht zur horizontalen Ebene. Um ein hermetisch dichtes Gehäuse bereitzustellen, wird die Al_2O_2 -Keramik auf dem Gehäuseboden verlötet und mit den Anschlüssen in Form von Glas/Metall-Durchführungen verbunden. Die Gehäuse der Sensoren bestehen aus vernickeltem Stahl, wobei der Deckel mit dem Gehäuseboden verschweißt ist.

Zur Herstellung von **mikromechanischen Sensoren** werden wirtschaftliche und rationelle Fertigungsverfahren eingesetzt, die die moderne Halbleiter-Industrie bietet; es handelt sich dabei um die sogenannte MEMS-Technologie (MEMS: Mikro-elektrische mechanische Systeme). Dabei sind das Sensor-Element und die entsprechende Auswertung in einem elektronischen Bauelement integriert. Dem gegenüber bestanden die ersten mikromechanischen Sensoren aus dem Sensor-Element und einer extern aufgebauten Signalverarbeitung. Ein Beispiel dafür war der SA20-Sensor von SensoNor, der in hohen Stückzahlen in der Airbag-Elektronik eingesetzt wurde.

Bei mikromechanischen Sensoren wird zwischen Single-Chip- und Dual-Chip-Design unterschieden: Das Single-Chip-Design kommt heute in der Regel bei sogenannen surface-micro-machined Sensoren zum Einsatz, während das Dual-Chip-Design bei

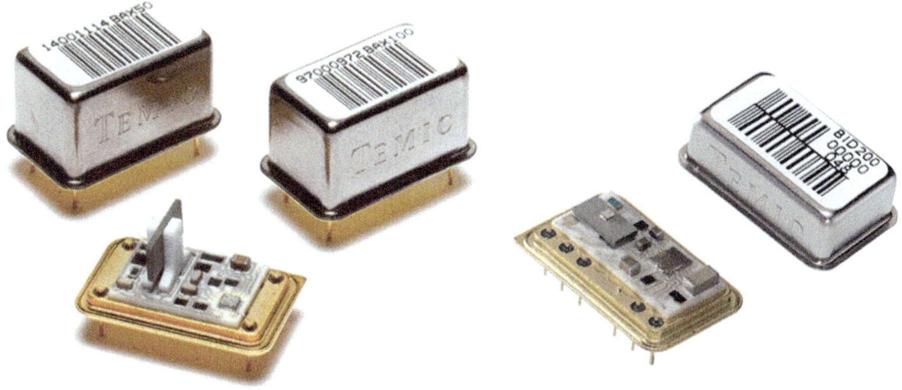

Abb. 7.11 Unterschiedliche Bauformen piezoelektrischer Sensoren (aus [7])

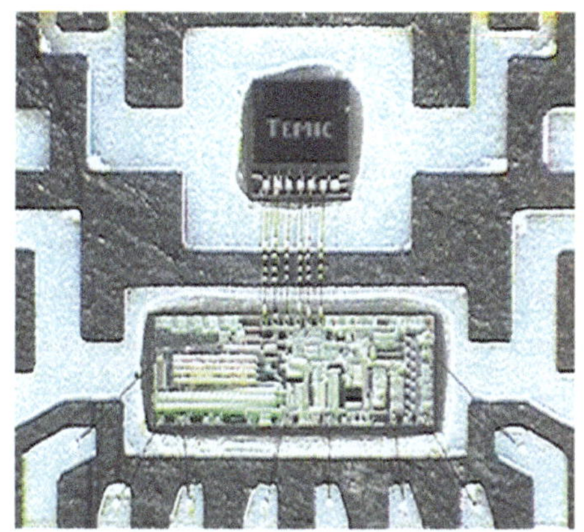

Abb. 7.12 Mikromechanischer Dual Chip-Sensor mit Sensorelement und Auswerteschaltung (aus [7])

bulk-micro-machined Sensoren angewandt wird. In Abb. 7.12 ist ein Dual-Chip-Sensor dargestellt: Die beiden Chips bilden das Sensor-Element und die erforderliche Auswerteschaltung, in der Regel auf ASIC-Basis (ASIC: Application Specific Integrated Circuit). Durch die Auswerteschaltung werden die Signale des Sensor-Elements verstärkt und gefiltert und stehen schließlich am Ausgang der Airbag-Elektronik für die weitere Verarbeitung zur Verfügung.

Im oberen Teil der linken Darstellung in Abb. 7.12 ist das Sensor-Element, darunter die Auswerteschaltung (ASIC) zur Signalauswertung gezeigt. Beide Chips sind auf einem gemeinsamen Rahmen montiert und über Drähte elektrisch miteinander verbunden. Der komplette Sensor wird in einem speziellen Transfer-Molding-Prozess mit Kunststoff umspritzt, wobei die Anschlüsse für eine sogenannte „Chip-on-Board-Montage" vorgeformt sind.

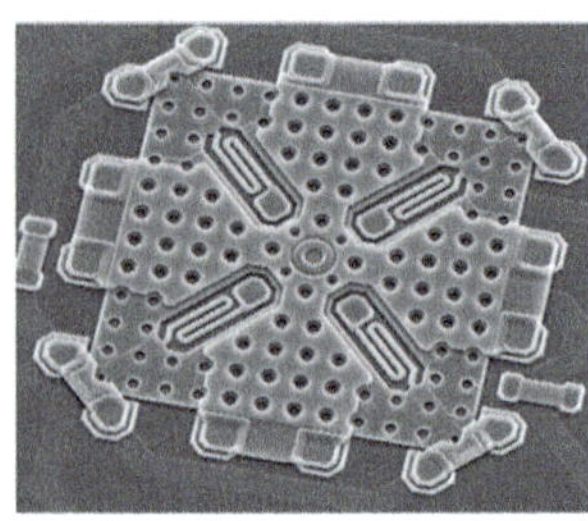

Abb. 7.13 Mikromechanischer kapazitiver Dual Chip-Sensor (aus [7])

In Abb. 7.13 ist ebenfalls ein Dual Chip-Sensor dargestellt, der allerdings auf dem Kapazitätsprinzip basiert. Die Montage der beiden Chips und deren elektrische Verbindung sind mit dem in Abb. 7.12 gezeigten Sensor vergleichbar. Im rechten Bildteil sind die mittels SEM-(Scanning Electronic Microscope-)Vergrößerung dargestellte g-Zellen des auf dem kapazitiven Messverfahren basierenden Sensors zu erkennen. Die mäander-förmige Struktur dient der flexiblen Aufhängung der seismischen Masse. Dem entsprechend ist die Sensierungsrichtung dieses Sensors senkrecht zur horizontalen Ebene.

Bei der Herstellung der **mikromechanischen Sensor-Elemente** werden zwei grundlegende Verfahren unterschieden, dem bulk-micro-machining- und dem surface-micromachining-Verfahren. Beim bulk-micro-machining-Verfahren wird die seismische Masse aus einem relativ dicken, bis zu 500 µ starken Siliziummaterial als dreidimensionale Struktur herausgeätzt. Um sie gegen Umwelteinflüsse und sonstige Verunreinigungen zu schützen, ist die Masse zwischen zwei dünneren, etwa 200 bis 300 µ starken Siliziumschichten eingeschlossen. Bei den Sensor-Elementen erfolgt die Messung entweder durch eine Widerstands-, eine Kapazitäts- oder eine Frequenzänderung, die durch eine Beschleunigung bzw. eine Verzögerung hervorgerufen wird.

Abb. 7.14 zeigt ein im bulk-micro-machining-Verfahren hergestelltes Sensor-Element; die drei-dimensionale Struktur ist zu erkennen, die als obere Abdeckung vorgesehene Siliziumschicht allerdings noch nicht aufgebracht. Zur Messung der Beschleunigung wird bei einem derartigen Sensor-Element ein Masse-Element verschoben und ergibt eine Widerstandsänderung, denn die Widerstände befinden sich in den Verbindungselementen zwischen der seismischen Masse und dem Rahmen. Sie sind als Wheatstone'sche Brücke geschalten (Abb. 7.15), wobei aus Diagnosegründen die Masseanschlüsse getrennt vom Sensor-Element herausgeführt werden. Zur Diagnose wird ein zusätzlicher Widerstand eingesetzt, der gleichzeitig die gesamte Struktur abdeckt. Bei eventuell auftretenden Brüchen in der Struktur wird der Widerstand hochohmig. Basiert der Sensor auf dem kapazitiven Prinzip, so ist die seismische Masse

Abb. 7.14 Bulk-micro-machined Sensor-Element (aus [12])

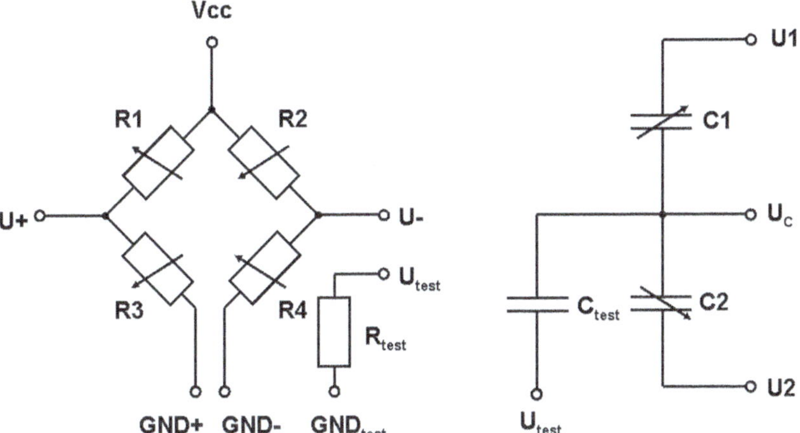

Abb. 7.15 Ersatzschaltbild für widerstands- und für kapazitätsbasierte Sensoren

als Kondensatorplatte ausgeführt. Die obere und untere Abdeckung des Sensors ist gegenüber dem Träger durch eine Glasschicht isoliert, die als weitere Kondensatorplatte dient. Dadurch ist es möglich, die Verzögerung durch ein kapazitives Differenzmess-System zu erfassen. Bei diesen Sensoren wird eine zusätzliche Elektrode angebracht, die es ermöglicht, das Sensor-Element durch Aufbringung einer Spannung elektrostatisch auszulenken und zu detektieren.

Bei einem im surface-micro-machining-Verfahren hergestellten Sensor wird erheblich weniger Silizium als beim bulk-micro-machining-Verfahren benötigt; ein erheblicher Kostenvorteil ist die Folge. Diese Sensoren basieren üblicherweise auf dem kapazitiven Messprinzip. Die seismische Masse des Sensors, dargestellt in Abb. 7.16, ist als Kammstruktur ausgebildet und flexibel auf dem Träger gelagert. Der Träger selbst ist ebenfalls als, allerdings fest gelagerte Kammstruktur ausgebildet und greift in die

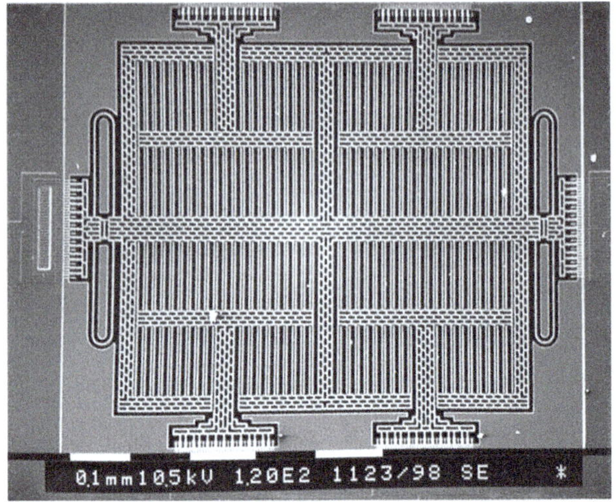

Abb. 7.16 Surface-micro-machined Sensor-Element (aus [7])

Kammstrukturen der seismischen Masse ein. Die dabei ineinandergreifenden Zähne der beiden Kämme wirken so als Kondensatorplatten, zwischen denen die Kapazität nach dem Differenz-Messprinzip erfasst wird. Ein erheblicher Vorteil des surface-micro-machining-Verfahrens besteht darin, dass die komplette Signalaufbereitung auf dem Chip untergebracht werden kann. Dadurch lassen sie sich äußerst preisgünstige Sensoren, sogenannte Single-Chip-Sensoren, herstellen.

Dem Einsatz von **Körperschall-Sensoren** liegen folgende Überlegungen zugrunde: Der Begriff „Körperschall" wird für Schwingungen im Festkörper verwendet, sie liegen im Bereich des menschlichen Hörvermögens (20 bis 20.000 Hz). Die bei heutigen Airbag-Systemen angewandten Beschleunigungssensoren sind aufgrund ihres Frequenzgangs lediglich dazu geeignet, die während einer Kollision auftretende Biegewelle zu erfassen (vgl. Abb. 7.17). Diese breitet sich mit einer mittleren Geschwindigkeit von 300 m/s aus. Um jedoch eine schnellere Erfassung des Verzögerungssignals zu ermöglichen, sind Sensoren erforderlich, die auftretende Dichtewellen, sogenannte Longitudinalwellen, detektieren. Diese Wellenform tritt in unendlich ausgedehnten Medien auf, d. h. die Ausdehnung des Mediums ist in allen Richtungen groß im Vergleich zur Länge der Longitudinalwelle. Die mittlere Ausbreitungsgeschwindigkeit der Longitudinalwellen beträgt 5000 m/s und ermöglicht eine erhebliche kürzere Sensierungszeit. Dieses Prinzip findet Anwendung bei Körperschall-Sensoren, die für den Einsatz in der Airbag-Elektronik konzipiert sind. Sie sind in der Lage, ein Signal bis zu einer Frequenz von 20 kHz aufzunehmen. Zu berücksichtigen ist dabei allerdings, dass die Konstruktion des Fahrzeuges einen erheblichen Einfluss auf die Signalübertragung aufweist. Die Eigenschaft der Pulsübertragung hängt von den verwendeten Materialien, von der Anzahl und von der Art der Verbindungen ab.

Durch den Einsatz eines Körperschall-Sensors kann zur zeitgerechten Plausibilisierung auf die Verwendung zusätzlicher externer Sensoren verzichtet werden, ohne die System-

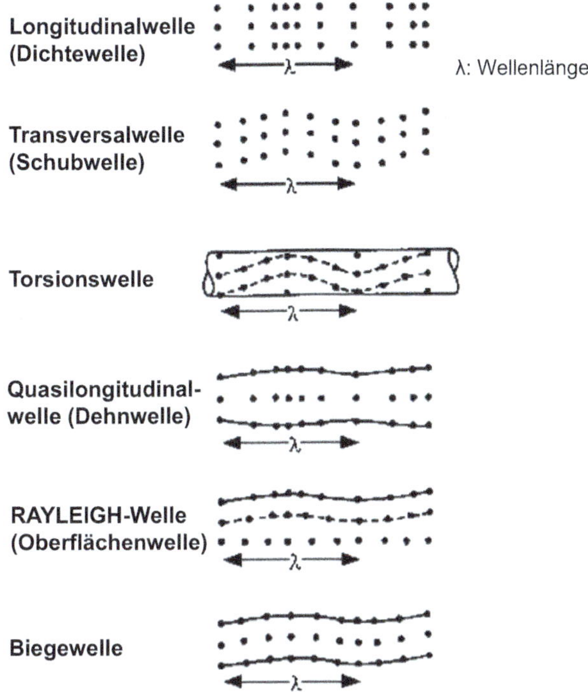

Abb. 7.17 Wellenformen des Körperschalls

anforderungen einzuschränken. In naher Zukunft erscheint der Einsatz eines Körperschall-Sensors in externen Seiten- und Up-Front-Sensoren realisierbar.

Um das Überschlagen von Automobilen (z. B. Cabrios, Geländefahrzeuge und Limousinen der Oberklasse) frühzeitig zu erkennen und vorhandene Sicherheitsmaßnahmen wie Kopfschutz-Systeme und Gurtstraffer zeitgerecht zu aktivieren, werden **Überroll- oder Rollraten-Sensoren** (Abb. 7.18) eingesetzt. Auch bei diesen Sensoren werden mikromechanische Sensor-Systeme verwendet. Sie basieren zumeist auf dem Coriolis-Effekt: Die mikromechanische Struktur, z. B. eine Stimmgabel oder eine rotatorisch oszillierende, mikromechanische Struktur, wird dazu in Schwingung versetzt. Wird die Struktur nun durch eine externe Rotation beaufschlagt, wird die Corioliskraft wirksam und es stellt sich eine dem entsprechende Gegenkraft ein, die gemessen werden kann und ein Maß für die Rollrate darstellt. Diese Rollrate entspricht einer Drehgeschwindigkeit und wird in Grad pro Sekunde angegeben; derartige Sensoren haben einen Messbereich üblicherweise von 200 bis 300°/s. Überroll-Sensoren sind in der Regel in Steuergeräten integriert, sie können aber auch als separate Module eingesetzt werden, in denen die Überroll-Sensorik integriert ist, die ein Signal zur weiteren Verarbeitung zur Verfügung stellt.

Schließlich soll zum Abschluss dieses Abschnitts eine Zusammenfassung der heute in der Fahrzeug-Sicherheit verwendeten **MEMS-Sensor** (MEMS: Mikro-elektrisches, mechanisches System), allerdings ohne Anspruch auf Vollständigkeit, gezeigt werden. Sie ist in Tab. 7.1 aufgelistet.

Abb. 7.18 Rollraten-Sensor

Tab. 7.1 Übersicht zu MEMS-Sensoren

Sensor	Hersteller	Typ	Achse	Messbereich
Beschleunigung	ADI	ADXL78	x	± 35 bis ± 70 g
		ADXL278	x/y	± 35 bis ± 70 g
	Bosch	SMB050/052	x	± 35 bis ± 50 g
		SMB060/062	x/y	± 35 bis ± 50 g
		SMB065/067	x/-x	± 35 bis ± 50 g
		SMB180	x	± 50 bis ± 100 g
		SMB190	x	± 200 g
		SMB25x	x	± 35 bis ± 200 g
		SMB26x	x/y	± 35 bis ± 200 g
	Freescale	Hera	x/y	± 20 bis ± 100 g
Low g-Beschleunigung	ADI	ADXL103	x	$\pm 1{,}7$ g
		ADXL203	x/y	$\pm 1{,}7$ g
	Bosch	SMB220	x	$\pm 4{,}7$ g
	Kionix	KXM60–1120	x	± 1 bis ± 6 g
		KXM60–1130	x/y	± 1 bis ± 6 g
	Memsic	MXR7150V	x/y	± 2 g
	Freescale	Colossus	z	$\pm 1{,}5$ bis ± 10 g
	ST-M	LIS2L02AL	x/y	± 2 g

(Fortsetzung)

Tab. 7.1 (Fortsetzung)

Sensor	Hersteller	Typ	Achse	Messbereich
	VTI	SCA610	x	$\pm 0{,}5$ bis $\pm 1{,}7$ g
		SCA1000	x/y	$\pm 1{,}7$ g
		SCA1020	z/y	$\pm 1{,}7$ g
Drehraten-Sensoren	ADI	ADXRS150	x	$\pm 150°/s$
		ADXRS300	x	$\pm 300°/s$
	BAE [1]	CSR05		± 50 bis $\pm 200°/s$
	BEI [2]	MicoGyro		± 75 bis $\pm 300°/s$
	Bosch	SMG040	x	$\pm 250°/s$
		SMG060	x	$\pm 240°/s$
		SMG061	x	$\pm 240°/s$
		SMG070	x	$\pm 187°/s$
	Freescale	Newton	x	$\pm 300°/s$
		Galilée	z	$\pm 300°/s$
	Honeywell	*		
	Kionix	KGF01–300	x	$\pm 300°/s$
	Melexis	*		
	muRata	GYROSTAR	x	$\pm 300°/s$
	Panasonic	EWTS62	x	$\pm 300°/s$
	SensoNor	SAR10	x	$\pm 250°/s$
Mehrfach-Sensoren [3]	ADI	*		
Druck-Sensoren	Bosch	SMD085	-	60 bis 115 kPa
	Infineon	KP106	-	60 bis 130 kPa

Anmerkungen:
[1] Silicon Sensing System
[2] Systron Donner Automotive Division
[3] Kombinierter Sensor z. B.: Drehrate und low g-Sensor
* Kundenspezifische Entwicklung, keine Daten verfügbar

7.2 Sensor-Anwendungen

Die derzeit eingesetzten Sensoren sollen nachfolgend unterschieden werden in die Sensorik, die bei Frontal-, Seiten- und Überschlag-Unfällen Anwendung findet, wobei zu trennen ist in Beschleunigungs-, Winkelgeschwindigkeits-, Druck- und Stoßwellen-Sensoren. Zudem werden Sensoren zur Erkennung von Insassen und äußeren Verkehrsteilnehmern sowie von Verkehrssituationen erläutert. Schließlich werden die Assistenz-Systeme dargestellt, die heute bereits in vielen PKW eingesetzt werden.

7.2.1 Up-Front-Sensoren

Die Up-Front-Sensoren (Abb. 7.19) sind im Frontbereich des Automobils angebracht; ihre Aufgabe besteht darin, eine Kollision in einer möglichst frühen Phase zu erkennen. Dabei wird das Ziel verfolgt, eine sicherheitstechnisch orientierte Abstufung verschiedener Crash-Szenarien zu erreichen, insbesondere aber die Schwere eines Unfalls zu detektieren. Das aufgenommene Signal wird digital an die Airbag-Elektronik übertragen und über einen geeigneten Crash-Algorithmus bewertet. Damit wird ermöglicht, zwischen Fire/No-Fire-Unfällen zu unterscheiden und in Abhängigkeit von der Unfallschwere angepasste, sogenannnte adaptive Insassenschutz-Systeme zeitgerecht und abgestuft zu aktivieren. Aufgrund der exponierten Installation im Frontbereich des Fahrzeuges müssen Up-Front-Sensoren gegen Spritzwasser geschützt sein und über wasserdichte Steckverbindungen verfügen. Zudem sind sie für einen höheren Temperaturbereich, bis zu 105°C; ausgelegt.

7.2.2 Seiten-Sensoren

Mit der Einführung der Seiten-Airbags wurden zusätzliche Sensoren erforderlich, um eine Seitenkollision rechtzeitig detektieren zu können. Aufgrund der Signallaufzeiten in der Fahrzeugstruktur war jedoch die zeitgerechte Erkennung einer drohenden Kollision mithilfe von herkömmlichen Sensoren nicht möglich. Abhilfe schafften hier erst ausgelagerte Sensoren, sogenannte Seiten-Sensoren.

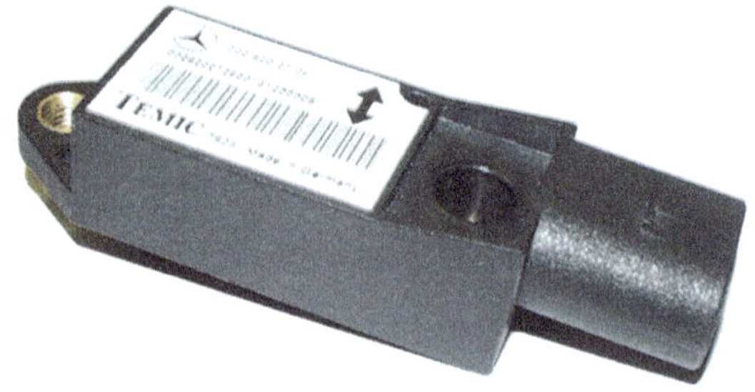

Abb. 7.19 Up Front-Sensor (aus [7])

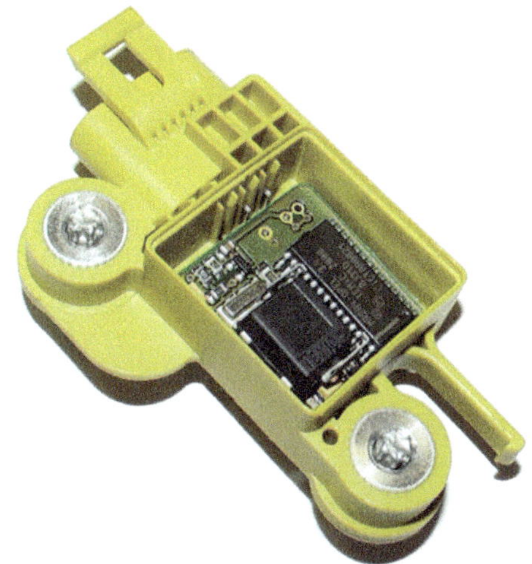

Abb. 7.20 Seiten-Sensor mit integrierter Signal-Vorverarbeitung (aus [24])

Die ersten Seiten-Sensoren bestanden aus einem **Beschleunigungsaufnehmer** und einem Mikrokontroller, der mithilfe eines Algorithmus die Signal-Vorverarbeitung bewirkte (Abb. 7.20). Das zur Airbag-Auslösung erforderliche Signal wurde als PWM-Signal (PWM: Pulsweiten-Modulation) in drei Stufen an die Airbag-Elektronik übertragen: Dabei entsprach das Impuls/Pause-Verhältnis der Unfall- oder Aufprallschwere. Zwei weitere Stufen wurden einmal als „Life"-Signal und zum anderen als Fehler-Signal verwendet, sodass insgesamt fünf unterschiedliche Stufen für die Signalübertragung realisiert werden konnten.

Die aktuell eingesetzten Seiten-Sensoren sind dem gegenüber mit einer digitalen Kommunikationseinheit ausgestattet, mit der das Crash-Signal unmittelbar an die Airbag-Elektronik übertragen wird. Das Signal wird dann mithilfe eines Crash-Algorithmus nach vorher definierten Kriterien bewertet, und die Insassenschutz-Systeme werden aktiviert.

Der in Abb. 7.21 dargestellte Seiten-Sensor besteht aus dem mikromechanischen Sensor-Element und der integrierten, anwendungsspezifischen ASIC-Einheit (ASIC: Application Specific Integrated Circuit). Das Beschleunigungssignal wird der Airbag-Elektronik digital zur Verfügung gestellt.

Ein anderes Prinzip bei der Detektierung von Seitenkollisionen wird bei **Druck-Sensoren** angewandt: Diese Sensoren sind in der Fahrzeugtür installiert und messen mithilfe eines Druckaufnehmers den Druckanstieg bei einem seitlichen Aufprall. Sie sind ebenfalls mit einer digitalen Kommunikationseinheit ausgestattet, mit der der aktuelle Druckverlauf an die Airbag-Elektronik übertragen wird. Das Signal wird über einen Crash-Algorithmus für die Aktivierung der Insassenschutz-Systeme aufbereitet und bewertet. Bei dem in Abb. 7.22 dargestellten Druck-Sensor ist rechts das mikromechanische Sensor-Element mit der erforderlichen Einströmöffnung zu erkennen. Der ASIC-Schaltkreis dient der Signalaufbereitung und der Übertragung des Drucksignals an die Airbag-Elektronik.

Abb. 7.21 Seiten-Sensor mit digitaler Datenübertragung (aus [7])

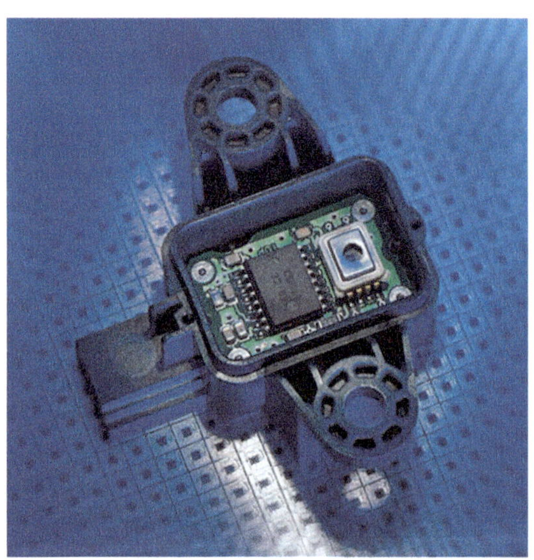

Abb. 7.22 Druck-Sensor mit digitaler Kommunikationseinheit (aus [7])

7.2.3 Systeme zur Insassen-Erkennung

Im Bereich der Insassen-Erkennung findet seit ca. 2020 eine starke Weiterentwicklung statt. Ursächlich dafür sind zwei Marktbewegungen:

- Sicherheitsbewertungen z. B. durch Euro NCAP mit:
  - Child Presence Detection
  - Driver Drowsiness Warning
- Zunehmende Automatisierung der Fahrfunktionen und dafür notwendige Einschätzung der Übernahmefähigkeit des Fahrers.

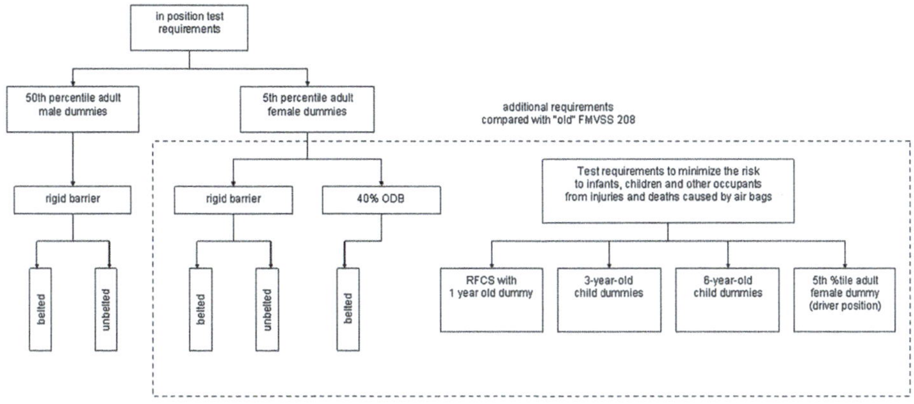

Abb. 7.23 Testanforderungen nach FMVSS 208 (aus [7])

Systeme zum sogenannten „Driver Monitoring" werden häufig über Kamera-Systeme abgedeckt. Der Anwendungsfall „Child Presence Detection" soll verhindern, dass Kinder schlafend in einem Fahrzeug zurückgelassen werden und durch unkontrolliertes Aufheizen des Fahrzeuginnenraums durch Sonneneinstrahlung Gesundheitsschäden erleiden.

Um die Möglichkeiten zur Nutzbarmachung dieser Markttrends zu verstehen, ist zunächst eine kurze Betrachtung des Status Quo der Gesetzgebung sinnvoll.

Um das Verletzungsrisiko der Insassen im Falle einer Airbag-Auslösung so gering wie möglich zu halten, wird in der US-amerikanische Sicherheitsgesetzgebung ein geringes Risiko bei Airbag-Entfaltung (low risk deployment) und/oder eine Airbag-Abschaltung (suppression of airbags) bei OoP-(Out-of-Position-)Situationen oder bei Anwesenheit von Insassen gefordert (vgl. Abb. 7.23). Hierbei ist die unterschiedliche Auslegung von Airbag-Systemen in Europa und in den USA zu berücksichtigen, denn in den USA sind im Gegensatz zu Europa die Airbag-Systeme auch für den nicht angegurteten Insassen auszulegen. Die Folge davon ist, dass Airbags innerhalb der gleichen Aufblaszeit mit einer größeren Gasmenge gefüllt werden müssen. Die für den nordamerikanischen Markt ausgelegten Airbags sind dadurch aggressiver als die in Europa verwendeten; es könnten so OoP-Situationen zu schweren, mitunter sogar zu fatalen Verletzungen der Insassen führen. Seit 2015 ist nach einer 10-jährigen Hochlaufphase von 100 % Ausrüstungsquote gemäß FMVSS 208 auszugehen, d. h. sämtliche in USA verkauften Fahrzeuge enthalten einen Mechanismus zur Airbag-Entfaltung mit geringem Risiko und werden gemäß folgendem Schema getestet:

Die Versuche mit geringem Risiko bei einer Airbag-Entfaltung umfassen Tests, bei denen die Beifahrerseite mit einem 12-monatigen Kinder-Dummy in Kindersitzen (verschiedene Sitzpositionen), mit einem 3-jährigen Kinder-Dummy (mit und ohne Sitzerhöhung) sowie mit einem 6-jährigen Kinder-Dummy besetzt ist. Bei Versuchen für den Nachweis des verminderten Risikos des Fahrer-Airbags ist die Fahrerseite mit einem

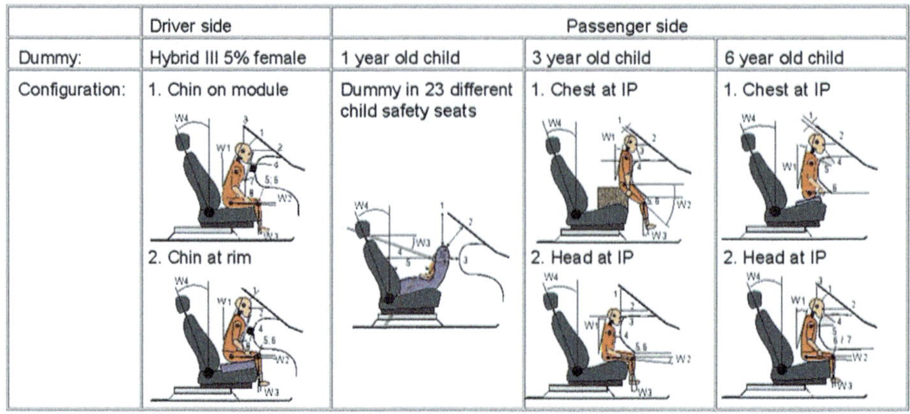

Abb. 7.24 Test-Anforderungen nach FMVSS 208 (Low Risk Deployment), aus [7]

HIII-5F (5 % female-Dummy) zu besetzen; die Versuche werden in verschiedenen Test-konfigurationen durchgeführt (Abb. 7.24).

Um den Nachweis für ein geringes Risiko bei Airbag-Entfaltung und/oder für eine Air-bag-Abschaltung bei OoP-Situationen oder bei Anwesenheit von Insassen zu erbringen, ist die Auslösung des Airbags auf den Insassen bzw. in Abhängigkeit von der Belegung des Sitzes abzustimmen. Zu diesem Zweck wird bei heutigen Systemen die Sitzbelegung durch Messung des Gewichts auf dem Sitz bzw. des Sitzabdrucks der Kindersitz-Ein-richtung ermittelt und eine dementsprechende Klassifizierung vorgenommen.

Neben der automatischen Abschaltung des Beifahrer-Airbags bei **Benutzung von Kindersitzen** wird insbesondere in Europa von einigen Fahrzeugherstellern auch ein manuell zu betätigender Schalter, ein **Airbag-off-Schalter**, im Fahrzeug installiert. Mit diesem Schalter, der mit dem Zündschlüssel betätigt wird, kann der Beifahrer-Airbag vom Benutzer aktiviert und deaktiviert werden. Eine geeignete Anzeige im Instrumentenfeld zeigt den jeweiligen Systemzustand an. Die Aktivierung und die Deaktivierung des Systems hängen bei dieser manuellen Lösung vom Verantwortungs-bewusstsein und der Aufmerksamkeit des Fahrers ab.

Als Alternative zu den Airbag-off-Schaltern wurde der Einsatz von **Kindersitz-Transpondern** zur Erkennung von Kindersitzen diskutiert. Bei diesem System ist eine Antenne in der Fläche des Fahrzeugsitzes integriert; die Kommunikation erfolgt über ein Hochfrequenz-Feld mit dem im Kindersitz untergebrachten Transponder. Damit kann das Vorhandensein, aber auch die Ausrichtung des Kindersitzes ermittelt werden, sodass detektiert werden kann, ob der Kindersitz vorwärts oder rückwärts ausgerichtet auf dem Fahrzeugsitz eingesetzt ist. Der Nachteil dieses Systems ist darin zu sehen, dass diese Maßnahme nur mit Kindersitzen funktioniert, die über einen speziell angebrachten Transponder verfügen. Diese Systeme haben sich im Markt nicht durchgesetzt und spielen Stand heute keine Rolle mehr bei der Auslegung.

Tab. 7.2 Übersicht typische Gewichtsklassen

Klasse	Bedeutung	Massenklasse
0	Leer oder Kindersitz	0 bis $\leq 15\,\mathrm{kg}$
1	Belegt mit Kindersitz oder mit Kind bis 6 Jahre	> 15 bis $\leq 30\,\mathrm{kg}$
2	Belegt mit 5. Perzentil-Frau oder größer	$> 30\,\mathrm{kg}$

Die in heutigen Fahrzeugen eingesetzten sitzgebundenen Insassen-Erkennungssysteme werden dazu verwendet, das Vorhandensein und im positiven Fall, das Gewicht des Beifahrers zu erfassen. Je nach gemessener Masse erfolgt eine Klassifizierung, um zwischen Kindern und erwachsenen Insassen zu unterscheiden. Dazu wird üblicherweise die in Tab. 7.2 zusammenfassend dargestellte Einteilung vorgenommen.

Die in Tab. 7.2 dargestellten Massenklassen geben allerdings nur Anhaltswerte wieder; die tatsächlich verwendeten Werte hängen von den Anforderungen des Fahrzeugherstellers und vom eingesetzten Insassen-Erkennungssystem ab. Zu beachten ist auch, dass von der amerikanischen Gesetzgebung und von Euro NCAP von Zeit zu Zeit neue Kindersitzprodukte für die Tests herangezogen werden. So ist bei einem für 2025 vorgesehenem Update in den USA eine Liste mit 7 Sitzen dabei, die „deutlich schwerer als der Durchschnitt" sind. Diese kommen mit einem „Leergewicht" von 14,7 kg (z. B. eine Kinderwagen-Kindersitz Kombination mit einklappbaren Rädern) der Schwelle schon sehr nahe und können auch belegt nahe an 30 kg heranreichen. Bei der Klassifizierung werden zwei grundlegend unterschiedliche Prinzipien angewandt: das sitzflächenintegrierte und das sitzstrukturintegrierte Erkennungssystem.

Beim **sitzflächen-integrierten Erkennungssystem** handelt es sich um Sitzmatten, die sich zwischen dem Sitzpolster und dem Bezug befinden. Die am meisten verbreiteten Systeme sind die Sitzmatten der Firmen IEE und Aptiv. Bei den IEE-Sitzmatten ist in eine Folie eine bestimmte Anzahl von druckabhängigen Widerständen integriert (Abb. 7.25). Die Form der Sitzmatte und die Anzahl der Messpunkte werden der jeweiligen Sitzfläche angepasst. Ist die Anzahl der Messpunkte groß genug, kann das Profil des Insassen auf dem Sitz ausreichend genau ermittelt werden. Bei der als Bladder (= Blase) bezeichneten Aptiv-Sitzmatte wird ein mit Silikon gefülltes Kissen eingesetzt, das über einen Schlauch mit einem Druckaufnehmer verbunden ist. Die durch den Insassen auf den Sitz wirkende Belastung hat einen definierten Druckanstieg im Kissen zur Folge, der mit dem Druckaufnehmer gemessen wird. Eine wesentliche Herausforderung der in der Sitzfläche integrierten Systeme ist die hohe Empfindlichkeit gegenüber mechanischen und thermischen Beanspruchungen in der Sitzoberfläche, die bei einer langjährigen Benutzung eines Fahrzeuges auftreten. Beim Einsatz von sitzflächen-integrierten Systemen ist eine zusätzlichen Elektronik-Ausstattung erforderlich, die das eigentliche Erkennungssignal bewertet und als Ergebnis an die Airbag-Elektronik im direkten Anschluss oder über die Fahrzeug-CAN-Verbindung (CAN: Controller Area Network) überträgt.

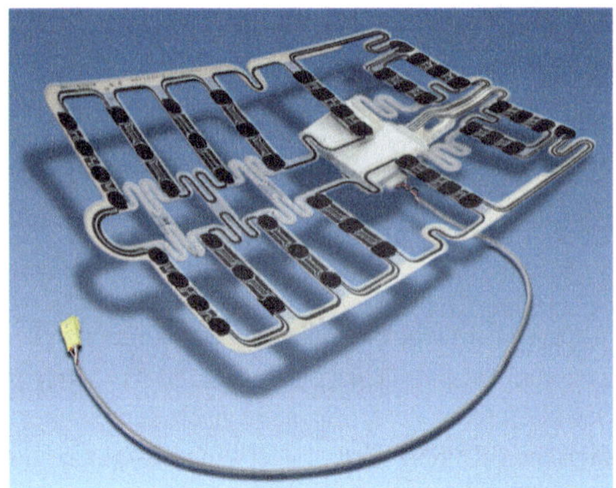

Abb. 7.25 Sitzmatte als sitzflächen-integriertes Erkennungssystem (aus [7])

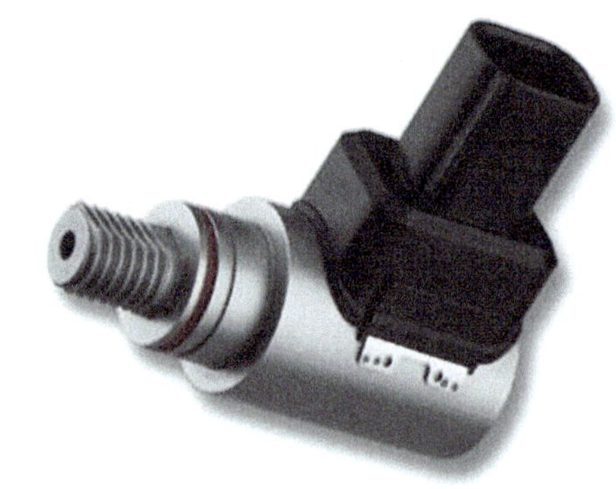

Abb. 7.26 Gewichts-Sensor als sitzstruktur-integriertes Erkennungssystem (aus [21])

Eine Alternative dazu ist in den **sitzstruktur-integrierten Erkennungssystemen** zu sehen. Dabei werden Gewichts-Sensoren verwendet, mit denen das Insassengewicht, das auf die Sitzstruktur wirkt, gemessen wird (Abb. 7.26). Die Gewichtsmessung erfolgt an den Sitz-Befestigungspunkten. Bei den Gewichtssensoren werden verschiedene Technologien angewandt: Es werden kapazitive Messverfahren, das Tauchspulen-Prinzip, Hall-Sensoren oder Dehnungsmessstreifen (DMS) eingesetzt. Die Gewichtssensoren werden entweder einzeln oder über ein Bus-System mit der Airbag-Elektronik verbunden. Diese Technologie ist in den letzten Jahren aber ggü. der Bladder-Matte in den Hintergrund getreten.

Die auf Gewichtsmessung basierenden Erkennungssysteme, ob in der Sitzfläche oder in der Sitzstruktur integriert, haben einen gemeinsamen, gravierenden Nachteil: Ein zur Vermeidung von Gurtlose mit großer Kraft auf dem Sitz befestigter Kindersitz wird bei gleichzeitig gesperrtem Gurtautomat als hohes Gewicht interpretiert. Um diese Fehlinterpretation zu kompensieren und somit eine Verwechslung zwischen Kindersitz und einem erwachsenen Insassen ausschließen zu können, können zusätzliche Gurtkraft-Sensoren verwendet werden, um so eine Eindeutigkeit der Detektierung sicher zu stellen.

Die einleitend dargestellten Markttrends, hin zu mehr **Insassen-Erkennungs-systemen** aufgrund anderer Anwendungsfälle, führt im Bereich der passiven Sicherheit erstens dazu, dass Hersteller bestrebt sind, den Gesetzes-Fall durch die neuen Systeme abzubilden. Sprich: die erwähnten gewichtsbasierten Systeme schrittweise und unter Wahrung der Sicherheitsanforderungen durch andere Systeme zu ersetzen. Und zweitens lässt sich das Mehr an Informationen durch neuartige Insassen-Erkennungssysteme für eine feiner abgestimmte Rückhaltewirkung nutzen.

Die generelle Zielsetzung künftiger Insassen-Erkennungssysteme besteht darin, das Vorhandensein der Insassen zu detektieren und im positiven Fall zu klassifizieren, um eine auf den jeweiligen Insassen angepasste Wirkung der Insassenschutz-Systeme zu realisieren. Dabei werden sowohl die körperlichen Merkmale der Insassen wie Gewicht, Größe und Sitzposition, sowie die aktuelle Unfallsituation hinsichtlich Unfallschwere, Anprallrichtung und beaufschlagter Fahrzeugstruktur berücksichtigt. Darüber hinaus ist ein weiterer Schwerpunkt der neueren Sensorentwicklung darin zu sehen, eine riskante Vorverlagerung der Insassen, d. h. eine mögliche OoP-Situation, zu erkennen, um die Airbagauslösung gezielt zu steuern oder gar zu unterbinden.

Bei den **optischen Insassen-Erkennungssystemen** konzentriert sich die aktuelle Entwicklung auf den Einsatz digitaler Kameras. Mithilfe einer oder mehrerer derartiger Kameras wird die zu beurteilende Szenerie aufgenommen und über eine nachgeordnete Bildverarbeitung ausgewertet. Als Bildaufnehmer geht der Trend hin zu 2D Kameras, die mithilfe von modernen Auswertealgorithmen und Deep Learning eine 3D Erfassung des Fahrzeuginnenraums ermöglichen.

Alternativ lassen sich drei-dimensionale Kameras (3D-Kameras) verwenden. Diese bestimmen die Tiefeninformation entweder über zwei Einzelbilder oder über die Laufzeit des Lichts für jeden Bildpunkt (pixel-orientiert). Bei anderen 3D-Kamera-Systemen wird moduliertes Licht eingesetzt und die Phasenverschiebung zwischen dem emittierten und dem reflektierten Licht ermittelt. Über diese Phasenverschiebung erhält man eine exakte Laufzeitbestimmung und damit den Abstand des Kollisionsobjekts für jedes Pixel.

In Tab. 7.3 werden ohne Anspruch auf Vollständigkeit aktuell verwendete Sensoren und die weiteren Entwicklungen von Sitzbelegungssystemen zusammenfassend dargestellt. Damit soll ein Überblick zum Stand der Technik von Insassen-Erkennungs-systemen aufgezeigt werden.

7.2.4 PreCrash-Sensorik

Die steigenden Anforderungen an moderne Insassenschutz-Systeme erfordern eine neue Generation von Sensoren. So werden herkömmliche Schutzsysteme erst aktiviert, wenn die Kollision bereits stattgefunden hat. Dem gegenüber sollen künftige Sicherheitsmaßnahmen so ausgelegt werden, dass sie schon vor dem Anprall aktiviert sind, um Verzögerungen zu vermeiden oder um Sicherheitseinrichtungen, sogenannte reversible Systeme, prophylaktisch wirksam werden zu lassen. Dazu sind Sensoren

Tab. 7.3 Übersicht zu heute üblichen Insassen-Erkennungssystemen [20]

Typ	Technisches Prinzip	Verbau	mögliche Hersteller
Insassenklassifizierung und Belegungs-erkennung Beifahrer	Druckverteilung mit Flüssigkeitsblase	Sitzfläche Beifahrer-sitz	Aptiv
Insassenklassifizierung und Belegungs-erkennung Beifahrer	Kapazitive Messung	Sitzfläche Beifahrer-sitz	IEE
Insassenklassifizierung und Belegungs-erkennung Beifahrer	Gewichtsmessung	Sitzstruktur Beifahrer-sitz	Aisin
Insassenklassifizierung und Belegungs-erkennung	Kamerabasierte Erkennung	Innenraum	Kamera Aptiv
Belegungserkennung	Druckverteilung mit Folie/Kontaktschalter	Sitzflächen	IEE, Scherdel, Bauerhin

erforderlich, die eine drohende oder gar eine unvermeidliche Kollision bereits im Voraus, d. h. vor dem eigentlichen Anprall, dem Beginn der InCrash-Phase, erkennen und bewerten können. Es handelt sich also um PreCrash-Sensoren, mit deren Hilfe erforderlich erscheinende Schutzsysteme frühzeitig aktiviert werden. Diese Sensoren müssen in der Lage sein, Kollisionskontrahenten in der unmittelbaren Umgebung des Fahrzeuges zeitlich und räumlich erkennen zu können.

Die erste Generation derartiger Sensoren wirken im Nahbereich als optische PreCrash-Sensoren. Sie ermöglichen, den Abstand, die Geschwindigkeit und die Richtung eines Kollisionskontrahenten in Fahrtrichtung des Kollisionsobjekts zu erkennen. Damit lässt sich bereits frühzeitig eine drohende Kollision detektieren, welche Art von Unfall zu erwarten ist und welche Stufen der Insassenschutz-Systeme aktiviert werden müssen. Die vom PreCrash-Sensor bereitgestellten Informationen werden dazu genutzt, Insassenschutz-Einrichtungen wie reversible Gurtstraffer und adaptive Kraftbegrenzer anzusteuern.

PreCrash-Sensoren werden vorzugsweise im oberen Bereich der Windschutzscheibe in der Nähe des Rückspiegels montiert. Dadurch wird eine lückenlose Abdeckung des Überwachungsbereichs vor dem Fahrzeug ermöglicht. Das Prinzip derartiger Sensoren basiert auf einer Laufzeitmessung. Gepulstes infrarotes Laserlicht mit einer Wellenlänge von 905 nm wird dabei emittiert und von Objekten, die sich in der Reichweite des Sensors befinden, reflektiert. Der Decoder berechnet die Laufzeit zwischen dem emittierten und dem reflektierten Laserimpuls. Der Sensor hat ein mehrfaches Strahlensystem, sodass die Umgebung in einem definierten Winkelbereich vor dem Fahrzeug

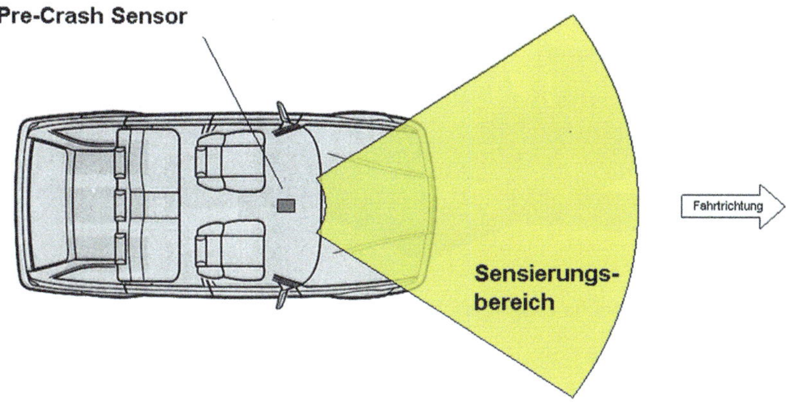

Abb. 7.27 PreCrash-Sensor und der frontale Sensierungsbereich (aus [21])

bestrichen wird (Abb. 7.27). Mithilfe des mehrfachen Strahlensystems wird die Richtung des sich nähernden Objektes bestimmt und die Geschwindigkeit aus wiederholten Entfernungsmessungen berechnet. Diese Sensoren lassen sich zudem mit Sekundärfunktionen wie Regen- und Helligkeitssensoren ausstatten.

Mit den Informationen, die durch einen PreCrash-Sensor bereitgestellt werden, ist es aber nicht nur möglich, beispielsweise reversible Gurtsysteme frühzeitig zu aktivieren, sondern sie gestatten zudem die Entwicklung zusätzlicher Aktorik, um erweiterte Sitzmöglichkeiten im Fahrzeug zu ermöglichen. Der künftige PreCrash-Sensor liefert darüber hinaus eine von der Fahrtrichtung des Kollisionsobjekts unabhängige Annäherungsgeschwindigkeit des Kollisionskontrahenten und gestattet damit eine weitaus präzisere Vorausbestimmung der bei gegebenen Umständen erforderlichen Airbag-Auslösung als dies bei konventionellen Systemen möglich ist.

Eine weitere Einsatzmöglichkeit für PreCrash-Sensoren ist in der Aktivierung von Fußgängerschutz-Systemen zu sehen, die in Europa seit Mitte 2005 gefordert und eingeführt wurden. Mit einem derartigen Sensor lässt sich der Bewegungsablauf eines Kollisionskontrahenten vor einem drohenden Aufprall analysieren (Abb. 7.28) und erlaubt nach Bewertung der Sensor-Informationen eine Unterscheidung zwischen „harten" und „weichen" Objekten. Wird ein „weiches" Objekt, das den Fußgänger charakterisiert, erkannt und treffen weitere Auswahlkriterien für Parameter wie beispielsweise Objektgeometrie und Annäherungsgeschwindigkeit zu, können über den im Steuergerät integrierten Algorithmus die entsprechenden Fußgängerschutz-Systeme gezielt aktiviert werden.

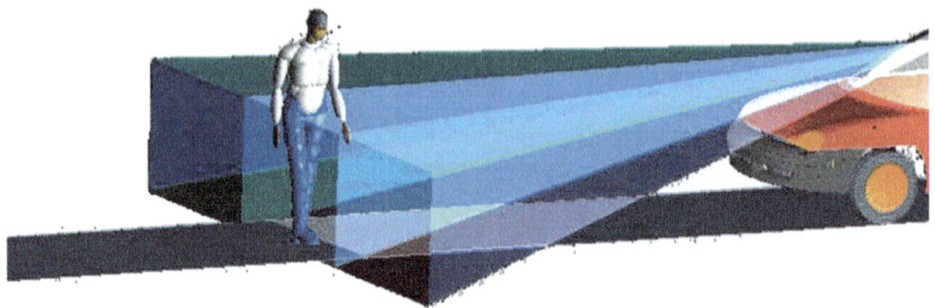

Abb. 7.28 PreCrash-Sensor für Fußgängerschutz (aus [7])

7.2.5 Umfeldsensoren für die integrale Fahrzeugsicherheit – RADAR

Für die integrale und aktive Fahrzeugsicherheit werden Umfeldsensoren eingesetzt, die auch eine Vielzahl an Fahrerassistenzfunktionen unterstützen. Ein besonders prädestinierter Sensor für die Fahrzeugsicherheit ist der RADAR Sensor aufgrund seiner robusten, zuverlässigen Messeigenschaften.

Radar ist ein Messverfahren zur kontaktlosen Detektion und Lokalisierung von Objekten im Umfeld des Radar-Systems. Das Radarprinzip basiert auf der Aussendung von elektromagnetischen Wellen im Hoch – und Höchstfrequenzbereich, die an den Objekten reflektiert und von der Radarantenne wieder empfangen werden. Die Position des erfassten Objektes wird über Laufzeit- und Richtungsmessung bestimmt. Darüber hinaus kann über den Doppler-Effekt die Relativgeschwindigkeit des gemessenen Objektes ermittelt werden. Folgende Messdaten werden von einem Automotive Radar an das Fahrzeug bereitgestellt:

- Objekt Detektion und Klassifikation
- Radialer Abstand zum Objekt
- Azimut (Elevations) Winkel zum Objekt
- Doppler Relativgeschwindigkeit
- Radar Rückstrahlquerschnitt

Das Radarprinzip und die zugrunde liegende Radar-Grundgleichung, die die Grundcharakteristiken der Wellenausbreitung beschreibt, ist in Abb. 7.29 und Formel 7.1 dargestellt [27].

$$P_e = \left(\frac{P_a G}{4\pi d^2} \right) \cdot \left(\frac{\sigma}{4\pi d^2} \right) \cdot \left(\frac{G l^2}{4\pi} \right) \dots \sim \frac{1}{d^4} \tag{7.1}$$

Messverfahren zur Ermittlung von Abstand und Relativgeschwindigkeit zum Zielobjekt:

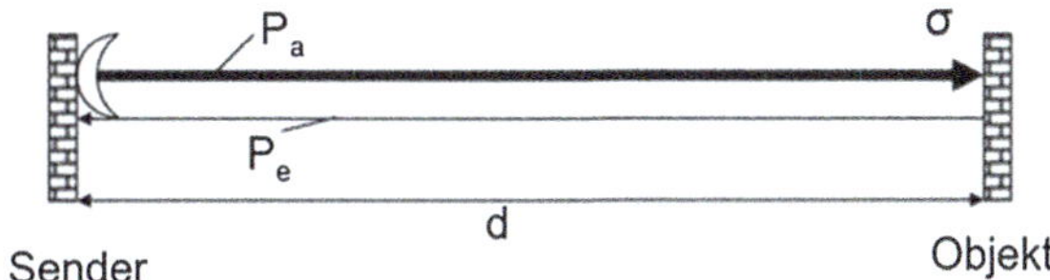

Abb. 7.29 Radar Grundprinzip [27]

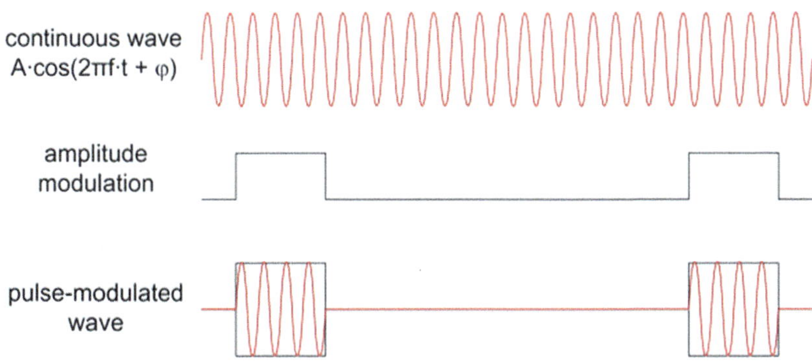

Abb. 7.30 Laufzeitmessung mit Puls-Doppler Verfahren [9]

Zur Ermittlung des Abstandes zum Zielobjekt ist es notwendig, eine Markierung auf die elektromagnetische Welle aufzuprägen. Eine kontinuierliche Welle würde keine Information über den Sende- und Empfangszeitpunkt beinhalten und somit keine Laufzeitmessung möglich machen.

Diese Markierung erfolgt über eine Modulation der Welle. Dabei können drei Parameter der Welle moduliert werden:

- Amplitude A(t): bspw. für die Puls-Modulation (Abb. 7.30)
- Frequenz f(t): bspw. lineare Frequenz-Modulation
- Phase phi (t): bspw. binäre Phasen-Modulation

Nach der Demodulation wird die Laufzeit und damit die Distanz zum Objekt ermittelt.

Neben einer robusten Messung der Distanz zu Objekten bietet der Radar noch die Möglichkeit der Messung der Relativgeschwindigkeit zu den Zielobjekten. Dies erfolgt durch Ausnutzen des Doppler-Effektes. Der Doppler-Effekt entsteht durch die Relativbewegung des gemessenen Objektes und die damit verbundene Stauchung (bei Annäherung) oder Dehnung (bei Entfernung) der elektromagnetischen Wellen. Physikalisch erfolgt durch die Relativbewegung eine Phasenverschiebung des Signals. Diese Phasenverschiebung und damit die Relativgeschwindigkeit kann ermittelt werden über die Mischung des zurückreflektierten Signals mit dem Sendesignal, wie in Abb. 7.31 dargestellt:

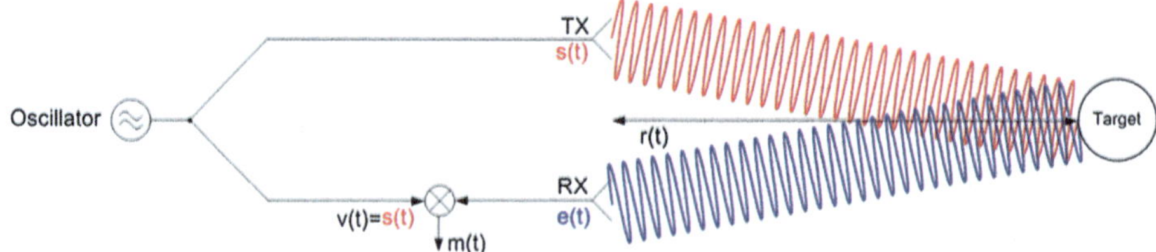

Abb. 7.31 Ermittlung der Dopplerfrequenz über Mischung der Eingangs- und Ausgangssignale [9]

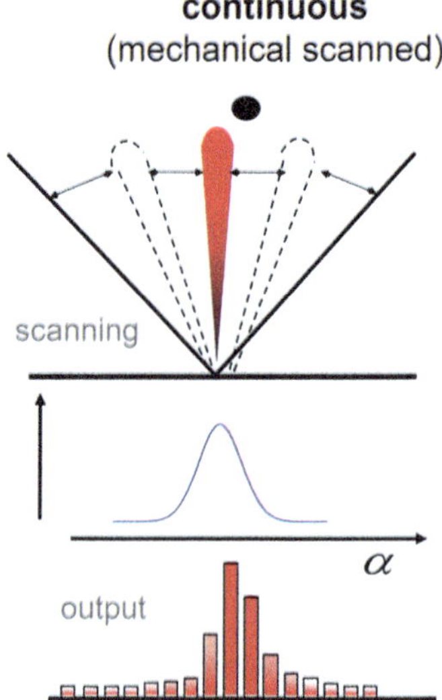

Abb. 7.32 Mechanisches Scannen

Die Doppler-Frequenz berechnet sich wie folgt, Gl. 7.2:

$$f_{doppler} = \frac{\frac{\Delta\varphi}{2\pi}}{\Delta t} = 2 \cdot v_{rad,rel} \cdot \frac{f_{rf}}{c} \tag{7.2}$$

Die Doppler-Formel zeigt, dass die Doppler-Frequenz direkt proportional zur Sendefrequenz ist. Das heißt, mit steigender Sendefrequenz ist ein wesentlich besseres Dopplersignal verfügbar und damit auch eine deutlich bessere Auflösung der Relativgeschwindigkeit.

Der Trend zu den hochfrequenten Radarsystemen im Bereich von 77–79 GHz hat somit eine substantielle Verbesserung bezüglich der Geschwindigkeitseinschätzung der Zielobjekte gebracht.

Zur Ermittlung des Winkelversatzes eines Objektes sind verschiedene Verfahren in der Radarentwicklung zum Einsatz gekommen. Diese Verfahren, wie sie auch chronologisch in die Automobil-Radare eingeführt wurden, sind:

Abb. 7.33 Umschalten zwischen Antennen

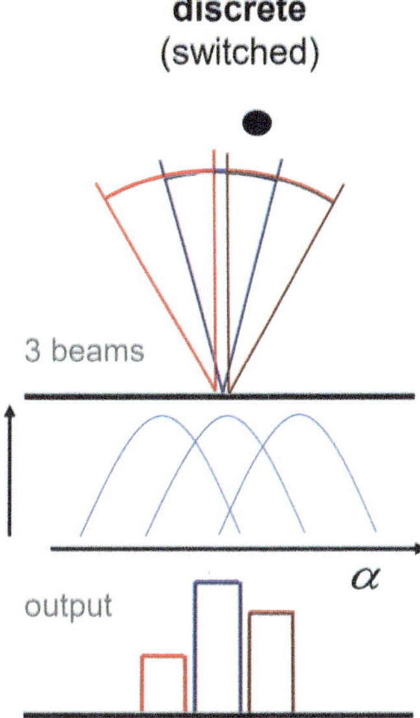

- Mechanisches Scannen der Radarstrahlen (Abb. 7.32)
- Umschalten zwischen „Einzelantennen", die in verschiedene Richtung abstrahlen (Abb. 7.33)
- Elektronisches Scannen durch elektronisches „Nachführen" der Radarstrahlen
- Digital Beamforming (Abb. 7.34).

Beim Digital-Beamforming kommt eine Multi-Patch Antenne zum Einsatz, bei der mehrere Einzelantennen-Patches äquidistant nebeneinander platziert sind (siehe Abb. 7.34).

Das Messkonzept beruht darauf, dass die vom Objekt zurückreflektierte elektromagnetische Welle an den nebeneinander liegenden Antennenelementen mit einem kleinen Laufzeitversatz eintreffen, sobald das Objekt einen seitlichen Winkelversatz hat. Dieser Zeitversatz bedeutet, dass die Welle an den parallelen Antennenelementen mit einem Phasenversatz eintrifft. Aus diesem Phasenversatz lässt sich der Winkel zum Zielobjekt mit Formel 7.3 berechnen:

$$\alpha_{AZ} = \arcsin\left(\frac{b}{d}\right) \tag{7.3}$$

Dabei ist:

$$b = (\varphi_{RX1} - \varphi_{RX2})\frac{\lambda}{2\pi} \tag{7.4}$$

Der Phasenunterschied wird durch Summation der phasenverschobenen Signale und nachfolgende Verarbeitungsschritte ermittelt.

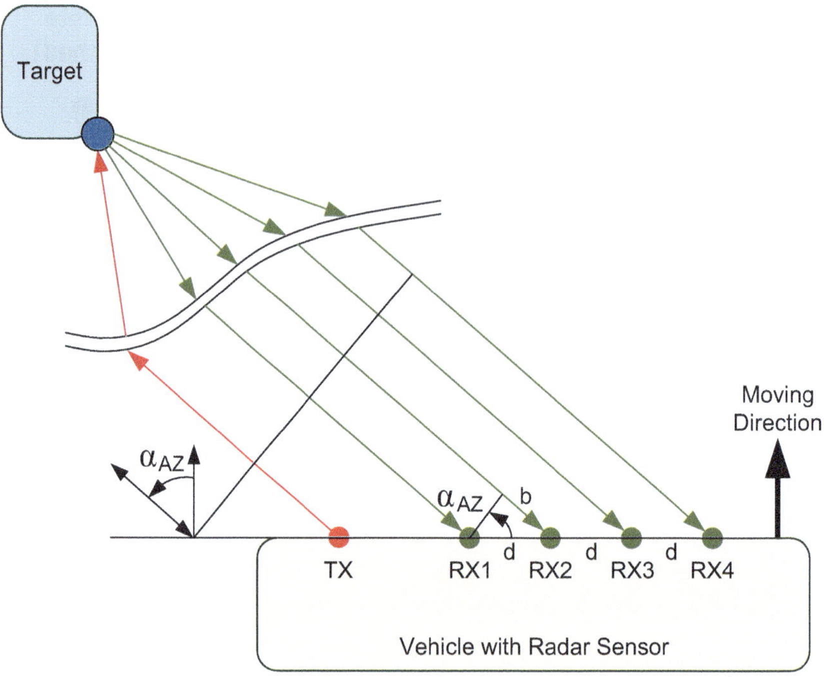

Abb. 7.34 Konzept Digital Beamforming [9]

Der typische Mess- und Erfassungsbereich eines modernen Frontradars ist in der nachfolgenden Abb. 7.35 dargestellt.

Abhängig vom verfügbaren Radarrückstrahlquerschnitt, können Personenkraftwagen typischerweise bis zu einer Distanz von 250 m erfasst und „getrackt" werden. Fußgänger, mit einem deutlich kleineren Rückstrahlquerschnitt eher nur bis zu einer Entfernung von 100 m.

Der in Abb. 7.35 dargestellte Erfassungsbereich eines Radars [8] der 4. Generation hat die Besonderheit, dass er im Nahbereich bis 60 m einen deutlich größeren azimutalen Erfassungsbereich hat. Damit können kritische Querverkehrssituationen gut erfasst werden.

Das Leistungsspektrum eines solchen Radars ist in Tab. 7.4 dargestellt. Neben dem Erfassungsbereich des Radars sind vor alle auch der Geschwindigkeitsbereich und die Auflösungsfähigkeit in radialer und azimutaler Richtung von wesentlicher Bedeutung.

7.2.6 Assistenz-Systeme

Der größte Risikofaktor beim Fahren ist immer noch der Mensch: In Deutschland waren im Jahr 2011 nach den Unfallzahlen des Statistischen Bundesamtes [22] etwa 87 % aller erfassten Unfälle mit Personenschaden auf Fehlverhalten des Fahrzeuglenkers

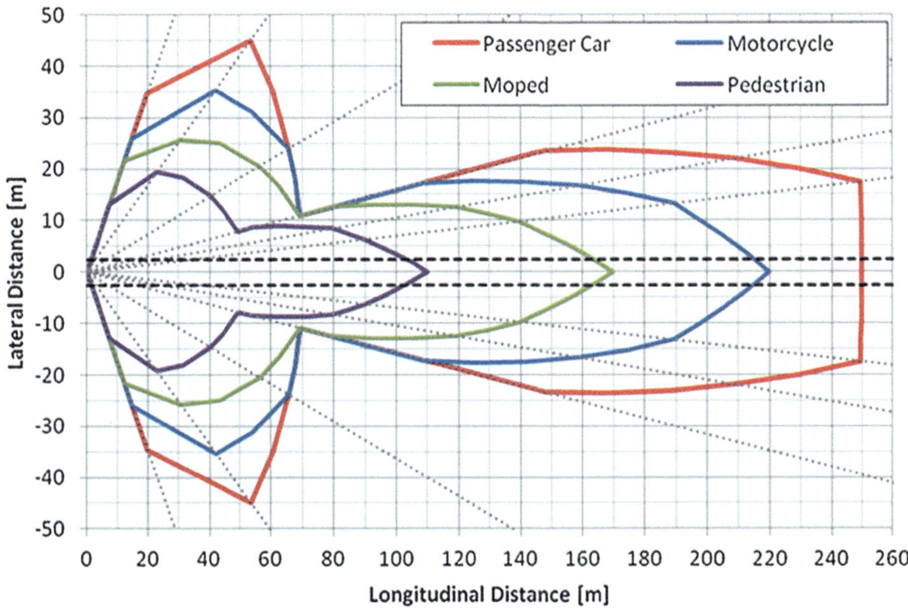

Abb. 7.35 Erfassungsbereich eines modernen Frontradars [8]

zurückzuführen. Im INVENT-Bericht [16] ist die Unfallursache bei rund 85 % aller Unfälle mit Personenschaden auf den Fahrer zurückzuführen. Dem gegenüber wird in [5] festgestellt, dass nur 36 bis 50 % aller Unfälle mit menschlichem Versagen erklärt werden können. Unabhängig vom wirklichen Anteil der Unfallursachen können Fahrerassistenzsysteme Abhilfe leisten, die den Fahrer einerseits in anspruchsvollen, gefährlichen Situationen unterstützen, ihm aber auch andererseits bei monotonem Fahrbetrieb bei abnehmender Aufmerksamkeit entlastende Handlungsfreiräume anbieten.

Fast jeder Autofahrer kennt das ohnmächtige Gefühl, wenn ein Auto beim heftigen Bremsen mit blockierenden Rädern stur geradeaus rutscht und nicht mehr lenkbar ist. Wirkungsvoll ist hier eine Intervallbremsung, die aber nur wenige Fahrer in einer Notsituation beherrschen können. In solchen Situationen greift das **Anti-Blockier-System** (ABS) automatisch helfend ein und verhindert das Blockieren der Räder beim Bremsen: Das Fahrzeug bleibt auch bei starken Bremsungen lenkbar und fahrstabil. Damit ist der Fahrer in der Lage, einem Hindernis auszuweichen, ohne die Bremse wieder lösen zu müssen.

Ermöglicht wird dies durch an den Rädern angebrachte Raddrehzahlsensoren, die Signale an ein Steuergerät senden. Das Steuergerät regelt den Bremsdruck und kann das Blockieren einzelner Räder verhindern. Automatisches Lösen und Anziehen der Bremse wechseln dabei ab und bewirken, dass das Fahrzeug trotz Vollbremsung durch den Fahrer lenkbar bleibt.

Tab. 7.4 Leistungsdaten eines Radarsensors der 5. Generation [27]

		ARS540	
Distance	Range	0.2 - 300 m	
	Accuracy	0.1 - 0.3 m	*dependent on v_ego (**)*
	Resolution	0.4 m	*dependent on v_ego (**)*
Speed	Range (unambiguous)	-400 to +200 km/h	*negative value: oncoming car*
	Accuracy	±0.1 km/h	
	Resolution	0.35 km/h	
Azimuth	Range (for max. misalignment)	±60°	
	Accuracy	±0.1°... ±0.5°	*±0.1° within ±15°, ±0.2° @50°, ±0.5° @60° linear interpolation in between*
	3dB beamwidth	1.2°...1.68°	*1.2°@0°...±15°, 1.68°@±45°*
Elevation	Range (for max. misalignment)	±4°... ±20°	
	Accuracy	±0.1°	
	3dB beamwidth	2.3°	
	Antenna channels	12 x 16	*TX x RX*
	Output Power (EIRP, average)	<= 37 dBm	*(@ -40°C ambient temp.); reduction for countries with lower limits available (see HCC section)*
	Auto alignment	±4° ±6°	*for azimuth* *for elevation*
	Cycle Time	50 ms	

(**) thresholds at 115/110 kph

Die **Antriebsschlupf-Regelung** (ASR bzw. DSC, DTC, TCS oder TRACS) bzw. Traktionskontrolle basiert auf den ABS-Sensoren, wertet die Drehzahl der einzelnen Räder aus und erkennt so beim Anfahren oder Beschleunigen ein Durchdrehen einzelner oder mehrere Räder. Die Funktion von Antriebsschlupf-Regelung ist vergleichsweise einfach: Stellt das System beim Beschleunigen übermäßigen Schlupf fest, so reduziert es die Motorleistung. Um in heiklen Situationen ein Abwürgen des Motors zu vermeiden, erlaubt die Regelung einen Mindestschlupf (bis zu 20 %). Inzwischen sind die Funktionen der Antriebsschlupf-Regelung meist in die Fahrdynamik-Regelung (ESC) integriert. Bei Nutzfahrzeugen oder Sportwagen lassen sich aber durchaus noch Hersteller finden, die zusätzlich eine reine ASR-Funktion bieten und dabei ESC-Funktionen deaktivieren.

Neben einer Reduzierung der Motorleistung arbeiten einige Fahrzeughersteller auch mit Bremseingriffen. Dies hat den Vorteil, dass zum Beispiel bei einem durchdrehenden Rad dieses gebremst wird und dem Rad mit Haftung über das Ausgleichsgetriebe mehr

Drehmoment zugeleitet wird, sodass das Fahrzeug beschleunigt werden kann. Je nach Auslegung des Systems spricht man auch von elektronischem Bremsdifferenzial, weil ASR mit Bremsfunktion teilweise die Funktion einer Differenzialsperre übernehmen kann. ASR-Systeme, die auch noch den Lenkwinkel berücksichtigen, arbeiten bereits nahe an der Grenze zum ESC.

In Umkehrung des ASR bieten einige Hersteller auch eine Motor-Schleppmoment-Regelung (MSR) an. Geht der Fahrer plötzlich vom Gas oder kuppelt zu schnell ein, kann es bei rutschigem Untergrund durch das Schleppmoment des Motors zum Blockieren der Antriebsräder sowie einer Instabilität des Fahrzeuges kommen. MSR verhindert diese Blockierneigung, indem es das Gas nur so weit zurück regelt bzw. beim zu schnellen Einkuppeln so hoch regelt, dass der Effekt nicht auftreten kann.

Beim **Brems-Assistenten** (BAS) unterscheidet man zwei Ausprägungen: Den Brems-Assistent, der eine Notbremssituation alleine aus der Fahrerreaktion ableitet und keine Umfeld-Informationen einbindet und den Brems-Assistent, der zusätzlich Umfeld-Informationen (in der Regel Abstand zum Hindernis) in die Funktion einbezieht.

Erstmals von Mercedes-Benz 1996 in der S-Klasse eingeführt, sensiert er die Betätigungs-Geschwindigkeit des Bremspedals (über entsprechende Pedalweg-Sensoren). Der Brems-Assistent (BAS oder iBrake, Active City Stop, Predictive Safety System oder PRE-SAFE®-Bremse) sorgt unabhängig von der Bremskraft durch den Fahrer für maximalen Bremsdruck. Zahlreiche Untersuchungen zeigen, dass die meisten Autofahrer in einer Gefahrensituation zwar bremsen, das Pedal aber nicht weit genug durchdrücken, um maximalen Druck und damit höchstmögliche Verzögerung aufzubauen, oder zu früh lösen. Der Brems-Assistent erkennt anhand der charakteristischen Pedalbewegungen – Zeit vom Umsetzen des Fußes vom Gas aufs Bremspedal, Zeit beim Loslassen des Gaspedals sowie Geschwindigkeit, mit der das Bremspedal betätigt wird –, dass eine Notsituation vorliegt und baut unabhängig vom Fahrer Bremsdruck auf.

Seine Wirksamkeit erreicht der Brems-Assistent durch einen Bremskraftverstärker mit teil-evakuierter Kammer, die beim Notbremsvorgang mit atmosphärischem Luftdruck beaufschlagt wird. So vergrößert sich, wenn nötig die Bremskraftverstärkung. Eine Vergrößerung des Bremsdruckes erfolgt bei manchen Systemen auch über eine Hydraulikeinheit. Ausgelöst wird der Brems-Assistent über eine elektronische Steuerung. Um das ungewollte Blockieren der Räder zu vermeiden, ist der Brems-Assistent mit ABS und/oder ESC gekoppelt. Im Gegensatz zum Notbrems-Assistenten arbeitet er aber nur nach Betätigung des Bremspedals durch den Fahrer und kann selbsttätig keine Verzögerung auslösen.

Der **Notbremsassistent** EBA (Emergency Brake Assist) geht deutlich über den Funktionsumfang eines Brems-Assistenten hinaus: Ein solches EBA System ermöglicht einen Bremseneingriff komplett autonom, ohne dass eine Fahrerreaktion erfolgt ist.

Der Bremseingriff erfolgt dann autonom, wenn das Fahrzeug auf ein Hindernis zusteuert und eine akute Kollisionsgefahr besteht, aber der Fahrer bisher keine Reaktion zum Eingreifen in den Bremsvorgang gezeigt hat. Das Hindernis und die drohende Kollisionsgefahr werden dabei durch einen hochzuverlässigen Sensor erfasst. In der

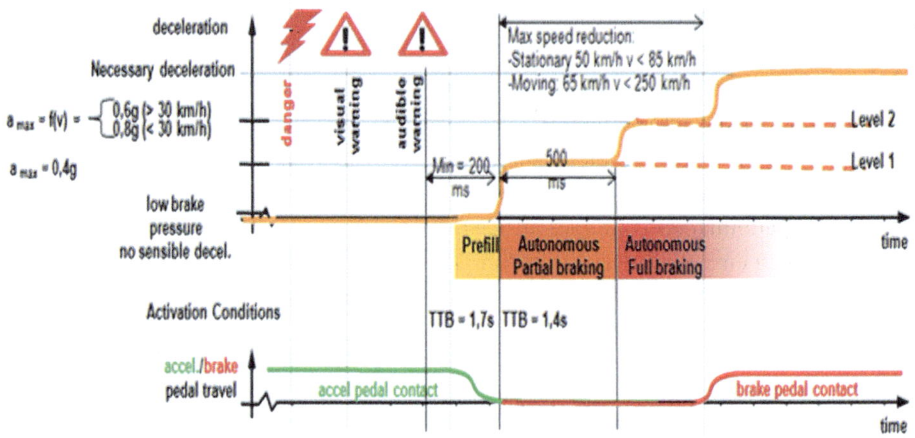

Abb. 7.36 Auslösesequenz eines autonomen Notbremssystems [10]

Recheneinheit dieses Sensors oder in einem direkt damit verbundenen Sicherheitssteuergerät wird die Position des erkannten Objekts mit dem gerade vorliegenden Fahrpfad verglichen. Wird dabei ein kritischer Kollisionserwartungswert überschritten, dann wird eine Bremsung autonom ausgelöst. Dabei wird eine Verzögerungsanforderung an das Bremsensteuergerät weitergeleitet. Dabei werden abhängig von der vorliegenden Fahrgeschwindigkeit Verzögerungen von 6 m/s^2 bis zu 8 m/s^2 eingefordert. Eine kaskadierte Auslösesequenz einer autonomen Notbremse ist in Abb. 7.36 dargestellt:

Der für diese Funktion prädestinierte Sensor ist der Radar. Das Messprinzip des Radars ermöglicht eine sehr präzise Ermittlung des Abstandes und der Relativgeschwindigkeit zum potenziellen Kollisionsobjekt. Auf Basis dieser hochwertigen Messdaten und der vorliegenden Fahrdynamik lässt sich das Kollisionsrisiko zuverlässig abschätzen. Das Funktionsprinzip dafür verwendeter Frontradare ist im Kapitel 7.2.5 beschrieben.

Durch die stetige Weiterentwicklung der Radare konnte die Leistungsfähigkeit der Hinderniserkennung schrittweise gesteigert werden. Entsprechend unterscheidet man zwischen 4 EBA Generationen (Tab. 7.5):

Die Anforderungen an Notbremssysteme sind in den Normen ISO 15623, ISO 22839 und auch der NHTSA Regulierung zu „Collision Imminent Braking" enthalten. Nachdem eine fehlerhaft ausgelöste Notbremsung einen schwerwiegenden Kollateralschaden erzeugen kann, liegt bei der Auslegung dieser EBA-Systeme ein bedeutendes Augenmerk auf der funktionalen Sicherheitsauslegung des Systems entsprechend der ISO-Norm 26.262. Ein EBA Sensor wird dabei entsprechend des Gefährdungspotenzials auf ein ASIL-B Sicherheitsniveau ausgelegt.

Die **Fahrdynamik-Regelung:** (ESCElectronic Stability Control, auch ESP®: Elektronisches Stabilitätsprogramm genannt sowie DSC, VSC, PSM, u. a.) ist eine Kombination aus dem Anti-Blocker-System ABS, der Antriebsschlupf-Regelung ASR,

Tab. 7.5 Weiterentwicklung des autonomen Notbremssystems

EBA 1. Generation Notbremsung auf ein **bewegtes** (langsameres) Objekt Auslösung **bis 30 km/h**	 Run-Up Moving
EBA 2. Generation Notbremsung auf ein **stationäres** Objekt	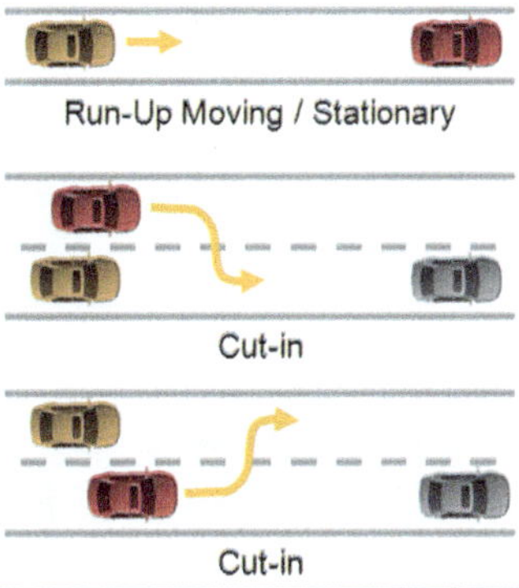 Run-Up Moving / Stationary Cut-in Cut-in
EBA 3. Gen.: Notbremsung auf Fußgänger und Auslösung der autonomen Bremse **bis 60 km/h**	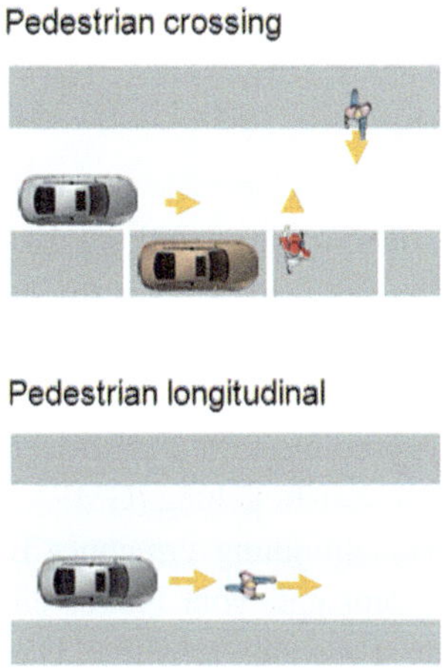 Pedestrian crossing Pedestrian longitudinal
EBA 4.Gen.: Notbremsung für alle typischen Partner im Straßenverkehr Fahrzeuge, Fußgänger, Radfahrer) Auslösung der autonomen Bremse **bis 100 km/h**	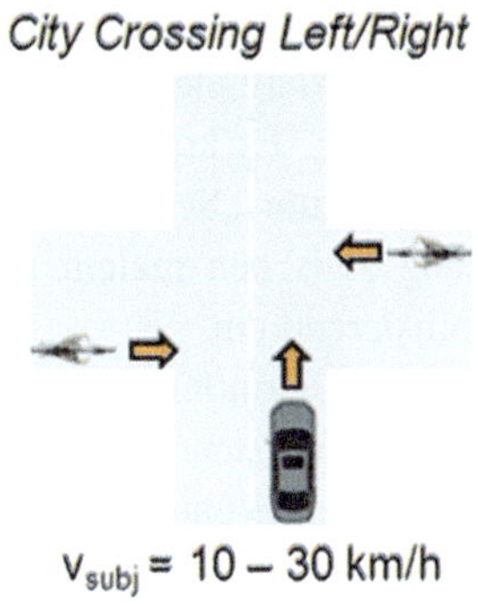 City Crossing Left/Right $v_{subj} = 10 - 30$ km/h

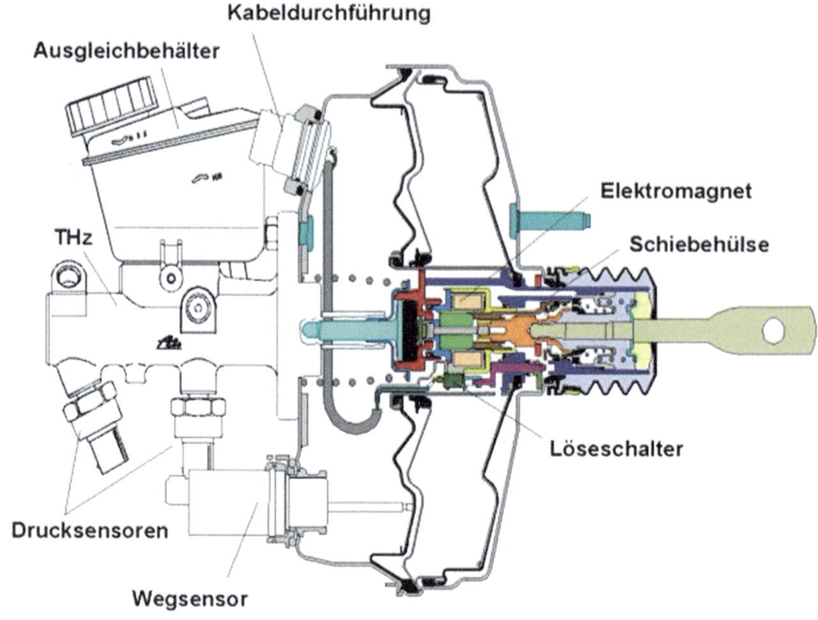

Abb. 7.37 Brems-Assistent

der Elektronischen Bremskraftverteilung EBV und der Giermoment-Regelung GMR (Abb. 7.37). Durch gezielte Bremseingriffe in einzelne Räder und in die Motorsteuerung (bei ausgebautem System auch in die Lenkung) kann ein Schleudern des Fahrzeuges im Rahmen physikalischer Grenzen verhindert werden. Die elektronische Fahrstabilitäts-Regelung ESC kombiniert die Funktionen der Radschlupf-Regelungen (ABS, EBV, ASR) mit der Giermoment-Regelung (GMR).

Mithilfe einer Modellbildung errechnet ESC aus den Radgeschwindigkeiten, dem Lenkradwinkel und dem ggf. vom Fahrer eingesteuerten Hauptzylinderdruck das vom Fahrer beabsichtigte Fahrzeugverhalten. Das tatsächliche Fahrverhalten erfasst ESC mithilfe der Gierrate und der Querbeschleunigung. Vor allem bei sehr schnellen Lenkbewegungen kann ein Fahrzeug den Lenkradeinschlag nicht mehr in die erwartete Richtungsänderung umsetzen. Es kommt entweder zum Untersteuern oder zum Übersteuern, im Extremfall bis zum „Schleudern" (Abb. 7.38). Die Giermoment-Regelung erkennt die Abweichung zwischen realem und angestrebtem Fahrverhalten und greift unterstützend und stabilisierend ein.

Untersteuern korrigiert Giermoment-Regelung primär durch das Abbremsen des kurveninneren Hinterrades, Übersteuern durch das Abbremsen des kurvenäußeren Vorderrades. Dieses selektive Bremsen baut einseitig wirkende Längskräfte und dadurch das gewünschte Giermoment auf. Eine unterstützende Wirkung entsteht durch die gezielte Reduzierung von Seitenführungskräften infolge der über Bremsmomente aufgebauten Längskräfte. Zu hohes Antriebsmoment reduziert ESC – wenn erforderlich – durch

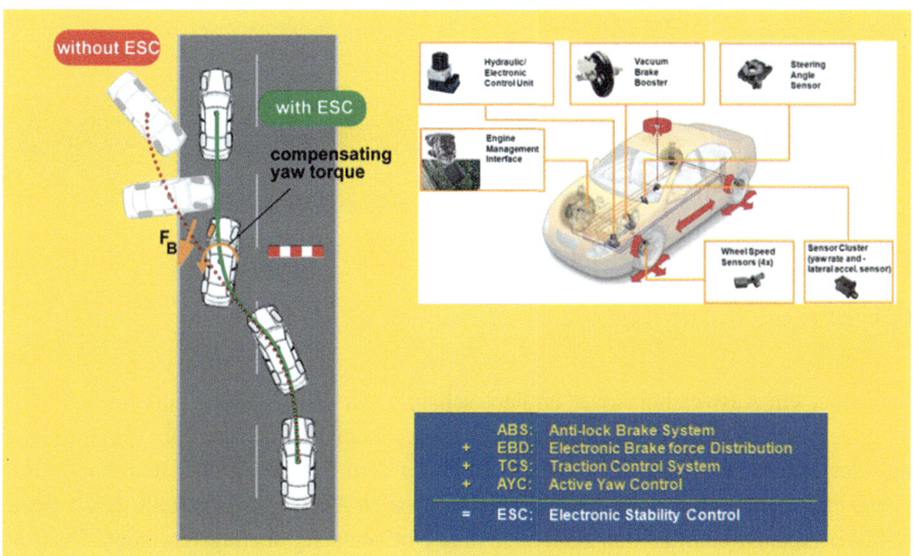

Abb. 7.38 Komponenten und Funktion der Fahrdynamik-Regelung (ESC)

Eingriff ins Motormanagement. Die erweiterte ABS/ASR-Hydraulik mit dem integrierten elektronischen Regler ist Kernstück des ESC. Diese Hydraulik ermöglicht den selektiven Aufbau von Bremsdruck an jedem Rad unabhängig von einer Betätigung des Bremspedals. Die Fähigkeit der ESC-Hydraulik, unabhängig von der Pedalbetätigung Druck in den Radbremszylindern aufzubauen, wird für eine weitere Zusatzfunktion genutzt, den sogenannten „hydraulischen Brems-Assistent" (HBA); der HBA nutzt die vorhandene ESC-Sensorik.

Drucksensor-Signale dienen dem Bremsen-Regler zur Erkennung einer in Notsituationen extrem schnellen Betätigung des Bremspedals. Wird ein parametrierbarer kritischer Druckgradient überschritten, werden die ASR-Trennventile geschlossen, die elektrischen Saugventile geöffnet und die Pumpe aktiviert. Diese steigert den über das Pedal eingebrachten Druck nun auf Blockierdruck-Niveau. Bei dieser Druckregelung folgt der Druck in den Radbremszylindern dem des Tandem-Hauptzylinders, was eine Modulation der Radbremsdrücke innerhalb des HBA-Modus ermöglicht. Bei Unterschreiten eines Mindestdrucks (Lösen des Bremspedals) schaltet sich die HBA-Funktion wieder ab. Der hydraulische Brems-Assistent ist ein Beispiel für Systeme, bei denen die hydraulische Regeleinheit (HCU: Hydraulic Control Unit) die Funktion des Vakuum-Bremskraftverstärkers unterstützt.

Die **Notausweichfunktion** ESA (Emergency Steer Assist) unterstützt den Fahrer bei der Durchführung eines hochdynamischen Ausweichmanövers vor einem Hindernis. Dabei erkennt die ESA Funktion die kritische Kollisionssituation mit vorausschauenden Sensoren und ermittelt optimale Ausweichtrajektorien um das potenzielle Kollisionsobjekt. Sobald

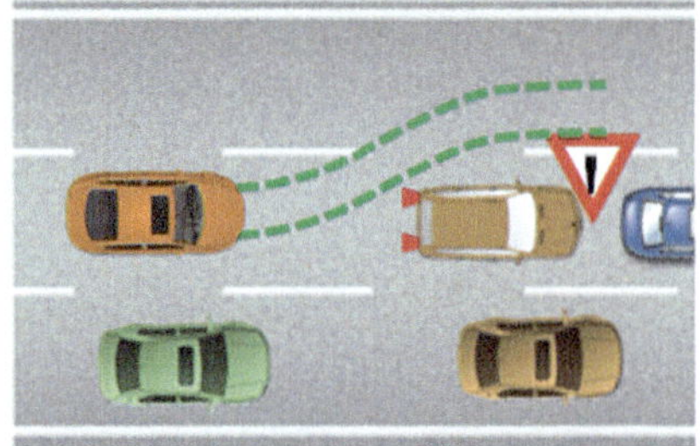
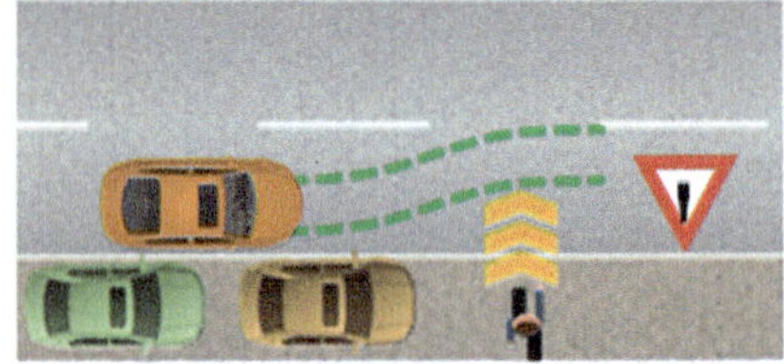

Abb. 7.39 ESA-1: Funktionsprinzip der Notausweichfunktion [10]

der Fahrer ein Ausweichmanöver initiiert, schaltet sich die ESA-Funktion auf und unterstützt den Ausweichvorgang mit einem aktiven Lenkeingriff, um die optimale Ausweichtrajektorie zu fahren. Dadurch kann das Fahrzeug dem Fußgänger oder dem Fahrzeug in seiner Fahrtrichtung kollisionsfrei ausweichen, wie in Abb. 7.39 dargestellt. Nach Bedarf kann der Notausweichfunktion auch noch eine Notbremsung überlagert werden. Der autonome Lenkeingriff kann jederzeit vom Fahrer übersteuert werden.

Ein Ausweichvorgang der in der eigenen Fahrspur stattfinden, wie im rechten Teilbild der Abb. 7.39 dargestellt, ermöglicht einen vollautonomen Ausweichvorgang des Fahrzeugs. Kann über entsprechende Sensorik sichergestellt werden, dass sich kein Hindernis in dem potenziellen Ausweichbereich befindet, kann das Umfahren des kritischen Objektes durch einen autonomen Fahrzeugeingriff ohne Zutun des Fahrers vollautonom erfolgen.

Der **Abstandsregel-Tempomat** ACC (Adaptive Cruise Control) ist eine Erweiterung des bekannten Tempomats; sein Einsatzbereich ist primär die Autobahn. Ein Abstandssensor im Bug des Fahrzeuges überwacht das Umfeld vor dem Fahrzeug (Abb. 7.40). Bedingt durch das zu verarbeitende Geschwindigkeitsprofil sind Abstände bis 200 m und Abstandsänderungen bis 200 km/h zu messen, eine Anforderung, die den Einsatz der Radartechnologie erfordert. Droht das Fahrzeug bei der eingestellten Geschwindigkeit auf ein vorausfahrendes Fahrzeug aufzufahren, nimmt der Abstandsregel-Tempomat durch Eingriff in die Motorsteuerung das Gas zurück und bremst ggf. selbstständig ab.

Abb. 7.40 Abstandsregel-Tempomat

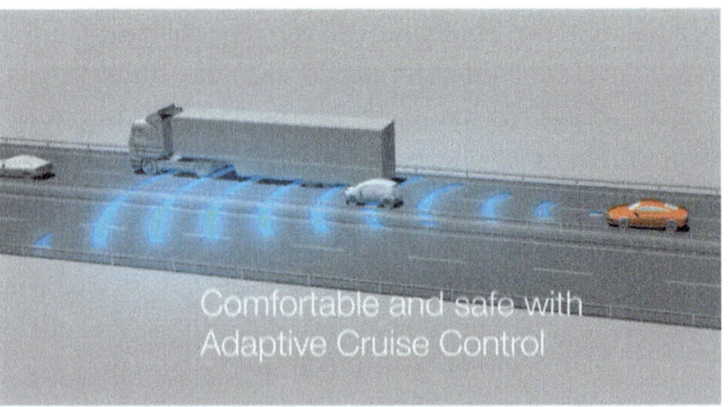

Er ermittelt den Abstand zum Vordermann und hält diesen konstant. Die Länge des Abstandes kann der Fahrer bei den meisten Systemen in fünf Schritten einstellen. Trifft er keine Wahl, regelt das System den Abstand geschwindigkeitsabhängig auf Basis des gesetzlich vorgeschriebenen Abstandes.

Die ACC-Systeme der ersten Generation basierten auf einem noch einfachen Algorithmus, mit dessen Hilfe nur bewegte Objekte erfasst und verarbeitet werden konnten. Das für die Abstandsregelung relevante Objekt (Ziel oder Target genannt) wurde ermittelt, und zwar i. d. R. das nächste Objekt in der Fahrspur. Neuere ACC-Generationen regeln bis zum Stillstand und auf Aufforderung durch den Fahrer auch nach Wiederanfahren des Vordermanns.

7.2.7 Telematik Funktionen zur Unfall-Vermeidung

Alle aktuell in Fahrzeugen eingesetzten Umfeld Sensoren, wie Radar, Kamera oder LIDAR, sind Sensoren, die eine direkte Sichtline zwischen Sensor und detektiertem Objekt benötigen. Mit den so gewonnen Informationen über das Fahrzeugumfeld können eine große Zahl Unfallszenarien erkannt und Unfälle vermeiden werden – allerdings nicht alle. In [11] wurde gezeigt, dass typische ADAS-Sensoren ca. 55 % aller Szenarien theoretisch vermeiden können, aber die genaue Auswertung der GIDAS-Daten von 2015–2020 zeigt, dass bei über einem Drittel aller Unfälle die fehlende Sicht des Sensors zum Unfallgegner ein Problem darstellt, weil dieser zu spät erkannt wird. Im Stadtverkehr mit 50 km/h ist hierbei eine Schwelle von zwei Sekunden kritisch, weil aus physikalischen Gründen auch bei optimalen Straßen- und Wetterbedingungen ab 1,6 s Vorwarnzeit ein Crash mit einer Notbremsung nicht mehr zu vermeiden ist. Rechnet man die Reaktionszeit des Fahrers mit ein, verschiebt sich die kritische Grenze sogar zu drei Sekunden.

Die Lösung für dieses Problem kann Fahrzeug-Kommunikation sein. Bildlich gesprochen werden dem Fahrzeug nach den ADAS-Sensoren, welche quasi „Augen" darstellen, jetzt „Mund" und „Ohren" gegeben, um sich mit anderen Fahrzeugen und Infrastruktureinrichtungen auszutauschen. Diese Fahrzeug-Kommunikation wird meist mit der Abkürzung „V2X" (Vehicle-to-X) bezeichnet, wobei das X andeuten soll, das viele Typen von Kommunikationspartnern infrage kommen, wie z. B. Fahrzeuge, Lichtsignalanlagen, Netzwerke, etc. (Abb. 7.41).

Das V2X nicht nur theoretisch, sondern auch tatsächlich signifikant Unfallzahlen reduzieren kann, wurde im Feldversuch sim^{TD} [4] gezeigt. Hier hat besonders der sogenannte Querverkehrsassistent einen Wirkgrad von >50 % erreicht, und bezogen auf Unfälle mit schweren Personenschäden (MAIS>2) sogar einen Wirkgrad von >65 %. Durch die Einbeziehung von intelligenter Infrastruktur, z. B. an Kreuzungen, welche durch Sensorsysteme auch Verkehrsteilnehmer ohne V2X-Ausrüstung erfasst und an ihrer Stelle passende Nachrichten versendet, kann die Wirksamkeit von V2X-Systemen

Abb. 7.41 V2X-Konzept Übersicht

im Fahrzeug deutlich gesteigert werden. Besonders die Wirksamkeit im Zusammenspiel mit der Ausrüstung der Infrastruktur entkräftet auch die Bedenken, dass V2X erst wirken kann, wenn ein großer Teil der Fahrzeugflotte ausgerüstet ist. Es kann sogar gezeigt werden, dass bereits nach wenigen Jahren mit einer erheblichen Reduktion von tödlichen Unfällen zu rechnen ist, wenn eine allgemeine Ausrüstung der Fahrzeuge und Infrastruktureinheiten beschlossen wird [13].

7.2.7.1 Sicherheitsfunktionen

Wie die Verkehrssicherheit mit V2X erhöht werden kann, sollen zwei Beispiele zeigen.

Erstes Beispiel ist das „Electronic Emergency Brake Light" (EEBL), welches eine Erweiterung des klassischen Emergency Brake Light ist, das dem Nachfolgendem Verkehr über die Bremslichter signalisiert, dass das Fahrzeug nicht nur eine normale Bremsung ausführt, sondern scharf bremst und somit die Gefahr des Auffahrens besteht. Die Erweiterung der EEBL-Funktion wird im unten stehen Bild deutlich (Abb. 7.42). Es zeigt eine typische Kolonnenfahrt, bei der das führende Fahrzeug scharf bremsen muss. Das erste Fahrzeug kann üblicherweise problemlos bremsen, aber durch die Verzögerung der Fahrerreaktion wird die Reaktionszeit für die weiter hinten in der Kolonne Fahrenden immer kürzer, sodass eine Kollision immer wahrscheinlicher wird. Diese Verzögerungskaskade wird durch V2X durchbrochen, da das hinten fahrende Fahrzeug seinen Fahrer zur gleichen Zeit warnen kann, wie das Bremslicht den direkt folgenden Fahrer. Um tatsächlich mehr Reaktionszeit für den Fahrer zu bekommen, muss die Latenzzeit für die gesamte Funktionskette, von der Detektion des scharfen Bremsens im sendenden Fahrzeug bis zur Darstellung der Warnung im empfangenden Fahrzeug, deutlich unter einer Sekunde liegen. Da Detektion und Warnung bereits für andere Fahrzeugfunktionen optimiert sind, kommt der Latenz der Kommunikationstechnik zentrale Bedeutung zu,

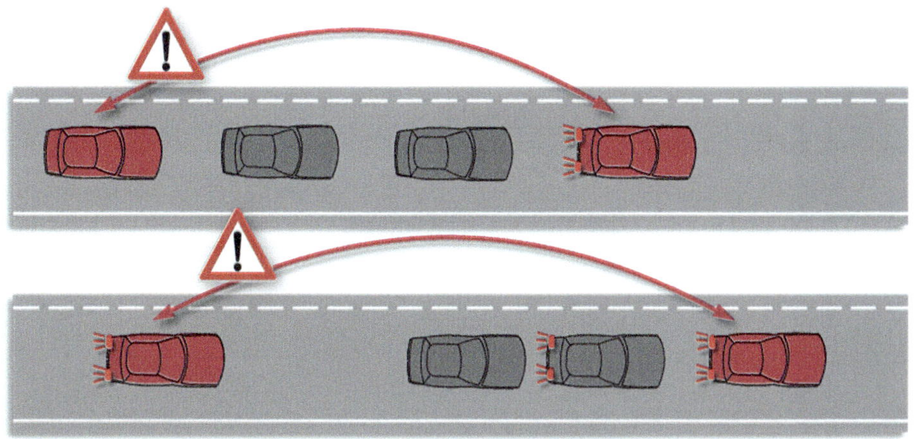

Abb. 7.42 EEBL

um Unfälle zu vermeiden. Üblicherweise werden 100–200 ms als Maximalzeit für die Kommunikation angenommen. Diese Zeit beinhaltet dabei alle Vorgänge, die weiter unten beschrieben werden. Die reine Datenübertragung auf dem Access-Layer (s. u.) muss dabei deutlich schneller als 100 ms erfolgen.

Diese Latenzzeitanforderung werden vor allem von Kommunikationstechnologie mit direkter Kommunikation zwischen den finalen Kommunikationspartnern erfüllt (ITS-G5, LTE-V2X s. u.). Andere Kommunikationssysteme wie 4G oder 5G, die Basisstationen und ein Netzwerk verwenden, sind für Funktionen mit längerer Vorwarnzeit nützlich, da sie auch die nötige Reichweite bieten. Da das Unfallvermeidungspotenzial der direkt kommunizierenden Systeme am höchsten ist, werden diese im Folgenden detailliert beschrieben.

Wie gut EEBL wirkt, wurde im Projekt sim^{TD} untersucht. Dabei stellte sich heraus, dass die „Time-to-Collision", also der Fahrzeugabstand, bei Bremsungen in Kolonen tatsächlich zunimmt und so die Kollisionsgefahr abnimmt (siehe Abb. 7.43). Für ein Fahrzeug, das direkt dem bremsenden Fahrzeug folgt, sank hingegen die TTC, da offensichtlich die Warnung auf dem HMI in der kritischen Notbremssituation eher störte als eine Unterstützung war. Ein Fakt, der verdeutlicht, dass der Art der Kommunikations-Integration in das integrale Sicherheitssystem eine entscheidende Bedeutung zukommt.

Technisch wird die EEBL-Funktion über eine Ereignisnachricht (DENM – siehe Abschn. 7.2.7.3) realisiert. Die DENM sorgt für eine maximale Reichweite der Kommunikation und vor allem für einen priorisierten Kanalzugriff, sodass die Latenz minimiert werden kann. Diese Nachricht wird ausgesendet, sobald die „Triggering Conditions" aus [6] erfüllt sind. Diese standardisierten Triggering Conditions sind wichtig, damit der Empfänger genau weiß, wie er die empfangenen Daten zu inter-pretieren hat und die Ergebnisse von allen Herstellern gleich erkannt und verarbeitet

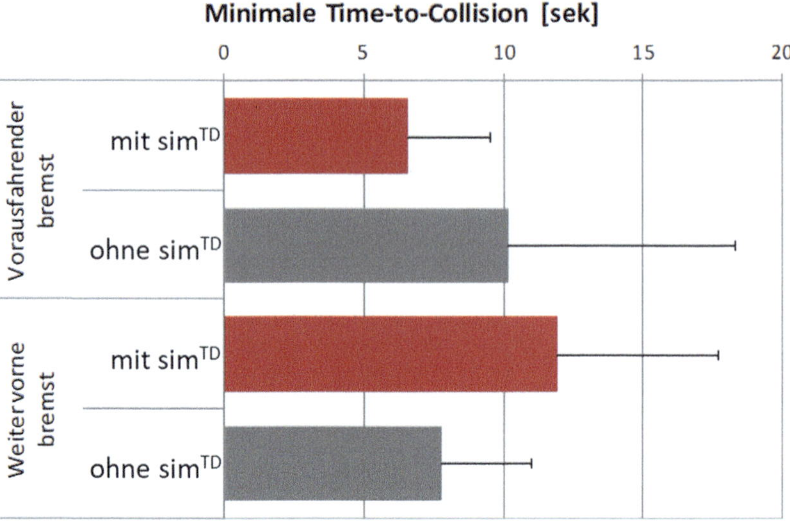

Abb. 7.43 TTC für EEBL (Quelle sim^{TD} Abschlusspräsentation)

werden. Die Reaktion auf Empfängerseite ist nicht standardisiert, um die Funktion jeweils optimal in die Bedien- und Warnlogik des jeweiligen Fahrzeuges einzupassen.

Eine zweite wichtige V2X-Funktion ist die „Intersection Collision Warning"[1] (ICW). Sie dient dazu, Fahrer vor einer potenziellen Kollision mit einem anderen Fahrzeug zu warnen. Beide Fahrzeuge senden dazu regelmäßig, mehrfach pro Sekunde, Statusnachrichten (CAM, siehe unten) aus, in denen ihre Position, Fahrtrichtung und Geschwindigkeit enthalten ist. Mit diesen Informationen extrapoliert das empfangende Fahrzeug die Trajektorie des sendenden Fahrzeuges und prüft, ob diese eine Kollision mit der eigenen Trajektorie aufweist. Im Fall eines Kollisionsrisikos wird dem Fahrer eine Warnung angezeigt. Dies ist speziell für Kreuzungen hilfreich, in denen ein oder beide Fahrzeuge aus einer Verdeckung kommen und weder von den Fahrern noch von ADAS-Sensoren erfasst werden können (siehe Abb. 7.44). Die ICW ist sehr wirksam, wie Untersuchungen in sim^{TD} ergeben haben. Es wurden 450 Querverkehrskollisionen aus der GIDAS-Unfalldatenbank re-simuliert, wobei sie einmal mit und einmal ohne V2X-Warnung für die Fahrer simuliert wurden. Die Fahrerreaktion auf V2X-Warnungen wurden entsprechend eines Fahrermodels, das aus sim^{TD} Versuchen gewonnen wurde, simuliert. Das Ergebnis dieser Simulationen war, dass ca. die Hälfte der Unfälle komplett vermieden und in vielen anderen Situationen die Unfallschwere deutlich reduziert werden konnte, sodass eine Reduktion der MAIS>2 Verletzten um

---

[1] In manchen Dokumenten wird ICW auch als „Intersection Movement Assist" (IMA) bezeichnet, in sim^{TD} wurde diese Funktion als „Querverkehrsassistent" bezeichnet.

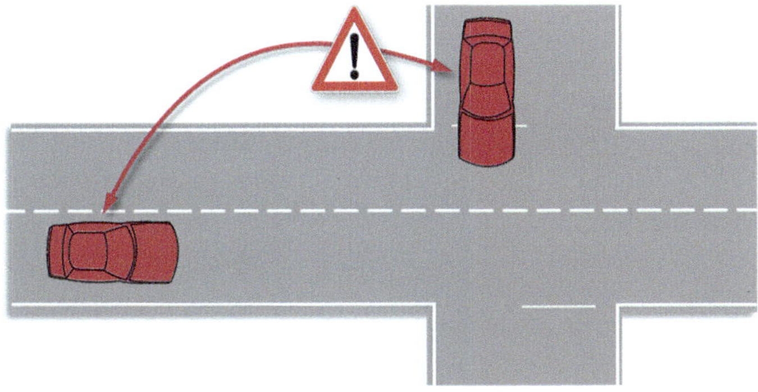

Abb. 7.44 ICW

ca. 2/3 erreicht wurde. Da Querverkehrsunfälle, aufgrund der geringen „Knautschzone", ein besonders hohes Verletzungsrisiko aufweisen, ist die ICW-Funktionen besonders relevant, um die Zahl, der im Straßenverkehr verletzen Personen zu verringern.

Sowohl EEBL als auch ICW entfalten erst ihre Wirkung, wenn viele Fahrzeuge mit einer kompatiblen V2X-Technik ausgestattet sind, deswegen sind für eine erfolgreiche Markteinführung Funktionen nötig, die auch mit wenigen kompatiblen Fahrzeugen funktionieren. Ideal sind hierfür Funktionen, die Infrastrukturinformationen nutzen. Diese Überlegung hat dazu geführt, dass parallel zur Einführung der ITS-G5 V2X-Technologie in Europa, die Funktion „Road Works Warning" (RWW) in Deutschland und Österreich in mobilen Sperranhängern der Autobahnmeistereien ausgerollt wurde. Diese Funktion sendet Position und Geometrie der Baustelle an die Fahrzeuge, die daraufhin entsprechende Informationen im HMI anzeigen. Diese Funktion nutzt DENM (siehe Abschn. 7.2.7.3), um eine maximale Reichweite zu erzielen.

Neben den erläuterten Funktionen gibt es noch sehr viele weitere V2X-Funktionen (Tab. 7.6).

Es wird erwartet, dass in den kommenden Euro NCAP-Spezifikationen auch V2X-Funktionen enthalten sind, sodasss das Unfallvermeidungspotenzial dieser Technologie auch für Konsumenten in Form von zusätzlichen Bewertungspunkten sichtbar wird.

7.2.7.2 V2X-Architektur

Die technische Basis für die beschriebenen Effekte besteht im standardisierten Datenaustausch zwischen Fahrzeugen. Hierzu gibt es in den verschiedenen Weltregionen jeweils spezifische Standards. In Europa ist es die Familie der ETSI ITS-G5 Standards [1], in USA ist es SAE „WAVE" und in China ist es die Familie der CSAE C-V2X-Standards.

Tab. 7.6 V2X-Funktionen

Name	Abkürzung	Erläuterung
Emergency Vehicle Warning	EVW	Warnt vor herannahenden Einsatzfahrzeugen
Wrong Way Driving Warning	WWDW	Warnt vor Geisterfahrern
Stationary Vehicle Warning	SVW	Warnt vor liegengebliebenen Fahrzeugen
Blind Spot Warning	BSW	Warnt vor überholenden Fahrzeugen
Do Not Pass Warning	DNPW	Warnt vor überholenden Fahrzeugen
Control Loss Warning	CLW	Warnt wenn ABS oder ESC aktiv wurden (Glatteis/Ölspur etc.)
Hazardous Location Notification	HLN	Warnt vor gefährlichen Straßen Abschnitten (z. B. Hindernisse, Schlaglöcher, enge Kurven, …)
Traffic Jam Warning	TJW	Warnt vor Verkehrsstau
Redlight Violation Warning	RVW	Warnt vor einem Fahrzeug, das eine rotes Verkehrssignal nicht beachtet
Lane Change Assistance		Unterfunktion der Manöver Koordinierung
Pre-crash Sensing Warning		Austausch von Crash relevanten Daten, um passive Sicherheitssystem auf einen Crash vorzubereiten
Co-operative Forward Collision Warning	FCW	Warnt vor Auffahrunfällen
Co-operative Glare Reduction		Automatisches Abblenden des Fernlichtes
Left Turn Alert/Right Turn Alert	LTA	Warnt vor Kollisionen beim Links-/Rechts-Abbiegen
Vulnerable Road User Warning		Warnung vor Fußgängern
Motorcycle approaching indication	MAI	Motorräder besser sichtbar machen
Decentralized Floating Car Data	FCD	Verkehrsflussdaten aus V2X-Nachrichten gewinnen
Greenlight Optimal Speed Advisory	GLOSA	Geschwindigkeit optimieren um eine "Grüne Welle" zu erreichen
In-Vehicle Signage	IVS	Verkehrszeichen im Fahrzeug anzeigen
Co-operative Adaptative Cruise Control	CACC	ACC mit V2X optimieren, indem mehr Fahrzeuge in die Berechnung einbezogen werden
Co-operative Highway Platooning		Fahrzeugkolonen über V2X zusammen koppeln, sodass nur das erste Fahrzeug von einem Fahrer gesteuert wird
Adverse Weather Warning	AWW	Warnung vor Wettergefahren

Europa

- ETSI EN 302 637-2 Intelligent transport systems (ITS) – Vehicular communications; Basic set of applications; Part 2: Specification of cooperative awareness basic service
- ETSI EN 302 637-3 Intelligent transport systems (ITS) – Vehicular communications; Basic set of applications; Part 3: Specifications of decentralised environmental notification basic service
- ETSI TS 103 301 Intelligent transport systems (ITS) – Vehicular communications; Basic set of applications; Facilities layer protocols and communication requirements for infrastructure services
- ETSI EN 302 665 Intelligent transport systems (ITS); Communications architecture
- ETSI TS 102 894-2, Intelligent Transport Systems (ITS); Users and applications requirements; Part 2: Applications and facilities layer common data dictionary
- ETSI EN 302 636-4-1, Intelligent Transport Systems (ITS); Vehicular Communication; Geonetworking; Part 4: Geographical addressing and forwarding for point-to-point and point-to-multipoint communications; Sub-part 1: Media-Independent Functionality
- ISO/TS 19091, Intelligent transport systems – Cooperative ITS – Using V2I and I2V communications for applications related to signalized intersections
- ETSI EN 302 663, Intelligent Transport Systems (ITS); Access layer specification for Intelligent Transport Systems operating in the 5 GHz frequency band
- ETSI TS 102 687, Intelligent Transport Systems (ITS); Decentralized Congestion Control Mechanisms for Intelligent Transport Systems operating in the 5 GHz range; Access layer part
- ETSI TS 102 792, Intelligent Transport Systems (ITS); Mitigation techniques to avoid interference between European CEN Dedicated Short Range Communication (CEN DSRC) equipment and Intelligent Transport Systems (ITS) operating in the 5 GHz frequency range, V1.2.1 (2015–06)
- ETSI TS 102 724, Intelligent Transport Systems (ITS); Harmonized Channel Specifications for Intelligent Transport Systems operating in the 5 GHz frequency band
- ETSI EN 302 571 V2.1.1, Intelligent Transport Systems (ITS); Radiocommunications equipment operating in the 5 855 MHz to 5 925 MHz frequency band; Harmonised Standard covering the essential requirements of article 3.2 of Directive 2014/53/E
- ETSI EN 302 636-5-1, Intelligent Transport Systems (ITS); Vehicular Communications; GeoNetworking; Part 5: Transport Protocols; Sub-part 1: Basic Transport Protocol
- ETSI TS 103 248, Intelligent Transport Systems (ITS); GeoNetworking; Port Numbers for the Basic Transport Protocol (BTP)
- ETSI EN 302 931, Vehicular Communications; Geographical Area Definition

- ETSI TS 102 636-4-2, Intelligent Transport Systems (ITS); Vehicular Communications; GeoNetworking; Part 4: Geographical addressing and forwarding for point-to-point and point-to-multipoint communications; Sub-part 2: Media-dependent functionalities for ITS-G5
- ETSI TS 103 097, Intelligent Transport Systems (ITS); Security; Security Header and Certificate Formats
- ISO 8855, Road vehicles – Vehicle dynamics and road-holding ability – Vocabulary
- ETSI TS 103 175, Intelligent Transport Systems (ITS); Cross Layer DCC Management Entity for operation in the ITS G5A and ITS G5B medium
- ISO/TS 19321, Intelligent transport systems – Cooperative ITS – Dictionary of in-vehicle information (IVI) data structures
- ISO 3166-1, Codes for the representation of names of countries and their subdivisions – Part 1: Country codes
- ISO 14816, Road transport and traffic telematics; Automatic vehicle and equipment identification; Numbering and data structure
- ISO/TS 14823, Intelligent transport systems – Graphic data dictionary
- IEEE 80211, IEEE Standard for Information technology – Telecommunications and information exchange between systems, local and metropolitan area networks – Specific requirements, Part 11: Wireless LAN Medium Access Control (MAC) and Physical Layer (PHY) Specifications
- Car2Car Consortium – Basic Standards Profil (V1.6.3 or later)

USA

- SAE J3161, LTE Vehicle-to-Everything (LTE-V2X) Deployment Profiles and Radio Parameters for Single Radio Channel Multi-Service Coexistence
- IEEE 1609.2, IEEE Standard for Wireless Access in Vehicular Environments – Security Services for Applications and Management Messages
- IEEE 1609.3, IEEE Standard for Wireless Access in Vehicular Environments (WAVE) – Networking Services
- IEEE 1609.12 IEEE Standard for Wireless Access in Vehicular Environments (WAVE) – Identifier Allocations
- SAE J2735, Dedicated Short Range Communications (DSRC) Message Set Dictionary

China

- YD/T 3400 Overall technical requirement for LTE-based vehicular communication
- YD/T 3707 Technical requirements of network layer of LTE-based vehicular communication
- TCSAE 53_CH „Cooperative intelligent transportation system; vehicular communication; application layer specification and data exchange standard"

- YD/T 3709 Technical requirement of message layer for LTE-based vehicular communication
- YD/T 3594 General technical requirements of Security for Vehicular Communication based on LTE
- GB/T 37376 Transportation- Digital certificate format
- YD/T3340 Technical requirement of air interface for LTE-based vehicular communication
- YD/T 2018–0176 Technical requirement of sidelink-enabled on-board unit for LTE-based vehicular communication

Die Architekturen dieser Standard-Familien lassen sich auf eine gemeinsame Basis zurückführen, die eine Abwandlung der üblichen ISO-OSI Kommunikationsarchitektur (Open Systems Interconnection Model) ist (Abb. 7.45): Der unterste Layer bildet die drahtlose Kommunikation ab und enthält den Physical Layer und die Definition des Medien-Zugriffes (z. B. CSMA/CA für IEEE802.11 basierte Systeme oder TDMA/FDMA für LTE-V2X). Weiterhin werden in diesem Layer Maßnahmen für die Koexistenz mit anderen Funktechnologien, wie z. B. CEN DSRC und die Behandlung von Kanal-Überlast Situationen, definiert (Decentralized Congestion Controll).

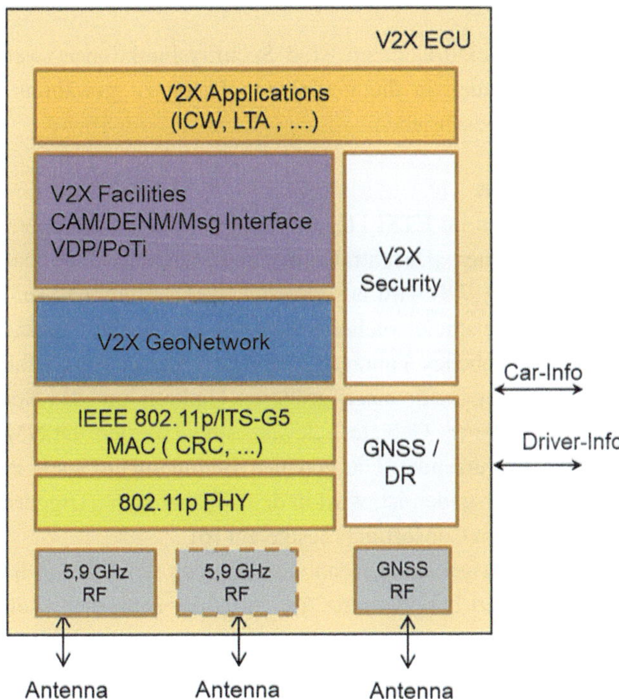

Abb. 7.45 Übersicht: V2X-Stack Architektur

Diese grundlegenden Informationsaustauschschicht wird dann durch die Netzwerk-schicht genutzt, welche dafür sorgt, dass Informationen an definierte Adressaten oder Gebiete oder als Broadcast versendet werden. Eine besondere Fähigkeit des ETSI ITS-G5 Netzwerk-Layers ist, dass er sogenannte „Multihop" Kommunikation anbietet, sodass Nachrichten über mehreren Stationen weitergetragen werden, um die Reich-weite der Kommunikation zu erhöhen. Zusätzlich bietet das ETSI ITS-G5 verschiedene Adressierungsarten, in denen geografische Gebiete und nicht wie üblich Stationen adressiert werden. Diese Geoadressierung ist für V2X-Funktionen optimiert, da V2X-Warnung für definierte Gebiete gelten sollen, die eventuell weiter weg als die durch-schnittliche Funkreichweite liegen. Dieser Netzwerk-Layer wird dann genutzt, um die eigentlichen V2X-Nachrichten zu verschicken bzw. zu empfangen.

Neben der eigentlichen Nachrichtengenerierung werden auch essenzielle Zusatz-funktionen, wie die Zeitsynchronisation oder die Stationspositionierung, als ein eigenständiger Layer der Architektur – dem Facility Layer – zusammengefasst und spezifiziert.

An der Spitze des V2X-Stacks stehen die eigentlichen Funktionen, welche auf der Senderseite Ereignisse erkennen und das Aussenden der passenden Nachrichten anstoßen. Auf der Empfängerseite analysieren die Funktionen die erhaltenen Nach-richten, ob die gemeldeten Ereignisse bzw. die Situation relevant Gefahr für das empfangene Fahrzeug sind. Die Empfangs-Funktionen stoßen gegebenfalls auch die Warnung des Fahrers an.

Weitere wichtige Architekturelemente sind Security-Funktionen, welche notwendig sind, um das nötige Vertrauen in die gesendeten Daten zu gewähren. Details hierzu werden in Abschn. 7.2.7.5 beschrieben.

7.2.7.3 V2X-Nachrichten

Die wichtigsten Nachrichten im ETSI ITS-G5 System sind die „Cooperative Awareness Message" (CAM) und die „Decentralized Environmental Notification Message" (DENM). Die DENM (Tab. 7.8) wird ausgesendet, wenn Ereignisse im Straßenverkehr gemeldet werden sollen. Beispiele solcher Ereignisse sind scharfe Bremsungen, Wetter-ereignisse, ein liegengebliebenes Fahrzeug oder ein aktives Einsatzfahrzeug. Da die DENM-auslösenden Ereignisse für einen größeren Umkreis um den Sender bzw. auch für weiter entfernte definierte Gebiete relevant sind, werden DENM als „Geonet-work Multihop Message" versendet. Die genauen Bedingungen, wann eine DENM mit welchem Dateninhalt zu versenden ist, wird in den sogenannten „Triggering Conditions" des Car2Car Communication Consortiums festgelegt [6].

Die CAM wird immer ausgesendet, wenn das Fahrzeug sich um 4 m bewegt hat, seine Fahrtrichtung um 5° geändert hat oder eine Änderung der Fahrgeschwindigkeit um mehr als 0,5 m/s erfährt, mindestens jedoch einmal pro Sekunde, maximal 10-mal pro Sekunde. Der Sinn dieser Nachricht ist es, die Umgebung über die Anwesenheit, Status, Position und Bewegungsrichtung eines Fahrzeuges zu informieren, sodass andere Fahrzeuge prüfen können, ob das sendende Fahrzeug dem empfangenden Fahrzeug gefährlich werden kann.

Um die genutzte Bandbreite zu minimieren, werden nur die Daten des „HighFrequency"-Containers (siehe Tab. 7.7), in dem die Fahrdynamikdaten enthalten sind, mit der beschriebenen Rate gesendet, alle anderen Informationen nur einmal pro Sekunde. Da eine CAM nur im Umfeld des Senders relevant ist, wird die CAM als „Single Hop" Broadcast versendet.

Im US- und im chinesischen Standard wird die Funktion der CAM und der DENM in der sogenannten „Basic Safety Message" (BSM) zusammengefasst. In diesen V2X-Standards werden die Fahrdynamikdaten, der Fahrzeugstatus und detektierte Ereignis-Flags immer mit 10 Hz gesendet.

CAM, DENM und BSM haben den Nachteil, dass sie nur Fahrzeuge, die selber senden für den Empfänger detektierbar machen. Dieses Manko wird mit der Cooperative Perception Message (CPM) überwunden, da hier Objektdaten, die von einem Sender mit Radar, Kamera oder Lidar Sensoren erkannt wurden, an andere V2X-Teilnehmer versendet werden. Die Empfänger bekommen somit Informationen über Fahrzeuge, Fußgänger und weitere Verkehrsteilnehmer, die diese selbst nicht detektieren können, da sie z. B. verdeckt sind, und die auch nicht selbst V2X-Nachrichten versenden. Das Wirkfeld und damit auch die Wirksamkeit des V2X-System steigt mit dieser Weiterentwicklung deutlich an [13]. In den USA ist eine ähnliche V2X-Nachricht in SAE J3224 definiert, die „Sensor Data Sharing Message" (SDSM) genannt wird. In China wurde eine Nachricht speziell für Infrastruktureinheiten definiert, die ebenfalls detektierte Objekte an Fahrzeuge meldet, die sogenannte „Roadside Safety Message" (RSM).

Die Daten der CPM können ähnlich wie CAM-Daten verwendet werden und verbessern Funktionen wie „Intersection Collision Warning" oder „Left Turn Alert".

Speziell für die Koordinierung von Fahrzeugen, z. B. in Fahrspur-Wechsel Situationen, wird momentan die „Maneuver Coordination Message" (MCM) definiert. Sie ist besonders für automatisierte Fahrzeuge interessant, da diesen die Möglichkeit fehlt sich, mit anderen Fahrern über non-verbale Kommunikation abzustimmen. Eine umfangreiche Ausarbeitung und Demonstration der MCM-Technologie wurde im Forschungsprojekt IMAGinE [17] durchgeführt.

Neben diesen Nachrichten, die hauptsächlich von Fahrzeugen ausgesendet werden gibt es noch eine Reihe von Nachrichten, die speziell von Infrastrukturanlagen wie z. B. Lichtsignalanlagen gesendet werden. Dies sind „Signal Phase and Timing" (SPAT) zusammen mit der „intersection MAP message" (MAP). Die MAP liefert Informationen über die Topologie einer Kreuzung und welches Lichtsignal welcher Fahrspur zugeordnet ist. Die SPAT liefert den Status der Lichtsignale und Wechselzeiten. Mit beiden Nachrichten zusammen kann ein empfangendes Fahrzeug ausrechnen, welches Signal relevant ist, welchen Status es hat und kann mit der Wechselzeitinformation seine Fahrstrategie anpassen.

Die „In Vehicle Information Message" (IVIM) Nachricht liefert Information über Verkehrsschilder an Fahrzeuge, dies ist besonders für Wechselverkehrszeichen interessant. Details sind in [6] zu finden.

Tab. 7.7 Daten der CAM

Container	Data
StationType	StationType
ReferencePosition	Latitude
	Longitude
	PosConfidenceEllipse
	Altitude
BasicVehicleContainerHighFrequency	Heading
	Speed
	DriveDirection
	VehicleLength
	VehicleWidth
	LongitudinalAcceleration
	Curvature
	CurvatureCalculationMode
	YawRate
	AccelerationControl (Opt.)
	LanePosition (Opt.)
	SteeringWheelAngle (Opt.)
	LateralAcceleration (Opt.)
	VerticalAcceleration (Opt.)
	PerformanceClass (Opt.)
	CenDsrcTollingZone (Opt.)
RSUContainerHighFrequency	ProtectedCommunication ZonesRSU (Opt.)
BasicVehicleContainerLowFrequency	VehicleRole
	ExteriorLights
	PathHistory
PublicTransportContainer	EmbarkationStatus
	ptActivation (Opt.)
SpecialTransportContainer	SpecialTransportType
	LightBarSirenInUse
DangerousGoodsContainer	DangerousGoodsBasic
RoadWorksContainerBasic	RoadworksSubCauseCode (Opt.)
	LightBarSirenInUse
	ClosedLanes
RescueContainer	lightBarSirenInUse

(Fortsetzung)

Tab. 7.7 (Fortsetzung)

Container	Data
EmergencyContainer	LightBarSirenInUse
	CauseCode (Opt.)
	EmergencyPriority (Opt.)
SafetyCarContainer	LightBarSirenInUse
	CauseCode (Opt.)
	TrafficRule
	SpeedLimit

7.2.7.4 Facility Layer Funktionen

Die wichtigsten Informationen, die ein V2X-Fahrzeug aussendet, ist die Position des Fahrzeuges und, da sich das Fahrzeug bewegt, der Zeitstempel dieser Position. Damit der Empfänger der V2X-Nachricht die Position richtig interpretieren kann, muss er wissen, welche Zeit der Sender verwendet hat. Deswegen wurde festgelegt, dass alle ETSI ITS-G5 Stationen mit einer Genauigkeit von ± 20 ms auf TAI (Temps Atomique International) synchronisiert sein müssen. Stationen, die nicht synchronisiert sind, dürfen nicht senden. Da normale, Quarz-basierte Uhren nur eine Genauigkeit von einigen ppm haben, laufen diese relativ schnell aus dem geforderten Genauigkeitsband heraus, besonders wenn die Umgebungstemperatur stark ansteigt oder sinkt. Entsprechend werden V2X-Systeme immer mithilfe von GNSS (Global Navigation Satellite System – GPS/Galileo/etc.) synchronisiert.

Die GNSS werden im V2X-System aber vor allem für die Positionierung der Fahrzeuge verwendet. GNSS-basierte Positionen unterliegen immer einem erheblichen Rauschen, deswegen werden Anforderungen an die Positionsgenauigkeit als ein Radius angegeben, in dem 95 % der Positionsangabe um den jeweils wahren Wert liegen, dieser Radius wird als Konfidenzintervall bezeichnet. Für bewegte Fahrzeuge ist die Positionsgenauigkeit längs und quer zur Fahrrichtung oft unterschiedlich, wodurch der Konfidenzkreis zu einer Ellipse wird. Da das jeweils aktuell geschätzte Konfidenzintervall Teil der V2X-Nachrichten ist (PosConfidenceEllipse), kann der jeweilige Empfänger entscheiden, ob die Positionsangabe genau genug ist, um die Botschaft in seiner Funktion zu verwenden. In [6] werden für unterschiedliche Fahrsituationen unterschiedliche maximale Konfidenzintervalle verlangt. Die Radien liegen zwischen 5 m für unbeschränkten GNSS-Empfang und 15 m für Positionen in einem „Urban Canyon". In anderen Standards wird nur die Einhaltung eines Konfidenzintervall für „Open Sky" verlangt. Allen Standards gemeinsam ist, dass ihre Anforderungen darauf abzielen, die Positionierung eines Fahrzeuges in einer Fahrspur zu ermöglichen.

Tab. 7.8 Daten der DENM

Container	Daten
ActionID	StationID
	SequenceNumber
referenceTime	TimestampIts
detectionTime	TimestampIts
Termination (Opt.)	Termination
ReferencePosition	Latitute
	Longitude
	PosConfidenceEllipse
	Altitude
RelevanceDistance (Opt.)	RelevanceDistance (Opt.)
RelevanceTrafficDirection (Opt.)	RelevanceTrafficDirection (Opt.)
ValidityDuration	ValidityDuration
TransmissionInterval (Opt.)	TransmissionInterval (Opt.)
StationType	StationType
InformationQuality	InformationQuality
CauseCode(eventType)	CauseCodeType
	SubCauseCodeType
CauseCode(linkedCause) (Opt.)	CauseCodeType
	SubCauseCodeType
EventHistory	EventPoint (1 ... 23)
Speed (Opt.)	SpeedValue
	SpeedConfidence
Heading (Opt.)	HeadingValue
	HeadingConfidence
Traces	PathHistory (0 ... 7)
Roadtype (Opt.)	Roadtype
LanePosition (Opt.)	LanePosition

(Fortsetzung)

Tab. 7.8 (Fortsetzung)

Container	Daten
ImpactReductionContainer (Opt.)	heightLonCarrLeft
	heightLonCarrRight
	posLonCarrLeft
	posLonCarrRight
	PositionOfPillars
	PosCentMass
	WheelBaseVehicle
	TurningRadius
	PosFrontAx
	PositionOfOccupants
	VehicleMass
	RequestResponseIndication
Temperature (Opt.)	Temperature
RoadWorksContainerExtended (Opt.)	LightBarSirenInUse (Opt.)
	ClosedLanes (Opt.)
	RestrictedTypes (Opt.)
	SpeedLimit (Opt.)
	CauseCode (Opt.)
	ItineraryPath (Opt.)
	DeltaReferencePosition (Opt.)
	TrafficRule (Opt.)
	ReferenceDenms (Opt.)
PositioningSolutionType (Opt.)	PositioningSolutionType
StationaryVehicleContainer (Opt.)	StationarySince (Opt.)
	Causecode (Opt.)
	DangerousGoodsExtended (Opt.)
	NumberOfOccupants (Opt.)
	VehicleIdentification (Opt.)
	EnergyStorageType (Opt.)

Da GNSS-Positionen in Situationen, in denen der Empfang beeinträchtigt ist, entweder gar nicht verfügbar sind (z. B. in einem Tunnel) oder stark schwanken (Sichtschatten von Häusern oder Bergen), werden GNSS-Positionen mit Sensorsignalen des Fahrzeuges verbessert. Diese Trägheitsnavigation nutzt z. B. Fahrzeuggeschwindigkeit, Beschleunigungen und Drehraten, um eine Fahrzeugbewegung zu bestimmen und die Position zu extrapolieren. Mit dieser extrapolierten Position wird dann die GNSS-Position geglättet. Als Nebenprodukt dieser Algorithmen wird auch das Positions-Konfidenzintervall geschätzt.

Die Sammlung der Fahrzeugdaten für die Nachrichten wird ebenfalls als Funktion des „Facility Layers" angesehen, ist aber natürlich Fahrzeug spezifisch und deswegen nicht weiter standardisiert.

Ähnliches gilt für die Schnittstelle zu den Empfangsfunktionen, für die es zwar einen Standard gibt, dieser aber nur untergeordnete Bedeutung hat, da die Funktionen selbst nicht standardisiert sind und die Schnittstelle den jeweils implementierten Funktionen angepasst werden.

7.2.7.5 V2X-Security

Damit V2X-Funktionen für einen Fahrer nützlich sind, muss er sich auf die übermittelten Daten verlassen können. Dazu müssen die Nachrichten vor dem Senden signiert werden, damit der Empfänger verifizieren kann, dass diese unverändert und vor allem vertrauenswürdig sind. Die digitale Signatur der V2X-Systeme basiert auf dem ECDSA-Verfahren (Elliptic Curve Digital Signature Algorithm) [2] und nutzt kryptografische Algorithmen, die auf elliptischen Kurven über endlichen Körpern basieren. Es werden für V2X 256 bit-lange Schlüssel verwendet, um ein Sicherheitsniveau zu bieten das aktuellen und mittelfristigen Anforderungen genügt. Das ECDSA ist ein asymmetrisches Verfahren, das öffentliche Schlüssel zur Verifikation und private Schlüssel für die Signierung verwendet. Da in Situationen mit dichtem Verkehr und vielen V2X-Stationen mehrere hundert Botschaften empfangen werden und jede Botschaft zu verifizieren ist, muss eine hohe Rechenleistung für die ECDSA-Berechnung vorgesehen werden, üblicherweise über spezielle Hardwarebeschleuniger.

Die öffentlichen Schlüssel werden als Teil eines Zertifikates an die V2X-Nachricht angehängt, während die privaten Schlüssel in speziell geschützten Speicherbereichen des Sendesystems abgelegt werden und diese Bereiche nicht verlassen. Die Zertifikate wiederum werden von einer „Public Key Infrastructure" (PKI) signiert, die damit die Vertrauenswürdigkeit des Senders bestätigt. Bevor ein Fahrzeug Zertifikate signieren lassen kann, muss es sich gegenüber der PKI ausweisen und nur bekannte und registrierte Fahrzeuge erhalten signierte Zertifikate. Um den Schaden zu begrenzen, der mit potenziell gestohlenen Zertifikaten angerichtet werden kann, sind diese zeitlich begrenzt (~1 Woche) und können für bestimmte Funktionen eingeschränkt werden. Als Ausweis dient den Fahrzeugen ein sogenannten „Enrollment Certificate" (EC), das sie bei der Produktion des Fahrzeuges oder bei der ersten Inbetriebnahme erhalten. Zur Absicherung des Enrollment sind zusätzliche Security-Maßnahmen notwendig, um zu verhindern, dass Unbefugte Zertifikate erhalten.

Fahrzeuge verwenden stets mehrere Zertifikate gleichzeitig und wechseln diese und alle Identifier, die in den Kommunikationsprotokollen verwendet werden, um den Weg eines Fahrzeuges zu verschleiern. Eine typische Zertifikats-Wechselzeit ist ungefähr

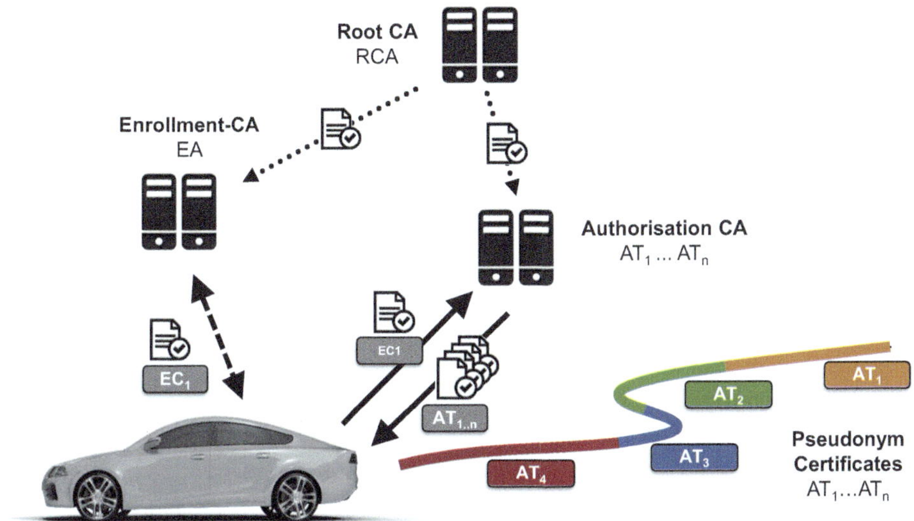

Abb. 7.46 V2X PKI

10 min, da so eine hohe Wahrscheinlichkeit erreicht wird, dass zu Beginn und Ende einer Fahrt unterschiedliche Zertifikate genutzt werden und so ein lokaler Beobachter keine einfachen Rückschlüsse auf die Identität eines Fahrzeuges ziehen kann. Andererseits wird über die 10 min konstante Identifikation des Fahrzeuges sichergestellt, das Safety-Funktionen ein Fahrzeug auch durch länger anhaltende Gefahrensituationen hindurch tracken können. Da die Zertifikate die Identität der Fahrzeuge verschleiern sollen, werden sie auch manchmal als „Pseudonym Zertifikate" bezeichnet. In den ITS-G5 Standards werden sie als „authorisation tickets" (AT) bezeichnet. Um Enrollment und die Identität eines Fahrzeuges von der Ausgabe der Zertifikate zu trennen, werden unterschiedliche „Security Authorities" eingerichtet, die jeweils wiederum ihre Authenzität über eine gemeinsame „Root Certification Authority" (RCA) sicherstellen. Der public key der RCA wird in den Fahrzeugen gesichert abgespeichert, damit auch die Fahrzeuge überprüfen können, das erhaltene Nachrichten und die darin enthaltenen Zertifikate von einer vertrauenswürden Authority stammen, also von der gleichen RCA akzeptiert wurden. Einen Überblick über die Zusammenhänge in der V2X PKI gibt Abb. 7.46.

7.2.7.6 V2X-Kommunikationstechnik

V2X-Systeme, die auf „Standard Mobil-Kommunikationsnetzen" aufbauen, nutzen alle verfügbaren Mobilfunk-Technologien, die vom jeweiligen Fahrzeug und dem entsprechenden Telekommunikations-Vertrag unterstützt werden. Die Funktionen im Fahrzeug nutzen typische IP-Kommunikationsprotokolle (TCP/UDP/http/MQTT/TLS/…), um die Fahrzeugfunktionen mit dem jeweiligen Service-Server zu verbinden. Vertiefende Informationen zu diesen Technologien sind unter [14] zu finden.

Direkte Fahrzeug-Fahrzeug Kommunikation nutzt das 5.9 GHz Band und entweder IEEE 802.11 (WLAN) basierte Funktechnik oder LTE basierte PC5 sidelink-Kommunikation. In Europa wird momentan IEEE802.11 basiertes ITS-G5 genutzt, in China und USA LTE-V2X. Detailinformationen über LTE- und WLAN-Technologien sind unter [23] zu finden.

Typische V2X-Implementierungen mit ITS-G5 oder LTE-V2X arbeiten mit einer Sendeleistung von ca. 23 dBm, mit der man eine Kommunikationsreichweite von ca. 800 m in Frei-Feld-Bedingungen und ca. 150–200 m in typischen Stadtbedingungen erreicht. Aufgrund der vergleichsweisen hohen Frequenz ist die Positionierung der Antennen auf einem Fahrzeug wichtig, damit nicht das Fahrzeug selbst die Wellenausbreitung stört, z. B. durch ein gewölbtes Dach, das die Aussendung in Fahrtrichtung stört. Viele Fahrzeuge verwenden deswegen zwei Antennen, z. B. eine Dachantenne und eine Antenne im Bereich der Frontkamera. Um einen Interferenzen-freien Sendebetrieb mit zwei Antennen zu gewährleisten, muss das Sendemodul „Cyclic Delay Diversity" (CDD) unterstützen.

Sowohl ITS-G5 als auch LTE-V2X verwenden „Orthogonal Frequency Division Multiplexing" (OFDM) als Modulationsverfahren, um die zur Verfügung stehende Bandbreite optimal auszunutzen. Aufgrund der schwierigen Kommunikationsbedingungen im Straßenverkehr (große Doppler-Verschiebung durch hohe Eigengeschwindigkeit der Fahrzeuge, wechselnde Multiweg-Ausbreitung des Signales durch viele Reflexionen an Hauswänden etc.) wird die Modulation aber meist auf Quadraturphasenumtastung „Quaternary Phase-Shift Keying" (QPSK) oder 16QAM begrenzt, da sonst Pakete mit einigen hundert Byte Nutzlast zu oft nicht decodiert werden können und somit die effektive Kommunikationsreichweite zu kurz wäre.

ITS-G5 Systeme verwenden einen oder mehrere 10 MHz-breite Kanäle und bieten eine sehr kurze maximal-Latenz von maximal 4 ms. ITS-G5 nutzt das IEEE 802.11 CSMA/CA-Verfahren und sendet seine Botschaft, sobald der Funkkanal als frei erkannt wird.

LTE-V2X nutzt einen 20 MHz breiten Kanal und eine maximale Latenz von typisch 100 ms, da LTE-V2X mit „Semi-persistent Scheduling" arbeitet. Hierbei wählt jede Station einen freien Zeit- und Frequenzslot und nutzt diesen für einige Sekunden. Die Botschaften werden jeweils alle 100 ms in dem gewählten Frequenz/Zeit-Ressourcenblock gesendet. Für längere Botschaften müssen mehrere Blocks reserviert werden. Da die einzelnen Stationen sehr präzise die Zeitslots einhalten müssen, um nicht die Botschaften der Nachbarstationen zu stören, müssen die Stationen die internen Uhren auf ±391 ns genau synchronisieren. Als Synchronisationsquelle wird ein GNSS verwendet.

Für beide Funktechnologien gibt es eine Obergrenze für die Anzahl der Nachrichten, die pro Sekunde auf den Funkkanal gesendet werden können. Je nachdem, wie das Worst-Case Szenario gestaltet wird (Anzahl Fahrzeuge mit hoher/niedriger Geschwindigkeit/Anzahl Roadside Units/Anzahl Events und Nachrichten-Längen), ist diese Anzahl unterschiedlich groß. Allgemein werden ca. 1000 Nachrichten pro Sekunde als realistische Obergrenze angesehen, womit ITS-G5 ca. 50 % Kanallast erreicht. Um trotz dieser Obergrenze allen Fahrzeugen in Funkreichweite den Kanalzugriff zu gewähren, gibt es das sogenannte „decentralized congestion control", welches Regeln definiert, ab welcher Kanallast die Sendefrequenz der Nachrichten reduziert werden. Besonders dringende Nachrichten (z. B. DENM für EEBL) werden aber von dieser Ratenbegrenzung ausgenommen.

7.2.7.7 Implementierungsbeispiele

Telematikfunktionen sind in fast allen modernen Fahrzeugen implementiert, aber nur selten als echte Sicherheitsfunktion im Sinne der vorangehenden Abschnitte. Die folgenden Beispiele sind keine erschöpfende Marktübersicht, sondern nur einige prominente Beispiele, die aktuell (März 2023) verfügbar sind. Es gibt viele weitere Implementierungen bei fast allen Fahrzeugherstellern, welche fortwährend neue V2X-Systeme auf den Markt bringen.

Seit Ende 2019 wird von einem europäischen OEM V2X auf Basis von ITS-G5 als Standardkomponente in verschiedenen Fahrzeugmodellen ausgeliefert. Laut den europäischen Zulassungszahlen waren Ende 2022 ca. 800.000 Fahrzeuge, die mit dieser Technology ausgerüstet sind, im Straßenverkehr aktiv. Weitere Fahrzeugmodelle sollen mit V2X-Technologie ausgerüstet werden.

Folgende V2X-Funktionen stehen in diesen Fahrzeugen zur Verfügung:

- Stationary vehicle warning
- Traffic jam warning
- Road works warning
- Emergency vehicle warning
- Control loss warning
- Electronic emergency brake light (only sending)

Diese Systeme können die DENM der Fahrspur-Sperranhänger der deutschen Autobahn GmbH empfangen, welche mit ITS-G5 Sendern ausgerüstet sind. Zusätzlich stehen diverse Telematik-Services über Mobilfunk zur Verfügung, die aber keinen Sicherheitsaspekt haben.

Zunehmend werden auch Warninformationen über Mobilfunk basierte Telematik-Systeme an den Fahrer gesendet. Beispielsweise werden in den USA über das Netzwerk „HaaS Alert" Warnungen vor Geisterfahrern verbreitet und von verschiedenen OEM zur Sensibilisierung der Fahrer verwendet.

Fahrzeuge eines anderen europäischen OEM verwenden die Mobilfunksysteme seit 2013 nicht nur, um Warnungen zu empfangen, sondern auch, um Daten über Verkehrsgefahren an einen Server zu senden. Dieser Server aggregiert und plausibilisiert die Daten und sendet ggf. Warnungen an andere Fahrzeuge des OEM, welche sich im Gefahrenbereich befinden bzw. sich ihm nähern.

Je nach Ausstattung des Fahrzeuges werden folgende Funktionen angeboten, wobei die Bezeichnungen an die bisher genutzten Begriffe angepasst wurden:

- Stationary vehicle warning
- Road works warning
- Control loss warning
- Adverse weather warning
- General warning (Warnblinker aktiv)

Die V2X-Technologie befindet sich in einer stürmischen Entwicklungsphase. So sind z. B. neue Funktechnologien standardisiert, wie IEEE 802.11bd oder 3GPP 5G NR V2X, aber auch neue Architekturen, wie „Mobil Edge Computing, bei dem die V2X-Server nicht mehr von den OEM gehosted werden, sondern von den Telekommunikation-Providern. Zusätzlich wird daran gearbeitet, die Funktechnologie mit Objektortungsfunktionen zu erweitern, sodass das Kommunikationssystem zu einem Umfeldsensor wird. Beispiele hierfür sind in [19] zu finden.

V2X-basierte Funktionen werden ebenfalls immer vielfältiger und benötigen in Zukunft auch eine Erweiterung der Protokolle um Datenelemente, die eine funktional sichere Implementierung der Funktionen ermöglichen. Entsprechende Standarisierungen wurden 2023 gestartet, sodass die zweite Generation V2X-Systeme deutlich mehr Sicherheitsfunktionen übernehmen kann.

7.3   Randbedingungen

Die für eine funktionierende und wirksame Sensorik erforderlichen Randbedingungen umfassen die Elektronik, hier dargestellt für die Airbag-Auslösung, die Spannungsversorgung mit Energiereserve, die Sicherheitsanforderungen sowie die Datenübertragung. Diese essentiellen Bedingungen werden nachfolgend im Einzelnen dargestellt und erläutert.

7.3.1   Airbag-Elektronik

Die Airbag-Elektronik umfasst die Spannungsversorgung, die Sensierung, Signal-Auswertung und Informationsspeicherung sowie die Aktivierung der für den Schutz von Insassen und Fußgängern erforderlichen Sicherheitsmaßnahmen (Abb. 7.47).

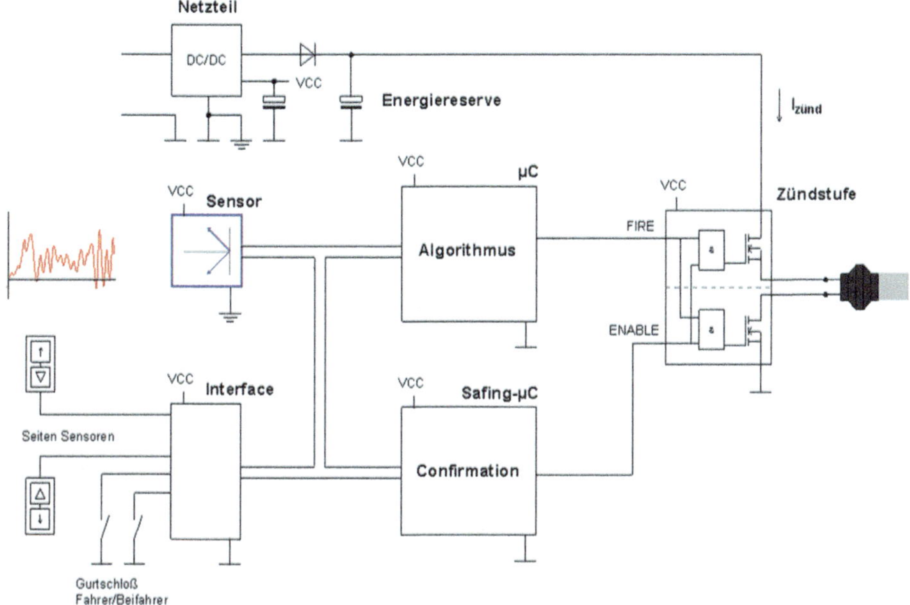

Abb. 7.47 Schaltbild einer Airbag-Elektronik (aus [7])

Im Einzelnen lassen sich die Aufgaben der Airbag-Elektronik in folgender Weise zusammenfassen:

- Permanente Überwachung des gesamten Airbag-Systems
- Fehleranzeige über Warnlampe,
- volle Funktionsfähigkeit während der Diagnose,
- autarke Energieversorgung für einen definierten Zeitraum,
- Datenaustausch mit Insassen-Erkennungssystemen,
- Aktivierung oder Deaktivierung der Beifahrer-Schutzsysteme in Abhängigkeit vom Status des Insassen-Erkennungssystems,
- Erkennung und Einordnung der vorliegenden Eingangsinformationen,
- Aufprall- und Rollover-Erkennung,
- Aktivierung der Schutzeinrichtungen,
- nichtflüchtige Speicherung von Betriebs-, Status-, Fehler- und Kollisions-informationen,
- Mitteilung eines Aufprall- oder Rollover-Ereignisses und des Zustandes anderer Steuergeräte über Bus- oder diskrete Verbindungen und schließlich
- Entsorgungszündung zur Altauto-Verwertung.

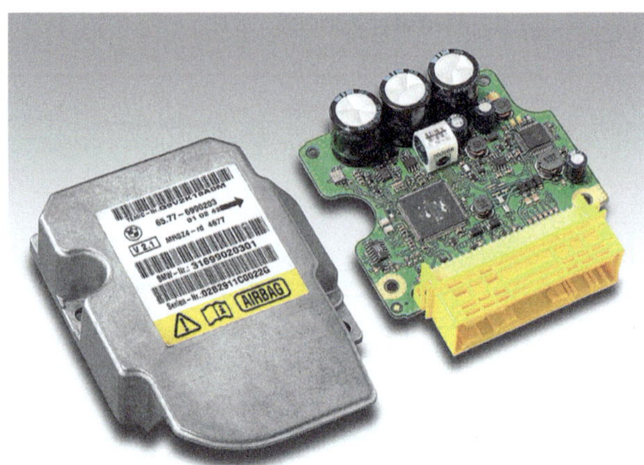

Abb. 7.48 Airbag-Elektronik (aus [7])

Bei der Sensierung unterscheidet man eine interne und eine externe Sensorik. Die Auswertung der Sensor-Signale erfolgt mithilfe eines auf das jeweilige Fahrzeug abgestimmten Algorithmus. Sind mehrere externe Sensoren eingesetzt, werden sie durch zusätzliche Schaltkreise verbunden und angeschlossen. Dadurch wird die Möglichkeit geschaffen, zusätzliche Beschleunigungs- oder Druck-Sensoren zu verwenden. Für die Zündung der Sicherheitssysteme ist eine entsprechende Anzahl von Zünd-Schaltkreisen erforderlich; dies sind in der Regel zwei, vier oder auch sechs getrennte Zündkreise, die zusammen geschalten werden können. Bei der in Abb. 7.48 abgebildeten Airbag-Elektronik handelt es sich um eine Variante mit einem zweikanaligen Beschleunigungs-aufnehmer, sowie einen Trigger-Sensor. Die drei erkennbaren Kondensatoren dienen der Energiereserve des Airbag-Systems.

7.3.2 Spannungsversorgung und Energiereserve

Das Netzteil (vgl. Abb. 7.47) dient der Bereitstellung der erforderlichen Spannung, sie wird aus dem Fahrzeug-Bordnetz gespeist. Es ist als Schalt- oder auch als Linearregler ausgeführt und schützt die Airbag-Elektronik vor Verpolung, Überspannung, elektro-statischer Aufladung (ESD: Electrostatic Discharge) und elektromagnetischen Ein-flüssen (EMV: Elektromagnetische Verträglichkeit). Für die Versorgung der Elektronik, der Sensoren, der Halbleiter und anderer Bauteile wird eine Spannung von 3,3 bis 5,0 V bereitgestellt; die Ladespannung für die Energiereserve beträgt üblicherweise 20 bis 40 V. Diese Energiereserve wird zur Aktivierung der Schutzsysteme verwendet und ist üblicherweise so ausgelegt, dass das Airbag-System noch etwa 150 ms nach einem Spannungsabriss, der durch einen Kurzschluss oder durch den Verlust der Fahrzeug-batterie während des Unfalls entstehen kann, mit der erforderlichen Spannung versorgt wird.

7.3.3 Sensoren sowie Steuerungs- und Überwachungseinheiten

In die Airbag-Elektronik sind ein oder mehrere Sensoren, je nach Art der Schutzsysteme, integriert. Die **externen Sensoren** werden an die Airbag-Elektronik über Schnittstellen, sogenannte Interfaces, angeschlossen, um die Signale einlesen zu können. Daneben haben die **internen Sensoren** die Aufgabe, den Status von Gurtschlössern sowie die Sitzbelegungs- und Sitzpositionserkennung zu überprüfen. Sie dienen zudem der Informationsbeschaffung und -bereitstellung von Insassen-Erkennungssystemen und wirksamen Gurtkräften.

Eine weitere Schlüsselkomponente stellt der **Mikrokontroller** (μC), auch als Master-μC bezeichnet, dar. Er steuert den gesamten Ablauf innerhalb der Elektronik und überprüft als Software realisierte Funktionen, wie Betriebssystem, Kommunikation, Diagnose, Datenaufnahme, Crash-Algorithmus, Plausibilisierung und schließlich die Ansteuerung der Zündstufen. Durch die Einbeziehung zusätzlicher Anforderungen zur Insassenerkennung und -klassifizierung oder zum Fußgängerschutz steigt ständig der Bedarf an Speicher (RAM: Random Access Memory; ROM: Read Only Memory) und höherer Taktfrequenz. Zudem sind weitere künftige Aufgaben zu bewältigen, wie die Realisierung der Ereignisdaten-Speicherung (EDR: Event Data Recorder) oder die Entsorgungszündung als neue Recycling-Anforderung zur Entsorgung pyrotechnischer Rückhaltemittel (u. a. Airbags, Gurtstraffer) bei der Stilllegung des Fahrzeuges.

Die hardwaremäßig, unabhängig ausgeführte Überwachungsschaltung wird mithilfe eines speziellen kleinen Mikrokontrollers, dem sogenannten **Safing-μC**, realisiert. Mit ihm wird der korrekte Systemtakt der im Mikrokontroller sequentiell laufenden Software überwacht, die Sensor-Signale überprüft und elektronisch das Start- oder Enable-Signal für die Zündkreise generiert.

7.3.4 Zündungseinrichtung

Die **Zündstufen** sind in der Regel in integrierten Schaltkreisen (ASIC: Application Specific Integrated Circuit) enthaltene Leistungsschalter und umfassen darüber hinaus Diagnose- und Kommunikationsschaltungen. Die Leistungsschalter dienen dem Ansteuern der Anzünder, die sich in den Generatoren der Schutzsysteme befinden. Mithilfe der Diagnoseschaltung werden die Zündstufen auf eventuelle Fehler überwacht und der Zündstrom gemessen. Die Prüfungen der Diagnose umfassen sowohl interne als auch externe Prüfumfänge. Intern werden die Leistungsschalter auf ihre korrekte Funktion hin überprüft, und extern werden die korrekten Widerstandswerte der Anzünder einschließlich der Leitungen überwacht. Neben evtl. offenen Leitungen und Kurzschlüssen werden durch Überprüfung auch Schlüsse der Zündleitungen zur Fahrzeugmasse oder zur Versorgungsspannung detektiert. Zusätzlich lassen sich elektrische Fehler in den Anzündern oder Gasgeneratoren feststellen. Bei der Auslegung der Zündstufen wird aus Sicherheitsgründen eine physikalische Trennung der High-Side- und Low-Side-Schalter vorgenommen. Realisiert wird dies durch getrennte integrierte Schaltkreise, sogenannte ASICs, für High Side und Low Side oder aber durch den Einsatz eines dritten Schalters, mit dem die Versorgung der Zündspannung der Schaltkreise extern freigeschaltet wird. Zunehmend wird dabei ein Single-Chip-Design angewandt, bei denen die High-Side- und Low-Side-Schalter durch einen ausreichend breiten Siliziumgraben auf dem Chip getrennt sind.

Um eine sichere Entsorgung pyrotechnischer Rückhaltemittel (u. a. Airbags, Gurtstraffer) bei Stilllegung eines Fahrzeuges zu gewährleisten, wurde im Jahr 2008 die ISO-26021 (Road vehicles — End-of-life activation of in-vehicle pyrotechnic devices —) veröffentlicht. Sie stellt eine hersteller-übergreifenden technische Spezifikation für eine **Entsorgungszündung** dar. Die Spezifikation liegt seit 2022 in Version 2 vor und definiert die Schnittstellen, die Airbagsteuergeräte zur Entsorgungszündung anbieten sollen, beispielsweise die CAN Identifier $0 \times 7F1$ und $0 \times 7F9$ für Anfrage und Antwort des Kommunikationsprotokolls UDS. Ein geeignetes Gerät wird mithilfe einer fahrzeugseitig installierten Diagnoseeinheit (OBD: Onboard Diagnostic Connector) mit der Airbag-Elektronik verbunden und aktiviert über eine Kommunikationsschnittstelle den Entsorgungsmodus. Die ordnungsgemäße Zündung der Airbags, der Gurtstraffer und der sonstigen pyrotechnisch aktivierten Komponenten von Schutzsystemen wird am Ende der Entsorgung automatisch protokolliert und dokumentiert.

7.3.5 Speicherung von Ereignisdaten

Im Jahr 2012 wurde die Speicherung von Ereignisdaten (EDR: Event Data Recorder) in USA gesetzlich verankert. In den Folgejahren wurden weltweit in zahlreichen Ländern Gesetzgebungen zu EDR verabschiedet, und auch das EU-Parlament beschloss im Rahmen der „General Safety Regulations" GSR 2 im Jahr 2019 (Verordnung 2019/2144) die Einführung eines Ereignisdatenspeichers.

Die technische Ausgestaltung dieses Ereignisdatenspeichers erfolgte im Rahmen einer internationalen Arbeitsgruppe (IWG) unter dem Dach der UN-ECE WP.29 und ist in der UN-Regulierung R160 nachzulesen. Diese Regulierung vereinheitlichte die existierenden Anforderungen aus USA und China und berücksichtigte die zunehmende Automatisierung der Fahrfunktion durch Fahrerassistenzsysteme. UN-R 160 wurde in der EU zum 06.07.2022 für neue Typgenehmigungen verpflichtend und wird im Juli 2024 durch die erste Überarbeitung der UN-R 160 („Series 01") mit weiteren Ereignisdaten zu Assistenzfunktionen abgelöst.

7.3.6 Sicherheitsanforderungen an die Airbag-Elektronik

An eine moderne Airbag-Elektronik müssen heute Sicherheitsanforderungen gestellt werden, die bei der Entwicklung zu berücksichtigen sind. Im Einzelnen sind dies Anforderungen hinsichtlich

- der Systemzuverlässigkeit,
- der Systemverfügbarkeit, auch bei Spannungsabriss,
- einer zuverlässigen Zündentscheidung basierend auf zwei unabhängigen Signalquellen,
- einer 360°-Sensierung und der Plausibilisierung, und schließlich
- dürfen Einzelfehler zu keiner unbeabsichtigten Auslösung führen, aber auch eine beabsichtigte Auslösung nicht verhindern.

Im Laufe der letzten Jahre wurde die Airbag-Elektronik in erheblichem Umfang weiterentwickelt und verbessert, denn die hier genannten Sicherheitsanforderungen konnten mit den ersten Airbag-Systemen nicht oder nur unzureichend realisiert werden. Mit dem Einsatz der modernen Elektronik aber ist es gelungen, die genannten Anforderungen immer besser zu erfüllen.

Bei den ersten, rein **mechanischen Systemen** gab es naturgemäß weder eine unabhängige Sensierung noch eine Überprüfung der Plausibilität. Eine exakte Bewertung des Unfallsignals sowie eine genaue Berechnung der Auslösezeit waren nicht möglich. Eine Schwachstelle der mechanischen Systeme, ein Beispiel zeigt Abb. 7.49, ist nämlich darin zu sehen, dass das System nur über einen einzigen Auslösepfad verfügt; zudem kann der Systemzustand nicht überprüft und aufgezeigt werden.

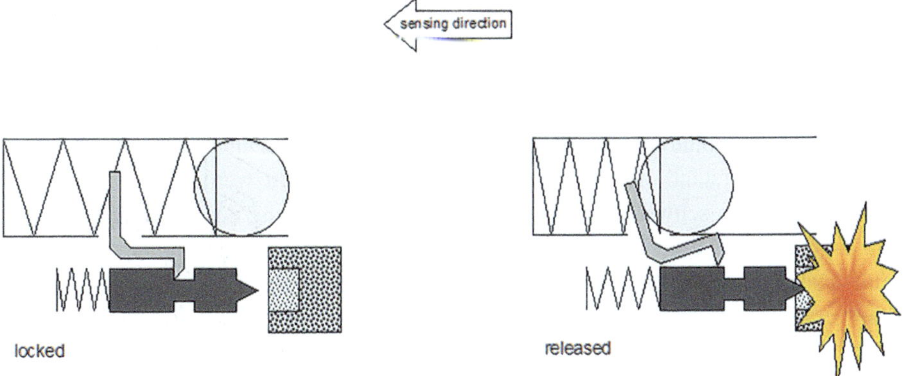

Abb. 7.49 Mechanisches System: links verriegelt und rechts ausgelöst

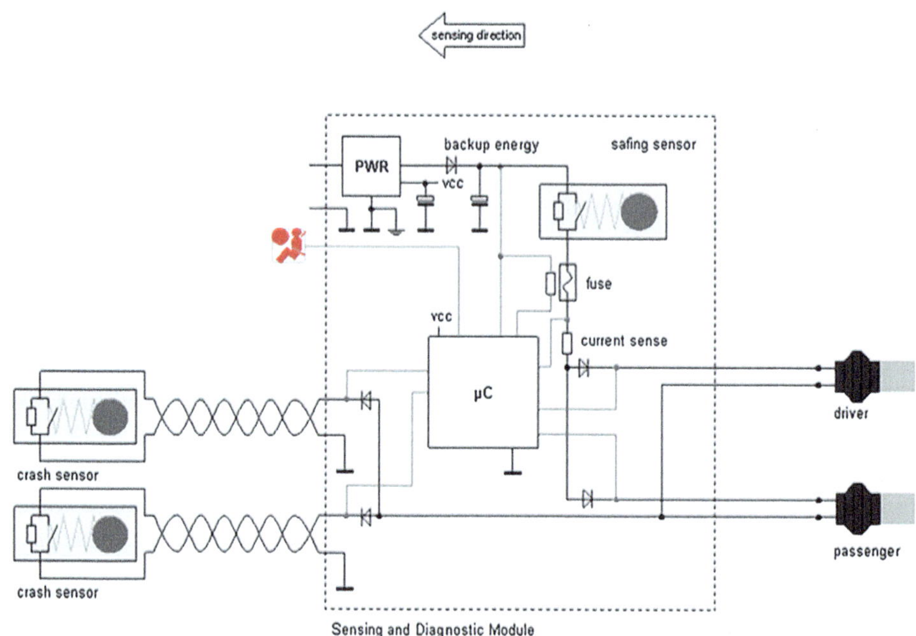

Abb. 7.50 Schaltbild eines elektromechanischen Systems mit Safing-Sensor

Mit dem Einsatz **elektromechanischer Systeme** wurde die Sicherheit gegen Fehlauslösungen erheblich erhöht, und der Systemzustand konnte überwacht werden. Soll eine beabsichtigte Auslösung erfolgen, muss neben dem im Steuergerät installierten Sicherheitssensor mindestens einer der im Frontbereich installierten Crash-Sensoren geschlossen sein (Abb. 7.50). Dieser Sicherheitssensor, auch Safing-Sensor genannt, verhindert darüber hinaus, dass es bei Leitungsfehlern zu einer unbeabsichtigten Auslösung kommt. Beim Verlust der Versorgungsspannung während eines Unfalls wird das System zudem durch eine eigene Energiereserve auslösefähig gehalten. Zur Reduzierung der Empfindlichkeit hinsichtlich elektromagnetischer Einstrahlungen werden bei den Verbindungen verdrillte Leitungen eingesetzt. Durch die in den Sensoren installierten Widerstände kann das System gezielt überwacht werden; selbst durch die Anzünder wird ein schwacher Diagnosestrom zur Überprüfung der Zündkreise geleitet. Tritt dennoch ein Fehler auf, wird eine Warnlampe aktiviert, und sollte diese Warnlampe ausfallen, ertönt ein im SD-Modul (SDM: Sensing and Diagnostic Module) des Steuergeräts integrierter Summer. Das System verfügt zusätzlich über eine Schmelzsicherung, die bei einem schwerwiegenden Systemfehler deaktiviert wird. Damit kann das System permanent abgeschaltet werden, um eine unbeabsichtigte Auslösung sicher zu verhindern. Im Zündkreis des SD-Moduls ist zudem ein niederohmiger Widerstand integriert, der kontinuierlich den Spannungsabfall des Mikrokontrollers überwacht.

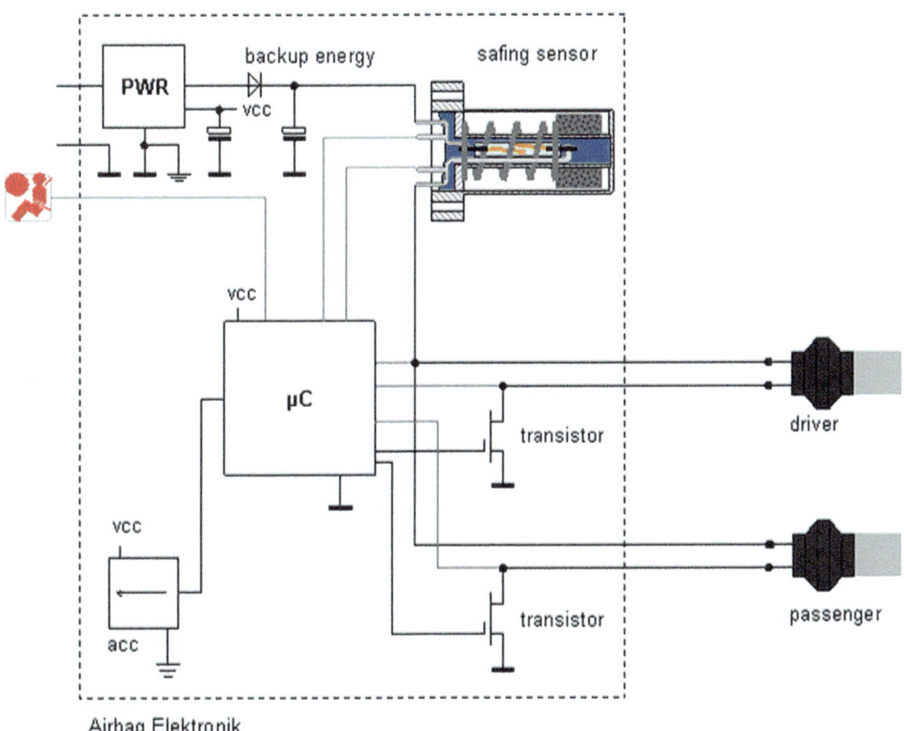

Abb. 7.51 Schaltbild eines elektronischen Systems mit Safing-Sensor

Fließt ein Zündstrom, so steigt der Spannungsabfall, und der Systemzustand wird in einem permanenten Speicher zur möglichen Überprüfung festgehalten.

In der ersten Generation der **elektronischen Systeme** ist ein **Safing-Sensor** in Reihe in den Zündkreis integriert (Abb. 7.51). Die Ansprechschwelle des Safing-Sensors ist relativ niedrig und erfüllt in neueren Systemen zwei Grundanforderungen: Zum einen wird er als unabhängiger Eingang für die Bestätigung der Auslöseentscheidung verwendet, und zum anderen verhindert er eine unbeabsichtigte Auslösung im Fehlerfall. Mit derartigen elektronischen Systemen wurde es erstmals möglich, eine umfassende Diagnose des Systemzustandes zu erreichen. Alle Leitungen sowie Beschleunigungsaufnehmer und Anzünder werden im Hinblick auf ihre definierten Widerstandswerte überprüft. Weiterhin wird die Energiereserve hinsichtlich Kapazität und Ladung überwacht. Die gesamte Diagnose erfolgt durch den Diagnosezyklus der Airbag-Elektronik und wird im Millisekunden-Raster durchlaufen. Die einzige Komponente, die im Diagnosezyklus

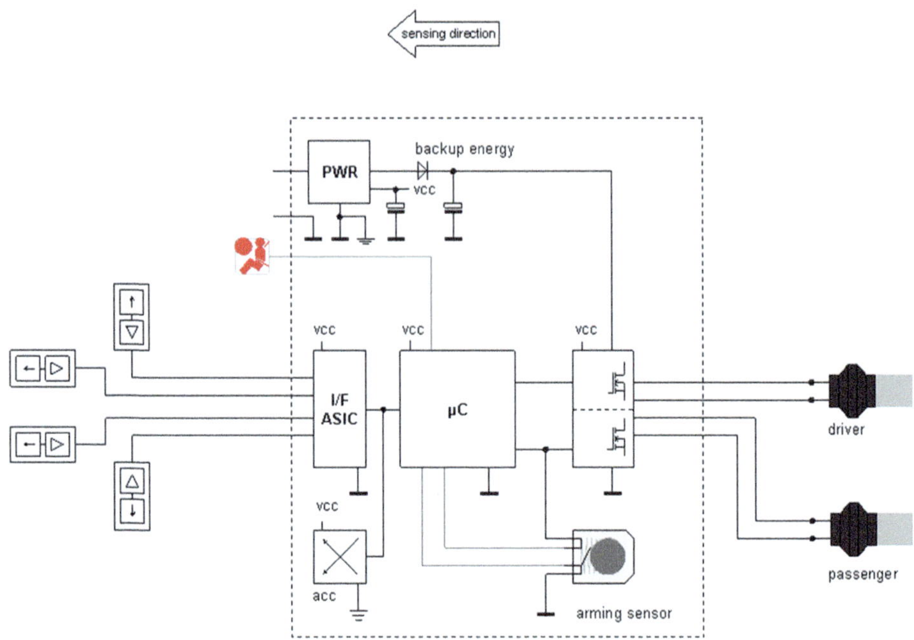

Abb. 7.52 Schaltbild eines elektronischen Systems mit Trigger-Sensor

nicht überprüft werden kann, ist der Safing-Sensor. Diesen Nachteil hat man versucht, durch die Auslenkung des Magneten mithilfe eines elektromagnetischen Felds und damit das Schließen eines Reed-Kontakts zu kompensieren. Aufgrund der hohen Stromaufnahme, des erforderlichen Bauraumbedarfs und des Gewichts hat sich diese Anordnung aber in der Serie nicht durchgesetzt. Auch hierbei wird bei einem Systemfehler eine Warnlampe von der Airbag-Elektronik angesteuert.

Bei der Einbindung des Safing-Sensors im Zündkreis ist zum einen die Anzahl der anzusteuernden Rückhaltesysteme durch den Strom, der über den Reed-Kontakt fließen kann, limitiert. Andererseits ist die Schließzeit begrenzt, was sich negativ bei der Ansteuerung mehrstufiger Airbag-Systeme auswirken kann. Aus diesem Grund wurde der Safing-Sensor durch einen **Trigger-Sensor** ersetzt (Abb. 7.52). Im Gegensatz zum Safing-Sensor ist er nicht im Zündkreis integriert. Zudem ist er erheblich kleiner und stellt ein Schaltsignal zur Verfügung, das elektronisch verlängert werden kann. Damit steht das Signal zur Plausibilisierung über die gesamte Unfall-Zeitspanne zur Verfügung.

Einrichtungen der Airbag-Elektronik, in denen Rollraten-Sensoren verwendet werden, erfordern zur Plausibilisierung zusätzlich Sensoren, die relativ geringe Beschleunigungen in z-Richtung aufnehmen; es handelt sich dabei um sogenannte low g z-Sensoren. Durch diese Sensorik lässt sich ein Überschlag zuverlässig von extremen Fahrmanövern unterscheiden. Der Einsatz derartiger Sensoren gestattet eine frühzeitige, sichere und zuverlässige Auslösung der erforderlichen Schutzsysteme.

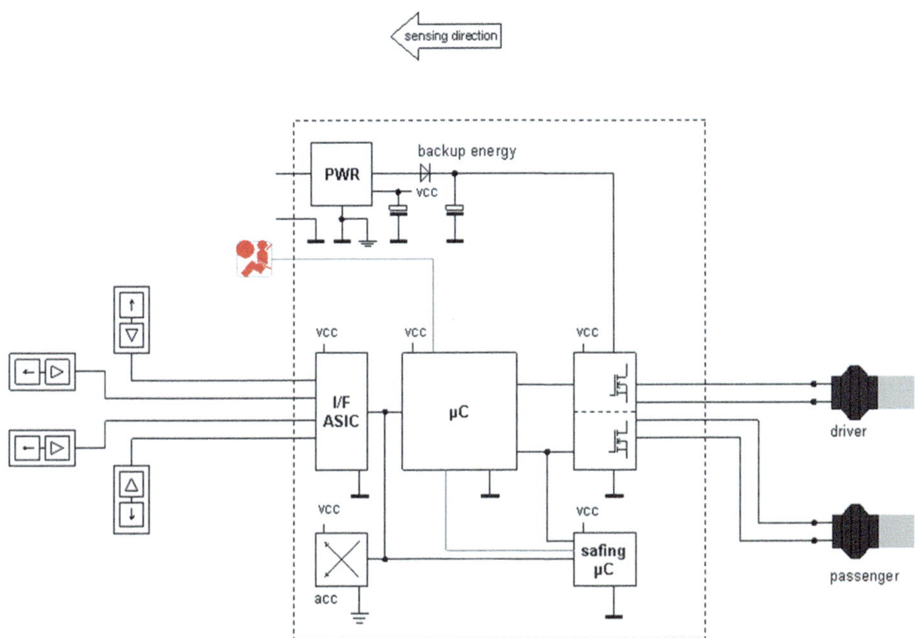

Abb. 7.53 Schaltbild eines elektronischen Systems mit Safing-µC

Mit der ständigen Verbesserung der passiven Sicherheit in Kraftfahrzeugen nimmt auch die Anzahl unterschiedlicher Insassenschutz-Systeme zu. Die permanente Weiterentwicklung zu einem umfassenden Schutz der Fahrzeuginsassen erfordert eine 360°-Bestätigung des Crash-Signals. Da die bisher eingesetzten Safing- und Triggersensoren nur eine Wirkrichtung besitzen, sind sie dafür ungeeignet. Abhilfe schafft hier nur die Verwendung eines richtungsunabhängigen Safing-Mikrokontrollers, des sogenannten **Safing-µC** (Abb. 7.53). Er ist zudem in der Lage, die Signale der Beschleunigungs-Sensoren zu verarbeiten und den Systemtakt sowie den sequentiellen Programmdurchlauf des Master-Controllers zu überwachen. Eventuell auftretende Unregelmäßigkeiten lassen sich dadurch zuverlässig erkennen. Da in der Airbag-Elektronik keine elektromechanischen Komponenten mehr verbaut sind, besteht die Möglichkeit, das System vollständig und umfassend elektronisch zu diagnostizieren.

Um den steigenden Anforderungen nach Zuverlässigkeit, Modularität, Platzbedarf und Kosten bei modernen Systemen der Airbag-Elektronik nachzukommen, werden neue Partitionierungen oder Teilmodule der verwendeten Komponenten eingeführt. Bei dem folgenden Airbag-Elektronik-System ist das Netzteil, die Safing-Funktion, die Überwachungseinheit (Watchdog), die Ladungspumpe für die Energiereserve sowie eine Anzahl von Schnittstellen für externe Sensoren in einem gemeinsamen Schaltkreis, dem **Safing-IC**, integriert (Abb. 7.54). Müssen weitere externe Sensoren angeschlossen werden, kann das System um weitere Interface-Schaltkreise (ASICs) erweitert werden.

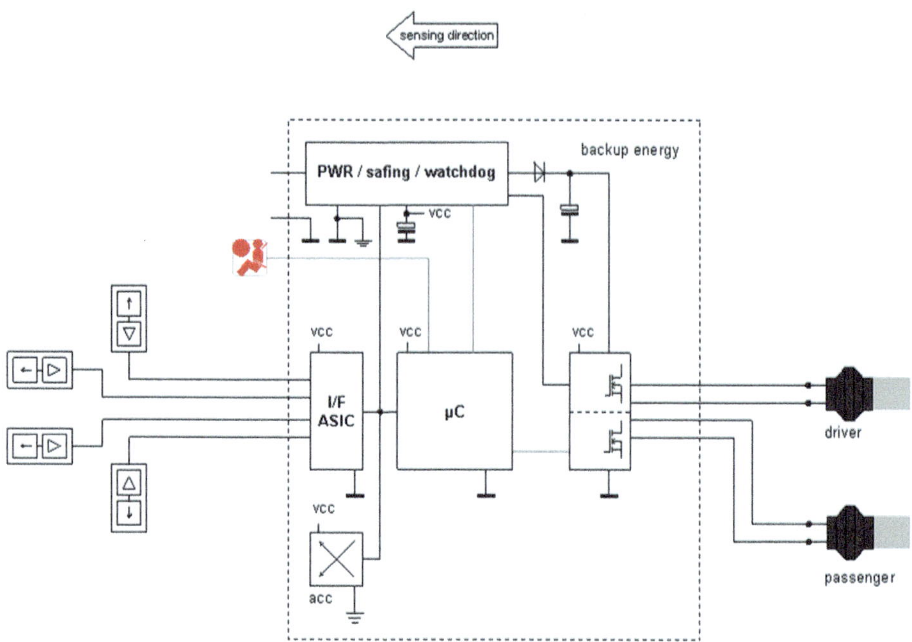

Abb. 7.54 Schaltbild eines elektronischen Systems mit Safing-IC

Die Zündkreise werden nun durch das Safing-IC und den Algorithmus im Master-Controller freigeschaltet. Sollten weitere erforderlich sein, so lässt sich das System auf diese Weise beinahe beliebig ausbauen.

Von den Fahrzeugherstellern wird heute eine sogenannte SIL-Einstufung (SIL: Sicherheitsintegritätslevel) für die Airbag Elektronik nach [15] gefordert. Dieser **Integritätslevel für die Zuverlässigkeit** gibt in verschiedenen Stufen die Wertebereiche der Ausfallwahrscheinlichkeiten einer Sicherheitsfunktion an; SIL 1 stellt dabei die niedrigste Stufe und SIL 4 die höchste Stufe dar. In [15] sind zwei Betriebsarten für Sicherheitsfunktionen beschrieben: eine mit einer niedrigen Anforderungsrate (low demand mode) und eine mit einer hohen oder kontinuierlichen Anforderungsrate (high demand or continuous mode). Die formalen Definitionen und Begriffsbestimmungen sind in [15] angegeben.

Eine Sicherheitsfunktion, die im Anforderungsmodus arbeitet, wird nur auf Anforderung ausgeführt und bringt das zu überwachende System (EUC: Equipment under Control) in einen definierten, abgesicherten Zustand. Das sicherheitsbezogene System, das genau diese Sicherheitsfunktion ausführt, hat, solange keine Anforderung an die Sicherheitsfunktion gestellt wird, keinen Einfluss auf das Überwachungssystem. Dieses gilt beispielsweise für Airbag-Systeme. Eine niedrige Anforderungsrate liegt dann vor, wenn die

Tab. 7.9 Sicherheitsintegritätslevel SIL für verschiedene Betriebsarten

Sicherheits-integritätslevel (SIL)	Betriebsart mit niedriger Anforderungsrate (mittlere für Ausfall-Wahrscheinlichkeit bei Anforderung)	Betriebsart mit hoher oder kontinuierlicher Anforderungs-rate (Ausfälle pro Stunde)
1	10^{-2} bis 10^{-1}	10^{-6} bis 10^{-5}
2	10^{-3} bis 10^{-2}	10^{-7} bis 10^{-6}
3	10^{-4} bis 10^{-3}	10^{-8} bis 10^{-7}
4	10^{-5} bis 10^{-4}	10^{-9} bis 10^{-8}

Anforderung an das sicherheitsbezogene System nicht mehr als einmal pro Jahr gestellt wird und die Häufigkeit kleiner als die doppelte Frequenz der Wiederholungsprüfung ist. Dem gegenüber liegt eine hohe oder kontinuierliche Anforderungsrate vor, wenn die Anforderung an das sicherheitsbezogene System häufiger als einmal im Jahr auftritt oder eben größer als die doppelte Frequenz der Wiederholungsprüfung ist. Eine im kontinuierlichen Modus arbeitende Sicherheitsfunktion hält das zu überwachende System immer in einem normalen, abgesicherten Zustand. Das sicherheitsbezogene System überwacht also das Überwachungssystem EUC kontinuierlich. Ein Ausfall dieses Systems führt somit unmittelbar zu einer Gefährdung, sofern keine anderen sicherheitsbezogenen Systeme oder aber keine externen Maßnahmen zur Gefahrabwendung wirksam werden. In Tab. 7.9 sind die Sicherheitsintegritätslevel für die Betriebsarten mit niedriger und mit hoher bzw. kontinuierlicher Anforderungsrate zusammenfassend dargestellt.

Die genannten Bedingungen werden, dem Standard [15] entsprechend, generell auf das gesamte sicherheitsbezogene System angewandt. Für Airbag-Elektronik-Systeme wird für die Betriebsart mit niedriger Anforderungsrate üblicherweise ein Sicherheitsintegritätslevel SIL 3 angestrebt; dieser entspricht einer mittleren Ausfallwahrscheinlichkeit im Bereich von 10^{-4} bis 10^{-3}.

Schließlich soll der Vollständigkeit halber auf den Standard nach IEC/EN 61508 [15] eingegangen werden. Er setzt sich aus insgesamt sieben Teilen zusammen, wobei nur die ersten drei Teile normative Anforderungen enthalten:

Teil 1: Allgemeine Anforderungen,
Teil 2: Anforderungen an sicherheitsbezogene elektrische/elektronische/programmierbare elektronische Systeme,
Teil 3: Anforderungen an Software,
Teil 4: Begriffe und Abkürzungen,
Teil 5: Beispiele zur Ermittlung der Stufe des Sicherheitsintegritätslevels (SIL),
Teil 6: Richtlinien für die Anwendung von Teil 2 und 3 und
Teil 7: Überblick über Techniken und Maßnahmen.

7.3.7 Datenübertragung

Die Datenübertragung von externen Sensoren, beispielsweise den Seiten-Sensoren, ist bei den früheren Systemen mit einem PWM-Signal (PWM: Pulsweiten-Modulation) durchgeführt worden. Bei diesem Signal wurden fünf verschiedene T_i/T_p-Verhältnisse für die Datenübertragung gewählt; es wurde aber auch – je nach Hersteller-Anforderung – ein Sechs-Bit-Code verwendet. In beiden Anwendungsfällen wurden die Beschleunigungsinformationen in den externen Seiten-Sensoren mit einem Algorithmus bewertet und damit vorverarbeitet, sodass nur die Zündentscheidung an die Airbag-Elektronik übertragen wurde. Bei der aktuellen Datenübertragung von den externen Sensoren, z. B. den Seiten- oder Up-Front-Sensoren, zur Airbag-Elektronik, wird heute ausschließlich eine digitale Rohdatenübertragung angewandt. Es handelt sich dabei überwiegend um das gemeinsam von Autoliv, Bosch und Continental entwickelte PSI-5-Protokoll (PSI: Peripheral Sensor Interface). Es wurde 2008 in Version 1.3 basierend auf den zuvor von Bosch entwickelten PAS-3 und PAS-4 Protokollen (PAS: Peripheral Acceleration Sensor) sowie den von SiemensVDO (später Continental) genutzten „Pegasus" Protokollen veröffentlicht. 2012 war Version 2 des Protokolls mit eigenem Sub-Standard für Airbags mit den Übertragungsraten 125 kbps und 189 kbps ausgereift und stellt seitdem den Standard zur Sensorkommunikation für Airbagsteuergeräte dar. PSI-5 ist das Ergebnis einer Konsortialarbeit und kann von allen Konsortialmitgliedern lizenzfrei genutzt werden. Bei diesen verschiedenen Protokollen wird das Manchester-codierte Datenübertragungsverfahren eingesetzt (vgl. Abb. 7.55).

Beim PAS-3-Protokoll beträgt die Datenbreite 8 Bit und beim PAS-4-Protokoll 10 Bit. Im Gegensatz dazu weist das PSI-5-Protokoll einen variablen Datenrahmen von 8 bis 24 Bit auf. Damit besteht die Möglichkeit, zusätzliche Informationen, wie Hersteller-Code, Sensor-Typ und -Charakteristik, zu übertragen. Die Übertragung dieser

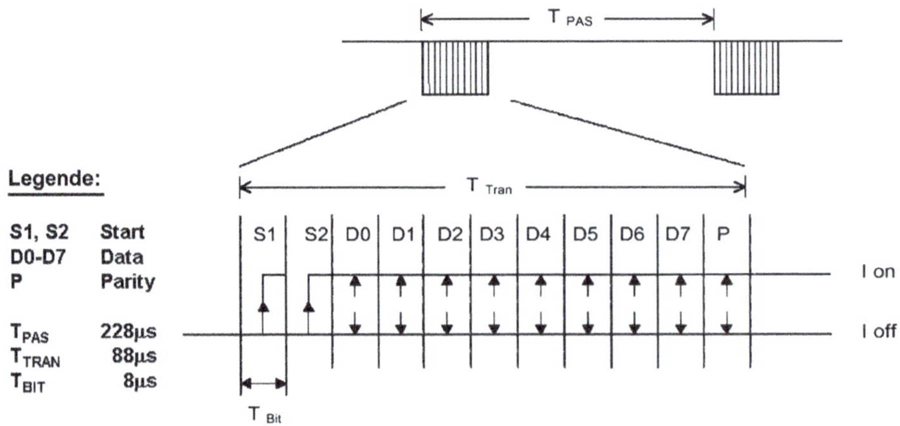

Abb. 7.55 Datenübertragung nach dem PAS-3-Protokoll

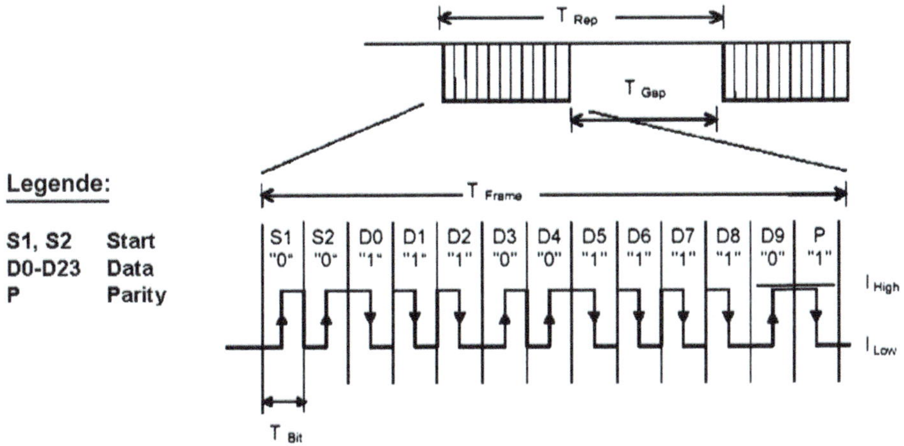

Abb. 7.56 Datenübertragung nach dem PSI-5-Protokoll (aus [21])

Zusatzinformationen an die Airbag-Elektronik erfolgt während der Entfaltungsphase des Airbag-Systems. Nachfolgend soll die Spezifikation für das PSI-5-Protokoll v1.3 29.07.2008 (vgl. Abb. 7.56) dargestellt werden:

- Zweidraht-Strominterface
- Manchester-codierte Datenübertragung
- 8 bis 24 Bit-Datenwortlänge
- 0 bis 19 mA Stromaufnahme bei Datenpause
- Übertragung von Hersteller-Code, Sensor-Typ und -Charakteristik
- Synchroner und asynchroner Betriebsmodus, einstellbar
- Sensor-Cluster und Semi-Bus-fähig

Eine konsequente Weiterführung der digitalen Datenübertragung stellt die Entwicklung der **Bus-Systeme** für die Anwendung von Insassenschutz-Systemen dar. Während es dazu in der Vergangenheit von verschiedenen Herstellern immer wieder entsprechende Vorschläge und einzelne Entwicklungen gab, die sich jedoch aufgrund der Vielfalt am Markt nicht durchsetzen konnten, wurde dem Interesse der Fahrzeughersteller nach einheitlichen, standardisierten Lösungen entsprochen, und es kam zu einem weltweiten Zusammenschluss der auf dem Gebiet der passiven Sicherheit tätigen Hersteller. Die Bemühungen um eine Standardisierung führten zu einer Spezifikation mit dem Titel „Safe-by-Wire Plus – Automotive Restraint System Bus Spezifikation 2.0" (vgl. Abb. 7.57), die zur Standardisierung eingereicht wurde, der ISO-Standard (ISO 22896:2006).

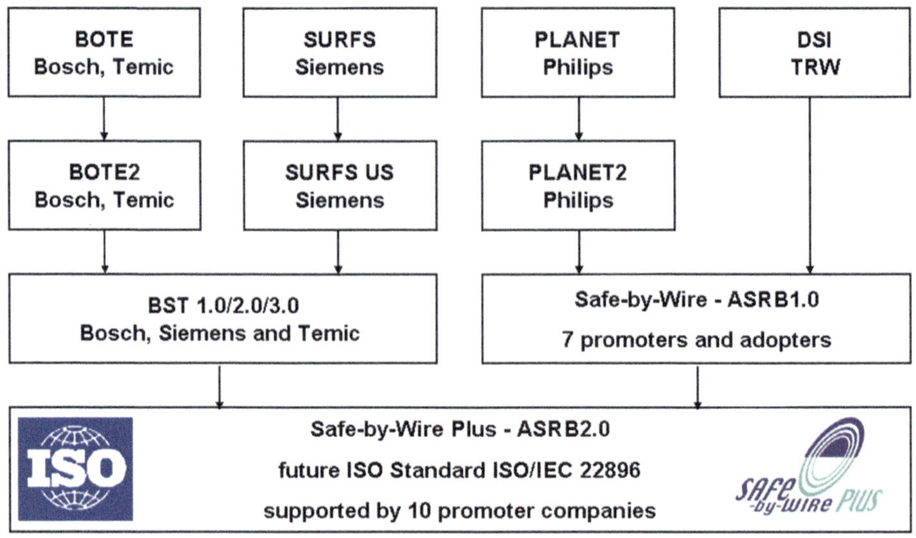

Abb. 7.57 Standardisierungsinitiative für das Bus-System „Safe-by-Wire Plus"

Für den Standard „Safe-by-Wire Plus" sind folgende Eigenschaften spezifiziert:

- Bus für Zünd- und Sensor-Anwendungen:
  - Bus für Anzünder und Sensoren bei Insassenschutz-Systemen
  - Sensor-Bus für dynamische und statische Sensoren
  - kombinierter Sensor- und Zünd-Bus
- Bi-direktionaler Zweidraht-Bus mit integrierter Spannungsversorgung:
  - Master/Slave-Betrieb
  - Prioritätssteuerung für Zündkommandos vom Master
  - Unterbrechungsfähigkeit für „smarte" Sensoren
  - optionale Multi-Master-Fähigkeit
- Variabler Busgeschwindigkeit durch dynamische Slaves:
  - 20, 40, 80 oder 160 kbps ± 13 %
- Flexible Bus-Topologie: Stern-, Ring- oder gemischte Struktur
- Ermöglichung von daisy-chain-, parallelen oder Misch-Systemen:
  - 20, 40, 80 oder 160 kbps ± 13 %
  - Bus-Länge für paralleles System bis zu 40 m
  - Bus-Länge für daisy-chain-System bis zu 25 m
- Erholung bei Bus-Fehlern innerhalb der spezifizierten Grenzen in Echtzeit
- Kommunikationsfehler-Erkennung durch Sender und durch Empfänger:
  - CRC Überprüfung

- Mehrfach-Absicherung gegen unbeabsichtigtes Auslösen:
  - Bit-Fehlererkennung durch Master und Slave
  - reservierte Bus-Spannungslevel für Zündkommando (analog safing)
  - Zündung nur bei aufgeladener Energiereserve im Anzünder
  - Zündung nur bei vorherigem Zündfreigabe-Kommando
  - Unterstützung der High-Side- und der Low-Side-Schalter im Anzünder, die getrennt über den Bus kontrolliert werden können
- Einsatz von Stützungskondensatoren in den Slaves möglich

Die Berücksichtigung dieser Eigenschaften erlaubt eine flexible Systemauslegung: Neben den Parallel-Systemen sind auch symmetrische und asymmetrische Daisy-Chain-Systeme möglich (Abb. 7.58). Zudem besteht die Möglichkeit, die unterschiedlichen Systeme zu kombinieren. Durch den Einsatz von Daisy-Chain-Slaves an entsprechenden Knotenpunkten können Abzweigungen, die als Parallel-System ausgeführt sind, im Fehlerfall vom restlichen System entkoppelt werden.

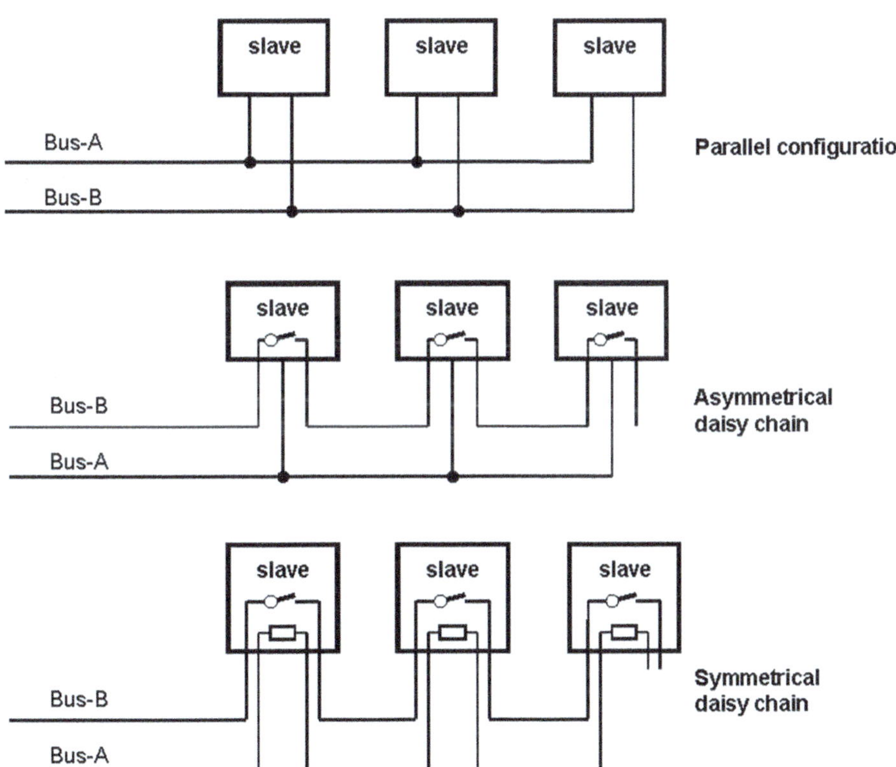

Abb. 7.58 Flexible Systemauslegung durch unterschiedliche Bus-Strukturen (aus [7])

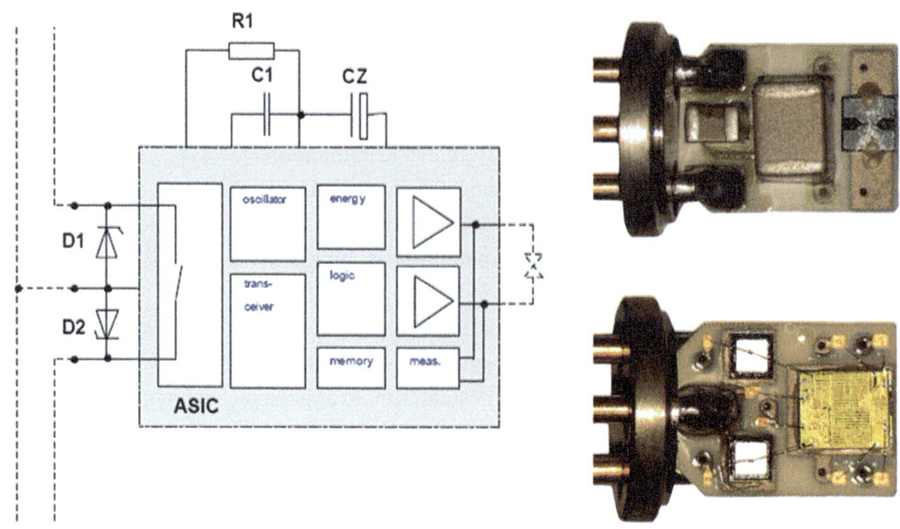

Abb. 7.59 Schaltbild und Realisierung eines integrierten Bus-fähigen Anzünders (aus [7])

Zur Integration der **Bus-fähigen Anzünder** sind spezielle Ausführungen erforderlich, die neben der normalen Pyrotechnik über eine geeignete elektronische Schaltung verfügen müssen, um ihren Betrieb überhaupt in einem Bus-System zu ermöglichen. Diese Schaltung umfasst zunächst eine Bus-Schnittstelle sowie die Adressier- und Dekodier-Logik, die Diagnose-Einrichtung, eine Spannungsversorgung mit Energiereserve und den Leistungsschalter zum Ansteuern der Zündbrücke und ist zweckmäßigerweise als ASIC-Schaltkreis ausgeführt (Abb. 7.59). Da die Anzünder nur über eine geringe Energiereserve verfügen, werden sogenannte Low-Energy-Zündbrücken verwendet. Die zum Zünden notwendige Energie beträgt (mit den Parametern Brückenwiderstand 1,1 bis 10 Ω, Zündkondensator 0,3 bis 1 µF und Zündspannung 22 V) je nach Ausführung etwa 70 bis 240 µJ. Im Vergleich dazu weist ein konventioneller Brückendrahtzünder einen Energiebedarf von ungefähr 1 bis 3 mJ auf. Aufgrund der im Anzünder enthaltene Pyrotechnik sind die Anforderungen hinsichtlich einer elektrostatischen Aufladung (ESD: Electrostatic Discharge) sehr anspruchsvoll; sie müssen eine ESD-Spannung von 30 kV (150 Ω; 150 pF) schadlos überstehen können.

Die Schaltung des Bus-fähigen Anzünders ist auf einem Al_2O_3 -Substrat mit einer Größe von 6,0 · 8,0 mm aufgebracht. Zur Kontaktierung mit einem Stecker verfügt die Schaltung über Steckerpins mit Standard-Kontakten von 1 mm Durchmesser, die von einem Glas/Metall-Sockel aufgenommen werden. Auf der Oberseite, in Abb. 7.59 oben rechts dargestellt, sind die Kondensatoren C1 und CZ sowie der Widerstand R1 aufgebracht, wobei der Widerstand R1 direkt auf das Substrat aufgedruckt ist und sich aus Platzgründen unter dem Kondensator CZ befindet. Bei den Kondensatoren handelt es sich um Standard-Bauelemente, die mit Hochtemperatur-Lot kontaktiert sind. Zudem dienen die zwei Kontaktflächen der Kontaktierung der Zündbrücke, ein sogenanntes HfHx-Element. Auf der Unterseite des Substrats, in Abb. 7.59 unten rechts gezeigt, ist die ESD-Schutzschaltung mit den Suppressor-Dioden D1 und D2, sowie die Auswerteschaltung aufgebracht. Die Kontaktierung der einzelnen Bauelemente erfolgt durch ein spezielles Klebe-Press-Verbindungsverfahren, das sogenannte Die-Bond-Verfahren.

7.4 Systemintegration hinsichtlich aktiver und passiver Sicherheit

Das enorme Potenzial, das der Einsatz der Elektronik in bisher vorwiegend mechanisch-dargestellten Funktionen erschlossen hat, sowie die durch sie erst mögliche Entwicklung gänzlich neuer Funktionen, hat der Elektronik im gesamten Fahrzeug einen Siegeszug beschert. Das Durchschnittsfahrzeug hat einen Wertanteil der Elektronik von über 30 % und im Durchschnitt über 30 Steuergeräte in den Bereichen Antriebsstrang, Interieur und Chassis. Der nächste große Schritt beinhaltet die Vernetzung dieser elektronischen Einzelsysteme zu erweiterten Funktionsblöcken. Die integrale Sicherheit, d. h. der Funktionsverbund von aktiven und passiven Sicherheitsfunktionen (vgl. Abb. 7.60) und die Ausweitung der Assistenzfunktionen, hilft dem Fahrer, heikle Verkehrssituationen besser zu meistern als es der klassische Ansatz getrennter aktiver und passiver Sicherheit vermag.

Die bisher in Automobilen verwendeten Insassenschutz-Systeme erfahren seit ca. 2015 eine enorme Veränderung durch Informationen, die im zeitlichen Bereich der aktiven Sicherheit generiert werden: Sie wurden in der Vergangenheit erst dann aktiviert,

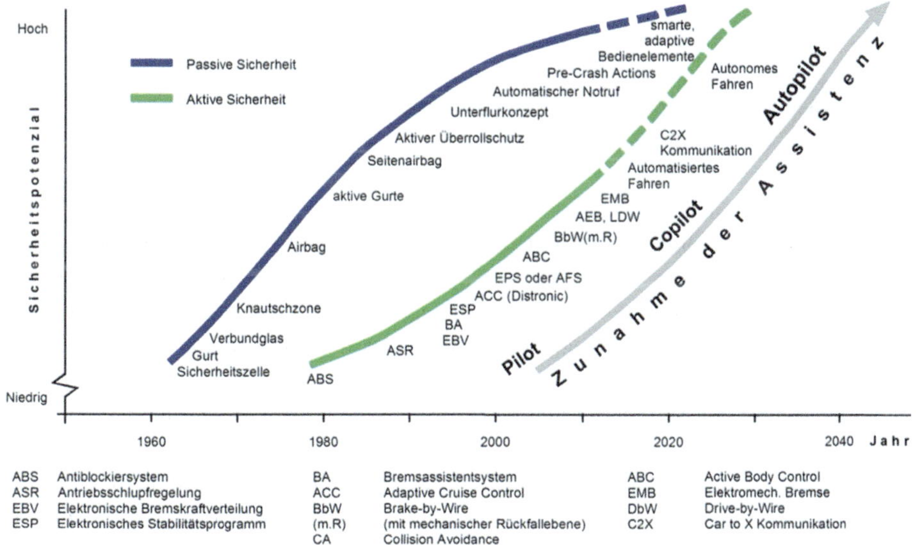

ABS	Antiblockiersystem	BA	Bremsassistentsystem	ABC	Active Body Control
ASR	Antriebsschlupfregelung	ACC	Adaptive Cruise Control	EMB	Elektromech. Bremse
EBV	Elektronische Bremskraftverteilung	BbW	Brake-by-Wire	DbW	Drive-by-Wire
ESP	Elektronisches Stabilitätsprogramm	(m.R)	(mit mechanischer Rückfallebene)	C2X	Car to X Kommunikation
		CA	Collision Avoidance		

Abb. 7.60 Entwicklung der Assistenz-Systeme am Beispiel der aktiven und der passiven Sicherheit

wenn der Unfall tatsächlich eingetreten war. Aktueller Stand der Technik ist die Verbesserung der Funktionalität und der Wirksamkeit der Schutzsysteme für die Fahrzeug-Insassen, und zunehmend auch auf den Schutz der äußeren Verkehrsteilnehmer, deren Sicherheitsbedürfnis immer stärker in den Vordergrund rückt. Diese Anforderungen erschließen die Möglichkeit der Entwicklung einer neuen Generation von Sensoren, wie beispielsweise Insassen-Erkennungssysteme, PreCrash- und Umfeld-Sensoren, um bereits vor dem Eintritt der Kollision zu entscheiden, welche Sicherheitssysteme bei stattfindendem Aufprall in welchem Umfang ein Optimum an Schutz bieten können. Die passive Sicherheit profitiert gewissermaßen von den Informationen, die aus der aktiven Sicherheit bereitgestellt und verwendet werden können. In diesem Sinne kommt es zu einer, wenn auch einseitigen Verknüpfung der aktiven und der passiven Sicherheit, um dem steigenden Sicherheitsbedarf gerecht werden zu können.

Von der aktiven Sicherheit wird erwartet, dass kritische Situationen in Form einer nicht bestandenen Fahraufgabe bewältigt werden, um so einen drohenden Unfall zu vermeiden. Abhängig von der räumlichen und zeitlichen Reichweite der eingesetzten Sensoren werden die damit generierten Informationen dazu genutzt, den Fahrer zu warnen und zu unterstützen. Diese Informationen lassen sich aber auch zur Aktivierung von Insassenschutz-Systemen nutzen, die früher und präziser angesteuert werden können als die heute verfügbaren Systeme. Damit kann eine erhebliche Verbesserung der Sicherheit erzielt werden, Abb. 7.60. Die dazu erforderlichen Sensoren werden für die Anwendung im Bereich der Unfallvermeidung, d. h. der aktiven Sicherheit konsequent weiterentwickelt. Am Markt eingeführte Beispiele der erweiterten Fahrerassistenz-Systeme (ADAS: Advanced Driver Assistance Systems) sind neben dem Abstandsregel-Tempomat ACC die Spurwechsel-Warneinrichtung LDW (Lane Departure Warning) und das Spurhalte-Unterstützungssystem LKS (Lane Keeping Support). Diese Einrichtungen ermöglichen, den Fahrer vor einem unbeabsichtigten Fahrspurwechsel zu warnen, oder das Fahrzeug in Verbindung mit einer elektrisch unterstützten Lenkung automatisch in der Fahrspur zu halten. Durch gesetzliche Vorgaben und Verbraucherschutz-Tests (z. B. Euro NCAP) werden diese Assistenzsysteme durch Notbrems-Assistenten zunehmend unterstützt. Die für die Bremsung errechnete Kollisionswahrscheinlichkeit findet direkten Einfluss in die passive Sicherheit.

Aus der Straßenverkehrsunfallstatistik ist bekannt, dass Insassenschutz-Systeme eine wirksame Maßnahme darstellen, Verletzungsfolgen bei Unfällen zu minimieren oder gar zu vermeiden. Aus dem gleichen Unfalldatenmaterial kann aber auch abgeleitet werden, dass Situationen auftreten, in denen eine Verbesserung der Wirksamkeit von Insassenschutz-Systeme erforderlich wäre und möglich erscheint. Ebenso zeigen die Unfalldaten, dass ein Schutzbedarf auch für äußere Verkehrsteilnehmer existiert, z. B. für Fußgänger, Motorrad- oder Fahrradfahrer, die bisher nicht ausreichend berücksichtigt wurden. So fordert die Europäische Union erhebliche Anstrengungen ein, die auf den Schutz von Fußgängern abzielen und zunächst in die freiwillige Selbstverpflichtung der europäischen Automobil-Hersteller, zusammen geschlossen in der ACEA

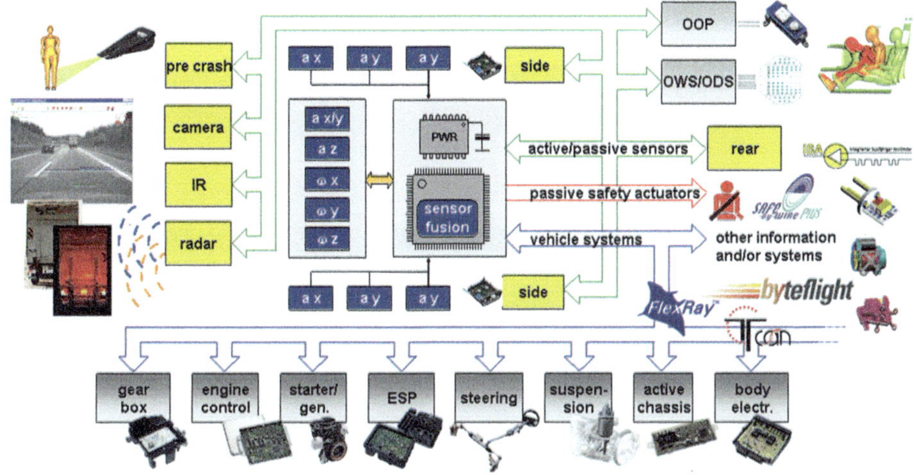

Abb. 7.61   Systemintegration aktive/passive Sicherheitssysteme (aus [7])

(European Automobile Manufacturer Association), übernommen wurden. Das dort vereinbarte Übereinkommen bedeutete einen großen Schritt in Richtung passive, aber auch in Richtung aktive Sicherheit. Inzwischen wurde der Fußgängerschutz in der EU gesetzlich reguliert, siehe Kap. 4.

An die Schutzsysteme in modernen Fahrzeugen werden künftig neue Herausforderungen hinsichtlich der Architektur, der multifunktionalen Anwendung und der zunehmenden Anzahl der Sensoren gestellt. Zudem sind eine intelligente Vernetzung und die Reduzierung von Kosten, Gewicht und Montage-Aufwand unumgänglich. Es werden ausgefeilte, leistungsfähige Bus-Systeme zur Anwendung kommen, mit denen der Datenaustausch zwischen den einzelnen Sensor- und Steuermodulen vorgenommen wird. Schließlich werden Systeme zum Einsatz kommen, die in der Lage sind, mechanische und hydraulische Komponenten vollständig zu ersetzen, sogenannte X-by-Wire-Systeme, die ohne leistungsfähige und zuverlässige Bus-Systeme undenkbar sind (Abb. 7.61).

Der integrale Sicherheitsgedanke – So wie die Chassis-Teilsysteme in einem globalen Regelverbund zusammenwachsen, ist auch die Integration der aktiven und passiven Sicherheitssysteme in vollem Gange, vgl. Abschn. 1.3. In einer ersten Stufe wurde von Mercedes im Jahr 2002 ein System der integrierten Sicherheit unter dem Namen PRE-SAFE® in Serie gebracht. Neuere Systeme, wie die Folgegenerationen von PRE-SAFE® oder das „Precrash Safety Monitor" genannte System von Continental, binden zusätzlich Umfeld-Informationen in eine gestufte Unfallvermeidungs- und Verletzungsschutz-Strategie ein [3].

Bei diesen Ansätzen wird von unterschiedlichen Fahr-Phasen im Zusammenhang mit Unfällen ausgegangen und für jede Phase mit geeigneter Priorität an der Minderung der Unfallfolgen gearbeitet (Abb. 7.62):

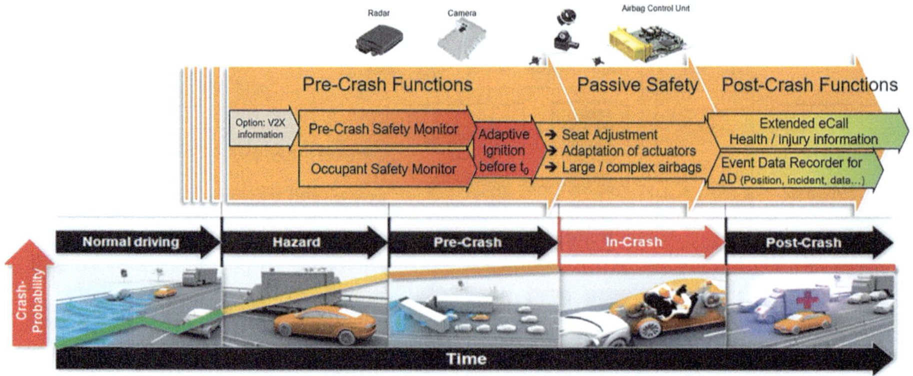

Abb. 7.62 Vernetzung von aktiven und passiven Sicherheitsfunktionen zur integralen Sicherheit. (Quelle: Continental)

Normales Fahren Information und Entlastung – Während der normalen Fahrt und ohne eine akute Gefahr wird der Fahrer durch Assistenzfunktionen von routineartigen Handlungen entlastet (z. B. Adaptive Cruise Control ACC); bei der Spurhaltung assistiert der sogenannte Spurwechselassistent LKA (Lane Keeping Assist). Der Fahrer wird bei der Einhaltung des sicheren Abstands zum vorausfahrenden Fahrzeug unterstützt, die Fahrspur wird mithilfe von Kamerainformationen und Lenkeingriff besser gehalten und haptisch zurückgemeldet, das Fahrlicht entsprechend der Witterungsbedingungen und der Tageszeit geregelt, Geschwindigkeitsbeschränkungen werden angezeigt, Verkehrsinformationen treffen über Radio oder Navigation ein.

Gefahrensituation Warnung und Unterstützung bei der Unfallvermeidung – Das elektronische Bremssystem und die elektrische Lenkung (EPS) sind Schlüsseltechnologien für alle eingreifenden Sicherheitsfunktionen. Vorausschauende Bremsassistenz-Funktionen, die vom Vorkonditionieren der Bremse bis hin zur automatischen Notbremsung reichen, werden in kritischen Auffahrsituationen aktiviert. Auch bei der Durchführung eines Ausweichmanövers wird der Fahrer unterstützt, das Fahrzeug sicher auf der Straße zu halten. Wenn der Unfall dennoch unvermeidlich ist, spielen die drei folgenden Fahrphasen eine wichtige Rolle bei der Reduzierung der Unfallfolgen.

Vor dem Unfall Vorbereitung – Die Reduzierung der Aufprallgeschwindigkeit durch einen Notbremsassistenten kann das Verletzungsrisiko entscheidend reduzieren. Vor einem Aufprall werden zusätzliche Schutzmaßnahmen (z. B. das Aktivieren von Gurtstraffern, Positionieren der Insassen, Vorkonditionierung der sonstigen Insassenschutz-Systeme, Position von Sitz und Kopfstützen), die das Fahrzeug und dessen Insassen auf einen Unfall vorbereiten, eingeleitet. Je nach ausgewerteten Informationen über die Unfallschwere und die Unfallkonstellation erfolgt eine an die Situation angepasste Zündentscheidung der nichtreversiblen Rückhaltesysteme, sodass die Fahrzeuginsassen größtmöglichen und zuverlässigen Schutz erfahren.

Während des Unfalls Aufprallschutz – Um einen maximalen Insassenschutz zu gewährleisten, werden die Airbags situationsabhängig auf Grundlage der Daten von Precrash-Sensoren ausgelöst. Dabei kommen Technologien, wie z. B. die Überroll-Sensorik und die Optimierung der Airbag-Auslösung anhand des Körperschalls (Crash Impact Sound Sensor) aufgrund ihres schnellen und präzisen Ansprechverhaltens eine wichtige Bedeutung zu. Auch während eines Aufpralls bleibt der Notbremsassistent aktiv.

Nach dem Unfall Minimierung der Unfallfolgen – Kurz nach dem ersten Aufprall werden Maßnahmen eingeleitet, die einen weiteren Aufprall vermeiden bzw. die Unfallschwere zu mindern versuchen und darüber hinaus Rettungskräfte alarmieren. Nachdem ein erster Aufprall durch die Zündung der Airbags detektiert wird, bremst das elektronische Bremssystem das Fahrzeug bis zum Stillstand automatisch ab. Der lebensrettende „eCall" ist ein automatisch generierter Notruf. Dabei wird der Standort des Fahrzeuges angegeben und zusätzlich das sogenannte „Minimum Set of Data" (MSD) übermittelt. Diese Angaben sind für die Rettungskräfte wichtig, damit das Fahrzeug richtig geortet werden kann, vor allem wenn z. B. ein einsamer (nächtlicher) Alleinunfall ohne andere Beteiligte vorliegt.

7.5 Künftige Entwicklungen und Erwartungshorizont

Das Fernziel wird in der **Unfallvermeidung** gesehen. Die heute schon weit verbreitete dynamische Navigation mit Anbindung an das standardisierte Mobilfunknetz (GSM: Global System for Mobile Communications) hat das Potenzial, einigermaßen verlässlich über aktuelle Staus oder Gefahren auf der geplanten Fahrtroute zu informieren. Mit zunehmender Präzision der elektronischen Straßenkarten und der Positionsbestimmung des Fahrzeuges werden schrittweise weitere neue Funktionen umgesetzt, wie beispielsweise die Vernetzung des elektronischen Stabilitätsprogramms mit dem adaptiven Tempomat ACC. Er wertet mit erweiterter Sensorik (Kamera mit Bildverarbeitung) Fahrbahnmarkierungen maschinell aus, um so einen weiteren Schritt in Richtung sicheres Fahren leisten. Erkennt der Chassis-Regler eines derart ausgestatteten Fahrzeuges aufgrund der zusätzlichen Navigationsdaten, dass das Auto für die vorausliegende Haarnadel-Kurve zu schnell ist, kann dies zur Fahrerwarnung, zur Reduzierung des Motor-Drehmoments und Vorladung des Bremssystems oder in der Endstufe zu einem autonom eingeleiteten Bremsvorgang führen.

Mit steigender Zuverlässigkeit der Verkehrsinformationen, die über das Autoradio (Traffic Message Channel) oder digitale Kommunikation in den Fahrwerksrechner gespeist werden, lässt sich die Vision der aktiven Unfallvermeidung durch vernetzte elektronische Komponenten weiter ausmalen: Droht auf dem demnächst zu passierenden

Streckenabschnitt Glatteis oder ist die Fahrbahn wegen eines Unfalls oder einer Baustelle blockiert, kann die Elektronik den Fahrer warnen oder gar das Fahrzeug durch aktive Eingriffe in Lenkung und Bremse verzögern. Drive by wire wird zur technologischen Voraussetzung (enabling technology), die das Auto „sehen" und „hören" lehrt, vgl. Abschn. 7.2.7. Eingedenk der Ansprüche, die eine so komplexe Vernetzung von Chassis-Systemen untereinander und mit der Außenwelt stellt, ist es bis zum Auto, das Unfälle komplett vermeiden kann, ein langer Weg; allein das Kraftfahrzeug kann es trotz aller Assistenzsysteme nicht leisten, die Erreichung von „Vision Zero" (Abschn. 1.4) wird noch Jahrzehnte in Anspruch nehmen. Doch mit Chassis-Regeleinrichtungen (Global Chassis Control), umfeldinformationsgestützter, integraler Sicherheitstechnologie und weitgehender Fahrzeug/Fahrzeug- bzw. Fahrzeug/Umfeld-Kommunikation V2X ist eine Teil-Lösung denkbar und zu bewältigen. Neben leistungsfähigen Sensoren sind insbesondere leistungsfähige Aktuatoren erforderlich. Dem fortschrittlichen, alle zukünftigen Anforderungen abdeckenden Bremssystem kommt dabei höchste Bedeutung zu (Abb. 7.62).

Ausblick: Autonomes Fahren

Automatisiertes Fahren zählt zu den Mega-Trends in der Fahrzeugentwicklung. Die Möglichkeit, den Fahrer zeitweise oder vollständig von der Fahraufgabe zu entbinden, gibt dem Fahrer nicht nur eine substantielle Erholungsphase, sondern ermöglicht ihm auch in dieser Zeit anderen Tätigkeiten nachzugehen. So wird das Fahrzeug zu einem „IoT-Device" (Internet of Things) für einen angenehmen Zeitvertreib.

In den 2010er Jahren erschien der Schritt vom assistierten Fahren zum vollautomatisierten Fahren als zeitnah umsetzbarer Entwicklungsschritt. Dementsprechend wurde ein 5-Stufenmodell für den Übergang vom fahrergeführten Fahrzeug hin zum vollautonomen Fahren definiert (Abb. 7.63).

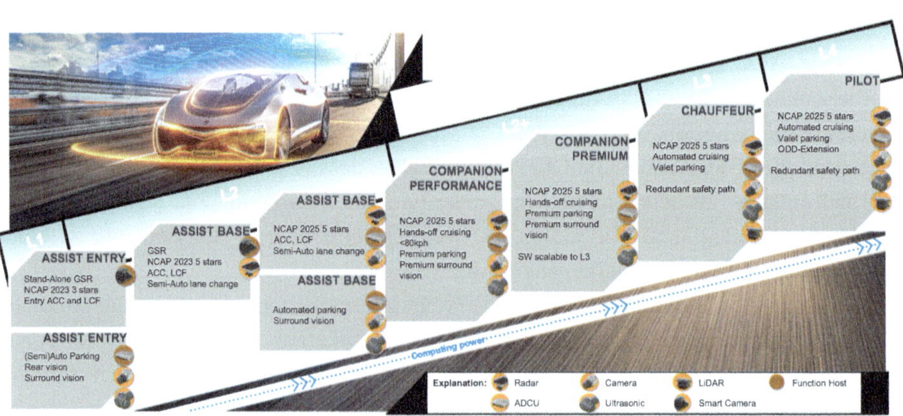

Abb. 7.63 Einstufung der Automatisierungsgrade eines Fahrzeugs nach SAE

Die Automatisierung wird in den verschiedenen Stufen mit zunehmenden Automatisierungsgrad umgesetzt:

- Stufe L 1: Assistiertes Fahren in einer Dimension
  Der Fahrer wird durch einzelne Fahrerassistenzsysteme unterstützt. Die Assistenzsysteme wie beispielsweise ein Abstandsregeltempomat oder ein Spurhaltesystem kommen hier zur Anwendung. Sie greifen hier inkoordiniert voneinander ins Fahrgeschehen ein. Der Fahrer behält zu jedem Zeitpunkt die Verantwortung über die Fahrzeugführung.
- Stufe L 2: Koordiniertes assistiertes Fahren
  Die aus Stufe 1 bekannten Fahrerassistenzsysteme kommen hier in kombinierter und damit erweiterter Form zum Einsatz. Hier werden mehrere Fahrerassistenzfunktionen koordiniert ausgeführt. Ein Beispiel dafür ist der Stauassistent, der die Längsführung des Fahrzeuges mit der Querführung kombiniert. Das bedeutet, dass hier ein Abstandsregeltempomat in Kombination mit einem Spurhaltesystem kombiniert betrieben wird. Die Regelaufgabe ist deutlich komplexer und die Unterstützung des Fahrers deutlich umfangreicher.Auch in Stufe 2 behält der Fahrer zu jedem Zeitpunkt die Verantwortung über das Fahrzeug.
- Stufe L 2 +: Begleitetes Fahren
  Der Fahrer erfährt hier eine vollständige Unterstützung bei allen Fahraufgaben, die für eine Langstreckenfahrt notwendig sind. Der Fahrer kann unter bestimmten Randbedingungen bei der Fahrt die Hände komplett vom Steuer nehmen. Das Fahrzeug fährt und steuert komplett eigenständig. Dabei muss der Fahrer aber weiterhin das Fahrgeschehen im Auge behalten. Auch in der Ausbaustufe L 2 + verbleibt die Verantwortung für die Fahrzeugführung beim Fahrer.
- Stufe L 3: Teilautomatisiertes Fahren
  In dieser Stufe wird der Fahrer das erste Mal für einen bestimmten Zeitraum von der Fahraufgabe entbunden. Die Verantwortung für die Fahrzeugführung geht über an den Fahrzeughersteller. Diese Ausbaustufe erfordert nicht nur die Verwendung höchst zuverlässiger Fahrerassistenzsysteme zur temporären vollautomatischen Fahrzeugführung, sondern auch die Anwendung von Fahrerbeobachtungssystemen (Driver Monitoring). Diese „Monitoring" Systeme werden benötigt, um den aktuellen Sitz- und Aufmerksamkeitsstatus des Fahrers zu erfassen. Basierend auf diesen Informationen muss der Fahrer gezielt informiert werden, dass er die Fahraufgabe wieder übernehmen muss. Diese Übergabe muss in einem Zeitraum von wenigen Sekunden erfolgen, damit die Fahrt nicht durch einen „Safe Stop" unterbrochen werden muss, weil die Aufgabe vom L3 System noch nicht bewältigt werden kann und der Fahrer die Führungsaufgabe noch nicht übernommen hat. Diese gezielte Übergabe des Fahrauftrags an den Fahrer stellt eine substantielle Herausforderung für die Entwicklung eines serientauglichen L3 Systems dar. Mit dieser Ausbaustufe geht auch das Primat der Fahrerassistenzsysteme zur Vermeidung von Fahrzeugreaktionen auf „Falsch-Positive" Objekte über auf das Primat der Vermeidung jeglicher „False

Negative" Situationen. Das erfordert eine substantielle Steigerung der Zuverlässigkeit bei der Objekterkennung durch die Umfeldsensorik.

- Stufe L 4: Automatisiertes Fahren (mit Möglichkeit zum Fahrereingriff)
  Bei dieser Automatisierungsstufe wird der Fahrer während der kompletten Fahrt von der Fahraufgabe entbunden. Die Fahrzeugsysteme übernehmen vollständig die Fahraufgabe ab dem Übergabezeitpunkt bis zum Ziel oder bis zu einer herbeigeführten Unterbrechung durch den Fahrer.Der Fahrer hat bei dieser Automatisierungsstufe noch die Möglichkeit in das Fahrgeschehen einzugreifen und das Fahrzeug selbständig zu führen.
- Stufe L 5: Autonomes Fahren
  Diese Stufe entspricht vom Automatisierungsgrad der Stufe L4. Der Unterschied zu L4 besteht darin, dass in diesen Fahrzeugen kein manuelles Fahren mehr möglich ist. Es sind auch keine Steuerungskomponenten in diesen Fahrzeugen vorgesehen, die ein manuelles Fahren möglich machen würden. Typische Ausführungsbeispiele von L5 Fahrzeugen sind die sogenannten Robo-Taxis.

Die zentrale Herausforderung des automatisierten Fahrens ist die Sicherstellung einer höchstzuverlässigen automatisierten Fahrfunktion. Die Fahrzeugautomatisierung muss ein mindestens so sicheres Fahren ermöglich, wie das ein durchschnittlicher Fahrer aktuell gewährleistet.Diese Herausforderung ist direkt damit verbunden, einen wissenschaftlich anerkannten Nachweis über die verfügbare Zuverlässigkeit zu führen. Bekannte Verfahren zum empirischen Nachweis einer ausreichenden Zuverlässigkeit aus der Welt der Fahrerassistenzsysteme führen zu einer enormen Anzahl an Testkilometern, die in einem wirtschaftlich vertretbaren Maßstab nicht umsetzbar ist. Eine breite Einführung von automatisierten Fahrzeugen wird erst dann möglich sein, wenn eine realisierbare Nachweismethode gefunden ist.

Literatur

1. ETSI Standards: https://www.etsi.org/deliver/etsi_en/- https://www.etsi.org/deliver/etsi_ts/ - https://www.etsi.org/deliver/etsi_tr/
2. ANSI X9.62. Public Key Cryptography for the Financial Services Industry: The EllipticCurve Digital Signature Algorithm (ECDSA). (2005)
3. Bader, D., Forster, A., Heiner, J, Peters, B.: Umfassende Schutzfunktion für Mensch und Batterie. ATZ 05/2023 (2023)
4. BMBF/BMWi Forschungsprojekt simTD. Deliverable D5.5 – Teil B -1 A: https://www.eict.de/fileadmin/redakteure/Projekte/simTD/Deliverables/simTD-TP5-Abschlussbericht_Teil_B1-A_GIDAS-Wirkgradanalyse_V10.pdf. Sindelfingen (2013)
5. Bundesvereinigung der Straßenbau- und Verkehrsingenieure BSVI: Daten zum Straßen- und Verkehrswesen. Publikation, Hannover (1988)
6. Car2Car Communication Consortium: Basic System Profile inkl. Triggering Conditions. https://www.car-2-car.org/documents/basic-system-profile. (2023)

7. Continental Automotive Technologies GmbH: https://www.continental-automotive.com/de.html. Regensburg (2023)
8. Continental Engineering Services: Produktbeschreibung Langreichweitenradare. https://conti-engineering.com/areas-of-expertise/components/radar-sensor (2023)
9. Waldschmidt, C., Hasch, J., Menzel, W.: Automotive Radar—From First Efforts to Future Systems. IEEE Journal of Microwaves (2021)
10. Continental Automotive Technologies GmbH: Beschreibung Fahrerassistenzsysteme. https://www.continental-automotive.com/de/solutions/sicherheitstechnologien/fahrerassistenzsysteme (2023)
11. European Horizon 2020 research project PROSPECT: Deliverable D2.3. https://ec.europa.eu/inea/en/horizon-2020/projects/H2020-Transport/Safety/PROSPECT, zugegriffen: 28.11.2023 (2019)
12. Freescale Semiconductor Inc.: https://services.austintexas.gov/edims/document.cfm?id=243075. Austin, TS (USA) (2005)
13. Feifel, H. et al.: REDUCING FATALITIES IN ROAD CRASHES IN JAPAN, GERMANY, AND USA WITH V2X-ENHANCED-ADAS. Paper 23–0082, 27. ESV-Conference, Japan (2023)
14. Hromkovic, J.: Lehrbuch Informatik. ISBN 978–3–8348–0620–8. Vieweg+Teubner, Wiesbaden (2008)
15. DIN EN 61508-1 VDE 0803-1:2011-02Funktionale Sicherheit sicherheitsbezogener elektrischer/elektronischer/programmierbarer elektronischer Systeme. VDE-Verlag (2011)
16. INVENT-Projekt: Vorausschauende Aktive Sicherheit (VAS) – Ergebnisbericht des Projekts Intelligenter Verkehr und nutzergerechte Technik 1998-2003. Kirchheim unter Teck (2003)
17. IMAGine Projekt: https://www.imagine-online.de/en/findings-publications (2023)
18. Key Safety Systems Inc.: Sterling Heights, MI (USA) (2005)
19. Forschungsinitiative Ko-FASt: www.ko-fas.de. Großwallstadt (2014)
20. Mercedes-Benz: https://www.mercedes-benz.de/. Sindelfingen (2023)
21. Robert Bosch GmbH: Kraftfahrtechnisches Taschenbuch, 27. Auflage. Vieweg-Teubner, Plochingen (2011)
22. Statistisches Bundesamt Wiesbaden (Hrsg.): Verkehrsunfälle 2021. Fachserie 8, Reihe 7. https://www.destatis.de/DE/Publikationen/Thematisch/TransportVerkehr/Verkehrsunfaelle/VerkehrsunfaelleJ.html. Zugegriffen: 1. Nov. 2023 (2021)
23. Sauter. M.: Grundkurs Mobile Kommunikationssysteme – 5G New Radio und Kernnetz, LTE-Advanced Pro, GSM, Wireless LAN und Bluetooth. ISBN 978–3–658–36962–0. Springer Nature, Wiesbaden (2022)
24. Infineon: Pressure Sensors for Side Crash Detection (SAB). https://www.infineon.com/cms/en/product/sensor/pressure-sensors/pressure-sensor-for-side-crash-detection-sab/#!support, zugegriffen: 27.11.2023
25. Schmidt Technology: St. Georgen (2005)
26. ZF Automotive Germany GmbH: https://www.zf.com/mobile/de/technologies/integrated_safety/integrated_safety.html.
27. Knoll, P.: Prädiktive Fahrassistenzsysteme. Vorlesungsskript KIT_ITE (2017)

Integrale Sicherheit im Fahrzeugentwicklungsprozess

8

Ulrich Franz, Andre Haufe, Florian Kramer, Rodolfo Schöneburg
und Adrian Zlocki

Der Fahrzeugentwicklungsprozess hat sich aufgrund äußerer Einflüsse, des Wettbewerbsdrucks und der zeit- und kundennahen Produktplatzierung in den vergangenen Jahrzehnten zunehmend verändert. Entwickelte man früher Fahrzeuge noch in einem Zeitraum von sieben bis neun Jahren, so wird heute die Entwicklungszeit auf drei bis vier Jahre reduziert. Dieses kennzeichnet einen Trend, der sich noch weiter fortsetzen wird, um markt- und kundenspezifischen Anforderungen noch besser gerecht werden zu können (Abb. 8.1).

Die Vorgehensweise früherer Entwicklungsabteilungen wurde von der sequenziellen Abarbeitung, sowie einer noch überschaubaren Produktpalette und Fahrzeugkomplexität geprägt. Heute sind Fahrzeuge und die integrierten Systeme komplexer und vernetzter, die Anzahl der Varianten höher, die erhältlichen Serien- und Sonderausstattungen zahlreicher und die verfügbare Entwicklungszeit kürzer. Fakten also, die eine parallele Arbeitsweise unter Zuhilfenahme computergestützter Entwicklungswerkzeuge und effizienter Prozesse notwendig machen.

R. Schöneburg (✉)
RSC Safety Engineering, Hechingen, Deutschland
E-Mail: rsc@rschoeneburg.de

U. Franz · A. Haufe
Stuttgart, Deutschland

F. Kramer

A. Zlocki
Aachen, Deutschland

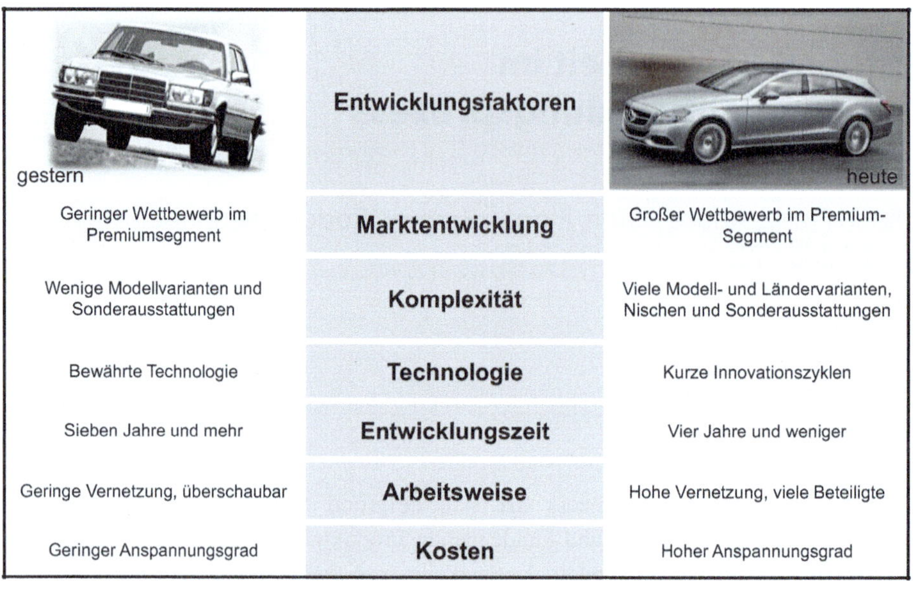

Abb. 8.1 Fahrzeugentwicklung gestern und heute am Beispiel des Premium-Segments [95]

Die schnelle und qualitativ hochwertige Produktentwicklung ist demnach nicht nur von der Kompetenz der beteiligten Fahrzeugentwickler und Lieferanten abhängig, sondern wird vor allem durch effiziente und beherrschte Prozesse sichergestellt. Alle beteiligten Entwicklungsbereiche müssen im Produktentstehungsprozess eng vernetzt sein und Ingenieure benötigen klare Zwischenziele für eine zielgerichtete Entwicklungsarbeit. Im Folgenden soll hierzu beispielhaft ein Produktentstehungsprozess dargestellt und dabei im Besonderen die Umfänge der passiven Sicherheit beleuchtet werden. Schwerpunkte liegen bei den „Entwicklungswerkzeugen" experimentelle und rechnerische Simulation, aber auch das Innovationsmanagement und die Einbindung der Unfallforschung in den Entwicklungsprozess am Beispiel eines Fahrzeugherstellers werden erläutert.

8.1   Prozessziele und Entwicklungsorganisation

Die Prozessgestaltung in der Fahrzeugentwicklung hat folgende Ziele:

- Beschreibung und Optimierung des Produktentstehungsprozesses,
- Synchronisierung der Arbeitsabläufe durch festgelegte Schnittstellen,
- Transparenz der Parallelprozesse zum Erkennen der Auswirkungen bei Verschiebungen,
- klare Darstellung der Zwischenziele zur Überprüfung der Zielerreichung und der Qualität und schließlich
- Definition von Aufgaben, Kompetenzen und Verantwortungen.

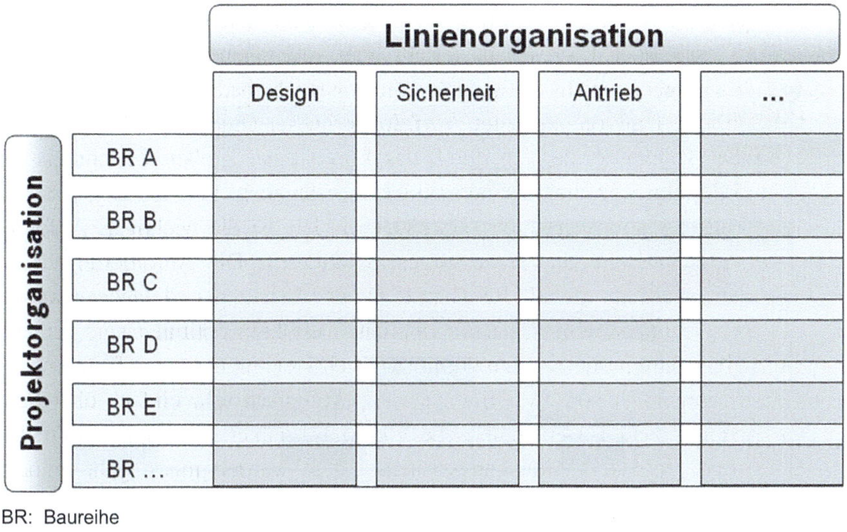

Abb. 8.2 Aufbauorganisation eines Fahrzeugherstellers (Matrix-Struktur)

Bei den meisten Fahrzeugherstellern ist die Entwicklungsorganisation hierzu in einer Matrix-Struktur aufgestellt (Abb. 8.2). Die Projektorganisation definiert, organisiert, steuert und vertritt die entsprechenden Fahrzeugprojekte. Zudem stimmt sie die Inhalte mit dem Einkauf, der Produktion und dem Vertrieb ab. Die Linienorganisation hingegen entwickelt, realisiert und qualifiziert die Fahrzeuginhalte und erforscht sowie integriert neue Fahrzeugeigenschaften, hier beispielsweise die Produkteigenschaften zur Zielerreichung der Fahrzeugsicherheit.

8.2 Entwicklungsprozess und Entwicklungsphasen

Der typische Entwicklungsprozess eines Fahrzeuges gliedert sich bei nahezu allen Herstellern in verschiedene Phasen. Abb. 8.3 zeigt eine stark schematisierte, generische Darstellung eines Fahrzeugentwicklungsprozesses, häufig auch als Produktentstehungsprozess PEP bezeichnet, mit dem Fokus auf die für die passive Sicherheit relevanten Inhalte [95].

Der Prozess lässt sich in eine Definitions- bzw. Strategiephase, eine Absicherungsphase, eine Realisierungsphase und eine Serienphase unterteilen. Die verschiedenen Entwicklungsphasen werden durch Meilensteine unterteilt mit dem Ziel, parallele Arbeitsprozesse, wie beispielsweise den Designprozess, die Konstruktion, die digitale Entwicklung, den Hardware-Aufbau und die Erprobung zu synchronisieren.

Der Übergang von einer in die andere Phase ist gekennzeichnet durch die Überprüfung des Entwicklungsfortschritts mithilfe von Qualitätskriterien im Rahmen von sogenannten „Quality Gates". Die Anwendung dieses Qualitätsprinzips, im Übrigen auch bei internen Kunden/Lieferanten-Beziehungen, ist der Garant für die Produktqualität.

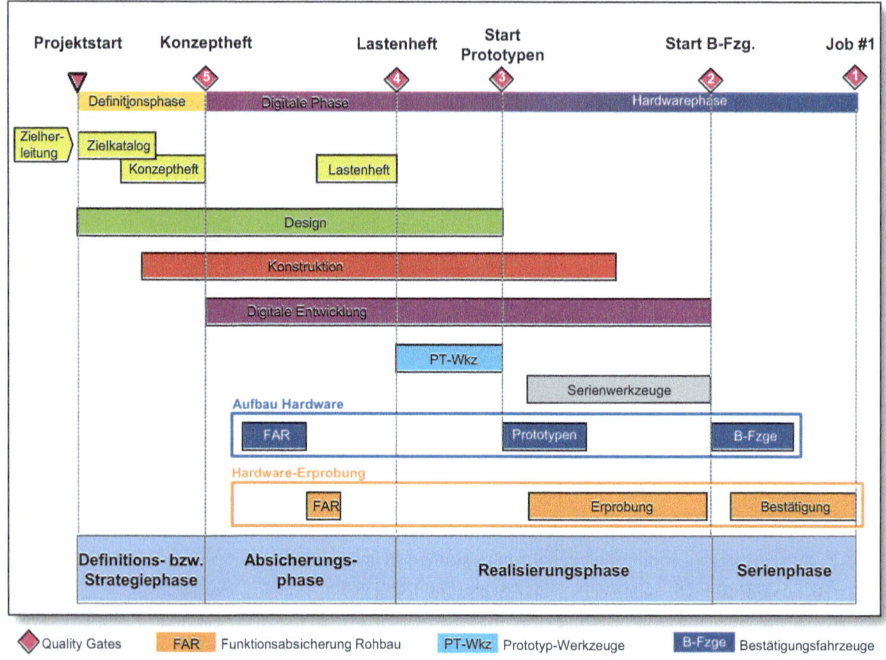

Abb. 8.3 Schematischer Fahrzeugentwicklungsprozess Fahrzeugsicherheit nach [95]

Definitions- bzw. Strategiephase	Absicherungs- phase	Realisierungs- phase	Serienphase
Definition der Fahrzeug-eigenschaften und -pla-zierung	Entscheidung über Fahrzeugvarianten und -komponenten	**Serienentwicklung** der Komponenten und der Varianten	**Fahrzeug- und System-Freigabe**
Eingangsgrößen: • Marktrecherche • Unternehmensstrategie • Kundenbefragung • Vorgängermodell	Machbarkeitsnachweis ⇒ **Lastenheft**	Absicherung der Funktion und Haltbarkeit	Vorbereitung der Produk-tion Fertigung der Serien-fahrzeuge **Produktionsanlauf**
⇒ **Konzeptheft**			

Abb. 8.4 Inhalt und Abfolge der Entwicklungsphasen

Abb. 8.4 zeigt die prinzipiellen Inhalte der Entwicklungsphasen. Die einzelnen Arbeitsprozesse sind wiederum innerhalb dieser Phasen beschrieben, um eine verzahnte Arbeitsweise zu gewährleisten.

In jeder Entwicklungsphase hat die passive Sicherheit vielfältige Wechselwirkungen hinsichtlich der Bauteile und -gruppen aber auch deren Eigenschaften im Fahrzeug. Dabei ist die Kenntnis dieser Interaktionen von größter Bedeutung, damit Zielkonflikte und Einflussparameter rechtzeitig erkannt und in die Fahrzeugauslegung einbezogen werden können. Die passive Sicherheit muss in der frühen Entwicklungsphase bei der Markenstrategie, bei der Positionierung des Fahrzeuges bezüglich des Wettbewerbs und bei den Vertriebsanforderungen (Märkte, Service, Kundenanforderungen) berücksichtigt werden. Bereits zu diesem Zeitpunkt werden sowohl die externen Gesetzes- und Verbraucherschutzanforderungen als auch die internen Sicherheitsanforderungen für das zu entwickelnde Fahrzeug in Form von Test-Grenzwerten festgelegt.

8.3 Anforderungen an die passive Fahrzeugsicherheit

In einer sehr frühen Fahrzeug-Entwicklungsphase gilt es zunächst, alle Zielsetzungen, die sich aus den Erfahrungen des Vorgängermodells aus dem realen Unfallgeschehen ableiten lassen und alle Anforderungen der Gesetzgeber und der Verbraucherschutzorganisationen zusammenzustellen (Abb. 8.5).

Diese Zusammenstellung dient den ersten grundsätzlichen Vorauslegungen von Fahrzeugstruktur und Fahrzeugausstattung. Dabei ist zu berücksichtigen, dass diese Anforderungen zu Beginn der Markteinführung, aber auch während des gesamten Lebenszyklus einer Baureihe erfüllt bzw. eingehalten werden müssen. Im Allgemeinen wird hierfür ein Zeitraum von etwa 15 Jahren zugrunde gelegt, der deutlich größer ist als das momentane durchschnittliche Lebensalter von PKW in Deutschland, nämlich

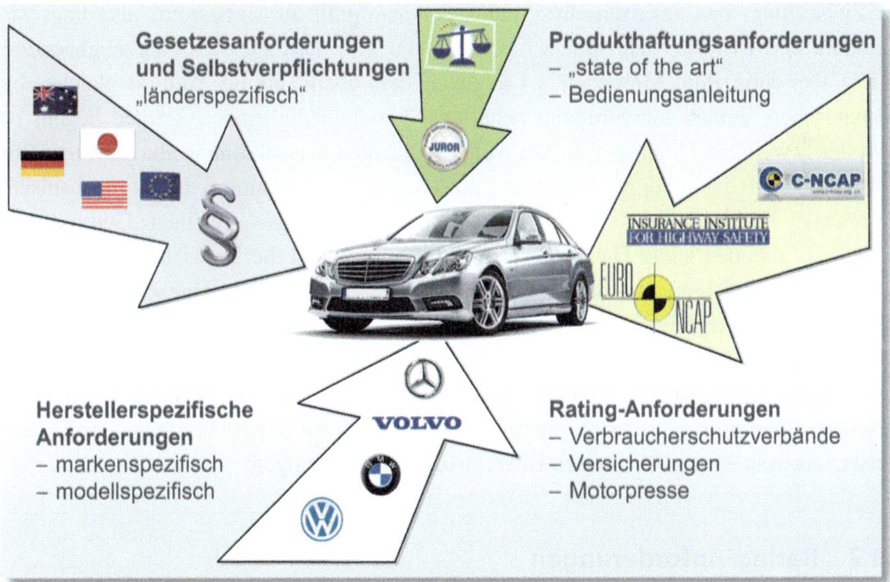

Abb. 8.5 Berücksichtigung aller Produktanforderungen [95]

9,8 Jahre in 2021 [51]. Dieser lange Betrachtungszeitraum beinhaltet aber, unter Berücksichtigung einer kontinuierlichen Zunahme an weltweit verschiedenen Anforderungen, erhebliche Risiken.

8.3.1 Gesetzliche Anforderungen

Aufgrund der permanenten Weiterentwicklung nationaler Sicherheitsstandards muss heute, das zeigen Beispiele aus der Vergangenheit, davon ausgegangen werden, dass kurzfristig neue gesetzliche Regelungen verabschiedet bzw. bestehende geändert werden. Diese Neuerungen müssen dann – teilweise mit einem nicht unerheblichen Aufwand – nachträglich in ein bereits angelaufenes Fahrzeug-Entwicklungsprogramm aufgenommen bzw. in ein bestehendes Fahrzeugkonzept eingearbeitet werden. Durch die Zunahme dieser Vorschriften verschärft sich zusätzlich der bereits vorhandene Zielkonflikt zwischen den unterschiedlichen Vorschriften einzelner Länder.

Den Bemühungen eines Automobilherstellers, ein Fahrzeug einzuführen, das die Anforderungen aller Märkte erfüllt, also ein „Weltfahrzeug" zu bauen, werden damit immer engere Grenzen auferlegt. Ihm bleibt demnach nur die individuelle Entscheidung, gewisse Märkte nicht zu bedienen oder aufwendige Ländervarianten zu produzieren. Harmonisierungsbemühungen existieren zwar, doch schreiten diese nur sehr langsam voran (vgl. Abschn. 4.2).

Ein Beispiel für die Divergenz der Anforderungen sind die Versuchskonstellationen zur Seitenkollision [62]: Zweifellos verfolgen sowohl das EU- als auch das US-Gesetz die Zielsetzung, den Insassenschutz beim Seitenaufprall zu verbessern, allerdings sind Methodik und Kriterien sehr unterschiedlich (Abb. 4.6). Das Ziel des Fahrzeugherstellers besteht aber darin, den „Menschen" zu schützen, dem überall auf der Welt die gleichen biomechanischen, jedoch mit Streuung behafteten Gesetzmäßigkeiten zugrunde liegen, und nicht den jeweiligen Dummy-Typ. Ein weiterer Nachteil, der allerdings alle derartige Prüfverfahren betrifft, ist in der Modellbildung zu sehen. Denn der Dummy ist ein mechanisches – wenn auch hochkomplexes – Ersatzmodell, das nur näherungsweise einen „Durchschnittsmenschen" abbilden kann. Die Biomechanik-Forschung und die Entwicklung realistischer Dummys dienen folgerichtig dem Ziel, diese offensichtliche Diskrepanz zwischen Modell und Mensch zu verringern bzw. die Biofidelität, d. h. die Übereinstimmung mit dem lebenden Menschen, zu verbessern (vgl. Abschn. 4.2.4). Es existieren sogar Bestrebungen, verschiedene Altersgruppen abzubilden. Die Automobilhersteller fühlen sich daher aufgefordert, einen immer größeren Umfang an komplexen Anforderungen mit verschiedenen Zielsetzungen in einem Fahrzeug in Übereinstimmung zu bringen.

8.3.2 Rating-Anforderungen

Analog zu den gesetzlichen Vorschriften kann seit 1997 eine deutliche Zunahme unterschiedlicher Rating-Anforderungen beobachtet werden [7, 107], detailliert sind die

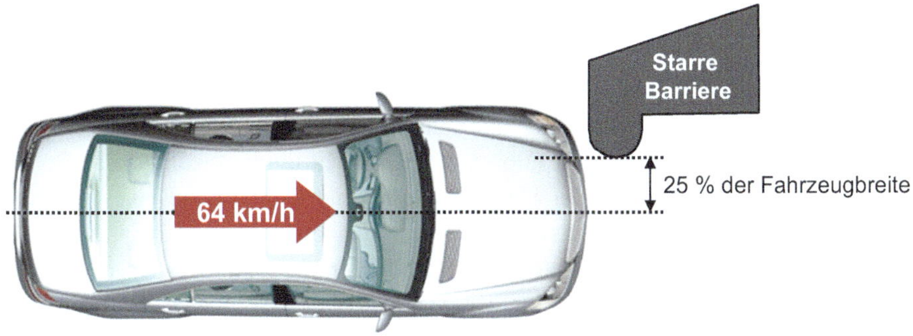

Abb. 8.6 Konfiguration des Frontalaufpralls nach IIHS SOB (Small Overlap Barrier)

heutigen Bewertungsverfahren im Abschn. 4.3 aufgeführt. Diese Verfahren dienen dem Ziel, zwischen der fahrzeugspezifischen Sicherheit der unterschiedlichen Marken und Modelle zu differenzieren; mit ihnen werden aber auch die gesetzlichen Kriterien weiter verfeinert bzw. verschärft. Der Anspannungsgrad bei der Umsetzung einer einheitlichen Sicherheitsphilosophie wird dadurch deutlich erhöht. Zur Etablierung dieser Anforderungen kommt erschwerend hinzu, dass zusätzliche Ergänzungen und Modifikationen innerhalb einer kurzen Zeit von beispielsweise nur zwölf Monaten einfließen können, während die gesetzlichen Regelungen üblicherweise mit einem Vorlauf von drei bis vier Jahren eingeführt, zumindest aber als Übergangsfristen zugebilligt werden. Im fahrzeugspezifischen Umsetzungsprozess fehlt damit eine für die Entwicklung wichtige und erforderliche Vorlaufzeit. Abb. 8.6 zeigt als ein Beispiel die Konfiguration des ‚Small Overlap' Frontalaufpralls, der vom amerikanischen Insurance Institut for Highway Safety (IIHS) im Jahr 2012 erstmals eingeführt wurde.

8.3.3 Produkthaftungsanforderungen

Die Sicherheitseigenschaften eines Personenwagens besitzen hohe Relevanz hinsichtlich der Produkthaftung. Sollten in einem Fahrzeug Kunden beim Unfall zu Schaden kommen, muss der Herstellers jederzeit nachweisen können, dass das Produkt dem neuesten Stand von Wissenschaft und Technik entspricht. Zudem muss er den Beweis antreten können, dass es den zu erwartenden Belastungen standhält und die vom Hersteller möglicherweise geweckte Kundenerwartungen erfüllt. Bei der Auswahl des Prüfspektrums und der Prüfkriterien gilt es, das spezifische Nutzerverhalten, also Einsatzart des Fahrzeuges und die jeweiligen Umweltbedingungen, zu berücksichtigen. Und schließlich muss im Rahmen der Entwicklung die Erprobung, die rechnerische Optimierung und später die Einhaltung von Qualitätsstandards detailliert dokumentiert werden. Produkthaftung spielt aus diesen Gründen über den gesamten Entwicklungsprozess, von der Definitions- bis zur Serienphase, eine äußerst wichtige Rolle.

8.3.4 Herstellerspezifische Anforderungen

Neben den vielschichtigen, nicht durch den Hersteller beeinflussbaren Anforderungen ist es üblich, dass eigene Anforderungen an die Sicherheitseigenschaften eines Fahrzeuges gestellt werden. Die Motivation kann dafür sehr unterschiedlich sein: So dienen häufig eigene Anforderungen der Unterstreichung und dem Ausbau eines spezifischen Markenprofils, das sich beispielsweise in einer Image-Bewertung „baut sichere Fahrzeuge" ausdrückt [11]. Herstellerspezifische Anforderungen können sich beispielsweise in der Schwerpunktsbildung im Innovationsbereich niederschlagen. Sie können sich aber auch darin zeigen, dass ein Fahrzeughersteller Sicherheits-Features serienmäßig und nicht als Sonderausstattung anbietet. Zudem ist es möglich, den Schwerpunkt mit besonders hohen Anforderungen bei der Erfüllung von Rating-Tests zu dokumentieren. Je nach Markenprofil kann sich hingegen ein Hersteller auch zum Ziel setzen, sich nur auf zwingend geforderte Anforderungen zu konzentrieren.

8.4 Entwicklungsqualität und deren Absicherung

Der Anspruch an eine hohe Produktqualität, die gleichzeitig verbunden wird mit geringen Gewährleistungs- und Kulanzkosten, beeinflusst in entscheidender Weise die Methoden und die Kriterien zur Absicherung und Bestätigung der Qualität in der Fahrzeugentwicklung. Für den Bereich der passiven Sicherheit, in welchem die Sicherheitsbauteile dokumentationspflichtig sind, werden aufgrund sich weltweit verschärfender Randbedingungen im Bereich der Produkthaftung höchste Anforderungen an eine lückenlose und durchgängige Dokumentation der Konstruktions- und Versuchsergebnisse gestellt.

Ausgangspunkt zur Qualitätssicherung jeder Fahrzeugentwicklung sind das Konzept- und das Lastenheft, in denen die unmittelbaren Anforderungen und Erwartungen an ein geplantes Fahrzeug formuliert sind, Abb. 8.7. Dies sind beispielsweise gesetzliche und herstellerspezifische Anforderungen an die Sicherheit des Gesamtfahrzeuges bei verschiedenen Unfallkonstellationen sowie an das Verhalten von Bauteilen des Fahrzeuges während eines Unfalls, d. h. die Unfallsituationen werden zu „Lastfällen" festgeschrieben. Die Inhalte eines Lastenheftes sind dabei konfliktfrei, vollständig und eindeutig zu beschreiben. Da sich das Gesamtfahrzeug aus unterschiedlichen Komponenten zusammensetzen lässt, werden demzufolge aus dem Fahrzeug-Lastenheft einzelne Komponenten-Lastenhefte abgeleitet.

Entscheidend für den Erfolg eines neuen Produkts ist dabei die Berücksichtigung der Erfahrungen aus der Entwicklung der Vorgängermodelle, sowohl positiver als auch negativer Art. Eine Möglichkeit, diese Erfahrungen systematisch zu erfassen, wird als „Lessons Learned" bezeichnet. Dabei handelt es sich um eine Methode, bei der nach Abschluss eines Fahrzeugprojekts die Erfahrungen aller Projektteilnehmer eingefordert und reflektiert werden. Die Abfragen zur Erhebung der Erfahrungen erfolgen üblicherweise in Workshops mithilfe von Fragebogen oder in mündlichen Interviews. Um die

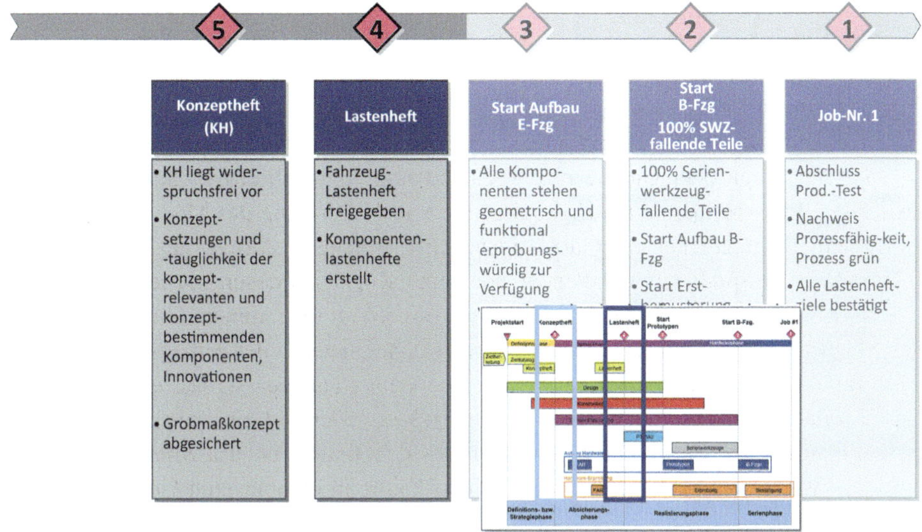

Abb. 8.7 Entwicklungsmeilensteine Konzept- und Lastenheft

Qualität des Nachfolgeprojektes nachhaltig zu verbessern, ist es zudem wichtig, diese Erfahrungen richtig zu adressieren, damit sie in vollem Umfang zum Projektstart in der Strategiephase berücksichtigt werden können. Die Entscheidung über ein Produkt oder auch nur über ein Konzept kann konsequenterweise erst dann getroffen werden, wenn der Machbarkeitsnachweis unter Berücksichtigung der systematisch aufbereiteten Erfahrungen durchgeführt worden ist. Die Entscheidung, ob ein Konzept für den geplanten Einsatzbereich geeignet ist und in ausreichender Stückzahl, zu akzeptablen Kosten und annehmbarer Qualität termingerecht entwickelt und produziert werden kann, wird in einer interdisziplinären Arbeitsgruppe getroffen, die mit Personen aus den Bereichen Konstruktion, Versuch, Produktion, Einkauf, Vertrieb und Qualität besetzt ist. Unerlässlich für eine tragfähige Entscheidungsfindung ist eine durchzuführende Risiko-analyse zu den genannten Kriterien. Ist die Entscheidung für ein Produkt getroffen, beginnt die Phase der Entwicklung (Konstruktion) und der funktionalen Absicherung (Berechnung und Versuch).

Ein zentrales und in der Automobilbranche anerkanntes, konstruktionsbegleitendes Qualitäts-Management-Werkzeug ist die **Fehlermöglichkeits- und Einflussanalyse (FMEA)**, Abb. 8.8. Mithilfe dieser Analysetechnik sollen auftretende Fehler in einer möglichst frühen Phase erkannt und durch geeignete Maßnahmen vermieden werden. Die mit der FMEA erzielbare Steigerung des Produktreifegrades und der Qualität reduziert die Gefahr von Produktfehlern in einer späteren Phase der Entwicklung, die dann teure und zeitkritische Änderungen erforderlich machen oder schlimmstenfalls beim Kunden auftreten würden. Zusätzlich bietet die FMEA-Anwendung weitere Vor-teile, die in der Bündelung der fachübergreifenden Kompetenz, in der strukturierten,

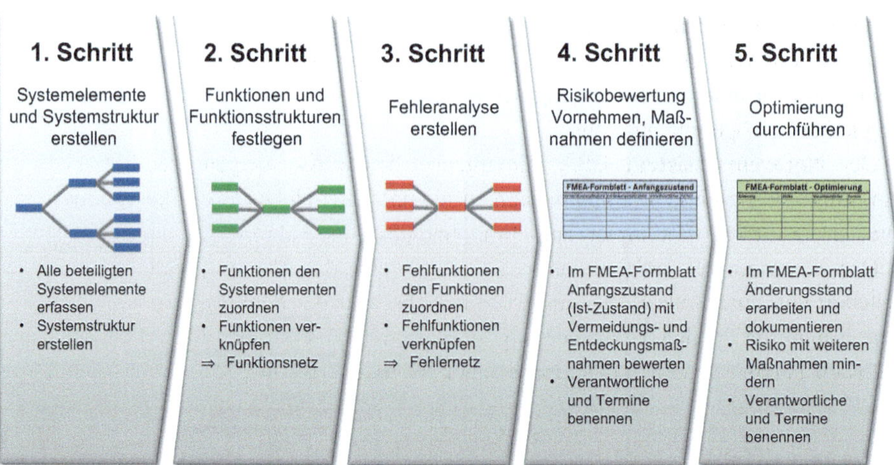

Abb. 8.8 Prinzipieller Ablauf der Qualitätsabsicherung mittels FMEA

vollständigen Dokumentation der Fehlermöglichkeiten und den Maßnahmen zu deren Vermeidung sowie in der Steigerung des Qualitätsbewusstseins der Mitarbeiter zu sehen sind.

Üblicherweise wird zwischen drei Arten, der System-, der Konstruktions- und der Prozess-FMEA, unterschieden, die aufeinander aufbauen, jedoch bezüglich ihres Betrachtungsumfangs völlig unterschiedlich sind. Die jeweilige Bearbeitung erfolgt grundsätzlich in interdisziplinären Arbeitsgruppen: Die **System-FMEA** in der passiven Sicherheit betrachtet das Zusammenwirken der Komponenten, die in unterschiedlichen Unfallkonstellationen Einfluss auf das Schutzpotenzial haben können. Das Ziel der System-FMEA besteht also darin, die optimale Auslegung des Gesamtsystems auf der Basis der Lastenheft-Vorgabe durch Fehlervermeidung und Überprüfung der Sicherheit und Funktionsfähigkeit zu gewährleisten. Mit Hilfe der **Konstruktions-FMEA** sollen mögliche Fehler an einzelnen Komponenten des Systems, z. B. am Airbag oder am Sicherheitsgurt, erkannt und durch konstruktive oder fertigungstechnische Maßnahmen vermieden werden. Damit lässt sich die Wirksamkeit aller konstruktiven Maßnahmen noch vor Beauftragung der Serienwerkzeuge in der Prototypen-Erprobung bestätigen. Verantwortlich für die Konstruktions-FMEA ist der als „Treiber" benannte bauteilverantwortliche Konstrukteur. Die **Prozess-FMEA** basiert auf den Ergebnissen der Konstruktions-FMEA und deckt potenzielle Fehler in den einzelnen Prozess- und Arbeitsschritten innerhalb der Fertigung und der Montage auf, und zwar wird die Prozessplanung vor der Bestellung von Fertigungseinrichtungen bewertet. Die Leitung der Prozess-FMEA wird von einem Mitarbeiter aus dem Bereich der Fertigungsplanung wahrgenommen. Nachdem auf Bauteil-Ebene der Nachweis der Serientauglichkeit anhand umfangreicher Tests erbracht worden ist, kann mit der System- und Fahrzeugfreigabe auf Gesamtfahrzeug-Ebene gestartet werden.

Die **Freigabe** dient dem Nachweis der in den Lastenheften definierten funktionalen und gesetzlichen Bestimmungen. Sie wird den länderspezifischen Anforderungen entsprechend in Form einer Selbst-Zertifizierung, in Anwesenheit eines für die Fahrzeug-Zertifizierung zugelassenen Technischen Dienstes oder unter Aufsicht von staatlichen Vertretern des betreffenden Landes durchgeführt. Erst nach erfolgreicher Zertifizierung, der sogenannten Typgenehmigung, kann mit der Auslieferung der Fahrzeuge begonnen werden. Der Hersteller ist dafür verantwortlich, dass in der Fertigung geeignete Vorkehrungen getroffen und Prüfverfahren festgelegt werden, um sicherzustellen, dass alle produzierten Fahrzeuge dem Stand dieser Freigabe entsprechen. Im Bereich der passiven Sicherheit werden hierfür beim Lieferanten auf Komponenten-Ebene und beim Fahrzeughersteller auf Gesamtfahrzeug-Ebene serienbegleitende Konformitätsprüfungen (CoP: Conformity of Production) durchgeführt.

8.5   Experimentelle Simulation

Die Zielsetzung der experimentellen Simulation im Rahmen der passiven Sicherheit ist darin zu sehen, Sicherheitsmaßnahmen unter möglichst realistischen Bedingungen nachzubilden und deren Verhalten zu ermitteln. Die Realität ist dabei die Gesamtheit des Verkehrsunfallgeschehens, weil die unter Laborbedingungen ermittelten Versuchsergebnisse eine Aussage über die Wirksamkeit von Sicherheitsmaßnahmen im Unfall ermöglichen sollen. Dazu werden auftretende Deformationen an der Fahrzeugkarosserie und Beschädigungen an den Insassenschutzsystemen untersucht; die auf verwendete Testpuppen einwirkende Kräfte, Beschleunigungen und andere Belastungsgrößen dienen als Kriterium für die Schwere der zu erwartenden Verletzungen. Da jedoch aufgrund der Vielzahl möglicher Unfallkonstellationen nicht jeder einzelne Unfall nachgefahren werden kann, werden Unfallsituationen in der Regel nach international festgelegten Vereinbarungen nachgebildet, die eine bestimmte Unfallgruppe repräsentieren und sich hinsichtlich der Unfall- und Verletzungsmechanik ähnlich verhalten, so z. B. bei Frontal-, bei Seiten- und bei Heckkollisionen. Je nach Fragestellung und Anforderung lassen sich jedoch auch Teilsysteme ableiten, deren Überprüfung ausreicht, um die Funktionalität und Wirksamkeit von Sicherheitskomponenten zu untersuchen und nachzuweisen; hierbei spielen zudem Verfügbarkeit und Kosten, insbesondere in der Entwicklungsphase von Kraftfahrzeugen, eine entscheidende Rolle.

Bei der Auswahl und der Durchführung von Versuchen zur Überprüfung und Bewertung der passiven Sicherheit ist die Berücksichtigung der notwendigen Randbedingungen von Bedeutung, die sich mit Hilfe der „drei großen Rs" ausdrücken lassen:

- Relevanz hinsichtlich des Unfallgeschehens,
- Repräsentativität hinsichtlich der Unfall- und Verletzungsmechanik sowie
- Reproduzierbarkeit hinsichtlich der Messergebnisse.

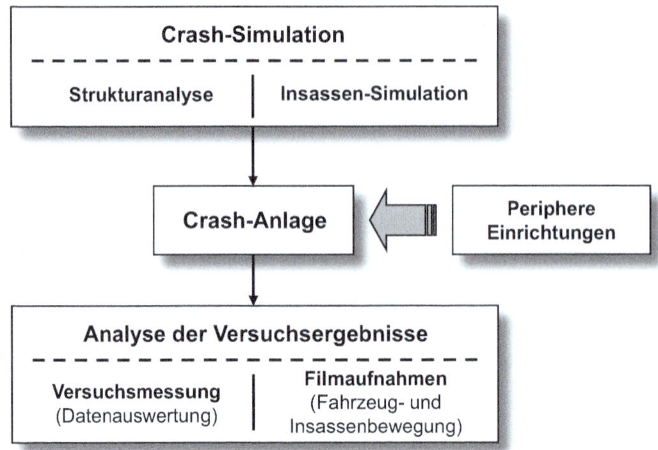

Abb. 8.9 Crash-Anlage und damit verfolgte Zielsetzung

Mit der experimentellen Simulation, im vorliegenden Fall also der experimentellen Crashmechanik-Simulation, wird das Ziel verfolgt, das Struktur-Deformationsverhalten und die Insassenbelastungen im Falle einer Kollision zu beobachten und zu analysieren. Dies erfolgt mithilfe der Crash-Anlage und den zugehörigen peripheren Einrichtungen, wobei die Messungen physikalischer Größen und die Filmaufnahmen des Bewegungsverhaltens der Analyse und schließlich der Dokumentation der Versuchsergebnisse dienen (Abb. 8.9).

8.5.1 Versuchsarten

Das Unfallgeschehen ist zu vielfältig, um in seiner Gesamtheit simuliert werden zu können. Daher wird in repräsentative Versuchsarten unterschieden, die nachfolgend dargestellt werden sollen. Sie stellen einen bestimmten Ausschnitt der Unfallwelt dar, unterscheiden sich aber in der Simulationsgüte, d. h. sie lassen eine Aussage zu, in welchem Umfang der jeweilige Unfall nachgebildet wird. Zudem ist die Zielsetzung für die experimentelle Simulation von ausschlaggebender Bedeutung, die zum Einen darin zu sehen ist, die Funktionalität von Schutzsystemkomponenten unter Unfallbedingungen zu überprüfen; zum Anderen besteht das Untersuchungsziel darin, die Wirksamkeit von Schutzmaßnahmen hinsichtlich einer bestimmten Unfallkonstellation nachzuweisen.

8.5.1.1 Fahrzeugversuche

Die höchste Simulationsgüte wird bei Versuchen mit vollständigen Fahrzeugen erreicht, und zwar im Hinblick auf deren Bewegungs- und Deformationsverhalten. Die bei Fahrzeugversuchen erforderliche Verwendung von anthropomorphe Testpuppen, sogenannte

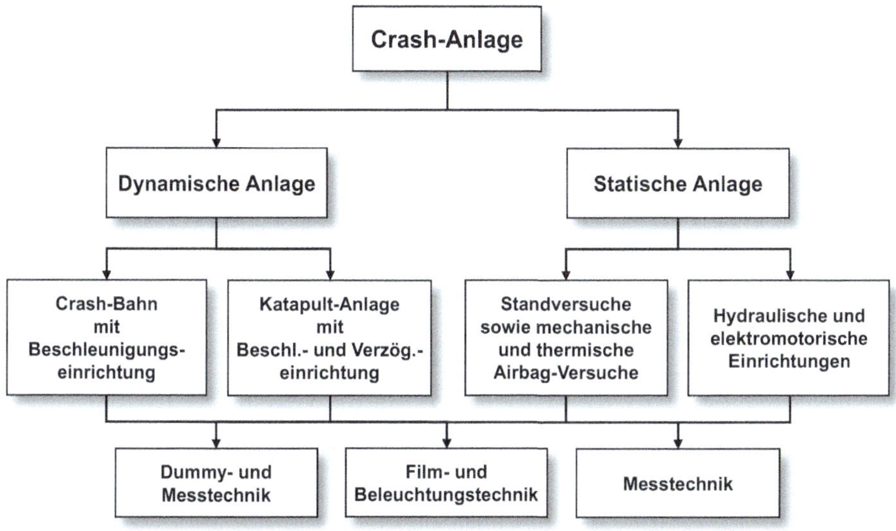

Abb. 8.10 Crash-Anlage und zugehörige Einrichtungen

Dummys, als Insassen und Fußgänger dient einerseits der Bewegungs- und andererseits der Belastungssimulation, d. h. es werden sowohl die Anprall- und Kontaktstellen ermittelt als auch die „Verletzungs"-Wahrscheinlichkeit nachgebildet. In den Dummys sind dazu Sensoren installiert, mit deren Hilfe sich Belastungsgrößen in Form von Beschleunigungen, Kontakt- und Deformationskräften, Drehmomenten und Deformationen bzw. Verschiebungen messen lassen (vgl. Abb. 8.10).

Bei **frontalen Fahrzeug-Aufprallversuchen** werden die z. T. fahrfertigen Fahrzeuge auf der Crash-Bahn mittels Beschleunigungseinrichtung (Abb. 8.10) aus dem Stand auf die vorgesehene Geschwindigkeit gebracht und prallen gegen ein definiertes Hindernis, das starr oder deformierbar ist und eine volle oder nur eine teilweise Überdeckung aufweist. In der nachfolgenden Zusammenfassung (Tab. 8.1) ist ohne Anspruch auf Vollständigkeit die Vielzahl der heute üblichen Versuchskonstellationen für Frontalkollisionen dargestellt.

Die Tests haben im Wesentlichen die Überprüfung der Deformations- und der Zellenstruktur sowie der Insassenschutz-Systeme zum Ziel; als Beurteilungskriterium dienen die Dummy-Belastungswerte. Dabei muss die Vielzahl zusätzlicher, herstellerspezifischer Versuchskonstellationen, z. B. der in [114] vorgesehene Frontal-Aufpralltest von zwei PKW zur Überprüfung der Strukturkompatibilität unberücksichtigt bleiben. Ebenso wenig werden die vielfach durchgeführten Versuche zur äußeren Sicherheit, etwa zur Simulation von Fußgänger-Unfällen oder von Unfällen mit motorisierten Zweirädern und Fahrrädern, dargestellt. Allerdings sind in Tab. 8.1 die Versuche zur Reparaturfreundlichkeit bei Aufprall- und Parkierunfällen sowie zur anfänglichen Einstufung der Vollkasko- (VK-) Versicherung einbezogen [110]; auf eine im Jahr 2003 eingeführten Änderung sei an dieser

Tab. 8.1 Auswahl von Versuchsmethoden zu Frontalkollisionen

Geltungs-bereich	Barriere	Überdeckung	Geschwin-digkeit [km/h]	Zielsetzung
Europa	deformierbar	40 % fahrerseitig	56	Struktur, ISS, Dummy-Belastung
Euro NCAP	deformierbar	40 % fahrerseitig	64	Struktur, ISS, Dummy-Belastung
USA, Kanada	0°, starr oder deformierbar	100 bzw. 40 %	48... 53	Struktur, ISS, Dummy-Belastung
USA	30°, starr	100 %	48... 53	Struktur, ISS, Dummy-Belastung
NCAP (USA)	0°, starr	100 %	56	Rating-Versuch
IIHS (USA)	0°, starr	25% beidseitig	64	Rating-Versuch
Europa	10°, starr	40 % fahrerseitig	15	Rep.freundlichkeit, VK-Vers.einstufung
USA	starres Pendel	seitlich, mittig	(2,5 mph) 4,0	am Stoßfänger kein Schaden zulässig
Kanada	starres Pendel	seitlich, mittig	(4,8 mph) 8,0	keine Funktionsbeeinträchtigung zulässig

Stelle hingewiesen [83]: Die Anprallfläche wurde um 10° schräggestellt (Abb. 8.11). Beim europäischen Rating-System Euro NCAP war in der Vergangenheit neben der Methodik der Bewertung auch die Aufprallgeschwindigkeit umstritten: es wurde eine Testgeschwindigkeit von $v = 64$ km/h eingeführt, die, gegenüber der Geschwindigkeit des ECE-Aufprallversuchs mit $v = 56$ km/h, einer etwa 30 % höheren Aufprallenergie entspricht. In diesem Zusammenhang wird oftmals argumentiert, mit einer höheren Testgeschwindigkeit würde eine entsprechend höhere Sicherheit korrespondieren. Dagegen treten unfallanalytische Fakten, wie die Geschwindigkeitsverteilung bei Frontalkollisionen, der in der Stoßmechanik begründete Δv-Nachteil kleinerer Fahrzeuge bei Fahrzeug/Fahrzeug-Kollisionen sowie die Wahrscheinlichkeit der Seitenkollisionen und

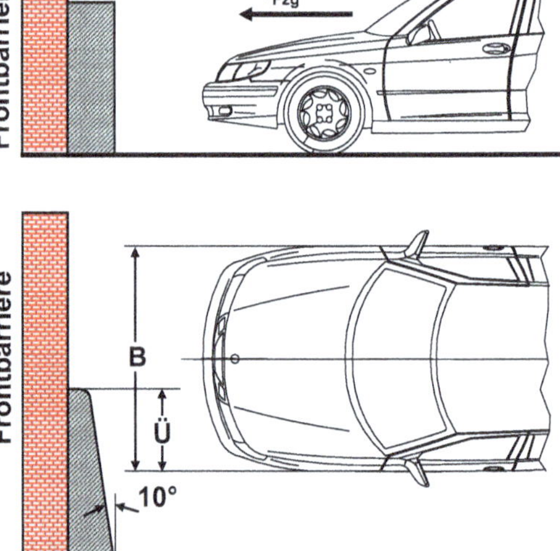

Abb. 8.11 Versuchsanordnung zum Frontalaufprall zur Überprüfung der Reparaturfreundlichkeit; $v = 15^{+1}$ km/h, 40 % Überdeckung, 10° Schrägstellung (aus [52])

die mit einer steiferen Frontstruktur einhergehende höhere Gefährdung der seitlich beaufschlagten Insassen bei Lateralunfällen, allzu häufig in den Hintergrund. Aufgrund der Komplexität des Unfallgeschehens steht daher zu befürchten, dass sich bei einer Erhöhung der Testgeschwindigkeiten beim Frontalaufprall das Verletzungsrisiko der Insassen bei frontalen Unfällen zwar reduzieren lässt, allerdings zu Ungunsten der Insassenbelastung bei Seitenkollisionen.

Bei der Durchführung von **Seitenaufprall-Versuchen** steht in der Regel das zu untersuchende Fahrzeug, während ein Stoßwagen aus dem Stand mittels einer Beschleunigungseinrichtung auf die Testgeschwindigkeit gebracht wird und auf das stehende Fahrzeug aufprallt. Zur Berücksichtigung der Geschwindigkeitskomponente des sich beim Unfall in Längsrichtung bewegenden Fahrzeuges wird nach der US-amerikanischen Vorschrift FMVSS 214 das um einen Winkel von 27° gedrehte, stehende Fahrzeug von einem schrägwinkligen bewegten Stoßwagen beaufschlagt. Dementsprechend wirkt der anfängliche Stoßimpuls nicht wie beim ECE-Test genau in lateraler Richtung, d. h. quer zur Fahrtrichtung, sondern unter einem Winkel von 27° nach hinten. Die Testkonstellationen zu Seitenkollisionen nach den europäischen und US-amerikanischen Sicherheitsstandards sind in Abb. 4.6 gegenübergestellt. Beim Pfahlaufprall-Test lassen sich beide Bewegungsmöglichkeiten nutzen: einmal das seitlich bewegte Fahrzeug gegen den an der Crash-Barriere befestigten Pfahl und zum anderen ein auf dem bewegten Stoßwagen angebrachten Pfahl gegen das stehende Fahrzeug. In den meisten Fällen allerdings wird heute das Fahrzeug gegen den starren Pfahl bewegt, der einen Durchmesser von 254 mm hat (10 inches). Zur Berücksichtigung der aus dem Wandaufprall resultierenden Steifigkeit der Frontdeformationsstruktur wird beim Kompatibilitätstest eine Seitenkollision mit zwei baugleichen PKW durchgeführt; erstmals vorgeschlagen in [3]. Damit soll vermieden werden, dass die Frontstruktur zum Schutz der Insassen bei Frontalkollisionen allzu steif ausgelegt wird, sich aber ansonsten bei der Seitenkollision aggressiver auswirken und zu höheren Dummy-Belastungswerten führen kann. In Tab. 8.2 sind übliche Testmethoden zu Seitenkollisionsversuchen, die wesentlichen Testbedingungen und die Zielsetzungen zusammenfassend dargestellt.

Mit Hilfe der **Heckaufprall-Versuche** wird vornehmlich das Ziel verfolgt, gemäß UN-R 34 bzw. FMVSS 301 die Dichtigkeit der Kraftstoff-Versorgungsanlage zu überprüfen, die dazu verwendeten, fahrbaren Stoßwagen sind in Abb. 8.12 dargestellt. Gemäß dem US-Gesetz prallt dazu ein Stoßwagen mit einem deformierbaren Element, einer Überdeckung von 70 % und 80 km/h gegen das stehende Fahrzeug. Unmittelbar nach dem Test wird das Fahrzeug auf einer Rollover-Drehplattform gespannt und um seine Längsachse in bestimmte Positionen (insgesamt 360 Grad) gedreht; die dabei ggf. austretende Tankflüssigkeit darf eine definierte Leckmenge nicht überschreiten. Neben der Dichtigkeitsprüfung lässt sich beim Heckaufprall-Test das Deformationsverhalten der Heckstruktur, die Türöffnungsmöglichkeit, die Sitzbefestigung und die Lehnenfestigkeit sowie der Insassenschutz gemäß FMVSS 208 untersuchen.

Tab. 8.2 Auswahl von Versuchsmethoden zu Seitenkollisionen

Geltungsbereich	Barriere	Richtung	Geschw. [km/h]	Zielsetzung
Europa	deformierbar	90°	50	Seitenstruktur, ISS, Dummy-Belastung
Euro NCAP	deformierbar	90°	60	Seitenstruktur, ISS, Dummy-Belastung
Euro NCAP	Pfahl, ∅ 254	90°	32	Seitenstruktur, ISS, Dummy-Belastung
USA	deformierbar	27°	(33,5 mph) 54	Seitenstruktur, ISS, Dummy-Belastung
USA	starr	90°	(20,0 mph) 32	Dichtigkeit der Kraftstoffanlage
SI-NCAP (USA)	deformierbar	27°	(38,0 mph) 61	Rating-Versuch
IIHS (USA)	Deformierbar	90	60	Rating-Versuch
Hersteller-spez.	Pfahl, ∅ ≥250	90°	≤35	Seitenstruktur, ISS, Dummy-Belastung
Hersteller-spez.	PKW-Front	90°	50	Kompatibilität bei Seitenkollisionen

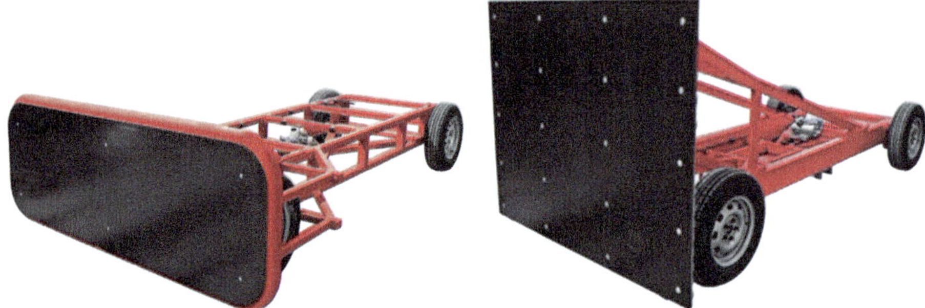

Abb. 8.12 Fahrbare Barriere für Heck-Aufprallversuche, gemäß UN-R 34 (links) bzw. FMVSS 208/301 (rechts); entnommen aus [65]

Wie bei Frontalkollisionen dienen die Niedriggeschwindigkeitstests bei den Heckaufprall-Versuchen der Überprüfung der Reparaturfreundlichkeit bei Aufprall- und Parkierunfällen sowie der Einstufung der Vollkasko- (VK-) Versicherung [110]; auch hierbei ist seit 2003 die Anprallfläche um 10° gedreht [83] (Abb. 8.13). Eine Zusammenfassung der Versuchsmethoden zur Heckkollision ist in Tab. 8.3 dargestellt.

Die Gewährleistung für den Erhalt des **Überlebensraums der Fahrgastzelle** kann auf verschiedene Weise, nämlich statisch oder dynamisch, überprüft werden. Bei der statischen Methode wird der Dachrahmen seitlich mit einer bestimmten Last beaufschlagt. Zur dynamisch Überprüfung kann das Fahrzeug durch Befahren einer einseitigen Rampe und plötzlichem Lenkungseinschlag zum Überschlag gebracht werden. Üblich ist jedoch das seitliche Bewegen des Fahrzeuges auf einem um 23° geneigten Schlitten (Rollover-Schlitten); es wird abgeworfen durch die Einleitung einer starken

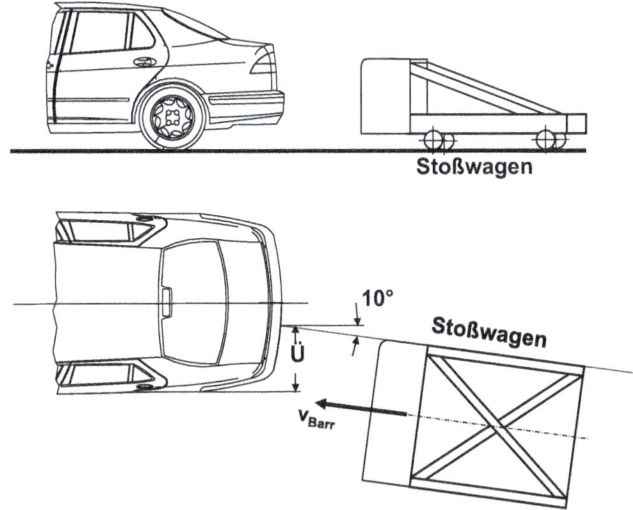

Abb. 8.13 Versuchsanordnung zum Heckaufprall zur Überprüfung der Reparaturfreundlichkeit; $v = 15^{+1}$ km/h, 40 % Überdeckung, 10° Schrägstellung (aus [52])

Tab. 8.3 Versuchsmethoden zu Heckkollisionen

Geltungs-bereich	Barriere	Überdeckung	Geschw. [km/h]	Zielsetzung
Europa	180°, deformierbar	100 %	50	Tankdichtigkeit, Strukturverhalten
USA	180°, deformierbar	70 %	80	Tankdichtigkeit, Strukturverhalten, Sitze
Europa	170°, starr	40 % fahrerseitig	15	Rep.freundlichkeit, VK-Vers.einstufung
USA	starres Pendel	seitlich, mittig	(2,5 mph) 4,0	am Stoßfänger kein Schaden zulässig
Kanada	starres Pendel	seitlich, mittig	(4,8 mph) 8,0	keine Funktionsbeeinträchtigung zulässig

Schlittenverzögerung mittels Deformationselementen, sodass sich das Fahrzeug mehrfach seitlich überschlägt (Überschlag- oder Rollover-Versuch). Die Versuchsanordnung wird in Abb. 8.14 gezeigt.

8.5.1.2 Schlittenversuche

Mit Hilfe von Fahrzeug-Versuchen wird die passive Sicherheit unter Berücksichtigung der Wechselwirkung zwischen der Deformationsstruktur und dem Rückhaltesystem überprüft, während Schlittenversuche in erster Linie der Auslegung von Rückhaltesystem-Komponenten dienen. Der wesentliche Vorteil von Schlittenversuchen liegt darin begründet, dass die Wirkung von Insassenschutzsystemen ohne Zerstörung eines

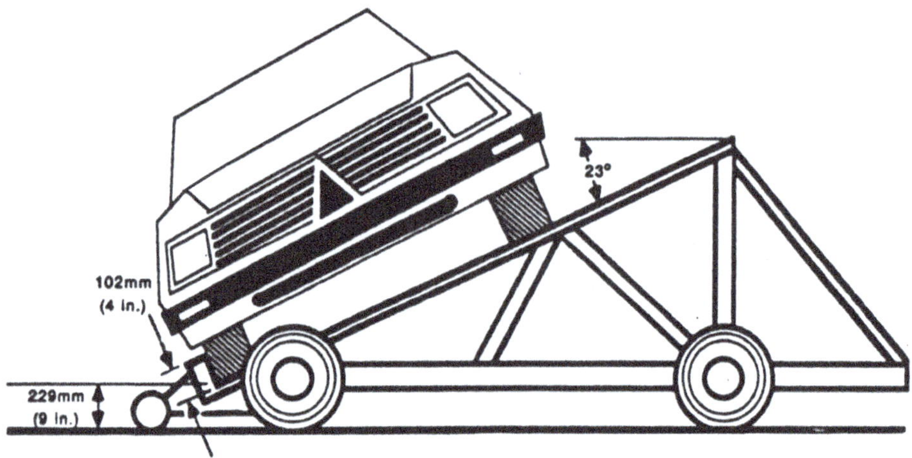

Abb. 8.14 Anordnung zum Überschlag-Versuch mittels Rollover-Schlitten (aus [25])

kompletten Fahrzeuges untersucht werden kann. Zur Aufnahme des Insassenschutz-systems wird der Schlitten zwar oftmals mit einer Teilkarosserie versehen, diese ist jedoch derart versteift, dass sie mehrere Tests (bis zu 50 Versuche) übersteht, ohne deformiert zu werden. Daher lassen sich nur mit großem Aufwand und daher in den seltensten Fällen verletzungsrelevante Intrusionen, wie Eindringen des Lenkrades, der Armaturentafel und des Fußraums, nachbilden.

Zur **Simulation von Frontalkollisionen** kommen zwei unterschiedliche Prinzipien zum Einsatz: der Beschleunigungs- und der Verzögerungsschlitten (vgl. Abb. 8.10). Der **Beschleunigungsschlitten** (Katapultschlitten) wird aus der Ruhelage entgegen der Fahrtrichtung beschleunigt, wobei der veränderbare zeitliche Verlauf der Beschleunigung der Verzögerung des Fahrzeuges beim Wandaufprall entspricht (Abb. 8.15). Der sich nach der Beschleunigungsphase, in der die Messung der Dummy-Belastung erfolgt, rückwärts bewegende Schlitten wird mittels einer Bremse wieder zum Stillstand gebracht. In der Beschleunigungsphase wird der Schlitten über einen Hydraulikkolben mit einer Kraft von bis zu 1600 kN angetrieben. Eine entsprechend vorgespannte Gas-säule, die durch eine Membrane vom Hydrauliköl getrennt ist, setzt die dazu erforder-liche Energie frei. Zur Regelung des Ölstroms ($\leq$ 90.000 l/min) und damit des Beschleunigungssignals ($\leq$ 55 g) kommen mehrere unterschiedlich große, mehrstufige Servoventile zum Einsatz [57]. Eine andere Möglichkeit der Ölstromversorgung besteht in der Formgebung des Steuerkolbens, der beim Öffnen des Hydrauliköl-Durchlasses in bestimmten Stellungen unterschiedliche Querschnitte freigibt. Allerdings muss bei diesem Steuerungsprinzip zur Realisierung eines bestimmten Beschleunigungsverlaufs der Steuerkolben ausgetauscht werden [4]. Dieses nach der Hersteller-Firma benannte Bendix-Prinzip wurde allerdings durch die schnell und präzise arbeitende Servoventil-Regelung weitgehend verdrängt.

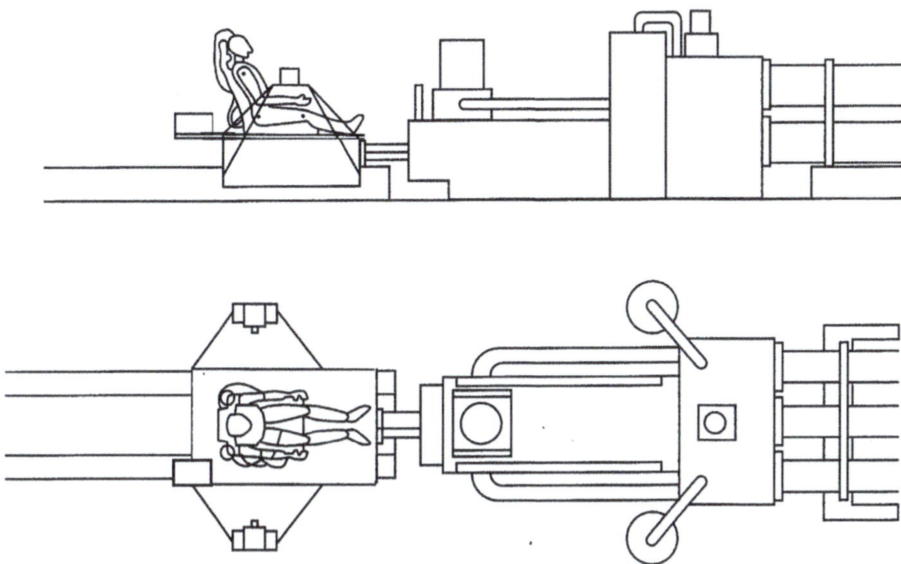

Abb. 8.15 Beschleunigungsschlitten mit hydraulischen Antrieb (nach [57])

Der **Verzögerungsschlitten** wird aus der Ruhelage mithilfe eines Zugseils in Fahrtrichtung auf eine definierte Testgeschwindigkeit gebracht (Antriebsphase); dabei erfolgt der Seilantrieb durch eine Energiespeicherung in Form eines Fallgewichts, eines Hydraulik-, Elektro- oder Verbrennungsmotors oder vorgespannter Gummiseile. Beim Erreichen der Testgeschwindigkeit wird der Seilantrieb vom Schlitten getrennt, sodass sich der Schlitten in einem nicht-beschleunigten Zustand befindet (Freilaufphase). Die Verzögerung des Schlittens (Verzögerungsphase) erfolgt wegen der fehlenden Fahrzeug-Deformationsstruktur mittels einer stationären Verzögerungseinrichtung (vgl. Abb. 8.10), bei der die Bewegungsenergie in Formänderungsarbeit oder Strömungsenergie umgewandelt wird. Als Deformationselemente dienen Kunststoffrohre, die mit einem am Schlitten befestigten Dorn beim Eindringen aufgeweitet werden [27]. Die Variationsmöglichkeiten, einen vorgegebenen Verzögerungsverlauf nachzubilden, sind dabei jedoch äußerst gering, sie reichen allerdings aus, um den beispielsweise in [27] definierten Verzögerung/Zeit-Korridor einhalten zu können.

Ein anderes Prinzip wird durch die parallele Anordnung mehrerer, ggf. gestufter Deformationsrohre realisiert. Mit diesem Prinzip lässt sich zwar der Anstieg, nur begrenzt jedoch der Abfall eines vorgegebenen Verzögerung/Zeit-Verlaufs nachbilden.

Üblicherweise werden heute wegen der Variationsmöglichkeiten Bandbiegebrems-Einrichtungen eingesetzt, bei denen eine am Schlitten befestigte „Nase" handelsübliche Flachstahl-Bänder durch Biegung deformiert, Abb. 8.16. Diese sind durch Rollen fixiert und in mehreren, hintereinander angeordneten Stufen aufgebaut.

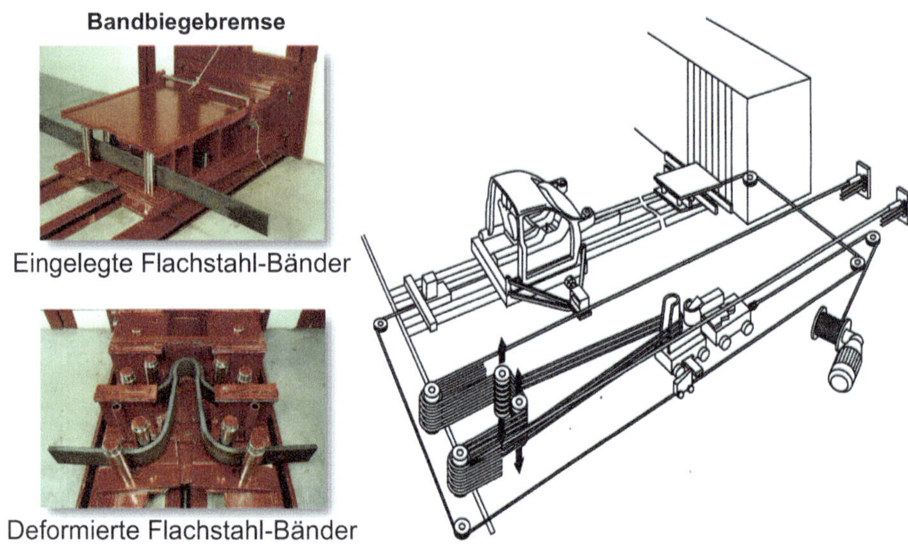

Abb. 8.16 Verzögerungsschlitten mit Verzögerungseinrichtung (nach [16])

Eine andere Verzögerungseinrichtung beruht auf dem Prinzip der Verdrängung von Flüssigkeiten, bei der eine als schiefe Ebene ausgebildete, am Schlitten montierte Nase einen Hydraulikkolben senkrecht zur Schlittenbewegung verschiebt, der wiederum Hydrauliköl durch definierte Ventilquerschnitte verdrängt und so den geforderten Verzögerungsverlauf realisiert [72]. Bei diesen modernen Hydrobremsschlitten können Verzögerungskraftverläufe bis 3500 kN aufgebracht werden.

HyperG-Schlittenanlagen, bei denen über einen großen Luftkolben mit Speicher eine Zylinderstange vorgespannt wird, sind eine weitere Variante. Die Verzögerung des Schlittens erfolgt nach der Beschleunigungsphase durch eine hydraulische, Servoventil-geregelte Bremse.

Schließlich werden zunehmend elektromagnetische Schlittenanlagen eingesetzt, bei denen über große Magnetfelder in der Schlittenführung der Aufbau hochdynamisch bewegt wird. Hierbei können sowohl Beschleunigungs- als auch Verzögerungsverläufe hochdynamisch und sehr präzise dargestellt werden.

Die Messung der Belastung am Dummy erfolgt ab Verzögerungsbeginn. Abb. 8.16 zeigt einen Schlitten mit versteifter Karosserie und die als Bandbiegebremse ausgelegte Verzögerungseinrichtung.

Aufgrund der komplexeren Verletzungsmechanik gestaltet sich, je nach Anspruch der Simulationsgüte, eine **Schlittenanlage für Seitenkollisionen** weitaus komplizierter, da die verletzungsinduzierende, eindringende Seitentür aus dem Stillstand auf die definierte Eindringgeschwindigkeit gebracht werden muss, um die bei Seitenkollisionen vorherrschenden Bewegungsgrößen, insbesondere die Kontaktgeschwindigkeit zwischen Tür und Insassen, realistisch nachbilden zu können. Bei der in Abb. 8.17 gezeigten

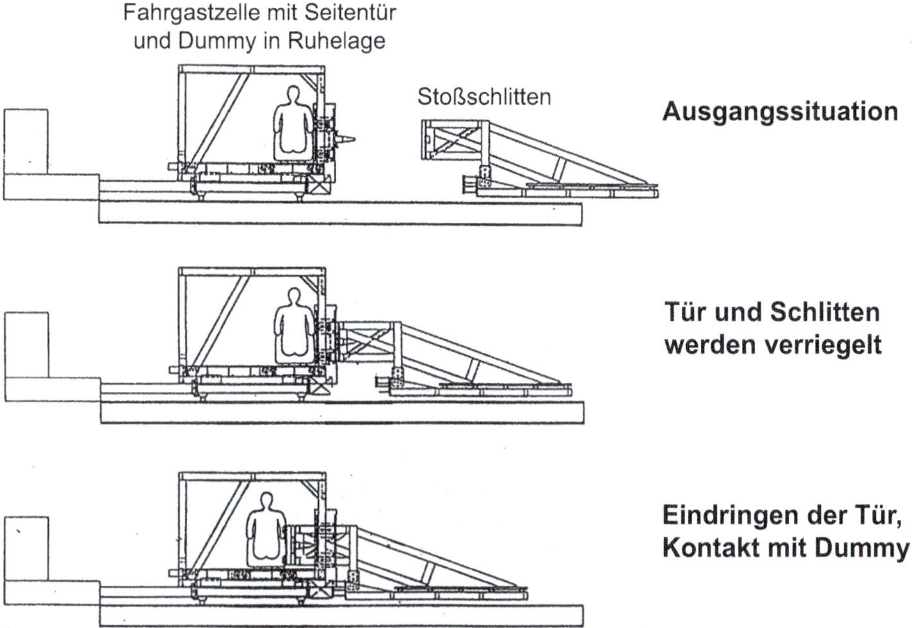

Abb. 8.17 Schlittenanlage zur Simulation von Seitenkollisionen nach [53]

Schlittenanlage befindet sich die Fahrgastzelle einschließlich des einsitzenden Dummys und der mit Deformationselementen am Türrahmen befestigten Seitentür in Ruhelage. Der mittels Seilantrieb auf Kollisionsgeschwindigkeit gebrachte Stoßschlitten ist mit einer Schließvorrichtung versehen, mit der zum Berührungszeitpunkt die Tür mit dem Schlitten verriegelt wird. Im weiteren Verlauf dringt die Seitentür mit der ihr vom Schlitten aufgezwungenen Geschwindigkeit in die Fahrgastzelle ein und kontaktiert den noch in Ruhestellung verharrenden Dummy. Die dabei ermittelten Belastungen entsprechen weitestgehend den in Fahrzeug-Versuchen gemessenen Werten. Bei weniger aufwendig ausgelegten Schlittenanlagen zu Seitenkollisionstests müssen hinsichtlich Belastung und zeitlichem Verlauf der Bewegungsgrößen mehr oder wenig große Abstriche bei der Simulationsgüte in Kauf genommen werden.

8.5.1.3 Komponentenversuche

Mithilfe von Komponententests werden Untersuchungen zur Funktionalität von Subsystemen der passiven Sicherheit durchgeführt. Diese können sich auf das Deformations- und Intrusionsverhalten äußerer oder innerer Strukturen beziehen, sie können aber auch die Funktion und Wirkungsweise von Komponenten des Insassenschutzsystems zum Ziel haben. Dazu werden Rohkarosserien, Baugruppen wie Stoßfänger mit Längsträgern, Lenkeinrichtung mit Vorbau und Teilsysteme wie Sitz, Instrumententafel, Gurtsystem und Airbag vorbereitet und für die jeweiligen Untersuchungen bereitgestellt. Ein

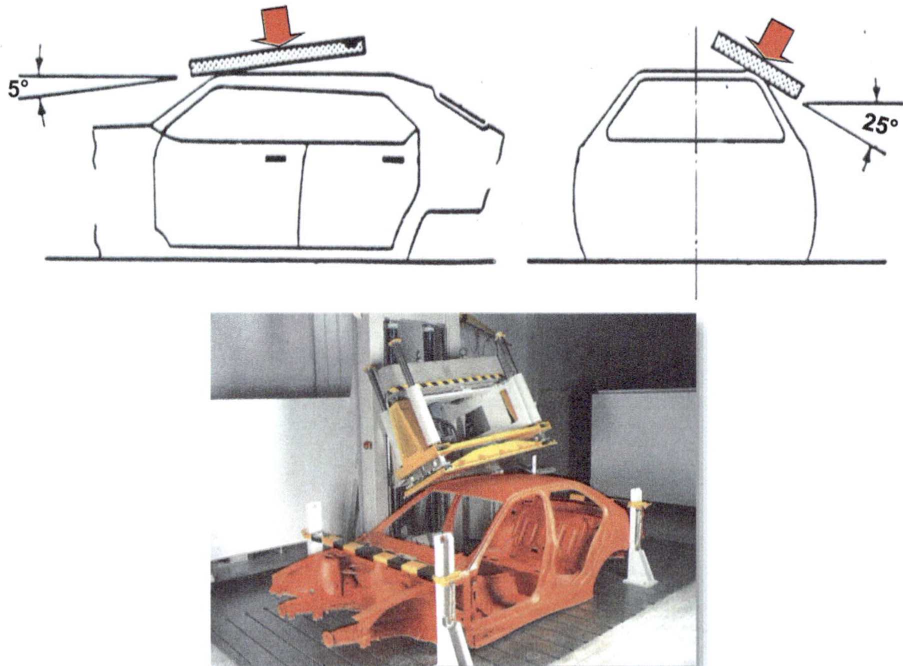

Abb. 8.18 Versuchsanordnung zum statischen Dacheindrück-Versuch zur Überprüfung der Dachsteifigkeit (nach [113])

Großteil dieser Komponentenversuche ist nach Art und Kriterien in gesetzlichen Vorschriften, Standards oder hersteller-spezifischen Lastenheften festgelegt.

Zur Untersuchung der Steifigkeits- und Deformationsverhältnisse an **Rohkarosserien und Baugruppen** werden beispielsweise

- statische Dacheindrück-Versuche (Abb. 8.18) nach FMVSS 216 zur Sicherstellung des Überlebensraumes bei Überschlag-Unfällen,
- statische und dynamische Versuche an Stoßfängern, Deformationselementen und Längsträgern in Anlehnung an FMVSS 215 zur Überprüfung der Nachgiebigkeit und des Energieabsorptionsvermögens bei Parkier- und Bagatellunfällen,
- statische Türeindrück-Versuche (Abb. 8.19) nach FMVSS 214 a zur Sicherstellung der Türsteifigkeit bei Seitenkollisionen – ersetzt durch den dynamischen Seitenaufprall-Versuch nach FMVSS 214,
- statische Zugversuche an den Gurtverankerungspunkten (Abb. 8.20) nach FMVSS 210 zur Sicherstellung der Karosseriefestigkeit an den entsprechenden Befestigungspunkten an der B- und C-Säule,

- dynamische Anprallversuche nach FMVSS 204 mittels eines Torsoblocks zur Überprüfung der Nachgiebigkeit und des Energieabsorptionsvermögens beim Lenkradanprall sowie
- dynamische Anprallversuche mittels einer freifliegenden Kopfkalotte (Free Motion Head Form) nach FMVSS 201 zur Überprüfung der Nachgiebigkeit und des Energieabsorptionsvermögens der Kontaktstellen (Verkleidung am Dachrahmen sowie an A-, B-, C- und ggf. D-Säulen) im Innenraum

unter Aufbringung einer definierten quasi-statischen oder dynamischen Belastung durchgeführt. Die einzelnen Versuchsanordnungen und Ausführungsvorschriften sind im jährlich erscheinenden, überarbeiteten und erweiterten SAE-Handbuch (z. B. [68, 25, 113, 77, 67]) detailliert beschrieben und dargestellt.

Teilsysteme dienen der Untersuchung der Funktionalität von Insassenschutzsystemen unter Unfallbedingungen, die über die Dauer ihres Einsatzes (zunächst 12, dann 15 Jahre, mittlerweile zeitlich unbegrenzt) sichergestellt sein muss. Dabei bedient man sich künstlicher Alterungseffekte durch Zeitraffung hinsichtlich verschiedener Umwelteinflüsse wie Erschütterungen, Temperatur, Sonnenlicht, Feuchtigkeit und anderer Langzeitwirkungen. Als Beispiele für Funktionsuntersuchungen an Teilsystemen lassen sich ohne Anspruch auf Vollständigkeit folgende US-amerikanische Tests benennen:

- Statische und dynamische Versuche an Sitzen, Sitzlehnen und Kopfstützen nach FMVSS 201 und 202 zur Überprüfung der Festigkeit und des Energieabsorptionsvermögens bei Frontal- und Heckkollisionen,
- dynamische Anprallversuche an Instrumententafeln mittels einer freifliegenden Kopfkalotte nach FMVSS 201 zur Überprüfung der Nachgiebigkeit und des Energieabsorptionsvermögens der Kontaktstellen sowie Überprüfung scharfer Kanten durch Mindestradien,
- statische und dynamische Prüfung an Kinder-Rückhaltesystemen nach FMVSS 210 zur Überprüfung der Festigkeit, Funktion und Bedienbarkeit,
- statische und Dauerlauf-Versuche an Gurtbändern, Befestigungsbeschlägen und Aufroll-Automaten sowie Umweltsimulation nach FMVSS 209 und 210 zur Überprüfung der Festigkeit, der Abriebfestigkeit, der Funktion und der Beständigkeit aufgrund von Umwelteinflüssen,
- dynamische Versuche an aufroller- oder schlossseitig angeordneten Gurtstraffern zur Überprüfung der Festigkeit und der Funktion und
- Aufblas- und Standversuche mit Fahrer-, Beifahrer und Seiten-Airbags zur Überprüfung der Formgebung, der Funktion und der Wirksamkeit auf Erwachsenen- und Kinder-Dummys bei OoP(Out-of-Position-)-Situationen (nach FMVSS 208) unter Einbeziehung der Abdeckungen und der Verkleidungsteile; diese OoP-Versuche werden mitunter fälschlicherweise als „statische" Versuche bezeichnet, was jedoch unberücksichtigt lässt, dass es sich hierbei um hoch-dynamische Prozesse handelt.

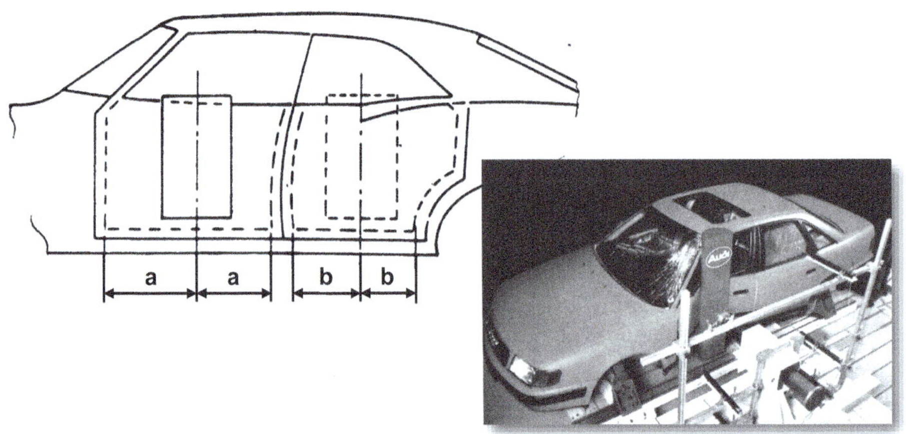

Abb. 8.19 Anordnung zum statischen Türeindrück-Versuch zur Überprüfung der Türsteifigkeit (nach [77])

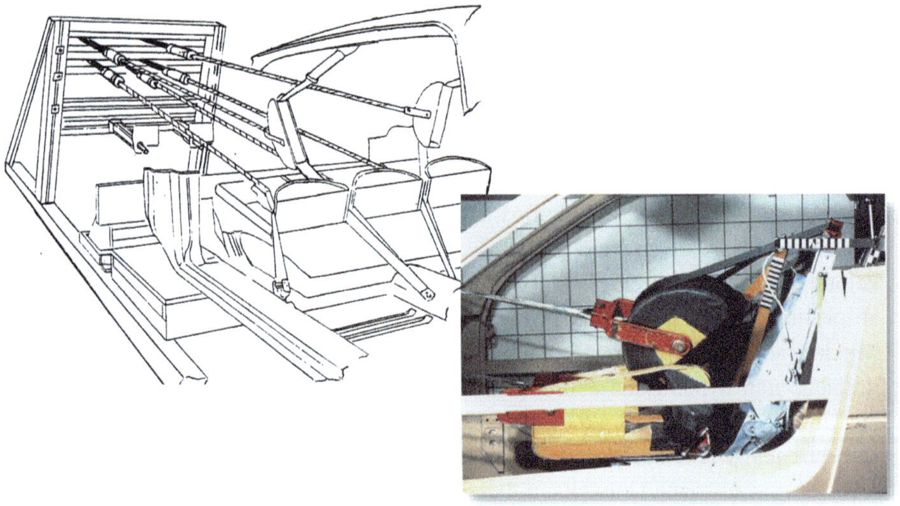

Abb. 8.20 Anordnung zum Zugversuch der Gurtverankerungspunkte zur Überprüfung der Karosseriefestigkeit (entnommen aus [67])

Die Aufzählung der hier genannten Versuchsarten orientiert sich im Wesentlichen an gesetzlich vorgeschriebenen oder standardisierten Versuchsanordnungen und -prozeduren. Diese Vorschriften sind in der Regel jedoch lediglich Mindestanforderungen an Wirksamkeit und Funktionalität von Schutzmaßnahmen. Es ist daher naheliegend, dass bei Fahrzeug-Herstellern und Zulieferern von Insassenschutzsystemen, insbesondere im Entwicklungsstadium, ein erheblich umfangreicherer Versuchs- und Erprobungsumfang stattfinden muss, dessen Beschreibung sich hier allerdings aus Vertraulichkeitsgesichtspunkten verbietet. Daneben unterliegen Erprobungsversuche einem ständigen Wandel, der sich, bevor sich die Versuche standardisieren lassen, an der Neuentwicklung von Schutzmaßnahmen ausrichtet.

8.5.2 Versuchseinrichtungen und -anlagen

Die Durchführung der im vorstehenden Unterkapitel genannten Versuchsarten erfolgt in Versuchslabors und auf Crash-Anlagen, die je nach Aufgabenstellung und Anforderung in Versuchshallen und – heute allerdings in geringerem Umfang – im Freien stattfinden. Die **Freianlagen** dienen der Simulation von Fahrzeugbegegnungsunfällen (Nutzfahrzeuge, Busse und Personenkraftwagen) im Gegenverkehr und unter bestimmten Winkeln und zeichnen sich durch den Platzbedarf für die Anlaufstrecke und den erforderlichen Auslauf aus. Der wesentliche Nachteil liegt in der Abhängigkeit von der Witterung (Temperatur, Wind, Regen oder Schnee und Lichtverhältnisse) und beschränkt sich daher auf das notwendigste Maß an Fällen, die sich in der Versuchshalle aufgrund der Platzverhältnisse nicht durchführen lassen.

Die weitaus größte Anzahl von Fahrzeug- und Schlitten-Versuchen findet auf **Crash-Anlagen** in Versuchshallen statt. Diese umfassen die eigentliche Crash-Bahn (bis zu 160 m lang), an deren Ende sich der aus Beton gegossene Crash-Block befindet. Auf der Frontseite des Crash-Blocks ist eine Montageplatte eingegossen, an der eine Holzplatte für Frontalaufprall-Versuche oder verschiedenen Vorbauten (Kraftmesswand, winklige oder versetzte Barrieren mit und ohne Deformationselementen oder mit Pfahlvorbau) befestigt werden kann. Die Crash-Bahn lässt sich unterteilen in die Beschleunigungs-, die Beruhigungs- und die Verzögerungs- bzw. Crash-Strecke. Die Länge der Verzögerungsstrecke setzt sich zusammen aus dem Deformations- und Auslaufweg und aus der Baulänge der Vorbauten; sie beträgt etwa 3 m. Die Länge der Beschleunigungsstrecke richtet sich nach der zu erzielenden Kollisionsgeschwindigkeit (bis zu 90 km/h) und der maximal zugelassenen Fahrzeug- oder Schlittenbeschleunigung ($\leq 0{,}3\,g$) und hat damit einen Bedarf von ungefähr 160 m. Da das Fahrzeug bzw. der Schlitten unbeschleunigt gegen das Hindernis prallen soll, liegt zwischen der Beschleunigungs- und der Verzögerungsstrecke eine Beruhigungsstrecke von etwa 2 m Länge. Die Gesamtlänge der Crash-Bahn beträgt somit ungefähr 170 m. Sollen höhere Geschwindigkeiten erzielt werden, muss entweder die Gesamtlänge entsprechend größer ausgelegt oder die maximal zulässige Fahrzeugbeschleunigung erhöht werden.

Zur Beschleunigung von Fahrzeug oder Versuchsschlitten dient ein mittig geführtes Endlos-Stahlseil in einem Schacht unterhalb der Crash-Bahn, dessen **Antrieb** über eine Seilrolle erfolgt, die durch einen Hydraulik-, Elektro- oder Verbrennungsmotor angetrieben wird. Der Antrieb wird durch Soll/Ist-Vergleich der Seilgeschwindigkeit dergestalt geregelt, dass die am Ende der Beschleunigungsphase vorgesehene Aufprallgeschwindigkeit ausreichend zuverlässig, mit einer Abweichung von ± 0,1 km/h, realisiert werden kann. Andere Arten der Beschleunigung sind heute immer seltener in der Verwendung eines Fallgewichts oder eines Gummiseil-Antriebes zu sehen. Dabei ergibt sich die vorgesehene Geschwindigkeit aus einer bestimmten Auszugslänge des Fallgewichts bzw. der Gummiseile. Das Fahrzeug oder der Schlitten wird mittels einer Seilwinde gegen das über das Zugseil aufgebrachte Fallgewicht bzw. die Gummiseil-Spannkraft in eine bestimmte Position gebracht und auf der Crash-Bahn verriegelt. Anschließend wird das Seil der Winde vom Fahrzeug bzw. vom Schlitten gelöst, die sich dann in vorgespanntem Zustand in Ruheposition befinden. Der Anlauf erfolgt durch die Entriegelung, und das Fahrzeug bzw. der Schlitten bewegt sich mit zunehmender Geschwindigkeit auf den Crash-Block zu.

Seitlich an der Crash-Bahn sind in der Regel Räumlichkeiten für die Katapultanlage und zur Fahrzeug- oder Schlittenvorbereitung sowie Labors für Komponentenversuche, für Messtechnik und für die Dummy-Kalibrierung untergebracht.

Über Crash-Anlagen in der hier beschriebenen Art verfügen aus nahe liegenden Gründen alle Automobil-Hersteller und die Zuliefer-Firmen für Insassenschutzsysteme wie Gurt- und Airbag-Systeme, Sitze, Kinder-Rückhaltesysteme u. a.; aber auch Hochschul-Institute und Überwachungsinstitutionen (DEKRA, TÜV etc.) und in zunehmendem Umfang auch innovative Systementwicklungsfirmen und Dienstleistungsunternehmen sind mit derartigen Einrichtungen ausgestattet.

8.5.3 Anthropomorphe Testpuppen (Dummys)

Die wesentlichen Kriterien für die Wirksamkeit von Sicherheitsmaßnahmen sind die erwartete Verletzungswahrscheinlichkeit und die Verletzungsschwere von Verkehrsteilnehmern bei Unfällen. Aus naheliegenden Gründen verbietet sich der Einsatz von Menschen in der experimentellen Simulation, da eine Verletzungsgefährdung nicht ausgeschlossen werden kann. Im Rahmen der Biomechanik-Forschung wurde und wird daher unter Zuhilfenahme von Freiwilligen, menschlichen Leichen, Tieren, mechanischen und mathematischen Modellen der bestmögliche Zusammenhang zwischen unfalltypischen Verletzungen und messbaren Belastungen hergestellt. Diese Vorgehensweise gestattet es, im Versuch Belastungswerte messtechnisch zu ermitteln, um damit Aussagen für ein mögliches Verletzungsrisiko treffen zu können. Bei der experimentellen Simulation kommen mechanische Menschmodelle zum Einsatz, die von Größe und Masse, von der Massenverteilung und vom Bewegungsverhalten dem menschlichen Körper weitgehend entsprechen. Sie sind mit Aufnehmern zum Messen mechanischer Größen, d. h. Belastungsgrößen, ausgestattet, aus denen sich Belastungswerte ermitteln lassen. Diese anthropomorphen Testpuppen oder Dummys bestehen normalerweise aus einem Skelett aus Metall oder Kunststoff, dessen Körperteile gelenkig miteinander verbunden sind. Muskeln und Weichteile werden durch elastische

Kunststoffe nachgebildet, die Körperoberfläche besteht aus einer Kunststoffhaut. Wesentliche Ziele der Konstruktion, der Ausstattung und der Zusammensetzung sind höchstmögliche Reproduzierbarkeit und Nachvollziehbarkeit der Messergebnisse bei gleichen Versuchsbedingungen.

8.5.3.1 Anforderungen

Die meisten Dummys werden in frontalen, lateralen oder heckseitigen Fahrzeug- oder Schlittentests eingesetzt. Die entscheidende Anforderung für die Auslegung des Dummys ist daher zunächst die **Belastungsrichtung**. Vorhaben, in denen ein universell einsetzbarer Dummy für alle Anwendungsfälle entwickelt werden sollte, sind bisher gescheitert [48]. Der Einsatz der komplexen Dummys ist allerdings nicht in allen Fällen erforderlich; vielmehr sind bei einigen Komponentenversuchen vereinfachte Körperteil-Ersatzmodelle ausreichend, so z. B. der Torsoblock für den Body-Block-Versuch zur Überprüfung der Nachgiebigkeit der Lenkeinrichtung, der Oberschenkel-Prüfkörper zur Stoßfänger-Prüfung oder die freifliegende Kopfkalotte zur Überprüfung der Fronthaube und des Innenraums. Der Grund für derartige **Simplifizierungen** ist in der möglichen Mehrdeutigkeit der Versuchsergebnisse, in der höheren Fehlerwahrscheinlichkeit und in der teuren und aufwendigen Kalibrierung des komplexen Dummys mit seiner umfangreichen Instrumentierung zu sehen.

In Sicherheitsversuchen kommt am häufigsten der 50. Perzentil-Dummy zum Einsatz, d. h., 50 % der männlichen Population sind kleiner als der 50. Perzentil-Wert, der den Durchschnittswert der Häufigkeitsverteilung einer anthropometrischen Reihenuntersuchung [86] repräsentiert. Zur Untersuchung extremer Situationen hinsichtlich der **Anthropometrie** (Größe und Masse) der Insassen werden zwei weitere Dummy-Größen verwendet: ein 5. Perzentil-Frau-Dummy und ein 95. Perzentil-Mann-Dummy für kleine bzw. große Insassen. Der 5. Perzentil-Dummy repräsentiert dabei Größe und Gewicht des Wertes der Population, bei der 5 % aller Frauen kleiner sind, und der 95. Perzentil-Dummy die anthropometrischen Daten der Population, bei denen 95 % aller Männer kleiner sind. Für diese beiden Dummys wurden die Gelenkabstände, die Körperteilmassen und deren Schwerpunkte sowie die Nachgiebigkeiten der Körperteile bei Belastung über einen Skalierungsansatz aus der Ähnlichkeitsmechanik vom 50. Perzentil-Dummy abgeleitet [64].

Die schwierigste Aufgabe bei der Dummy-Entwicklung ist sicherlich die Nachbildung der mechanischen Charakteristika von menschlichen Gliedmaßen und Körperpartien; diese Eigenschaft wird als **Simulationsgüte** oder **Biofidelität** bezeichnet. So muss der bei Versuchen eingesetzte Dummy weitmöglichst das gleiche Bewegungsverhalten und die gleichen Steifigkeits- und Dämpfungseigenschaften aufweisen, wie sie der menschliche Insasse beim Anprall während eines Unfalls zeigt. Das bedeutet, dass der Dummy im Versuch die Kontaktstruktur in gleicher Weise deformieren muss, wie sie im Unfall durch den Menschen beschädigt wird. Ist dies nicht der Fall, so wird der Dummy die Kontaktstruktur nicht oder unter einem falschen Winkel treffen oder eine andere Ausprägung der Deformation hervorrufen; seine Gelenkigkeit und Nachgiebigkeit wären unzutreffend nachempfunden. Der Dummy wird beim Testeinsatz einer Situation ausgesetzt, in der der menschliche Körper verletzt werden würde oder Gliedmaßen brechen könnten. Im Gegensatz dazu dürfen der Dummy bzw. dessen Glieder möglichst nicht entzweigehen, sondern der Anprall muss so erfassbar sein, dass der Grad der entsprechenden Überlastung, die bei menschlichen Körperteilen zu Frakturen führt, messbar ist und somit bewertet werden kann.

Die eingangs geforderte **Reproduzierbarkeit** bedeutet beim Dummy-Einsatz, dass zum einen der gleiche Dummy bei wiederholt durchgeführten, gleichen Anprallversuchen zu gleichen Messergebnissen führt. Andererseits muss sichergestellt sein, dass sich bei Verwendung verschiedener Dummys bei ansonsten identischen Versuchen auch die gleichen Messresultate einstellen. Die entscheidende Voraussetzung dafür ist die Kalibrierung von Dummys, die auf der Basis von Messungen bei definierten Versuchsbedingungen und Sichtkontrollen durchzuführen ist. Da die Kalibrierung zeit- und kostenintensiv ist, muss der Dummy eine größere Anzahl von Versuchen, z. B. 15 Versuche ohne Gurt- oder Airbag-System, überstehen ohne Zerstörungen aufzuweisen. Zudem müssen die definierten Kalibrier-Grenzkurven, die eine zuverlässige Funktion garantieren, eingehalten werden. Üblicherweise aber wird ein Dummy nach etwa drei bis zehn Tests einer Kalibrierung unterzogen, selbst wenn am Dummy keine äußerlich sichtbaren Beschädigungen auftreten, um die Reproduzierbarkeit der Dummy-Messwerte sicherzustellen.

8.5.3.2 Instrumentierung

Verletzungskriterien für die verschiedenen Körperregionen des lebenden Menschen werden in Schutzkriterien am Dummy, die in gesetzlichen Vorschriften und Sicherheitsstandards festgelegt sind, überführt. Beide Kriterien werden in physikalischen Größen ausgedrückt, die sich am Dummy messen lassen. Die Toleranzschwelle korrespondiert dabei mit den Test-Grenzwerten, die bei gesetzlich vorgeschriebenen Versuchen anzustreben sind, um die Schutzkriterien nicht zu überschreiten. Die am Dummy installierten Aufnehmer ermöglichen das Messen dieser physikalischen Größen.

Die heute übliche Methode, Verletzungen im **Kopf** zu bewerten, besteht darin, die Resultierende der dreiaxial gemessenen, translatorischen Beschleunigung im Kopfschwerpunkt zu messen und daraus das Head Injury Criterion (HIC; Gl. 3.4) zu berechnen. Der Messbereich dieser piezoresistiven Aufnehmer reicht von 200 bis 2000 g. Da die biomechanische Basis für den HIC-Wert aus dem direkten Kopfanprall resultiert, wird die HIC-Berechnung nur auf ein Intervall von typischerweise 15 bzw. 36 ms begrenzt. Bei Versuchen werden im Dummy-Kopf mitunter Spitzenwerte von bis zu 200 g gemessen. Zur Berechnung des GAMBIT-Wertes (vergl. Gl. 3.20)sind neben den translatorischen Beschleunigungskomponenten die orthogonalen Komponenten der rotatorischen Beschleunigungen erforderlich. Deren Messung erfolgt durch die Ableitung der Signale aus dreiaxialen Drehwinkel-Geschwindigkeitsaufnehmern mit einem Messbereich von maximal 100 krad/s^2.

An der **Hals- und der Lenden-Wirbelsäule** werden als Schutzkriterien Biegemomente, Biegewinkel, Kompressionen und Scherkräfte gemessen. Dabei ist die

Messung von Kräften und Momenten mithilfe von piezoresistiven Aufnehmern problemlos möglich. Sie sind entweder einaxial ausgelegt oder weisen mehrere Komponenten auf.

Bei direkter Belastung des **Thorax** treten viele der Verletzungen aufgrund umfangreicher Brustdeformationen auf. Andererseits resultieren Verletzungen aus den trägheitsbedingten Reaktionen innerer Organe, die zu Überdehnungen und Zerreißungen führen. Derartige Verletzungen geschehen, ohne dass es zu größeren Rippendeformationen kommt. Daher werden bei den modernen Dummys, wie HIII, THOR, ES-2 oder WorldSID, im Thorax sowohl Beschleunigungen als auch Eindrückungen messtechnisch erfasst. Zur Ermittlung des Thoracic Trauma Index (TTI; Gl. 3.15) werden bei lateraler Belastung am US-SID-Dummy, ehemals im US-Standard FMVSS 214 vorgeschrieben, Maximalwerte der Beschleunigungen an der Brust-Wirbelsäule (T12) und an der seitlichen Rippe gemessen. Die Kombination der Deformationsgeschwindigkeit und der relativen Thorax-Eindrückung führt zur Berechnung des Viscous Tolerance Criterion (VC; Gl. 3.12), wobei die Geschwindigkeit aus der messtechnisch ermittelten Eindrückung errechnet wird. Die Eindrückungen werden mittels Drehpotentiometern (Abb. 8.21) oder mit kapazitiven bzw. induktiven Wegaufnehmern, die Beschleunigungen mit piezoresistiven Beschleunigungsaufnehmern erfasst.

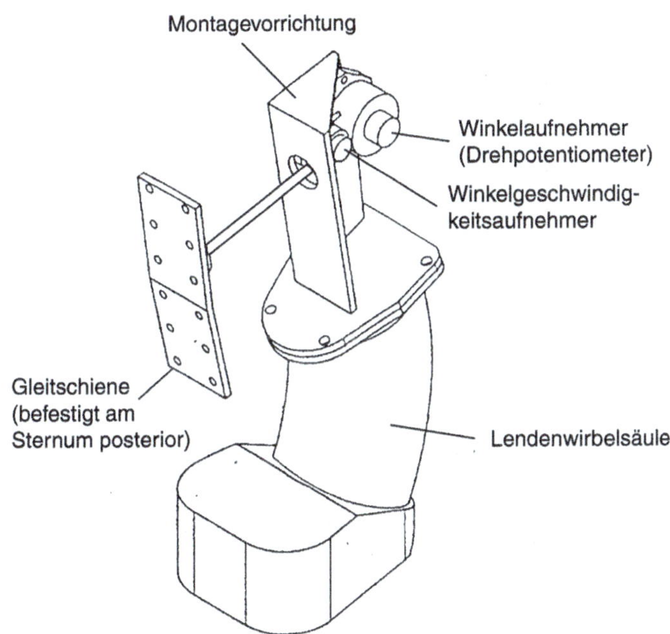

Abb. 8.21 Anordnung des Drehpotentiometers zur messtechnischen Erfassung der Brusteindrückung (aus [112])

Bei Frontal-Kollisionsversuchen führt die Penetration des Beckengurts zu Verletzungen im **Abdominalbereich**. Als Submarining-Kriterium werden daher Drehwinkel des Beckens aus rotatorischen Geschwindigkeiten integriert oder Dehnmessstreifen-Kraftaufnehmer beidseitig auf dem Beckenkamm zur Messung eingesetzt. Bei lateraler Belastung werden Eindrückungen und Kräfte gemessen.

Frontale Belastungen des **Beckens** werden durch Knie- und Oberschenkelkräfte eingeleitet und führen gelegentlich zu Frakturen der Gelenkpfanne, während laterale Belastungen zu Frakturen des knöchernen Beckens führen können. Es erscheint daher als ausreichend, im Dummy-Becken drei-axiale Beschleunigungen zu messen, für die jedoch bei Frontal-Kollisionsversuchen keine Test-Grenzwerte festgeschrieben sind. Lediglich im FMVSS 214 ist für Lateralbelastungen ein Spitzenwert von bis zu 130 g zulässig. Im europäischen Regelwerk UN-R 95 hingegen wird eine Kraftmessung in der Schambeinfuge mit einem Grenzwert von bis zu 10 kN zugelassen.

Die Verletzungsmechanik der **unteren Extremitäten** umfasst Frakturen der knöchernen Struktur, Rupturen und Dislokationen der Gelenke sowie Beschädigungen der Bänderstruktur. Für den Bereich Knie – Oberschenkel – Becken ist als Schutzkriterium die Oberschenkel-Längskraft, gemessen mit Kraftaufnehmern, etabliert. Für die Unterschenkel hat sich vor allem der Tibia-Index als Schutzkriterium etabliert, mehr dazu im Kap. 3. Daneben werden auch Längskräfte und Biegemomente an den Unterschenkeln sowie Scherkräfte im Kniegelenk gemessen.

8.5.3.3 Verwendete Dummys und ihr Einsatz

Es wurde bereits dargelegt, dass sich der Einsatz lebender Menschen im Rahmen der experimentellen Simulation aufgrund der zu erwartenden Belastung nur auf Ausnahmefälle – Freiwilligen-Versuche im deutlich unterkritischen Belastungsbereich – beschränken kann. Daher wurden bereits seit Ende der 1940er Jahre Dummys zunächst für Frontkollisionen (SAM, VIP, HYBRID I, II und III, THOR) und seit Ende der 1970er Jahre für Seitenkollisionen (US-SID, Bio-SID, EuroSID bzw. ES-2 und WorldSID) entwickelt. Zur Untersuchung der an zunehmender Bedeutung gewonnenen HWS-Distorsionen wurde an der Technischen Hochschule Chalmers in Göteborg (S) seit Ende der 1990er Jahre der BioRID (Biofidelic Rear Impact Dummy) entwickelt, seit 2002 vertrieben und im Versuch eingesetzt. Er zeichnet sich insbesondere durch eine realistische Nachbildung der Wirbelsäule aus [50]. Ein grober Überblick über den zeitlichen Ablauf der **Dummy-Entwicklung** ist in Tab. 8.4 dargestellt.

Bei der Festlegung des Hüftpunktes zur Ermittlung des für die Entwicklung entscheidenden Sitz-Referenzpunktes (SRP: Seat Reference Point) wird eine metallene, anatomische Gliederpuppe, **H-point Manikin** oder H-Punkt-Maschine (HPM), eingesetzt, mit deren Hilfe die Einsitzkräfte am Sitz simuliert werden können. Liegt der Sitz-Referenzpunkt fest, so muss sichergestellt werden, dass ein Dummy die entsprechende Position einnimmt; d. h. die H-Punkt-Maschine dient dann der Einstellung der Sitzposition und der Lehnenneigung. Bei diesem stark vereinfachten Dummy

Tab. 8.4 Historie der Dummy-Entwicklung zur fahrzeugsicherheitstechnischen Anwendung (Auswahl, nach [50, 18, 9, 23, 45])

Bezeichnung	Entwickler	Start der Entwicklung	Erläuterungen
ALDERSON	Alderson Res.Lab. & Sierra Engineering	1946	Mechanische Nachbildungen menschlicher Glieder
SAM	Sierra Engineering	1949	Erster Dummy, entwickelt für die US-Air Force
GARD DUMMY	Grumman-Alderson	1952	Forschungs-Dummy
FBP-Dummy	Alderson Res.Lab.	1954	Weiterentwicklung des GARD DUMMYs zur Anwendung für US-Air Force und Automobiltechnik
ASP-Dummy	Alderson Res.Lab.	1956	Dummy für APOLLO-Weltraumprojekt
VIP	Alderson Res.Lab.	1962-1971	Dummys in sitzender Position für Fahrzeugtechnik (50. -, 5. -, 95. Perzentil) und Kinder-Dummys (3 und 6 Jahre)
	Holliman Air Force Base	1963	Vergleichsstudie zwischen SIERRA SAM- und ARL VIP-Dummy sowie Freiwilligen im Test; Ergebnis: VIP-Dummy realistischer als SIERRA SAM
VIP 50 A und B	Alderson Res.Lab.	1964-69	Verbesserungen; Basis: VIP 50. Perzentil-Dummy; Weiterentwicklung von Dummys zum Testen vom Schleudersitzen bei der US-Navy und der US-Air Force
ACTD	ARL & SIERRA	1950-70	Entwicklung des Crash-Test-Dummys für Fahrzeugsicherheit (ACTD: Automotive Crash Test Dummy); 50. und 95. Perzentil-Dummy (männlich) sowie 5. Perzentil-Dummy (weiblich) auf der Basis GARD DUMMY, VIP und SAM
HYBRID I	General Motors (GM)	1971	Standardisierung des ARL- und des SIERRA 50. Perzentil-Dummys (männlich) zu einem Dummy; Kopf von SIERRA
HYBRID II	General Motors (GM)	1972	Verbesserung des HYBRID I hinsichtlich Kopf, Hals, Schulter, Wirbel-säule und Knie. Ausführliche Dokumentation
Part 572	NHTSA	1973	Einführung des HYBRID II-Dummys im Part 572 der US-Vorschriften (Code of Federal Regulations) für die Nutzung im FMVSS 208
ATD 502	General Motors (GM)	1973	Anthropometric Test Device 50th percentile 2nd generation: Verbesserung des HYBRID II hinsichtlich Kopf, Hals, Gelenke, Rippen; Neuentwicklung der Wirbelsäule und der Knie; Verbesserung der Körperhaltung, um die NHTSA-Anforderungen zu erfüllen
Pinocchio	TNO (Niederlande)	1973	Prototyp eines Kleinkinddummys
CAMI-Dummy	Civil Aeronautical Medical Institute der US Federal Aviation Administration	1973	Prototyp eines 18 Monate-Kind-Dummys für die Bewertung von Kindersitzen
HYBRID III	GM	1974	Weiterentwicklung des ATD 502: Neuentwicklung des Halses und des Thorax; mehr Aufnehmer. Optional einsetzbar für HYBRID II als Standard im FMVSS 208
P-Series	TNO (Niederlande)	1979-1994	TNO gemeinsam mit Kindersitzexperten der UN-Arbeitsgruppe: Kinderdummys (Neugeborenes bis 10-jähriges Kind) für den späteren Einsatz in der UN-R44

Tab. 8.4 (continued)

US-SID	NHTSA & University of Michigan Transportation Research Institute (UMTRI)	1979	Side Impact Dummy (SID) auf der Basis des HYBRID II; neue Thorax-Entwicklung zur Anwendung bei Seitenkollisionen. Später Standard für FMVSS 214
EuroSID	EEVC-WG9 Þ TRL, INRETS, APR, BASt & TNO	1983	Neuentwicklung eines Dummys (50. Perzentil (männlich)) für Seitenkollisionen; Später Anwendung bei Tests nach UN-R 95
HYBRID III	HUMANETICS & SAE	1987	Ableitung des 95. Perzentil-Dummy (männlich) und des 5. Perzentil-Dummy (weiblich) auf der Basis HYBRID III 50. Perzentil-Dummy
BioSID	GM, FTSS & SAE	1988	Entwicklung eines realistischeren Dummys für Seitenkollisionen (BioSID: Biofidelic Side Impact Dummy) auf der Basis des HYBRID III
CRABI 6 months und HYBRID III 3 years old	First Technologies Safety Systems (FTSS)	1992	Kinderdummys für die US-Gesetzgebung, später ergänzt durch weitere Altersklassen
SID-IIs	Humanetics	1994	Wurde entwickelt, um den Anforderungen eines verbesserten Seitenaufprallschutzes - insbesondere von Seitenairbags - gerecht zu werden. Der Dummy basiert auf unserem Hybrid III 5. Perzentil (weiblich) ATD, entspricht aber auch weitgehend der Anthropometrie eines kleinen Teenagers.
THOR	NHTSA & GESAC, später Humanetics	1994	Beginn der Entwicklung „Test Device for Human Occupant Restraint", einer neuen Generation von Dummys für Frontalkollisionen, der bisherige Erkenntnisse der Dummyentwicklung berücksichtigen sollte
Q-Series	Verschiedene EU Projekte	1996-2012	Entwicklung der Q-Serie-Kinderdummys (6 Wochen bis 10 Jahre) in verschiedenen EU-Projekten (CREST, CHILD, EPOCh) als Nachfolger der P-Serie, zusätzliche Messmöglichkeiten
BioRID	Chalmers University (Schweden)	1997	Biofidelic Rear Impact Dummy (50. Perzentil (männlich)) speziell für Heckkollisionen mit geringer Geschwindigkeit, um das Risiko von (Hals-) Wirbelsäulen-Verletzungen zu bewerten
WorldSID	International Standardization Organization (ISO)	1997	Projekt zur Entwicklung eines Worldwide harmonized Side Impact Dummys als gemeinsames Projekt der Dummyexperten der ISO
EvaRID	Chalmers University (Schweden), Humanetics	2010	Dummy für das 50. Perzentil (weiblich) speziell für Heckkollisionen, basierend auf dem BioRID
THOR-AV	Humanetics	2018	Modifizierte THOR-Dummys für 5. Perzentil (weiblich) und 50. Perzentil (männlich) für alternative Sitzpositionen in zukünftigen autonomen Fahrzeugen, entwickelt im Rahmen des AVOS-Konsortiums (Autnomous Vehicles Occupant Safety)

(Abb. 8.22) werden Torso-, Gesäß-, Oberschenkel- und Unterschenkel-Gewichte in ein Gestell, bestehend aus gelenkig verbundener Sitz- und Rückenform sowie eingehängten Oberschenkeln, sodass sich die Belastungen des Sitzpolsters und der -lehne einstellen.

Die Einsitz-Prozedur ist in der UN-R 14 festgeschrieben; schwierig gestaltet sich das Einsetzen dabei deshalb, weil die Eindringtiefe aufgrund des viskos-elastischen Verhaltens der Sitzpolster von der Eindringgeschwindigkeit anhängt.

In den frühen 1960er Jahren wurde vom TNO Road Vehicle Research Institute der vereinfachte **TNO-10-Dummy** zur Überprüfung der Gurtsystem-Auslegung (UN-R 16) entwickelt und 1970 eingeführt. Er setzt sich zusammen aus Kopf, Hals, Torso, Oberschenkeln, aber nur einem Unterschenkel (Abb. 8.23). Die Gelenke zwischen den Körpereinzelteilen können eingestellt werden. Seine Größe beträgt 174 cm und sein Gewicht kann variiert werden zwischen 70 und 82 kg. Am Dummy selbst lassen sich keine Beschleunigungs- oder Kraftmessungen vornehmen. Vielmehr wird bei dem im

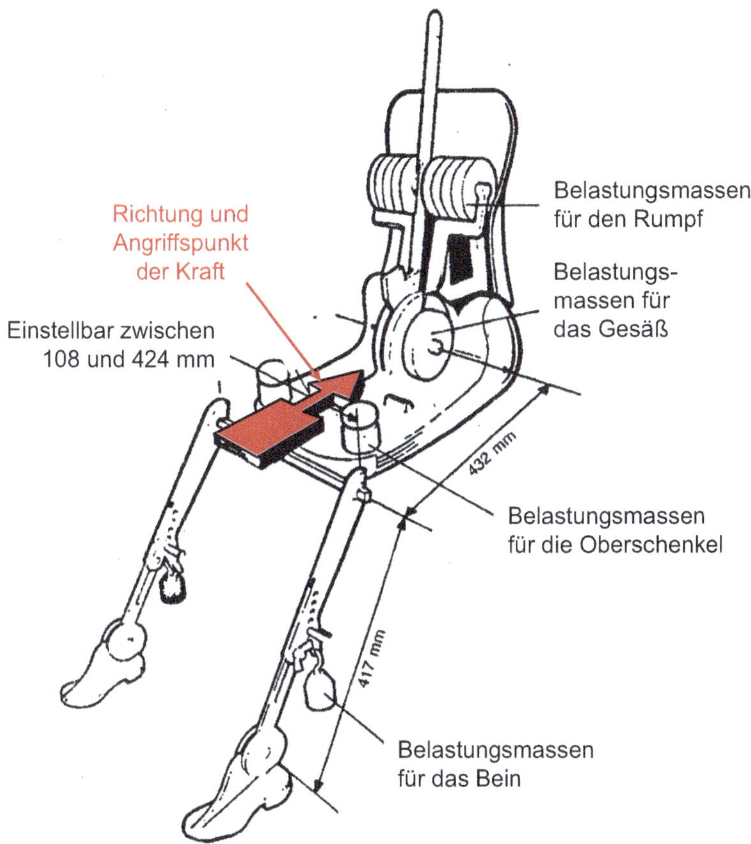

Abb. 8.22 H-Punkt-Maschine (H-point Manikin) zur Festlegung des Sitz-Referenzpunktes (aus UN-R 14)

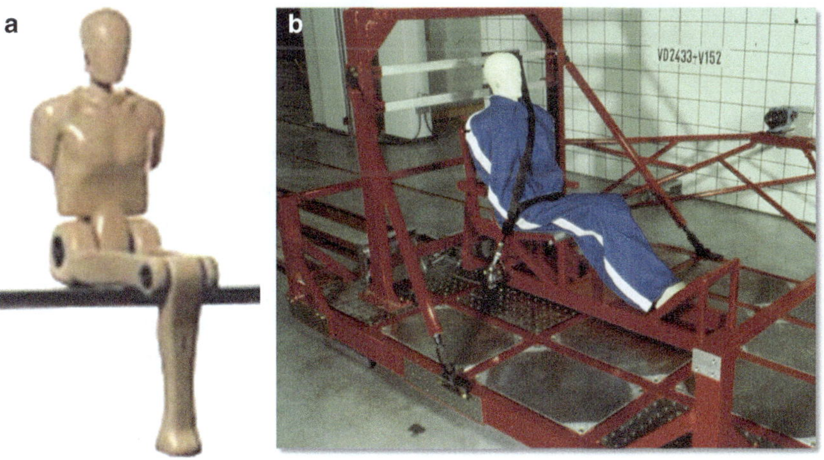

Abb. 8.23 Struktur des TNO-10-Dummy (**a**) und im Einsatz beim Schlittenversuch (**b**)

UN-Regelung 16 vorgeschriebenen Schlittentest, bei dem der Gurt nicht reißen und keine Komponenten brechen dürfen, lediglich die Grenze der Dummy-Vorverlagerung festgelegt.

Mit Einführung des UN-Reglements 44 zu Kinder-Rückhaltsystemen in Kraftfahrzeugen im Jahre 1980 stellte TNO eine parallel dazu entwickelte **Kinder-Dummy-Serie** vor, die Kinder im Alter von neun Monaten (P $\frac{3}{4}$), drei (P3), sechs (P6) und zehn Jahren (P10) repräsentieren. Hinzu kam 1984 ein Dummy, der einem neugeborenen Kind entspricht. Zur Gewährleistung eines realistischen Bewegungsverhaltens sind Schulter- und Hüftgelenk als Kugelgelenke, Ellbogen und Knie hingegen als Scharniergelenke ausgelegt. Der Kopf lässt sich um seine vertikale Achse und in Höhe der beiden oberen Halswirbel (Atlas und Axis) um seine Querachse drehen. Der Abdominalbereich enthält einen aus weichem Schaum geformten Baucheinsatz. Im Kopf und in der Brust lassen sich mit drei-axialen Aufnehmern Beschleunigungen messen, darüber hinaus werden Aufnehmer zur messtechnischen Erfassung der Halskräfte und -momente eingesetzt. Ab dem Jahr 2013 wurden die veralteten Dummys der P-Familie (P $\frac{3}{4}$, P1 $\frac{1}{2}$, , P6 etc.) durch Kinder-Dummys einer neuen Generation, der sogenannten Q-Serie abgelöst.

Zur experimentellen Überprüfung kompletter Kraftfahrzeuge sind hoch entwickelte Dummys erforderlich. Der ursprünglich von General Motors entwickelte **HYBRID II** und vor allem sein Nachfolger **HYBRID III** werden weltweit als Standarddummys bei Frontalkollisionen nach FMVSS 208 bzw. UN-R 94 und UN-R 137, in Verbraucherschutzprogrammen sowie bei allen Forschungsaktivitäten in diesem Bereich angewendet (Tab. 8.4 und Abb. 8.24). Sie werden auch als Fußgänger- und Motorradfahrer-Dummys

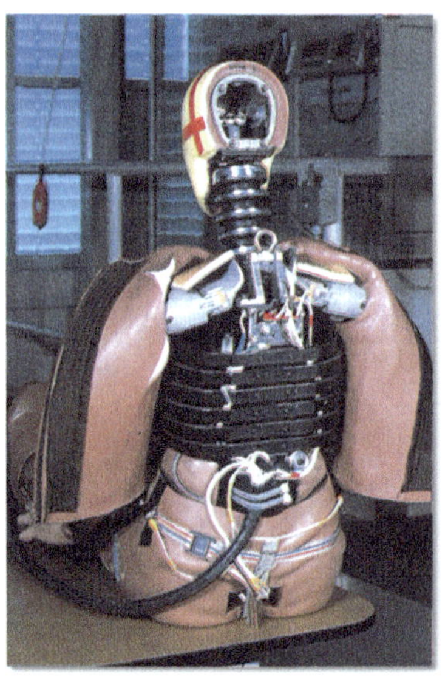
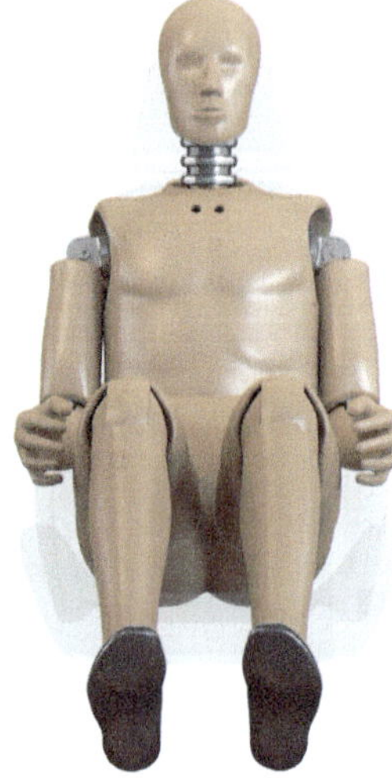

Abb. 8.24 Dummy HYBRID III – Struktur und Messstellen (nach [23, 45])

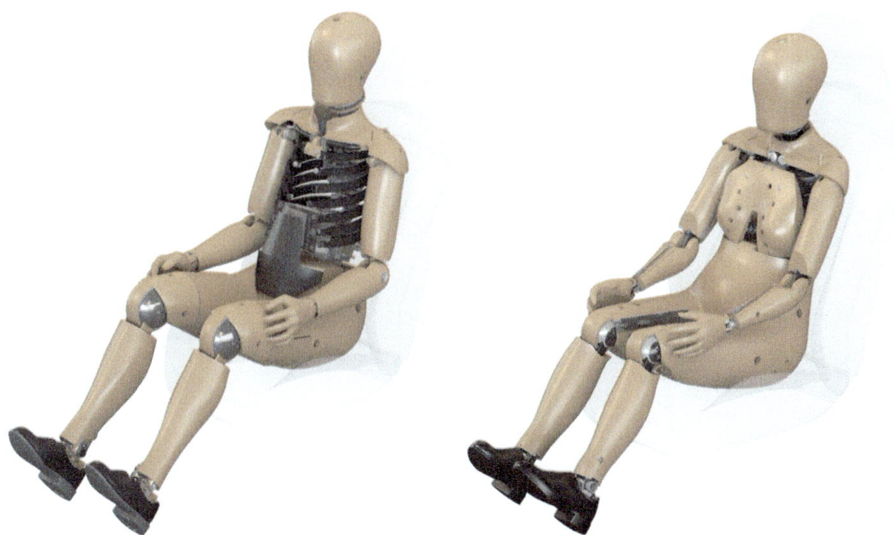

Abb. 8.25 Dummys der THOR-Baureihe – 50. (links)- und 5. Perzentil (rechts) [45]

eingesetzt. Aus dem HYBRID-III-50. Perzentil-Dummy wurden der 5. Perzentil- (weiblich) und der 95. Perzentil-Dummy (männlich) abgeleitet.

Beim HYBRID-III-Dummy können bis zu 60 Messkanäle zum Einsatz gebracht werden. Seit einigen Jahren werden die Dummys der HYBRID-III-Generation durch die neuen Dummys der **THOR**-Baureihe ersetzt, THOR steht dabei für „**T**est device for **H**uman **O**ccupant **R**estraint", Abb. 8.25. Wesentliches Merkmal der neuen Dummygeneration ist die noch einmal deutlich verbesserte Ausstattung mit Sensoren. Bis zu ca. 200 Messkanäle erlauben noch genauere Aussagen zum Verletzungsrisiko von Fahrzeuginsassen bei Verkehrsunfällen. Der 50. Perzentil-Dummy des THOR wird seit 2020 im europäischen Neuwagenbewertungsprogramm Euro NCAP sowie in anderen Verbraucherschutzprogrammen verwendet und wird voraussichtlich den entsprechenden HYBRID III in den kommenden Jahren ersetzen. Der 5. Perzentil-Dummy (weiblich) dieser Dummygeneration, der sogenannte THOR-5F, ist der erste Dummy der ausschließlich auf anthropometrischen Daten von Frauen basiert. Die Markteinführung wird derzeit vorbereitet.

Bei der Überprüfung von **Seitenkollisionen** existieren zwei unterschiedliche Test-Prozeduren: der Anprall einer fahrbaren Barriere, die ein anderes Fahrzeug darstellt, an das Testfahrzeug (FMVSS 214 bzw. UN-R 95) sowie der Anprall des Testfahrzeuges an einen Pfahl (FMVSS 214 bzw. UN-R 135 und GTR 14). Dafür gibt es eigene, spezifische Dummys: den US-SID 50. Perzentil, den sogenannten ES-2 (die zweite Generation des EuroSID, Abb. 8.26), den SID-IIs sowie den WorldSID.

Der **US-SID**, ein für den Seitenaufprall modifizierter Hybrid-III-Dummy 50. Perzentil (männlich) aus den USA, ist inzwischen kaum mehr im Einsatz. Moderner ist der **ES-2**, ein 50. Perzentil-Dummy (männlich), Abb. 8.26, der ursprünglich in Europa entwickelt wurde,

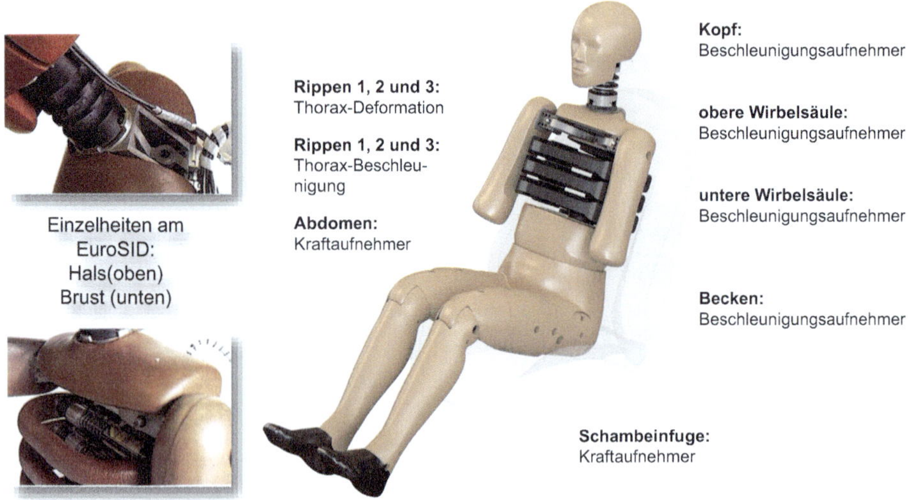

Abb. 8.26 Der europäische Dummy für Seitenkollisionen (EuroSID) mit Einzelheiten des Halses und der Brust (nach [23, 45])

der aber auch für die Tests nach FMVSS 214 in einer leicht modifizierten Variante und für viele Ratingtests inzwischen vorgeschrieben ist. Der **SID-IIs** ist ein kleiner Dummy, der einen weiblichen Insassen des 5. Perzentils repräsentiert. Der **WorldSID** repräsentiert die aktuelle Generation neuer, weltweit harmonisierter Dummys. Der WorldSID-50M, ein 50. Perzentil-Dummy (männlich) wird bereits für gesetzlich vorgeschriebene Tests nach GTR 14/UN-R 135 und im Verbraucherschutz eingesetzt, Abb. 8.27, die weibliche 5. Perzentil-Variante WorldSID-5F ist in der Spätphase der Entwicklung. Allen Dummys für Seitenkollisionen gemeinsam ist die Anordnung der Sensoren so, dass die Belastung des menschlichen Körpers bei einem seitlichen Aufprall optimal bewertet werden kann. Bis zu etwa 100 Messkanälen stehen dafür bei den modernsten Dummys zur Verfügung.

Auch zur experimentellen Simulation von Verletzungsrisiken bei Heckkollisionen wurden in der Vergangenheit spezielle Dummys entwickelt. Durchgesetzt hat sich der sogenannte **BioRID-II,** der Biofidelic Rear Impact Dummy der 2. Generation, Abb. 8.28. Dieser Dummy wurde speziell zur Bewertung des Risikos von Halswirbelsäulen-Schleudertraumata bei Heckkollisionen mit geringer Geschwindigkeit entwickelt und wird in der GTR 7 sowie der UN-R 17 sowie in Verbraucherschutztests eingesetzt. Eine weibliche Variante dieses männlichen 50. Perzentil-Dummys, der sogenannte EvaRID, wurde um 2010 in Schweden entwickelt und repräsentiert eine 50. Perzentil-Frau. Über einen zukünftigen Einsatz wurde noch nicht entschieden.

Neben den Dummys, die erwachsene Fahrzeuginsassen darstellen, gibt es auch spezielle Kinderdummys. Diese wurden seit Beginn der 1970er Jahre sowohl in den USA als auch in Europa entwickelt. Die gebräuchlichsten Dummys sind heute die Kinderdummys der HYBRID-III-Baureihe, die CRABI-Dummys, die sogenannten

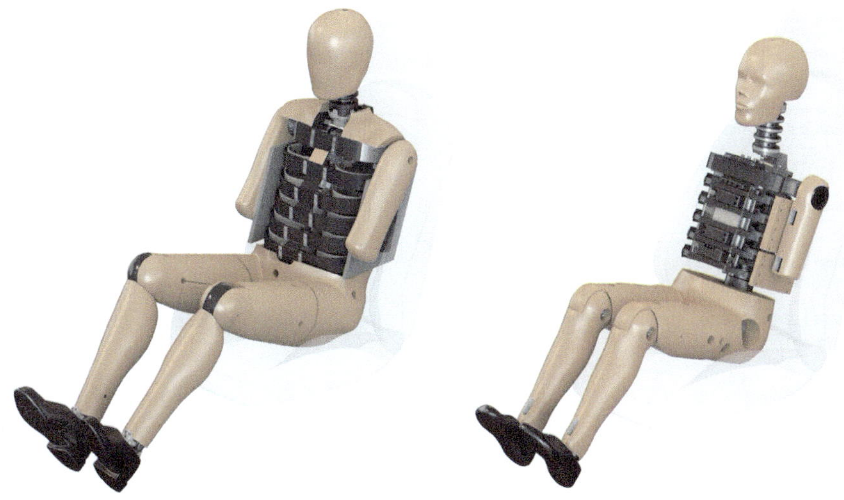

Abb. 8.27 Dummys für den Seitenaufprall: WorldSID-50M (links) und SID-IIs (rechts) [45]

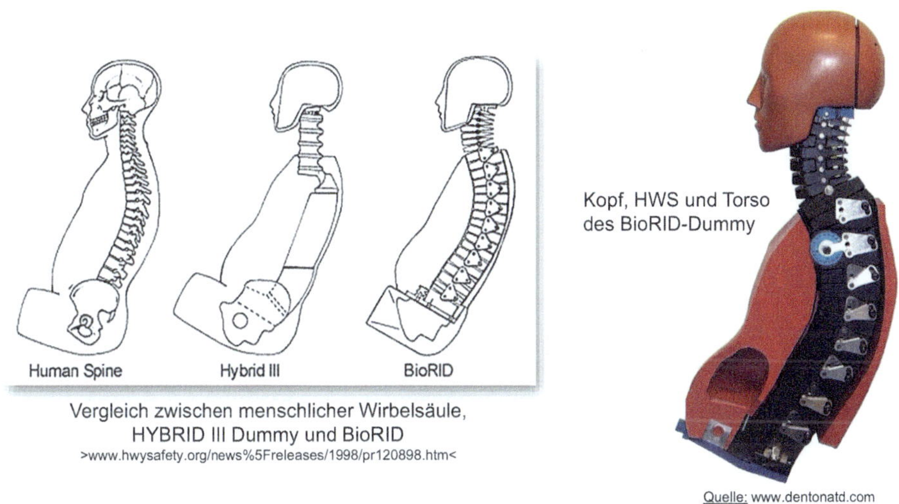

Abb. 8.28 BioRID (Biofidelic Rear Impact Dummy) im Vergleich und in Realität [23]

P-Dummys sowie die Q-Dummys. Der **HYBRID III** 3 years old, der H III 6 years old sowie der H III 10 years old sind Dummys, die auf der HYBRID-III-Baureihe basieren und ein 3-jähriges, ein 6-jähriges und ein 10-jähriges Kind darstellen. Ergänzend zu den HIII-Dummys gibt es **CRABI**-Dummys (Child Restraint and Airbag Interaction) für das 6-monatige, das 12-monatige sowie das 18-monatige Kleinkind. Die HYBRID-III- und die CRABI-Dummys werden in den US-Vorschriften (FMVSS 208, FMVSS 213) zum Testen der Wirksamkeit der Fahrzeugrückhaltesysteme für Kinder sowie zur Bewertung

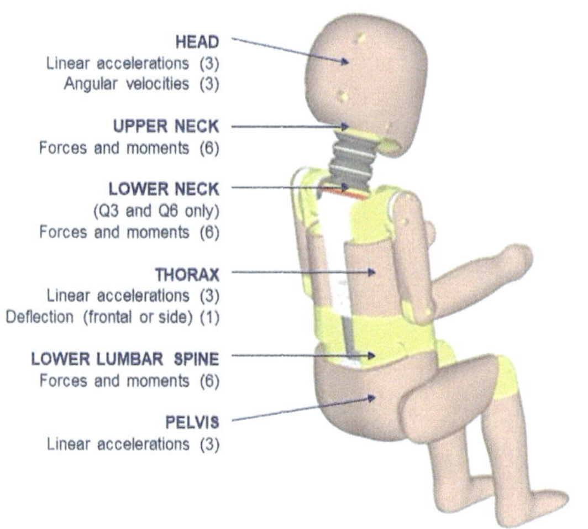

Abb. 8.29 Instrumentierung der Q-Dummys mit Messkanälen [45]

von Kindersitzen verwendet. Die **P-Serie** besteht aus Dummys in den Altersgruppen Neugeborenes, 9-monatiges- und 18-monatiges Kleinkind sowie 3-jähriges, 6-jähriges und 10-jähriges Kind. Diese Dummys wurden ursprünglich von TNO in den Niederlanden entwickelt und in der UN-Regelung 44 vorgeschrieben. Auch sie dienen sowohl der Bewertung von Kindersitzen als auch der Bewertung von Rückhaltesystemen in Fahrzeugen. Die modernste Baureihe der Kinderdummys ist die **Q-Serie**, die seit den frühen 2000er Jahren in verschiedenen europäischen Forschungsprojekten entwickelt wurde. Die Q-Dummys repräsentieren die gleichen Altersklassen wie die P-Serie, zeichnen sich aber durch eine realistischere Anatomie und Massenverteilung aus. Zusätzlich werden überwiegend Kunststoffe für den Dummyaufbau verwendet. Abb. 8.29 zeigt die Ausstattung der Q-Dummys mit Messkanälen. Die Q-Dummys werden in der UN-R 129 sowie in verschiedenen Verbraucherschutzprogrammen verwendet. Ergänzt wird die Q-Dummy-Baureihe durch den **Q3s,** einen Q3-Dummy, der speziell für den Einsatz in Seitenkollisionen noch einmal optimiert wurde. Dieser wurde durch die NHTSA 2020 für die Verwendung im FMVSS 214 vorgeschrieben.

8.5.4 Messtechnik

Am Dummy gemessene Belastungsgrößen dienen als Kriterium für die Schwere der beim Unfall zu erwartenden Verletzungen von Personen, während die am Fahrzeug messtechnisch erfassten Größen ein Maß für die Unfallschwere darstellen. Diese mechanischen Größen werden mithilfe von Aufnehmern erfasst und in elektrische Signale umgewandelt, die sich in analoger oder digitaler Form umwandeln, analysieren und speichern oder registrieren lassen. Im Folgenden soll zunächst auf den allgemeinen

Aufbau von Messketten eingegangen werden. Anschließend werden Prinzipien von Messwert-Gebern bzw. Sensoren, die bei Sicherheitsversuchen Verwendung finden, erläutert und die Erfassung und Verarbeitung der Messdaten dargestellt.

8.5.4.1 Messkette

Als Messkette bezeichnet man die Gesamtheit aller Einrichtungen, um den Messwert einer Messgröße zu ermitteln [80]. Der Aufbau einer derartigen Messkette zeichnet sich im Wesentlichen durch drei Teilsysteme aus: den Messwert-Geber, den Übertragungsteil und die Speicherung oder Registrierung. Die Messaufgabe entscheidet dabei über die Gebereigenschaften, die Art der Anzeige- oder Registriergeräte und das Übertragungsverhalten der gesamten Messkette. Bei der Wahl der Messkette sind folgende Kriterien von Bedeutung:

- Messbereich, Empfindlichkeit und Fehlergrenzen,
- untere und obere Grenzfrequenz,
- Raumbedarf, d. h. Entfernung zwischen Messobjekt (Geber) und Messperipherie (Speicher- und Registriergerät) sowie
- Rückkopplung auf das Messobjekt durch mechanische, klimatische, chemische und elektromagnetische Einflussfaktoren im Messbetrieb.

8.5.4.2 Messwert-Geber

Messwert-Gebern kommt die Aufgabe zu, eine physikalische, meist nicht-elektrische Größe (Beschleunigung, Weg, Kraft u. a.) in eine elektrische Größe umzusetzen; oftmals geschieht dies über eine nicht-elektrische Zwischenstufe. Im eigentlichen Sinn besteht daher der Geber aus einem Messgrößen-Aufnehmer (z. B. Beschleunigung am Messobjekt und am Gebergehäuse – seismische Masse – Balkenbiegung) und einem Wandler, der eine mechanische Größe in ein elektrisches Messsignal (Erfassung der Auslenkung des Biegebalkens mittels Dehnmessstreifen oder piezorestistive Elemente) umwandelt. Der Zusammenhang zwischen dem elektrischen Ausgangssignal und der mechanischen Eingangs- oder Messgröße wird durch die Kalibrierkurve charakterisiert, die linear, nicht-linear und/oder unstetig sein kann. Im Falle eines (weitgehend) linearen Zusammenhanges vereinfacht sich die Kalibrierkurve zu einem Kalibrierwert, dieser wird als Geberkonstante bezeichnet.

Bei der **Beschleunigungsmessung** werden Sensoren eingesetzt, die eine schwingungsfähig aufgehängte Masse (sog. seismische Masse) aufweisen. Die Masse ist über eine Feder mit dem Gehäuse verbunden. Die sich aufgrund der Beschleunigungs- oder Trägheitskraft ergebende Relativbewegung der Masse gegenüber dem Gehäuse wird zur Messung genutzt, indem piezoresistive Elemente (früher: Dehnmessstreifen), die ihren elektrischen Widerstand entsprechend der mechanischen Belastung ändern, auf dem freitragenden Biegeträger befestigt und elektrisch als *Wheatstone*sche Brücke geschaltet werden. Die sich bei wirksamer Beschleunigung einstellende Auslenkung der Biegefeder bewirkt eine Spannungsänderung der Brückenschaltung, die proportional

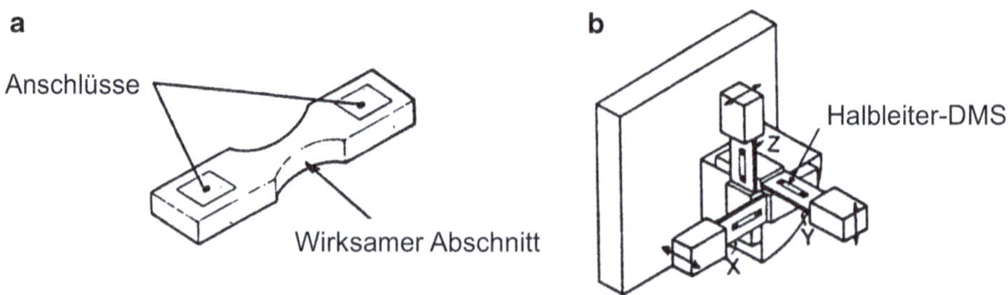

Abb. 8.30 **a** Piezoresistives Messelement aus Silizium und **b** drei-axialer Beschleunigungsaufnehmer.

zur eingeleiteten Beschleunigung ist. Im Vergleich zu den anfangs üblichen Dehnmessstreifen weisen piezoresistive Messelemente nur eine geringe, vernachlässigbare mechanische Hysterese auf und sind um Größenordnungen empfindlicher. Mit Piezo-Beschleunigungsaufnehmern können quasi-statische Messungen ($f = 0$ Hz) durchgeführt werden. Abb. 8.30 zeigt ein piezoresistives Messelement (linke Darstellung) und drei orthogonal angeordnete Beschleunigungsaufnehmer (rechte Darstellung) zur Messung der drei ortsfesten Beschleunigungskomponenten in x-, y- und z-Richtung, die beim Dummy zum Einsatz kommen. Eine andere Möglichkeit der Beschleunigungsmessung besteht darin, die Masse durch Piezoelemente oder Kohleblättchen, die elektrische Widerstände sind, getrennt vom Gehäuse anzuordnen. Die bei einer Beschleunigung wirksame Trägheitskraft ergibt eine Druckänderung, die eine Spannungs- oder Widerstandsänderung (Brückenschaltung) bewirkt und sich abgreifen lässt [79]. Zur Dämpfung von Eigenschwingungen dient das im Gehäuse eingefüllte Silikonöl.

Die **Kraftmessung** erfolgt über eine Weg- oder Dehnungsmessung an einem elastisch verformbaren Körper. Die in einer Brückenschaltung angeordneten Dehnmessstreifen aus Draht oder piezoresistiven Messelementen ergeben Widerstandsänderungen, die eine Änderung der Brückenspannung zur Folge haben. Bei piezoelektrischen Kraftmessdosen ergeben sich Spannungsänderungen, die proportional zur messenden Kraft sind. Kraftmessungen sind aber auch möglich mittels des Tauchspulsystems. Der zu messenden Kraft wird eine elektrisch erzeugte Reaktionskraft entgegengesetzt (Kompensationsmessung). Durch die Nachregelung stellt sich ein Kräftegleichgewicht ein. Der dazu erforderliche Strom ist proportional zur Reaktionskraft und kann zur Messung abgegriffen werden.

Bei der **Druckmessung** kommt das Prinzip der Kraftmessung zur Anwendung, denn sie erfolgt durch die Messung der sich einstellenden Kraft über die Verformung einer Membran, auf der Dehnmessstreifen angebracht sind. Neuere Techniken benutzen die Anwendung von Dickschicht-Widerständen.

Bei der **Winkelmessung** werden meist Schleifenpotentiometer eingesetzt, mit deren Hilfe die Analogie zwischen der Länge eines Draht- oder Schichtwiderstandes und seinem Widerstandswert zur Messung verwendet wird. Die abgegriffene Drahtlänge ergibt sich konstruktiv aus dem zu messenden Relativwinkel.

Eindrückungen und Deformationen werden mithilfe der **Wegmessung** ermittelt. Die Wegänderung wird dabei in elektrische analoge oder digitale Signale in der Weise umgesetzt, dass aus den Abstandsänderungen zum Messobjekt proportionale Änderungen der Kapazität oder der Induktivität eines Kondensators oder eines Magnetfeldes resultieren. Eindrückungen lassen sich aber auch aus der Messung der Geschwindigkeit oder der Beschleunigung ermitteln, an die sich eine ein- oder mehrmalige Integration anschließt. Bei der Brustdeformation am Dummy kommt, unter Zuhilfenahme einer Kompensationsschaltung zur Berücksichtigung der Winkelfunktion, ein Drehpotentiometer zum Einsatz (vgl. Abb. 8.21).

Integrierte Sensoren umfassen Messwertgeber und Signalelektronik direkt an der Messstelle, um das Steuergerät zu entlasten. Die Datenübertragung kann mit digitalisierten Signalen erfolgen, sie lässt sich damit erheblich störsicherer gestalten. Die Signalelektronik kann erforderlichenfalls aus einer Signalaufbereitungseinheit, einem Digital/Analog-Wandler und/oder einem Mikro-Computer bestehen.

8.5.4.3 Messdaten-Erfassung und -Verarbeitung

Während bei der Beschreibung der Messkette auf drei Teilsysteme abgehoben wurde (Messwert-Geber, Übertragungsteil und Speicherung oder Registrierung), soll hier auf die am Messobjekt vorgenommene Erfassung von Messdaten und deren Verarbeitung eingegangen werden, die schließlich zur Analyse der Messergebnisse führt. Unter der Messdaten-Erfassung versteht man, wie Abb. 8.31 zeigt, die Generierung der Messdaten mithilfe des Aufnehmers, die Übertragung, die analoge oder die digitale Speicherung sowie die ggf. erforderliche Umsetzung vor der digitalen Speicherung. Die Messdaten-Verarbeitung umfasst dagegen im Allgemeinen die Umsetzung der Messdaten zur digitalen Speicherung und die Speicherung selbst, die numerische Verarbeitung sowie

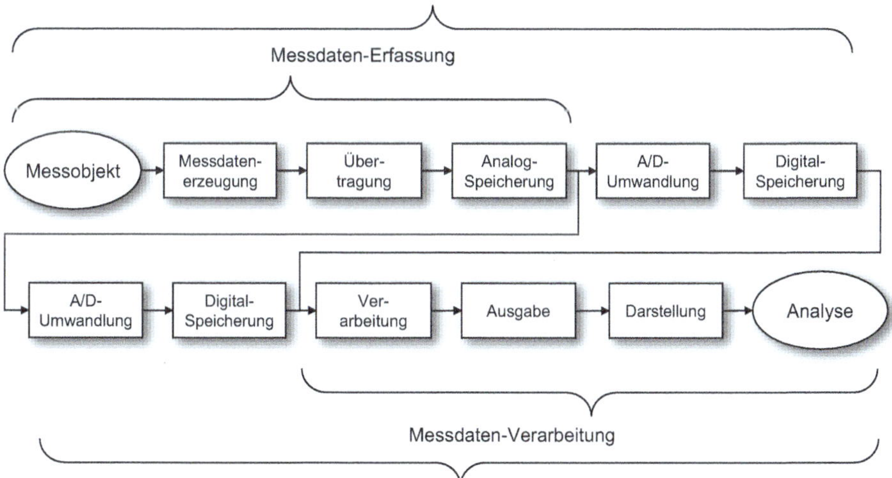

Abb. 8.31 Aufgaben und Begriffe der Messdaten-Erfassung und -Verarbeitung

die Ausgabe der Daten in Speicher und/oder die Darstellung der Messdaten und Ergebnisse. Die Umsetzung und die digitale Speicherung der Messdaten kann damit sowohl im Rahmen der Erfassung als auch bei der Verarbeitung der Messdaten erfolgen.

Bei der **Generierung oder Erzeugung** von Messdaten wird die zu messende physikalische Größe in eine messtechnisch erfassbare Größe umgesetzt, z. B. wird aus der Beschleunigung eine Balkenbiegung, und in ein elektrisches Messsignal (Verstimmung der Brückenspannung) umgewandelt. Dabei muss das elektrische Messsignal an die erwartete physikalische Größe am Messobjekt hinsichtlich Messbereich und Empfindlichkeit angepasst sein und ggf. verstärkt werden.

Die **Übertragung** von Messdaten umfasst die Kommutierung, die Modulation, die Analog/Digital-(A/D-)Umsetzung und das Multiplexen des Messsignals. Dabei dient die **Modulation**, eine temporäre Umformung des Messsignals, vor allem der Übertragungssicherheit. Die Umkehrung bezeichnet man als Demodulation. Gelegentlich werden aber auch solche Umformungen als Modulation bezeichnet, bei denen unter Verzicht auf die Kontinuität der Signale die Anzahl der übertragenen Signale erhöht wird, ohne dabei die Übertragungssicherheit zu erhöhen (z. B. bei der PAM). Die wichtigsten Modulationsarten sind nach [87]:

- AM: Amplituden-Modulation (zeit- und amplitudenkontinuierlich),
- FM: Frequenz-Modulation (zeit- und amplitudenkontinuierlich),
- PM: Phasen-Modulation (zeit- und amplitudenkontinuierlich),
- PLM: Puls-Längen-Modulation (zeitkontinuierlich, amplitudendiskret),
- PPM: Puls-Phasen-Modulation (zeitkontinuierlich, amplitudendiskret),
- PFM: Puls-Frequenz-Modulation (zeitkontinuierlich, amplitudendiskret),
- PAM: Puls-Amplituden-Modulation (zeitdiskret, amplitudenkontinuierlich) und
- PCM: Puls-Code-Modulation (zeit- und amplitudendiskret).

Oftmals besteht die Notwendigkeit, mehrere Messsignale über nur einen Kanal zu übertragen. Dies umso mehr, je größer die Entfernung zwischen Messobjekt und Analog- oder Digital-Speicher ist. Dabei ist es unerheblich, ob die Übertragung über ein Kabel oder per Telemetrie, also drahtlos, erfolgt. Es handelt sich hierbei um die Multiplex-Übertragung, bei der zwei verschiedene Verfahren existieren: Das wesentliche Merkmal beim.

Zeitmultiplex-Verfahren ist in der Kommutation und der Dekommutation zu sehen. Dabei werden alle am Kommutator anliegenden Signale zyklisch abgegriffen, und es entsteht ein Übertragungssignal, das sich aus einer zeitlich aneinander gereihten Kette von Zeitabschnitten der verschiedenen Signale zusammensetzt. Diese werden später wieder durch den synchron laufenden Dekommutator zerlegt und es entstehen diskrete Darstellungen der zu übertragenden, ursprünglich kontinuierlichen Signale. Beim **Frequenzmultiplex-Verfahren** wird jedem einzelnen zu übertragenden Signal ein bestimmter Frequenzbereich zugeordnet. Anschließend werden die modulierten Signale gemischt und direkt oder nach nochmaliger Frequenzmodulation übertragen. Die Vorzüge der Frequenzmodulation, wie Kontinuität und Störunempfindlichkeit, bleiben erhalten und dennoch können mehrere Messsignale gleichzeitig über einen Kanal übertragen werden.

Analoge Messdaten lassen sich mithilfe eines Magnetband-Aufzeichnungs-gerät speichern, dies entspricht jedoch heute nicht mehr dem Stand der Technik und beschränkt sich daher lediglich auf Sonderfälle. Allerdings lassen sich Analogsignale hervorragend mit einem x/y-Schreiber, einem Direktschreiber, einem Lichtstrahloszillo-graphen oder einem Oszilloskop registrieren. Analoge Daten werden zur **Speicherung** meist mittels des A/D-Wandlers umgesetzt und einer Zentralen Steuereinheit zugeführt, während digitale Messdaten direkt an die Steuereinheit zur Speicherung übertragen werden. Von der Zentraleinheit gelangen die Messdaten zur digitalen Speicherung. Als Medien kommen digitale Magnetbänder, Magnetplatten, Magnetplattenstapel und Compact Discs (CDs) zur Anwendung. Ein häufig anzutreffender Digitalspeicher ist der Transientenrekorder, der die digitalisierten Dummy-und Fahrzeug-Messdaten direkt am Fahrzeug oder am Schlitten aufnehmen kann. Er ist schockfest und kann daher den beim Crash-Test auftretenden Beschleunigungen ohne Beschädigung ausgesetzt werden.

Messwerte werden häufig von unerwünschten elektrischen Signalen überlagert. Um die Messwerte von diesen Störsignalen zu trennen, kommen **Filter** zum Einsatz, die das Signal im Amplitudenspektrum zu höheren (Tiefpass-Filter) und gelegentlich zu niedrigeren Frequenzen (Hochpass-Filter) hin „abschneiden". Für Messsignale bei Auf-prall-Versuchen wird nach [47] eine Kanal-Frequenz-Klasse (CFC: Channel frequency class) für die verschiedenen Anwendungen durch die Angabe der Filterfrequenz-Klasse (z. B. CFC 1000) definiert. Sie gibt einen zulässigen Bereich an, in dem das Amplituden-spektrum des Messwert-Gebers liegen muss (Abb. 8.32).

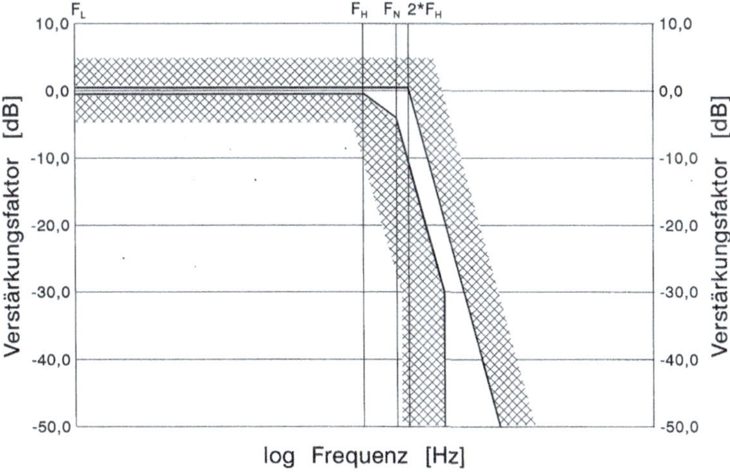

Abb. 8.32 Zulässiger Bereich des Amplitudenspektrums für Messsignale bei Sicherheitsversuchen (aus Channel Frequency Class in [47])

Tab. 8.5 Frequenz-Klassen bei Sicherheitsversuchen (nach [47])

Anwendung	Frequenz-klasse FH [Hz]	Eck-Frequenz FN [Hz]	Grenz-Frequenz 2 · FH [Hz]
Beschleunigung an Fahrzeugstrukturen und an Versuchseinrichtungen zur Anwendung bei:			
Zellen- oder Schlittenverzögerungen (experimentell und rechnerisch)	60	100	120
Integration zur Ermittlung der Geschwindigkeit und des Weges	180	300	360
Strukturkomponenten	600	1.000	1.200
Kraftmessung an der Barriere	60	100	120
Kräfte am Gurtsystem	60	100	120
Belastungen am Lenksystem	600	1.000	1.200
Test-Dummy:			
Kopfbeschleunigungen (translatorisch und rotatorisch) und Halskräfte	1.000	1.650	2.000
Beschleunigungen der Kopfkalotte	1.000	1.650	2.000
Halsmomente, Brusteindrückung, Oberschenkelkräfte und -momente	600	1.000	1.200
Wirbelsäulenbeschleunigungen	180	300	360
Rippen- und Brustbeinbeschleunigungen	1.000	1.650	2.000
Lendenwirbelsäulenkräfte und -momente	1.000	1.650	2.000
Beckenbeschleunigungen, -kräfte und -momente	1.000	1.650	2.000

In Tab. 8.5 sind typische Anwendungen aufgelistet und neben der Frequenzklasse (F_H) die Eck- und die obere Grenzfrequenz (F_N bzw. $2 \cdot F_\mathrm{H}$) angegeben. Der Abfall der Grenzlinien beträgt -24 dB. Die am häufigsten angewandten Filter sind das *Butterworth-*, das *Tschebyscheff* – und das *Bessel*-Filter. Während ersteres gewöhnlich für stetige Signale verwendet wird, besitzt das *Tschebyscheff*-Filter zwei Eigenschaften, die es für manche Anwendungen ungeeignet machen: der Frequenzgang ist nicht eben und der Phasengang beginnt bereits bei einer sehr niedrigen Frequenz. Der Vorteil liegt zweifellos in der hohen Filtersteilheit. *Bessel*-Filter zeichnen sich durch die lineare Phasenverschiebung in Abhängigkeit von der Frequenz und die guten Dämpfungseigenschaften aus. Bei einer digitalen Filterung wird das Messsignal derart digitalisiert und aufbereitet, dass das rückgeführte Analogsignal bei bestimmten Frequenzen gedämpft ist. Wie bei jedem Digitalisierungsvorgang muss daher der sogenannte Alias-Effekt, d. h. der Fehler, der beim digitalen Abtasten durch Nichtbeachtung des Abtasttheorems auftritt, vermieden werden. Dies geschieht durch eine vorangehende analoge Filterung (Anti-Aliasing) oder durch eine Abtastrate, die mindestens den dreifachen Wert der höchsten Signalfrequenz aufweist [79].

Die **numerische Verarbeitung** der Messdaten, beispielsweise zur Berechnung der Resultierenden aus den einzelnen Beschleunigungskomponenten oder des HIC-Wertes, sowie die Gesamtbewertung der Versuchsergebnisse, etwa in Form des im Kap. 4

beschriebenen Sicherheitsindexes oder eines Sterne-Rankings bei NCAP-Versuchen [37], erfolgt meist mithilfe kommerziell vertriebener Software-Pakete, gelegentlich ergänzt und erweitert durch Anwender-Programme, auf elektronischen Rechnern. Am Bildschirm darstellbare Messsignal-Verläufe und numerische Ergebnisse lassen sich mit Stiftplottern und mit Tintenstrahl- oder Laserdruckern aufgrund der hohen Auflösung in hervorragender Qualität zu **Dokumentationszwecken** ausgeben. Erste Ergebnisse von Crash-Versuchen sind wenige Minuten nach der Versuchsdurchführung verfügbar; für die komplette Auswertung werden allerdings einige Stunden benötigt.

Bei neueren Crash-Anlagen werden zeitgleich eine Vielzahl von Kanälen, heute schon bis zu 600, aufgenommen und gespeichert. Zur effizienten Durchführung von Versuchen ist daher eine **zentrale Ablaufsteuerung** zur Aufnehmer-Kalibrierung, für die Warn- und Sicherheitseinrichtung (Verriegelung zur Sperrung des Crash-Bahnzugangs, Hupe und Warnleuchte), für das Einschalten der Beleuchtungseinrichtung, zum Starten des Schlitten- oder Fahrzeuganlaufs, zum Hochfahren der Hochgeschwindigkeitskameras sowie für die Datenaufnahme, die -speicherung und die Verarbeitung der Messdaten erforderlich.

8.5.5 Film- und Beleuchtungstechnik

Zur Analyse des Deformationsverhaltens von Fahrzeugstrukturen sowie zur Bewegungs- und Kontaktstellenanalyse bei der Interaktion zwischen Dummy-Körperteilen und Innenraumteilen wird bei der experimentellen Simulation die **Hochgeschwindigkeits- filmtechnik** eingesetzt. Hierbei unterscheidet man stationäre und am Schlitten oder am Fahrzeug montierte, mitfahrende Filmkameras. Seit vielen Jahren werden vornehm- lich **Hochgeschwindigkeitsvideokameras** mit 1.000 fps (Frames per Second), für Sonderanwendungen bis zu 36.000 fps, verwendet, weil sie unmittelbar nach dem Ver- such verfügbar sind und eine einfachere und schnellere fotogrammetrische Auswertung ermöglichen. Mitfahrende Videokameras mit einer Bildfrequenz von üblicherweise 1.000 fps sind schockresistent, d. h. beschleunigungsfest, bis zu Beschleunigungen von 60 g. Sie werden auf schwingungsstabilen Auslegern am Schlitten oder am Fahrzeug montiert. Die Steuereinheit und die Stromversorgung sind meist eben- falls auf dem Schlitten bzw. dem Fahrzeug montiert. Gestartet werden sie durch eine zentrale Ansteuerung, z. B. über Schleppkabel. Die zur Auswertung erforderliche Synchronisation zwischen Messsignalen und Filmaufnahmen erfolgt durch das gleich- zeitige Triggern der Mess- und der Filmtechnik. Mithilfe des Triggersignals werden Blitzlampen aktiviert und die crash-festen Zeituhren gestartet. Sie werden so positioniert, dass sie im Filmausschnitt sichtbar sind.

Die für die Hochgeschwindigkeitsaufnahmetechnik erforderliche **Beleuchtungs- anlage** besteht in der Regel aus zwei, beidseitig über dem Betrachtungsobjekt angebrachten, verfahrbaren Beleuchtungseinheiten, die jeweils mit einer Reihe von Metall-Halogenlampen (HMI) ausgestattet sind. Die Beleuchtungsstärke beträgt bis zu

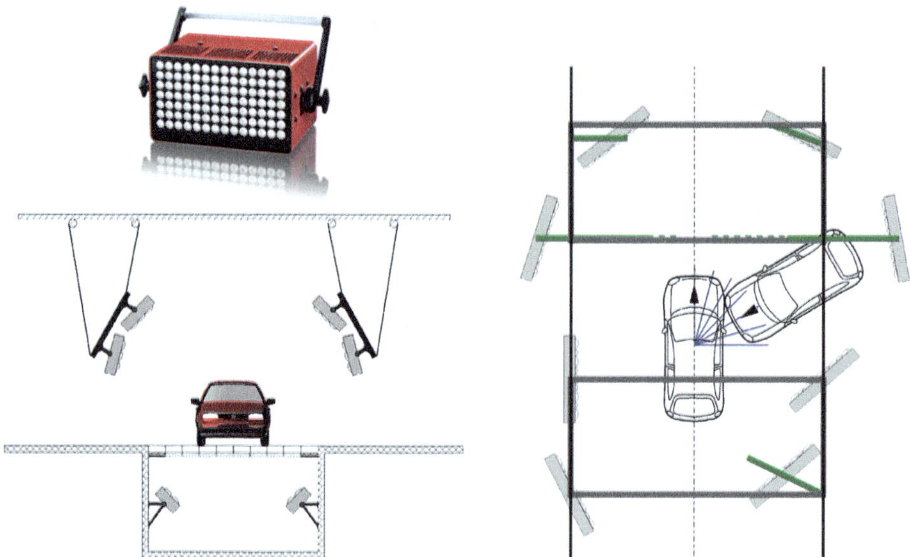

Abb. 8.33 Konzept für Beleuchtungseinrichtungen für Frontalkollisionen (links) und für schräg-winklige Kollisionen (rechts) sowie Einzelscheinwerfer mit LED-Technologie (aus [65])

200.000 lx (lx) und erzeugt ein gleißend helles, bis zu einer Bildfrequenz von 36.000 fps flackerfreies Licht [16]. Derartige Beleuchtungsanlagen weisen eine Lebensdauer von bis zu 500 h oder 1600 Ein-/Ausschaltungen auf. Eine innovative Beleuchtungstechnik, die sich zunehmend durchgesetzt hat, ist in den LED-Scheinwerfern zu sehen, die u. a. von Messring [65] unter der Bezeichnung M = LIGHT LED entwickelt wurden und erhebliche Vorteile hinsichtlich Lebensdauer, Energieverbrauch und Lichtleistung bieten (Abb. 8.33). Zur Ausleuchtung des Fahrgastraumes finden sog. On-Board-Beleuchtungs-einheiten Anwendung, die wie die Kameras crash-fest ausgelegt sein müssen.

8.5.6 Szenarienbasiertes Testen der aktiven Sicherheit und des automatisierten Fahrens

Zur Bewertung der **aktiven Sicherheit** hat sich das szenarienbasierte Testen durch-gesetzt. Die Testszenarien werden dabei aus der Analyse des Unfall- und Verkehrs-geschehens abgeleitet und stellen damit statistisch repräsentative Szenarien dar. Neben regulatorischen Vorgaben von Szenarien (z. B. für Automated Lane Keeping Systems –ALKS in Vorschrift R157 [111] wird insbesondere durch den Verbraucherschutz szenarienbasiert getestet (siehe z. B. Euro NCAP [89]).

Während der Entwicklung und Markteinführung eines neuen Kraftfahrzeuges wird zunächst in der rechnerischen Simulation getestet. Gängige Simulationswerkzeuge beinhalten heute Fahrzeugmodelle, Umfeldmodelle und Fahrermodelle. Diese lassen sich

Szenarien-spezifisch parametrisieren. Aktive Sicherheitsfunktionen, wie z. B. die automatisierte Notbremsung, lassen sich ebenfalls gut in der Berechnung abbilden. Damit kann eine Vielzahl von Szenarien mit ebenfalls vielen Parametervariationen durchsimuliert werden.

Stehen Realfahrzeuge zur Verfügung, wird szenarienbasiert auf Teststrecken geprüft. Dazu wird das Szenario ähnlich einem Drehbuch vorbereitet, in dem die Startbedingungen definiert eingehalten werden. Der Ablauf ergibt sich dann je nach Performance des Sicherheitssystems. Es stehen unterschiedliche Elemente zur Gestaltung des Szenarios zur Verfügung. Diese sind z. B. dynamische und statische Objekte, wie Ballon Cars, Fußgänger-Dummies, Lichtsignalanlagen oder Verkehrsbeschilderungen. Zur Bewertung der Leistungsfähigkeit muss ein Referenzsystem, die sogenannte Ground Truth, den Ablauf aufzeichnen, sodass funktionsunabhängige Messdaten zur Verfügung stehen. Viele Szenarien werden mit Lenk- und Bremsrobotern gefahren, um die Reproduzierbarkeit und Vergleichbarkeit sicherzustellen.

Vor dem Hintergrund des automatisierten Fahrens kann die Sicherheit der hochkomplexen Sensoren und Algorithmen nicht mehr durch einfach Testfälle und statistisch repräsentativen Praxistests nachgewiesen werden. Die Zulassung von automatisierten Fahrfunktionen ist nur dann zu vertreten, wenn diese im Vergleich zu menschlichen Fahrleistungen zumindest eine Verminderung von Schäden im Sinne einer positiven Risikobilanz verspricht [24]. Die szenarienbasierte Bewertung erfolgt durch die Aufteilung gesamter Fahrten in einzelne Szenarien, die mehr oder weniger ausgedehnte zusammenhängende Verkehrsabläufe darstellen. Die Szenarien werden in Szenariendatenbanken abgelegt und stehen ähnlich wie Unfalldaten je nach Spezifikation und Einsatzdomäne (engl. ODD „Operational Design Domain") zur Verfügung. Der Vorteil der szenarienbasierten Bewertung im Vergleich zu Fahrten im Feld besteht darin, dass das System gezielt für relevante Verkehrssituationen evaluiert werden kann Zur Bewertung der Sicherheit eines Systems können so zum Beispiel gezielt Szenarien betrachtet werden, in denen Situationen enthalten sind, welche eine Kollisionsvermeidung erfordern. Damit soll der Testaufwand zur Sicherheitsbewertung der automatisierten Fahrfunktion strukturiert und so effizienter gestaltet werden.

Der Begriff des „Szenarios" ist vielfältig belegt und wird unterschiedlich ausgelegt. Als Szenarien müssen Ereignisse definiert werden, die beispielsweise manöverbasiert sind und durch kausale Ketten kombiniert werden. Im Rahmen der Absicherung aktiver Sicherheitsfunktionen und dem automatisierten Fahren haben sich unterschiedliche Abstraktionsebenen durchgesetzt:

1. Funktionale Szenarien: Funktionale Szenarien stellen eine abstrakte Beschreibungsebene dar, die in natürlicher Sprache auf einer konzeptionellen Ebene beschrieben wird. Sie stellen intuitiv lesbares Expertenwissen dar und geben im Allgemeinen keine spezifische physikalische Werte vor.

2. Abstrakte Szenarien: Abstrakte Szenarien sind formalisierte, deklarative Beschreibungen, abgeleitet von funktionalen Szenarien.

3. Logische Szenarien: Logische Szenarien werden mit der Einbeziehung von Parametern beschrieben, wobei die Werte einiger der Parameter als Bereiche definiert sind.
4. Konkrete Szenarien: Konkrete Szenarien lassen sich aus logischen Szenarien ableiten und bilden die Vielfältigste Form von Szenarien. Diese sind mit expliziten Parameterwerten dargestellt, die physikalische Attribute beschreiben. Diese Form von Szenarien lassen sich zum Testen in der Simulation oder auf dem Prüfgelände anwenden.

Die strukturierte Beschreibung und Ablage von Szenarien erfordert ein vollständiges Konzept, in dem alle Parameter abgebildet werden können. Im Rahmen des deutschen PEGASUS Projekts wurde das 6-Ebenen-Modell zur Strukturierung der Elemente eines Szenarios vorgestellt, um eine universelle Beschreibung relevanter Elemente zu etablieren [10].

Das 6-Ebenen-Modell (Abb. 8.34) ist in der Lage, alle Aspekte eines Szenarios vollumfänglich zu kategorisieren, sodass in einer entsprechenden Simulationsumgebung alle relevanten Parameter eingebracht werden können. Die Ebene 1 beschreibt das Straßennetzwerk einschließlich ihrer Geometrien und Topologien Diese Ebene beinhaltet unter anderem die Beschreibung der Kurvenradien, Quer- und Längsneigung sowie weitere Faktoren. Weiterhin werden permanente Objekte zur Verkehrsleitung definiert. Diese umfassen Markierungen sowie Verkehrszeichen nach dem Verkehrszeichenkatalog. Die Randbebauung wird auf der Ebene 2 beschrieben. Diese umfasst z. B. die Beschreibung von Sicherheitsstrukturen (z. B. Leitplanken) sowie anderen statischen Umgebungsobjekten wie Bäumen. Ebene 3 beinhaltet temporäre Modifikationen der

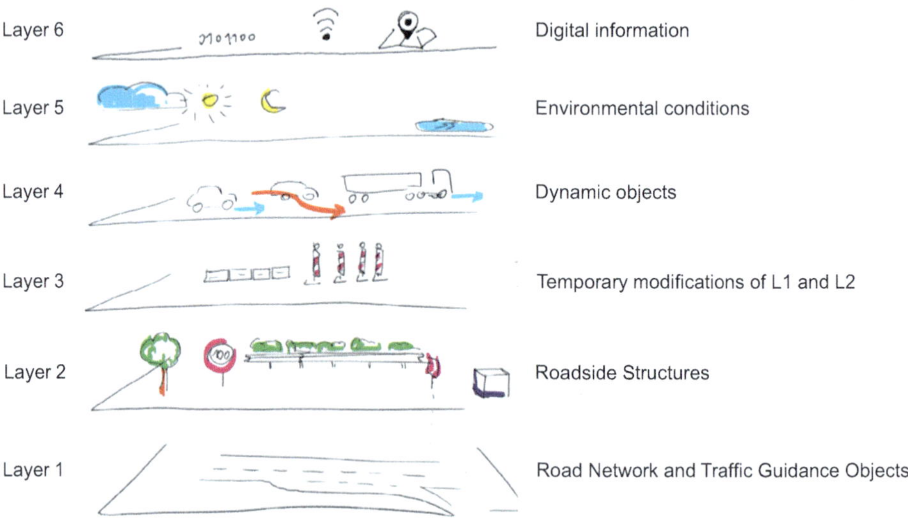

Abb. 8.34 6-Ebenen-Modell nach PEGASUS [88]

Ebenen 1 und 2. Dazu werden bei Bedarf Engpässe und Fahrbahnausbauten sowie Baustellen, die z. B. durch Kegel oder gelbe Markierungen auf der Straße gekennzeichnet sind, hinzugefügt. Mit Ebene 4 wird die Beschreibung der Verkehrsteilnehmer und weiterer dynamischer Objekte inklusive der Interaktionen eingeführt. Diese Ebene kann mittels eines Grundszenarienkonzeptes befüllt werden, wie es z. B. in [117] für die Fahrdomäne Bundesautobahn entwickelt wurde. Während die ersten drei Ebenen statische Objekte definieren, beinhaltet die vierte Ebene alle potenziell beweglichen Objekte. Ebene 5 definiert die Umweltbedingungen, wie das Wetter und die Tageszeit. Zudem werden Einflüsse dieser auf die Ebenen 1 bis 4 beschrieben, da beispielsweise Schnee den Straßenzustand hinsichtlich des Reibkoeffizienten verändern kann. Ebene 6 umfasst die digitale Kommunikation. Dies beinhaltet sowohl digitale Kartendaten und entsprechend die Lokalisierung, als auch die Vehicle-to-Everything (V2X) Kommunikation sowie den Status von Lichtsignalanlagen und Wechselverkehrszeichen.

Um aktive Sicherheitssysteme und das automatisierte Fahren unterschiedlicher Automatisierungsstufen zu testen, müssen verschiedene Werkzeuge kombiniert werden. Insbesondere für die Simulation existieren bereits eine Vielzahl von Toolketten für einzelne Komponenten (Sensoren, Algorithmen etc.), die allerdings idealerweise miteinander verknüpft werden können.

Die zentralen Elemente sind die relevanten Szenarien, die zuvor bei jeder Implementierung eines neuen Systems durch eine hohe Fahrleistung abgedeckt wurden. Die Speicherung der relevanten Szenarien in einer sogenannten Szenariendatenbank macht diese auch in verschiedenen Phasen des Validierungsprozesses verfügbar, siehe Abb. 8.35.

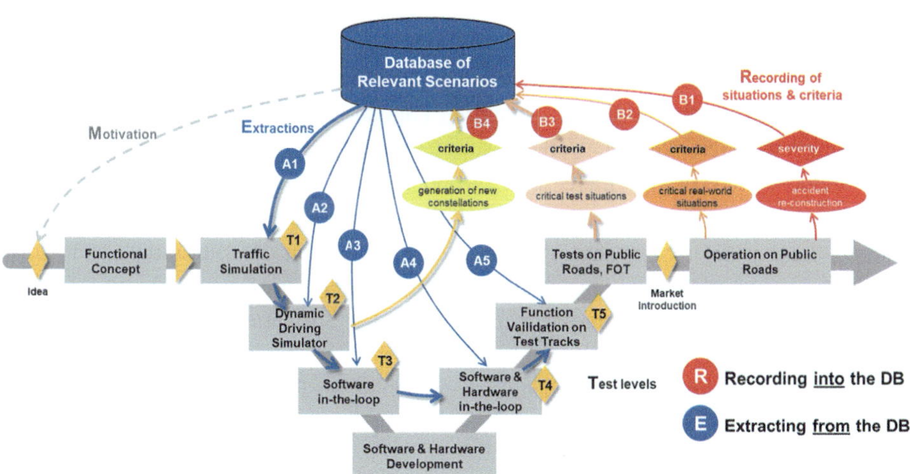

Abb. 8.35 Konzept für die Datenbank der relevanten Szenarien nach [28]

Ein großer Vorteil einer solchen Datenbank besteht in der Auswahl von Szenarien mit Relevanz für eine bestimmte Funktion. Mittels der Funktionsbeschreibung und der Einsatzdomäne (ODD, Operational Design Domain) ist es möglich, genau die Szenarien auszuspielen, die den entsprechenden Anwendungsbereich abdecken. Änderungen des Funktionsumfangs können daher mit neuen Szenarien abgeglichen werden, mit denen die automatisierten Fahrfunktionen konfrontiert werden.

Ein weiterer Vorteil ist die Möglichkeit zur Berücksichtigung des ‚Standes der Technik' relevanter Szenarien im Validierungsprozess. Während in Feldtests eine gewisse statistische Wahrscheinlichkeit besteht, bestimmte relevante Szenarien zu treffen oder zu verfehlen, ermöglicht die Datenbank, die Funktion gegen gezielte oder alle Szenarien zu testen, die bisher in die Datenbank importiert wurden. Natürlich ist es notwendig, die Datenbank kontinuierlich mit relevanten Szenarien zu befüllen, um Veränderungen im Verkehrssystem zu berücksichtigen, die z. B. durch die Einführung neuer Technologien entstehen. Daher ermöglicht der vorgeschlagene Ansatz (siehe Abb. 8.35) sowohl die Extraktion von Szenarien aus der Datenbank als auch die Aufnahme von Szenarien in die Datenbank, wodurch der sogenannte „Kreislauf relevanter Szenarien" entsteht.

Der ursprüngliche Satz von Szenarien in der Datenbank wird aus dem realen Verkehr durch die Analyse von Unfalldaten, z. B. aus Unfalldatenbanken, und Verkehrsszenarien, die im öffentlichen Verkehr aufgezeichnet wurden, erfasst. Zusätzlich werden die Ergebnisse von Feldversuchen sowie neue relevante Fahrszenarien aus Fahrsimulator-Studien in die Datenbank eingespeist.

Extraktionen oder Zuordnungen (A1 bis A5 in Abb. 8.35) von Szenarien aus der Datenbank werden in die verschiedenen Entwicklungs- und Validierungstestwerkzeuge im Verlauf des Prozesses eingespeist. Dies ermöglicht eine erneute Bewertung der Auswirkungen eines automatisierten Fahrsystems in einem zuvor aufgezeichneten Szenario, das als relevant für das spezifische System eingestuft wird. Die Auswirkungen der automatisierten Fahrfunktion in diesen Szenarien können in der am besten geeigneten Testumgebung analysiert werden. Verkehrssimulationen in verschiedenen standardisierten Softwaretools sind in der Lage, eine große Anzahl von Szenarien zu analysieren, ergänzt durch virtuelle Variationen der Verkehrsszenarien. Mit Hilfe eines dynamischen Fahrsimulators lässt sich zudem abschätzen, ob sich durch die Einführung innovativer Funktionen neue relevante Fahrszenarien ergeben, die in die Datenbank aufgenommen werden können. Verkehrsszenarien werden auch den Software- oder Hardware-in-the-Loop-Tests (A3 und A4) von Komponenten zugeordnet.

Die Einführung von Szenariendatenbanken erfolgt bei Fahrzeugherstellern, wird aber auch auf nationaler und internationaler Ebene diskutiert.

8.6 Rechnerische Simulation

Für eine Zulassung im Straßenverkehr sind Fahrzeugversuche international vereinbart und gesetzlich vorgeschrieben. Mit der experimentellen Simulation werden nicht selten unerwartete Schwachstellen in Konstruktion oder Funktion aufgedeckt. Von Nachteil ist allerdings der Umstand, dass die zu untersuchenden Testobjekte erst als Prototypen oder Muster vorliegen müssen, um experimentell überprüft werden zu können. Dies bedeutet nicht nur hohe Erstellungskosten, sondern auch einen hohen Zeitaufwand, der mit den immer kürzer werdenden Entwicklungszyklen neuer Fahrzeugtypen und -plattformen unvereinbar ist. Aus diesem Grund entwickelte sich die rechnerische Simulation in den vergangenen Jahrzehnten zum entscheidenden und anerkannten Entwicklungswerkzeug. Die Anwendung reicht von der Konzeptphase bis hin zur Serienentwicklung und zeichnet sich durch ein hohes Maß an Zuverlässigkeit, Genauigkeit und Prognosefähigkeit aus. Dies gilt sowohl für die statische und dynamische Berechnung des Fahrzeugverhaltens und der Komponenten des Insassenschutz-Systems als auch für die Simulation des Bewegungs- und Belastungsverhaltens von Insassen.

Innerhalb der Crash-Simulation werden Rechenverfahren eingesetzt, bei denen die zu untersuchenden Komponenten als deformierbare Einzelkörper oder als gekoppelte Starrkörper angenommen werden. Entsprechend nutzt man Programme aus dem Bereich der Finite-Elemente-Methode (FEM) bzw. Programme für Mehr-Körper-Systeme (MKS). Im Folgenden werden nach einer Zusammenfassung der geschichtlichen Entwicklung der Berechnungsverfahren die einzelnen mathematischen Methoden kurz umrissen. Daran schließt sich die Beschreibung von verwendeten Modellarten in den unterschiedlichen Berechnungsdisziplinen an. Abschließend werden erforderliche Kriterien zur Bewertung einer Berechnung diskutiert und die Möglichkeiten der Optimierung von Systemen mittels Simulation erläutert.

8.6.1 Die Geschichte der rechnerischen Simulation

Verwendet man MKS-Formulierungen, führt dies zu Systemen gewöhnlicher Differentialgleichungen. Eine noch heute aktuelle Gruppe von Algorithmen zur Lösung von Anfangswert-Problemen von gewöhnlichen Differentialgleichungen wurde Anfang des 20. Jahrhunderts, also noch vor der Entwicklung und Verbreitung von Computern, veröffentlicht. Die Methoden sind nach den Entwicklern, dem deutschen Mathematiker und Physiker Carl David Tolmé *Runge* (1856–1927), der als Professor in Göttingen unterrichtete, und dem deutschen Mathematiker Martin Wilhelm *Kutta* (1867–1944), der in Stuttgart lehrte, benannt. Die *Runge–Kutta*-Verfahren sind aber ohne zusätzliche Modifikationen noch nicht in der Lage, die in der Insassensicherheit auftretenden Gleichungen effektiv zu lösen. Erst Mitte des 20. Jahrhunderts wurden in Arbeiten von Charles *Curtiss* und Joseph *Hirschfelder* Untersuchungen zu sogenannten steifen Differentialgleichungssystemen veröffentlicht. Die darauf basierenden Verfahren zum Lösen eines steifen Differentialgleichungssystems, wie z. B. *Runge–Kutta-Rosenbrock* oder *Runge–Kutta-Nyström,* erlauben nunmehr die Aufgaben numerisch effizient zu lösen.

Eines der ersten zweidimensionalen Insassen-Simulationsmodelle wurde 1963 in den USA von *McHenry* am Cornell Aeronautical Laboratory (C.A.L., später dann umfirmiert zur Calspan Corp.) unter der Bezeichnung CAL-2D aufgestellt und laufend weiterentwickelt. So entstanden z. B. die Programme ROS (Revised Occupant Simulation) von *Segal* im Jahre 1971, MODROS (Modified Revised Occupant Simulation) von *Danforth* und *Randall* 1972 und PSOS (Programm zur Simulation und Optimierung von Sicherheitsgurten) von *Niederer* 1977. Parallel zum *Calspan*-Modell entwickelte *Robbins* das als MVMA-2D bezeichnete Modell, das von ihm und anderen Co-Autoren 1970 veröffentlicht wurde. Ein Anfang der 1980er Jahre von *Kramer* an der Technischen Universität Berlin entwickeltes Insassen-Crashmechanik-Rechenmodell ICMF [54] wurde zwar in Forschungsprojekten intensiv angewandt, jedoch nie kommerziell vertrieben; es geht ursprünglich zurück auf ein von *Anselm* 1975 entwickeltes Programm. TNO in den Niederlanden entwickelte das Programm MADYMO-2D, dessen Beschreibung *Bacchetti* und *Maltha* im Jahr 1978 erstmals veröffentlicht haben.

Die Entwicklung dreidimensionaler Insassen-Simulationsmodelle begann bereits 1970 mit dem HSRI (Highway Safety Research Institute, University of Michigan, MI, USA)-Modell durch *Robbins,* das 1972 von *King* modifiziert wurde, und ist in den darauffolgenden Jahren rasch fortgeschritten. Zeitlich parallel dazu (1970 veröffentlicht) wurde auch am Texas Transportation Institute (TTI, USA) durch *Young* ein derartiges Modell geschaffen. Ebenfalls 1970 erweiterten *Furusho* und *Yokoya* ihr ebenes, zweidimensionales Rechenmodell, dessen Formulierung dem HSRI-Modell sehr ähnlich war, in der dritten Dimension. Ebenfalls entwickelte *Bartz* bei *Calspan* im Jahre 1972 ein räumliches Modell. Eine Modifikation desselben, bei dem der Insasse durch eine Baumstruktur von bis zu 20 Massenelementen beschrieben werden kann, erfolgte durch *Fleck* im Jahre 1975. Schließlich erweiterten im Jahre 1974 *Huston* et al. ihr UCIN-CRASH (University of Cincinnati, OH, USA) -Modell zu einem aus zwölf Körperteilen bestehenden Insassen-Simulationsmodell für Frontalkollisionen.

In Europa wurden im Wesentlichen zwei räumliche Insassenmodelle entwickelt, das allgemein formulierte, dreidimensionale Mehr-Massen-System von *Wittenburg* im Jahre 1977, das aber heute nicht mehr angewandt wird, und das Programm MADYMO-3D, das 1977 von *Maltha, Bacchetti* und *Heijer* erstmals veröffentlicht wurde.

Diese gekürzte Darstellung der Entwicklungshistorie von Insassen-Simulationsprogrammen auf Basis des MKS-Ansatzes erhebt keinen Anspruch auf Vollständigkeit, der interessierte Leser sei auf die in [54] dargelegte detaillierte Dokumentation verwiesen.

Im Gegensatz zu dem auf Starrkörperinteraktion aufbauenden MKS-Ansatz, wird die Finite-Elemente-Methode (FEM) in der Crash-Simulation verwendet, um Deformationen bis hin zum Versagen von Bauteilen zu bestimmen. Auch die ersten Untersuchungen zur Finite Elemente Methode fanden überraschenderweise zu einer Zeit statt, in der die notwendige Computerarchitektur – und damit die Rechenleistung – noch gar nicht verfügbar war. So wurde das *Ritz*-Verfahren, von dem in Zürich und Göttingen tätigen Schweizer Mathematiker und Physiker Walter *Ritz* (1878–1909) und dem Mathematiker Richard *Courant* (1888–1972), der 1943 von Göttingen nach New York emigrierte, untersucht. Die Arbeiten der beiden Mathematiker hatten aber wegen der noch nicht verfügbaren Rechenleistung keine praktische Bedeutung. Die erste relevante Anwendung der FE-Methode erfolgte erst 1956 beim Flugzeughersteller *Boeing* in Seattle für die Berechnung von gepfeilten Flugzeug-Tragflügeln. Mit dem Aufkommen immer leistungsfähigerer Rechner nahm die FE-Methode in der Strukturmechanik in den folgenden Jahren eine stürmische Entwicklung, die im Wesentlichen durch Anwendungen in den Ingenieurwissenschaften vorangetrieben wurde. Von großem Einfluss waren die Arbeiten der Universität von Kalifornien in Berkeley, geprägt von R. W. *Clough*, Edward *Wilson* und R. L. *Taylor*, der Universität Stuttgart mit J. *Argyris* und der Universität von Wales in Swansea mit O. C. *Zienkiewicz*. Die ersten Veröffentlichungen über nichtlineare Finite Elemente Methoden erfolgte in den Jahren 1965 und 1967 von *Argyris, Marcal* und *King*. Eines der ersten kommerziellen Programme im nichtlinearen FEM-Bereich war *Marc,* benannt nach dem Namen des Gründers *Marcal,* aus dem Jahr 1968. Ab 1972 war das Programm *Wrecker* verfügbar, mit dem erstmals Untersuchungen zu nichtlinearen, 3-dimensionalen sowie transienten (zeitabhängigen) Problemen der Strukturmechanik durchgeführt werden konnten. Ein wichtiger Schritt in der Entwicklung von FEM-Programmen auf Basis expliziter Zeitintegrationsverfahren war die erste Version des Programms DYNA-2D der Lawrence Livermore National Laboratories (LLNL) in Kalifornien im Jahr 1976. Seit 1980 sind drei kommerzielle Programme aus dem Programm DYNA abgeleitet worden, die heute den Markt der Crash-Simulation beherrschen.

8.6.2 Berechnungsverfahren

Nachfolgend sollen einige wenige theoretische Aspekte der einzelnen Verfahren beleuchtet werden. Dies geschieht mit dem Ziel, den einen oder anderen Begriff, der in der Anwendung eines entsprechenden Programmsystems auftaucht, zu erläutern. Für detaillierte Beschreibungen der Verfahren sei auf die im Folgenden genannten Quellen verwiesen.

8.6.2.1 Mehrkörper-Systeme mit dem Fokus „Insassensicherheit"

Bei Mehrkörper-Systemen wird ein System betrachtet, das sich aus starren, gelenkig miteinander verbundenen Körpern zusammensetzt; es wird daher auch häufig als Starrkörper-System bezeichnet. Für jeden dieser Körper ist eine translatorische und rotatorische Bewegung zugelassen, sofern dies die Anbindungen an die benachbarten

Körper erlauben. Insassenmodelle setzen sich aus einzelnen Körperelementen zusammen, die sich zu einer Gliederkette zusammenfassen lassen: Sie repräsentieren somit ein kinetisches System starrer Körper. Die zur Aufstellung der Bewegungsgleichungen erforderlichen Prinzipien der analytischen Mechanik enthalten im Wesentlichen Energieaussagen, z. B. auf Basis virtueller Verrückungen entlang einer gedachten (fiktiven) Bewegung.

Mit den *Lagrange*'schen Bewegungsgleichungen, die in [54] ausführlich hergeleitet sind, wird ein Satz von genau f Gleichungen für die f unabhängigen Bewegungsmöglichkeiten des Insassenmodells erhalten; f kennzeichnet dabei die Anzahl der Freiheitsgrade. Die nicht zur Bewegung beitragenden Reaktionskräfte, die z. B. bei elementaren Berechnungsmethoden aufgestellt und dann in den Bewegungsgleichungen wieder eliminiert werden müssen, treten hierbei von vornherein in der Rechnung nicht auf. Darin ist der wesentliche Vorteil bei der Formulierung der Bewegungsgleichungen nach *Lagrange* zu sehen. Im mathematischen Sinn liegt mit den f Gleichungen ein nichtlineares, inhomogenes und gewöhnliches Differentialgleichungssystem zweiter Ordnung vor, welches sich einer geschlossenen analytischen Behandlung verschließt. Allerdings kann es mittels eines numerischen Näherungsverfahrens gelöst werden, wobei Lösungen mit beinahe jeder gewünschten Genauigkeit erreicht werden können: Unter Anwendung beispielsweise des *Runge-Kutta-Nyström*-Verfahrens werden die Weg- und Geschwindigkeitskoordinaten näherungsweise berechnet. Dazu werden Mittelwerte aus insgesamt vier vorläufigen Funktionswerten (einer beim zeitlichen Ausgangswert t_i, zwei bei halber Schrittweite $t_{i+1/2}$ und schließlich einer bei Schrittende t_{i+1}) bestimmt, aus denen die endgültigen Näherungswerte bei Schrittende, also an der Stelle $(t+\Delta t)$, berechnet werden. Dieses numerische Integrationsverfahren arbeitet ohne Iteration und Anlaufrechnung, sondern bestimmt die Näherungslösung durch Extrapolation. Hinsichtlich seiner Genauigkeit ist es ein Verfahren vierter Ordnung, d. h. die Fehler gehen mit fünfter Ordnung ein. Daraus folgt, dass der Fehler bei Schrittverkleinerung sehr rasch abnimmt. Da das Verfahren ein Überschreiten der zulässigen Schrittweite nicht von selbst durch große Ergebnisdifferenzen (Stabilität) und auffällig langsame oder keine Konvergenz anzeigt, ist eine richtige und automatische Schrittbemessung von entscheidender Bedeutung [54].

In Abb. 8.36 ist der Ablauf bei der Lösung des Differentialgleichungssystems dargestellt. Ausgehend von der Bereitstellung des Gleichungssystems – unter Verwendung des Kontaktmodells zur Ermittlung der Kräfte und Momente – wird die Gleichung in Matrizenform nach dem Beschleunigungsvektor aufgelöst. Das numerische Integrationsverfahren liefert für den nächsten Zeitschritt die Wege und die Geschwindigkeiten, aus denen die Insassenverlagerung und die Kontaktkräfte ermittelt werden. Daraus ergibt sich wieder ein Differentialgleichungssystem, das erneut aufgelöst und integriert wird. Diese Schleife wird so lange durchlaufen, bis die vorgegebene Zeitschranke (beispielsweise $t_{max} = 200$ ms) überschritten wird [55].

8.6.2.2 Mehrkörper-Systeme mit dem Fokus „Unfallrekonstruktion"

In der Unfallrekonstruktion findet eine Vielzahl von Programmen und Verfahren Anwendung, die sich auf Gesetzmäßigkeiten der klassischen Mechanik zurückführen lassen, wie z. B. die Stoßtheorie mit unterschiedlichen Ergänzungshypothesen, den Schwerpunkt- und Drallsatz, den Impuls- und Drehimpulssatz sowie den Energie-erhaltungssatz, wobei je nach Anwendungsgebiet auch elasto-plastische Stoffgesetze Verwendung finden. Diese Softwarewerkzeuge sind für die forensische Unfallanalyse zur Ermittlung der Kollisionsgeschwindigkeiten von entscheidender Bedeutung [52, 14]. Die etwa bis Mitte der 1990er Jahre am häufigsten eingesetzten Rekonstruktions-verfahren werden unter dem Begriff „Rückwärts-Rechnung" zusammengefasst und wurden in grafisch-manueller Weise angewandt. Später wurden sie in Rechenprogramme umgesetzt und eingesetzt (ausführliche Erläuterungen in [70, 71]). Bei dieser Art der Rekonstruktion wird aus den Endlagen der beteiligten Fahrzeuge unter möglichst klar definierten Annahmen auf die Kollisions- und schließlich die Fahrgeschwindigkeit geschlossen.

Im Gegensatz dazu wird mit Rechenprogrammen zur „Vorwärts-Rechnung" der Bewegungsablauf einer Fahrzeug/Fahrzeug- oder einer Fahrzeug/Hindernis-Kollision von einem beliebigen Zeitpunkt vor Kollisionsbeginn bis zum Stillstand des Fahrzeuges bzw. der Fahrzeuge betrachtet. Dazu wird ein theoretisches Fahrzeugmodell zugrunde gelegt, für das die Bewegungsgleichungen zur Beschreibung des Bewegungsablaufs, während der InCrash- und der PostCrash-Phase, aufgestellt werden.

8.6.2.3 Finite-Elemente-Methode

In Abschn. 8.6.2.1 wurden Systeme gewöhnlicher Differentialgleichungen eingeführt, die sich aus der Bewegung von Starrkörpern ergeben. Untersucht man die Bewegung von deformierbaren Körpern, ergeben sich partielle Differentialgleichungen 2. Ordnung. Man klassifiziert die partiellen Differentialgleichungen in drei Gruppen: elliptische, parabolische und hyperbolische Differentialgleichungen, wobei die beiden letzteren transiente Probleme beschreiben. Zur Lösung der Gleichungen in der Crash-Berechnung haben sich Programmsysteme durchgesetzt, die auf der Methode der Finiten Elemente aufbauen. In der Literatur finden sich unterschiedliche äquivalente Zugänge zur Finite-Elemente-Methode (FEM). In der Mathematik wird die FEM oft über die schwache Formulierung der Differentialgleichung und einer geeigneten Wahl der Ansatzfunktionen hergeleitet [12, 49]. In der Mechanik dagegen wird die FEM über das Prinzip der virtuellen Verschiebungen oder auch über das Prinzip der minimalen potentiellen Energie hergeleitet. Zahlreiche Lehrbücher über die vielfältigen Anwendungsmöglichkeiten der Finite-Elemente-Methode mit ingenieurwissenschaftlichem Hintergrund sind verfügbar, beispielhaft sollen nur die Folgenden für den Bereich der Strukturmechanik aufgeführt werden [6, 19, 8, 44, 93].

Allen Formulierungen ist gemein, dass die Lösung des Problems durch eine geeignete Summation von Funktionen angenähert wird, die jeweils nur auf einem

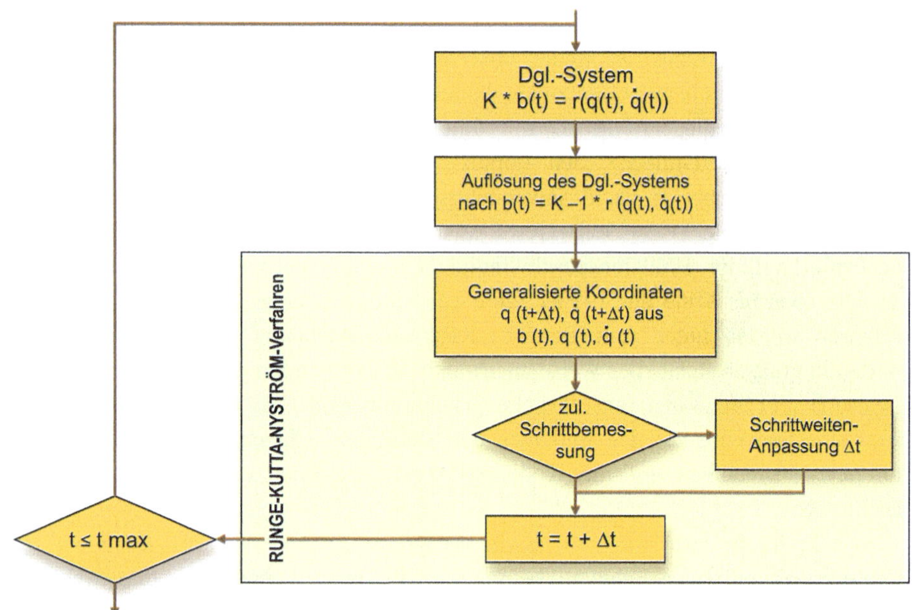

Abb. 8.36 Aufstellung und Lösung des Differentialgleichungssystems (aus [55])

kleinen Gebiet von Null verschieden sind; diese Funktionen werden Ansatz- oder Form-funktionen genannt. Für die Finite-Elemente-Methode wird die Geometrie, d. h. der zu beschreibende Körper oder das Bauteil, durch kleine (finite) zusammenhängende Elemente (Balken-, Schalen- oder Volumenelemente) beschrieben; man spricht auch von räumlicher Diskretisierung bzw. Vernetzung der Geometrie. Die Geometrie definierenden Punkte dieser Elemente, also z. B. Eckpunkte bei linearen Elementen, nennt man Knoten. Die Formfunktionen ergeben sich automatisch durch die Knoten, d. h. bei linearen Elementen ergeben sich Funktionen, die an einem Knoten den Wert eins haben und linear zu den benachbarten Knoten der umliegenden Elemente auf Null abfallen. Mit der FEM findet man nun unter Berücksichtigung des Werkstoffverhaltens und ggf. weiterer Randbedingungen (aufgeprägte Randbedingungen, Lasten, Kontaktrandbe-dingungen) eine Näherungslösung, die sich aus der geeigneten gewichteten Summation der durch die Knoten definierten Formfunktionen ergibt.

Eine Aufgabenstellung, die zu einer elliptischen Differentialgleichung führt, ist bei-spielsweise die Berechnung der Spannungsverteilung in einem Bauteil unter statischer Belastung. In dynamischen, transienten Problemstellungen, wie der Crash-Simulation, löst man Differentialgleichungen mit hyperbolischem Charakter. Bei transienten Problemen wird die Finite-Elemente-Methode zur Beschreibung des räumlichen Problems verwendet, was zu einer Gleichung führt, die nur noch zeitliche Ableitungen enthält (Semi-Diskretisierung). Diese können numerisch gelöst werden, indem die ver-bleibenden Zeit-Variablen mit einem geeigneten Zeitintegrationsverfahren behandelt

Continental
The Future in Motion

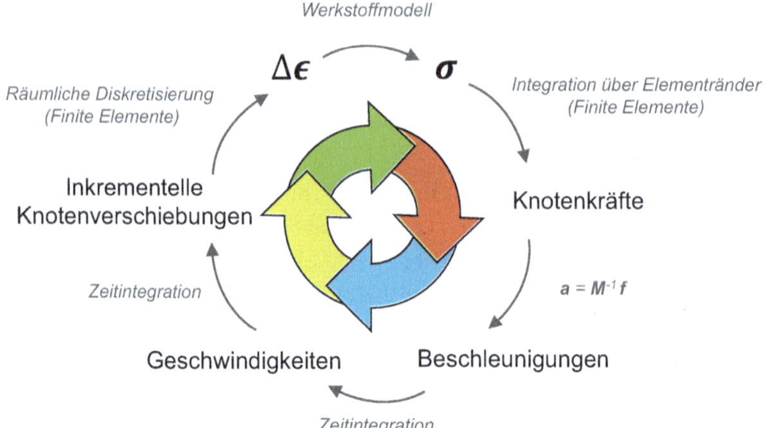

Abb. 8.37 Der Ablauf eines Zeitschrittes einer transienten, nichtlinearen Finite Elemente Berechnung. Bei impliziter Zeitintegration ist zur Sicherstellung der Gleichwichts eine Iterationsschleife vorgesehen. Bei expliziter Zeitintegration sind die Zeitschritte um ein Vielfaches kleiner; es wird lediglich die Energiebilanz geprüft

werden. In der Praxis kommen je nach Anwendung unterschiedliche Zeitintegrationsverfahren zur Anwendung, die jedoch alle auf dem Verfahren der Finiten Differenzen basieren. Nach der Zeitdiskretisierung ist das Problem so weit aufbereitet, dass mit Hilfe eines Computers die Lösung des Problems ermittelt werden kann. Eine schematische Darstellung der Vorgehensweise ist in Abb. 8.37 gegeben.

Ein wichtiges Unterscheidungsmerkmal unterschiedlicher Zeitdiskretisierungsverfahren ist in der Notwendigkeit zu sehen, ob innerhalb des Algorithmus große, (ggf. nicht-) lineare Gleichungssysteme gelöst werden müssen oder nicht. Ist ein solches großes Gleichungssystem, das seinen Ursprung im geforderten Gleichgewicht zum Ende des betrachteten Zeitschritts hat, zu lösen, spricht man vereinfachend von **impliziten Verfahren**, ist dies dagegen nicht nötig, d. h. Gleichgewichtsbedingungen werden per se nicht erfüllt, spricht man von **expliziten Verfahren**. Dieser Unterschied hat in der Praxis eine sehr große Bedeutung, da sich durch das Lösen eines großen Gleichungssystems spezielle Anforderungen an die Rechnerarchitekturen ergeben. Soll ein Computersystem für explizite Zeitintegrationsverfahren verwendet werden, ist die wichtigste Anforderung an die Computer-Hardware die Prozessorgeschwindigkeit. Die Anforderungen an die Größe des Arbeitsspeichers und die IO- (Input/Output-) Leistung sind dagegen wesentlich geringer als bei Rechnersystemen, die für implizite Verfahren optimiert sind. Ein Vorteil der expliziten Verfahren besteht zudem darin, dass sich viele nicht-lineare Phänomene, wie z. B. Kontaktbedingungen von zwei Bauteilen, algorithmisch sehr einfach über Penalty-Methoden darstellen lassen. Der numerische Vorteil gegenüber den impliziten Verfahren, der darin besteht, dass kein Gleichungssystem gelöst werden muss, geht jedoch mit dem Nachteil einher, dass die Zeitschrittgröße von der räumlichen und physikalischen

Diskretisierung abhängt, d. h. von der sogenannten charakteristischen Elementkantenlänge und den zu definierenden Werkstoffeigenschaften. Je steifer der Werkstoff und je kleiner die Elementkantenlänge, desto kleiner muss der Zeitschritt gewählt werden. Somit kommen für eine Simulation in der Regel nur Vorgänge mit relativ kurzer Zeitdauer in Betracht. Diese Einschränkung gilt nicht für implizite Verfahren. Hier kann der einzelne Zeitschritt, vor allem bei linearen oder schwach nichtlinearen Aufgabenstellungen, die eine glatte Lösung erwarten lassen, sehr groß sein. Insbesondere Fragestellungen mit komplexen Kontaktsituationen in sehr kurzen Zeitbereichen, wie sie in der Impakt, Crash- und Insassensimulation typischerweise auftreten, sind daher eine Domäne der expliziten Zeitintegrationsverfahren.

Die unterschiedlichen Anforderungen und Möglichkeiten, die sich aus der Zeitdiskretisierung ergeben, sind der Grund dafür, dass die kommerziellen Anbieter von FEM-Software ursprünglich entweder auf das implizite oder das explizite Zeitintegrationsverfahren fokussiert waren. Erst in der jüngeren Vergangenheit wurde in die kommerziellen Programmsysteme das jeweils andere Verfahren zusätzlich implementiert. Damit können zwischenzeitlich die Vorteile beider Verfahren in einer Softwareumgebung genutzt werden. Auf eine Kombination beider Verfahren zur Lösung technischer Problemstellungen wird in Abschn. 8.6.2.7 eingegangen.

8.6.2.4 Kurze Einführung zur expliziten Zeitintegration

Da es sich in der Insassensimulation in der Regel um stark nichtlineare, dynamische Vorgänge von kurzer Dauer handelt, kommt meist die Finite-Elemente-Methode mit der expliziten Zeitdiskretisierung, auch Explizite Finite-Elemente-Methode genannt, zum Einsatz. Dem Anwender stehen kommerzielle Implementierungen zur Verfügung, die Detailkenntnisse der Theorie zwar nicht unbedingt erforderlich machen, ein Grundverständnis ist jedoch trotzdem anzuraten. Als weiterführende Literatur sei für die Crashberechnung und Insassensimulation insbesondere das folgende Standardwerk von Belytschko et al. [8] genannt.

Zunächst ist festzuhalten, dass die grundsätzliche räumliche Diskretisierung, wie bereits erwähnt, mit Finiten Elementen erfolgt. Dieses Verfahren stellt mittlerweile ein gängiges und unverzichtbares Entwicklungswerkzeug im Ingenieurbereich dar und kommt bei linearen Problemstellungen in der Strukturmechanik täglich millionenfach quer über alle Anwendungsdisziplinen zum Einsatz. Die Erweiterung des Gleichungssatzes für transiente, nichtlineare Problemstellungen, in diskretisierter Form für den Zeitpunkt t lautet:

$$M\ddot{u} + C\dot{u} + Ku = P \qquad (8.1)$$

Hierin ist M die Massenmatrix, C die Dämpfungsmatrix und K die bereits aus der statischen Anwendung der FE-Methode bekannte Steifigkeitsmatrix. u bezeichnet den Vektor der Knotenverschiebungen, $\dot{u}$ den Vektor der Knotengeschwindigkeiten und $\ddot{u}$

den Vektor der Knotenbeschleunigungen in den verfügbaren Raumkoordinaten des entsprechenden Finiten Elementes; P repräsentiert den Vektor möglicher externer Kräfte.

Es ist weiter festzuhalten, dass diese Gleichung sowohl bei Anwendung eines impliziten als auch expliziten Zeitintegrationsverfahrens für einen definierten Zeitschritt zu lösen ist. Für die explizite Zeitintegration, die im vorliegenden Fall der Insassen- bzw. Crashberechnung vorteilhaft ist, da sich hochgradige Nichtlinearitäten aus Werkstoffeigenschaften infolge großer Deformationen und insbesondere aus vielfältigen Kontaktsituationen ergeben, kann die Gleichung unter Berücksichtigung der Ansätze eines zentralen Differenzenverfahrens mit der Zeitschrittgröße Δt wie folgt umgeschrieben werden.

Für die Geschwindigkeiten zum Zeitschritt n gilt:

$$\dot{u}_n^{vorw} = \dot{u}_{n+1/2} = \frac{u_{n+1} - u_n}{\Delta t} \quad \text{und} \quad \dot{u}_n^{r\ddot{u}ck} = \dot{u}_{n-1/2} = \frac{u_n - u_{n-1}}{\Delta t} \tag{8.2}$$

Hierbei ist jeweils der Vorwärtsdifferenzenquotient und der Rückwärtsdifferenzenquotient mit $\dot{u}_n^{vorw}$ bzw. $\dot{u}_n^{r\ddot{u}ck}$ bezeichnet. Der zentrale Differenzenquotient ergibt sich somit zu

$$\dot{u}_n = \frac{1}{2}\left(\dot{u}_n^{vorw} + \dot{u}_n^{r\ddot{u}ck}\right) = \frac{u_{n+1} - u_{n-1}}{2\Delta t}. \tag{8.3}$$

Für die Beschleunigungen gilt entsprechend

$$\ddot{u}_n = \frac{1}{\Delta t}\left(\dot{u}_n^{vorw} - \dot{u}_n^{r\ddot{u}ck}\right) = \frac{\dot{u}_{n+1/2} - \dot{u}_{n-1/2}}{\Delta t} = \frac{u_{n-1} - 2u_n + u_{n+1}}{\Delta t^2}. \tag{8.4}$$

Damit kann Gleichung 8.1 für den Zeitschritt n

$$M\ddot{u}_n + C\dot{u}_n + Ku_n = P_n \tag{8.5}$$

geschrieben werden zu

$$M\frac{u_{n-1} - 2u_n + u_{n+1}}{\Delta t^2} + C\frac{u_{n+1} - u_{n-1}}{2\Delta t} + Ku_n = P_n \tag{8.6}$$

bzw. nach weiterem Umsortieren der Terme zu

$$\left(M + \frac{\Delta t}{2}C\right)u_{n+1} = (P_n - Ku_n)\Delta t^2 + C\frac{\Delta t\, u_{n-1}}{2} - M(u_{n-1} - 2u_n). \tag{8.7}$$

Damit stehen auf der linken Seite die unbekannten Verschiebungsgrößen; rechts dagegen sind alle Größen bekannt. Durch Invertieren des Terms $M + \frac{\Delta t}{2}C$ können daher die gesuchten Verschiebungen u_{n+1} sowie durch weiteres Einsetzen die zugehörigen Beschleunigungen bestimmt werden. Wichtig ist anzumerken, dass aus Gründen der Ausführungsgeschwindigkeit die Massenmatrix M typischerweise als sogenannte konzentrierte Massenmatrix Verwendung findet. Diese ist lediglich auf der Diagonalen mit den Knotenmassen besetzt, eine Invertierung ist somit trivial. Weiter wird u. U. auf die Dämpfung ganz verzichtet bzw. diese wird massenproportional angenommen. Beides zusammen erlaubt eine laufzeitoptimierte Berechnung der neuen Zustandsgrößen zum Zeitpunkt t_{n+1}.

Das zentrale Differenzenverfahren ist zweiter Ordnung genau, jedoch nur bedingt stabil und bedarf eines Startverfahrens zu Berechnungsbeginn, da offensichtlich die Verschiebungen u_{n-1} für $n=0$ zu bestimmen sind. Die Stabilitätsbedingung ist unter dem Begriff Courant-Friedrichs-Levy bekannt und beschreibt die kritische Zeitschrittgröße über die maximale Eigenfrequenz des diskretisierten Systems: $\Delta t_n \leq \Delta t_{crit} = 2/\omega_{max}$. Letztere wird definiert über die kleineste charakteristische Elementkantenlänge l_{char} (bei Diskretisierung mit Finiten Elementen) im System, sowie den Werkstoffeigenschaften Steifigkeit und Dichte. Für eine Diskretisierung mit i Solid-Elementen ergibt sich daher exemplarisch für das diskretisierte System ein maximaler Zeitschritt von:

$$\Delta t_n \leq \Delta t_{crit} = \min_i \left(l_{char} \sqrt{\frac{\rho(1+\nu)(1-2\nu)}{E(1-\nu)}} \right) \tag{8.8}$$

Das Lösen der weiteren technischen Aufgabe erfordert nun die Beschreibung der Geometrie (räumliches Gebiet über Finite Elemente), der Werkstoffeigenschaften, der Rand- und Anfangsbedingungen sowie der äußeren Lasten.

8.6.2.5 Anwendungsbeispiel

Im Folgenden soll an einem einfachen Beispiel illustriert werden, welche Arbeitsschritte nötig sind, um ein Problem für eine FEM-Berechnung aufzubereiten. Dabei soll der Aufprall eines Dummy-Kopfes auf ein Stahlprofil mit der Finite-Elemente-Methode bearbeitet werden. Ziel der Aufgabe ist es, die auftretende Kopfbeschleunigung, bzw. Kopfverzögerung, zu berechnen. Dazu wird die CAD-Geometrie des Körpers oder Bauteils in einen Pre-Prozessor eingelesen und mit finiten Elementen vernetzt. Durch diesen Arbeitsschritt wird die Geometrie in Segmente und einfache Volumina, die sogenannten Elemente, aufgeteilt, in denen die Ansatzfunktionen für Verschiebungen und Spannungen hinterlegt sind. Dieses Zerlegen der Geometrie wird gemeinhin als Vernetzung bezeichnet. Neben Volumenelementen stehen Elementtypen mit Struktureigenschaften zur Verfügung: Z. B. Schalen-, Platten-, Balken- und Stab-Elemente. Typischerweise bietet moderne Finite-Elemente-Software für jeden Elementtyp oftmals unterschiedliche Elementformulierungen zur Auswahl an, wobei sich Unterschiede durch die Zugrundelegung unterschiedlicher Annahmen, wie beispielsweise in der klassischen Schalentheorie diskutiert, oder durch unterschiedliche Eigenschaften der Ansatzfunktionen ergeben. Diejenigen Elemente, die durch gemeinsame Knoten verbunden sind, werden als Kontinuum angesehen. Da sich die Lösung aus der Linearkombination der Formfunktionen ergibt, die über die Aufteilung der Geometrie definiert werden, sollte die Geometrie an jenen Stellen fein unterteilt, d. h. fein vernetzt, sein, an denen größere, lokal auftretende Deformationen infolge Lasten, Geometrie oder Werkstoff, erwartet werden. So ist es beispielsweise sinnvoll, im vorliegenden Beispiel die Kopfhaut im Bereich des Auftreffpunktes feiner zu vernetzen.

Neben den geometrischen Eigenschaften müssen ebenfalls die Materialeigenschaften berücksichtigt werden, die das Bauteilverhalten maßgeblich bestimmen. Diese Eigenschaften werden durch Werkstoffgesetze, also dem Zusammenhang zwischen Dehnungs- und zugehörigem Spannungszustand, beschrieben. Für das Stahlprofil soll exemplarisch ein sehr einfacher Zusammenhang, das sogenannte *Hook*'sche Gesetz verwendet werden. Dieses ist ein linear-elastisches Materialgesetz, für dessen Beschreibung lediglich der Elastizitätsmodul und die *Poisson*-Zahl (bzw. Querdehnzahl) benötigt werden. Die Haut des Dummy-Kopfes besteht aus Vinyl, welches mit einem visko-elastischen Werkstoffgesetz modelliert werden soll. Der Anwender muss sich hier entscheiden, welches der vielfältigen, im Programm angebotenen Materialgesetze er verwenden will. Entsprechend dieser Wahl kann er Materialkennwerte aus der Literatur verwenden oder er muss Werkstoffversuche durchführen, um die jeweiligen Materialparameter anhand dieser zu identifizieren. Die Vinyl-Haut des Kopfes ist über einen hohlen Aluminiumkörper, der den Schädel repräsentiert, gespannt. Der Aluminiumkörper soll sich bei der geplanten Belastung nicht verformen und kann somit in der Rechnung als starr angenommen werden. Allerdings soll ein lokales Separieren (Ablösen) der Kopfhaut vom Aluminium-Schädel möglich sein. Die Zuordnung zwischen den Materialeigenschaften und der Geometrie erfolgt über die Diskretisierung der einzelnen Elemente.

Zur weiteren Beschreibung des Problems sind die Randbedingungen zu definieren. Dies ist im vorliegenden Beispiel die feste Lagerung des Stahlprofils am Rand der sie umgebenden Karosseriestruktur. Die Anprallgeschwindigkeit des Kopfes wird als Anfangsbedingung vorgegeben. Abschließend ist noch die Kontaktdefinition mit den physikalischen Kontaktparametern (z. B. den Reibungskoeffizienten) für den Kontakt zwischen der Kopfhaut und dem Aluminiumkörper sowie dem Stahlprofil vorzunehmen. Bevor die Berechnung starten kann ist noch anzugeben, welcher reale Prozesszeitraum für das Impaktproblem betrachtet werden soll. Damit sind alle notwendigen Eingaben getätigt, und der Simulationslauf kann angestoßen werden. Im Anschluss an die Berechnung erfolgt das Post-Processing, bei dem die Ergebnisse visualisiert werden. Die Darstellung in Abb. 8.38 zeigt das Modell des Kopfes und Abb. 8.39 eine Abfolge des Kopfanpralls.

Die kommerziellen FEM-Programme, die in der technischen Auslegung für die passive Sicherheit zur Anwendung kommen, verfügen neben den rein klassischen FEM-Funktionen über viele weitere spezifische, mitunter vereinfachte Modelle. Diese erlauben es zum Beispiel komplexe Vorgänge in speziellen Komponenten in physikalisch reduzierter Form abzubilden. So kann z. B. die mechanische Wirkung eines Gurt-Retraktors in einem Ersatzmodellmodell mit Kurvendefinitionen sowie Zünd- und Verzögerungszeiten beschrieben werden. Eine detaillierte Modellierung des mechanischen Aufbaus des Retraktors ist somit nicht erforderlich. Weitere solche Ersatzmodelle existieren beispielsweise für Schweißpunkte (bzw. weitere Verbindungstechniken im

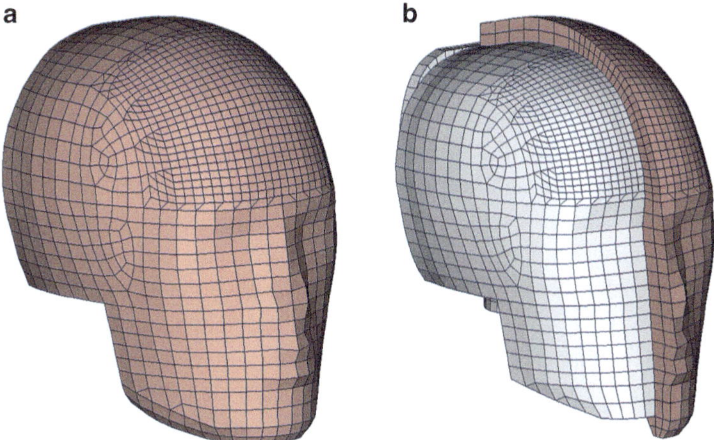

Abb. 8.38 Einfaches Finite-Elemente-Modell für den Kopfanprall nach FMVSS 201, **a** Kopfhaut aus Vinyl, **b** Aluminiumkern (Modell aus [46])

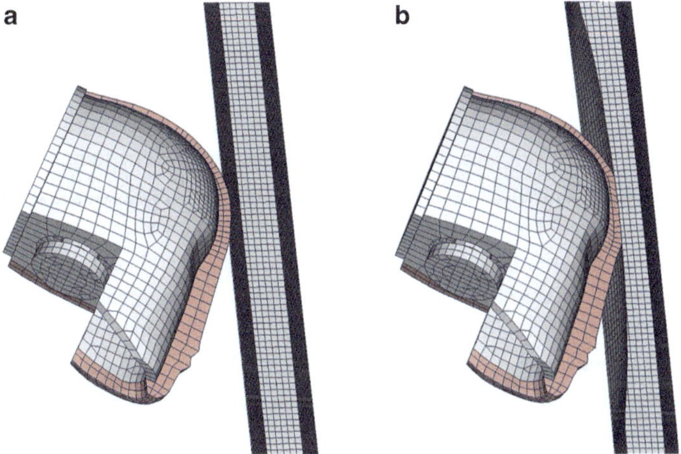

Abb. 8.39 Bildfolge beim Kopfanprall auf das deformierbare Stahlprofil, wobei die rechte Hälfte der Vinylhaut des Kopfes jeweils ausgeblendet ist

Allgemeinen), Gelenke, Gelenkanschläge, Feder-Dämpfer, Gurte, Gurtaufroller, Gurt-kraftbegrenzer, Gurtumlenkpunkte und Beschleunigungssensoren.

8.6.2.6 Kontrollvolumen und Strömungssimulation

Ein wichtiger Baustein des Insassenschutzsystems eines Fahrzeuges ist der Airbag. Dabei ist der Entfaltungsprozess des Airbags, der durch die Zündung des Gasgenerators ausgelöst wird, ein physikalisch hochkomplexer Vorgang. Die Druckverhältnisse im

Airbag sind stark abhängig vom zeitlichen Verlauf der Entfaltung und dem damit entstehenden Gasvolumen und vice versa. Zudem werden sie sowohl von der einströmenden Gasmasse und deren Temperatur, als auch von den Gasverlusten am durchlässigen Airbaggewebe bzw. an den Ausströmöffnungen beeinflusst. Ferner wird die Gasströmung, die durchaus örtlich Überschallgeschwindigkeit erreicht, durch Umlenkbleche am Generator und an Fangbändern im Airbag umgelenkt und behindert. Und letztlich gestaltet sich die exakte physikalische Beschreibung des orthotropen, nichtlinearen Airbag-Gewebes überaus schwierig. Daher begnügte man sich in der Vergangenheit bei vielen Simulationen mit einer stark vereinfachten Modellierung des Gasraums. Diese geht von einer skalaren Bilanzgleichung aus, die ein- und ausströmende Massen bilanziert. Das Verfahren beruht auf einer Ende der 1980er Jahre erschienenen Veröffentlichung von *Wang* und *Nefske* [116]. Im Laufe der Jahre wurde das Verfahren verschiedentlich erweitert, um Effekte, die bei der komplexen Entfaltung auftreten, durch zusätzliche Parameter zu modellieren. So sind mittlerweile beispielsweise *Jetting*-Effekte, Temperatureinflüsse oder komplexe Gewebedurchlässigkeiten abbildbar. All diesen Erweiterungen ist jedoch gemein, dass der Druck im Airbag nicht lokal aufgelöst wird; man spricht daher auch von sogenannten *Control-Volume-* bzw. *Uniform-Pressure*-Airbags. Letzteres ist ein Hinweis darauf, dass der Druck zur Airbag-Entfaltung im numerischen Modell an allen Innenflächen des Airbags jederzeit identisch ist. Eine weitere gängige Vereinfachung betrifft die Modellierung der Gewebeeigenschaften: Beim Falten, aber auch während des Entfaltungsvorganges selbst, treten viele sehr kleine Falten auf, für deren Modellierung ein extrem feines Finite Elemente Netz aus Membran-Elementen erforderlich wäre. Die wiederum würde zu Modellen mit einer sehr großen Anzahl an Freiheitsgraden führen. Um nun aber eine Modellierung mit einer vertretbaren Elementanzahl zu ermöglichen, lassen sich die Membran-Elemente vereinfachend in der Membran-Ebene spannungslos zusammendrücken. Damit kann die geometrische Eigenschaft von Stoffen (bzw. Membranen im Allgemeinen) unter in-plane-Druckspannungen, d. h. in der Membran-Ebene, auszuknicken und Falten zu werfen, durch eine Modifikation der Werkstoffmodelleigenschaften vereinfacht abgebildet werden.

Diese und weitere Vereinfachungen erfordern bei der Modellerstellung eines Airbag-Systems einen oder gar mehrere Versuche zum Abgleich des Modells. Diese Einbeziehung der experimentellen Ergebnisse wird als Validierung des Modells bezeichnet. Dazu wird ein ähnlicher oder auch identischer, gefalteter Airbag gezündet und der Impuls beim Aufprall auf ein Pendel oder eine Kugel gemessen sowie mit digitalen Hochgeschwindigkeitskameras die Entfaltungskinetik aufgenommen. Das Modell wird anschließend durch sinnvolle Anpassung diverser Parameter in der Airbag-Definition und den strukturellen Eigenschaften des Werkstoffmodells so angepasst, dass es mit dem Versuch vergleichbare Beschleunigungen des Impaktors oder/und eine entsprechende Entfaltungskinetik wie im Hochgeschwindigkeitsvideo liefert. Ist das Simulationsmodell auf diese Weise abgeglichen, wird es zur Berechnung in komplexeren Umgebungen zur

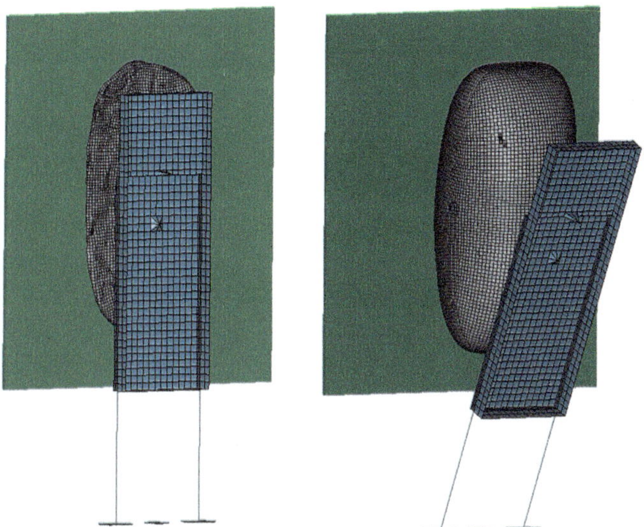

Abb. 8.40 Finite-Elemente-Modell eines einfachen Versuchs mit stehendem Pendel zur Validierung eines Airbag-Modells (mit freundlicher Genehmigung der Volkswagen AG [115])

Auslegung des Rückhaltesystems verwendet. Abb. 8.40 stellt einen typischen Versuchsaufbau zur Airbag-Validierung dar. In Lastfällen, bei denen die Interaktion des Insassen mit dem Airbag zu einem Zeitpunkt stattfindet, bei dem der Airbag bereits entfaltet ist, können mit dem oben beschriebenen Verfahren und einem relativ geringem Rechenaufwand sehr gute Ergebnisse erzielt werden.

Jüngere Vorschriften, wie beispielsweise der Sicherheitsstandard FMVSS 208, und komplexe Airbag-Konstruktionen erfordern jedoch in zunehmendem Maße die exakte Simulation auch in der frühen Entfaltungsphase. Hier sind die vereinfachten Modelle oft nicht mehr ausreichend, da es mit ihnen nicht möglich ist, die Strömungsverhältnisse im Airbag lokal aufzulösen. Eine Schwierigkeit ergibt sich aus den örtlich sehr kleinen geometrischen Details des Generatorgehäuses, möglicher Umlenkbleche für die Gasströmung und eventuell vorhandener Zuführungsleitungen. Darüber hinaus weist der Airbag im gefalteten Zustand sehr viele kleine „Kammern" zwischen unterschiedlichen Lagen und Falten sowie ausgedehnte flache Schichten auf, durch die sich das Gas während des Entfaltens einen Weg „suchen" muss. Dies erfordert eine sehr genaue räumliche Auflösung der Strömungsphänomene. Erschwerend kommt weiter hinzu, dass sich die Lage der Airbag-Falten räumlich extrem schnell ändert und somit eine sehr anspruchsvolle technische Fragestellung zur Fluid-Struktur-Interaktion vorliegt.

Zur Simulation des teilweise mit Überschallgeschwindigkeit einströmenden Gases existieren in den verfügbaren kommerziellen Programmen unterschiedliche Ansätze: Gearbeitet wird neben der Finite Point-set Method (FPM) mit einer besonderen Art der ALE-Kopplung (ALE: Arbitrary Lagrangian–Eulerian) [73] oder gar der Kopplung mit bestehenden Programmen zur Strömungssimulation (Computational Fluid Dynamics, CFD). Eine weitere sehr verbreitete Methode ist die Corpuskular-Methode, bei der eine größere Anzahl an Gasmolekülen zusammengefasst und ihre Interaktion im Strömungsprozess untersucht wird [74]. All diese Verfahren sind in der Lage, den Zustand des Gases lokal aufzulösen, arbeiten aber weiterhin mit Vereinfachungen der Gasmodellierung und der geometrischen Details, da eine exakte Behandlung der komplizierten physikalischen Vorgänge mit einem vertretbaren Rechenaufwand auch derzeit noch nicht möglich ist. Trotz der vielen vorgestellten Vereinfachungen kann man heute den Entfaltungsvorgang eines Airbags in allen Entfaltungsphasen sehr realistisch abbilden und somit die Entwicklungszeiten für Rückhaltesysteme mit der numerischen Simulation sehr stark verkürzen.

8.6.2.7 Gekoppelte Löser

Sofern ein einzelnes Softwareprogramm nicht alle erforderlichen Eigenschaften zur Lösung eines physikalischen Problems aufweist, können die Programme ggf. miteinander gekoppelt werden. Eine Kopplung kann dabei einmalig erfolgen, indem das Ergebnis eines Programms Eingang findet in das jeweils andere. Eine Kopplung kann jedoch auch simultan, also zeitgleich, wenn zwei Löser an einem Problem arbeiten, erfolgen. Dabei wird zwischen den verschiedenen angewandten Softwareprogrammen ein regelmäßiger Austausch von Informationen (Teilergebnissen) während eines Berechnungslaufs durchgeführt. Als Beispiel kann die Kopplung eines MKS-Programms gelten, welches die globalen Dummy-Bewegungen berechnet und diese per Datei-Schnittstelle oder auch API an einen expliziten FEM-Löser liefert, der im Weiteren die Deformation der Kontaktumgebung und damit der Fahrzeuggeometrie berechnet. Abb. 8.41 zeigt ein MKS-Dummy-Modell in einer FEM-diskretisierten Fahrzeug-

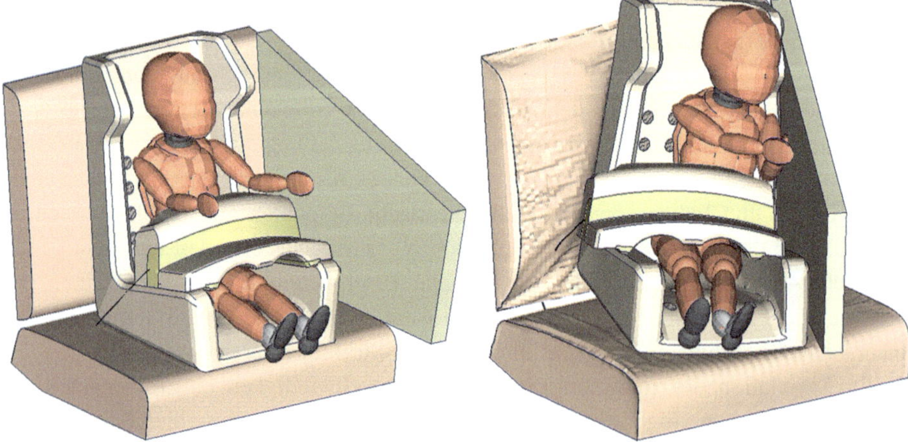

Abb. 8.41 Kopplung von MADYMO und LS-DYNA zur Untersuchung von Testszenarien eines Kinderrückhaltesystems im Seitenaufprall (aus [91])

umgebung. Hier wurden zur Berechnung zwei Softwareprogramme gekoppelt. Eine Programmkopplung kann die Vorteile mehrerer Programme vereinen, erfordert allerdings die jeweilige Lizenzierung und ausreichende Kenntnisse eines jeden Programms. Soll die Nutzung der Programme auf verteilten Rechnersystemen (Clustern) erfolgen, ergeben sich oft starke Einschränkungen für die effiziente Nutzung der Hardware aufgrund einer eventuell ungenügend abgestimmten Parallelisierung aller beteiligten Software-programme.

Die simultane Kopplung von unterschiedlichen numerischen Verfahren in einem Programmsystem hat dagegen deutlich weniger Nachteile. Die Abb. 8.42 und 8.43 zeigen Anwendungen von simultanen Kopplungen von unterschiedlichen Verfahren, wie z. B. *Computational Fluid Dynamic* (CFD) oder *Arbitrary Lagrangean Eulerian* (ALE), jeweils diskretisiert mit Expliziten Finiten Elementen in einem Programmsystem und zudem großflächig auf verteilten Rechnersystemen eingesetzt.

Bei einer sequentiellen Kopplung werden Ergebnisse aus einem Verfahren als Eingabe-Datensatz für ein anderes Berechnungsverfahren verwendet. So können beispielsweise Berechnungsaufgaben von impliziten mit expliziten Zeitintegrationsver-fahren gekoppelt werden. Mit einer impliziten FEM-Berechnung lässt sich in hervor-ragender Weise die Positionierung und Anfangskonfiguration eines Dummys-Modells bestimmen, da das implizite Verfahren den langsamen Vorgang des Einsitzprozesses, der zudem nur geringe Nichtlinearitäten aufweist, deutlich effizienter lösen kann, als

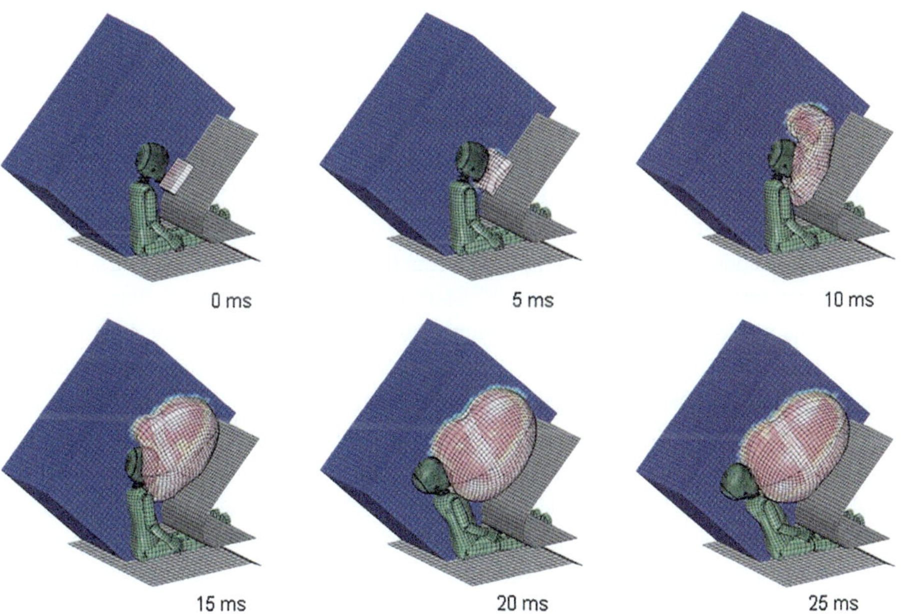

Abb. 8.42 Kopplung der Finite-Elemente-Methode mit der ALE-Methode in einem Programmsystem (aus [41])

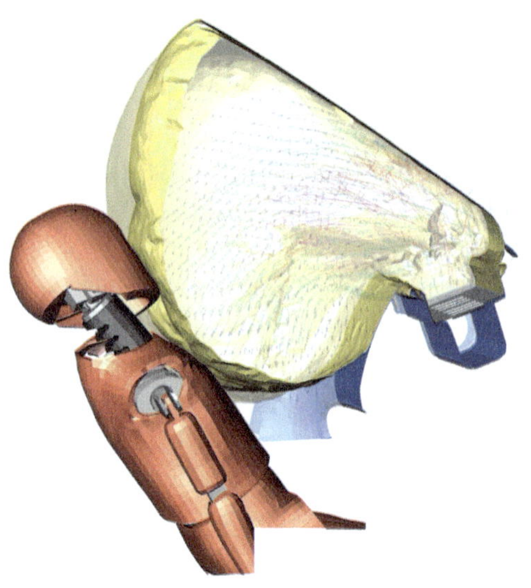

Abb. 8.43 Out-of-Position-Simulation mit gekoppelter Strömungs- und FEM-Simulation in einem Programmsystem [109]

dies ein expliziter Algorithmus leisten könnte. Abb. 8.43 zeigt ein durch implizite Zeitintegration positioniertes Dummy-Modell. Im Anschluss an diese Vorberechnung kann das hochgradig nichtlineare Problem der Airbag-Entfaltung und der Interaktion mit dem Dummy mittels expliziter Zeitintegration berechnet werden. Weitere Beispiele für nacheinander geschaltete Rechnungen finden Anwendung, wenn beispielsweise Einflüsse des Fertigungsprozesses auf einzelne Bauteile in einer Crash-Simulation berücksichtigt oder die elastische Rückfederung der Bauteile nach einem Crash bestimmt werden sollen.

8.6.2.8 Hardware-Architekturen

Während in den 1980er und 1990er Jahren die Berechnungen auf großen Vektorrechnern durchgeführt wurden, nutzt man seit den 2000er Jahren in der Regel Clustersysteme. Diese Cluster nutzen Bauteile, wie z. B. CPUs mit einer Vielzahl an Rechenkernen (Cores), Speicher- oder Grafikchips, die auch bei handelsüblichen PCs (Personal Computern) verwendet werden. Die FEM-Programme zerlegen zur Berechnung das Simulationsproblem in mehrere Teilprobleme, die im Weiteren getrennt auf den einzelnen Rechenkernen (Cores) im Cluster gelöst werden. Während der Rechnung erfolgt der Informationsaustausch zwischen den einzelnen Prozessoren über das Netzwerk und/oder das Motherboard. Mit der Cluster-Technologie ist es möglich, sehr hohe Rechenleistung zu einem erschwinglichen Preis zu erhalten. Ein weiterer signifikanter Leistungsschub konnte für spezielle Anwendungen auch durch den Einsatz der GPUs (Graphics Processing Units) erreicht werden. Als Betriebssystem findet auf Clustersystemen nach wie vor hauptsächlich Linux Verwendung, während auf Arbeitsplatzrechnern neben Linux in den letzten Jahren der Umfang an Windows-Installationen zunimmt. Zudem zeigt sich ein klarer Trend zu zentralen Simulations-Services in dezidierten Rechenzentren (*Cloud*-Computing, sowohl *in-house* administriert als auch per *Simulation-as-a-Service* auf Dritthardware) bei zugleich kleineren und mobilen Workstations (sehr leistungsfähige Laptop-Computer) für die CAE-Entwicklungsarbeit der Ingenieure.

8.6.2.9 Kommerzielle Programmsysteme

Die oben beschriebenen Verfahren sind in einigen Programmsystemen implementiert: Der am weitesten verbreitete Vertreter des MKS-Verfahrens für den Insassenschutz ist MADYMO [60]. Als MKS-Programm für die Unfallrekonstruktion wird in Europa neben PC-CRASH [76] das Programm CARAT (Computer Aided Reconstruction of Accidents in Traffic) [30] am häufigsten eingesetzt. Für die Auslegung mit expliziten FEM-Programmen sind ANSYS LS-DYNA [58] und ESI's Virtual Performance Solution (ESI-VPS, ehemals PAM-CRASH) [75] am Weitesten verbreitet. Weitere Wettbewerber sind RADIOSS [82], sowie der explizite Programmteil von ABAQUS [1], der seit einigen Jahren ebenfalls aufwendige explizite Berechnungen zur Insassen-Simulation erlaubt. Alle oben genannten Programme wurden in den letzten Jahren stark erweitert, um auch die angrenzenden Berechnungsmethoden, insbesondere gekoppelte Multi-Physik-Fragestellungen im Bereich der Kurzzeitdynamik, abdecken zu können. So wurde beispielsweise MADYMO um einen FEM-Programmteil ergänzt oder LS-DYNA durch einen integrierten impliziten, thermischen und elektromagnetischen Programmteil erweitert.

8.6.3 Berechnungsmodelle

Die Ziele der rechnerischen Simulation bei der Fahrzeugentwicklung im Bereich der passiven Sicherheit liegen in einer möglichst hohen Prognosefähigkeit. Dies umfasst

- die Rekonstruktion realer Fahrzeug/Fahrzeug- und Fahrzeug/Hindernis-Kollisionen (Kontaktstellen und Bewegungsgrößen wie z. B. Beschleunigungen, Deformationen und Deformationsgeschwindigkeiten),
- die Auslegung von Deformations- und Kontaktstrukturen sowie von Insassenschutz-Systemen am bzw. im Fahrzeug mit Fokus auf Steifigkeiten und Energieaufnahmevermögen,
- die Prognose von Belastungen auf verschiedenste Körperregionen von Insassen und von externen Verkehrsteilnehmern und ihre Bewertung hinsichtlich der körperteilspezifischen Schutzkriterien sowie
- der Analyse von Verletzungsmechanismen an Simulationsmodellen menschlicher Körperteile (Kopf, Halswirbelsäule, Brustkorb, Becken und Abdominalbereich sowie Extremitäten).

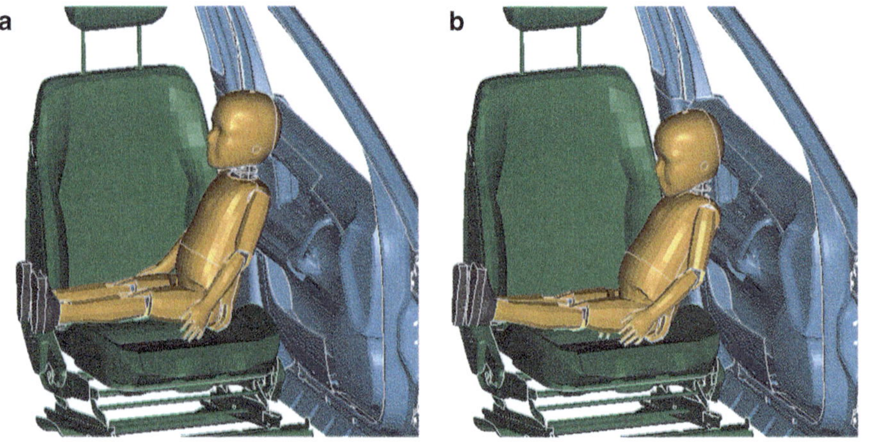

Abb. 8.44 Sequenzielle Kopplung verschiedener Berechnungsverfahren, **a** Dummy nach Positionierung durch einen Pre-Prozessor, **b** Dummy in statischer Ruhelage nach impliziter Berechnung (aus [32]). Anschließend kann die Simulation zur gekoppelten Fluid-Struktur Airbag-Simulation, ähnlich zu Abb. 8.42, gestartet werden

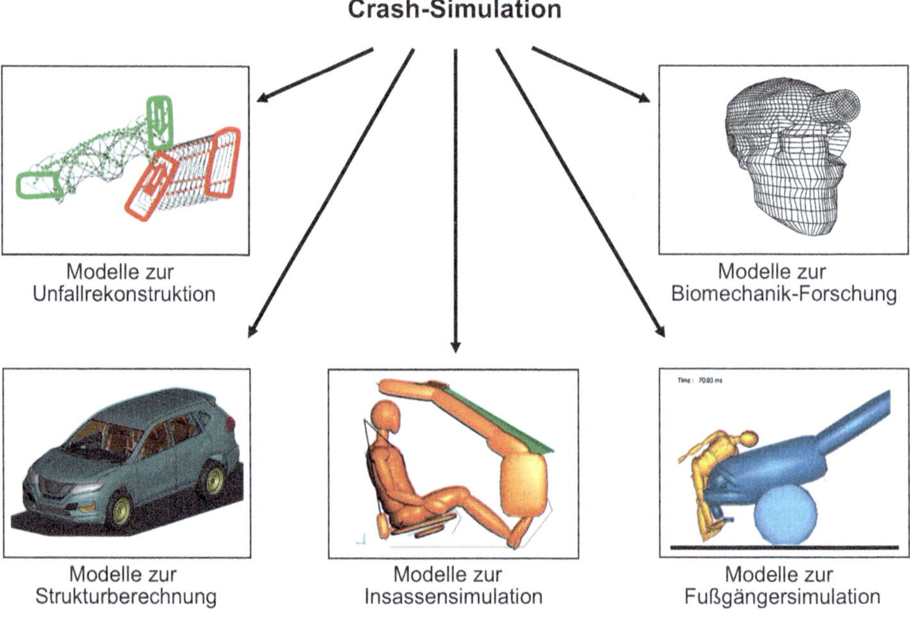

Abb. 8.45 Modellarten und Einsatzgebiete in der Crash-Simulation

Die dabei angewandten Programmsysteme verwenden Modelle mit unterschiedlichem Detaillierungsgrad. Diese sind als Übersicht in Abb. 8.45 dargestellt und sollen nachfolgend beschrieben werden.

8.6.3.1 Berechnungsmodelle für die Unfallrekonstruktion

Bei den heute am häufigsten angewandten Rechenprogrammen zur Vorwärtsrechnung für die Unfallrekonstruktion gibt es zwei Möglichkeiten zur Bestimmung der Kollision (InCrash-Phase): Entweder werden die Stoßgleichungen in einer alternativen Form der Rückwärtsrechnung angewandt oder es erfolgt eine kontinuierliche Berechnung über die angenäherte Stoßdauer (Kraftrechnung). Bei der Kraftrechnung werden zur Berechnung der Kontaktkräfte steifigkeitsbasierte Modelle in Form von Kontakt-Ellipsoiden [22] oder von dynamischen Netzen [39] verwendet. Für die Analyse der Auslaufbewegungen (PostCrash-Phase) werden in den aktuellen Programmen mathematische Modelle für die Fahrzeuge verwendet. Der Eingabe-Datensatz für die InCrash- und die PostCrash-Phase setzt sich zusammen aus der Fahrzeuggeometrie (Länge, Breite, Schwerpunktlage, Radstand und Spurweite), den Kinetik-Parametern (Masse und Massenträgheitsmoment, Radumfangskräfte, Reib- und Rollwiderstandskoeffizienten, translatorische und rotatorische Geschwindigkeiten) und den Struktursteifigkeiten. Die Programm-Ausgabe besteht aus dem geometrischen Bewegungsablauf der beteiligten Fahrzeuge (Abb. 8.46) ohne oder mit berechneten Beschädigungen an den Kontaktstellen, der Bewegung der Radaufstands- und der Schwerpunkte als Ortskurven sowie aus Diagrammen mit den Bewegungsgrößen in Abhängigkeit von der Zeit. Die Ermittlung der Eindringtiefen erfolgt entweder bei den Stoßmodellen durch die Auswertung von Fotos der beschädigten Fahrzeuge oder bei der Kraftrechnung mithilfe des jeweiligen Kontakt-

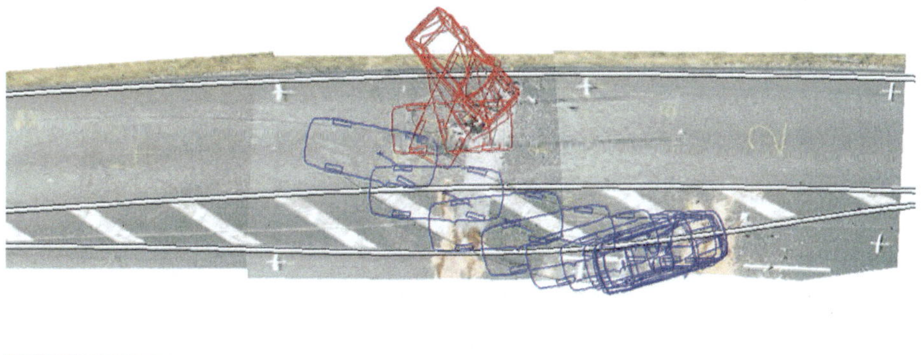

Abb. 8.46 Ergebnis des Rekonstruktionsprogramms CARAT einschließlich der Ortskurven für die Radaufstandspunkte bei einer PKW/PKW-Gegenverkehrskollision mit 70 bzw. 50 km/h

modells in mehr oder weniger guter Annäherung. Anhand der Größe der Eindringung und der vorgegebenen Steifigkeiten werden die Verformungskräfte ermittelt. Die Darstellung in Abb. 8.46 zeigt als Beispiel die Kollisionsstellung bei Erstkontakt und die Auslaufbewegungen entlang der gesicherten Spuren bei einer PKW/PKW-Kollision mit einer Geschwindigkeit von 70 km/h für den von links nach rechts fahrenden PKW (Skoda) und mit 50 km/h für den sich von rechts annähernden PKW (VW Golf). Berechnet wurde das Beispiel mit dem Programm CARAT [30, 40].

8.6.3.2 Strukturberechnung

In der Strukturberechnung wird vornehmlich mit der Methode der Finiten Elemente gearbeitet, und zwar werden beispielsweise Untersuchungen der statischen Eigenschaften von Karosserien oder die Analyse von Schwingungen und Geräuschen durchgeführt. Ab Mitte der 1980er Jahre wurde die Berechnung auf das Verhalten von Karosseriestrukturen bei Unfallsituationen ausgedehnt, dabei bezogen sich die ersten Untersuchungen auf die Berechnung von vernetzten Baugruppen wie Längsträger unterschiedlichen Querschnitts und Materials.

Abb. 8.47 zeigt die aus ca. 6.000 Schalen- und Balkenelementen bestehende Struktur eines VW Polo (1986) mit insgesamt 5100 Knoten [42]. Trotz des aus Gründen der Rechnerkapazität (aus heutiger Sicht) sehr einfachen Modells zeigten die Verformungen ordentliche Übereinstimmungen mit den versuchstechnisch ermittelten Ergebnissen (Abb. 8.48). Zudem konnte erstmals eine rechnerisch erstellte Bilanz der Verformungsenergie im Vorderwagenbereich dargestellt werden, die zur damaligen Zeit experimentell nur mit einem unverhältnismäßig hohen Aufwand möglich gewesen wäre. Demnach verteilt sich die Deformationsenergie zu ca. 70 % auf Längsträger und Bodengruppe und der restliche Anteil von 30 % auf die Radhäuser, den vorderen Querträger (Frontend), die Spritzwand und das Kompartment mit der Heckstruktur; Türen und Klappen sowie die Beplankung der Radhäuser (Kotflügel) waren nicht modelliert.

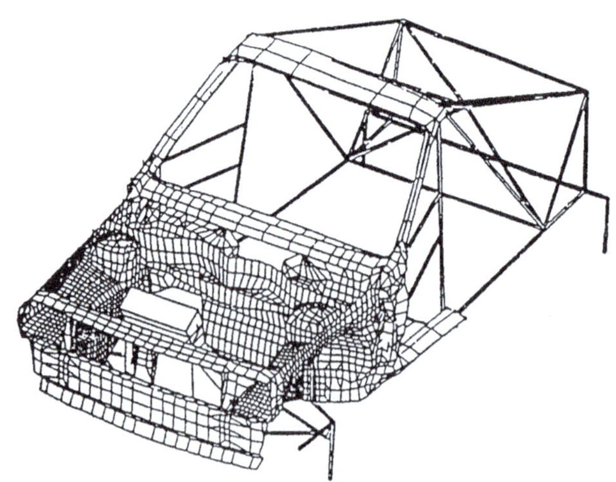

Abb. 8.47 FEM-Modell aus dem Jahr 1986 zur Berechnung der Frontstruktur eines VW-Polo bestehend aus 5.555 Schalen-, 106 Balkenelementen und 5.100 Knoten (aus [42])

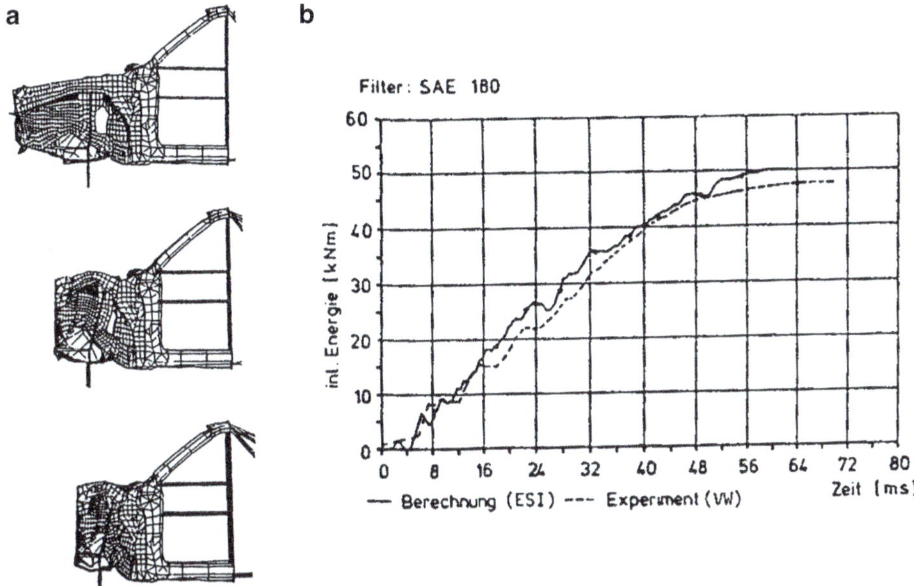

Abb. 8.48 Rechnerisch simuliertes Deformationsverhalten der Frontstruktur bei 0, 30 und 40 ms (**a**) und Vergleich der Deformationsenergie zwischen Berechnung und Experiment (**b**) (aus [4, 42])

Mit Zunahme der Rechnerkapazität und der CPU-Leistung wuchs auch der Detaillierungsgrad der FEM-Modelle bei der Strukturberechnung des Gesamtfahrzeuges.

Das 1987 eingesetzte Modell für den VW Golf bestand aus ca. 20.000 Elementen, das Modell des VW-Passat (1990) nur drei Jahre später bereits aus 30.000 und das Bench-Mark-Modell von BMW (1995) zur Berechnung eines 40 %-Off-Set-Crashs sogar aus ca. 61.000 Elementen [85, 59]. Im Jahr 2000 wiesen Modelle häufig noch einen Detaillierungsgrad von unter 500.000 Elementen auf. Die Darstellungen in Abb. 8.49 zeigt ein FEM-Modell eines älteren BMW-Fahrzeuges, das zur Strukturberechnung bei einem 40 %-Off-Set-Crash mit 64 km/h etwa 250.000 Elemente umfasst. Die Abb. 8.50 aus dem Jahr 2005 zeigt ein Modell des Opel Astra, das etwa 2,5 Mio. Elemente aufweist. Im Jahr 2012 hatten Fahrzeugmodelle in etwa eine Größe von 3–8 Mio. Elementen, zehn Jahre später, im Jahr 2022 liegt die Modellgröße regelmäßig bei 15 bis 20 Mio. Elementen, wobei einige Fahrzeughersteller auch noch weit feinere und damit größere Modelle für Detailuntersuchungen aufbauen und berechnen. Die Entwicklung zu immer feineren Modellen ist durch die hohen Anforderungen an die Vorhersagegüte und Verlässlichkeit der Berechnungen unumgänglich. Im Vergleich zu früheren Jahren enthalten heutige Simulationen wesentlich detailliertere Modelle zur Beschreibung des Materialverhaltens und des Materialversagens oder auch für die Verbindungstechnik, wie z. B. für Schweißpunkte, Niet- und Schraubenverbindungen oder für Klebverbindungen.

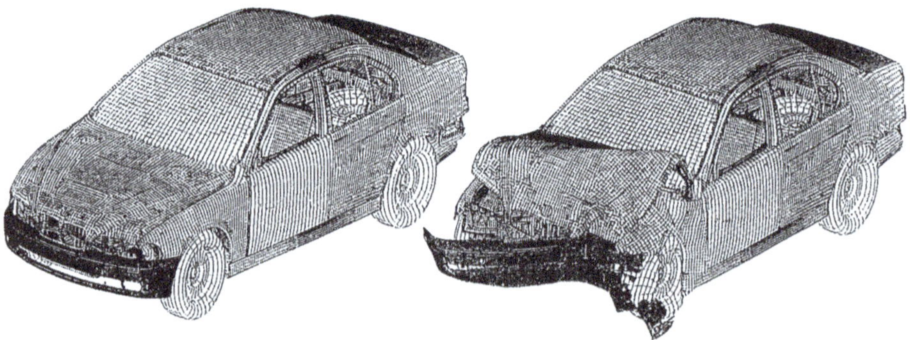

Abb. 8.49 FEM-Modell aus dem Jahr 1995 zur Berechnung der Strukturdeformation eines BMW (5er Reihe), bestehend aus ca. 250.000 Elementen [29]

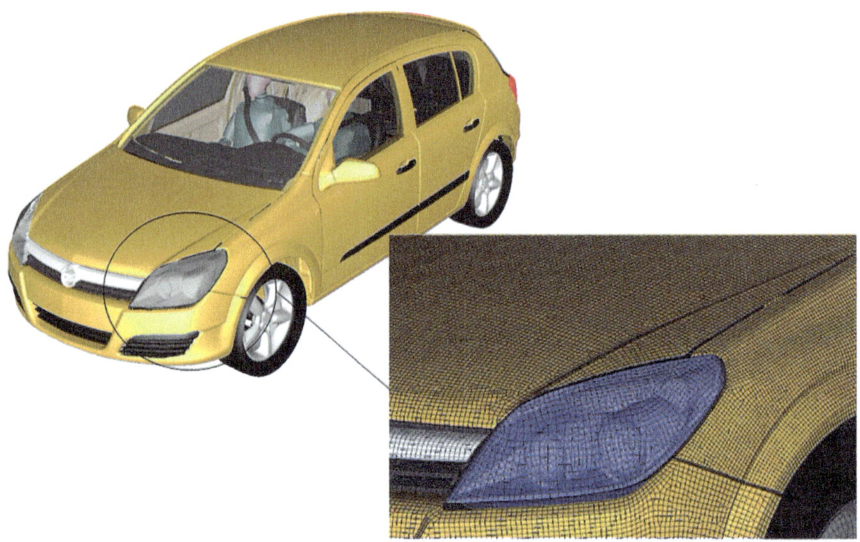

Abb. 8.50 FEM-Modell zur Berechnung der Crash-Sicherheit eines Opel Astra, bestehend aus ca. 2,5 Mio. Elementen aus dem Jahr 2005 [34]

Diese aufwendigen Werkstoffmodelle benötigen typischerweise eine hinreichend feine Vernetzung. Außerdem werden für viele Lastfälle heute die Insassensimulation und die Struktursimulation mit einem Modell simultan durchgeführt. Das heißt es befindet sich neben dem Modell des Fahrzeuges und der Barriere auch ein detailliertes Modell des Fahrzeuginnenraums, der Sitze, der Rückhaltesysteme und eventuell mehrere Dummy-Modelle in einer Berechnung.

Abhängig vom Bauteil und dessen Funktion im Fahrzeug sind die Anforderungen zur Beschreibung des Materialverhaltens sehr hoch, sodass für eine realistische Beschreibung des Materialverhaltens mittels komplexen Werkstoffmodellen eine umfangreiche Anzahl von Parametern erforderlich ist und kalibriert werden muss. Man unterscheidet grob zwischen elastisch-plastischem (Stahl- und Leichtbaulegierungen), visko-elastischem bzw. visko-plastischem (Kunststoffe, reversible Schäume) und hyperelastischem (Gummi) Verhalten. Zur Parameteridentifikation dieser Modelle werden nicht nur statische, sondern auch dynamische Kennwerte benötigt. Für alle crash-relevanten oder verletzungsrelevanten Bauteile ist es zwischenzeitlich unabdingbar den Lastpfad im Modell korrekt abzubilden, was den Einsatz von progressiven Schädigungs- und Versagensmodellen notwendig macht. Die Anforderungen an die Prognosegüte dieser Werkstoffmodelle sind auch bei unterschiedlichen Diskretisierungen (i. e. Elementkantenlänge und Elementtyp) sehr hoch und bedingen sehr umfangreiche Material- und auch Komponententests. Heute existieren nur wenige frei oder kommerziell verfügbare Materialdatenbanken für die Anwendung in der Crash-Berechnung. Das Wissen darüber, wie die jeweils auftretenden Phänomene mit den in den eingesetzten Crash-Programmen verfügbaren Werkstoffmodellen zu modellieren sind, wurde in den einzelnen Firmen über viele Jahre erarbeitet und wird nur selten offen an Dritte weitergegeben. In den letzten Jahren hat sich jedoch die Weitergabe von sogenannten kalibrierten Materialkarten an Entwicklungspartner in verschlüsselter Form etabliert. Für Strukturen, die bei Crash-Tests wiederholt verwendet werden und in Hardware von Homologationsbehörden vorgeschrieben werden, wie z. B. Barrieren, gibt es validierte Modelle, auf die im Bedarfsfall zugegriffen werden kann. Auch hier sind nur einige wenige Modelle frei verfügbar. Die zurzeit umfangreichste Bibliothek ist an der George-Mason-Universität (VA, USA) abgelegt und kann aus dem Internet [17] heruntergeladen werden. Abb. 8.51 zeigt ein frei verfügbares Fahrzeugmodell. Die Deformation eines kommerziellen Barriere-Modells ist für einen Validierungslastfall in Abb. 8.52 gezeigt [5].

Abb. 8.51 Frei verfügbares FEM-Modell eines Fahrzeuges in isometrischer und geschnittener Darstellung. Das Modell besteht aus mehr als 3.2 Mio. deformierbaren Elementen und 1280 Bauteilen. Es rangiert damit am unteren Ende der derzeit kommerziell zur Crashberechnung eingesetzten Fahrzeugmodelle [17]

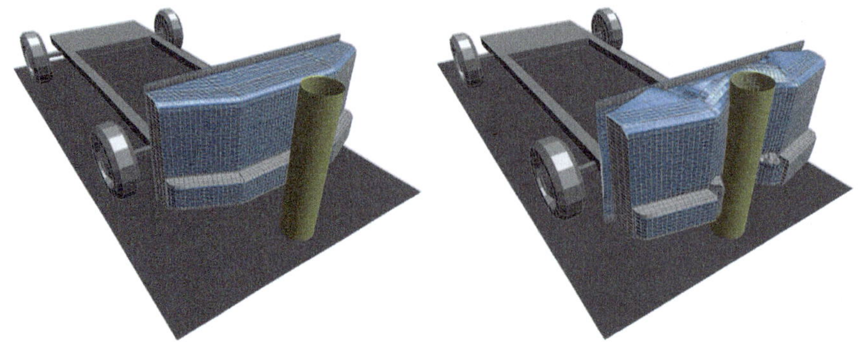

Abb. 8.52 Finite-Elemente-Modell der Barriere des Insurance Institutes for Highway Safety (IIHS) für einen Validierungslastfall [5]

8.6.3.3 Insassensimulation mit Dummy-Modellen

Die am häufigsten untersuchten Lastfälle sind Nachbildungen des Insassen bei Frontal- und Seitenkollisionen. Die dabei untersuchten Szenarien beziehen sich im Wesentlichen auf Lastfälle, die vom Gesetzgeber für die Zulassung gefordert sind (z. B. nach UN-R und FMVSS), die für den Fahrzeugvergleich durch die Verbraucherschutzverbände entwickelt wurden (z. B. Euro NCAP), und die von den Versicherungsgesellschaften für die Versicherungseinstufung verwendet werden (z. B. IIHS: Insurance Institute for Highway Safety). Zusätzlich werden häufig herstellerinterne Lastfälle untersucht. Entsprechend vielfältig sind die Zielsetzung und damit die Anzahl der unterschiedlichen Berechnungen.

Auf dem Markt stehen Modelle unterschiedlicher Dummys und Barrieren zur Verfügung, die von den Software-Herstellern oder von Dummy-Herstellern entwickelt wurden und sich mit den fahrzeugspezifischen Modellen des Insassen- oder Fußgängerschutzes verwenden lassen. Für die Validierung der Dummy-Modelle betreiben die Hersteller einen hohen Aufwand. Dazu werden statische und dynamische Versuche zur modellhaften Beschreibung der Werkstoffeigenschaften sowie zum Verhalten von Dummy-Komponenten und des kompletten Dummy-Modells in einer vereinfachten Fahrzeugumgebung durchgeführt. Damit wird sichergestellt, dass das verwendete Dummy-Modell mit den am realen Test-Dummy ermittelten Messwerten übereinstimmende Ergebnisse liefert. Da die Entwicklung der Modelle sehr aufwendig ist, wird in Deutschland bei der Forschungsvereinigung Automobiltechnik e. V. (FAT) und der Partnership for Dummy Technology and Biomechanics (PDB) seit vielen Jahren eine herstellerübergreifende Entwicklung der Modelle durch entsprechende Industriearbeitskreise gefördert. In diesen Arbeitskreisen arbeiten Vertreter der Automobilhersteller und vieler Zulieferer zusammen, um eine Modell-Entwicklung nach ihren Vorstellungen zu gewährleisten; Details zur Entwicklung sind in [33] zusammenfassend dargestellt. Darüber hinaus wird die Entwicklung von Modellen in europäischen oder international geförderten Projekten vorangetrieben; eine Auswahl von Dummy-Modellen zeigen die Abb. 8.53, 8.54, 8.55, 8.56.

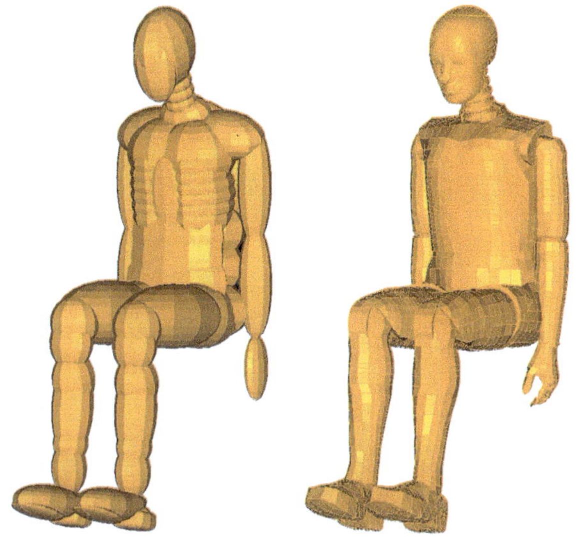

Abb. 8.53 Facettiertes MKS- und FEM-Modell des HYBRID III 50 %-Dummy [109]

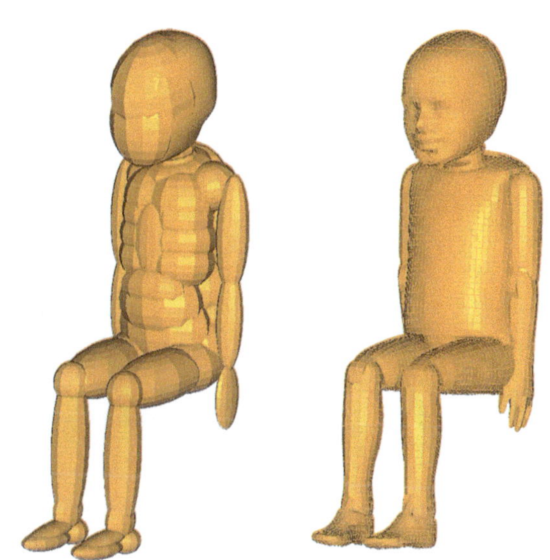

Abb. 8.54 MKS- und FEM-Modell des 3jährigen HYBRID III-Dummy [109]

Die Dummy-Modelle werden entweder in Gesamtfahrzeug-Modellen oder in Teilmodellen bzw. Untermodellen eingesetzt; bei den letzteren werden die Modellränder über entsprechende Verschiebungsrandbedingungen geführt. Da bei Frontalkollisionen die Bewegung des Insassen einen vernachlässigbaren Einfluss auf die Fahrzeugdeformation hat, lässt sich hier sehr gut diese Untermodell-Technik anwenden: Die Ergebnisse einer Gesamtfahrzeugberechnung werden herangezogen, um sie als Randbedingung auf ein feiner diskretisiertes Untermodell aufzuprägen. Dies kann beispiels-

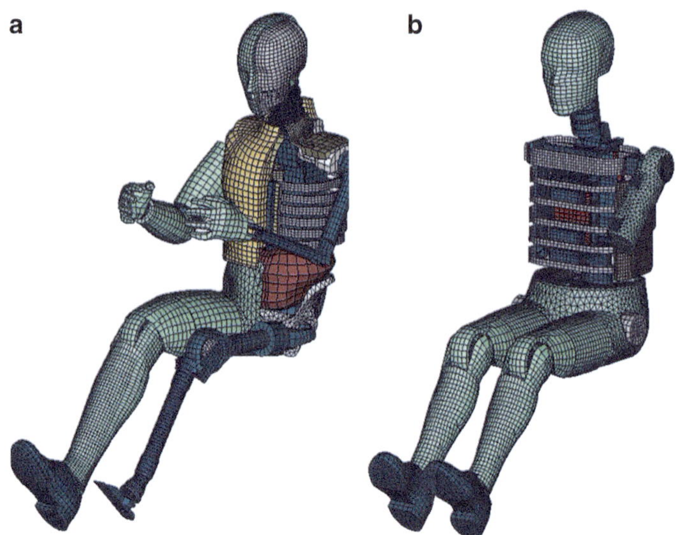

Abb. 8.55 (**a**) FEM-Modelle des Dummy HYBRID III 50th und (**b**) des Side Impact Dummy SID IIs (von Humanetics Inc. [46])

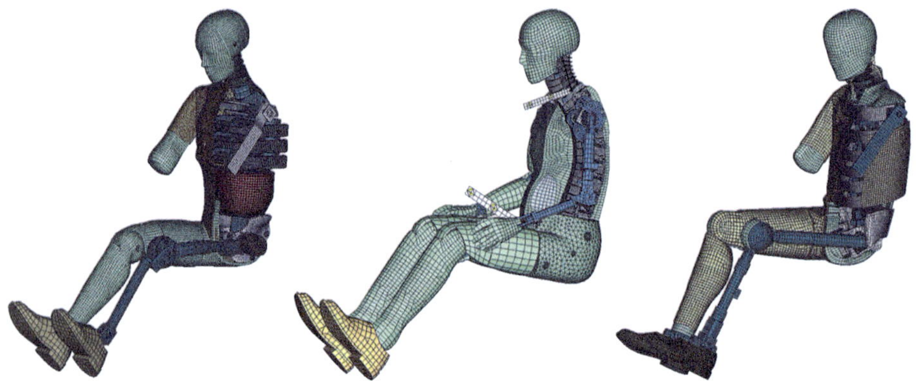

Abb. 8.56 FEM-Modelle des Dummy ES-2, BioRID-2 und des WorldSID 50 % mit teilweise ausgeblendeten Bauteilen (von DYNAmore GmbH [20])

weise aus dem Dummy, dem Sitz, dem Lenkrad, der Lenksäule, der Instrumententafel (I-Tafel), dem Rückhaltesystem und allen weiten Teilen bestehen, mit denen der Dummy in Berührung kommen kann. Die Informationen über die Bewegung der Sitzschiene, der I-Tafel und der Gurtanbindungspunkte werden von der vorangegangenen Berechnung des Gesamtfahrzeuges übernommen. Im Teilmodell kann nun zum Beispiel der Einfluss von Airbag-Varianten oder der unterschiedlichen Zündzeitpunkte des Airbags, des Gurtstraffers oder des Retraktors mit stark reduziertem Rechenaufwand untersucht werden. Der Detaillierungsgrad derartiger Submodelle wird den jeweiligen Anforderungen angepasst und kann demzufolge erheblich variieren. Bei Untersuchungen mit Untermodellen kommen auch MKS-Modelle und MKS-Solver zum Einsatz, da dadurch mit nochmals geringerem Rechenaufwand eine sehr hohe Anzahl von Varianten untersucht werden kann.

Ein über Jahre wichtiges Untersuchungsthema war z. B. die Distorsion der Hals-wirbelsäule (HWS) bei Heck-Kollisionen. Hier kamen ebenfalls Untermodelle zum Einsatz: Die Dummy-Belastungen entstehen durch Interaktion zwischen dem Dummy und dem Sitzsystem, an dessen Befestigungspunkten die Fahrzeugbeschleunigung, d. h. der Crash-Puls, einwirkt. Der Einfluss der Eigenbewegung des Dummys auf den Crash-Puls am Sitzfuß ist von nur untergeordneter Bedeutung und kann daher vernachlässigt bleiben. Somit kann der Crash-Puls, der im Wesentlichen vom Deformationsverhalten der Heck-Struktur geprägt wird, einmalig mit der Strukturberechnung am Fahrzeug beim Heck-Anprall ermittelt werden und findet dann als Simulationsinput Eingang in das Untermodell, mit dem nun isoliert die Auswirkungen von Änderungen an der Sitz-konstruktion auf die Dummy-Belastung untersucht werden. Diese Vorgehensweise bietet sich beispielsweise auch für Untersuchungen von Out-of-Position(OoP)-Situationen an, bei denen die Auswirkung des sich entfaltenden Airbags auf den Dummy analysiert wird. In den Abb. 8.42, 8.43 und 8.44 sind Kinder-Dummys in derartigen, typischen OoP-Sitzhaltungen dargestellt.

Mithilfe der Untermodell-Methode lassen sich nicht alle Aspekte des Insassen-schutzes untersuchen. So werden beispielsweise Deformationen an der Tür beim Seiten-anprall auch vom Insassen beeinflusst, und es gestaltet sich äußerst schwierig, dafür ein geeignetes Modell zu bestimmen. Abb. 8.57 zeigt im Schnitt die Deformationen des Dummy-Modells des US-SID im Vergleich zum Modell des ES-2re, eine Weiter-entwicklung des europäischen EuroSID-Dummys, zu bestimmten Zeiten bei der Simulation einer Seitenkollision.

Der wesentliche Nachteil von Untermodellen ist der unter Umständen erhebliche Aufwand zu deren Aktualisierung bei Konstruktionsänderungen, die sowohl in das

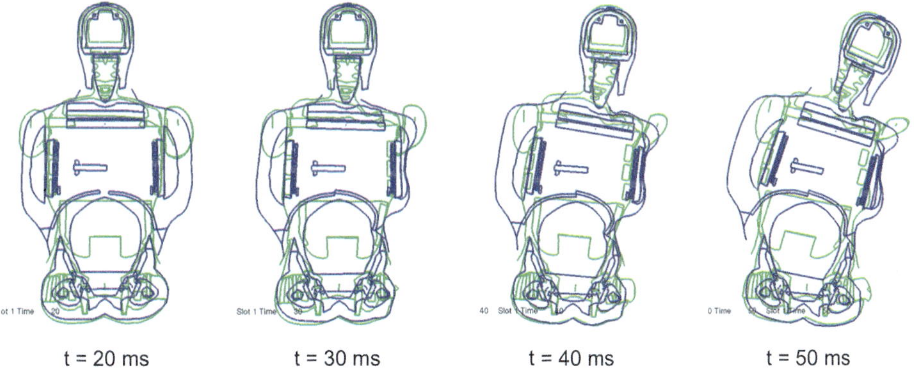

t = 20 ms   t = 30 ms   t = 40 ms   t = 50 ms

Abb. 8.57 Analyse von Dummy-Modellen bei Seitenkollision: Schnitt durch US-SID *(blau)* und ES-2re (grün) [92]

Abb. 8.58 Integrierte Simulation bei der Mercedes Benz AG [21]

Hauptmodell als auch die Untermodelle eingepflegt werden müssen. Betrachtet man das Fahrzeug mit Insassenschutz-System und Dummy in einem kompletten Modell, so spricht man von „integrierter Simulation"; ein Beispiel dazu zeigt Abb. 8.58.

In der Strukturberechnung werden immer wieder Fragen zur Modellierung des richtigen Ausgangszustandes wie z. B. die Vorschädigung aus der Herstellung von Bauteilen gestellt. Diese Diskussionen gibt es selbstverständlich auch bei der Verwendung von Dummys, die beispielsweise Vorspannungen aufweisen können [32]. Die Ursachen von Vorspannungen sind vielfältig und entstehen durch Fertigungs- und Fügeprozesse und durch die Positionierung verschiedener Komponenten zueinander. Während sich im Versuch diese Spannungen von selbst einstellen, wird in der Berechnung zu Beginn in der Regel von einem spannungsfreien Zustand aller Bauteile ausgegangen. Bei Bedarf kann aber die Vorspannung durch eine Vor-Simulation berechnet werden, und die Ergebnisse werden zum Start der eigentlichen Crash-Berechnung auf das Modell übertragen. So hat beispielsweise bei einem Heck-Crash die Vorspannung im Sitz und in der Dummy-Wirbelsäule einen erheblichen Einfluss auf die Dummy-Belastungswerte des BioRID-II-Dummys und können nicht vernachlässigt werden.

8.6.3.4 Simulation von Fußgänger- und Zweirad-Kollisionen

Mithilfe von Fußgänger- und Zweiradmodellen werden Kollisionen zwischen PKW und Fußgängern bzw. Zweirädern (mit sogenannten Aufsassen) beschrieben. Die Aufgabe derartiger Simulationen besteht darin, mechanische Belastungswerte des modellierten Verkehrsteilnehmers zu ermitteln und mit den Schutzkriterien zu vergleichen. So können Hinweise auf die Verbesserungen der passiven Sicherheit durch kinematisch günstigere Bewegungsabläufe und/oder mithilfe geeigneter Maßnahmen, wie z. B. die konstruktive Erhöhung des Energieaufnahmevermögens von Kontaktstrukturen und Schutzsystemen, erhalten werden. Durch die Variation geometrischer Gegebenheiten und kinematischer Eingabedaten lässt sich der Einfluss bestimmter äußerer Unfallparameter, der Fahrzeugkontur und der Struktureigenschaften auf die Belastung des Menschen während des

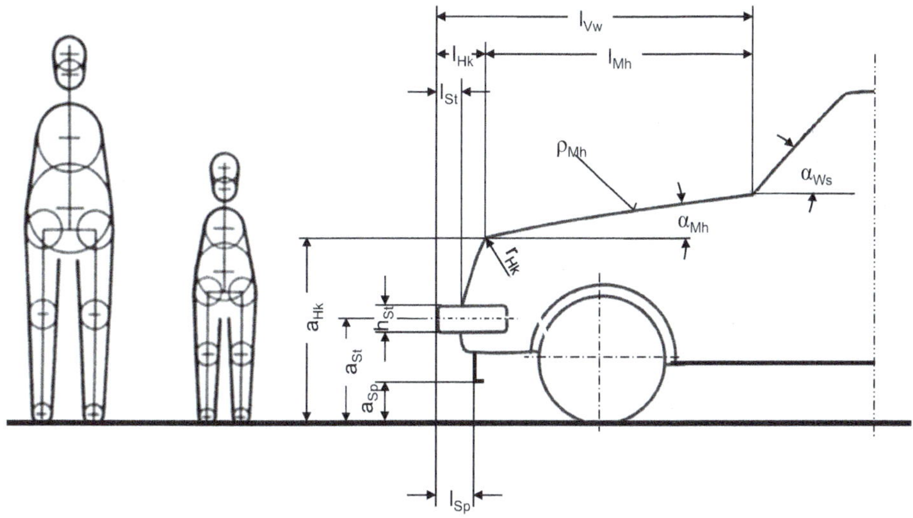

Abb. 8.59 Zweidimensionale Fußgänger-Modelle und Variationsparameter zur Beschreibung der PKW-Außenform (nach [36])

Unfalls ermitteln. Ferner lässt sich die Simulation dazu verwenden, ein Sensor-System im Fahrzeug, beispielsweise zur Aktivierung eines instationären Fußgängerschutz-Systems, wie einer aktiven Haube oder eines Scheibenairbags, auszulegen und zu optimieren.

Modelle zur Simulation von Fußgängerunfällen sind Mehrkörper-Systeme mit bis zu 15 Körperelementen und 32 Freiheitsgraden, die in früheren Jahren zwei-, nunmehr jedoch typischerweise dreidimensional angelegt werden. In Abb. 8.59 ist aus den Anfängen der Fußgänger-Simulation ein zweidimensionales Simulationsmodell zur Ermittlung des Einflusses von formgebenden Parametern der Fahrzeugfront dargestellt [36]. Die Validierung der Fußgängermodelle erfolgt auf der Basis von Versuchen sowohl mit Dummys als auch mit Leichen (Kadavern). So zeigen beispielsweise die Bewegungsabläufe in Abb. 8.60 eine gute Übereinstimmung zwischen einem zweidimensionalen MKS-Fußgängermodell und einer männlichen Leiche gleicher Körpergröße und -masse [35]. Seit einiger Zeit sind FEM-Modelle auch für die Fußgängersimulation verfügbar. Abb. 8.61 zeigt den Aufprall eines MKS-Fußgängermodells mit einem FEM-Teilmodell des Fahrzeugvorbaus.

Die Hauptzielrichtung ist darin zu sehen, die Kinematik von Fußgängern in Abhängigkeit von äußeren Unfallparametern (Kollisionsgeschwindigkeit, Kontur des PKW-Frontbereichs) zu analysieren und die Kontaktstellen oder -regionen sowie die Anprallgeschwindigkeit verschiedener Körperteile (Unterschenkel, Becken, Schulterregion, Kopf) bei Kontakt mit den entsprechenden Fahrzeugstrukturen zu ermitteln. Für derartige Parameterstudien werden Fußgängermodelle sowohl für Erwachsene als auch für Kinder eingesetzt (Abb. 8.59). Anschließend können kritische Kontaktstellen am Fahrzeug durch Formgebung, Steifigkeitsanpassung und Verbesserung der

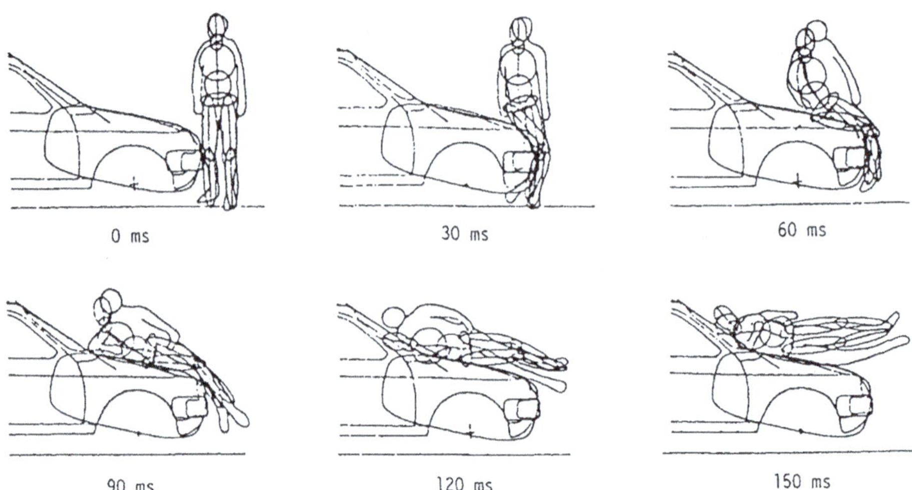

Abb. 8.60 Vergleich des Bewegungsablaufs einer Fußgänger-Simulation mit dem eines Kadaver-Versuchs (aus [35])

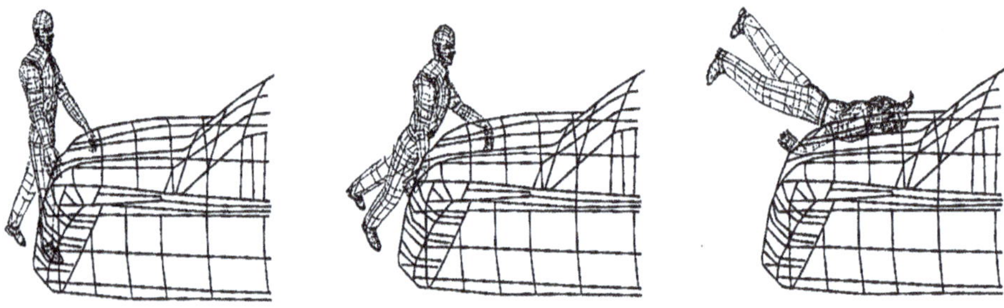

Abb. 8.61 Bewegungsablauf eines dreidimensionalen MKS-Fußgängermodells beim Anprall auf die FEM-Struktur eines PKW-Vorbaus (aus [78])

Energieabsorption gezielt entschärft werden. In Abb. 8.61 sind drei Phasen einer PKW/Fußgänger-Kollision mit einem dreidimensionalen MKS-Modell zur frühzeitigen Konzeptionierung eines fußgängergerechten Fahrzeugvorbaus, der als FEM-Modell ausgebildet ist, dargestellt. Abb. 8.62 zeigt das Finite-Elemente-Fußgängermodell *THUMS* (*Total Human Model for Safety*, [84]), sowie das jüngst neu entwickelte Human-Body-Model (HBM) *HANS*.

Für die rechnerische Simulation von Fußgängerschutz-Versuchen mithilfe von Kopf-, Hüft- und Bein-Komponenten, entsprechend den einschlägigen Vorschriften (UN-Richtlinie 127 und Euro NCAP), existieren selbstverständlich auch validierte Modelle für die verwendeten Impaktoren. In Abb. 8.63 sind dazu die Modelle von unterschiedlichen Software-Herstellern gezeigt.

Die Simulation von Motorrad-Kollisionen gegen PKW ist ungleich komplexer als die von Fußgängern, da zum einen der Bewegungsablauf komplizierter ist und zum anderen

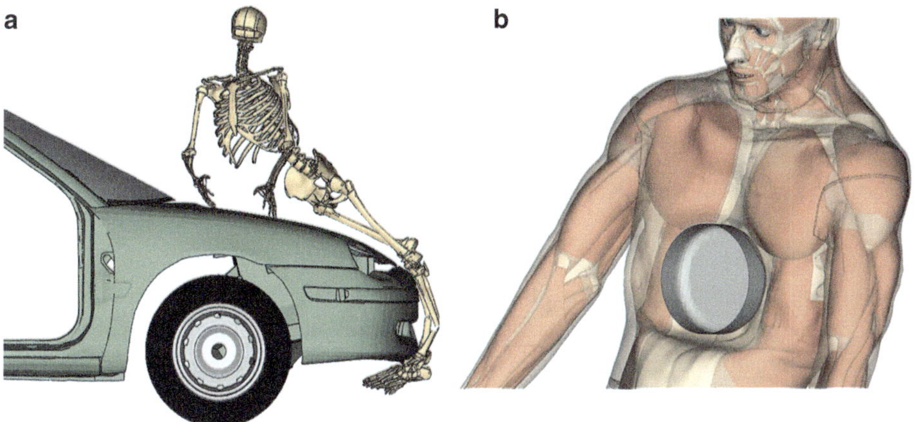

Abb. 8.62 Bewegungsablauf des FEM-Fußgängermodells THUMS [84] beim Aufprall auf einen PKW-Vorbau **(b)**; sowie Validierungsrechnung des neu entwickelten Menschmodells *HANS* mit kreisförmigem Impaktor **(a)** (siehe [121])

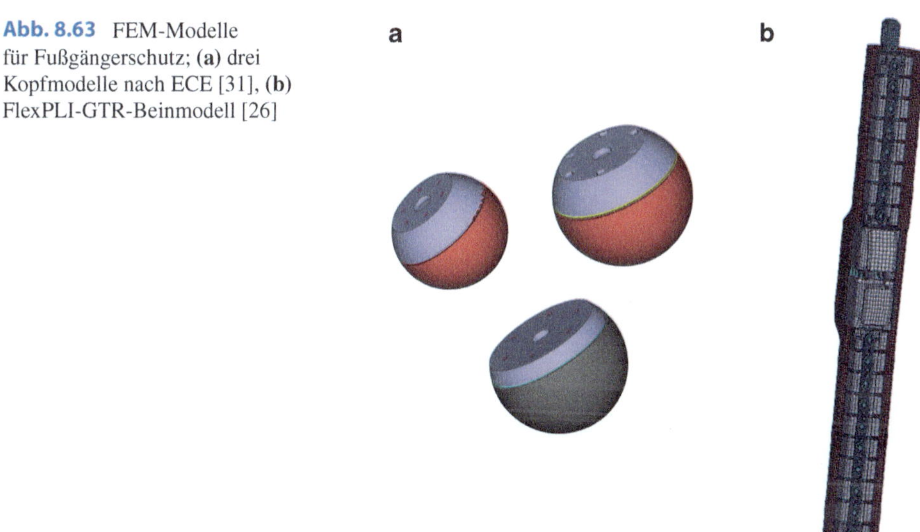

Abb. 8.63 FEM-Modelle für Fußgängerschutz; **(a)** drei Kopfmodelle nach ECE [31], **(b)** FlexPLI-GTR-Beinmodell [26]

die Interaktion des Motorradfahrers nicht nur mit der PKW-Struktur stattfindet, sondern zusätzlich Kontakt mit dem Motorrad selbst erfolgt. Modelle von Motorradfahrern sind üblicherweise Mehrkörper-Systeme, die sich aus 15 und mehr Körperelementen zusammensetzen. Das Motorrad wird bei zweidimensionalen Modellen vereinfacht als starre Scheibe und bei dreidimensionalen Modellen meist als Gliederkette, bestehend aus insgesamt sechs Elementen (Hauptrahmen, Gabel, Vorderrad und Aufhängung, Hinterrad und Aufhängung), beschrieben. Erste Untersuchungen mit Simulationsmodellen hatten zum Ziel, die Kinematik des modellierten Fahrers mit tatsächlichen Unfällen und mit nachgefahrenen Versuchen zu vergleichen [108]. Weitere Analysen wurden beispielsweise mit der Zielsetzung durchgeführt, den Bewegungsablauf beim Trennen zwischen Fahrer und Motorrad durch Abstützmaßnahmen am Motorrad zu verbessern. Daneben wurden aus Gründen des Energiemanagements das Deformationsverhalten der vorderen Motorradstruktur, des Motorrad-Airbags [118, 56] sowie das Energieaufnahmevermögen insbesondere der seitlichen Kontaktstrukturen am PKW (A-, B- und C-Säulen sowie des Dachrahmens) untersucht.

Abb. 8.64 zeigt den Bewegungsablauf zu bestimmten Zeitpunkten bei einem simulierten, zweidimensionalen Motorradanprall gegen die Seite eines stehenden PKW sowie die Ortskurve des Beckenschwerpunktes im Vergleich zwischen Experiment und Berechnung. Bei einer schrägwinkligen Kollision dagegen reicht ein zweidimensionales Modell zur realistischen Simulation nicht aus. Die Komplexität des Bewegungsablaufs sowohl des Motorrads als auch des Fahrers lässt sich anhand der in Abb. 8.65 dargestellten rechnerischen Simulation einer 45°-Kollision gegen eine PKW-Front nachvollziehen. Jüngere Forschungsarbeiten berücksichtigen mögliche Impaktszenarien für Zweiräder in komplexen transienten expliziten Finite Elemente

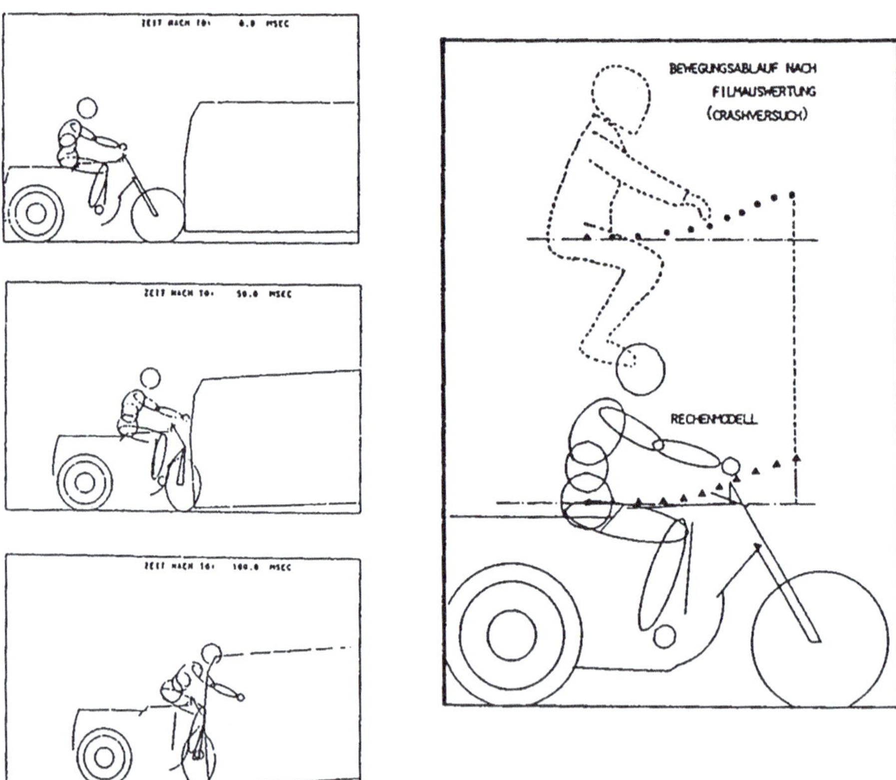

Abb. 8.64 Bewegungsablauf eines zweidimensionalen Modells zur Simulation einer PKW/Motorrad-Kollision und Vergleich der Becken-Ortskurve aus Versuch und Berechnung (aus [108])

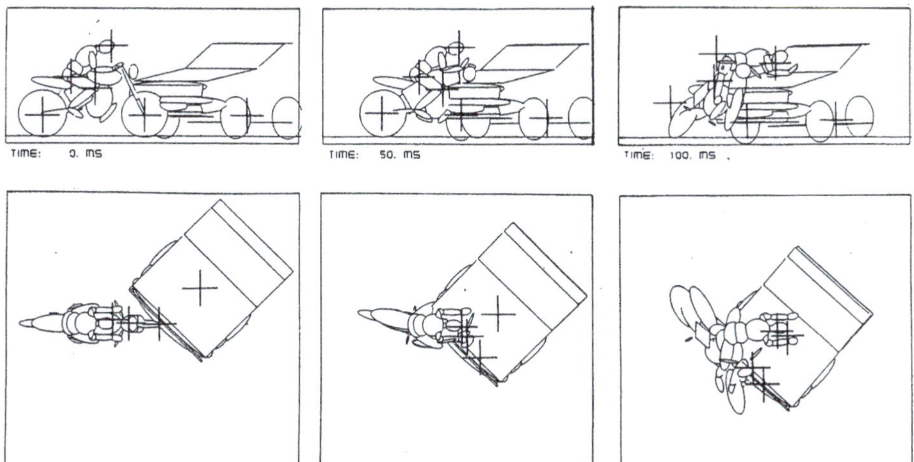

Abb. 8.65 Bewegungsablauf bei Anwendung eines dreidimensionalen Modells zur Simulation einer 45°-PKW/Motorrad-Kollision (von vorn und von oben dargestellt); jeweils $v = 32$ km/h (aus [118])

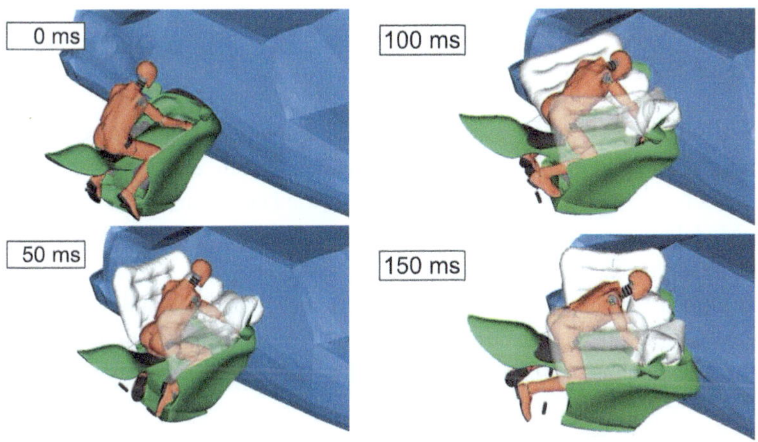

Abb. 8.66 Unfallszenario nach ISO-13.232–3 ($v_{motorrad} = 48$ km/h, $v_{auto} = 24$ km/h, Auftreff-winkel $= 90°$)

Simulationen, die auch das Öffnen möglicher Airbags des Zweirades beinhalten (vgl. Abb. 8.66, [61]).

8.6.3.5 Simulationen mit Modellen des menschlichen Körpers

In Abb. 8.62 wurde die Simulation eines Menschen bei der Kollision mit einem Fahrzeug mithilfe eines FEM-Modells dargestellt. Für derartige Berechnungen sind die Daten zur

Beschreibung des menschlichen Körpers wesentlich komplizierter und zudem sehr viel aufwendiger zu beschaffen als in den oben genannten Beispielen gezeigt.

Das Unterfangen, FEM-Modelle für menschliche Körperteile, Gliedmaßen und letztendlich für den gesamten Körper unter Berücksichtigung der Größe, der Massenverteilung, des Geschlechts und der Konstitution einschließlich des Alters zu erarbeiten und anzuwenden, mutet möglicherweise utopisch an, doch sind bereits viele Entwicklungsschritte in diese Richtung getan worden, und es werden große Investitionen getätigt, dieses Ziel zu erreichen. Dabei werden verschiedene Ziele verfolgt: Verletzungsmechanismen und Schutzkriterien aufzufinden, die Entwicklung von Dummys zu unterstützen und, als Alternative zur gängigen Versuchspraxis, ein menschenähnliches FEM-Modell für Insassen und äußere Verkehrsteilnehmer (Fußgänger, Fahrrad- und Motorradfahrer) bereitzustellen, mit dessen Hilfe Sicherheitsmaßnahmen rechnerisch entwickelt, überprüft und für den Verkehr zugelassen werden können.

Die dazu erforderlichen Techniken zur mathematischen Modellierung und zur numerischen Behandlung, die notwendigen Informationen über verletzungsmechanische Zusammenhänge aus Biomechanik-Versuchen und Unfallberichten sowie die Bereitstellung von „Material"-Daten sind, zumindest ansatzweise, vorhanden. Zur umfänglichen Realisierung und professionellen Anwendung jedoch sind noch weitere Anstrengungen erforderlich; sie beziehen sich nach Haug [43] auf die Erarbeitung und Bereitstellung von

- geometrischen Daten für biomechanische Mensch-Modelle (sogenannte Bio-Modelle) für das Skelett, die Bänder, die Muskeln, die Sehnen und sämtliche als lastpfadrelevant betrachtete Organe (als Beispiel siehe die Darstellungen in Abb. 8.67),
- FEM-Modellen, insbesondere die Diskretisierung der Oberflächen und die Generierung von Schalen- oder Volumenelementen, sowie
- mechanischen Eigenschaften menschlicher Gewebe und Strukturen, wie Steifigkeiten bei unterschiedlichen Belastungsrichtungen, Geschwindigkeiten und anderen Einflussfaktoren bis hin zu Rissbildungen und Rupturen.

Die verfügbaren Modelle stammen aus einem Brite/Euram-Projekt, HUMOS (Human Model for Safety) genannt, oder sind Entwicklungen in Zusammenarbeit mit den Toyota Central R&D Labs Inc. (Abb. 8.68). In der jüngsten Vergangenheit sind verstärkte Entwicklungsumfänge bei der Erstellung von feiner diskretisierten, robusteren, leistungsfähigeren und prognosefähigeren Menschmodellen zu verzeichnen. Als Beispiel sei *HANS* [121] erwähnt.

Angesichts des vielfältigen, bisher im Detail noch nicht geklärten mechanischen Verhaltens höchst unterschiedlicher Gewebe und Strukturen des menschlichen Körpers, scheint der Einsatz gesicherter und prognosefähig anwendbarer Mensch-Modelle auf breiter Basis noch in der Zukunft zu liegen. Jedoch sind bereits heute Simulationsergebnisse im Vergleich mit Ergebnissen aus Leichenversuchen unter Unfallbedingungen verfügbar, anhand derer weitere Materialeigenschaften experimentell ermittelt und als

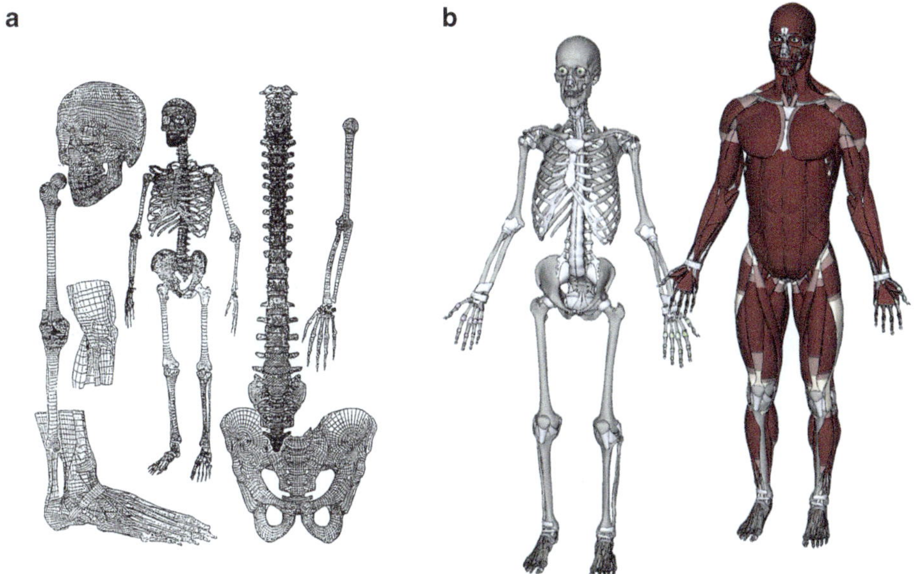

Abb. 8.67 (**a**) Diskretisierte Oberflächen von menschlichen Körperteilen zur Anwendung von biomechanischen FEM-Modellen (aus [43]); (**b**) sowie jüngste Entwicklungen im Bereich Human Body Modelling [121]

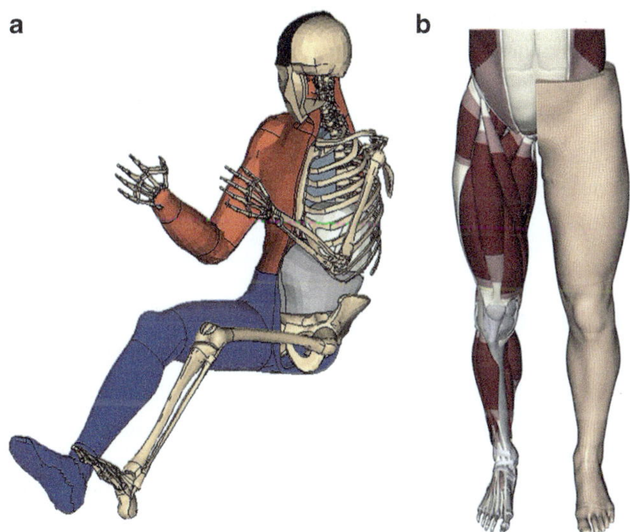

Abb. 8.68 Modelle (**a**) *THUMS* und (**b**) *HANS* zur rechnerischen Simulation des menschlichen Körpers; Gewebe und andere Körperteile teilweise ausgeblendet ([84, 121])

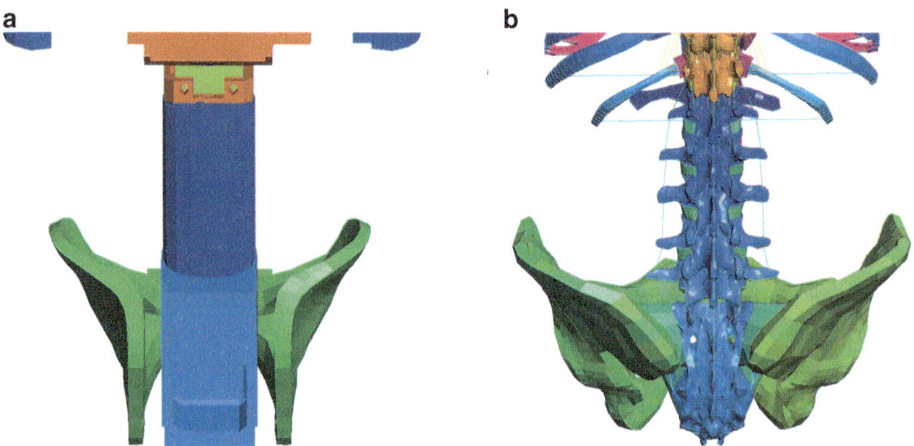

Abb. 8.69 (**a**) Becken und untere Wirbelsäule beim FEM-Modell des ES-2-Dummys und (**b**) beim FEM-Mensch-Modell (aus [81])

Datensatz im FEM-Modell verwendbar sind. Hier existiert ein weites Feld für Parameterstudien und Sensitivitätsanalysen, um verwertbare Informationen für unterschiedliche Individuen und unfallrelevante Anprallbedingungen zu bearbeiten. Ein Beispiel für eine Anwendung ist in [63] vorgestellt. Mit dem Einsatz von Mensch-Modellen kann die Simulation einen Beitrag zur Fahrzeugentwicklung liefern, die man versuchstechnisch nicht beisteuern kann. Denn ein Mensch-Modell würde die wesentlich genauere Analyse von Verletzungen und ihrer Entstehung ermöglichen. Abb. 8.69 zeigt das Becken und die untere Wirbelsäule eines ES-2-Dummys und eines Mensch-Modells. Die Zeit, die erforderlich ist, um mit Hilfe menschlicher Insassenmodelle eine zuverlässige Verletzungsvorhersage zu ermöglichen, wird von der weiteren zielorientierten Zusammenarbeit internationaler öffentlicher und privater Institutionen und deren finanzieller Ausstattung abhängen.

8.6.4 Aspekte der Crash-Simulation

Die Anwendung der vorgestellten Verfahren und Modelle im Fahrzeugentwicklungsprozess ermöglicht das schnelle Finden von Lösungen bei einem stark reduzierten Aufwand für Versuche. Es ergibt sich ein signifikanter Zeit- und Kostenvorteil. Im Folgenden werden Fragestellungen und Lösungen beschrieben, die beim Einsatz der FEM im industriellen Umfeld auftreten.

8.6.4.1 Berechnungsbewertung

Die physikalischen Vorgänge während eines Unfalls sind sehr komplex und vielfältig. Auch wenn die kommerziellen Simulationsprogramme durch ihre realitätsnahe

Visualisierung den Eindruck nahelegen, man könne einen Unfall exakt nachbilden, sollte immer in Erinnerung behalten werden, dass an vielen Stellen Vereinfachungen vorgenommen werden mussten, um die Berechnung in einem akzeptablen Zeitrahmen durchführen zu können. Ferner sind immer noch viele Detailprobleme Gegenstand der Forschung und die Modellierung im Vergleich zu vielen anderen technischen Anwendungen aufgrund der Kopplung zur Zeitschrittweite bei der expliziten Zeitintegration sehr grob. Es ist auch empfehlenswert, nach jeder Rechnung das Ergebnis auf Plausibilität zu prüfen. Ein wichtiges Kriterium ist die Entwicklung der **Energiebilanz** während es Deformationsprozesses. So sollte die Gesamtenergie des Rechenmodells nicht anwachsen und die Umwandlung von kinetischer in Verformungs- und innere Energie dem Lastfall entsprechend plausibel sein. Besonderes Augenmerk ist auf die auftretenden Kontaktenergien und die Stabilisierungsenergie (z. B. Hourglass-Anteile) zu legen, die im Verhältnis zu den Gesamtenergien klein sein sollten. Ist die Energiebilanz zufriedenstellend, empfehlen sich weitere einfache Prüfungen auf Konsistenz des Ergebnisses, wie z. B. der sich einstellende Airbag-Druck oder der Gurtkraft-Verlauf in Abhängigkeit der Zeit. Für die Ergebnisinterpretation ist zu berücksichtigen, wie genau und umfassend die Eingabedaten (d. h. Geometriedaten, Werkstoffdaten etc.) ermittelt und berücksichtigt wurden. Die Berechnungsgenauigkeit hängt von der exakten Beschreibung des Anfangszustandes und des Werkstoffverhaltens ab. Wird die Geometrie nur grob oder unzulänglich vernetzt oder wird mit Werkstoffmodellen, die das Materialverhalten lediglich vereinfacht widerspiegeln, gearbeitet, liefert dies selbstverständlich nur bedingt verlässliche Ergebnisse.

8.6.4.2 Rechnerische Optimierung im Bereich der passiven Sicherheit

Stehen zur rechnerischen Simulation geeignete Rechenmodelle zur Verfügung, lassen sich mit sehr geringem Aufwand Varianten untersuchen. Eine zielorientierte Parametervariation erlaubt dem Ingenieur die Struktur genau zu analysieren und relativ schnell zu verbessern. Dies kann beispielsweise bedeuten, dass das zu untersuchende Bauteil leichter wird, dass es im Crash-Fall eine höhere Deformationsenergie aufnimmt oder dass es sich kostengünstiger fertigen lässt. Neben einer Verbesserung der Lösung durch ausgewählte Simulationen besteht auch die Möglichkeit, den Optimierungsvorgang zu automatisieren. Dazu sind die zu variierenden Größen, die Entwurfsvariablen und die Quantifizierung des Ziels mithilfe einer Zielfunktion und etwaiger Nebenbedingungen (Restriktionen) festzulegen. So könnten zum Beispiel bei dem in Abschn. 8.6.2.5 behandelten Kopfanprall die Entwurfsvariablen die Blechdicke und der Biegeradius sein. Das Ziel der Berechnung könnte nunmehr darin bestehen, ein möglichst leichtes Bauteil zu erarbeiten, für welches Nebenbedingungen einer maximalen Kopfbeschleunigung und einer Mindest-Biege- und -Torsionssteifigkeit des Stahlprofils definiert sind. Mittels eines Optimierungsprogramms lassen sich nun die Entwurfsvariablen so bestimmen, dass die Zielfunktion – in diesem Fall die Bauteilmasse – minimiert wird und die genannten Restriktionen hinsichtlich Kopfbeschleunigung und Profilsteifigkeit erfüllt werden. Die Bestimmung erfolgt durch einen iterativen Prozess, bei dem das

Optimierungsprogramm diese geometrie- und werkstoffseitigen, sogenannten Entwurfsvariablen in geeigneter Weise verändert und an das Berechnungsprogramm übergibt. Die Ergebnisse werden anschließend mit der Absicht ausgewertet, die Entwurfsvariablen erneut an die Zielsetzung anzupassen.

Eine Schwierigkeit für viele Aufgabenstellungen im Rahmen der Crash-Berechnung ergibt sich durch das geometrisch und physikalisch nichtlineare Verhalten der Fahrzeugstrukturen. Dies bedeutet, dass die Abhängigkeit des Verhaltens von geänderten Parametern (typischerweise der Geometrie und des Werkstoffs) nur schwer abgeschätzt werden kann. Aus diesem Grund kommen für die Optimierung im Bereich der Crash-Sicherheit Verfahren zum Einsatz, die deutlich mehr Rechenläufe erfordern, als dies Verfahren für lineare Problemstellungen erfordern. Da eine einzelne Crash-Rechnung auf einem modernen Rechencluster typischerweise einige Stunden dauert und für eine Optimierung u. U. mehrere hundert Varianten zu berechnen sind, erfordert eine Optimierung auf der Basis von FEM-Lösungen umfangreiche Rechnerressourcen. Für grundlegende Optimierungen mit vielen Parametern wird deshalb auch mit MKS-Lösungen gearbeitet. In [90] sind dazu mehrere Optimierungsbeispiele mit MKS- und FEM-Modellen beschrieben. Abb. 8.70 zeigt eine Pilotstudie der Audi AG zur Optimierung des Rückhaltesystems für mehrere Lastfälle bei Frontalkollisionen.

Neben einer Optimierung des Modells bieten viele kommerziellen Programme auch die Möglichkeit, die Robustheit einer Strukturvariante zu bewerten. Bei einer **Robustheitsanalyse** wird die Systemantwort in Abhängigkeit von kleinen Streuungen zu definierender Eingangsparameter untersucht. Abb. 8.71 zeigt eine Robustheitsuntersuchung an einem Fahrzeuglängsträger. Da alle Strukturparameter (Bauteildicke, Geometrie- oder Werkstoffstreuung) fertigungs- und eventuell auch alterungsbedingt variieren und in der Crash-Simulation hochgradig nichtlineare Probleme untersucht

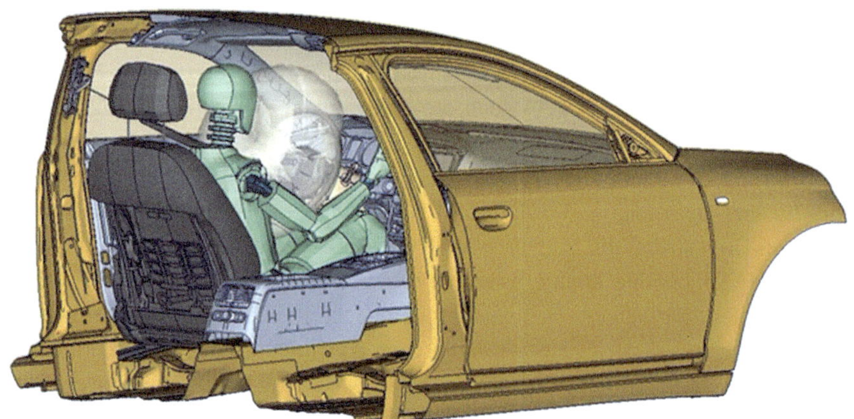

Abb. 8.70 Submodell zur Untersuchung des Rückhaltesystems bei Frontalkollision (aus [120])

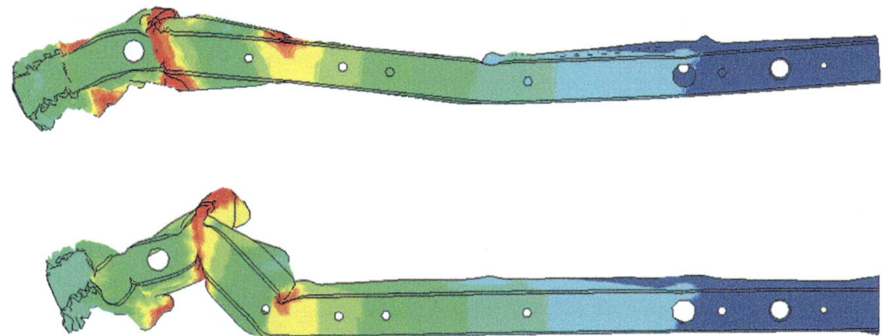

Abb. 8.71 Stochastische Untersuchung an einem Längsträger; die Höhe der Varianz der Verschiebungen ist farblich gekennzeichnet [69]

werden, sind Robustheitsuntersuchungen eine wichtige Komponente einer seriösen rechnerischen Simulation.

8.6.4.3 Simulationsdaten-Management

Für die Entwicklung von Fahrzeugen mit dem Ziel eines hohen Maßes an passiver Sicherheit, sind wie erläutert eine große Anzahl an Lastfällen zu untersuchen. Jeder dieser Lastfälle benötigt detaillierte, validierte und prognosefähige Modelle. In den vorhergehenden Kapiteln wurden einige der benötigten Daten dargestellt. Eine weitere Komplexität entsteht dadurch, dass unterschiedliche Personen an den einzelnen Lastfällen oder der Entwicklung der Input-Daten arbeiten. Es gestaltet sich daher äußerst schwierig, Änderungen zu einem bestimmten Zeitpunkt in alle Modelle eines Fahrzeuges einzupflegen.

Das folgende Beispiel soll die Komplexität erläutern: Es werde angenommen, dass der Werkstoff eines Blechteils geändert werden soll, damit dies einfacher oder kostengünstiger gefertigt werden kann. Für alle in der Berechnung verwendeten Werkstoffe sind sogenannte Materialkarten nötig, d. h. im jeweiligen Eingabeformat der Software vorliegende, validierte Parameter für das dem Werkstoff zugehörige Materialmodell, die das elastische und plastische (irreversible) Verhalten und die Schädigungs- und Versagensentwicklung während der Deformation beschreiben. Einen Einstieg in die komplexe Materie der Versagensmodelle für Crashberechnung ist in [2] zu finden. Wird das geänderte Bauteil gefügt, sind ebenfalls Materialkarten nötig, die das Verhalten des Schweißpunktes und ggf. der Wärmeeinflusszone in Abhängigkeit der Fügepartner beschreibt. Sofern das betrachtete Blechteil in mehreren Fahrzeugen oder Fahrzeugvarianten verwendet wird, muss eine Aktualisierung für alle Berechnungsmodelle und für alle Fahrzeugvarianten erfolgen. Die Absicherung eines solchen Prozesses ist sehr aufwendig. Erschwerend kommt hinzu, dass typischerweise zeitgleich an vielen Stellen eines Berechnungsmodells Änderungen von unterschiedlichen Personen durchgeführt

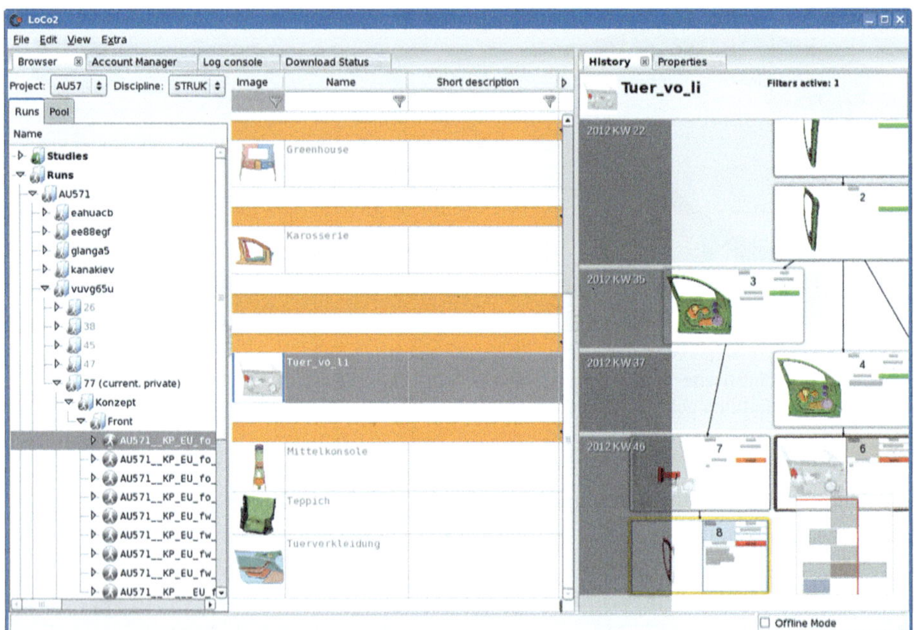

Abb. 8.72 SDM-System Loco2 bei der Audi AG

werden. Aus diesem Grund arbeitet man in zunehmendem Umfang mit Simulations-datenmanagement-Systemen (SDM), die ein simultanes Arbeiten an diesen Modellen erlauben. Solche Systeme sind mithilfe einer Datenbank in der Lage, den Aufbau der Berechnungsmodelle zu automatisieren und Simulationen zu unterschiedlichen Last-fällen anzustoßen. Die Auswertung und Visualisierung der Berechnung erfolgt ebenfalls automatisch. Abb. 8.72 zeigt das bei Audi verwendete SDM-System Loco2. Ein weiterer innovativer Schritt ist in der automatischen Verknüpfung der Berechnungsergebnisse mit den Versuchsdaten zu den jeweiligen, definierten „Meilensteinen" des Entwicklungs-prozesses zu sehen.

Es existiert zurzeit noch keine geschlossene Lösung, die alle Entwicklungsbereiche abdeckt, jedoch gibt es für viele Teilbereiche bereits Lösungen, die in zunehmendem Maße miteinander verknüpft werden. Mit einem SDM-System ist es dann möglich, Rechen-Cluster mit über 15.000 Rechenkernen (Cores) auszulasten. Für die sicherheits-technische Auslegung der Struktur des Audi A3 (8 V) wurden beispielsweise 10.000 Crash-Berechnungen durchgeführt [66].

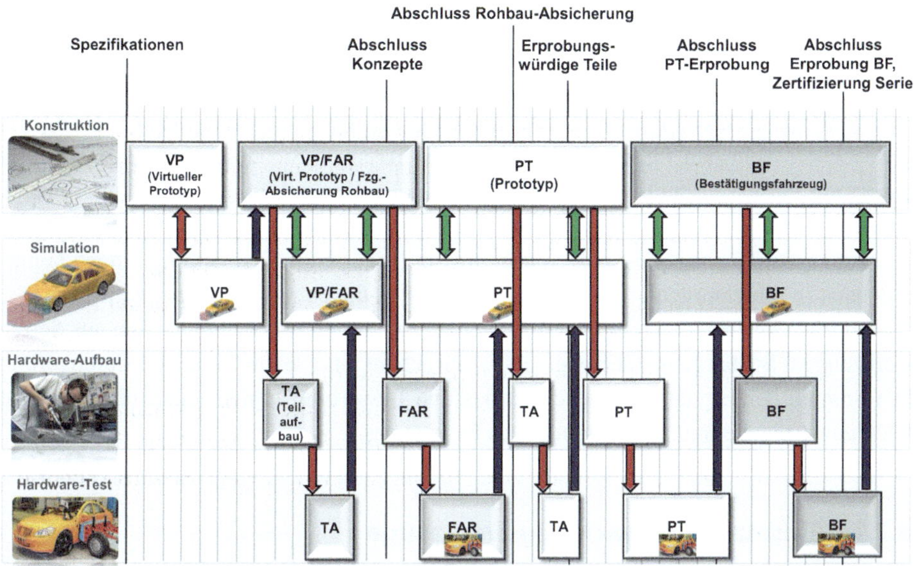

Abb. 8.73 Zusammenarbeitsmodell zwischen Konstruktion, Simulation und Erprobung [95]

8.7 Vernetzte Fahrzeugentwicklung

Für eine effiziente Entwicklung von Maßnahmen im Bereich der passiven Sicherheit wird durch ein geeignetes Prozessmodell, siehe Abb. 8.73, eine optimale Vernetzung und Verzahnung der Konstruktion, der Berechnung, des Prototypen-Baus und des Versuchs sichergestellt [95].

Der erste Prozessschritt bei der Entwicklung eines Fahrzeuges beginnt mit der CAD-Konstruktion (CAD: Computer Aided Design) und der Erstellung eines virtuellen bzw. digitalen Prototyps (VP bzw. DPT), der über die Berechnung abgesichert wird, wie detailliert in Abschn. 8.6 erläutert. Anschließend kann ein zweiter virtueller Prototyp mit Optimierungsmaßnahmen aus der ersten Schleife konstruiert und berechnet werden. Bei ausreichend hohem Reifegrad erfolgt parallel der Aufbau eines Aggregateträgers bzw. eines Fahrzeuges zur Absicherung des Rohbaus (FAR). Dieser Schritt ist heute aber aufgrund hoher Prognosefähigkeit von digitalen Entwicklungswerkzeugen nur noch bei ganz neuen Konzepten oder Werkstoffen erforderlich.

Die frühen digitalen Entwicklungsschritte und daraus resultierende Maßnahmen stellen sicher, dass erforderliche Langläufer-Werkzeuge für Rohbau- und Interieurteile zeitgerecht beauftragt werden können. In gleicher Weise werden, falls erforderlich mit entsprechenden Änderungsschleifen, die Prototypen (PT) entwickelt und Gesamtfahrzeugversuche (Abschn. 8.5) durchgeführt.

Das Prozessmodell ist so aufgebaut, dass eine simultane Entwicklung (SE: Simultaneous Engineering), also ein paralleles Arbeiten, erfolgt, sodass Rückmeldungen aus Berechnung und Versuch rechtzeitig in die Konstruktion für die nächste Entwicklungsphase einfließen können. Dieser Prozess muss mit einer Vielzahl von Entwicklungsschritten für alle Teilaufgaben der passiven Sicherheit, wie z. B. Strukturauslegung, Insassenschutz, Fußgängerschutz oder Kompatibilität, sowie mit anderen Fahrzeugfunktionen, beispielsweise zur Realisierung der Betriebsfestigkeit oder der Fahrzeugakustik, vernetzt sein. Deren Einflüsse, Änderungen und Optimierungen können durchaus zu widersprüchlichen Maßnahmen führen, die es zu abzustimmen gilt.

Am Ende des Entwicklungsablaufes werden mit Teilen und Komponenten aus Serienwerkzeugen Bestätigungsfahrzeuge (BF) aufgebaut und letzte Versuche durchgeführt. Die Summe der Ergebnisse und deren positive Bewertung führen letztendlich zur Entwicklungsfreigabe und Zertifizierung des Fahrzeuges.

8.7.1 Einsatz der Entwicklungswerkzeuge

Im Rahmen des Entwicklungsprozesses werden die einzelnen Fahrzeugstände funktional abgesichert. Dies erfolgt entweder rein über Versuche (Abschn. 8.5) oder mithilfe der rechnerischen Simulation (Abschn. 8.6) und der sich daran anschließenden Versuchsabsicherung. Bei der CAE-Simulation werden hierzu in aller Regel kommerzielle Programme verwendet, die auf der Methode der finiten Elemente und einem expliziten Zeitintegrationsverfahren basieren (vgl. Abschn. 8.6.2.3).

Der Rohbau wird mit einem sehr hohen Detaillierungsgrad modelliert, um möglichst alle Effekte und Interaktionen richtig erfassen zu können. Ebenso werden die verschiedenen Aggregateteile sowie Komponenten und deren Bauraumbedarf, das sogenannte Package, in den **Berechnungsmodellen** abgebildet (Abb. 8.74). Für die unterschiedlichen Werkstoffe werden moderne Materialbeschreibungen verwendet, die die Festigkeit, das Energieabsorptionsvermögen, die Elastizität und die Viskosität der Materialien, d. h. das geschwindigkeitsabhängige Verformungsverhalten, in ausreichendem Maße berücksichtigen. Eine besondere Herausforderung stellt zusätzlich die Erfassung der Verbindungen, der Fügetechniken und der Kunststoffe dar [38, 96]. Neben der Strukturberechnung wird bereits zu einem sehr frühen Zeitpunkt im Entwicklungsprozess das Insassenschutz-System mithilfe der rechnerischen Simulation ausgelegt [97–99]; einige Beispiele dazu zeigt Abb. 8.75. Erst das aufeinander abgestimmte, optimale Zusammenwirken von Struktur und Insassenschutzsystem-Komponenten, wie Gurtsystem und Airbag, erfüllt den Anspruch an ein hohes Maß an passiver Fahrzeugsicherheit.

Der **Versuch** und die Zertifizierung (Abschn. 8.5) bedienen sich einer ganzen Reihe von unterschiedlichen Prüfeinrichtungen: Die Erprobung beginnt zunächst mit Komponentenprüfungen für strukturrelevante Bauteile und geht dann erst über zu System-Prüfeinrichtungen, z. B. der Schlittenanlage zur Auslegung der Insassenschutzsysteme. Sind diese Ergebnisse erfolgversprechend, so werden zahlreiche

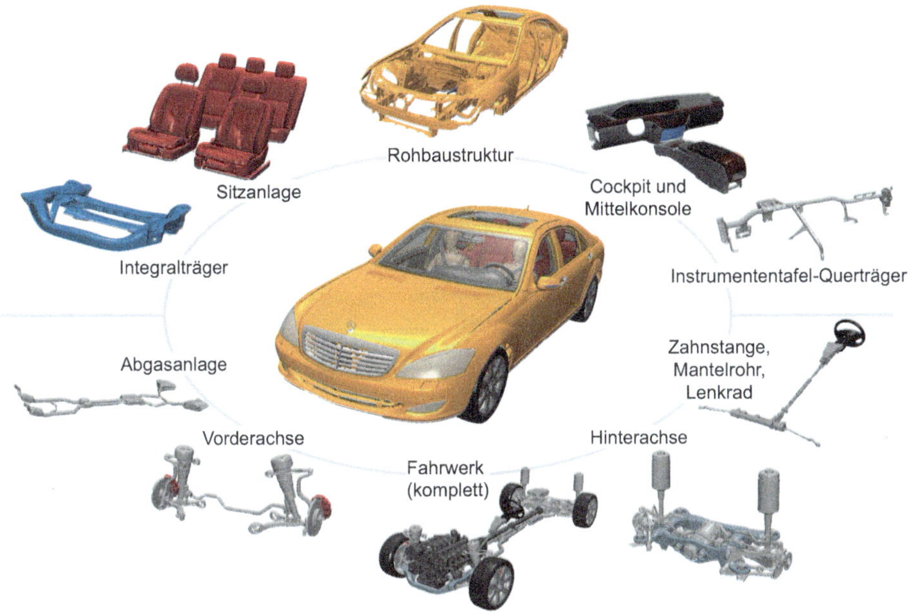

Abb. 8.74 Beispiel für den Detaillierungsgrad eines Berechnungsmodells [95]

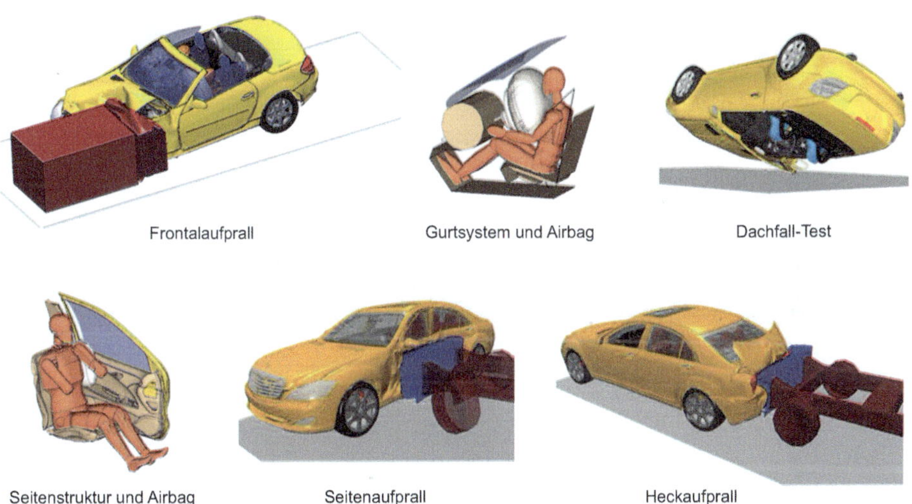

Abb. 8.75 Beispiele aus der Struktur- und Insassen-Crashsimulation [95]

Konfigurationen zur Überprüfung des Gesamtfahrzeuges auf der Crashanlage experimentell überprüft (Abb. 8.76), um den messtechnischen Nachweis für die zu Beginn der Entwicklung formulierten Anforderungen erbringen zu können.

Abb. 8.76 Auswahl verschiedener Konfigurationen für Crash-Versuche mit dem Gesamtfahrzeug [95]

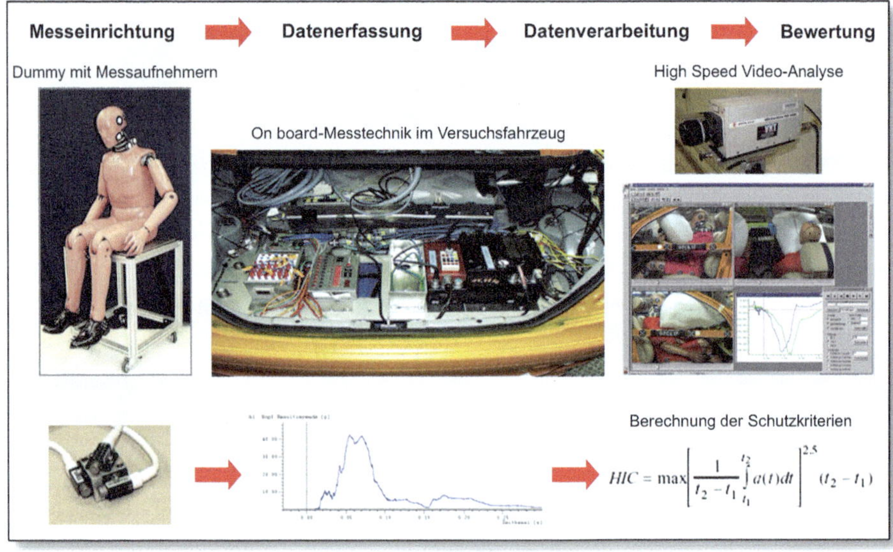

$$HIC = \max\left[\frac{1}{t_2 - t_1}\int_{t_1}^{t_2} a(t)dt\right]^{2.5}(t_2 - t_1)$$

Abb. 8.77 Crash-Messtechnik und Auswertung der Messdaten [95]

Bei all den durchzuführenden Prüfungen wird eine sehr aufwendige **Messtechnik** eingesetzt, von anthropomorphen Testpuppen (Dummys) beginnend, über eine Vielzahl von Standard- bis zu Sondermessstellen für Beschleunigungs-, Kraft- und Wegmessungen. Den Messdaten kommt eine sehr hohe Bedeutung zu, weil die daraus ermittelten Belastungsgrößen die Entscheidungsgrundlage für Änderungen im Laufe des Entwicklungsprozesses und für die Fahrzeugoptimierung von ausschlaggebender Bedeutung sein können. Die einzelnen Prüfeinrichtungen und die dazu erforderliche Ausrüstung sind im Abschn. 8.5 detailliert beschrieben und in Abb. 8.77 übersichtsartig dargestellt.

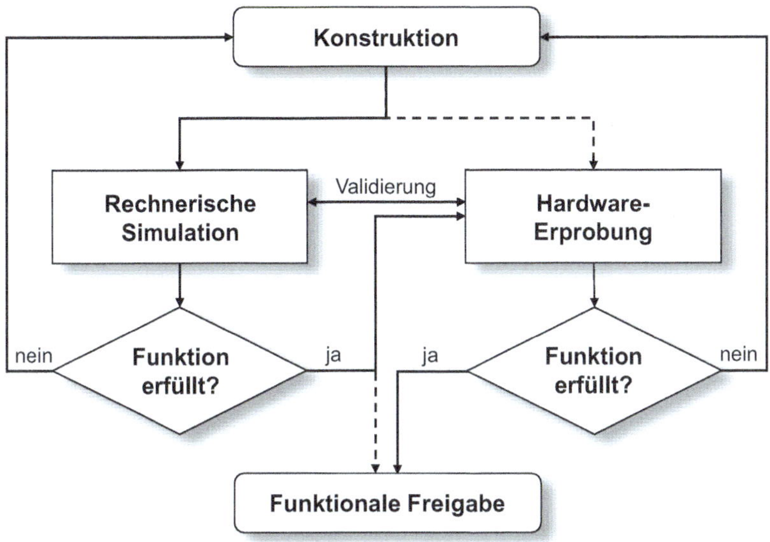

Abb. 8.78 Entwicklungsschleifen zur Erzielung der funktionalen Freigabe

Die Vorgehensweise zur funktionalen Freigabe, entsprechend den definierten Anforderungen, erfolgt in der Regel über Entwicklungsschleifen mit den **Konstruktionsabteilungen**. Die prinzipielle Vorgehensweise ist aus dem Ablauf-Diagramm, dargestellt in Abb. 8.78, ersichtlich. Der Entwicklungsablauf startet mit einem ersten Konstruktionsstand innerhalb des Prozesses. Dieser Stand wird in Zusammenarbeit zwischen Berechnung und Versuch zur funktionalen Freigabe des entsprechenden Meilensteins geführt. Die erste Phase, der virtuelle Prototyp, ist bis auf parallel durchzuführende Komponentenversuche hardwarefrei, d. h. die Entwicklung erfolgt digital. Demzufolge ist auch die funktionale Freigabe digital. In dieser Phase wird, nach Eingang der Konstruktionsdaten in der Berechnung, das Berechnungsmodell aufgebaut. Auf der Basis der ermittelten Berechnungsergebnisse hinsichtlich der Funktionen Crash-Sicherheit, Steifigkeit, Betriebsfestigkeit, Schwingungen, Akustik u. a. erfolgt bei Erfüllung der Funktionskriterien die funktionale Freigabe, und der erzielte Konstruktionsstand wird unverändert in die nächste Entwicklungsphase übernommen. Im Falle der Nichterfüllung wird zusammen mit Versuch und Konstruktion ein modifizierter Stand erarbeitet. Diese dazu erforderlichen Modifikationen können sich auf einfache Werkstoff- und Blechdickenvariation, auf Verstärkungen oder auch auf vollständig andere Konstruktionskonzepte erstrecken. Der sodann erzielte Konstruktionsstand wird nun wieder berechnet und zusammen mit den Versuchsingenieuren bewertet. Diese Schleife wiederholt sich so lange, bis die definierten Kriterien bezüglich aller Anforderungen erfüllt sind.

Während des Durchlaufs der Entwicklungsschleife sind erneut auftretende Zielkonflikte zwischen der passiven Sicherheit und anderen Funktionen oftmals nicht zu

Konfiguration des Frontalaufpralls

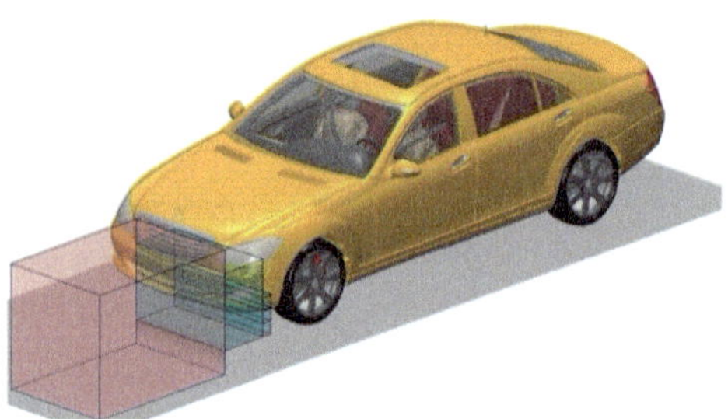

Deformationsverhalten des Integralträgers

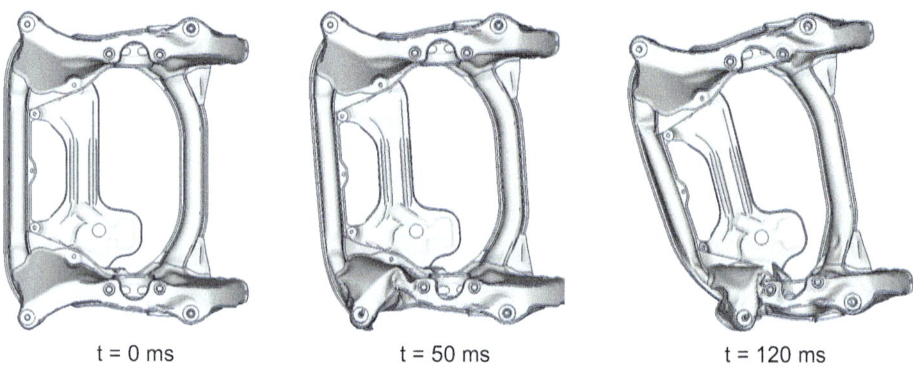

Abb. 8.79 Deformationsverhalten eines Integralträgers während eines rechnerisch simulierten Frontalaufpralls [95]

vermeiden. Dies soll anhand eines Beispiels am Integralträger exemplarisch erläutert werden, der aus Gründen der Steifigkeit, der Betriebsfestigkeit und der Schwingung so steif wie möglich ausgelegt werden muss. Andererseits aber dient er, entsprechend der Anforderung zur Crash-Sicherheit, als Deformationselement und muss daher ein gezieltes Verformungsverhalten in Fahrzeug-Längsrichtung aufweisen. Diese sich widersprechenden Zielsetzungen erfordern eine detaillierte Optimierung unter Berücksichtigung aller Funktionen. Die Deformation eines rechnerisch optimal ausgelegten Integralträgers ist in Abb. 8.79 dargestellt. Hierbei wurde ein Frontalaufprall nach Euro NCAP betrachtet, bei dem ein Fahrzeug mit einer Geschwindigkeit von 64 km/h und einer Überdeckung von 40 % bezogen auf die Fahrzeugbreite auf eine deformierbare Barriere aufprallt.

In einigen Fällen müssen zur rechnerischen Prognosefähigkeit zusätzliche **Komponentenversuche** durchgeführt werden. Dies ist insbesondere dann erforderlich, wenn neue Werkstoffe oder Fügekonzepte eingeführt und abgesichert werden sollen. Diese Komponentenversuche werden dann rechnerisch abgebildet und die Berechnungs-

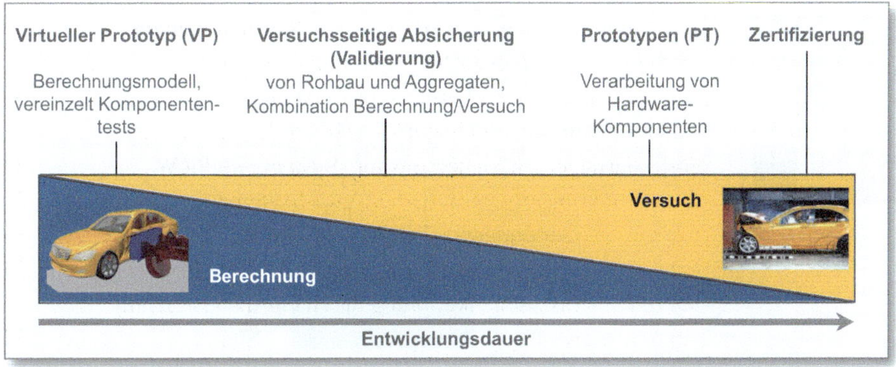

Abb. 8.80 Einsatz der Entwicklungswerkzeuge Berechnung und Versuch im Verlauf des Entwicklungsprozesses

ergebnisse mit den versuchstechnisch ermittelten abgeglichen. Dieser Vorgang wird als Validierung bezeichnet. Weitere Berechnungen erfolgen dann nur noch mit den so validierten Modellen.

Während in der frühen, rein digitalen Entwicklungsphase die berechnungsseitige Freigabe erfolgt und sich die erforderlichen Versuchsproben (Hardware-Teile) lediglich auf Strukturkomponenten beschränken, nimmt der Entwicklungsumfang des Versuchs ab der mittleren Phase im Entwicklungsablauf deutlich zu. Hier werden Fahrzeuge zur Absicherung von Rohbau und Aggregaten nicht mehr ausschließlich virtuell, sondern auch real in Form von Einzelteilen aufgebaut. Je nach Lastfall kann nun eine rechnerische oder eine hardware-orientierte Absicherung aus wirtschaftlicher Sicht sinnvoll sein. In aller Regel aber wird eine Kombination aus rechnerischer und experimenteller Überprüfung als vorteilhaft erachtet.

Mit weiterem Fortschreiten der Entwicklung werden nun die Fahrzeugkomponenten in zunehmendem Maße als **Prototypen** gefertigt und dem Versuch zur Verfügung gestellt; daher wird dieser Prozessabschnitt „Prototypen-Phase" genannt. Bis zur Zertifizierung und der Serienfreigabe nehmen die Berechnungsumfänge in der Entwicklungsschleife stetig ab, während die Versuchsaktivitäten zunehmen (Abb. 8.80).

Die **Zertifizierung** erfolgt derzeit auf der Basis ausschließlich experimenteller Überprüfungen. Eine Zertifizierung aufgrund von Berechnungsergebnissen ist aber Gegenstand aktueller Diskussionen. So sind erste Beispiele für eine digitale Zertifizierung im Zusammenhang mit Stoßfänger-Lastfällen, aber auch bei Kasko-Einstufungen zu sehen.

Zur Erhöhung der Prognose-Sicherheit werden die Berechnungsergebnisse stets mit den Versuchsergebnissen abgeglichen. Diese kontinuierliche Validierung mit Ergebnissen aus Gesamtfahrzeug-Versuchen liefert für nachfolgende Entwicklungsprojekte wertvolle Erkenntnisse.

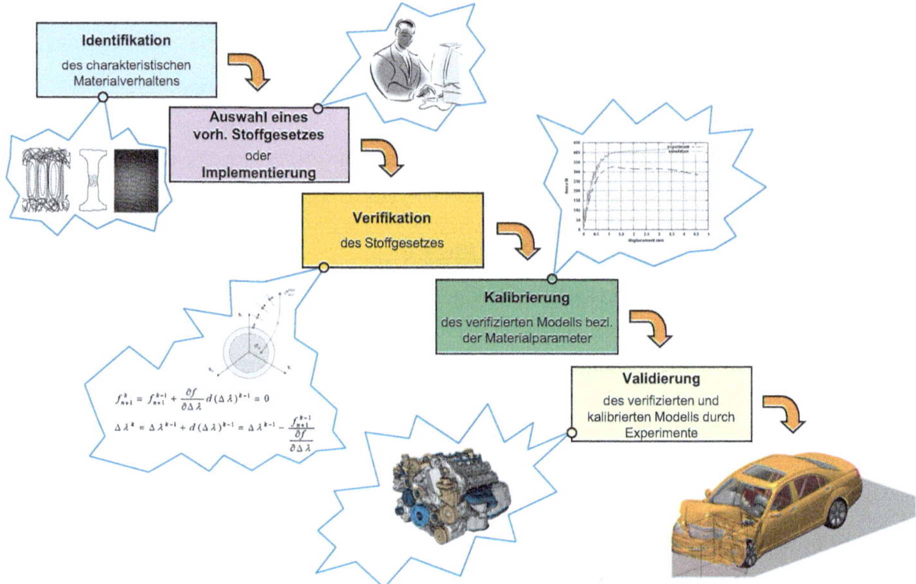

Abb. 8.81 Beispiel eines Validierungsprozesses

8.7.2 Absicherung neuer Technologien und Werkstoffe

Werden innerhalb des Entwicklungsprozesses neue Technologien oder neue Materialien eingesetzt, ist eine frühzeitige versuchstechnische Absicherung für die Validierung der rechnerischen Simulation erforderlich (Abb. 8.81). Die Bewertung neuer Materialien erfolgt üblicherweise zunächst über Zugversuche, und je nach Einsatzgebiet werden weitere Belastungsrichtungen wie Druck, Schub oder Biegung betrachtet. Derartige Versuche werden bei verschiedenen Belastungsgeschwindigkeiten bis zum Materialversagen durchgeführt, da nahezu alle Werkstoffe eine gewisse Viskosität und ein spezifisches, von der Dehnrate abhängiges Bruchverhalten aufweisen. Nachdem das Materialverhalten experimentell ermittelt wurde, werden die Versuche rechnerisch abgebildet, um die Materialgesetze unter Modellbedingungen zu validieren, siehe Abschn. 8.6.3. Mit diesen so generierten Materialbeschreibungen werden erforderlichenfalls Bauteil-Versuche zur Validierung verwendet. Bei der vorgesehenen Verwendung neuer Technologien wird in gleicher Weise verfahren. Erst wenn die Validierungsphase erfolgreich abgeschlossen ist und eine ausreichend hohe Prognosefähigkeit als gesichert angesehen werden kann, erfolgt der Einsatz im Gesamtfahrzeugmodell und wird demzufolge in die Entwicklung eingebunden.

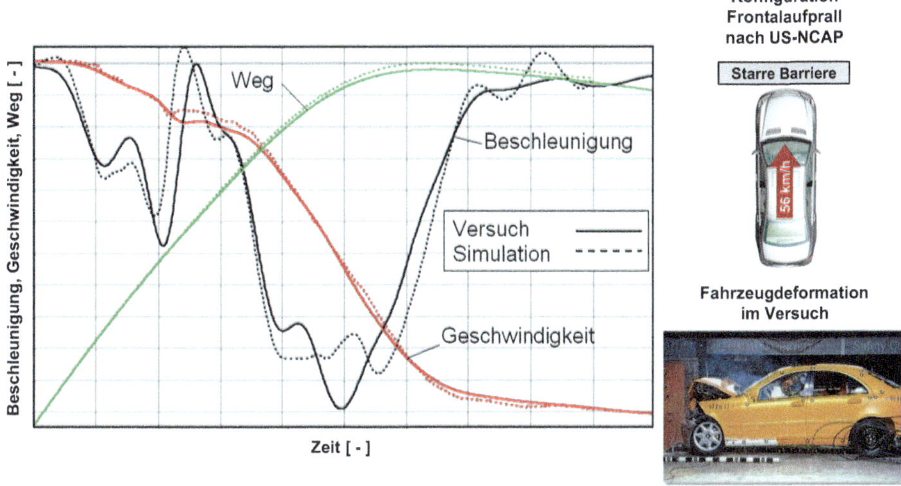

Abb. 8.82   Vergleich zwischen Versuch und Berechnung anhand der Fahrzeug-Bewegungsgrößen [95]

8.7.3   Möglichkeiten und Grenzen der Simulationen

Der hohe Detaillierungsgrad heutiger Simulationsmodelle ermöglicht sehr genaue
Prognosen hinsichtlich des Strukturverhaltens von Rohbau- und Montageteilen. Anhand
des in Abb. 8.82 gezeigten a/v/s-Diagramms, benannt nach den zeitabhängig dargestellten
Bewegungsgrößen Beschleunigung, Geschwindigkeit und Weg, soll die **Prognosefähigkeit** der rechnerischen Simulation im Vergleich zu Versuchsergebnissen verdeutlicht
werden. Die abgebildeten Größen resultieren aus einem Frontalaufprall-Versuch nach
US-NCAP-Vorgaben, bei dem ein Fahrzeug mit einer Geschwindigkeit von 56 km/h und
einer Überdeckung von 100 % (vollüberdeckt) auf eine starre Barriere prallt.

Eine vollständige Übereinstimmung zwischen Versuch und Berechnung lässt sich
jedoch aufgrund der Berechnungsmethode der Finiten Elemente, die per Definition eine
Näherungsmethode ist, aufgrund des komplexen Deformationsverhaltens, der Streuung
von Material-Kennwerten und fertigungsbedingter Toleranzen nicht erreichen, wie
in Abschn. 8.6 ausführlich erläutert wurde. Jedoch treten auch bei Messergebnissen
identischer Versuche derartige Abweichungen auf.

Ein wesentlicher Vorteil der numerischen Simulation ist, dass sie detaillierte Einblicke
in die Konstruktion während des simulierten Belastungsvorgangs liefert. Ein Modell
bildet aber nur genau das ab, was bei der Modellbildung berücksichtigt wurde. Daher
begrenzen.

Idealisierungen und Diskretisierungen die Aussagefähigkeit. Besonders deutlich ist dies
insbesondere bei spezifischen Anwendungen der Crash-Simulation, beispielsweise bei

- Materialmodellen für Verbundwerkstoffe,
- der Berücksichtigung von Fertigungseinflüssen,
- Modellen zur zuverlässigen Prognose des Bauteilversagens (z. B. bei Rissentstehung),
- Modellen zur Beschreibung des Rissfortschritts und
- der Modellierung von Fügetechnik (Klebungen, Schweißpunkte, etc.) einschließlich der Versagensprognose.

Zu den genannten Problemfeldern sind allerdings geeignete Ansätze entwickelt worden, die näherungsweise eine Prognose erlauben und für eine Erstauslegung verwendet werden können. Darüber hinaus existieren eben nicht nur bei der virtuellen Absicherung derzeit noch unvermeidbare Grenzen, auch die versuchstechnische Absicherung ist mit gewissen Unsicherheiten behaftet, als da wären

- Idealisierungen in frühen Fahrzeug-Entwicklungsphasen,
- Prototypen-spezifische Bauteile und Fügetechniken,
- Stand der Steuergeräte und der Software,
- Streuungen bei Prototypen, am Versuchsaufbau und beim Versuchsablauf und schließlich
- reproduzierbares Einsetzen von Dummys.

Eine zielorientierte Entwicklung der passiven Sicherheit lässt sich heute, unter Berücksichtigung aller Einflussfaktoren hinsichtlich Funktionen und Systemen, nur dann optimal und effizient betreiben, wenn Möglichkeiten, aber auch Grenzen aller zur Verfügung stehenden Werkzeuge der rechnerischen und der experimentellen Simulation bekannt sind und optimal aufeinander abgestimmt eingesetzt werden.

In Zukunft wird sich der Einsatz der numerischen Simulation erheblich ausweiten, um die kostenintensive Herstellung von Versuchsmustern und deren Erprobung zu reduzieren. Die letztendlich immer noch verbleibenden Bestätigungsversuche jedoch werden komplexer, da von den Ergebnissen aus den Versuchen mit einer reduzierten Anzahl an Prototypen und Bestätigungsfahrzeugen möglichst umfassende Aussagen zum Gesamtfahrzeug erwartet werden. Zudem wird künftig die Erprobung noch weiter auf das Unfallgeschehen abzielen, um Erkenntnisse aus der Interaktion zwischen aktiver und passiver Sicherheit oder der Kompatibilitätsphänomene [15, 100] zu generieren.

Die Entwicklung der passiven Sicherheit eines ganz neuen Fahrzeuges einschließlich der Zertifizierung völlig ohne reale Prototypen und Bestätigungsfahrzeuge ist heute noch nicht vorstellbar, da zu diesem Zweck die Gesamtfunktionalität, einschließlich Crash-Sensorik, Aufreißverhalten der Airbag-Klappen, Steuergeräte, Türöffnungskräfte, Kraftstoffsystem-Dichtigkeit, CAN-Bus u. a. in der Berechnung funktional abgebildet werden müsste. Aus heutiger Sicht aber ist die Erstellung eines virtuellen Gesamtfahrzeuges mit all seinen Funktionalitäten zu komplex und somit zu kosten- und zeitaufwendig.

Die Aufgabe des Entwicklungsingenieurs wird weiterhin darin bestehen, die erarbeiteten Berechnungs- und Erprobungsergebnisse kritisch zu betrachten und seine

Aussagefähigkeit permanent zu überprüfen, damit durch entsprechende Maßnahmen das Produkt möglichst frühzeitig einen hohen Reifegrad erreicht und ein rundum sicheres Fahrzeug zur Marktreife gelangt.

8.7.4 Herausforderungen innerhalb der Projektarbeit

Die Vernetzung der passiven Sicherheit mit anderen Disziplinen im Fahrzeugentwicklungsprozess wird am Beispiel der Rohbauentwicklung deutlich: Der Rohbau ist als wesentliche Komponente der passiven Sicherheit der integrale Bestandteil des Fahrzeuges. Er besitzt mit vielen Komponenten des Fahrzeuges Schnittstellen (z. B. Insassenschutz-Systeme, Türen, Innenverkleidungen, Stoßfänger, Cockpit, Sitze, Achsen, Elektrik uvm.) und er muss eine Vielzahl an weiteren kundenrelevanten Eigenschaften erfüllen (z. B. Korrosionsschutz, Betriebsfestigkeit, Steifigkeit, Schwingungskomfort). Diese Anforderungen können teilweise im Konflikt zueinander stehen und verlangen ihrerseits optimale Lösungen bezüglich Kosten, Gewicht, Qualität und Zeit.

Ein weiteres Beispiel für die Interaktion der Disziplinen ist die zunehmende Vernetzung zwischen Systemkomponenten der aktiven und der passiven Sicherheit. Heutige Versuche zur Entwicklung und Bewertung der Crash-Sicherheit werden standardisiert im Labor durchgeführt. Hierbei werden aus Gründen der Reproduzierbarkeit der Versuchsergebnisse und zur Bewertung des Entwicklungsfortschritts immer gleiche Versuchskonstellationen, wie Geschwindigkeiten, Fahrzeugüberdeckungen, Sitzpositionen, Insassengewichte und -größen, festgelegt und eingehalten. Anhand der Ergebnisse werden Fahrzeuge hinsichtlich ihrer Unfallsicherheit bewertet und zielorientiert entwickelt. Dabei geben die festgeschriebenen Grenz- bzw. Zielwerte die Entwicklungsrichtung vor, wobei der Erreichungsgrad der in den standardisierten Versuchen ermittelten Messwerte regelmäßig nachgewiesen wird und als Maß für den Entwicklungsfortschritt dient.

Doch wie verhält sich dazu die Fahrzeugsicherheit im wirklichen Unfallgeschehen? Bekanntermaßen sind z. B. für die Unfallschwere Fahrzeuggeschwindigkeit und Aufprallkonfiguration (Aufprallart, Winkel, Überdeckung, etc.) wesentliche Parameter. So werden im Rahmen der aktiven Sicherheit beispielsweise Systeme zur Unfallschwereminderung oder zur Unfallvermeidung entwickelt, wie Antiblockiersysteme (ABS), elektronische Stabilitätsprogramme (ESP), Bremsassistenten oder umfelderkennende Systeme, die einen erheblichen Einfluss und ein großes Potenzial zur Erhöhung der Gesamtsicherheit eines Fahrzeuges aufweisen. Mercedes-Benz hat bereits im Jahr 2002 mit der Einführung von PRE-SAFE® [101, 102] die integrale Sicherheit neu definiert. Durch gezielte Nutzung von Sensoren und Systemen der aktiven Sicherheit, wie z. B. von Assistenzsystemen, werden die Auswirkung realer Unfälle für die Unfallbeteiligten reduziert. Diese Interaktion der Systeme hinsichtlich Anforderung und Funktionalität verlangt jedoch völlig neue, vernetzte Arbeitsstrukturen und flexible Prozesse in der Entwicklung. Bisher nicht verbundene Entwicklungsabteilungen müssen ihre Inhalte und

Entwicklungsprogramme nun neu organisieren und die davon ableitbaren Teilprozesse neu gestalten. So werden in zunehmendem Maße elektrische Komfortsysteme, wie Sitzverstellungen, Schiebedächer, Fensterheber aber auch Fondsitzanlagen und reversible Gurtsysteme, in den präventiven Insassenschutz integriert. Dies wiederum stellt höhere Anforderungen an die Ausfall- und Signalsicherheit der Bus-Systeme und erhöht gleichzeitig die Ansprüche an die Dauerhaltbarkeit und Verfügbarkeit der Aktoren. Für die sogenannte Elektrik/Elektronik-Topologie bedeutet dies eine weitere Erhöhung der Systemvernetzung zur Berücksichtigung der Aktoren-Ansteuerung (vgl. Abschn. 7.3). Infolge dessen müssen neue Anforderungen, wie beispielsweise Mindestgeschwindigkeiten in der Signalübertragung, gewährleistet sein und festgeschrieben werden. Weitere Herausforderungen ergeben sich aus Fragen zur Standardisierung der Komponenten sowie der Übertragungswege und -signale, da Systeme verschiedener Zulieferer in das Fahrzeug integriert werden und dort zuverlässig zusammenwirken müssen. Die Aufgabe der Fahrzeughersteller besteht nun darin, übergreifend Möglichkeiten der Vereinfachung und Standardisierung zu schaffen.

Die Anzahl der beteiligten Personen und Abteilungen zur Entwicklung derart komplexer Systeme ist in den letzten Jahren sprunghaft angestiegen. Die zur Bewältigung der umfangreichen Systemaufgabe erforderlichen Prozesse müssen daher einerseits eindeutig beschrieben sein und von den Beteiligten beherrscht werden, andererseits aber genügend Flexibilität und Offenheit zur Einführung von Innovationen bieten, um sowohl mit den Kundenwünschen als auch mit den technologischen Veränderungen Schritt halten zu können.

8.8 Sicherheitsinnovationen im Entwicklungsprozess

Grundsätzlich können neue Lösungen und Konzepte den Entwicklungsprozess maßgeblich beeinflussen. Je nach Neuheitsgrad und Tragweite einer Lösung oder eines Konzeptes stellen Innovationen im Entwicklungsprozess einen Risikofaktor dar. Im Verlauf der Entwicklung fehlen Erfahrungswerte, und es kann immer zu unbekannten, unerwarteten Problemen kommen. Der Entwicklungsprozess muss also so viel Flexibilität aufweisen, dass er trotz Schwierigkeiten und Hindernisse zu einem ausgereiften Produkt führt. Selbstverständlich gilt es gerade bei innovativen Lösungen und Konzepten eine sorgfältige Vorentwicklung zu gewährleisten. Das Ziel eines Herstellers, eine Innovation als erster auf den Markt zu bringen, schränkt allerdings meist den Zeithorizont stark ein. Lässt sich nämlich ein Hersteller bei der Entwicklung zu viel Zeit, läuft er Gefahr, nur zweiter am Markt zu sein.

Zielführend ist also das sorgfältige Abwägen der Entwicklungsrisiken und das Einbringen einer Innovation zum richtigen Zeitpunkt in einen geeigneten, flexiblen Gesamtentwicklungsprozess. Die Flexibilität des Prozesses kann bedeuten, dass Optimierungsschleifen vorgesehen und mehr Kapazitäten eingesetzt werden müssen oder aber, dass im schlimmsten Fall sogenannte Rückfalllösungen vorzuhalten sind.

Damit wird deutlich, dass je nach Art und Komplexität von Innovationen die Entwicklungsprozesse unterschiedlich ausgestaltet werden müssen. Für eher evolutionäre Standardprodukte sind dementsprechend kürzere Abläufe möglich als für komplexe, revolutionäre, innovative Produkte.

In welchem Maß Innovationen den Prozess beeinflussen und in welchem Stadium der Gesamtentwicklung sie eingeschleust werden müssen, hängt von der Konzeptrelevanz einer Lösung ab. Dabei unterscheidet man die folgenden Kategorien (Abb. 8.83):

- **Fahrzeugkonzept-bestimmende Sicherheitsinnovationen** Innovationen, die das Design, das Gesamtfahrzeug-Package, die Karosseriestruktur, die Innenraumgestaltung oder die Elektrik/Elektronik-Architektur wesentlich prägen. Diese sind bei Projektstart in der Definitions- bzw. Strategiephase zu berücksichtigen.
- **Fahrzeugkonzept-relevante Sicherheitsinnovation** Innovationen, die maßgebliche Anforderungen an das Design, das Gesamtfahrzeug-Package, die Karosseriestruktur, die Innenraumgestaltung oder die Elektrik/Elektronik-Architektur stellen. Diese sind in das Konzeptheft einzubringen.
- **Fahrzeugkonzept-unabhängige Sicherheitsinnnovationen** Innovationen, die Design, Gesamtfahrzeug-Package, Karosseriestruktur, Innenraumgestaltung oder die Elektrik/Elektronik-Architektur entweder nicht oder nur sehr wenig beeinflussen, die also in bestehende Konzepte leicht integrierbar sind. Diese können ggf. noch nach dem Meilenstein „Lastenheft" in der Serienentwicklungs- bzw. Realisierungsphase des Fahrzeuges berücksichtigt werden.

Fahrzeugkonzept-bestimmende Sicherheitsinnovationen können beispielsweise Maßnahmen zum Fußgängerschutz sein, die erheblichen Einfluss auf das Design und die Silhouette eines Fahrzeuges besitzen. Konzeptrelevante Innovationen sind beispielsweise Strukturmaßnahmen, die Achsgeometrie und Package deutlich beeinflussen. Denkbar sind aber auch Sicherheitssysteme, die ganz bestimmte Anforderungen an eine Elektrik/Elektronik-Architektur stellen. Fahrzeugkonzept-unabhängige Innovationen beeinflussen den Entwicklungsprozess nur in geringem Umfang, da sie sich nur auf sehr lokal begrenzte Bereiche konzentrieren. Solche Innovationen sind relativ spät in einen Ablauf integrierbar und bieten sich auch als Modellpflegemaßnahmen an, da sie in ein vorhandenes Serienfahrzeug implementiert werden können.

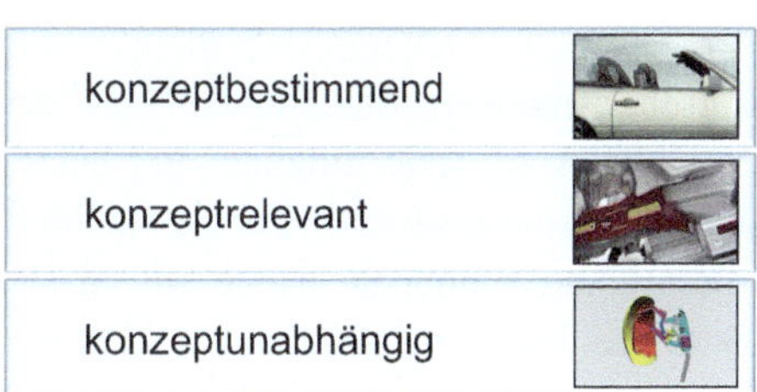

Abb. 8.83 Relevanz von Innovationen für das Fahrzeugkonzept [95]

Wie alle Innovationen müssen auch Sicherheitsinnovationen in ihrer Qualität überprüft werden, d. h. sogenannte Quality Gates durchlaufen. Um in einem Konzeptheft für ein neues Fahrzeug berücksichtigt zu werden, muss an Teilaufbauten oder Erprobungsträgern nachgewiesen werden, dass das Prinzip dieser Neuerung funktioniert und die gewünschten Effekte im Sinne des erwarteten Kundennutzens bewirkt. Dieser Nachweis wird **Prinziptauglichkeit** genannt.

Zum Konzeptheft ist der Nachweis der **Konzepttauglichkeit** erforderlich. Das bedeutet, dass die Funktion auch in der spezifischen Fahrzeugumgebung sichergestellt ist und darüber hinaus erste Risikoanalysen vorliegen. Außerdem müssen zu diesem Zeitpunkt Nachweise für Herstellung und Sicherstellung künftiger Qualitätsziele vorhanden sein.

Zum Lastenheft ist die entscheidende Hürde in dem allumfassenden Reifegradnachweis der **Serientauglichkeit** zu sehen. Bei der Serientauglichkeit ist die Funktion im Zusammenhang mit weiteren Innovationen der Zielbaureihe nachzuweisen, d. h. die Erreichung von Zielgewicht und Zielkosten ist sichergestellt, 3D-CAD-Daten sind aktualisiert und alle Zielkonflikte sind gelöst. Um Risiken im Entwicklungsprozess zu verringern, sollten Fahrzeugkonzept-bestimmende Innovationen aber schon zum Meilenstein „Konzeptheft" die Serientauglichkeit nachgewiesen haben.

Zum Ende der Absicherungsphase, also zum Quality Gate „Lastenheft" (vgl. Abb. 8.3) wechselt die Entwicklungsverantwortung meist von der Forschung/Vorentwicklung in die Serienentwicklung. Diese Übergabe ist traditionell schwierig und ein Stolperstein für viele Innovationen, da in der Vorentwicklung und in der Serienentwicklung vielfach ein unterschiedliches Verständnis von Serientauglichkeit und Reifegrad vorherrscht. Die Praxis zeigt, dass es sinnvoll erscheint, hier einen schleifenden Übergang der Verantwortlichkeiten zu realisieren, indem zuständige Projektleiter mit der Innovation in die Serienentwicklung wechseln oder bereits zeitlich vor der Übergabe ein Serienentwickler im Projekt eingesetzt wird.

8.9   Integration der Unfallforschung in den Entwicklungsablauf am Beispiel Mercedes-Benz

Viele Innovationen der Fahrzeugsicherheit generieren sich aus der Beobachtung des realen Unfallgeschehens. Seit 1969 untersuchen daher Ingenieure von Mercedes-Benz gezielt Straßenverkehrsunfälle. Das dabei verfolgte Ziel besteht darin, aus Unfällen zu lernen, um die Fahrzeugsicherheit zu verbessern. Die Arbeit der Mercedes-Benz-Unfallforscher wurde erst durch einen Erlass des Baden-Württembergischen Innenministeriums vom 29. April 1969 möglich. Bis heute untersuchten die Forscher etwa 5000 Unfälle mit verletzten Insassen. Eine aus mehreren Ingenieuren bestehende Arbeitsgruppe führt diese Untersuchungen primär im Großraum Stuttgart durch. Bei interessanten Fällen wird das Erhebungsgebiet auch erweitert. Im Wesentlichen wird mit der Polizei, den

Abschleppunternehmen und den Autohäusern kooperiert. Ob eine Untersuchung durchgeführt wird, hängt von folgenden Kriterien ab:

- Verletzungen der Insassen,
- Deformationen des Fahrzeuges und
- Auslösung der Insassenschutz-Systeme

Die Aufgaben und das Vorgehen der Unfallforscher wird in Kap. 2 detailliert beschrieben. In die Bewertung eines Unfalls gehen verschiedene Informationen ein, die sich auf die Untersuchung der Unfallfahrzeuge, die Vermessung der Unfallstelle und die Kenntnisse über die Insassenverletzungen beziehen. Aus den Informationen werden Daten abgeleitet, mit denen anschließend eine detaillierte Rekonstruktion des Unfalls ermöglicht wird. Die Rekonstruktion erfolgt rechnerisch mithilfe von PC-Programmen, die eine Animation des Unfallhergangs gestatten. Ein Beispiel dazu ist in Abb. 8.84 dargestellt.

Maßgeblich für das erzielte Ergebnis ist die sogenannte Kollisionsanalyse, d. h. die Berechnung der Kräfte und Momente während des Stoßes, siehe Abschn. 8.6.3. Hierbei werden alle Randbedingungen wie das Verhaken oder Abgleiten am Kollisionskontrahenten

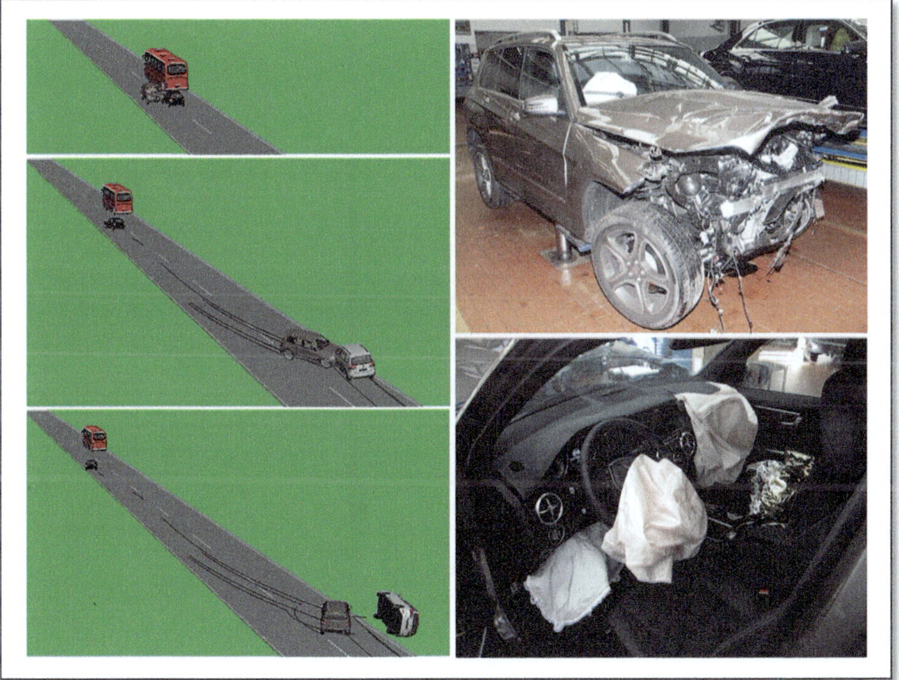

Abb. 8.84 Beispiel einer Unfallrekonstruktion [95]

berücksichtigt [13]. Der EES-Wert (EES: Energy Equivalent Speed – siehe Abschn. 2.2.2) spielt bei dieser Berechnung als Kontrollgröße eine wichtige Rolle. Er ist ein Wert, der die eingebrachte Energie, die in Deformation umgewandelt wird, darstellt, angegeben als Geschwindigkeit in km/h. Sie wird aus Crashversuchen ermittelt und stellt ein Maß für die Unfallschwere dar [119].

Die Insassenverletzungen werden detailliert aufgenommen und mithilfe der AIS-Skala (Abbreviated Injury Scale – siehe Abschn. 3.2.2) eingeteilt und codiert. Dabei wird jede Einzelverletzung des Körpers bewertet. Abschließend erfolgt die Bestimmung des MAIS-Wertes, der dann zusammenfassend die maximal auftretende körperteilspezifische Einzel-Verletzungsschwere des Insassen beschreibt.

Abb. 8.85 zeigt die wesentlichen Zusammenhänge beim Unfall und die Durchführung einer Bewertung. Mithilfe der Daten und Informationen lässt sich ein Gesamtbild über Unfallschwere, Verletzungsursache und Verletzungsschwere formulieren. Aus diesen Erkenntnissen entstehen dann Ideen und konkrete Vorstellungen für künftige Sicherheitsmaßnahmen.

Mithilfe der Erkenntnisse aus der Unfallanalyse konnten in der Vergangenheit zahlreiche Verbesserungen am Fahrzeug und neue Prüfverfahren, z. B. in den 1970er Jahren der mit „Offsetcrash" charakterisierte seitlich versetzte Frontalaufprall, abgeleitet werden. Auch das vor dem Unfall wirkende PRE-SAFE®-System resultiert aus Erkenntnissen der Analyse von Straßenverkehrsunfällen [11, 102]. Eine neue Richtung, die

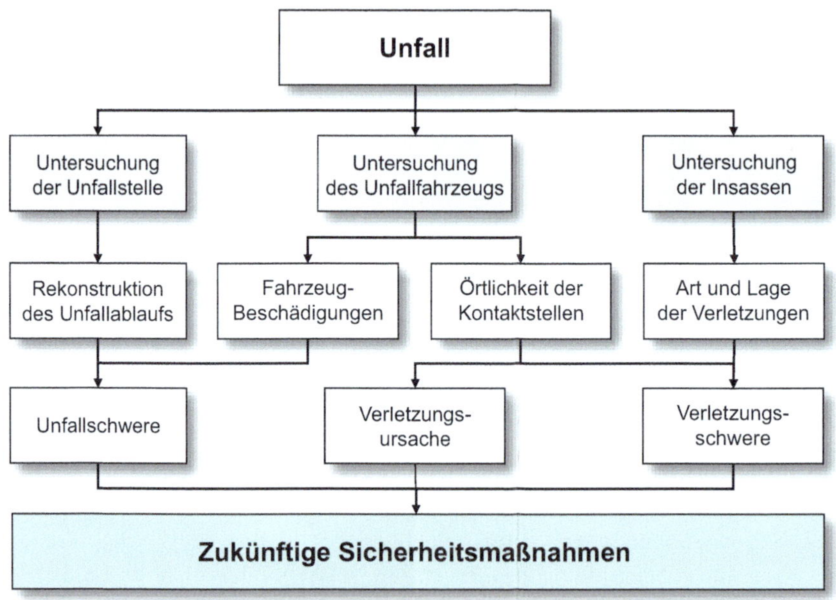

Abb. 8.85 Kausalitäten beim Unfall und Ableitung von Sicherheitsmaßnahmen

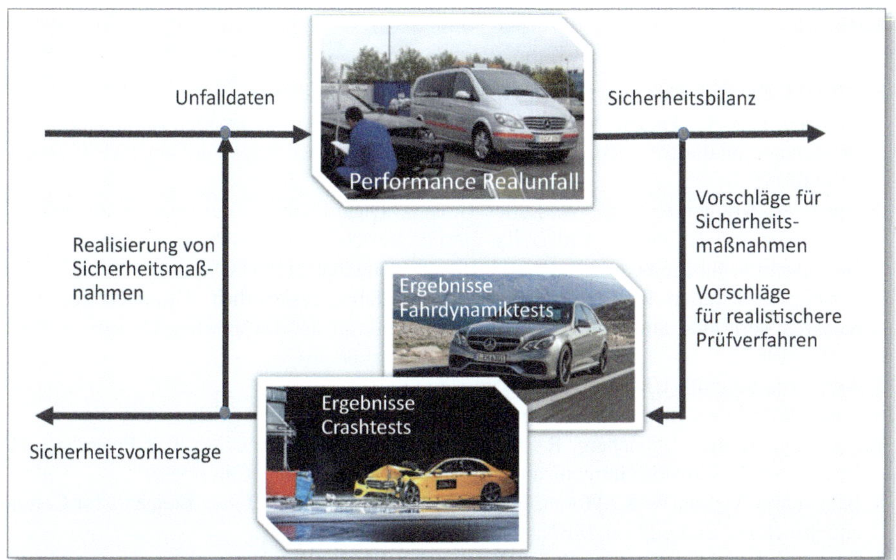

Abb. 8.86 Regelkreis der Unfallforschung [95]

sich ebenfalls aus der Unfallforschung ableiten lässt, ist in der Individualisierung der Insassenschutz-Systeme zu sehen. Hierbei werden in Abhängigkeit von Insassenparametern, wie Körpergröße und gewicht, Geschlecht u. a., zukünftig präzisere Anpassungen der Schutzsysteme mithilfe von Sensor-Einrichtungen im Fahrzeug vorgenommen. Erste Entwicklungen zeigen deutliche Potenziale für mögliche Anpassungen der Insassenschutzsysteme auf [103].

Nach der Serieneinführung neuer Technologien lassen sich diese erneut im Unfallgeschehen bewerten. Dieser „Regelkreis der Unfallforschung", der durch die Unfalldaten als Eingangsgröße gespeist wird, ist in Abb. 8.86 dargestellt. Sinnvolle Testkonfigurationen können abgeleitet werden und am Ende steht eine Sicherheitsvorhersage für die jeweiligen Fahrzeugtypen bzw. eine Bewertung von bereits im Markt befindlichen Systemen zur Verfügung.

Allerdings konzentriert sich die Unfallforschung längst nicht mehr nur auf den Schutz bei Kollisionen selbst, sondern die Fahrzeugsicherheit und damit auch die Unfallforschung muss ganzheitlich betrachtet werden. Jeder Unfall beginnt mit einer kritischen Situation und endet mit der Rettung, Abb. 1.7. Insbesondere die Unfallursachenforschung gewinnt eine immer größere Bedeutung. Die Mercedes-Benz-Unfallforschung ist aus dem heutigen Entwicklungsprozess nicht mehr wegzudenken und Wegbereiter neuer, sich weiterentwickelnder Sicherheitsanforderungen und vieler Innovationen [94, 104–106].

Literatur

1. ABAQS: Dassault Systems, Suresnes (F). https://www.3ds.com
2. Andrade, F. X. C., Feucht, M., Haufe, A., Neukamm, F., An incremental stress state dependent damage model for ductile failure prediction, Int J Fract. https://doi.org/10.1007/s10704-016-0081-2
3. Appel, H., Kramer, F., Glatz, W., Lutter, G. et al.: Quantifizierung der passiven Sicherheit für PKW-Insassen. Technische Universität Berlin. Bericht zum Forschungsprojekt 8517/2 der Bundesanstalt für Straßenwesen (Hrsg.). Bergisch Gladbach (1991)
4. Appel, H., Kramer, F.: Biomechanik und Kraftfahrzeugsicherheit. Umdruck zur gleichnamigen Vorlesung am Institut für Fahrzeugtechnik an der Technischen Universität Berlin, Berlin (1987)
5. Arup Ltd., Solihull (UK): https://www.arup.com/dyna
6. Bathe, K.J.: Finite Element Procedures. Prentice Hall, Englewood Cliffs (1996)
7. Baumann, K.-H., Schöneburg, R.: Manufacturer's Demand on Crash Test Programs. TÜV Symposium Worldwide Harmonization of Crash Test Programs. Köln (1999)
8. Belytschko, T., Liu, W. K., Moran, B., Elkhodary, K.: Nonlinear Finite Elements for Continua and Structures, 2nd Edition, ISBN: 978–1–118–63270–3 (2013)
9. Beusenberg, M.C., Janssen, E.G., Schreuder, J.J.H.: Five Years Experience of Using EUROSID-1 in Sled and Car Tests. Report Paper. Bd. 94 S6 O 09. TNO Crash-Safety Research Centre, Delft (1994)
10. Bock, J., Krajewski, R., Eckstein, L., Klimke, J., Sauerbier, J., Zlocki, A.: „Data basis for scenario-based validation of HAD on highways", 27. Aachener Kolloquium (2018)
11. Breitling, T., Mellinghoff, U., Metzler, H.-J., Schöneburg, R.: Das Experimental-Sicherheits-Fahrzeug ESF 2009. ATZ Automobiltechnische Zeitschrift **111**(07–08), 532–541 (2009)
12. Brenner, S.C., Scott, L.R.: The mathematical theory of finite element methods. Springer, New York (2002)
13. Burg, H., Moser, A. (Hrsg.): Handbuch Verkehrsunfallrekonstruktion. Friedr. Vieweg & Sohn Verlag/GWV Fachverlage GmbH, Wiesbaden (2007)
14. Burg, H., Moser, A.: Handbuch Verkehrsunfallrekonstruktion – Unfallaufnahme, Fahrdynamik, Simulation, 2. Aufl. Vieweg + Teubner GWV Fachverlage GmbH, Wiesbaden (2009)
15. Busch, D., Cakmak, M., Schöneburg, R., Zobel, R.: Evaluation of Crash Compatibility of Vehicles with the Aid of Finite Element Analysis. 15th ESV-Conference, Paper Number 96-S4-W-25. Melbourne (AUS) (1996)
16. Böhmler, K.: Beschreibung der TRW Repa-Crashanlage, Alfdorf (1990)
17. Center for Collision Safety and Analysis, George Mason University (USA). https://www.ccsa.gmu.edu/models/2020-nissan-rogue , abgerufen am 19.6.2023
18. Crash Test Dummy Development History: Newsline of the First Technology Safety Systems, Inc. Plymouth (MI), USA (1993)
19. Crisfield, M.A.: Non-Linear Finite Element Analysis, Vol. 2: Advanced Topics. John Wiley & Sons Ltd., New York (1997)
20. DYNAmore GmbH, Stuttgart, (D): https://www.dynamore.de
21. Daimler AG, Stuttgart, (D): https://www.daimler.com
22. Day, T.D., York, A.R. II: Validation of DyMesh for vehicle vs Barrier Collisions. SAE Technical Paper Series 2000–01–0844. International Congress and Exposition. Detroit (MI), USA (2000)

23. Denton Products & Service: Presentation Robert A. Denton Inc, Rochester Hills MI (USA) (2004)
24. Di Fabio, Udo et. Al., „Bericht der Ethik-Kommission Automatisiertes und Vernetztes Fahren" Bundesministerium für Verkehr und digitale Infrastruktur, Online verfügbar unter https://bmdv.bund.de/SharedDocs/DE/Publikationen/DG/bericht-der-ethik-kommission. pdf?blob=publicationFile. zuletzt geprüft am 3.05.2023
25. Dolly Rollover Recommended Test Procedure. SAE J2114 APR93, SAE Recommended Practice. 2003 SAE Handbook, Vol. 3 On-Highway Vehicles and Off-Highway Machinery. Society of Automotive Engineers Inc. Warrendale (PA), USA (2003)
26. Dutton, T.: Finite Element Models for European Testing: Side Impact Barrier to WG13 and Pedestrian Impactors WG17, 4th European LS-DYNA Conference, Ulm, Germany, 2003. https://www.dynalook.com/conferences/european-conf-2003/finite-element-models-for-european-testing.pdf/@@download/file/LS-DYNA_ULM_C-II-29.pdf
27. ECE-R 16: Einheitliche Bedingungen für die Genehmigung der Sicherheitsgurte und Rückhaltesysteme für erwachsene Personen in Kraftfahrzeugen. Bremseinrichtung, Anhang 6
28. Eckstein, L. "Safety, Efficiency & Driving Experience – from Vision to Reality", 16. VDA Technical Congress 20.-21.3.2014, Hannover, Germany (2014)
29. Finsterhölzl, H.: Strukturberechnung am 5er BMW (E 39) bei einem 40 %-igen Off-set-Crash mit 64 km/h unter Verwendung einer deformierbaren Barriere (IIHS-Test). Verwendung der Bilder und Erläuterungen mit freundlicher Genehmigung der Fa. BMW, Abteilung Karosserieberechnung. (1998)
30. Fittanto, D.A., Ruhl, R.A., Southcombe, E.J., Burg, H., Burg, J.: Overview of CARAT-4, a Multi-body Simulation an Collision Modelling Program. SAE Technical Paper Series 2002–01.1566. International Congress and Exposition. Detroit (MI), USA (2002)
31. Frank, T., Kurz, A., Pitzer, M., Söllner, M.: Development and Validation of Numerical Pedestrian Impactor Models, 4th European LS-DYNA Conference, Ulm, Germany, 2003. https://www.dynalook.com/conferences/european-conf-2003/development-and-validation-of-numerical-pedestrian.pdf/@@download/file/LS-DYNA_ULM_C-II-01.pdf
32. Franz, U., Schuster, P., Stahlschmidt, S.: Influence of Pre-stressed Parts in Dummy Modeling – Simple Considerations, 9. International LS-DYNA Konferenz. Detroit (MI), USA (2004). https://www.dynalook.com/conferences/international-conf-2004/05-4.pdf
33. Franz, U., Stahlschmidt, S., Schelkle, E., Frank, T.: „15 Years of Finite Element Dummy Model Development Within the German Association for Research on Automobile Technology (FAT)", JRI Japanese LS-DYNA Conference, Nagoya, (JP) (2008)
34. Frik, S., Gosolits, B., Böttcher, C.-S.: 20 Years of Crash Simulation at Opel – Experiences for Future Challenge, 4th LS-DYNA-Forum. Bamberg, Germany (2005)
35. Gibson, T.J., Hinrichs, R.W., McLean, A.J.: Pedestrian Head Impacts: Development and Validation of a Mathematical Model. International IRCOBI Conference on the Biomechanics of Impacts. Zürich, (CH) (1986)
36. Glöckner, H.: Fußgängerschutz am PKW – Ergebnisse mathematischer Simulation. Dissertation an der Technischen Universität Berlin, Berlin (1982)
37. Hackney, J.R., Kahane, C.J.: The New Car Assessment Program: Five Star Rating System and Vehicle Safety Performance Characteristics. SAE Technical Paper Series 950888. International Congress and Exposition. Detroit (MI), USA (1995)
38. Haldenwanger, H.-G., Liman, U., Reim, H., Schöneburg, R.: Die Notwendigkeit von Computersimulationen bei der Entwicklung von Kunststoffbauteilen. VDI-K, Kunststoffe im Automobilbau. VDI-Verlag, Düsseldorf, S. 87–116 (1995)
39. Handbuch PC-Crash 10.0: A Simulation Program for Vehicle Accidents. DSD, Dr. Steffan Datentechnik, Linz, Austria (2013)
40. Handbücher Carat-3 und Carat-4 - A Multi-body Simulation and Collision Modeling Program. IbB-Informatik GmbH, Mülheim/Mosel, Germany (2002)

41. Haufe, A., Franz, U.: On the Simulation of Out-of Position Load Cases with the ALE-Method. Airbag 2004, 7th International Symposium and Exhibition on Sophisticated Safety Systems. Karlsruhe (2004)
42. Haug, E., Scharnhorst, T., Dubois, P.: FEM-Crash-Berechnung eines Fahrzeugfrontalaufpralls. VDI-Tagung „Berechnung im Automobilbau". VDI-Berichte. Bd. 613. VDI, Würzburg (1986)
43. Haug, E.: Biomechanical models in vehicle accident simulation. PAM'95 Fifth European Workshop on Advanced Finite Element Simulation Techniques. Bad Soden (1995)
44. Hughes, T.J.R.: The finite element method: Linear static and dynamic finite element analysis. Dover Publications, Mineola, NY (2000)
45. Humanetics ATD Crash Test Dummies: https://www.humaneticsgroup.com
46. Humanetics Innovative Solutions Inc., Huron, (OH) (USA). https://www.humaneticsatd.com
47. Instrumentation for Impact Test – Part 1 – Electronic Instrumentation. SAE J211/1 MAR95, SAE Recommended Practice. 2003 SAE Handbook, Bd. 3 On-Highway vehicles and off-highway machinery. Society of Automotive Engineers Inc. Warrendale (PA), USA (2003)
48. Janssen, E.G.: Mechanical human body simulators. TNO Industrial Report. TNO Road-Vehicles Research Institute, Delft, NL (1993)
49. Johnson, C.: Numerical solution of partial differential equations by the finite element method. Cambridge University Press, Cmabridge (1995)
50. Kelly, J.R.: BioRID-Iic Rear Impact Crash Test Dummy. Robert A. Denton Inc, Rochester Hills (MI, USA) (2003)
51. Kraftfahrt-Bundesamt – Fahrzeugalter – Durchschnittsalter der Personenkraftwagen wächst, https://www.kba.de. Zugegriffen: 19. Juni 2023
52. Kramer, F.: Unfallrekonstruktion. Vorlesungsskript zur gleichnamigen Lehrveranstaltung an der Hochschule für Technik und Wirtschaft (HTW) Dresden (2010/11)
53. Kramer, F.: Significance of Restraint Systems for the Secondary Safety of Motor Vehicles. 6th KIA International Academic Seminar. Seoul, Korea (1993)
54. Kramer, F.: Insassen-Crashmechanik-Rechenmodell für Frontalkollisionen – Programmbeschreibung, Verifikation und Validierung. Forschungsbericht Nr. 324/89. Institut für Fahrzeugtechnik, Technische Universität Berlin, Berlin (1988)
55. Kramer, F.: Schutzkriterien für den Fahrzeug-Insassen im Falle sagittaler Belastung. Dissertation an der Technischen Universität Berlin. Fortschritt-Berichte, VDI-Reihe 12. Bd 137. (1989)
56. Kramer, F., Hönig, M., Leithold, L.: Airbag für Motorräder. Berichte und Informationen der Hochschule für Technik und Wirtschaft (HTW) Dresden **15**(2) (2007)
57. Krämer, J.: Crash Simulationsanlagen – Technische Dokumentation. Vertriebsinformation Produktbereich P der Fa. SCHENCK AG. (1994)
58. LS-DYNA: LSTC Inc., Livermore (CA), (USA), https://www.lstc.com , https://www.dynamore.de . Jüngst übernommen durch Ansys Inc., https://www.ansys.com
59. Lonsdale, G. et al.: Experience with Industrial Crashworthiness Simulation Using the Portable, Message-passing PAM-CRASH Code. PAM'95 Fifth European Workshop on Advanced Finite Element Simulation Techniques. Bad Soden (1995)
60. MADYMO: TNO, Eindhoven (NL), https://plm.sw.siemens.com/en-US/simcenter/mechanical-simulation/madymo
61. Maier, S., Helbig, M., Hertneck, H. & Fehr J.: Characterisation of an energy absorbing foam for motorcycle rider protection in LS-DYNA, 13th European LS-DYNA Conference 2021, Ulm, Germany
62. McNeill, A., Haberl, J., Holzner, M., Trautenhahn, U., Schöneburg, R., Strutz, T.: Current Worldwide Side Impact Activities – Divergence versus Harmonisation and the Possible Effect

on Future Car Design. 19th ESV-Conference, Paper Number 05–0077-O. Washington D.C. (VA/USA) (2005)

63. Meister, M.: Finite Element Simulation of Human and Dummy Kinematics in Side Crash Scenarios. Europam Conference, Mainz (2003)
64. Mertz, H.J., Irwin, A.L., Melvin, J.W., Stalnaker, R.L., Beebe, M.S.: Size, Weight and Biomechanical Impact Response Requirements for Adult Size Small Female and Large Male Dummies. SAE Technical Paper Series 890756. International Congress and Exposition. Detroit (MI), USA (1989)
65. Messring. Prüfeinrichtungen – Daten-Akquisition – Beleuchtung. https://www.messring.de. Zugegriffen: 19. Juni 2023
66. Mlekusch, B., Danzel, M.: Erst Rechnen, dann Crashen. Audi Magazin (01/2012)
67. Motor Vehicle Seat Belt Anchorages – Test Procedure. SAE J384 JUN94, SAE Recommended Practice. 2003 SAE Handbook, Vol. 3 On-Highway Vehicles and Off-Highway Machinery. Society of Automotive Engineers Inc. Warrendale (PA), USA (2003)
68. Moving Rigid Barrier Collision Tests. SAE J972 DEC88, SAE Recommended Practice. 2003 SAE Handbook, Bd. 3 On-Highway Vehicles and Off-Highway Machinery. Society of Automotive Engineers Inc. Warrendale (PA), USA (2003)
69. Müllerschön, H., Günther, F.C., Roux, W.: Robustness Study of a Front Impact Crash Model Regarding Uncertainties in Material Properties and Sheet Thicknesses. Crashworthiness of Light-Weight Automotive Structures, NTNU, Trondheim, (NOR) (2004)
70. Nagel, U.: Entwicklung eines Programms zur Rekonstruktion von Fahrzeugunfällen. Technische Universität Berlin, Studienarbeit (1989)
71. Nagel, U.: Rechnergestützte Unfallrekonstruktion – Programmsystem auf der Basis der Stoß- und der Kraftrechnung. Diplomarbeit, Technische Universität Berlin, Berlin (1991)
72. News 2005, Crash Test – Facility Design – Crash Components – Data Analysis: Präsentation der Firma Messring Systembau MSG GmbH, München (2005)
73. Olovsson, L.: On the Arbitrary Lagrangian-Eulerian Finite Element Method. Division of Solid Mechanics, Department of Mechanical Engineering, Linköpings universitet. Linköping (Schweden) (2000)
74. Olovsson, L.: Corpuscular Method for Airbag Deployment Simulations in LS-DYNA, Report R32S-1 IMPETUSafea AB, ISBN 978–82–997587–0–3 (2007)
75. PAM-CRASH: ESI-Group, Paris (F). https://www.esi-group.com
76. PC-CRASH: DSD GmbH, Linz (A). https://www.dsd.at
77. Passenger Car Door System Crush Test Procedure. SAE J367 JUN80, SAE Recommended Practice. 2003 SAE Handbook, Vol. 3 On-Highway Vehicles and Off-Highway Machinery. Society of Automotive Engineers Inc. Warrendale (PA), USA (2003)
78. Peter, W.: Anteil der Berechnung am Entwicklungsprozess eines Automobils. VDI-Tagung „Berechnung im Automobilbau". VDI-Berichte. Bd 613. VDI, Würzburg (1986)
79. Petzsche, T.: Handbuch der Schock- und Vibrationsmesstechnik – Ein Leitfaden für die praktische Anwendung. Endevco, Heidelberg (1992)
80. Profos, P., Pfeifer, T.: Grundlagen der Meßtechnik. R. Oldenbourg Verlag, München, Wien (1992)
81. Pyttel, T., Floss, A., Thibaud, C.: Realitätsnahe Simulationsmodelle für Airbag und Mensch – neue Möglichkeiten und Grenzen der FE Simulation. VDI Fahrzeug und Verkehrstechnik, Internationaler Kongress. Berlin (2005)
82. RADIOSS: Altair Engineering Inc., Michigan, Troy, USA. https://www.altair.com
83. RCAR Research Committee for Automobile Repairs: News Release: November 2003 – Low Speed Crash Testing. https://www.rcar.org. Zugegriffen: 19. Juni 2023

84. Recent advances in THUMS: Development of Individual Internal Organs, Brain, Small Female and Pedestrian Model, 4th European LS-DYNA Conference, Ulm, Germany, 2003. https://www.dynalook.com/documents/4th_European_ls-dyna/LSDYNA_ULM_C-I-01.pdf

85. Schettler-Köhler, R.: Numerische Simulation von Crashvorgängen in der Fahrzeugentwicklung in Rechenmethoden in der Fahrzeugentwicklung. In: Dirschmid, W. (Hrsg.): Fortschitte in der Fahrzeugtechnik. Bd 12. Vieweg & Sohn Verlagsgesellschaft, Braunschweig, Wiesbaden (1992)

86. Schneider, L.W., et al.: Development of Anthropometrically Based Design Specification for an advanced adult anthropomorphic dummy family. The University of Michigan Transportation Research Institute, Ann Arbor (MI), USA (1983)

87. Schneider, H.-J.: Lexikon der Informatik und Datenverarbeitung. R. Oldenbourg Verlag GmbH, München (1983)

88. Scholtes, M., et al.: 6-Layer Model for a Structured Description and Categorization of Urban Traffic and Environment. IEEE Access **9**, 59131–59147 (2021). https://doi.org/10.1109/ACCESS.(2021)

89. Schram, R.: "Euro NCAP's first step to assess automated driving systems" Paper Number 19–0292, ESV Conference (2019)

90. Schumacher, A.: Optimierung mechanischer Strukturen – Grundlagen und industrielle Anwendungen. Springer-Verlag, Berlin (2004)

91. Schuster, P., Franz, U., König, C.: Simulation von Kinderrückhaltesystemen im Seitencrash. Update-Tag Dummy-Modelle, Stuttgart (2004)

92. Schuster, P., Franz, U., Stahlschmidt, S., Pleschberger, M., Eichberger, A.: Comparison of ES-2re with ES-2 and US-SID Dummy – Considerations for ES-2re model in FMVSS Tests. 3. LS-DYNA Forum. Bamberg (2004)

93. Schwarz, H.R.: Methode der Finiten Elemente. Teubner Verlag, Wiesbaden (1991)

94. Schöneburg, R.: Auf dem Weg zur elektronischen Knautschzone. ATZ Automobiltechnische Zeitschrift **110**, 953 (2008)

95. Schöneburg, R.: Integrale Fahrzeugsicherheit. Vorlesungsmanuskript Technische Universität Dresden und Hochschule für Technik und Wirtschaft Dresden, Dresden (2019)

96. Schöneburg, R., Baumann, K.-H., Timmel, M., Bürkle, H.: Integrale Sicherheit bei Mercedes-Benz: Kunststoffe – Erfahrungen und zukünftige Anforderungen. VDI-K Internationaler Kongress, Kunststoffe im Automobilbau, Düsseldorf (07. April 2011)

97. Schöneburg, R.: Einsatz numerischer Simulationsverfahren im Fahrzeugsicherheitsversuch. Bag & Belt, 2nd International Akzo Symposium on Occupant Restraint Systems, S. 21–31. Köln (1992)

98. Schöneburg, R.: Numerische Simulation in der Airbagentwicklung – Stand der Technik, Entwicklungen und Tendenzen. Airbag 2000, Int. Symposium on Sophisticated Car Occupant Safety Systems, S. 8–1–14. Karlsruhe (1992)

99. Schöneburg, R.: CAE in the New Development Process MDS Excellence. 9. EDM CAE Forum, Stuttgart (12./13. Juli 2011)

100. Schöneburg, R.: Kompatibilität von Personenwagen, wesentliches Kriterium für sichere Fahrzeuge. VDA Technischer Kongress. Rüsselsheim (2004)

101. Schöneburg, R, Breitling, T.: Enhancement of Active & Passive Safety by Future PRE-SAFE®Systems. 19th ESV-Conference, Paper Number 05–0080-O. Washington D.C. (VA/USA) (2005)

102. Schöneburg, R., Baumann, K.-H., Fehring, M.: The Efficiency of PRE-SAFE Systems in Prebraked Frontal Collision Situations. 22th ESV-Conference, Paper Number 11–0207-O, Washington D.C. (USA) (2011)

103. Schöneburg, R.: Individual Safety – Potentiale für die weitere Erhöhung der Insassensicherheit im PKW. 15. automobil-forum. Stuttgart (2004)

104. Schöneburg, R., Baumann, K.-H.: Auf dem Weg zur virtuellen Knautschzone – Möglichkeiten des präventiven Energieabbaus und Auswirkungen auf Fahrzeug und Insassen in der Vorunfallphase. 11. Symposium AAET (Automatisierungs-, Assistenzsysteme und eingebettete Systeme für Transportmittel), Braunschweig (2010)

105. Schöneburg, R., Hart, M. , Feese, J. , Muecke, S. , Richert, J.: ESF 2019 – Experimental Safety Vehicle meets Automated Driving. 26th ESV-Conference, Paper Number 19–0042-O, Eindhoven (Netherlands) (2019)

106. Schöneburg, R.: Elektromobilität bei Mercedes-Benz – Auswirkungen auf die Fahrzeugsicherheit und die Entwicklungsabläufe beim Crashversuch. 37. Tagung Werkstoffprüfung, Deutsche Gesellschaft für Materialkunde e.V. (DGM), Neu-Ulm (2019)

107. Schöneburg, R., Baumann, K.-H.: Passive Safety – the Influence of new Legislation and Rating Systems on Vehicle Development. 1st Sicherheit im Automobil. München (2001)

108. Sporner, A.: Experimentelle und mathematische Simulation von Motorradkollisionen im Vergleich zum realen Unfallgeschehen. Dissertation an der Technischen Universität München, München (1982)

109. TNO Automotive Germany GmbH, Stuttgart, Deutschland, https://www.tno-automotive.de . Jüngst umformiert zu TASS, https://tass.plm.automation.siemens.com

110. The Insurance Crash Test Parameters, Appendix 1 in Vehicle Design Features for Optimum Low Speed Impact Performance. RCAR Research Committee for Automobile Repairs. Conference The RCAR Meeting 1995. Rotherwick, UK (1995)

111. UN Regulation No. 157 "Uniform provisions concerning the approval of vehicles with regard to Automated Lane Keeping SystemsEuro NCAP", ECE/TRANS/WP.29/2020/81 (2021)

112. Uriot, J., Page, M., Tarriere, C., Bendjellal, F. et al.: Measurement of Submarining on HYBRID III 50° & 5° Percentile Dummies. 14th ESV Conference. München (1994)

113. Vehicle Roof Stength Test Procedure SAE J374 MAY91, SAE Recommended Practice. 2003 SAE Handbook, Vol. 3 On-Highway Vehicles and Off-Highway Machinery. Society of Automotive Engineers Inc. Warrendale (PA), USA (2003)

114. Vieweg, C.: Alles über die Mercedes-Benz A-Klasse. Daimler-Benz Service, Stuttgart (1997)

115. Volkswagen AG, Wolfsburg, https://www.volkswagen.de

116. Wang, J.T., Nefske, D.J.: A New CAL§D Airbag Inflation Model. SAE Technical Paper Series 880654. International Congress and Exposition. Detroit (MI), USA (1988)

117. Weber, H. et al., "Grundszenarien für die Fahrdomäne Bundesautobahn", BASt Bericht Heft F 149 (2022)

118. Wismans, J., Goudswaard, A.P., Nieboer, J.J.: Motorcycle Airbag Systems. International AKZO Symposium „Bag & Belt" on Occupant Restraint Systems. Köln (1992)

119. Zeidler, F.: Die Bedeutung der Formänderungsenergie für die Unfallforschung und das EES-Unfallrekonstruktionsverfahren. Verkehrsunfall und Fahrzeugtechnik. Verlag Information Ambs GmbH, Kippenheim (1984)

120. van den Hove, M., Mlekusch, B., Müllerschön, H., FE-Simulation Based Optimization of an Adaptive Restraint System Considering Multiple Front-Crash Load Cases using LS-OPT. 5th LS-DYNA Forum, Bamberg, 2005. https://www.dynamore.de/download/af05/papers/A-I-79.pdf

121. https://www.dynamore.de/en/products/models/dynamore-human-body-model.   Zugegriffen: 19. Juni 2023

Erratum zu: Integrale Sicherheit von Kraftfahrzeugen

Rodolfo Schöneburg

Erratum zu:
R. Schöneburg (Hrsg.), *Integrale Sicherheit von Kraftfahrzeugen,*
ATZ/MTZ-Fachbuch, https://doi.org/10.1007/978-3-658-42806-8

Das Buch wurde versehentlich vor Ausführung aller Korrekturen veröffentlicht. Es wurde deshalb nachträglich aktualisiert. Grundlegende Inhalte waren nicht betroffen. Der Verlag entschuldigt sich bei Rodolfo Schöneburg und bei den Leserinnen und Lesern.

Die aktualisierte Version des Buchs finden Sie unter
https://doi.org/10.1007/978-3-658-42806-8

R. Schöneburg (Hrsg.), *Integrale Sicherheit von Kraftfahrzeugen,* ATZ/MTZ-Fachbuch,
https://doi.org/10.1007/978-3-658-42806-8_9

E1

Stichwortverzeichnis

© Der/die Herausgeber bzw. der/die Autor(en), exklusiv lizenziert an Springer
Fachmedien Wiesbaden GmbH, ein Teil von Springer Nature 2023
R. Schöneburg (Hrsg.), *Integrale Sicherheit von Kraftfahrzeugen,* ATZ/MTZ-Fachbuch,
https://doi.org/10.1007/978-3-658-42806-8

<u>GPSR Compliance</u>

*The European Union's (EU) General Product Safety Regulation (GPSR)
is a set of rules that requires consumer products to be safe and our
obligations to ensure this.*

*If you have any concerns about our products, you can contact us on
ProductSafety@springernature.com*

In case Publisher is established outside the EU, the EU authorized
representative is:

Springer Nature Customer Service Center GmbH
Europaplatz 3
69115 Heidelberg, Germany

Batch number: 08050505

Printed by Printforce, the Netherlands